CONTEMPORARY
LINEAR ALGEBRA

Howard Anton
Robert C. Busby

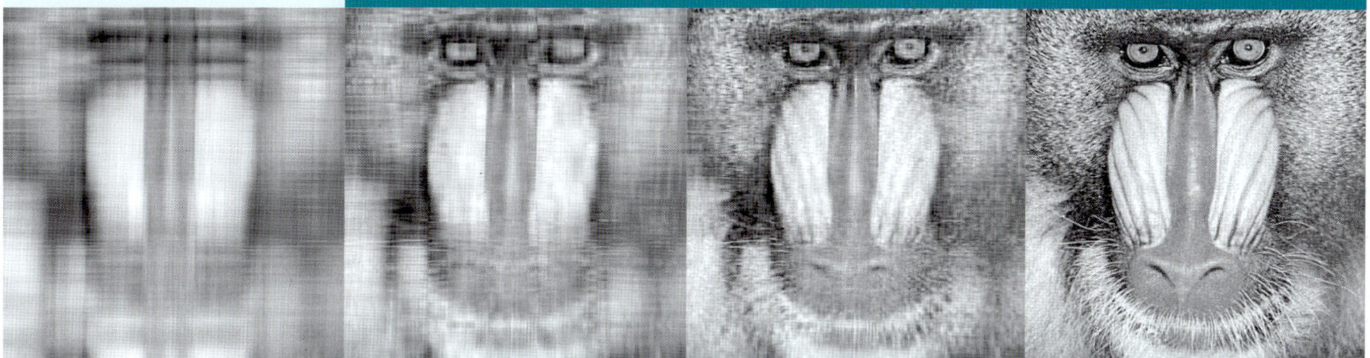

안톤의

선형대수

고형준 • 김정창 • 박만복 • 박재병 • 원종훈
이용희 • 이호재 • 주원영 • 최성락 옮김

WILEY

TEXTBOOKS
텍스트북스

Contemporary Linear Algebra
Howard Anton, Robert C. Busby
ISBN 978-04-71163-62-6

옮긴이 소개

고형준 연세대학교 수학과
김정창 국립한국해양대학교 전자전기정보공학부
박만복 국립한국교통대학교 전자공학과
박재병 전북대학교 전자공학부
원종훈 인하대학교 전기전자공학부
이용희 한국공학대학교 게임공학과
이호재 인하대학교 전기전자공학부
주원영 이화여자대학교 통계학과
최성락 연세대학교 수학과

안톤의
선형대수

발행일 2025년 2월 20일 1판 1쇄 발행
지은이 Howard Anton, Robert C. Busby
옮긴이 고형준, 김정창, 박만복, 박재병, 원종훈, 이용희, 이호재, 주원영, 최성락
발행인 임은정 발행처 (주)텍스트북스
주소 서울시 영등포구 양평로 30길 14, 세종앤까뮤스퀘어 1109호
전화 02-702-5725 팩스 02-702-5727 웹사이트 www.textbooks.co.kr
등록번호 제2022-000098호
ISBN 979-11-91679-35-9 93410
정가 45,000원

옮긴이 머리말

선형대수학은 그 응용 범위가 자연과학이나 공학뿐 아니라 사회과학 분야에까지 미치는 수학의 분야이다. 따라서 선형대수학에 관한 서적은 국내외의 많은 학자들에 의해 다양한 시각과 접근 방법으로 저술되었고 지금도 계속 새로운 서적이 출간되고 있다. 이들 중에는 수학 전공자를 위한 이론적인 것에서부터 매우 실용적인 응용이 강조되는 계산 위주의 서적까지 그 종류와 다양성이 선형대수학의 응용 분야 이상으로 다양하다. 하지만 일반적인 이공계통의 학생들을 위한 선형대수학에서는 이론과 응용이 적절히 조화되어야 최상의 교육적 효과를 거둘 수 있고, 이러한 측면에서 이 책이 적절하다고 생각한다. 이 책은 선형대수학의 다양한 응용 분야를 이해하기에 충분한 이론적 엄밀성을 갖추고 있는 동시에 최신의 다양한 응용 문제도 함께 다루고 있기 때문이다.

이 교재는 수학과 2, 3학년 수준의 학생들과 물리, 전산, 공학, 화학, 생물, 경제, 보험수리 및 경영학 학생들을 위한 책이다. 그래서 이 책은 다양한 분야의 이론과 현상 및 문제들을 수학적 원리와 사고력으로 훈련할 수 있도록 구성되었다.

모든 주요 개념을 초기에 소개하고 심화학습으로 학생들이 중요한 주제들을 쉽게 다룰 수 있도록 하였다. 또한 "미리보기"라는 요소를 사용하여 지금 공부하는 내용의 미래를 볼 수 있게 하였고, 위성항법장치나 인터넷 검색 절차와 같은 광범위한 응용을 교재에 실어 최신 주제에 대한 응용을 볼 수 있게 하였다. 학생들의 충분한 이해를 돕기 위해 다양한 형식의 연습문제를 구성하였고, "역사 속의 선형대수"라는 요소를 교재에 배치하여 여러 가지 아이디어와 용어의 기원 및 선형대수 발전에 이바지한 사람들의 사진을 제공하여 주제에 생명력을 불어넣었다.

이 책은 아홉 명의 역자가 각자의 전공 분야와 관련된 부분으로 나누어 일차 번역을 하였고, 여러 사람들에 의한 번역으로부터 오는 표현상의 차이나 용어 선택의 차이, 수학적 오해의 소지가 있거나, 의미 전달이 명확하지 않은 점, 지나친 영어식 표현에서 오는 어색함 등의 문제를 해소하기 위하여 대표 역자가 두 차례에 걸쳐 전반적인 번역을 가다듬는 교정 작업을 하였다. 그 결과 나름대로는 수학적으로 명확하면서도 매끄러운 번역이 되지 않았나 생각하지만, 시간적 제약과 내용의 방대함 때문에 완벽하고 꼼꼼한 번역과 교정 작업을 하였다고 자신할 수 없어 아직도 간과한 잘못이 숨어있지 않을까 하는 두려움은 여전히 남는다. 이 책을 사용하는 중 표현상의 미숙함이나 의미가 잘 통하지 않는 부분 또는 잘못된 부분이 있을 때에는 언제라도 알려 주기를 바란다. 역자들은 이에 대해서 겸허한 자세로 수용할 것이며 좀 더 완벽한 번역본이 될 수 있도록 지속적으로 내용을 다듬어 나갈 것을 약속드린다.

2025년 1월 10일
옮긴이 적음

지은이 머리말

이 책은 이공계 2, 3학년 수준의 수학, 물리 전산, 공학, 화학, 생물, 경제, 보험수리학 및 경영학 학생들을 위한 책이다. 최신의 선형대수 교과서를 쓰는 데 있어서 신경을 써야 할 부분은 *학생들에게 실용적 가치를 주는 동시에 주제의 고유한 수학적 형태는 손상되지 않*도록 하는 데 초점을 맞추어 쓰는 것이다. 선형대수는 중요한 아이디어가 정리와 증명에서 뿐 아니라 응용과 문제를 해결하는 테크닉을 통해서 구체화된다는 점에서 특별하다. 그래서 최신 선형대수 교과서는 수학적 사고력, 문제해결 능력과 실생활에 응용할 수 있는 능력을 길러 주어야 한다. 이것이 우리의 목표이다.

이 과목을 가르쳐 온 사람은 누구나 이 과목이 갖고 있는 어려움을 잘 알고 있다. 너무나 중요한 개념들이 많아서 한 학기에 모두 가르치기에는 무리가 따르고, 몇몇 아이디어들은 본질적으로 어려워서 명확하게 하려면 깊은 사고와 숙련이 요구되어, 결국 많은 학생들이 기본 개념을 숙달하는 데는 방해가 되는 일반 벡터공간의 공리론적 구조와 분투하여야만 한다. 아래 기술한 이 책의 특징들을 보고 책을 정독하다 보면 이런 문제들을 상당히 많이 다루고 있음을 알 될 것이다. 이 책은 제목에서의 '최신'이란 단어에 걸맞도록 남아 있기를 바라며 여러분들을 항상 새롭고 신나게 만들어 주는 책이기를 희망한다.

다음은 중요한 특징들이다.

선형대수 교과과정 연구회 이 책은 선형대수 교과과정 연구회(LACSG)의 지침을 따른다.

주된 초점은 R^n 위에서이다 R^n에서 벡터들을 다룰 수 있는 지식과 함수들을 벡터로 생각하도록 하는 경험은 이 과정을 듣는 대부분의 학생들에게는 적절한 수준의 일반화 과정이라고 믿는다. 따라서 이 교재는 주로 R^n에 초점을 맞춘다. 공리론적 벡터공간에 관한 내용은 교재의 후반부에 두었다. 그래서 이런 일반화는 (역사적으로 그랬던 것처럼) 자연스럽게 전개되게 하고 많은 학생들이 괴로워하는 추상화라는 '벽'을 피하게 해 준다. 그렇지만 그런 내용들은 잘 구성되어 있어서 그런 접근을 좋아하는 사람들은 일찍 다룰 수도 있다.

기하 2, 3차원에서 R^n으로 성공적으로 옮겨 오게 하려면 학생들은 직선과 평면 기하, 특히 그들의 벡터와 매개 표현들에 관하여 잘 이해하고 있어야 한다. 교재 전체에서 기하학적인 면을 많이 강조하여 학생들로 하여금 기하학적 기초를 잘 세울 수 있도록 하였다.

벡터가 선형계보다 앞서는 이유 선형대수 교재에서 주제를 도입하는 순서는 여러 가지 나름대로 타당한 것들이 있다. 선형계나 행렬 또는 벡터로 시작하는 것 모두 일리가 있다. 우리는 벡터로 시작하여 선형계로 들어가기로 하는데, 그 이유는 선형계의 매개해는 형태가 없는 집합으로보다는 점, 직선, 평면과 같은 기하학적인 대상으로 해석된다. 이것은 아이디어에 대하여 기하학적 기초를 튼튼하게 제공한다는 우리의 기본 철학에 의한 것이다.

진도 선형대수를 가르쳐 온 사람은 누구나 한 학기에 중요한 주제들을 모두 다룬다는 것은 어렵다는 것을 잘 알고 있다. 그래서 선형대수 교재의 진도는 매우 중요하다. 선형대수 과정은 일반적으로 28~40강좌여서 이 정도를 수용할 수 있도록 교재를 디자인하였다.

기초 개념의 초기 소개 모든 주요 개념을 초기에 소개하고 나중에 좀 더 깊이 다룬다. 예를 들면 1장 끝부분에서 학생들은 기초적인 수준에서 R^n, 직교, 일차결합, 생성, 부분공간, 일차독립, 차원의 개념을 만나게 될 것이고, 4장 끝부분(대략 15번째 강의)에서는 고유값을 처음 보게 될 것이다. 이와 같은 '소용돌이식' 개념 전개 방법은 모든 중요한 주제들을 해당 과정에서 다룰 수 있게 되고, 나중에 심화학습을 할 때 학생들이 이런 아이디어들을 쉽게 다룰 수 있도록 한다.

개념 이해 어떤 개념은 소개될 때 특별한 목적이 없어 보이지만 과정이 진행되다 보면 당연히 매우 중요하게 된다. 따라서 '미리보기'라는 항목를 사용하였다. 그 목적은 학생들에게 지금 공부하는 내용의 추후의 역할을 볼 수 있게 하는 것이다.

응용 광범위한 응용을 교재에 실었다. 학생들로 하여금 응용의 개수나 복잡성으로 인하여 수학적 논리나 명확성이 방해되지 않으면서도 선형대수를 광범위하게 활용할 수 있다는 느낌을 갖도록 응용들을 선택하여 실었다. 여러분은 교재 제목의 '최신'이란 단어에 걸맞게 위성항법 장치와 인터넷 검색 절차와 같은 최신 주제에 대한 응용을 보게 된다.

수학적 엄밀성 정리와 증명은 엄밀하지만 초보자들에게도 적절한 형태로 나타내었다.

수치문제 이 책은 선형대수의 수치해법에 관한 책으로 의도하지 않았다. 학생들에게 수치문제의 중요성을 알리는 것이 우리의 목표이지 그 문제를 심도 있게 다루려는 것은 아니다.

관점의 숙달 선형대수 과정을 성공적으로 마친 학생들이 여러 가지 방향으로 수학적 대상과 구조를 볼 수 있도록 할 것이다. 예를 들어 과정이 끝나면 학생들은 행렬을 선형계, 좌표변환, 또는 선형변환의 관점으로 생각할 수 있어야 한다. 학생들에게 관점을 바꾸는 방법을 가르치는 데 많은 노력을 기울였다.

학생 참여 교수들의 공통적인 불평은 학생들이 교재를 읽지 않는다는 것이다. 이 문제를 처리하기 위해서 개념문제를 만들어 학생들로 하여금 바로 읽은 내용에 관하여 답하도록 하였다. 학생들이 교재와 함께 하도록 하기 위하여 교수들은 수업시간의 몇 분간은 이 개념문제에 할애하기를 바란다.

연습문제 각 연습문제는 네 범주로 나누었다: 기초 문제, 토론과 발견, 증명문제, 그리고 프로그램 활용 연습문제.

- *기초 문제*는 난이도를 연습 수준에서부터 보다 깊은 내용을 가진 문제로 배치하였다. 짝수와 홀수번 문제들은 적당한 짝을 이루며 홀수번 문제에 대해서만 답을 실었다. 홀수번 문제의 상세한 해답은 보충교재인 학생풀이집에 실었다.
- *토론과 발견*은 기초문제보다 훨씬 더 자유롭게 생각하고 답할 수 있는 경향의 문제들이다. 참. 거짓 문제, 가설을 요하는 문제, 그리고 가끔은 인터넷 탐색이나 쓰기를 요하는 문제들이 포함된다.
- *증명문제*는 정확한 증명을 요구하는 문제들을 포함한다. 기초 문제에서 "보이라"라고 하는 것은 타당한 이유를 말하라는 것이지 반드시 공식적인 증명을 하라는 것은 아니다.
- *프로그램 활용 연습문제*의 목적은 선형대수 문제를 풀기 위하여 휴대용 계산기나 MATLAB, *Mathematica*, *Maple*과 같은 최신 계산 유틸리티들의 사용법을 익히는 것이다. 이 문제들은 참고문헌 없이 일반적으로 기술하였다. 기준이 정해진 구문이나 테크닉은 부연하여 설명하였다. 어떤 기술 문제

는 붉은 아이콘(■)을 붙여 놓아 다른 프로그램 활용 문제에 필요한 기초 테크닉을 알려 주는 문제임을 표시하였다.

자료집합 기술 집약적인 강의를 원하는 교수들은 기술문제뿐만 아니라 수치문제를 푸는 데도 기술을 이용하기 원할 것이다. 학생들이 벡터와 행렬을 입력하는 수고를 덜어 주기 위해서 동반된 웹사이트 상에 수치문제들에 대한 자료들을 제공하였다. 이들은 MATLAB, *Mathematica*, *Maple*에 적합한 형식으로 제공된다.

스크립트 학생들로 하여금 프로그램을 짜지 않고 문제 풀이 도구로 계산 유틸리티를 사용하도록 하는 것이 우리의 목적이다. 특정 유틸리티가 선형대수 연산을 수행하는 데 프로그램 작성을 요하는 곳이나 교재와는 다른 형태로 결과를 제공하는 경우에 학생들이 작업을 쉽게 하도록 특수 명령어인 '스크립트'를 제공하였다. 스크립트는 이 교재의 웹사이트에서 얻을 수 있다.

역사적 시각 "역사 속의 선형대수"라고 하는 요소는 교재의 여러 곳에 나타난다. 그 목적은 여러 아이디어와 용어의 기원 및 선형대수 발전에 이바지한 사람들의 사진을 제공하여 주제에 생명력을 불어넣는 것이다.

웹사이트 이 교재의 웹사이트 http://www.wiley.com/college/anton은 앞서 언급한 스크립트와 자료들은 물론 여러 유용한 내용을 포함하고 있다.

지은이 소개

Howard Anton은 Lehigh 대학교에서 학사, Illinois 대학교에서 석사, 그리고 Brooklyn 폴리테크닉 대학교에서 박사학위를 모두 수학 분야에서 받았다. 1960년대 초에는 (지금은 Kennedy 우주센터인) 플로리다의 Cape Canaveral에 있는 Burroughs Corporation과 Avco Corporation에서 유인우주 프로그램과 관계된 수학적 문제를 연구하였다. 1968년에 Drexel 대학교 수학과에 부임하여 1983년까지 전임교수로 재직하였다. 그 이후 Drexel 대학교에서 겸임교수로 근무하면서 수학협회의 프로젝트들과 교재를 쓰는 데 대부분의 시간을 쏟았다. 그는 미국수학연합(MAA)의 동부 펜실베이니아와 델라웨어 지역 회장을 역임하였고 MAA의 지부장위원회에서 봉사하며 학생분과를 만들기도 하였다. 그는 함수해석, 근사이론, 위상수학 분야의 여러 연구 논문과 다양한 교육학 논문을 발표하였다. 그가 저술한 교과서는 30년 이상 널리 사용된 수학 교재로 매우 잘 알려져 있다. 현재 그의 책들은 스페인어, 아랍어, 포르투갈어, 이탈리아어, 인도네시아어, 프랑스어, 일본어, 중국어, 히브리어, 독일어 등으로 번역되어 125종 이상이 사용되고 있다. 1994년에는 교재저자협회로부터 우수교재상을 받았다. Anton 박사는 여행, 사진, 예술작품을 즐기면서 여가생활을 보낸다.

Robert C. Busby는 Drexel 대학교에서 물리학 학사, Pennsylvania 대학교에서 수학 전공으로 석사 및 박사학위를 받았다. 미시간주 로체스터의 Oakland 대학교에 재직하였고, 1969년 이후에는 Drexel 대학교에서 전임으로 재직하고 있으며 현재 수학 전산학과의 정교수이다. 그는 정규적으로 미적분학, 선형대수, 확률과 통계학, 그리고 해석학을 가르쳐 오고 있다. Busby 박사는 함수해석학, 표현론, 작용소대수에 관한 여러 연구 논문의 저자이며, 미적분학의 *Maple*을 이용한 학습장과 이산수학 구조에 대한 학부 교재를 공동 집필하였다. 현재 그의 관심은 신호처리와 학부 교육에서 컴퓨터공학을 이용하는 것이다. Busby 교수는 현대 재즈와 컴퓨터 그래픽 디자인을 즐긴다. 그와 그의 부인 Patricia에게는 두 아들 Robert와 Scott이 있다.

차례

제 1 장

벡터
Vectors

벡터는 항법에 사용되며, 힘 및 운동을 연구하는 데 사용된다. 고차원 벡터는 유전학, 경제학, 결정학, 생태학 등 다양한 분야에서 나타난다. 또한, 벡터는 중력, 우주, 물질의 본질을 설명하는 데 도움을 주는 상대성 이론에서도 사용된다.

1.1 공학과 수학에서의 벡터와 행렬 및 n-공간

선형대수학에서는 '벡터'와 '행렬'이라는 두 가지 기본 대상을 다룬다. '벡터'라는 용어는 공학, 과학, 수학에서 다양한 의미를 지니며, 이 절에서는 그중 몇 가지를 다룰 것이다. 먼저 기초물리학과 공학에서 사용되는 벡터의 기하학적 의미를 복습하고, 이어서 그 개념이 고차원 공간으로 어떻게 확장되는지 살펴본다. 마지막으로, 행렬이 어떻게 생겨나고 그것이 벡터와 어떻게 관련되는지를 간단히 설명할 것이다.

스칼라와 벡터

공학자나 물리학자는 스칼라와 벡터라는 두 종류의 물리적 양을 구별하는데, **스칼라**(scalar)는 수치값만으로 표시될 수 있는 양이고, **벡터**(vector)는 수치값과 방향이 함께 있어야 완전히 표시할 수 있는 양이다. 예를 들어 온도, 길이, 속력 등은 '얼마나'를 나타내는 수치로 완전하게 표현할 수 있으므로 스칼라이다. 즉 온도는 20°C, 길이는 5 cm, 속력은 10 m/s와 같이 말할 수 있다. 이에 반해 속도, 힘, 변위는 수치값뿐만 아니라 방향도 포함하므로 벡터이다.

- **속도**—어떤 배의 속력이 10노트라는 것은 배가 얼마나 빠르게 가는지를 알려 주지만 어느 방향으로 가고 있는지는 나타내지 않는다. 예를 들어 항로를 찾으려면 '나침반상에서 45° 북동 방향으로 10노트'(그림 1.1.1*a*)와 같이, 항해사는 배의 속력뿐만 아니라 방향도 알아야 한다. 속력과 방향을 합한 것이 **속도**(velocity)라는 벡터양이다.
- **힘**—어떤 물체에 힘이 가해지면, 그 결과는 힘의 크기뿐만 아니라 힘이 가해진 방향에 따라 달라진다. 예를 들어 그림 1.1.1*b*에서처럼 세 가지 힘이 모두 10파운드의 동일한 크기로 가해지더라도, 방향이 다르기 때문에 블록에 미치는 효과는 서로 다르다. 힘의 크기와 방향을 합하여 **힘벡터**(force vector)라 부르는 벡터양을 얻는다.
- **변위**—입자가 평면(2-공간) 또는 삼차원 공간(3-공간) 내에서 A 지점에서 B 지점까지 경로를 따라 움직였을 때, A에서 B까지의 직선거리와 방향을 합쳐 A에서 B까지의 **변위**(displacement, 그림 1.1.1*c*)라는 벡터양을 얻는다. 이 변위는 입자가 어떤 경로를 따라 움직였는지와 상관없이 처음과 마지막 위치의 변화만을 설명해 준다.

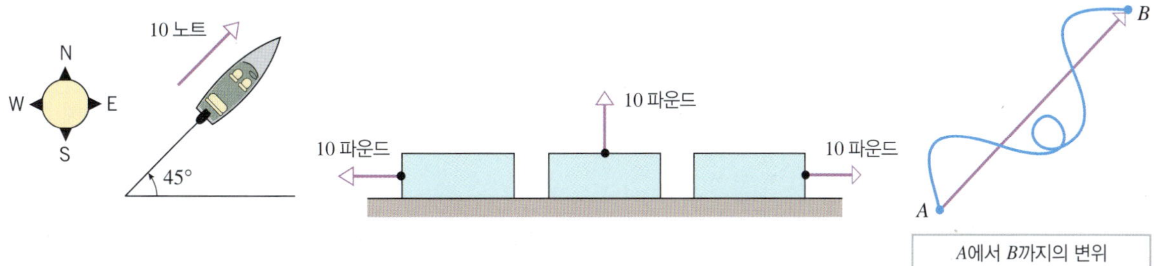

그림 1.1.1 (*a*) (*b*) (*c*)

이차원 공간(2-공간) 또는 삼차원 공간(3-공간) 내의 벡터는 기하학적으로 *화살표*로 표현되며, 화살표의 길이는 벡터의 **크기**(magnitude, 또는 수치 부분)에 비례하고, 화살표의 방향은 벡터의 방향을 나타낸다. 화살표의 *꼬리* 부분은 **시점**(initial point), 화살표의 *꼭지* 부분은 **끝점**(terminal point, 그림 1.1.2)이라 한다. 이 교재에서 벡터는 **a**, **k**, **v**, **w**, **x** 등과 같은 볼드체 소문자로 나타내고, 스칼라는 a, k, v, w, x 등과 같은 이탤릭체 소문자로 표시할 것이다. 시점 A와 끝점 B를 갖는 벡터 **v**의 시점과 끝점을 명시하고자 할 때는 다음과 같이 표기한다(그림 1.1.3).

$$\mathbf{v} = \overrightarrow{AB}$$

동치 벡터

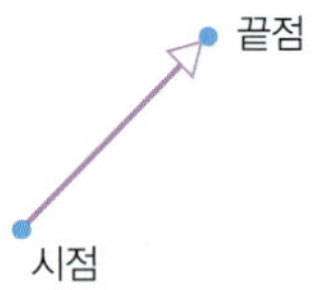

화살표의 길이는 벡터의 크기를, 화살촉은 방향을 나타낸다.

그림 1.1.2

응용 분야에서는 **제한 벡터**(bound vector)와 **자유 벡터**(free vector)라는 두 종류의 벡터가 나타난다. 제한 벡터란 크기와 방향뿐 아니라 시점의 위치에 의해 물리적 효과가 결정되는 벡터를 말하고, 자유 벡터는 단지 크기와 방향에 의해서만 물리적 효과가 결정되는 벡터를 말한다. 예를 들어, 그림 1.1.4는 두 종류의 10파운드 힘이 같은 블록에 작용하는 것을 보여 주고 있다. 이들 두 힘은 같은 크기와 방향을 가지고 있지만, 작용하는 지점(벡터의 시점)의 차이로 인해 블록의 움직임에 차이가 발생한다. 따라서 이들 벡터는 제한 벡터로 취급되어야 한다. 반면, 속도와 변위는 일반적으로 자유 벡터로 취급된다. *이 교재에서는 전적으로 자유 벡터만 다루며*, 제한 벡터는 공학이나 물리학 과목으로 미루도록 하겠다.

자유 벡터는 평행이동을 해도 변화하지 않으므로, 두 벡터 **v**와 **w**가 같은 길이와 방향의 평행한 화살표로 표현될 수 있을 때 이들을 **상등**(equal) 또는 **동치**(equivalent)라 한다(그림 1.1.5). **v**와 **w**가 동치 벡터임을 나타낼 때는 **v** = **w**로 표기한다.

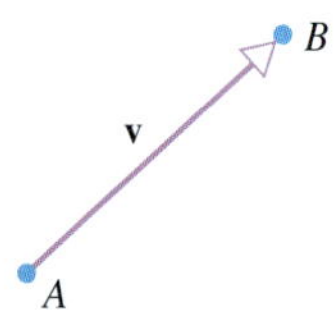

$\mathbf{v} = \overrightarrow{AB}$

그림 1.1.3

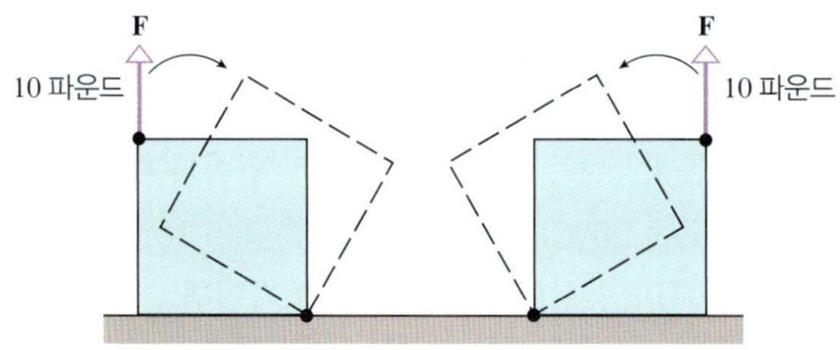

그림 1.1.4

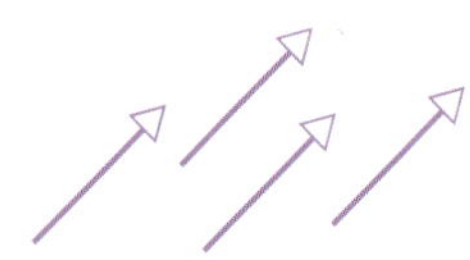

동치 벡터

그림 1.1.5

시점과 끝점이 같은 벡터는 길이가 0이므로 이러한 벡터를 **영벡터**(zero vector)라 하고 **0**으로 표기한다. 영벡터는 본연의 방향이 없기 때문에 문제의 편의에 따라 어떤 방향으로든 설정할 수 있다.

벡터 덧셈

벡터에는 물리 법칙에서 유래된 여러 대수적 연산이 정의될 수 있다.

벡터 덧셈의 평행사변형 규칙 2-공간 또는 3-공간 내의 두 벡터 **v**와 **w**의 시점이 일치하면, 이들 벡터는 평행사변형의 이웃하는 두 변이 되고, 그 **합**(sum) **v** + **w**는 공통 시점에서 평행사변형의 마주 보는 꼭짓점까지 잇는 화살표로 표현된다(그림 1.1.6*a*).

두 벡터의 합을 만드는 또 다른 방법은 다음과 같다.

벡터 덧셈의 삼각 규칙 2-공간 또는 3-공간 내의 두 벡터 **v**와 **w**가 **w**의 시점이 **v**의 끝점에 위치하도록 놓여 있다면, 그 **합** **v** + **w**는 **v**의 시점에서 **w**의 끝점까지 잇는 화살표로 표현된다(그림 1.1.6*b*).

그림 1.1.6*c*에서는 합 **v** + **w**와 **w** + **v**를 삼각 규칙으로 만들었다. 이를 통해 다음이 명백해진다.

$$\mathbf{v} + \mathbf{w} = \mathbf{w} + \mathbf{v} \tag{1}$$

또한, 삼각 규칙에 의해 얻은 벡터 덧셈과 평행사변형 규칙에 의한 벡터 덧셈이 동일하다는 것도 명백하다.

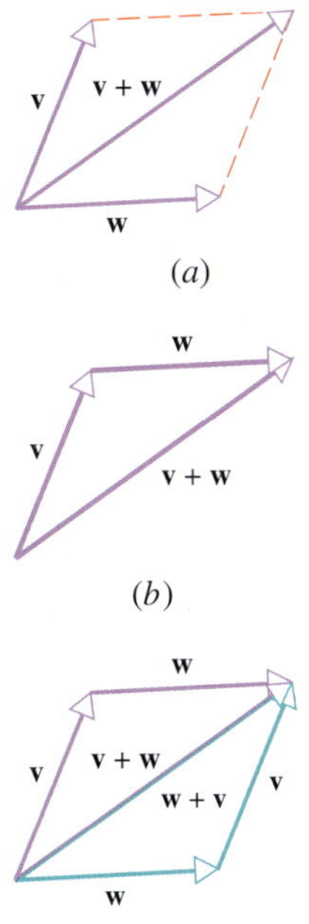

(c)

그림 1.1.6

벡터 덧셈은 점들의 평행이동으로도 이해할 수 있다.

평행이동으로서의 벡터 덧셈 벡터 **v**, **w**, **v** + **w**의 시점이 모두 일치하도록 놓여 있다면, **v** + **w**의 끝점을 두 가지 관점에서 볼 수 있다.

1. **v** + **w**의 끝점은 **v**의 끝점이 **w**의 방향으로 **w**의 길이만큼 평행이동한 결과와 같다(그림 1.1.7*a*).
2. **v** + **w**의 끝점은 **w**의 끝점이 **v**의 방향으로 **v**의 길이만큼 평행이동한 결과와 같다(그림 1.1.7*b*).

이에 따라 **v** + **w**를 **v를 w에 의해 평행이동**(translation)**한 것**, 또는 **w를 v에 의해 평행이동한 것**이라 할 수 있다.

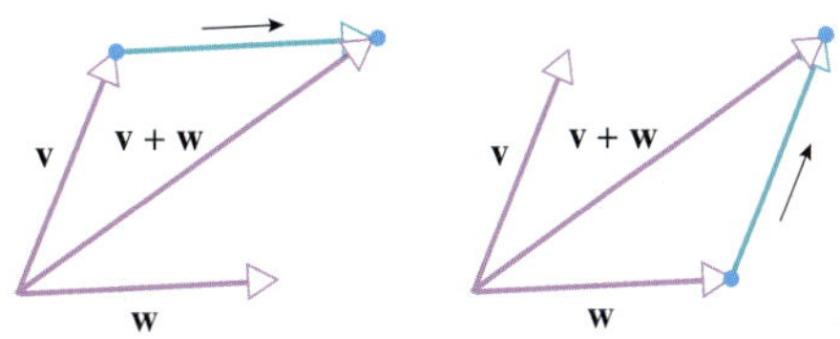

그림 1.1.7 (*a*) (*b*)

역사 속의 선형대수

속도, 힘, 변위 등의 크기와 방향을 나타내는 데 선분(화살표)을 사용할 수 있다는 생각은 오랜 세월에 걸쳐 점차 발전해 왔다. 예를 들어, 그리스의 논리학자 Aristotle는 두 힘이 합쳐지는 효과가 평행사변형 법칙에 의해 결정된다는 것을 알았고, 이탈리아 천문학자 Galileo는 그의 역학 논문에서 이 법칙을 명확하게 서술하였다. 벡터를 기하학에 응용한 사례는 독일의 수학자 August Ferdinand Möbius가 1827년에 출간한 저서 *Derbarycentrische Calcul*에서 볼 수 있다. 1837년 발표된 Möbius의 정역학 논문에서는 벡터를 성분으로 분해하는 개념이 사용되었다. 같은 시기, 이탈리아 수학자 Giusto Bellavitis는 같은 길이와 방향을 갖는 선분들을 같은 것으로 취급하는 '선분 대수학'을 제안하였다. Bellavitis는 이러한 결과를 1832년에 발표하였다.

Aristotle
(384 B.C.~322 B.C.)

Galileo Galilei
(1564~1642)

August Ferdinand Möbius
(1790~1868)

Giusto Bellavitis
(1803~1880)

예제 1 물리학과 공학에서의 벡터 덧셈

벡터 덧셈의 평행사변형 규칙은 물리학과 공학에서 힘, 속도, 변위 등의 덧셈을 정확하게 설명해 준다. 예를 들어, 그림 1.1.8*a*에서 블록에 두 힘 $\mathbf{F}_1$과 $\mathbf{F}_2$를 동시에 가하는 것은 하나의 힘 $\mathbf{F}_1 + \mathbf{F}_2$를 가하는 것과 같다. 비슷하게, 그림 1.1.8*b*처럼 보트의 엔진이 속도 $\mathbf{v}_1$을 내고, 바람이 속도 $\mathbf{v}_2$를 낸다면, 엔진과 바람의 합쳐진 효과는 보트가 속도 $\mathbf{v}_1 + \mathbf{v}_2$를 내는 것과 같다. 또한 입자가 A에서 B까지의 변위를 거친 후 B에서 C까지의 변위를 거친다면(그림 1.1.8*c*), 이들의 연속적인 변위는 A에서 C까지의 하나의 변위와 같다.

벡터 뺄셈 보통 산술적 계산에서는 $a-b = a + (-b)$로 쓸 수 있는데, 이것은 뺄셈을 덧셈으로 표현할 수 있다는 것을 뜻한다. 벡터 계산에서도 마찬가지로 적용할 수 있다.

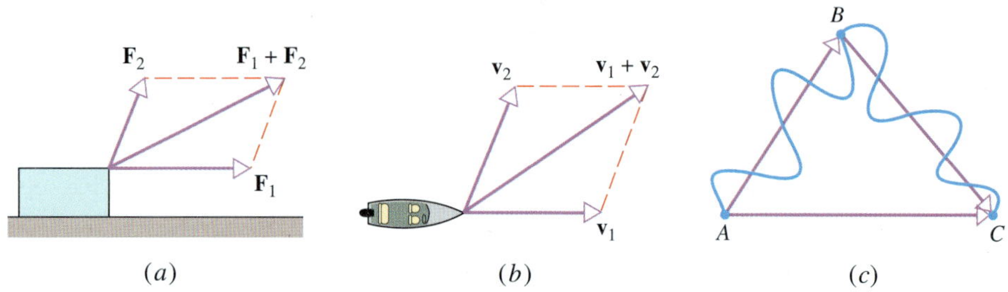

그림 1.1.8

벡터 뺄셈 $\mathbf{v}$의 **덧셈역원**(negative) $-\mathbf{v}$는 $\mathbf{v}$와 길이는 같고 방향만 반대인 벡터를 뜻하며(그림 1.1.9*a*), $\mathbf{w}$와 $\mathbf{v}$의 **차**(difference)는 다음 벡터 합으로 정의된다.

$$\mathbf{w} - \mathbf{v} = \mathbf{w} + (-\mathbf{v}) \tag{2}$$

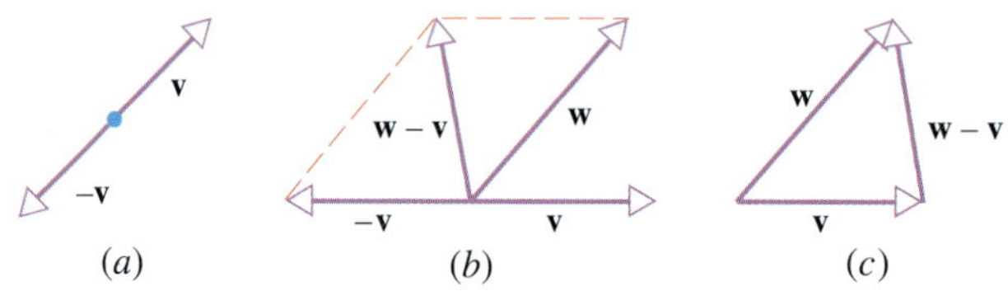

그림 1.1.9

$\mathbf{w}$와 $\mathbf{v}$의 차는 그림 1.1.9*b*에서 보여주는 평행사변형 방법을 사용하여 기하학적으로 얻거나, $\mathbf{w}$와 $\mathbf{v}$의 시점이 일치하도록 위치시키고 $\mathbf{v}$의 끝점에서 $\mathbf{w}$의 끝점을 잇는 벡터를 그려서 구할 수 있다(그림 1.1.9*c*).

스칼라 곱

종종 벡터의 길이를 변화시키거나 방향을 뒤바꿀 필요가 있는데, 이는 벡터에 스칼라를 곱하는 형태의 곱셈으로 가능하다. 예를 들어 $2\mathbf{v}$는 $\mathbf{v}$와 방향은 같고 길이가 두 배인 벡터를 나타내며, $-2\mathbf{v}$는 $\mathbf{v}$와 반대 방향이면서 길이가 두 배인 벡터를 나타낸다. 보다 일반적인 결과는 다음과 같다.

스칼라 곱 만약 $\mathbf{v}$가 영이 아닌 벡터이고 k가 영이 아닌 스칼라라면, $\mathbf{v}$의 **스칼라 곱**(scalar multiple)은 $k\mathbf{v}$로 표기하며, 길이는 $\mathbf{v}$의 $|k|$배가 되고, 방향은 $k > 0$일 때는 $\mathbf{v}$와 같고 $k < 0$일 때는 반대가 되는 벡터이다. 만약 $k = 0$이거나 $\mathbf{v} = \mathbf{0}$이면 $k\mathbf{v} = \mathbf{0}$으로 정의한다.

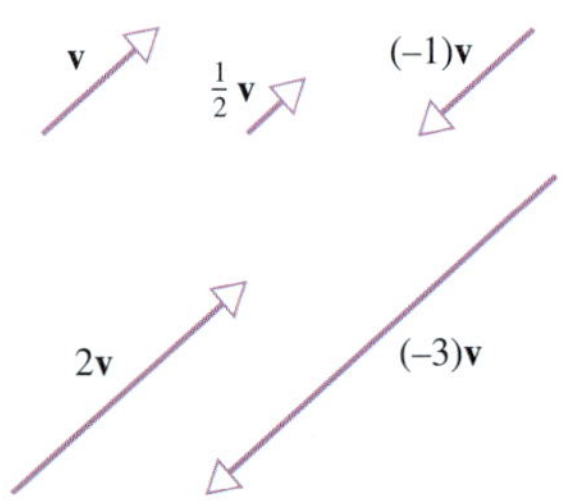

그림 1.1.10

그림 1.1.10은 벡터 $\mathbf{v}$와 이 벡터의 몇몇 스칼라 곱들과의 기하학적 관계를 보여주고 있다. 특히, $(-1)\mathbf{v}$는 $\mathbf{v}$와 같은 길이를 갖지만 방향은 반대가 된다는 점에 유의하라. 따라서 다음과 같다.

$$(-1)\mathbf{v} = -\mathbf{v} \tag{3}$$

좌표계에서의 벡터

화살표는 벡터를 기하학적으로 표현하는 데 유용하지만, 벡터를 대수적으로 표현할 수 있는 방법을 갖는 것이 바람직하다. 우리는 벡터가 직교좌표계에 위치한다고 생각함으로써 이를 해결하려 한다. 이를 위해, 우선 2-공간과 3-공간 좌표계의 기본 개념을 복습하고자 한다.

2-공간의 직교좌표계(rectangular coordinate system in 2-space)는 ***x*축**(x axis)과 ***y*축**(y axis)이라는 서로 직교하는 두 개의 좌표축으로 이루어지며, 이들 축의 교점을 좌표계의 **원점**(origin)이라 한다. 이 교재에서는 양 축에 동일한 눈금을 사용하고, 양의 y축이 양의 x축에서 반시계 방향으로 90° 회전되어 있다고 가정한다(그림 1.1.11*a*).

직교좌표계가 도입되면, 그림 1.1.11*b*와 같이 평면의 점들과 실수들의 순서쌍 사이에 일대일 대응을 설정할 수 있다. 즉, 각 점 P는 고유한 실수들의 순서쌍 (a, b)에 대응하고, 각 실수들의 순서쌍 (a, b)는 고유한 점 P에 대응한다. 순서쌍의 숫자들을 P의 **좌표**(coordinate)라 하며, 점 P의 좌표를 강조할 필요가 있을 때는 $P(a, b)$로 표기한다.

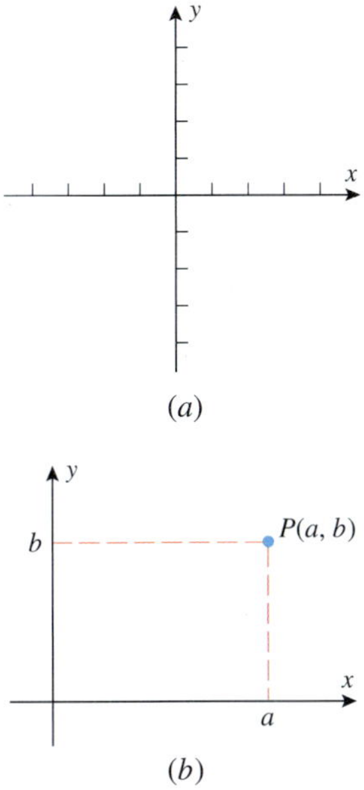

그림 1.1.11

3-공간의 직교좌표계는 일반적으로 ***x*축, *y*축, *z*축**이라고 하는 서로 수직인 세 개의 좌표축으로 구성된다. 이 세 축이 만나는 점을 좌표계의 **원점**이라 하며, 2-공간에서와 같이 세 축 모두에서 눈금의 척도가 동일하다고 가정한다.

3-공간의 좌표계는 **왼손 좌표계**(left-handed coordinate system)와 **오른손 좌표계**(right-handed coordinate system)가 있다. 이를 구별하기 위해 독자가 양의 z축 방향으로 머리를 두고 x축과 y축을 따라 팔을 벌리고 있다고 가정하자. 좌표계가 왼손 좌표계냐 오른손 좌표계냐는 어느 손이 양의 x축 방향을 가리키고 있는지에 달려 있다(그림 1.1.12*a*). *이 교재에서는 오른손 좌표계만 사용할 것이다.* 오른손 좌표계에서 양의 z축 방향을 가리키는 일반 나사는 양의 x축이 양의 y축 방향, 즉 반시계 방향으로 90° 회전할 때 전진한다는 점에 유의하라(그림 1.1.12*b*). 일단 3-공간에 직교좌표계가 도입되면 공간 내의 점들과 실수들의 순서 3-짝(ordered triple) 사이에 일대일 대응 관계가 성립한다(그림 1.1.12*c*). 3-공간의 각 점 P에는 고유한 실수들의 3-짝 (a, b, c)가 대응되고, 각 실수들의 3-짝 (a, b, c)에는 고유한 점 P가 대응된다. 순서 3-짝의 숫자들을 P의 **좌표**라 하고, 점 P의 좌표를 강조할 필요가 있을 때는 $P(a, b, c)$로 표기한다.

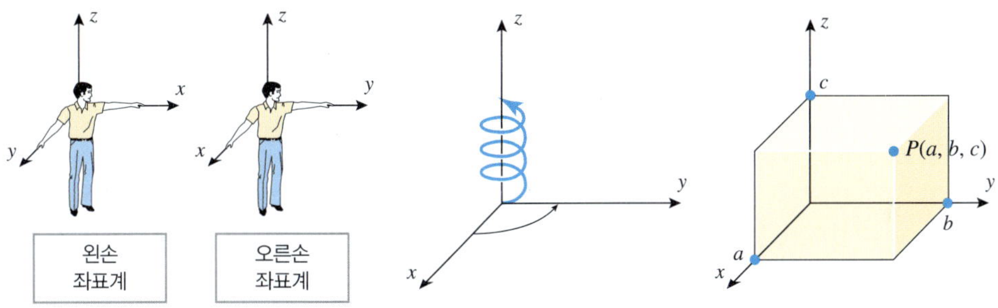

(*a*) (*b*) (*c*)

그림 1.1.12

만약 2-공간이나 3-공간의 벡터 **v**의 시점이 원점에 놓여 있다면 이 벡터는 끝점의 좌표로 완전히 결정되며, 이 좌표를 좌표계에 대한 **v**의 **성분**(component)이라 한다. 우리는 2-공간에서 성분이 (v_1, v_2)인 벡터 **v**를 $\mathbf{v} = (v_1, v_2)$로 표기하고, 3-공간에서의 성분이 (v_1, v_2, v_3)인 벡터 **v**를 $\mathbf{v} = (v_1, v_2, v_3)$로 표기한다(그림 1.1.13). 2-공간과 3-공간의 영벡터를 성분 형태로 표시하면 각각 $\mathbf{0} = (0, 0)$과 $\mathbf{0} = (0, 0, 0)$으로 나타남에 유의하라.

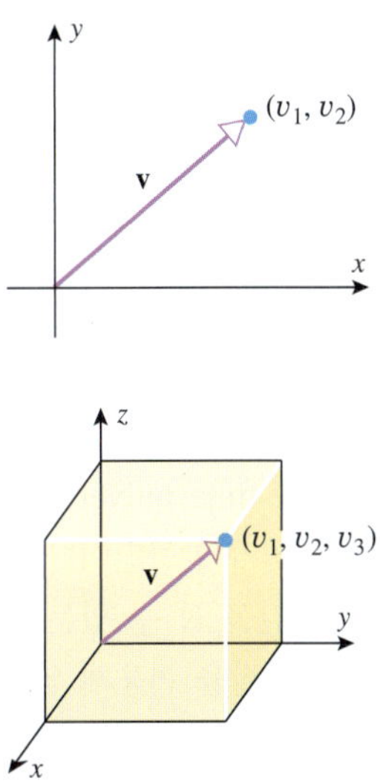

그림 1.1.13

2-공간 또는 3-공간의 두 벡터가 동치이기 위한 필요충분조건이 이들의 시점이 원점에 있을 때 끝점이 같아야 한다는 것은 기하학적으로 명백하다. 대수적으로 이는 두 벡터가 동치이기 위한 필요충분조건이 이들의 대응되는 성분들이 일치한다는 것임을 의미한다. 따라서, 두 벡터 $\mathbf{v} = (v_1, v_2)$와 $\mathbf{w} = (w_1, w_2)$가 동치이기 위한 필요충분조건은 $v_1 = w_1$과 $v_2 = w_2$이다. 마찬가지로, $\mathbf{v} = (v_1, v_2, v_3)$과 $\mathbf{w} = (w_1, w_2, w_3)$이 동치이기 위한 필요충분조건은 $v_1 = w_1$, $v_2 = w_2$, $v_3 = w_3$이다.

이제부터는 2-공간의 벡터를 실수의 순서쌍으로, 3-공간의 벡터를 실수의 순서 3-짝으로 이해하면 된다. 따라서 2-공간의 모든 벡터들의 집합을 R^2으로 표기하고 3-공간의 모든 벡터들의 집합을 R^3으로 표기한다(여기서 'R'은 실수를 뜻하는 영어 'real'의 첫 글자이다).

참고 이미 독자들은 순서쌍이나 순서 3-짝이 2-공간이나 3-공간의 점과 벡터를 표현하는 데 동일하게 사용된 것을 보았을 것이다. 따라서 추가적인 정보가 없다면 순서쌍 (v_1, v_2)가 좌표가 v_1과 v_2인 *점*을 표현하는지, 아니면 성분이 v_1과 v_2인 *벡터*를 표현하는지 구별할 방법이 없다(그림 1.1.14). 따라서 적절한 해석은 강조하려는 기하학적 관점에 따라 달라진다.

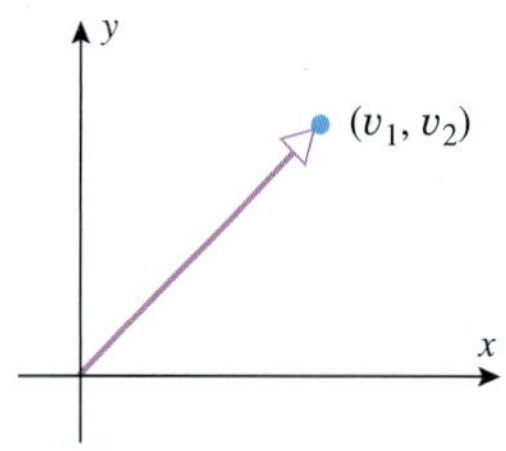

순서쌍 (v_1, v_2)는 점이나 벡터를 나타낸다.

그림 1.1.14

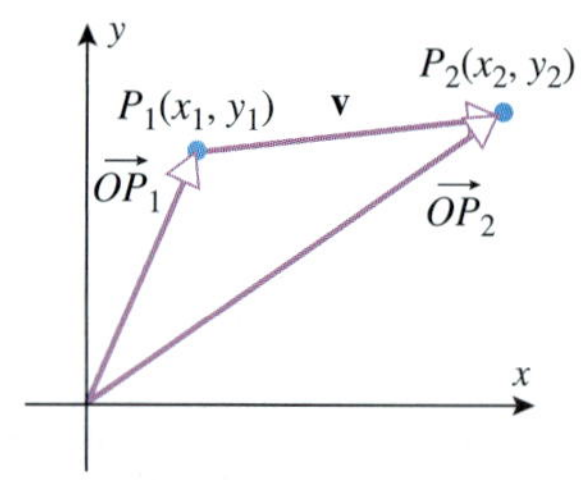

$\mathbf{v} = \overrightarrow{P_1P_2} = \overrightarrow{OP_2} - \overrightarrow{OP_1}$

그림 1.1.15

시점이 원점에 있지 않은 벡터의 성분

때때로 우리는 시점이 원점에 있지 않은 R^2 또는 R^3의 벡터 $\mathbf{v}$의 성분을 구해야 한다. 이를 위해, $\mathbf{v}$가 R^2에서 시점 $P_1(x_1, y_1)$, 끝점 $P_2(x_2, y_2)$를 갖는 벡터라고 가정하자. 그림 1.1.15에서 제시된 것처럼, $\mathbf{v}$는 벡터 $\overrightarrow{OP_1}$과 $\overrightarrow{OP_2}$로 다음과 같이 표현할 수 있다.

$$\mathbf{v} = \overrightarrow{P_1P_2} = \overrightarrow{OP_2} - \overrightarrow{OP_1} = (x_2 - x_1, y_2 - y_1)$$

즉, *$\mathbf{v}$의 성분은 끝점의 좌표에서 시점의 좌표를 빼서 얻는다.* 동일한 결과가 3-공간에서도 성립하며, 이에 따라 다음 정리를 얻는다.

정리 1.1.1

(*a*) *시점이 $P_1(x_1, y_1)$이고 끝점이 $P_2(x_2, y_2)$인 2-공간에서의 벡터는*

$$\overrightarrow{P_1P_2} = (x_2 - x_1, y_2 - y_1) \tag{4}$$

(*b*) *시점이 $P_1(x_1, y_1, z_1)$이고 끝점이 $P_2(x_2, y_2, z_2)$인 3-공간에서의 벡터는*

$$\overrightarrow{P_1P_2} = (x_2 - x_1, y_2 - y_1, z_2 - z_1) \tag{5}$$

예제 2 시점이 원점에 있지 않은 벡터의 성분

시점이 $P_1(2, -1, 4)$이고 끝점이 $P_2(7, 5, -8)$인 벡터의 성분 형태는

$$\overrightarrow{P_1P_2} = (7 - 2, 5 - (-1), -8 - 4) = (5, 6, -12)$$

이며, 이것은 벡터 $\overrightarrow{P_1P_2}$의 시점이 원점으로 평행이동되면 끝점이 $(5, 6, -12)$에 위치하게 된다는 것을 의미한다. ■

R^n의 벡터

2-공간과 3-공간의 점과 벡터를 표현하기 위해 실수의 순서쌍과 순서 3-짝을 사용하는 개념은 18~19세기에 널리 알려졌지만, 19세기 후반과 20세기 초반에 이르러서야 수학자들와 물리학자들은 *고차원 공간*의 물리적 중요성을 인식하기 시작했다. 가장 중요한 예 중 하나는 Albert Einstein에 의해 주어졌는데, 그는 세 개의 공간 성분 (x, y, z)에 시간 성분 t를 추가하여 4-짝(quadruple) (x, y, z, t)를 얻었고, 이를 4차원 *시공간 우주*(space-time universe)의 한 점으로 간주했다. 비록 우리가 2-공간이나 3-공간을 보는 것처럼 4차원 공간을 볼 수 있는 것은 아니지만, 4-짝의 대수적 성질을 이용해 익숙한 기하학적 개념들을 4차원으로 확장하는 것이 가능하다. 실제로 4차원 시공간 우주에 대한 적절한 기하학을 개발함으로써, Einstein은 중력이 어떻게 작용하는지를 설명하는 일반 상대성 이론을 개발하게 되었다. 고차원 공간의 개념을 탐구하기 위해 다음과 같은 정의를 내린다.

역사 속의 선형대수

독일 태생의 물리학자 Albert Einstein은 1935년에 미국으로 이주하여 Princeton 대학교에 정착했다. Einstein은 인생의 마지막 30년 동안 중력과 전자기력 사이의 근본적인 연계성을 확립하는 *통일장 이론*을 만드는 데 보냈지만 실패했다. 최근 물리학자들은 *끈 이론*(string theory)으로 알려진 프레임워크를 사용하여 이 문제에서 진전을 이루었다. 이 이론에서 우주의 가장 작은, 나눌 수 없는 구성 요소는 입자가 아니라 진동하는 끈처럼 행동하는 고리들이다. Einstein의 시공간 우주는 4차원이었으나, 끈들은 현재 많은 연구가 집중되고 있는 11차원 세계에 존재한다.

—Time Magazine 1999년 9월 30일 기사에서

Albert Einstein (1879~1955)

정의 1.1.2 n이 양의 정수일 때, **순서 n-짝**(ordered n-tuple)은 n개 실수 $(v_1, v_2, \cdots, v_n)$로 이루어진 수열이다. 모든 순서 n-짝들의 집합을 **n-공간**이라 하고 R^n으로 나타낸다.

우리는 n-짝을 벡터 표기법 $\mathbf{v} = (v_1, v_2, \cdots, v_n)$으로 나타내고, 모든 성분이 영인 n-짝을 $\mathbf{0} = (0, 0, \cdots, 0)$으로 표기할 것이다, 이를 **영벡터** 또는 R^n의 **원점**이라 부른다.

참고 n-짝 $(v_1, v_2, \cdots, v_n)$의 수들을 *일반화된 점*의 좌표 또는 *일반화된 벡터*의 성분으로 생각할 수 있는데, 이는 독자가 떠올리고자 하는 기하학적 이미지에 따라 달라진다. 수학적으로는 어떤 선택을 하든 차이가 없으며, n-짝의 대수적 속성이 중요한 문제이다.

순서 1-짝($n = 1$)은 단일 실수이므로, R^1은 대수적으로 실수들의 집합으로 보거나 기하학적으로 직선으로 볼 수 있다. 순서 2-짝($n = 2$)은 실수들의 순서쌍이므로, R^2을 기하학적으로 평면으로 볼 수 있다. 순서 3-짝은 실수들의 순서 3-짝이므로, R^3을 기하학적으로 우리 주변의 공간으로 볼 수 있다. 때때로 우리는 R^1, R^2, R^3을 **가시 공간**(visible space)으로, R^4, R^5, $\cdots$ 등을 **고차원 공간**(higher-dimensional space)으로 언급할 것이다. 여기서 고차원 공간으로 이어지는 몇 가지 물리적 예를 들어보자.

예제 3
고차원 공간 벡터들의 예

- **실험 데이터**—과학자는 실험을 수행하고, 실험이 수행될 때마다 n개의 수치 측정을 수행한다. 각 실험의 결과는 R^n 내의 벡터 $\mathbf{y} = (y_1, y_2, \cdots, y_n)$으로 볼 수 있으며, 여기서 $y_1, y_2, \cdots, y_n$은 측정된 값들이다.
- **저장 및 창고 관리**—한 전국 규모의 운송 회사는 트럭을 보관하고 관리하기 위해 15개의 창고를 운영한다. 각 시점에서 관리창고에 있는 트럭의 분포는 15-짝 $\mathbf{x} = (x_1, x_2, \cdots, x_{15})$로 표시될 수 있는데, 여기서 x_1은 첫 번째 관리창고에 있는 트럭의 수이고, x_2는 두 번째 관리창고에 있는 트럭의 수이며, 나머지도 이런 식으로 나타낸 것이다.
- **전기 회로**—어떤 처리 칩(processing chip)이 4개의 입력 전압을 받아들이고 3개의 출력 전압을 생성하도록 설계되었다. 입력 전압은 R^4의 벡터, 출력 전압은 R^3의 벡터로 볼 수 있다. 따라서 이 칩은 R^4 내의 각 입력 벡터 $\mathbf{v} = (v_1, v_2, v_3, v_4)$를 R^3 내의 어떤 출력 벡터 $\mathbf{w} = (w_1, w_2, w_3)$으로 변환하는 장치로 볼 수 있다.
- **그래픽 이미지**—컴퓨터 화면에 컬러 이미지가 만들어지는 방법 중 하나는 각 화소(화면상의 지정 가능한 점)마다 **색상**(hue), **채도**(saturation), **명도**(brightness)를 나타내는 세 개의 숫자를 할당하는 것이다. 따라서 완전한 컬러 이미지는 $\mathbf{v} = (x, y, h, s, b)$ 형태의 5-짝 집합으로 볼 수 있으며, 여기서 x와 y는 화면상의 화소의 좌표이고 h, s, b는 각각 그 화소의 색상, 채도, 명도를 나타낸다.
- **경제학**—경제 분석 방법 중 하나는 경제를 여러 부문(제조, 서비스, 설비 등)으로 나누고 각 부문의 생산량을 달러 가치로 측정하는 것이다. 따라서 10개 부문으로 이루어진 경제에서 전체 경제의 생산량은 10-짝 $\mathbf{s} = (s_1, s_2, \cdots, s_{10})$으로 표현될 수 있으며, 여기서 $s_1, s_2, \cdots, s_{10}$은 각각의 개별 부문에서의 생산량을 나타낸다.
- **기계 시스템**—여섯 개의 입자가 동일한 좌표직선을 따라 움직인다고 가정하면, 시각 t에서 이들의 좌표는 $x_1, x_2, \cdots, x_6$이고, 속도는 $v_1, v_2, \cdots, v_6$이다. 이 정보는 R^{13}에서 다음 벡터로 표현될 수 있다.

$$\mathbf{v} = (x_1, x_2, x_3, x_4, x_5, x_6, v_1, v_2, v_3, v_4, v_5, v_6, t)$$

이 벡터는 시각 t에서의 입자 시스템의 **상태**(state)라 한다. ■

개념문제 n-짝이 발생할 수 있는 다른 물리적 예를 생각해 보라.

벡터의 상등 우리는 앞에서 R^2 또는 R^3에서의 두 벡터가 동치이기 위한 필요충분조건이 이들의 서로 대응되는 성분들이 같을 때임을 보았다. 따라서 다음과 같은 정의를 할 수 있다.

역사 속의 선형대수

벡터를 n-짝으로 표현하는 개념은 1814년경 스위스의 회계사(그리고 아마추어 수학자) Jean Robert Argand (1768~1822)이 복소수 $a + bi$를 실수 순서쌍 (a, b)로 표현하는 개념을 제안하면서 구체화되기 시작했다. 이어서, 아일랜드 수학자 William Hamilton은 *사원수*(quatemion) 이론을 발전시켰으며, 이는 4차원 공간의 중요한 첫 사례였다. Hamilton은 1843년 아일랜드 학술원에 제출한 논문에 이 개념을 발표했다. n차원 공간 개념은 1844년 독일의 수학자 Hermann Grassmann이 *Ausdehnungslehre*란 제목의 책을 출판하면서 확고히 자리 잡았으며, 그는 그 책에서 이 교재에 등장하는 많은 기본 개념들을 발전시켰다.

Sir William Rowan Hamilton (1805~1865)

Hermann Günther Grassmann (1809~1877)

정의 1.1.3 R^n에서의 벡터 $\mathbf{v} = (v_1, v_2, \cdots, v_n)$과 $\mathbf{w} = (w_1, w_2, \cdots, w_n)$이 **동치**[(equivalent) 또는 **상등**(equal)]라고 하는 것은 다음 조건을 만족할 때이다.

$$v_1 = w_1, \quad v_2 = w_2, \cdots, \quad v_n = w_n$$

그리고 이를 $\mathbf{v} = \mathbf{w}$로 표기한다.

예를 들어,

$$(a, b, c, d) = (1, -4, 2, 7)$$

이기 위한 필요충분조건은 $a = 1,\ b = -4,\ c = 2,\ d = 7$일 때이다.

이제 우리의 다음 목표는 R^n에서 벡터에 대한 덧셈, 뺄셈, 그리고 스칼라 곱의 연산을 정의하는 것이다. 이러한 개념을 설명하기 위해, 우리는 R^2에서 성분을 이용하여 이러한 연산이 어떻게 수행되는지 살펴볼 것이다. 그림 1.1.16을 통해 $\mathbf{v} = (v_1, v_2)$이고 $\mathbf{w} = (w_1, w_2)$일 때

$$\mathbf{v} + \mathbf{w} = (v_1 + w_1, v_2 + w_2) \tag{6}$$

$$k\mathbf{v} = (kv_1, kv_2) \tag{7}$$

임을 추론할 수 있다. 이를 말로 표현하면, *벡터의 덧셈은 대응하는 성분끼리 더하면 되고, 벡터의 스칼라 곱은 각 성분에 스칼라를 곱하면 된다.* 특히, 식 (7)로부터

$$-\mathbf{v} = (-1)\mathbf{v} = (-v_1, -v_2) \tag{8}$$

이 성립하며, 이와 같이 다음 식도 성립한다.

$$\mathbf{w} - \mathbf{v} = \mathbf{w} + (-\mathbf{v}) = (w_1 - v_1, w_2 - v_2) \tag{9}$$

즉, *벡터의 뺄셈은 각 성분끼리 빼면 된다.*

식 (6)~(9)로부터 다음과 같은 정의를 할 수 있다.

정의 1.1.4 벡터 $\mathbf{v} = (v_1, v_2, \cdots, v_n)$과 $\mathbf{w} = (w_1, w_2, \cdots, w_n)$가 R^n의 벡터이고, k가 임의의 스칼라일 때, 다음과 같이 정의한다.

$$\mathbf{v} + \mathbf{w} = (v_1 + w_1, v_2 + w_2, \cdots, v_n + w_n) \tag{10}$$

$$k\mathbf{v} = (kv_1, kv_2, \cdots, kv_n) \tag{11}$$

$$-\mathbf{v} = (-v_1, -v_2, \cdots, -v_n) \tag{12}$$

$$\mathbf{w} - \mathbf{v} = \mathbf{w} + (-\mathbf{v}) = (w_1 - v_1, w_2 - v_2, \cdots, w_n - v_n) \tag{13}$$

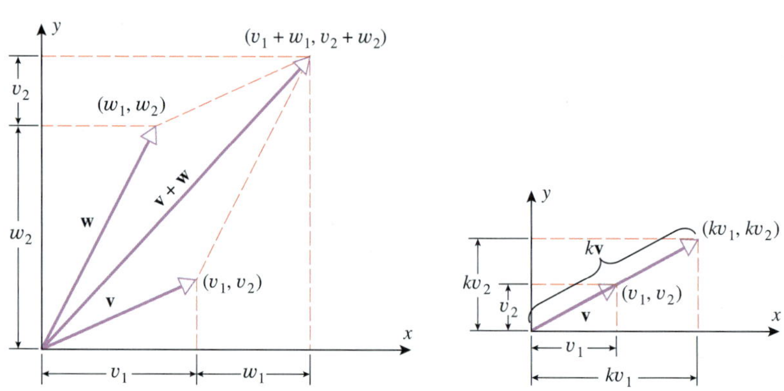

그림 1.1.16

예제 4 성분을 사용한 대수적 연산

만약 $\mathbf{v} = (1, -3, 2)$이고, $\mathbf{w} = (4, 2, 1)$이라면, 다음과 같다.

$$\mathbf{v} + \mathbf{w} = (5, -1, 3), \qquad 2\mathbf{v} = (2, -6, 4)$$

$$-\mathbf{w} = (-4, -2, -1), \qquad \mathbf{v} - \mathbf{w} = \mathbf{v} + (-\mathbf{w}) = (-3, -5, 1)$$ ■

다음 정리는 벡터 연산에서 가장 중요한 성질들을 요약한 것이다.

정리 1.1.5 *벡터 $\mathbf{u}$, $\mathbf{v}$, $\mathbf{w}$가 R^n에 속하고, k와 l이 스칼라일 때, 다음이 성립한다.*

(*a*) $\mathbf{u} + \mathbf{v} = \mathbf{v} + \mathbf{u}$
(*b*) $(\mathbf{u} + \mathbf{v}) + \mathbf{w} = \mathbf{u} + (\mathbf{v} + \mathbf{w})$
(*c*) $\mathbf{u} + \mathbf{0} = \mathbf{0} + \mathbf{u} = \mathbf{u}$
(*d*) $\mathbf{u} + (-\mathbf{u}) = \mathbf{0}$
(*e*) $(k + l)\mathbf{u} = k\mathbf{u} + l\mathbf{u}$
(*f*) $k(\mathbf{u} + \mathbf{v}) = k\mathbf{u} + k\mathbf{v}$
(*g*) $k(l\mathbf{u}) = (kl)\mathbf{u}$
(*h*) $1\mathbf{u} = \mathbf{u}$

여기서는 (*b*)만 증명하고 나머지 증명들은 연습문제로 남기겠다.

증명 (*b*) $\mathbf{u} = (u_1, u_2, \cdots, u_n)$, $\mathbf{v} = (v_1, v_2, \cdots, v_n)$, $\mathbf{w} = (w_1, w_2, \cdots, w_n)$일 때,

$$\begin{aligned}
(\mathbf{u} + \mathbf{v}) + \mathbf{w} &= [(u_1, u_2, \cdots, u_n) + (v_1, v_2, \cdots, v_n)] + (w_1, w_2, \cdots, w_n) \\
&= (u_1 + v_1, u_2 + v_2, \cdots, u_n + v_n) + (w_1, w_2, \cdots, w_n) && \textbf{(벡터 덧셈)} \\
&= \big((u_1 + v_1) + w_1, (u_2 + v_2) + w_2, \cdots, (u_n + v_n) + w_n\big) && \textbf{(벡터 덧셈)} \\
&= \big(u_1 + (v_1 + w_1), u_2 + (v_2 + w_2), \cdots, u_n + (v_n + w_n)\big) && \textbf{(결합 법칙)} \\
&= (u_1, u_2, \cdots, u_n) + (v_1 + w_1, v_2 + w_2, \cdots, v_n + w_n) && \textbf{(벡터 덧셈)} \\
&= \mathbf{u} + (\mathbf{v} + \mathbf{w})
\end{aligned}$$ ■

R^n의 벡터들에 대한 다음의 추가적인 성질은 벡터를 성분으로 표시하면 쉽게 유도할 수 있다(확인하라).

정리 1.1.6 *벡터 $\mathbf{v}$가 R^n에 속하고, k가 스칼라일 때,*

(*a*) $0\mathbf{v} = \mathbf{0}$
(*b*) $k\mathbf{0} = \mathbf{0}$
(*c*) $(-1)\mathbf{v} = -\mathbf{v}$

미리보기 정리 1.1.5는 선형대수에서 가장 기본적인 정리 중 하나로, 벡터에 대한 모든 대수적 성질을 이 정리의 8가지 성질로부터 도출할 수 있다. 예를 들어, 정리 1.1.6은 벡터의 성분을 사용하여 쉽게 증명할 수 있지만, 정리 1.1.5의 성질을 사용하면 벡터를 성분으로 분해하지 않고도 유도할 수 있다(연습문제 P3). 추후에 우리는 정리 1.1.5를 출발점으로 하여 벡터의 개념을 R^n 이상으로 확장할 것이다.

세 개 이상의 벡터의 합

정리 1.1.5의 (*b*), 즉 **벡터 덧셈에 대한 결합 법칙**(associative law)으로부터 $\mathbf{u} + \mathbf{v} + \mathbf{w}$라는 표현이 괄호를 어디에 넣어도 동일한 결과를 내기 때문에 모호함이 없다는 것을 알 수 있다. 이것은 R^2과 R^3에서의 벡터에 대해 그림 1.1.17*a*에서 기하학적으로 설명된다. 이 그림은 또한 $\mathbf{u}$, $\mathbf{v}$, $\mathbf{w}$의 머리와 꼬리를 차례대로 이어 붙인 후 $\mathbf{u}$의 시점에서 $\mathbf{w}$의 끝점까지 벡터를 그리면 벡터 $\mathbf{u} + \mathbf{v} + \mathbf{w}$를 얻을 수 있음을 보여준다. 이 결과는 R^2과 R^3에서 네 개 이상의 벡터의 합으로도 일반화된다(그림 1.1.17*b*). 머리와 꼬리를 이어 붙

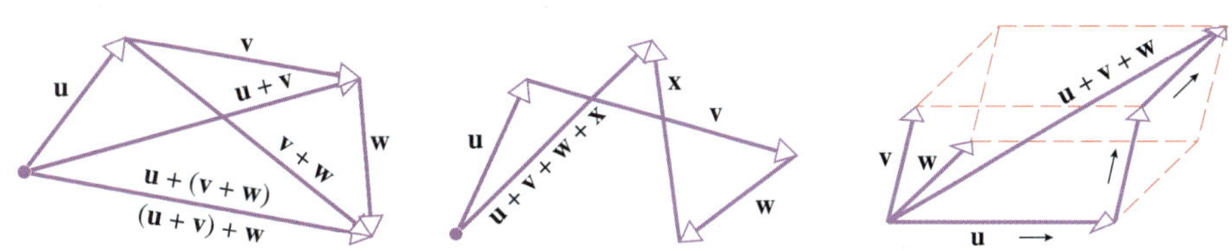

그림 1.1.17 (*a*) (*b*) (*c*)

이는 방식을 사용하여 **u**, **v**, **w**가 R^3에서 공통의 시점을 갖는 벡터라면 **u** + **v** + **w**는 세 벡터가 인접한 모서리로 있는 평행육면체의 대각선임을 알 수 있다(그림 1.1.17*c*).

평행한 벡터와 동일직선상의 벡터

v와 **w**가 공통 시점을 갖는 R^2 또는 R^3에서의 벡터라 가정하자. 만약 벡터 중 하나가 다른 벡터의 스칼라 배수인 경우 이 벡터들은 동일한 직선 위에 있으므로, 이 벡터들은 *동일직선상*(collinear)에 있다고 말하는 것이 합리적이다(그림 1.1.18*a*). 하지만 그림 1.1.18*b*에서와 같이 벡터 중 하나를 평행이동하면, 이 벡터들은 더 이상 동일직선상에 있지 않고 *평행*(parallel)하게 된다. 여기서 벡터의 평행이동이 벡터 자체를 변화시키지 않기 때문에 언어적인 문제가 발생한다. 이 문제를 해결하는 유일한 방법은 *평행*과 *동일직선상*이라는 용어가 동일한 의미를 가진다고 합의하는 것이다. 따라서 우리는 다음과 같이 정의한다.

> 정의 1.1.7 R^n의 두 벡터에 대해 하나의 벡터가 다른 벡터의 스칼라 배수인 경우 **평행하다**(parallel) 또는 **동일직선상에 있다**(collinear)라고 한다. 만약 한 벡터가 다른 벡터의 양의 스칼라 배수라면, 이 벡터들은 **같은 방향**을 가진다고 하며, 음의 스칼라 배수라면 **반대 방향**을 가진다고 한다.

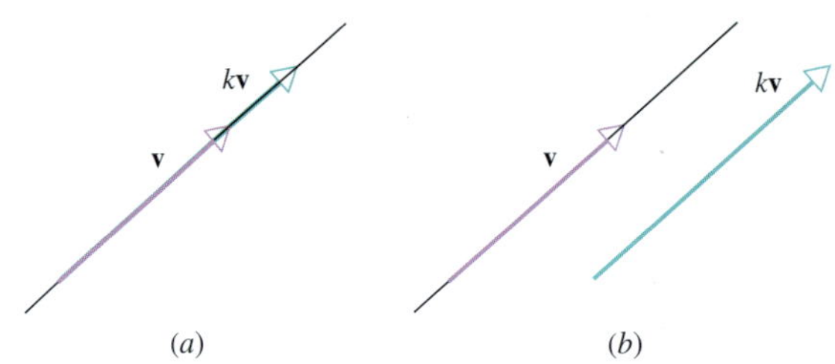

그림 1.1.18

참고 벡터 **0**은 R^n 내의 임의의 벡터 **v**에 대하여 스칼라 배수 $\mathbf{0} = 0\mathbf{v}$와 같이 표현 가능하므로 모든 벡터 **v**와 평행하다.

일차 결합

종종 덧셈, 뺄셈, 스칼라 곱셈을 조합해 새로운 벡터를 만든다. 예를 들어, 벡터 $\mathbf{v}_1$, $\mathbf{v}_2$, $\mathbf{v}_3$이 주어졌을 때 이와 같은 방법으로 다음의 벡터를 만들 수 있다.

$$\mathbf{w} = 2\mathbf{v}_1 + 3\mathbf{v}_2 + \mathbf{v}_3 \quad \text{그리고} \quad \mathbf{w} = 7\mathbf{v}_1 - 6\mathbf{v}_2 + 8\mathbf{v}_3$$

일반적으로 다음과 같이 정의한다.

> 정의 1.1.8 R^n의 벡터 **w**가 벡터 $\mathbf{v}_1, \mathbf{v}_2, \cdots, \mathbf{v}_k$의 **일차 결합**(linear combination)이라고 하는 것은 **w**가 다음과 같은 형태로 표시될 수 있을 때이다.
>
> $$\mathbf{w} = c_1\mathbf{v}_1 + c_2\mathbf{v}_2 + \cdots + c_k\mathbf{v}_k \tag{14}$$
>
> 여기서, 스칼라 $c_1, c_2, \cdots, c_k$는 일차 결합의 **계수**(coefficient)라 한다. $k = 1$인 경우, 식 (14)는 $\mathbf{w} = c_1\mathbf{v}_1$이 되므로, **w**가 $\mathbf{v}_1$의 일차 결합이라는 것은 **w**가 $\mathbf{v}_1$의 스칼라 배수라는 것과 같다.

컴퓨터 색상 모델에의 응용

컴퓨터 모니터의 색상은 일반적으로 **RGB 색상 모델**(RGB color model)을 기반으로 한다. 이 체계에서 색상은 기본색인 적색(R), 녹색(G), 청색(B)의 비율을 더하여 만들어진다. 이를 수행하는 한 가지 방법은 기본색을 R^3의 벡터

$$\mathbf{r} = (1, 0, 0) \ (\text{순적색}), \qquad \mathbf{g} = (0, 1, 0) \ (\text{순녹색}), \qquad \mathbf{b} = (0, 0, 1) \ (\text{순청색})$$

으로 나타내고, 0과 1 사이의 계수(0과 1 포함)를 사용하여 **r**, **g**, **b**의 일차 결합을 형성함으로써 모든 색상을 만드는 것이다. 이 계수들은 혼합된 각 순수 색상의 비율을 나타낸다. 이러한 모든 색상 벡터들의 집합을 **RGB 공간**(RGB space) 또는 **RGB 색정육면체**(RGB color cube)라고 한다(그림 1.1.19). 따라서,

색정육면체 내의 각 색상 벡터 $\mathbf{c}$는 다음과 같이 일차 결합으로 표현할 수 있다.

$$\mathbf{c} = c_1\mathbf{r} + c_2\mathbf{g} + c_3\mathbf{b} = c_1(1, 0, 0) + c_2(0, 1, 0) + c_3(0, 0, 1) = (c_1, c_2, c_3)$$

여기서, $0 \leq c_i \leq 1$이다. 그림에서 볼 수 있듯이, 색정육면체의 꼭짓점들은 순수 기본 색상들과 검은색, 흰색, 자홍색(magenta), 청록색(cyan), 노란색(yellow)을 나타낸다. 검은색에서 흰색으로 이어지는 대각선 벡터는 회색 음영을 나타낸다.

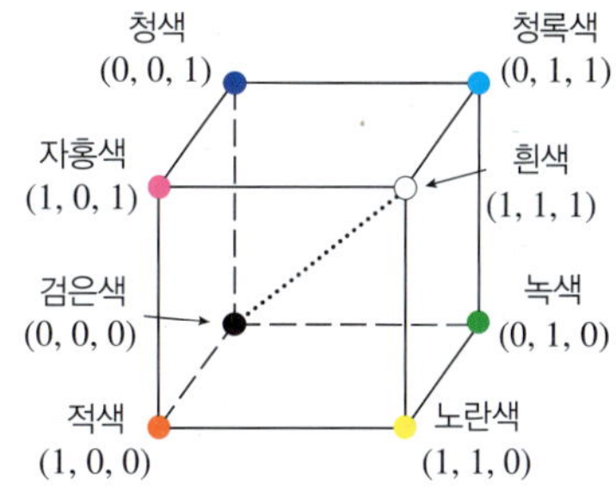

그림 1.1.19

벡터의 다른 표기법 지금까지 우리는 R^n의 벡터를 다음과 같이 표기하였다.

$$\mathbf{v} = (v_1, v_2, \cdots, v_n) \tag{15}$$

이러한 표기법을 **쉼표로 구분된**(comma-delimited) 형식이라 한다. 그러나 R^n의 벡터는 본질적으로 n개의 숫자(성분)의 목록이므로, 벡터의 성분을 올바른 순서대로 표시하는 모든 표기법은 쉼표로 구분된 표기법에 대해 유효한 대안이 된다. 예를 들어, 식 (15)의 벡터는

$$\mathbf{v} = [v_1 \quad v_2 \quad \cdots \quad v_n] \tag{16}$$

과 같이 쓸 수 있으며, 이를 **행 벡터**(row-vector) 형식이라 한다. 또는,

$$\mathbf{v} = \begin{bmatrix} v_1 \\ v_2 \\ \vdots \\ v_n \end{bmatrix} \tag{17}$$

과 같이 쓸 수 있으며, 이를 **열 벡터**(column-vector) 형식이라 한다. 표기법의 선택은 종종 취향이나 편의성의 문제이나 때로는 우리가 고려 중인 문제의 성격에 따라 특정한 표기법이 요구되기도 한다. 이 교재에서는 세 가지 표기법이 모두 사용된다.

행렬 수치 정보는 종종 *행렬*이라 부르는 표로 정렬된다. 예를 들어, 다음은 어떤 학생이 일주일 동안 네 과목의 숙제를 하기 위해 소비한 시간에 대한 행렬 표현이다.

	월요일	화요일	수요일	목요일	금요일	토요일	일요일
수학	2	1	2	0	3	0	1
영어	2	0	1	3	1	0	1
화학	1	3	0	0	1	0	1
물리	1	2	4	1	0	0	2

이 표에서 머리글을 생략하면, 남은 수치 데이터는 네 개의 행과 일곱 개의 열을 갖는 행렬을 형성한다.

$$\begin{bmatrix} 2 & 1 & 2 & 0 & 3 & 0 & 1 \\ 2 & 0 & 1 & 3 & 1 & 0 & 1 \\ 1 & 3 & 0 & 0 & 1 & 0 & 1 \\ 1 & 2 & 4 & 1 & 0 & 0 & 2 \end{bmatrix} \tag{18}$$

이 개념을 공식화하기 위해, 우리는 **행렬**(matrix)을 행렬의 **성분**(entry)이라 부르는 숫자들의 직사각형 배열로 정의한다. 만약 행렬이 m개의 행과 n개의 열을 가지면, 그 **크기**(size)를 $m \times n$이라 하며, 행의 개수를 항상 먼저 쓴다. 따라서 식 (18)의 행렬은 크기가 4×7이다. 한 행으로 이루어진 행렬을 **행 벡터**(row vector)라 하고, 한 열로 이루어진 행렬을 **열 벡터**(column vector)라 한다[예를 들어, 식 (16)과 (17) 참조]. 또한 행렬을 행 벡터들의 목록이나 열 벡터들의 목록으로 볼 수도 있다. 예를 들어, 식 (18)의 행렬은 R^7의 네 개의 행 벡터들의 목록으로 보거나 R^4의 일곱 개의 열 벡터들의 목록으로 볼 수 있다.

행렬은 표 형식의 정보를 기술하는 것 외에도 항공 노선을 통한 도시 간의 연결, 사회 구조 속 사람들 간의 연결, 또는 전기 회로 요소들 간의 연결과 같이 객체들 간의 연결을 설명하는 데 유용하다. 이 개념은 연결된 객체들을 **꼭짓점**(vertices)이라고 하는 점으로 나타내고, 꼭짓점들 간의 연결을 **변**(edge)이라 부르는 선분이나 호로 나타내는 것이다. 꼭짓점과 변은 **연결성 그래프**(connectivity graph) 또는 간단히 **그래프**(graph)를 형성한다. 예를 들어, 그림 1.1.20a는 네 도시 간의 항공 노선을 설명하는 그래프를 보여 주며, 직항 노선이 있는 도시들은 변으로 연결되어 있다. 변에 있는 화살표는 **양방향 연결**(two-way connection)과 **단방향 연결**(one-way connection)을 구분해 준다. 예를 들어, 도시 1과 도시 3을 연결하는 변에 있는 이중 화살표는 도시 1에서 도시 3으로 가는 노선과 도시 3에서 도시 1로 가는 노선이 있음을 나타내며, 도시 1과 도시 4를 연결하는 변에 있는 단일 화살표는 도시 1에서 도시 4로 가는 노선은 있지만 도시 4에서 도시 1로 가는 노선은 없음을 나타낸다. 단방향과 양방향 연결이 표시된 그래프를 **유향 그래프**(directed graph)라 한다.

유향 그래프는 **인접성 행렬**(adjacency matrix)이라 부르는 $n \times n$ 행렬로 표시할 수 있으며, 이 행렬에서는 숫자 1과 0은 연결을 나타내는 데 사용된다. 구체적으로 설명하면, 그래프의 꼭짓점들에 1부터 n까지 번호를 붙여 주었을 때 행렬의 i행 j열의 성분은 꼭짓점 i에서 꼭짓점 j로 연결이 있으면 1, 연결이 없으면 0이다. 예를 들어, 그림 1.1.20b는 그림 1.1.20a의 유향 그래프에 대한 인접성 행렬이다(확인해 보라).

역사 속의 선형대수

그래프 이론은 스위스의 수학자 Leonhard Euler로부터 시작되었는데, 그는 1700년대 중반 프로이센의 도시 Königsberg(현재 러시아의 Kaliningrad)의 시민들이 제시한 문제를 해결하기 위해 이 개념을 개발하였다. 이 도시는 다음 동판화에서 볼 수 있듯이 섬을 둘러싸고 흐르는 Pregel 강에 의해 나누어진다.

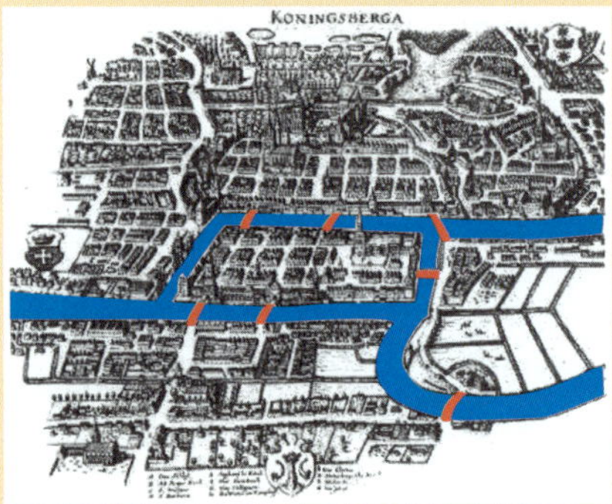

이 문제는 강변이나 섬의 어느 한 지점에서 출발해, 모든 다리를 단 한 번씩만 건너 출발 지점으로 되돌아올 수 있는지 여부를 결정하는 것이었다. 1736년 Euler는 그래프를 분석하여 그러한 경로가 불가능하다는 것을 증명하였다.

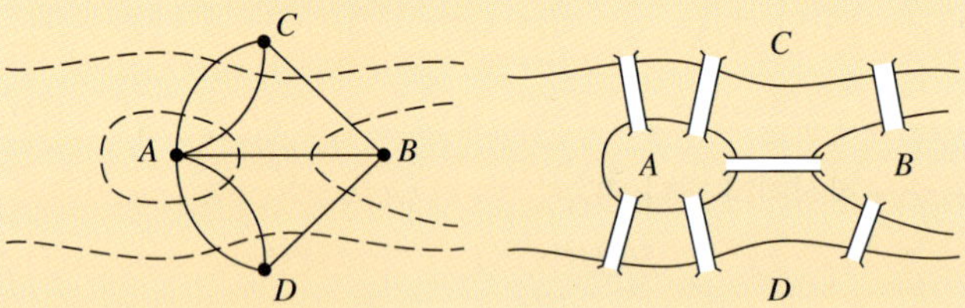

Leonhard Euler
(1707~1783)

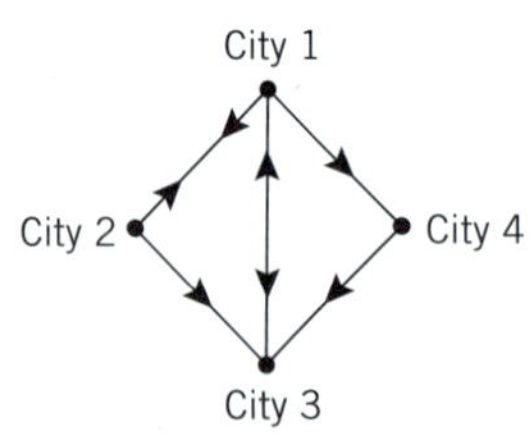

From \ To	1	2	3	4
1	0	1	1	1
2	1	0	1	0
3	1	0	0	0
4	0	0	1	0

그림 1.1.20 (a) (b)

연습문제 1.1

연습문제 1과 2에서는 시점이 원점에 있는 벡터를 그려라.

1. (a) $\mathbf{v}_1 = (3, 6)$ (b) $\mathbf{v}_2 = (-4, -8)$
(c) $\mathbf{v}_3 = (3, 3, 0)$ (d) $\mathbf{v}_4 = (0, 0, -3)$

2. (a) $\mathbf{v}_1 = (-1, 2)$ (b) $\mathbf{v}_2 = (3, 4)$
(c) $\mathbf{v}_3 = (1, 2, 3)$ (d) $\mathbf{v}_4 = (-1, 6, 1)$

연습문제 3과 4에서는 $\mathbf{u} = (1, 1)$, $\mathbf{v} = (-1, 1)$로 주어져 있을 때 시점이 원점인 벡터를 그려라.

3. (a) $2\mathbf{u}$ (b) $\mathbf{u} + \mathbf{v}$ (c) $2\mathbf{u} + 2\mathbf{v}$
(d) $\mathbf{u} - \mathbf{v}$ (e) $\mathbf{u} + 2\mathbf{v}$

4. (a) $-\mathbf{u} + \mathbf{v}$ (b) $3\mathbf{u} + 2\mathbf{v}$ (c) $2\mathbf{u} + 5\mathbf{v}$
(d) $-2\mathbf{u} - \mathbf{v}$ (e) $2\mathbf{u} - 3\mathbf{v}$

연습문제 5와 6에서는 벡터의 성분을 구하고 시점이 원점인 동치 벡터를 그려라.

5. (a)

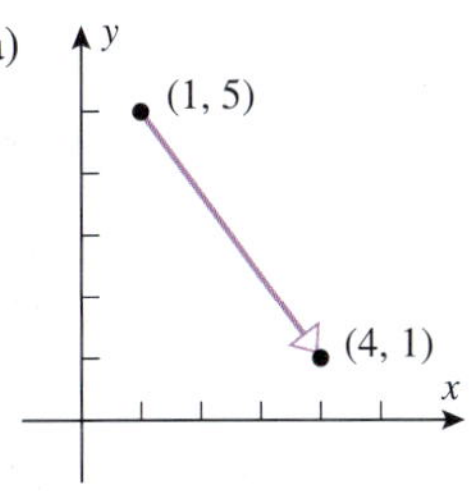

(b)

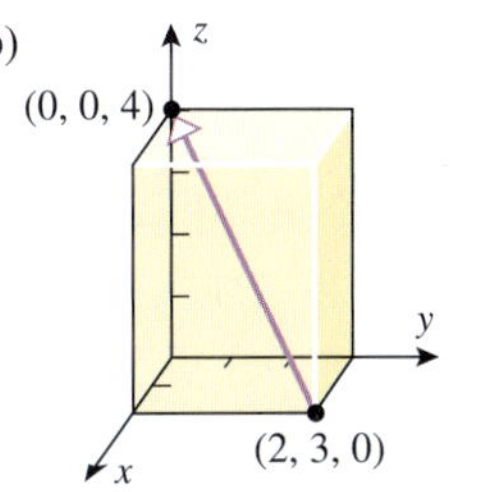

6. (a)

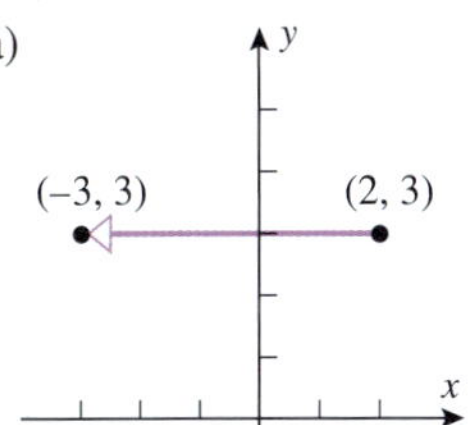

(b)

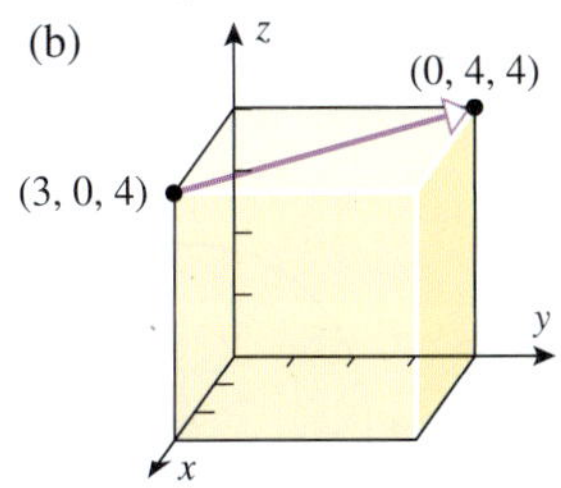

연습문제 7과 8에서는 벡터 $\overrightarrow{P_1P_2}$의 성분을 구하라.

7. (a) $P_1(3, 5)$, $P_2(2, 8)$ (b) $P_1(5, -2, 1)$, $P_2(2, 4, 2)$

8. (a) $P_1(-6, 2)$, $P_2(-4, -1)$ (b) $P_1(0, 0, 0)$, $P_2(-1, 6, 1)$

9. (a) 시점이 $A(1, 1)$이고 $\mathbf{u} = (1, 2)$와 동치인 벡터의 끝점을 구하라.
(b) 끝점이 $B(-1, -1, 2)$이고 $\mathbf{u} = (1, 1, 3)$과 동치인 벡터의 시점을 구하라.

10. (a) 끝점이 $B(2, 0)$이고 $\mathbf{u} = (1, 2)$와 동치인 벡터의 시점을 구하라.
(b) 시점이 $A(0, 2, 0)$이고 $\mathbf{u} = (1, 1, 3)$과 동치인 벡터의 끝점을 구하라.

11. $\mathbf{u} = (-3, 1, 2, 4, 4)$, $\mathbf{v} = (4, 0, -8, 1, 2)$, $\mathbf{w} = (6, -1, -4, 3, -5)$라 하자. 다음 벡터들의 성분을 구하라.
(a) $\mathbf{v} - \mathbf{w}$ (b) $6\mathbf{u} + 2\mathbf{v}$
(c) $(2\mathbf{u} - 7\mathbf{w}) - (8\mathbf{v} + \mathbf{u})$

12. $\mathbf{u} = (1, 2, -3, 5, 0)$, $\mathbf{v} = (0, 4, -1, 1, 2)$, $\mathbf{w} = (7, 1, -4, -2, 3)$이라 하자. 다음 벡터들의 성분을 구하라.
(a) $\mathbf{v} + \mathbf{w}$ (b) $3(2\mathbf{u} - \mathbf{v})$
(c) $(3\mathbf{u} - \mathbf{v}) - (2\mathbf{u} + 4\mathbf{w})$

13. $\mathbf{u}$, $\mathbf{v}$, $\mathbf{w}$가 연습문제 11에서와 같다고 하자. 다음 등식을 만족시키는 벡터 $\mathbf{x}$의 성분을 구하라.

$$2\mathbf{u} - \mathbf{v} + \mathbf{x} = 7\mathbf{x} + \mathbf{w}$$

14. $\mathbf{u}$, $\mathbf{v}$, $\mathbf{w}$가 연습문제 12에서와 같다고 하자. 다음 등식을 만족시키는 벡터 $\mathbf{x}$의 성분을 구하라.

$$3\mathbf{u} + \mathbf{v} - 2\mathbf{w} = 3\mathbf{x} + 2\mathbf{w}$$

15. R^6에 있는 다음 벡터 중 어느 것이 $\mathbf{u} = (-2, 1, 0, 3, 5, 1)$과 평행한가?
(a) $(4, 2, 0, 6, 10, 2)$ (b) $(4, -2, 0, -6, -10, -2)$
(c) $(0, 0, 0, 0, 0, 0)$

16. 다음에 주어진 벡터가 $\mathbf{u} = (4, -1)$과 평행하려면 t 값은 얼마인가?
(a) $(8t, -2)$ (b) $(8t, 2t)$
(c) $(1, t^2)$

17. 각 항목에서 벡터 $\mathbf{u} + \mathbf{v} + \mathbf{w}$를 그리고, 이를 성분 형식으로 나타내라.

(a)

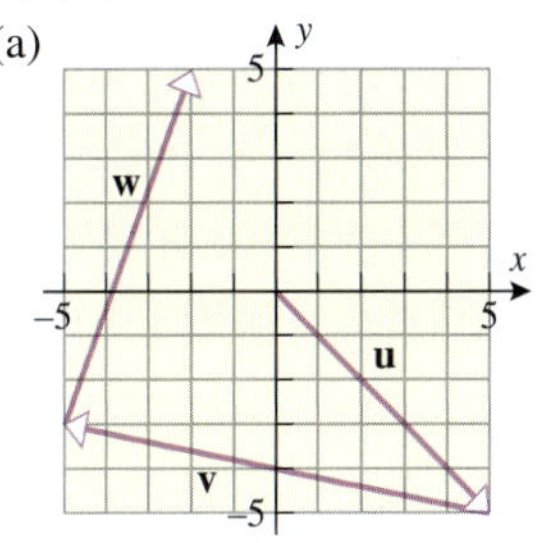

(b)

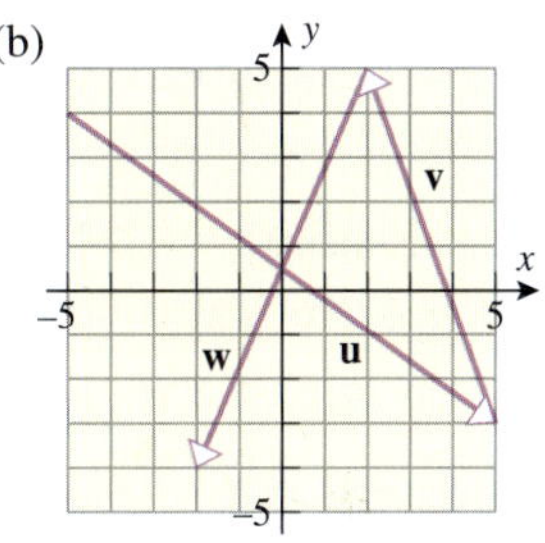

18. 연습문제 17의 각 항목에서 벡터 $\mathbf{u} - \mathbf{v} + \mathbf{w}$를 그리고, 이를 성분 형식으로 나타내라.

19. $\mathbf{u} = (1, -1, 3, 5)$, $\mathbf{v} = (2, 1, 0, -3)$이라 하자. 이때 $a\mathbf{u} + b\mathbf{v} = (1, -4, 9, 18)$이 되도록 하는 스칼라 a와 b를 구하라.

20. $\mathbf{u} = (2, 1, 0, 1, -1)$, $\mathbf{v} = (-2, 3, 1, 0, 2)$라 하자. 이때 $a\mathbf{u} + b\mathbf{v} = (-8, 8, 3, -1, 7)$이 되도록 하는 스칼라 a와 b를 구하라.

21. 점 $A = (0, 0)$, $B = (-1, 3)$, $C = (1, 2)$를 꼭짓점으로 갖는 세 개의 평행사변형을 그려라.

22. 연습문제 21에서 구한 평행사변형 중 하나는 벡터 $\overrightarrow{AB} + \overrightarrow{AC}$의 끝점을 네 번째 꼭짓점으로 가짐을 보이고, 나머지 평행사변형들의 네 번째 꼭짓점을 각각 $\overrightarrow{AB}$와 $\overrightarrow{AC}$를 사용하여 나타내라.

*어떤 입자에 가해진 모든 힘들의 합이 영일 때 **정적 평형**(static equilibrium) 상태에 있다고 한다. 연습문제 23과 24에서는 정적 평형을 생성하기 위해 원점에 있는 입자에 가해져야 하는 힘 $\mathbf{F}$의 성분을 구하라. 그림에 나타나 있는 힘에 힘 $\mathbf{F}$가 추가로 가해지는 것이며, 다른 힘은 존재하지 않는다.*

23.

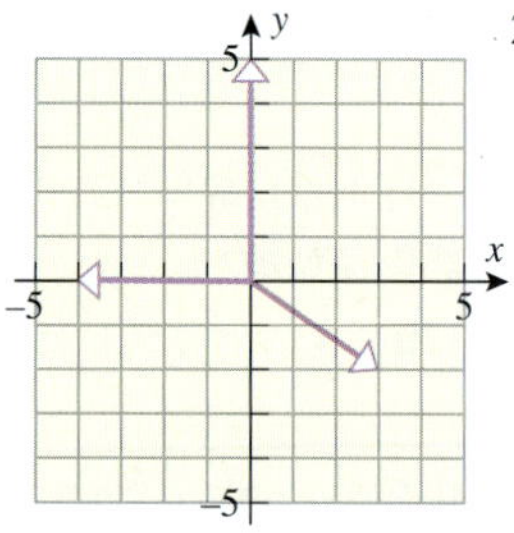

24.

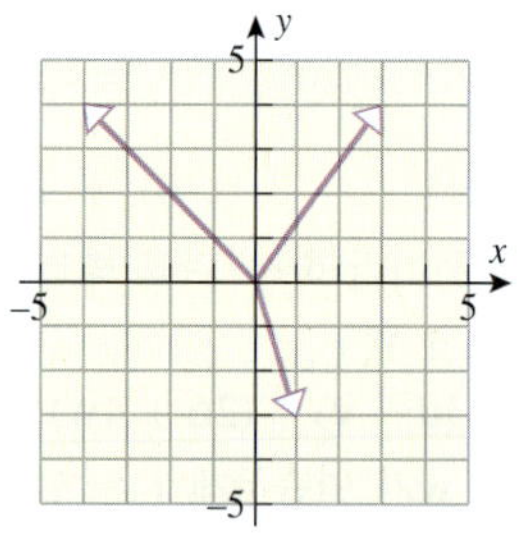

연습문제 25와 26에서는 주어진 유향 그래프의 인접성 행렬을 구하라.

25. (a)

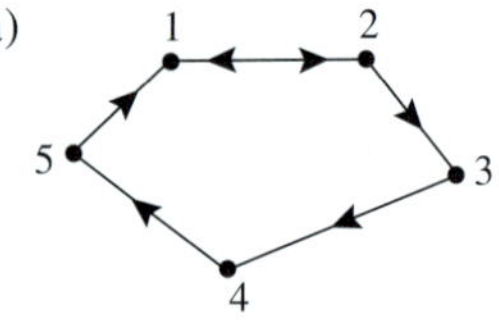

(b)

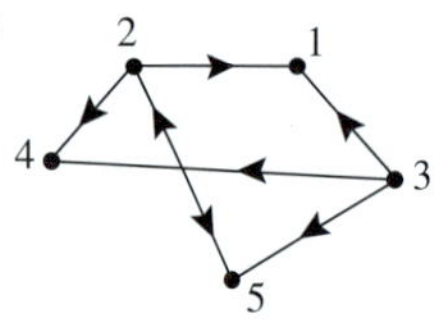

26. (a)

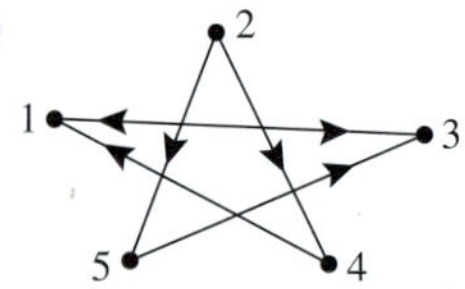

(b)

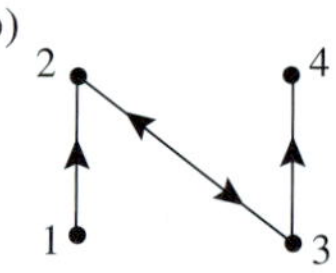

연습문제 27과 28에서는 주어진 행렬을 인접성 행렬로 갖는 유향 그래프를 구하라.

27. $\begin{bmatrix} 0 & 1 & 0 & 0 & 0 \\ 0 & 0 & 0 & 1 & 0 \\ 1 & 0 & 0 & 0 & 0 \\ 0 & 0 & 0 & 0 & 1 \\ 0 & 0 & 1 & 0 & 0 \end{bmatrix}$

28. $\begin{bmatrix} 0 & 1 & 0 & 1 & 0 & 0 \\ 0 & 0 & 1 & 0 & 0 & 0 \\ 0 & 0 & 0 & 1 & 0 & 1 \\ 0 & 0 & 0 & 0 & 0 & 0 \\ 0 & 0 & 0 & 1 & 0 & 0 \\ 1 & 1 & 0 & 0 & 0 & 0 \end{bmatrix}$

토론과 발견

D1. R^4의 벡터로 나타낼 수 있는 물리량의 예를 찾아보라.

D2. 시간은 벡터인가 아니면 스칼라인가? 그 이유를 설명하라.

D3. 만약 R^3 내의 세 벡터의 합이 영이라면 이들은 꼭 동일평면상에 있어야만 하는가? 그 이유는 무엇인가?

D4. 어떤 수도승이 기도를 하기 위해 수도원 정문에서 산꼭대기까지 걸어갔다가 다음 날 정문으로 돌아온다. 이 수도승의 변위(displacement)는 어떻게 되는가? 수도승이 수도원 정문에서 산꼭대기까지 이동하는 변위와 산꼭대기에서 정문까지 이동하는 변위에는 어떤 관계가 있는가?

D5. 그림에 있는 정육각형을 생각하자.

(a) 중심에서 각 꼭짓점으로 향하는 여섯 개 방사형 벡터들의 합은 무엇인가?

(b) 만약 각 벡터에 $\frac{1}{2}$을 곱한다면 합에는 어떤 영향을 미치는가?

(c) 벡터 **a**가 제거되었을 때 나머지 다섯 개 벡터의 합은 무엇인가?

(d) 항목 (c)의 결과의 몇 가지 변형과 이의 일반화에 대해서도 생각해 보라.

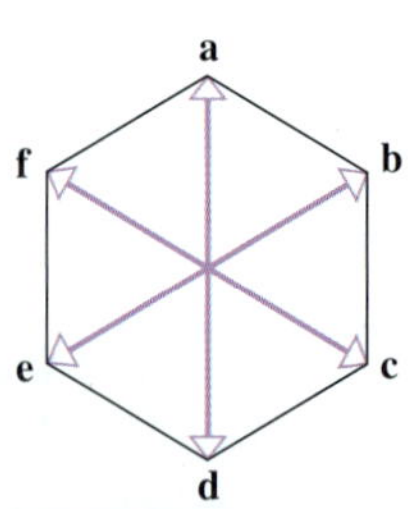

그림 Ex-D5

D6. 정n각형의 중심에서 각 꼭짓점으로 향하는 모든 벡터의 합은 무엇인가? (연습문제 D5 참조)

D7. 그림에서처럼 중심에서 각 시간까지 벡터가 그려진 시계를 생각하자.

(a) 만약 12를 끝점으로 하는 벡터의 길이를 두 배로 하고 다른 벡터들은 그대로 두었다면 이들의 합은 무엇인가?

(b) 만약 3과 9를 끝점으로 하는 벡터들의 길이를 세 배로 하고 다른 벡터들을 그대로 두었다면 이들의 합은 무엇인가?

(c) 만약 5, 11, 8을 끝점으로 하는 벡터들을 제거하였다면 나머지 벡터들의 합은 무엇인가?

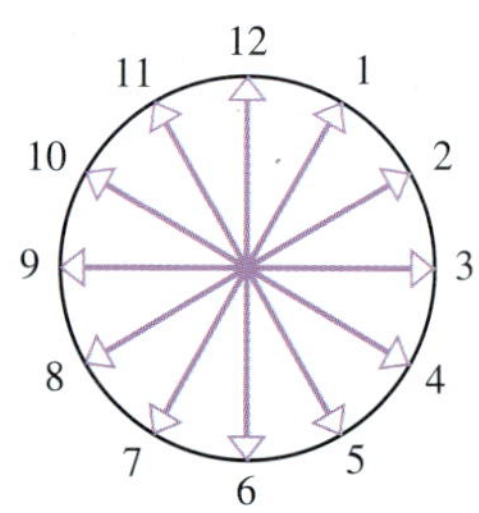

그림 Ex-D7

D8. 평면에 영이 아닌 네 개의 벡터를 그리되, 그중 하나가 나머지 세 개의 합이 되도록 하라.

D9. 다음 명제들이 참(T)인지 거짓(F)인지 판별하고 그 이유를 밝혀라.

(a) 만약 $\mathbf{x} + \mathbf{y} = \mathbf{x} + \mathbf{z}$이면 $\mathbf{y} = \mathbf{z}$가 성립한다.

(b) 만약 $\mathbf{u} + \mathbf{v} = \mathbf{0}$이면 모든 a와 b에 대하여 $a\mathbf{u} + b\mathbf{v} = \mathbf{0}$이 성립한다.

(c) 길이가 같고 평행한 벡터는 같은 벡터이다.

(d) 만약 $a\mathbf{x} = \mathbf{0}$이면 $a = 0$ 또는 $\mathbf{x} = \mathbf{0}$이 되어야 한다.

(e) 만약 $a\mathbf{u} + b\mathbf{v} = \mathbf{0}$이면 **u**와 **v**는 평행한 벡터이다.

(f) 벡터 $\mathbf{u} = (\sqrt{2}, \sqrt{3})$과 $\mathbf{v} = \left(\frac{1}{\sqrt{2}}, \frac{1}{2}\sqrt{3}\right)$은 동치 벡터이다.

증명문제

P1. 정리 1.1.5의 (*e*)를 증명하라.

P2. 정리 1.1.5의 (*f*)를 증명하라.

P3. 정리 1.1.6을 성분을 사용하지 않고 증명하라.

프로그램 활용 연습문제

T1. (숫자와 수치 연산) 정수, 분수, 소수, 그리고 π와 $\sqrt{2}$ 같은 무리수를 입력하는 방법을 알아보라. π, $\sqrt{2}$ 및 1/3을 다양한 소수 자릿수로 변환해 봄으로써 이러한 절차에 대한 이해도를 확인하라. 덧셈, 뺄셈, 곱셈, 나눗셈, 거듭제곱, 제곱근 추출 등의 연산을 수행하는 절차에 대해 알아보라. 적당한 수를 선택하여 이들 방법을 완전히 터득할 때까지 연습해 보라.

T2. (벡터 그리기) 이차원 또는 삼차원 공간상의 선분을 어떻게 그리는지 알아보고, 시점과 끝점을 몇 개 선택하여 선분을 그려보라. 만약 독자가 갖고 있는 계산 유틸리티에 화살표를 표시할 수 있는 기능이 있다면 독자는 선분을 기하학적 벡터와 같이 보이도록 할 수 있다.

T3. (벡터의 연산) 벡터를 입력하는 방법과 벡터의 합, 차, 스칼라곱을 계산하는 방법을 알아보라. 예제 4의 계산을 해 봄으로써 이들 연산을 제대로 이해하고 있는지 확인해 보라.

T4. 독자의 계산 유틸리티를 이용하여 $\mathbf{u} = (7.1, -3) - 5(\sqrt{2}, 6) + 3(0, \pi)$의 성분을 소수점 이하 다섯째 자리까지 구하라.

1.2 점곱과 직교성

이 절에서는 R^n에서의 길이, 각도, 거리, 그리고 수직성의 개념을 다룰 것이다. 먼저 R^2 또는 R^3에서 이 개념들을 기하학적으로 논의한 후, 성분을 사용하여 이를 대수적으로 R^n으로 확장할 것이다.

벡터의 놈 R^2 또는 R^3에서 벡터 $\mathbf{v}$의 길이는 일반적으로 기호 $\|\mathbf{v}\|$로 표기한다. Pythagoras 정리에 따르면 R^2의 벡터 $\mathbf{v} = (v_1, v_2)$의 길이는 다음 공식으로 주어진다(그림 1.2.1*a*).

$$\|\mathbf{v}\| = \sqrt{v_1^2 + v_2^2} \tag{1}$$

R^3의 벡터 $\mathbf{v} = (v_1, v_2, v_3)$의 길이에 대한 유사한 공식은 Pythagoras 정리를 두 번 적용하여 다음과 같이 얻어진다(그림 1.2.1*b*).

$$\|\mathbf{v}\|^2 = (OR)^2 + (RP)^2 = (OQ)^2 + (QR)^2 + (RP)^2 = v_1^2 + v_2^2 + v_3^2$$

따라서 다음과 같다.

$$\|\mathbf{v}\| = \sqrt{v_1^2 + v_2^2 + v_3^2} \tag{2}$$

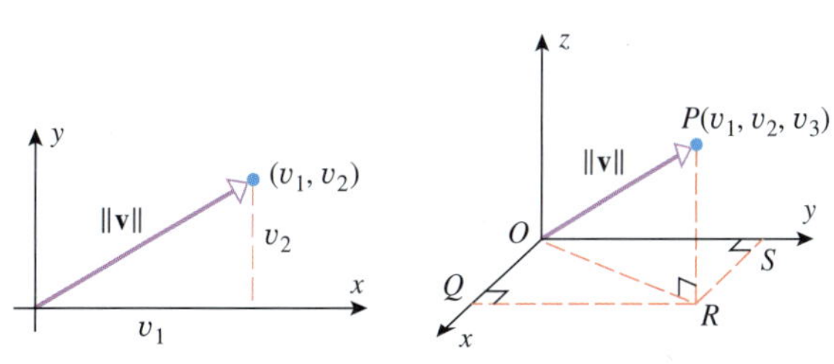

그림 1.2.1

식 (1)과 (2)를 바탕으로, R^n에서 벡터의 길이에 대한 일반화된 정의를 다음과 같이 할 수 있다.

정의 1.2.1 만약 $\mathbf{v} = (v_1, v_2, \cdots, v_n)$이 R^n의 벡터라면, $\mathbf{v}$의 **길이**(length), 즉 **놈**(norm) 또는 **크기**(magnitude)는 $\|\mathbf{v}\|$로 나타내며 다음 공식으로 정의한다.

$$\|\mathbf{v}\| = \sqrt{v_1^2 + v_2^2 + v_3^2 + \cdots + v_n^2} \tag{3}$$

예제 1 놈의 계산

식 (3)으로부터 R^3의 벡터 $\mathbf{v} = (-3, 2, 1)$의 놈은

$$\|\mathbf{v}\| = \sqrt{(-3)^2 + 2^2 + 1^2} = \sqrt{14}$$

이고 R^4의 벡터 $\mathbf{v} = (2, -1, 3, -5)$의 놈은 다음과 같다.

$$\|\mathbf{v}\| = \sqrt{2^2 + (-1)^2 + 3^2 + (-5)^2} = \sqrt{39}$$

■

R^2과 R^3에서의 길이는 음수가 아니며 $\mathbf{0}$이 길이가 영인 유일한 벡터이므로 $\|\mathbf{v}\| \geq 0$이고, $\|\mathbf{v}\| = 0$이 되기 위한 필요충분조건은 $\mathbf{v} = \mathbf{0}$이다. 또한, $\mathbf{v}$에 스칼라 k를 곱하면 $\mathbf{v}$의 길이는 $|k|$만큼 곱해지므로, $\|k\mathbf{v}\| = |k|\|\mathbf{v}\|$가 된다. 이 세 가지 성질이 R^n에서도 성립함을 증명하는 것은 독자에게 남겨두기로 한다.

> **정리 1.2.2** *$\mathbf{v}$가 R^n의 벡터이고 k가 임의의 스칼라이면 다음이 성립한다.*
> (*a*) $\|\mathbf{v}\| \geq 0$
> (*b*) $\|\mathbf{v}\| = 0$*이 되기 위한 필요충분조건은* $\mathbf{v} = \mathbf{0}$*이다.*
> (*c*) $\|k\mathbf{v}\| = |k|\|\mathbf{v}\|$

단위 벡터

길이가 1인 벡터를 **단위 벡터**(unit vector)라 한다. 만약 $\mathbf{v}$가 R^n의 영이 아닌 벡터이면 $\mathbf{v}$와 같은 방향을 갖는 단위 벡터 $\mathbf{u}$는 다음 식으로 구한다.

$$\mathbf{u} = \frac{1}{\|\mathbf{v}\|}\mathbf{v} \tag{4}$$

말로 설명하면, 식 (4)는 벡터 $\mathbf{v}$와 같은 방향을 가지는 단위 벡터는 $\mathbf{v}$의 길이의 역수를 곱하여 얻을 수 있음을 나타낸다. 이와 같은 과정을 $\mathbf{v}$를 **정규화한다**(normalizing)고 한다. 벡터 $\mathbf{u}$는 $1/\|\mathbf{v}\|$이 양의 스칼라이기 때문에 벡터 $\mathbf{v}$와 같은 방향을 가진다. 또한, 정리 1.2.2(*c*)에서 $k = 1/\|\mathbf{v}\|$일 때

$$\|\mathbf{u}\| = \|k\mathbf{v}\| = |k|\|\mathbf{v}\| = k\|\mathbf{v}\| = \frac{1}{\|\mathbf{v}\|}\|\mathbf{v}\| = 1$$

이므로 $\mathbf{u}$의 길이는 1이다. 때때로 식 (4)는 다음과 같이 표현되기도 한다.

$$\mathbf{u} = \frac{\mathbf{v}}{\|\mathbf{v}\|}$$

이것은 식 (4)의 스칼라 곱을 보다 간결하게 표기한 방법이다.

예제 2 벡터의 정규화

$\mathbf{v} = (2, 2, -1)$과 같은 방향을 갖는 단위 벡터 $\mathbf{u}$를 구하라.

풀이 벡터 $\mathbf{v}$의 길이는

$$\|\mathbf{v}\| = \sqrt{2^2 + 2^2 + (-1)^2} = 3$$

이고, 따라서 식 (4)로부터

$$\mathbf{u} = \tfrac{1}{3}(2, 2, -1) = \left(\tfrac{2}{3}, \tfrac{2}{3}, -\tfrac{1}{3}\right)$$

이다. 확인 차원에서, $\mathbf{u}$가 실제로 단위 벡터임을 계산해 보라. ■

> **개념문제** 단위 벡터는 종종 2-공간 또는 3-공간에서 방향을 나타낼 때 사용된다. 어떤 벌레가 xy 좌표계의 원점에서 출발하여 x축과 30°를 이루는 일사분면 내의 직선 위를 기어간다고 할 때 이 벌레가 움직이는 방향을 나타내는 단위 벡터를 구하라. 또한, 이 벌레가 삼사분면 내의 같은 직선 위를 기어간다면 벌레의 진행 방향을 나타내는 단위 벡터를 구하라.

표준 단위 벡터

R^2나 R^3의 직교좌표계에서 양의 좌표축 방향의 단위 벡터들을 **표준 단위 벡터**(standard unit vector)라 부른다. R^2에서는 이 벡터들이

$$\mathbf{i} = (1, 0) \quad \text{그리고} \quad \mathbf{j} = (0, 1) \tag{5}$$

로 표기되고 R^3에서는

$$\mathbf{i} = (1, 0, 0), \quad \mathbf{j} = (0, 1, 0)\text{과} \quad \mathbf{k} = (0, 0, 1) \tag{6}$$

로 표기된다(그림 1.2.2).

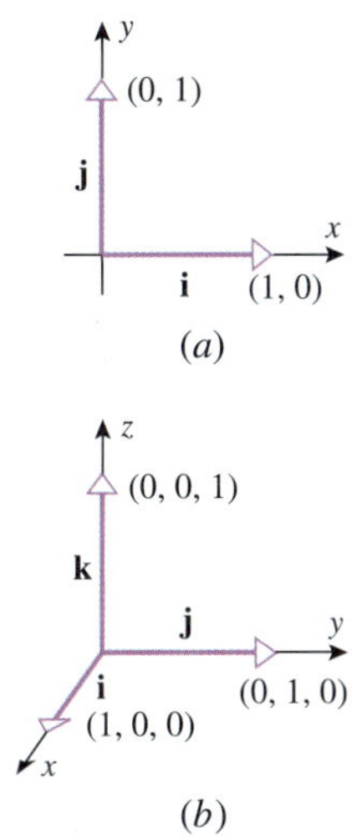

그림 1.2.2

R^2의 모든 벡터 $\mathbf{v} = (v_1, v_2)$는 다음과 같이 표준 단위 벡터들로 표현될 수 있다.

$$\mathbf{v} = (v_1, v_2) = v_1(1, 0) + v_2(0, 1) = v_1\mathbf{i} + v_2\mathbf{j}$$

R^3의 모든 벡터 $\mathbf{v} = (v_1, v_2, v_3)$도 다음과 같이 표준 단위 벡터들로 표현될 수 있다.

$$\mathbf{v} = (v_1, v_2, v_3) = v_1(1, 0, 0) + v_2(0, 1, 0) + v_3(0, 0, 1) = v_1\mathbf{i} + v_2\mathbf{j} + v_3\mathbf{k}$$

예를 들면, 다음과 같다.

$$(2, -3, 4) = 2\mathbf{i} - 3\mathbf{j} + 4\mathbf{k}$$

참고 R^2과 R^3에서 벡터를 나타내는 **i**, **j**, **k** 표기법은 공학과 물리학에서 흔히 사용되지만, 이 교재에서는 가끔씩만 사용될 것이다.

보다 일반적으로 R^n에서의 **표준 단위 벡터**는

$$\mathbf{e}_1 = (1, 0, 0, \cdots, 0), \quad \mathbf{e}_2 = (0, 1, 0, \cdots, 0), \quad \cdots, \quad \mathbf{e}_n = (0, 0, 0, \cdots, 1) \tag{7}$$

로 정의한다. R^n의 모든 벡터 $\mathbf{v} = (v_1, v_2, \cdots, v_n)$이 다음과 같이 표준 단위 벡터로 표현될 수 있는지 확인하는 것은 독자들에게 남겨 두겠다.

$$\mathbf{v} = (v_1, v_2, \ldots, v_n) = v_1\mathbf{e}_1 + v_2\mathbf{e}_2 + \cdots + v_n\mathbf{e}_n \tag{8}$$

R^n 내의 점들 간의 거리

만약 P_1과 P_2가 R^2 또는 R^3 상의 점이면 벡터 $\overrightarrow{P_1P_2}$의 길이는 두 점 사이의 거리 d와 같다(그림 1.2.3). 구체적으로 만약 $P_1(x_1, y_1)$과 $P_2(x_2, y_2)$가 R^2의 점이라면 정리 1.1.1(a)에 의하여

$$d = \|\overrightarrow{P_1P_2}\| = \sqrt{(x_2 - x_1)^2 + (y_2 - y_1)^2} \tag{9}$$

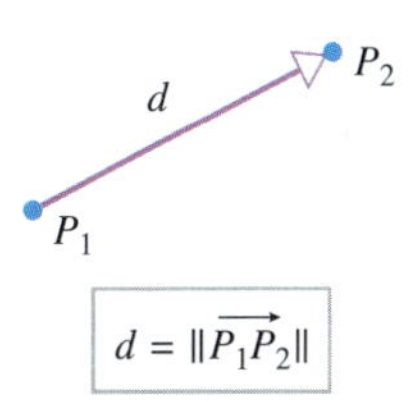

그림 1.2.3

가 된다. 이것은 해석기하학에서 익히 보아 왔던 거리 공식이다. 마찬가지로, 3-공간에서 점 $P_1(x_1, y_1, z_1)$과 점 $P_2(x_2, y_2, z_2)$ 사이의 거리는 다음과 같다.

$$d(\mathbf{u}, \mathbf{v}) = \|\overrightarrow{P_1P_2}\| = \sqrt{(x_2 - x_1)^2 + (y_2 - y_1)^2 + (z_2 - z_1)^2} \tag{10}$$

식 (9)와 (10)을 바탕으로, 다음과 같은 정의를 할 수 있다.

정의 1.2.3 만약 $\mathbf{u} = (u_1, u_2, \cdots, u_n)$과 $\mathbf{v} = (v_1, v_2, \cdots, v_n)$이 R^n의 점이면 $\mathbf{u}$와 $\mathbf{v}$ 사이의 **거리**(distance)를 $d(\mathbf{u}, \mathbf{v})$로 표시하며 다음과 같이 정의한다.

$$d(\mathbf{u}, \mathbf{v}) = \|\mathbf{u} - \mathbf{v}\| = \sqrt{(u_1 - v_1)^2 + (u_2 - v_2)^2 + \cdots + (u_n - v_n)^2} \tag{11}$$

예를 들어, 만약

$$\mathbf{u} = (1, 3, -2, 7), \ \mathbf{v} = (0, 7, 2, 2)$$

라면 $\mathbf{u}$와 $\mathbf{v}$ 사이의 거리는

$$d(\mathbf{u}, \mathbf{v}) = \sqrt{(1-0)^2 + (3-7)^2 + (-2-2)^2 + (7-2)^2} = \sqrt{58}$$

식 (11)을 이용하여 R^n에서의 거리가 다음 성질을 만족시킴을 보이는 것은 독자에게 남겨 둔다.

정리 1.2.4 *만약 $\mathbf{u}$와 $\mathbf{v}$가 R^n의 점이라면*

(*a*) $d(\mathbf{u}, \mathbf{v}) \geq 0$

(*b*) $d(\mathbf{u}, \mathbf{v}) = 0$*이 되기 위한 필요충분조건은* $\mathbf{u} = \mathbf{v}$*이다.*

(*c*) $d(\mathbf{u}, \mathbf{v}) = d(\mathbf{v}, \mathbf{u})$

이 정리에 의하면 R^n에서의 거리는 가시 공간에서의 거리와 같은 성질을 만족한다. 즉, 거리는 음이 아닌 수이며, 서로 다른 점들 사이의 거리는 영이 아니고, $\mathbf{u}$에서 $\mathbf{v}$까지 재든 $\mathbf{v}$에서 $\mathbf{u}$까지 재든 거리는 같다.

점곱

이제 두 벡터 사이의 각을 재거나 두 벡터가 서로 수직이라는 것을 판별하는 데 유용한 새로운 곱셈을 정의하고자 한다.

정의 1.2.5 만약 $\mathbf{u} = (u_1\ u_2, \cdots, u_n)$과 $\mathbf{v} = (v_1, v_2, \cdots, v_n)$이 R^n의 벡터라면, $\mathbf{u}$와 $\mathbf{v}$의 **점곱**(dot product) 또는 $\mathbf{u}$와 $\mathbf{v}$의 **Euclid 내적**(Euclidean inner product)은 $\mathbf{u} \cdot \mathbf{v}$로 표기하며, 다음 공식으로 정의한다.

$$\mathbf{u} \cdot \mathbf{v} = u_1v_1 + u_2v_2 + \cdots + u_nv_n \tag{12}$$

말로 설명하면, *점곱은 벡터들의 서로 대응되는 성분들을 곱한 후 그 곱들을 모두 더하여 계산된다.* 예를 들어, R^4의 벡터 $\mathbf{u} = (-1, 3, 5, 7)$과 $\mathbf{v} = (5, -4, 7, 0)$의 점곱은 다음과 같다.

$$\mathbf{u} \cdot \mathbf{v} = (-1)(5) + (3)(-4) + (5)(7) + (7)(0) = 18$$

참고 스칼라 곱과 점곱의 차이에 유의하라. 스칼라 곱에서는 한 요소가 스칼라이고 다른 요소가 벡터이며, 스칼라 곱의 결과는 벡터이다. 반면, 점곱에서는 두 요소가 모두 벡터이고 점곱의 결과는 스칼라이다.

▶ 예제 3
점곱의 ISBN에 대한 응용

지난 25년 동안 출판된 대부분의 책에는 **국제표준서적번호**(International Standard Book Number) 또는 ISBN이라 하는 10자리 숫자가 부여되었다. 이 숫자의 처음 아홉 자리는 세 그룹으로 나뉘는데, 첫 번째 그룹은 책이 출판된 국가 또는 국가 그룹을 나타내고, 두 번째 그룹은 출판사를 나타내며, 세 번째 그룹은 책 제목 자체에 할당된다. 열 번째 마지막 자리 수는 **확인 자릿수**(check digit)라 하며, 처음 아홉 자리 수로부터 계산되는데, 인터넷 등을 통한 ISBN의 전자 전송이 오류 없이 이루어졌는지 확인하는 데 사용된다.

이 과정이 어떻게 이루어지는지 설명하기 위하여, ISBN의 처음 아홉 자리 수를 R^9의 벡터 $\mathbf{b}$라 하고, 벡터 $\mathbf{a}$를

$$\mathbf{a} = (1, 2, 3, 4, 5, 6, 7, 8, 9)$$

라 하자. 그러면 확인 자릿수 c는 다음 과정을 통해 계산된다.

1. 점곱 $\mathbf{a} \cdot \mathbf{b}$를 계산한다.
2. $\mathbf{a} \cdot \mathbf{b}$를 11로 나누어 0에서 10 사이의 정수인 나머지 c를 얻는다. 이 c를 확인 자릿수로 택하는데 $c = 10$이 되는 경우 두 자리로 표기하여야 하는 문제점을 피하기 위해 X로 표기한다.

역사 속의 선형대수

점곱 표기법은 1880년대 미국의 물리학자이자 수학자인 J. Willard Gibbs가 Yale 대학교의 학생들에게 나누어 준 소책자에서 처음 소개되었다. 점곱에서의 점은 처음에는 오늘날처럼 가운데로 정렬되지 않고 밑줄에 찍었으며, *직곱*(direct product)이라 불렀다. Gibbs의 소책자 내용은 결국 Gibbs와 그의 제자가 공동 집필해 1901년에 출간된 책 《벡터해석학(Vector Analysis)》에 수록되었다. Gibbs는 열역학과 전자기 이론 분야에 중요한 기여를 하였으며, 일반적으로 19세기 미국의 가장 위대한 물리학자로 인정받고 있다.

Josiah Willard Gibbs
(1839~1903)

예를 들면, Howard Anton이 저술한 《미적분학(Calculus)》 6판 축약판의 ISBN은 0-471-15307-9이며, 이 ISBN의 확인 자릿수는 9이다. 이것은 ISBN의 처음 아홉 자리 수와 일치하는데, 그 이유는

$$\mathbf{a} \cdot \mathbf{b} = (1, 2, 3, 4, 5, 6, 7, 8, 9) \cdot (0, 4, 7, 1, 1, 5, 3, 0, 7) = 152$$

이기 때문이다. 152를 11로 나누면 몫이 13이고 나머지가 9가 되어 확인 자릿수는 $c = 9$가 된다. 만약 특정 ISBN을 갖는 책에 대한 전자 주문이 들어오면, 창고에서는 이러한 과정을 거쳐 확인 자릿수가 처음 아홉 자리 수와 일치하는지 확인함으로써 배송 오류로 인한 경비 손실을 줄일 수 있다. ■

점곱의 대수적 성질

정의 1.2.5에서 $\mathbf{u} = \mathbf{v}$인 특수한 경우, 다음 관계식을 얻게 된다.

$$\mathbf{v} \cdot \mathbf{v} = v_1^2 + v_2^2 + \cdots + v_n^2 = \|\mathbf{v}\|^2 \tag{13}$$

이로부터 벡터의 길이를 점곱으로 나타내는 공식을 얻게 된다.

$$\|\mathbf{v}\| = \sqrt{\mathbf{v} \cdot \mathbf{v}} \tag{14}$$

점곱은 실수 곱셈과 같은 여러 대수적 성질을 갖는다.

정리 1.2.6 *만약 $\mathbf{u}, \mathbf{v}, \mathbf{w}$가 R^n의 벡터이고 k가 스칼라이면*

(*a*) $\mathbf{u} \cdot \mathbf{v} = \mathbf{v} \cdot \mathbf{u}$ **(대칭성)**

(*b*) $\mathbf{u} \cdot (\mathbf{v} + \mathbf{w}) = \mathbf{u} \cdot \mathbf{v} + \mathbf{u} \cdot \mathbf{w}$ **(분배성)**

(*c*) $k(\mathbf{u} \cdot \mathbf{v}) = (k\mathbf{u}) \cdot \mathbf{v}$ **(동차성)**

(*d*) $\mathbf{v} \cdot \mathbf{v} \geq 0$*이고* $\mathbf{v} \cdot \mathbf{v} = \mathbf{0}$*의 필요충분조건은* $\mathbf{v} = \mathbf{0}$ **(양수성)**

여기서 항목 (*c*)와 (*d*)를 증명하고, 나머지 항목들의 증명은 연습문제로 남겨둔다.

증명 (*c*) $\mathbf{u} = (u_1, u_2, \cdots, u_n)$, $\mathbf{v} = (v_1, v_2, \cdots, v_n)$이라 하자. 그러면

$$k(\mathbf{u} \cdot \mathbf{v}) = k(u_1v_1 + u_2v_2 + \cdots + u_nv_n) = (ku_1)v_1 + (ku_2)v_2 + \cdots + (ku_n)v_n = (k\mathbf{u}) \cdot \mathbf{v}$$

증명 (*d*) 주어진 결과는 정리 1.2.2의 항목 (*a*), (*b*)와 다음 사실로부터 알 수 있다.

$$\mathbf{v} \cdot \mathbf{v} = v_1v_1 + v_2v_2 + \cdots + v_nv_n = v_1^2 + v_2^2 + \cdots + v_n^2 = \|\mathbf{v}\|^2$$ ■

다음 정리는 점곱의 몇 가지 성질들을 더 보여 준다. 이 정리의 결과들은 벡터를 성분으로 표시하거나 정리 1.2.6에서 이미 밝혀진 성질들을 사용하여 증명할 수 있다.

정리 1.2.7 *만약 $\mathbf{u}, \mathbf{v}, \mathbf{w}$가 R^n의 벡터이고, k가 스칼라이면*

(*a*) $\mathbf{0} \cdot \mathbf{v} = \mathbf{v} \cdot \mathbf{0} = 0$

(*b*) $(\mathbf{u} + \mathbf{v}) \cdot \mathbf{w} = \mathbf{u} \cdot \mathbf{w} + \mathbf{v} \cdot \mathbf{w}$

(*c*) $\mathbf{u} \cdot (\mathbf{v} - \mathbf{w}) = \mathbf{u} \cdot \mathbf{v} - \mathbf{u} \cdot \mathbf{w}$

(*d*) $(\mathbf{u} - \mathbf{v}) \cdot \mathbf{w} = \mathbf{u} \cdot \mathbf{w} - \mathbf{v} \cdot \mathbf{w}$

(*e*) $k(\mathbf{u} \cdot \mathbf{v}) = \mathbf{u} \cdot (k\mathbf{v})$

우리는 벡터를 성분으로 나누지 않고도 정리 1.2.6을 사용하여 항목 (*b*)를 증명하는 방법을 보여줄 것이다. 다른 항목들의 증명은 연습문제로 남겨 둔다.

증명 (*b*)

$$\begin{aligned}(\mathbf{u} + \mathbf{v}) \cdot \mathbf{w} &= \mathbf{w} \cdot (\mathbf{u} + \mathbf{v}) && \text{(대칭성에 의하여)} \\ &= \mathbf{w} \cdot \mathbf{u} + \mathbf{w} \cdot \mathbf{v} && \text{(분배성에 의하여)} \\ &= \mathbf{u} \cdot \mathbf{w} + \mathbf{v} \cdot \mathbf{w} && \text{(대칭성에 의하여)}\end{aligned}$$ ■

식 (13)과 (14), 그리고 정리 1.2.6과 1.2.7을 함께 사용하면, 익숙한 대수적 기법을 이용해 점곱이 포함된 식을 다룰 수 있다.

예제 4
점곱을 포함한 계산

$$\begin{aligned}(\mathbf{u}-2\mathbf{v})\cdot(3\mathbf{u}+4\mathbf{v}) &= \mathbf{u}\cdot(3\mathbf{u}+4\mathbf{v})-2\mathbf{v}\cdot(3\mathbf{u}+4\mathbf{v})\\ &= 3(\mathbf{u}\cdot\mathbf{u})+4(\mathbf{u}\cdot\mathbf{v})-6(\mathbf{v}\cdot\mathbf{u})-8(\mathbf{v}\cdot\mathbf{v})\\ &= 3\|\mathbf{u}\|^2-2(\mathbf{u}\cdot\mathbf{v})-8\|\mathbf{v}\|^2\end{aligned}$$ ■

R^2와 R^3의 벡터의 사잇각

점곱이 R^2와 R^3의 벡터의 사잇각을 계산하는 데 어떻게 사용되는지 알아보기 위하여, $\mathbf{u}$와 $\mathbf{v}$를 R^2 또는 R^3의 영이 아닌 벡터라 하고, $\mathbf{u}$와 $\mathbf{v}$의 **사잇각**(angle)을 두 벡터 중 한 벡터가 다른 벡터와 일치할 때까지 벡터의 평면에서 회전할 수 있는 음이 아닌 가장 작은 각도 θ로 정의하자(그림 1.2.4). 대수적으로 θ의 라디안값은 $0 \le \theta \le \pi$인 구간 안에 있으며, R^2에서 각 θ는 반시계 방향 회전으로 생성된다.

다음 정리는 R^2와 R^3에서 벡터들의 사잇각을 계산하는 효과적인 방법을 제공한다.

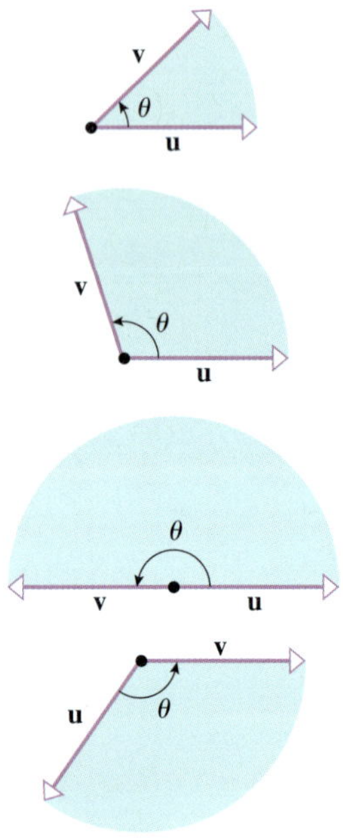

그림 1.2.4

정리 1.2.8 *만약 $\mathbf{u}$와 $\mathbf{v}$가 R^2 또는 R^3에서의 영이 아닌 벡터들이고 θ가 이 벡터들의 사잇각이라면*

$$\cos\theta = \frac{\mathbf{u}\cdot\mathbf{v}}{\|\mathbf{u}\|\|\mathbf{v}\|} \quad \text{또는 동치적으로,} \quad \theta = \cos^{-1}\left(\frac{\mathbf{u}\cdot\mathbf{v}}{\|\mathbf{u}\|\|\mathbf{v}\|}\right) \tag{15~16}$$

증명 벡터 $\mathbf{u}$, $\mathbf{v}$, $\mathbf{v}-\mathbf{u}$가 그림 1.2.5와 같이 삼각형의 세 변을 이루도록 배치되어 있다고 가정하면, 코사인법칙에 의하여 다음이 성립한다.

$$\|\mathbf{v}-\mathbf{u}\|^2 = \|\mathbf{u}\|^2+\|\mathbf{v}\|^2-2\|\mathbf{u}\|\|\mathbf{v}\|\cos\theta \tag{17}$$

식 (13) 및 정리 1.2.6과 1.2.7의 점곱의 성질을 이용하면 이 등식의 좌변을 다음과 같이 다시 쓸 수 있다.

$$\begin{aligned}\|\mathbf{v}-\mathbf{u}\|^2 &= (\mathbf{v}-\mathbf{u})\cdot(\mathbf{v}-\mathbf{u})\\ &= (\mathbf{v}-\mathbf{u})\cdot\mathbf{v}-(\mathbf{v}-\mathbf{u})\cdot\mathbf{u}\\ &= \mathbf{v}\cdot\mathbf{v}-\mathbf{u}\cdot\mathbf{v}-\mathbf{v}\cdot\mathbf{u}+\mathbf{u}\cdot\mathbf{u}\\ &= \|\mathbf{v}\|^2-2\mathbf{u}\cdot\mathbf{v}+\|\mathbf{u}\|^2\end{aligned}$$

식 (17)의 우변을 대입하면

$$\|\mathbf{v}\|^2-2\mathbf{u}\cdot\mathbf{v}+\|\mathbf{u}\|^2 = \|\mathbf{u}\|^2+\|\mathbf{v}\|^2-2\|\mathbf{u}\|\|\mathbf{v}\|\cos\theta$$

가 되며, 이것을 정리하여 간단히 하면

$$\mathbf{u}\cdot\mathbf{v} = \|\mathbf{u}\|\|\mathbf{v}\|\cos\theta$$

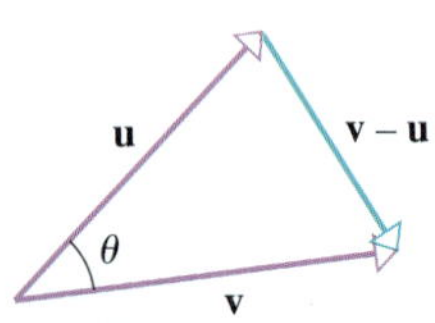

그림 1.2.5

가 된다. 마지막으로 양변을 $\|\mathbf{u}\|\|\mathbf{v}\|$로 나누면 식 (15)가 된다. ■

만약 $\mathbf{u}$와 $\mathbf{v}$가 R^2 또는 R^3의 영이 아닌 벡터이고 $\mathbf{u}\cdot\mathbf{v}=0$이라면, 식 (16)으로부터 $\theta = \cos^{-1} 0 = \pi/2$가 된다. 반대로, 만약 $\theta=\pi/2$라면, $\cos\theta = 0$이고 $\mathbf{u}\cdot\mathbf{v}=0$이 된다. 따라서 *$R^2$ 또는 R^3의 영이 아닌 두 벡터 $\mathbf{u}$와 $\mathbf{v}$가 수직이기 위한 필요충분조건은 이들의 점곱이 영인 것이다.*

개념문제 만약 R^2 또는 R^3의 두 벡터 $\mathbf{u}$와 $\mathbf{v}$에 대해서 $\mathbf{u}\cdot\mathbf{v} > 0$일 때 이들의 사잇각에 대해서 무슨 말을 할 수 있는가? $\mathbf{u}\cdot\mathbf{v} < 0$일 때는 어떻게 되는가?

예제 5
각도 공식의 응용

정육면체의 대각선과 한 변이 이루는 사잇각 θ를 구하라.

풀이 그림 1.2.6과 같이 좌표계 위에 한 변의 길이가 a인 정육면체가 있다고 가정하자. 이 좌표계에서 벡터

$$\mathbf{d} = (a, a, a)$$

는 정육면체의 대각선이고, 벡터 $\mathbf{v}_1 = (a, 0, 0)$, $\mathbf{v}_2 = (0, a, 0)$, $\mathbf{v}_3 = (0, 0, a)$는 각 변이 된다. 대칭성에

의하여, 대각선은 각 변들과 같은 사잇각을 갖기 때문에 **d**와 $\mathbf{v}_1$의 사잇각을 구하면 충분하다. 식 (15)에 의하여 이 사잇각의 코사인값은

$$\cos\theta = \frac{\mathbf{v}_1 \cdot \mathbf{d}}{\|\mathbf{v}_1\|\|\mathbf{d}\|} = \frac{a^2}{a(\sqrt{3a^2})} = \frac{1}{\sqrt{3}}$$

이다. 따라서 계산 도구를 사용하여 다음과 같이 나타낼 수 있다.

$$\theta = \cos^{-1}\left(\frac{1}{\sqrt{3}}\right) \approx 54.7°$$

■

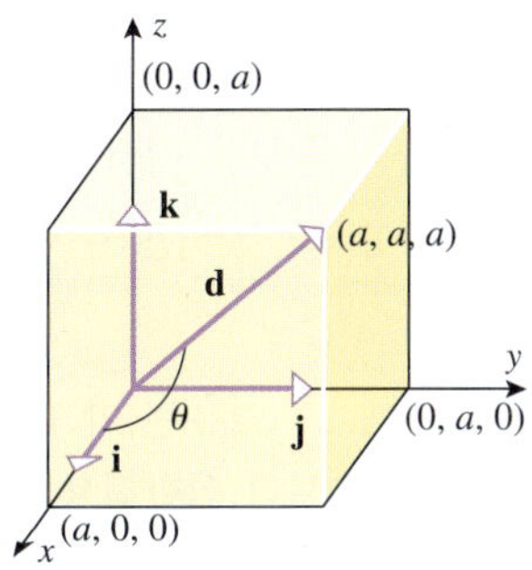

그림 1.2.6

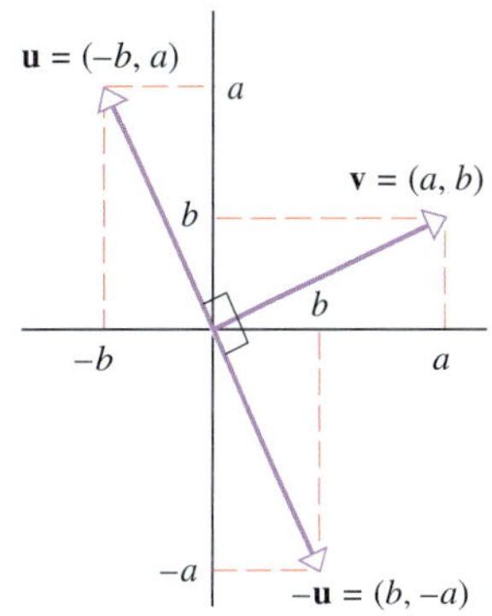

그림 1.2.7

예제 6 R^2에서 주어진 벡터와 수직인 벡터 구하기

R^2에서 영이 아닌 벡터 $\mathbf{v} = (a, b)$와 수직인 영이 아닌 벡터를 구하라.

풀이 우리는 $\mathbf{u} \cdot \mathbf{v} = 0$인 영이 아닌 벡터 **u**를 구하려 한다. 계산을 해 보면

$$\mathbf{u} \cdot \mathbf{v} = (-b, a) \cdot (a, b) = -ba + ab = 0$$

가 성립하므로 $\mathbf{u} = (-b, a)$가 수직인 벡터임을 알 수 있다. 또한, $-\mathbf{u} = (b, -a)$도 **v**에 수직이며, **u**의 임의의 스칼라 배수도 수직임을 알 수 있다(그림 1.2.7). ■

직교성

수직성의 개념을 R^n으로 일반화하기 위하여, 다음과 같이 정의한다.

> **정의 1.2.9** R^n의 벡터 **u**와 **v**가 $\mathbf{u} \cdot \mathbf{v} = 0$를 만족하면 **직교한다**(orthogonal)라고 말하며, 공집합이 아닌 R^n의 벡터들의 집합에서 서로 다른 모든 벡터 쌍이 직교하면 그 집합을 **직교집합**(orthogonal set)이라고 말한다.

참고 이 정의에서 벡터 **u**와 **v**가 영이 아닐 필요는 없다. 따라서 R^2과 R^3에서 두 벡터가 직교하기 위한 필요충분조건은 두 벡터가 모두 영이 아니고 수직이거나, 둘 중 하나 또는 둘 다 영이면 된다.

예제 7 R^4의 벡터들의 직교집합

다음 벡터들이 R^4에서 직교집합을 이루고 있음을 보여라.

$$\mathbf{v}_1 = (1, 2, 2, 4), \quad \mathbf{v}_2 = (-2, 1, -4, 2), \quad \mathbf{v}_3 = (-4, 2, 2, -1)$$

풀이 점곱의 대칭성에 의하여, 다음 등식이 성립함을 확인하기만 하면 된다.

$$\mathbf{v}_1 \cdot \mathbf{v}_2 = 0, \quad \mathbf{v}_1 \cdot \mathbf{v}_3 = 0, \quad \mathbf{v}_2 \cdot \mathbf{v}_3 = 0$$

자세한 계산은 독자들에게 남겨 둔다. ■

만약 S가 공집합이 아닌 R^n의 벡터들의 집합이고 **v**가 S의 모든 벡터들과 직교한다면, **v**가 **집합 S와 직교한다**고 말한다. 예를 들어, R^3의 벡터 $\mathbf{k} = (0, 0, 1)$는 xy 평면과 직교한다(그림 1.2.2b).

예제 8
영벡터는 R^n과 직교한다

정리 1.2.7의 항목 (a)에 의하면 $\mathbf{0}$이 R^n의 영벡터이면 R^n의 임의의 벡터 $\mathbf{v}$에 대하여 $\mathbf{0} \cdot \mathbf{v} = 0$이 성립한다. 따라서 $\mathbf{0}$은 R^n과 직교한다. 게다가 $\mathbf{0}$은 R^n과 직교하는 유일한 벡터이다. 그 이유는 만약 $\mathbf{v}$가 R^n과 직교하는 R^n의 벡터라면, 특히 $\mathbf{v} \cdot \mathbf{v} = 0$이 성립하여야 하고, 이는 정리 1.2.6의 항목 (d)에 의하여 $\mathbf{v} = \mathbf{0}$이 되어야 하기 때문이다. ■

참고 예제 8의 결과는 언뜻 당연해 보일지 모르지만, 이 결과는 앞으로 이 교재에서 매우 유용하게 쓰일 것이다. 만약 점곱을 이용해 R^n의 벡터 $\mathbf{w}$가 영벡터인지를 판별하기 위해서는 R^n의 임의의 벡터 $\mathbf{v}$에 대해 $\mathbf{w} \cdot \mathbf{v} = 0$이 됨을 보이기만 하면 되기 때문이다.

정규직교집합

단위 벡터들의 직교집합은 특별한 중요성을 가지며, 이와 관련된 몇 가지 용어가 있다.

> **정의 1.2.10** R^n의 두 벡터 $\mathbf{u}$와 $\mathbf{v}$가 서로 직교하고 길이가 1일 때, **정규직교**(orthonormal)한다고 하며, 벡터 집합에 있는 모든 벡터의 길이가 1이고, 서로 다른 모든 벡터 쌍이 직교하면 그 집합을 **정규직교집합**(orthonormal set)이라 한다.

예제 9
R^n의 표준 단위 벡터들은 정규직교이다

R^2 또는 R^3의 표준 단위 벡터는 정규직교집합을 이루는데, 그 이유는 이 벡터들이 길이가 1이고 직교좌표계의 좌표축 위에 있는 벡터들이기 때문이다(그림 1.2.2). 보다 일반적으로 R^n의 표준 단위 벡터

$$\mathbf{e}_1 = (1, 0, 0, \cdots, 0), \quad \mathbf{e}_2 = (0, 1, 0, \cdots, 0), \quad \cdots, \quad \mathbf{e}_n = (0, 0, 0, \cdots, 1)$$

은

$$\mathbf{e}_i \cdot \mathbf{e}_j = 0 \text{ if } i \neq j \quad \text{and} \quad \|\mathbf{e}_1\| = \|\mathbf{e}_2\| = \cdots = \|\mathbf{e}_n\| = 1$$

이기 때문에 R^n의 정규직교집합을 형성한다(이 사실을 증명하라). ■

다음 예제에서는 R^4에서 세 개의 벡터로 이루어진 정규직교집합을 만들 것이다.

예제 10
R^4의 정규직교집합

다음 벡터들은 R^4에서 정규직교집합을 이룬다.

$$\mathbf{q}_1 = \left(\tfrac{1}{5}, \tfrac{2}{5}, \tfrac{2}{5}, \tfrac{4}{5}\right), \quad \mathbf{q}_2 = \left(-\tfrac{2}{5}, \tfrac{1}{5}, -\tfrac{4}{5}, \tfrac{2}{5}\right), \quad \mathbf{q}_3 = \left(-\tfrac{4}{5}, \tfrac{2}{5}, \tfrac{2}{5}, -\tfrac{1}{5}\right)$$

그 이유는

$$\|\mathbf{q}_1\| = \|\mathbf{q}_2\| = \|\mathbf{q}_3\| = 1$$

과

$$\mathbf{q}_1 \cdot \mathbf{q}_2 = 0, \quad \mathbf{q}_1 \cdot \mathbf{q}_3 = 0, \quad \mathbf{q}_2 \cdot \mathbf{q}_3 = 0$$

때문이다(증명하라). ■

R^n에서의 Euclid 기하학

식 (3)과 (11)은 종종 **Euclid 놈**(Euclidean norm)과 **Euclid 거리**(Euclidean distance)라 하는데, 그 이유는 이들이 R^2 또는 R^3에 적용될 때 Euclid 기하학의 정리로 축소되는 R^n에서의 정리를 만들어 주기 때문이다. 다음은 세 가지 예이다.

1. 직각삼각형에서 빗변의 제곱은 다른 두 변의 제곱의 합과 같다(Pythagoras 정리).
2. 삼각형의 두 변의 길이의 합은 세 번째 변의 길이보다 크거나 같다.
3. 두 점 사이의 가장 짧은 거리는 직선거리이다.

이 정리들을 R^n으로 확장하려면 이들을 벡터 형태로 표현해야 한다. 예를 들어, R^2 또는 R^3에서 직각삼각형은 직교하는 벡터 $\mathbf{u}$와 $\mathbf{v}$를 머리와 꼬리가 맞닿게 놓고 $\mathbf{u} + \mathbf{v}$를 빗변에 놓음으로써 만들 수 있다(그림 1.2.8). 벡터 표기법으로는 Pythagoras 정리가 다음 형태로 나타난다.

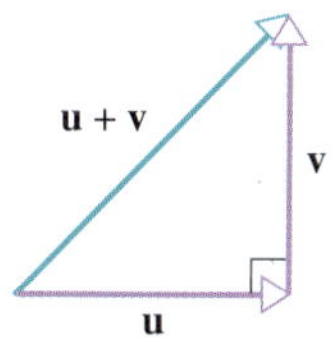

그림 1.2.8

$$\|\mathbf{u}+\mathbf{v}\|^2 = \|\mathbf{u}\|^2 + \|\mathbf{v}\|^2$$

다음 정리는 이 결과를 R^n으로 확장한 것이다.

정리 1.2.11 (***Pythagoras 정리***) *만약* $\mathbf{u}$*와* $\mathbf{v}$*가* R^n*에서 직교하는 벡터이면*

$$\|\mathbf{u}+\mathbf{v}\|^2 = \|\mathbf{u}\|^2 + \|\mathbf{v}\|^2 \tag{18}$$

증명

$$\begin{aligned}\|\mathbf{u}+\mathbf{v}\|^2 &= (\mathbf{u}+\mathbf{v})\cdot(\mathbf{u}+\mathbf{v})\\ &= \|\mathbf{u}\|^2 + 2(\mathbf{u}\cdot\mathbf{v}) + \|\mathbf{v}\|^2\\ &= \|\mathbf{u}\|^2 + \|\mathbf{v}\|^2\end{aligned}$$ ■

역사 속의 선형대수

Cauchy-Schwarz 부등식은 프랑스 수학자 Augustin Cauchy와 독일 수학자 Hermann Schwarz를 기리기 위하여 명명되었다. 이 부등식의 변형은 다양한 상황에서 다양한 이름으로 나타난다. 이 부등식이 나타나는 상황에 따라, Cauchy 부등식, Schwarz 부등식, 또는 때때로 Bunyakovsky 부등식이란 이름으로 불리는 것을 볼 수 있다. Bunyakovsky는 1859년에 이 부등식의 자신의 버전을 발표한 러시아 수학자이며, 이는 Schwarz보다 약 25년 먼저였다.

Augustin Louis Cauchy (1789~1857)

Hermann Amandus Schwarz (1843~1921)

Viktor Yakovlevich Bunyakovsky (1804~1889)

우리는 R^2 또는 R^3의 영이 아닌 두 벡터의 사잇각이 다음 공식으로 주어진 것을 보았다.

$$\theta = \cos^{-1}\left(\frac{\mathbf{u}\cdot\mathbf{v}}{\|\mathbf{u}\|\|\mathbf{v}\|}\right) \tag{19}$$

이 공식은 벡터 $\mathbf{u}$와 $\mathbf{v}$의 점곱과 놈만을 포함하고 있고, 점곱과 놈의 개념이 R^n의 벡터에도 적용 가능하므로, 식 (19)를 R^n의 영이 아닌 벡터 $\mathbf{u}$와 $\mathbf{v}$의 사잇각의 *정의*로 사용하는 것은 합리적으로 보인다. 하지만 이러한 정의는 R^n의 모든 영이 아닌 벡터들에 대하여

$$-1 \le \frac{\mathbf{u}\cdot\mathbf{v}}{\|\mathbf{u}\|\|\mathbf{v}\|} \le 1 \tag{20}$$

가 성립하여야만 가능하다. 다음 정리는 **Cauchy-Schwarz 부등식**(Cauchy-Schwarz inequality)이라 부르는 결과를 보여 주는데, 이 결과는 식 (20)이 사실 R^n의 영이 아닌 모든 벡터들에 대하여 성립한다는 것을 보여줄 것이다.

정리 1.2.12 (***R^n에서의 Cauchy-Schwarz 부등식***) *만약* $\mathbf{u}$*와* $\mathbf{v}$*가* R^n*의 벡터이면*

$$(\mathbf{u}\cdot\mathbf{v})^2 \le \|\mathbf{u}\|^2\|\mathbf{v}\|^2 \tag{21}$$

또는 (제곱근을 취해 주면)

$$|\mathbf{u}\cdot\mathbf{v}| \le \|\mathbf{u}\|\|\mathbf{v}\| \tag{22}$$

증명 우선 $\mathbf{u}=\mathbf{0}$ 또는 $\mathbf{v}=\mathbf{0}$이면 식 (21)의 양변이 영이 되므로(증명하라), 이 경우는 등식이 성립한다. 이제 $\mathbf{u}$와 $\mathbf{v}$가 영이 아닌 경우를 생각하자. 그림 1.2.9에서 볼 수 있듯이, 벡터 $\mathbf{v}$는 벡터 $\mathbf{u}$의 어떤 스칼라 배수, 즉 $k\mathbf{u}$와 $\mathbf{u}$에 직교하는 벡터 $\mathbf{w}$의 합으로 표현할 수 있다. 적당한 스칼라 k는 $\mathbf{w}=\mathbf{v}-k\mathbf{u}$로 설정하고, 직교 조건 $\mathbf{u}\cdot\mathbf{w}=0$을 이용하여 다음과 같이 계산할 수 있다.

$$0 = \mathbf{u}\cdot\mathbf{w} = \mathbf{u}\cdot(\mathbf{v}-k\mathbf{u}) = (\mathbf{u}\cdot\mathbf{v}) - k(\mathbf{u}\cdot\mathbf{u})$$

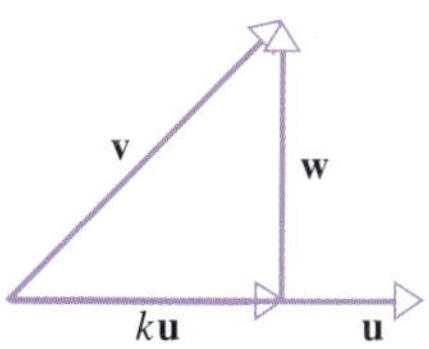

그림 1.2.9

여기서 k는 다음과 같다.

$$k = \frac{\mathbf{u}\cdot\mathbf{v}}{\mathbf{u}\cdot\mathbf{u}} \tag{23}$$

이제 그림 1.2.9에 있는 벡터들에 대하여 Pythagoras 정리를 적용하면

$$\|\mathbf{v}\|^2 = \|k\mathbf{u}\|^2 + \|\mathbf{w}\|^2 = k^2\|\mathbf{u}\|^2 + \|\mathbf{w}\|^2 \tag{24}$$

이 된다. 식 (24)의 k에 식 (23)을 대입하고 양변에 $\|\mathbf{u}\|^2$을 곱하면 다음 식을 얻는다(증명하라).

$$\|\mathbf{u}\|^2\|\mathbf{v}\|^2 = (\mathbf{u}\cdot\mathbf{v})^2 + \|\mathbf{u}\|^2\|\mathbf{w}\|^2 \tag{25}$$

그런데 $\|\mathbf{u}\|^2\|\mathbf{w}\|^2 \geq 0$이므로 식 (25)로부터

$$(\mathbf{u}\cdot\mathbf{v})^2 \leq \|\mathbf{u}\|^2\|\mathbf{v}\|^2$$

이 성립한다. 이로써 식 (21)이 성립하고, 따라서 식 (22)도 성립한다. ■

참고 Cauchy-Schwarz 부등식으로 인하여 R^n의 영이 아닌 벡터들의 사잇각을 이제 식 (19)로써 정의할 수 있게 되었다.

평면기하학에는 **삼각부등식**(triangle inequality)이라 부르는 정리가 있는데, 이 정리는 삼각형의 두 변의 길이의 합이 세 번째 변의 길이보다 크거나 같다는 것이다. 다음 정리는 이 결과를 R^n으로 일반화한 것이다(그림 1.2.10).

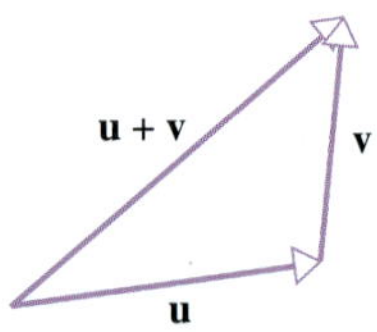

그림 1.2.10

정리 1.2.13 **(벡터에 대한 삼각부등식)** *만약* $\mathbf{u}$, $\mathbf{v}$, $\mathbf{w}$*가* R^n*의 벡터이면*

$$\|\mathbf{u}+\mathbf{v}\| \leq \|\mathbf{u}\| + \|\mathbf{v}\| \tag{26}$$

증명

$$\begin{aligned}\|\mathbf{u}+\mathbf{v}\|^2 &= (\mathbf{u}+\mathbf{v})\cdot(\mathbf{u}+\mathbf{v}) \\ &= \|\mathbf{u}\|^2 + 2(\mathbf{u}\cdot\mathbf{v}) + \|\mathbf{v}\|^2 \\ &\leq \|\mathbf{u}\|^2 + 2|\mathbf{u}\cdot\mathbf{v}| + \|\mathbf{v}\|^2 && \textbf{(절댓값의 성질)} \\ &\leq \|\mathbf{u}\|^2 + 2\|\mathbf{u}\|\|\mathbf{v}\| + \|\mathbf{v}\|^2 && \textbf{(Cauchy-Schwarz 부등식)} \\ &= (\|\mathbf{u}\| + \|\mathbf{v}\|)^2\end{aligned}$$

식 (26)은 이 부등식에 제곱근을 취하여 얻는다.

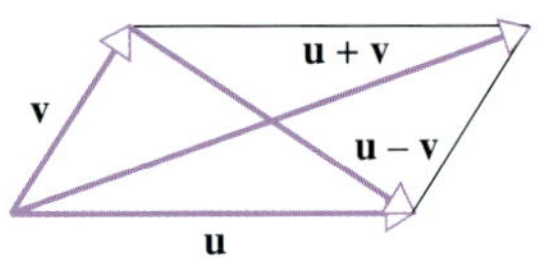

그림 1.2.11

평면기하학에는 임의의 평행사변형의 두 대각선의 길이의 제곱의 합이 네 변의 길이의 제곱의 합과 같다는 정리가 있다. 다음 정리는 이 결과를 R^n으로 일반화한 것이다(그림 1.2.11). ■

정리 1.2.14 **(벡터에 대한 평행사변형 등식)** *만약* $\mathbf{u}$, $\mathbf{v}$*가* R^n*의 벡터이면*

$$\|\mathbf{u}+\mathbf{v}\|^2 + \|\mathbf{u}-\mathbf{v}\|^2 = 2\left(\|\mathbf{u}\|^2 + \|\mathbf{v}\|^2\right) \tag{27}$$

증명

$$\begin{aligned}\|\mathbf{u}+\mathbf{v}\|^2 + \|\mathbf{u}-\mathbf{v}\|^2 &= (\mathbf{u}+\mathbf{v})\cdot(\mathbf{u}+\mathbf{v}) + (\mathbf{u}-\mathbf{v})\cdot(\mathbf{u}-\mathbf{v}) \\ &= 2(\mathbf{u}\cdot\mathbf{u}) + 2(\mathbf{v}\cdot\mathbf{v}) \\ &= 2\left(\|\mathbf{u}\|^2 + \|\mathbf{v}\|^2\right)\end{aligned}$$

■

마지막으로, $\mathbf{u}$와 $\mathbf{v}$를 R^2 또는 R^3의 임의의 두 점이라 하자. $\mathbf{u}$에서 $\mathbf{v}$까지의 최단거리가 직선거리란 말은 R^2 또는 R^3에서 세 번째 점 $\mathbf{w}$를 선택했을 때 다음 부등식

$$d(\mathbf{u},\mathbf{v}) \leq d(\mathbf{u},\mathbf{w}) + d(\mathbf{w},\mathbf{v})$$

가 성립함을 뜻한다(그림 1.2.12). 이것을 **거리에 대한 삼각부등식**(triangle inequality for distance)이라 부른다. 다음 정리는 이것을 R^n으로 확장한 것이다.

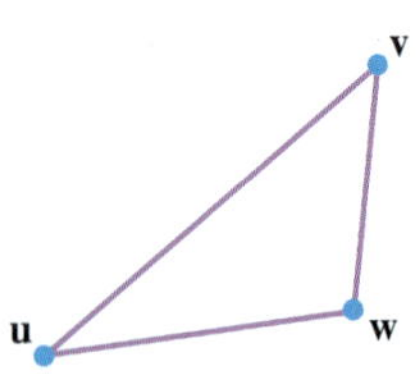

$d(\mathbf{u},\mathbf{v}) \leq d(\mathbf{u},\mathbf{w}) + d(\mathbf{w},\mathbf{v})$

그림 1.2.12

정리 1.2.15 **(거리에 대한 삼각부등식)** *만약* $\mathbf{u}$, $\mathbf{v}$, $\mathbf{w}$*가* R^n*의 점이라면*

$$d(\mathbf{u},\mathbf{v}) \leq d(\mathbf{u},\mathbf{w}) + d(\mathbf{w},\mathbf{v}) \tag{28}$$

증명

$$
\begin{aligned}
d(\mathbf{u}, \mathbf{v}) &= \|\mathbf{u} - \mathbf{v}\| \\
&= \|(\mathbf{u} - \mathbf{w}) + (\mathbf{w} - \mathbf{v})\| && \text{(w를 더하고 뺌)} \\
&\le \|\mathbf{u} - \mathbf{w}\| + \|\mathbf{w} - \mathbf{v}\| && \text{(벡터에 대한 삼각부등식)} \\
&= d(\mathbf{u}, \mathbf{w}) + d(\mathbf{w}, \mathbf{v}) && \text{(거리의 정의)}
\end{aligned}
$$

■

미리보기 R^n에서의 길이, 사잇각, 거리 개념은 모두 점곱으로 표현할 수 있다. 이 점곱은 *Euclid 내적*이라고도 부른다.

$$\|\mathbf{v}\| = \sqrt{\mathbf{v} \cdot \mathbf{v}} \tag{29}$$

$$\theta = \cos^{-1}\left(\frac{\mathbf{u} \cdot \mathbf{v}}{\|\mathbf{u}\|\|\mathbf{v}\|}\right) = \cos^{-1}\left(\frac{\mathbf{u} \cdot \mathbf{v}}{\sqrt{\mathbf{u} \cdot \mathbf{u}}\sqrt{\mathbf{v} \cdot \mathbf{v}}}\right) \tag{30}$$

$$d(\mathbf{u}, \mathbf{v}) = \|\mathbf{u} - \mathbf{v}\| = \sqrt{(\mathbf{u} - \mathbf{v}) \cdot (\mathbf{u} - \mathbf{v})} \tag{31}$$

따라서, R^n의 벡터들의 기하학적 성질을 궁극적으로 결정하는 것은 Euclid 내적의 대수적 성질이다. 하지만 가장 중요한 Euclid 내적의 대수적 성질들은 정리 1.2.6의 네 가지 성질들로부터 모두 유도될 수 있기 때문에, 정리 1.2.6이야말로 R^n의 기하학의 가장 근본이라 할 수 있다. Euclid 내적이 있는 R^n은 Euclid 기하학과 닮은 점이 아주 많기 때문에 종종 **Euclid n-공간** 또는 **n차원 Euclid 공간**이라 부른다.

연습문제 1.2

*연습문제 1과 2에서는 **v**의 놈, **v**와 같은 방향을 가진 단위 벡터, 그리고 **v**와 반대 방향을 가진 단위 벡터를 구하라.*

1. (a) $\mathbf{v} = (4, -3)$ (b) $\mathbf{v} = (2, 2, 2)$
(c) $\mathbf{v} = (1, 0, 2, 1, 3)$

2. (a) $\mathbf{v} = (-5, 12)$ (b) $\mathbf{v} = (1, -1, 2)$
(c) $\mathbf{v} = (-2, 3, 3, -1)$

연습문제 3과 4에서는 $\mathbf{u} = (2, -2, 3)$, $\mathbf{v} = (1, -3, 4)$, $\mathbf{w} = (3, 6, -4)$일 때 주어진 식의 값을 구하라.

3. (a) $\|\mathbf{u} + \mathbf{v}\|$ (b) $\|\mathbf{u}\| + \|\mathbf{v}\|$
(c) $\|-2\mathbf{u} + 2\mathbf{v}\|$ (d) $\|3\mathbf{u} - 5\mathbf{v} + \mathbf{w}\|$

4. (a) $\|\mathbf{u} + \mathbf{v} + \mathbf{w}\|$ (b) $\|\mathbf{u} - \mathbf{v}\|$
(c) $\|3\mathbf{v}\| - 3\|\mathbf{v}\|$ (d) $\|\mathbf{u}\| - \|\mathbf{v}\|$

연습문제 5와 6에서는 $\mathbf{u} = (-2, -1, 4, 5)$, $\mathbf{v} = (3, 1, -5, 7)$, $\mathbf{w} = (-6, 2, 1, 1)$일 때 주어진 식의 값을 구하라.

5. (a) $\|3\mathbf{u} - 5\mathbf{v} + \mathbf{w}\|$ (b) $\|3\mathbf{u}\| - 5\|\mathbf{v}\| + \|\mathbf{u}\|$
(c) $\|-\|\mathbf{u}\|\mathbf{v}\|$

6. (a) $\|\mathbf{u}\| - 2\|\mathbf{v}\| - 3\|\mathbf{w}\|$ (b) $\|\mathbf{u}\| + \|-2\mathbf{v}\| + \|-3\mathbf{w}\|$
(c) $\big\|\|\mathbf{u} - \mathbf{v}\|\mathbf{w}\big\|$

7. $\mathbf{v} = (-2, 3, 0, 6)$이라 하자. $\|k\mathbf{v}\| = 5$가 되도록 하는 모든 스칼라 k를 구하라.

8. $\mathbf{v} = (1, 1, 2, -3, 1)$이라 하자. $\|k\mathbf{v}\| = 4$가 되도록 하는 모든 스칼라 k를 구하라.

연습문제 9와 10에서는 $\mathbf{u} \cdot \mathbf{v}$, $\mathbf{u} \cdot \mathbf{u}$, 그리고 $\mathbf{v} \cdot \mathbf{v}$를 구하라.

9. (a) $\mathbf{u} = (3, 1, 4)$, $\mathbf{v} = (2, 2, -4)$
(b) $\mathbf{u} = (1, 1, 4, 6)$, $\mathbf{v} = (2, -2, 3, -2)$

10. (a) $\mathbf{u} = (1, 1, -2, 3)$, $\mathbf{v} = (-1, 0, 5, 1)$
(b) $\mathbf{u} = (2, -1, 1, 0, -2)$, $\mathbf{v} = (1, 2, 2, 2, 1)$

*연습문제 11과 12에서는 **u**와 **v** 사이의 Euclid 거리를 구하라.*

11. (a) $\mathbf{u} = (3, 3, 3)$, $\mathbf{v} = (1, 0, 4)$
(b) $\mathbf{u} = (0, -2, -1, 1)$, $\mathbf{v} = (-3, 2, 4, 4)$
(c) $\mathbf{u} = (3, -3, -2, 0, -3, 13, 5)$,
$\mathbf{v} = (-4, 1, -1, 5, 0, -11, 4)$

12. (a) $\mathbf{u} = (1, 2, -3, 0)$, $\mathbf{v} = (5, 1, 2, -2)$
(b) $\mathbf{u} = (2, -1, -4, 1, 0, 6, -3, 1)$,
$\mathbf{v} = (-2, -1, 0, 3, 7, 2, -5, 1)$
(c) $\mathbf{u} = (0, 1, 1, 1, 2)$, $\mathbf{v} = (2, 1, 0, -1, 3)$

13. 연습문제 11의 각 항목에 있는 벡터들의 사잇각의 코사인값을 구하고, 이 각이 예각인지 둔각인지 아니면 직각인지를 밝혀라.

14. 연습문제 12의 각 항목에 있는 벡터들의 사잇각의 코사인값을 구하고, 이 각이 예각인지 둔각인지 아니면 직각인지를 밝혀라.

15. xy 평면에 있는 벡터 **a**는 길이가 9이고 양의 x축에서 반시계 방향으로 120° 회전된 방향을 향하고 있으며, 벡터 **b**는 길이가 5이고 양의 y축 방향을 향하고 있다. $\mathbf{a} \cdot \mathbf{b}$를 구하라.

16. xy 평면에 있는 벡터 **a**는 양의 x축에서 반시계 방향으로 47° 회전된 방향을 향하고 있고, 벡터 **b**는 양의 x축에서 시계 방향으로 43° 회전된 방향을 향하고 있다. $\mathbf{a} \cdot \mathbf{b}$의 값에 대하여 어떤 말을 할 수 있는가?

17. $\mathbf{v} = (1, 2, -4, 0)$, $\mathbf{w} = (-3, 5, 1, 1)$일 때 $\mathbf{x}$에 대한 방정식 $5\mathbf{x} - 2\mathbf{v} = 2(\mathbf{w} - 5\mathbf{x})$의 해를 구하라.

18. $\mathbf{v}$와 $\mathbf{w}$가 연습문제 17에서와 같이 주어져 있을 때 $\mathbf{x}$에 대한 방정식 $5\mathbf{x} - \|\mathbf{v}\|\mathbf{v} = \|\mathbf{w}\|(\mathbf{w} - 5\mathbf{x})$의 해를 구하라.

연습문제 19와 20에서는 다음 표현이 수학적으로 의미가 있는지 판별하고, 그렇지 못한 경우 그 이유를 밝혀라.

19. (a) $\mathbf{u}\cdot(\mathbf{v}\cdot\mathbf{w})$ (b) $\mathbf{u}\cdot(\mathbf{v}+\mathbf{w})$
(c) $\|\mathbf{u}\cdot\mathbf{v}\|$ (d) $(\mathbf{u}\cdot\mathbf{v}) - \|\mathbf{u}\|$

20. (a) $\|\mathbf{u}\|\cdot\|\mathbf{v}\|$ (b) $(\mathbf{u}\cdot\mathbf{v}) - \mathbf{w}$
(c) $(\mathbf{u}\cdot\mathbf{v}) - k$ (d) $k\cdot\mathbf{u}$

연습문제 21과 22에서는 Cauchy-Schwarz 부등식이 성립함을 보여라.

21. (a) $\mathbf{u} = (3, 2)$, $\mathbf{v} = (4, -1)$
(b) $\mathbf{u} = (-3, 1, 0)$, $\mathbf{v} = (2, -1, 3)$
(c) $\mathbf{u} = (0, 2, 2, 1)$, $\mathbf{v} = (1, 1, 1, 1)$

22. (a) $\mathbf{u} = (4, 1, 1)$, $\mathbf{v} = (1, 2, 3)$
(b) $\mathbf{u} = (1, 2, 1, 2, 3)$, $\mathbf{v} = (0, 1, 1, 5, -2)$
(c) $\mathbf{u} = (1, 3, 5, 2, 0, 1)$, $\mathbf{v} = (0, 2, 4, 1, 3, 5)$

연습문제 23과 24에서는 벡터들이 정규직교집합을 이룸을 보여라.

23. $\mathbf{v}_1 = \left(\frac{1}{2}, \frac{1}{2}, \frac{1}{2}, \frac{1}{2}\right)$, $\mathbf{v}_2 = \left(\frac{1}{2}, -\frac{5}{6}, \frac{1}{6}, \frac{1}{6}\right)$,
$\mathbf{v}_3 = \left(\frac{1}{2}, \frac{1}{6}, \frac{1}{6}, -\frac{5}{6}\right)$, $\mathbf{v}_4 = \left(\frac{1}{2}, \frac{1}{6}, -\frac{5}{6}, \frac{1}{6}\right)$

24. $\mathbf{v}_1 = \left(-\frac{1}{\sqrt{2}}, \frac{1}{\sqrt{6}}, \frac{1}{\sqrt{3}}\right)$, $\mathbf{v}_2 = \left(0, -\frac{2}{\sqrt{6}}, \frac{1}{\sqrt{3}}\right)$,
$\mathbf{v}_3 = \left(\frac{1}{\sqrt{2}}, \frac{1}{\sqrt{6}}, \frac{1}{\sqrt{3}}\right)$

25. 영이 아닌 벡터 $\mathbf{u} = (a, b)$에 대하여 직교하는 두 개의 단위 벡터를 구하라.

26. $\mathbf{u}$와 $\mathbf{v}$가 직교하는 적당한 k가 있으면 구하라.
(a) $\mathbf{u} = (2, k, k)$, $\mathbf{v} = (1, 7, k)$
(b) $\mathbf{u} = (k, k, 1)$, $\mathbf{v} = (k, 5, 6)$

27. $\mathbf{u}$와 $\mathbf{v}$가 직교하는 적당한 k가 있으면 구하라.
(a) $\mathbf{u} = (k, 1, 3)$, $\mathbf{v} = (1, 7, k)$
(b) $\mathbf{u} = (-2, k, k)$, $\mathbf{v} = (k, 5, k)$

28. 벡터를 이용하여 꼭짓점 $A(0, -1)$, $B(1, -2)$, $C(4, 1)$을 갖는 삼각형의 내각들의 코사인값을 구하라.

29. 벡터를 이용하여 꼭짓점이 $A(3, 0, 2)$, $B(4, 3, 0)$, $C(8, 1, -1)$인 삼각형이 직각삼각형임을 보여라. 어느 꼭짓점이 직각인 꼭짓점인가?

30. 다음 각 항목에서 확인 자릿수를 계산하여 주어진 ISBN이 합당한지 밝혀라.
(a) 1-56592-170-7 (b) 0-471-05333-5

31. 다음 각 항목에서 확인 자릿수를 계산하여 주어진 ISBN이 합당한지 밝혀라.
(a) 0-471-06368-1 (b) 0-13-947752-3

R^n의 벡터들을 다룰 때 나오게 되는 $x_1y_1 + x_2y_2 + \cdots + x_ny_n$과 $x_1^2 + x_2^2 + \cdots + x_n^2$ 같은 표현을 보다 간결하게 나타내는 방법이 있다면 편리할 것이다. 이러한 목적을 위해 우리는 ***시그마표기법*** *[sigma notation, 또는* ***합산표기법****(summation notation)]을 사용할 것인데, 이 표기법에서는 그리스 문자 Σ를 사용하여 합을 나타낸다. 이 표기법을 어떻게 사용하는지 설명하기 위하여 다음 합*

$$1^2 + 2^2 + 3^2 + 4^2 + 5^2$$

을 생각해보자. 여기서 각 항은 k^2의 형태를 가지며, k는 1에서 5까지의 정수이다. 이 합은 시그마표기법으로 다음과 같이 쓸 수 있다.

$$\sum_{k=1}^{5} k^2$$

이 표기는 k에 1부터 5까지의 정수를 차례대로 대입한 k^2 항들을 모두 더하라는 것을 뜻한다. 일반적으로, $f(k)$가 k에 대한 함수이고 m과 n이 $m \le n$을 만족시키는 정수라면

$$\sum_{k=m}^{n} f(k) = f(m) + f(m+1) + \cdots + f(n)$$

와 같이 쓸 수 있다. 이는 k에 m부터 n까지의 정수를 차례대로 대입한 $f(k)$ 항들을 모두 더하라는 것이다. 숫자 m은 ***합계의 하한****(lower limit of summation), 숫자 n은* ***합계의 상한****(upper limit of summation), k는* ***합계의 지표****(index of summation)라 한다. 합계의 지표로 꼭 k를 사용하여야 하는 것은 아니다. 일반적으로 i, j, k를 사용하지만 어떤 문자라도 사용 가능하다. 예를 들어,*

$$\sum_{k=1}^{n} a_k = \sum_{i=1}^{n} a_i = \sum_{j=1}^{n} a_j = a_1 + a_2 + \cdots + a_n$$

만약 $\mathbf{u} = (u_1, u_2, \cdots, u_n)$과 $\mathbf{v} = (v_1, v_2, \cdots, v_n)$이 R^n의 벡터이면, $\mathbf{u}$의 놈과 $\mathbf{u}$와 $\mathbf{v}$의 점곱은 시그마표기법으로 다음과 같이 나타낼 수 있다.

$$\|\mathbf{u}\| = \sqrt{u_1^2 + u_2^2 + \cdots + u_n^2} = \sqrt{\sum_{k=1}^{n} u_k^2}$$

$$\mathbf{u}\cdot\mathbf{v} = u_1v_1 + u_2v_2 + \cdots + u_nv_n = \sum_{k=1}^{n} u_kv_k$$

32. **(시그마표기법)** 각 항목에서 합을 시그마표기법으로 나타내라.
(a) $a_1b_1 + a_2b_2 + a_3b_3 + a_4b_4$
(b) $c_1^2 + c_2^2 + c_3^2 + c_4^2 + c_5^2$
(c) $b_3 + b_4 + \cdots + b_n$

33. **(시그마표기법)** 식 (11)을 시그마표기법으로 나타내라.

34. **(시그마표기법)** 각 항목의 합을 계산하라.

$$c_1 = 3, c_2 = -1, c_3 = 5, c_4 = -6, c_5 = 4$$

$$d_1 = 6, d_2 = 0, d_3 = 7, d_4 = -2, d_5 = -3$$

(a) $\displaystyle\sum_{k=1}^{4} c_k + \sum_{k=2}^{5} d_k$ (b) $\displaystyle\sum_{j=1}^{5}(2c_j - d_j)$

(c) $\displaystyle\sum_{k=1}^{5}(-1)^k c_k$

35. **(시그마표기법)** 각 항목에서 양변의 합을 자세히 씀으로써 등식이 성립함을 보여라.

(a) $\sum_{k=1}^{n}(a_k + b_k) = \sum_{k=1}^{n} a_k + \sum_{k=1}^{n} b_k$

(b) $\sum_{k=1}^{n}(a_k - b_k) = \sum_{k=1}^{n} a_k - \sum_{k=1}^{n} b_k$

(c) $\sum_{k=1}^{n} ca_k = c\sum_{k=1}^{n} a_k$

토론과 발견

D1. 가시공간과 고차원 공간의 유사점과 차이점을 한두 단락 정도로 설명하라. 여기에 왜 R^n을 *Euclid 공간*이라 부르는지에 대한 설명을 포함하라.

D2. 만약 $\|k\mathbf{v}\| = k\|\mathbf{v}\|$가 성립한다면 k와 $\mathbf{v}$에 대하여 어떤 말을 할 수 있는가?

D3. (a) R^2에서 영이 아닌 한 벡터에 직교하는 모든 벡터들의 집합은 기하학적으로 어떠한 객체가 되는가?

(b) R^3에서 영이 아닌 한 벡터에 직교하는 모든 벡터들의 집합은 기하학적으로 어떠한 객체가 되는가?

(c) R^2에서 서로 동일직선상에 있지 않은 두 벡터에 직교하는 모든 벡터들의 집합은 기하학적으로 어떠한 객체가 되는가?

(d) R^3에서 서로 동일직선상에 있지 않은 두 벡터에 직교하는 모든 벡터들의 집합은 기하학적으로 어떠한 객체가 되는가?

D4. $\mathbf{v}_1 = \left(\frac{2}{3}, \frac{1}{3}, \frac{2}{3}\right)$, $\mathbf{v}_2 = \left(\frac{1}{3}, \frac{2}{3}, -\frac{2}{3}\right)$이 정규직교 벡터임을 보이고, $\{\mathbf{v}_1, \mathbf{v}_2, \mathbf{v}_3\}$가 정규직교집합이 되도록 하는 벡터 $\mathbf{v}_3$을 구하라.

D5. 다음 표현식 중 하나는 잘못된 것이다. 어느 것이 잘못되었는지 밝히고, 왜 잘못되었는지를 말하라.

$$\mathbf{u}\cdot(\mathbf{v}+\mathbf{w}), \quad \mathbf{u}\cdot\mathbf{v}+\mathbf{u}\cdot\mathbf{w}, \quad (\mathbf{u}\cdot\mathbf{v})+\mathbf{w}$$

D6. $\mathbf{x} = (x, y)$, $\mathbf{x}_0 = (x_0, y_0)$이라 하자. 다음을 나타내는 등식이나 부등식을 놈을 포함해 서술하라.

(a) 중심이 $\mathbf{x}_0$이고 반지름이 1인 원

(b) 항목 (a)에서 원의 내부에 있는 점들의 집합

(c) 항목 (a)에서 원의 외부에 있는 점들의 집합

D7. 만약 $\mathbf{u}$와 $\mathbf{v}$가 $\|\mathbf{u}\| = 1$, $\|\mathbf{v}\| = 1$인 R^n의 직교 벡터라면 $d(\mathbf{u}, \mathbf{v})$ = ________이다. R^2에서 이 결과를 설명하는 그림을 그려라.

D8. 각 항목에서 $n = 5, 10, 100$일 때 $\|\mathbf{u}\|$를 구하라.

(a) $\mathbf{u} = (1, \sqrt{2}, \sqrt{3}, \ldots, \sqrt{n})$

(b) $\mathbf{u} = (1, 2, 3, \ldots, n)$

[*힌트*: 1부터 n까지 자연수의 합과 이들의 제곱의 합에 대한 공식들이 있다. 이 공식을 모른다면 찾아보라.

D9. 다음 명제가 참(T)인지 거짓(F)인지 판별하고 그 이유를 밝혀라.

(a) 만약 $\|\mathbf{u} + \mathbf{v}\|^2 = \|\mathbf{v}\|^2 + \|\mathbf{v}\|^2$이면 $\mathbf{u}$와 $\mathbf{v}$는 직교한다.

(b) 만약 $\mathbf{u}$가 $\mathbf{v}$와 $\mathbf{w}$에 직교한다면 $\mathbf{u}$는 $\mathbf{v} + \mathbf{w}$에 직교한다.

(c) 만약 $\mathbf{u}$가 $\mathbf{v} + \mathbf{w}$에 직교한다면 $\mathbf{u}$는 $\mathbf{v}$와 $\mathbf{w}$에 직교한다.

(d) 만약 $\mathbf{a}\cdot\mathbf{b} = \mathbf{a}\cdot\mathbf{c}$이고 $\mathbf{a} \neq \mathbf{0}$이면 $\mathbf{b} = \mathbf{c}$가 된다.

(e) 만약 $\|\mathbf{u} + \mathbf{v}\| = 0$이면 $\mathbf{u} = -\mathbf{v}$가 된다.

(f) R^n의 벡터의 모든 정규직교집합은 직교집합이기도 하다.

D10. 다음 명제가 참(T)인지 거짓(F)인지 판별하고 그 이유를 밝혀라.

(a) 만약 $k\mathbf{u} = \mathbf{0}$이면 $k = 0$이거나 $\mathbf{u} = \mathbf{0}$이다.

(b) 만약 R^2의 두 벡터 $\mathbf{u}$와 $\mathbf{v}$가 R^2의 영이 아닌 벡터 $\mathbf{w}$에 직교한다면 $\mathbf{u}$와 $\mathbf{v}$는 서로의 스칼라배가 된다.

(c) R^3에 다음을 만족하는 벡터 $\mathbf{u}$가 존재한다.

$\|\mathbf{u} - (1, 1, 1)\| \le 3$과 $\|\mathbf{u} - (-1, -1, -1)\| \le 3$

(d) 만약 $\mathbf{u}$가 벡터 $(1, 0, 0), (0, 1, 0), (0, 0, 1)$에 직교하는 R^3의 벡터라면 $\mathbf{u} = 0$이다.

(e) 만약 $\mathbf{u}\cdot\mathbf{v} = 0$이고 $\mathbf{v}\cdot\mathbf{w} = 0$이면 $\mathbf{u}\cdot\mathbf{w} = 0$이 된다.

(f) $\|\mathbf{u} + \mathbf{v}\| = \|\mathbf{u}\| + \|\mathbf{v}\|$

증명문제

P1. 만약 $\mathbf{u}_1, \mathbf{u}_2, \cdots, \mathbf{u}_n$의 각 쌍이 직교하는 R^n의 벡터들이라면

$$\|\mathbf{u}_1 + \mathbf{u}_2 + \cdots + \mathbf{u}_n\|^2 = \|\mathbf{u}_1\|^2 + \|\mathbf{u}_2\|^2 + \cdots + \|\mathbf{u}_n\|^2$$

임을 증명하라. 이것은 정리 1.2.11을 일반화한 것으로 **일반화된 Pythagoras 정리**(generalized theorem of Pythagoras)라 부른다.

P2. (a) Cauchy-Schwarz 부등식을 이용하여 a_1과 a_2가 음이 아닌 수일 때 다음 부등식이 성립함을 증명하라.

$$\sqrt{a_1 a_2} \le \frac{a_1 + a_2}{2}$$

좌변의 식은 a_1과 a_2의 **기하평균**(geometric mean)이고, 우변의 식은 우리에게 익숙한 a_1과 a_2의 **산술평균**(arithmetic mean)이다. 따라서 이 관계는 두 수의 기하평균이 산술평균을 초과할 수 없다는 것을 말하고 있다. [*힌트*: 벡터 $\mathbf{u} = (\sqrt{a_1}, \sqrt{a_2})$와 $\mathbf{v} = (\sqrt{a_2}, \sqrt{a_1})$을 생각하라.]

(b) 항목 (a)의 결과를 n개의 음이 아닌 수로 일반화하라.

P3. Cauchy-Schwarz 부등식을 이용하여 다음을 증명하라.

$$(a_1b_1 + a_2b_2 + \cdots + a_nb_n)^2 \le (a_1^2 + a_2^2 + \cdots + a_n^2)(b_1^2 + b_2^2 + \cdots + b_n^2)$$

P4. (a) 양변을 점곱으로 표현함으로써 R^n의 벡터들에 대해 $\mathbf{u}\cdot\mathbf{v} = \frac{1}{4}\|\mathbf{u}+\mathbf{v}\|^2 - \frac{1}{4}\|\mathbf{u}-\mathbf{v}\|^2$이 성립함을 증명하라.

(b) $\|\mathbf{u}+\mathbf{v}\|=1$, $\|\mathbf{u}-\mathbf{v}\|=5$가 주어졌을 때 $\mathbf{u}\cdot\mathbf{v}$를 구하라.

P5. y축과 평행하지 않은 평면상의 두 직선이 수직이기 위한 필요충분조건은 이들의 기울기 곱이 -1이 됨을 상기하자. 먼저 영이 아닌 벡터 $\mathbf{u}=(a, b)$가 기울기 m인 직선과 평행하다면 $b/a = m$임을 보임으로써 점곱을 이용해 이 사실을 증명하라.

P6. 식 (11)을 이용하여 정리 1.2.4를 증명하라.

P7. (a) 정리 1.2.6의 항목 (*a*)를 증명하라.

(b) 정리 1.2.6의 항목 (*b*)를 증명하라.

P8. (a) 벡터를 성분으로 분해하지 않고 정리 1.2.6을 이용하여 정리 1.2.7의 항목 (*e*)를 증명하라.

(b) 벡터를 성분으로 분해하지 않고 정리 1.2.6과 $\mathbf{0}=(0)\mathbf{0}$인 사실을 이용하여 정리 1.2.7의 항목 (*a*)를 증명하라.

P9. 다음 그림에 보이는 것처럼 삼각형 AXB가 원에 내접해 있고 한 변이 지름과 일치한다고 하자. 벡터 $\overrightarrow{AX}$와 $\overrightarrow{BX}$를 벡터 $\mathbf{a}$와 $\mathbf{x}$를 사용하여 나타낸 후 점곱을 이용하여 X에서의 각도가 직각임을 증명하라.

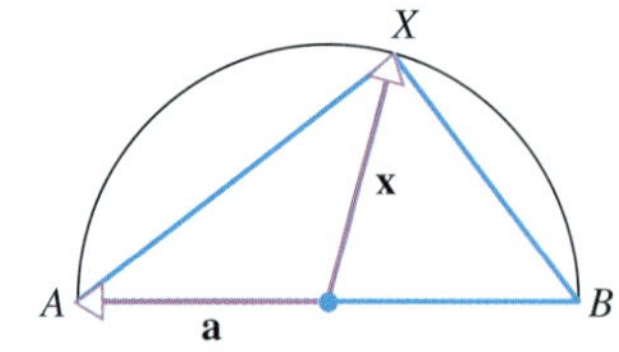

그림 Ex-P9

프로그램 활용 연습문제

T1. (점곱과 놈) 일부 선형대수 프로그램은 점곱과 놈을 계산하기 위한 명령어를 제공하고 있지만 다른 것들은 점곱 계산 명령어만 제공한다. 후자의 경우 놈은 공식 $\|\mathbf{v}\|=\sqrt{\mathbf{v}\cdot\mathbf{v}}$로부터 계산할 수 있다. 점곱과 놈을 계산하는 방법을 독자의 계산 유틸리티로 확인하고, 예제 1, 2, 4의 계산을 실행해 보라.

T2. (시그마표기법) 시그마표기법을 포함한 식을 어떻게 계산하는지 알아보고, 다음을 계산하라.

(a) $\displaystyle\sum_{k=1}^{10} k^3$　　(b) $\displaystyle\sum_{k=1}^{20} k^2\cos(k\pi)$

T3. (a) 벡터 $\mathbf{u}=(1, -2, 4, 1)$과 $\mathbf{v}=(7, 4, -3, 2)$의 사잇각의 사인값과 코사인값을 구하라.

(b) 항목 (a)의 벡터들의 사잇각을 구하라.

T4. 예제 5의 방법을 사용하여 크기가 10 cm × 15 cm × 25 cm인 상자의 대각선과 각 변들이 이루는 사잇각을 최대한 가깝게 구하라.

T5. (시그마표기법) $\mathbf{u}$를 i번째 성분이 i인 R^{100}의 벡터, 그리고 $\mathbf{v}$를 i번째 성분이 $1/(i+1)$인 R^{100}의 벡터라고 하자. 점곱 $\mathbf{u}\cdot\mathbf{v}$를 먼저 시그마표기법으로 나타내고, 그 값을 계산하라.

1.3 직선과 평면의 벡터방정식

이 절에서는 R^2와 R^3에서의 직선과 평면의 벡터방정식을 유도하고, 이러한 방정식을 고차원 공간에서 직선과 평면을 정의하기 위한 토대로 활용하고자 한다.

직선의 벡터방정식과 매개변수방정식

R^2에서의 **직선의 일반방정식**(general equation of a line)은 다음 형태로 주어짐을 상기하자.

$$Ax+By=C \quad (A\text{와 } B\text{는 동시에 0이 아니다.}) \tag{1}$$

직선이 원점을 지나는 특수한 경우 이 방정식은 다음과 같이 간단해진다.

$$Ax+By=0 \quad (A\text{와 } B\text{는 동시에 0이 아니다.}) \tag{2}$$

이 방정식들은 비록 여러 목적에 유용하지만 R^2에서만 적용 가능하므로, 이 절의 첫 번째 목표는 R^2과 R^3 모두에 적용될 수 있는 직선의 방정식을 구하는 것이다.

R^2 또는 R^3의 직선은 그 위의 한 점 $\mathbf{x}_0$과 직선에 평행한 영이 아닌 벡터 $\mathbf{v}$를 지정함으로써 유일하게 결정될 수 있다(그림 1.3.1*a*). 따라서, 만약 $\mathbf{x}$가 $\mathbf{x}_0$을 지나고 $\mathbf{v}$에 평행한 직선상의 어떤 점이라면, 벡터 $\mathbf{x}-\mathbf{x}_0$은 $\mathbf{v}$와 평행하게 되어(그림 1.3.1*b*), 적당한 스칼라 t에 대하여

$$\mathbf{x}-\mathbf{x}_0=t\mathbf{v}$$

가 성립한다. 이것은 다음과 같이 다시 쓸 수 있다.

$$\mathbf{x}=\mathbf{x}_0+t\mathbf{v} \tag{3}$$

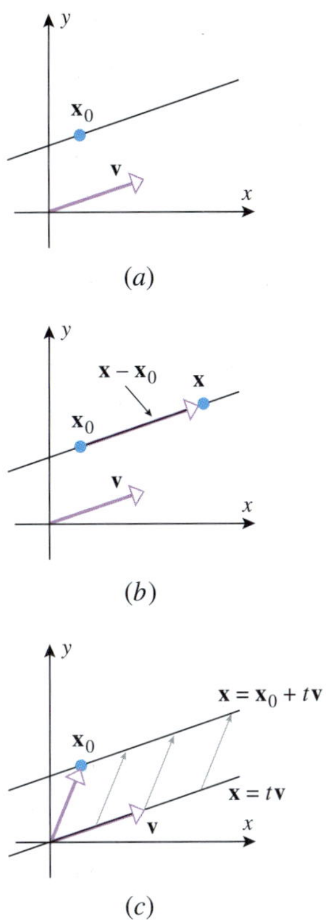

그림 1.3.1

매개변수(parameter)라 부르는 변수 t가 $-\infty$에서 $+\infty$까지 변할 때, 점 $\mathbf{x}$는 직선을 따라 이동하게 되므로 직선은 다음 방정식으로 표현될 수 있다.

$$\mathbf{x} = \mathbf{x}_0 + t\mathbf{v} \quad (-\infty < t < +\infty) \tag{4}$$

이 식을 $\mathbf{x}_0$을 지나고 $\mathbf{v}$와 평행한 **직선의 벡터방정식**(vector equation of the line)이라 한다. $\mathbf{x}_0 = \mathbf{0}$인 특별한 경우 이 직선은 원점을 지나고 식 (4)는 다음과 같이 간단해진다.

$$\mathbf{x} = t\mathbf{v} \quad (-\infty < t < +\infty) \tag{5}$$

식 (4)의 직선은 식 (5)의 직선을 $\mathbf{x}_0$만큼 **평행이동**(translation)한 것임에 유의하라(그림 1.3.1c).

직선의 벡터방정식은 대응되는 성분들을 등호로 연결함으로써 스칼라방정식의 집합으로 분할할 수 있는데, 이것을 직선의 **매개변수방정식**(parametric equation)이라 한다. 예를 들어, $\mathbf{x} = (x, y)$가 점 $\mathbf{x}_0 = (x_0, y_0)$을 지나고 벡터 $\mathbf{v} = (a, b)$에 평행한 직선상의 일반적인 점이라면 식 (4)는 다음과 같이 성분 형태로 표현할 수 있다.

$$(x, y) = (x_0, y_0) + t(a, b) \quad (-\infty < t < +\infty)$$

대응하는 성분들을 등호로 연결하면 매개변수방정식

$$x = x_0 + at, \ y = y_0 + bt \quad (-\infty < t < +\infty) \tag{6}$$

를 얻는다. 마찬가지로, 만약 $\mathbf{x} = (x, y, z)$가 점 $\mathbf{x}_0 = (x_0, y_0, z_0)$을 지나고 벡터 $\mathbf{v} = (a, b, c)$에 평행한 직선상의 일반적인 점이라면 식 (4)를 다음과 같이 성분 형태로 표현할 수 있다.

$$(x, y, z) = (x_0, y_0, z_0) + t(a, b, c) \quad (-\infty < t < +\infty)$$

대응하는 성분들을 등호로 연결하면 다음과 같이 매개변수방정식을 얻는다.

$$x = x_0 + at, \ y = y_0 + bt, \ z = z_0 + ct \quad (-\infty < t < +\infty) \tag{7}$$

참고 간략히 나타내기 위해, 직선의 벡터방정식이나 매개변수방정식을 쓸 때 $-\infty < t < +\infty$란 사실을 명시적으로 언급하는 부분을 종종 생략할 것이다.

예제 1
직선의 벡터방정식

(a) R^2 상에서 원점을 지나고 벡터 $\mathbf{v} = (-2, 3)$에 평행한 직선의 벡터 및 매개변수방정식을 구하라.

(b) R^3 상에서 점 $P_0(1, 2, -3)$을 지나고 벡터 $\mathbf{v} = (4, -5, 1)$에 평행한 직선의 벡터 및 매개변수방정식을 구하라.

(c) 항목 (b)에서 구한 벡터방정식을 사용하여 P_0과는 다른 직선상의 두 점을 구하라.

풀이 (a) 식 (5)로부터 이 직선의 벡터방정식은 $\mathbf{x} = t\mathbf{v}$이다. 만약 $\mathbf{x} = (x, y)$라 할 때 이 방정식을 성분형식으로 표현하면

$$(x, y) = t(-2, 3)$$

가 된다. 이 방정식의 양변의 각 성분을 등호로 연결하면 다음 매개변수방정식을 구하게 된다.

$$x = -2t, \ y = 3t$$

풀이 (b) 식 (4)로부터 이 직선의 벡터방정식은 $\mathbf{x} = \mathbf{x}_0 + t\mathbf{v}$가 된다. 만약 $\mathbf{x} = (x, y, z)$이고, $\mathbf{x}_0 = (1, 2, -3)$이라면, 이 방정식은 성분 형태로

$$(x, y, z) = (1, 2, -3) + t(4, -5, 1) \tag{8}$$

와 같이 표현될 수 있다. 이 방정식의 양변의 각 성분을 등호로 연결하면 다음 매개변수방정식을 구하게 된다.

$$x = 1 + 4t, \ y = 2 - 5t, \ z = -3 + t$$

풀이 (*c*) 벡터방정식이나 매개변수방정식으로 표현된 직선상의 특정한 점들은 매개변수 t에 적당한 수를 대입해서 얻을 수 있다. 예를 들어, 식 (8)에서 $t = 0$을 취하면 $(x, y, z) = (1, 2, -3)$을 얻게 되는데, 이것이 주어진 점 P_0이다. 다른 t 값을 취하면 다른 점을 얻게 된다. 예를 들어, $t = 1$일 때 점 $(5, -3, -2)$를 얻게 되고, $t = -1$일 때 점 $(-3, 7, -4)$를 얻게 된다. ■

두 점을 지나는 직선

만약 $\mathbf{x}_0$과 $\mathbf{x}_1$이 R^2 또는 R^3의 서로 다른 두 점이라면 이 점들에 의해 결정된 직선은 벡터 $\mathbf{v} = \mathbf{x}_1 - \mathbf{x}_0$과 평행하게 된다(그림 1.3.2). 따라서, 식 (4)로부터 이 직선은 벡터 형식으로

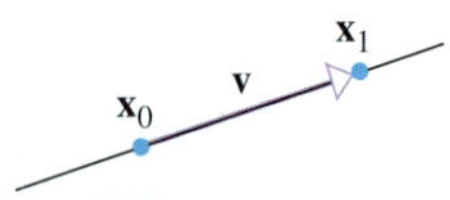

그림 1.3.2

$$\mathbf{x} = \mathbf{x}_0 + t(\mathbf{x}_1 - \mathbf{x}_0) \quad (-\infty < t < +\infty) \tag{9}$$

나 또는 동치적으로

$$\mathbf{x} = (1 - t)\mathbf{x}_0 + t\mathbf{x}_1 \quad (-\infty < t < +\infty) \tag{10}$$

와 같이 표현할 수 있다. 식 (9)와 (10)은 $\mathbf{x}_0$과 $\mathbf{x}_1$을 지나는 직선의 **두 점 벡터방정식**(two point vector equation)이라 한다.

참고 만약 식 (9)나 식 (10)에서 매개변수 t가 구간 $0 \le t \le 1$로 제한된다면, 이 방정식들은 직선 전체를 나타내기보다 $\mathbf{x}_0$에서 $\mathbf{x}_1$까지의 **선분**(line segment)을 나타낸다(연습문제 41~45를 보라).

예제 2 두 점을 지나는 직선의 벡터 및 매개변수방정식

점 $P(0, 7)$과 점 $Q(5, 0)$을 지나는 R^2 상의 직선의 벡터 및 매개변수방정식을 구하라.

풀이 $\mathbf{x} = (x, y)$라 하면 $\mathbf{x}_0 = (0, 7)$과 $\mathbf{x}_1 = (5, 0)$인 식 (10)으로부터 직선의 두 점 벡터방정식은 다음과 같다.

$$(x, y) = (1 - t)(0, 7) + t(5, 0) \tag{11}$$

대응하는 성분들을 등호로 연결하면 매개변수방정식

$$x = 5t, \quad y = 7 - 7t \tag{12}$$

를 얻는다(이를 증명하라). ■

참고 앞의 보기에서 $\mathbf{x}_0 = (5, 0)$, $\mathbf{x}_1 = (0, 7)$을 채택하였다면, 그 결과 얻게 되는 벡터방정식은

$$(x, y) = (1 - t)(5, 0) + t(0, 7) \tag{13}$$

일 것이고, 이에 따른 매개변수방정식은

$$x = 5 - 5t, \quad y = 7t \tag{14}$$

가 되었을 것이다(이를 증명하라). 비록 식 (13)과 식 (14)가 식 (11)과 식 (12)와는 다른 것처럼 보이지만 이들은 모두 같은 기하학적 직선을 표현하고 있다. 이 사실은 매개변수방정식에서 매개변수 t를 제거하여 x와 y의 직접적인 관계식을 구함으로써 보일 수 있다. 예를 들어, 식 (12)의 첫 번째 방정식의 t를 x에 대하여 풀고 이를 두 번째 방정식에 대입하면

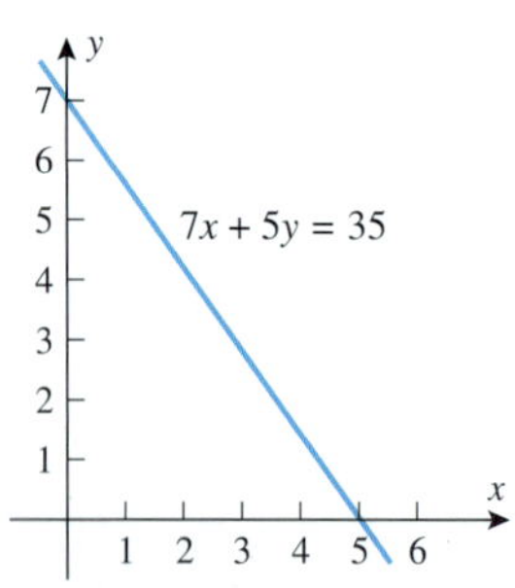

그림 1.3.3

$$7x + 5y = 35$$

를 얻게 된다(이를 증명하라). 식 (14)의 두 번째 방정식의 t를 y에 대하여 풀고 이를 첫 번째 방정식에 대입하면 똑같은 방정식을 얻게 된다(증명하라). 따라서 식 (12)와 식 (14)는 같은 기하학적 직선을 표현한다(그림 1.3.3).

평면의 점-법선형 방정식

R^3 내의 평면은 이 평면 안의 한 점 $\mathbf{x}_0$과 평면에 수직인 벡터 $\mathbf{n}$을 지정함으로써 유일하게 결정된다(그림 1.3.4*a*). 이때의 벡터 $\mathbf{n}$을 평면의 **법선벡터**(normal vector)라 한다. 만약 $\mathbf{x}$가 평면상의 한 점이면, 벡터 $\mathbf{x} - \mathbf{x}_0$은 $\mathbf{n}$과 직교하게 되어(그림 1.3.4*b*)

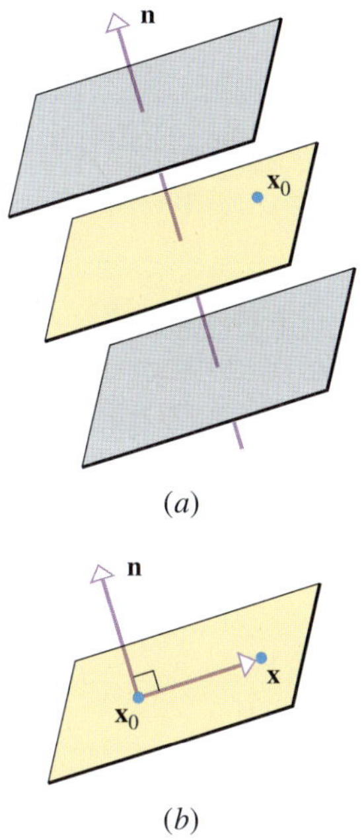

그림 1.3.4

$$\mathbf{n} \cdot (\mathbf{x} - \mathbf{x}_0) = 0 \tag{15}$$

이 성립한다. 반대로 이 방정식을 만족시키는 임의의 점 $\mathbf{x}$는 주어진 평면 위에 있게 되므로, 식 (15)가 $\mathbf{x}_0$을 지나고 $\mathbf{n}$을 법선벡터로 갖는 평면의 방정식이 된다. 만약 $\mathbf{x} = (x, y, z)$가 $\mathbf{x}_0 = (x_0, y_0, z_0)$을 지나고 $\mathbf{n} = (A, B, C)$를 법선벡터로 갖는 평면 위의 점이라면 식 (15)는 성분 형태로

$$(A, B, C) \cdot (x - x_0, y - y_0, z - z_0) = 0$$

이나 동치적으로

$$A(x - x_0) + B(y - y_0) + C(z - z_0) = 0 \tag{16}$$

으로 표현할 수 있다. 여기서 A, B, C는 동시에 영이 되지는 않는다. 이 식을 우리는 $\mathbf{x}_0 = (x_0, y_0, z_0)$을 지나고 $\mathbf{n} = (A, B, C)$을 법선벡터로 갖는 평면의 **점–법선형 방정식**(point-normal equation)이라 부른다. 필요에 따라서는 식 (16)의 좌변의 괄호를 전개하고 상수항을 우변으로 이항함으로써

$$Ax + By + Cz = D \quad (A, B, C\text{는 동시에 0이 아니다.}) \tag{17}$$

와 같이 방정식을 다시 쓸 수 있다. 이것을 평면의 **일반방정식**(general equation)이라 한다.

$\mathbf{x}_0 = (0, 0, 0)$이 되는 특수한 경우(즉, 평면이 원점을 지나는 경우) 식 (15)와 (17)은 각각 간단히

$$\mathbf{n} \cdot \mathbf{x} = 0 \tag{18}$$

과

$$Ax + By + Cz = 0 \quad (A, B, C\text{는 동시에 0이 아니다.}) \tag{19}$$

이 된다.

예제 3 평면의 점–법선형 방정식 구하기

한 점 (3, −1, 7)을 지나고 법선벡터가 $\mathbf{n} = (4, 2, -5)$인 평면의 점–법선형 방정식과 일반방정식을 구하라.

풀이 식 (16)으로부터 평면의 점–법선형 방정식은

$$4(x - 3) + 2(y + 1) - 5(z - 7) = 0$$

이다. 이것의 좌변의 괄호를 전개하고 상수항을 우변으로 이항하면 다음과 같이 평면의 일반방정식을 얻게 된다.

$$4x + 2y - 5z = -25$$

■

평면의 벡터 및 매개변수방정식

비록 평면의 점–법선형 방정식이 유용하기는 하여도 많은 응용문제에서는 평면의 벡터방정식이나 매개변수방정식을 더 선호한다. 이러한 방정식을 유도하기 위하여 평면 W는 W 내의 한 점 $\mathbf{x}_0$과 서로 스칼라 배수가 되지 않고 W에 평행한 두 벡터 $\mathbf{v}_1$과 $\mathbf{v}_2$를 지정함으로써 유일하게 결정된다는 사실에 유의하자(그림 1.3.5a). 만약 $\mathbf{x}$가 W의 임의의 점이고 두 벡터 $\mathbf{v}_1$과 $\mathbf{v}_2$가 $\mathbf{x}_0$에 시점이 오도록 위치한다면, $\mathbf{v}_1$과 $\mathbf{v}_2$의 적당한 스칼라 배수를 택함으로써 이웃하는 두 변이 $t_1\mathbf{v}_1$과 $t_2\mathbf{v}_2$인 평행사변형을 만들 수 있다. 여기서 $\mathbf{x} - \mathbf{x}_0$은 다음과 같이 두 벡터의 합으로 주어지는 평행사변형의 대각선이다(그림 1.3.5b).

$$\mathbf{x} - \mathbf{x}_0 = t_1\mathbf{v}_1 + t_2\mathbf{v}_2$$

또는 동치적으로

$$\mathbf{x} = \mathbf{x}_0 + t_1\mathbf{v}_1 + t_2\mathbf{v}_2$$

매개변수(parameter)라 부르는 변수 t_1과 t_2는 $-\infty$에서 $+\infty$까지 독립적으로 변화하므로 이 식의 점 $\mathbf{x}$는 전체 평면 W에 걸쳐서 움직이게 되어, $\mathbf{x}_0$을 지나고 $\mathbf{v}_1$과 $\mathbf{v}_2$에 평행한 평면은 다음 방정식으로 표현할 수 있다.

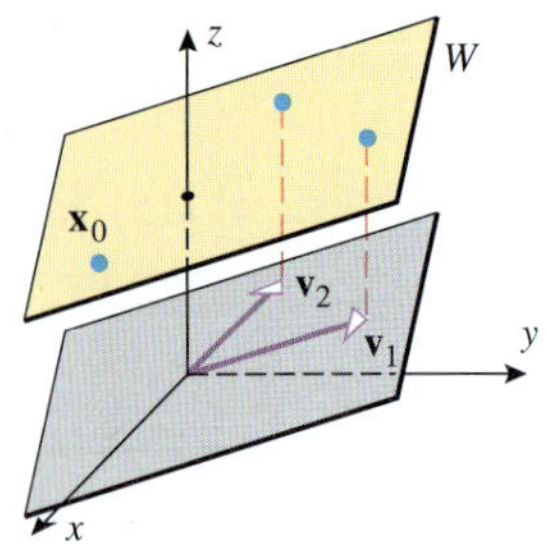

(a)

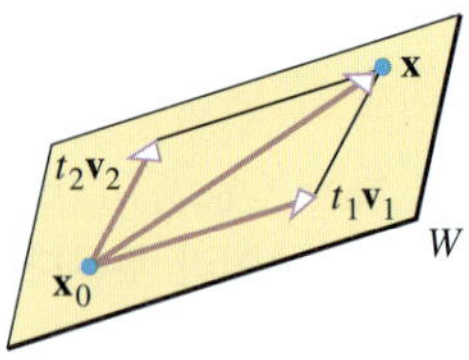

(b)

그림 1.3.5

$$\mathbf{x} = \mathbf{x}_0 + t_1\mathbf{v}_1 + t_2\mathbf{v}_2 \quad (-\infty < t_1 < +\infty, -\infty < t_2 < +\infty) \tag{20}$$

이 식을 우리는 $\mathbf{x}_0$을 지나고 $\mathbf{v}_1$과 $\mathbf{v}_2$에 **평행한 평면의 벡터방정식**(vector equation of the plane)이라 부른다. $\mathbf{x}_0 = \mathbf{0}$인 특수한 경우 평면은 원점을 지나게 되고 식 (20)은 간단히

$$\mathbf{x} = t_1\mathbf{v}_1 + t_2\mathbf{v}_2 \quad (-\infty < t_1 < +\infty, -\infty < t_2 < +\infty) \tag{21}$$

가 된다. 식 (20)의 평면은 식 (21)의 평면을 $\mathbf{x}_0$만큼 **평행이동**한 것임에 유의하라.

직선의 경우에서처럼 평면의 벡터방정식도 각 대응되는 성분들을 등호로 연결함으로써 스칼라방정식의 집합으로 분할할 수 있는데 이렇게 해서 얻는 방정식들을 평면의 **매개변수방정식**이라 한다. 예를 들어, $\mathbf{x} = (x, y, z)$가 $\mathbf{x}_0 = (x_0, y_0, z_0)$을 지나고 벡터 $\mathbf{v}_1 = (a_1, b_1, c_1)$과 $\mathbf{v}_2 = (a_2, b_2, c_2)$에 평행인 평면 상의 일반적인 점이라면 식 (20)은 성분 형태로

$$(x, y, z) = (x_0, y_0, z_0) + t_1(a_1, b_1, c_1) + t_2(a_2, b_2, c_2)$$

와 같이 표현할 수 있다. 대응하는 성분들을 등호로 연결하면 이 평면의 매개변수방정식

$$\begin{aligned} x &= x_0 + a_1t_1 + a_2t_2 \\ y &= y_0 + b_1t_1 + b_2t_2 \quad (-\infty < t_1 < +\infty, -\infty < t_2 < +\infty) \\ z &= z_0 + c_1t_1 + c_2t_2 \end{aligned} \tag{22}$$

를 얻는다.

예제 4
평면의 벡터 및 매개변수방정식

(a) R^3 상의 원점을 지나고 벡터 $\mathbf{v}_1 = (1, -2, 3)$과 $\mathbf{v}_2 = (4, 0, 5)$에 평행한 평면의 벡터 및 매개변수방정식을 구하라.

(b) 항목 (a)에서 구한 평면에 있는 세 점을 구하라.

풀이 (a) 식 (21)로부터 구하는 평면의 벡터방정식은 $\mathbf{x} = t_1\mathbf{v}_1 + t_2\mathbf{v}_2$가 된다. $\mathbf{x} = (x, y, z)$라 놓으면 이 방정식은 성분 형태로

$$(x, y, z) = t_1(1, -2, 3) + t_2(4, 0, 5) \tag{23}$$

와 같이 나타낼 수 있다. 여기서 양변의 대응되는 성분을 등호로 연결하면 매개변수방정식

$$x = t_1 + 4t_2, \ \ y = -2t_1, \ \ z = 3t_1 + 5t_2$$

를 얻는다.

풀이 (b) 평면의 점들은 매개변수 t_1과 t_2에 값을 대입하여 얻는다. 예를 들어

$t_1 = 0, t_2 = 0$일 때, 점 $(0, 0, 0)$을 얻게 되고,
$t_1 = -2, t_2 = 1$일 때, 점 $(2, 4, -1)$을 얻게 되며,
$t_1 = \frac{1}{2}, t_2 = \frac{1}{2}$일 때, 점 $\left(\frac{5}{2}, -1, 4\right)$를 얻게 된다. ■

예제 5
세 점을 지나는 평면

평면은 동일직선상에 있지 않은 세 점으로 유일하게 결정된다. 만약 $\mathbf{x}_0$, $\mathbf{x}_1$, $\mathbf{x}_2$가 그러한 세 점이라면 벡터 $\mathbf{v}_1 = \mathbf{x}_1 - \mathbf{x}_0$과 $\mathbf{v}_2 = \mathbf{x}_2 - \mathbf{x}_0$은 평면과 평행하게 되므로(그림을 그려 보라), 식 (20)으로부터 평면의 벡터방정식은

$$\mathbf{x} = \mathbf{x}_0 + t_1(\mathbf{x}_1 - \mathbf{x}_0) + t_2(\mathbf{x}_2 - \mathbf{x}_0) \tag{24}$$

가 된다. 이 결과를 이용하여 세 점 $P(2, -4, 5)$, $Q(-1, 4, -3)$, $R(1, 10, -7)$을 지나는 평면의 벡터 및 매개변수방정식을 구하라.

풀이 $\mathbf{x} = (x, y, z)$이고 $\mathbf{x}_0$, $\mathbf{x}_1$, $\mathbf{x}_2$를 각각 점 P, Q, R이라 하면,

$$\mathbf{x}_1 - \mathbf{x}_0 = \overrightarrow{PQ} = (-3, 8, -8), \ \mathbf{x}_2 - \mathbf{x}_0 = \overrightarrow{PR} = (-1, 14, -12) \tag{25}$$

이므로, 식 (24)는 성분 형태로

$$(x, y, z) = (2, -4, 5) + t_1(-3, 8, -8) + t_2(-1, 14, -12)$$

과 같이 표현할 수 있다. 이 방정식의 양변의 대응되는 성분들을 등호로 연결하면 매개변수방정식

$$x = 2 - 3t_1 - t_2,\ \ y = -4 + 8t_1 + 14t_2,\ \ z = 5 - 8t_1 - 12t_2$$

를 얻는다. ■

개념문제 식 (25)에서 세 점 P, Q, R이 동일직선상에 있지 않다는 것을 어떻게 알 수 있는가?

예제 6 매개변수방정식으로부터 벡터방정식 구하기

매개변수방정식이 다음과 같은 평면의 벡터방정식을 구하라.

$$x = 4 + 5t_1 - t_2,\ \ y = 2 - t_1 + 8t_2,\ \ z = t_1 + t_2$$

풀이 먼저 세 방정식을 하나의 벡터방정식

$$(x, y, z) = (4 + 5t_1 - t_2, 2 - t_1 + 8t_2, t_1 + t_2) \tag{26}$$

로 다시 쓴다. 우변의 각 성분은 상수항(영이 될 수도 있다), t_1의 스칼라배수 항, 그리고 t_2의 스칼라배수 항의 합이 된다. 이제 이들 항을 따로 분리해서 괄호로 묶으면

$$(x, y, z) = (4, 2, 0) + (5t_1, -t_1, t_1) + (-t_2, 8t_2, t_2)$$

가 된다. 이를 다시 쓰면

$$(x, y, z) = (4, 2, 0) + t_1(5, -1, 1) + t_2(-1, 8, 1)$$

이 되는데, 이것이 점 (4, 2, 0)을 지나고 벡터 $\mathbf{v}_1 = (5, -1, 1)$, $\mathbf{v}_2 = (-1, 8, 1)$과 평행한 평면의 벡터방정식이다. ■

예제 7 일반방정식으로부터 매개변수방정식 구하기

평면 $x - y + 2z = 5$의 매개변수방정식을 구하라.

풀이 우리는 이 방정식의 x를 y와 z에 대하여 풀고, y와 z를 매개변수로 만든 후, x를 이들 매개변수로 표현할 것이다. x를 y와 z에 대하여 풀면

$$x = 5 + y - 2z$$

가 된다. 이제 $y = t_1$, $z = t_2$라 놓으면 매개변수방정식

$$x = 5 + t_1 - 2t_2,\ \ y = t_1,\ \ z = t_2$$

를 얻는다. y를 x와 z에 대하여 풀고 x와 z를 매개변수로 취하거나 z를 x와 y에 대하여 풀고 x와 y를 매개변수로 취함으로써 그와는 다른 매개변수방정식을 얻을 수 있다. 하지만 매개변수가 모두 독립적으로 $-\infty$에서 $+\infty$까지 움직이므로 이들은 모두 같은 평면을 만든다. ■

R^n에서의 직선과 평면

직선과 평면의 개념은 R^n으로 확장될 수 있다. 비록 n이 3보다 큰 경우 이런 대상을 실제로 볼 수는 없지만, R^n에서의 직선과 평면은 매우 유용하다는 것을 알게 될 것이다. 식 (4)와 (20)으로부터 다음과 같은 정의를 할 수 있다.

정의 1.3.1

(a) 만약 $\mathbf{x}_0$이 R^n의 벡터이고 $\mathbf{v}$가 R^n의 영이 아닌 벡터면, **$\mathbf{x}_0$을 지나고 $\mathbf{v}$에 평행한 직선**은 다음과 같은 형태로 표현되는 R^n 내의 모든 벡터 $\mathbf{x}$의 집합으로 정의한다.

$$\mathbf{x} = \mathbf{x}_0 + t\mathbf{v} \quad (-\infty < t < +\infty) \tag{27}$$

(b) 만약 $\mathbf{x}_0$이 R^n의 벡터이고 $\mathbf{v}_1$과 $\mathbf{v}_2$가 R^n의 영이 아니고 서로의 스칼라배가 아닌 벡터라면, $\mathbf{x}_0$을 지나고 $\mathbf{v}_1$과 $\mathbf{v}_2$에 평행한 평면은 다음과 같은 형태로 표현되는 R^n 내의 모든 벡터 $\mathbf{x}$의 집합으로 정의한다.

$$\mathbf{x} = \mathbf{x}_0 + t_1\mathbf{v}_1 + t_2\mathbf{v}_2 \quad (-\infty < t_1 < +\infty, -\infty < t_2 < +\infty) \tag{28}$$

참고 만약 $\mathbf{x}_0 = \mathbf{0}$이면 식 (27)의 직선과 식 (28)의 평면은 **원점을 지난다**고 한다. 이 경우, 식 (27)과 식 (28)은 $\mathbf{x} = t\mathbf{v}$와 $\mathbf{x} = t_1\mathbf{v}_1 + t_2\mathbf{v}_2$로 단순화되며, 첫 번째 식은 $\mathbf{x}$를 $\mathbf{v}$의 일차결합(스칼라 배수)으로 표현하고 두 번째 식은 $\mathbf{x}$를 $\mathbf{v}_1$과 $\mathbf{v}_2$의 일차결합으로 표현한다. 따라서 *R^n의 원점을 지나는 직선은 하나의 영이 아닌 벡터의 모든 일차결합들의 집합으로 볼 수 있고, R^n의 원점을 지나는 평면은 영이 아니고 서로의 스칼라 배수가 되지 않는 두 벡터의 모든 일차결합의 집합으로 볼 수 있다.*

예제 8

R^4의 직선과 평면의 매개변수방정식

(a) R^4에서 원점을 지나고 벡터 $\mathbf{v} = (5, -3, 6, 1)$과 평행한 직선의 벡터 및 매개변수방정식을 구하라.

(b) R^4에서 점 $x_0 = (2, -1, 0, 3)$을 지나고 벡터 $\mathbf{v}_1 = (1, 5, 2, -4)$와 $\mathbf{v}_2 = (0, 7, -8, 6)$에 평행한 평면의 벡터 및 매개변수방정식을 구하라.

풀이 (a) $\mathbf{x} = (x_1, x_2, x_3, x_4)$라 하면, 벡터방정식 $\mathbf{x} = t\mathbf{v}$는

$$(x_1, x_2, x_3, x_4) = t(5, -3, 6, 1)$$

와 같이 표현할 수 있다. 대응하는 성분들을 등호로 연결하면 매개변수방정식

$$x_1 = 5t,\ x_2 = -3t,\ x_3 = 6t,\ x_4 = t$$

를 얻는다.

풀이 (b) 벡터방정식 $\mathbf{x} = \mathbf{x}_0 + t_1\mathbf{v}_1 + t_2\mathbf{v}_2$는

$$(x_1, x_2, x_3, x_4) = (2, -1, 0, 3) + t_1(1, 5, 2, -4) + t_2(0, 7, -8, 6)$$

와 같이 표현할 수 있으며, 이로부터 매개변수방정식

$$\begin{aligned} x_1 &= 2 + t_1 \\ x_2 &= -1 + 5t_1 + 7t_2 \\ x_3 &= 2t_1 - 8t_2 \\ x_4 &= 3 - 4t_1 + 6t_2 \end{aligned}$$

를 얻는다. ■

용어에 대한 설명 우리가 R^2 또는 R^3에서 한 점이 직선 L 위에 있다거나 R^3에서 한 점이 평면 W 위에 있다고 말할 때 그 의미가 무엇인지는 명백하지만, 벡터는 평행이동이 가능하기 때문에 L이나 W 위에 있다는 말이 그다지 명백하지 않다. 예를 들어, 그림 1.3.6*a*에서는 벡터 $\mathbf{v}$가 L과 동일직선상에 있기 때문에 $\mathbf{v}$가 L 위에 있다고 말해도 타당하지만, $\mathbf{v}$를 평행이동하면($\mathbf{v}$는 변하지 않는다) 벡터와 직선은 더 이상 일치하지 않게 된다(그림 1.3.6*b*). 좀 더 복잡한 경우를 생각하면, 그림 1.3.6*c*의 벡터 $\mathbf{v}$는 직선 L과 일치하도록 평행이동할 수는 없지만, 벡터의 시점이 원점에 있을 때 그 끝점의 좌표는 직선의 방정식을 만족시킨다.

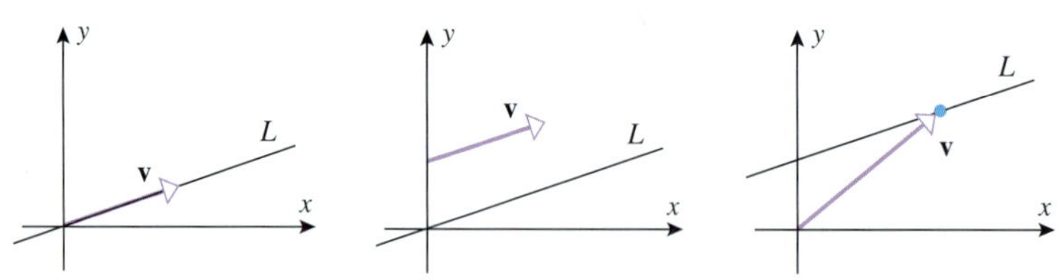

그림 1.3.6 (*a*) (*b*) (*c*)

R^2과 R^3에서 이러한 언어적 모호함을 해결하기 위해, 우리는 R^2 또는 R^3에서 벡터 $\mathbf{v}$의 시점이 원점에 있을 때 벡터의 끝점이 직선 위에 놓이면, *벡터 $\mathbf{v}$가 직선 L 위에 있다*고 하자. 따라서, 그림 1.3.6에서 본 세 경우 모두 벡터 $\mathbf{v}$가 직선 L 위에 있게 된다. 이와 유사하게, R^3에서 벡터 $\mathbf{v}$의 시점이 원점에 있을 때 벡터의 끝점이 평면 위에 놓이면 *벡터 $\mathbf{v}$가 평면 W에 있다*고 말할 것이다.

▶▶ 연습문제 1.3

연습문제 1과 2에서는 사각형과 정육면체에 표시된 꼭짓점들을 지나는 직선 L_1, L_2, L_3, L_4의 매개변수방정식을 구하라.

1. (a)

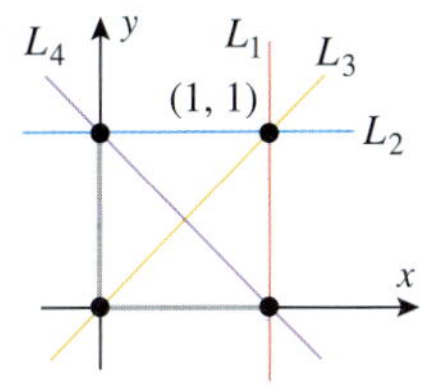

(b)

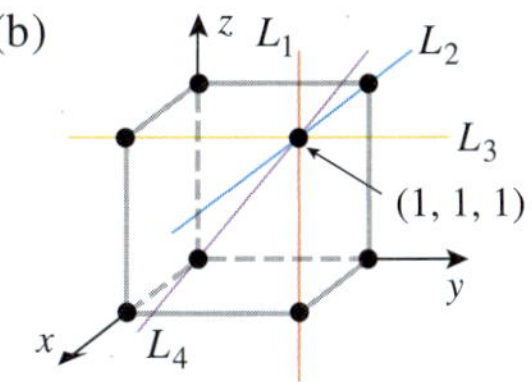

2. (a)

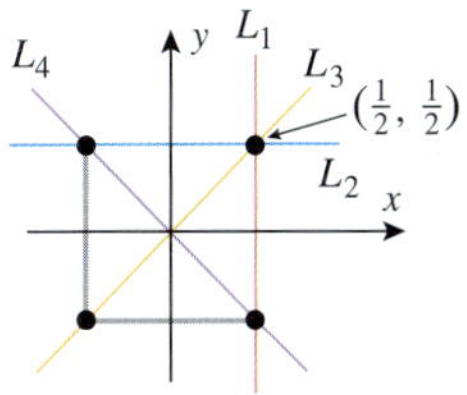

(b)

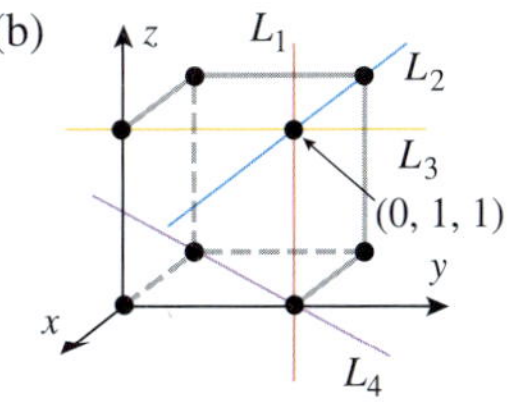

연습문제 3과 4에서는 주어진 벡터방정식을 갖는 직선을 그려라.

3. (a) $(x, y) = t(2, 3)$
(b) $(x, y) = (1, 1) + t(1, -1)$

4. (a) $(x, y) = (2, 0) + t(1, 1)$
(b) $(x, y) = t(-1, -1)$

연습문제 5와 6에서는 주어진 점들로 결정되는 직선의 벡터 및 매개변수방정식을 구하라.

5. (a) $(0, 0), (3, 5)$ (b) $(1, 1, 1), (0, 0, 0)$
(c) $(1, -1, 1), (2, 1, 1)$

6. (a) $(1, 2), (-5, 6)$
(b) $(1, 2, 3), (-1, -2, -3)$
(c) $(1, 2, -4), (3, -1, 1)$

연습문제 7과 8에서는 $\mathbf{u}$와 평행하고 점 P를 통과하는 직선의 매개변수방정식과 벡터방정식을 구하라. 그리고 구한 벡터방정식을 이용하여 직선상의 P_0과 다른 두 점을 구하라.

7. (a) $\mathbf{u} = (1, 2)$; $P_0(1, 1)$
(b) $\mathbf{u} = (1, -1, 1)$; $P_0(2, 0, 3)$
(c) $\mathbf{u} = (3, 2, -3)$; $P_0(0, 0, 0)$

8. (a) $\mathbf{u} = (-2, 4)$; $P_0(0, 1)$
(b) $\mathbf{u} = (5, -2, 1)$; $P_0(1, 6, 2)$
(c) $\mathbf{u} = (4, 0, -1)$; $P_0(4, 0, -1)$

연습문제 9와 10에서는 점 P를 지나고 $\mathbf{n}$을 법선벡터로 갖는 평면의 점-법선형 방정식을 구하라.

9. $\mathbf{n} = (3, 2, 1)$; $P(-1, -1, -1)$

10. $\mathbf{n} = (1, 1, 4)$; $P(3, 5, -2)$

연습문제 11과 12에서는 주어진 점들을 지나는 평면의 벡터방정식과 매개변수방정식을 구하라. 또한 주어진 점들과는 다른 평면상의 세 점을 구하라.

11. $(1, 1, 4), (2, -3, 1), (3, 5, -2)$

12. $(3, 2, 1), (-1, -1, -1), (6, 0, 2)$

13. (a) 매개변수방정식이 다음과 같이 주어진 직선의 벡터방정식을 구하라.
$x = 2 + 4t,\ y = -1 + t,\ z = t$
(b) 매개변수방정식이 다음과 같이 주어진 평면의 벡터방정식을 구하라.
$x = 1 + 2t_1 + t_2,\ y = -2 - t_1 + 5t_2,\ z = 4t_1 - t_2$
(c) 다음 평면의 매개변수방정식을 구하라.
$3x + 4y - 2z = 4$

14. (a) 매개변수방정식이 다음과 같이 주어진 직선의 벡터방정식을 구하라.
$x = t,\ y = -3 + 5t,\ z = 1 + t$
(b) 매개변수방정식이 다음과 같이 주어진 평면의 벡터방정식을 구하라.
$x = t_1 + t_2,\ y = 4 + 3t_1 - t_2,\ z = 4t_1$
(c) 다음 평면의 매개변수방정식을 구하라.
$3x - 5y + z = 32$

연습문제 15와 16에서는 주어진 점들을 지나는 평면의 일반방정식과 벡터방정식을 구하라.

15. $P(1, 2, 4), Q(1, -1, 6), R(1, 4, 8)$

16. $P(2, 2, 1), Q(0, 3, 4), R(1, -1, -3)$

연습문제 17과 18에서는 주어진 벡터방정식으로 표현되는 R^4의 객체를 설명하고 이의 매개변수방정식을 구하라.

17. (a) $(x_1, x_2, x_3, x_4) = t(1, -2, 5, 7)$
(b) $(x_1, x_2, x_3, x_4) = (4, 5, -6, 1) + t(1, 1, 1, 1)$
(c) $(x_1, x_2, x_3, x_4) = (-1, 0, 4, 2) + t_1(-3, 5, -7, 4) + t_2(6, 3, -1, 2)$

18. (a) $(x_1, x_2, x_3, x_4) = t(-3, 5, -7, 4)$
(b) $(x_1, x_2, x_3, x_4) = (5, 6, -5, 2) + t(3, 0, 1, 4)$
(c) $(x_1, x_2, x_3, x_4) = t_1(-4, 7, -1, 5) + t_2(2, 1, -3, 0)$

19. (a) 매개변수방정식 $x_1 = 3t, x_2 = 4t, x_3 = 7t, x_4 = t, x_5 = 9t$는 점 ______을(를) 지나고 ______에 평행한 ______이다.
(b) 매개변수방정식
$x_1 = 3 - 2t_1 + 5t_2$
$x_2 = 4 - 3t_1 + 6t_2$
$x_3 = -2 - 2t_1 + 7t_2$
$x_4 = 1 - 2t_1 - t_2$
는 점 ______을(를) 지나고 ______에 평행한 ______이다.

20. (a) 매개변수방정식 $x_1 = 1 + 2t, x_2 = -5 + 3t, x_3 = 6t, x_4 = -2 + t, x_5 = 4 + 9t$는 점 ______을(를) 지나고 ______에 평행한 ______이다.

(b) 매개변수방정식

$x_1 = 3t_1 + 5t_2$

$x_2 = 4t_1 + 6t_2$

$x_3 = -t_1 + 5t_2$

$x_4 = t_1 + t_2$

는 점 ______을(를) 지나고 ______에 평행한 ______이다.

21. 평면 $3x + 2y - z = 1$에 평행하고 점 $P(1, 1, 1)$을 지나는 평면의 매개변수방정식을 구하라.

22. 원점을 지나고 평면 $x = t_1 + t_2$, $y = 4 + 3t - t_2$, $z = 4t_1$에 평행한 평면의 매개변수방정식을 구하라.

23. 다음 중에서 평면 $3x + y - 2z = 5$와 평행한 평면이 있다면 어느 것인가?

(a) $x + y - z = 3$
(b) $3x + y - 2z = 0$
(c) $x + \frac{1}{3}y - \frac{2}{3}z = 5$

24. 다음 중에서 평면 $x + 2y - 3z = 2$와 평행한 평면이 있다면 어느 것인가?

(a) $x + 2y - 3z = 3$
(b) $\frac{1}{4}x + \frac{1}{2}y - \frac{3}{4}z = 0$
(c) $x + 2y + 3z = 2$

25. 평면 $x + y + z = 0$과 수직이고 점 $P(2, 0, 1)$을 지나는 직선의 매개변수방정식을 구하라.

26. 평면 $x + 2y + 3z = 0$과 수직이고 원점을 지나는 직선의 매개변수방정식을 구하라.

27. 원점을 지나고 점 $(5, 4, 3)$과 $(1, -1, -2)$를 포함하는 평면의 벡터방정식을 구하라.

28. x축에 수직이고 점 $P(1, 1, 3)$을 포함하는 평면의 벡터방정식을 구하라.

29. 점 $P(-2, 1, 7)$을 지나고 다음과 같은 매개변수방정식을 갖는 직선에 수직인 평면의 매개변수방정식을 구하라.

$x = 4 + 2t,\ y = -2 + 3t,\ z = -5t$

30. 원점을 지나고 다음과 같은 매개변수방정식을 갖는 직선을 포함하는 평면의 매개변수방정식을 구하라.

$x = 2t,\ y = 1 + t,\ z = 2 - t$

31. 주어진 직선과 평면이 평행한지 밝혀라.

(a) $x = -5 - 4t,\ y = 1 - t,\ z = 3 + 2t;$
$x + 2y + 3z - 9 = 0$
(b) $x = 3t,\ y = 1 + 2t,\ z = 2 - t;\ 4x + y + 2z = 1$

32. 주어진 직선과 평면이 수직인지 밝혀라.

(a) $x = -2 - 4t,\ y = 3 - 2t,\ z = 1 + 2t;\ 2x + y - z = 5$
(b) $x = 2 + t,\ y = 1 - t,\ z = 5 + 3t;\ 6x + 6y - 7 = 0$

33. 주어진 평면들이 수직인지 밝혀라.

(a) $3x - y + z - 4 = 0,\ x + 2z = -1$
(b) $x - 2y + 3z = 4,\ -2x + 5y + 4z = -1$

34. 주어진 평면들이 수직인지 밝혀라.

(a) $4x + 3y - z + 1 = 0,\ 2x - 2y + 2z = -3$
(b) $2x - 3y - z = 1,\ x + 3y - 2z = 12$

35. 직선 $x = 0,\ y = t,\ z = t$가

(a) 평면 $6x + 4y - 4z = 0$에 포함되는지 보이고,
(b) 평면 $5x - 3y + 3z = 1$에 평행하며 이 평면 아래에 있는지 보이고,
(c) 평면 $6x + 2y - 2z = -3$에 평행하며 이 평면 아래에 있는지 보여라.

36. 두 점 $(-1, -4, -2)$와 $(0, -2, 2)$로부터 같은 거리에 있는 점들로 이루어진 평면의 방정식을 구하라. [*힌트*: 평면에 있는 임의의 점 (x, y, z)를 선택하고 거리 공식을 사용하라.]

연습문제 37과 38에서는 주어진 평면의 교선이 있는 경우 그 교선의 매개변수방정식을 구하라.

37. (a) $7x - 2y + 3z = -2,\ -3x + y + 2z + 5 = 0$
(b) $2x + 3y - 5z = 0,\ 4x + 6y - 10z = 8$

38. (a) $-3x + 2y + z = -5,\ 7x + 3y - 2z = -2$
(b) $5x - 7y + 2z = 0,\ y = 0$

연습문제 39와 40에서는 주어진 직선과 평면의 교점이 있는 경우 그 점을 구하라.

39. (a) $x = 9 - 5t,\ y = -1 - t,\ z = 3 + t;$
$2x - 3y + 4z + 7 = 0$
(b) $x = t,\ y = t,\ z = t;\ x + y - 2z = 3$

40. (a) $x = t,\ y = t,\ z = t;\ x + y - 2z = 0$
(b) $x = 3 - 4t,\ y = -2 - t,\ z = 5 + t;\ 3x - 4y + 5z = 0$

식 (10) 다음에 나오는 참고에서 언급한 바와 같이, 방정식

$$\mathbf{x} = (1 - t)\mathbf{x}_0 + t\mathbf{x}_1 \quad (0 \le t \le 1)$$

은 $\mathbf{x}_0$에서 $\mathbf{x}_1$까지 확장되는 R^2 또는 R^3의 선분을 나타낸다. 연습문제 41과 42에서는 벡터방정식으로 표현되는 선분을 그려라.

41. (a) $\mathbf{x} = (1 - t)(1, 0) + t(0, 1) \quad (0 \le t \le 1)$
(b) $\mathbf{x} = (1 - t)(1, 1, 0) + t(0, 0, 1) \quad (0 \le t \le 1)$

42. (a) $\mathbf{x} = (1 - t)(1, 1) + t(1, -1) \quad (0 \le t \le 1)$
(b) $\mathbf{x} = (1 - t)(1, 1, 1) + t(1, 1, 0) \quad (0 \le t \le 1)$

연습문제 43과 44에서는 P에서 Q까지의 선분에 대한 벡터방정식을 적어 보라.

43. $P(-2, 4, 1),\ Q(0, 4, 7)$ **44.** $P(0, -6, 5),\ Q(3, -1, 9)$

45. $P = (2, 3, -2),\ Q = (7, -4, 1)$이라 하자.

(a) 두 점 P와 Q를 잇는 선분의 중점을 구하라.
(b) 두 점 P와 Q를 잇는 선분에서 P에서 Q까지 거리의 $\frac{3}{4}$ 지점에 있는 점을 구하라.

토론과 발견

D1. 주어진 a, b, c가 동시에 영이 아니라고 하자. 점 (x_0, y_0, z_0)을 지나고 직선

$$x = x_0 + at,\ y = y_0 + bt,\ z = z_0 + ct$$

와 수직인 R^3의 직선에 대한 매개변수방정식을 구하라.

D2. (a) R^3에서 직선 $\mathbf{x} = \mathbf{x}_0 + t\mathbf{v}$가 평면 $\mathbf{x} = \mathbf{x}_0 + t_1\mathbf{v}_1 + t_2\mathbf{v}_2$와 평행한지 여부를 어떻게 알 수 있는가?

(b) R^n에서 직선이 평면과 평행하다는 것이 무엇을 의미하는지 합당한 정의를 내려 보라.

D3. (a) $\mathbf{v}$, $\mathbf{w}_1$, $\mathbf{w}_2$가 R^n의 벡터라 하자. 만약 $\mathbf{v}$가 두 벡터 $\mathbf{w}_1$, $\mathbf{w}_2$와 직교하면 $\mathbf{v}$가 모든 스칼라 k_1, k_2에 대하여 $\mathbf{x} = k_1\mathbf{w}_1 + k_2\mathbf{w}_2$와 직교함을 보여라.

(b) (a)의 결과를 R^3에서 기하학적으로 설명해 보라.

D4. (a) 만약 A와 B가 동시에 영이 아니면 방정식 $Ax + By = 0$은 R^2에서 원점을 지나는 직선을 나타낸다. 이 방정식을 $Ax + By + 0z = 0$와 같이 생각하면 R^3에서 무엇을 나타내는가?

(b) 만약 A, B, C가 모두 영이 아니면 방정식 $Ax_1 + Bx_2 + Cx_3 = 0$은 R^4에서 평면을 나타낸다고 생각하는가? 그 이유를 설명하라.

D5. 다음 명제들이 참(T)인지 거짓(F)인지 판별하고, 그 이유를 밝혀라.

(a) 만약 a, b, c가 동시에 영이 아니라면 직선 $x = at$, $y = bt$, $z = ct$는 평면 $ax + by + cz = 0$과 수직이다.

(b) R^3에서 평행하지 않은 두 직선은 적어도 한 점에서 만난다.

(c) 만약 $\mathbf{u}$, $\mathbf{v}$, $\mathbf{w}$가 $\mathbf{u} + \mathbf{v} + \mathbf{w} = 0$을 만족시키는 R^3의 벡터라면 세 벡터는 원점을 지나는 평면 위에 있다.

(d) 방정식 $\mathbf{x} = t\mathbf{v}$는 R^2에서 모든 벡터 $\mathbf{v}$에 대해 직선을 나타낸다.

프로그램 활용 연습문제

T1. **(매개변수로 표시되는 직선)** 많은 그래프 도구들은 매개변수로 표시되는 곡선의 그래프를 그릴 수 있다. 만약 이런 도구를 가지고 있다면, 어떻게 그래프를 그리는지 알아보고 직선 $x = 5 + 5t$, $y = -7t$의 그래프를 그려라(그림 1.3.3을 보라).

T2. 점 (1, 2)를 지나고 $\mathbf{v} = (1, 1)$에 평행한 직선 L을 만들어 보라. 그리고 같은 화면에 점 (1, 2)를 지나고 L에 수직인 직선도 만들어 보라. 만약 두 직선이 수직으로 보이지 않는다면, 그 이유를 설명하라.

T3. 3-공간에서 교차하는 두 평면은 두 개의 교각, 즉 예각($0 \le \theta \le 90°$)과 이의 보각 $180°-\theta$(첨부 그림 참조)를 결정한다. 만약 $\mathbf{n}_1$과 $\mathbf{n}_2$가 이 평면들의 법선벡터라면 이들의 사잇각은 법선벡터의 방향에 따라 θ이거나 $180°-\theta$가 된다. 다음 각 문항에서 두 평면이 만나는 예각을 최대한 근사적으로 구하라.

(a) $x = 0$과 $2x - y + z - 4 = 0$

(b) $x + 2y - 2z = 5$와 $6x - 3y + 2z = 8$

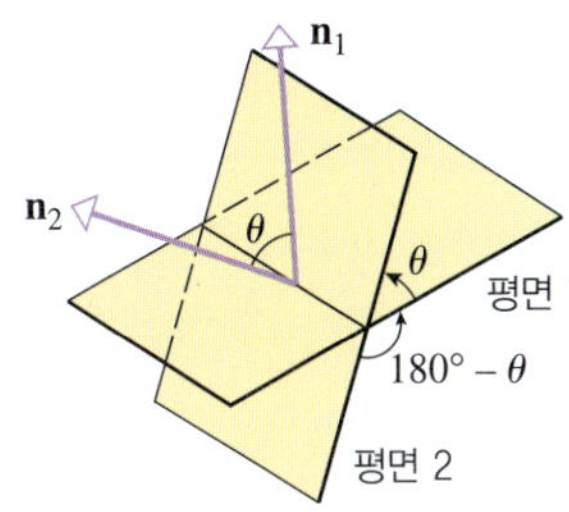

그림 Ex-T3

T4. 평면 $x-y-3z = 5$와 직선

$$x = 2 - t,\ y = 2t,\ z = 3t - 1$$

가 만나는 예각을 구하라(연습문제 T3을 보라).

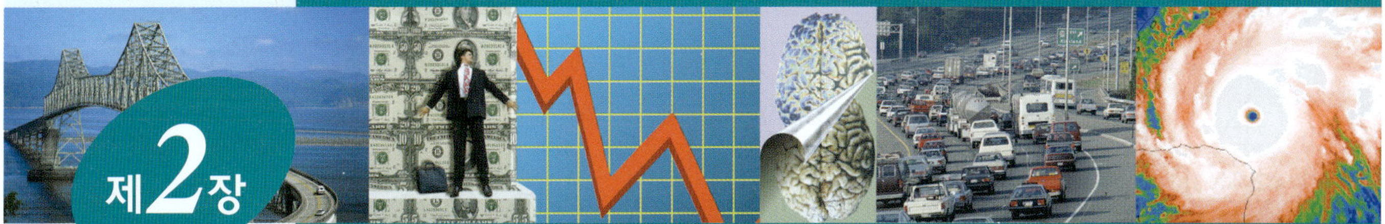

제2장

수천, 수백만 개의 미지수를 가진 선형방정식계는 공학, 경제 분석, 자기영상, 교통흐름 분석, 날씨 예보, 그리고 사업 결정과 전략을 공식화하는 데 있어서 자연스럽게 나타난다.

선형방정식계
Systems of Linear Equations

2.1 선형방정식계의 서론

선형방정식계와 그것의 해에 관한 연구는 선형대수학의 중요한 주제 중 하나이다. 이 절에서는 선형방정식계가 어떻게 등장하게 되었는지 그리고 그것을 푸는 방법과 그 해의 기하학적 의미에 대하여 다룬다. 일반적인 개념에 초점을 맞출 것이며 다음 절에서는 해를 찾기 위한 계산 방법을 다룰 것이다.

선형계

R^2 상의 한 직선은 다음 방정식으로 표현할 수 있으며

$$a_1x + a_2y = b \quad (a_1\text{과 } a_2\text{는 동시에 0이 아니다}) \tag{1}$$

R^3 상의 한 평면 역시 다음 방정식으로 표현한다는 것을 상기하라.

$$a_1x + a_2y + a_3z = b \quad (a_1, a_2, a_3\text{은 동시에 0이 아니다}) \tag{2}$$

이것은 *선형방정식*의 예이다. 일반적으로 n개의 변수 $x_1, x_2, \cdots, x_n$을 사용하여 다음과 같이 **선형방정식**(linear equation)을 정의한다.

$$a_1x_1 + a_2x_2 + \cdots + a_nx_n = b \tag{3}$$

단, $a_1, a_2, \cdots, a_n$과 b는 상수이며 a_i들이 모두 영은 아니다. $n = 2$와 $n = 3$인 경우에는 식 (1)과 (2)처럼 아래첨자 없이 변수를 사용한다. $b = 0$인 특별한 경우에 식 (3)은 다음과 같은 형태를 가지며

$$a_1x_1 + a_2x_2 + \cdots + a_nx_n = 0 \tag{4}$$

이를 **동차 선형방정식**(homogeneous linear equation)이라 한다.

▶ 예제 1 선형방정식

선형방정식은 변수들끼리의 곱이나 제곱근 형태를 포함하지 않는다. 모든 변수는 일차항까지만 나타나고, 예를 들어 삼각함수, 로그함수 또는 지수함수 등을 포함한 식은 나타나지 않는다. 다음은 선형방정식이다.

$$x + 3y = 7 \qquad x_1 - 2x_2 - 3x_3 + x_4 = 0$$
$$\tfrac{1}{2}x - y + 3z = -1 \qquad x_1 + x_2 + \cdots + x_n = 1$$

다음은 선형방정식이 아니다.

$$x + 3y^2 = 4 \qquad 3x + 2y - xy = 5$$
$$\sin x + y = 0 \qquad \sqrt{x_1} + 2x_2 + x_3 = 1$$

■

선형방정식을 유한개 모아 놓은 것을 **선형방정식의 계**(system of linear equation) 또는 **선형계**(linear system)라 하고, 선형계에서의 변수는 **미지수**(unknown)라 한다. 예를 들어,

$$4x_1 - x_2 + 3x_3 = -1$$
$$3x_1 + x_2 + 9x_3 = -4 \tag{5}$$

는 세 개의 미지수 x_1, x_2, x_3을 가진 두 개의 방정식으로 된 선형계이다. n개의 미지수 $x_1, x_2, \cdots, x_n$을 가진 m개의 방정식으로 된 일반적인 선형계는 다음과 같이 표현할 수 있다.

$$\begin{aligned} a_{11}x_1 &+ a_{12}x_2 + \cdots + a_{1n}x_n = b_1 \\ a_{21}x_1 &+ a_{22}x_2 + \cdots + a_{2n}x_n = b_2 \\ \vdots & \qquad \vdots \qquad\qquad\quad \vdots \qquad\quad \vdots \\ a_{m1}x_1 &+ a_{m2}x_2 + \cdots + a_{mn}x_n = b_m \end{aligned} \tag{6}$$

미지수의 계수 a_{ij}에서 두 개의 아래첨자는 그들의 위치를 나타내는 데 사용된다. 첫 번째 아래첨자는 그 계수가 몇 번째 방정식에 포함되어 있는지를 의미하고, 두 번째 아래첨자는 몇 번째 미지수에 곱해지는지를 의미한다. 그러므로 a_{12}는 첫 번째 방정식에 있으며 미지수 x_2에 곱해진다.

미지수 $x_1, x_2, \cdots, x_n$을 갖는 선형계의 **해**(solution)는 $x_1, x_2, \cdots, x_n$에 대하여 그 해를 각각 대입할 때 계 내의 모든 방정식이 성립하도록 하는 n개의 숫자 $s_1, s_2, \cdots, s_n$로 구성된 수열이다. 예를 들어 $x_1 = 1$, $x_2 = 2$, $x_3 = -1$는 식 (5)의 해이지만 $x_1 = 1$, $x_2 = 8$, $x_3 = 1$는 해가 아니다(증명하라). 선형계의 모든 해의 집합을 **해집합**(solution set)이라 한다.

순서 n-짝으로 선형계의 해를 표현하면 편리하다. 예를 들어, 식 (5)의 해 $x_1 = 1$, $x_2 = 2$, $x_3 = -1$은 n-짝 $(1, 2, -1)$로 표현하며 일반적으로 식 (6)의 해 $x_1 = s_1$, $x_2 = s_2$, $\cdots$, $x_n = s_n$는 n-짝 $(s_1, s_2, \cdots, S_n)$로 표현한다. n-짝으로 표현된 해를 R^n 상의 벡터 또는 점으로 생각할 수 있다. 그러므로 어느 정도 해집합을 기하학적 형태로 인식할 수 있는 가능성을 열어 놓았다.

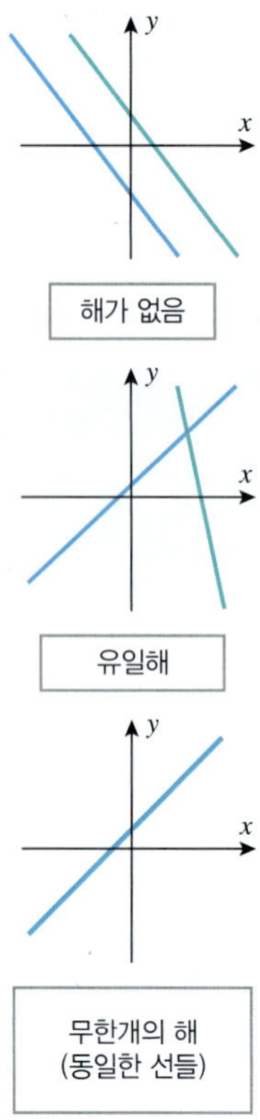

그림 2.1.1 두 개의 미지수와 세 개의 미지수를 가진 선형계

두 개의 미지수를 가진 선형계는 R^2 상에 있는 직선의 교점과 연관되어 나타난다. 예를 들어 다음 선형계를 고려하라.

$$a_1x + b_1y = c_1$$
$$a_2x + b_2y = c_2$$

이 방정식의 그래프는 xy 평면의 직선이므로 계에 대한 각각의 해 (x, y)는 이들 직선의 교점과 일치한다. 그러므로 3가지의 가능성이 있다(그림 2.1.1).

1. 두 직선이 평행하고 서로 다르면 교점이 없으며, 따라서 해가 없다.
2. 두 직선이 오직 한 점에서 교차하면, 이 계는 정확히 하나의 해를 가진다.
3. 두 직선이 일치할 경우에는 무한히 많은 교점(공통 직선상의 점)이 있고, 따라서 무한히 많은 해가 있다.

일반적으로 선형계가 최소한 하나의 해를 가지면 **해가 있다**(consistent)라고 하고, 그렇지 않으면 **해가 없다**(inconsistent)라고 한다. 그러므로 두 개의 미지수로 된 두 개의 방정식에 대하여 해가 있는 선형계는 하나의 해 또는 무한히 많은 해를 가진다—다른 가능성은 없다. 세 개의 미지수로 된 세 개의 방정식에 대한 선형계의 경우도 동일하다.

$$a_1x + b_1y + c_1z = d_1$$
$$a_2x + b_2y + c_2z = d_2$$
$$a_3x + b_3y + c_3z = d_3$$

이 경우에 각 방정식의 그래프는 평면이므로 계에 대한 해가 있다면 그 해는 모든 세 평면이 교차하는 점에 대응한다. 그리고 이 경우에도 세 가지의 가능성, 즉 해가 없는 경우, 하나의 해를 가지는 경우, 무한히 많은 해를 가지는 경우가 있다(그림 2.1.2).

두 개의 미지수로 된 두 개의 방정식과 세 개의 미지수로 된 세 개의 방정식을 가진 선형계에서 해의 수와 관련된 결과가 모든 선형계에도 성립하는 것을 뒤에서 증명할 것이다.

정리 2.1.1 *선형방정식의 모든 계는 해가 없거나 하나의 해를 갖거나 무한히 많은 해를 가진다. 다른 경우는 발생하지 않는다.*

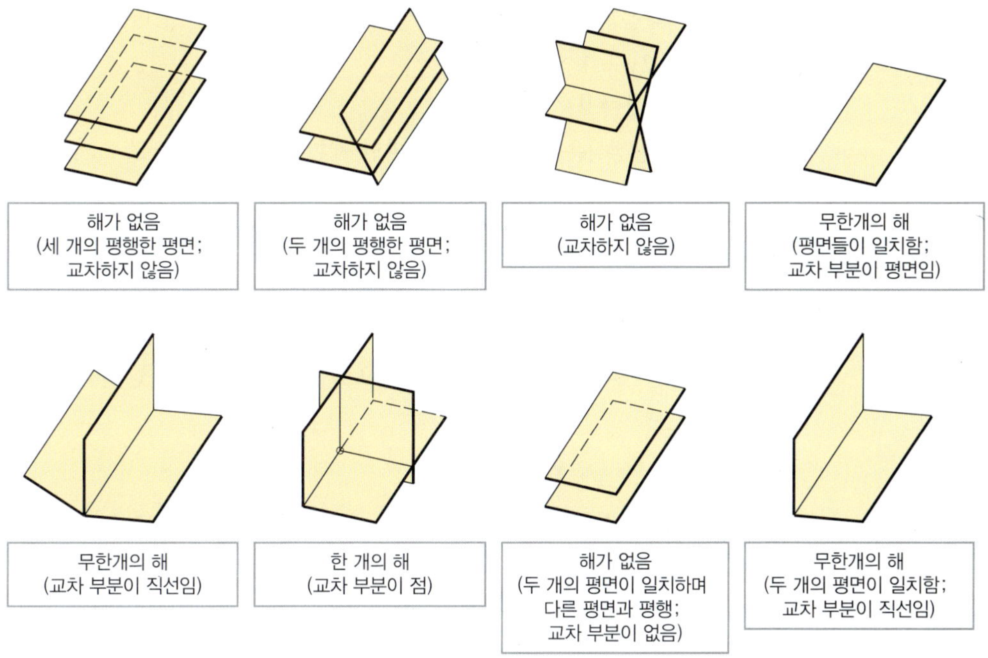

그림 2.1.2

예제 2 하나의 해를 가진 선형계

다음 선형계를 풀어라.

$$\begin{aligned} x - y &= 1 \\ 2x + y &= 6 \end{aligned}$$

풀이 첫 번째 방정식에 -2를 곱하고 두 번째 방정식에 더함으로써 두 번째 방정식의 x를 소거한다. 이 과정은 다음과 같이 계를 단순화한다.

$$\begin{aligned} x - y &= 1 \\ 3y &= 4 \end{aligned}$$

두 번째 방정식으로부터 $y = \frac{4}{3}$를 구하고, 첫 번째 방정식에 이 값을 대입하여 $x = 1 + y = \frac{3}{7}$을 구한다. 그러므로 이 계는 유일한 해 $x = \frac{3}{7}$, $y = \frac{4}{3}$를 가진다. 기하학적으로 이것은 방정식으로 표현된 직선이 한 점 $\left(\frac{3}{7}, \frac{4}{3}\right)$에서 교차하는 것을 의미한다. 직선을 그래프로 나타내어 확인해 보라. ■

예제 3 해가 없는 선형계

다음 선형계를 풀어라.

$$\begin{aligned} x + y &= 4 \\ 3x + 3y &= 6 \end{aligned}$$

풀이 첫 번째 방정식에 -3을 곱하여 두 번째 방정식에 더함으로써 두 번째 방정식의 x를 소거한다. 이 과정은 다음과 같이 계를 단순화한다.

$$\begin{aligned} x + y &= 4 \\ 0 &= -6 \end{aligned}$$

두 번째 방정식이 모순이기 때문에 주어진 계는 해가 없다. 이것은 기하학적으로 원래 계의 방정식에 대응하는 직선이 평행하며 서로 다르다는 것을 의미한다. 직선을 그래프로 나타내거나 또는 기울기는 같지만 y 절편이 서로 다르다는 것을 보임으로써 이것을 확인하라. ■

예제 4 무한히 많은 해를 가진 선형계

다음 선형계를 풀어라.

$$\begin{aligned} 4x - 2y &= 1 \\ 16x - 8y &= 4 \end{aligned}$$

풀이 첫 번째 방정식에 -4를 곱해서 두 번째 방정식에 더함으로써 두 번째 방정식의 x를 소거한다. 이 과정은 다음과 같이 계를 단순화한다.

$$\begin{aligned} 4x - 2y &= 1 \\ 0 &= 0 \end{aligned}$$

두 번째 방정식은 x, y에 대해 어떠한 제한도 주지 않으므로 소거한다. 그러므로 계의 해는 다음 방정식을 만족시키는 x와 y 값이다.

$$4x - 2y = 1 \tag{7}$$

기하학적으로 이것은 원래 계의 두 방정식에 대응하는 직선이 서로 일치하는 것을 의미한다. 이런 경우에 해의 집합을 설명하는 가장 쉬운 방법은 식 (7)을 매개변수로 표현하는 것이다. $y = t$로 놓고 t의 항으로 x를 풀거나, $x = t$로 놓고 t의 항으로 y를 풀 수 있다. 첫 번째 접근 방법으로 다음의 매개변수방정식을 얻는다.

$$x = \tfrac{1}{4} + \tfrac{1}{2}t, \ \ y = t$$

이제 매개변수 대신 수치값을 대입하여 특정한 해를 구해 보자. 예를 들어 $t = 0$이면 해는 $\left(\frac{1}{4}, 0\right)$이고 $t = 1$이면 해는 $\left(\frac{3}{4}, 1\right)$이다. 그리고 $t = -1$이면 해는 $\left(-\frac{1}{4}, -1\right)$이다. 좌표점을 주어진 방정식에 대입하여 이 점들이 해가 됨을 확인하라. ■

개념문제 $x = t$로 놓고 y에 대해서 풀고 마지막 예제에서 구한 해집합에 대한 매개변수방정식을 구하라. 그 후에 예제에서 구한 $\left(\frac{3}{4}, 1\right)$이 방정식의 해가 되도록 하는 매개변수 t의 값을 구하라.

예제 5 무한히 많은 해를 가진 선형계

다음의 선형계를 풀어라.

$$\begin{aligned} x - \ \ y + 2z &= 5 \\ 2x - 2y + 4z &= 10 \\ 3x - 3y + 6z &= 15 \end{aligned}$$

풀이 이 계는 두 번째와 세 번째 방정식이 첫 번째 방정식의 배수이므로, 계산하지 않고 해를 구할 수 있다. 기하학적으로 이것은 세 개의 평면이 서로 일치하고 x, y, z의 값이 다음의 방정식을 만족시키며

$$x - y + 2z = 5 \tag{8}$$

역시 모든 세 방정식을 만족시킨다. 1.3절의 예제 7 방법을 사용하여 해집합을 다음과 같이 매개변수로 표현할 수 있다.

$$x = 5 + t_1 - 2t_2, \ \ y = t_1, \ \ z = t_2$$

특정한 해는 매개변수에 대한 적당한 수치값을 선택하여 구한다. ■

붙인 행렬과 기본행연산

선형계에서 방정식과 미지수의 수가 증가할수록 해를 찾아내는 데 있어서 대수적 복잡성도 증가한다. 필요한 계산 과정은 표기법을 단순화하고 과정을 표준화함으로써 더 다루기 쉽게 만들 수 있다. 예를 들어 선형계

$$\begin{array}{ccccccc} a_{11}x_1 & + a_{12}x_2 & + \cdots + & a_{1n}x_n & = & b_1 \\ a_{21}x_1 & + a_{22}x_2 & + \cdots + & a_{2n}x_n & = & b_2 \\ \vdots & \vdots & & \vdots & & \vdots \\ a_{m1}x_1 & + a_{m2}x_2 & + \cdots + & a_{mn}x_n & = & b_m \end{array}$$

의 +, ×, =의 위치를 주의하면 계를 다음과 같이 숫자의 직사각 배열로 표현하여 간략화할 수 있다.

$$\begin{bmatrix} a_{11} & a_{12} & \cdots & a_{1n} & b_1 \\ a_{21} & a_{22} & \cdots & a_{2n} & b_2 \\ \vdots & \vdots & & \vdots & \vdots \\ a_{m1} & a_{m2} & \cdots & a_{mn} & b_m \end{bmatrix}$$

이를 계에 대한 **붙인 행렬**(augmented matrix)이라 한다. 예를 들어 방정식의 계

$$\begin{aligned} x_1 + \ \ x_2 + 2x_3 &= 9 \\ 2x_1 + 4x_2 - 3x_3 &= 1 \\ 3x_1 + 6x_2 - 5x_3 &= 0 \end{aligned}$$ 에 대한 붙인 행렬은 $$\begin{bmatrix} 1 & 1 & 2 & 9 \\ 2 & 4 & -3 & 1 \\ 3 & 6 & -5 & 0 \end{bmatrix}$$ 이다.

역사 속의 선형대수

*붙인 행렬*이라는 용어는 1907년 미국 수학자 Maxime Bôcher가 쓴 *Introduction to Higher Algebra*라는 책에서 소개되었다. Bôcher는 우수한 수학자였을 뿐 아니라 라틴어, 화학, 철학, 동물학, 지리, 기상학, 예술, 그리고 음악에 뛰어난 전문가였다. 그는 또한 우수한 수학 교육자였고 그가 쓴 기초 교과서는 학생들로부터 호평을 받았으며, 오늘날까지 사용되고 있다.

Maxime Bôcher
(1867~1918)

참고 수학에서 행렬은 숫자의 어떤 직사각 배열을 표시하는 데 사용한다. 다음에 행렬을 더 자세히 다루겠지만 여기에서 붙인 행렬에 대해 간단히 살펴보자. 선형계에 대한 붙인 행렬을 구성할 때 각 방정식에서 계의 미지수는 수식의 순서에 따라서 배열하며, 상수항은 반드시 단독으로 마지막 열에 표기한다.

선형계의 해를 구하는 기본적인 방법은 원래 계의 해가 변하지 않도록 유지하며 방정식을 적절한 대수연산을 여러 번 이용하여 해를 쉽게 구할 수 있는 상태로 수차례 간략화하는 것이다. 계를 간략화하는 방법은 다음 세 가지 형태의 연산을 사용하여 미지수를 체계적으로 소거하는 것이다.

1. 방정식에 영이 아닌 상수를 곱한다.
2. 두 방정식의 위치를 교환한다.
3. 한 방정식에 상수를 곱한 후 다른 방정식에 더한다.

붙인 행렬의 행(수평한 배열)은 대응되는 계에서 방정식과 대응되므로, 이 세 연산은 붙인 행렬의 행에서 다음의 연산에 해당된다.

1. 영이 아닌 상수를 한 행에 곱한다.
2. 두 행을 교환한다.
3. 한 행에 상수를 곱한 후 다른 행에 더한다.

이를 행렬의 **기본행연산**(elementary row operation)이라 한다.

다음 예제는 세 개의 미지수를 가진 선형계를 풀기 위한 기본행연산과 붙인 행렬의 사용을 다룬다. 해를 구하는 체계적인 과정은 다음 절에서 다루므로, 풀이 방법에 대해서는 걱정할 필요가 없다. 예제에서는 단순히 계산 과정을 이해하면 된다.

예제 6 기본행연산과 붙인 행렬의 사용

왼쪽 열은 방정식 연산을 이용하여 선형계를 풀이한 과정이며, 오른쪽은 붙인 행렬에 행연산을 적용하여 풀이한 과정이다.

선형계	붙인 행렬
$\begin{aligned} x + \ \ y + 2z &= 9 \\ 2x + 4y - 3z &= 1 \\ 3x + 6y - 5z &= 0 \end{aligned}$	$\begin{bmatrix} 1 & 1 & 2 & 9 \\ 2 & 4 & -3 & 1 \\ 3 & 6 & -5 & 0 \end{bmatrix}$
첫 번째 식에 −2를 곱한 것을 두 번째 식에 더하면 다음을 얻는다.	첫 번째 행에 −2를 곱한 것을 두 번째 행에 더하면 다음을 얻는다.
$\begin{aligned} x + \ \ y + 2z &= 9 \\ 2y - 7z &= -17 \\ 3x + 6y - 5z &= 0 \end{aligned}$	$\begin{bmatrix} 1 & 1 & 2 & 9 \\ 0 & 2 & -7 & -17 \\ 3 & 6 & -5 & 0 \end{bmatrix}$
첫 번째 식에 −3을 곱한 것을 세 번째 식에 더하면 다음을 얻는다.	첫 번째 행에 −3을 곱한 것을 세 번째 행에 더하면 다음을 얻는다.
$\begin{aligned} x + \ \ y + \ \ 2z &= 9 \\ 2y - \ \ 7z &= -17 \\ 3y - 11z &= -27 \end{aligned}$	$\begin{bmatrix} 1 & 1 & 2 & 9 \\ 0 & 2 & -7 & -17 \\ 0 & 3 & -11 & -27 \end{bmatrix}$

선형대수의 역사

선형계를 묘사하기 위해 처음 붙인 행렬이 사용된 것은 기원전 200년에서 기원전 100년 사이에 중국 한나라에서 발간된 《구장산술(Nine Chapters of Mathematical Art)》에서 찾아볼 수 있다.

세 가지의 옥수수가 있는데 첫 번째 옥수수의 세 다발, 두 번째 옥수수의 두 다발, 세 번째 옥수수의 한 다발은 총 39단위 무게를 이룬다. 첫 번째 옥수수 두 다발, 두 번째 옥수수 세 다발, 그리고 세 번째 옥수수 한 다발은 34단위 무게를 이룬다. 첫 번째 옥수수 한 다발, 두 번째 옥수수 두 다발, 세 번째 옥수수 세 다발은 26단위 무게를 이룬다. 세 가지 옥수수는 각각 몇 단위 무게만큼 있을까?

이 문제는 세 개의 변수를 가지는 다음과 같은 선형계를 나타내고 있다.

1	2	3
2	3	2
3	1	1
26	34	39

각 식의 계수가 행 대신 열로 표현되어 있고 괄호가 생략되어 있지만 이것은 바로 붙인 행렬을 나타낸다. 놀랍게도 《구장산술》의 저자는 열의 기본연산을 통해서 답을 찾아내는 방법을 설명하였다.

두 번째 식에 $\frac{1}{2}$을 곱하면 다음을 얻는다.

$$\begin{aligned} x + y + 2z &= 9 \\ y - \tfrac{7}{2}z &= -\tfrac{17}{2} \\ 3y - 11z &= -27 \end{aligned}$$

두 번째 행에 $\frac{1}{2}$을 곱하면 다음을 얻는다.

$$\begin{bmatrix} 1 & 1 & 2 & 9 \\ 0 & 1 & -\frac{7}{2} & -\frac{17}{2} \\ 0 & 3 & -11 & -27 \end{bmatrix}$$

두 번째 식에 -3을 곱한 것을 세 번째 식에 더하면 다음을 얻는다.

$$\begin{aligned} x + y + 2z &= 9 \\ y - \tfrac{7}{2}z &= -\tfrac{17}{2} \\ -\tfrac{1}{2}z &= -\tfrac{3}{2} \end{aligned}$$

두 번째 행에 -3을 곱한 것을 세 번째 행에 더하면 다음을 얻는다.

$$\begin{bmatrix} 1 & 1 & 2 & 9 \\ 0 & 1 & -\frac{7}{2} & -\frac{17}{2} \\ 0 & 0 & -\frac{1}{2} & -\frac{3}{2} \end{bmatrix}$$

세 번째 식에 -2를 곱하면 다음을 얻는다.

$$\begin{aligned} x + y + 2z &= 9 \\ y - \tfrac{7}{2}z &= -\tfrac{17}{2} \\ z &= 3 \end{aligned}$$

세 번째 행에 -2를 곱하면 다음을 얻는다.

$$\begin{bmatrix} 1 & 1 & 2 & 9 \\ 0 & 1 & -\frac{7}{2} & -\frac{17}{2} \\ 0 & 0 & 1 & 3 \end{bmatrix}$$

두 번째 식에 -1을 곱한 것을 첫 번째 식에 더하면 다음을 얻는다.

$$\begin{aligned} x + \tfrac{11}{2}z &= \tfrac{35}{2} \\ y - \tfrac{7}{2}z &= -\tfrac{17}{2} \\ z &= 3 \end{aligned}$$

두 번째 행에 -1을 곱한 것을 첫 번째 행에 더하면 다음을 얻는다.

$$\begin{bmatrix} 1 & 0 & \frac{11}{2} & \frac{35}{2} \\ 0 & 1 & -\frac{7}{2} & -\frac{17}{2} \\ 0 & 0 & 1 & 3 \end{bmatrix}$$

세 번째 식에 $-\frac{11}{2}$을 곱한 것을 첫 번째 식에 더하고, 세 번째 식에 $\frac{7}{2}$을 곱한 것을 세 번째 식에 더하면 다음을 얻는다.

$$\begin{aligned} x &= 1 \\ y &= 2 \\ z &= 3 \end{aligned}$$

세 번째 행에 $-\frac{11}{2}$을 곱한 것을 첫 번째 행에 더하고, 세 번째 행에 $\frac{7}{2}$을 곱한 것을 세 번째 행에 더하면 다음을 얻는다.

$$\begin{bmatrix} 1 & 0 & 0 & 1 \\ 0 & 1 & 0 & 2 \\ 0 & 0 & 1 & 3 \end{bmatrix}$$

이제 선형계의 해가

$$x = 1, \quad y = 2, \quad z = 3$$

이 되는 것은 명백하다. 이것은 기하학적으로 주어진 선형계를 이루는 세 개의 방적식이 정의하는 세 개의 평면이 R^3의 한 점 (1, 2, 3)에서만 교차한다는 것을 의미한다. ■

예제 7 일차결합

벡터 $\mathbf{w} = (9, 1, 0)$이 다음 벡터의 일차결합으로 표현되는지 밝혀라.

$$\mathbf{v}_1 = (1, 2, 3), \quad \mathbf{v}_2 = (1, 4, 6), \quad \mathbf{v}_3 = (2, -3, -5)$$

만약 그렇다면 그러한 일차결합을 구하라.

풀이 $\mathbf{w}$가 $\mathbf{v}_1$, $\mathbf{v}_2$, $\mathbf{v}_3$의 일차결합이 되려면 다음을 만족시키는 스칼라 c_1, c_2, c_3이 존재한다.

$$\mathbf{w} = c_1\mathbf{v}_1 + c_2\mathbf{v}_2 + c_3\mathbf{v}_3$$

또는 성분 형태로 다음을 만족시키는 스칼라 c_1, c_2, c_3가 존재하여야 한다.

$$(9, 1, 0) = c_1(1, 2, 3) + c_2(1, 4, 6) + c_3(2, -3, -5)$$

그러므로 주어진 문제를 다음 식을 만족시키는 c_1, c_2, c_3 값을 결정하는 문제로 바꿀 수 있다.

$$(9, 1, 0) = (c_1 + c_2 + 2c_3,\ 2c_1 + 4c_2 - 3c_3,\ 3c_1 + 6c_2 - 5c_3)$$

대응하는 성분을 같게 놓으면 이 문제는 다음 선형계의 해가 존재하는지 결정하는 문제와 같게 된다.

$$\begin{aligned} c_1 + c_2 + 2c_3 &= 9 \\ 2c_1 + 4c_2 - 3c_3 &= 1 \\ 3c_1 + 6c_2 - 5c_3 &= 0 \end{aligned} \tag{9}$$

그러나 이것은 예제 6의 계와 동일(미지수의 이름이 다르다는 것을 제외하면)하므로, 그 예제로부터 이 계는 해가 존재하고 그 해가 다음과 같이 유일하다는 것을 알 수 있다.

$$c_1 = 1, \quad c_2 = 2, \quad c_3 = 3$$

그러므로 $\mathbf{w}$를 다음의 일차결합으로 표현할 수 있다.

$$\mathbf{w} = \mathbf{v}_1 + 2\mathbf{v}_2 + 3\mathbf{v}_3$$

또는 성분 형태로 다음과 같이 나타낸다.

$$(9, 1, 0) = (1, 2, 3) + 2(1, 4, 6) + 3(2, -3, -5)$$

이 등식이 실제로 성립하는지 확인해 보라. ■

연습문제 2.1

연습문제 1, 2에서는 주어진 방정식이 선형인지 아닌지를 판단하라.

1. (a) $x_1 + 5x_2 - \sqrt{2}x_3 = 1$ (b) $x_1 + 3x_2 + x_1x_3 = 2$
(c) $x_1 = -7x_2 + 3x_3$ (d) $x_1^{-2} + x_2 + 8x_3 = 5$

2. (a) $3x + 28y - \frac{1}{2}z = 0$ (b) $xyz = x + 2y$
(c) $x_1^{3/5} - 2x_2 + x_3 = 4$ (d) $\pi x_1 - \sqrt{2}x_2 + \frac{1}{3}x_3 = 7^{1/3}$

연습문제 3, 4에서는 k와 m이 상수로 주어졌을 때 다음 방정식의 선형성을 판별하라(결과는 상수에 따라 달라질 수 있다).

3. (a) $x_1 - x_2 + x_3 = \sin(k)$ (b) $kx_1 - \frac{1}{k}x_2 = 9$
(c) $x_1^k + 7x_2 - x_3 = 0$

4. (a) $x - y + mz = m^2$ (b) $mx - my = 23$
(c) $\sqrt[m]{x} + 7y + 2z = 6$

연습문제 5, 6에서는 벡터가 선형계의 해인지 아닌지를 판단하라.

5. $$\begin{aligned} 2x_1 - 4x_2 - x_3 &= 1 \\ x_1 - 3x_2 + x_3 &= 1 \\ 3x_1 - 5x_2 - 3x_3 &= 1 \end{aligned}$$
(a) $(3, 1, 1)$ (b) $(3, -1, 1)$ (c) $(13, 5, 2)$
(d) $\left(\frac{13}{2}, \frac{5}{2}, 2\right)$ (e) $(17, 7, 5)$

6. $$\begin{aligned} x_1 + 2x_2 - 2x_3 &= 3 \\ 3x_1 - x_2 + x_3 &= 1 \\ -x_1 + 5x_2 - 5x_3 &= 5 \end{aligned}$$
(a) $\left(\frac{5}{7}, \frac{8}{7}, 1\right)$ (b) $\left(\frac{5}{7}, \frac{8}{7}, 0\right)$ (c) $(5, 8, 1)$
(d) $\left(\frac{5}{7}, \frac{10}{7}, \frac{2}{7}\right)$ (e) $\left(\frac{5}{7}, \frac{22}{7}, 2\right)$

연습문제 7, 8에서는 선형계의 세 개의 방정식을 직접 또는 그래픽 도구를 이용하여 그래프를 그리고, 작성한 그래프를 이용하여 계의 해가 몇 개인지를 설명하라. 답이 맞는지 대수적으로 검산하라.

7. $$\begin{aligned} x + 2y &= 1 \\ 2x + y &= 2 \\ 3x - 3y &= 3 \end{aligned}$$

8. $$\begin{aligned} x - y &= 3 \\ x + y &= 1 \\ 2x + 3y &= 6 \end{aligned}$$

연습문제 9, 10에서는 주어진 선형방정식의 해집합을 구하라.

9. (a) $7x - 5y = 3$
(b) $3x_1 - 5x_2 + 4x_3 = 7$
(c) $-8x_1 + 2x_2 - 5x_3 + 6x_4 = 1$
(d) $3v - 8w + 2x - y + 4z = 0$

10. (a) $x + 10y = 2$
(b) $x_1 + 3x_2 - 12x_3 = 3$
(c) $4x_1 + 2x_2 + 3x_3 + x_4 = 20$
(d) $v + w + x - 5y + 7z = 0$

11. (a) 해집합이 방정식 $x = 5 + 2t$, $y = t$로 주어지는 x와 y의 선형방정식을 구하라.
(b) 해집합이 방정식 $x = t$, $y = \frac{1}{2}t - \frac{5}{2}$로 주어짐을 보여라.

12. (a) 해집합이 식 $x_1 = -3 + t$, $x_2 = 2t$로 주어지는 변수 x_1, x_2의 선형방정식을 구하라.
(b) 해집합이 식 $x_1 = t$, $x_2 = 2t + 6$으로도 주어질 수 있음을 보여라.

연습문제 13, 14에서는 R^3에서 주어진 방정식들로 표현된 평면의 교차직선에 대한 벡터방정식과 매개변수방정식을 구하라.

13. $x + y - z = 3$, $2x + y + 3z = 4$

14. $x + 2y + 3z = 1$, $3x - 2y + z = 2$

연습문제 15, 16에서는 선형방정식의 해가 존재하지 않을 경우의 상수 k를 구하라. 한 개의 해를 가질 경우 k의 값은 얼마인가? 무한히 많은 해를 가질 경우 k의 값은 얼마인가?

15. $\begin{aligned} x - \ \ y &= 3 \\ 2x - 2y &= k \end{aligned}$ **16.** $\begin{aligned} x_1 + \ \ 4x_2 &= 1 \\ 3x_1 + 12x_2 &= k \end{aligned}$

연습문제 17~20에서는 선형계의 붙인 행렬을 구하라.

17. $\begin{aligned} 3x_1 - 2x_2 &= -1 \\ 4x_1 + 5x_2 &= \ \ 3 \\ 7x_1 + 3x_2 &= \ \ 2 \end{aligned}$ **18.** $\begin{aligned} 2x_1 \qquad\quad + 2x_3 &= 1 \\ 3x_1 - x_2 + 4x_3 &= 7 \\ 6x_1 + x_2 - \ \ x_3 &= 0 \end{aligned}$

19. $\begin{aligned} x_1 + 2x_2 \qquad\qquad - x_4 + x_5 &= 1 \\ 3x_2 + 2x_3 \qquad\quad - x_5 &= 2 \\ 3x_2 + \ \ x_3 + 7x_4 \qquad &= 1 \end{aligned}$

20. $\begin{aligned} x_1 \qquad\quad &= 1 \\ x_2 \quad &= 2 \\ x_3 &= 3 \end{aligned}$

연습문제 21~24에서 주어진 붙인 행렬에 대응되는 선형계를 구하라.

21. $\begin{bmatrix} 2 & 0 & 0 \\ 3 & -4 & 0 \\ 0 & 1 & 1 \end{bmatrix}$ **22.** $\begin{bmatrix} 3 & 0 & -2 & 5 \\ 7 & 1 & 4 & -3 \\ 0 & -2 & 1 & 7 \end{bmatrix}$

23. $\begin{bmatrix} 7 & 2 & 1 & -3 & 5 \\ 1 & 2 & 4 & 0 & 1 \end{bmatrix}$ **24.** $\begin{bmatrix} 1 & 0 & 0 & 0 & 7 \\ 0 & 1 & 0 & 0 & -2 \\ 0 & 0 & 1 & 0 & 3 \\ 0 & 0 & 0 & 1 & 4 \end{bmatrix}$

연습문제 25와 26에서는 행렬 A로부터 행렬 B를 구하기 위해 필요한 기본행연산을 구하고, 거꾸로 행렬 B로부터 행렬 A를 구하기 위해 필요한 기본행연산을 구하라.

25. (a) $A = \begin{bmatrix} 1 & 3 & 5 \\ -2 & 2 & 1 \\ 3 & 4 & -2 \end{bmatrix}, \quad B = \begin{bmatrix} 1 & 3 & 5 \\ 0 & 8 & 11 \\ 3 & 4 & -2 \end{bmatrix}$

(b) $A = \begin{bmatrix} 2 & 0 & -4 \\ -3 & -2 & 6 \\ 2 & 5 & 1 \end{bmatrix}, \quad B = \begin{bmatrix} 1 & 0 & -2 \\ -3 & -2 & 6 \\ 2 & 5 & 1 \end{bmatrix}$

26. (a) $A = \begin{bmatrix} 2 & 0 & -4 \\ -3 & -2 & 6 \\ 2 & 5 & 1 \end{bmatrix}, \quad B = \begin{bmatrix} 2 & 5 & 1 \\ -3 & -2 & 6 \\ 2 & 0 & -4 \end{bmatrix}$

(b) $A = \begin{bmatrix} 2 & 0 & -4 \\ -3 & -2 & 1 \\ 2 & 0 & 3 \end{bmatrix}, \quad B = \begin{bmatrix} 2 & 0 & -4 \\ -3 & -2 & 1 \\ 10 & 0 & 15 \end{bmatrix}$

27. 어떤 식이요법에서 7단위량의 지방, 9단위량의 단백질, 16단위량의 탄수화물이 한 끼의 식사에서 필요하다고 한다. 그리고 다음 세 가지의 음식을 식사 때 고를 수 있다.

메뉴 1: 1온스에 2단위량의 지방, 2단위량의 단백질, 4단위량의 탄수화물이 포함되어 있다.

메뉴 2: 1온스에 3단위량의 지방, 1단위량의 단백질, 2단위량의 탄수화물이 포함되어 있다.

메뉴 3: 1온스에 1단위량의 지방, 3단위량의 단백질, 5단위량의 탄수화물이 포함되어 있다.

x, y, z는 한 끼의 식사 때 메뉴 1, 2, 3을 취하는 온스양이라고 하자. 이러한 식이요법에 따라 식사를 할 때 각 메뉴가 몇 온스 섭취되어야 하는지를 나타내는 x, y, z로 표현된 선형계를 (계산하지 말고) 구하라.

28. 어떤 공장에서 강철을 재활용해서 특수 제작 강철을 생산하는데 1톤마다 크로뮴이 4파운드, 텅스텐이 8파운드, 7파운드의 탄소가 함유되어야 한다. 특수 제작 강철을 생산하는 데 다음 세 가지 재료의 강철을 재활용할 수 있다.

재료 1: 1톤마다 2파운드의 크로뮴, 8파운드의 텅스텐, 6파운드의 탄소가 함유되어 있다.

재료 2: 1톤마다 3파운드의 크로뮴, 9파운드의 텅스텐, 6파운드의 탄소가 함유되어 있다.

재료 3: 1톤마다 12파운드의 크로뮴, 6파운드의 텅스텐, 12파운드의 탄소가 함유되어 있다.

x, y, z를 특수 제작 강철을 1톤 생산하는 데 필요한 강철 재료 1, 2, 3의 비율이라고 하자. 변수 x, y, z를 이용해서 특수 제작 강철을 생산하는 데 필요한 강철 재료 1, 2, 3의 비율을 구하기 위한 선형계를 (계산하지 말고) 구하라.

29. 세 개의 실수를 찾아야 하는데 세 수의 합은 12이고, 첫 번째 수에 2를 곱한 수, 두 번째 수, 그리고 세 번째 수에 2를 곱한 수들의 합이 5이며, 세 번째 수는 첫 번째 수에 1을 더한 것과 같다. 주어진 조건을 만족하는 세 개의 수를 구하기 위해 풀어야 하는 선형계를 (계산하지 말고) 구하라.

30. 세 개의 실수를 찾아야 하는데 세 개의 수들의 합은 3이며 두 번째와 세 번째 수의 합은 10, 그리고 세 번째 수는 두 번째 수에 6을 더한 것과 같다고 한다. 주어진 조건을 만족하는 세 개의 수를 구하기 위해 풀어야 하는 선형계를 (계산하지 말고) 구하라.

연습문제 31, 32에서는 $\mathbf{v}$가 $\mathbf{u}_1$, $\mathbf{u}_2$, $\mathbf{u}_3$, $\mathbf{u}_4$의 선형결합으로 나타나는지를 판별하기 위해 풀어야 하는 선형계를 (계산하지 말고) 구하라.

31. $\mathbf{u}_1 = (3, 0, -1, 2)$, $\mathbf{u}_2 = (1, 1, 1, 1)$, $\mathbf{u}_3 = (2, 3, 0, 2)$, $\mathbf{u}_4 = (-1, 2, 5, 0)$

(a) $\mathbf{v} = (5, 6, 5, 5)$ (b) $\mathbf{v} = (8, 3, -2, 6)$

(c) $\mathbf{v} = (4, 4, 6, 2)$

32. $\mathbf{u}_1 = (1, 2, -4, 0, 5)$, $\mathbf{u}_2 = (1, 0, 2, 2, -1)$, $\mathbf{u}_3 = (2, -2, -1, 1, 3)$, $\mathbf{u}_4 = (0, 5, 4, -1, 1)$

(a) $\mathbf{v} = (2, -2, -8, 0, 12)$ (b) $\mathbf{v} = (5, -3, -9, 4, 11)$

(c) $\mathbf{v} = (4, -4, 2, 0, 24)$

토론과 발견

D1. 다음 선형계를 생각해 보자.

$$ax + by = k$$
$$cx + dy = l$$
$$ex + fy = m$$

다음 세 직선 $ax + by = k$, $cx + dy = 1$, $ex + fy = m$의 다음 조건하에서의 상대적인 위치를 논하라.

(a) 선형계가 근을 갖지 않을 때

(b) 선형계가 오직 한 개의 근을 가질 때

(c) 선형계가 무한개의 근을 가질 때

D2. 연습문제 D1에서 본 선형계가 근을 가지면 적어도 한 개의 방정식을 무시하고 풀어도 같은 근을 얻을 수 있음을 보여라. 이 사실이 연습문제 D1의 세 직선의 위치에 대해서 무엇을 말해주는가?

D3. 행렬 B가 행렬 A에 기본행연산을 통해서 얻었다고 하면 B에 다시 기본행연산을 해서 A를 얻을 수 있는가?

D4. 연습문제 D1에서 $k = 1 = m = 0$라고 했을 때 선형계가 근을 갖는 것을 보여라. 선형계가 오직 한 개의 근을 가지면 세 개의 직선의 교점에 대해서는 무엇을 말할 수 있는가?

D5. 포물선의 방정식 $y = ax^2 + bx + c$가 세 점 (1, 1), (2, 4), (−1, 1)을 지난다고 할 때 a, b, c를 찾아야 한다고 하자. 이때 a, b, c를 구하기 위해서 풀어야 하는 선형계를 (계산하지 말고) 구하라. 이때 몇 개의 근이 있어야 하는지 추측하고 이유를 설명하라.

D6. 포물선의 방정식 $y = ax^2 + bx + c$가 세 점 (x_1, y_1), (x_2, y_2), (x_3, y_3)을 지난다고 하자. 그러면 a, b, c는 다음 붙인 행렬이 나타내는 선형계를 만족함을 보여라.

$$\begin{bmatrix} x_1^2 & x_1 & 1 & y_1 \\ x_2^2 & x_2 & 1 & y_2 \\ x_3^2 & x_3 & 1 & y_3 \end{bmatrix}$$

D7. 방정식 $x_1 + kx_2 = c$, $x_1 + lx_2 = d$가 같은 근을 갖는다고 하면 두 방정식은 같은 식임을 보여라.

D8. 다음 명제들이 참(T)인지 거짓(F)인지 판별하고 이유를 설명하라.

(a) 두 개 이상의 열을 갖는 행렬은 어떤 선형계의 붙인 행렬이다.

(b) 두 개의 선형계가 같은 근을 갖는다면 두 선형계는 같은 붙인 행렬을 갖는다.

(c) 붙인 행렬의 행은 0으로 곱해도 원래 선형계의 근의 집합에는 변함이 없다.

(d) 세 개의 변수를 갖는 두 개의 1차 방정식은 정확히 한 개의 근만 가질 수 없다.

D9. 다음 명제들이 참(T)인지 거짓(F)인지 판별하고 이유를 설명하라.

(a) 3차원 공간에서 네 개의 평면이 한 개의 직선에서 교차할 수 있다.

(b) 세 개의 미지수를 갖는 선형계에서 붙인 행렬의 처음 두 열이 교환되어도 해집합은 변하지 않는다.

(c) 100개의 방정식과 두 개의 미지수를 갖는 선형계는 해를 갖지 않는다.

(d) 만약 붙인 행렬의 마지막 열이 모두 0이라면, 붙인 행렬에 대응하는 선형계는 반드시 해를 갖는다.

프로그램 활용 연습문제

T1. **(유일해를 갖는 선형계)** 예제 6의 계를 풀어라.

T2. 계산 유틸리티를 이용하여 벡터 $\mathbf{u} = (8, -1, -7, 4, 0)$가 벡터 $(1, -1, 0, 1, 3)$, $(2, 3, -2, 2, 1)$ 그리고 $(-4, 2, 5, 0, 7)$의 일차결합인지를 밝혀라. 그리고 만약 일차결합이면, 벡터 $\mathbf{u}$를 일차결합 형태로 표현하라.

2.2 행 변환을 이용한 선형계 풀이

이 절에서는 선형방정식을 푸는 체계적인 방법에 대해서 살펴본다. 여기에서 다루는 방법은 소형계를 손으로 풀 때 유용하다. 이 절에서는 또한 컴퓨터를 이용하여 대형 선형계를 풀 때 필요한 여러 알고리즘의 기초를 공부한다.

선형계 풀이 과정의 고려사항

선형방정식을 푸는 방법을 고려해 볼 때, 컴퓨터를 이용하는 대형계인지 손으로 풀 수 있는 소형계인지 구별하는 것은 대단히 중요하다. 예를 들면 수천 또는 심지어 수만 개의 미지수를 갖는 선형계로 구성되는 많은 응용 분야가 있다. 대형계는 메모리 용량, 반올림 오차, 풀이 시간, 기타 문제들을 고려한 특별한 기법이 필요하다. 그러한 기법들은 **수치해석**(numerical analysis) 분야에서 연구되고 있으며 그것에 관한 내용을 이 책에서는 간단하게 다룰 것이다. 그렇지만 대형계를 풀 때 이용하는 거의 모든 방법들은 이 절에서 소개하는 개념에 기반을 두고 있다.

사다리꼴 2.1절의 예제 6에서 미지수 x, y, z에 관한 선형계를 붙인 행렬을 다음과 같이 변환하여 풀었다.

$$\begin{bmatrix} 1 & 0 & 0 & 1 \\ 0 & 1 & 0 & 2 \\ 0 & 0 & 1 & 3 \end{bmatrix}$$

그 해는 $x = 1, y = 2, z = 3$이었다. 이것은 **기약 행사다리꼴**(reduced row echelon form) 행렬의 한 예이다. 행렬이 이러한 형태가 되려면 다음 성질을 가져야 한다.

1. 만약 한 행의 원소가 전부 영이 아니라면, 행의 첫 번째 0이 아닌 수는 1이다. 이것을 **선행 1** (leading 1)이라고 부른다.
2. 만약 모두 영으로 이루어진 행이 있다면, 그러한 행들은 모두 행렬의 아래쪽 행에 모아 둔다.
3. 두 개의 행이 연달아 모두 영으로 이루어지지 않는다면 아래 행에 있는 선행 1이 위 행에 있는 선행 1의 오른쪽에 위치한다.
4. 선행 1을 가진 열은 그 선행 1을 제외한 다른 곳이 모두 0이다.

처음 세 가지의 성질을 가지고 있는 행렬을 **행사다리꼴**(row echelon form)이라 부른다. (그러므로 사다리꼴 행렬은 기약 행사다리꼴 행렬이 될 필요조건이지만 그 역은 성립하지 않는다.)

예제 1 행사다리꼴과 기약 행사다리꼴

다음 행렬은 기약 행사다리꼴이다.

$$\begin{bmatrix} 1 & 0 & 0 & 4 \\ 0 & 1 & 0 & 7 \\ 0 & 0 & 1 & -1 \end{bmatrix}, \quad \begin{bmatrix} 1 & 0 & 0 \\ 0 & 1 & 0 \\ 0 & 0 & 1 \end{bmatrix}, \quad \begin{bmatrix} 0 & 1 & -2 & 0 & 1 \\ 0 & 0 & 0 & 1 & 3 \\ 0 & 0 & 0 & 0 & 0 \\ 0 & 0 & 0 & 0 & 0 \end{bmatrix}, \quad \begin{bmatrix} 0 & 0 \\ 0 & 0 \end{bmatrix}$$

다음 행렬은 행사다리꼴이다.

$$\begin{bmatrix} 1 & 4 & -3 & 7 \\ 0 & 1 & 6 & 2 \\ 0 & 0 & 1 & 5 \end{bmatrix}, \quad \begin{bmatrix} 1 & 1 & 0 \\ 0 & 1 & 0 \\ 0 & 0 & 0 \end{bmatrix}, \quad \begin{bmatrix} 0 & 1 & 2 & 6 & 0 \\ 0 & 0 & 1 & -1 & 0 \\ 0 & 0 & 0 & 0 & 1 \end{bmatrix}$$

이 예제에서 주어진 행렬이 각 형태가 요구하는 조건들을 충족시키는지 확인해보라. ■

예제 2 행사다리꼴과 기약 행사다리꼴의 추가 설명

마지막 예제를 통해서 행사다리꼴 행렬은 각 선행 1의 아래 원소들이 0임을 알 수 있었다. 반면에 기약 행사다리꼴 행렬은 각 선행 1의 위와 아래에 0을 갖는다. 그러므로 임의의 실수를 $*$로 치환한 다음 형태의 모든 행렬은 행사다리꼴이다.

$$\begin{bmatrix} 1 & * & * & * \\ 0 & 1 & * & * \\ 0 & 0 & 1 & * \\ 0 & 0 & 0 & 1 \end{bmatrix}, \quad \begin{bmatrix} 1 & * & * & * \\ 0 & 1 & * & * \\ 0 & 0 & 1 & * \\ 0 & 0 & 0 & 0 \end{bmatrix}, \quad \begin{bmatrix} 1 & * & * & * \\ 0 & 1 & * & * \\ 0 & 0 & 0 & 0 \\ 0 & 0 & 0 & 0 \end{bmatrix}, \quad \begin{bmatrix} 0 & 1 & * & * & * & * & * & * & * & * \\ 0 & 0 & 0 & 1 & * & * & * & * & * & * \\ 0 & 0 & 0 & 0 & 1 & * & * & * & * & * \\ 0 & 0 & 0 & 0 & 0 & 1 & * & * & * & * \\ 0 & 0 & 0 & 0 & 0 & 0 & 0 & 0 & 1 & * \end{bmatrix}$$

뿐만 아니라 다음 형태를 갖는 모든 행렬은 기약 행사다리꼴이다

$$\begin{bmatrix} 1 & 0 & 0 & 0 \\ 0 & 1 & 0 & 0 \\ 0 & 0 & 1 & 0 \\ 0 & 0 & 0 & 1 \end{bmatrix}, \quad \begin{bmatrix} 1 & 0 & 0 & * \\ 0 & 1 & 0 & * \\ 0 & 0 & 1 & * \\ 0 & 0 & 0 & 0 \end{bmatrix}, \quad \begin{bmatrix} 1 & 0 & * & * \\ 0 & 1 & * & * \\ 0 & 0 & 0 & 0 \\ 0 & 0 & 0 & 0 \end{bmatrix}, \quad \begin{bmatrix} 0 & 1 & * & 0 & 0 & 0 & * & * & 0 & * \\ 0 & 0 & 0 & 1 & 0 & 0 & * & * & 0 & * \\ 0 & 0 & 0 & 0 & 1 & 0 & * & * & 0 & * \\ 0 & 0 & 0 & 0 & 0 & 1 & * & * & 0 & * \\ 0 & 0 & 0 & 0 & 0 & 0 & 0 & 0 & 1 & * \end{bmatrix}$$ ■

만약 연속된 기본행연산을 통해서 선형방정식의 붙인 행렬을 기약 행사다리꼴로 변환시키면, 특별한 계산이 필요 없이 눈짐작으로 또는 특정 선형방정식을 매개형식으로 표현함으로써 해집합을 구할 수 있다. 몇 개의 예제를 살펴보자.

예제 3 유일해

미지수 x_1, x_2, x_3, x_4로 표현되는 선형계에 대한 붙인 행렬이 기본행연산을 통해서 다음 행렬로 변환되었다고 가정하자.

$$\begin{bmatrix} 1 & 0 & 0 & 0 & 3 \\ 0 & 1 & 0 & 0 & -1 \\ 0 & 0 & 1 & 0 & 0 \\ 0 & 0 & 0 & 1 & 5 \end{bmatrix}$$

이 행렬은 기약 행사다리꼴이며 다음 방정식에 상응한다.

$$\begin{aligned} x_1 \qquad\qquad\quad &= 3 \\ x_2 \qquad\quad &= -1 \\ x_3 \quad &= 0 \\ x_4 &= 5 \end{aligned}$$

따라서 이 선형계는 유일한 해를 갖는다. 즉 $x_1 = 3, x_2 = -1, x_3 = 0, x_4 = 5$이다. ■

예제 4 세 개의 미지수가 있는 선형계

각 항목에서 미지수 x, y, z로 표현되는 선형계의 붙인 행렬이 기본행연산을 통해서 주어진 기약 행사다리꼴로 변환되었다고 가정하자. 계의 해를 구하라.

(a) $\begin{bmatrix} 1 & 0 & 0 & 0 \\ 0 & 1 & 2 & 0 \\ 0 & 0 & 0 & 1 \end{bmatrix}$ (b) $\begin{bmatrix} 1 & 0 & 3 & -1 \\ 0 & 1 & -4 & 2 \\ 0 & 0 & 0 & 0 \end{bmatrix}$ (c) $\begin{bmatrix} 1 & -5 & 1 & 4 \\ 0 & 0 & 0 & 0 \\ 0 & 0 & 0 & 0 \end{bmatrix}$

풀이 (a) 붙인 행렬의 마지막 행에 대응하는 방정식은

$$0x + 0y + 0z = 1$$

이다. 이 방정식이 x, y, z의 어떤 값에도 성립하지 않기 때문에 이 계는 해가 없다.

풀이 (b) 붙인 행렬의 마지막 행에 대응하는 방정식은

$$0x + 0y + 0z = 0$$

이다. 이 방정식은 x, y, z에 대한 제약이 없기 때문에 생략할 수 있다. 따라서 붙인 행렬에 대응하는 선형계는 다음과 같게 된다.

$$\begin{aligned} x \quad + 3z &= -1 \\ y - 4z &= 2 \end{aligned}$$

x와 y가 붙인 행렬의 선행 1에 대응하기 때문에 x와 y를 **선행변수**(leading variable)라 부른다. 남아 있는 변수(z의 경우)는 **자유변수**(free variable)라 한다. 자유변수 항을 이용하여 선행변수의 해를 구하면 다음과 같은 식으로 표현된다.

$$\begin{aligned} x &= -1 - 3z \\ y &= 2 + 4z \end{aligned}$$

이 방정식으로부터 자유변수 z는 임의의 변수 t를 이용해서 표현할 수 있고, 이를 이용하여 x와 y 값을 결정할 수 있다. 그러므로 주어진 계의 해집합은 다음과 같은 매개변수방정식으로 표현할 수 있다.

$$x = -1 - 3t, \;\; y = 2 + 4t, \;\; z = t \tag{1}$$

이 방정식에서 t 대신 여러 다른 값을 대입해서 계의 여러 가지 해를 구할 수 있다. 예를 들어 식 (1)에 $t = 0$을 대입하면 해는 다음과 같다.

$x = -1, \quad y = 2, \quad z = 0$

$t = 1$을 대입하면 해는 다음과 같다.

$x = -4, \quad y = 6, \quad z = 1$

그러나 식 (1)을 각 해의 집합으로 생각하는 것보다 식 (1)을 다음과 같은 벡터 형식으로 표현함으로써 전체 해집합을 기하학적 대상으로 생각할 수 있다.

$(x, y, z) = (-1, 2, 0) + t(-3, 4, 1)$

이로써 해가 R^3 안에서 점 (−1, 2, 0)을 지나며, 벡터 $\mathbf{v} = (-3, 4, 1)$에 평행한 직선을 이루고 있음을 알 수 있다.

풀이 (c) 풀이 (b)에서 설명한 것처럼, 원소가 모두 0인 열에 대응하는 방정식은 생략할 수 있다. 이 경우 붙인 행렬에 대응되는 선형계는 다음 방정식으로 구성되며, 해집합은 삼차원 공간상의 평면이다.

$$x - 5y + z = 4 \tag{2}$$

식 (2)는 해집합을 제일 간결하게 표현해 주지만, 응용 분야에서는 매개변수 형식이나 벡터 형식으로 해집합을 표현하는 것이 유용할 때가 많다. 자유변수 y와 z 항으로 선행변수 x를 풀면 식 (2)를 매개변수 형식으로 변환할 수 있고 다음 식을 구할 수 있다.

$x = 4 + 5y - z$

이 식으로부터 자유변수에 $y = s$와 $z = t$의 임의의 값을 대입하면, x의 값을 결정할 수 있다. 그러므로 해집합은 다음과 같은 매개변수 형식으로 표현할 수 있다.

$$x = 4 + 5s - t, \quad y = s, \quad z = t \tag{3}$$

벡터 형식으로 표현한 해집합을 구하기 위해, 1.3절의 예제 6과 같은 방법(t_1과 t_2 대신에 s와 t를 사용한)을 이용하여 식 (3)을 다음과 같이 쓸 수 있다.

$(x, y, z) = (4, 0, 0) + s(5, 1, 0) + t(-1, 0, 1)$

이것은 해집합이 점 (4, 0, 0)을 지나고 벡터 (5, 1, 0)와 벡터 (−1, 0, 1)에 평행한 평면임을 의미한다. ■

참고 선형계의 해집합에 대한 매개변수방정식(또는 그것들과 동치인 벡터표시방정식)의 집합은 계의 **일반해**(general solution)라 부른다. 예제 4에서 보았듯이, 일반해의 매개변수는 r, s, t 등으로 표시하지만, 미지수로 사용된 문자와 중복되지 않으면 어떤 문자라도 사용할 수 있다. 세 개 이상의 미지수를 갖는 계에서는 t_1, t_2, t_3와 같이 아래첨자를 사용하면 편리하다.

열벡터의 일차결합을 이용한 일반해

선형계의 일반해를 열벡터의 일차결합으로 표현하는 것이 여러 가지 면에서 유용하다. 이렇게 표현하는 기본적인 이유는 예제 4에서처럼, 상수항과 매개변수항을 구별하는 데 있다. 예를 들어 식 (1)의 매개변수방정식은 다음과 같이 표현할 수 있다.

$$\begin{bmatrix} x \\ y \\ z \end{bmatrix} = \begin{bmatrix} -1-3t \\ 2+4t \\ t \end{bmatrix} = \begin{bmatrix} -1 \\ 2 \\ 0 \end{bmatrix} + \begin{bmatrix} -3t \\ 4t \\ t \end{bmatrix} = \begin{bmatrix} -1 \\ 2 \\ 0 \end{bmatrix} + t\begin{bmatrix} -3 \\ 4 \\ 1 \end{bmatrix} \tag{4}$$

또한 식 (3)에 대한 매개변수방정식도 다음과 같이 표현할 수 있다,

$$\begin{aligned} \begin{bmatrix} x \\ y \\ z \end{bmatrix} &= \begin{bmatrix} 4+5s-t \\ s \\ t \end{bmatrix} = \begin{bmatrix} 4 \\ 0 \\ 0 \end{bmatrix} + \begin{bmatrix} 5s-t \\ s \\ t \end{bmatrix} \\ &= \begin{bmatrix} 4 \\ 0 \\ 0 \end{bmatrix} + \begin{bmatrix} 5s \\ s \\ 0 \end{bmatrix} + \begin{bmatrix} -t \\ 0 \\ t \end{bmatrix} = \begin{bmatrix} 4 \\ 0 \\ 0 \end{bmatrix} + s\begin{bmatrix} 5 \\ 1 \\ 0 \end{bmatrix} + t\begin{bmatrix} -1 \\ 0 \\ 1 \end{bmatrix} \end{aligned} \tag{5}$$

Gauss-Jordan 소거와 Gauss 소거 선형계의 붙인 행렬이 기약 행사다리꼴 형태이면 선형계를 쉽게 풀 수 있다. 이제 기본행연산을 이용해서 주어진 행렬을 기약 행사다리꼴로 변환하는 단계적 과정을 살펴보자. 다음 행렬을 기약 사다리꼴 형태로 변환하려고 하는데 각 단계마다 과정을 설명할 것이다.

$$\begin{bmatrix} 0 & 0 & -2 & 0 & 7 & 12 \\ 2 & 4 & -10 & 6 & 12 & 28 \\ 2 & 4 & -5 & 6 & -5 & -1 \end{bmatrix} \tag{6}$$

기본행연산을 선형계의 붙인 행렬에 적용하더라도 계의 해집합이 변하지 않는다는 것을 증명할 수 있다. 그러므로 식 (6)의 기약 행사다리꼴에 대응하는 선형계는 원래 계와 같은 해를 가진다. 식 (6)을 기약 행사다리꼴로 변환하는 단계를 설명하겠다.

1단계. 가장 왼쪽 열이 모두 영으로 이루어지지 않도록 행렬을 정리하라.

$$\begin{bmatrix} 0 & 0 & -2 & 0 & 7 & 12 \\ 2 & 4 & -10 & 6 & 12 & 28 \\ 2 & 4 & -5 & 6 & -5 & -1 \end{bmatrix}$$

↑ 영이 아닌 맨 왼쪽 열

2단계. 필요하다면 1단계에서 구한 열의 첫째 성분이 영이 되지 않도록 첫째 행과 다른 행의 위치를 바꿔라.

$$\begin{bmatrix} 2 & 4 & -10 & 6 & 12 & 28 \\ 0 & 0 & -2 & 0 & 7 & 12 \\ 2 & 4 & -5 & 6 & -5 & -1 \end{bmatrix}$$

1단계 행렬의 첫째 행과 둘째 행의 위치 교환

3단계. 만약 2단계에서 구한 열의 첫째 성분이 a이면, 선행 1을 얻기 위해서 첫째 행에 $1/a$을 곱하라.

$$\begin{bmatrix} 1 & 2 & -5 & 3 & 6 & 14 \\ 0 & 0 & -2 & 0 & 7 & 12 \\ 2 & 4 & -5 & 6 & -5 & -1 \end{bmatrix}$$

2단계 행렬의 첫째 행에 1/2을 곱한다.

4단계. 선행 1 아래의 모든 성분들이 영이 되도록 첫째 행에 적당한 값을 곱해서 아래 행들에 더한다.

$$\begin{bmatrix} 1 & 2 & -5 & 3 & 6 & 14 \\ 0 & 0 & -2 & 0 & 7 & 12 \\ 0 & 0 & 5 & 0 & -17 & -29 \end{bmatrix}$$

3단계 행렬의 첫째 행에 −2를 곱한 뒤 셋째 행에 더한다.

5단계. 이제 행렬의 첫째 행을 그대로 두고, 나머지 부분 행렬에 1단계부터 4단계까지 연산을 적용한다. 이런 방법으로 모든 행렬이 행사다리꼴이 될 때까지 계속하라.

$$\begin{bmatrix} 1 & 2 & -5 & 3 & 6 & 14 \\ 0 & 0 & -2 & 0 & 7 & 12 \\ 0 & 0 & 5 & 0 & -17 & -29 \end{bmatrix}$$

↑ 부분 행렬의 영이 아닌 맨 왼쪽 열

$$\begin{bmatrix} 1 & 2 & -5 & 3 & 6 & 14 \\ 0 & 0 & 1 & 0 & -\frac{7}{2} & -6 \\ 0 & 0 & 5 & 0 & -17 & -29 \end{bmatrix}$$

부분 행렬의 첫째 행에 −1/2을 곱해서 1이 되도록 한다.

$$\begin{bmatrix} 1 & 2 & -5 & 3 & 6 & 14 \\ 0 & 0 & 1 & 0 & -\frac{7}{2} & -6 \\ 0 & 0 & 0 & 0 & \frac{1}{2} & 1 \end{bmatrix}$$

부분 행렬의 첫째 행에 −5를 곱한 뒤 부분 행렬이 둘째 행렬에 더하여 선행 1 아래의 성분들이 영이 되도록 한다.

$$\begin{bmatrix} 1 & 2 & -5 & 3 & 6 & 14 \\ 0 & 0 & 1 & 0 & -\frac{7}{2} & -6 \\ 0 & 0 & 0 & 0 & \frac{1}{2} & 1 \end{bmatrix}$$

부분 행렬의 첫째 행의 과정이 완료되었으므로 1단계로 돌아간다.

새 부분집합의 영이 아닌 맨 왼쪽 밑

$$\begin{bmatrix} 1 & 2 & -5 & 3 & 6 & 14 \\ 0 & 0 & 1 & 0 & -\frac{7}{2} & -6 \\ 0 & 0 & 0 & 0 & 1 & 2 \end{bmatrix}$$

새 부분집합의 첫째(한 개의) 행에 1/2을 곱하여 선행이 1이 되도록 한다.

이렇게 구한 행렬은 행사다리꼴이다. 기약 행사다리꼴 형태를 만들기 위해 다음의 추가 연산 단계가 필요하다.

6단계. 영이 아닌 가장 아래 행에서 시작하여 위 방향으로 연산을 실행한다. 선행 1의 위에 위치한 원소가 영이 되도록 각 행에 적당한 수를 곱하고 위에 있는 행과 더한다.

$$\begin{bmatrix} 1 & 2 & -5 & 3 & 6 & 14 \\ 0 & 0 & 1 & 0 & 0 & 1 \\ 0 & 0 & 0 & 0 & 1 & 2 \end{bmatrix}$$

5단계 행렬의 셋째 행에 7/2을 곱한 뒤 둘째 행에 더한다.

$$\begin{bmatrix} 1 & 2 & -5 & 3 & 0 & 2 \\ 0 & 0 & 1 & 0 & 0 & 1 \\ 0 & 0 & 0 & 0 & 1 & 2 \end{bmatrix}$$

셋째 행에 −6을 곱한 뒤 첫째 행에 더한다.

$$\begin{bmatrix} 1 & 2 & 0 & 3 & 0 & 7 \\ 0 & 0 & 1 & 0 & 0 & 1 \\ 0 & 0 & 0 & 0 & 1 & 2 \end{bmatrix}$$

둘째 행에 5를 곱한 뒤 첫째 행에 더한다.

최종적으로 구한 행렬은 기약 행사다리꼴이다.

기약 행사다리꼴을 구하기 위해 행렬을 변환하는 과정(또는 알고리즘)을 **Gauss-Jordan 소거**(Gauss-Jordan elimination)라 한다. 이 알고리즘은 두 부분으로 구성된다. **전진단계**(forward phase)에서는 선행 1의 아랫부분이 영이 되도록 하고, **후진단계**(backward phase)에서는 선행 1의 윗부분이 영이 되도록 연산을 실행한다. 전진단계만 실행하면 연산 과정을 통해 행사다리꼴을 구하게 되고, 이것을 **Gauss 소거**(Gaussian elimination)라고 한다. 예를 들어 행사다리꼴은 5단계까지 실행한 후에 얻어진다.

사다리꼴에 관한 추가 설명

행사다리꼴과 기약 행사다리꼴에 대해 알아야 할 중요한 사실 두 가지가 있다. 그러나 여기에서는 증명 없이 내용을 기술하겠다.

1. 모든 행렬은 유일한 기약 행사다리꼴을 가진다. 즉 Gauss-Jordan 소거를 사용하든지 또는 다른 기본행연산을 연속적으로 사용하면 결국 동일한 기약 행사다리꼴을 구하게 된다.*
2. 행사다리꼴은 유일하지 않다. 즉 주어진 행렬에 대한 기본행연산에 따라 다른 행사다리꼴을 얻을 수도 있다. 그러나 모든 행 사다리꼴은 선행 1이 같은 위치에 존재하고 아랫부분에 위치한 원소가 모두 영인 행의 수는 같다. 선행 1의 위치를 붙인 행렬의 **추축위치**(pivot position)라 부르고, 선행 1을 포함하는 열을 **추축열**(pivot column)이라 부른다.

▶ 예제 5

Gauss-Jordan 소거를 이용한 선형계의 풀이

다음 선형계를 Gauss-Jordan 소거를 이용하여 풀어라.

$$\begin{aligned} x_1 + 3x_2 - 2x_3 \qquad\quad + 2x_5 \qquad\quad &= 0 \\ 2x_1 + 6x_2 - 5x_3 - 2x_4 + 4x_5 - 3x_6 &= -1 \\ 5x_3 + 10x_4 \qquad\quad + 15x_6 &= 5 \\ 2x_1 + 6x_2 \qquad\quad + 8x_4 + 4x_5 + 18x_6 &= 6 \end{aligned}$$

*이 결과에 대한 증명은 Thomas Yuster가 쓴 "The Reduced Row Echelon Form of a Matrix Is Unique: A Simple Proof," *Mathematics Magazine*, Vol. 57, No. 2, 1984, pp. 93-94를 참조하라.

풀이 주어진 계에 대한 붙인 행렬은 다음과 같다.

$$\begin{bmatrix} 1 & 3 & -2 & 0 & 2 & 0 & 0 \\ 2 & 6 & -5 & -2 & 4 & -3 & -1 \\ 0 & 0 & 5 & 10 & 0 & 15 & 5 \\ 2 & 6 & 0 & 8 & 4 & 18 & 6 \end{bmatrix}$$

첫 번째 행에 -2를 곱한 것을 두 번째 행과 네 번째 행에 더하면 다음과 같다.

$$\begin{bmatrix} 1 & 3 & -2 & 0 & 2 & 0 & 0 \\ 0 & 0 & -1 & -2 & 0 & -3 & -1 \\ 0 & 0 & 5 & 10 & 0 & 15 & 5 \\ 0 & 0 & 4 & 8 & 0 & 18 & 6 \end{bmatrix}$$

두 번째 행에 -1을 곱하고 새롭게 구한 이 두 번째 행에 -5를 곱하여 세 번째 행과 더한다. 새롭게 구한 두 번째 행에 -4를 곱하여 네 번째 행과 더하면 다음의 행렬이 된다.

$$\begin{bmatrix} 1 & 3 & -2 & 0 & 2 & 0 & 0 \\ 0 & 0 & 1 & 2 & 0 & 3 & 1 \\ 0 & 0 & 0 & 0 & 0 & 0 & 0 \\ 0 & 0 & 0 & 0 & 0 & 6 & 2 \end{bmatrix}$$

세 번째와 네 번째 행을 서로 교환해서 얻은 행렬의 세 번째 행에 $\frac{1}{6}$을 곱하면 다음의 행사다리꼴이 된다.

$$\begin{bmatrix} 1 & 3 & -2 & 0 & 2 & 0 & 0 \\ 0 & 0 & 1 & 2 & 0 & 3 & 1 \\ 0 & 0 & 0 & 0 & 0 & 1 & \frac{1}{3} \\ 0 & 0 & 0 & 0 & 0 & 0 & 0 \end{bmatrix}$$

세 번째 행에 -3을 곱하여 두 번째 행과 더한 후, 결과 행렬의 두 번째 행에 2를 곱하여 첫 번째 행과 더하면 다음의 기약 행사다리꼴이 된다.

$$\begin{bmatrix} 1 & 3 & 0 & 4 & 2 & 0 & 0 \\ 0 & 0 & 1 & 2 & 0 & 0 & 0 \\ 0 & 0 & 0 & 0 & 0 & 1 & \frac{1}{3} \\ 0 & 0 & 0 & 0 & 0 & 0 & 0 \end{bmatrix}$$

대응하는 계의 방정식은 다음과 같다.

$$\begin{aligned} x_1 + 3x_2 \qquad + 4x_4 + 2x_5 \qquad &= 0 \\ x_3 + 2x_4 \qquad &= 0 \\ x_6 &= \tfrac{1}{3} \end{aligned}$$

역사 속의 선형대수

Gauss 소거와 유사한 방법이 B.C. 200년경 중국 서적 《구장산술》의 9장에서 최초로 소개되었다. 그러나 이 방법의 효용성은 독일 수학자 Carl Friedrich Gauss가 한정된 데이터를 이용하여 소행성 Ceres의 궤도를 계산하는 데 응용하기 전까지는 알려지지 않았었다. 1801년 1월 1일에, 시칠리아 천문학자 Giuseppe Piazzi (1746~1826)는 '잃어버린 행성'이라고 믿었던 흐린 천체의 물체를 발견하게 되었다. 그는 그 물체를 Ceres라 명명하고 행성의 위치를 수차례 관측하였으나 태양에 가까워지면서 물체를 추적하는 데 실패하였다. Gauss는 최소 제곱법과 오늘날 Gauss 소거라고 부르는 방법을 이용하여 한정된 데이터로부터 그 행성의 궤적을 계산하는 연구에 착수했다. 1년 후에 Ceres 행성이 Gauss가 예언한 위치인 처녀자리에서 거의 정확하게 다시 관측되었고 이는 크게 화제되었다. Gauss 방법은 1888년 독일 엔지니어 Wilhelm Jordan의 저서 *Handbuch der Vermessungskunde*를 통해 더욱 대중화되었다.

Carl Friedrich Gauss (1777~1855)

Wilhelm Jordan (1842~1899)

선행변수에 대하여 풀면 다음과 같다.

$$x_1 = -3x_2 - 4x_4 - 2x_5$$
$$x_3 = -2x_4$$
$$x_6 = \frac{1}{3}$$

자유변수 x_2, x_4, x_5를 각각 임의의 값 r, s, t로 표현하면, 다음과 같이 매개변수를 이용하여 해집합을 표현할 수 있다.

$$x_1 = -3r - 4s - 2t, \; x_2 = r, \; x_3 = -2s, \; x_4 = s, \; x_5 = t, \; x_6 = \frac{1}{3}$$

다른 방법으로, 다음과 같이 열벡터의 일차결합으로 해의 집합을 표현할 수 있다.

$$\begin{bmatrix} x_1 \\ x_2 \\ x_3 \\ x_4 \\ x_5 \\ x_6 \end{bmatrix} = \begin{bmatrix} -3r-4s-2t \\ r \\ -2s \\ s \\ t \\ \frac{1}{3} \end{bmatrix} = \begin{bmatrix} 0 \\ 0 \\ 0 \\ 0 \\ 0 \\ \frac{1}{3} \end{bmatrix} + \begin{bmatrix} -3r-4s-2t \\ r \\ -2s \\ s \\ t \\ 0 \end{bmatrix} = \begin{bmatrix} 0 \\ 0 \\ 0 \\ 0 \\ 0 \\ \frac{1}{3} \end{bmatrix} + r\begin{bmatrix} -3 \\ 1 \\ 0 \\ 0 \\ 0 \\ 0 \end{bmatrix} + s\begin{bmatrix} -4 \\ 0 \\ -2 \\ 1 \\ 0 \\ 0 \end{bmatrix} + t\begin{bmatrix} -2 \\ 0 \\ 0 \\ 0 \\ 1 \\ 0 \end{bmatrix} \quad (7)$$

■

역대입 지금까지의 예제는 먼저 붙인 행렬을 기약 행사다리꼴(Gauss-Jordan 소거)로 변환한 후에 대응하는 선형계를 구함으로써 여러 가지 선형계의 해를 구하였다. 그러나 축소 알고리즘(Gauss 소거)의 전진단계만을 사용한 결과 얻어지는 행사다리꼴에 대응하는 계를 푸는 것이 가능하다. 이 방식에 의하면 Gauss-Jordan 알고리즘의 후진단계를 **역대입**(back substitution)이라 부르는 대수 과정으로 대치할 수 있다. 이 대수적 과정은 체계적으로 행사다리꼴에 대응하는 각각의 방정식을 마지막 방정식에서 시작하여 위쪽의 방정식에 치환하는 것이다.

예제 6 Gauss 소거와 역대입

Gauss 소거로 구한 붙인 행렬의 행사다리꼴을 사용하여 예제 5의 선형계를 풀어보자. 예제 5의 전진단계 계산에서 다음과 같은 붙인 행렬의 행사다리꼴을 얻는다.

$$\begin{bmatrix} 1 & 3 & -2 & 0 & 2 & 0 & 0 \\ 0 & 0 & 1 & 2 & 0 & 3 & 1 \\ 0 & 0 & 0 & 0 & 0 & 1 & \frac{1}{3} \\ 0 & 0 & 0 & 0 & 0 & 0 & 0 \end{bmatrix}$$

대응하는 방정식의 계

$$\begin{aligned} x_1 + 3x_2 - 2x_3 \qquad + 2x_5 \qquad &= 0 \\ x_3 + 2x_4 \qquad + 3x_6 &= 1 \\ x_6 &= \tfrac{1}{3} \end{aligned}$$

를 구하기 위하여 우리는 다음과 같은 과정을 따른다.

1단계. 선행변수에 대한 방정식을 구한다.

$$x_1 = -3x_2 + 2x_3 - 2x_5$$
$$x_3 = 1 - 2x_4 - 3x_6$$
$$x_6 = \tfrac{1}{3}$$

2단계. 마지막 방정식에서 시작하여 위쪽으로 풀어 나가면, 연속적으로 각 방정식은 그 위의 모든 방정식으로 치환된다.

$x_6 = \frac{1}{3}$을 두 번째 방정식에 대입하여 다음을 얻는다.

$$x_1 = -3x_2 + 2x_3 - 2x_5$$
$$x_3 = -2x_4$$
$$x_6 = \tfrac{1}{3}$$

$x_3 = -2x_4$를 첫 번째 방정식에 대입하여 다음을 얻는다.

$$x_1 = -3x_2 - 4x_4 - 2x_5$$
$$x_3 = -2x_4$$
$$x_6 = \tfrac{1}{3}$$

3단계. 자유변수가 있다면 임의의 값으로 할당한다.

x_2, x_4, x_5를 각각 임의의 값인 r, s, t로 할당하면, Gauss-Jordan 소거에 의해 예제 5에서 구한 해와 동일한 다음 해를 얻는다.

$$x_1 = -3r - 4s - 2t,\ x_2 = r,\ x_3 = -2s,\ x_4 = s,\ x_5 = t,\ x_6 = \tfrac{1}{3}$$

참고 손으로 직접 계산할 때는 각 단계의 순서를 적절히 변화시켜 귀찮은 분수 계산을 피하는 것이 가능하다(연습문제 48). 그러므로 일단 독자가 Gauss-Jordan 소거를 익혔다면, 특정 문제에서는 분수 계산을 피하기 위하여 연산 단계를 변화시킬 수 있다.

동차 선형계

2.1절에서 소개한 상수항이 0이면 선형방정식이 동차가 되는 내용을 참고하라.
즉 방정식의 형태는 다음과 같다.

$$a_1x_1 + a_2x_2 + \cdots + a_nx_n = 0$$

일반적으로 각각의 방정식이 동차일 때 선형계를 **동차**(homogeneous)라 부른다. 그러므로 n개의 미지수를 가지는 m개 방정식의 동차 선형계는 다음과 같은 형태가 된다.

$$\begin{array}{ccccccc} a_{11}x_1 & + & a_{12}x_2 & + \cdots + & a_{1n}x_n & = & 0 \\ a_{21}x_1 & + & a_{22}x_2 & + \cdots + & a_{2n}x_n & = & 0 \\ \vdots & & \vdots & & \vdots & & \vdots \\ a_{m1}x_1 & + & a_{m2}x_2 & + \cdots + & a_{mn}x_n & = & 0 \end{array} \tag{8}$$

식 (8)이 다음과 같은 해를 갖기 때문에, 모든 동차 선형계는 해가 있다.

$$x_1 = 0, \quad x_2 = 0, \ldots, \quad x_n = 0$$

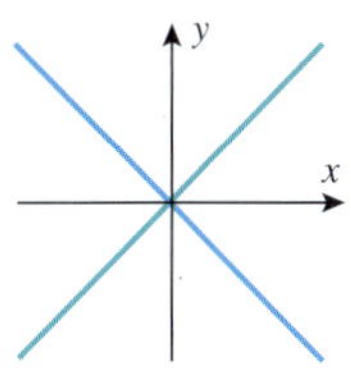

유일한 자명한 해

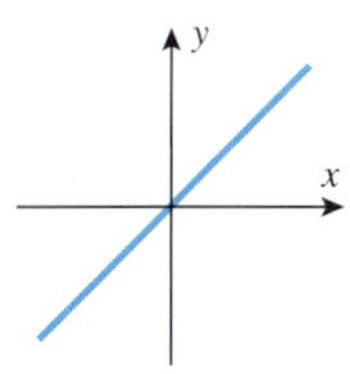

무한개의 해

그림 2.2.1

이를 **자명한 해**(trivial solution)라 한다. 다른 해가 존재한다면, 그것은 모두 **자명하지 않은 해**(nontrivial solution)라 한다. 식 (8)의 동차 선형계가 자명하지 않은 해

$$x_1 = s_1,\ x_2 = s_2, \ldots, x_n = s_n$$

를 가지고 있다면 이 선형계는 무한히 많은 해를 가져야만 한다. 왜냐하면 임의의 스칼라 t에 대하여 다음 역시 해이기 때문이다(증명하라).

$$x_1 = ts_1,\ x_2 = ts_2, \ldots, x_n = ts_n$$

그러므로 다음의 결과를 얻는다.

> **정리 2.2.1** *동차 선형계는 한 개의 자명한 해를 가지거나 무한히 많은 해를 가진다. 다른 경우는 존재하지 않는다.*

동차 선형방정식 $ax + by = 0$의 그래프가 원점을 지나는 직선이기 때문에, 정리 2.2.1이 x와 y를 가진 두 동차 선형방정식에 대하여 참이라는 것을 그림 2.2.1에 의하여 기하학적으로 알 수 있다. 만약 직선이 서로 다른 기울기를 가지면, 유일한 교점은 자명한 해 $x = 0,\ y = 0$에 대응하는 원점이다. 직선이 같은 기울기를 가지면 서로 일치하므로, 이 경우에는 무한히 많은 해가 존재한다.

예제 7 자명하지 않은 해를 가진 동차계

Gauss-Jordan 소거를 이용하여 다음 동차 선형계를 풀어라.

$$\begin{array}{rcl} x_1 + 3x_2 - 2x_3 + 2x_5 &=& 0 \\ 2x_1 + 6x_2 - 5x_3 - 2x_4 + 4x_5 - 3x_6 &=& 0 \\ 5x_3 + 10x_4 + 15x_6 &=& 0 \\ 2x_1 + 6x_2 + 8x_4 + 4x_5 + 18x_6 &=& 0 \end{array}$$

풀이 이 계에서 미지수의 계수는 예제 5의 계수와 같다. 즉 두 계는 단지 우변의 상수만 다르다. 주어진 동차계에 대한 붙인 행렬은 다음과 같다.

$$\begin{bmatrix} 1 & 3 & -2 & 0 & 2 & 0 & 0 \\ 2 & 6 & -5 & -2 & 4 & -3 & 0 \\ 0 & 0 & 5 & 10 & 0 & 15 & 0 \\ 2 & 6 & 0 & 8 & 4 & 18 & 0 \end{bmatrix} \tag{9}$$

마지막 열의 원소가 0인 것을 제외하면 예제 5의 계에 대한 붙인 행렬과 같다. 그러므로 이 행렬의 기약 행사다리꼴은 마지막 열을 제외하면 예제 5에서 붙인 행렬의 기약 행사다리꼴과 같다. 그러나 잠깐 생각해 보면 영으로 이루어진 열은 기본행연산에 의하여 변하지 않는다는 것을 쉽게 알 수 있어서 식 (9)의 기약 행사다리꼴은 다음과 같다.

$$\begin{bmatrix} 1 & 3 & 0 & 4 & 2 & 0 & 0 \\ 0 & 0 & 1 & 2 & 0 & 0 & 0 \\ 0 & 0 & 0 & 0 & 0 & 1 & 0 \\ 0 & 0 & 0 & 0 & 0 & 0 & 0 \end{bmatrix} \tag{10}$$

대응하는 계의 방정식은 다음과 같다.

$$\begin{aligned} x_1 + 3x_2 \qquad + 4x_4 + 2x_5 \qquad &= 0 \\ x_3 + 2x_4 \qquad\qquad &= 0 \\ x_6 &= 0 \end{aligned} \tag{11}$$

선행변수에 대해서 구하면 다음과 같다.

$$\begin{aligned} x_1 &= -3x_2 - 4x_4 - 2x_5 \\ x_3 &= -2x_4 \\ x_6 &= 0 \end{aligned} \tag{12}$$

자유변수 x_2, x_4, x_5를 각각 임의의 값 r, s, t로 할당하면, 다음과 같이 해집합을 매개변수로 표현할 수 있다.

$$x_1 = -3r - 4s - 2t,\ x_2 = r,\ x_3 = -2s,\ x_4 = s,\ x_5 = t,\ x_6 = 0 \tag{13}$$

해집합을 다음과 같이 벡터 형태로 표현할 수 있음을 확인해 보라.

$$(x_1, x_2, x_3, x_4, x_5, x_6) = r(-3, 1, 0, 0, 0, 0) + s(-4, 0, -2, 1, 0, 0) + t(-2, 0, 0, 0, 1, 0) \tag{14}$$

또는

$$\begin{bmatrix} x_1 \\ x_2 \\ x_3 \\ x_4 \\ x_5 \\ x_6 \end{bmatrix} = r\begin{bmatrix} -3 \\ 1 \\ 0 \\ 0 \\ 0 \\ 0 \end{bmatrix} + s\begin{bmatrix} -4 \\ 0 \\ -2 \\ 1 \\ 0 \\ 0 \end{bmatrix} + t\begin{bmatrix} -2 \\ 0 \\ 0 \\ 0 \\ 1 \\ 0 \end{bmatrix} \tag{15}$$

■

동차 선형계에 대한 차원 이론

예제 7은 동차 선형계의 풀이에 대하여 두 가지 중요점을 설명하고 있다.

1. 기본행연산은 행렬에서 영으로 이루어진 열을 변화시키지 않는다. 그래서 동차 선형계에 대한 붙인 행렬의 기약 행사다리꼴은 마지막 열이 모두 0이다. 이것은 기약 행사다리꼴에 대응하는 선형계가 본래의 계와 마찬가지로 동차라는 것을 의미한다.
2. 식 (10)에 대응하는 동차 선형계의 방정식을 구성할 때, 영으로 이루어진 행에 대응하는 방정식

   $$0x_1 + 0x_2 + 0x_3 + 0x_4 + 0x_5 + 0x_6 = 0$$

   은 미지수에 대하여 아무런 조건도 주지 않으므로 무시할 수 있다. 그러므로 동차 선형계에 대한 붙

인 행렬의 기약 행사다리꼴이 0행을 갖는지의 여부에 따라, 붙인 행렬의 기약 행사다리꼴에 대응하는 선형계가 본래의 계와 동일한 수의 방정식을 가지거나 아니면 더 적은 수의 방정식을 갖게 된다.

이제 n개의 미지수를 가진 일반적인 동차 선형계를 다루는데, 붙인 행렬의 기약 행사다리꼴이 r개의 0이 아닌 행을 가진다고 가정하자. 0이 아닌 행은 각각 선행 1을 가지며 각 선행 1은 선행변수에 대응하기 때문에, 붙인 행렬의 기약 행사다리꼴에 대응하는 동차계는 r개의 선행변수와 $n-r$개의 자유변수를 가진다. 그러므로 이 계는 다음과 같은 형태로 된다.

$$
\begin{array}{llll}
x_{k_1} & & & + \sum(\ ) = 0 \\
& x_{k_2} & & + \sum(\ ) = 0 \\
& & \ddots & \qquad \vdots \\
& & x_{k_r} & + \sum(\ ) = 0
\end{array}
\tag{16}
$$

각 방정식에서 $\sum(\ )$는 자유변수가 존재한다면 그 자유변수를 포함하는 합을 의미한다. 요약하면 다음의 결과를 얻을 수 있다.

정리 2.2.2 (**동차계에 대한 차원 정리**) *동차 선형계가 n개의 미지수를 가지며 그 계에 대한 붙인 행렬의 기약 행사다리꼴이 r개의 0이 아닌 행을 가진다면, 계는 $n-r$개의 자유변수를 가진다.*

이 정리는 방정식보다 미지수가 더 많은 경우의 동차 선형계에 대해서 중요한 의미를 가진다. 구체적으로 설명하면, 동차 선형계가 m개의 방정식과 n개의 미지수를 가지고 있으며 $m < n$이면, 반드시 $r < n$이 참이어야 한다(이유는 무엇인가?). 그러므로 정리 2.2.2는 최소한 한 개의 자유변수가 있다는 것을 의미하고, 이것은 계가 무한히 많은 해를 가지는 것을 의미한다(예제 7을 보라). 그러므로 다음 결과를 얻을 수 있다.

정리 2.2.3 *방정식의 수보다 미지수가 더 많은 동차 선형계는 무한히 많은 해를 가진다.*

예제 7의 동차계는 네 개의 방정식과 여섯 개의 미지수를 가지므로 무한히 많은 해를 가진다고 예상할 수 있었다.

참고 이 정리가 동차 선형계에만 적용된다는 중요한 사실을 기억하라. 실제로 방정식보다 더 많은 미지수를 가진 해가 없는 비동차 선형계가 존재한다(연습문제 47).

안정도, 반올림오차, 부분추축 연산

수학 이론과 그것의 실제적 구현 사이에는 종종 차이가 있다. Gauss-Jordan 소거와 Gauss 소거가 좋은 예이다. 문제점의 원인은 컴퓨터를 이용하여 대형 선형계의 해를 구하는 경우 십진법(아니면 더 정확한 이진법) 근사화로 엄밀한 수를 표시하는 데 있어서 **반올림오차**(roundoff error)가 발생하며, 적절한 방법으로 사전에 이를 해결하지 않으면 연속적인 계산에서 발생하는 반올림오차의 누적으로 결과를 사용할 수 없게 된다. 이러한 특성을 가진 알고리즘은 **불안정하다**(unstable)고 한다.

실제로 Gauss-Jordan 소거와 Gauss 소거가 지니고 있는 불안정성을 최소화하는 다양한 기법이 사용되고 있다. 예를 들어 분모가 0에 가까운 나눗셈은 반올림오차를 증가시키는 경향이 있다−분모가 0에 가까울수록 오차는 더 커진다. 그러므로 Gauss-Jordan 소거와 Gauss 소거를 실제 사용하는 데 있어서 선행 1을 구하는 나눗셈을 실행하기 전에 가장 큰 절대값을 가진 성분을 추축에 위치시키는 행 교환 과정을 각 단계에서 기본적으로 수행하고 있다. 이러한 과정을 **부분추축 연산**(partial pivoting)이라 한다(연습문제 53, 54).

연습문제 2.2

연습문제 1, 2에서는 다음 중 어느 행렬이 기약 행사다리꼴인지 존재하면 찾아라.

1. (a) $\begin{bmatrix}1&0&0\\0&1&0\\0&0&1\end{bmatrix}$ (b) $\begin{bmatrix}1&1&0\\0&1&0\\0&0&0\end{bmatrix}$ (c) $\begin{bmatrix}0&1&0\\0&0&1\\0&0&0\end{bmatrix}$

(d) $\begin{bmatrix}1&0&0\\0&0&1\\0&0&0\end{bmatrix}$ (e) $\begin{bmatrix}0&0&0\\1&0&0\\0&0&0\end{bmatrix}$

2. (a) $\begin{bmatrix}0&1&0\\1&0&0\\0&0&0\end{bmatrix}$ (b) $\begin{bmatrix}1&1&0\\0&1&0\\0&0&0\end{bmatrix}$ (c) $\begin{bmatrix}1&0&2\\0&1&3\\0&0&0\end{bmatrix}$

(d) $\begin{bmatrix}0&0&1\\0&0&0\\0&0&0\end{bmatrix}$ (e) $\begin{bmatrix}0&0&0\\0&0&0\\0&0&0\end{bmatrix}$

연습문제 3, 4에서는 어느 행렬이 행사다리꼴인지 존재하면 찾아라.

3. (a) $\begin{bmatrix}1&0&0\\0&1&0\\0&0&1\end{bmatrix}$ (b) $\begin{bmatrix}1&2&0\\0&1&0\\0&0&0\end{bmatrix}$ (c) $\begin{bmatrix}1&0&0\\0&1&0\\0&2&0\end{bmatrix}$

4. (a) $\begin{bmatrix}1&3&4\\0&0&1\\0&0&0\end{bmatrix}$ (b) $\begin{bmatrix}1&5&-3\\0&1&1\\0&0&0\end{bmatrix}$ (c) $\begin{bmatrix}1&2&3\\0&0&0\\0&0&1\end{bmatrix}$

연습문제 5, 6에서는 행렬이 행사다리꼴인지, 기약 행사다리꼴인지, 둘 다인지, 아니면 모두 아닌지를 판별하라.

5. (a) $\begin{bmatrix}1&2&0&3&0\\0&0&1&1&0\\0&0&0&0&1\\0&0&0&0&0\end{bmatrix}$ (b) $\begin{bmatrix}1&0&0&5\\0&0&1&3\\0&1&0&4\end{bmatrix}$

(c) $\begin{bmatrix}1&0&3&1\\0&1&2&4\end{bmatrix}$

6. (a) $\begin{bmatrix}1&-7&5&5\\0&1&3&2\end{bmatrix}$ (b) $\begin{bmatrix}1&3&0&2&0\\1&0&2&2&0\\0&0&0&0&1\\0&0&0&0&0\end{bmatrix}$

(c) $\begin{bmatrix}0&0\\0&0\\0&0\end{bmatrix}$

7. 가능한 모든 기약 행사다리꼴의 2×2 행렬을 기술하라.

8. 가능한 모든 기약 행사다리꼴의 3×3 행렬을 기술하라.

연습문제 9~14에서는 선형방정식계에 대한 붙인 행렬이 행연산에 의해 주어진 기약 행사다리꼴로 변환되었다고 가정하자. 변수는 왼쪽부터 오른쪽으로 $x_1, x_2, \cdots$라 하고 계를 풀어라.

9. $\begin{bmatrix}1&0&0&-3\\0&1&0&0\\0&0&1&7\end{bmatrix}$ **10.** $\begin{bmatrix}1&2&0&2&-1\\0&0&1&3&4\end{bmatrix}$

11. $\begin{bmatrix}1&-6&0&0&3&-2\\0&0&1&0&4&7\\0&0&0&1&5&8\\0&0&0&0&0&0\end{bmatrix}$

12. $\begin{bmatrix}1&-3&0&0\\0&0&1&0\\0&0&0&1\end{bmatrix}$ **13.** $\begin{bmatrix}1&0&0&-7&8\\0&1&0&3&2\\0&0&1&1&-5\end{bmatrix}$

14. $[1 \quad 2 \quad 0 \quad 2 \quad -1 \quad 3]$

연습문제 15, 16에서는 선형방정식계에 대한 붙인 행렬이 행연산에 의하여 주어진 행사다리꼴로 변환되었다고 가정하자. 변수는 왼쪽부터 오른쪽으로 $x_1, x_2, \cdots$라 가정하고 역대입 방법을 이용하여 계를 풀어라. 그리고 행렬을 기약 행사다리꼴(Gauss-Jordan 소거)로 변환하여 다시 풀어라.

15. $\begin{bmatrix}1&-3&4&7\\0&1&2&2\\0&0&1&5\end{bmatrix}$ **16.** $\begin{bmatrix}1&0&8&-5&6\\0&1&4&-9&3\\0&0&1&1&2\end{bmatrix}$

연습문제 17~20에서는 선형방정식계에 대한 붙인 행렬이 행연산에 의하여 행사다리꼴로 변환되었다고 가정하자. 변수는 왼쪽부터 오른쪽으로 $x_1, x_2, \cdots$라 하고 역대입 방법으로 계를 풀어라.

17. $\begin{bmatrix}1&7&-2&0&-8&-3\\0&0&1&1&6&5\\0&0&0&1&3&9\\0&0&0&0&0&0\end{bmatrix}$

18. $\begin{bmatrix}1&-3&7&1\\0&1&4&0\\0&0&0&1\end{bmatrix}$ **19.** $\begin{bmatrix}1&1&-3&2&1\\0&1&4&0&3\\0&0&0&1&2\end{bmatrix}$

20. $\begin{bmatrix}1&0&5&3&2\\0&1&-2&4&-7\\0&0&1&1&3\end{bmatrix}$

연습문제 21, 22는 첫 번째 방정식에서 x_1에 대해 풀고, 그 결과를 이용하여 두 번째 방정식에서 x_2를 구하고, x_1과 x_2의 값을 이용하여 세 번째 방정식에서 x_3를 구하는 방법으로 선형계를 풀어라. [이것을 역대입과 비교하여 ***순방향 대입****(forward substitution)이라 한다.]*

21. $\begin{aligned}2x_1 \qquad\qquad &= 4\\ x_1 + 3x_2 \qquad &= 5\\ 3x_1 + 2x_2 + 3x_3 &= 12\end{aligned}$ **22.** $\begin{aligned}3x_1 \qquad\qquad &= -3\\ 2x_1 + 3x_2 \qquad &= 4\\ x_1 + 4x_2 + x_3 &= 5\end{aligned}$

연습문제 23~28에서는 Gauss-Jordan 소거를 이용하여 선형계를 풀어라.

23. $\begin{aligned} x_1 + x_2 + 2x_3 &= 8 \\ -x_1 - 2x_2 + 3x_3 &= 1 \\ 3x_1 - 7x_2 + 4x_3 &= 10 \end{aligned}$

24. $\begin{aligned} 2x_1 + 2x_2 + 2x_3 &= 0 \\ -2x_1 + 5x_2 + 2x_3 &= 1 \\ 8x_1 + x_2 + 4x_3 &= -1 \end{aligned}$

25. $\begin{aligned} x - y + 2z - w &= -1 \\ 2x + y - 2z - 2w &= -2 \\ -x + 2y - 4z + w &= 1 \\ 3x - 3w &= -3 \end{aligned}$

26. $\begin{aligned} -2b + 3c &= 2 \\ 3a + 6b - 3c &= -2 \\ 6a + 6b + 3c &= 5 \end{aligned}$

27. $\begin{aligned} 2x_1 - 3x_2 &= -2 \\ 2x_1 + x_2 &= 1 \\ 3x_1 + 2x_2 &= 1 \end{aligned}$

28. $\begin{aligned} 3x_1 + 2x_2 - x_3 &= -15 \\ 5x_1 + 3x_2 + 2x_3 &= 0 \\ 3x_1 + x_2 + 3x_3 &= 11 \\ 6x_1 - 4x_2 + 2x_3 &= 30 \end{aligned}$

연습문제 29~32에서는 Gauss 소거를 이용하여 문제에서 지시한 선형계를 풀어라.

29. 연습문제 23　　**30.** 연습문제 24

31. 연습문제 25　　**32.** 연습문제 26

연습문제 33, 34에서는 계산하지 않고 동차계가 자명하지 않은 해를 가지는가를 판단하라.

33. (a) $\begin{aligned} 2x_1 - 3x_2 + 4x_3 - x_4 &= 0 \\ 7x_1 + x_2 - 8x_3 + 9x_4 &= 0 \\ 2x_1 + 8x_2 + x_3 - x_4 &= 0 \end{aligned}$

(b) $\begin{aligned} x_1 + 2x_2 - x_3 &= 0 \\ 3x_2 + 2x_3 &= 0 \\ 4x_3 &= 0 \end{aligned}$

34. (a) $\begin{aligned} a_{11}x_1 + a_{12}x_2 + a_{13}x_3 &= 0 \\ a_{21}x_1 + a_{22}x_2 + a_{23}x_3 &= 0 \end{aligned}$

(b) $\begin{aligned} 3x_1 - 2x_2 &= 0 \\ 6x_1 - 4x_2 &= 0 \end{aligned}$

연습문제 35~42에서는 어떠한 방법으로든 선형방정식의 주어진 동차계를 풀어라.

35. $\begin{aligned} 2x_1 + x_2 + 3x_3 &= 0 \\ x_1 + 2x_2 &= 0 \\ x_2 + 2x_3 &= 0 \end{aligned}$

36. $\begin{aligned} 3x_1 + x_2 + x_3 + x_4 &= 0 \\ 5x_1 - x_2 + x_3 - x_4 &= 0 \end{aligned}$

37. $\begin{aligned} 2x + 2y + 4z &= 0 \\ w - y - 3z &= 0 \\ -2w + x + 3y - 2z &= 0 \end{aligned}$

38. $\begin{aligned} 2x - y - 3z &= 0 \\ -x + 2y - 3z &= 0 \\ x + y + 4z &= 0 \end{aligned}$

39. $\begin{aligned} v + 3w - 2x &= 0 \\ 2u + v - 4w + 3x &= 0 \\ 2u + 3v + 2w - x &= 0 \\ -4u - 3v + 5w - 4x &= 0 \end{aligned}$

40. $\begin{aligned} x_1 + 3x_2 + x_4 &= 0 \\ x_1 + 4x_2 + 2x_3 &= 0 \\ -2x_2 - 2x_3 - x_4 &= 0 \\ 2x_1 - 4x_2 + x_3 + x_4 &= 0 \\ x_1 - 2x_2 - x_3 + x_4 &= 0 \end{aligned}$

41. $\begin{aligned} 2I_1 - I_2 + 3I_3 + 4I_4 &= 0 \\ I_1 - 2I_3 + 7I_4 &= 0 \\ 3I_1 - 3I_2 + I_3 + 5I_4 &= 0 \\ 2I_1 + I_2 + 4I_3 + 4I_4 &= 0 \end{aligned}$

42. $\begin{aligned} Z_3 + Z_4 + Z_5 &= 0 \\ -Z_1 - Z_2 + 2Z_3 - 3Z_4 + Z_5 &= 0 \\ Z_1 + Z_2 - 2Z_3 - Z_5 &= 0 \\ 2Z_1 + 2Z_2 - Z_3 + Z_5 &= 0 \end{aligned}$

연습문제 43~46에서는 계의 해가 없거나, 한 개의 해를 가지거나, 무한히 많은 해를 갖도록 하는 a의 값을 구하라.

43. $\begin{aligned} x + 2y + 3z &= 4 \\ 3x - y + 5z &= 2 \\ 4x + y - 14z &= a + 2 \end{aligned}$

44. $\begin{aligned} x + 2y + z &= 2 \\ 2x - 2y + 3z &= 1 \\ x + 2y + (a^2 - 3)z &= a \end{aligned}$

45. $\begin{aligned} x + 2y &= 1 \\ 2x + (a^2 - 5)y &= a - 1 \end{aligned}$

46. $\begin{aligned} x + y + 7z &= -7 \\ 2x + 3y + 17z &= -16 \\ x + 2y + (a^2 + 1)z &= 3a \end{aligned}$

47. 다음 선형계를 고려하자.

$\begin{aligned} x + y + z &= 1 \\ 2x + 2y + 2z &= 4 \end{aligned}$ 와 $\begin{aligned} x + y + z &= 0 \\ 2x + 2y + 2z &= 0 \end{aligned}$

(a) 첫 번째 계가 해를 가지지 않는다는 것을 보이고, 이 방정식으로 표현된 평면에 대하여 이것이 의미하는 것을 서술하라.

(b) 두 번째 계가 무한히 많은 해를 가진다는 것을 보이고, 이 방정식으로 표현된 평면에 대하여 이것이 의미하는 것을 서술하라.

48. 어떠한 중간 단계에서도 분수를 사용하지 않고 다음 행렬을 기약 행사다리꼴로 변환하라.

$$\begin{bmatrix} 2 & 1 & 3 \\ 0 & -2 & 7 \\ 3 & 4 & 5 \end{bmatrix}$$

49. 미지의 각 α, β, γ에 대한 다음 비선형방정식을 풀어라. 여기서 $0 \le \alpha \le 2\pi$, $0 \le \beta \le 2\pi$, 그리고 $0 \le \gamma \le \pi$이다. [*힌트*: $x = \sin\alpha$, $y = \cos\beta$, 그리고 $z = \tan\gamma$로 치환하여 시작하라.]

$$\begin{aligned} 2\sin\alpha - \cos\beta + 3\tan\gamma &= 3 \\ 4\sin\alpha + 2\cos\beta - 2\tan\gamma &= 2 \\ 6\sin\alpha - 3\cos\beta + \tan\gamma &= 9 \end{aligned}$$

50. x, y, z에 대한 다음의 비선형방정식을 풀어라. [*힌트*: $X = x^2$, $Y = y^2$, 그리고 $Z = z^2$로 치환하여 시작하라.]

$$\begin{aligned} x^2 + y^2 + z^2 &= 6 \\ x^2 - y^2 + 2z^2 &= 2 \\ 2x^2 + y^2 - z^2 &= 3 \end{aligned}$$

51. λ가 상수인 선형계를 고려하자. $\lambda = 1$과 $\lambda = 2$일 경우에 대하여 계를 풀어라.

$$\begin{aligned} 2x_1 - x_2 \qquad &= \lambda x_1 \\ 2x_1 + x_2 + x_3 &= \lambda x_2 \\ -2x_1 - 2x_2 + x_3 &= \lambda x_3 \end{aligned}$$

52. 다음의 선형계에 해가 존재하려면 a, b, c 사이에는 어떤 관계가 성립되어야 하는가?

$$\begin{aligned} x + y + 2z &= a \\ x \qquad + z &= b \\ 2x + y + 3z &= c \end{aligned}$$

> *엄밀한 수를 사용하여 수행하는 계산은* ***엄밀한 산술****(exact arithmetic)로 수행한다 하고, 특정한 범위의 수로 반올림한 수를 사용하여 수행하는 계산은* ***유한정밀 산술****(finite-precision arithmetic)로 수행한다고 말한다.* ***Mathematica*****,** ***Maple*****,** ***Derive****와 같은 전산 대수 시스템은 엄밀한 산술이나 유한정밀 산술을 이용하여 계산할 수 있지만, 대부분의 대형 문제들은 유한정밀 산술을 이용하여 해결한다. 그러므로 반올림오차를 최소화하기 위한 방법은 선형대수의 실제 적용에 있어서 매우 중요하다. 연습문제 53, 54는 유한정밀 산술이 Gauss-Jordan 소거나 Gauss 소거에 사용될 때 반올림오차를 줄이는 방법을 설명한다.*

53. (a) 해가 $x = \frac{10{,}000}{10{,}001}$, $y = \frac{10{,}000}{10{,}001}$인 다음의 선형계를 고려하자.

$$\begin{aligned} \tfrac{1}{10{,}000}x + y &= 1 \\ x - y &= 0 \end{aligned}$$

그리고 이 계는 다음과 같이 계산기나 컴퓨터에 저장되어 있다고 가정하라.

$$\begin{aligned} 0.0001x + 1.000y &= 1.000 \\ 1.000x - 1.000y &= 0.000 \end{aligned}$$

여러분이 사용하는 계산 유틸리티에서 수행 가능한 가장 큰 정확도를 가지고 유한정밀 산술을 이용한 Gauss-Jordan 소거에 의해 이 계를 풀고, 각 단계에서 4개의 유효숫자로 반올림하라. 이 과정을 통하여 $x \approx 0.000$과 $y \approx 1.000$을 얻을 수 있다. 그러나 이 결과는 엄밀한 해에 비하면 불량한 근사이다. [참고: 4개의 유효숫자로 십진수를 반올림하는 한 방법은 지수함수 개념인

$$M \times 10^k$$

을 사용하는 것이다. 여기에서 M은 $M = 0.d_1d_2d_3d_4 \cdots$의 형태이고 d_1은 0이 아니다. 그다음에 네 개의 십진수 자리로 오차 M을 반올림하고, 십진수 형태로 그 결과를 표현한다. 예를 들어 숫자 26.87643은 네 개의 유효숫자 26.88로 반올림된다. 숫자 0.0002687643은 네 개의 유효숫자 0.0002688로 반올림되고, 10,001은 네 개의 유효숫자 10,000으로 반올림된다.]

(b) (a)에서의 부정확성은 반올림오차가 큰 수를 곱함에 의해(동등하게, 작은 약수) 증가하는 경향에 기인한다. 그리고 큰 수 10,000을 붙인 행렬의 첫 번째 행에 곱하여 선행 1을 구하였다. 그러나 이 큰 수를 곱하는 것은 먼저 다음과 같이 방정식을 서로 교환함으로써 피할 수 있다.

$$\begin{aligned} 1.000x - 1.000y &= 0.000 \\ 0.0001x + 1.000y &= 1.000 \end{aligned}$$

만약 (a)에서 기술된 유한정밀 과정을 사용하여 계를 푼다면, 정확성이 크게 개선된 $x \approx 1.000$과 $y \approx 1.000$을 얻을 수 있다. 이러한 계산을 수행하라.

(c) (b)에서는 먼저 행 교환을 수행함으로써 붙인 행렬의 첫 번째 행에서 선행 1을 구할 때 큰 수를 곱하지 않았다. 일반적으로 유한정밀 산술에서 Gauss-Jordan 소거나 Gauss 소거를 구현할 때, 어떤 행에서 선행 1을 구하려는 시점에서 가능한 한 절대값이 큰 추축의 수로 만드는 행 교환을 수행한다면 반올림오차의 영향을 줄일 수 있게 된다. 이 과정을 **부분추축**이라 한다. 유효숫자 4자리를 갖는 유한정밀 산술을 사용하여 부분추축을 사용한 경우와 사용하지 않는 경우에 대해서 다음을 풀고 자신이 구한 해와 엄밀해를 비교하라.

$$\begin{aligned} \tfrac{1}{50000}x + y &= 1 \\ x + y &= 3 \end{aligned}$$

54. 두 개의 유효숫자를 가진 유한정밀 산술을 사용한 부분추축 연산과 Gauss-Jordan 소거를 이용하여 다음 계를 풀어라.

(a)
$$\begin{aligned} 0.21x + 0.33y &= 0.54 \\ 0.70x + 0.24y &= 0.94 \end{aligned}$$

(b)
$$\begin{aligned} 0.11x_1 - 0.13x_2 + 0.20x_3 &= -0.02 \\ 0.10x_1 + 0.36x_2 + 0.45x_3 &= 0.25 \\ 0.50x_1 - 0.01x_2 + 0.30x_3 &= -0.70 \end{aligned}$$

토론과 발견

D1. 만약 다음의 선형계

$$\begin{aligned} a_1x + b_1y + c_1z &= 0 \\ a_2x + b_2y + c_2z &= 0 \\ a_3x + b_3y + c_3z &= 0 \end{aligned}$$

이 자명해만 가지고 있다면 다음 계의 해에 대해서 기술하라.

$$\begin{aligned} a_1x + b_1y + c_1z &= 3 \\ a_2x + b_2y + c_2z &= 7 \\ a_3x + b_3y + c_3z &= 11 \end{aligned}$$

D2. 다음 방정식계

$$\begin{aligned} ax + by &= 0 \\ cx + dy &= 0 \\ ex + fy &= 0 \end{aligned}$$

을 고려하여 세 개의 방정식에 의한 직선의 상대적 위치에 대해 논의하라.

(a) 계가 자명해만 가지고 있을 때

(b) 계가 자명하지 않은 해들을 가지고 있을 때

D3. 다음 방정식계를 고려하자.

$$ax + by = 0$$
$$cx + dy = 0$$

(a) 만약 $x = x_0$, $y = y_0$이 계의 해이고 k가 상수라면, $x = kx_0$, $y = ky_0$ 역시 해가 되는가? 그리고 답변에 대하여 설명하라.

(b) 만약 $x = x_0$, $y = y_0$와 $x = x_1$, $y = y_1$이 계의 적당한 두 개의 해라면, $x = x_0 + x_1$, $y = y_0 + y_1$ 역시 해가 되는가? 그리고 답변에 대하여 설명하라.

(c) 계가 동차가 아니라면 (a)와 (b)의 답이 달라지겠는가?

D4. 다음 선형계의 해집합 사이에 어떤 기하학적 관계가 존재하는가?

$$\begin{aligned} ax + by &= k \\ cx + dy &= l \end{aligned} \quad \text{와} \quad \begin{aligned} ax + by &= 0 \\ cx + dy &= 0 \end{aligned}$$

D5. (a) 만약 A가 3×5 행렬이면, 기약 행사다리꼴에서 선행 1의 수는 최대 ______이다.

(b) 만약 B가 마지막 열이 모두 영을 갖는 3×6 행렬이면, 붙인 행렬 B를 가진 선형계 일반해의 매개변수 수는 최대 ______이다.

(c) 만약 A가 3×5 행렬이면, 행사다리꼴들의 선행 1의 수는 최대 ______이다.

D6. (a) 만약 A가 5×3 행렬이면, 기약 행사다리꼴에서 선행 1의 수는 최대 ______이다.

(b) 만약 B가 마지막 열이 모두 영을 갖는 5×4 행렬이면, 붙인 행렬 B를 가진 선형계 일반해의 매개변수 수는 최대 ______이다.

(c) 만약 A가 5×3 행렬이면, 어떤 행사다리꼴의 선행 1의 수는 최대 ______이다.

D7. 다음 명제들이 참(T)인지 거짓(F)인지 판별하고 그 이유를 설명하라.

(a) 방정식보다 더 많은 미지수를 갖는 선형계는 해가 존재한다.

(b) 선형계는 정확하게 두 개의 해를 가질 수 있다.

(c) 세 개의 미지수를 갖는 두 개의 방정식으로 구성된 선형계는 유일해를 갖는다.

(d) 동차 방정식계에는 해가 존재한다.

D8. 다음 명제들이 참(T)인지 거짓(F)인지 판별하고 그 이유를 설명하라.

(a) 행렬은 한 개 이상의 행사다리꼴로 변환할 수 있다.

(b) 행렬은 한 개 이상의 기약 행사다리꼴로 변환할 수 있다.

(c) 만약 방정식계에 대한 붙인 행렬의 기약 행사다리꼴이 모두 영으로 이루어진 행을 가진다면, 방정식계는 무한히 많은 해를 가진다.

(d) 미지수보다 더 많은 방정식을 가진 비동차 방정식계에는 해가 존재하지 않는다.

D9. $0 \le \alpha \le 2\pi$, $0 \le \beta \le 2\pi$, $0 \le \gamma \le 2\pi$이라면, 다음 계가 18개의 해를 갖는다는 것을 보여라.

$$\sin\alpha + 2\cos\beta + 3\tan\gamma = 0$$
$$2\sin\alpha + 5\cos\beta + 3\tan\gamma = 0$$
$$-\sin\alpha - 5\cos\beta + 5\tan\gamma = 0$$

이것은 정리 2.2.1과 모순되는가?

증명문제

P1. (a) 만약 $ad - bc \neq 0$이면 $\begin{bmatrix} a & b \\ c & d \end{bmatrix}$의 기약 행사다리꼴은 $\begin{bmatrix} 1 & 0 \\ 0 & 1 \end{bmatrix}$임을 증명하라.

(b) (a)의 결과를 이용하여 $ad - bc \neq 0$이면 다음과 같은 선형계는 정확히 한 개의 해를 가짐을 증명하라.

$$ax + by = k$$
$$cx + dy = l$$

프로그램 활용 연습문제

T1. **(기약 행사다리꼴)** 행렬을 기입하는 방법과 기약 행사다리꼴을 만드는 방법에 대한 내용을 읽어 보라. 다음 행렬의 기약 행사다리꼴을 구하는 과정을 통해서 이들 명령어에 대한 이해도를 확인해 보라.

$$\begin{bmatrix} 2 & -3 & 1 & 0 & 4 \\ 1 & 1 & 2 & 2 & 0 \\ 3 & 0 & -1 & 4 & 5 \\ 1 & 6 & 5 & 6 & -4 \end{bmatrix}$$

T2. **(해가 없는 선형계)** 계산 유틸리티를 이용해서 선형계가 해가 없음을 확인할 수 있다. 그러나 종종 해가 없는 계를 해가 존재하는 계로 또는 그와 반대로 잘못 판단하기도 한다. 이것은 일반적으로 계산 과정에서 발생하는 매우 작은 수의 반올림오차가 계산 유틸리티를 이용하여 해의 존재 유무를 결정하는 데 있어서 장애로 작용하기 때문에 발생한다. 해가 없는 선형계를 몇 개 만들고 계산 유틸리티들이 그 선형계를 어떻게 판단하는지를 확인하라.

T3. **(무한히 많은 해를 갖는 선형계)** 선형계를 푸는 데 사용하는 계산 유틸리티들은 무한히 많은 해를 갖는 계를 다른 방법으로 계산한다. 예제 5의 계를 풀어보라.

T4. 다음 선형계를 풀어라.

$$\frac{1}{5}x + \frac{1}{4}y + \frac{1}{2}z = \frac{37}{120}$$
$$\frac{1}{3}x + \frac{1}{7}y + \frac{1}{4}z = \frac{93}{336}$$
$$\frac{1}{4}x + \frac{1}{6}y + \frac{1}{3}z = \frac{43}{180}$$

T5. 다음 방정식을 만족시키는 상수값을 구하라.

(a) $$\frac{3x^3 + 4x^2 - 6x}{(x^2 + 2x + 2)(x^2 - 1)} = \frac{Ax + B}{x^2 + 2x + 2} + \frac{C}{x - 1} + \frac{D}{x + 1}$$

(b) $$\frac{3x^4 + 4x^3 + 16x^2 + 20x + 9}{(x + 2)(x^2 + 3)^2} = \frac{A}{x + 2} + \frac{Bx + C}{x^2 + 3} + \frac{Dx + E}{(x^2 + 3)^2}$$

[*힌트*: 우변의 공통분모를 구하고, 두 결과식의 분자에 있는 x의 다양한 거듭제곱에 해당하는 계수가 같도록 한다. 이는 미적분학에서의 부분분수 문제와 같다.]

2.3 선형계의 응용

이 절에서는 인공위성 자동위치측정, 교통흐름, 전기회로, 화학반응의 응용에 대해서 살펴보겠다. 또한 선형계를 이용하여 특정 점을 지나는 다항식 곡선을 구하는 방법에 대해서도 논의할 것이다.

인공위성 자동위치측정

GPS (Global Positioning System, **인공위성 자동위치측정 시스템**)는 군대, 배, 비행기 조종사들, 측량사, 공익사업회사, 자동차, 그리고 도보 여행자들이 위성과 통신하여 현재의 위치를 파악하는 시스템이다. 미국방성에 의해 운영되는 이 시스템은 1만 1,000마일 정도의 높이에서 12시간마다 지구의 궤도를 공전하는 24개의 위성을 사용한다. 이 인공위성들은 지구상의 모든 위치를 5~8개의 위성으로 관측할 수 있도록 선택된 6개의 궤도평면에서 운행된다.

시스템의 작동 방법을 설명하기 위해서, 지구는 구, 지구의 중심을 원점, z축이 북극점을 통과하는 xyz 좌표계가 있다고 가정하자(그림 2.3.1). 이러한 좌표계에서 어떤 배가 시각 t에 미지의 점 (x, y, z)에 위치한다고 가정하자. 문제를 단순화하기 위해서, 지구의 반지름을 단위길이로 가정하고 배가 위치한 좌표는 항상 다음 방정식을 만족한다고 하자.

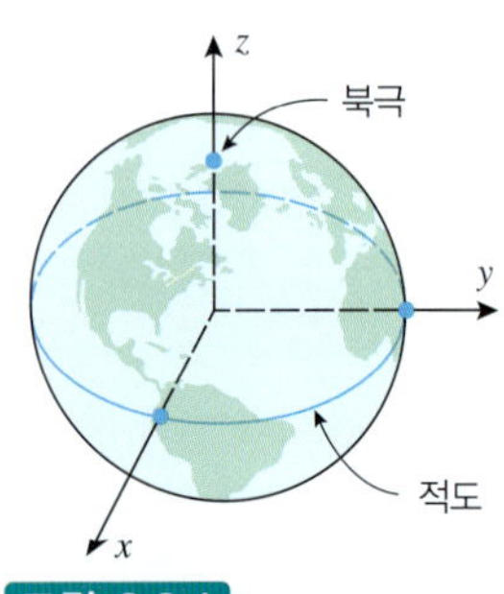

그림 2.3.1

$$x^2 + y^2 + z^2 = 1$$

GPS는 4개의 위성으로부터 계산된 거리와 삼각 측량법을 이용하여 시각 t에 배의 좌표 (x, y, z)를 구한다. 이 거리는 빛의 속도(대략 1/100초당 지구 반지름의 0.469배에 해당하는 거리 이동)와 인공위성에서 배까지 신호가 도달하는 데 걸리는 시간을 이용하여 계산된다. 예를 들어 배가 시각 t에 신호를 수신하는 것이 인공위성에서 시간 t_0에 전송한 신호였다면, 이 신호가 이동한 거리는 다음과 같다.

$$d = 0.469(t - t_0) \tag{1}$$

이론상 세 개의 인공위성과 배 사이의 세 거리를 알면, 배의 세 개의 미지 좌표를 충분히 구할 수 있다. 그러나 일반적으로 배(또는 다른 GPS 사용자들)가 자동위치측정에 필요한 정확도를 갖는 시각 t를 측정할 수 있는 시계를 보유하지 않는 문제가 있다. 그러므로 식 (1)에서의 변수 t는 4번째 미지수로 가정하고, 따라서 4번째 인공위성까지의 거리에 대한 정보가 필요하다. 시각 t_0에 대한 정보를 보낼 뿐만 아니라, 각 시간 t_0일 때의 인공위성의 좌표 (x_0, y_0, z_0)를 전송한다면 거리 d는 다음 식으로 구할 수 있다.

$$d = \sqrt{(x - x_0)^2 + (y - y_0)^2 + (z - z_0)^2} \tag{2}$$

식 (1)과 식 (2)의 제곱 항을 등호로 연결하고, 소수점 이하 셋째 자리에서 반올림하면, 다음 2차 방정식을 구할 수 있다.

$$(x-x_0)^2+(y-y_0)^2+(z-z_0)^2=0.22(t-t_0)^2 \tag{3}$$

4개의 위성이 존재하고, 각각에 대해서 이와 같은 방정식을 얻을 수 있으므로, 미지수 x, y, z, t_0로 이루어진 4개의 방정식을 얻을 수 있다. 방정식의 계에서 2차 방정식이 존재하더라도, 이러한 방정식들과 몇 개의 대수학 식을 이용하면, 미지수를 풀 수 있는 선형방정식의 계를 유도할 수 있다. 예제를 통해 이것을 설명하겠다.

예제 1 인공위성 자동위치측정

미지의 시각 t에 미지의 좌표 (x, y, z)에 위치한 배가 4개의 위성으로부터 자정 이후부터 1/100초를 단위시간으로 측정된 시간과 지구 반지름을 단위 길이로 측정된 다음과 같은 데이터를 전송받는다고 가정하자.

위성	위성 위치	시간
1	(1.12, 2.10, 1.40)	1.06
2	(0.00, 1.53, 2.30)	0.56
3	(1.40, 1.12, 2.10)	1.16
4	(2.30, 0.00, 1.53)	0.75

첫 번째 위성의 데이터를 식 (3)에 대입하면 다음과 같은 식을 구할 수 있다.

$$(x-1.12)^2+(y-2.10)^2+(z-1.40)^2=0.22(t-1.06)^2 \tag{4}$$

제곱 형태로 표현된 이 식은 다음과 같이 쓸 수 있다.

$$2.24x+4.2y+2.8z-0.466t=x^2+y^2+z^2-0.22t^2+7.377$$

(모든 계산 과정은 계산기기의 최대 정확도로 수행되었지만 결과는 소수점 이하 셋째 자리까지 반올림한 것이다.) 다른 3개의 인공위성에 대한 데이터를 사용하여 계산하면 다음 비선형방정식을 구할 수 있다.

$$\begin{aligned}
2.24x+4.2y+2.8z-0.466t&=x^2+y^2+z^2-0.22t^2+7.377\\
3.06y+4.6z-0.246t&=x^2+y^2+z^2-0.22t^2+7.562\\
2.8x+2.24y+4.2z-0.510t&=x^2+y^2+z^2-0.22t^2+7.328\\
4.6x+3.06z-0.33t&=x^2+y^2+z^2-0.22t^2+7.507
\end{aligned}$$

방정식의 모든 2차 항은 동일하다. 그래서 만약 마지막 세 개의 방정식에서 첫 번째 방정식을 각각 빼면, 다음과 같은 선형계를 구할 수 있다.

$$\begin{aligned}
2.24x+1.14y-1.8z-0.22t&=-0.185\\
-0.56x+1.96y-1.4z+0.044t&=0.049\\
-2.36x+4.2y-0.26z-0.136t&=-0.13
\end{aligned} \tag{5}$$

네 개의 미지수에 대하여 세 개의 방정식이 존재하기 때문에, 식 (5)의 일반해를 매개변수 s를 이용하여 표현할 수 있다. s 항에 대해 x, y, z, t를 구하고, 원래의 2차 방정식에 이를 대입함으로써 s에 관한 2차 방정식을 구하고, s의 2차 방정식 해를 이용하여 x, y, z를 계산할 수 있다. 이러한 과정을 수행하기 위해 식 (5)에 대한 붙인 행렬의 기약 행사다리꼴이 다음과 같음을 스스로 확인하라.

$$\begin{bmatrix} 1 & 0 & 0 & -0.153 & -0.139 \\ 0 & 1 & 0 & -0.128 & -0.118 \\ 0 & 0 & 1 & -0.149 & -0.144 \end{bmatrix}$$

이것으로부터 또 다음 식을 구할 수 있다.

$$\begin{aligned}
x&=-0.139+0.153s\\
y&=-0.118+0.128s\\
z&=-0.144+0.149s\\
t&=s
\end{aligned} \tag{6}$$

s를 구하기 위해 이 식들을 인공위성에 대한 4개의 2차 방정식에 대입할 수 있다. 구체적으로 식 (4)에 대입하고 간단히 하면 다음 식을 구할 수 있다.

$$8.639 - 0.945s - 0.158s^2 = 0$$

이것은 다음 해를 갖게 된다(확인하라).

$$s = -10.959 \quad \text{and} \quad s = 4.985$$

$t \geq 0$이고 $s = t$이므로 s의 양의 값을 선택한다. 이 값을 식 (6)에 대입하면 다음을 구할 수 있다.

$$(x, y, z) = (0.624, 0.519, 0.598)$$

이것은 배의 좌표값을 나타낸다. 반올림오차를 허용하는 계산을 통해 지구 중심으로부터 이 지점까지의 거리가 지구의 반지름인 단위길이에 해당함을 보임으로써, 이 점이 지표면상의 한 점임을 증명할 수 있다. 운항의 목적으로 이러한 좌표를 위도와 경도로 변환할 수 있다. 그러나 여기에서는 이것에 대해서 다루지 않을 것이다. ■

네트워크 해석

네트워크의 개념은 다양한 응용 분야에서 볼 수 있다. 넓은 의미로 해석하면, **네트워크**(network)는 '흐름'에 관련된 모든 **가지**(branch)의 집합이다. 가지의 예를 들자면 전류가 흐르는 전선, 물이나 기름이 흐르는 파이프, 차량들이 소통하는 차로, 또는 자금이 흐르는 경제적 통로 등이다.

대부분의 네트워크에서 가지는 **마디**(node) 또는 **분기점**(junction)이라고 부르는 흐름이 나눠지는 점에서 만난다. 예를 들면 전기회로에서 마디는 세 개 또는 그 이상의 전선이 만나는 곳에서 발생하고, 교통망에서는 거리의 교차점에서 발생하며, 그리고 금융 네트워크에서는 예금된 계좌가 개인 또는 다른 기관들에게 분배되는 은행 센터에서 발생한다.

네트워크의 연구에 있어서, 가지를 지나는 흐름률에 대한 일반적인 몇 가지 수치 측정 방법이 존재한다. 예를 들어 전류는 암페어(A)로 측정되고, 물이나 기름의 유속은 분당 갤런으로, 교통량에서의 흐름률은 시간당 주행하는 차량 수로 측정되며, 이 외에도 기타 여러 측정 방법이 있다. 네트워크는 두 종류의 기본적인 형태가 있다. 즉 흐름 중간에서 네트워크로 들어갈 수 있고 나갈 수 있는 **열린 상태**(open), 그리고 어떤 흐름 중간에서 들어가거나 나가지 못하고 네트워크를 통하여 계속적으로 순환하는 **닫힌 상태**(closed)가 있다. 중요한 네트워크 대부분은 세 가지의 기본적인 성질을 가지고 있다.

1. **한 방향 흐름**—가지에서 흐름이 모든 순간에 한 방향으로만 진행된다.
2. **마디에서의 흐름**—보존 마디로 들어오는 흐름률은 마디에서 나가는 흐름률과 같다.
3. **네트워크에서의 흐름 보존**—네트워크로 새롭게 들어오는 흐름률과 네트워크로부터 나가는 흐름률은 같다.

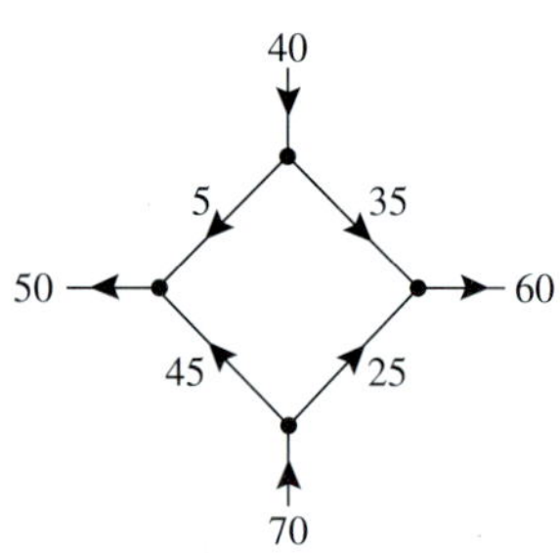

그림 2.3.2

두 번째 성질은 마디에서 유동매체가 적체되지 않는다는 것이고, 세 번째 성질은 네트워크의 어디에서도 유동매체가 적체되지 않는다는 것을 의미한다. (닫힌 네트워크에서 네트워크로 들어오고 나가는 흐름률은 0이 되기 때문에 세 번째 성질은 자연스럽게 성립한다.)

이러한 성질은 네 개의 마디를 갖는 열린 네트워크를 나타내는 그림 2.3.2를 통해 알 수 있다. 단순화하기 위해 그림에서 흐름률은 편의상 단위를 사용하지 않고 표시하였다. 네트워크로 유입되는 전체 흐름률은 $70 + 40 = 110$이고, 유출되는 전체 흐름률은 $50 + 60 = 110$이므로 네트워크에서 흐름 보존이 성립한다. 또한 네 개의 각 마디에서 유입, 유출 흐름률이 동일하기 때문에(확인하라), 모든 마디에서 흐름 보존이 성립한다.

네트워크 해석에서의 공통적인 문제는 이미 알고 있는 어떤 가지의 흐름률을 이용하여 모든 가지의 흐름률을 구하는 것이다. 예제를 살펴보자.

예제 2 선형계를 사용한 네트워크 해석

그림 2.3.3a는 어떤 가지의 흐름률과 흐름 방향을 알고 있는 네트워크를 나타낸다. 흐름률이 표시되지 않은 가지의 흐름률과 흐름 방향을 구하라.

풀이 그림 2.3.3b에 나타낸 것과 같이, 미지의 x_1, x_2, x_3에 임의의 흐름 방향을 지정하라. 미지수를 풀 때

임의로 지정된 흐름 방향이 잘못되었다면 흐름률은 음의 부호로 표시되기 때문에 지정된 흐름의 방향이 정확한지에 대해서 고려할 필요는 없다.

마디 A에서 흐름 보존에 따라 다음 식을 구할 수 있다.

$$x_1 + x_2 = 30$$

다른 마디에서도 유사한 방법으로 다음과 같은 식을 구할 수 있다.

$$x_2 + x_3 = 35 \qquad (\text{마디 } B)$$
$$x_3 + 15 = 60 \qquad (\text{마디 } C)$$
$$x_1 + 15 = 55 \qquad (\text{마디 } D)$$

이 네 가지 조건을 이용하여 다음 선형계를 구할 수 있다.

$$\begin{aligned} x_1 + x_2 \qquad &= 30 \\ x_2 + x_3 &= 35 \\ x_3 &= 45 \\ x_1 \qquad\qquad &= 40 \end{aligned}$$

이제 이 식을 이용하여 미지의 흐름률을 구할 수 있다. 이와 같이 계가 간단한 경우에는 육안(아래에서부터 위로 계산함으로써)으로 풀 수 있다. 해가 다음과 같음을 증명해 보라.

$$x_1 = 40, \quad x_2 = -10, \quad x_3 = 45$$

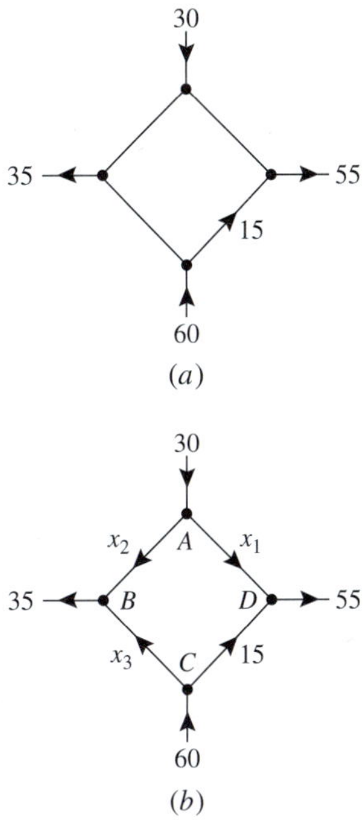

그림 2.3.3

x_2가 음의 부호를 갖는다는 것은 그림 2.3.3b에서의 흐름 방향이 잘못 설정되었음을 의미한다. 즉 x_2 가지의 흐름은 마디 A로 유입하는 방향이어야 한다. ■

예제 3 교통량 패턴의 설계

그림 2.3.4의 네트워크는 펜실베이니아주 필라델피아에 Liberty Bell을 짓기 위해 제안된 새로운 공원 주변의 교통 흐름 계획을 나타낸 것이다. 이 계획은 3번가의 북쪽 출구에 전산화된 교통 신호등을 설치하기 위한 것이고, 도형은 공원의 경계를 이루는 각각의 거리에서 예상되는 시간당 진입량(진입하는 차량의 대수)과 진출량(빠져나오는 차량의 대수)을 표시하고 있다. 모든 거리는 일방통행이다.

(a) 시간당 몇 대의 차량이 신호등을 통과해야 공원으로 진입하는 시간당 평균 차량 수가 공원을 빠져 나가는 시간당 평균 차량 수와 같게 되는가?

(b) 교통 신호등이 공원으로 들어오고 나가는 총 교통량의 균형을 맞추기 위해 설정되어 있다고 가정하라. 공원의 경계를 이루는 거리를 따라 주행하는 시간당 평균 차량 수가 어떻게 되겠는가?

풀이 (a) x를 신호등을 통과하는 시간당 차량 수라 하면, 공원을 들어오고 나가는 시간당 총 차량 수는 다음과 같다.

진입하는 차량 : $500 + 400 + 600 + 200 = 1{,}700$

빠져 나가는 차량 : $x + 700 + 400$

진입량과 진출량을 같게 함으로써, 시간당 신호등을 통과하는 차량 수 $x = 600$이 됨을 보일 수 있다.

풀이 (b) 교통 혼잡을 피하기 위해서 각 교차로의 진입량과 진출량은 같아야 한다. 이를 위해서 다음 조건을 만족시켜야 한다.

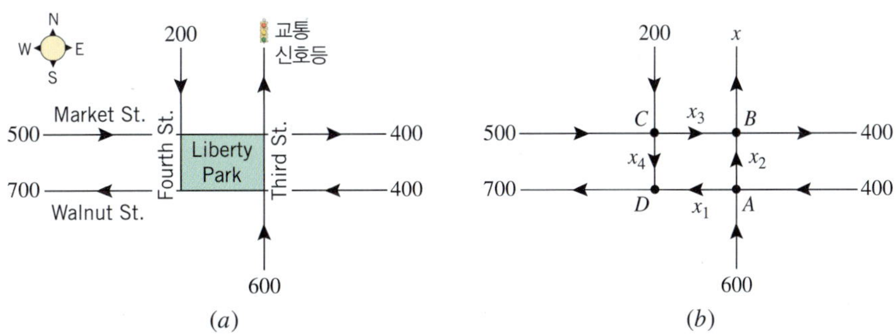

그림 2.3.4

교차로	진입량		진출량
A	$400+600$	$=$	x_1+x_2
B	x_2+x_3	$=$	$400+x$
C	$500+200$	$=$	x_3+x_4
D	x_1+x_4	$=$	700

그러므로 (a)에서 계산한 $x = 600$을 이용하여 다음과 같은 선형계를 구할 수 있다.

$$\begin{aligned} x_1 + x_2 \qquad\qquad &= 1{,}000 \\ x_2 + x_3 \qquad &= 1{,}000 \\ x_3 + x_4 &= \;\;700 \\ x_1 \qquad\qquad + x_4 &= \;\;700 \end{aligned}$$

계가 무한히 많은 해를 가지며, 다음과 같은 매개변수방정식으로 표현할 수 있음을 보여라.

$$x_1 = 700 - t,\ x_2 = 300 + t,\ x_3 = 700 - t,\ x_4 = t \tag{7}$$

그러나 여기에서 매개변수 t는 고려해야 할 물리적 제약이 있기 때문에 완전한 임의의 수는 아니다. 예를 들어 도로가 일방통행이라 가정하였기 때문에 평균 교통량은 음이 아니며, 교통량이 음이라는 것은 방향이 잘못 설정되었음을 의미한다. 식 (7)로부터 t가 $0 \le t \le 700$를 만족하는 실수임을 알 수 있고, 이것은 거리를 주행하는 평균 교통량이 다음과 같은 범위 내에 있다는 것을 의미한다.

$$0 \le x_1 \le 700, \quad 300 \le x_2 \le 1000, \quad 0 \le x_3 \le 700, \quad 0 \le x_4 \le 700$$

■

전기회로

다음으로 네트워크 해석이 전지와 저항기로 구성된 전기회로 해석에서 어떻게 사용되는지를 알아볼 것이다. **전지**(battery)는 전기적인 에너지의 공급원이고, 전구와 같은 **저항기**(resistor)는 전기적인 에너지를 소비하는 요소이다. 그림 2.3.5는 1개의 전지(⊣⊢ 기호로 표시된)와 1개의 저항기(-ʌʌʌ- 기호로 표시된), 그리고 스위치로 구성된 회로의 배선 약도를 나타낸다. 전지는 **양극**(positive pole, +)과 **음극**(negative pole, −)을 가지고 있다. 스위치가 닫힐 때, 전류는 전지의 양극에서 출발하여 저항기를 통과하고 전지의 음극(그림에서 화살촉이 가리키는)으로 흐른다.

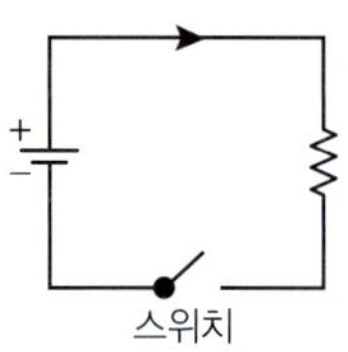

그림 2.3.5

전선을 통과하는 전자의 흐름인 전류는 파이프를 통과하는 물이 흐르는 것과 유사하다. 전지는 '전기적인 압력'을 생성하여 전자의 흐름률을 증가시키는 펌프처럼 동작하고, 저항기는 전자의 흐름률을 감소시키는 파이프 속의 장애물처럼 동작한다. 전기적인 압력을 나타내는 전문 용어는 **전위**(electrical potential)이고 이는 일반적으로 **볼트**(volt, V)로 측정된다. 저항기에서 전위를 줄이는 정도를 **저항**(resistance)이라 하며, 일반적으로 **옴**(ohm, Ω)으로 측정된다. 전선에서 전자의 흐름률을 **전류**(current)라 하며, 일반적으로 **암페어**(ampere, A)로 측정된다. 저항기의 정확한 영향은 다음 법칙으로 알 수 있다.

옴의 법칙 만약 I 암페어의 전류가 R 옴의 저항기를 통하여 흐른다고 하면, 전류와 저항의 곱으로 주어지는 E 볼트의 전압강하가 발생한다. 즉 다음과 같다.

$$E = IR$$

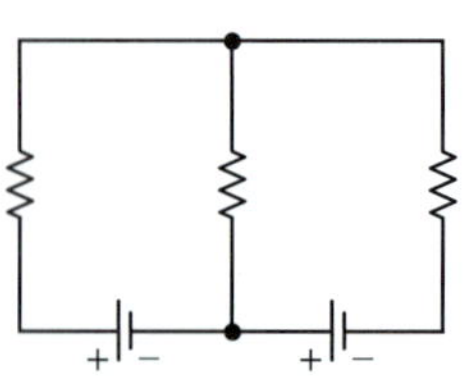

그림 2.3.6

전형적인 전기회로는 몇 종류의 전선들로 연결된 다수의 전지와 저항기로 구성된다. 회로에서 세 개 또는 그 이상의 전선들이 결합된 점을 **노드**[node, 또는 **접합점**(junction point)]라 한다. **가지**(branch)는 두 개의 노드가 연결된 전선이고, **닫힌 루프**(closed loop)는 동일한 노드에서 시작과 끝이 만나는 연결된 가지의 연속이다. 예를 들면 그림 2.3.6의 전기회로는 두 개의 노드와 세 개의 닫힌 루프(두 개의 내부 루프와 한 개의 외부 루프를 갖는)를 가지고 있다. 전기회로를 통하여 전류가 흐르기 때문에, **전압상승**(voltage rise)과 **전압강하**(voltage drop)라고 부르는 전위의 증가와 감소가 발생하게 된다. 노드와 닫힌 루프 주변에서의 전류의 거동은 두 개의 기본 법칙에 의해 결정된다.

Kirchhoff 전류법칙 어떤 노드로 유입되는 전류의 합은 노드에서 유출되는 전류의 합과 같다.

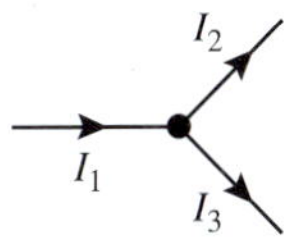

그림 2.3.7

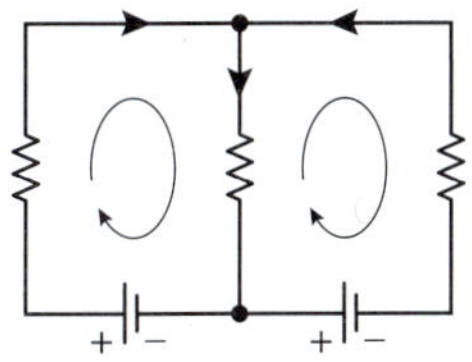

가지의 전류 방향을 닫힌 루프 시계 방향 방법을 이용하여 임의로 설정

그림 2.3.8

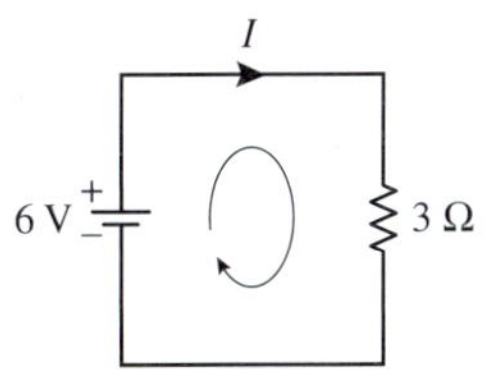

그림 2.3.9

Kirchhoff 전압법칙 어떤 망으로 연결된 닫힌 루프에서 전압상승의 합은 전압강하의 합과 같다.

Kirchhoff의 전류법칙은 일반적인 네트워크에서 언급하였던 마디에서의 흐름 보존 원칙과 같다. 그러므로 예를 들어 그림 2.3.7의 노드에서 전류는 다음과 같은 방정식을 만족시킨다.

$$I_1 = I_2 + I_3$$

다수의 루프와 전지를 갖는 회로에서 일반적으로 전류가 흐르는 길을 미리 알 수 있는 방법이 없으므로 회로 해석에서는 통상적으로 가지에서의 전류 방향을 임의로 지정하고, 수학적인 계산 과정을 통해서 지정한 방향이 옳은지 그렇지 않은지를 판단한다. 전류의 진행 방향을 지정하는 것과 더불어, Kirchhoff 전압법칙을 적용하기 위해서는 각 닫힌 루프에서의 전류 진행 방향을 알아야 한다. 전류의 흐름 방향에 대한 선택은 임의적이지만, 일관성을 위해 항상 시계 방향으로 흐르는 것으로 가정한다(그림 2.3.8). 또한 다음과 같은 방법을 따르도록 한다.

- 만약 저항기를 통과하는 전류에 지정된 방향이 루프에 지정된 방향과 같으면, 저항기에서 전압강하가 발생하고, 저항기를 통과하는 전류에 지정된 방향이 루프에 지정된 방향과 반대이면 저항기에서 전압상승이 발생한다.
- 만약 루프에 지정된 방향이 전지의 (−)에서 (+) 방향으로 되어 있다면 전지에서 전압상승이 발생하고, 루프에 지정된 방향이 전지의 (+)에서 (−) 방향으로 되어 있다면 전지에서 전압강하가 발생한다.

이러한 방법을 따라 계산하면, 전류의 방향이 바르게 지정되어 있을 때는 양의 값을 갖게 되고, 잘못 지정되어 있을 때는 음의 값을 갖게 된다.

예제 4 한 개의 닫힌 루프를 갖는 회로

그림 2.3.9에 나타난 회로에서 전류 I를 구하라.

풀이 저항기를 통과하는 전류에 지정된 방향이 루프의 방향과 같기 때문에 저항기에서 전압강하가 발생한다. 옴의 법칙에 의해 이 전압강하는 $E = IR = 3I$이다. 또한 루프의 방향이 전지의 (−)에서 (+) 방향으로 지정되었기 때문에 전지에서 6볼트의 전압상승이 발생한다. 그러므로 Kirchhoff 전압법칙에 의해 $3I = 6$이라는 식을 구할 수 있고, 이것으로부터 전류가 $I = 2$ A임을 알 수 있다. I는 양이기 때문에 지정된 전류의 방향은 옳다. ■

예제 5 세 개의 닫힌 루프를 갖는 회로

그림 2.3.10에 나타난 회로에서 전류 I_1, I_2, I_3를 구하라.

풀이 지정된 전류 방향을 이용하고, Kirchhoff 전류법칙을 사용하여 각 노드마다 한 개의 방정식을 구할 수 있다.

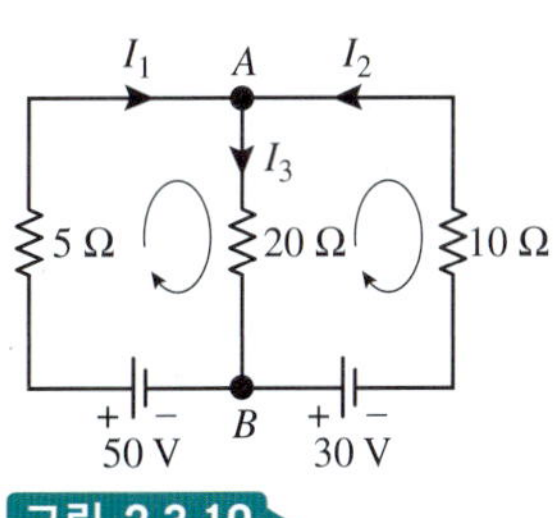

그림 2.3.10

노드	전류유입		전류유출
A	$I_1 + I_2$	$=$	I_3
B	I_3	$=$	$I_1 + I_2$

그러나 이 식들은 다음과 같이 표현할 수 있기 때문에 동일한 식이다.

$$I_1 + I_2 - I_3 = 0 \tag{8}$$

전류에 대한 유일해를 구하기 위해서는 두 개의 방정식이 더 필요하고, 이 방정식들을 Kirchhoff 전압법칙을 사용하여 구한다. 회로망에서 50 V 전지를 포함하고 있는 왼쪽 내부 루프, 30 V 전지를 포함하고 있는 오른쪽 내부 루프, 양쪽 전지를 모두 포함하고 있는 외부 루프가 있는 세 개의 닫힌 루프를 볼 수 있다. 그러므로 Kirchhoff 전압법칙을 이용해서 실제로 3개의 방정식을 구할 수 있다. 시계 방향으로 전류가 흐르는 루프에서 다음과 같은 전압상승과 전압강하가 발생한다.

	전압상승	전압강하
왼쪽 내부 루프	50	$5I_1 + 20I_3$
오른쪽 내부 루프	$30 + 10I_2 + 20I_3$	0
외부 루프	$30 + 50 + 10I_2$	$5I_1$

이 조건은 다음과 같이 쓸 수 있다.

$$\begin{aligned} 5I_1 \qquad\quad + 20I_3 &= \ \ 50 \\ 10I_2 + 20I_3 &= -30 \\ 5I_1 - 10I_2 \qquad\quad &= \ \ 80 \end{aligned} \tag{9}$$

그러나 마지막 방정식은 첫 번째 식에서 두 번째 식을 뺀 것이므로 불필요하다. 그러므로 식 (8)과 식 (9)의 첫 번째, 두 번째 식을 결합하면 다음과 같이 세 개의 미지 전류를 갖는 세 개의 방정식으로 이루어진 선형계를 얻을 수 있다.

$$\begin{aligned} I_1 + \quad I_2 - \quad I_3 &= \ \ 0 \\ 5I_1 \qquad\quad + 20I_3 &= \ \ 50 \\ 10I_2 + 20I_3 &= -30 \end{aligned}$$

이 계를 풀고, 전류가 다음과 같은 값을 가짐을 보여라.

$$I_1 = 6\text{ A},\ I_2 = -5\text{ A},\ I_3 = 1\text{ A}$$

음의 I_2 값은 이 전류의 방향이 그림 2.3.10에서 지정한 것과 반대임을 의미한다. ■

평형을 이루는 화학방정식

화학 혼합물은 분자들의 원자 구성을 표시하는 **화학식**(chemical formula)으로 나타낼 수 있다. 예를 들면 물은 2개의 수소 원자와 1개의 산소 원자로 구성되어 화학식은 H_2O이고, 안정된 산소는 2개의 산소 원자로 구성되어 화학식은 O_2이다.

화학 혼합물이 올바른 조건하에서 결합될 때, 그것들의 분자에 있는 원자는 새로운 혼합물을 형성하기 위하여 재정렬된다. 예를 들면 메탄의 연소는 메탄(CH_4)과 안정된 산소(O_2)가 반응하여 이산화탄소(CO_2)와 물(H_2O)을 형성한다. 이것은 다음과 같은 **화학방정식**(chemical equation)으로 표현된다.

$$CH_4 + O_2 \longrightarrow CO_2 + H_2O \tag{10}$$

화살표의 왼쪽에 있는 분자를 **반응물**(reactant)이라 하고, 오른쪽에 있는 분자는 **생성물**(product)이라 한다. 이 방정식에서 플러스 기호는 분자를 구분하기 위해서 사용한 것이며 대수학 연산자를 의미하는 것은 아니다. 그러나 이 방정식은 **완전반응**(complete reaction, 반응물을 남기지 않는)을 하는 데 필요한 분자의 비율에 대해 설명하지 않기 때문에 화학반응에 대한 모든 것을 표현하는 것은 아니다. 예를 들어 식 (10)의 오른쪽 항을 보면 이산화탄소 1분자와 물 1분자를 생성하기 위해 각 탄소 원자에 대해 3개의 산소 원자가 필요하다는 것을 알 수 있다. 그러나 식 (10)의 왼쪽 항에서 메탄 1분자와 안정한 산소 1분자는 각각의 탄소 원자에 대해 단지 2개의 산소 원자를 갖는 것을 확인할 수 있다. 그러므로 반응물에서의 안정한 산소에 대한 메탄의 비율은 완전반응을 할 경우 일대일이 될 수 없다.

역사 속의 선형대수

독일인 물리학자 Gustav Kirchhoff는 Gauss의 제자였다. 1854년에 발표된 Kirchhoff 법칙에 대한 그의 연구는 전기회로에서 전류, 전압, 저항을 계산하는 데 있어서 커다란 진전을 이루었다. Kirchhoff는 중증 장애인이었으며, 인생의 대부분을 목발과 휠체어에 의지해서 보냈다.

Gustav Kirchhoff
(1824~1887)

화학방정식은 반응을 이루는 각 종류의 원자에 대해, 화살표의 양쪽에 같은 수의 원자가 존재할 때 **평형을 이룬다**(balanced)고 한다. 예를 들어 식 (10)의 평형식은 다음과 같다.

$$CH_4 + 2O_2 \longrightarrow CO_2 + 2H_2O \tag{11}$$

이것은 메탄 1분자와 안정한 산소 2분자가 결합하여 이산화탄소 1분자와 물 2분자를 생성한다는 것을 의미한다. 이론적으로 방정식에 어떤 양의 정수도 곱할 수 있다. 예를 들면 이 식의 양변에 2를 곱하여 다음과 같은 평형 화학방정식을 구할 수 있다.

$$2CH_4 + 4O_2 \longrightarrow 2CO_2 + 4H_2O$$

그러나 일반적으로 평형방정식을 구하기 위해 가장 작은 양의 정수를 사용한다.

식 (10)은 충분히 간단해서 시행착오를 통해 평형을 이룬 식을 찾을 수 있지만, 더 복잡한 화학방정식에서는 평형식을 구하기 위해 체계적인 방법이 필요하다. 이것을 위해 다양한 방법들을 사용할 수 있지만, 우리는 선형방정식계를 사용하기로 한다. 이 방법을 설명하기 위해서 식 (10)을 다시 살펴보자. 이 방정식의 평형을 맞추기 위해 다음을 만족시키는 양의 정수 x_1, x_2, x_3, x_4를 구하여야 한다.

$$x_1\,(CH_4) + x_2\,(O_2) \longrightarrow x_3\,(CO_2) + x_4\,(H_2O) \tag{12}$$

그러나 방정식에 나타난 각각의 원자에 대해서, 왼쪽의 원자 수와 오른쪽의 원자 수를 같게 해야 한다. 이것을 표로 만들면 다음과 같다.

	왼쪽		오른쪽
탄소	x_1	=	x_3
수소	$4x_1$	=	$2x_4$
산소	$2x_2$	=	$2x_3 + x_4$

이 식으로부터 다음과 같은 동차 선형계를 구할 수 있다.

$$\begin{aligned} x_1 \qquad - x_3 \qquad &= 0 \\ 4x_1 \qquad\qquad - 2x_4 &= 0 \\ 2x_2 - 2x_3 - x_4 &= 0 \end{aligned}$$

이 계에 대한 붙인 행렬은 다음과 같다.

$$\begin{bmatrix} 1 & 0 & -1 & 0 & 0 \\ 4 & 0 & 0 & -2 & 0 \\ 0 & 2 & -2 & -1 & 0 \end{bmatrix}$$

이 행렬에 대한 기약 행사다리꼴이 다음과 같음을 보여라.

$$\begin{bmatrix} 1 & 0 & 0 & -\frac{1}{2} & 0 \\ 0 & 1 & 0 & -1 & 0 \\ 0 & 0 & 1 & -\frac{1}{2} & 0 \end{bmatrix}$$

이것으로부터 계의 일반해가 다음과 같음을 알 수 있다.

$$x_1 = t/2, \quad x_2 = t, \quad x_3 = t/2, \quad x_4 = t$$

여기서 t는 임의의 수이다. $t = 2$일 때 미지수에 대한 가장 작은 양의 정수값을 구할 수 있고, 방정식의 계수를 $x_1 = 1, x_2 = 2, x_3 = 1, x_4 = 2$로 놓음으로써 평형식을 구할 수 있다. 이 값을 식 (12)에 대입하면 식 (11)을 구할 수 있기 때문에 이전의 결과값과 일치한다.

예제 6 선형계를 이용한 평형 화학방정식

평형 화학방정식을 구하라.

$$HCl \;+\; Na_3PO_4 \longrightarrow H_3PO_4 + \; NaCl$$

[염산] + [인산나트륨] ⟶ [인산] + [염화나트륨]

풀이 x_1, x_2, x_3, x_4를 양의 정수라 하고, 다음 평형식을 구하라.

$$x_1\,(HCl) + x_2\,(Na_3PO_4) \longrightarrow x_3\,(H_3PO_4) + x_4\,(NaCl) \tag{13}$$

양측의 각 원자 수를 같게 하면 다음을 얻을 수 있다.

$1x_1 = 3x_3$	Hydrogen (H)
$1x_1 = 1x_4$	Chlorine (Cl)
$3x_2 = 1x_4$	Sodium (Na)
$1x_2 = 1x_3$	Phosphorous (P)
$4x_2 = 4x_3$	Oxygen (O)

이로부터 다음과 같은 동차 선형계를 구할 수 있다.

$$\begin{aligned} x_1 \quad - 3x_3 \quad &= 0 \\ x_1 \quad\quad - x_4 &= 0 \\ 3x_2 \quad - x_4 &= 0 \\ x_2 - x_3 \quad &= 0 \\ 4x_2 - 4x_3 \quad &= 0 \end{aligned}$$

이 계에 대한 붙인 행렬의 기약 행사다리꼴이 다음과 같음을 보여라.

$$\begin{bmatrix} 1 & 0 & 0 & -1 & 0 \\ 0 & 1 & 0 & -\frac{1}{3} & 0 \\ 0 & 0 & 1 & -\frac{1}{3} & 0 \\ 0 & 0 & 0 & 0 & 0 \\ 0 & 0 & 0 & 0 & 0 \end{bmatrix}$$

이것으로부터 이 계의 일반해는 다음과 같음을 알 수 있다.

$$x_1 = t, \quad x_2 = t/3, \quad x_3 = t/3, \quad x_4 = t$$

여기서 t는 임의의 값이다. 방정식의 등식이 성립하는 가장 작은 양의 정수를 얻기 위하여 $t = 3$으로 놓는다. 이 경우에 $x_1 = 3$, $x_2 = 1$, $x_3 = 1$, $x_4 = 3$를 얻는다. 식 (13)에 이 값들을 대입하면 다음과 같은 평형방정식을 얻는다.

$$3HCl + Na_3PO_4 \longrightarrow H_3PO_4 + 3NaCl$$ ■

다항식 보간법 다양한 응용에 있어서 중요한 문제는 평면상의 어느 특정한 지점을 통과하는 그래프를 갖는 다항식을 찾는 데 있다. 이것을 점에 대한 **보간다항식**(interpolating polynomial)이라 부른다. 그러한 문제의 가장 단순한 예는 다음과 같은 선형 다항식을 찾는 것이다.

$$p(x) = ax + b \tag{14}$$

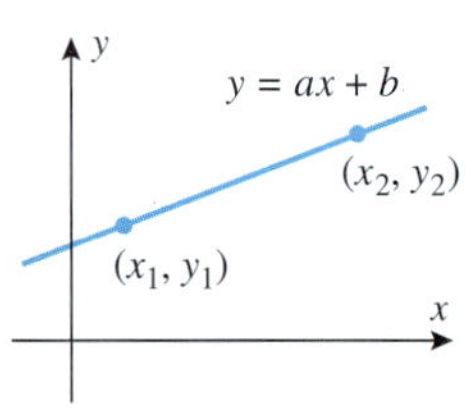

그림 2.3.11

이것의 그래프는 xy 평면(그림 2.3.11)에서 두 개의 주어진 점 (x_1, y_1)과 (x_2, y_2)를 통과한다. 두 점을 지나는 방정식을 구할 때 해석기하학의 다양한 방법을 사용할 수도 있지만, 여기에서는 일반적인 다항식 보간법에 적용될 수 있는 선형계에 기반을 둔 방법을 소개하겠다.

식 (14)의 그래프는 직선 $y = ax + b$이고, 이 직선이 점 (x_1, y_1)과 점 (x_2, y_2)를 통과하려면

$$y_1 = ax_1 + b\text{와} \quad y_2 = ax_2 + b$$

가 있어야 한다. 그러므로 미지수 a와 b는 다음 선형계를 풀어서 얻을 수 있다.

$$\begin{aligned} ax_1 + b &= y_1 \\ ax_2 + b &= y_2 \end{aligned}$$

이 계는 쉽게 풀 수 있다. a 값은 방정식의 뺄셈을 통해서 b를 없앰으로써 얻을 수 있고, 또한 a 값을 어느 한쪽의 방정식에 대입하여 b를 구할 수 있다. 각자 a와 b 값을 구하고, 다음의 형태로 나타낼 수 있음을 보여라.

$$a = \frac{y_2 - y_1}{x_2 - x_1}\text{와} \quad b = \frac{y_1x_2 - y_2x_1}{x_2 - x_1} \tag{15}$$

$x_1 \neq x_2$라고 가정한다. 예를 들면 다음 두 점

(2, 1)과 (5, 4)

을 통과하는 직선은 (x_1, y_1)에 (2, 1)을, (x_2, y_2)에 (5, 4)를 대입함으로써 얻을 수 있다. 이렇게 하여 식 (15)로부터 다음을 구할 수 있다.

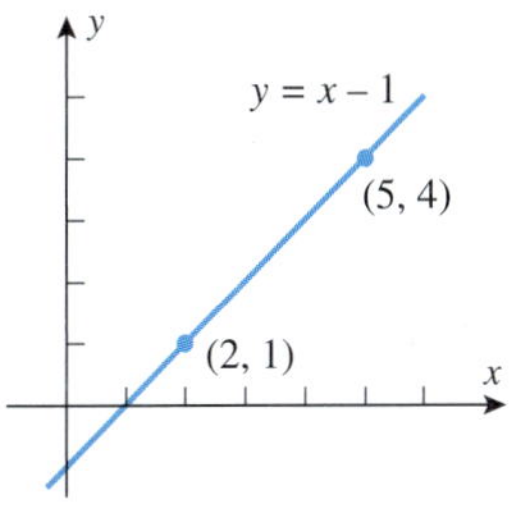

그림 2.3.12

$$a = \frac{4-1}{5-2} = 1\text{와} \quad b = \frac{(1)(5)-(4)(2)}{5-2} = -1$$

그러므로 직선의 방정식은 다음과 같다(그림 2.3.12).

$$y = x - 1$$

다음과 같이 n개의 서로 다른 점을 통과하는 그래프의 다항식을 구하는 일반적인 문제에 대해 좀 더 생각해 보기로 하자.

$$(x_1, y_1), (x_2, y_2), (x_3, y_3), \ldots, (x_n, y_n) \tag{16}$$

만족시켜야 하는 조건이 n개 있기 때문에

$$p(x) = a_0 + a_1 x + a_2 x^2 + \cdots + a_{n-1}x^{n-1} \tag{17}$$

를 구하여야 함을 짐작할 수 있는데, 그 이유는 이와 같은 다항식이 n개의 계수를 갖고 있고 문제의 조건으로부터 n개의 조건을 만족해야 하기 때문이다. 그러나 점이 직선 위에 놓이거나 또는 그 밖의 이유 때문에 차수가 $n-1$보다 작은 다항식을 이용할 가능성이 있다는 점도 염두에 두어야 한다. 따라서 계수 a_{n-1}과 식 (17)의 다른 계수들이 0일 가능성을 고려해야 한다. 추후에 증명할 다음의 정리는 다항식 보간법의 기본 결과이다.

정리 2.3.1 **(다항식 보간법)** *서로 다른 x 좌표를 갖는 xy 평면에서 n개의 점이 주어진다면 그 점들을 통과하는 그래프를 가진 $n-1$ 이하의 차수를 갖는 다항식이 유일하게 존재한다.*

식 (16)에 있는 점들을 통과하는 그래프의 보간다항식 (17)을 구하는 방법을 생각해 보자. 이 다항식의 그래프가 다음 방정식

$$y = a_0 + a_1 x + a_2 x^2 + \cdots + a_{n-1}x^{n-1}$$

의 그래프이므로 점들의 좌표는 다음을 만족시켜야 한다.

$$\begin{array}{ccccccccc} a_0 & + & a_1x_1 & + & a_2x_1^2 & + \cdots + & a_{n-1}x_1^{n-1} & = & y_1 \\ a_0 & + & a_1x_2 & + & a_2x_2^2 & + \cdots + & a_{n-1}x_2^{n-1} & = & y_2 \\ \vdots & & \vdots & & \vdots & & \vdots & & \vdots \\ a_0 & + & a_1x_n & + & a_2x_n^2 & + \cdots + & a_{n-1}x_n^{n-1} & = & y_n \end{array} \tag{18}$$

이러한 방정식들에 있어서 x와 y 값은 알고 있다고 가정하면, 이것을 미지수 $a_0, a_1, \cdots, a_{n-1}$을 가진 선형계로 볼 수 있다. 이 관점에서 볼 때 계의 붙인 행렬은 다음과 같다.

$$\begin{bmatrix} 1 & x_1 & x_1^2 & \cdots & x_1^{n-1} & y_1 \\ 1 & x_2 & x_2^2 & \cdots & x_2^{n-1} & y_2 \\ \vdots & \vdots & \vdots & & \vdots & \vdots \\ 1 & x_n & x_n^2 & \cdots & x_n^{n-1} & y_n \end{bmatrix} \tag{19}$$

따라서 보간다항식은 이 행렬을 기약 행사다리꼴로 변환시켜서 찾을 수 있다(Gauss-Jordan 소거).

예제 7
Gauss-Jordan 소거에 의한 다항식 보간법

다음 점들을 통과하는 그래프의 3차 다항식을 구하라.

$$(1, 3), \quad (2, -2), \quad (3, -5), \quad (4, 0)$$

풀이 다음과 같이 보간다항식을 표시하라.

$$p(x) = a_0 + a_1 x + a_2 x^2 + a_3 x^3$$

그리고 주어진 점의 x와 y 좌표를

$$x_1 = 1,\ x_2 = 2,\ x_3 = 3,\ x_4 = 4\text{와}\ y_1 = 3,\ y_2 = -2,\ y_3 = -5,\ y_4 = 0$$

으로 표현할 수 있다. 그러므로 식 (19)로부터 미지수 a_0, a_1, a_2, a_3을 가진 선형계의 붙인 행렬이 다음과 같이 된다.

$$\begin{bmatrix} 1 & x_1 & x_1^2 & x_1^3 & y_1 \\ 1 & x_2 & x_2^2 & x_2^3 & y_2 \\ 1 & x_3 & x_3^2 & x_3^3 & y_3 \\ 1 & x_4 & x_4^2 & x_4^3 & y_4 \end{bmatrix} = \begin{bmatrix} 1 & 1 & 1 & 1 & 3 \\ 1 & 2 & 4 & 8 & -2 \\ 1 & 3 & 9 & 27 & -5 \\ 1 & 4 & 16 & 64 & 0 \end{bmatrix}$$

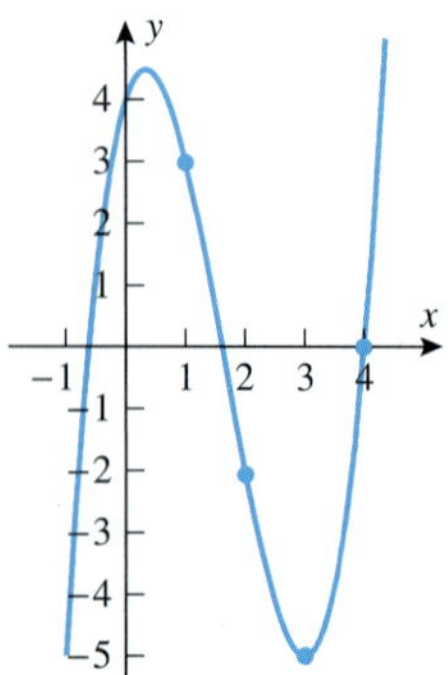

그림 2.3.13

이 행렬의 기약 행사다리꼴이 다음과 같음을 확인해 보라.

$$\begin{bmatrix} 1 & 0 & 0 & 0 & 4 \\ 0 & 1 & 0 & 0 & 3 \\ 0 & 0 & 1 & 0 & -5 \\ 0 & 0 & 0 & 1 & 1 \end{bmatrix}$$

이것으로부터 $a_0 = 4$, $a_1 = 3$, $a_2 = -5$, $a_3 = 1$을 구할 수 있다. 그러므로 보간다항식은 다음과 같다.

$$p(x) = 4 + 3x - 5x^2 + x^3$$

이 다항식의 그래프와 주어진 점이 그림 2.3.13에 나타나 있다. ■

참고 추후에 점의 개수가 많은 경우의 문제를 푸는 데 더 적합한 보간다항식을 구하는 효과적인 방법을 제시할 것이다.

예제 8 근사적분(미적분학)

다음 적분에서 피적분항의 역도함수를 기초적인 함수로써 표현할 방법이 없기 때문에 직접 적분을 이용하여 다음 수치값을 구할 수는 없다.

$$\int_0^1 \sin\left(\frac{\pi x^2}{2}\right) dx$$

이 적분은 Simpson 규칙 또는 다른 비슷한 방법을 이용하여 근사값을 구할 수 있지만, 보간다항식으로 피적분함수와 근사한 근사다항식을 적분하는 다른 접근 방법도 존재한다. 예를 들어 구간 [0, 1]을 균등한 간격으로 4등분하는 다음 5개의 점을 고려하라.

$$x_0 = 0, \quad x_1 = 0.25, \quad x_2 = 0.5, \quad x_3 = 0.75, \quad x_4 = 1$$

이 점에서의 값은 근사적으로 다음과 같이 된다.

$$f(x) = \sin\left(\frac{\pi x^2}{2}\right)$$

이 점들의 보간다항식이 다음과 같음을

$$f(0) = 0, \quad f(0.25) = 0.098017, \quad f(0.5) = 0.382683, \quad f(0.75) = 0.77301, \quad f(1) = 1$$

프로그램 활용 연습문제에서 다루게 될 것이다.

$$p(x) = 0.098796x + 0.762356x^2 + 2.14429x^3 - 2.00544x^4 \tag{20}$$

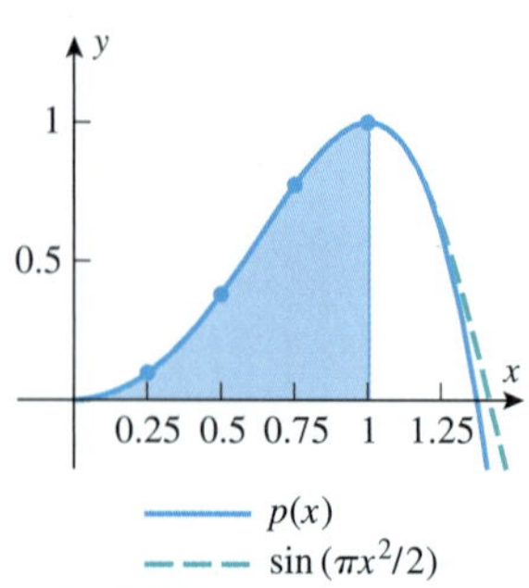

그림 2.3.14

그리고

$$\int_0^1 p(x)\,dx \approx 0.438501 \tag{21}$$

그림 2.3.14에서 볼 수 있는 것처럼 그래프 f와 p가 구간 [0, 1]에서 거의 동일하기 때문에 근사화가 잘 되었음을 알 수 있다. ■

연습문제 2.3

1. 다음 그림은 어떤 가지에서 유속과 흐름의 방향이 주어진 네트워크를 보여 주고 있다. 나머지 가지의 유속과 흐름의 방향을 구하라.

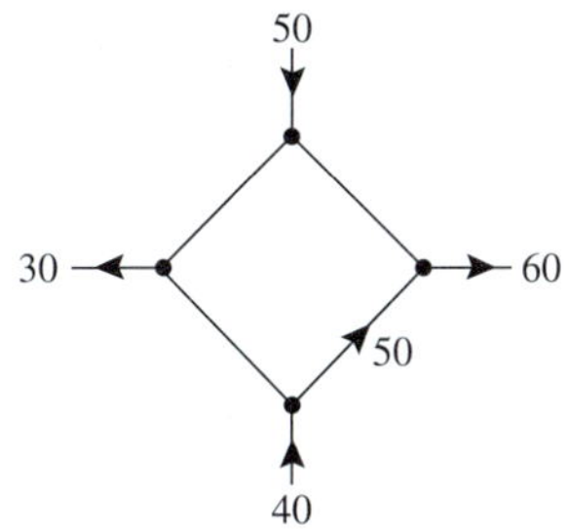

그림 Ex-1

2. 다음 그림은 정유공장에서 파이프 네트워크로 유입 또는 유출되는 탄화수소의 유속을 나타낸 것이다.

(a) 미지의 유속을 풀 수 있는 선형계를 구하라.

(b) 미지의 유속에 대해 계를 풀어라.

(c) $x_4 = 50$이고 $x_6 = 0$일 때, 유속과 흐름의 방향을 구하라.

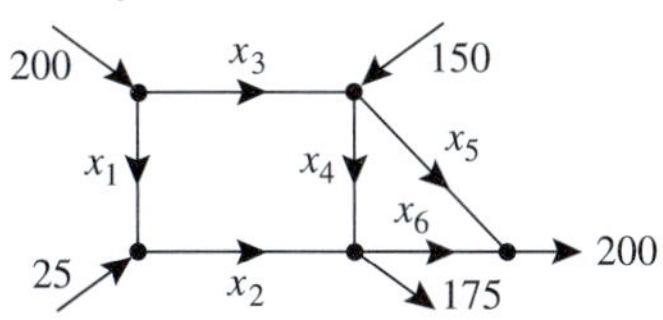

그림 Ex-2

3. 다음 그림은 지정된 방향으로 교통흐름이 발생하는 일방통행 도로의 네트워크를 보여 주고 있다. 거리를 통과하는 교통량은 시간당 평균 차량 수로 측정된다.

(a) 미지의 교통량을 풀 수 있는 선형계를 구하라.

(b) 미지의 교통량에 대해 계를 풀어라.

(c) 만약 A부터 B까지의 도로 사이에 도로공사로 인하여 교통량이 감소된다면, 모든 도로에서 교통량을 유지하는 데 필요한 최소 교통량은 얼마인가?

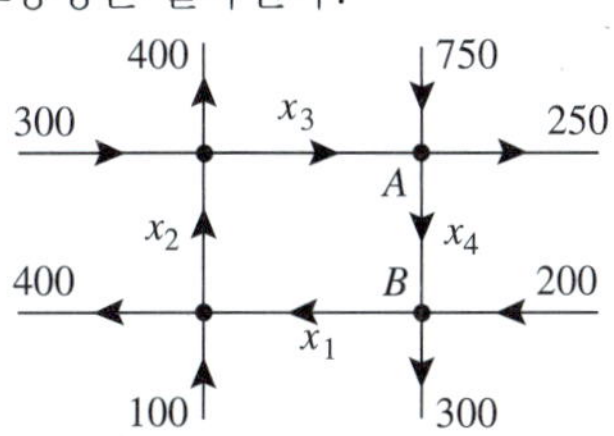

그림 Ex-3

4. 다음 그림은 지정된 방향으로 교통흐름이 발생하는 일방통행 도로의 네트워크를 보여 주고 있다. 거리를 지나는 교통량은 시간당 평균 차량 수로 측정된다.

(a) 미지의 교통량을 풀 수 있는 선형계를 구하라.

(b) 미지의 교통량에 대해 계를 풀어라.

(c) 도로공사를 위하여 A와 B 사이의 길을 막고 다른 길로 교통량을 유지시킬 수 있는가? 설명하라.

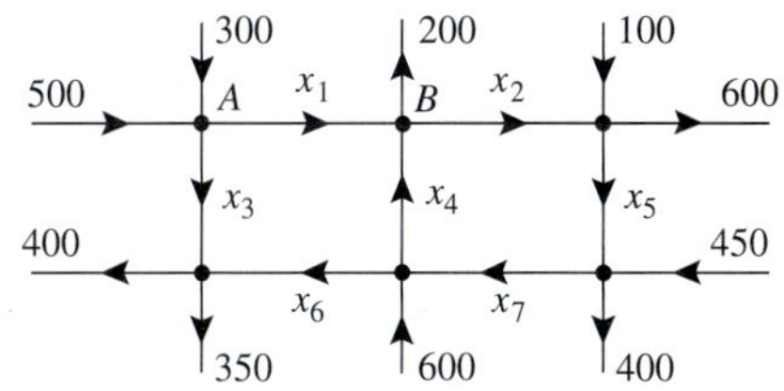

그림 Ex-4

연습문제 5~8에서는 주어진 전기회로를 분석하여 미지의 전류를 구하라.

5.

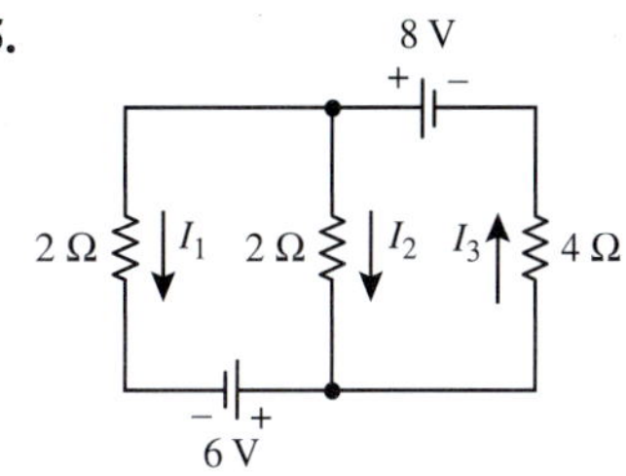

6.

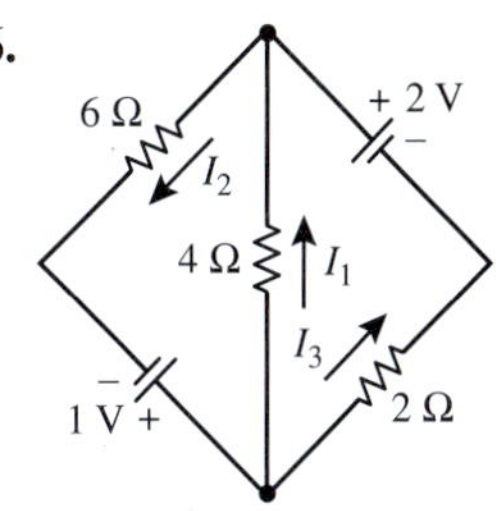

7.

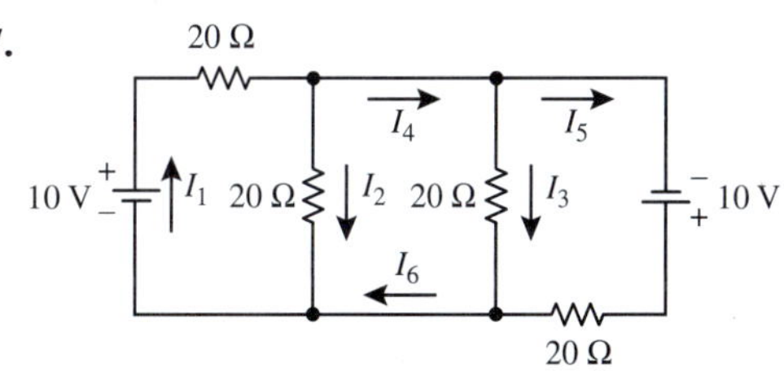

8.

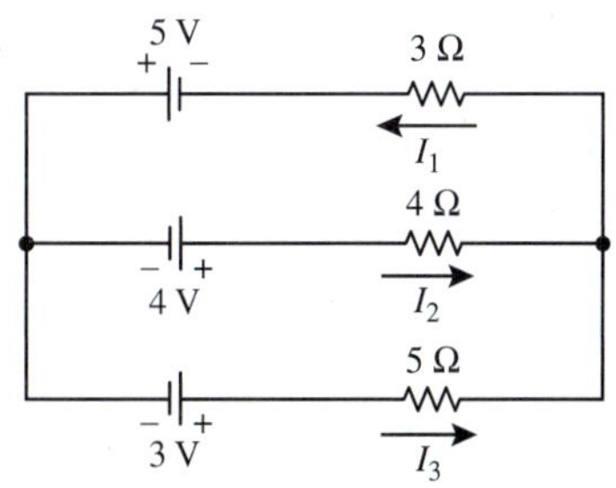

연습문제 9~12에서는 다음 화학반응에 대한 평형방정식을 구하라.

9. $C_3H_8 + O_2 \rightarrow CO_2 + H_2O$ (프로판 연소)

10. $C_6H_{12}O_6 \rightarrow CO_2 + C_2H_5OH$ (설탕의 발효작용)

11. $CH_3COF + H_2O \rightarrow CH_3COOH + HF$

12. $CO_2 + H_2O \rightarrow C_6H_{12}O_6 + O_2$ (광합성)

13. 그래프가 점 (1, 1), (2, 2), (3, 5)를 통과하는 2차 다항식을 구하라.

14. 그래프가 점 (0, 0), (−1, 1), (1, 1)을 통과하는 2차 다항식을 구하라.

15. 그래프가 점 (−1, −1), (0, 1), (1, 3), (4, −1)을 통과하는 3차 다항식을 구하라.

16. 다음 그림은 3차 다항식의 그래프이다. 다항식을 구하라.

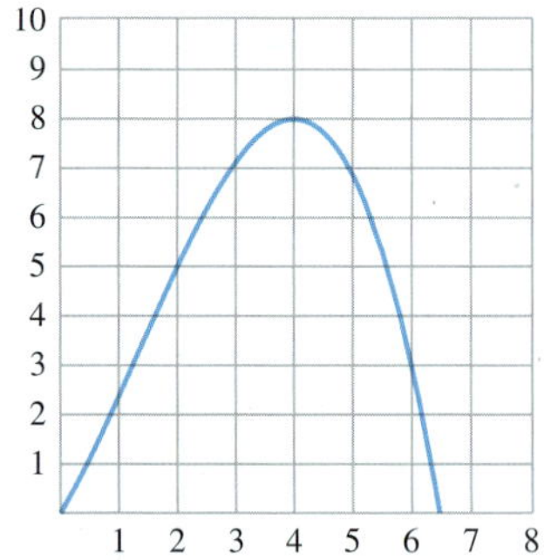

그림 Ex-16

토론과 발견

D1. (a) 점 (0, 1)과 (1, 2)를 통과하는 2차 다항식들의 집합을 표현한 방정식을 구하라. [*힌트*: 이 방정식은 매개변수를 포함하는데, 이 매개변수가 변함에 따라 이 집합의 원소인 2차 다항식들이 나타난다.]

(b) 손으로 또는 그래프 유틸리티를 이용하여 (a)항의 집합에 있는 4개의 곡선을 그려라.

D2. 이 절에서는 선형계의 몇 가지 응용만을 선택하였다. 인터넷을 검색도구로 사용하여 선형계를 실세계에 응용한 예를 찾아보라. 관심 있는 한 가지 사례를 선택하여 그것에 관해 간단히 설명하라.

프로그램 활용 연습문제

T1. 보간다항식을 구하는 데 필요한 계산 유틸리티의 명령어를 조사해 보고 예제 7에서 얻은 결과를 확인하면서 이러한 명령어들을 이해했는지 살펴보라.

T2. (a) 계산 유틸리티를 사용하여 점 (1, 1), (2, 3), (3, 5), (4, −2), (5, 11), (6, −12)를 통과하는 5차 다항식을 구하라.

(b) (a)에서 지시한 대로 점 (1, 1), (2, 4), (3, 9), (4, 16), (5, 25), (6, 36)을 통과하는 5차 다항식을 구하라. 어떤 일들이 발생하는지 설명하라.

T3. 방정식 $A(x^2+y^2+z^2)+Bx+Cy+Dz+E=0$이 순서대로 다음 (x, y, z)의 순서쌍들을 모두 만족시키는 계수의 정수값을 구하라.

$$\left(\tfrac{1}{2}, -\tfrac{1}{3}, 1\right),\quad \left(\tfrac{1}{3}, -\tfrac{1}{2}, \tfrac{2}{3}\right),\quad \left(2, -\tfrac{1}{3}, \tfrac{1}{2}\right),\quad (1, 0, 1)$$

T4. 항공기 날개를 설계하는 실험에서, 날개에 가해지는 양력(lifting force)은 다음과 같은 여러 가지 순방향 속도로 측정된다.

속도 (100 ft/s)	1	2	4	8	16	32
양력 (100 lb)	0	3.12	15.86	33.7	81.5	123.0

데이터를 이용하여 5차 보간다항식을 구하고, 다항식을 이용하여 2,000 ft/s에서의 양력을 측정하라.

T5. (a) 3차 다항식을 이용하여 구간 $0 \le x \le \pi/2$에서 $\sin x$를 근사화하는 방법을 생각해 보라.

(b) 다항식으로 만들어진 근사값을 sin(0.5) 값과 비교하라.

(c) 구간 $0 \le x \le \pi/2$에서 $\sin x$의 그래프와 다항식의 그래프를 그려서 이것들이 어떻게 비교되는지 알아보라.

T6. 예제 8에서 식 (20)을 구하라.

T7. 예제 8의 방법을 사용하여 구간을 5개의 균등한 구간으로 나누고, 피적분함수를 근사화하는 보간다항식을 사용하여 다음 식을 근사화하라.

$$\int_0^1 e^{x^2}\,dx$$

계산 유틸리티를 사용해서 얻은 값과 수치 적분을 사용해 얻은 값의 결과를 비교하라.

T8. 임의의 시각 t에 미지의 좌표 (x, y, z)를 가지는 배가 자정이 조금 지난 시각에 4개의 인공위성으로부터 다음 데이터를 받았다고 가정하자. 거리는 지구 반지름을 단위길이로 사용하고 시간은 자정 이후 1/100초 단위로 측정되었다 하자.

위성	위성의 위치	시각
1	(0.94, 1.2, 2.3)	1.23
2	(0, 1.35, 2.41)	1.08
3	(2.3, 0.94, 1.2)	0.74
4	(2.41, 0, 1.35)	0.23

예제 1의 기법을 이용하여 배의 좌표를 구하고, 배가 지구 중심으로부터 대략 1단위길이에 있다는 것을 입증하라.

제 3 장

행렬은 선형계를 풀거나 정보를 표로 저장하고 처리하며, 인터넷에서 시각 이미지와 디지털 소리를 전송하는 도구로 이용된다.

행렬과 선행대수
Matrices and Matrix Algebra

3.1 행렬 연산

앞 장에서는 선형방정식계 표기를 간소화하기 위해 행렬을 이용하였다. 이 절에서는 행렬을 수학적 대상으로 고려하고 몇 가지 대수적 연산을 정의한다.

행렬 표기와 용어

행렬은 성분이라 부르는 수들의 사각배열이고, m행과 n열을 갖는 행렬은 $m \times n$ 크기를 갖는다고 하며 행의 수를 항상 먼저 쓴다. 몇 개의 보기를 보자.

$$\begin{bmatrix} 1 & 2 \\ 3 & 0 \\ -1 & 4 \end{bmatrix}, \quad \begin{bmatrix} 1 & 2 & -1 \\ 3 & 0 & 4 \end{bmatrix}, \quad [2 \ \ 1 \ \ 0 \ \ 3], \quad \begin{bmatrix} \pi & -\sqrt{2} & \frac{1}{2} \\ 0.5 & 1 & 7 \\ 0 & 0 & 0 \end{bmatrix}, \quad \begin{bmatrix} 1 \\ 3 \end{bmatrix}, \quad [4]$$

3 × 2 　 2 × 3 　 1 × 4 　 3 × 3 　 2 × 1 　 1 × 1

보통 행렬은 대문자로, 그리고 성분은 소문자로 표기한다. 따라서, 일반적인 $m \times n$ 행렬은

$$A = \begin{bmatrix} a_{11} & a_{12} & \cdots & a_{1n} \\ a_{21} & a_{22} & \cdots & a_{2n} \\ \vdots & \vdots & & \vdots \\ a_{m1} & a_{m2} & \cdots & a_{mn} \end{bmatrix} \tag{1}$$

형태로 나타낼 수 있다. n행과 n열의 행렬은 **크기 n의 정사각행렬**(square matrix of order n)이라 하고, 성분 $a_{11}, a_{22}, \cdots, a_{nn}$은 행렬의 주대각선을 이룬다고 한다(그림 3.1.1).

$$\begin{bmatrix} a_{11} & a_{12} & \cdots & a_{1n} \\ a_{21} & a_{22} & \cdots & a_{2n} \\ \vdots & \vdots & & \vdots \\ a_{n1} & a_{n2} & \cdots & a_{nn} \end{bmatrix}$$

그림 3.1.1

식 (1)은 보다 간결한 표기로

$$A = [a_{ij}]_{m \times n} \quad \text{또는} \quad A = [a_{ij}]$$

로 쓰기도 한다. 여기서 첫 표기는 행렬의 크기가 중요할 때, 둘째는 그렇지 않을 때 이용된다. 보통은 행렬과 성분을 표시할 때 같은 문자를 이용한다. 예를 들면,

$$A = [a_{ij}], \quad B = [b_{ij}], \quad C = [c_{ij}]$$

와 같다. 행렬 A의 i행 j열의 성분은 $(A)_{ij}$라는 기호로 나타내기도 한다. 예를 들어

$$A = \begin{bmatrix} 2 & -3 \\ 7 & 0 \end{bmatrix}$$

이면, $(A)_{11} = 2$, $(A)_{12} = -3$, $(A)_{21} = 7$, $(A)_{22} = 0$이다.

참고 1×1 행렬의 경우는 보통 괄호를 생략하여 [4] 대신 4로 쓴다. 성분 '4'인 1×1 행렬과 수 '4'가 구별되지 않지만, 문맥에 따라 분명하게 이해가 될 것이다.

행렬 연산 많은 응용에서 행렬들을 더하거나 빼고, 곱할 수 있는 행렬 연산이 요구된다. 이 절의 나머지 부분에서는 이 연산들에 관하여 이야기하겠다.

정의 3.1.1 두 행렬이 크기가 같고 대응하는 성분들이 같으면 두 행렬은 **같다**(equal)고 한다.

행렬 표기로는 $A = [a_{ij}]$와 $B = [b_{ij}]$가 같은 크기를 가지면, $A = B$가 되기 위한 필요충분조건은 모든 i와 j에 대하여 $(A)_{ij} = (B)_{ij}$ (즉, $a_{ij} = b_{ij}$)이다.

예제 1 행렬의 상등

행렬

$$A = \begin{bmatrix} 2 & 1 \\ 3 & x+1 \end{bmatrix}, \quad B = \begin{bmatrix} 2 & 1 \\ 3 & 5 \end{bmatrix}, \quad C = \begin{bmatrix} 2 & 1 & 0 \\ 3 & 4 & 0 \end{bmatrix}$$

에 대하여 $A = B$가 되기 위한 필요충분조건은 $x = 4$이다. A와 C는 크기가 다르므로 어떤 x의 값에 대해서도 $A = C$가 되지 않는다. ■

정의 3.1.2 A와 B가 같은 크기의 행렬이면 **합**(sum) $A + B$는 B의 각 성분을, 대응하는 A의 성분에 더하여 얻는 행렬이다. **차**(difference) $A - B$는 B의 각 성분을, 대응하는 A의 성분으로부터 빼서 얻는 행렬이다.

즉, $A = [a_{ij}]$와 $B = [b_{ij}]$가 같은 크기일 때 정의는 다음과 같다.

$$(A + B)_{ij} = (A)_{ij} + (B)_{ij} = a_{ij} + b_{ij} \tag{2}$$

$$(A - B)_{ij} = (A)_{ij} - (B)_{ij} = a_{ij} - b_{ij} \tag{3}$$

예제 2 행렬의 덧셈과 뺄셈

행렬

$$A = \begin{bmatrix} 2 & 1 & 0 & 3 \\ -1 & 0 & 2 & 4 \\ 4 & -2 & 7 & 0 \end{bmatrix}, \quad B = \begin{bmatrix} -4 & 3 & 5 & 1 \\ 2 & 2 & 0 & -1 \\ 3 & 2 & -4 & 5 \end{bmatrix}, \quad C = \begin{bmatrix} 1 & 1 \\ 2 & 2 \end{bmatrix}$$

이면

$$A + B = \begin{bmatrix} -2 & 4 & 5 & 4 \\ 1 & 2 & 2 & 3 \\ 7 & 0 & 3 & 5 \end{bmatrix}, \quad A - B = \begin{bmatrix} 6 & -2 & -5 & 2 \\ -3 & -2 & 2 & 5 \\ 1 & -4 & 11 & -5 \end{bmatrix}$$

이고, 연산을 수행할 수 없는 크기의 행렬들에 대해서는 $A + C$, $B + C$, $A - C$, $B - C$가 정의되지 않는다. ■

정의 3.1.3 행렬 A와 스칼라 c에 대해서 **곱**(product) cA는 A의 각 성분에 c를 곱하여 얻는 행렬이다.

행렬 표기로는 $A = [a_{ij}]$ 이면

$$(cA)_{ij} = c(A)_{ij} = ca_{ij} \tag{4}$$

이다.

예제 3 행렬에 스칼라 곱하기

행렬

$$A = \begin{bmatrix} 2 & 3 & 4 \\ 1 & 3 & 1 \end{bmatrix}, \quad B = \begin{bmatrix} 0 & 2 & 7 \\ -1 & 3 & -5 \end{bmatrix}, \quad C = \begin{bmatrix} 9 & -6 & 3 \\ 3 & 0 & 12 \end{bmatrix}$$

이면

$$2A = \begin{bmatrix} 4 & 6 & 8 \\ 2 & 6 & 2 \end{bmatrix}, \quad (-1)B = \begin{bmatrix} 0 & -2 & -7 \\ 1 & -3 & 5 \end{bmatrix}, \quad \tfrac{1}{3}C = \begin{bmatrix} 3 & -2 & 1 \\ 1 & 0 & 4 \end{bmatrix}$$

이다. ■

참고 행렬 A의 **덧셈역원**(negative)은 $-A = (-1)A$로 정의한다.

행벡터와 열벡터 하나의 행으로 이루어진 행렬은 *행벡터*, 하나의 열로 이루어진 행렬은 *열벡터*라고 하고 볼드체 소문자로 표기한다. 따라서, 일반적인 $1 \times n$ 행벡터 $\mathbf{r}$과 $m \times 1$ 열벡터 $\mathbf{c}$는

$$\mathbf{r} = [r_1 \quad r_2 \quad \cdots \quad r_n], \quad \mathbf{c} = \begin{bmatrix} c_1 \\ c_2 \\ \vdots \\ c_m \end{bmatrix}$$

와 같이 표기한다.

때로는 행렬을 행벡터나 열벡터들을 나열한 것으로 생각하는 것이 바람직하다. 예를 들면,

$$A = \begin{bmatrix} a_{11} & a_{12} & a_{13} & a_{14} \\ a_{21} & a_{22} & a_{23} & a_{24} \\ a_{31} & a_{32} & a_{33} & a_{34} \end{bmatrix} \tag{5}$$

를 열벡터들이나 행벡터들로 나눌 수 있다.

$$A = \left[\begin{array}{c:c:c:c} a_{11} & a_{12} & a_{13} & a_{14} \\ a_{21} & a_{22} & a_{23} & a_{24} \\ a_{31} & a_{32} & a_{33} & a_{34} \end{array}\right] = [\mathbf{c}_1 \quad \mathbf{c}_2 \quad \mathbf{c}_3 \quad \mathbf{c}_4] \tag{6}$$

$$A = \left[\begin{array}{cccc} a_{11} & a_{12} & a_{13} & a_{14} \\ \hdashline a_{21} & a_{22} & a_{23} & a_{24} \\ \hdashline a_{31} & a_{32} & a_{33} & a_{34} \end{array}\right] = \begin{bmatrix} \mathbf{r}_1 \\ \mathbf{r}_2 \\ \mathbf{r}_3 \end{bmatrix} \tag{7}$$

식 (6)과 (7)에서 점선은 행들과 열들이 단일 단위들임을 강조하는 데 도움이 된다. 점선들이 A를 식 (6)에서는 열벡터들로, 그리고 식 (7)에서는 행벡터들로 **분할한다**(partition)고 한다. 편의상 행렬 A의 i번째 행벡터를 $\mathbf{r}_i(A)$로, j번째 열벡터를 $\mathbf{c}_j(A)$로 나타낸다. 식 (5)의 행렬 A에 대해서

$$\begin{aligned} \mathbf{r}_1(A) &= [a_{11} \quad a_{12} \quad a_{13} \quad a_{14}] \\ \mathbf{r}_2(A) &= [a_{21} \quad a_{22} \quad a_{23} \quad a_{24}] \\ \mathbf{r}_3(A) &= [a_{31} \quad a_{32} \quad a_{33} \quad a_{34}] \end{aligned}$$

이고

$$\mathbf{c}_1(A) = \begin{bmatrix} a_{11} \\ a_{21} \\ a_{31} \end{bmatrix}, \quad \mathbf{c}_2(A) = \begin{bmatrix} a_{12} \\ a_{22} \\ a_{32} \end{bmatrix}, \quad \mathbf{c}_3(A) = \begin{bmatrix} a_{13} \\ a_{23} \\ a_{33} \end{bmatrix}, \quad \mathbf{c}_4(A) = \begin{bmatrix} a_{14} \\ a_{24} \\ a_{34} \end{bmatrix}$$

이다.

역사 속의 선형대수

*행렬*이라는 용어는 1850년 '항들의 직사각형 배열'이라는 용어를 정의한 영국의 수학자이며 변호사인 James Sylvester가 처음 사용하였다. Sylvester는 행렬에 관한 그의 연구를 동료 영국 수학자 겸 변호사인 Arthur Cayley와 교환하였고 Cayley는 1858년 출판된 *Memoir on the Theory of Matrices*라는 책에 행렬의 기본 연산을 소개하였다. 흥미롭게도 유대인인 Sylvester는 영국 국교회에 대하여 요구하는 서약에 서명하지 않아 학사학위를 받지 못했다. 그는 미국 Virginia 대학교 학과장으로 임명되었지만, 수업 시간에 신문을 보는 학생을 회초리로 때린 후 사표를 냈다. Sylvester는 그 학생이 죽은 줄 알고 첫 배를 타고 영국으로 떠나 버렸다. 다행히도 그 학생은 죽지 않고 기절했을 뿐이었다.

James Sylvester
(1814~1897)

Arthur Cayley
(1821~1895)

곱 $A\mathbf{x}$ 이미 행렬과 스칼라의 곱을 이야기했으므로 이제 두 행렬을 어떻게 곱해야 할지 생각해야 할 것이다. 같은 크기의 행렬들은 대응하는 성분들을 더하여 더할 수 있으므로 비슷한 방법으로 두 행렬을 곱할 수 있을 것 같다. 즉, 같은 크기의 행렬에서 대응하는 성분을 곱하는 것이다. 이 정의는 받아들일 수 있지만 그렇게 쓸모가 있지는 않다. 선형계의 상황에서 행렬곱셈을 생각하면 응용에서 더 적합한 정의가 유도될 수 있다. 구체적으로 선형계

$$
\begin{aligned}
a_{11}x_1 &+ a_{12}x_2 + \cdots + a_{1n}x_n = b_1 \\
a_{21}x_1 &+ a_{22}x_2 + \cdots + a_{2n}x_n = b_2 \\
\vdots \quad & \quad \vdots \qquad\qquad\quad \vdots \qquad\; \vdots \\
a_{m1}x_1 &+ a_{m2}x_2 + \cdots + a_{mn}x_n = b_m
\end{aligned} \tag{8}
$$

와 이와 관련된 다음 세 행렬을 생각하자.

$$
A = \begin{bmatrix} a_{11} & a_{12} & \cdots & a_{1n} \\ a_{21} & a_{22} & \cdots & a_{2n} \\ \vdots & \vdots & & \vdots \\ a_{m1} & a_{m2} & \cdots & a_{mn} \end{bmatrix}, \quad \mathbf{x} = \begin{bmatrix} x_1 \\ x_2 \\ \vdots \\ x_n \end{bmatrix}, \quad \mathbf{b} = \begin{bmatrix} b_1 \\ b_2 \\ \vdots \\ b_m \end{bmatrix}
$$

행렬 A를 선형계의 **계수행렬**(coefficient matrix)이라 부른다. 우리의 목표는 식 (8)에서 m개의 선형방정식을 한 개의 행렬방정식

$$
A\mathbf{x} = \mathbf{b} \tag{9}
$$

으로 쓸 수 있도록 곱 $A\mathbf{x}$를 정의하여 대수 선형방정식 $ax = b$과 유사한 행렬식을 만드는 것이다.

첫 단계로 식 (8)에서 m개의 방정식을 한 개의 행렬방정식으로 바꿔 놓을 수 있음을 주목하자.

$$
\begin{bmatrix} a_{11}x_1 + a_{12}x_2 + \cdots + a_{1n}x_n \\ a_{21}x_1 + a_{22}x_2 + \cdots + a_{2n}x_n \\ \vdots \qquad\quad \vdots \qquad\qquad\quad \vdots \\ a_{m1}x_1 + a_{m2}x_2 + \cdots + a_{mn}x_n \end{bmatrix} = \begin{bmatrix} b_1 \\ b_2 \\ \vdots \\ b_m \end{bmatrix}
$$

역사 속의 선형대수

행렬곱셈의 개념은 1844년경 선형계에서 대입법을 간소화하기 위해 아이디어를 소개한 독일 수학자 Gotthold Eisenstein에게서 기인한 것이다. 이 아이디어는 1858년에 출판된 *Memoir on the Theory of Matrices*에서 Cayley에 의하여 확장되고 공식화되었다. Eisenstein은 Gauss의 제자이며, Gauss는 Eisenstein을 Isaac Newton, Archimedes와 동급으로 평가했다. 그렇지만 Eisenstein은 평생 건강이 안 좋아 30세에 생을 마쳤고 그의 잠재력은 실현되지 않았다.

Gotthold Eisenstein
(1823~1852)

행렬의 대응하는 성분이 같으면 두 행렬은 서로 같으므로 이 식은 정당하다. 이 행렬방정식은 다음과 같이 쓸 수 있다(증명하라).

$$
x_1 \begin{bmatrix} a_{11} \\ a_{21} \\ \vdots \\ a_{m1} \end{bmatrix} + x_2 \begin{bmatrix} a_{12} \\ a_{22} \\ \vdots \\ a_{m2} \end{bmatrix} + \cdots + x_n \begin{bmatrix} a_{1n} \\ a_{2n} \\ \vdots \\ a_{mn} \end{bmatrix} = \mathbf{b}
$$

식 (9)로부터 이 방정식의 좌변은 곱 $A\mathbf{x}$가 되기를 바란다. 따라서 $A\mathbf{x}$를

$$
A\mathbf{x} = \begin{bmatrix} a_{11} & a_{12} & \cdots & a_{1n} \\ a_{21} & a_{22} & \cdots & a_{2n} \\ \vdots & \vdots & & \vdots \\ a_{m1} & a_{m2} & \cdots & a_{mn} \end{bmatrix} \begin{bmatrix} x_1 \\ x_2 \\ \vdots \\ x_n \end{bmatrix} = x_1 \begin{bmatrix} a_{11} \\ a_{21} \\ \vdots \\ a_{m1} \end{bmatrix} + x_2 \begin{bmatrix} a_{12} \\ a_{22} \\ \vdots \\ a_{m2} \end{bmatrix} + \cdots + x_n \begin{bmatrix} a_{1n} \\ a_{2n} \\ \vdots \\ a_{mn} \end{bmatrix}
$$

으로 정의해야 한다는 것이 명백하다. 이 방정식 우변의 표현은 A의 열벡터가 $\mathbf{x}$의 성분을 계수로 갖는 일차결합이다. 따라서 다음 정의를 얻는다.

정의 3.1.4 A가 $m \times n$ 행렬이고 $\mathbf{x}$가 $n \times 1$ 열벡터이면 **곱**(product) $A\mathbf{x}$는 A의 열벡터와 $\mathbf{x}$의 성분을 계수로 하는 일차결합으로 만들어진 $m \times 1$ 열벡터이다. 더욱 엄밀하게는 A의 열벡터가 $\mathbf{a}_1, \mathbf{a}_2, \cdots, \mathbf{a}_n$이면

$$
A\mathbf{x} = [\mathbf{a}_1 \quad \mathbf{a}_2 \quad \cdots \quad \mathbf{a}_n] \begin{bmatrix} x_1 \\ x_2 \\ \vdots \\ x_n \end{bmatrix} = x_1\mathbf{a}_1 + x_2\mathbf{a}_2 + \cdots + x_n\mathbf{a}_n \tag{10}
$$

이다.

예를 들면, 다음과 같다.

$$\begin{bmatrix}1 & -3 & 2\\4 & 0 & -5\end{bmatrix}\begin{bmatrix}3\\1\\2\end{bmatrix}=3\begin{bmatrix}1\\4\end{bmatrix}+1\begin{bmatrix}-3\\0\end{bmatrix}+2\begin{bmatrix}2\\-5\end{bmatrix}=\begin{bmatrix}4\\2\end{bmatrix}$$

$$\begin{bmatrix}3 & 0\\-1 & 2\\4 & 1\end{bmatrix}\begin{bmatrix}2\\-5\end{bmatrix}=2\begin{bmatrix}3\\-1\\4\end{bmatrix}+(-5)\begin{bmatrix}0\\2\\1\end{bmatrix}=\begin{bmatrix}6\\-12\\3\end{bmatrix}$$

참고 식 (10)에서는 $\mathbf{x}$의 성분의 수와 행렬 A의 열벡터의 수가 같아야 한다. 그렇지 않으면 곱 $A\mathbf{x}$는 정의되지 않는다.

예제 4 선형계를 $A\mathbf{x}=\mathbf{b}$로 쓰기

선형계

$$\begin{aligned}x_1+2x_2+3x_3&=5\\2x_1+5x_2+3x_3&=3\\x_1\qquad\quad+8x_3&=17\end{aligned}$$

는

$$A=\begin{bmatrix}1 & 2 & 3\\2 & 5 & 3\\1 & 0 & 8\end{bmatrix},\quad \mathbf{x}=\begin{bmatrix}x_1\\x_2\\x_3\end{bmatrix},\quad \mathbf{b}=\begin{bmatrix}5\\3\\17\end{bmatrix}$$

이면 $A\mathbf{x}=\mathbf{b}$로 쓸 수 있다. ■

행렬곱의 다음 대수적 성질들은 앞으로 중요한 역할을 한다. 나중에 논의할 이유로 이 정리의 결과는 행렬 곱셈의 **선형성**(linearity properties)이라고 한다.

정리 3.1.5 **(선형성)** *A가 $m\times n$ 행렬이면 R^n의 모든 열벡터 $\mathbf{u}$ 및 $\mathbf{v}$와 임의의 스칼라 c에 대하여 다음 관계가 성립한다.*

(a) $A(c\mathbf{u})=c(A\mathbf{u})$

(b) $A(\mathbf{u}+\mathbf{v})=A\mathbf{u}+A\mathbf{v}$

증명 A가 열벡터들로

$$A=[\mathbf{a}_1\ \ \mathbf{a}_2\ \ \cdots\ \ \mathbf{a}_n]$$

과 같이 분할되고 $\mathbf{u}$와 $\mathbf{v}$의 성분들이 다음과 같이 주어졌다고 하자.

$$\mathbf{u}=\begin{bmatrix}u_1\\u_2\\\vdots\\u_n\end{bmatrix}\text{과 }\ \mathbf{v}=\begin{bmatrix}v_1\\v_2\\\vdots\\v_n\end{bmatrix}$$

그러면

$$c\mathbf{u}=\begin{bmatrix}cu_1\\cu_2\\\vdots\\cu_n\end{bmatrix}\text{과 }\ \mathbf{u}+\mathbf{v}=\begin{bmatrix}u_1+v_1\\u_2+v_2\\\vdots\\u_n+v_n\end{bmatrix}$$

이므로, 정의 3.1.4로부터

$$\begin{aligned}A(c\mathbf{u})=[\mathbf{a}_1\ \ \mathbf{a}_2\ \ \cdots\ \ \mathbf{a}_n]\begin{bmatrix}cu_1\\cu_2\\\vdots\\cu_n\end{bmatrix}&=(cu_1)\mathbf{a}_1+(cu_2)\mathbf{a}_2+\cdots+(cu_n)\mathbf{a}_n\\&=c(u_1\mathbf{a}_1)+c(u_2\mathbf{a}_2)+\cdots+c(u_n\mathbf{a}_n)=c(A\mathbf{u})\end{aligned}$$

이다. 이로써 (a)가 증명된 것이다.

$$
\begin{aligned}
A(\mathbf{u}+\mathbf{v}) &= [\mathbf{a}_1 \quad \mathbf{a}_2 \quad \cdots \quad \mathbf{a}_n]\begin{bmatrix} u_1+v_1 \\ u_2+v_2 \\ \vdots \\ u_n+v_n \end{bmatrix} \\
&= (u_1+v_1)\mathbf{a}_1 + (u_2+v_2)\mathbf{a}_2 + \cdots + (u_n+v_n)\mathbf{a}_n \\
&= (u_1\mathbf{a}_1 + u_2\mathbf{a}_2 + \cdots + u_n\mathbf{a}_n) + (v_1\mathbf{a}_1 + v_2\mathbf{a}_2 + \cdots + v_n\mathbf{a}_n) \\
&= A\mathbf{u} + A\mathbf{v}
\end{aligned}
$$

이므로 (b)가 증명된 것이다. ■

참고 이 정리의 (b)는 두 항 이상의 합으로 확장할 수 있으며 정리의 두 부분을 조합하여

$$A(c_1\mathbf{u}_1 + c_2\mathbf{u}_2 + \cdots + c_n\mathbf{u}_n) = c_1(A\mathbf{u}_1) + c_2(A\mathbf{u}_2) + \cdots + c_n(A\mathbf{u}_n) \tag{11}$$

임을 보일 수 있다.

곱 AB 다음 목표는 곱 $A\mathbf{x}$의 정의를 토대로 하여 일반적인 행렬곱 AB를 정의하는 것이다. 곱 AB가 대수적으로 잘 작용하려면 R^n에서 모든 열벡터 $\mathbf{x}$에 대하여 **결합 법칙 조건**(associativity condition)

$$A(B\mathbf{x}) = (AB)\mathbf{x} \tag{12}$$

를 만족하여야 한다(그림 3.1.2).

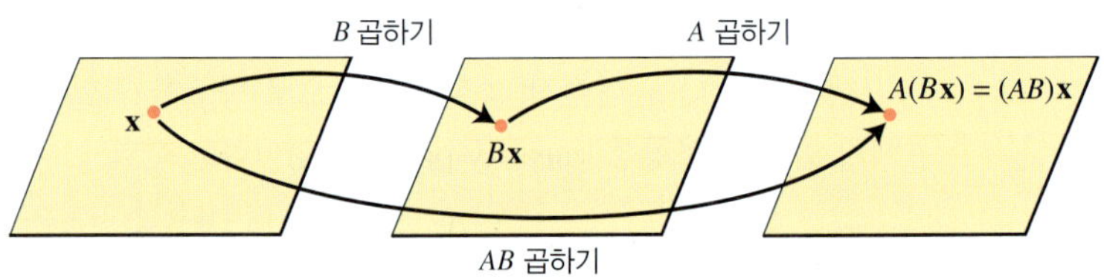

그림 3.1.2

식 (12)의 조건이 성립하려면 A와 B의 크기에 제한이 있어야 한다. 즉, $\mathbf{x}$가 R^n의 열벡터이므로 n행으로 이루어져서 $B\mathbf{x}$가 정의되려면 B는 n열로 이루어져야 한다. 따라서 B는 $s \times n$ 크기여야 하고 $B\mathbf{x}$는 $s \times 1$ 크기여야 한다. 이 경우에 $A(B\mathbf{x})$가 정의되려면 행렬 A는 s열을 갖고 있어야 한다. 따라서 A의 열의 수는 B의 행의 수와 일치해야 한다. 이 경우에 B의 열벡터가 $\mathbf{b}_1, \mathbf{b}_2, \cdots, \mathbf{b}_n$이라고 가정하면,

$$B\mathbf{x} = [\mathbf{b}_1 \quad \mathbf{b}_2 \quad \cdots \quad \mathbf{b}_n]\begin{bmatrix} x_1 \\ x_2 \\ \vdots \\ x_n \end{bmatrix} = x_1\mathbf{b}_1 + x_2\mathbf{b}_2 + \cdots + x_n\mathbf{b}_n \tag{13}$$

이고

$$A(B\mathbf{x}) = A(x_1\mathbf{b}_1 + x_2\mathbf{b}_2 + \cdots + x_n\mathbf{b}_n) = x_1(A\mathbf{b}_1) + x_2(A\mathbf{b}_2) + \cdots + x_n(A\mathbf{b}_n)$$

이다. 따라서 식 (12)가 성립하려면

$$(AB)\mathbf{x} = A(B\mathbf{x}) = x_1(A\mathbf{b}_1) + x_2(A\mathbf{b}_2) + \cdots + x_n(A\mathbf{b}_n)$$

이 성립하여야 한다. 정의 3.1.4에 의해 AB의 열벡터들을

$$A\mathbf{b}_1, A\mathbf{b}_2, \ldots, A\mathbf{b}_n$$

으로 택하면 성립하게 된다. 따라서 다음 정의를 얻게 된다.

정의 3.1.6 A가 $m \times s$ 행렬, B가 $s \times n$ 행렬이고 B의 열벡터가 $\mathbf{b}_1, \mathbf{b}_2, \cdots, \mathbf{b}_n$이면 **곱**(product) AB는 $m \times n$ 행렬로,

$$AB = [A\mathbf{b}_1 \quad A\mathbf{b}_2 \quad \cdots \quad A\mathbf{b}_n] \tag{14}$$

로 정의한다.

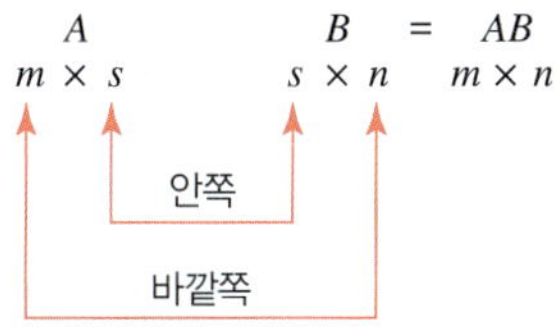

그림 3.1.3

이 정의에서 첫 행렬 A의 열의 수와 둘째 행렬 B의 행의 수가 같아야 함을 명심하라. 이때 A와 B의 크기는 곱 AB에 **합치한다**(conform)고 한다. A와 B가 곱 AB에 합치하지 않으면 곱은 **정의되지 않는다**(undefined)고 한다. A와 B가 곱 AB에 합치하는지를 알아내는 편리한 방법과 합치한 곱의 크기는 그림 3.1.3에서와 같이 나란히 행렬 크기를 쓰는 것이다. 안쪽의 수가 같으면 곱 AB는 정의된 것이고, 바깥쪽 수들이 곱의 크기를 알려 준다.

예제 5 행렬곱 AB의 계산

곱 AB를 구하라.

$$A = \begin{bmatrix} 1 & 2 & 4 \\ 2 & 6 & 0 \end{bmatrix}, \quad B = \begin{bmatrix} 4 & 1 & 4 & 3 \\ 0 & -1 & 3 & 1 \\ 2 & 7 & 5 & 2 \end{bmatrix}$$

풀이 식 (14)로부터 곱 AB는 B의 열들을 A에 곱해서 열들로 구성된다. 열들을 계산하면 다음과 같다.

$$\begin{bmatrix} 1 & 2 & 4 \\ 2 & 6 & 0 \end{bmatrix}\begin{bmatrix} 4 \\ 0 \\ 2 \end{bmatrix} = (4)\begin{bmatrix} 1 \\ 2 \end{bmatrix} + (0)\begin{bmatrix} 2 \\ 6 \end{bmatrix} + (2)\begin{bmatrix} 4 \\ 0 \end{bmatrix} = \begin{bmatrix} 12 \\ 8 \end{bmatrix}$$

$$\begin{bmatrix} 1 & 2 & 4 \\ 2 & 6 & 0 \end{bmatrix}\begin{bmatrix} 1 \\ -1 \\ 7 \end{bmatrix} = (1)\begin{bmatrix} 1 \\ 2 \end{bmatrix} + (-1)\begin{bmatrix} 2 \\ 6 \end{bmatrix} + (7)\begin{bmatrix} 4 \\ 0 \end{bmatrix} = \begin{bmatrix} 27 \\ -4 \end{bmatrix}$$

$$\begin{bmatrix} 1 & 2 & 4 \\ 2 & 6 & 0 \end{bmatrix}\begin{bmatrix} 4 \\ 3 \\ 5 \end{bmatrix} = (4)\begin{bmatrix} 1 \\ 2 \end{bmatrix} + (3)\begin{bmatrix} 2 \\ 6 \end{bmatrix} + (5)\begin{bmatrix} 4 \\ 0 \end{bmatrix} = \begin{bmatrix} 30 \\ 26 \end{bmatrix}$$

$$\begin{bmatrix} 1 & 2 & 4 \\ 2 & 6 & 0 \end{bmatrix}\begin{bmatrix} 3 \\ 1 \\ 2 \end{bmatrix} = (3)\begin{bmatrix} 1 \\ 2 \end{bmatrix} + (1)\begin{bmatrix} 2 \\ 6 \end{bmatrix} + (2)\begin{bmatrix} 4 \\ 0 \end{bmatrix} = \begin{bmatrix} 13 \\ 12 \end{bmatrix}$$

따라서,

$$AB = \begin{bmatrix} 1 & 2 & 4 \\ 2 & 6 & 0 \end{bmatrix}\begin{bmatrix} 4 & 1 & 4 & 3 \\ 0 & -1 & 3 & 1 \\ 2 & 7 & 5 & 2 \end{bmatrix} = \begin{bmatrix} 12 & 27 & 30 & 13 \\ 8 & -4 & 26 & 12 \end{bmatrix}$$

■

예제 6 정의되지 않는 곱

예제 5에서 곱 BA를 구하라.

풀이 첫 행렬의 크기는 3×4이고 둘째는 2×3이어서, 안쪽 수가 같지 않으므로 곱은 정의되지 않는다. ■

행렬곱에서 특정 성분 구하기

행렬곱에서 모든 열을 계산하지 않고도 특정한 성분을 구할 수 있다. $m \times s$ 행렬 $A = [a_{ij}]$와 $s \times n$ 행렬 $B = [b_{ij}] = [\mathbf{b}_1, \mathbf{b}_2, \cdots, \mathbf{b}_n]$에 대하여 곱 AB의 i행 j열의 성분 $(AB)_{ij}$를 구하여 보자. 정의 3.1.6으로부터 AB의 j열 벡터는

$$A\mathbf{b}_j = \begin{bmatrix} a_{11} & a_{12} & \cdots & a_{1s} \\ a_{21} & a_{22} & \cdots & a_{2s} \\ \vdots & \vdots & & \vdots \\ a_{i1} & a_{i2} & \cdots & a_{is} \\ \vdots & \vdots & & \vdots \\ a_{m1} & a_{m2} & \cdots & a_{ms} \end{bmatrix}\begin{bmatrix} b_{1j} \\ b_{2j} \\ \vdots \\ b_{sj} \end{bmatrix} = b_{1j}\begin{bmatrix} a_{11} \\ a_{21} \\ \vdots \\ a_{i1} \\ \vdots \\ a_{m1} \end{bmatrix} + b_{2j}\begin{bmatrix} a_{12} \\ a_{22} \\ \vdots \\ a_{i2} \\ \vdots \\ a_{m2} \end{bmatrix} + \cdots + b_{sj}\begin{bmatrix} a_{1s} \\ a_{2s} \\ \vdots \\ a_{is} \\ \vdots \\ a_{ms} \end{bmatrix} \tag{15}$$

이다. $(AB)_{ij}$는 $A\mathbf{b}_j$의 i행 성분이므로 식 (15)와 그림 3.1.4로부터

$$(AB)_{ij} = a_{i1}b_{1j} + a_{i2}b_{2j} + a_{i3}b_{3j} + \cdots + a_{is}b_{sj} \tag{16}$$

이며 A의 i행 벡터와 B의 j열 벡터의 점곱이다. 식 (16)을 다음과 같이 쓸 수도 있다.

$$(AB)_{ij} = \mathbf{r}_i(A)\mathbf{c}_j(B) = \mathbf{r}_i(A) \cdot \mathbf{c}_j(B) \tag{17}$$

따라서 행렬곱에 대한 **행-열 규칙**(row-column rule) 또는 **점곱 규칙**(dot product rule)이라 하는 결과를 얻었다.

> *정리 3.1.7* **(행-열 규칙 또는 점곱 규칙)** *행렬곱 AB의 i행 j열의 성분은 A의 i행 벡터와 B의 j열 벡터의 곱, 즉 점곱이다.*

$$AB = \begin{bmatrix} a_{11} & a_{12} & \cdots & a_{1s} \\ a_{21} & a_{22} & \cdots & a_{2s} \\ \vdots & \vdots & & \vdots \\ a_{i1} & a_{i2} & \cdots & a_{is} \\ \vdots & \vdots & & \vdots \\ a_{m1} & a_{m2} & \cdots & a_{ms} \end{bmatrix} \begin{bmatrix} b_{11} & b_{12} & \cdots & b_{1j} & \cdots & b_{1n} \\ b_{21} & b_{22} & \cdots & b_{2j} & \cdots & b_{2n} \\ \vdots & \vdots & & \vdots & & \vdots \\ b_{s1} & b_{s2} & \cdots & b_{sj} & \cdots & b_{sn} \end{bmatrix}$$

그림 3.1.4

예제 7 점곱 규칙을 이용하여 예제 5의 곱에서 성분들을 구하라.

예제 5의 재분석

풀이 A는 크기가 2 × 3이고 B는 크기가 3 × 4이므로 곱 AB는 2 × 4 행렬

$$AB = \begin{bmatrix} \mathbf{r}_1(A)\cdot\mathbf{c}_1(B) & \mathbf{r}_1(A)\cdot\mathbf{c}_2(B) & \mathbf{r}_1(A)\cdot\mathbf{c}_3(B) & \mathbf{r}_1(A)\cdot\mathbf{c}_4(B) \\ \mathbf{r}_2(A)\cdot\mathbf{c}_1(B) & \mathbf{r}_2(A)\cdot\mathbf{c}_2(B) & \mathbf{r}_2(A)\cdot\mathbf{c}_3(B) & \mathbf{r}_2(A)\cdot\mathbf{c}_4(B) \end{bmatrix}$$

이고 $\mathbf{r}_1(A)$와 $\mathbf{r}_2(A)$는 A의 행벡터이고 $\mathbf{c}_1(B)$, $\mathbf{c}_2(B)$, $\mathbf{c}_3(B)$, $\mathbf{c}_4(B)$는 B의 열벡터이다. 예를 들면 AB의 2행 3열의 성분은

$$\begin{bmatrix} 1 & 2 & 4 \\ 2 & 6 & 0 \end{bmatrix} \begin{bmatrix} 4 & 1 & 4 & 3 \\ 0 & -1 & 3 & 1 \\ 2 & 7 & 5 & 2 \end{bmatrix} = \begin{bmatrix} \square & \square & \square & \square \\ \square & \square & \boxed{26} & \square \end{bmatrix}$$

$$(2 \cdot 4) + (6 \cdot 3) + (0 \cdot 5) = 26$$

이고, AB의 1행 4열의 성분은

$$\begin{bmatrix} 1 & 2 & 4 \\ 2 & 6 & 0 \end{bmatrix} \begin{bmatrix} 4 & 1 & 4 & 3 \\ 0 & -1 & 3 & 1 \\ 2 & 7 & 5 & 2 \end{bmatrix} = \begin{bmatrix} \square & \square & \square & \boxed{13} \\ \square & \square & \square & \square \end{bmatrix}$$

$$(1 \cdot 3) + (2 \cdot 1) + (4 \cdot 2) = 13$$

이다. 모두 계산하면 다음과 같다.

$$\begin{aligned} (AB)_{11} &= (1 \cdot 4) + (2 \cdot 0) + (4 \cdot 2) = 12 \\ (AB)_{12} &= (1 \cdot 1) + (2 \cdot -1) + (4 \cdot 7) = 27 \\ (AB)_{13} &= (1 \cdot 4) + (2 \cdot 3) + (4 \cdot 5) = 30 \\ (AB)_{14} &= (1 \cdot 3) + (2 \cdot 1) + (4 \cdot 2) = 13 \\ (AB)_{21} &= (2 \cdot 4) + (6 \cdot 0) + (0 \cdot 2) = 8 \\ (AB)_{22} &= (2 \cdot 1) + (6 \cdot -1) + (0 \cdot 7) = -4 \\ (AB)_{23} &= (2 \cdot 4) + (6 \cdot 3) + (0 \cdot 5) = 26 \\ (AB)_{24} &= (2 \cdot 3) + (6 \cdot 1) + (0 \cdot 2) = 12 \end{aligned}$$

■

행렬곱의 특정 행과 열 구하기

행−열 규칙은 행렬곱 AB의 특정한 성분을 구하는 데 유용하지만 AB의 특정한 열을 구하려면 정의 3.1.6으로부터 공식

$$AB = A[\mathbf{b}_1 \quad \mathbf{b}_2 \quad \cdots \quad \mathbf{b}_n] = [A\mathbf{b}_1 \quad A\mathbf{b}_2 \quad \cdots \quad A\mathbf{b}_n]$$

에 집중하여야 한다. 이 공식에서 AB의 j열은 $A\mathbf{b}_j$이다. 즉,

$$\mathbf{c}_j(AB) = A\mathbf{c}_j(B) \tag{18}$$

이며, 비슷하게 AB의 i행은 공식

$$\mathbf{r}_i(AB) = \mathbf{r}_i(A)B \tag{19}$$

로 주어진다. 식 (18)을 행렬 곱셈의 **열규칙**(column rule) 그리고 식 (19)를 행렬 곱셈의 **행규칙**(row rule)이라 한다. *다시 말하면, 열규칙은 행렬곱의 j열은 첫 행렬 곱하기 둘째 행렬 j열이라는 것을 나타내고, 행규칙은 행렬곱의 i행은 첫 행렬의 i행 곱하기 둘째 행렬이라는 것이다.*

예제 8 AB의 특정 행과 열 구하기

A와 B가 예제 5에서와 같을 때 열규칙을 이용하여 AB의 둘째 열, 그리고 행규칙을 이용하여 AB의 첫 행을 구하라.

풀이

$$\mathbf{c}_2(AB) = A\mathbf{c}_2(B) = \begin{bmatrix} 1 & 2 & 4 \\ 2 & 6 & 0 \end{bmatrix}\begin{bmatrix} 1 \\ -1 \\ 7 \end{bmatrix} = \begin{bmatrix} 27 \\ -4 \end{bmatrix}$$

$$\mathbf{r}_1(AB) = \mathbf{r}_1(A)B = [1 \quad 2 \quad 4]\begin{bmatrix} 4 & 1 & 4 & 3 \\ 0 & -1 & 3 & 1 \\ 2 & 7 & 5 & 2 \end{bmatrix} = [12 \quad 27 \quad 30 \quad 13]$$

■

이 둘은 예제 5에서의 결과와 같다.

일차결합으로서의 행렬곱

가끔 곱 AB의 행과 열을 일차결합으로 생각하는 것이 유용하다. 예를 들어, A가 $m \times s$ 행렬, x는 성분이 $x_1, x_2, \cdots, x_s$인 열벡터이면 정의 3.1.4에 의해

$$A\mathbf{x} = x_1\mathbf{c}_1(A) + x_2\mathbf{c}_2(A) + \cdots + x_s\mathbf{c}_s(A) \tag{20}$$

는 A의 열벡터와 $\mathbf{x}$ 계수의 일차결합이다. 비슷하게 B가 $s \times n$ 행렬, y는 성분이 $y_1, y_2, \cdots, y_s$인 행벡터이면

$$\mathbf{y}B = y_1\mathbf{r}_1(B) + y_2\mathbf{r}_2(B) + \cdots + y_s\mathbf{r}_s(B) \tag{21}$$

는 B의 행벡터와 $\mathbf{y}$ 계수의 일차결합이다(연습문제 P1). AB의 열규칙은 $\mathbf{c}_j(AB) = A\mathbf{c}_j(B)$이고 AB의 행규칙은 $\mathbf{r}_i(AB) = \mathbf{r}_i(A)B$이므로 식 (20)과 (21)은 다음 정리를 의미한다.

정리 3.1.8

(a) 행렬곱 AB의 j열은 A의 열벡터와 B의 j열 벡터 계수의 일차결합이다.

(b) 행렬곱 AB의 i행은 B의 행벡터와 A의 i행 계수의 일차결합이다.

예제 9 일차결합으로서의 AB의 행과 열

일차결합을 이용하여 예제 8을 계산하면 다음과 같다.

$$\begin{bmatrix} 1 & 2 & 4 \\ 2 & 6 & 0 \end{bmatrix}\begin{bmatrix} 1 \\ -1 \\ 7 \end{bmatrix} = (1)\begin{bmatrix} 1 \\ 2 \end{bmatrix} + (-1)\begin{bmatrix} 2 \\ 6 \end{bmatrix} + 7\begin{bmatrix} 4 \\ 0 \end{bmatrix} = \begin{bmatrix} 27 \\ -4 \end{bmatrix}$$

$$[1 \quad 2 \quad 4]\begin{bmatrix} 4 & 1 & 4 & 3 \\ 0 & -1 & 3 & 1 \\ 2 & 7 & 5 & 2 \end{bmatrix} = (1)[4 \quad 1 \quad 4 \quad 3] + (2)[0 \quad -1 \quad 3 \quad 1] + (4)[2 \quad 7 \quad 5 \quad 2]$$

$$= [12 \quad 27 \quad 30 \quad 13]$$

■

전치행렬 다음으로 실수의 대수에는 없는 행렬연산을 정의하겠다.

> **정의 3.1.9** A가 $m \times n$ 행렬이면 A의 **전치행렬**(transpose) A^T는 A의 행들을 열로 하여 만들어진 $n \times m$ 행렬로 정의한다. 즉 A^T의 첫째 열은 A의 첫째 행, A^T의 둘째 열은 A의 둘째 행 등이다.

예제 10 전치행렬

다음은 행렬과 전치행렬의 보기들이다.

$$A = \begin{bmatrix} a_{11} & a_{12} & a_{13} & a_{14} \\ a_{21} & a_{22} & a_{23} & a_{24} \\ a_{31} & a_{32} & a_{33} & a_{34} \end{bmatrix}, \quad B = \begin{bmatrix} 2 & 3 \\ 1 & 4 \\ 5 & 6 \end{bmatrix}, \quad C = [1 \quad 3 \quad -5], \quad D = [4]$$

$$A^T = \begin{bmatrix} a_{11} & a_{21} & a_{31} \\ a_{12} & a_{22} & a_{32} \\ a_{13} & a_{23} & a_{33} \\ a_{14} & a_{24} & a_{34} \end{bmatrix}, \quad B^T = \begin{bmatrix} 2 & 1 & 5 \\ 3 & 4 & 6 \end{bmatrix}, \quad C^T = \begin{bmatrix} 1 \\ 3 \\ -5 \end{bmatrix}, \quad D^T = [4]$$ ■

이 예제는 행을 열로 치환하여 A에서 A^T를 만드는 과정은 자동으로 A의 열을 A^T의 행으로 치환함을 보여 주고 있다. 따라서 A의 i행 j열의 성분은 A^T의 j행 i열의 성분이 된다. 즉

$$(A)_{ij} = (A^T)_{ji} \tag{22}$$

A가 정사각행렬이면 A의 전치행렬은 주대각선에 관하여 대칭인 성분들을 서로 바꾸어서 얻을 수 있다. 즉 A의 주대각선에 관하여 '반사'하여 얻을 수 있다(그림 3.1.5).

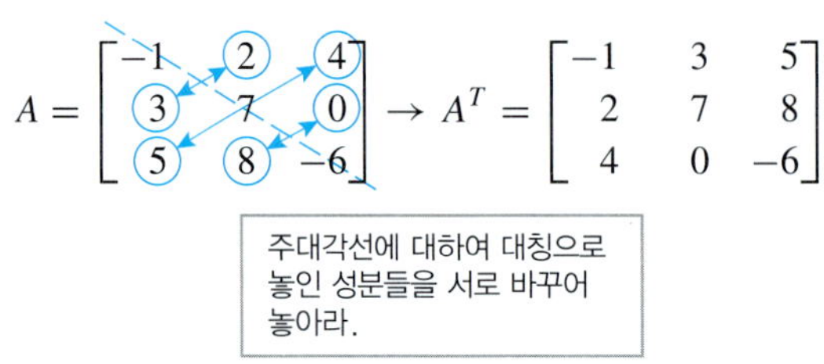

그림 3.1.5

대각합 교재의 뒷부분에서 더 필요하게 되는 다음 정의는 정사각행렬에만 적용된다.

> **정의 3.1.10** 정사각행렬 A의 **대각합**(trace)은 A의 주대각선 위의 성분들의 합으로 정의하고 $\text{tr}(A)$로 표기한다.

예를 들면

$$A = \begin{bmatrix} 3 & 2 \\ -1 & -8 \end{bmatrix} \text{과} \quad B = \begin{bmatrix} b_{11} & b_{12} & b_{13} \\ b_{21} & b_{22} & b_{23} \\ b_{31} & b_{32} & b_{33} \end{bmatrix}$$

에 대하여

$$\text{tr}(A) = 3 + (-8) = -5 \text{과} \quad \text{tr}(B) = b_{11} + b_{22} + b_{33}$$

이다. 행렬의 대각합은 행과 열의 번호가 같은 성분들의 합이라는 것을 주의하라.

행렬내적과 행렬외적 행과 열벡터를 포함한 행렬곱은 특별한 이름을 붙인다.

> **정의 3.1.11** $\mathbf{u}$와 $\mathbf{v}$가 같은 크기의 열벡터이면 곱 $\mathbf{u}^T\mathbf{v}$를 **$\mathbf{u}$와 $\mathbf{v}$의 행렬내적**(matrix inner product)이라 한다. $\mathbf{u}$와 $\mathbf{v}$가 임의의 크기를 가진 열벡터이면 곱 $\mathbf{u}\mathbf{v}^T$를 **$\mathbf{u}$와 $\mathbf{v}$의 행렬외적**(matrix outer product)이라 한다.

참고 행렬내적과 행렬외적을 구별하는 방법으로, '행벡터 곱하기 열벡터'는 행렬내적이고 '열벡터 곱하기 행벡터'는 행렬외적이다. 수 a와 1×1 행렬 $[a]$를 구별하지 않는 관례에 따르면 $\mathbf{u}$와 $\mathbf{v}$의 행렬내적은 내적 $\mathbf{u} \cdot \mathbf{v}$와 같다. 다음 예제에서 이를 보여 준다.

예제 11 행렬내적과 행렬외적

$$\mathbf{u} = \begin{bmatrix} -1 \\ 3 \end{bmatrix}, \quad \mathbf{v} = \begin{bmatrix} 2 \\ 5 \end{bmatrix}$$

에 대하여 $\mathbf{u}$와 $\mathbf{v}$의 행렬내적(행 곱하기 열)은

$$\mathbf{u}^T\mathbf{v} = \begin{bmatrix} -1 & 3 \end{bmatrix} \begin{bmatrix} 2 \\ 5 \end{bmatrix} = [13] = 13 = \mathbf{u} \cdot \mathbf{v}$$

이고, $\mathbf{u}$와 $\mathbf{v}$의 행렬외적(열 곱하기 행)은

$$\mathbf{u}\mathbf{v}^T = \begin{bmatrix} -1 \\ 3 \end{bmatrix} [2 \quad 5] = \begin{bmatrix} -2 & -5 \\ 6 & 15 \end{bmatrix}$$

이다. ■

일반적으로

$$\mathbf{u} = \begin{bmatrix} u_1 \\ u_2 \\ \vdots \\ u_n \end{bmatrix}, \quad \mathbf{v} = \begin{bmatrix} v_1 \\ v_2 \\ \vdots \\ v_n \end{bmatrix}$$

에 대해서 $\mathbf{u}$와 $\mathbf{v}$의 행렬내적은

$$\mathbf{u}^T\mathbf{v} = [u_1 \quad u_2 \quad \cdots \quad u_n] \begin{bmatrix} v_1 \\ v_2 \\ \vdots \\ v_n \end{bmatrix} = [u_1v_1 + u_2v_2 + \cdots + u_nv_n] = \mathbf{u} \cdot \mathbf{v} \tag{23}$$

이고, $\mathbf{u}$와 $\mathbf{v}$의 행렬외적은

$$\mathbf{u}\mathbf{v}^T = \begin{bmatrix} u_1 \\ u_2 \\ \vdots \\ u_n \end{bmatrix} [v_1 \quad v_2 \quad \cdots \quad v_n] = \begin{bmatrix} u_1v_1 & u_1v_2 & \cdots & u_1v_n \\ u_2v_1 & u_2v_2 & \cdots & u_2v_n \\ \vdots & \vdots & & \vdots \\ u_nv_1 & u_nv_2 & \cdots & u_nv_n \end{bmatrix} \tag{24}$$

이제 내적, 외적, 점곱, 그리고 대각합과 연결된 유용한 관계들을 설명하면서 이 절을 맺는다. 우선, 식 (23)의 합과 (24)의 대각 성분들을 비교하면 두 열벡터의 내적과 외적은 대각합 공식

$$\mathbf{u}^T\mathbf{v} = \operatorname{tr}(\mathbf{u}\mathbf{v}^T) \tag{25}$$

으로 연관이 있다는 것을 알 수 있다. 그리고 식 (23)과 점곱의 대칭성으로부터

$$\mathbf{u}^T\mathbf{v} = \mathbf{u} \cdot \mathbf{v} = \mathbf{v} \cdot \mathbf{u} = \mathbf{v}^T\mathbf{u} \tag{26}$$

가 성립한다. 또한 식 (25)에서 $\mathbf{u}$와 $\mathbf{v}$를 바꾸고 식 (26)을 적용하면

$$\operatorname{tr}(\mathbf{u}\mathbf{v}^T) = \operatorname{tr}(\mathbf{v}\mathbf{u}^T) = \mathbf{u} \cdot \mathbf{v} \tag{27}$$

을 얻는다. 그러나 이 공식들은 $\mathbf{u}$와 $\mathbf{v}$가 열벡터일 때만 성립한다는 것을 명심하라.

연습문제 3.1

연습문제 1과 2에서는 a, b, c, d에 관해서 행렬방정식을 풀어라.

1. $\begin{bmatrix} a-b & b+a \\ 3d+c & 2d-c \end{bmatrix} = \begin{bmatrix} 8 & 1 \\ 7 & 6 \end{bmatrix}$

2. $\begin{bmatrix} a & 3 \\ -1 & a+b \end{bmatrix} = \begin{bmatrix} 4 & d-2c \\ d+2c & -2 \end{bmatrix}$

연습문제 3과 4에서는

$$A = [a_{ij}] = \begin{bmatrix} 3 & 1 & -7 & 8 \\ 2 & 4 & 11 & 0 \\ 3 & 3 & 9 & -4 \end{bmatrix}$$

와

$$B = [b_{ij}] = \begin{bmatrix} 11 & \frac{1}{2} & -2 & 3 \\ 4 & 1 & 1 & 0 \end{bmatrix}$$

이다.

3. 빈칸을 채워라.
   (a) A의 크기는 _______이고, B^T의 크기는 _______이다.
   (b) a_{32} = _______이고, a_{23} = _______이다.
   (c) (i, j) = _______일 때 $a_{ij} = 3$이다.
   (d) A^T의 셋째 열벡터는 _______이다.
   (e) $(2B)^T$의 둘째 행벡터는 _______이다.

4. 빈칸을 채워라.
   (a) B의 크기는 _______이고, A^T의 크기는 _______이다.
   (b) b_{12} = _______이고, b_{21} = _______이다.
   (c) (i, j) = _______일 때 $b_{ij} = 1$이다.
   (d) A^T의 둘째 행벡터는 _______이다.
   (e) $3B^T$의 둘째 열벡터는 _______이다.

다음 행렬을 이용하여 연습문제 5~8을 풀어라.

$$A = \begin{bmatrix} 3 & 0 \\ -1 & 2 \\ 1 & 1 \end{bmatrix},\quad B = \begin{bmatrix} 2 & 1 \\ -3 & 1 \\ 4 & 0 \end{bmatrix},\quad C = \begin{bmatrix} 1 & 0 \\ 3 & -1 \end{bmatrix}$$

$$D = \begin{bmatrix} 1 & 1 \\ -3 & 3 \end{bmatrix},\quad E = \begin{bmatrix} 1 & 4 & 2 \\ 3 & 1 & 5 \end{bmatrix},\quad F = \begin{bmatrix} 1 & 5 & 2 \\ -1 & 0 & 1 \\ 3 & 2 & 4 \end{bmatrix}$$

$$G = \begin{bmatrix} 6 & 1 & 3 \\ -1 & 1 & 2 \\ 4 & 1 & 3 \end{bmatrix}$$

5. 계산이 가능한 경우 다음 행렬을 계산하라.
   (a) $A + 2B$ (b) $A - B^T$ (c) $4D - 3C^T$
   (d) $D - D^T$ (e) $G + (2F)^T$ (f) $(7A - B) + E$

6. 계산이 가능한 경우 다음 행렬을 계산하라.
   (a) $3C + D$ (b) $E - A^T$ (c) $4C - 5D^T$
   (d) $F - F^T$ (e) $B + (4E)^T$ (f) $(7C - D) + B$

7. 계산이 가능한 경우 다음 행렬을 계산하라.
   (a) CD (b) AE (c) FG
   (d) B^TF (e) BB^T (f) GE

8. 계산이 가능한 경우 다음 행렬을 계산하라.
   (a) GA (b) FB (c) GF
   (d) A^TG (e) EE^T (f) DA

연습문제 9와 10에서는 정의 3.1.4를 이용하여 $A\mathbf{x}$를 계산하라.

9. $A = \begin{bmatrix} 1 & 5 & 2 \\ -4 & 9 & 1 \\ 2 & 0 & 3 \end{bmatrix};\ \mathbf{x} = \begin{bmatrix} 2 \\ -1 \\ 3 \end{bmatrix}$

10. $A = \begin{bmatrix} 2 & 4 & 1 \\ -3 & 9 & 0 \\ 3 & -1 & 2 \end{bmatrix};\ \mathbf{x} = \begin{bmatrix} 4 \\ 5 \\ -2 \end{bmatrix}$

연습문제 11과 12에서는 $A\mathbf{x} = \mathbf{b}$로 표현하라.

11. (a)
$$\begin{aligned} 2x_1 - 3x_2 + 5x_3 &= 7 \\ 9x_1 - x_2 + x_3 &= -1 \end{aligned}$$
(b)
$$\begin{aligned} x_1 + x_2 + x_3 &= 4 \\ 2x_1 - 3x_2 + 4x_3 &= 3 \\ x_1 + 5x_2 - 2x_3 &= -2 \end{aligned}$$

12. (a)
$$\begin{aligned} x_1 - 2x_2 + 3x_3 &= -3 \\ 2x_1 + x_2 &= 0 \\ -3x_2 + 4x_3 &= 1 \\ x_1 + x_3 &= 5 \end{aligned}$$
(b)
$$\begin{aligned} 3x_1 + 3x_2 + 3x_3 &= -3 \\ -x_1 - 5x_2 - 2x_3 &= 3 \\ -4x_2 + x_3 &= 0 \end{aligned}$$

연습문제 13과 14에서는 $A\mathbf{x} = \mathbf{b}$ 형식으로 x_1, x_2, x_3에 관한 선형계의 방정식들을 쓰라.

13. $A = \begin{bmatrix} 5 & 6 & -7 \\ -1 & -2 & 3 \\ 0 & 4 & -1 \end{bmatrix};\ \mathbf{b} = \begin{bmatrix} 2 \\ 0 \\ 3 \end{bmatrix}$

14. $A = \begin{bmatrix} 1 & 1 & 1 \\ 2 & 3 & 0 \\ 5 & -3 & -6 \end{bmatrix};\ \mathbf{b} = \begin{bmatrix} 2 \\ 2 \\ -9 \end{bmatrix}$

연습문제 15~20에서는

$$A = \begin{bmatrix} 3 & -2 & 7 \\ 6 & 5 & 4 \\ 0 & 4 & 9 \end{bmatrix} \text{와} \quad B = \begin{bmatrix} 6 & -2 & 4 \\ 0 & 1 & 3 \\ 7 & 7 & 5 \end{bmatrix}$$

이다.

15. 가능한 한 적은 덧셈과 곱셈을 하여 $(AB)_{23}$을 구하라.

16. 가능한 한 적은 덧셈과 곱셈을 하여 $(BA)_{21}$을 구하라.

17. 예제 8의 방법을 이용하여 다음을 구하라.
   (a) AB의 첫째 행벡터
   (b) AB의 셋째 행벡터
   (c) AB의 둘째 열벡터

18. 예제 8의 방법을 이용하여 다음을 구하라.

(a) BA의 첫째 행벡터

(b) BA의 셋째 행벡터

(c) BA의 둘째 열벡터

19. 다음을 구하라.

(a) $\text{tr}(A)$ (b) $\text{tr}(A^T)$

(c) $\text{tr}(AB) - \text{tr}(A)\text{tr}(B)$

20. 다음을 구하라.

(a) $\text{tr}(B)$ (b) $\text{tr}(B^T)$

(c) $\text{tr}(BA) - \text{tr}(B)\text{tr}(A)$

21. $\mathbf{u} = \begin{bmatrix} -2 \\ 3 \end{bmatrix}, \quad \mathbf{v} = \begin{bmatrix} 4 \\ 5 \end{bmatrix}$

(a) $\mathbf{u}$와 $\mathbf{v}$의 행렬내적을 구하라.

(b) $\mathbf{u}$와 $\mathbf{v}$의 행렬외적을 구하라.

(c) 벡터 $\mathbf{u}$, $\mathbf{v}$에 대하여 식 (25)를 확인하라.

(d) 벡터 $\mathbf{u}$, $\mathbf{v}$에 대하여 식 (26)을 확인하라.

(e) 벡터 $\mathbf{u}$, $\mathbf{v}$에 대하여 식 (27)을 확인하라.

22. $\mathbf{u} = \begin{bmatrix} 3 \\ -4 \\ 5 \end{bmatrix}, \quad \mathbf{v} = \begin{bmatrix} 2 \\ 7 \\ 0 \end{bmatrix}$

(a) $\mathbf{u}$와 $\mathbf{v}$의 행렬내적을 구하라.

(b) $\mathbf{u}$와 $\mathbf{v}$의 행렬외적을 구하라.

(c) 벡터 $\mathbf{u}$, $\mathbf{v}$에 대하여 식 (25)를 확인하라.

(d) 벡터 $\mathbf{u}$, $\mathbf{v}$에 대하여 식 (26)을 확인하라.

(e) 벡터 $\mathbf{u}$, $\mathbf{v}$에 대하여 식 (27)을 확인하라.

연습문제 23과 24에서는 방정식을 만족시키는 k의 값이 있으면 모두 구하라.

23. $\begin{bmatrix} k & 1 & 1 \end{bmatrix} \begin{bmatrix} 1 & 1 & 0 \\ 1 & 0 & 2 \\ 0 & 2 & -3 \end{bmatrix} \begin{bmatrix} k \\ 1 \\ 1 \end{bmatrix} = 0$

24. $\begin{bmatrix} 2 & 2 & k \end{bmatrix} \begin{bmatrix} 1 & 2 & 0 \\ 2 & 0 & 3 \\ 0 & 3 & 1 \end{bmatrix} \begin{bmatrix} 2 \\ 2 \\ k \end{bmatrix} = 0$

25. C, D, E가 연습문제 5~8에서와 같다. 가능한 한 적은 연산을 써서 $C(DE)$의 2행 3열의 성분을 구하라.

26. C, D, E가 연습문제 5~8에서와 같다. 가능한 한 적은 연산을 써서 $(CD)E$의 1행 2열의 성분을 구하라.

27. AB와 BA가 정의되면 AB와 BA는 정사각행렬임을 보여라.

28. A가 $m \times n$ 행렬이고 $A(BA)$가 정의되면 B는 $n \times m$ 행렬임을 보여라.

29. (a) A는 0인 행을 갖고 B는 임의의 행렬로서 AB가 정의되면 AB는 0인 행을 갖고 있음을 보여라.

(b) 0인 열을 갖고 있을 때도 비슷한 결과를 구하라.

30. (a) B와 C가 두 개의 같은 열을 갖고 A는 임의의 행렬로 AB와 AC가 정의된다면, AB와 AC도 두 개의 같은 열을 갖고 있음을 보여라.

(b) 두 개의 같은 행에 대하여 비슷한 결과를 구하라.

31. 각각의 경우에 주어진 조건을 만족시키는 6×6 행렬 $A = [a_{ij}]$를 구하라. 숫자보다는 문자를 이용하여 가능하면 일반화하라.

(a) $i \neq j$이면 $a_{ij} = 0$ (b) $i > j$이면 $a_{ij} = 0$

(c) $i < j$이면 $a_{ij} = 0$ (d) $|i - j| > 1$이면 $a_{ij} = 0$

32. 각각의 경우에 주어진 조건을 만족시키는 4×4 행렬 $A = [a_{ij}]$를 구하라.

(a) $a_{ij} = i + j$ (b) $a_{ij} = (-1)^{i+j}$

(c) $a_{ij} = \begin{cases} 1 & \text{if } |i - j| > 1 \\ -1 & \text{if } |i - j| \leq 1 \end{cases}$

33. I종 품목은 각각 1달러, II종 품목은 각 2달러, 그리고 III종 품목은 각 3달러의 비용이 든다. 다음 표는 그 해 첫 네 달 동안 구매한 각종 품목의 수를 나타낸다.

	I종	II종	III종
1월	3	4	3
2월	5	6	0
3월	2	9	4
4월	1	1	7

표 Ex-33

다음 행렬곱은 어떤 정보를 나타내는가?

$$\begin{bmatrix} 3 & 4 & 3 \\ 5 & 6 & 0 \\ 2 & 9 & 4 \\ 1 & 1 & 7 \end{bmatrix} \begin{bmatrix} 1 \\ 2 \\ 3 \end{bmatrix}$$

34. 다음 표는 의류 가게의 5월과 6월의 단위 매상 기록이다. M을 5월 매상의 4×3 행렬, J를 6월 매상의 4×3 행렬이라 하자.

(a) 행렬 $M + J$는 무엇을 나타내는가?

(b) 행렬 $M - J$는 무엇을 나타내는가?

(c) $M\mathbf{x}$가 5월에 판매한 셔츠, 청바지, 슈트, 비옷의 개수일 때 열벡터 $\mathbf{x}$를 구하라.

(d) $\mathbf{y}M$이 5월에 판매한 소형, 중형, 대형 품목의 개수일 때 행벡터 $\mathbf{y}$를 구하라.

(e) (c)와 (d)에서 구한 $\mathbf{x}$와 $\mathbf{y}$로 $\mathbf{y}M\mathbf{x}$가 무엇을 나타내는지 밝혀라.

	5월 매상		
	소형	중형	대형
셔츠	45	60	75
청바지	30	30	40
슈트	12	65	45
비옷	15	40	35

	6월 매상		
	소형	중형	대형
셔츠	30	33	40
청바지	21	23	25
슈트	9	12	11
비옷	8	10	9

표 Ex-34

토론과 발견

D1. 행렬 AB의 크기가 6×8이면 A와 B의 크기는 얼마인가?

D2. 행렬곱 AA의 모든 성분이 0인 영행렬이 아닌 2×2 행렬 A를 구하라.

D3. 행렬곱을 계산하는 세 가지 다른 방법을 기술하고, 보기를 들어 설명하라.

D4. 임의의 실수 x, y, z에 대하여

$$A\begin{bmatrix} x \\ y \\ z \end{bmatrix} = \begin{bmatrix} x+y \\ x-y \\ 0 \end{bmatrix}$$

을 만족시키는 3×3 (실수)행렬 A를 얼마나 많이 찾을 수 있는가?

D5. 임의의 실수 x, y, z에 대하여

$$A\begin{bmatrix} x \\ y \\ z \end{bmatrix} = \begin{bmatrix} xy \\ 0 \\ 0 \end{bmatrix}$$

을 만족시키는 3×3 (실수)행렬 A를 얼마나 많이 찾을 수 있는가?

D6. $A = \begin{bmatrix} 2 & 2 \\ 2 & 2 \end{bmatrix}$와 $B = \begin{bmatrix} 5 & 0 \\ 0 & 9 \end{bmatrix}$에 대하여

(a) $SS = M$이면 행렬 S를 행렬 M의 **제곱근**(square root)이라 한다. A의 두 개의 제곱근을 찾아라.

(b) B의 제곱근은 얼마나 많이 찾을 수 있는가?

(c) 모든 행렬은 제곱근을 갖는가? 그 이유를 설명하라.

D7. 임의의 3×3 행렬 B에 대하여 AB의 세 행이 같은 3×3 행렬 A는 존재하는가?

D8. 임의의 3×3 행렬 B에 대하여 $AB = 2B$가 되는 3×3 행렬 A는 존재하는가?

D9. 다음 명제들이 참(T)인지 거짓(F)인지 판별하고, 그 이유를 설명하라.

(a) AB와 BA가 정의되면 A와 B는 정사각행렬이다.

(b) $AB + BA$가 정의되면 A와 B는 같은 크기의 정사각행렬이다.

(c) B의 한 열이 0이면 곱이 정의된 AB의 한 열도 0이다.

(d) B의 한 열이 0이면 곱이 정의된 BA의 한 열도 0이다.

(e) 모든 행렬 A에 대하여 $\operatorname{tr}(A^TA)$와 $\operatorname{tr}(AA^T)$가 정의된다.

(f) 행벡터 $\mathbf{u}$와 $\mathbf{v}$에 대하여, $\mathbf{u}^T\mathbf{v} = \mathbf{u} \cdot \mathbf{v}$이다.

D10. A와 B가 3×3 행렬이고 B의 둘째 열이 첫째와 셋째 열의 합이면 AB의 둘째 열은 어떤가?

D11. **(시그마 표시)** $A = [a_{ij}]_{m \times s}$와 $B = [b_{ij}]_{s \times n}$에 대하여

(a) 합 $\sum_{k=1}^{s}(a_{ik}b_{kj})$를 구하라.

(b) 이 합은 무엇을 나타내는가?

증명문제

P1. 행렬을 곱하고 성분을 비교하여 식 (21)을 증명하라.

P2. 선형계 $A\mathbf{x} = \mathbf{b}$가 해를 가질 필요충분조건은 $\mathbf{b}$가 A의 열벡터들의 일차결합으로 표현됨을 증명하라.

프로그램 활용 연습문제

T1. **(행렬덧셈과 스칼라곱)** 예제 2와 3의 계산을 수행하라.

T2. **(행렬곱)** 예제 5의 곱 AB를 계산하라.

T3. **(대각합과 전치행렬)** 행렬

$$A = \begin{bmatrix} 3 & 1 & -7 \\ 2 & 4 & 11 \\ 3 & 3 & 9 \end{bmatrix}$$

의 대각합과 전치행렬을 구하라.

T4. **(행벡터, 열벡터, 성분의 추출)**

(a) 연습문제 T3에서 행렬의 행벡터와 열벡터를 뽑아내라.

(b) 연습문제 T3에서 행렬의 행벡터와 열벡터의 합을 구하라.

(c) 연습문제 T3의 행렬에서 대각 성분을 추출하고 합을 구하라.

T5. 행렬 크기가 합치하지 않는 행렬들을 곱하려고 할 때 어떤 일이 생기는지 알아보라.

T6. **(행렬곱에 의한 일차결합)** R^n에서 벡터들의 일차결합 $c_1\mathbf{v}_1 + c_2\mathbf{v}_2 + \cdots + c_k\mathbf{v}_k$을 얻는 한 가지 방법은 열벡터가 $\mathbf{v}_1, \mathbf{v}_2, \cdots, \mathbf{v}_k$인 행렬 A와 성분이 $c_1, c_2, \cdots, c_k$인 열벡터 $\mathbf{c}$의 곱 $A\mathbf{c}$를 계산하는 것이다. 이 방법을 이용하여 일차결합

$$6(8, 2, 1, 4) + 17(3, 9, 11, 6) + 9(0, 1, 2, 4)$$

를 계산하라.

T7. 연습문제 T6의 아이디어를 이용하여 다음 일차결합을 행렬곱으로 계산하라.

$$3(7, 1, 0, 3) - 4(-1, 5, 7, 0) + 2(6, 3, -2, 1)$$
$$5(7, 1, 0, 3) - (-1, 5, 7, 0) + (6, 3, -2, 1)$$
$$2(7, 1, 0, 3) + 4(-1, 5, 7, 0) + 7(6, 3, -2, 1)$$

3.2 역행렬 및 행렬의 대수적 성질

이 절에서는 행렬연산의 대수적 성질 몇 가지를 논의하고, 실수를 계산하는 기본 법칙들이 행렬들에 대해서 성립하는 것과 성립하지 않는 것들을 알아본다.

행렬덧셈과 스칼라곱의 성질

다음 정리는 행렬덧셈과 스칼라곱의 몇 가지 기본성질들이다. 이들 모두는 실수를 계산하는 법칙과 유사하다.

정리 3.2.1 *a, b는 스칼라이고, 행렬 A, B, C의 크기가 주어진 연산이 가능하도록 주어지면 다음이 성립한다.*

(a) $A + B = B + A$ **[덧셈의 교환법칙]**

(b) $A + (B + C) = (A + B) + C$ **[덧셈의 결합법칙]**

(c) $(ab)A = a(bA)$

(d) $(a + b)A = aA + bA$

(e) $(a - b)A = aA - bA$

(f) $a(A + B) = aA + aB$

(g) $a(A - B) = aA - aB$

각각 좌변과 우변의 크기가 같고 양변의 대응하는 성분들이 같음을 보여야 한다. 대응하는 성분이 같음은 각 성분을 직접 다루거나 양변의 대응하는 열(또는 행)벡터들이 같음을 증명함으로써 보일 수 있다. 여기서는 각 성분을 다루어서 (b)를 증명하겠다. 다른 부분의 증명은 연습문제로 남겨 놓겠다.

증명 (b) $A + (B + C)$가 정의되려면 행렬 A, B, C는 같은 크기여야 한다. 이를 편의상 $m \times n$이라 하자. 그러면 $A + (B + C)$와 $(A + B) + C$의 크기는 $m \times n$ 크기이므로 방정식 양변의 크기는 같다. 이제 양변의 대응하는 성분이 같음을 보이자. 즉, 모든 i, j에 대하여

$$[A + (B + C)]_{ij} = [(A + B) + C]_{ij}$$

를 보이기 위하여

$$A = [a_{ij}], \quad B = [b_{ij}], \quad C = [c_{ij}]$$

라 하면

$$\begin{aligned}[A + (B + C)]_{ij} &= a_{ij} + (b_{ij} + c_{ij}) && \text{[행렬 덧셈의 정의]} \\ &= (a_{ij} + b_{ij}) + c_{ij} && \text{[실수에 대한 덧셈의 결합법칙]} \\ &= [(A + B) + C]_{ij} && \text{[행렬 덧셈의 정의]}\end{aligned}$$

■

행렬곱셈의 성질

정리 3.2.1이 성립한다고 해서 실수의 모든 계산법칙이 행렬에서도 성립할 것이라고 믿어서는 안 된다. 예를 들면 실수의 계산에서 **곱셈의 교환법칙**(commutative law for multiplication)인 $ab = ba$는 항상 성립함을 알고 있지만 행렬곱셈에서는 성립하지 않는다. 즉 AB와 BA는 같을 필요가 없다. 등호는 세 가지 이유로 성립하지 않는다.

1. AB는 정의되어도 BA는 정의되지 않는다(예를 들면 A는 2×3이고 B는 3×4일 때).
2. AB와 BA가 정의되어도 서로 다른 크기를 가질 수 있다(예를 들면 A는 2×3이고 B는 3×2일 때).
3. AB와 BA가 정의되고 같은 크기일지라도, 두 행렬은 다를 수 있다(다음 예제를 보라).

예제 1 행렬곱셈에서 순서 문제

행렬

$$A = \begin{bmatrix} -1 & 0 \\ 2 & 3 \end{bmatrix}, \quad B = \begin{bmatrix} 1 & 2 \\ 3 & 0 \end{bmatrix}$$

이면 곱셈

$$AB = \begin{bmatrix} -1 & -2 \\ 11 & 4 \end{bmatrix}, \quad BA = \begin{bmatrix} 3 & 6 \\ -3 & 0 \end{bmatrix}$$

이다. 따라서 $AB \neq BA$이다. ■

참고 이 예제로부터 AB와 BA가 항상 다르다고 결론을 내려서는 안 된다. 특별한 경우에는 $AB = BA$이다. 이 경우에 A와 B는 **교환된다**(commute)고 한다. 이 절의 뒷부분에서 예제들을 보게 될 것이다.

행렬곱셈에서는 교환법칙이 성립하지 않지만 실수곱셈의 많은 성질이 행렬계산에서도 성립한다.

정리 3.2.2 *a는 스칼라이고 행렬 A, B, C는 주어진 연산이 정의되는 크기들이다.*

(a) $A(BC) = (AB)C$ **[곱셈의 결합법칙]**

(b) $A(B + C) = AB + AC$ **[왼쪽 분배법칙]**

(c) $(B + C)A = BA + CA$ **[오른쪽 분배법칙]**

(d) $A(B - C) = AB - AC$

(e) $(B - C)A = BA - CA$

(f) $a(BC) = (aB)C = B(aC)$

각각 좌변과 우변의 크기가 같고 양변의 대응하는 성분이 같음을 보여야 한다. 정리 3.2.1을 다루면서 주시한 것처럼 각 성분을 이용하거나 양변의 각 열(또는 행)벡터가 같음을 보임으로써 등호를 증명할 수 있다. (*a*)와 (*b*)를 증명하고 나머지는 연습문제로 남겨 둔다.

증명 (a) 먼저 행렬 $A(BC)$와 $(AB)C$가 같은 크기임을 보여야 한다. BC가 정의되려면 B의 열의 수와 C의 행의 수는 같아야 한다. 따라서 B의 크기를 $k \times s$ 그리고 C의 크기를 $s \times n$이라 하면 BC의 크기는 $k \times n$이다. $A(BC)$가 정의되려면 행렬 A의 열의 수와 BC의 행의 수가 같아야 한다. 그래서 A의 크기를 $m \times k$라 하자. 그러면 $A(BC)$와 $(AB)C$는 같은 크기인 $m \times n$ 행렬이 된다.

다음으로는 $A(BC)$와 $(AB)C$의 대응하는 열벡터들이 같음을 보이고 싶다. c_j를 C의 j번째 열벡터라 하자. 그러면 $(AB)C$의 j번째 열벡터는

$$(AB)\mathbf{c}_j \tag{1}$$

이고, BC의 j번째 열벡터는 $B\mathbf{c}_j$이므로 $A(BC)$의 j번째 열벡터는

$$A(B\mathbf{c}_j) \tag{2}$$

이다. 그렇지만 행렬곱은 곱이 정의될 수 있는 모든 열벡터 $\mathbf{x}$에 대해서 $A(B\mathbf{x}) = (AB)\mathbf{x}$가 성립하도록 특별히 정의되었다[3.1절의 식 (12) 참조]. 특히, 열벡터 $\mathbf{c}_j$에 대해서도 이 공식은 성립한다. 따라서 식 (1)과 (2)는 같고, 증명은 완료된 것이다.

증명 (b) 우선 $A(B + C)$와 $AB + AC$의 크기가 같음을 보여야 한다. 연산 $B + C$를 수행하려면 행렬 B와 C는 같은 크기, 이를테면 $s \times n$이어야 한다. 곱 $A(B + C)$를 수행하려면 행렬 A는 s개의 열을 가져야 하므로, 그 크기는 $m \times s$ 형태여야 한다. 따라서 $A(B + C)$, AB, AC는 $m \times n$ 행렬이고, $A(B + C)$와 $AB + AC$는 같은 크기 $m \times n$이다.

다음으로 $A(B + C)$와 $AB + AC$의 대응하는 열벡터들이 같음을 보이고 싶다. 이를 위해서 $\mathbf{b}_j$와 $\mathbf{c}_j$를 B와 C의 각각 j번째 열이라 하자. 그러면 $A(B + C)$의 j번째 열벡터는

$$A(\mathbf{b}_j + \mathbf{c}_j) \tag{3}$$

이고 $AB + AC$의 j번째 열벡터는

$$A\mathbf{b}_j + A\mathbf{c}_j \tag{4}$$

이다. 정리 3.1.5(*b*)는 식 (3)과 (4)가 같음을 보여 주며, 이로써 증명은 완료된다. ■

참고 비록 행렬의 덧셈과 곱셈이 행렬 쌍들에 대해서만 정의되었지만, 결합법칙 $A + (B + C) = (A + B) + C$, $A(BC) = (AB)C$은 행렬들을 어떻게 묶든지 같은 결과를 나타내므로 $A + B + C$와 ABC라는 표현을 사용할 수 있게 하여 준다. 일반적으로 *행렬의 임의의 곱이나 합에서는 결과에 영향을 주지 않고 한 쌍의 괄호를 삽입하거나 삭제할 수 있다.*

영행렬 모든 성분이 0인 행렬을 **영행렬**(zero matrix)이라 한다. 예를 들면

$$\begin{bmatrix} 0 & 0 \\ 0 & 0 \end{bmatrix}, \quad \begin{bmatrix} 0 & 0 & 0 \\ 0 & 0 & 0 \\ 0 & 0 & 0 \end{bmatrix}, \quad \begin{bmatrix} 0 & 0 & 0 & 0 \\ 0 & 0 & 0 & 0 \end{bmatrix}, \quad \begin{bmatrix} 0 \\ 0 \\ 0 \\ 0 \end{bmatrix}, \quad [0]$$

등이다. 영행렬은 0으로 표기하고 크기가 중요한 경우의 $m \times n$ 영행렬은 $0_{m \times n}$으로 표기하겠다.

A와 0이 같은 크기이면

$$A + 0 = 0 + A = A$$

는 명백하다. 따라서 행렬 0은 수 0이 스칼라로 이루어진 방정식 $a + 0 = 0 + a = a$에서 하는 것과 같은 역할을 행렬방정식에서 한다.

다음 정리에는 영행렬의 기본 성질을 기록하였다. 결과들이 명백하므로 증명은 생략한다.

정리 3.2.3 *c가 스칼라이고 행렬의 크기는 주어진 연산이 수행되도록 주어졌다.*

(*a*) $A + 0 = 0 + A = A$

(*b*) $A - 0 = A$

(*c*) $A - A = A + (-A) = 0$

(*d*) $0A = 0$

(*e*) $cA = 0$*이면,* $c = 0$ *또는* $A = 0$*이다.*

이 정리로부터 수 계산에서 수 0의 모든 성질이 행렬계산에서 영행렬과 같다고 결론을 내려서는 안 된다. 예를 들면 실수의 *소거법칙*을 생각해 보자. $ab = ac$이고 $a \neq 0$이면 $b = c$이다. 다음 예제는 이 결과가 행렬들에서는 성립하지 않는다는 것을 보여 준다.

▶ 예제 2 소거법칙은 행렬에서는 성립하지 않는다

행렬

$$A = \begin{bmatrix} 0 & 1 \\ 0 & 2 \end{bmatrix}, \quad B = \begin{bmatrix} 1 & 1 \\ 3 & 4 \end{bmatrix}, \quad C = \begin{bmatrix} 2 & 5 \\ 3 & 4 \end{bmatrix}$$

에 대하여

$$AB = AC = \begin{bmatrix} 3 & 4 \\ 6 & 8 \end{bmatrix}$$

이다. 비록 $A \neq 0$이지만 방정식 $AB = AC$의 양변에서 A를 소거하면 $B = C$라는 잘못된 결과를 낳는다. 따라서, 일반적으로 행렬곱에서는 소거법칙이 성립하지 않는다. ■

▶ 예제 3 영행렬이 아닌 행렬들의 곱이 영행렬이 될 수 있다

실수 c와 a가 $ca = 0$이면 $c = 0$이거나 $a = 0$이다. 유사하게 정리 3.2.3(*e*)는 스칼라 c와 행렬 A가 $cA = 0$이면 $c = 0$이거나 $A = 0$이다. 그렇지만 이 결과는 행렬곱으로 확장되지는 않는다. 예를 들면

$$C = \begin{bmatrix} 0 & 1 \\ 0 & 2 \end{bmatrix}, \quad A = \begin{bmatrix} 3 & 7 \\ 0 & 0 \end{bmatrix}$$

에 대하여 $CA = 0$이지만 $C \neq 0$이고 $A \neq 0$이다. ■

항등행렬 주대각선상의 성분들이 모두 1이고 그 외에는 모두 0인 정사각행렬을 **항등행렬**(identity matrix)이라 한다. 예를 들면

$$[1], \quad \begin{bmatrix} 1 & 0 \\ 0 & 1 \end{bmatrix}, \quad \begin{bmatrix} 1 & 0 & 0 \\ 0 & 1 & 0 \\ 0 & 0 & 1 \end{bmatrix}, \quad \begin{bmatrix} 1 & 0 & 0 & 0 \\ 0 & 1 & 0 & 0 \\ 0 & 0 & 1 & 0 \\ 0 & 0 & 0 & 1 \end{bmatrix}$$

등이 항등행렬이다. $n \times n$ 항등행렬은 크기가 중요하면 I_n으로, 그렇지 않으면 I로 표기한다.

행렬 계산에서 항등행렬의 역할을 설명하기 위하여 일반 2×3 행렬 A의 각 변에 항등행렬을 곱해 보자. 오른쪽에 3×3 항등행렬을 곱하면

$$AI_3 = \begin{bmatrix} a_{11} & a_{12} & a_{13} \\ a_{21} & a_{22} & a_{23} \end{bmatrix} \begin{bmatrix} 1 & 0 & 0 \\ 0 & 1 & 0 \\ 0 & 0 & 1 \end{bmatrix} = \begin{bmatrix} a_{11} & a_{12} & a_{13} \\ a_{21} & a_{22} & a_{23} \end{bmatrix} = A$$

그리고 왼쪽에 2×2 항등행렬을 곱하면

$$I_2 A = \begin{bmatrix} 1 & 0 \\ 0 & 1 \end{bmatrix} \begin{bmatrix} a_{11} & a_{12} & a_{13} \\ a_{21} & a_{22} & a_{23} \end{bmatrix} = \begin{bmatrix} a_{11} & a_{12} & a_{13} \\ a_{21} & a_{22} & a_{23} \end{bmatrix} = A$$

이다. 일반적으로 같은 결과가 성립한다. 즉 A가 임의의 $m \times n$ 행렬이면

$$AI_n = A \text{와} \quad I_m A = A$$

이다. 따라서 항등행렬은 스칼라로 이루어진 방정식 $a \cdot 1 = 1 \cdot a = a$에서 수 1이 하는 것과 같은 역할을 행렬방정식에서 한다.

항등행렬은 정사각행렬을 기본행연산으로 기약행사다리꼴(reduced row echelon form)로 단순화하는 과정에서 자연적으로 생긴다. 예를 들면 3×3 행렬을 기약행사다리꼴로 단순화할 때 어떻게 되는지 생각해 보라. 두 가지 가능성으로 기약행사다리꼴의 한 행이 모두 0인 경우와 그렇지 않은 경우가 있다. 그렇지 않은 경우, 세 행은 선행 1(leading 1)을 갖는다. 따라서 0열이 없는 기약행사다리꼴은 항등행렬이 될 수밖에 없다. 같은 논증이 임의의 정사각행렬에 대해서 성립하므로 다음 결과를 얻는다.

정리 3.2.4 *$n \times n$ 행렬 A의 기약행사다리꼴이 R이면 R은 0인 행을 갖거나 아니면 항등행렬 I_n이다.*

역행렬 보통 수 계산에서 임의의 0이 아닌 수 a는

$$a \cdot a^{-1} = a^{-1} \cdot a = 1$$

을 만족시키는 역수 $a^{-1}(=1/a)$를 갖는다. 수 a^{-1}를 a의 **곱셈역원**(multiplicative inverse)이라 한다. 우리의 다음 목표는 행렬 연산에서 이와 같은 결과를 구하는 것이다.

정의 3.2.5 A는 정사각행렬이고 $AB = BA = I$가 되는 A와 같은 크기의 행렬 B가 존재하면, A는 **가역행렬**(invertible matrix) 또는 **정칙행렬**(nonsingular matrix)이라 하고, B는 A의 **역행렬**(inverse matrix)이라 한다. 이 성질을 만족시키는 행렬 B가 존재하지 않으면 A는 **특이행렬**(singular matrix)이라 한다.

참고 $AB = BA = I$인 조건은 A와 B를 교환해도 변하지 않는다. 그러므로 A가 가역행렬이고 B가 A의

역행렬이면 B도 가역행렬이고 A는 B의 역행렬이다. 따라서 $AB = BA = I$이면 A와 B는 서로 역행렬이 된다.

예제 4 가역행렬

$$A = \begin{bmatrix} 2 & -5 \\ -1 & 3 \end{bmatrix}, \quad B = \begin{bmatrix} 3 & 5 \\ 1 & 2 \end{bmatrix}$$

에 대해서

$$AB = \begin{bmatrix} 2 & -5 \\ -1 & 3 \end{bmatrix}\begin{bmatrix} 3 & 5 \\ 1 & 2 \end{bmatrix} = \begin{bmatrix} 1 & 0 \\ 0 & 1 \end{bmatrix} = I$$

$$BA = \begin{bmatrix} 3 & 5 \\ 1 & 2 \end{bmatrix}\begin{bmatrix} 2 & -5 \\ -1 & 3 \end{bmatrix} = \begin{bmatrix} 1 & 0 \\ 0 & 1 \end{bmatrix} = I$$

이다. 따라서 A와 B는 가역행렬이고 각각은 서로 역행렬이다. ■

예제 5 특이행렬류

일반적으로 영들의 행이나 열을 갖는 정사각행렬은 특이행렬이다. 그 이유를 이해하기 위해 다음 행렬

$$A = \begin{bmatrix} 1 & 4 & 0 \\ 2 & 5 & 0 \\ 3 & 6 & 0 \end{bmatrix}$$

를 생각하자. A가 특이행렬임을 보이기 위해서 $AB = BA = I$가 되는 3×3 행렬 B는 존재하지 않음을 보여야 한다. 이를 위해 $\mathbf{c}_1$, $\mathbf{c}_2$, $\mathbf{0}$을 A의 열벡터라 하면, 임의의 3×3 행렬 B에 대하여 곱 BA는

$$BA = B[\mathbf{c}_1 \quad \mathbf{c}_2 \quad \mathbf{0}] = [B\mathbf{c}_1 \quad B\mathbf{c}_2 \quad \mathbf{0}]$$

으로 표현될 수 있다. 0인 열은 $BA \neq I$임을 의미하므로 A가 특이행렬임을 알 수 있다. ■

역행렬의 성질

a가 0이 아닌 실수이면 $ab = ba = 1$이 되는 *유일한* 실수 b가 존재한다. 다음 정리는 역행렬도 유일하다는 것을 보인다.

정리 3.2.6 *A가 가역행렬이고 B와 C가 A의 역행렬이면 $B = C$이다. 즉, 가역행렬은 단 한 개의 역행렬을 갖는다.*

증명 B가 A의 역행렬이므로 $BA = I$이다. 방정식의 양변 오른쪽에 C를 곱하고 $IC = C$를 이용하면

$$(BA)C = C$$

가 된다. C 역시 A의 역행렬이므로 $AC = I$이다. 위 방정식의 좌변을 다시 쓰면 $(BA)C = B(AC) = BI = B$이다. 따라서 $B = C$이다. ■

참고 가역행렬 A는 한 개의 역행렬만을 갖기 때문에 A의 '그(the)'* 역행렬이라고 말해도 되겠다. 0 아닌 실수 a의 곱셈역원을 a^{-1}로 표기하는 것과 마찬가지로 가역행렬 A의 역원을 A^{-1}로 표기한다. 따라서

$$AA^{-1} = I\text{와} \quad A^{-1}A = I$$

이 장 후반부에 가역행렬의 역원을 구하는 일반적인 방법을 논의하겠다. 그렇지만 가역 2×2 행렬의 간단한 경우는 다음 정리의 공식으로 얻을 수 있다.

정리 3.2.7 행렬

$$A = \begin{bmatrix} a & b \\ c & d \end{bmatrix}$$

가 가역행렬일 필요충분조건은 $ad - bc \neq 0$이다. 이 경우에 역행렬은 다음 공식으로 주어진다.

역사 속의 선형대수

정리 3.2.7에 주어진 A^{-1}의 공식은 Arthur Cayley가 1858년 *Memoir on the Theory of Matrices*에 (좀 더 일반적인 형태로) 처음 소개하였다(3.1절 참조). Cayley가 발견한 보다 일반적인 결과는 나중에 공부하게 된다.

*역자 주 : '그' 역행렬이란 영어로 the inverse matrix를 번역한 것으로, 정관사 the가 붙어 유일하다는 뜻을 내포하고 있다.

$$A^{-1} = \frac{1}{ad-bc}\begin{bmatrix} d & -b \\ -c & a \end{bmatrix} = \begin{bmatrix} \dfrac{d}{ad-bc} & -\dfrac{b}{ad-bc} \\ -\dfrac{c}{ad-bc} & \dfrac{a}{ad-bc} \end{bmatrix} \tag{5}$$

증명 증명의 핵심은 $AA^{-1} = A^{-1}A = I$를 보이는 것이다. 이 계산은 독자에게 맡긴다(연습문제 P7).

$$\det(A) = \begin{vmatrix} a & b \\ c & d \end{vmatrix} = ad - bc$$

그림 3.2.1

참고 정리에서 $ad - bc$를 2×2 행렬 A의 **행렬식**(determinant)이라 하고 기호 $\det(A)$로 표기하거나 그림 3.2.1에서와 같이 행렬 A 주위의 괄호 대신에 수직선을 써서 표기한다. 그림은 A의 행렬식이 A의 대각 성분의 곱과 A의 '비대각' 성분의 곱의 차라는 것을 보여 준다. 행렬식이라는 용어를 사용하면 정리 3.2.7은 2×2 행렬 A가 가역행렬일 필요충분조건은 A의 행렬식이 영이 아니라는 것을 말해 주고, 이 경우에 역행렬은 A의 대각 성분을 바꿔 놓고, 비대각 성분들은 부호를 반대로 하여 행렬식으로 모든 성분을 나누어서 얻는다.

예제 6
2 × 2 행렬의 역행렬 계산하기

각 행렬이 가역인지를 판정하라. 가역이면 역행렬을 구하라.

(a) $A = \begin{bmatrix} 6 & 1 \\ 5 & 2 \end{bmatrix}$ (b) $A = \begin{bmatrix} -1 & 2 \\ 3 & -6 \end{bmatrix}$

풀이 (a) A의 행렬식은 $\det(A) = (6)(2) - (1)(5) = 7$로 0이 아니다. 따라서 A는 가역이고 역행렬은

$$A^{-1} = \frac{1}{7}\begin{bmatrix} 2 & -1 \\ -5 & 6 \end{bmatrix} = \begin{bmatrix} \frac{2}{7} & -\frac{1}{7} \\ -\frac{5}{7} & \frac{6}{7} \end{bmatrix}$$

이다. $AA^{-1} = A^{-1}A = I$가 성립함을 보이는 것은 독자에게 남겨 둔다.

풀이 (b) $\det(A) = (-1)(-6) - (2)(3) = 0$이므로 행렬 A는 가역이 아니다. ■

예제 7
역행렬을 이용한 선형계의 해

많은 응용에서 나타나는 문제는

$$\begin{aligned} u &= ax + by \\ v &= cx + dy \end{aligned}$$

형태의 방정식을 x와 y에 관해서 푸는 것이다. 한 가지 방법은 미지수 x와 y에 관한 두 방정식의 선형계로 간주하고 Gauss-Jordan 소거를 이용하여 x와 y에 관해 푸는 것이다. 그렇지만 미지수의 계수가 숫자가 아니라 문자이기 때문에 이 방법은 좀 다루기가 불편하다. 다른 방법으로 두 방정식을 한 개의 행렬방정식

$$\begin{bmatrix} u \\ v \end{bmatrix} = \begin{bmatrix} ax + by \\ cx + dy \end{bmatrix}$$

으로 바꿔 놓고, 이를 다시 쓰면

$$\begin{bmatrix} u \\ v \end{bmatrix} = \begin{bmatrix} a & b \\ c & d \end{bmatrix}\begin{bmatrix} x \\ y \end{bmatrix}$$

이다. 만일 2×2 행렬이 가역(즉 $ad - bc \neq 0$)이라 가정하면, 양변의 왼편에 역행렬을 곱해서 방정식을 다음과 같이 다시 쓰고

$$\begin{bmatrix} a & b \\ c & d \end{bmatrix}^{-1}\begin{bmatrix} u \\ v \end{bmatrix} = \begin{bmatrix} a & b \\ c & d \end{bmatrix}^{-1}\begin{bmatrix} a & b \\ c & d \end{bmatrix}\begin{bmatrix} x \\ y \end{bmatrix}$$

이것을 간소화하면

$$\begin{bmatrix} a & b \\ c & d \end{bmatrix}^{-1}\begin{bmatrix} u \\ v \end{bmatrix} = \begin{bmatrix} x \\ y \end{bmatrix}$$

이다. 정리 3.2.7을 이용하면 이 방정식은 다음과 같이 쓸 수 있다.

$$\frac{1}{ad-bc}\begin{bmatrix} d & -b \\ -c & a \end{bmatrix}\begin{bmatrix} u \\ v \end{bmatrix} = \begin{bmatrix} x \\ y \end{bmatrix}$$

따라서

$$x = \frac{du - bv}{ad - bc}, \quad y = \frac{av - cu}{ad - bc}$$

이다. ■

참고 행렬식과 Cramer의 규칙에 익숙한 독자들은 여기서 얻은 해가 그 규칙과 모순되지 않음을 확인하고 싶을 것이다. Cramer의 규칙은 4장에서 배우게 된다.

예제 8 로봇공학에의 응용

그림 3.2.2는 단순화한 산업 로봇의 도형이다. 로봇은 독립적으로 각 α, 각 β만큼 회전할 수 있고 또한 독립적으로 길이 l_1과 길이 l_2만큼 끼워 넣을 수 있는 두 팔로 이루어졌다. 고정된 각 α와 β에 대하여, 그림에서 보여 주는 점 (x, y)에서 일하고 있는 팔의 끝이 닿으려면 팔의 길이는 얼마여야 하는가?

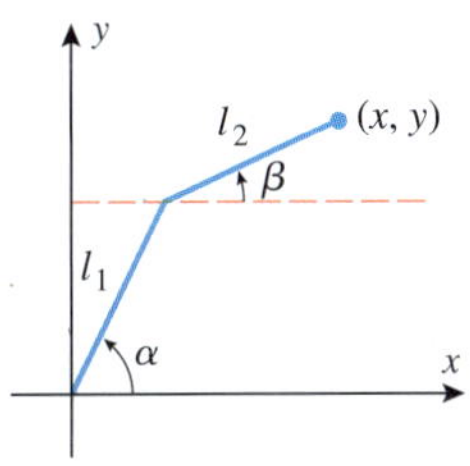

그림 3.2.2

풀이 기본 삼각함수를 이용하면

$$x = l_1 \cos\alpha + l_2 \cos\beta$$
$$y = l_1 \sin\alpha + l_2 \sin\beta$$

이다. 따라서 문제는 x와 y에 관해서 l_1과 l_2를 구하는 것이다. 예제 7에서와 같이 이 방정식을 행렬방정식으로 쓸 수 있다.

$$\begin{bmatrix} x \\ y \end{bmatrix} = \begin{bmatrix} \cos\alpha & \cos\beta \\ \sin\alpha & \sin\beta \end{bmatrix}\begin{bmatrix} l_1 \\ l_2 \end{bmatrix} \tag{6}$$

2×2 행렬의 행렬식은 $\cos\alpha \sin\beta - \sin\alpha \cos\beta = \sin(\beta - \alpha)$이다. 따라서 $\beta - a$가 π(라디안)의 배수가 아니면 행렬식은 0이 아니고 2×2 행렬은 가역이 된다. 이 경우에 식 (6)은 다음과 같이 쓸 수 있고

$$\begin{bmatrix} l_1 \\ l_2 \end{bmatrix} = \begin{bmatrix} \cos\alpha & \cos\beta \\ \sin\alpha & \sin\beta \end{bmatrix}^{-1}\begin{bmatrix} x \\ y \end{bmatrix} = \frac{1}{\sin(\beta-\alpha)}\begin{bmatrix} \sin\beta & -\cos\beta \\ -\sin\alpha & \cos\alpha \end{bmatrix}\begin{bmatrix} x \\ y \end{bmatrix}$$

이 방정식으로부터

$$l_1 = \frac{\sin\beta}{\sin(\beta-\alpha)}x - \frac{\cos\beta}{\sin(\beta-\alpha)}y \quad \text{그리고} \quad l_2 = -\frac{\sin\alpha}{\sin(\beta-\alpha)}x + \frac{\cos\alpha}{\sin(\beta-\alpha)}y$$

를 얻는다. ■

다음은 행렬곱의 역에 관한 정리이다.

정리 3.2.8 *A와 B가 같은 크기의 가역행렬이면 AB는 가역이고*

$$(AB)^{-1} = B^{-1}A^{-1}$$

이다.

증명

$$(AB)(B^{-1}A^{-1}) = (B^{-1}A^{-1})(AB) = I$$

를 보임으로써 동시에 가역성과 공식을 얻을 수 있다.

$$(AB)(B^{-1}A^{-1}) = A(BB^{-1})A^{-1} = AIA^{-1} = AA^{-1} = I$$

이고, 같은 방법으로

$$(B^{-1}A^{-1})(AB) = I$$

이다. ■

역사 속의 선형대수

가끔 뛰어난 수학자들도 뜻밖의 결점을 갖는다. 예를 들면 위대한 영국 수학자로서 행렬 이론의 '아버지'라고도 불리는 Arthur Cayley는 두 개의 영 아닌 정사각행렬 A와 B의 곱이 영이면 '적어도 한 개'의 행렬은 특이행렬이라고 주장했다. Cayley가 옳았지만, 놀랍게도 중요한 요점을 간과하였다. 즉 $AB = 0$이면 A와 B '모두'가 특이행렬이다. 왜 그런가?

비록 증명하지는 않겠지만, 이 결과는 인수 3개 또는 그 이상으로 확장할 수 있다.

유한개의 가역행렬 곱은 가역이고, 곱의 역행렬은 가역행렬들을 역순으로 곱한 것이다.

참고 이 명제로부터 행렬곱이 특이행렬이면 적어도 한 개의 인수행렬은 특이행렬임을 알 수 있다.

예제 9 곱의 역

행렬

$$A = \begin{bmatrix} 1 & 2 \\ 1 & 3 \end{bmatrix}, \quad B = \begin{bmatrix} 3 & 2 \\ 2 & 2 \end{bmatrix}$$

에 대하여

$$AB = \begin{bmatrix} 7 & 6 \\ 9 & 8 \end{bmatrix}, \quad (AB)^{-1} = \begin{bmatrix} 4 & -3 \\ -\frac{9}{2} & \frac{7}{2} \end{bmatrix}$$

임을 쉽게 알 수 있다. 또한 다음과 같다.

$$A^{-1} = \begin{bmatrix} 3 & -2 \\ -1 & 1 \end{bmatrix}, \quad B^{-1} = \begin{bmatrix} 1 & -1 \\ -1 & \frac{3}{2} \end{bmatrix}, \quad B^{-1}A^{-1} = \begin{bmatrix} 1 & -1 \\ -1 & \frac{3}{2} \end{bmatrix}\begin{bmatrix} 3 & -2 \\ -1 & 1 \end{bmatrix} = \begin{bmatrix} 4 & -3 \\ -\frac{9}{2} & \frac{7}{2} \end{bmatrix}$$

따라서 정리 3.2.8에 의해서 $(AB)^{-1} = B^{-1}A^{-1}$이다. ■

행렬의 거듭제곱 A가 정사각행렬이면 A의 음이 아닌 정수의 거듭제곱은

$$AA^0 = I\text{와} \quad A^n = AA\cdots A \qquad [n\text{개}]$$

로 정의한다. A가 가역행렬이면 A의 음의 정수의 거듭제곱은

$$A^{-n} = (A^{-1})^n = A^{-1}A^{-1}\cdots A^{-1} \qquad [n\text{개}]$$

로 정의한다. 이 정의들은 실수에서와 같으므로 음이 아닌 정수의 지수법칙도 성립한다.

$$A^rA^s = A^{r+s}, \quad (A^r)^s = A^{rs}$$

더불어 음의 정수의 지수에 관해서는 다음 성질들을 갖는다.

정리 3.2.9 *A가 가역행렬이고 n이 음이 아닌 정수이면*

(a) A^{-1}이 가역이고 $(A^{-1})^{-1} = A$이다.

(b) A^n이 가역이고 $(A^n)^{-1} = A^{-n} = (A^{-1})^n$이다.

(c) 임의의 0이 아닌 스칼라 k에 대하여 kA가 가역이고 $(kA)^{-1} = k^{-1}A^{-1}$이다.

여기서는 (c)를 증명하고 (a)와 (b)는 연습문제로 남겨 놓는다.

증명 (c) 정리 3.2.1의 (c)와 정리 3.2.2의 (f)에 의하여

$$(kA)(k^{-1}A^{-1}) = k^{-1}(kA)A^{-1} = (k^{-1}k)AA^{-1} = (1)I = I$$

이다. 같은 방법으로 $(k^{-1}A^{-1})(kA) = I$이다. 따라서 kA는 가역행렬이고 $(kA)^{-1} = k^{-1}A^{-1}$이다. ■

예제 10 지수의 성질

$$A = \begin{bmatrix} 1 & 2 \\ 1 & 3 \end{bmatrix}, \quad A^{-1} = \begin{bmatrix} 3 & -2 \\ -1 & 1 \end{bmatrix}$$

가 예제 9의 행렬일 때

$$A^{-3} = (A^{-1})^3 = \begin{bmatrix} 3 & -2 \\ -1 & 1 \end{bmatrix}\begin{bmatrix} 3 & -2 \\ -1 & 1 \end{bmatrix}\begin{bmatrix} 3 & -2 \\ -1 & 1 \end{bmatrix} = \begin{bmatrix} 41 & -30 \\ -15 & 11 \end{bmatrix}$$

$$A^3 = \begin{bmatrix} 1 & 2 \\ 1 & 3 \end{bmatrix}\begin{bmatrix} 1 & 2 \\ 1 & 3 \end{bmatrix}\begin{bmatrix} 1 & 2 \\ 1 & 3 \end{bmatrix} = \begin{bmatrix} 11 & 30 \\ 15 & 41 \end{bmatrix}$$

이다. 정리 3.2.9(*b*)에서 기대하는 것처럼

$$(A^3)^{-1} = \frac{1}{(11)(41)-(30)(15)}\begin{bmatrix} 41 & -30 \\ -15 & 11 \end{bmatrix} = \begin{bmatrix} 41 & -30 \\ -15 & 11 \end{bmatrix} = (A^{-1})^3$$

이다. ■

예제 11 행렬합의 제곱

실수의 계산에서

$$(a+b)^2 = a^2 + ab + ba + b^2 = a^2 + ab + ab + b^2 = a^2 + 2ab + b^2$$

이지만, 행렬 연산에서는 곱셈에 대한 교환법칙이 성립하지 않아서 같은 크기의 일반적인 정사각행렬에 대하여 얻을 수 있는 최상의 식은

$$(A+B)^2 = A^2 + AB + BA + B^2$$

이다. A와 B가 교환되는(즉, $AB = BA$) 경우에만

$$(A+B)^2 = A^2 + 2AB + B^2$$

을 얻는다. ■

행렬다항식 A가 $n \times n$ 정사각행렬이고

$$p(x) = a_0 + a_1x + a_2x^2 + \cdots + a_mx^m$$

가 임의의 다항식이면 $n \times n$ 다항식 $p(A)$를

$$p(A) = a_0I + a_1A + a_2A^2 + \cdots + a_mA^m \tag{7}$$

으로 정의한다. 여기서 I는 $n \times n$ 항등행렬이다. 즉 $p(A)$는 x 대신에 A를, 그리고 상수항 a_0 대신에 행렬 a_0I로 바꾸어 얻는다. 식 (7)의 표현을 **A에 관한 행렬다항식**(matrix polynomial in A)이라 한다.

예제 12 행렬다항식

$$p(x) = x^2 - 2x - 3, \quad A = \begin{bmatrix} -1 & 2 \\ 0 & 3 \end{bmatrix}$$

대하여 $p(A)$를 구하라.

풀이

$$\begin{aligned} p(A) &= A^2 - 2A - 3I \\ &= \begin{bmatrix} -1 & 2 \\ 0 & 3 \end{bmatrix}^2 - 2\begin{bmatrix} -1 & 2 \\ 0 & 3 \end{bmatrix} - 3\begin{bmatrix} 1 & 0 \\ 0 & 1 \end{bmatrix} \\ &= \begin{bmatrix} 1 & 4 \\ 0 & 9 \end{bmatrix} - \begin{bmatrix} -2 & 4 \\ 0 & 6 \end{bmatrix} - \begin{bmatrix} 3 & 0 \\ 0 & 3 \end{bmatrix} = \begin{bmatrix} 0 & 0 \\ 0 & 0 \end{bmatrix} \end{aligned}$$

또는 간단하게 $p(A) = 0$이다. ■

참고 $A^rA^s = A^{r+s} = A^{s+r} = A^sA^r$로부터 정사각행렬의 거듭제곱들은 교환된다. A에 관한 행렬다항식은 A의 거듭제곱으로 이루어지므로 A에 관한 임의의 두 행렬다항식은 교환된다. 즉 임의의 두 다항식 p_1, p_2에 대하여

$$p_1(A)p_2(A) = p_2(A)p_1(A) \tag{8}$$

이다. 더구나 $p(x) = p_1(x)p_2(x)$이면

$$p(A) = p_1(A)p_2(A) \tag{9}$$

이다. 증명은 생략한다.

전치행렬의 성질 다음은 전치행렬의 주요 성질이다.

정리 3.2.10 *행렬의 크기가 정해진 연산들이 수행되도록 주어졌을 때, 다음이 성립한다.*

(a) $(A^T)^T = A$

(b) $(A+B)^T = A^T + B^T$

(c) $(A-B)^T = A^T - B^T$

(d) $(kA)^T = kA^T$

(e) $(AB)^T = B^TA^T$

행렬을 전치하는 것은 행과 열을 바꾸는 것이니 (a)~(d)의 결과를 예견하는 것은 어렵지 않을 것이다. 예를 들면 (a)는 행과 열을 두 번 바꾸면 행렬은 변하지 않는다는 명백한 사실을 설명한다. (b)는 두 행렬을 더한 뒤 행과 열을 바꾸는 것은 더하기에 앞서 행과 열을 바꾸는 결과와 같다는 사실을 설명한다. 상세한 증명은 생략하겠다. (e)는 명백하지 않으므로 여기서 증명하겠다.

증명 (e) AB가 정의되려면 A의 열의 수와 B의 행의 수는 같아야 한다. 따라서 A의 크기를 $m \times s$, B의 크기를 $s \times n$이라 가정하자. 그러면 A^T의 크기는 $s \times m$ 이고 B^T의 크기는 $n \times s$가 되어 AB를 정의하는 크기는 B^TA^T를 정의하며 곱 $(AB)^T$와 B^TA^T는 모두 크기가 $n \times m$이다.

증명의 핵심은 AB의 행-열의 곱과 B^TA^T의 행-열의 곱 사이의 다음 관계를 입증하는 것이다.

$$\mathbf{r}_i(A)\mathbf{c}_j(B) = \mathbf{r}_j(B^T)\mathbf{c}_i(A^T) \tag{10}$$

이 관계가 증명되면 등식 $(AB)^T = B^TA^T$은 방정식의 양변의 대응하는 성분들이 다음과 같이 된다.

$$\begin{aligned}
\left((AB)^T\right)_{ji} &= (AB)_{ij} && [\text{3.1절의 식 (22)}] \\
&= \mathbf{r}_i(A)\mathbf{c}_j(B) && [\text{행-열 규칙}] \\
&= \mathbf{r}_j(B^T)\mathbf{c}_i(A^T) && [\text{식 (10)}] \\
&= (B^TA^T)_{ji} && [\text{행-열 규칙}]
\end{aligned}$$

식 (10)을 증명하기 위하여 곱을 풀어 쓰면

$$\mathbf{r}_i(A)\mathbf{c}_j(B) = [a_{i1} \quad a_{i2} \quad \cdots \quad a_{is}]\begin{bmatrix} b_{1j} \\ b_{2j} \\ \vdots \\ b_{sj} \end{bmatrix} = a_{i1}b_{1j} + a_{i2}b_{2j} + \cdots + a_{is}b_{sj}$$

$$\mathbf{r}_j(B^T)\mathbf{c}_i(A^T) = [b_{1j} \quad b_{2j} \quad \cdots \quad b_{sj}]\begin{bmatrix} a_{i1} \\ a_{i2} \\ \vdots \\ a_{is} \end{bmatrix} = a_{i1}b_{1j} + a_{i2}b_{2j} + \cdots + a_{is}b_{sj}$$

이고 식 (10)이 성립한다. ■

참고 비록 증명은 하지 않겠지만, 이 정리의 (e)는 세 개 이상의 인수들로 확장될 수 있다.

유한개의 행렬곱의 전치행렬은 전치행렬들을 역순으로 곱한 것과 같다.

다음 정리는 역행렬과 전치행렬의 역행렬 사이의 관계를 성립시킨다.

정리 3.2.11 *A가 가역행렬이면 A^T도 가역행렬이고*

$$(A^T)^{-1} = (A^{-1})^T$$

이다.

증명 가역성과 위 등식을 동시에 얻기 위하여 다음을 보이겠다.

$$A^T(A^{-1})^T = (A^{-1})^T A^T = I$$

정리 3.2.10(e)와 $I^T = I$로부터

$$A^T(A^{-1})^T = (A^{-1}A)^T = I^T = I$$
$$(A^{-1})^T A^T = (AA^{-1})^T = I^T = I$$

이므로 증명이 완료되었다. ■

예제 13
전치행렬의 역행렬

일반적인 2×2 가역행렬과 그 전치행렬

$$A = \begin{bmatrix} a & b \\ c & d \end{bmatrix}, \quad A^T = \begin{bmatrix} a & c \\ b & d \end{bmatrix}$$

에 대하여 행렬식 $ad - bc \neq 0$이다. A^T의 행렬식도 $ad - bc$이므로(증명하라) A^T도 가역행렬이다. 정리 3.2.7에 의하여

$$(A^T)^{-1} = \begin{bmatrix} \dfrac{d}{ad - bc} & -\dfrac{c}{ad - bc} \\ -\dfrac{b}{ad - bc} & \dfrac{a}{ad - bc} \end{bmatrix}$$

이고 이는 A^{-1}가 전치된 행렬과 같다(증명하라). 따라서 정리 3.2.10에서 보장된 것과 같이 $(A^T)^{-1} = (A^{-1})^T$이다. ■

대각합의 성질 다음은 대각합의 주요 성질 목록이다.

정리 3.2.12 *A와 B가 같은 크기의 정사각행렬일 때*

(a) $\text{tr}(A^T) = \text{tr}(A)$
(b) $\text{tr}(cA) = c\,\text{tr}(A)$
(c) $\text{tr}(A + B) = \text{tr}(A) + \text{tr}(B)$
(d) $\text{tr}(A - B) = \text{tr}(A) - \text{tr}(B)$
(e) $\text{tr}(AB) = \text{tr}(BA)$

정사각행렬을 전치하는 것은 주대각선 성분은 고정하고 주대각선에 관하여 나머지 성분들을 반사시키는 것이므로 (a)의 결과는 명백하다. 따라서 A와 A^T는 같은 대각 성분을 가지므로 같은 대각합을 갖는다. (b)~(d)는 행렬 연산의 성질들로부터 쉽게 얻는다. (e)는 양변의 합을 써 보면 증명할 수 있지만(연습문제 P8), 이 장의 마지막 부분에서 더 직관적인 증명을 하겠다.

예제 14
곱의 대각합

같은 크기의 정사각행렬 A와 B에 대하여 $AB \neq BA$일지라도 AB와 BA는 대각합이 같으므로 정리 3.2.12(e)는 매우 흥미롭다. 예를 들어 A와 B가 예제 1의 행렬들이면 $AB \neq BA$이지만

$$\text{tr}(AB) = \text{tr}(BA) = 3$$

이다(증명하라). ■

개념문제 2×2 가역행렬에서 $\mathrm{tr}(A)$와 $\mathrm{tr}(A^{-1})$의 관계는 어떻게 되는가?

$$A = \begin{bmatrix} a & b \\ c & d \end{bmatrix}$$

행벡터와 열벡터의 곱에 관한 다음 결과는 나중에 유용하게 될 것이다.

정리 3.2.13 *$\mathbf{r}$이 $1 \times n$ 행벡터이고 $\mathbf{c}$가 $n \times 1$ 열벡터이면*

$$\mathbf{rc} = \mathrm{tr}(\mathbf{cr}) \tag{11}$$

이다.

증명 $\mathbf{r}$이 행벡터이므로 $\mathbf{r}^T$는 열벡터이다. 따라서 $\mathbf{u} = \mathbf{r}^T$와 $\mathbf{v} = \mathbf{c}$인 3.1절의 식 (25)를 적용하면

$$\mathbf{rc} = \mathrm{tr}(\mathbf{cr})$$

을 얻는다. ■

예제 15 행벡터와 열벡터의 곱의 대각합

$$\mathbf{r} = [1 \quad 2], \quad \mathbf{c} = \begin{bmatrix} 3 \\ 4 \end{bmatrix}$$

이다.

$$\mathbf{rc} = [1 \quad 2]\begin{bmatrix} 3 \\ 4 \end{bmatrix} = (1)(3) + (2)(4) = 11, \quad \mathbf{cr} = \begin{bmatrix} 3 \\ 4 \end{bmatrix}[1 \quad 2] = \begin{bmatrix} 3 & 6 \\ 4 & 8 \end{bmatrix}$$

따라서 정리 3.2.13에서 주장했듯이 $\mathrm{tr}(\mathbf{cr}) = 3 + 8 = 11 = \mathbf{rc}$이다. ■

전치행렬과 점곱

A 곱하기와 A^T 곱하기 사이의 중요한 연결고리를 제공하는 두 가지 공식을 유도함으로써 이 절을 맺겠다.

3.1절의 식 (26)으로부터 $\mathbf{u}$와 $\mathbf{v}$가 *열벡터*이면 그들의 점곱은 행렬곱 $\mathbf{u} \cdot \mathbf{v} = \mathbf{v}^T\mathbf{u}$로 표현할 수 있다. 따라서 A가 $n \times n$ 행렬이면

$$A\mathbf{u} \cdot \mathbf{v} = \mathbf{v}^T(A\mathbf{u}) = (\mathbf{v}^TA)\mathbf{u} = (A^T\mathbf{v})^T\mathbf{u} = \mathbf{u} \cdot A^T\mathbf{v}$$
$$\mathbf{u} \cdot A\mathbf{v} = (A\mathbf{v})^T\mathbf{u} = (\mathbf{v}^TA^T)\mathbf{u} = \mathbf{v}^T(A^T\mathbf{u}) = A^T\mathbf{u} \cdot \mathbf{v}$$

이므로 다음 공식을 얻는다.

$$A\mathbf{u} \cdot \mathbf{v} = \mathbf{u} \cdot A^T\mathbf{v} \tag{12}$$

$$\mathbf{u} \cdot A\mathbf{v} = A^T\mathbf{u} \cdot \mathbf{v} \tag{13}$$

이 공식은 $A\mathbf{u} \cdot \mathbf{v}$ 또는 $\mathbf{u} \cdot A\mathbf{v}$의 표현에서 *행렬 A는 A를 전치하여 점곱 부호 너머에 놓을 수 있다는 것*을 말하고 있다. 이 공식을 이용하는 문제들이 연습문제에 주어졌다.

연습문제 3.2

연습문제 1~8에서는 다음 행렬과 스칼라를 이용하라.

$$A = \begin{bmatrix} 2 & -1 & 3 \\ 0 & 4 & 5 \\ -2 & 1 & 4 \end{bmatrix}, \quad B = \begin{bmatrix} 8 & -3 & -5 \\ 0 & 1 & 2 \\ 4 & -7 & 6 \end{bmatrix}$$

$$C = \begin{bmatrix} 0 & -2 & 3 \\ 1 & 7 & 4 \\ 3 & 5 & 9 \end{bmatrix}, \quad a = 4, \quad b = -7$$

1. 정리 3.2.1과 3.2.2로부터 다음 명제를 확인하라.
 (a) $A + (B + C) = (A + B) + C$
 (b) $(AB)C = A(BC)$
 (c) $(a + b)C = aC + bC$
 (d) $a(B - C) = aB - aC$

2. 정리 3.2.1과 3.2.2로부터 다음 명제를 확인하라.
 (a) $a(BC) = (aB)C = B(aC)$
 (b) $A(B - C) = AB - AC$
 (c) $(B + C)A = BA + CA$
 (d) $a(bC) = (ab)C$

3. 정리 3.2.10으로부터 다음 명제를 확인하라.

(a) $(A^T)^T = A$ (b) $(A+B)^T = A^T + B^T$

(c) $(3C)^T = 3C^T$ (d) $(AB)^T = B^TA^T$

4. 정리 3.2.10으로부터 다음 명제를 확인하라.

(a) $(B^T)^T = B$ (b) $(B-C)^T = B^T - C^T$

(c) $(4B)^T = 4B^T$ (d) $(BC)^T = C^TB^T$

5. 정리 3.2.12로부터 다음 명제를 확인하라.

(a) $\operatorname{tr}(A^T) = \operatorname{tr}(A)$

(b) $\operatorname{tr}(3A) = 3\operatorname{tr}(A)$

(c) $\operatorname{tr}(A+B) = \operatorname{tr}(A) + \operatorname{tr}(B)$

(d) $\operatorname{tr}(AB) = \operatorname{tr}(BA)$

6. 정리 3.2.12로부터 다음 명제를 확인하라.

(a) $\operatorname{tr}(C^T) = \operatorname{tr}(C)$

(b) $\operatorname{tr}(3C) = 3\operatorname{tr}(C)$

(c) $\operatorname{tr}(A-B) = \operatorname{tr}(A) - \operatorname{tr}(B)$

(d) $\operatorname{tr}(BC) = \operatorname{tr}(CB)$

7. 다음 방정식을 만족시키는 행렬 X를 구하라.

(a) $\operatorname{tr}(B)A + 3X = BC$ (b) $B + (A+X)^T = C$

8. 다음 방정식을 만족시키는 행렬 X를 구하라.

(a) $\operatorname{tr}(2C)C + 2X = B$ (b) $B + (\operatorname{tr}(A)X)^T = C$

연습문제 9~18에서는 정리 3.2.7과 다음 행렬을 이용하라.

$$A = \begin{bmatrix} 3 & 1 \\ 5 & 2 \end{bmatrix}, \quad B = \begin{bmatrix} 2 & -3 \\ 4 & 4 \end{bmatrix}$$

$$C = \begin{bmatrix} 6 & 4 \\ -2 & -1 \end{bmatrix}, \quad D = \begin{bmatrix} 2 & 0 \\ 0 & 3 \end{bmatrix}$$

9. (a) A^{-1}을 구하라.

(b) $(A^{-1})^{-1} = A$를 확인하라.

(c) $(A^T)^{-1} = (A^{-1})^T$를 확인하라.

(d) $(2A)^{-1} = \frac{1}{2}A^{-1}$를 확인하라.

10. (a) B^{-1}을 구하라.

(b) $(B^{-1})^{-1} = B$를 확인하라.

(c) $(B^T)^{-1} = (B^{-1})^T$를 확인하라.

(d) $(3B)^{-1} = \frac{1}{3}B^{-1}$를 확인하라.

11. (a) $(AB)^{-1} = B^{-1}A^{-1}$를 확인하라.

(b) $(ABC)^{-1} = C^{-1}B^{-1}A^{-1}$을 확인하라.

12. (a) $(BC)^{-1} = C^{-1}B^{-1}$을 확인하라.

(b) $(BCD)^{-1} = D^{-1}C^{-1}B^{-1}$을 확인하라.

13. 방정식 $AX + B = BC$를 만족시키는 행렬 X가 존재하면 구하라.

14. 방정식 $BX + AB = CX$를 만족시키는 행렬 X가 존재하면 구하라.

15. (a) A^{-2}를 구하라.

(b) $p(x) = x + 2$에 대하여 $p(A)$를 구하라.

(c) $p(x) = x^2 - 2x + 1$에 대하여 $p(A)$를 구하라.

16. (a) A^{-3}을 구하라.

(b) $p(x) = 3x - 1$에 대하여 $p(A)$를 구하라.

(c) $p(x) = x^3 - 2x + 4$에 대하여 $p(A)$를 구하라.

17. $(AB)^{-1}(AC^{-1})(D^{-1}C^{-1})^{-1}D^{-1}$를 간소화하라.

18. $(AC^{-1})^{-1}(AC^{-1})(AC^{-1})^{-1}AD^{-1}$를 간소화하라.

연습문제 19와 20에서는 주어진 정보를 가지고 A를 구하라.

19. (a) $A^{-1} = \begin{bmatrix} 2 & -1 \\ 3 & 5 \end{bmatrix}$ (b) $(7A)^{-1} = \begin{bmatrix} -3 & 7 \\ 1 & -2 \end{bmatrix}$

20. (a) $(5A^T)^{-1} = \begin{bmatrix} -3 & -1 \\ 5 & 2 \end{bmatrix}$ (b) $(I + 2A)^{-1} = \begin{bmatrix} -1 & 2 \\ 4 & 5 \end{bmatrix}$

연습문제 21과 22에서는 A가 가역행렬이 되는 c의 값이 존재하면 모두 구하라.

21. $A = \begin{bmatrix} c & 1 \\ c & c \end{bmatrix}$ **22.** $A = \begin{bmatrix} -c & -1 \\ 1 & c \end{bmatrix}$

23. $A^T = A$가 되는 영 아닌 3×3 행렬 A를 구하라.

24. $A^T = -A$가 되는 영 아닌 3×3 행렬 A를 구하라.

연습문제 25와 26에서는 방정식 AX = I를 조사하여 행렬이 가역인지 판단하고, 가역이면 역행렬을 구하라.

25. $A = \begin{bmatrix} 1 & 0 & 1 \\ 1 & 1 & 0 \\ 0 & 1 & 1 \end{bmatrix}$ **26.** $A = \begin{bmatrix} 1 & 0 & 0 \\ 0 & 1 & 0 \\ 2 & 0 & 1 \end{bmatrix}$

연습문제 27과 28에서는 다음 행렬을 이용하라.

$$A = \begin{bmatrix} 3 & 2 & -1 \\ 1 & 5 & 0 \\ -2 & 4 & 6 \end{bmatrix}, \quad \mathbf{u} = \begin{bmatrix} 3 \\ -2 \\ 4 \end{bmatrix}$$

$$\mathbf{v} = \begin{bmatrix} 1 \\ -1 \\ 3 \end{bmatrix}, \quad \mathbf{c} = \begin{bmatrix} 8 \\ 0 \\ 4 \end{bmatrix}, \quad \mathbf{r} = [0 \ \ -2 \ \ 3]$$

27. (a) 정리 3.2.13에서 서술한 관계식 $\mathbf{rc} = \operatorname{tr}(\mathbf{cr})$를 확인하라.

(b) 식 (12)에 주어진 관계식 $A\mathbf{u} \cdot \mathbf{v} = \mathbf{u} \cdot A^T\mathbf{v}$를 확인하라.

28. (a) 정리 3.2.13을 이용하여 대각합이 $\mathbf{u}^T\mathbf{v}$인 행렬을 구하라.

(b) 식 (13)에 주어진 관계식 $\mathbf{u} \cdot A\mathbf{v} = A^T\mathbf{u} \cdot \mathbf{v}$를 확인하라.

29. 예제 2에서 소거법은 행렬곱에서 성립하지 않음을 보였다. 그렇지만 A가 가역행렬이고 $AB = AC$이면 $B = C$임을 보여라.

30. 예제 3에서 $AC = 0$이 되는 0 아닌 행렬 A와 C의 존재 가능성을 보였다. 그렇지만 A가 가역행렬이고 $AC = 0$이면 $C = 0$임을 보여라. 유사하게 C가 가역행렬이고 $AC = 0$이면 $A = 0$임을 보여라.

31. (a) $A = \begin{bmatrix} \cos\theta & \sin\theta \\ -\sin\theta & \cos\theta \end{bmatrix}$

가 가역행렬이 되는 θ의 모든 값을 구하고, 그 값들에 대하여 역행렬을 구하라.

(b) (a)에서 구한 역행렬을 이용하여 x', y'에 대한 다음 방정식계를 x, y에 관하여 풀어라.

$$x = x'\cos\theta + y'\sin\theta$$
$$y = -x'\sin\theta + y'\cos\theta$$

32. 정사각행렬 A가 $A^2 = A$이면 **멱등행렬**(idempotent matrix)이라

한다.

(a) A가 멱등행렬이면 $I - A$도 멱등행렬임을 보여라.

(b) A가 멱등행렬이면 $2A - I$는 가역행렬이고 자신이 역행렬임을 보여라.

33. (a) $A, B, A + B$가 같은 크기의 가역행렬이면

$$A(A^{-1} + B^{-1})B(A + B)^{-1} = I$$

임을 보여라.

(b) (a)의 결과는 행렬 $A^{-1} + B^{-1}$에 대하여 무엇을 말하는가?

34. $\mathbf{u}$와 $\mathbf{v}$가 R^n의 열벡터이고 $A = I + \mathbf{u}\mathbf{v}^T$이다. $\mathbf{u}^T\mathbf{v} \neq -1$이면 A는 가역행렬이고

$$A^{-1} = I - \frac{1}{1 + \mathbf{u}^T\mathbf{v}}\mathbf{u}\mathbf{v}^T$$

임을 보여라.

35. $p(x) = x^2 - (a + d)x + (ad - bc)$이고

$$A = \begin{bmatrix} a & b \\ c & d \end{bmatrix}$$

$p(A) = 0$임을 보여라.

36. 두 개의 $n \times n$ 행렬 A와 B에 대하여 관계식 $AB - BA = I_n$은 불가능함을 보여라. [*힌트*: 대각합을 생각하라.]

37. A는 다음 그림에서 보여 주는 유향그래프의 인접성 행렬(adjacency matrix)이다. A^2을 구하고 A^2의 ij 성분은 i에서 j로 화살표를 따라서 이동하는 서로 다른 방법의 개수임을 보여라. $n > 2$에 대하여 A^n에 대해 유사한 설명을 하라.

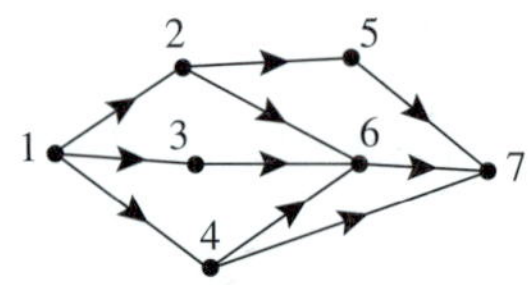

그림 Ex-37

토론과 발견

D1. (a) $(A + B)(A - B) \neq A^2 - B^2$이 되는 같은 크기의 두 행렬의 예를 들어라.

(b) $(A + B)(A - B)$의 옳은 전개 공식을 쓰라.

(c) $(A + B)(A - B) = A^2 - B^2$이 되려면 A와 B에 어떤 조건이 필요한가?

D2. 스칼라로 이루어진 방정식 $a^2 = 1$은 정확하게 두 개의 해를 갖는다. 행렬방정식 $A^2 = I_3$의 해를 적어도 여덟 개 구하라. [*힌트*: 모든 비대각 성분이 영인 해들을 찾아라.]

D3. (a) 정사각행렬 A가 방정식 $A^2 + 2A + I = 0$이면 A는 가역행렬임을 보이고 역행렬을 구하라.

(b) 상수항이 영이 아닌 다항식 $p(x)$에 대하여 정사각행렬 A가 $p(A) = 0$을 만족시키면 A는 가역행렬임을 보여라.

D4. A가 가역행렬이 아닌 경우 $A^3 = 1$은 가능한가? 그 이유를 설명하라.

D5. 다음 명제들이 참(T)인지 거짓(F)인지를 판정하고 그 이유를 설명하라.

(a) A와 B가 같은 크기의 정사각행렬이면 $(AB)^2 = A^2B^2$이다.

(b) A와 B가 같은 크기의 정사각행렬이면 $(A - B)^2 = (B - A)^2$이다.

(c) A가 가역행렬이고 n이 양의 정수이면 $(A^{-n})^T = (A^T)^{-n}$이다.

(d) A와 B가 같은 크기의 정사각행렬이면 $\text{tr}(AB) = \text{tr}(A)\text{tr}(B)$이다.

(e) A와 B가 같은 크기의 가역행렬이면 $A + B$는 가역행렬이다.

D6. (a) $\mathbf{e}_1$, $\mathbf{e}_2$, $\mathbf{e}_3$이 R^3의 표준단위 열벡터이고 A는 가역행렬이다. 선형계 $A\mathbf{x} = \mathbf{e}_1$, $A\mathbf{x} = \mathbf{e}_2$, $A\mathbf{x} = \mathbf{e}_3$은 해를 갖고 해들은 A^{-1}의 열벡터들임을 보여라.

(b) (a)의 결과를 이용하여 행렬

$$A = \begin{bmatrix} 1 & 2 & 0 \\ 1 & 3 & 0 \\ 0 & 0 & 4 \end{bmatrix}$$

의 역행렬을 구하라.

D7. 0과 1만을 사용하여 만들 수 있는 16개의 2×2 행렬이 있다. 그중에 가역행렬은 몇 개인가?

D8. $AB = BA$가 되는 가역 $n \times n$ 행렬 A와 B는 $A^{-1}B^{-1} = B^{-1}A^{-1}$을 만족시키는가? 그 이유를 설명하라.

증명문제

P1. 정리 3.2.1(*c*)를 증명하라. [*제안*: 교재의 증명 (*b*)를 보라.]

P2. 정리 3.2.1(*f*)를 증명하라.

P3. 정리 3.2.2(*d*)를 증명하라.

P4. 정리 3.2.2(*f*)를 증명하라.

P5. 정리 3.2.3(*e*)를 증명하라.

P6. 정리 3.2.9(*a*)와 (*b*)를 증명하라.

P7. (a) AA^{-1}와 $A^{-1}A$를 계산하여 식 (5)의 정당성을 확인하라.

(b) $ad - bc \neq 0$이면 (a)에서의 계산은 A가 가역행렬임을 입증한다. $ad - bc = 0$이면 A는 가역행렬이 아님을 증명하라. [*제안*: 우선 a, b, c, d가 모두 0이 아닌 경우를 다루고 나서 한 개 또는 그 이상의 성분이 영인 경우를 다뤄라.]

P8. **(합산표기법)** A와 B가 임의의 $n \times n$ 행렬이면 $\text{tr}(AB) = \text{tr}(BA)$임을 증명하라. [*힌트*: $\text{tr}(AB)$는 합산 표기법으로

$$\text{tr}(AB) = \sum_{i=1}^{n}\left(\sum_{s=1}^{n} a_{is}b_{si}\right)$$

와 같이 표현될 수 있음을 보이고 $\text{tr}(BA)$에 대한 유사한 표현을 구하라. 두 표현이 같음을 보여라.]

▶▶ 프로그램 활용 연습문제

T1. **(행렬거듭제곱)** 행렬 A의 여러 가지 거듭제곱을 계산하라.

$$A = \begin{bmatrix} 1 & 2 & -3 & 0 \\ 1 & 1 & -2 & 1 \\ 2 & 1 & 3 & 4 \\ -3 & 2 & 2 & -8 \end{bmatrix}$$

T2. 연습문제 T1의 행렬 A에 대하여 $A^5 - 3A^3 + 7A - 4I$를 계산하라.

T3. 식 (12)와 (13)을 확인하라.

$$A = \begin{bmatrix} 1 & 2 & -3 & 0 \\ 1 & 1 & -2 & 1 \\ 2 & 1 & 3 & 4 \\ -3 & 2 & 2 & -8 \end{bmatrix}, \quad \mathbf{u} = \begin{bmatrix} -1 \\ 2 \\ 3 \\ 5 \end{bmatrix}, \quad \mathbf{v} = \begin{bmatrix} 2 \\ 0 \\ -4 \\ 1 \end{bmatrix}$$

T4.

$$A = \begin{bmatrix} 0 & \frac{1}{2} & \frac{1}{3} \\ \frac{1}{4} & 0 & \frac{1}{5} \\ \frac{1}{6} & \frac{1}{7} & 0 \end{bmatrix}$$

에 대하여 $k \to \infty$일 때 A^k의 경향성에 대하여 토론하라.

T5. (a) 다음 행렬은 멱등행렬임을 보여라(연습문제 32를 보라).

$$A = \begin{bmatrix} \frac{5}{9} & -\frac{4}{9} & \frac{2}{9} \\ -\frac{4}{9} & \frac{5}{9} & \frac{2}{9} \\ \frac{2}{9} & \frac{2}{9} & \frac{8}{9} \end{bmatrix}$$

(b) 연습문제 32(a)와 (b)의 명제를 확인하라.

T6. 정사각행렬 A가 어떤 양의 정수 k에 대하여 $A^k = 0$이면 거듭제곱이 **영인 행렬**(nilpotent matrix)이라 한다. 이 방정식이 성립하는 최소 정수 k를 **멱영지표**(index of nilpotency)라고 한다. 다음 행렬은 거듭제곱이 영인 행렬임을 확인하고 멱영지표를 구하라.

(a) $A = \begin{bmatrix} 0 & 0 & 0 & 0 \\ 1 & 0 & 0 & 0 \\ 2 & 1 & 0 & 0 \\ -3 & 2 & 2 & 0 \end{bmatrix}$ (b) $\begin{bmatrix} 0 & 0 & 0 & 0 \\ 1 & 0 & 0 & 0 \\ 2 & 1 & 0 & 0 \\ 0 & 2 & 0 & 0 \end{bmatrix}$

T7. **(CAS)** 양의 정수 n에 대하여 A^n에 대한 가설을 세워라.

(a) $A = \begin{bmatrix} a & 1 \\ 0 & a \end{bmatrix}$ (b) $A = \begin{bmatrix} \cos\theta & \sin\theta \\ -\sin\theta & \cos\theta \end{bmatrix}$

3.3 기본행렬 및 A^{-1}를 구하는 방법

앞 절에서 2 × 2 행렬의 역행렬을 어떻게 구하는지 살펴보았다. 이 절에서는 임의의 크기의 가역행렬의 역행렬을 구할 수 있는 알고리즘을 개발하고 가역행렬의 기본 성질들을 토론하겠다.

기본행렬 2.1절에서 행렬에 수행할 수 있는 세 가지 형태의 기본행연산을 다루었다.

1. 두 행을 서로 바꿔라.
2. 한 행에 0 아닌 상수를 곱하라.
3. 한 행의 스칼라 배수를 다른 행에 더하라.

항등행렬에 한 개의 기본행연산을 수행하여 얻은 행렬을 **기본행렬**(elementary matrix)이라 정의한다. 다음은 몇 가지 보기들이다.

$$\begin{bmatrix} 1 & 0 \\ 0 & -3 \end{bmatrix} \quad \begin{bmatrix} 1 & 0 & 0 & 0 \\ 0 & 0 & 0 & 1 \\ 0 & 0 & 1 & 0 \\ 0 & 1 & 0 & 0 \end{bmatrix} \quad \begin{bmatrix} 1 & 0 & 3 \\ 0 & 1 & 0 \\ 0 & 0 & 1 \end{bmatrix} \quad \begin{bmatrix} 1 & 0 & 0 \\ 0 & 1 & 0 \\ 0 & 0 & 1 \end{bmatrix}$$

I_2의 둘째 행에 −3을 곱하라.	I_4의 둘째 행과 넷째 행을 서로 바꿔라.	I_3의 셋째 행의 3배를 첫째 행에 더하라.	I_3의 첫째 행에 1을 곱하라.

기본행렬은 항상 정사각행렬임을 주목하라.

기본행렬은 기본행연산을 실행하는 데 이용할 수 있기 때문에 중요한 행렬이다. 즉 다음 정리가 성립하고, 이의 증명은 연습문제로 남겨 놓는다.

정리 3.3.1 *A가 $m \times n$ 행렬이고, 기본행렬 E는 $m \times m$ 항등행렬에 어떤 행연산을 실행하여 얻어졌다면 곱 EA는 A에 같은 행연산을 수행하여 얻어지는 행렬이다.*

요컨대 이 정리는 적합한 기본행렬을 *왼쪽*에 곱하여 A에 기본행연산이 수행될 수 있음을 주장한다.

▶ 예제 1 행렬곱셈으로 행연산 수행

행렬

$$A = \begin{bmatrix} 1 & 0 & 2 & 3 \\ 2 & -1 & 3 & 6 \\ 1 & 4 & 4 & 0 \end{bmatrix}$$

에 대하여 EA가 A의 첫 행의 4배를 셋째 행에 더해서 얻어진 행렬일 때 기본행렬 E를 구하라.

풀이 행렬곱 EA가 정의되려면 행렬 E의 크기는 3×3이어야 한다. 따라서 I_3의 첫 행의 4배를 셋째 행에 더하여 행렬 E를 얻는다.

$$E = \begin{bmatrix} 1 & 0 & 0 \\ 0 & 1 & 0 \\ 4 & 0 & 1 \end{bmatrix}$$

점검해보면

$$EA = \begin{bmatrix} 1 & 0 & 0 \\ 0 & 1 & 0 \\ 4 & 0 & 1 \end{bmatrix}\begin{bmatrix} 1 & 0 & 2 & 3 \\ 2 & -1 & 3 & 6 \\ 1 & 4 & 4 & 0 \end{bmatrix} = \begin{bmatrix} 1 & 0 & 2 & 3 \\ 2 & -1 & 3 & 6 \\ 5 & 4 & 12 & 12 \end{bmatrix}$$

로, 왼쪽에 E를 곱하는 것은 A의 첫째 행을 4배 하여 셋째 행에 더한 것이다. ■

참고 정리 3.3.1은 주로 행렬과 선형계를 공부하는 수단이지, 손으로 계산하기 위한 계산 절차로 의도하지 않았다. 따라서 기본행렬을 곱하기보다는 직접 행연산을 수행하는 것이 낫다.

기본행연산을 항등행렬 I에 실행하여 기본행렬 E를 얻는다면, 적당한 제2의 행연산을 E에 실행하여 다시 I를 얻을 수 있다. 예를 들면 I의 i행에 영 아닌 스칼라 c를 곱하여 행렬 E를 얻는다면 E의 i행에 $1/c$를 곱하여 I를 복구할 수 있다. 다음 표는 세 개의 기본행연산의 각각에 대하여 기본행렬로부터 항등행렬을 어떻게 복구하는지 설명한다. 이 표에서 오른쪽의 연산은 왼쪽에 대응하는 **연산의 역연산**(inverse operation)이라 한다.

E를 얻는 I의 행연산	I를 얻는 E의 행연산
i행에 $c \neq 0$ 를 곱하라.	i행에 $1/c$를 곱하라.
i행과 j행을 서로 바꿔라.	i행과 j행을 서로 바꿔라.
i행의 c배를 j행에 더하라.	i행의 $-c$배를 j행에 더하라.

▶ 예제 2 기본행렬에서 항등행렬 복구

이 예제에서는 역행연산을 이용하여 기본행렬에서 항등행렬을 복구한다.

$$\begin{bmatrix} 1 & 0 \\ 0 & 1 \end{bmatrix} \longrightarrow \begin{bmatrix} 1 & 0 \\ 0 & 7 \end{bmatrix} \longrightarrow \begin{bmatrix} 1 & 0 \\ 0 & 1 \end{bmatrix}$$

둘째 행에 7을 곱하라. | 둘째 행에 $\frac{1}{7}$을 곱하라.

$$\begin{bmatrix} 1 & 0 \\ 0 & 1 \end{bmatrix} \longrightarrow \begin{bmatrix} 0 & 1 \\ 1 & 0 \end{bmatrix} \longrightarrow \begin{bmatrix} 1 & 0 \\ 0 & 1 \end{bmatrix}$$

첫째 행과 둘째 행을 서로 바꿔라. | 첫째 행과 둘째 행을 서로 바꿔라.

$$\begin{bmatrix} 1 & 0 \\ 0 & 1 \end{bmatrix} \longrightarrow \begin{bmatrix} 1 & 5 \\ 0 & 1 \end{bmatrix} \longrightarrow \begin{bmatrix} 1 & 0 \\ 0 & 1 \end{bmatrix}$$

둘째 행의 5배를 첫째 행에 더하라. | 둘째 행의 -5배를 첫째 행에 더하라. ■

다음 정리는 기본행렬의 가역성에 관한 기본적인 결과이다.

정리 3.3.2 *기본행렬은 가역행렬이며, 그 역행렬도 역시 기본행렬이다.*

증명 E가 기본행렬이면 E는 I에 어떤 행연산을 실행하여 얻어진 행렬이다. 실행된 행연산의 역연산을 I에 실행하여 얻어진 행렬을 E_0라 하자. 정리 3.3.1을 적용하고 역행연산들은 서로 연산효과를 상쇄한다는 사실을 이용하면

$$E_0E = I\text{이고 } EE_0 = I$$

이다. 이것이 기본행렬 E_0는 E의 역행렬임을 증명한 것이다. ■

가역성의 특성화 다음 정리는 가역성, 기약행사다리꼴과 기본행렬 사이의 중요한 관계를 확립한다. 이 정리에 의해 우리는 행렬의 역원을 찾는 일반적인 방법을 알아낼 수 있다.

정리 3.3.3 *A가 $n \times n$ 행렬일 때 다음 명제는 동치이다. 즉 모두 참이거나 모두 거짓이다.*

(a) A의 기약행사다리꼴은 I_n이다.

(b) A는 기본행렬의 곱으로 쓸 수 있다.

(c) A는 가역행렬이다.

증명 $(a) \Rightarrow (b) \Rightarrow (c) \Rightarrow (a)$의 내포 관계를 보임으로써 동치 관계를 증명하겠다.

(a) ⇒ (b) A의 기약행사다리꼴을 I_n으로 가정했으므로 A를 I_n으로 변형시킨 일련의 기본행연산이 있다. 정리 3.3.1로부터 각각의 기본행연산은 기본행렬을 왼쪽에 곱해서 실행될 수 있다. 따라서

$$E_k \cdots E_2 E_1 A = I_n \tag{1}$$

을 만족시키는 기본행렬 $E_1, E_2, \cdots, E_k$가 존재한다. 정리 3.3.2에 의하여 기본행렬들은 가역행렬이다. 따라서 식 (1)의 양변에 $E_k^{-1}, \cdots, E_2^{-1}, E_1^{-1}$을 차례로 왼쪽에 곱하여 A를 구할 수 있다.

$$A = E_1^{-1}E_2^{-1} \cdots E_k^{-1}I_n = E_1^{-1}E_2^{-1} \cdots E_k^{-1} \tag{2}$$

정리 3.3.2에 의하여 우변에 있는 행렬들은 기본행렬이므로 이 방정식은 A를 기본행렬의 곱으로 표현한다.

(b) ⇒ (c) A가 기본행렬의 곱으로 쓸 수 있다고 가정하자. 가역행렬의 곱은 가역이고 기본행렬은 가역이므로 A는 가역행렬이다.

(c) ⇒ (a) A가 가역행렬이고 A의 기약행사다리꼴이 R이라고 가정하자. R은 기본행연산을 A에 실행하여 얻어지므로

$$E_k \cdots E_2 E_1 A = R$$

을 만족시키는 기본행렬 $E_1, E_2, \cdots, E_k$가 존재한다. 좌변의 모든 행렬이 가역행렬이고 가역행렬들의 곱은 가역행렬이므로 R은 가역행렬이어야 한다. 더군다나 정리 3.2.4로부터 R의 형태는 두 가지 가능성밖에 없다. R이 0행을 갖거나 아니면 $R = I_n$이다. 그렇지만 0행을 갖는 행렬은 가역행렬이 아니므로 R은 I_n이어야 한다. ■

행동치 유한 번의 기본행연산을 행렬 A에 실행하여 행렬 B를 얻을 수 있다면

$$E_k \cdots E_2 E_1 A = B \tag{3}$$

를 만족시키는 기본행렬 $E_1\ E_2, \cdots, E_k$가 존재한다. 기본행렬은 가역행렬이므로 위 방정식은

$$A = E_1^{-1}E_2^{-1} \cdots E_k^{-1}B \tag{4}$$

로 쓸 수 있으며, 이는 A에서 B를 얻은 연산의 역연산을 역순으로 실행하면 B로부터 A를 복구할 수 있

다는 것을 말한다. 일반적으로 유한 번의 기본행연산을 실행하여 얻을 수 있는 행렬들은 **행동치**(row equivalence)라고 한다. 이 용어를 쓰면 정리 3.3.3의 (*a*)와 (*c*)로부터 다음 결과가 나온다.

정사각행렬 A가 가역행렬이 될 필요충분조건은 A는 지신과 같은 크기의 항등행렬과 행동치다.

다음의 유용한 정리는 식 (3) 또는 (4)에서 k개의 기본행렬을 곱해서 증명할 수 있다.

정리 3.3.4 *A와 B가 같은 크기의 정사각행렬이면 다음은 동치이다.*

(*a*) *A와 B는 행동치다.*

(*b*) $B = EA$*를 만족시키는 가역행렬 E가 존재한다.*

(*c*) $A = FB$*를 만족시키는 가역행렬 F가 존재한다.*

역행렬로 바꾸는 반전 알고리즘

가역행렬의 역행렬을 구하는 일반적인 방법을 정리 3.3.3 증명의 아이디어에서 어떻게 얻을 수 있는지 보여 주겠다. 이를 위하여 A에 기본행연산을 실행하여 I_n으로 변화될 때 대응되는 기본행렬을 $E_1, E_2, \cdots, E_k$라 가정하자. 식 (2)로부터

$$A = E_1^{-1}E_2^{-1}\cdots E_k^{-1}$$

로 쓸 수 있다. 양변에 역행렬을 취하면

$$A^{-1} = E_k \cdots E_2E_1$$

이고

$$A^{-1} = E_k \cdots E_2E_1I_n$$

으로 쓸 수 있다. A를 I_n으로 바꾸는 것과 같은 기본행연산은 I_n으로부터 A^{-1}를 만든다. 따라서 다음 결과를 얻는다.

반전 알고리즘 *가역행렬 A의 역행렬을 찾으려면 A를 I로 변형시키는 기본행연산들의 수열을 찾고 I에 같은 행연산을 실행하여* A^{-1}*을 얻는다.*

다음 예제는 이 알고리즘을 실행하는 데 효과적인 절차를 보여 준다.

예제 3
반전 알고리즘 적용

$$A = \begin{bmatrix} 1 & 2 & 3 \\ 2 & 5 & 3 \\ 1 & 0 & 8 \end{bmatrix}$$

의 역행렬을 구하라.

풀이 행연산을 실행하여 A를 I로 변형하고 같은 연산을 I에 실행하여 A^{-1}를 얻고 싶다. 두 가지를 동시에 수행하는 한 가지 방법은 A의 오른쪽에 항등행렬을 인접시켜 놓고 $[A\,|\,I]$ 형태로 분할된 행렬을 만들어 왼쪽 행렬이 I로 변형될 때까지 행연산을 이 분할된 행렬에 적용하는 것이다. 이 연산들은 오른쪽 행렬을 A^{-1}로 전환하고, 분할된 행렬은 $[I|A^{-1}]$가 되어 A^{-1}를 얻을 수 있다. 계산 결과는 다음과 같다(적용된 규칙을 삽입하였다).

$$\left[\begin{array}{ccc|ccc} 1 & 2 & 3 & 1 & 0 & 0 \\ 2 & 5 & 3 & 0 & 1 & 0 \\ 1 & 0 & 8 & 0 & 0 & 1 \end{array}\right]$$

$$\left[\begin{array}{ccc|ccc} 1 & 2 & 3 & 1 & 0 & 0 \\ 0 & 1 & -3 & -2 & 1 & 0 \\ 0 & -2 & 5 & -1 & 0 & 1 \end{array}\right]$$

첫 행에 −2를 곱하여 둘째 행에 더하고 첫 행에 −1을 곱하여 셋째 행에 더한다.

$$\left[\begin{array}{rrr|rrr} 1 & 2 & 3 & 1 & 0 & 0 \\ 0 & 1 & -3 & -2 & 1 & 0 \\ 0 & 0 & -1 & -5 & 2 & 1 \end{array}\right]$$

둘째 행에 2를 곱하여 셋째 행에 더한다.

$$\left[\begin{array}{rrr|rrr} 1 & 2 & 3 & 1 & 0 & 0 \\ 0 & 1 & -3 & -2 & 1 & 0 \\ 0 & 0 & 1 & 5 & -2 & -1 \end{array}\right]$$

셋째 행에 -1을 곱한다.

$$\left[\begin{array}{rrr|rrr} 1 & 2 & 0 & -14 & 6 & 3 \\ 0 & 1 & 0 & 13 & -5 & -3 \\ 0 & 0 & 1 & 5 & -2 & -1 \end{array}\right]$$

셋째 행에 3을 곱하여 둘째 행에 더하고 셋째 행에 -3을 곱하여 첫째 행에 더한다.

$$\left[\begin{array}{rrr|rrr} 1 & 0 & 0 & -40 & 16 & 9 \\ 0 & 1 & 0 & 13 & -5 & -3 \\ 0 & 0 & 1 & 5 & -2 & -1 \end{array}\right]$$

둘째 행에 -2를 곱하여 첫째 행에 더한다.

따라서 다음과 같다.

$$A^{-1} = \begin{bmatrix} -40 & 16 & 9 \\ 13 & -5 & -3 \\ 5 & -2 & -1 \end{bmatrix}$$

■

참고 이 예제에서 A의 가역성은 미리 알고 있지 않았다. A를 I로 전환하는 대성공했을 때만이 가역성이 확립된다는 것을 주시하라. 비가역행렬에 반전 알고리즘을 시도하면 계산 도중에 영인 행이 *왼쪽*에 나타난다(왜?). 이런 경우에 행렬은 비가역행렬이므로 계산을 종료하라.

▶ 예제 4

반전 알고리즘은 특이행렬인 경우 계산 과정에서 나타나다

행렬

$$A = \begin{bmatrix} 1 & 6 & 4 \\ 2 & 4 & -1 \\ -1 & 2 & 5 \end{bmatrix}$$

에 대해서 반전 알고리즘을 적용하면

$$\left[\begin{array}{rrr|rrr} 1 & 6 & 4 & 1 & 0 & 0 \\ 2 & 4 & -1 & 0 & 1 & 0 \\ -1 & 2 & 5 & 0 & 0 & 1 \end{array}\right]$$

$$\left[\begin{array}{rrr|rrr} 1 & 6 & 4 & 1 & 0 & 0 \\ 0 & -8 & -9 & -2 & 1 & 0 \\ 0 & 8 & 9 & 1 & 0 & 1 \end{array}\right]$$

첫 행에 2를 곱하여 둘째 행에 더하고 첫 행을 셋째 행에 더한다.

$$\left[\begin{array}{rrr|rrr} 1 & 6 & 4 & 1 & 0 & 0 \\ 0 & -8 & -9 & -2 & 1 & 0 \\ 0 & 0 & 0 & -1 & 1 & 1 \end{array}\right]$$

둘째 행을 셋째 행에 더한다.

왼쪽 행렬에서 영인 행이 나왔기 때문에 A는 가역행렬이 아니다. ■

행렬반전에 의한 선형계 풀기

2.1절과 2.2절에서 선형계

$$\begin{aligned} a_{11}x_1 + a_{12}x_2 + \cdots + a_{1n}x_n &= b_1 \\ a_{21}x_1 + a_{22}x_2 + \cdots + a_{2n}x_n &= b_2 \\ \vdots \qquad \vdots \qquad\qquad \vdots \quad &\quad \vdots \\ a_{m1}x_1 + a_{m2}x_2 + \cdots + a_{mn}x_n &= b_m \end{aligned} \tag{5}$$

을 붙인 행렬을 행사다리꼴(Gauss-Jordan 소거)로 전환해서 푸는 방법을 소개하였다. 그렇지만 선형계를 푸는 방법으로 식 (5)에서 m개의 방정식을 한 개의 행렬방정식

$$\begin{bmatrix} a_{11}x_1 + a_{12}x_2 + \cdots + a_{1n}x_n \\ a_{21}x_1 + a_{22}x_2 + \cdots + a_{2n}x_n \\ \vdots \qquad \vdots \qquad\qquad \vdots \\ a_{m1}x_1 + a_{m2}x_2 + \cdots + a_{mn}x_n \end{bmatrix} = \begin{bmatrix} b_1 \\ b_2 \\ \vdots \\ b_m \end{bmatrix}$$

으로 표현하는 것에 기초한 중요한 방법이 있다. 이 방정식은

$$\begin{bmatrix} a_{11} & a_{12} & \cdots & a_{1n} \\ a_{21} & a_{22} & \cdots & a_{2n} \\ \vdots & \vdots & & \vdots \\ a_{m1} & a_{m2} & \cdots & a_{mn} \end{bmatrix} \begin{bmatrix} x_1 \\ x_2 \\ \vdots \\ x_n \end{bmatrix} = \begin{bmatrix} b_1 \\ b_2 \\ \vdots \\ b_m \end{bmatrix}$$

와 같이 쓸 수 있고, 더 간단히 다음과 같이 쓸 수 있다.

$$A\mathbf{x} = \mathbf{b} \tag{6}$$

따라서 식 (5)를 푸는 문제는 벡터 $\mathbf{x}$에 대해서 식 (6)을 푸는 문제로 대신한다.

식 (6)을 풀 때 A, $\mathbf{x}$, $\mathbf{b}$의 크기가 식 (5)에서 미지수 및 방정식의 개수와 어떤 관계가 있는지 명심하여야 한다. **계수행렬**이라고 하는 행렬 A는 크기가 $m \times n$이며, 여기서 m은 방정식의 개수이고 n은 미지수의 개수이다. 벡터 $\mathbf{x}$의 크기는 $n \times 1$이고 R^n의 열벡터이다. 벡터 $\mathbf{b}$는 크기가 $m \times 1$이고 R^m의 열벡터이다. 붙인 행렬 $[A \mid \mathbf{b}]$는 계수행렬 옆에 $\mathbf{b}$를 붙여 놓았고, 그 크기는 $m \times (n + 1)$이다.

이 절의 나머지 부분에서는 주로 방정식의 개수와 미지수의 개수가 같은 경우를 다루겠다. 이 경우에 계수행렬은 정사각행렬이다. 만일 A가 가역행렬이면, 방정식 양변에 A^{-1}를 왼쪽에 곱하여 $\mathbf{x}$에 대하여 식 (6)을 풀어 유일한 해를 구할 수 있다.

$$\mathbf{x} = A^{-1}\mathbf{b}$$

따라서 다음 결과에 이른다.

정리 3.3.5 *$A\mathbf{x} = \mathbf{b}$가 n개의 미지수에 관한 n개의 방정식으로 이루어진 선형계이고 계수행렬 A가 가역행렬이면 선형계는 유일한 해 $\mathbf{x} = A^{-1}\mathbf{b}$를 갖는다.*

예제 5 행렬반전에 의한 선형계 풀기

선형계

$$\begin{aligned} x_1 + 2x_2 + 3x_3 &= 5 \\ 2x_1 + 5x_2 + 3x_3 &= 3 \\ x_1 \qquad\quad + 8x_3 &= 17 \end{aligned}$$

을 풀어 보자. 이 선형계는 $A\mathbf{x} = \mathbf{b}$ 형태로 쓸 수 있다. 여기서

$$A = \begin{bmatrix} 1 & 2 & 3 \\ 2 & 5 & 3 \\ 1 & 0 & 8 \end{bmatrix}, \quad \mathbf{x} = \begin{bmatrix} x_1 \\ x_2 \\ x_3 \end{bmatrix}, \quad \mathbf{b} = \begin{bmatrix} 5 \\ 3 \\ 17 \end{bmatrix}$$

이다. 예제 3에서 A는 가역행렬이고

$$A^{-1} = \begin{bmatrix} -40 & 16 & 9 \\ 13 & -5 & -3 \\ 5 & -2 & -1 \end{bmatrix}$$

임을 보았다. 따라서 선형계의 해는

$$\mathbf{x} = A^{-1}\mathbf{b} = \begin{bmatrix} -40 & 16 & 9 \\ 13 & -5 & -3 \\ 5 & -2 & -1 \end{bmatrix} \begin{bmatrix} 5 \\ 3 \\ 17 \end{bmatrix} = \begin{bmatrix} 1 \\ -1 \\ 2 \end{bmatrix}$$

이다. 즉 $x_1 = 1$, $x_2 = -1$, $x_3 = 2$이다. ■

참고 이 해법은 전문 컴퓨터 프로그램에서는 거의 쓰지 않는다. 더 효율적인 방법이 있으며 그중 몇 개는 나중에 다룰 것이다. 그렇지만 기본 아이디어는 앞으로의 공부에 매우 중요한 선형계의 해를 구하는 중요한 방법을 제공한다.

다음 정리는 행렬 A의 가역성과 계수행렬이 A인 동차선형계(homogenenous linear system) $A\mathbf{x} = \mathbf{0}$의 해 사이의 중요한 관계를 확립한다.

정리 3.3.6 *$A\mathbf{x} = \mathbf{0}$이 n개의 미지수에 관한 n개의 방정식으로 이루어진 동차선형계이다. 이 선형계가 자명한 해만을 유일하게 가질 필요충분조건은 계수행렬 A가 가역행렬인 것이다.*

증명 A가 가역행렬이면 정리 3.3.5로부터 선형계 $A\mathbf{x} = \mathbf{0}$의 유일한 해는 $\mathbf{x} = A^{-1}\,\mathbf{0} = \mathbf{0}$이다. 즉, 이 선형계는 자명한 해만을 갖는다.

역으로 동차선형계

$$\begin{aligned} a_{11}x_1 + a_{12}x_2 + \cdots + a_{1n}x_n &= 0 \\ a_{21}x_1 + a_{22}x_2 + \cdots + a_{2n}x_n &= 0 \\ \vdots \qquad \vdots \qquad\qquad \vdots \quad & \;\;\vdots \\ a_{n1}x_1 + a_{n2}x_2 + \cdots + a_{nn}x_n &= 0 \end{aligned} \tag{7}$$

가 자명한 해만을 갖는다고 하자. 그러면 식 (7)에 대한 붙인 행렬의 기약행사다리꼴에 대응하는 방정식계는

$$\begin{aligned} x_1 \qquad\qquad &= 0 \\ x_2 \qquad &= 0 \\ \ddots \quad & \;\;\vdots \\ x_n &= 0 \end{aligned}$$

이다. 따라서 붙인 행렬

$$\begin{bmatrix} a_{11} & a_{12} & \cdots & a_{1n} & 0 \\ a_{21} & a_{22} & \cdots & a_{2n} & 0 \\ \vdots & \vdots & & \vdots & \vdots \\ a_{n1} & a_{n2} & \cdots & a_{nn} & 0 \end{bmatrix}$$

을 붙인 행렬

$$\begin{bmatrix} 1 & 0 & \cdots & 0 & 0 \\ 0 & 1 & \cdots & 0 & 0 \\ \vdots & \vdots & & \vdots & \vdots \\ 0 & 0 & \cdots & 1 & 0 \end{bmatrix}$$

으로 전환하는 기본행연산들이 존재하게 된다. 이 행렬들에서 마지막 열을 무시하면 A의 기약행사다리꼴은 I_n임을 결론지을 수 있다. ■

정리 3.3.6에 따르면 정사각행렬 A가 가역행렬일 필요충분조건은 $A\mathbf{x} = \mathbf{0}$이 오직 자명한 해를 갖는 것이다. 따라서 정리 3.3.3에 네 번째 명제를 추가할 수 있다.

정리 3.3.7 *A가 $n \times n$ 행렬이면 다음 명제는 동치이다.*

(a) A의 기약행사다리꼴은 I_n이다.

(b) A는 기본행렬의 곱으로 쓸 수 있다.

(c) A는 가역행렬이다.

(d) $A\mathbf{x} = \mathbf{0}$은 오직 자명한 해만 갖는다.

예제 6 가역계수행렬을 갖는 동차계

예제 3에서

$$A = \begin{bmatrix} 1 & 2 & 3 \\ 2 & 5 & 3 \\ 1 & 0 & 8 \end{bmatrix}$$

은 가역행렬임을 보았다. 따라서 계산하지 않고도 정리 3.3.6으로부터 동차선형계

$$\begin{aligned} x_1 + 2x_2 + 3x_3 &= 0 \\ 2x_1 + 5x_2 + 3x_3 &= 0 \\ x_1 \qquad\quad + 8x_3 &= 0 \end{aligned}$$

는 오직 자명한 해만을 갖는다는 것을 알 수 있다. ■

가역행렬의 정의에 따라서 정사각행렬 A는 가역행렬이다. $AB = I$이고 $BA = I$가 되는 행렬 B가 존재한다. 다음 정리의 첫 부분은 둘 중 한 개의 조건을 만족시키는 행렬 B를 찾을 수 있다면 다른 조건은 자동으로 성립함을 보인다. 정리의 두 번째 부분은 그 역도 성립함을 말하고 있다.

정리 3.3.8
(a) 정사각행렬 A와 B가 $AB = I$ 또는 $BA = I$를 만족시키면 A와 B는 둘 다 가역행렬이고, 서로는 각각의 역행렬이다.
(b) 정사각행렬 A와 B의 곱 AB가 가역행렬이면 A와 B는 가역행렬이다.

증명 (a) $BA = I$라고 하자. A가 가역행렬임을 보일 수 있다면 이 방정식 양변의 오른쪽에 A^{-1}를 곱하여 $B = A^{-1}$을 얻고, $B^{-1} = (A^{-1})^{-1} = A$가 된다. 이것이 B는 가역행렬이고 A와 B는 서로 역행렬들임을 입증하는 것이다. A의 가역성을 증명하기 위하여 동차계 $A\mathbf{x} = \mathbf{0}$은 오직 자명한 해만을 가짐을 보이는 것으로 충분하다. 그런데 $\mathbf{x}$가 이 동차계의 임의의 해라면 가정 $BA = I$는

$$\mathbf{x} = I\mathbf{x} = BA\mathbf{x} = B(A\mathbf{x}) = B\mathbf{0} = \mathbf{0}$$

을 의미한다. 따라서 동차계 $A\mathbf{x} = \mathbf{0}$은 오직 자명한 해만을 가지며, 이는 A가 가역행렬임을 확증하는 것이다. $AB = I$인 경우에 대한 증명은 앞의 논의에서 A와 B를 바꾸면 얻을 수 있다.

증명 (b) AB가 가역행렬이면

$$I = (AB)(AB)^{-1} = A(B(AB)^{-1}) \quad \text{그리고} \quad I = (AB)^{-1}(AB) = ((AB)^{-1}A)B$$

이다. (a)에 의하여 첫째 등식은 A가 가역행렬이고 둘째 등식은 B가 가역행렬임을 내포한다. ■

통합정리 이제 정리 3.3.7에 두 개의 명제를 더 추가할 수 있다.

정리 3.3.9 *A가 $n \times n$ 행렬이면 다음 명제는 동치이다.*
(a) A의 기약행사다리꼴은 I_n이다.
(b) A는 기본행렬의 곱으로 쓸 수 있다.
(c) A는 가역행렬이다.
(d) $A\mathbf{x} = \mathbf{0}$은 오직 자명한 해만을 갖는다.
(e) R^n의 모든 벡터 $\mathbf{b}$에 대하여 $A\mathbf{x} = \mathbf{b}$는 해를 갖는다.
(f) R^n의 모든 벡터 $\mathbf{b}$에 대하여 $A\mathbf{x} = \mathbf{b}$는 오직 한 개의 해만을 갖는다.

증명 이미 (a), (b), (c), (d)가 동치임을 알고 있으므로 (c), (e), (f)가 동치임을 보임으로써 증명을 완결할 수 있다. 그러면 자동으로 (e)와 (f)는 (a), (b), 그리고 (d)와 동치임을 의미하기 때문이다. (c), (e), (f)가 동치임을 보이기 위하여 (f) ⇒ (e) ⇒ (c) ⇒ (f)를 증명해 보자.

(f) ⇒ (e) R^n의 임의의 벡터 $\mathbf{b}$에 대하여 $A\mathbf{x} = \mathbf{b}$가 오직 한 개의 해만을 가지면 논리적으로 임의의 n

$\times$ 1 행렬 $\mathbf{b}$에 대하여 $A\mathbf{x}=\mathbf{b}$는 적어도 한 개의 해를 갖는다.

(*e*) ⇒ (*c*) R^n의 임의의 벡터 $\mathbf{b}$에 대하여 $A\mathbf{x}=\mathbf{b}$가 해를 가지면, n 선형계

$$A\mathbf{x}=\mathbf{e}_1, \quad A\mathbf{x}=\mathbf{e}_2, \ldots, \quad A\mathbf{x}=\mathbf{e}_n$$

또한 해를 갖는다. 여기서 $\mathbf{e}_1, \mathbf{e}_2, \cdots, \mathbf{e}_n$는 R^n의 표준단위 열벡터들이다[1.2절의 식 (7)을 보라]. $\mathbf{x}_1, \mathbf{x}_2, \cdots, \mathbf{x}_n$이 각 선형계의 해들이고 분할된 행렬

$$C=[\mathbf{x}_1 \quad \mathbf{x}_2 \quad \cdots \quad \mathbf{x}_n]$$

을 이룬다고 하자. 그러면

$$AC=[A\mathbf{x}_1 \quad A\mathbf{x}_2 \quad \cdots \quad A\mathbf{x}_n]=I_n$$

정리 3.3.8에 의하여 A는 가역행렬이다.

(*c*) ⇒ (*f*) 이것은 정리 3.3.5의 명제이다. ■

공통 계수 행렬을 갖는 다선형계 풀기

많은 응용에서 여러 개의 선형계

$$A\mathbf{x}=\mathbf{b}_1, \quad A\mathbf{x}=\mathbf{b}_2, \quad \cdots, \quad A\mathbf{x}=\mathbf{b}_k \tag{8}$$

를 푸는 데 관심을 둔다. 여기서 계수행렬은 모두 A이다. k개 선형계를 푸는 *좋지 않은* 방법은 Gauss-Jordan 소거를 적용하거나 각 방정식에 Gauss 소거를 적용하는 것이다. 왜냐하면 A를 변환시키는 연산은 모든 경우에 똑같아서 그 연산을 방정식에 반복해서 실행할 필요가 없기 때문이다. 좀 더 나은 방법을 고려할 것이다.

식 (8)에서 계수행렬 A가 가역행렬이면 각 선형계는 유일한 해를 가지며 모든 k개의 해는 행렬 하나만 반전시키는 행렬곱셈을 k번 수행하여 얻을 수 있다.

$$\mathbf{x}_1=A^{-1}\mathbf{b}_1, \quad \mathbf{x}_2=A^{-1}\mathbf{b}_2, \quad \ldots, \quad \mathbf{x}_k=A^{-1}\mathbf{b}_k$$

그렇지만 이 방법은 A가 가역행렬이 아니면 쓸 수가 없다. A가 정사각행렬이 아니거나 가역행렬이 아니더라도 적용할 수 있는 더 효과적인 다른 대안은 $\mathbf{b}_1, \mathbf{b}_2, \cdots, \mathbf{b}_k$를 A에 붙여서 붙인 행렬

$$[A \mid \mathbf{b}_1 \mid \mathbf{b}_2 \mid \cdots \mid \mathbf{b}_k]$$

를 만들고 기약행사다리꼴로 전환한 후 Gauss-Jordan 소거로 한 번에 모든 k개 선형계를 푸는 것이다. 예제를 보자.

▶ 예제 7 Gauss-Jordan 소거로 다선형계 풀기

다음 선형계를 풀어라.

(a)
$$\begin{aligned} x_1 + 2x_2 + 3x_3 &= 4 \\ 2x_1 + 5x_2 + 3x_3 &= 5 \\ x_1 + 8x_3 &= 9 \end{aligned}$$

(b)
$$\begin{aligned} x_1 + 2x_2 + 3x_3 &= 1 \\ 2x_1 + 5x_2 + 3x_3 &= 6 \\ x_1 + 8x_3 &= -6 \end{aligned}$$

풀이 두 선형계는 같은 계수행렬을 갖는다. 계수행렬 오른쪽에 상수항들의 열들을 붙이면

$$\left[\begin{array}{ccc|c|c} 1 & 2 & 3 & 4 & 1 \\ 2 & 5 & 3 & 5 & 6 \\ 1 & 0 & 8 & 9 & -6 \end{array}\right]$$

을 얻는다. 이 행렬을 기약행사다리꼴로 전환하면

$$\left[\begin{array}{ccc|c|c} 1 & 0 & 0 & 1 & 2 \\ 0 & 1 & 0 & 0 & 1 \\ 0 & 0 & 1 & 1 & -1 \end{array}\right]$$

이다(증명하라). 마지막 두 열로부터 선형계 (a)의 해는 $x_1=1, x_2=0, x_3=1$이고 (b)의 해는 $x_1=2, x_2=1, x_3=-1$이다. ■

선형계 해의 존재성 앞으로 진행하면서 다음 문제가 여러 상황에서 발생할 것이다.

> **3.3.10 해 존재성 문제** 행렬 A가 주어졌을 때 선형계 $A\mathbf{x} = \mathbf{b}$가 해를 갖게 되는 모든 벡터 $\mathbf{b}$를 구하라.

A가 $n \times n$ 가역행렬이면 정리 3.3.9로부터 선형계 $A\mathbf{x} = \mathbf{b}$는 R^n의 모든 벡터 $\mathbf{b}$에 대하여 해를 갖는다. A가 정사각행렬이 아니거나, A가 정사각행렬이지만 가역행렬이 아니면 선형계는 대체로 어떤 벡터에 대해서는 해를 갖지만 다른 벡터에 대해서는 해를 갖지 않게 되며, 문제는 어떤 벡터가 해를 갖는 선형계인지 판정하는 것이다.

참고 선형계 $A\mathbf{x} = \mathbf{b}$는 적어도 한 개의 벡터 $\mathbf{b}$에 대하여 항상 해를 갖는다. 왜 그런가?

다음 예제는 가끔 Gauss 소거가 해를 갖는 선형계를 푸는 데 어떻게 이용되는지를 보여 준다.

예제 8 Gauss 소거에 의한 해 존재성 문제 풀기

다음 선형계가 해를 가지려면 b_1, b_2, b_3는 어떤 조건을 만족시켜야 하는가?

$$\begin{aligned} x_1 + x_2 + 2x_3 &= b_1 \\ x_1 \qquad + x_3 &= b_2 \\ 2x_1 + x_2 + 3x_3 &= b_3 \end{aligned}$$

풀이 붙인 행렬은

$$\begin{bmatrix} 1 & 1 & 2 & b_1 \\ 1 & 0 & 1 & b_2 \\ 2 & 1 & 3 & b_3 \end{bmatrix}$$

이고, 다음과 같이 기약행사다리꼴로 변환될 수 있다.

$$\begin{bmatrix} 1 & 1 & 2 & b_1 \\ 0 & -1 & -1 & b_2 - b_1 \\ 0 & -1 & -1 & b_3 - 2b_1 \end{bmatrix}$$

첫 행의 -1배를 둘째 행에 더하고 첫 행의 -2를 셋째 행에 더한다.

$$\begin{bmatrix} 1 & 1 & 2 & b_1 \\ 0 & 1 & 1 & b_1 - b_2 \\ 0 & -1 & -1 & b_3 - 2b_1 \end{bmatrix}$$

둘째 행에 -1을 곱한다.

$$\begin{bmatrix} 1 & 1 & 2 & b_1 \\ 0 & 1 & 1 & b_1 - b_2 \\ 0 & 0 & 0 & b_3 - b_2 - b_1 \end{bmatrix}$$

둘째 행을 셋째 행에 더한다.

행렬의 셋째 행으로부터 선형계가 해를 가질 필요충분조건이 b_1, b_2, b_3가 조건 $b_3 - b_2 - b_1 = 0$ 또는 $b_3 = b_1 + b_2$를 만족시키는 것이라는 사실은 분명하다. 따라서 $A\mathbf{x} = \mathbf{b}$가 해를 가질 필요충분조건은 $\mathbf{b}$를

$$\mathbf{b} = \begin{bmatrix} b_1 \\ b_2 \\ b_1 + b_2 \end{bmatrix} = \begin{bmatrix} b_1 \\ 0 \\ b_1 \end{bmatrix} + \begin{bmatrix} 0 \\ b_2 \\ b_2 \end{bmatrix} = b_1 \begin{bmatrix} 1 \\ 0 \\ 1 \end{bmatrix} + b_2 \begin{bmatrix} 0 \\ 1 \\ 1 \end{bmatrix}$$

으로 쓸 수 있는 것이다. 즉 $A\mathbf{x} = \mathbf{b}$가 해를 갖게 되는 R^3에서 벡터들의 집합은 두 벡터

$$\begin{bmatrix} 1 \\ 0 \\ 1 \end{bmatrix}, \quad \begin{bmatrix} 0 \\ 1 \\ 1 \end{bmatrix}$$

의 일차결합으로 구성된 R^3의 부분공간이다. 이 공간은 원점과 점 (1, 0, 1), (0, 1, 1)를 지나는 평면이다. ■

▶ 연습문제 3.3

연습문제 1과 2에서는 주어진 행렬이 기본행렬인지를 판정하라.

1. (a) $\begin{bmatrix} 1 & 0 \\ -5 & 1 \end{bmatrix}$ (b) $\begin{bmatrix} -5 & 1 \\ 1 & 0 \end{bmatrix}$ (c) $\begin{bmatrix} 0 & 0 & 1 \\ 0 & 1 & 0 \\ 1 & 0 & 0 \end{bmatrix}$ (d) $\begin{bmatrix} 0 & 1 & 0 \\ 1 & 0 & 0 \\ 0 & 0 & 0 \end{bmatrix}$

2. (a) $\begin{bmatrix} 1 & 1 \\ 1 & 0 \end{bmatrix}$ (b) $\begin{bmatrix} 2 & 0 \\ 0 & 3 \end{bmatrix}$ (c) $\begin{bmatrix} 1 & 0 & 0 \\ 0 & 1 & 9 \\ 0 & 0 & 1 \end{bmatrix}$ (d) $\begin{bmatrix} 0 & 2 & 0 \\ 1 & 0 & 0 \\ 0 & 0 & 1 \end{bmatrix}$

연습문제 3과 4에서는 행렬이 기본행렬임을 확인하고 행렬을 항등행렬로 변화시키는 행연산을 구하라.

3. (a) $\begin{bmatrix} 1 & 0 \\ -3 & 1 \end{bmatrix}$ (b) $\begin{bmatrix} 1 & 0 & 0 \\ 0 & 1 & 0 \\ 0 & 0 & 3 \end{bmatrix}$

(c) $\begin{bmatrix} 0 & 0 & 0 & 1 \\ 0 & 1 & 0 & 0 \\ 0 & 0 & 1 & 0 \\ 1 & 0 & 0 & 0 \end{bmatrix}$ (d) $\begin{bmatrix} 1 & 0 & -\frac{1}{7} & 0 \\ 0 & 1 & 0 & 0 \\ 0 & 0 & 1 & 0 \\ 0 & 0 & 0 & 1 \end{bmatrix}$

4. (a) $\begin{bmatrix} 1 & 2 \\ 0 & 1 \end{bmatrix}$ (b) $\begin{bmatrix} -1 & 0 & 0 \\ 0 & 1 & 0 \\ 0 & 0 & 1 \end{bmatrix}$

(c) $\begin{bmatrix} 0 & 0 & 1 & 0 \\ 0 & 1 & 0 & 0 \\ 1 & 0 & 0 & 0 \\ 0 & 0 & 0 & 1 \end{bmatrix}$ (d) $\begin{bmatrix} 1 & 0 & 0 & 0 \\ 0 & 1 & 0 & 0 \\ 0 & 0 & 1 & 0 \\ 0 & 12 & 0 & 1 \end{bmatrix}$

5. 연습문제 3에서 얻은 행연산을 이용하여 행렬의 역행렬을 구하라.

6. 연습문제 4에서 얻은 행연산을 이용하여 행렬의 역행렬을 구하라.

연습문제 7과 8에서는 다음 행렬을 이용하라.

$$A = \begin{bmatrix} 3 & 4 & 1 \\ 2 & -7 & -1 \\ 8 & 1 & 5 \end{bmatrix},\quad B = \begin{bmatrix} 8 & 1 & 5 \\ 2 & -7 & -1 \\ 3 & 4 & 1 \end{bmatrix}$$

$$C = \begin{bmatrix} 3 & 4 & 1 \\ 2 & -7 & -1 \\ 2 & -7 & 3 \end{bmatrix},\quad D = \begin{bmatrix} 8 & 1 & 5 \\ -6 & 21 & 3 \\ 3 & 4 & 1 \end{bmatrix}$$

$$F = \begin{bmatrix} 8 & 1 & 5 \\ 8 & 1 & 1 \\ 3 & 4 & 1 \end{bmatrix}$$

7. 다음 방정식을 만족시키는 기본행렬 E를 구하라.
(a) $EA = B$ (b) $EB = A$
(c) $EA = C$ (d) $EC = A$

8. 다음 방정식을 만족시키는 기본행렬 E를 구하라.
(a) $EB = D$ (b) $ED = B$
(c) $EB = F$ (d) $EF = B$

연습문제 9와 10에서는 예제 3의 방법을 이용하여 A의 역행렬을 구하고 정리 3.2.7을 이용하여 답을 확인하라.

9. $A = \begin{bmatrix} 1 & 5 \\ 2 & 20 \end{bmatrix}$ **10.** $A = \begin{bmatrix} 2 & -3 \\ 4 & 1 \end{bmatrix}$

연습문제 11과 12에서는 예제 3의 방법을 이용하여 A가 가역행렬인 경우 A^{-1}을 구하라.

11. (a) $A = \begin{bmatrix} 3 & 4 & -1 \\ 1 & 0 & 3 \\ 2 & 5 & -4 \end{bmatrix}$ (b) $A = \begin{bmatrix} -1 & 3 & -4 \\ 2 & 4 & 1 \\ -4 & 2 & -9 \end{bmatrix}$

(c) $A = \begin{bmatrix} 1 & 0 & 1 \\ 0 & 1 & 1 \\ 1 & 1 & 0 \end{bmatrix}$

12. (a) $A = \begin{bmatrix} 1 & 2 & 0 \\ 2 & 1 & 2 \\ 0 & 2 & 1 \end{bmatrix}$ (b) $A = \begin{bmatrix} 2 & 0 & 0 \\ 0 & 4 & 3 \\ 0 & 1 & 1 \end{bmatrix}$

(c) $A = \begin{bmatrix} 1 & 2 & 3 \\ 0 & 2 & 3 \\ 0 & 0 & 3 \end{bmatrix}$

연습문제 13과 14에서는 행렬 A의 기약행사다리꼴 R을 구하고 BA = R이 되는 행렬 B를 구하라.

13. $A = \begin{bmatrix} 1 & 2 & 3 \\ 0 & 0 & 1 \\ 1 & 2 & 4 \end{bmatrix}$ **14.** $A = \begin{bmatrix} 1 & 0 & 0 \\ 2 & 4 & 0 \\ 4 & 8 & 0 \end{bmatrix}$

연습문제 15와 16에서는 행렬이 가역행렬이 되는 c의 값이 존재하면 모두 구하라.

15. $\begin{bmatrix} c & c & c \\ 1 & c & c \\ 1 & 1 & c \end{bmatrix}$ **16.** $\begin{bmatrix} c & 1 & 0 \\ 1 & c & 1 \\ 0 & 1 & c \end{bmatrix}$

17. 3×3 행렬 A에 대하여 BA가 A의 처음 두 행을 바꾼 후 셋째 행에 6을 곱하여 얻어진 행렬이 되도록 행렬 B를 구하라.

18. 3×3 행렬 A에 대하여 BA가 A의 둘째 행을 4배 하여 셋째 행에 더한 후 첫째와 셋째 행을 바꿔 얻어진 행렬이 되도록 행렬 B를 구하라.

연습문제 19와 20에서는 A가 가역행렬이 될 상수에 관한 조건을 설명하고 A^{-1}를 구하라.

19. $A = \begin{bmatrix} 0 & 0 & 0 & k_1 \\ 0 & 0 & k_2 & 0 \\ 0 & k_3 & 0 & 0 \\ k_4 & 0 & 0 & 0 \end{bmatrix}$ **20.** $A = \begin{bmatrix} k & 0 & 0 & 0 \\ 1 & k & 0 & 0 \\ 0 & 1 & k & 0 \\ 0 & 0 & 1 & k \end{bmatrix}$

21. 행렬 $A = \begin{bmatrix} 1 & 0 \\ -5 & 2 \end{bmatrix}$에 대하여

(a) $E_2E_1A = I$가 되는 기본행렬 E_1과 E_2를 구하라.

(b) A^{-1}을 두 개의 기본행렬의 곱으로 쓰라.

(c) A를 두 개의 기본행렬의 곱으로 쓰라.

22. 행렬 $A = \begin{bmatrix} 1 & 0 & -2 \\ 0 & 1 & 0 \\ 0 & 0 & 2 \end{bmatrix}$에 대하여

(a) $E_2E_1A = I$를 만족시키는 기본행렬 E_1과 E_2를 구하라.

(b) A^{-1}을 두 개의 기본행렬의 곱으로 쓰라.

(c) A를 두 개의 기본행렬의 곱으로 쓰라.

연습문제 23과 24에서는 A와 A^{-1}을 기본행렬의 곱으로 표현하라.

23. $A = \begin{bmatrix} 2 & 1 & 1 \\ 1 & 2 & 1 \\ 1 & 1 & 2 \end{bmatrix}$ **24.** $A = \begin{bmatrix} 1 & 1 & 0 \\ 1 & 1 & 1 \\ 0 & 1 & 1 \end{bmatrix}$

연습문제 25와 26에서는 예제 7의 방법을 이용하여 두 방정식을 한 번에 행축소로 풀어라.

25. $\begin{aligned} x_1 + 2x_2 + x_3 &= -1 \\ x_1 + 3x_2 + 2x_3 &= 3, \\ x_2 + 2x_3 &= 4 \end{aligned}$ $\quad \begin{aligned} x_1 + 2x_2 + x_3 &= 0 \\ x_1 + 3x_2 + 2x_3 &= 0 \\ x_2 + 2x_3 &= 4 \end{aligned}$

26. $\begin{aligned} x_1 + 2x_2 + 5x_3 &= -1 \\ x_2 - 3x_3 &= -1, \\ x_3 &= 3 \end{aligned}$ $\quad \begin{aligned} x_1 + 2x_2 + 5x_3 &= 2 \\ x_2 - 3x_3 &= 1 \\ x_3 &= -1 \end{aligned}$

27. (a) 연습문제 25의 방정식계를 $A\mathbf{x} = \mathbf{b}_1$과 $A\mathbf{x} = \mathbf{b}_2$로 쓰고 각각을 예제 5의 방법으로 풀어라.

(b) $A^{-1}[\mathbf{b}_1\ \mathbf{b}_2]$를 계산하여 한꺼번에 두 해를 구하라.

28. (a) 연습문제 26의 방정식계를 $A\mathbf{x} = \mathbf{b}_1$과 $A\mathbf{x} = \mathbf{b}_2$로 쓰고 각각을 예제 5의 방법으로 풀어라.

(b) $A^{-1}[\mathbf{b}_1\ \mathbf{b}_2]$를 계산하여 한꺼번에 두 해를 구하라.

연습문제 29~32에서는 방정식계가 해를 갖도록 보장할 b들의 조건을 구하라.

29. $\begin{aligned} 6x_1 - 4x_2 &= b_1 \\ 3x_1 - 2x_2 &= b_2 \end{aligned}$

30. $\begin{aligned} x_1 - 2x_2 + 5x_3 &= b_1 \\ 4x_1 - 5x_2 + 8x_3 &= b_2 \\ -3x_1 + 3x_2 - 3x_3 &= b_3 \end{aligned}$

31. $\begin{aligned} x_1 - 2x_2 - x_3 &= b_1 \\ -2x_1 + 3x_2 + 2x_3 &= b_2 \\ -4x_1 + 7x_2 + 4x_3 &= b_3 \end{aligned}$

32. $\begin{aligned} x_1 - x_2 + 3x_3 + 2x_4 &= b_1 \\ -2x_1 + x_2 + 5x_3 + x_4 &= b_2 \\ -3x_1 + 2x_2 + 2x_3 - x_4 &= b_3 \\ 4x_1 - 3x_2 + x_3 + 3x_4 &= b_4 \end{aligned}$

33. 행렬

$$A = \begin{bmatrix} 0 & 1 & 7 & 8 \\ 1 & 3 & 3 & 8 \\ -2 & -5 & 1 & -8 \end{bmatrix}$$

를 $A = EFGR$로 분해하라. 여기서 E, F, G는 기본행렬이고 R은 행사다리꼴이다.

34. $A = \begin{bmatrix} 1 & 0 & 0 \\ 0 & 1 & 0 \\ a & b & 1 \end{bmatrix}$

가 기본행렬이면 $ab = 0$임을 보여라.

토론과 발견

D1. A는 알려지지 않은 가역행렬이지만 A에 연속해서 실행하여 항등행렬로 전환하는 일련의 기본행연산을 안다고 하면, A를 구하기 위해 알고 있는 정보를 어떻게 이용할 수 있는지 설명하라.

D2. a, b, c, d의 모든 값에 대하여

$$A\begin{bmatrix} a & b \\ c & d \end{bmatrix} = \begin{bmatrix} b & d \\ a & c \end{bmatrix}$$

가 되는 2×2 행렬 A가 존재하는가? 그 이유를 설명하라.

D3. 주어진 동차계가 자명하지 않은 해를 갖는지를 손으로 계산하지 않고 검사만으로 판정하고 계수행렬이 가역행렬인지 설명하라.

$$\begin{aligned} 2x_1 + x_2 - 3x_3 + x_4 &= 0 \\ 5x_2 + 4x_3 + 3x_4 &= 0 \\ x_3 + 2x_4 &= 0 \\ 3x_4 &= 0 \end{aligned}$$

D4. (a) $B\begin{bmatrix} 1 & 2 \\ 0 & -2 \\ 1 & 4 \end{bmatrix} = \begin{bmatrix} 1 & 0 \\ 0 & 1 \end{bmatrix}$를 만족시키는 행렬 B를 구하라.

(b) 그런 B가 한 개 이상 존재하는가?

(c) B는 역행렬을 갖는가?

D5. 다음 명제들이 참(T)인지 거짓(F)인지 판별하고, 그 이유를 설명하라.

(a) 모든 정사각행렬은 기본행렬의 곱으로 쓸 수 있다.

(b) 두 기본행렬의 곱은 기본행렬이다.

(c) A가 가역행렬이면 첫 행의 곱을 두 번째 행에 더하여 얻어지는 행렬은 가역이다.

(d) A가 가역행렬이고 $AB = 0$이면 $B = 0$이다.

(e) A가 $n \times n$ 행렬이고 동차선형계 $A\mathbf{x} = \mathbf{0}$가 무한히 많은 해를 가지면 A는 특이행렬이다.

D6. 다음 명제들이 참(T)인지 거짓(F)인지 판별하고, 그 이유를 설명하라.

(a) 모든 가역행렬은 기본행렬의 곱으로 분해할 수 있다.

(b) A가 $n \times n$ 특이행렬이면 $A\mathbf{x} = \mathbf{0}$은 무한히 많은 해를 갖는다.

(c) A가 $n \times n$ 특이행렬이면 A의 기약행사다리꼴은 적어도 한 개의 영인 행을 갖는다.

(d) A가 기본행렬의 곱으로 표현될 수 있다면 동차선형계 $A\mathbf{x} = \mathbf{0}$은 오직 한 개의 해만을 갖는다.

(e) A가 $n \times n$ 특이행렬이고 B는 A의 두 행을 바꿔서 얻어진 행렬이면 B는 특이행렬이다.

D7. 다음 행렬이 가역행렬이 될 상수들의 값이 존재하는가?

$$A = \begin{bmatrix} 0 & a & 0 & 0 & 0 \\ b & 0 & c & 0 & 0 \\ 0 & d & 0 & e & 0 \\ 0 & 0 & f & 0 & g \\ 0 & 0 & 0 & h & 0 \end{bmatrix}$$

증명문제

P1. A와 B가 같은 크기의 정사각행렬로서 AB가 가역행렬이면 A와 B는 가역행렬임을 증명하라.

P2. $n \times n$ 행렬 A, B, C는 $A = BC$를 만족시킨다. B가 가역행렬이면 B를 I_n으로 변환시키는 임의의 기본행연산은 A를 C로 변환시킨다는 것을 증명하라.

P3. $A\mathbf{x} = \mathbf{0}$는 오직 자명한 해만을 갖는 n개의 미지수에 관한 n개의 선형방정식의 동차계이다. k가 임의의 양의 정수이면 방정식계 $A^k\mathbf{x} = \mathbf{0}$도 오직 자명한 해만을 가짐을 증명하라.

P4. $A\mathbf{x} = \mathbf{0}$는 n개의 미지수에 관한 n개의 방정식들의 동차선형계이고 B는 가역 $n \times n$ 행렬이다. $A\mathbf{x} = \mathbf{0}$이 오직 자명한 해만을 가질 필요충분조건은 $(BA)\mathbf{x} = \mathbf{0}$이 오직 자명한 해만을 가진다는 것임을 증명하라.

P5. 정리 3.3.1을 증명하라. [*힌트*: 세 개의 기본행연산을 각각 따로 생각하라.]

P6. 2×2 행렬 A는 임의의 2×2 행렬 B에 대하여 $AB = BA$이다. A는 항등행렬의 상수 배임을 증명하라. [*힌트*: B를 적당한 기본행렬로 택하라.]

P7. A가 $m \times n$ 행렬이면 CA가 기약행사다리꼴이 되는 가역행렬 C가 존재함을 증명하라.

P8. A가 $n \times n$ 행렬, B는 임의의 $n \times n$ 행렬, 그리고 $[A \mid B]$는 B를 A의 오른쪽에 붙인 $n \times (2n)$ 행렬을 나타낸다. A가 $n \times n$ 항등행렬 I로 변환될 때까지 기본행연산을 $[A \mid B]$에 실행하면 $[I \mid A^{-1}B]$를 얻음을 증명하라.

프로그램 활용 연습문제

T1. **(역행렬)** 예제 3에 주어진 행렬의 역행렬을 계산하고, 예제 4에 주어진 특이행렬의 역행렬을 계산하려 할 때 어떤 일이 생기는지를 관찰하라.

T2. **(붙인 행렬)** 많은 계산 유틸리티들은 주어진 행렬들로부터 새로운 행렬을 만드는 방법을 제공한다. 여러분의 유틸리티도 그러한지 판정하고, 그렇다면 예제 5의 방정식계의 행렬 A와 $\mathbf{b}$로부터 붙인 행렬을 만들라.

T3. 예제 4 특이행렬의 음의 정수 거듭제곱을 계산하면 어떻게 되는지 조사하라.

T4. 3×3 항등행렬을 예제 3의 행렬 A에 붙인 3×6 행렬을 기약행사다리꼴로 변환시켜서 A의 역행렬을 계산하라.

T5. 다음 행렬방정식을 X에 대해서 풀어라.

$$\begin{bmatrix} 1 & -1 & 1 \\ 2 & 3 & 0 \\ 0 & 2 & -1 \end{bmatrix} X = \begin{bmatrix} 2 & -1 & 5 & 7 & 8 \\ 4 & 0 & -3 & 0 & 1 \\ 3 & 5 & -7 & 2 & 1 \end{bmatrix}$$

T6. **(CAS)** 정리 3.2.7의 식 (5)를 얻어라.

T7. (a) 행렬반전을 이용하여 선형계를 풀어라.

$$\begin{bmatrix} 3 & 3 & -4 & -3 \\ 0 & 6 & 1 & 1 \\ 5 & 4 & 2 & 1 \\ 2 & 3 & 3 & 2 \end{bmatrix} \begin{bmatrix} x_1 \\ x_2 \\ x_3 \\ x_4 \end{bmatrix} = \begin{bmatrix} -2 \\ 3 \\ 5 \\ 1 \end{bmatrix}$$

(b) 여러분이 가진 선형계를 풀 수 있는 도구를 이용하여 방정식계 (a)를 풀고, 그 결과를 (a)에서 얻은 결과와 비교해 보라.

T8. n에 다른 값들을 사용하여 실험해 본 후 다음 $n \times n$ 행렬의 역행렬에 대한 표현을 구하라.

$$A = \begin{bmatrix} 1 & 2 & 3 & 4 & \cdots & n-1 & n \\ 0 & 1 & 2 & 3 & \cdots & n-2 & n-1 \\ 0 & 0 & 1 & 2 & \cdots & n-3 & n-2 \\ \vdots & \vdots & \vdots & \vdots & & \vdots & \vdots \\ 0 & 0 & 0 & 0 & \cdots & 1 & 2 \\ 0 & 0 & 0 & 0 & \cdots & 0 & 1 \end{bmatrix}$$

T9. **(CAS)** n차 **Hilbert 행렬**(Hilbert matrix)은 $n \times n$ 행렬 $H_n = [h_{ij}]$이다.

$$h_{ij} = 1/(i + j - 1)$$

(a) Hilbert 행렬 H_2, H_3, H_4, H_5를 쓰라.

(b) Hilbert 행렬은 가역행렬이고, 그 역행렬들은 (n이 너무 크지 않으면) 컴퓨터 계산기(간단히 CAS)를 이용하여 정확하게 구할 수 있다. (a)의 Hilbert 행렬들의 역행렬들을 구하라. [*주의*: 어떤 프로그램은 n을 지정함으로써 Hilbert 행렬을 자동으로 입력하는 명령어를 갖고 있다. 여러분의 프로그램이 그렇다면 입력을 좀 덜해도 된다.]

(c) Hilbert 행렬은 사소한 반올림 오차에 민감하여 수치적으로 반전하는 것은 특히 어렵다. 이를 보이기 위해 H_5의 분수를 소수점 이하 여섯 번째 자릿수로 전환하여 H_5의 근사값 H를 구하고 (b)에서 구한 역행렬과 비교하라.

T10. $A = \begin{bmatrix} 1 & 3 & 2 \\ 4 & 5 & 1 \\ 3 & 7 & 2 \end{bmatrix}$

에 대하여 $f(A)=A^{-1}$이 되는 이차다항식 $f(x)=ax^2+bx+c$를 구하라.

T11. A가 정사각행렬이고 $f(x)=p(x)/q(x)$인 경우, $p(x)$와 $q(x)$는 다항식으로 $q(A)$가 가역행렬이면, $f(A)=p(A)q(A)^{-1}$로 정의한다. $f(x)=(x^3+2)/(x^2+1)$와 연습문제 T10의 행렬에 대하여 $f(A)$를 구하라.

3.4 부분공간과 일차독립

1장에서 직선과 평면의 개념을 R^n으로 확장하였다. 이 절에서는 R^n에서 다른 형태의 기하학적 대상을 고찰하고 그 대상을 공부하는 데 선형방정식계가 어떻게 이용될 수 있는지를 보이겠다.

R^n의 부분공간

R^n에서 원점을 지나는 직선과 평면은 각각 $\mathbf{x}=t\mathbf{v}$와 $\mathbf{x}=t_1\mathbf{v}_1+t_2\mathbf{v}_2$ 형태의 방정식으로 주어진다는 것을 1.3절에서 공부하였다. 이제 우리의 관심은 R^n의 벡터 $\mathbf{v}_1, \mathbf{v}_2, \cdots, \mathbf{v}_s$에 대하여 일반형 방정식

$$\mathbf{x}=t_1\mathbf{v}_1+t_2\mathbf{v}_2+\cdots+t_s\mathbf{v}_s$$

로 표현되는 기하학적 대상에 있다. R^n의 원점을 지나는 직선과 평면에 대한 몇 가지 관찰 결과로 시작하겠다.

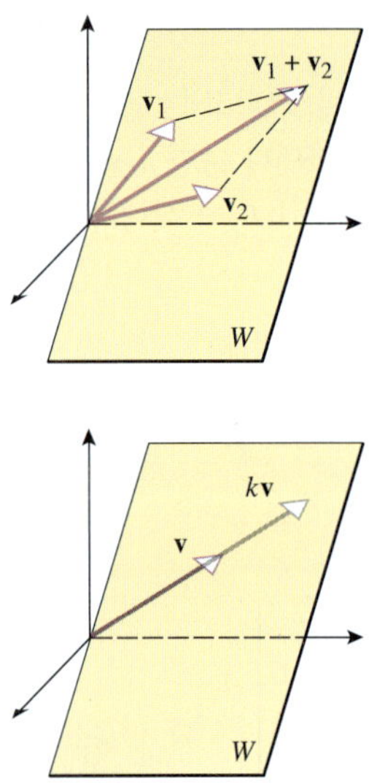

그림 3.4.1

$\mathbf{v}_1$과 $\mathbf{v}_2$가 R^2의 원점을 지나는 평면 W에 놓여 있는 벡터이면 $\mathbf{v}_1+\mathbf{v}_2$도 W에 있으며, $\mathbf{v}$가 W에 있고 k가 임의의 스칼라이면 $k\mathbf{v}$도 역시 W에 있다는 것은 기하학적으로 명백하다(그림 3.4.1). 우리는 이 사실을 R^2에 있는 평면은 "덧셈에 관해서 닫혀 있고 스칼라곱에 관해서 닫혀 있다"고 묘사한다. 보다 일반적으로 이와 같은 닫힘 성질은 R^n에 있는 평면에 대해서도 성립한다. 왜 그런지 알아보기 위해서, 방정식이 $\mathbf{x}=t_1\mathbf{v}_1+t_2\mathbf{v}_2$인 R^n의 원점을 지나는 평면을 W라고 하자. $\mathbf{x}$가 W의 임의의 벡터이고 k가 임의의 스칼라이면

$$k\mathbf{x}=k(t_1\mathbf{v}_1+t_2\mathbf{v}_2)=(kt_1)\mathbf{v}_1+(kt_2)\mathbf{v}_2 \tag{1}$$

이다. 이는 $k\mathbf{x}$가 $\mathbf{v}_1$과 $\mathbf{v}_2$의 일차결합이고, 따라서 W에 있는 벡터임을 보여 주는 것이다. 또한

$$\mathbf{x}=t_1\mathbf{v}_1+t_2\mathbf{v}_2, \quad \mathbf{x}'=t_1'\mathbf{v}_1+t_2'\mathbf{v}_2$$

가 W의 벡터이면

$$\mathbf{x}+\mathbf{x}'=(t_1\mathbf{v}_1+t_2\mathbf{v}_2)+(t_1'\mathbf{v}_1+t_2'\mathbf{v}_2)=(t_1+t_1')\mathbf{v}_1+(t_2+t_2')\mathbf{v}_2 \tag{2}$$

이다. 이는 $\mathbf{x}+\mathbf{x}'$이 $\mathbf{v}_1$과 $\mathbf{v}_2$의 일차결합이고, 따라서 W에 있는 벡터임을 보여주는 것이다.

일반적으로 W가 R^n의 벡터들로 이루어진 공집합이 아닌 집합일 때, W의 벡터의 임의의 스칼라 배수가 W에 있으면 W는 **스칼라곱에 대하여 닫혀 있다**(closed under scalar multiplication)고 한다. 그리고 W의 임의의 두 벡터의 합이 W에 있으면 **덧셈에 대하여 닫혀 있다**(closed under addition)고 한다. 이 두 닫힌 성질을 갖는 집합을 나타내는 정의는 다음과 같다.

정의 3.4.1 R^n의 벡터들로 이루어진 공집합이 아닌 집합이 스칼라곱과 덧셈에 대하여 닫혀 있으면 이 집합은 R^n의 **부분공간**(subspace)이라 부른다.

R^n의 원점을 지나는 직선과 평면뿐만 아니라, R^n의 또 다른 두 개의 부분공간, 즉 영벡터만으로 이루어진 **영부분공간**(zero subspace) $\{\mathbf{0}\}$과 R^n 그 자체도 부분공간이 됨을 즉시 확인할 수 있다. $\mathbf{0}+\mathbf{0}=\mathbf{0}$(덧셈에 대하여 닫힘)이고 임의의 스칼라 k에 대하여 $k\mathbf{0}=\mathbf{0}$(스칼라곱에 대하여 닫힘)이므로 집합 $\{\mathbf{0}\}$은 부분공간이다. R^n의 두 벡터의 합이나 R^n의 벡터의 스칼라 배수는 R^n의 다른 벡터를 만들므로 R^n의 부분공간이다. 영부분공간과 R^n을 R^n의 **자명한 부분공간**(trivial subspace)이라 한다.

개념문제 R^n의 모든 부분공간은 벡터 $\mathbf{0}$을 포함해야 한다. 그 이유는 무엇인가?

▶ 예제 1 부분공간이 아닌 R^2의 부분집합

W는 R^2의 일사분면의 점 (x, y)들의 집합, 즉 $x > 0$이고 $y > 0$이다. 이 집합은 덧셈에 대해서 닫혀 있다(왜?). 그렇지만 스칼라곱에 대해서는 닫혀 있지 않다(그림 3.4.2). 따라서 W는 R^2의 부분공간이 아니다. ■

개념문제 그림 1.1.19에 있는 RGB 색정육면체는 덧셈에 대해서 닫혀 있는가? 스칼라곱에 대해서는 닫혀 있는가? 설명하라.

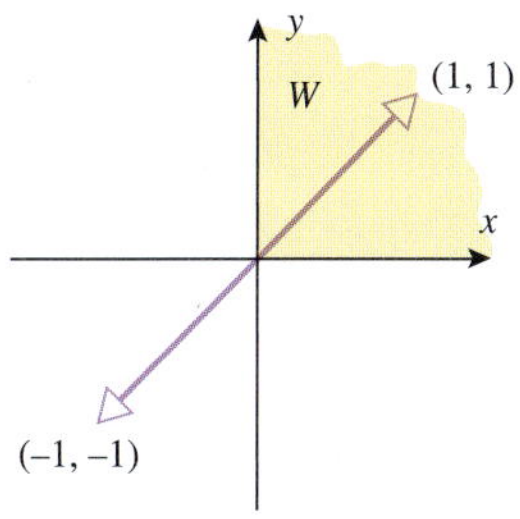

벡터 $\mathbf{v} = (1, 1)$는 부분공간상에 있지만, 벡터 $(-1)\mathbf{v} = (-1, -1)$는 그렇지 않다.

그림 3.4.2

참고 W가 R^n의 부분공간이면 $\mathbf{v}_1$, $\mathbf{v}_2$가 W의 벡터이고 c_1, c_2,가 스칼라일 때 일차결합 $c_1\mathbf{v}_1 + c_2\mathbf{v}_2$도 W의 벡터임을 보이는 데 두 개의 닫힘 성질을 조합하여 사용할 수 있다. 보다 일반적으로 W의 벡터들로 이루어진 임의의 일차결합은 W의 벡터가 되어서, R^n의 부분공간은 **일차결합에 대하여 닫혀 있다**(closed under linear combination)고 한다.

R^n의 부분공간을 더 알아보기 위하여, $\mathbf{v}_1, \mathbf{v}_2, \cdots, \mathbf{v}_s$는 R^n의 임의의 벡터이고 W는 스칼라 $t_1, t_2, \cdots, t_s$에 대하여 방정식

$$\mathbf{x} = t_1\mathbf{v}_1 + t_2\mathbf{v}_2 + \cdots + t_s\mathbf{v}_s$$

를 만족시키는 모든 벡터 $\mathbf{x}$들의 집합이라 하자. 영벡터($t_1 = t_2 = \cdots = t_s = 0$을 택해서)는 W에 있고 각 벡터 $\mathbf{v}_1, \mathbf{v}_2, \cdots, \mathbf{v}_s$는 W에 있으므로(왜?) W는 공집합이 아니다. $\mathbf{v}_1, \mathbf{v}_2, \cdots, \mathbf{v}_s$의 일차결합의 스칼라곱이나 $\mathbf{v}_1, \mathbf{v}_2, \cdots, \mathbf{v}_s$의 두 일차결합의 합은 $\mathbf{v}_1, \mathbf{v}_2, \cdots, \mathbf{v}_s$의 또 다른 일차결합을 만들기 때문에 W는 스칼라곱과 덧셈에 대해서 닫혀 있다[예를 들면 식 (1)과 (2)에서 계산을 보라]. 따라서 다음 결과를 얻는다.

정리 3.4.2 *$\mathbf{v}_1, \mathbf{v}_2, \cdots, \mathbf{v}_s$가 R^n의 벡터이면 모든 일차결합*

$$\mathbf{x} = t_1\mathbf{v}_1 + t_2\mathbf{v}_2 + \cdots + t_s\mathbf{v}_s \tag{3}$$

들의 집합은 R^n의 부분공간이다.

식 (3)을 만족시키는 R^n의 벡터들로 이루어진 부분공간을 $\mathbf{v}_1, \mathbf{v}_2, \cdots, \mathbf{v}_s$의 **생성**(span)이라 하고

$$W = \text{span}\{\mathbf{v}_1, \mathbf{v}_2, \ldots, \mathbf{v}_s\} \tag{4}$$

으로 표기한다. 벡터 $\mathbf{v}_1, \mathbf{v}_2, \cdots, \mathbf{v}_s$는 W를 **생성**한다고 한다. 식 (3)에서 스칼라들을 **매개변수**(parameter)라 부르고, 독자들은 span$\{\mathbf{v}_1, \mathbf{v}_2, \cdots, \mathbf{v}_s\}$을 식 (3)의 매개변수가 독립적으로 $-\infty$에서 $+\infty$까지 변할 때 만들어지는 R^n의 기하학적 대상으로 생각할 수 있다. 또는 W를 벡터 $\mathbf{v}_1, \mathbf{v}_2, \cdots, \mathbf{v}_s$의 모든 가능한 일차결합의 집합으로 생각할 수 있다. 그리고 보다 일반적으로 S가 R^n의 벡터들로 이루어진 공집합이 아닌 임의의 집합이면[식 (3)에서와 같이 유한할 필요는 없다], span(S)를 S에 있는 벡터를 이용하여 만들 수 있는 모든 가능한 일차결합의 집합으로 정의한다.

▶ 예제 2 자명한 부분공간의 생성

R^n의 영벡터의 임의의 스칼라 배수는 영벡터이므로 span$\{\mathbf{0}\} = \{\mathbf{0}\}$이다. 영부분공간은 벡터 $\mathbf{0}$으로 생성되었다. 그리고 R^n의 임의의 벡터

$$\begin{aligned}\mathbf{x} = (x_1, x_2, \cdots, x_n) &= x_1(1, 0, \cdots, 0) + x_2(0, 1, \cdots, 0) + x_n(0, 0, \cdots, 1)\\ &= x_1\mathbf{e}_1 + x_2\mathbf{e}_2 + \cdots + x_n\mathbf{e}_n\end{aligned}$$

는 표준단위 벡터 $\mathbf{e}_1, \mathbf{e}_2, \cdots, \mathbf{e}_n$의 일차결합으로 표기할 수 있다.

따라서 span$\{\mathbf{e}_1, \mathbf{e}_2, \cdots, \mathbf{e}_n\} = R^n$, 즉 R^n은 표준단위 벡터로 생성된다. ■

▶ 예제 3 원점을 지나는 직선과 평면의 생성

R^n의 원점을 지나는 직선과 평면을 span 기호로 표현하는 것이 가끔은 유용하다. 따라서 직선 $\mathbf{x} = t\mathbf{v}$는 span$\{\mathbf{v}\}$로, 그리고 평면 $\mathbf{x} = t_1\mathbf{v}_1 + t_2\mathbf{v}_2$는 span$\{\mathbf{v}_1, \mathbf{v}_2\}$로 쓸 수 있다. 예를 들면 직선

$$(x_1, x_2, x_3, x_4) = t(1, 3, -2, 5)$$

은 span$\{(1, 3, -2, 5)\}$로 표기할 수 있다. ■

미리보기 부분공간을 공부하는 데는 두 가지 중요한 과제가 있다. R^n의 모든 부분공간을 찾아내고 그

들의 대수적 성질과 기하학적 성질을 공부하는 것이다. 첫 과제에 관해서는 이 시점에서 임의의 벡터 $\mathbf{v}_1$, $\mathbf{v}_2, \cdots, \mathbf{v}_s$에 대하여 span$\{\mathbf{v}_1, \mathbf{v}_2, \cdots, \mathbf{v}_s\}$는 R^n의 부분공간이라는 것은 알지만 이들이 R^n의 부분공간 전부인지는 모른다. 예를 들면 R^n에 스칼라곱과 덧셈에 대해서 닫혀 있지만 유한개의 벡터의 일차결합으로는 얻을 수 없는 공집합이 아닌 집합이 있는지 모르겠다. 이 질문에 답하기 위해서 학습이 더 필요하며 상세한 설명은 후반부까지 기다려야 하겠다. 그렇지만 궁극적으로 R^n의 모든 부분공간은 유한개의 벡터들로, 실제로 기껏해야 n개의 벡터로 생성된다는 것을 보이겠다. 이를 인정하면, R^2의 임의의 부분공간은 기껏해야 두 개의 벡터들로 생성되고 R^3의 임의의 부분공간은 많아야 세 개의 벡터들로 생성된다. 다음 예제는 R^2와 R^3의 모든 부분공간의 완전한 목록을 제공한다.

예제 4 R^2와 R^3에서의 부분공간 목록

R^2의 모든 부분공간은 다음 세 범주로 나누어진다.

1. 영부분공간
2. 원점을 지나는 직선
3. R^2 전체

R^3의 모든 부분공간은 다음 네 범주로 나누어진다.

1. 영부분공간
2. 원점을 지나는 직선
3. 원점을 지나는 평면
4. R^3 전체 ■

선형계의 해공간

부분공간은 동차선형계를 푸는 과정에서 자연적으로 발생한다.

정리 3.4.3 *$A\mathbf{x} = \mathbf{0}$이 n개의 미지수를 갖는 동차선형계이면 그 해집합은 R^n의 부분공간이다.*

증명 $\mathbf{x} = \mathbf{0}$은 해이므로 확실히 해집합은 공집합이 아니다. 해집합이 스칼라 곱과 덧셈에 대하여 닫혀 있음을 보여야 한다. 스칼라 곱에 대하여 닫혀 있음을 증명하기 위하여 $\mathbf{x}_0$이 임의의 해이고 k가 임의의 스칼라이면 $k\mathbf{x}_0$도 해임을 보여야 한다. 그런데

$$A(k\mathbf{x}_0) = k(A\mathbf{x}_0) = k\mathbf{0} = \mathbf{0}$$

이므로 $k\mathbf{x}_0$은 해다. 덧셈에 대하여 닫혀 있음을 증명하기 위하여 $\mathbf{x}_1$과 $\mathbf{x}_2$가 해이면 $\mathbf{x}_1 + \mathbf{x}_2$도 해임을 보여야 한다. 그런데

$$A(\mathbf{x}_1 + \mathbf{x}_2) = A\mathbf{x}_1 + A\mathbf{x}_2 = \mathbf{0} + \mathbf{0} = \mathbf{0}$$

이므로 $\mathbf{x}_1 + \mathbf{x}_2$도 해다. ■

동차선형계의 해집합이 부분공간이라는 것을 강조하고 싶으면 그것을 선형계의 **해공간**(solution space)이라 부른다. R^n의 부분공간인 해공간은 선형계의 **일반해**(general solution)라고 부르는

$$\mathbf{x} = t_1\mathbf{v}_1 + t_2\mathbf{v}_2 + \cdots + t_s\mathbf{v}_s \tag{5}$$

과 같은 형태로 표현될 수 있어야 한다. 일반적으로 동차선형계의 일반해를 얻는 과정은, 선형계를 풀고 나서 2.2절의 예제 7의 방법을 이용하여 $\mathbf{x}$를 식 (5)의 형태로 쓰는 것이다.

예제 5 동차선형계의 일반해 찾기

2.2절의 예제 7에서 동차선형계

$$\begin{bmatrix} 1 & 3 & -2 & 0 & 2 & 0 \\ 2 & 6 & -5 & -2 & 4 & -3 \\ 0 & 0 & 5 & 10 & 0 & 15 \\ 2 & 6 & 0 & 8 & 4 & 18 \end{bmatrix} \begin{bmatrix} x_1 \\ x_2 \\ x_3 \\ x_4 \\ x_5 \\ x_6 \end{bmatrix} = \begin{bmatrix} 0 \\ 0 \\ 0 \\ 0 \end{bmatrix}$$

의 해가

$$\begin{bmatrix} x_1 \\ x_2 \\ x_3 \\ x_4 \\ x_5 \\ x_6 \end{bmatrix} = r\begin{bmatrix} -3 \\ 1 \\ 0 \\ 0 \\ 0 \\ 0 \end{bmatrix} + s\begin{bmatrix} -4 \\ 0 \\ -2 \\ 1 \\ 0 \\ 0 \end{bmatrix} + t\begin{bmatrix} -2 \\ 0 \\ 0 \\ 0 \\ 1 \\ 0 \end{bmatrix} \tag{6}$$

와 같이 열벡터로 표기될 수 있다는 것을 보았다. 이것이 선형계의 일반해다. 편의에 따라 이 일반해는

$$(x_1, x_2, x_3, x_4, x_5, x_6) = r(-3, 1, 0, 0, 0, 0) + s(-4, 0, -2, 1, 0, 0) + t(-2, 0, 0, 0, 1, 0) \tag{7}$$

와 같이 괄호 표기 형식이나 매개변수 형태

$$x_1 = -3r - 4s - 2t,\ x_2 = r,\ x_3 = -2s,\ x_4 = s,\ x_5 = t,\ x_6 = 0$$

로 쓸 수 있다. 해공간은 span$\{\mathbf{v}_1, \mathbf{v}_2, \mathbf{v}_3\}$로 표기할 수 있다. 여기서

$$\mathbf{v}_1 = (-3, 1, 0, 0, 0, 0), \quad \mathbf{v}_2 = (-4, 0, -2, 1, 0, 0), \quad \mathbf{v}_3 = (-2, 0, 0, 0, 1, 0)$$

이다. ■

예제 6
미지수가 두 개인 동차계의 기하

미지수가 두 개인 동차선형계의 해공간은 R^2의 부분공간이다. 따라서 원점 $\mathbf{0}$이거나 원점을 지나는 직선, 또는 R^2 전체여야 한다(예를 들면 그림 2.2.1을 보라). 방정식의 모든 계수가 0이면 해공간은 R^2 전체가 될 것이다. 예를 들면 동차계

$$\begin{aligned} 0x + 0y &= 0 \\ 0x + 0y &= 0 \end{aligned}$$

는 x와 y의 모든 실수값에 대하여 충족된다. 따라서 해공간은 R^2 전체이다. ■

예제 7
미지수가 세 개인 동차계의 기하

미지수가 세 개인 동차선형계 해공간은 R^3의 부분공간이다. 따라서 원점 $\mathbf{0}$이거나 원점을 지나는 직선, 원점을 지나는 평면, 또는 R^3 전체여야 한다. $ax + by + cz = 0$의 방정식의 그래프가 원점을 지나는 평면일 필요충분조건은 a, b, c 모두가 동시에 0이 아니라는 사실을 염두에 두면, 처음 세 가지 가능성은 세 개의 미지수를 갖는 세 개의 방정식에 대하여 그림 3.4.3이 보여 주고 있다. 동차계의 모든 계수가 영이면 해공간은 R^3 전체다. ■

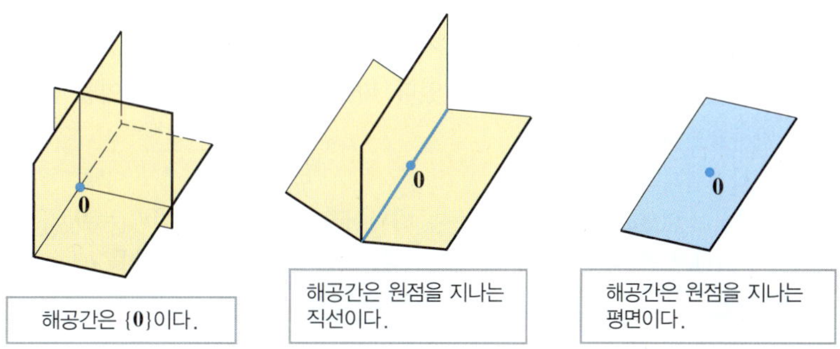

그림 3.4.3

예제 6과 7에서 계수가 모두 0인 선형계를 고려하였다. 다음은 나중에 유용하게 될 선형계에 관한 정리다.

정리 3.4.4

(a) A가 n개의 열을 갖는 행렬일 때, 동차계 $A\mathbf{x} = \mathbf{0}$의 해공간이 R^n 전체가 될 필요충분조건은 $A = 0$이다.

(b) A와 B가 n개의 열을 갖는 행렬일 때, $A = B$가 될 필요충분조건은 R^n의 모든 $\mathbf{x}$에 대하여 $A\mathbf{x} = B\mathbf{x}$이다.

증명 (a) $A = 0$이면 R^n의 모든 벡터 $\mathbf{x}$에 대하여 $A\mathbf{x} = 0\mathbf{x} = \mathbf{0}$이므로 $A\mathbf{x} = \mathbf{0}$의 해공간은 R^n 전체이다. 역으로 $A\mathbf{x} = \mathbf{0}$의 해공간이 R^n 전체라 가정하고 방정식 $A = AI$를 생각하자. 여기서 I는 $n \times n$ 항등행렬이다. I의 열벡터를 $\mathbf{e}_1, \mathbf{e}_2, \cdots, \mathbf{e}_n$으로 표기하면 이 방정식은

$$A = A[\mathbf{e}_1 \quad \mathbf{e}_2 \quad \cdots \quad \mathbf{e}_n] = [A\mathbf{e}_1 \quad A\mathbf{e}_2 \quad \cdots \quad A\mathbf{e}_n] = [\mathbf{0} \quad \mathbf{0} \quad \cdots \quad \mathbf{0}]$$

으로 쓸 수 있고, 이는 $A = 0$을 의미한다.

증명 (b) R^n의 모든 벡터 $\mathbf{x}$에 대해서, $A\mathbf{x} = B\mathbf{x}$의 필요충분조건은 R^n의 모든 $\mathbf{x}$에 대하여, $(A - B)\mathbf{x} = \mathbf{0}$이다. (a)에 의하여 이는 $A - B = 0$과 동치이므로 $A = B$이다. ■

참고 이 정리 (b)의 중요성은 두 행렬의 각 성분을 조사하지 않고도 서로 같음을 보이는 방법을 제공한다는 사실에 있다.

일차독립

개략적으로 설명한다면, 점을 영차원, 직선을 일차원, 평면을 이차원, 그리고 우리 주위의 공간을 삼차원으로 생각한다. 따라서 예제 4에서 R^2는 0, 1, 2차원의 부분공간을 갖지만 2보다 큰 차원의 부분공간은 갖지 않는다. 그리고 R^3는 0, 1, 2, 3차원 부분공간을 갖지만 3보다 큰 차원의 부분공간은 갖지 않는다. 따라서 '차원'의 정당한 정의에 따라 공간 R^n은 0, 1, 2, ⋯, n차원 부분공간을 갖지만 n보다 큰 차원의 부분공간은 갖지 않게 될 것 같다. 이러한 차원 중 영공간(영차원), 원점을 지나는 직선(일차원), 원점을 지나는 평면(이차원)은 이미 설명하였지만, 고차원 부분공간은 아직 확인하지 않았다. 이는 나중에 확인이 되겠지만 여기서부터 기본 원리들을 밝히기 시작하자.

R^n의 원점을 지나는 평면은 서로 스칼라 배수가 아닌 0이 아닌 두 벡터 $\mathbf{v}_1, \mathbf{v}_2$의 일차결합 형태의 방정식

$$\mathbf{x} = t_1\mathbf{v}_1 + t_2\mathbf{v}_2 \tag{8}$$

으로 표현된다는 것을 알고 있다. $\mathbf{v}_1$과 $\mathbf{v}_2$에 대한 조건은 필수적이다. 왜냐하면 벡터가 0이거나 다른 벡터의 스칼라 배수이면 식 (8)은 평면을 나타내지 않는다. 예를 들어 $\mathbf{v}_1 = \mathbf{v}_2 = \mathbf{0}$이면 식 (8)은 $\mathbf{x} = \mathbf{0}$으로 되어 영공간 $\{\mathbf{0}\}$을 나타낸다. 다른 예로 $\mathbf{v}_2 = c\mathbf{v}_1$이면 식 (8)은

$$\mathbf{x} = t_1\mathbf{v}_1 + t_2\mathbf{v}_2 = t_1\mathbf{v}_1 + t_2(c\mathbf{v}_1) = (t_1 + ct_2)\mathbf{v}_1$$

로 쓸 수 있다. 이것은 $\mathbf{x} = t\mathbf{v}_1$ 형태의 방정식으로 $\mathbf{v}_1$에 평행하고 원점을 지나는 직선을 나타낸다. 따라서 부분공간

$$\mathbf{x} = t_1\mathbf{v}_1 + t_2\mathbf{v}_2 + \cdots + t_s\mathbf{v}_s$$

의 기하학적 성질은 벡터 $\mathbf{v}_1, \mathbf{v}_2, \cdots, \mathbf{v}_s$ 사이의 상호관계에 의해 영향을 받는 것을 알 수 있다. 다음 정의는 이 아이디어를 좀 더 깊이 탐구하는 데 도움을 줄 것이다.

정의 3.4.5 방정식

$$c_1\mathbf{v}_1 + c_2\mathbf{v}_2 + \cdots + c_s\mathbf{v}_s = \mathbf{0} \tag{9}$$

을 만족시키는 유일한 스칼라들 $c_1, c_2, \cdots, c_s$가 $c_1 = 0, c_2 = 0, \cdots, c_s = 0$이면 R^n의 벡터들로 이루어진 공집합이 아닌 집합 $S = \{\mathbf{v}_1, \mathbf{v}_2, \cdots, \mathbf{v}_s\}$는 **일차독립**(linearly independent)이라고 한다. 이 방정식을 만족시키는 모두 동시에 0이 아닌 스칼라들이 존재하면 집합 S는 **일차종속**(linearly dependent)이라 한다.

참고 엄밀히 말하면 '일차종속'과 '일차독립'이라는 용어는 벡터들의 공집합이 아닌 유한집합에 적용하지만, 벡터에 적용하는 것도 편리하다. 따라서 집합 $S = \{\mathbf{v}_1, \mathbf{v}_2, \cdots, \mathbf{v}_s\}$가 일차독립이냐 종속이냐에 따라서 벡터 $\mathbf{v}_1, \mathbf{v}_2, \cdots, \mathbf{v}_s$는 일차독립 또는 종속이라고 한다. S가 무한집합이면, S의 임의의 유한 부분집합이 일차독립일 때 S는 일차독립이라 하고, S의 어떤 유한 부분집합이 일차종속일 때 S는 일차종속이라 한다.

역사 속의 선형대수

*일차독립*과 *일차종속*이라는 용어는 1907년 출판된 Maxime Bôcher의 책 *Introduction to Higher Algebra*에 소개되었다. *일차결합*이라는 용어는 미국 수학자 G. W. Hill이 1900년에 쓴 행성의 운동에 관한 연구논문에서 소개되었다. Hill은 몇 년간 Columbia 대학교에서 강의하려고 하기도 하였지만, 학계에서보다는 뉴욕의 West Nyack에 있는 집에서 연구하는 것을 더 좋아한 '고독한 수학자'였다. 흥미롭게도 그는 돈이 필요하지도 않고 강의하고 나서 여러 가지 신경 쓰고 싶지도 않다는 것을 알리기 위하여 강사료를 확실히 돌려주었다. 전문적으로는 수학자이지만 Hill은 수학의 현대화에는 별로 관심이 없었고 거의 전적으로 행성궤도 이론에 관하여 연구하였다.

George William Hill
(1838~1914)

▶ 예제 8
한 개 벡터의 일차독립성

한 개의 벡터는 영벡터이면 일차종속이고, 영벡터가 아니면 일차독립이다. 방정식 $c\mathbf{0} = \mathbf{0}$은 임의의 0이 아닌 스칼라 c에 의하여 충족되기 때문에 벡터 $\mathbf{0}$은 일차종속이다. 영이 아닌 벡터 $\mathbf{v}$에 대하여 방정식 $c\mathbf{v} = \mathbf{0}$을 만족시키는 유일한 스칼라는 $c = 0$이기 때문에 $\mathbf{v}$는 일차독립이다. ■

▶ 예제 9
0을 포함하는 집합은 일차종속이다

영벡터를 포함하는 R^n의 벡터들의 공집합 아닌 집합은 일차종속이어야 한다. 예를 들어 $S = \{\mathbf{0}, \mathbf{v}_2, \cdots, \mathbf{v}_s\}$이면

$$1(\mathbf{0}) + 0\mathbf{v}_2 + \cdots + 0\mathbf{v}_s = \mathbf{0}$$

이다. 이는 식 (9)를 만족시키는 모두가 0이 아닌 스칼라들이 존재하기 때문에 S는 일차종속임을 의미한다. ■

*일차종속 벡터*라는 용어는 벡터들이 어떤 방법으로든 서로 종속한다는 것을 의미한다. 다음 정리는 실제로 그렇다는 것을 보여 준다.

> **정리 3.4.6** *R^n에서 두 개 이상의 벡터들의 집합 $S = \{\mathbf{v}_1, \mathbf{v}_2, \cdots, \mathbf{v}_s\}$가 일차종속일 필요충분조건은 S의 벡터 중 적어도 하나는 다른 벡터들의 일차결합으로 표현할 수 있다는 것이다.*

증명 S가 일차종속이라 가정하자. 이는

$$c_1\mathbf{v}_1 + c_2\mathbf{v}_2 + \cdots + c_s\mathbf{v}_s = \mathbf{0} \tag{10}$$

이 되는 모두가 동시에 0이 아닌 스칼라 $c_1, c_2, \cdots, c_s$가 존재한다는 것을 의미한다. 특히 $c_1 \neq 0$이라고 가정하자. 그러면 식 (10)은 $\mathbf{v}_1$이 다른 벡터들의 일차결합

$$\mathbf{v}_1 = \left(-\frac{c_2}{c_1}\right)\mathbf{v}_2 + \cdots + \left(-\frac{c_s}{c_1}\right)\mathbf{v}_s$$

으로 쓸 수 있다. 다른 계수가 0이 아니어도 비슷한 논지가 성립한다.

역으로 S의 벡터 중 적어도 하나는 다른 벡터들의 일차결합으로 쓸 수 있다고 가정하자. 특히

$$\mathbf{v}_1 = c_2\mathbf{v}_2 + c_3\mathbf{v}_3 + \cdots + c_s\mathbf{v}_s$$

라고 가정하자. 그러면 이 방정식은 스칼라가 모두가 동시에 0이 아닌 식 (9) 형태의 방정식

$$\mathbf{v}_1 + (-c_2)\mathbf{v}_2 + (-c_3)\mathbf{v}_3 + \cdots + (-c_s)\mathbf{v}_s = \mathbf{0}$$

으로 쓸 수 있다. 따라서 S의 벡터들은 일차종속이다. 비슷한 논지는 다른 벡터들의 일차결합인 임의의 벡터에 대해서도 성립한다. ■

▶ 예제 10
두 벡터의 일차독립

정의 3.4.5로부터 R^n의 두 벡터 $\mathbf{v}_1$과 $\mathbf{v}_2$가 일차종속이기 위한 필요충분조건은 다음 식을 만족시키는 모두가 동시에 영이 아닌 스칼라 c_1과 c_2가 존재하는 것임을 알 수 있다.

$$c_1\mathbf{v}_1 + c_2\mathbf{v}_2 = \mathbf{0}$$

이 식은

$$\mathbf{v}_1 = -\left(\frac{c_2}{c_1}\right)\mathbf{v}_2 \quad \text{또는} \quad \mathbf{v}_2 = -\left(\frac{c_1}{c_2}\right)\mathbf{v}_1$$

로 쓸 수 있다. 여기서 $c_1 \neq 0$이면 첫 식이 성립하고 $c_2 \neq 0$이면 둘째 식이 성립한다. 따라서 R^n의 두 벡터가 일차종속이다. 적어도 한 개의 벡터는 다른 벡터의 스칼라배다. 기하학적으로 R^n의 두 벡터가 직선상에 놓이면 두 벡터는 일차종속이고, 직선상에 있지 않으면 일차독립임을 의미한다(그림 3.4.4). ■

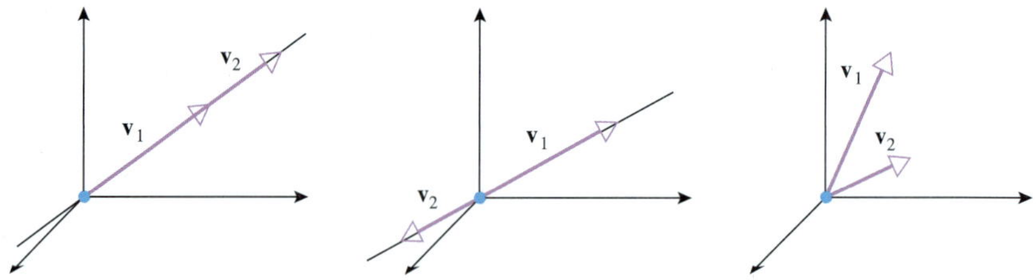

그림 3.4.4

예제 11
세 벡터의 일차독립

정리 3.4.6에 의하면 R^n의 세 벡터가 일차종속일 필요충분조건은 적어도 한 개의 벡터는 다른 두 벡터의 일차결합이다. 만일 한 개의 벡터가 다른 두 벡터의 일차결합이면 세 벡터는 원점을 지나는 공통 평면 위에 있어야 한다(왜?). 따라서 R^n의 세 벡터는 원점을 지나는 평면에 놓여 있으면 일차종속이고, 그렇지 않으면 일차독립이다(그림 3.4.5) ■

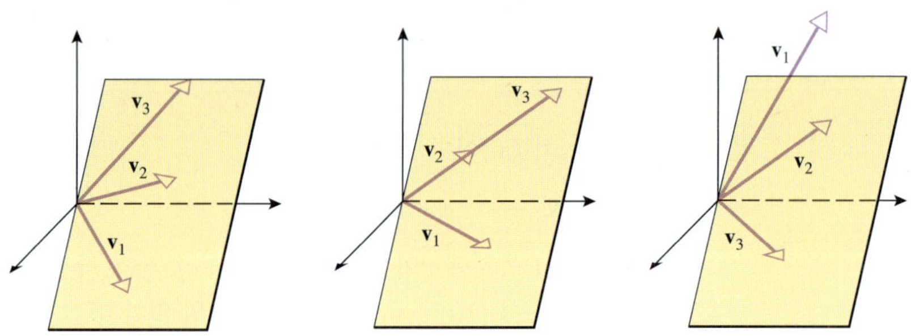

그림 3.4.5

일차독립과 동차선형계

이제 R^n의 벡터들의 집합 $S = \{\mathbf{v}_1, \mathbf{v}_2, \cdots, \mathbf{v}_s\}$가 일차독립인지를 판정하기 위하여 동차선형계를 어떻게 이용하는지를 보이겠다. 이 목적으로 S의 벡터들을 열벡터로 하는 $n \times s$ 행렬

$$A = [\mathbf{v}_1 \ \ \mathbf{v}_2 \ \ \cdots \ \ \mathbf{v}_s]$$

와 3.1절의 식 (10)을 이용하여 식 (9)를 계수행렬이 A고 미지수가 식 (9)에서 스칼라들인 동차선형계

$$[\mathbf{v}_1 \ \ \mathbf{v}_2 \ \ \cdots \ \ \mathbf{v}_s]\begin{bmatrix} c_1 \\ c_2 \\ \vdots \\ c_s \end{bmatrix} = \begin{bmatrix} 0 \\ 0 \\ \vdots \\ 0 \end{bmatrix} \tag{11}$$

으로 쓸 수 있다. 따라서 $\mathbf{v}_1, \mathbf{v}_2, \cdots, \mathbf{v}_s$가 일차독립인지를 판정하는 문제는 식 (11)이 자명하지 않은 해를 가졌는지를 판정하는 문제로 바뀐다. 동차선형계가 자명하지 않은 해를 가지면 벡터들은 일차종속이고, 자명한 해만을 가지면 벡터들은 일차독립이다.

정리 3.4.7 *동차선형계 $A\mathbf{x} = \mathbf{0}$가 자명한 해만을 가질 필요충분조건은 A의 열벡터들이 일차독립인 것이다.*

예제 12
일차독립과 동차선형계

벡터들이 일차독립인지를 판정하라.

(a) $\mathbf{v}_1 = (1, 2, 1), \mathbf{v}_2 = (2, 5, 0), \mathbf{v}_3 = (3, 3, 8)$
(b) $\mathbf{v}_1 = (1, 2, -1), \mathbf{v}_2 = (6, 4, 2), \mathbf{v}_3 = (4, -1, 5)$
(c) $\mathbf{v}_1 = (2, -4, 6), \mathbf{v}_2 = (0, 7, -5), \mathbf{v}_3 = (6, 9, 8), \mathbf{v}_4 = (5, 0, 1)$

풀이 (*a*) 동차선형계

$$\begin{bmatrix} 1 & 2 & 3 \\ 2 & 5 & 3 \\ 1 & 0 & 8 \end{bmatrix}\begin{bmatrix} c_1 \\ c_2 \\ c_3 \end{bmatrix} = \begin{bmatrix} 0 \\ 0 \\ 0 \end{bmatrix}$$

가 자명하지 않은 해를 가지는지를 판정해야만 한다. 이 선형계는 3.3절의 예제 6에서 (미지수를 다른 문자로 바꾸어) 풀었다. 거기에서 자명한 해만을 갖는다는 것을 보았다. 따라서 벡터들은 일차독립이다.

풀이 (*b*) 동차선형계

$$\begin{bmatrix} 1 & 6 & 4 \\ 2 & 4 & -1 \\ -1 & 2 & 5 \end{bmatrix}\begin{bmatrix} c_1 \\ c_2 \\ c_3 \end{bmatrix} = \begin{bmatrix} 0 \\ 0 \\ 0 \end{bmatrix}$$

가 자명하지 않은 해를 가지는지 판정해야만 한다. 그러나 3.3절의 예제 4에서 이 선형계의 계수행렬이 가역행렬이 아니라는 것을 보았다. 이는 이 선형계가 자명하지 않은 해를 갖는다는 것을 뜻한다(정리 3.3.7). 따라서 벡터들은 일차종속이다.

풀이 (*c*) 동차선형계

$$\begin{bmatrix} 2 & 0 & 6 & 5 \\ -4 & 7 & 9 & 0 \\ 6 & -5 & 8 & 1 \end{bmatrix}\begin{bmatrix} c_1 \\ c_2 \\ c_3 \\ c_4 \end{bmatrix} = \begin{bmatrix} 0 \\ 0 \\ 0 \\ 0 \end{bmatrix}$$

가 자명하지 않은 해를 가지는지를 판정하여야 한다. 그런데 이 선형계는 방정식보다 미지수의 개수가 더 많아서, 정리 2.2.3에 의하여 자명하지 않은 해를 가져야 한다. 이는 벡터들이 일차종속이라는 것을 뜻한다. ■

이 예제의 (c)는 중요한 사실을 보여 준다. R^n에서 n개보다 많은 벡터들의 유한집합은 일차종속이어야 한다. 왜냐하면 계수행렬이 이 벡터들을 열로 하는 행렬을 갖는 동차선형계는 방정식의 개수보다 더 많은 미지수를 가져서 자명하지 않은 해를 갖기 때문이다. 따라서 다음 정리를 얻는다.

> ***정리 3.4.8*** *R^n에서 n개보다 더 많은 벡터들의 집합은 일차종속이다.*

평행이동된 부분공간 $\mathbf{x} = t\mathbf{v}$가 R^2나 R^3에서 원점을 지나는 직선이면 $\mathbf{x} = \mathbf{x}_0 + t\mathbf{v}$는 점 $\mathbf{x}_0$을 지나는 평행한 직선이다. 유사하게 $\mathbf{x} = t_1\mathbf{v}_1 + t_2\mathbf{v}_2$가 R^3의 원점을 지나는 평면이면 $\mathbf{x} = \mathbf{x}_0 + t_1\mathbf{v}_1 + t_2\mathbf{v}_2$는 점 $\mathbf{x}_0$을 지나는 평행한 평면이다. 따라서 직선 $\mathbf{x} = \mathbf{x}_0 + t\mathbf{v}$는 $\mathbf{x} = t\mathbf{v}$를 $\mathbf{x}_0$만큼 평행이동한 직선으로, 비슷하게 평면 $\mathbf{x} = \mathbf{x}_0 + t_1\mathbf{v}_1 + t_2\mathbf{v}_2$는 $\mathbf{x} = t_1\mathbf{v}_1 + t_2\mathbf{v}_2$를 $\mathbf{x}_0$만큼 평행이동한 평면으로 간주할 수 있다. 보다 일반적으로 $\mathbf{x}_0, \mathbf{v}_1, \mathbf{v}_2, \cdots, \mathbf{v}_s$가 R^n의 벡터들이면

$$\mathbf{x} = \mathbf{x}_0 + t_1\mathbf{v}_1 + t_2\mathbf{v}_2 + \cdots + t_s\mathbf{v}_s \tag{12}$$

형태의 벡터들의 집합은 부분공간

$$\mathbf{x} = t_1\mathbf{v}_1 + t_2\mathbf{v}_2 + \cdots + t_s\mathbf{v}_s \tag{13}$$

를 $\mathbf{x}_0$만큼 평행이동한 집합으로 간주할 수 있다. 식 (13)은 $W = \text{span}\{\mathbf{v}_1, \mathbf{v}_2, \cdots, \mathbf{v}_s\}$의 방정식이므로, 식 (12)를 **$W$의 $\mathbf{x}_0$만큼 평행이동된 집합**(translation *of W by* $\mathbf{x}_0$)이라 하고

$$\mathbf{x}_0 + W \quad \text{또는} \quad \mathbf{x}_0 + \text{span}\{\mathbf{v}_1, \mathbf{v}_2, \ldots, \mathbf{v}_s\}$$

로 표기한다.

부분공간의 평행이동은 문헌에서 여러 가지 이름을 갖고 있다. 가장 공통적인 이름들은 **선형다양체**(linear manifold), **평탄 공간**(flat), **아파인 공간**(affine space) 등이고, 이를 선형다양체라고 부르겠다. 예

제 4로부터 R^2에서 선형다양체는 세 개의 범주(점, 직선, 그리고 R^2 전체) 중 하나이고, R^3에서 선형다양체는 네 개의 범주(점, 직선, 평면, 그리고 R^3 전체) 중 하나이다.

통합정리 정리 3.4.7은 정리 3.3.9에 두 개의 명제를 더 추가하도록 허락한다.

정리 3.4.9 *A가 $n \times n$ 행렬이면 다음 명제들은 동치다.*

(a) A의 기약행사다리꼴은 I_n이다.
(b) A는 기본행렬의 곱으로 표현할 수 있다.
(c) A는 가역행렬이다.
(d) $A\mathbf{x} = \mathbf{0}$은 자명한 해만을 갖는다.
(e) R^n의 모든 벡터 $\mathbf{b}$에 대하여 $A\mathbf{x} = \mathbf{b}$는 해를 갖는다.
(f) R^n의 모든 벡터 $\mathbf{b}$에 대하여 $A\mathbf{x} = \mathbf{b}$는 오직 한 개의 해만을 갖는다.
(g) A의 열벡터들은 일차독립이다.
(h) A의 행벡터들은 일차독립이다.

(*g*)와 (*d*)의 동치관계는 정리 3.4.7에서 나오고, (*g*)와 (*h*)의 동치관계는 행렬이 가역행렬이 될 필요충분조건이 그 전치행렬이 가역행렬이라는 사실로부터 나온다.

연습문제 3.4

연습문제 1과 2에서는 span{v}의 벡터방정식과 매개변수방정식을 찾아라.

1. (a) $\mathbf{v} = (1, -1)$ (b) $\mathbf{v} = (2, 1, -4)$
(c) $\mathbf{v} = (1, 1, -2, 3)$

2. (a) $\mathbf{v} = (0, -4)$ (b) $\mathbf{v} = (0, -1, 5)$
(c) $\mathbf{v} = (2, 0, 5, -4)$

연습문제 3과 4에서는 span{$\mathbf{v}_1$, $\mathbf{v}_2$}의 벡터방정식과 매개변수방정식을 찾아라.

3. (a) $\mathbf{v}_1 = (4, -4, 2), \mathbf{v}_2 = (-3, 5, 7)$
(b) $\mathbf{v}_1 = (1, 2, 1, -3), \mathbf{v}_2 = (3, 4, 5, 0)$

4. (a) $\mathbf{v}_1 = (0, -1, 0), \mathbf{v}_2 = (-2, 1, 9)$
(b) $\mathbf{v}_1 = (1, 5, -1, 4, 2), \mathbf{v}_2 = (2, 2, 0, 1, -4)$

연습문제 5와 6에서는 $\mathbf{u}$가 부분공간 span{v}에 있는지를 조사하라.

5. (a) $\mathbf{u} = (-2, 8, 4), \mathbf{v} = (1, -4, -2)$
(b) $\mathbf{u} = (6, -9, 3, -3), \mathbf{v} = (2, -3, 1, 0)$

6. (a) $\mathbf{u} = (1, 0, -3), \mathbf{v} = (2, 0, 0)$
(b) $\mathbf{u} = (1, -2, -3, 0), \mathbf{v} = (2, -4, -6, 0)$

7. 연습문제 5에서 벡터 $\mathbf{u}$와 $\mathbf{v}$가 일차독립인지 판정하라.

8. 연습문제 6에서 벡터 $\mathbf{u}$와 $\mathbf{v}$가 일차독립인지 판정하라.

연습문제 9와 10에서는 한 개의 벡터를 다른 벡터들의 일차결합으로 표현하여 벡터들이 일차종속임을 보여라.

9. $\mathbf{u} = (1, 4, 4), \mathbf{v} = (-1, 3, 6), \mathbf{w} = (-3, 2, 8)$

10. $\mathbf{u} = (8, 10, -6), \mathbf{v} = (2, 3, 1), \mathbf{w} = (0, 1, 5)$

연습문제 11과 12에서는 방정식이 어떤 기하학적 대상을 나타내는가?

11. (a) $(x_1, x_2, x_3, x_4) = (2, -3, 1, 4)t_1 + (4, -6, 2, 8)t_2$
(b) $(x_1, x_2, x_3, x_4) = (3, -2, 2, 5)t_1 + (6, -4, 4, 0)t_2$

12. (a) $(x_1, x_2, x_3, x_4) = (6, -2, -4, 8)t_1 + (3, 0, 2, -4)t_2$
(b) $(x_1, x_2, x_3, x_4) = (6, -2, -4, 8)t_1 + (-3, 1, 2, -4)t_2$

연습문제 13~16에서는 선형계의 일반해를 구하고 해공간을 생성하는 벡터들의 집합을 구하라.

13.
$$\begin{aligned} x_1 + 6x_2 + 2x_3 - 5x_4 &= 0 \\ -x_1 - 6x_2 - x_3 - 3x_4 &= 0 \\ 2x_1 + 12x_2 + 5x_3 - 18x_4 &= 0 \end{aligned}$$

14.
$$\begin{aligned} x_1 - x_2 + x_3 + x_4 - 2x_5 &= 0 \\ -2x_1 + 2x_2 - x_3 \qquad + x_5 &= 0 \\ x_1 - x_2 + 2x_3 + 3x_4 - 5x_5 &= 0 \end{aligned}$$

15.
$$\begin{aligned} x_1 + 2x_2 + x_3 + x_4 + x_5 &= 0 \\ 2x_1 + 4x_2 - x_3 \qquad + x_5 &= 0 \end{aligned}$$

16.
$$\begin{aligned} x_1 + 2x_2 - 2x_3 - x_4 \qquad &= 0 \\ 2x_1 + 3x_2 - 5x_3 + x_4 - 7x_5 &= 0 \\ x_2 + x_3 - x_4 + x_5 &= 0 \\ -x_1 + x_2 + 5x_3 - x_4 \qquad &= 0 \end{aligned}$$

연습문제 17과 18에서는 주어진 벡터들이 왜 일차종속인지 설명하라.

17. (a) $\mathbf{v}_1 = (-1, 2, 4), \mathbf{v}_2 = (5, -10, -20)$
(b) $\mathbf{v}_1 = (3, -1), \mathbf{v}_2 = (4, 5), \mathbf{v}_3 = (-4, 7)$

18. (a) $\mathbf{v}_1 = (-1, 2, 4), \mathbf{v}_2 = (0, 0, 0)$
(b) $\mathbf{v}_1 = (3, -1, 2), \mathbf{v}_2 = (4, 5, 1), \mathbf{v}_3 = (-4, 7, 3)$,
$\mathbf{v}_4 = (-4, 7, 3)$

연습문제 19와 20에서는 벡터들이 일차독립인지를 판정하라.

19. (a) $\mathbf{v}_1 = (4, -1, 2), \mathbf{v}_2 = (-4, 10, 2)$
(b) $\mathbf{v}_1 = (3, 0, 6), \mathbf{v}_2 = (-1, 0, -2)$
(c) $\mathbf{v}_1 = (-3, 0, 4), \mathbf{v}_2 = (5, -1, 2), \mathbf{v}_3 = (1, 1, 3)$
(d) $\mathbf{v}_1 = (2, 5, 4), \mathbf{v}_2 = (0, -6, 2), \mathbf{v}_3 = (2, 1, 8)$, $\mathbf{v}_4 = (4, -3, 7)$

20. (a) $\mathbf{v}_1 = (3, 8, 7, -3), \mathbf{v}_2 = (1, 5, 3, -1)$, $\mathbf{v}_3 = (2, -1, 2, 6), \mathbf{v}_4 = (1, 4, 0, 3)$
(b) $\mathbf{v}_1 = (0, 0, 2, 2), \mathbf{v}_2 = (3, 3, 0, 0), \mathbf{v}_3 = (1, 1, 0, -1)$
(c) $\mathbf{v}_1 = (0, 0, 2, 2), \mathbf{v}_2 = (3, 3, 0, 0)$, $\mathbf{v}_3 = (1, 1, 0, -1), \mathbf{v}_4 = (4, 4, 2, 1)$
(d) $\mathbf{v}_1 = (4, 7, 6, -2), \mathbf{v}_2 = (9, 7, 2, -1)$, $\mathbf{v}_3 = (4, -3, 1, 5), \mathbf{v}_4 = (6, 4, 9, 1), \mathbf{v}_5 = (4, -7, 0, 6)$

연습문제 21과 22에서는 벡터가 평면에 놓여 있는지를 판정하고, 만약 그렇다면 직선 위에 있는지도 판정하라.

21. (a) $\mathbf{v}_1 = (-2, -2, 0), \mathbf{v}_2 = (6, 1, 4), \mathbf{v}_3 = (2, 0, -4)$
(b) $\mathbf{v}_1 = (-6, 7, 2), \mathbf{v}_2 = (3, 2, 4), \mathbf{v}_3 = (4, -1, 2)$
(c) $\mathbf{v}_1 = (2, -4, 8), \mathbf{v}_2 = (1, -2, 4), \mathbf{v}_3 = (3, -6, 12)$

22. (a) $\mathbf{v}_1 = (1, 2, 1), \mathbf{v}_2 = (-7, 1, 3), \mathbf{v}_3 = (-14, -1, -4)$
(b) $\mathbf{v}_1 = (2, 1, -1), \mathbf{v}_2 = (1, 3, 4), \mathbf{v}_3 = (1, 1, 0)$
(c) $\mathbf{v}_1 = (6, -4, 8), \mathbf{v}_2 = (-3, 2, -4), \mathbf{v}_3 = (9, -6, -12)$

연습문제 23과 24에서는 부분공간의 닫힘 성질을 이용하여 주어진 집합이 R^3의 부분공간인지를 판정하라. 부분공간이 아니면 어떤 성질이 성립하지 않는지 나타내라.

23. (a) $(a, 0, 0)$ 형태의 모든 벡터
(b) 성분이 정수인 모든 벡터
(c) $b = a + c$을 만족시키는 모든 벡터 (a, b, c)
(d) $a + b + c = 1$를 만족시키는 모든 벡터 (a, b, c)

24. (a) 오직 한 개의 성분만 0이 아닌 모든 벡터
(b) $\|\mathbf{x}\| \leq 1$인 모든 $\mathbf{x}$
(c) $(a, -a, c)$ 형태의 모든 벡터
(d) $a + b + c = 0$을 만족시키는 모든 벡터 (a, b, c)

25. 모든 실수 a에 대하여 벡터 $\mathbf{x} = (a, 0, a, 0)$들의 집합 W의 생성벡터를 구하여 W가 R^4의 부분공간임을 보여라. W는 어떤 기하학적 대상인가?

26. 모든 실수 a와 b에 대하여 벡터 $\mathbf{x} = (a, b, 2a, 3b, -a)$들의 집합 W의 생성벡터들을 구하여 W가 R^5의 부분공간임을 보여라. W는 어떤 기하학적 대상인가?

27. (a) $\mathbf{v}_1 = (0, 3, 1, -1), \mathbf{v}_2 = (6, 0, 5, 1), \mathbf{v}_3 = (4, -7, 1,3)$은 R^4에서 일차종속임을 보여라.
(b) 각 벡터를 다른 두 벡터의 일차결합으로 표현하라.

28. λ의 어떤 실수값에 대하여 다음 벡터들이 R^3에서 일차종속을 이루는가?

$$\mathbf{v}_1 = \left(\lambda, \tfrac{1}{2}, \tfrac{1}{2}\right), \quad \mathbf{v}_2 = \left(\tfrac{1}{2}, \lambda, \tfrac{1}{2}\right), \quad \mathbf{v}_3 = \left(\tfrac{1}{2}, \tfrac{1}{2}, \lambda\right)$$

29. (a) $S = \{\mathbf{v}_1, \mathbf{v}_2, \mathbf{v}_3\}$가 R^n에서 일차독립이면 S의 모든 공집합이 아닌 부분집합도 일차독립임을 보여라.
(b) $S = \{\mathbf{v}_1, \mathbf{v}_2, \mathbf{v}_3\}$가 R^n에서 일차종속이면 R^n의 모든 벡터 $\mathbf{v}$에 대하여 $\{\mathbf{v}_1, \mathbf{v}_2, \mathbf{v}_3, \mathbf{v}\}$도 일차종속임을 보여라.

30. (a) $S = \{\mathbf{v}_1, \mathbf{v}_2, \cdots, \mathbf{v}_r\}$가 R^n에서 일차독립이면 S의 모든 공집합이 아닌 부분집합도 일차독립임을 보여라.
(b) $S = \{\mathbf{v}_1, \mathbf{v}_2, \cdots, \mathbf{v}_r\}$가 R^n에서 일차종속이면 R^n의 모든 벡터 $\mathbf{v}$에 대하여 $\{\mathbf{v}_1, \mathbf{v}_2, \cdots, \mathbf{v}_r, \mathbf{v}\}$도 일차종속임을 보여라.

31. $\mathbf{u}, \mathbf{v}, \mathbf{w}$가 R^n의 임의의 벡터이면 $\mathbf{u} - \mathbf{v}, \mathbf{v} - \mathbf{w}, \mathbf{w} - \mathbf{u}$는 일차종속임을 보여라.

32. 하이파이음은 1초에 4만 4,100번의 비율로 음파 견본을 추출하여 디지털로 녹음될 수 있다. 따라서 10초간의 음절은 R^{441000} 공간에서 벡터로 나타낼 수 있다. 재즈 음악제에서 음향 기술자는 두 개의 마이크로 음벡터들, 즉 색소폰 연주자 옆의 마이크로 하나의 음벡터 $\mathbf{s}$와 기타 연주자 옆의 마이크로 동시에 발생하는 두 번째 음벡터 $\mathbf{g}$를 녹음할 예정이다. 두 음벡터의 일차결합은 음향 스튜디오에서 '믹서'에 의해서 형성되어 원하는 결과를 만들어낸다. 만약 각 마이크가 바로 옆 악기의 모든 음과 다른 악기로부터 작은 양의 음을 모으게 된다면, 실제 녹음된 벡터는 색소폰 옆에 있는 마이크는 $\mathbf{u} = \mathbf{s} + 0.06\mathbf{g}$이고 기타 옆에 있는 마이크는 $\mathbf{v} = \mathbf{g} + 0.12\mathbf{s}$이다.
(a) $\mathbf{u}$와 $\mathbf{v}$의 어떤 일차결합이 색소폰 벡터 $\mathbf{s}$를 복원하는가?
(b) $\mathbf{u}$와 $\mathbf{v}$의 어떤 일차결합이 기타 벡터 $\mathbf{g}$를 복원하는가?
(c) $\mathbf{u}$와 $\mathbf{v}$의 어떤 일차결합이 $\mathbf{s}$와 $\mathbf{g}$의 같은 혼합, 즉 $\frac{1}{2}(\mathbf{s} + \mathbf{g})$를 만드는가?

33. 컬러 잡지와 책은 **CMYK 컬러모델**(CMYK color model)을 이용하여 인쇄된다. 이 모델에서 색은 청록색(C), 자홍색(M), 노란색(Y), 검은색(K) 컬러잉크를 이용하여 만들어낸다. 화보들은 네 형태의 잉크를 혼합하여, 그 혼합한 잉크로 인쇄하거나 또는 네 가지 색으로 원하는 색의 조합을 만들어내기 위하여 독자의 시각과 지각 작용을 이용하여 점 형태로 인쇄하여 만든다. 모든 상업용 잉크컬러에 청록색, 자홍색, 노란색, 검은색의 백분율에 따라 수를 지정하는 **Pantone 매칭시스템**(Pantone Matching System)이라고 부르는 상업용 잉크에 대한 숫자 매김 체계가 있다. Pantone 컬러를 나타내는 한 가지 방법은 네 가지 기본색을 R^4에서 벡터

$\mathbf{c} = (1, 0, 0, 0)$ 청록색(100%)
$\mathbf{m} = (0, 1, 0, 0)$ 자홍색(100%)
$\mathbf{y} = (0, 0, 1, 0)$ 노란색(100%)
$\mathbf{k} = (0, 0, 0, 1)$ 검은색(100%)

으로 지정하고 잉크컬러를 0과 1을 포함한 사이의 값을 계수로 하여 이 벡터들의 일차결합으로 기술하는 것이다. 따라서 잉크컬러 $\mathbf{p}$는 일차결합

$$\mathbf{p} = c_1\mathbf{c} + c_2\mathbf{m} + c_3\mathbf{y} + c_4\mathbf{k} = (c_1, c_2, c_3, c_4)$$

으로 표현된다. 이와 같은 모든 일차결합의 집합을 **CMYK 공간**(CMYK space)이라 한다.
(a) **CMYK 공간**은 R^4의 부분공간인가? 그 이유를 설명하라.
(b) Pantone 컬러 876CVC는 38%의 청록색, 59%의 자홍색, 73%의 노란색과 7%의 검은색의 혼색이다. 그리고 Pantone 컬러 216CVC는 0%의 청록색, 83%의 자홍색, 34%의 노란

색, 47%의 검은색이 혼합된 것이며, Pantone 컬러 328CVC는 100%의 청록색, 0%의 자홍색, 47%의 노란색과 30%의 검은색의 혼색이다. 이 컬러들을 $\mathbf{p}_{876} = (0.38, 0.59, 0.73, 0.07)$, $\mathbf{p}_{216} = (0, 0.83, 0.34, 0.47)$, $\mathbf{p}_{328} = (1, 0, 0.47, 0.30)$으로 각각 표기한다. 이 벡터들을 $\mathbf{c}$, $\mathbf{m}$, $\mathbf{y}$, $\mathbf{k}$의 일차결합으로 표현하라.

(c) $\mathbf{p}_{876}$과 $\mathbf{p}_{216}$을 같은 비율로 섞으면 어떤 CMYK 벡터를 얻는가? 그 이유는 무엇인가?

34. 다음 표는 세 번의 시험에 대한 학생 7명의 점수를 나타낸다.

	시험 1	시험 2	시험 3
서희	90	75	60
원	54	92	70
혁진	63	70	81
원진	70	71	72
명희	46	90	63
승엽	87	72	69
태육	50	77	83

표의 열을 R^7의 벡터 $\mathbf{c}_1$, $\mathbf{c}_2$, $\mathbf{c}_3$로 그리고 표의 행을 R^3의 벡터 $\mathbf{r}_1, \mathbf{r}_2, \cdots, \mathbf{r}_7$으로 간주하라.

(a) 벡터 $\mathbf{x} = k_1\mathbf{c}_1 + k_2\mathbf{c}_2 + k_3\mathbf{c}_3$의 성분들이 학생들의 평균 점수들이 되도록 스칼라 k_1, k_2, k_3를 구하라.

(b) 벡터 $\mathbf{x} = k_1\mathbf{r}_1 + k_2\mathbf{r}_2 + \cdots + k_7\mathbf{r}_7$의 성분들이 각 시험에서 모든 학생들에 대한 평균 점수들이 되도록 스칼라 $k_1, k_2, \cdots, k_7$을 구하라.

(c) 벡터

$$\mathbf{x} = \tfrac{1}{4}\mathbf{c}_1 + \tfrac{1}{4}\mathbf{c}_2 + \tfrac{1}{2}\mathbf{c}_3$$

의 의미를 설명하라.

35. 다음 표는 네 해 동안의 미국 Pennsylvania주 내의 다섯 개 군(county)의 인구를 보여 준다.

	1950	1980	1992	1998
Philadelphia	408,762	847,170	1,552,572	1,436,287
Bucks	144,620	479,211	556,279	587,942
Delaware	414,234	555,007	549,506	542,593
Adams	44,197	68,292	81,232	86,537
Potter	16,810	17,726	16,863	17,184

출처: 미국 인구적요, 인구추정프로그램, 인구국, 미국인구조사국

표의 열을 R^5의 벡터 $\mathbf{c}_1$, $\mathbf{c}_2$, $\mathbf{c}_3$, $\mathbf{c}_4$로 그리고 표의 행을 R^4의 벡터 $\mathbf{r}_1$, $\mathbf{r}_2$, $\mathbf{r}_3$, $\mathbf{r}_4$, $\mathbf{r}_5$로 간주하라.

(a) 벡터 $\mathbf{x} = k_1\mathbf{c}_1 + k_2\mathbf{c}_2 + k_3\mathbf{c}_3 + k_4\mathbf{c}_4$의 성분들이 네 표본 해 동안 군의 평균인구가 되는 스칼라 k_1, k_2, k_3, k_4를 구하라.

(b) 벡터 $\mathbf{x} = k_1\mathbf{r}_1 + k_2\mathbf{r}_2 + k_3\mathbf{r}_3 + k_4\mathbf{r}_4 + k_5\mathbf{r}_5$의 성분들이 각 표본 해에 다섯 개 군의 평균인구가 되는 스칼라 k_1, k_2, k_3, k_4, k_5를 구하라.

(c) 벡터

$$\mathbf{x} = \tfrac{1}{3}\mathbf{r}_1 + \tfrac{1}{3}\mathbf{r}_2 + \tfrac{1}{3}\mathbf{r}_3$$

의 의미를 설명하라.

36. (시그마 표기) 일차결합

$$\mathbf{v} = c_1\mathbf{v}_1 + c_2\mathbf{v}_2 + \cdots + c_n\mathbf{v}_n$$

을 시그마 기호로 표기하라.

▶ 토론과 발견

D1. (a) 두 벡터가 R^2를 생성하려면 두 벡터의 집합은 어떤 기하학적 성질을 가져야 하는가?

(b) R^3의 세 벡터가 R^3을 생성하려면 그 세 벡터의 집합은 어떤 기하학적 성질을 가져야 하는가?

D2. (a) R^n의 두 벡터는 어떤 조건에서 평면을 생성하는가?

(b) R^n의 두 벡터는 어떤 조건에서 직선을 생성하는가?

(c) $\mathbf{u}$와 $\mathbf{v}$가 R^n의 벡터일 때, 어떤 조건에서 $\text{span}\{\mathbf{u}\} = \text{span}\{\mathbf{v}\}$가 참이 되는가?

D3. (a) R^3에서 세 개의 0이 아닌 서로 수직인 벡터는 일차독립인가? 기하학적 논거로 설명하라.

(b) 대수적 논거로 (a)에 대한 답을 설명하라. [*힌트*: 점곱을 이용하라.]

D4. 다음 그림의 각각에서 벡터 $\mathbf{v}_1$, $\mathbf{v}_2$, $\mathbf{v}_3$이 일차독립인지 판정하고 그 이유를 설명하라.

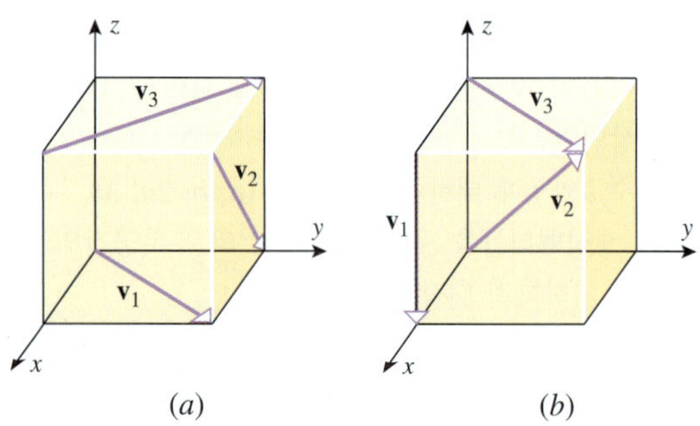

그림 Ex-D4

D5. 다음 그림의 음영 진 영역의 점에 대응하는 벡터들은 R^2의 부분공간을 이루지 않는다(예제 1을 보라). 따라서 닫힘공리의 하나나 두 개가 성립하지 않는다. 어떤 것(들)인가?

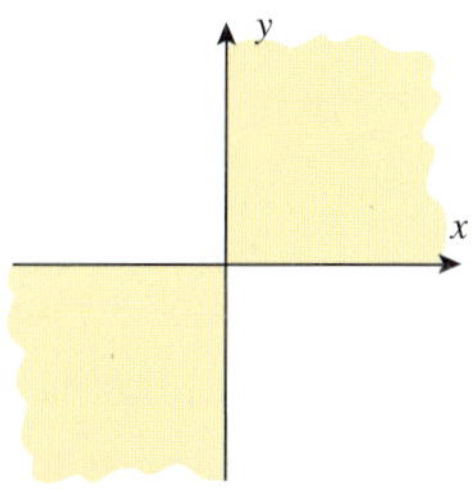

그림 Ex-D5

D6. 다음 명제들이 참(T)인지 거짓(F)인지 판별하고, 그 이유를 설명하라.

(a) 세 개의 0이 아닌 벡터가 일차종속이면 각 벡터는 다른 두 벡터의 일차결합으로 쓸 수 있다.

(b) R^n의 두 벡터 $\mathbf{v}$와 $\mathbf{w}$의 모든 일차결합들의 집합은 평면이다.

(c) $\mathbf{u}$가 $\mathbf{v}$와 $\mathbf{w}$의 일차결합으로 표현될 수 없으면 세 벡터는 일차독립이다.

(d) $\mathbf{0}$을 포함한 R^n의 벡터들의 집합은 일차종속이다.

(e) $\{\mathbf{v}_1, \mathbf{v}_2, \mathbf{v}_3\}$가 일차독립이면 임의의 0이 아닌 스칼라 k에 대하여 집합 $\{k\mathbf{v}_1, k\mathbf{v}_2, k\mathbf{v}_3\}$도 일차독립이다.

D7. 다음 명제들이 참(T)인지 거짓(F)인지 판별하고, 그 이유를 설명하라.

(a) $\mathbf{v}$가 R^n의 벡터면, $k \neq 0$일 때 $\{\mathbf{v}, k\mathbf{v}\}$는 일차독립이다.

(b) $A\mathbf{x} = \mathbf{b}$가 임의의 해를 갖는 n개의 미지수에 관한 m개의 선형계이면 해집합은 R^n의 부분공간이다.

(c) W가 R^n의 부분공간이면, $\text{span}(W) = W$이다.

(d) $\text{span}(S_1) = \text{span}(S_2)$이면, $S_1 = S_2$이다.

D8. $\text{span}(S)$와 $\text{span}(\text{span}(S))$의 관계를 기술하고, 그 이유를 설명하라.

증명문제

P1. $\mathbf{u}$와 $\mathbf{v}$가 R^2 또는 R^3에서 영이 아닌 벡터이고 $k = \|\mathbf{u}\|$, $l = \|\mathbf{v}\|$ 이라고 하자. $\mathbf{u}$와 $\mathbf{v}$의 시점이 원점일 때 일차결합 $\mathbf{w} = l\mathbf{u} + k\mathbf{v}$는 $\mathbf{u}$와 $\mathbf{v}$ 사이의 각을 이등분함을 증명하라.

P2. W_1과 W_2가 R^n의 부분공간일 때, $W_1 \cap W_2$는 R^n의 부분공간임을 증명하라.

P3. W_1과 W_2가 R^n의 부분공간일 때, 그들의 합 $W_1 + W_2$은 W_1에 속한 벡터 $\mathbf{x}$와 W_2에 속한 벡터 $\mathbf{y}$에 대해 가능한 모든 벡터 $x + y$의 집합으로 정의된다. $W_1 + W_2$가 R^n의 부분공간임을 증명하라.

프로그램 활용 연습문제

T1. **(시그마 표기)** 독자들의 계산 유틸리티를 이용하여

$$\mathbf{v} = \sum_{j=1}^{25} c_j \mathbf{v}_j$$

을 $c_j = 1/j$, $\mathbf{v}_j = (\sin j, \cos j)$에 대하여 일차결합을 계산하라.

T2. 독자들의 계산 유틸리티를 이용하여 R^n의 벡터들의 집합이 일차독립인지를 판정하는 절차를 고안하고 그 절차를 이용하여 다음 벡터들이 일차독립인지 판정하라.

$$\mathbf{v}_1 = (4, -5, 2, 6), \quad \mathbf{v}_2 = (2, -2, 1, 3)$$
$$\mathbf{v}_3 = (6, -3, 3, 9), \quad \mathbf{v}_4 = (4, -1, 5, 6)$$

T3. $\mathbf{v}_1 = (4, 3, 2, 1)$, $\mathbf{v}_2 = (5, 1, 2, 4)$, $\mathbf{v}_3 = (7, 1, 5, 3)$, $\mathbf{x} = (16, 5, 9, 8)$, $\mathbf{y} = (3, 1, 2, 7)$에 대하여, $\mathbf{x}$와 $\mathbf{y}$가 $\text{span}\{\mathbf{v}_1\ \mathbf{v}_2, \mathbf{v}_3\}$상에 놓여 있는지 판정하라.

3.5 선형계의 기하학

이 절에서는 행렬에 관한 결과를 이용하여 선형계 해집합의 기하학적 성질을 탐구할 것이다.

$A\mathbf{x}=\mathbf{b}$와 $A\mathbf{x}=\mathbf{0}$의 관계

이 절의 첫 번째 목적은 계수행렬이 A이면서 해를 갖는 비동차계 $A\mathbf{x} = \mathbf{b}$의 해와 동차계 $A\mathbf{x} = \mathbf{0}$의 해 사이의 관계를 확립하는 것이다. 이를 위하여 $A\mathbf{x} = \mathbf{0}$를 $A\mathbf{x} = \mathbf{b}$에 **부수된**(associated) 동차계라 부른다.

우리가 찾는 결과를 유도하기 위하여, 비동차계

$$\begin{bmatrix} 1 & 3 & -2 & 0 & 2 & 0 \\ 2 & 6 & -5 & -2 & 4 & -3 \\ 0 & 0 & 5 & 10 & 0 & 15 \\ 2 & 6 & 0 & 8 & 4 & 18 \end{bmatrix} \begin{bmatrix} x_1 \\ x_2 \\ x_3 \\ x_4 \\ x_5 \\ x_6 \end{bmatrix} = \begin{bmatrix} 0 \\ -1 \\ 5 \\ 6 \end{bmatrix} \tag{1}$$

와 이에 부수된 동차계

$$\begin{bmatrix} 1 & 3 & -2 & 0 & 2 & 0 \\ 2 & 6 & -5 & -2 & 4 & -3 \\ 0 & 0 & 5 & 10 & 0 & 15 \\ 2 & 6 & 0 & 8 & 4 & 18 \end{bmatrix} \begin{bmatrix} x_1 \\ x_2 \\ x_3 \\ x_4 \\ x_5 \\ x_6 \end{bmatrix} = \begin{bmatrix} 0 \\ 0 \\ 0 \\ 0 \end{bmatrix} \tag{2}$$

를 생각하자. 2.2절의 예제 5와 7에서 이 선형계들의 해집합은

$$\begin{bmatrix} x_1 \\ x_2 \\ x_3 \\ x_4 \\ x_5 \\ x_6 \end{bmatrix} = \begin{bmatrix} 0 \\ 0 \\ 0 \\ 0 \\ 0 \\ \frac{1}{3} \end{bmatrix} + r\begin{bmatrix} -3 \\ 1 \\ 0 \\ 0 \\ 0 \\ 0 \end{bmatrix} + s\begin{bmatrix} -4 \\ 0 \\ -2 \\ 1 \\ 0 \\ 0 \end{bmatrix} + t\begin{bmatrix} -2 \\ 0 \\ 0 \\ 0 \\ 1 \\ 0 \end{bmatrix}$$

식 (1)의 해집합

와

$$\begin{bmatrix} x_1 \\ x_2 \\ x_3 \\ x_4 \\ x_5 \\ x_6 \end{bmatrix} = r\begin{bmatrix} -3 \\ 1 \\ 0 \\ 0 \\ 0 \\ 0 \end{bmatrix} + s\begin{bmatrix} -4 \\ 0 \\ -2 \\ 1 \\ 0 \\ 0 \end{bmatrix} + t\begin{bmatrix} -2 \\ 0 \\ 0 \\ 0 \\ 1 \\ 0 \end{bmatrix}$$

식 (2)의 해집합

으로 표현될 수 있다는 것을 보았다. 따라서 비동차계 식 (1)의 해집합은 부수된 동차계 식 (2)의 해집합을 벡터

$$\mathbf{x}_0 = \begin{bmatrix} 0 \\ 0 \\ 0 \\ 0 \\ 0 \\ \frac{1}{3} \end{bmatrix}$$

만큼 평행이동한 것이다. 여기서 $\mathbf{x}_0$은 식 (1)의 특이해(해집합에 관한 위 공식에서 $r = s = t = 0$으로 놓아라)이다. 이는 다음의 일반적인 결과를 보여 준다.

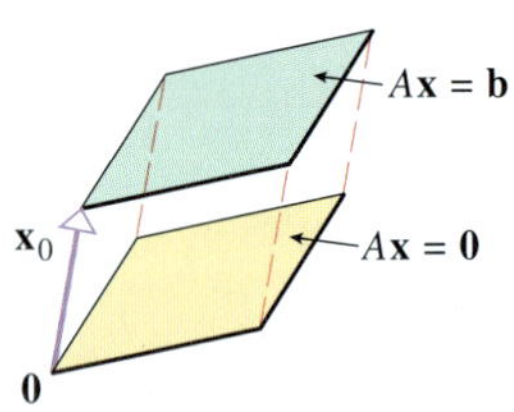

$A\mathbf{x} = \mathbf{b}$의 해집합은 $A\mathbf{x} = \mathbf{0}$의 해공간을 평행이동한 것이다.

그림 3.5.1

정리 3.5.1 *$A\mathbf{x} = \mathbf{b}$가 해를 갖는 비동차선형계이고 W가 부수된 동차계 $A\mathbf{x} = \mathbf{0}$의 해집합이면 $A\mathbf{x} = \mathbf{b}$의 해집합은 평행이동된 부분공간 $\mathbf{x}_0 + W$이다. 여기서 $\mathbf{x}_0$은 비동차계 $A\mathbf{x} = \mathbf{b}$의 임의의 해다(그림 3.5.1).*

증명 $\mathbf{x}$가 $\mathbf{x}_0 + W$의 벡터이면 $\mathbf{x}$는 $A\mathbf{x} = \mathbf{b}$의 해이고, 역으로 $A\mathbf{x} = \mathbf{b}$의 모든 해는 집합 $\mathbf{x}_0 + W$에 들어간다는 것을 보여야 한다.

우선 $\mathbf{x}$가 $\mathbf{x}_0 + W$의 벡터라고 하자. 이는 $\mathbf{x}$가 $\mathbf{x} = \mathbf{x}_0 + \mathbf{w}$ 형태로 표현된다는 것을 뜻한다. 여기서 $A\mathbf{x}_0 = \mathbf{b}$이고 $A\mathbf{w} = \mathbf{0}$이다. 따라서

$$A\mathbf{x} = A(\mathbf{x}_0 + \mathbf{w}) = A\mathbf{x}_0 + A\mathbf{w} = \mathbf{b} + \mathbf{0} = \mathbf{b}$$

이고 이는 $\mathbf{x}$가 $A\mathbf{x} = \mathbf{b}$의 해임을 보여 준다.

반대로 $\mathbf{x}$가 $A\mathbf{x} = \mathbf{b}$의 임의의 해라고 하자. $\mathbf{x}$가 $\mathbf{x}_0 + W$의 벡터인 것을 보이기 위하여, W에 있는 적당한 $\mathbf{w}$(즉, $A\mathbf{w} = \mathbf{0}$)에 대하여 $\mathbf{x}$를

$$\mathbf{x} = \mathbf{x}_0 + \mathbf{w} \tag{3}$$

형태로 쓸 수 있다는 것을 보여야 한다. $\mathbf{w} = \mathbf{x} - \mathbf{x}_0$을 택하면

$$A\mathbf{w} = A(\mathbf{x} - \mathbf{x}_0) = A\mathbf{x} - A\mathbf{x}_0 = \mathbf{b} - \mathbf{b} = \mathbf{0}$$

이므로 $\mathbf{w}$는 식 (3)을 만족시키고 W에 있다. ■

정리 3.5.1로부터 해를 갖는 비동차선형계의 해집합은

$$\mathbf{x} = \mathbf{x}_0 + t_1\mathbf{v}_1 + t_2\mathbf{v}_2 + \cdots + t_s\mathbf{v}_s = \mathbf{x}_0 + \mathbf{x}_h \tag{4}$$

으로 표현할 수 있게 된다. 여기서

$$\mathbf{x}_h = t_1\mathbf{v}_1 + t_2\mathbf{v}_2 + \cdots + t_s\mathbf{v}_s$$

는 부수된 동차계의 일반해이다. $\mathbf{x}_0$을 $A\mathbf{x} = \mathbf{b}$의 **특수해**(particular solution), 그리고 식 (4)를 $A\mathbf{x} = \mathbf{b}$의 **일반해**(general solution)라고 부른다. 다음 정리는 이런 사실들을 요약한 것이다.

정리 3.5.2 *해를 갖는 선형계 $A\mathbf{x} = \mathbf{b}$의 일반해는 $A\mathbf{x} = \mathbf{b}$의 특수해를 $A\mathbf{x} = \mathbf{0}$의 일반해에 더해서 얻을 수 있다.*

참고 이 정리와 정리 2.2.1로부터 모든 선형계는 정리 2.1.1에서 기술한 것처럼 하나도 없거나, 한 개 또는 무한개의 해를 갖게 된다.

예제 1 둘 또는 세 개의 미지수를 갖는 비동차선형계의 기하학

해를 갖는 비동차선형계의 해집합은 부수된 동차계의 해공간의 평행이동이므로 3.4절의 예제 4는 둘 또는 세 개의 미지수에 대한 해를 갖는 비동차선형계의 해집합은 다음 중 하나여야 한다는 것을 뜻한다.

R^2의 해집합	R^3의 해집합
점	점
직선	직선
R^2 전체	평면
	R^3 전체

■

개념문제 R^2(또는 R^3)을 벡터 $\mathbf{x}_0$만큼 평행이동하면 R^2(또는 R^3)이 되는지 설명하라.

정리 3.5.2의 이어지는 결과는 방정식의 수가 미지수의 수와 같을 필요가 없는 일반적인 경우에 비동차계의 해의 수와 부수된 동차계의 해의 수와의 관계를 알려준다.

정리 3.5.3 *A가 $m \times n$ 행렬일 때 다음 명제는 동치이다.*

(a) $A\mathbf{x} = \mathbf{0}$는 자명한 해만을 갖는다.

(b) R^m의 임의의 $\mathbf{b}$에 대하여 $A\mathbf{x} = \mathbf{b}$는 최대 하나의 해를 갖는다(즉, 해를 갖지 않거나 유일한 해를 갖는다).

동차선형계 $A\mathbf{x} = \mathbf{0}$가 무한히 많은 해를 갖는다면 $A\mathbf{x} = \mathbf{b}$는 해가 없는 선형계이거나 또는 무한히 많은 해를 갖게 됨을 이 정리로부터 알게 된다. 특히, $A\mathbf{x} = \mathbf{0}$가 방정식보다 많은 미지수를 갖는다면 정리 2.2.3은 비동차선형계에 대한 다음 결과를 의미한다.

정리 3.5.4 *방정식보다 미지수가 많은 비동차선형계는 해가 없거나 무한히 많은 해를 갖는다.*

벡터 관점에서 본 선형계의 존재성

선형계 $A\mathbf{x} = \mathbf{b}$의 해의 존재성과 비존재성은 벡터 $\mathbf{b}$와 A의 열벡터 사이의 관계에 의해 결정된다. 왜 그런지를 보기 위하여, A의 열벡터들을 $\mathbf{a}_1, \mathbf{a}_2, \cdots, \mathbf{a}_n$이라 하고 3.1절의 식 (10)을 이용하여 선형계를 다음과 같이 다시 쓰자.

$$x_1\mathbf{a}_1 + x_2\mathbf{a}_2 + \cdots + x_n\mathbf{a}_n = \mathbf{b} \tag{5}$$

이 표현에서 우리는 $A\mathbf{x} = \mathbf{b}$가 해를 가질 필요충분조건은 $\mathbf{b}$가 A의 열벡터들의 일차결합이라는 것이고, 이때 선형계의 해는 식 (5)의 계수들에 의하여 주어진다는 것을 알고 있다.

이 사실을 조금 다른 방법으로 표현할 수 있다. A가 $m \times n$ 행렬이면 $\mathbf{b}$가 A의 열벡터들의 일차결합이라고 말하는 것은 $\mathbf{b}$가 A의 열벡터들에 의하여 생성된 R^m의 부분공간에 속한다고 말하는 것과 같다. 이 부분공간을 A의 **열공간**(column space)이라 하고 col(A)로 표기한다. 다음 정리는 이를 요약한다.

정리 3.5.5 *선형계 $A\mathbf{x} = \mathbf{b}$가 해를 가질 필요충분조건은 $\mathbf{b}$가 A의 열공간에 속하는 것이다.*

예제 2 일차결합 재분석

벡터 $\mathbf{w} = (9, 1, 0)$를 벡터

$$\mathbf{v}_1 = (1, 2, 3), \quad \mathbf{v}_2 = (1, 4, 6), \quad \mathbf{v}_3 = (2, -3, -5)$$

들의 일차결합으로 쓸 수 있는지 판정하고, 만약 그렇다면 그런 일차결합을 구하라.

풀이 이 문제는 2.1절 예제 7에서 풀었지만 적절하게 기호를 변경한 정리 3.5.5를 이용하여 보다 직접적으로 그 해의 핵심을 얻을 수 있다. 우선 벡터를 열 형태로 쓰고 열벡터가 $\mathbf{v}_1, \mathbf{v}_2, \mathbf{v}_3$인 3×3 행렬 A를 생각하자. 문제는 이제 $\mathbf{w}$가 A의 열공간에 속하는지를 결정하는 것이 된다. 정리 3.5.5에 따르면 열공간에 속하게 될 필요충분조건은 선형계

$$\begin{bmatrix} 1 & 1 & 2 \\ 2 & 4 & -3 \\ 3 & 6 & -5 \end{bmatrix} \begin{bmatrix} c_1 \\ c_2 \\ c_3 \end{bmatrix} = \begin{bmatrix} 9 \\ 1 \\ 0 \end{bmatrix} \tag{6}$$

가 해를 갖는 것이다. 따라서 우리는 2.1절의 예제 7의 선형계 식 (9)에 바로 도달하여, 해당 예제에서처럼 진행할 수 있다. 거기서 이 선형계는 해를 가졌고 유일한 해

$$c_1 = 1, \quad c_2 = 2, \quad c_3 = 3 \tag{7}$$

을 가졌다는 것을 보았다. 해 존재성은 $\mathbf{w}$가 $\mathbf{v}_1, \mathbf{v}_2, \mathbf{v}_3$의 일차결합으로 표현될 수 있다는 것을 말해 주며, 식 (7)은

$$\mathbf{w} = \mathbf{v}_1 + 2\mathbf{v}_2 + 3\mathbf{v}_3$$

임을 말해 준다. ■

초평면

a_1, a_2가 동시에 영이 아니면 선형방정식 $a_1x + a_2y = b$는 xy-평면에서 직선을 나타내고, a_1, a_2, a_3가 동시에 영이 아니면 선형방정식 $a_1x + a_2y + a_3z = b$는 xyz-좌표계에서 평면을 나타낸다는 것을 알고 있다. 일반적으로 선형방정식

$$a_1x_1 + a_2x_2 + \cdots + a_nx_n = b \quad (a_1, a_2, \cdots, a_n\text{은 모두 동시에 0이 아님}) \tag{8}$$

을 만족시키는 R^n의 점 $(x_1, x_2, \cdots, x_n)$들의 집합을 R^n에서 **초평면**(hyperplane)이라 부른다. 따라서 예를 들면 직선은 R^2에서 초평면이고 평면은 R^3에서 초평면이다. 식 (8)에서 $b = 0$이면 방정식은

$$a_1x_1 + a_2x_2 + \cdots + a_nx_n = 0 \quad (a_1, a_2, \cdots, a_n\text{은 모두 동시에 0이 아님}) \tag{9}$$

으로 간소화되고, 초평면은 **원점을 통과한다**(pass through the origin)고 말한다. 편리하게 식 (8)과 (9)

는 점곱기호로

$$\mathbf{a} \cdot \mathbf{x} = b \qquad (\mathbf{a} \neq \mathbf{0}) \tag{10}$$

과

$$\mathbf{a} \cdot \mathbf{x} = 0 \qquad (\mathbf{a} \neq \mathbf{0}) \tag{11}$$

으로 각각 표현할 수 있다. 여기서 $\mathbf{a} = (a_1, a_2, \cdots, a_n)$이고 $\mathbf{x} = (x_1, x_2, \cdots, x_n)$이다. 식 (11)의 형식은 고정된 영이 아닌 벡터 $\mathbf{a}$에 대하여, 초평면 $\mathbf{a} \cdot \mathbf{x} = 0$은 벡터 $\mathbf{a}$에 수직인 R^n의 벡터 $\mathbf{x}$들로 이루어졌다는 것을 보여 준다. 따라서 식 (11)을 원점을 지나고 **법선벡터 a인 초평면**(hyperplane through the origin with normal $\mathbf{a}$) 또는 **a의 직교 여공간**(orthogonal complement of $\mathbf{a}$)이라 부른다. 이 초평면을 $\mathbf{a}^{\perp}$('$\mathbf{a}$ perp'라고 읽는다)으로 표기한다.

예제 3 초평면 방정식 찾기

$\mathbf{a} = (1, -2, 4)$일 때, 초평면 $\mathbf{a}^{\perp}$에 대한 매개변수방정식과 변수 x, y, z에 관한 방정식을 찾아라.

풀이 벡터 $\mathbf{a}$의 직교 여공간은 $\mathbf{a} \cdot \mathbf{x} = 0$인 모든 벡터 $\mathbf{x} = (x, y, z)$들로 이루어진다. 이 방정식을 성분 형태로 쓰면

$$x - 2y + 4z = 0 \tag{12}$$

이고, 이는 초평면(이 경우는 평면)에 대한 x, y, z의 방정식이다. 이 평면에 대한 매개변수방정식을 찾기 위하여, 식 (12)를 세 개의 미지수를 갖는 한 개의 선형방정식계로 보고 Gauss-Jordan 소거로 푼다. 그렇지만 이 방정식은 너무 간단하여 행렬의 형태는 필요치 않고 선행변수 x에 대하여 식 (12)를 풀고 자유변수 y, z에는 임의의 값 $y = t_1$, $z = t_2$를 지정할 수 있다. 이로써 매개변수방정식

$$x = 2t_1 - 4t_2, \quad y = t_1, \quad z = t_2$$

을 얻는다. ■

해공간의 기하학적 설명 기하학적으로 동차선형계의 방정식들

$$\begin{aligned} a_{11}x_1 &+ a_{12}x_2 + \cdots + a_{1n}x_n = 0 \\ a_{21}x_1 &+ a_{22}x_2 + \cdots + a_{2n}x_n = 0 \\ &\vdots \\ a_{m1}x_1 &+ a_{m2}x_2 + \cdots + a_{mn}x_n = 0 \end{aligned} \tag{13}$$

은 R^n에서 원점을 지나는 초평면들을 나타내므로 선형계의 해집합을 이 초평면들의 공통집합으로 볼 수 있다. 이는 두 개의 미지수에 대한 동차선형계의 해집합이 R^2의 원점을 지나는 직선들의 공통집합이고, 세 개의 미지수에 대한 동차선형계의 해집합은 R^3의 원점을 지나는 평면들의 공통집합이라는 잘 알려진 사실을 R^n으로 확장한 것이다.

식 (13)의 해집합의 또 다른 기하학적 설명은 방정식을 점곱으로 써서

$$\begin{aligned} \mathbf{a}_1 \cdot \mathbf{x} &= 0 \\ \mathbf{a}_2 \cdot \mathbf{x} &= 0 \\ &\vdots \\ \mathbf{a}_m \cdot \mathbf{x} &= 0 \end{aligned} \tag{14}$$

선형계가 $A\mathbf{x} = \mathbf{0}$으로 표현될 때 $\mathbf{a}_1, \mathbf{a}_2, \cdots, \mathbf{a}_m$이 계수행렬 A의 행벡터들이라는 것을 관찰하면서 얻어질 수 있다. 식 (14)에서 방정식의 형식은 선형계의 해공간이 A의 모든 행벡터에 수직인 R^n의 모든 벡터 $\mathbf{x}$들로 이루어진다는 것을 말해준다. 따라서 우리는 다음의 결과를 얻게 된다.

정리 3.5.6 *A가 $m \times n$ 행렬이면 동차선형계 $A\mathbf{x} = \mathbf{0}$의 해공간은 A의 모든 행벡터에 수직인 R^n의 모든 벡터들로 이루어진다.*

예제 4 해와 벡터의 직교성

정리 3.5.6의 보기로 2.2절의 예제 7에서 푼 선형계 $A\mathbf{x}=\mathbf{0}$을 다시 조사하자. 선형계의 계수행렬은

$$\begin{bmatrix} 1 & 3 & -2 & 0 & 2 & 0 \\ 2 & 6 & -5 & -2 & 4 & -3 \\ 0 & 0 & 5 & 10 & 0 & 15 \\ 2 & 6 & 0 & 8 & 4 & 18 \end{bmatrix}$$

이고 선형계의 일반해는

$$x_1 = -3r - 4s - 2t, \quad x_2 = r, \quad x_3 = -2s, \quad x_4 = s, \quad x_5 = t, \quad x_6 = 0$$

임을 앞에서 보았다. 일반해를 벡터

$$\mathbf{x} = (-3r - 4s - 2t, r, -2s, s, t, 0)$$

로 쓰고 A의 첫 행을 괄호 표기법으로

$$\mathbf{a}_1 = (1, 3, -2, 0, 2, 0)$$

와 같이 쓰면 정리 3.5.6에 의하여 보장된 것처럼

$$\mathbf{a}_1 \cdot \mathbf{x} = 1(-3r - 4s - 2t) + 3(r) + (-2)(-2s) + 0(s) + 2(t) + 0(0) = 0$$

이 된다. A의 다른 각각의 행벡터와 $\mathbf{x}$의 점곱도 역시 영이라는 것을 확인할 수 있다. ■

미리보기 우리가 '그 일반해(*the* general solution)'가 아니고 '(하나의) 일반해(*a* general solution)'라는 표현을 사용한다는 것을 여러분은 관찰했을 것이다. 그 이유는 동차선형계의 해공간에 대한 생성벡터(spanning vector)들은 유일하지 않기 때문이다. 그렇지만 역대입과 함께하는 Gauss 소거와 Gauss-Jordan 소거는 항상 같은 일반해

$$\mathbf{x} = t_1\mathbf{v}_1 + t_2\mathbf{v}_2 + \cdots + t_s\mathbf{v}_s$$

를 제시한다는 것을 보일 수 있고 나중에 이 해에서 벡터 $\mathbf{v}_1, \mathbf{v}_2, \cdots, \mathbf{v}_s$는 일차독립임을 보이겠다. 그와 같은 벡터의 수 또는 매개변수의 수를 해공간의 **차원**(dimension)이라 부른다. 따라서 예를 들면 2.2절의 예제 7에서 Gauss-Jordan 소거는 세 개의 매개변수를 갖는 하나의 일반해를 산출하며 해공간은 삼차원이 된다.

다음 표는 세 개의 미지수를 포함한 동차선형계에 대한 해공간의 차원과 기하학적 모양의 관계를 보여 준다.

세 개의 미지수를 포함한 동차선형계

Gauss-Jordan에 의한 일반해	해공간의 차원	해공간의 설명
$\mathbf{x}=\mathbf{0}$	0	점(원점)
$\mathbf{x}=t_1\mathbf{v}_1$	1	원점을 지나는 직선
$\mathbf{x}=t_1\mathbf{v}_1+t_2\mathbf{v}_2$	2	원점을 지나는 평면
$\mathbf{x}=t_1\mathbf{v}_1+t_2\mathbf{v}_2+t_3\mathbf{v}_3$	3	R^3 전체

연습문제 3.5

1. 선형계

$$\begin{bmatrix} 3 & 2 & -1 \\ 6 & 4 & -2 \\ -3 & -2 & 1 \end{bmatrix}\begin{bmatrix} x_1 \\ x_2 \\ x_3 \end{bmatrix} = \begin{bmatrix} 0 \\ 0 \\ 0 \end{bmatrix}$$

과

$$\begin{bmatrix} 3 & 2 & -1 \\ 6 & 4 & -2 \\ -3 & -2 & 1 \end{bmatrix}\begin{bmatrix} x_1 \\ x_2 \\ x_3 \end{bmatrix} = \begin{bmatrix} 2 \\ 4 \\ -2 \end{bmatrix}$$

에 대하여

(a) 동차계의 일반해를 구하라.

(b) $x_1 = 1, x_2 = 0, x_3 = 1$는 비동차계의 해임을 확인하라.

(c) (a)와 (b)의 결과를 이용하여 비동차계의 하나의 일반해를 구하라.

(d) 비동차계를 직접 풀어서 (c)의 결과를 점검하라.

2. 선형계

$$\begin{bmatrix} 1 & -2 & 3 \\ 2 & 1 & 4 \\ 1 & -7 & 5 \end{bmatrix} \begin{bmatrix} x_1 \\ x_2 \\ x_3 \end{bmatrix} = \begin{bmatrix} 0 \\ 0 \\ 0 \end{bmatrix}$$

과

$$\begin{bmatrix} 1 & -2 & 3 \\ 2 & 1 & 4 \\ 1 & -7 & 5 \end{bmatrix} \begin{bmatrix} x_1 \\ x_2 \\ x_3 \end{bmatrix} = \begin{bmatrix} 2 \\ 7 \\ -1 \end{bmatrix}$$

에 대하여

(a) 동차계의 일반해를 구하라.

(b) $x_1 = 1, x_2 = 1, x_3 = 1$은 비동차계의 해임을 확인하라.

(c) (a)와 (b)의 결과를 이용하여 비동차계의 일반해를 구하라.

(d) (c)의 결과를 비동차계를 직접 풀어서 검토하라.

연습문제 3과 4에서는 (a) 주어진 선형계의 일반해를 구하고, (b) 위의 (a) 과정에서 구한 일반해를 이용하여 부수된 동차계의 일반해와 주어진 비동차계의 특수해를 구하라.

3. $\begin{bmatrix} 3 & 4 & 1 & 2 \\ 6 & 8 & 2 & 5 \\ 9 & 12 & 3 & 10 \end{bmatrix} \begin{bmatrix} x_1 \\ x_2 \\ x_3 \\ x_4 \end{bmatrix} = \begin{bmatrix} 3 \\ 7 \\ 13 \end{bmatrix}$

4. $\begin{bmatrix} 9 & -3 & 5 & 6 \\ 6 & -2 & 3 & 1 \\ 3 & -1 & 3 & 14 \end{bmatrix} \begin{bmatrix} x_1 \\ x_2 \\ x_3 \\ x_4 \end{bmatrix} = \begin{bmatrix} 4 \\ 5 \\ -8 \end{bmatrix}$

연습문제 5와 6에서는 예제 2의 방법을 이용하여 $\mathbf{w}$는 $\mathbf{v}_1$, $\mathbf{v}_2$, $\mathbf{v}_3$의 일차결합으로 표현할 수 있음을 확인하고, 그 일차결합을 구하라.

5. $\mathbf{w} = (-2, 0, 1)$; $\mathbf{v}_1 = (2, 3, 1)$, $\mathbf{v}_2 = (4, 9, 5)$, $\mathbf{v}_3 = (-10, -21, -12)$

6. $\mathbf{w} = (-18, 14, -4)$; $\mathbf{v}_1 = (3, 2, 2)$, $\mathbf{v}_2 = (8, 1, 4)$, $\mathbf{v}_3 = (1, 5, 2)$

연습문제 7과 8에서는 예제 2의 방법을 이용하여 $\mathbf{w}$가 다른 벡터들의 생성에 속하는지를 판정하라.

7. $\mathbf{w} = (1, 5, -2)$; $\mathbf{v}_1 = (1, -1, 1)$, $\mathbf{v}_2 = (1, 1, 0)$, $\mathbf{v}_3 = (1, -3, 2)$, $\mathbf{v}_4 = (1, 3, -1)$

8. $\mathbf{w} = (3, 5, 1)$; $\mathbf{v}_1 = (1, 1, 1)$, $\mathbf{v}_2 = (2, 3, 1)$, $\mathbf{v}_3 = (0, -1, 1)$

연습문제 9와 10에서는 초평면 $\mathbf{a}^{\perp}$의 매개변수방정식을 구하라.

9. (a) R^2 내의 $\mathbf{a} = (-2, 3)$

(b) R^3 내의 $\mathbf{a} = (4, 0, -5)$

(c) R^4 내의 $\mathbf{a} = (1, 2, -3, 7)$

10. (a) R^2 내의 $\mathbf{a} = (1, -4)$

(b) R^3 내의 $\mathbf{a} = (3, 1, -6)$

(c) R^4 내의 $\mathbf{a} = (2, -2, -4, 0)$

연습문제 11~14에서는 선형계의 일반해와 해공간의 차원을 구하고, A의 행벡터들은 해벡터들과 수직임을 확인하라.

11. $x_1 + x_2 + x_3 = 0$
$2x_1 + 2x_2 + 2x_3 = 0$
$3x_1 + 3x_2 + 3x_3 = 0$

12. $x_1 + 3x_2 - 4x_3 = 0$
$2x_1 + 6x_2 - 8x_3 = 0$

13. $x_1 + 5x_2 + x_3 + 2x_4 - x_5 = 0$
$x_1 - 2x_2 - x_3 + 3x_4 + 2x_5 = 0$

14. $x_1 + 3x_2 - 4x_3 = 0$
$x_1 + 2x_2 + 3x_3 = 0$

15. (a) 방정식 $x + y + z = 1$은 세 개의 미지수를 포함한 한 개 방정식의 선형계로 볼 수 있다. 이 방정식의 일반해를 특수해와 부수된 동차계의 합으로 이루어진 일반해로 표현하라.

(b) (a)의 결과를 기하학적으로 설명하라.

16. (a) 방정식 $x + y = 1$은 두 개의 미지수를 포함한 한 개 방정식의 선형계로 볼 수 있다. 이 방정식의 일반해를 특수해와 부수된 동차계의 합으로 이루어진 일반해로 표현하라.

(b) (a)의 결과를 기하학적으로 설명하라.

17. (a) 해공간이 $\mathbf{a} = (1, 1, 1)$과 $\mathbf{b} = (-2, 3, 0)$에 수직인 R^3의 벡터들로 이루어진 세 개의 미지수를 포함한 두 방정식의 동차선형계를 구하라.

(b) 해공간은 어떤 기하학적 모양인가?

(c) (a)에서 구한 선형계의 일반해를 구하고, 해공간은 (a)와 (b)의 기하학적 성질과 직교성을 갖고 있음을 확인하라.

18. (a) 해공간이 $\mathbf{a} = (-3, 2, -1)$과 $\mathbf{b} = (0, -2, -2)$에 수직인 R^3의 벡터들로 이루어진 세 개의 미지수를 포함한 두 방정식의 동차선형계를 구하라.

(b) 해공간은 어떤 기하학적 모양인가?

(c) (a)에서 구한 선형계의 일반해를 구하고, 해공간은 (a)와 (b)의 기하학적 성질과 직교성을 갖고 있음을 확인하라.

19. (a) 해공간이 $\mathbf{v}_1 = (1, 1, 2, 2)$와 $\mathbf{v}_2 = (5, 4, 3, 4)$에 수직인 R^4의 모든 벡터들로 이루어진 네 개의 미지수를 포함한 두 방정식의 동차선형계를 구하라.

(b) 해공간은 어떤 기하학적 모양인가?

(c) (a)에서 구한 선형계의 일반해를 구하고, 해공간은 (a)와 (b)의 기하학적 성질과 직교성을 갖고 있음을 확인하라.

20. (a) 해공간이 $\mathbf{v}_1 = (1, 3, 4, 4, -1)$, $\mathbf{v}_2 = (3, 2, 1, 2, -3)$, $\mathbf{v}_3 = (1, 5, 0, -2, -4)$에 수직인 R^5의 모든 벡터들로 이루어진 다섯 개의 미지수를 포함한 세 방정식의 동차선형계를 구하라.

(b) 해공간은 어떤 기하학적 모양인가?

(c) (a)에서 구한 선형계의 일반해를 구하고, 해공간은 (a)와 (b)의 기하학적 성질과 직교성을 갖고 있음을 확인하라.

토론과 발견

D1. $A\mathbf{x} = \mathbf{b}$가 해를 갖는 선형계이면 그 해집합과 $A\mathbf{x} = \mathbf{0}$의 해공간 사이의 관계는 무엇인가?

D2. A가 $n \times n$ 크기의 가역행렬이고 $\mathbf{v}$가 A의 모든 행벡터에 수직인 R^n의 벡터이면, $\mathbf{v} =$ ______이다. 그 이유는 무엇인가?

D3. $A\mathbf{x} = \mathbf{0}$이 일곱 개의 미지수를 포함한 네 방정식의 선형계이면, 선형공간의 차원에 관하여 무엇이라 말할 수 있는가?

D4. 다음 명제들이 참(T)인지 거짓(F)인지 판별하고, 그 이유를 설명하라.

(a) $A\mathbf{x} = \mathbf{b}$가 무한히 많은 해를 갖는다면 $A\mathbf{x} = \mathbf{0}$도 그렇다.

(b) $A\mathbf{x} = \mathbf{b}$가 해를 갖지 않는다면 $A\mathbf{x} = \mathbf{0}$은 오직 자명한 해만을 갖는다.

(c) 한 점에서 교차할 수 있는 R^4에서 초평면의 최소 개수는 세 개이다.

(d) W가 R^3의 임의의 평면이면, 해공간이 그 평면이며 세 개의 미지수를 포함한 선형계가 존재한다.

(e) $A\mathbf{x} = \mathbf{b}$가 해를 갖는다면, 해집합의 모든 벡터는 A의 모든 행벡터에 직교한다.

증명문제

P1. 정리 3.5.3에서 $(a) \Rightarrow (b)$를 증명하라. [*힌트*: 귀류법으로 증명하라. 비동차계 $A\mathbf{x} = \mathbf{b}$가 두 개의 서로 다른 해 $\mathbf{x}_1$, $\mathbf{x}_2$를 갖는다고 가정하고, 이 해들을 이용하여 $A\mathbf{x} = \mathbf{0}$의 자명하지 않은 해를 구하라.

P2. 정리 3.5.3에서 $(b) \Rightarrow (a)$를 증명하라.

P3. $A\mathbf{x} = \mathbf{b}$와 $A\mathbf{x} = \mathbf{c}$가 해를 가지면 $A\mathbf{x} = \mathbf{b} + \mathbf{c}$도 해를 가짐을 증명하라. 이 결과를 일반화하고 증명하라.

P4. $\mathbf{a}$가 R^n의 0이 아닌 벡터이고 k가 0이 아닌 스칼라이면 $\mathbf{a}^\perp = (k\mathbf{a})^\perp$임을 증명하라. [*참고*: 이 명제는 평행한 벡터들은 원점을 지나는 같은 초평면을 결정한다는 것을 보여 준다.]

프로그램 활용 연습문제

T1. (a) $\mathbf{v}_1 = (1, -1, 3, 11, 20)$, $\mathbf{v}_2 = (10, 5, 15, 20, 11)$, $\mathbf{v}_3 = (3, 3, 4, 4, 9)$에 대하여 벡터 $\mathbf{v} = (-21, -60, -3, 108, 84)$는 $\text{span}\{\mathbf{v}_1, \mathbf{v}_2, \mathbf{v}_3\}$ 안에 존재함을 증명하라.

(b) $\mathbf{v}$를 $\mathbf{v}_1$, $\mathbf{v}_2$, $\mathbf{v}_3$의 일차결합으로 표현하라.

3.6 특수 형태의 행렬

이 절에서는 여러 가지 특수한 형태를 가진 행렬들에 대하여 토론하겠다. 우리가 고려할 행렬들은 다양한 응용에서 나타나고 이어지는 과제에서 중요한 역할을 할 것이다.

대각행렬 주대각선 밖의 모든 성분이 영인 정사각행렬을 **대각행렬**(diagonal matrix)이라 한다. 따라서 일반적인 $n \times n$ 대각행렬은 임의의 실수 $d_1, d_2, \cdots, d_n$에 대하여

$$D = \begin{bmatrix} d_1 & 0 & \cdots & 0 \\ 0 & d_2 & \cdots & 0 \\ \vdots & \vdots & & \vdots \\ 0 & 0 & \cdots & d_n \end{bmatrix} \tag{1}$$

의 형태이다.

대각행렬이 가역행렬이 될 필요충분조건은 주대각 성분 모두가 0이 아닌 것이며, 이 경우에 식 (1)의 역행렬은

$$D^{-1} = \begin{bmatrix} 1/d_1 & 0 & \cdots & 0 \\ 0 & 1/d_2 & \cdots & 0 \\ \vdots & \vdots & & \vdots \\ 0 & 0 & \cdots & 1/d_n \end{bmatrix} \tag{2}$$

인 것을 확인하는 것은 독자에게 연습문제로 남겨 둔다. 또한 k가 양의 정수이면, 식 (1)의 k 거듭제곱은

$$D^k = \begin{bmatrix} d_1^k & 0 & \cdots & 0 \\ 0 & d_2^k & \cdots & 0 \\ \vdots & \vdots & & \vdots \\ 0 & 0 & \cdots & d_n^k \end{bmatrix} \tag{3}$$

이라는 것도 독자에게 연습문제로 남겨 두겠다. $k < 0$이고 D가 가역행렬일 때도 이 결과는 성립한다.

▶ 예제 1 대각행렬의 거듭제곱과 역행렬

대각행렬

$$A = \begin{bmatrix} 1 & 0 & 0 \\ 0 & -3 & 0 \\ 0 & 0 & 2 \end{bmatrix}$$

에 대하여

$$A^{-1} = \begin{bmatrix} 1 & 0 & 0 \\ 0 & -\frac{1}{3} & 0 \\ 0 & 0 & \frac{1}{2} \end{bmatrix}, \quad A^5 = \begin{bmatrix} 1 & 0 & 0 \\ 0 & -243 & 0 \\ 0 & 0 & 32 \end{bmatrix}, \quad A^{-5} = \begin{bmatrix} 1 & 0 & 0 \\ 0 & -\frac{1}{243} & 0 \\ 0 & 0 & \frac{1}{32} \end{bmatrix}$$

이다. ■

대각행렬이 포함된 행렬곱은 계산이 쉽다. 예를 들면

$$\begin{bmatrix} d_1 & 0 & 0 \\ 0 & d_2 & 0 \\ 0 & 0 & d_3 \end{bmatrix} \begin{bmatrix} a_{11} & a_{12} & a_{13} & a_{14} \\ a_{21} & a_{22} & a_{23} & a_{24} \\ a_{31} & a_{32} & a_{33} & a_{34} \end{bmatrix} = \begin{bmatrix} d_1a_{11} & d_1a_{12} & d_1a_{13} & d_1a_{14} \\ d_2a_{21} & d_2a_{22} & d_2a_{23} & d_2a_{24} \\ d_3a_{31} & d_3a_{32} & d_3a_{33} & d_3a_{34} \end{bmatrix}$$

$$\begin{bmatrix} a_{11} & a_{12} & a_{13} \\ a_{21} & a_{22} & a_{23} \\ a_{31} & a_{32} & a_{33} \\ a_{41} & a_{42} & a_{43} \end{bmatrix} \begin{bmatrix} d_1 & 0 & 0 \\ 0 & d_2 & 0 \\ 0 & 0 & d_3 \end{bmatrix} = \begin{bmatrix} d_1a_{11} & d_2a_{12} & d_3a_{13} \\ d_1a_{21} & d_2a_{22} & d_3a_{23} \\ d_1a_{31} & d_2a_{32} & d_3a_{33} \\ d_1a_{41} & d_2a_{42} & d_3a_{43} \end{bmatrix}$$

즉, 행렬 A의 왼쪽에 대각행렬 D를 곱하려면 A의 행벡터들에 D의 대각 성분을 순차적으로 곱하고, A의 오른쪽에 D를 곱하려면 A의 열벡터들에 D의 대각 성분을 순차적으로 곱하라.

삼각행렬 주대각선보다 위에 있는 모든 성분이 0인 정사각행렬을 **하부삼각행렬**(lower triangular matrix), 그리고 주대각선보다 아래에 있는 모든 성분이 0인 정사각행렬은 **상부삼각행렬**(upper triangular matrix)이라 한다. 상부 또는 하부삼각행렬을 **삼각행렬**(triangular matrix)이라 부른다.

▶ 예제 2 삼각행렬

일반 4×4 삼각행렬의 형태는

$$\underbrace{\begin{bmatrix} a_{11} & a_{12} & a_{13} & a_{14} \\ 0 & a_{22} & a_{23} & a_{24} \\ 0 & 0 & a_{33} & a_{34} \\ 0 & 0 & 0 & a_{44} \end{bmatrix}}_{\text{상부삼각행렬}} \qquad \underbrace{\begin{bmatrix} a_{11} & 0 & 0 & 0 \\ a_{21} & a_{22} & 0 & 0 \\ a_{31} & a_{32} & a_{33} & 0 \\ a_{41} & a_{42} & a_{43} & a_{44} \end{bmatrix}}_{\text{하부삼각행렬}}$$

이다. ■

이 예제는 삼각행렬에 대한 다음 사실들을 보여 주고 있다.

- 정사각행렬 $A = [a_{ij}]$가 상부삼각행렬일 필요충분조건은 각 행에서 대각 성분 왼쪽의 모든 성분이 0인 것이다. 즉, 모든 i에 대하여 i행은 적어도 $i-1$개의 0으로 시작한다.
- 정사각행렬 $A = [a_{ij}]$가 하부삼각행렬일 필요충분조건은 각 열에서 대각 성분 위쪽의 모든 성분이 0인 것이다. 즉, 모든 j에 대하여 j열은 적어도 $j-1$개의 0으로 시작한다.

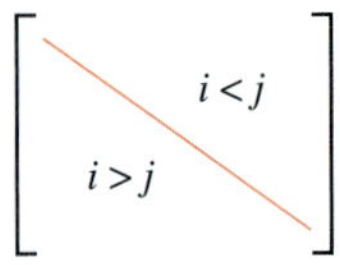

그림 3.6.1

- 정사각행렬 $A = [a_{ij}]$가 상부삼각행렬일 필요충분조건은 주대각 성분 왼쪽의 모든 성분이 0인 것이다. 즉, $i > j$이면 $a_{ij} = 0$이다(그림 3.6.1).
- 정사각행렬 $A = [a_{ij}]$가 하부삼각행렬일 필요충분조건은 주대각 성분 오른쪽의 모든 성분이 0인 것이다. 즉, $i < j$이면 $a_{ij} = 0$이다(그림 3.6.1).

공식적인 증명은 생략한다.

참고 행렬이 상부삼각행렬이면서 하부삼각행렬도 될 수 있다. 보기를 찾을 수 있는가?

예제 3 정사 ㅏ형 행사다리꼴은 상부삼 ㅏ행렬이다

정사각행렬의 행사다리꼴은 주대각 성분 아래 성분들이 0이므로 정사각행렬의 행사다리꼴은 상부삼각행렬이 된다. 예를 들면 $*$가 임의의 실수를 나타낼 때 4×4 행렬의 몇 가지 대표적인 행사다리꼴은 다음과 같다.

$$\begin{bmatrix} 1 & * & * & * \\ 0 & 1 & * & * \\ 0 & 0 & 1 & * \\ 0 & 0 & 0 & 1 \end{bmatrix}, \quad \begin{bmatrix} 1 & * & * & * \\ 0 & 1 & * & * \\ 0 & 0 & 1 & * \\ 0 & 0 & 0 & 0 \end{bmatrix}, \quad \begin{bmatrix} 1 & * & * & * \\ 0 & 1 & * & * \\ 0 & 0 & 0 & 0 \\ 0 & 0 & 0 & 0 \end{bmatrix}, \quad \begin{bmatrix} 1 & * & * & * \\ 0 & 0 & 1 & * \\ 0 & 0 & 0 & 1 \\ 0 & 0 & 0 & 0 \end{bmatrix}, \quad \begin{bmatrix} 0 & 0 & 0 & 0 \\ 0 & 0 & 0 & 0 \\ 0 & 0 & 0 & 0 \\ 0 & 0 & 0 & 0 \end{bmatrix}$$

이들은 모두 상부삼각행렬이다. ■

삼각계수행렬을 가진 선형계

지금까지는 선형계를 푸는 두 가지 기본 방법, 즉 붙인 행렬을 기약행사다리꼴로 변환시키는 Gauss-Jordan 소거와 붙인 행렬을 행사다리꼴로 변환시켜 역으로 대입하는 Gauss 소거를 설명하였다. 두 방법에서 기약행렬식의 0이 아닌 각 행의 선행 수는 1이다. 그렇지만 붙인 행렬의 0이 아닌 행의 선행 성분이 1이 아닌 기약형을 갖는 선형계를 푸는 많은 컴퓨터 알고리즘들이 있다. 이런 알고리즘에서 선행 성분 1을 만드는 나눗셈은 선행변수를 푸는 과정으로 통합된다.

삼각행렬의 성질

정리 3.6.1

(a) 하부삼각행렬의 전치행렬은 상부삼각행렬이고, 상부삼각행렬의 전치행렬은 하부삼각행렬이다.

(b) 하부삼각행렬들의 곱은 하부삼각행렬이고, 상부삼각행렬들의 곱은 상부삼각행렬이다.

(c) 삼각행렬이 가역행렬일 필요충분조건은 그 대각 성분 모두가 0이 아닌 것이다.

(d) 가역 하부삼각행렬의 역행렬은 하부삼각행렬이고, 가역 상부삼각행렬의 역행렬은 상부삼각행렬이다.

(a)와 (b)를 증명하고 (c)와 (d)의 증명은 이후 4장에서 다룰 것이다.

증명 (a) 정사각행렬을 전치하는 것은 주대각선에 대하여 성분들을 반사하는 것이므로 주대각선보다 아래 성분이 영인 행렬의 전치행렬은 주대각선보다 위의 성분이 0이 되며, 그 역도 성립한다. 따라서 상부삼각행렬의 전치행렬은 하부삼각행렬이고, 그 역도 성립한다.

증명 (b) 하부삼각행렬 A와 B의 곱이 하부삼각행렬임을 증명하겠다. 상부삼각행렬에 대한 증명은 비슷하다.

A가 하부삼각행렬이라는 사실은 i행 벡터가

$$\mathbf{r}_i(A) = [a_{i1} \quad a_{i2} \quad \cdots \quad a_{ii} \quad 0 \quad \cdots \quad 0]$$

형태라는 것을 의미하고, B가 하부삼각행렬이라는 사실은 j열 벡터가

$$\mathbf{c}_j(B) = \begin{bmatrix} 0 \\ \vdots \\ 0 \\ b_{jj} \\ b_{(j+1)j} \\ \vdots \\ b_{nj} \end{bmatrix}$$

형태라는 것을 의미한다. $i < j$일 때

$$(AB)_{ij} = \mathbf{r}_i(A)\mathbf{c}_j(B) = 0$$

은 명백하게 성립하므로 주대각선보다 위에 있는 AB의 성분들은 모두가 0이다(그림 3.6.1). 따라서 AB는 하부삼각행렬이다. ■

▶ 예제 4 삼각행렬이 포함된 계산

삼각행렬

$$A = \begin{bmatrix} 1 & 3 & -1 \\ 0 & 2 & 4 \\ 0 & 0 & 5 \end{bmatrix}, \quad B = \begin{bmatrix} 3 & -2 & 2 \\ 0 & 0 & -1 \\ 0 & 0 & 1 \end{bmatrix}$$

에 대하여 정리 3.6.1에 따르면, A는 가역행렬이지만 B는 아니다. 더구나 그 정리에 따르면 A^{-1}, AB, BA는 상부삼각행렬이어야 한다. 이 세 명제는

$$A^{-1} = \begin{bmatrix} 1 & -\frac{3}{2} & \frac{7}{5} \\ 0 & \frac{1}{2} & -\frac{2}{5} \\ 0 & 0 & \frac{1}{5} \end{bmatrix}, \quad AB = \begin{bmatrix} 3 & -2 & -2 \\ 0 & 0 & 2 \\ 0 & 0 & 5 \end{bmatrix}, \quad BA = \begin{bmatrix} 3 & 5 & -1 \\ 0 & 0 & -5 \\ 0 & 0 & 5 \end{bmatrix}$$

을 보임으로써 확인하도록 독자에게 남겨 둔다. AB와 BA는 둘 다 주대각선 성분이 영인 성분을 갖고 있음을 관찰하라. 정리 3.6.1을 이용하면 어떤 계산도 하지 않고 이 사실을 예측할 수 있을 것이다. 그 방법은 무엇인가? ■

대칭행렬과 반대칭행렬

정사각행렬 A가 $A^T = A$이면 **대칭행렬**(symmetric matrix)이고, $A^T = -A$이면 **반대칭행렬**(skew-symmetric matrix)이다. 전치행렬은 주대각선에 관하여 각 성분들을 반사하여 얻을 수 있으므로(그림 3.1.5), 주대각선 맞은편에 대칭적으로 위치한 성분들이 대칭행렬에서는 같고, 반대칭행렬에서는 서로 덧셈에 관한 역원이다. 대칭행렬에서 주대각선 위의 성분들은 제한이 없지만, 반대칭행렬에서는 0이어야 한다(왜?). 몇 가지 보기를 보자.

대칭행렬: $\begin{bmatrix} 7 & -3 \\ -3 & 5 \end{bmatrix}$, $\begin{bmatrix} 1 & 4 & 5 \\ 4 & -3 & -6 \\ 5 & -6 & 7 \end{bmatrix}$, $\begin{bmatrix} 0 & 0 & 0 \\ 0 & 0 & 0 \\ 0 & 0 & 0 \end{bmatrix}$, $\begin{bmatrix} d_1 & 0 & 0 \\ 0 & d_2 & 0 \\ 0 & 0 & d_3 \end{bmatrix}$

반대칭행렬: $\begin{bmatrix} 0 & 3 \\ -3 & 0 \end{bmatrix}$, $\begin{bmatrix} 0 & -4 & 5 \\ 4 & 0 & -9 \\ -5 & 9 & 0 \end{bmatrix}$, $\begin{bmatrix} 0 & 0 & 0 \\ 0 & 0 & 0 \\ 0 & 0 & 0 \end{bmatrix}$

대수적으로 설명하면, 행렬 $A = [a_{ij}]$가 대칭행렬일 필요충분조건은

$$(A)_{ij} = (A)_{ji} \quad \text{또는 동치적으로} \quad a_{ij} = a_{ji} \tag{4}$$

그리고 A가 반대칭행렬일 필요충분조건은

$$(A)_{ij} = -(A)_{ji} \quad \text{또는 동치적으로} \quad a_{ij} = -a_{ji} \tag{5}$$

이다.

다음 정리는 대칭행렬의 중요한 대수적 성질을 기록한 것이다. 증명은 모두 정리 3.2.10의 직접적인

결과인데 연습문제로 남겨 놓고 반대칭행렬에 대한 대응 정리는 토론으로 남겨 놓겠다.

정리 3.6.2 *A와 B가 같은 크기의 대칭행렬이고 k가 임의의 스칼라이면*

(a) *A^T는 대칭행렬이다.*

(b) *$A+B$와 $A-B$는 대칭행렬이다.*

(c) *kA는 대칭행렬이다.*

일반적으로 대칭행렬의 곱이 대칭행렬이라는 명제는 참이 아니다. 왜 그런지를 보기 위하여, A와 B를 같은 크기의 대칭행렬이라 하자. 그러면

$$(AB)^T = B^TA^T = BA$$

따라서 $(AB)^T = AB$, $AB = BA$, 즉 A와 B가 교환된다. 요약하면 다음 결과를 얻는다.

정리 3.6.3 *두 대칭행렬의 곱이 대칭행렬일 필요충분조건은 그 행렬들이 교환될 때이다.*

예제 5 대칭행렬의 곱

대칭곱

$$\begin{bmatrix} 1 & 2 \\ 2 & 3 \end{bmatrix}\begin{bmatrix} -4 & 1 \\ 1 & 0 \end{bmatrix} = \begin{bmatrix} -2 & 1 \\ -5 & 2 \end{bmatrix} \tag{6}$$

을 생각하자. 인수행렬들은 대칭행렬이지만 곱은 대칭이 아니므로 인수행렬들은 교환되지 않는다고 결론 내릴 수 있다. 이 사실을

$$\begin{bmatrix} -4 & 1 \\ 1 & 0 \end{bmatrix}\begin{bmatrix} 1 & 2 \\ 2 & 3 \end{bmatrix} = \begin{bmatrix} -2 & -5 \\ 1 & 2 \end{bmatrix}$$

을 보임으로써 확인하는 것은 독자에게 남겨 둔다. 곱셈하거나 식 (6)의 양변을 전치하여 이를 확인할 수 있다. ■

개념문제 "두 반대칭행렬의 곱이 반대칭행렬일 필요충분조건은 두 행렬이 교환될 때이다"가 옳다고 생각하는가? 그 이유를 설명하라.

대칭행렬의 가역성 일반적으로 대칭행렬은 가역행렬일 필요는 없다. 예를 들면 주대각선의 한 성분이 영인 대각행렬은 대칭행렬이지만 가역행렬은 아니다. 그렇지만 다음 정리는 대칭행렬이 만약 가역행렬이면 그 역행렬도 대칭행렬이어야 한다는 것을 보여준다.

정리 3.6.4 *A가 가역대칭행렬이면 A^{-1}는 대칭행렬이다.*

증명 A는 대칭행렬이며 가역행렬이라 가정하자. A^{-1}이 대칭행렬임을 보이기 위해서 A^{-1}이 자신의 전치행렬과 같음을 보여야 한다. 정리 3.2.11과 A의 대칭성으로부터

$$(A^{-1})^T = (A^T)^{-1} = A^{-1}$$

가 되어 증명이 완성된다. ■

AA^T와 A^TA형의 행렬 AA^T와 A^TA형의 행렬곱은 많은 응용에서 나타나므로 성질들을 살펴보자. A가 $m \times n$ 행렬이면 A^T는 $n \times m$ 행렬이므로 곱 AA^T와 A^TA는 둘 다 정사각행렬이며 AA^T의 크기는 $m \times m$이고 A^TA의 크기는 $n \times n$이다.

$$(AA^T)^T = (A^T)^TA^T = AA^T, \qquad (A^TA)^T = A^T(A^T)^T = A^TA \tag{7}$$

이므로 곱 AA^T와 A^TA는 항상 대칭행렬이다.

역사 속의 선형대수

다음 명제는 1858년 *Philosophical Transactions of the Royal Society*에 발표된 논문에 나와 있다. "전치행렬과 합성된 행렬은 대칭행렬이 된다."

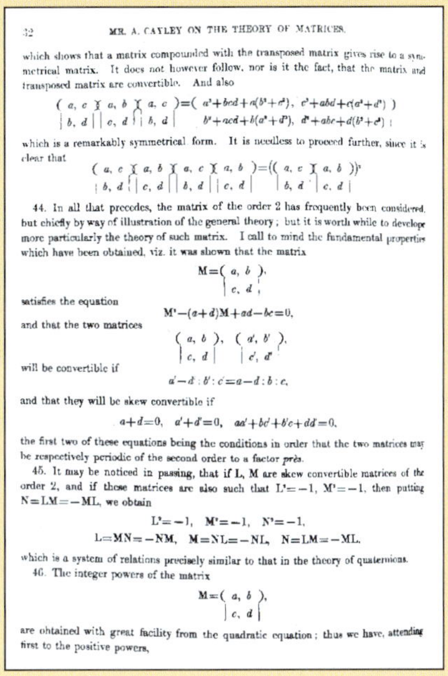

32 MR. A. CAYLEY ON THE THEORY OF MATRICES.

which shows that a matrix compounded with the transposed matrix gives rise to a symmetrical matrix. It does not however follow, nor is it the fact, that the matrix and transposed matrix are convertible. And also

$$\begin{pmatrix} a, & c \\ b, & d \end{pmatrix}\begin{pmatrix} a, & b \\ c, & d \end{pmatrix}\begin{pmatrix} a, & c \\ b, & d \end{pmatrix}=\begin{pmatrix} a^3+bcd+a(b^2+c^2), & c^3+abd+c(a^2+d^2) \\ b^3+acd+b(a^2+d^2), & d^3+abc+d(b^2+c^2) \end{pmatrix}$$

which is a remarkably symmetrical form. It is needless to proceed further, since it is clear that

$$\begin{pmatrix} a, & c \\ b, & d \end{pmatrix}\begin{pmatrix} a, & b \\ c, & d \end{pmatrix}\begin{pmatrix} a, & c \\ b, & d \end{pmatrix}\begin{pmatrix} a, & b \\ c, & d \end{pmatrix}=\left(\begin{pmatrix} a, & c \\ b, & d \end{pmatrix}\begin{pmatrix} a, & b \\ c, & d \end{pmatrix}\right)^2$$

44. In all that precedes, the matrix of the order 2 has frequently been considered, but chiefly by way of illustration of the general theory; but it is worth while to develope more particularly the theory of such matrix. I call to mind the fundamental properties which have been obtained, viz. it was shown that the matrix

$$M=\begin{pmatrix} a, & b \\ c, & d \end{pmatrix},$$

satisfies the equation

$$M^2-(a+d)M+ad-bc=0,$$

and that the two matrices

$$\begin{pmatrix} a, & b \\ c, & d \end{pmatrix}, \quad \begin{pmatrix} a', & b' \\ c', & d' \end{pmatrix},$$

will be convertible if

$$a'-d':b':c'=a-d:b:c,$$

and that they will be skew convertible if

$$a+d=0, \quad a'+d'=0, \quad aa'+bc'+b'c+dd'=0,$$

the first two of these equations being the conditions in order that the two matrices may be respectively periodic of the second order to a factor *près*.

45. It may be noticed in passing, that if L, M are skew convertible matrices of the order 2, and if these matrices are also such that $L^2=-1$, $M^2=-1$, then putting $N=LM=-ML$, we obtain

$$L^2=-1, \quad M^2=-1, \quad N^2=-1,$$
$$L=MN=-NM, \quad M=NL=-NL, \quad N=LM=-ML.$$

which is a system of relations precisely similar to that in the theory of quaternions.

46. The integer powers of the matrix

$$M=\begin{pmatrix} a, & b \\ c, & d \end{pmatrix},$$

are obtained with great facility from the quadratic equation; thus we have, attending first to the positive powers,

AA^T와 A^TA의 대칭성은 이 행렬들의 성분들을 계산하여 명확히 알 수 있다. 예를 들어 A의 열벡터들이 $\mathbf{a}_1, \mathbf{a}_2, \cdots, \mathbf{a}_n$이면 A^T의 행벡터들은 $\mathbf{a}_1^T, \mathbf{a}_2^T, \cdots, \mathbf{a}_n^T$이므로 행렬 곱의 행-열 규칙(정리 3.1.7)은

$$A^TA=\begin{bmatrix} \mathbf{a}_1^T \\ \mathbf{a}_2^T \\ \vdots \\ \mathbf{a}_n^T \end{bmatrix}[\mathbf{a}_1 \quad \mathbf{a}_2 \quad \cdots \quad \mathbf{a}_n]=\begin{bmatrix} \mathbf{a}_1^T\mathbf{a}_1 & \mathbf{a}_1^T\mathbf{a}_2 & \cdots & \mathbf{a}_1^T\mathbf{a}_n \\ \mathbf{a}_2^T\mathbf{a}_1 & \mathbf{a}_2^T\mathbf{a}_2 & \cdots & \mathbf{a}_2^T\mathbf{a}_n \\ \vdots & \vdots & & \vdots \\ \mathbf{a}_n^T\mathbf{a}_1 & \mathbf{a}_n^T\mathbf{a}_2 & \cdots & \mathbf{a}_n^T\mathbf{a}_n \end{bmatrix} \tag{8}$$

을 의미하고, 3.1절의 식 (23)에 의하여 이것은

$$A^TA=\begin{bmatrix} \mathbf{a}_1\cdot\mathbf{a}_1 & \mathbf{a}_1\cdot\mathbf{a}_2 & \cdots & \mathbf{a}_1\cdot\mathbf{a}_n \\ \mathbf{a}_2\cdot\mathbf{a}_1 & \mathbf{a}_2\cdot\mathbf{a}_2 & \cdots & \mathbf{a}_2\cdot\mathbf{a}_n \\ \vdots & \vdots & & \vdots \\ \mathbf{a}_n\cdot\mathbf{a}_1 & \mathbf{a}_n\cdot\mathbf{a}_2 & \cdots & \mathbf{a}_n\cdot\mathbf{a}_n \end{bmatrix}=\begin{bmatrix} \|\mathbf{a}_1\|^2 & \mathbf{a}_1\cdot\mathbf{a}_2 & \cdots & \mathbf{a}_1\cdot\mathbf{a}_n \\ \mathbf{a}_1\cdot\mathbf{a}_2 & \|\mathbf{a}_2\|^2 & \cdots & \mathbf{a}_2\cdot\mathbf{a}_n \\ \vdots & \vdots & & \vdots \\ \mathbf{a}_1\cdot\mathbf{a}_n & \mathbf{a}_2\cdot\mathbf{a}_n & \cdots & \|\mathbf{a}_n\|^2 \end{bmatrix} \tag{9}$$

으로 쓸 수 있다. 따라서 예상했던 것처럼 A^TA는 대칭행렬이다. 연습문제에서 AA^T에 대한 유사한 공식들을 얻도록 하겠다(연습문제 30).

나중에 AA^T와 A^TA가 가역행렬이 될 일반적인 조건을 구하겠다. 그렇지만 A가 정사각행렬이면 다음 결과를 얻는다.

정리 3.6.5 *A가 정사각행렬이면 행렬 A, AA^T, A^TA는 모두 가역행렬이거나 모두 특이행렬이다.*

완전한 증명은 연습문제로 남겨 놓겠다. 그렇지만 A가 가역이면 정리 3.2.11은 A^T가 가역행렬임을 뜻하므로 곱 AA^T와 A^TA는 가역행렬이다.

참고 식 (7) 및 정리 3.6.4와 3.6.5의 조합은 A가 가역행렬일 때 $(AA^T)^{-1}$과 $(A^TA)^{-1}$은 대칭행렬임을 의미한다.

행렬의 고정점

$I-A$ 형태의 정사각행렬은 경제학 등을 포함하여 여러 가지 분야에서 응용되고, $(I-A)\mathbf{x}=\mathbf{b}$ 형태의 큰 선형계의 계수행렬로 등장한다. 이런 형태의 행렬은 기하학에서와 $(I-A)^{-1}$의 성분들이 중요한 물리적 의미를 갖는 다양한 공학문제에도 등장한다.

$I-A$ 형태의 행렬은 특정한 행렬이 곱해졌을 때 변하지 않고 남아 있는 벡터를 찾는 문제에서 등장한다. 보다 정확하게 말하면, A가 $n\times n$ 행렬이고 방정식 $A\mathbf{x}=\mathbf{x}$를 만족시키는 R^n의 모든 벡터를 찾는다고 하자. 벡터들은 A를 곱하였을 때 변하지 않고 그대로 남아 있으므로 이 방정식의 해가 존재하면, 해를 A의 **고정점**(fixed point)이라 한다. $A\mathbf{0}=\mathbf{0}$이므로 벡터 $\mathbf{x}=\mathbf{0}$은 임의의 행렬 A의 고정점이다. 따라서 관심 있는 문제는 다른 해들이 있는지 결정하는 것이다. 그러기 위해서는 방정식 $A\mathbf{x}=\mathbf{x}$를 $\mathbf{x}-A\mathbf{x}=\mathbf{0}$으로 또는 동치 형태인

$$(I-A)\mathbf{x}=\mathbf{0} \tag{10}$$

으로 다시 쓸 수 있고, 이는 해들이 A의 고정점들인 동차선형계이다.

▶ 예제 6 행렬의 고정점

행렬

$$A=\begin{bmatrix} 1 & 0 \\ 2 & 1 \end{bmatrix}$$

의 고정점을 구하라.

풀이 앞에서 토의한 것처럼 고정점은 동차선형계

$$(I - A)\mathbf{x} = \mathbf{0}$$

즉

$$\begin{bmatrix} 0 & 0 \\ -2 & 0 \end{bmatrix}\begin{bmatrix} x_1 \\ x_2 \end{bmatrix} = \begin{bmatrix} 0 \\ 0 \end{bmatrix}$$

의 해이다. 이 선형계의 일반해가

$$x_1 = 0, \quad x_2 = t$$

임을 확인하는 것은 독자에게 남긴다. 따라서 A의 고정점은

$$\mathbf{x} = \begin{bmatrix} 0 \\ t \end{bmatrix}$$

형태의 모든 벡터이다. 검산하면 다음과 같다.

$$A\mathbf{x} = \begin{bmatrix} 1 & 0 \\ 2 & 1 \end{bmatrix}\begin{bmatrix} 0 \\ t \end{bmatrix} = \begin{bmatrix} 0 \\ t \end{bmatrix} = \mathbf{x}$$ ■

A가 거듭제곱이 영인 행렬일 때 I − A의 역행렬을 구하는 방법

행렬다항식에 대한 대수는 일반적인 대수와 매우 흡사하여 실수에서 다항식에 대한 많은 항등식들이 행렬다항식들에서도 성립한다. 예를 들면 x가 임의의 실수이고 k가 양의 정수이면 대수적 항등식

$$(1 - x)(1 + x + x^2 + \cdots + x^{k-1}) = 1 - x^k$$

은 정사각행렬에 대한 다음 항등식으로 해석된다.

$$(I - A)(I + A + A^2 + \cdots + A^{k-1}) = I - A^k \tag{11}$$

이 식은 전개하여 좌변을 간단히 함으로써 확인할 수 있다.

어떤 양의 정수 k에 대하여 공교롭게도 $A^k = 0$이면 식 (11)은

$$(I - A)(I + A + A^2 + \cdots + A^{k-1}) = I$$

로 간소화되고, 이 경우 $I - A$는 가역행렬이고 좌변의 두 번째 인수가 그 역행렬이 된다. 요약하면 다음 결과를 얻는다.

정리 3.6.6 *A가 정사각행렬이고 $A^k = 0$가 되는 양의 정수 k가 존재하면 행렬 $I - A$는 가역행렬이고*

$$(I - A)^{-1} = I + A + A^2 + \cdots + A^{k-1} \tag{12}$$

이다.

어떤 양의 정수 k에 대하여 $A^k = 0$의 성질을 갖는 정사각행렬 A를 거듭제곱이 0인 **멱영**(nilpotent)행렬이라 하고, $A^k = 0$이 되는 가장 작은 양의 정수를 **멱영지표**(index of nilpotency)라고 한다. 정리 3.6.6은 오직 A가 거듭제곱이 0인 경우에만 적용된다는 사실을 명심하기를 바란다.

식 (12)는 A의 거듭제곱 성질로부터 $(I - A)^{-1}$의 성질을 유도하는 데 가끔 이용하기도 하고, 어떤 상황에서는 3.3절에서 논했던 행축소 방법보다도 계산을 덜할지도 모른다.

예제 7
A의 거듭제곱이 0일 때 $I - A$의 역행렬 구하기

행렬

$$A = \begin{bmatrix} 0 & 2 & 1 \\ 0 & 0 & 3 \\ 0 & 0 & 0 \end{bmatrix}$$

을 확인하는 것은 독자에게 남긴다.

$$A^2 = \begin{bmatrix} 0 & 0 & 6 \\ 0 & 0 & 0 \\ 0 & 0 & 0 \end{bmatrix}, \quad A^3 = \begin{bmatrix} 0 & 0 & 0 \\ 0 & 0 & 0 \\ 0 & 0 & 0 \end{bmatrix}$$

따라서 A의 멱영지표가 3인 거듭제곱이 영인 행렬이다. 정리 3.6.6에 의하여

$$I - A = \begin{bmatrix} 1 & -2 & -1 \\ 0 & 1 & -3 \\ 0 & 0 & 1 \end{bmatrix}$$

의 역행렬은 다음과 같이 표현할 수 있다.

$$(I - A)^{-1} = I + A + A^2 = \begin{bmatrix} 1 & 0 & 0 \\ 0 & 1 & 0 \\ 0 & 0 & 1 \end{bmatrix} + \begin{bmatrix} 0 & 2 & 1 \\ 0 & 0 & 3 \\ 0 & 0 & 0 \end{bmatrix} + \begin{bmatrix} 0 & 0 & 6 \\ 0 & 0 & 0 \\ 0 & 0 & 0 \end{bmatrix} = \begin{bmatrix} 1 & 2 & 7 \\ 0 & 1 & 3 \\ 0 & 0 & 1 \end{bmatrix}$$ ■

참고 이 예제에서 행렬 A는 상부삼각행렬이고 주대각 성분이 0인 것을 주시하라. 그런 행렬을 **순상부삼각행렬**(strictly upper triangular matrix)이라고 한다. 비슷하게 주대각 성분이 0인 하부삼각행렬을 **순하부삼각행렬**(strictly lower triangular matrix)이라고 한다. 순상부 또는 순하부삼각행렬을 **순삼각행렬**(strictly triangular matrix)이라고 한다. 모든 순삼각행렬은 거듭제곱이 0인 행렬임을 보일 수 있다. 증명은 생략하지만, 연습문제 T5를 참조하라.

거듭제곱수에 의한 $I - A$의 역행렬 구하기 (미적분 사용)

우리의 다음 목표는 정리 3.6.6의 멱영조건이 성립하지 않은 경우에 $I - A$의 가역성을 조사하는 것이다. 아이디어를 유도하기 위하여, $0 < x < 1$이고 k가 무한히 증가하면, 즉 $k \to +\infty$이면 방정식

$$(1 - x)(1 + x + x^2 + x^3 + \cdots + x^k) = 1 - x^{k+1} \tag{13}$$

에 어떤 일이 일어나는지를 생각하자.

1보다 작은 양의 분수의 거듭제곱 지수를 점점 더 증가시키면 그 값은 영으로 줄어들기 때문에, $k \to +\infty$일 때 $x^{k+1} \to 0$이 되어 식 (13)은 근사값

$$(1 - x)(1 + x + x^2 + x^3 + \cdots + x^k) \approx 1 \tag{14}$$

의 오차가 $k \to +\infty$일 때 영에 수렴하는 것을 시사한다. 우리는 이것을 다음과 같이 표기한다.

$$\lim_{k \to +\infty} (1 - x)(1 + x + x^2 + x^3 + \cdots + x^k) = 1$$

또는 보다 더 간단히 표현하면 다음과 같다.

$$(1 - x)(1 + x + x^2 + x^3 + \cdots) = 1$$

정사각행렬 A에 대하여 이 방정식에 대한 행렬의 유사성은

$$(I - A)(I + A + A^2 + A^3 + \cdots) = I \tag{15}$$

이고, $I - A$가 가역이면

$$(I - A)^{-1} = I + A + A^2 + A^3 + \cdots \tag{16}$$

임을 시사한다. 이것은 $k \to +\infty$일 때 근사값

$$(I - A)^{-1} \approx I + A + A^2 + A^3 + \cdots + A^k \tag{17}$$

에서 오차가 영에 수렴하는 것으로 해석한다. 즉 k가 무한히 증가할 때, 식 (17)의 오른쪽 성분들은 왼쪽의 대응하는 성분에 수렴한다. 이 경우에 식 (16)의 오른쪽의 무한급수는 $(I - A)^{-1}$에 수렴한다.

참고 미적분학을 공부한 학생들은 식 (16)이 기하급수의 합

$$1 + x + x^2 + x^3 + \cdots = \frac{1}{1 - x} = (1 - x)^{-1}$$

에 대한 공식의 행렬공식임을 알 수 있을 것이다.

증명 없이 설명하는 다음 정리는 $I - A$의 가역성과 식 (16)이 성립하기 위한 A의 성분에 관한 조건을 제공한다.

정리 3.6.7 A가 $n \times n$ 행렬이고 각 열(또는 각 행)의 성분들의 절대값의 합이 1보다 작으면 $I - A$는 가역행렬이고

$$(I - A)^{-1} = I + A + A^2 + A^3 + \cdots \tag{18}$$

으로 표현할 수 있다.

식 (18)을 $(I - A)^{-1}$의 **거듭제곱 급수 표현**(power series representation)이라 한다.

참고 A의 거듭제곱이 영이고 멱영지표가 k이면 A^k와 A의 다음 거듭제곱들 모두가 영이고, 이 경우에 식 (18)은 식 (12)로 간단히 정리된다.

예제 8 거듭제곱급수에 의한 $(I - A)^{-1}$의 근사값 구하기

행렬

$$A = \begin{bmatrix} 0 & \frac{1}{4} & \frac{1}{8} \\ \frac{1}{4} & \frac{1}{5} & \frac{1}{6} \\ \frac{1}{7} & \frac{1}{8} & \frac{1}{9} \end{bmatrix}$$

는 정리 3.6.7의 조건을 만족시키므로 $I - A$는 가역행렬이고 식 (17)에 의하여 근사값을 구할 수 있다. 역행렬을 계산할 수 있는 컴퓨터 프로그램이나 계산기의 도움으로 소수점 이하 넷째 자리까지 정확하게

$$(I - A)^{-1} = \begin{bmatrix} 1 & -\frac{1}{4} & -\frac{1}{8} \\ -\frac{1}{4} & \frac{4}{5} & -\frac{1}{6} \\ -\frac{1}{7} & -\frac{1}{8} & \frac{8}{9} \end{bmatrix}^{-1} \approx \begin{bmatrix} 1.1305 & 0.3895 & 0.2320 \\ 0.4029 & 1.4266 & 0.3241 \\ 0.2384 & 0.2632 & 1.2079 \end{bmatrix} \tag{19}$$

을 계산할 수 있다(증명하라). 식 (17)을 이용한 $(I - A)^{-1}$의 근사값은 다음과 같다.

$k = 2$	$k = 5$	$k = 10$	$k = 12$
$\begin{bmatrix} 1.0804 & 0.3156 & 0.1806 \\ 0.3238 & 1.3233 & 0.2498 \\ 0.1900 & 0.1996 & 1.1621 \end{bmatrix}$	$\begin{bmatrix} 1.1248 & 0.3819 & 0.2265 \\ 0.3947 & 1.4154 & 0.3162 \\ 0.2333 & 0.2564 & 1.2030 \end{bmatrix}$	$\begin{bmatrix} 1.1304 & 0.3894 & 0.2319 \\ 0.4027 & 1.4263 & 0.3240 \\ 0.2382 & 0.2631 & 1.2078 \end{bmatrix}$	$\begin{bmatrix} 1.1305 & 0.3895 & 0.2320 \\ 0.4029 & 1.4265 & 0.3241 \\ 0.2383 & 0.2632 & 1.2078 \end{bmatrix}$

$k = 12$인 경우 근사값은 소수점 이하 셋째 자리까지 식 (19)와 일치함을 주의하라. ■

연습문제 3.6

연습문제 1과 2에서는 행렬이 가역행렬인지 판정하고, 가역이면 암산으로 역행렬을 구하라.

1. (a) $\begin{bmatrix} 4 & 0 & 0 \\ 0 & 0 & 0 \\ 0 & 0 & 5 \end{bmatrix}$ (b) $\begin{bmatrix} -1 & 0 & 0 \\ 0 & 2 & 0 \\ 0 & 0 & \frac{1}{3} \end{bmatrix}$

2. (a) $\begin{bmatrix} 1 & 0 & 0 \\ 0 & -2 & 0 \\ 0 & 0 & 3 \end{bmatrix}$ (b) $\begin{bmatrix} 4 & 0 & 0 \\ 0 & -7 & 0 \\ 0 & 0 & 0 \end{bmatrix}$

연습문제 3과 4에서는 암산으로 곱을 계산하라.

3. (a) $\begin{bmatrix} 3 & 0 & 0 \\ 0 & -1 & 0 \\ 0 & 0 & 2 \end{bmatrix} \begin{bmatrix} 2 & 1 \\ -4 & 1 \\ 2 & 5 \end{bmatrix}$

(b) $\begin{bmatrix} 2 & 1 \\ -4 & 1 \\ 2 & 5 \end{bmatrix} \begin{bmatrix} 5 & 0 \\ 0 & -2 \end{bmatrix}$

(c) $\begin{bmatrix} 3 & 0 & 0 \\ 0 & -1 & 0 \\ 0 & 0 & 2 \end{bmatrix} \begin{bmatrix} 2 & 1 \\ -4 & 1 \\ 2 & 5 \end{bmatrix} \begin{bmatrix} 5 & 0 \\ 0 & -2 \end{bmatrix}$

4. (a) $\begin{bmatrix} 2 & 0 & 0 \\ 0 & -1 & 0 \\ 0 & 0 & 4 \end{bmatrix}\begin{bmatrix} 4 & -1 & 3 \\ 1 & 2 & 0 \\ -5 & 1 & -2 \end{bmatrix}$

(b) $\begin{bmatrix} 4 & -1 & 3 \\ 1 & 2 & 0 \\ -5 & 1 & -2 \end{bmatrix}\begin{bmatrix} -3 & 0 & 0 \\ 0 & 5 & 0 \\ 0 & 0 & 2 \end{bmatrix}$

(c) $\begin{bmatrix} 2 & 0 & 0 \\ 0 & -1 & 0 \\ 0 & 0 & 4 \end{bmatrix}\begin{bmatrix} 4 & -1 & 3 \\ 1 & 2 & 0 \\ -5 & 1 & -2 \end{bmatrix}\begin{bmatrix} -3 & 0 & 0 \\ 0 & 5 & 0 \\ 0 & 0 & 2 \end{bmatrix}$

연습문제 5와 6에서는 암산으로 A^2, A^{-2}, A^{-k}을 구하라.

5. $A = \begin{bmatrix} 1 & 0 & 0 \\ 0 & -2 & 0 \\ 0 & 0 & 4 \end{bmatrix}$ **6.** $A = \begin{bmatrix} \frac{1}{2} & 0 & 0 \\ 0 & \frac{1}{3} & 0 \\ 0 & 0 & \frac{1}{4} \end{bmatrix}$

연습문제 7과 8에서는 행렬이 가역행렬이 되는 x의 모든 값을 구하라.

7. $A = \begin{bmatrix} x-1 & x^2 & x^4 \\ 0 & x+2 & x^3 \\ 0 & 0 & x-4 \end{bmatrix}$

8. $A = \begin{bmatrix} x-\frac{1}{2} & 0 & 0 \\ x & x-\frac{1}{3} & 0 \\ x^2 & x^3 & x+\frac{1}{4} \end{bmatrix}$

연습문제 9와 10에서는 행렬 A에 대하여 정리 3.6.1(d)를 확인하라.

9. $A = \begin{bmatrix} 1 & 2 & 3 \\ 0 & 1 & -2 \\ 0 & 0 & 1 \end{bmatrix}$ **10.** $A = \begin{bmatrix} 1 & 0 & 0 \\ 2 & -1 & 0 \\ 3 & 4 & 1 \end{bmatrix}$

연습문제 11과 12에서는 반대칭행렬이 되도록 × 표시한 자리에 적당한 성분을 채워라.

11. $A = \begin{bmatrix} \times & \times & 4 \\ 0 & \times & \times \\ \times & -1 & \times \end{bmatrix}$ **12.** $A = \begin{bmatrix} \times & 0 & \times \\ \times & \times & -4 \\ 8 & \times & \times \end{bmatrix}$

13. A가 대칭행렬이 되는 a, b, c의 모든 값을 구하라.

$$A = \begin{bmatrix} 2 & a-2b+2c & 2a+b+c \\ 3 & 5 & a+c \\ 0 & -2 & 7 \end{bmatrix}$$

14. A가 반대칭행렬이 되는 a, b, c, d의 모든 값을 구하라.

$$A = \begin{bmatrix} 0 & 2a-3b+c & 3a-5b+5c \\ -2 & 0 & 5a-8b+6c \\ -3 & -5 & d \end{bmatrix}$$

연습문제 15와 16에서는 주어진 행렬에 대하여 정리 3.6.4를 확인하라.

15. $A = \begin{bmatrix} 2 & -1 \\ -1 & 3 \end{bmatrix}$ **16.** $A = \begin{bmatrix} 1 & -2 & 3 \\ -2 & 1 & -7 \\ 3 & -7 & 4 \end{bmatrix}$

17. 다음 행렬에 대하여 정리 3.6.1(b)를 확인하라.

$$A = \begin{bmatrix} -1 & 2 & 5 \\ 0 & 1 & 3 \\ 0 & 0 & -4 \end{bmatrix}, \quad B = \begin{bmatrix} 2 & -8 & 0 \\ 0 & 2 & 1 \\ 0 & 0 & 3 \end{bmatrix}$$

18. 주어진 방정식을 이용하여 행렬곱에서 인수들이 교환되는지 속셈으로 판정하고, 그 이유를 설명하라.

(a) $\begin{bmatrix} 1 & -3 \\ -3 & 2 \end{bmatrix}\begin{bmatrix} 4 & 1 \\ 1 & 2 \end{bmatrix} = \begin{bmatrix} 1 & -5 \\ -10 & 1 \end{bmatrix}$

(b) $\begin{bmatrix} 2 & -1 \\ -1 & 3 \end{bmatrix}\begin{bmatrix} 3 & 2 \\ 2 & 1 \end{bmatrix} = \begin{bmatrix} 4 & 3 \\ 3 & 1 \end{bmatrix}$

연습문제 19와 20에서는 방정식을 만족시키는 대각행렬 A를 구하라.

19. $A^{-5} = \begin{bmatrix} 1 & 0 & 0 \\ 0 & -1 & 0 \\ 0 & 0 & -1 \end{bmatrix}$ **20.** $A^{-2} = \begin{bmatrix} 9 & 0 & 0 \\ 0 & 4 & 0 \\ 0 & 0 & 1 \end{bmatrix}$

연습문제 21과 22에서는 A^TA와 AA^T는 가역행렬이고 대칭인 역행렬을 갖는 이유를 (계산하지 않고) 설명하고, 역행렬을 계산하여 이 사실을 확인하라.

21. $A = \begin{bmatrix} 1 & 0 & 0 \\ 3 & 1 & 0 \\ 1 & 3 & 1 \end{bmatrix}$ **22.** $A = \begin{bmatrix} 1 & 0 & 0 \\ 3 & 1 & 0 \\ 1 & 2 & 1 \end{bmatrix}$

연습문제 23과 24에서는 주어진 행렬의 고정점을 구하라.

23. $\begin{bmatrix} 2 & 1 \\ 1 & 2 \end{bmatrix}$ **24.** $\begin{bmatrix} 3 & 2 & 0 \\ 3 & 4 & 0 \\ 0 & 0 & 2 \end{bmatrix}$

연습문제 25와 26에서 A는 거듭제곱이 영인 행렬임을 보이고, 멱영지표를 말하라. 정리 3.6.6을 적용하여 $(I - A)^{-1}$를 구하라.

25. (a) $A = \begin{bmatrix} 0 & 1 \\ 0 & 0 \end{bmatrix}$ (b) $A = \begin{bmatrix} 0 & 0 & 0 \\ 1 & 0 & 0 \\ 8 & 1 & 0 \end{bmatrix}$

26. (a) $A = \begin{bmatrix} 0 & 0 \\ 1 & 0 \end{bmatrix}$ (b) $A = \begin{bmatrix} 0 & 2 & 1 \\ 0 & 0 & 3 \\ 0 & 0 & 0 \end{bmatrix}$

27. (a) A가 가역 반대칭행렬이면 A^{-1}는 반대칭행렬임을 보여라.

(b) A와 B가 반대칭행렬이면 $A + B$, $A - B$, A^T와 임의의 스칼라 k에 대하여 kA는 반대칭행렬임을 보여라.

28. (a) A가 임의의 $n \times n$ 행렬이면 $A + A^T$는 대칭이고 $A - A^T$는 반대칭행렬임을 보여라.

(b) 모든 정사각행렬 A는 대칭행렬과 반대칭행렬의 합으로 쓸 수 있음을 보여라.

(c) 예제 6의 행렬을 대칭행렬과 반대칭행렬의 합으로 표현하라.

29. $\mathbf{u}$가 R^n에서 열벡터이면 $H = I_n - 2\mathbf{u}\mathbf{u}^T$는 대칭행렬임을 보여라.

30. (a) A가 $m \times n$ 행렬일 때, 식 (8)과 유사한 A의 행벡터 $\mathbf{r}_1$, $\mathbf{r}_2$, $\cdots$, $\mathbf{r}_m$으로 AA^T에 대한 공식을 구하라.

(b) A^TA에 대한 식 (9)와 유사한 AA^T에 대한 공식을 구하라.

31. 열벡터들의 길이가 1인 $m \times n$ 행렬 A에 대하여 $\text{tr}(A^TA)$를 구하라.

토론과 발견

D1. (a) 행렬 A를 $A = BD$로 인수분해 하라. 여기서 D는 대각행렬이다.

$$A = \begin{bmatrix} 3a_{11} & 5a_{12} & 7a_{13} \\ 3a_{21} & 5a_{22} & 7a_{23} \\ 3a_{31} & 5a_{32} & 7a_{33} \end{bmatrix}$$

(b) 인수분해 형태는 한 가지로 유일한가? 이유를 설명하라.

D2. $A = [a_{ij}]$는 $n \times n$ 행렬이다($n > 1$). 다음 각각의 경우에 A가 대칭행렬인지 판정하고 $A = [a_{ij}]$가 대칭행렬인지 판정하기 위하여 a_{ij}에 적용할 수 있는 일반적인 판정법을 고안하라.

(a) $a_{ij} = i^2 + j^2$ (b) $a_{ij} = i - j$

(c) $a_{ij} = 2i + 2j$ (d) $a_{ij} = 2i^2 + 2j^3$

D3. 교환되는 대칭행렬의 곱이 대칭행렬임을 살펴보았다. 교환되는 반대칭행렬의 곱은 반대칭행렬이라고 생각하는가? 그 이유를 설명하라.

D4. $A^TA = 0$가 되는 행렬에 대하여 무엇을 말할 수 있는가?

D5. (a) $A^2 = A$인 성질을 갖는 모든 3×3 대각행렬 A를 구하라.

(b) 얼마나 많은 $n \times n$ 대각행렬 A가 $A^2 = A$인 성질을 갖는가?

D6. $A^2 + 5A + 6I_2 = 0$이 되는 2×2 대각행렬 A를 모두 구하라.

D7. 대칭이면서 반대칭인 행렬 A에 대하여 무엇을 말할 수 있는가?

D8. $n \times n$ 대칭행렬이 가질 수 있는 서로 다른 성분의 최대 개수는 얼마인가? 반대칭행렬에 대해서는 얼마인가? 이유를 설명하라.

D9. A는 정사각행렬이고 D는 $AD = I$이 되는 대각행렬이면 A에 관하여 무엇을 말할 수 있는가? 이유를 설명하라.

D10. 다음 명제들이 참(T)인지 거짓(F)인지를 판별하고 그 이유를 설명하라.

(a) AA^T가 가역행렬이면 A도 가역행렬이다.

(b) $A + B$가 대칭행렬이면 A와 B도 대칭행렬이다.

(c) A가 대칭이고 삼각행렬이면 A에 관한 모든 다항식 $p(A)$는 대칭이고 삼각행렬이다.

(d) $n \times n$ 행렬 A는 $A = L + U + D$로 쓸 수 있다. 여기서 L은 주대각 성분이 영인 하부삼각행렬이고, U는 주대각 성분이 영인 상부삼각행렬, 그리고 D는 대각행렬이다.

(e) $n \times n$ 행렬 A에 대하여 $A\mathbf{x} = 0$가 자명한 해만 갖는다면 $A^T\mathbf{x} = 0$도 자명한 해만 갖는다.

D11. 다음 명제들이 참(T)인지 거짓(F)인지를 판별하고 그 이유를 설명하라.

(a) A^2이 대칭행렬이면 A도 대칭행렬이다.

(b) 멱영행렬은 역행렬을 갖지 않는다.

(c) $A^3 = A$이면 A는 거듭제곱이 0인 행렬이 될 수 없다.

(d) A가 가역행렬이면 $(A^{-1})^T = (A^T)^{-1}$이다.

(e) A가 가역행렬이면 $I - A$도 가역행렬이다.

증명문제

P1. 각 성분들을 이용하기보다는 정리 3.2.10에 주어진 성질을 이용해서 정리 3.6.2를 증명하라.

P2. $D = \begin{bmatrix} d_1 & \cdots & 0 \\ \vdots & \ddots & \vdots \\ 0 & \cdots & d_n \end{bmatrix}$

가 대각행렬이면

$$D^k = \begin{bmatrix} d_1^k & \cdots & 0 \\ \vdots & \ddots & \vdots \\ 0 & \cdots & d_n^k \end{bmatrix}$$

임을 보여라.

P3. 대각행렬이 가역행렬일 필요충분조건은 모든 주대각 성분이 영이 아님을 증명하라.

P4. **(수학적 귀납법에 익숙한 독자들을 위하여)** 수학적 귀납법을 이용하여 A가 임의의 대칭행렬이고 n이 이 양의 정수($n \geq 2$)이면 A^n은 대칭행렬임을 증명하라.

P5. 정리 3.6.5를 증명하라.

프로그램 활용 연습문제

T1. **(행렬의 특수형태)** 행렬의 성분을 입력하는 것은 지루할 수 있어서 많은 계산 유틸리티들이 항등행렬, 영행렬, 대각행렬, 삼각행렬, 대칭행렬, 반대칭행렬을 입력하는 손쉬운 방법을 제공한다. 독자의 계산 유틸리티는 이런 특성이 있는지 판정하고, 만일 그렇다면 다양한 특수형태의 행렬을 입력하여 보라.

T2. 독자가 선택한 삼각행렬에 대하여 정리 3.6.1의 결과를 확인하라.

T3. 행렬

$$A = \begin{bmatrix} 2 & 11 & 3 \\ -2 & -11 & -3 \\ 8 & 35 & 9 \end{bmatrix}$$

는 거듭제곱이 0인 행렬임을 보이고 식 (12)를 이용하여 $(I - A)^{-1}$를 계산하라. 역행렬을 직접 계산하여 독자의 답을 검산하라.

T4. (a) 정리 3.6.7을 이용하여

$$A = \begin{bmatrix} 0 & \frac{1}{4} & \frac{1}{8} \\ \frac{1}{4} & \frac{1}{8} & \frac{1}{10} \\ \frac{1}{8} & \frac{1}{10} & \frac{1}{10} \end{bmatrix}$$

이면 $I - A$의 역행렬은 식 (18)의 급수로 표현될 수 있음을 확인하라.

(b) 근사값 $(I - A)^{-1} \approx I + A + A^2 + A^3 + \cdots + A^{10}$을 계산하고, 독자의 계산 유틸리티가 직접 알려주는 $I - A$의 역행렬과 비교하라. 소수점 이하 몇째 자리까지 결과가 일치하는가?

T5. (CAS) 교재에서 모든 순삼각행렬은 거듭제곱이 영인 행렬임을 설명하였다. 크기가 2×2, 3×3, 그리고 4×4인 행렬에 대하여 이 명제가 참임을 보이고, $n \times n$ 순삼각행렬의 멱영지표에 대한 가설을 만들라. 크기 5×5 행렬들에 대하여 독자의 가설을 확인하라.

3.7 행렬 인수분해 및 *LU*-분해

이 절에서는 정사각행렬을 상부와 하부삼각행렬의 곱으로 인수분해 하는 방법을 논의하겠다. 이런 인수분해는 선형계를 풀고 행렬의 가역행렬을 구하는 데 가장 널리 이용되는 많은 알고리즘의 기초를 제공한다. 선형계를 푸는 인수분해 방법 Gauss와 Gauss-Jordan 소거에 비해서 몇 가지 이점을 갖고 있다는 사실을 알게 될 것이다.

인수분해로 선형계 풀기

이 절의 주된 목적은 정사각행렬 A를 하부행렬 L과 상부행렬 U의 곱의 형

$$A = LU \tag{1}$$

로 인수분해 하는 방법을 개발하는 것이다. 왜 인수분해 하는 데 관심이 있는지를 설명하기 위하여, n개의 미지수에 관한 n개 방정식의 선형계 $A\mathbf{x} = \mathbf{b}$를 풀고 싶다고 가정하고, 계수행렬 A가 $n \times n$ 하부삼각행렬 L과 상부삼각행렬 U의 곱 $A = LU$의 형태로 인수분해 되었다고 하자. 인수분해를 시작으로 다음 과정을 거쳐 선형계 $A\mathbf{x} = \mathbf{b}$를 풀 수 있다.

1단계. 선형계 $A\mathbf{x} = \mathbf{b}$를 다음과 같이 쓴다.

$$LU\mathbf{x} = \mathbf{b} \tag{2}$$

2단계. 새로운 미지수 $\mathbf{y}$를

$$U\mathbf{x} = \mathbf{y} \tag{3}$$

로 정의하고 식 (2)를 $L\mathbf{y} = \mathbf{b}$로 쓴다.

3단계. 선형계 $L\mathbf{y} = \mathbf{b}$를 미지수 $\mathbf{y}$에 관하여 풀어라.

4단계. 이제 구한 벡터 $\mathbf{y}$를 식 (3)에 대입하여 $\mathbf{x}$에 관하여 풀어라.

이 과정을 ***LU*-분해**(*LU*-decomposition)라고 한다. 비록 *LU*-분해가 하나의 선형계 $A\mathbf{x} = \mathbf{b}$를 푸는 문제를 두 개의 선형계 $L\mathbf{y} = \mathbf{b}$와 $U\mathbf{x} = \mathbf{y}$를 푸는 문제로 전환한다 해도 이들 선형계의 계수행렬이 삼각행렬이기 때문에 이들 선형계는 풀기가 쉽다. 본래의 선형계를 직접 푸는 것보다 이들 두 선형계를 푸는 것이 덜 수고스럽다는 것으로 알려졌다. 다음 예제를 보자.

예제 1 $A\mathbf{x} = \mathbf{b}$를 *LU*-분해를 사용하여 풀기

이 절의 후반부에서 인수분해

$$\underset{A}{\begin{bmatrix} 2 & 6 & 2 \\ -3 & -8 & 0 \\ 4 & 9 & 2 \end{bmatrix}} = \underset{L}{\begin{bmatrix} 2 & 0 & 0 \\ -3 & 1 & 0 \\ 4 & -3 & 7 \end{bmatrix}} \underset{U}{\begin{bmatrix} 1 & 3 & 1 \\ 0 & 1 & 3 \\ 0 & 0 & 1 \end{bmatrix}} \tag{4}$$

를 유도하겠지만 지금은 어떻게 유도되었는지 고민하지 말라. 여기서 우리의 유일한 목적은 인수분해가 선형계

$$\underset{A}{\begin{bmatrix} 2 & 6 & 2 \\ -3 & -8 & 0 \\ 4 & 9 & 2 \end{bmatrix}} \underset{\mathbf{x}}{\begin{bmatrix} x_1 \\ x_2 \\ x_3 \end{bmatrix}} \underset{=}{=} \underset{\mathbf{b}}{\begin{bmatrix} 2 \\ 2 \\ 3 \end{bmatrix}}$$

를 푸는 데 어떻게 이용되는지 보여주는 것이다. 식 (4)로부터 이 선형계는 다음과 같이 쓸 수 있다.

$$\underset{L}{\begin{bmatrix} 2 & 0 & 0 \\ -3 & 1 & 0 \\ 4 & -3 & 7 \end{bmatrix}} \underset{U}{\begin{bmatrix} 1 & 3 & 1 \\ 0 & 1 & 3 \\ 0 & 0 & 1 \end{bmatrix}} \underset{\mathbf{x}}{\begin{bmatrix} x_1 \\ x_2 \\ x_3 \end{bmatrix}} = \underset{\mathbf{b}}{\begin{bmatrix} 2 \\ 2 \\ 3 \end{bmatrix}} \tag{5}$$

2단계에서 설명한 것과 같이 y_1, y_2, y_3을 방정식

$$\underset{U}{\begin{bmatrix} 1 & 3 & 1 \\ 0 & 1 & 3 \\ 0 & 0 & 1 \end{bmatrix}} \underset{\mathbf{x}}{\begin{bmatrix} x_1 \\ x_2 \\ x_3 \end{bmatrix}} = \underset{\mathbf{y}}{\begin{bmatrix} y_1 \\ y_2 \\ y_3 \end{bmatrix}} \tag{6}$$

으로 정의하자. 그러면 식 (5)를 다음과 같이 쓸 수 있다.

$$\underset{L}{\begin{bmatrix} 2 & 0 & 0 \\ -3 & 1 & 0 \\ 4 & -3 & 7 \end{bmatrix}} \underset{\mathbf{y}}{\begin{bmatrix} y_1 \\ y_2 \\ y_3 \end{bmatrix}} = \underset{\mathbf{b}}{\begin{bmatrix} 2 \\ 2 \\ 3 \end{bmatrix}} \tag{7}$$

또는

$$\begin{aligned} 2y_1 \qquad\qquad\quad &= 2 \\ -3y_1 + \quad y_2 \qquad\quad &= 2 \\ 4y_1 - 3y_2 + 7y_3 &= 3 \end{aligned}$$

이 선형계는 밑에서 위로 푸는 대신에 위에서 아래로 방정식을 푸는 것을 제외하고 역대입과 유사한 방법으로 풀 수 있다. **전진대입**(forward substitution)이라 부르는 이 과정을 수행하면

$$y_1 = 1, \quad y_2 = 5, \quad y_3 = 2$$

가 된다(증명하라). 4단계에서 지시한 것처럼 이 값들을 식 (6)에 대입하면 선형계

$$\begin{bmatrix} 1 & 3 & 1 \\ 0 & 1 & 3 \\ 0 & 0 & 1 \end{bmatrix} \begin{bmatrix} x_1 \\ x_2 \\ x_3 \end{bmatrix} = \begin{bmatrix} 1 \\ 5 \\ 2 \end{bmatrix}$$

또는

$$\begin{aligned} x_1 + 3x_2 + \quad x_3 &= 1 \\ x_2 + 3x_3 &= 5 \\ x_3 &= 2 \end{aligned}$$

가 된다. 이 선형계를 역대입으로 풀면

$$x_1 = 2, \quad x_2 = -1, \quad x_3 = 2$$

가 된다(증명하라). ■

역사 속의 선형대수

비록 그 방법이 진작 알려졌지만, *LU*-분해의 행렬공식을 보급한 공적은 영국의 수학자이며 논리학자인 Alan Turing의 1948년의 연구 결과로 평가되곤 한다. 20세기 위대한 천재 중 한 사람인 Turing은 인공지능 분야의 창시자이다. 이 분야의 많은 업적 가운데, 그는 내재적으로 프로그래밍 된 컴퓨터를 만드는 실질적인 기술이 가능한 시점에 이르기 전에 컴퓨터 개념을 전개하였다. 제2차 세계대전 중 Turing은 나치의 Enigma 부호를 깨는 작업을 하기 위해 Bletchley Park에 있는 영국 정부의 부호암호 학교에 비밀리에 채용되었다. 획기적인 약진을 가져온 것은 Turing의 통계적 접근이었다. 훌륭한 수학자로서뿐만 아니라 Turing은 올림픽 수준의 경기를 치를 만큼 세계적인 육상선수였다. 동성애자인 Turing은 불행하게도 1952년 당시 존재하던 영국법령 위반으로, '외설죄' 혐의로 재판받았다. 투옥은 면하였지만, 그의 "욕망을 줄이기 위하여" 호르몬 주사형에 처해졌다. 그는 우울증에 걸려 41세의 나이에 청산가리가 든 사과를 먹고 자살하였다.

Alan Mathison Turing
(1912~1954)

LU-분해 찾기 예제 1은 A가 하부와 상부삼각행렬로 인수분해 한 후에 선형계 $A\mathbf{x} = \mathbf{b}$는 전진대입 한 번과 역대입 한 번으로 풀 수 있다는 것을 명확히 보여 주고 있다. 이제 어떻게 인수분해 하는지 보이겠다. 몇 가지 용어로부터 시작하자.

정의 3.7.1 정사각행렬 A가 하부삼각행렬 L과 상부삼각행렬 U의 곱 $A = LU$로 되는 인수분해를 ***LU*-분해** 또는 ***LU*-인수분해**(*LU*-factorization)라고 부른다.

> **역사 속의 선형대수**
> 1970년대 후반에 미국의 과학재단과 에너지부는 선형계를 풀고 분석하며 역행렬을 구하는 컴퓨터 루틴 개발을 지원하였다. 이 연구는 MATLAB에서 이용되는 알고리즘을 포함하여 오늘날의 많은 컴퓨터 알고리즘에 표준을 세운 LINPACK 또는 LAPACK이라 하는 프로그램 세트를 얻을 수 있게 하였다. LINPACK 루틴은 네 개의 행렬분해로 구성되었으며, 그중 하나가 *LU*-분해이다. LINPACK의 최초 개발자들인 C. B. Moler, J. J. Dongarra, G. W. Stewart와 J. R. Bunch는 자신들의 많은 아이디어를 아르곤국립연구소의 James Boyle과 Kenneth Dritz의 연구에 기초하여 구하였다.

일반적으로 모든 정사각행렬 A가 LU-분해를 갖지 않으며, LU-분해가 존재하여도 LU-분해가 유일하지도 않다. 어떻든 간에, 행 교환 없이 Gauss 소거로 A가 행사다리꼴로 변환될 수 있다면 A는 LU-분해를 가져야 한다는 것을 보이겠다. 더구나 이 논의의 부산물로 인수들이 어떻게 얻어질 수 있는지 보이겠다. 이 목적을 위하여 A는 행 교환 없이 기본행연산에 의해 행사다리꼴 U로 변환된 $n \times n$ 행렬이라고 하자. 정리 3.3.1로부터

$$E_k \cdots E_2 E_1 A = U \tag{8}$$

가 되는 일련의 기본행렬 $E_1, E_2, \cdots, E_k$가 존재한다.

기본행렬은 가역행렬이므로 식 (8)은 A에 대하여 풀 수 있다.

$$A = E_1^{-1} E_2^{-1} \cdots E_k^{-1} U$$

또는 간단히

$$A = LU \tag{9}$$

$$L = E_1^{-1} E_2^{-1} \cdots E_k^{-1} \tag{10}$$

U가 상부삼각행렬이고 L이 하부삼각행렬임을 보여 줄 수 있다면, 식 (9)는 A의 LU-분해가 될 것이다. 그러나 U는 정사각행렬 A의 행사다리꼴이므로 상부삼각행렬이다(3.6절의 예제 3을 보라). L이 하부삼각행렬임을 보이기 위하여, A에서 U를 얻는 데 어떤 행 교환도 이용되지 않았고 Gauss 소거에서도 행의 배수들을 하부행들에 더하여 행사다리꼴을 만드는 과정을 이용하겠다. 이것이 가능한 경우 식 (8)의 각 기본행렬은 $n \times n$ 항등행렬의 한 행에 스칼라를 곱하거나 한 행의 배수를 하부 행에 더하여 만들어진 것이다. 어느 경우든 기본행렬은 하부삼각행렬이다. 더구나 식 (10)의 우변에 있는 각 행렬은 하부삼각행렬이라는 것을 직접 확인할 수 있으며, 그들의 곱 L도 역시 정리 3.6.1(b)에 의하여 하부삼각행렬이다.

요약하면 다음 결과를 얻는다.

정리 3.7.2 *정사각행렬 A를 행 교환 없이 Gauss 소거로 행사다리꼴로 변환할 수 있으면 A는 LU-분해를 갖는다.*

이 정리에 이르게 한 논의는 실제로 행렬 A의 LU-분해를 구하는 과정을 알려준다.

- 어떤 행도 바꾸지 말고 A를 행사다리꼴 U로 변환하라.
- 실행된 행연산의 순서에 대응하는 기본행렬들을 $E_1, E_2, \cdots, E_k$라고 하자.
- $L = E_1^{-1} E_2^{-1} \cdots E_k^{-1} = (E_k \cdots E_2 E_1)^{-1}$ (11)
- $A = LU$는 A의 LU-분해이다.

실제로는 식 (11)에서 L을 계산할 필요가 없다. 더 나은 접근은 이 공식이

$$(E_k \cdots E_2 E_1) L = I$$

로 쓸 수 있고 식 (8)과 비교하여 말하면 A를 U로 변환시킨 행 연산이 L을 I로 변환시킨다는 것이다. 이는 A를 U로 변환시킨 연산을 역으로 활용함으로써 L을 만들 수 있다는 것을 말하고 있다. 그래서 A를 U

로 변환시킨 행 연산들이 같은 순서로 L을 I로 변환시킨다. 이 네 단계의 절차는 다음과 같다.

1단계. 선행 1을 만들기 위해 곱하는 수와 선행 1 아래 성분을 0으로 만들기 위해 곱하는 수를 이용하여, 행을 바꾸지 않고 A를 행사다리꼴 U로 변환시킨다.

2단계. L의 주대각선 위치에는 U의 같은 위치에 있는 성분을 선행 1로 만들기 위하여 곱하는 수의 역수를 넣어라.

3단계. L의 주대각선 아래 위치에는 U의 같은 위치에 있는 성분을 0으로 만들기 위하여 선행 1에 곱하는 수의 음수를 넣어라.

4단계. $A = LU$ 분해를 구성하라.

예제 2
LU-분해 구성

$$A = \begin{bmatrix} 6 & -2 & 0 \\ 9 & -1 & 1 \\ 3 & 7 & 5 \end{bmatrix}$$

의 LU-분해를 구하라.

풀이 A를 행사다리꼴 U로 변환시키고 각 단계에서 상기 네 단계 순서에 따라서 L의 성분을 채우겠다.

$$A = \begin{bmatrix} 6 & -2 & 0 \\ 9 & -1 & 1 \\ 3 & 7 & 5 \end{bmatrix} \qquad \begin{bmatrix} \bullet & 0 & 0 \\ \bullet & \bullet & 0 \\ \bullet & \bullet & \bullet \end{bmatrix}$$

●은 L의 알려지지 않은 성분을 표시한다.

$$\begin{bmatrix} \textcircled{1} & -\frac{1}{3} & 0 \\ 9 & -1 & 1 \\ 3 & 7 & 5 \end{bmatrix} \begin{matrix} \longleftarrow \text{곱수} = \frac{1}{6} \\ \\ \\ \end{matrix} \qquad \begin{bmatrix} 6 & 0 & 0 \\ \bullet & \bullet & 0 \\ \bullet & \bullet & \bullet \end{bmatrix}$$

$$\begin{bmatrix} 1 & -\frac{1}{3} & 0 \\ \textcircled{0} & 2 & 1 \\ \textcircled{0} & 8 & 5 \end{bmatrix} \begin{matrix} \\ \longleftarrow \text{곱수} = -9 \\ \longleftarrow \text{곱수} = -3 \end{matrix} \qquad \begin{bmatrix} 6 & 0 & 0 \\ 9 & \bullet & 0 \\ 3 & \bullet & \bullet \end{bmatrix}$$

$$\begin{bmatrix} 1 & -\frac{1}{3} & 0 \\ 0 & \textcircled{1} & \frac{1}{2} \\ 0 & 8 & 5 \end{bmatrix} \begin{matrix} \\ \longleftarrow \text{곱수} = \frac{1}{2} \\ \\ \end{matrix} \qquad \begin{bmatrix} 6 & 0 & 0 \\ 9 & 2 & 0 \\ 3 & \bullet & \bullet \end{bmatrix}$$

$$\begin{bmatrix} 1 & -\frac{1}{3} & 0 \\ 0 & 1 & \frac{1}{2} \\ 0 & \textcircled{0} & 1 \end{bmatrix} \begin{matrix} \\ \\ \longleftarrow \text{곱수} = -8 \end{matrix} \qquad \begin{bmatrix} 6 & 0 & 0 \\ 9 & 2 & 0 \\ 3 & 8 & \bullet \end{bmatrix}$$

$$U = \begin{bmatrix} 1 & -\frac{1}{3} & 0 \\ 0 & 1 & \frac{1}{2} \\ 0 & 0 & \textcircled{1} \end{bmatrix} \begin{matrix} \\ \\ \longleftarrow \text{곱수} = 1 \end{matrix} \qquad L = \begin{bmatrix} 6 & 0 & 0 \\ 9 & 2 & 0 \\ 3 & 8 & 1 \end{bmatrix}$$

셋째 행에는 선행 1이 이미 존재하므로 여기서는 실질적인 연산이 행하여지지 않는다.

따라서 우리는 LU-분해를 구성하였다.

$$A = LU = \begin{bmatrix} 6 & 0 & 0 \\ 9 & 2 & 0 \\ 3 & 8 & 1 \end{bmatrix} \begin{bmatrix} 1 & -\frac{1}{3} & 0 \\ 0 & 1 & \frac{1}{2} \\ 0 & 0 & 1 \end{bmatrix}$$

인수들을 곱하여 이 결과를 확인하는 것은 독자에게 남겨 둔다. ■

Gauss 소거와 LU-분해의 관계

Gauss 소거와 LU-분해 사이에는 밀접한 관계가 있음을 이제 설명하겠다. 이를 위해서 $A\mathbf{x} = \mathbf{b}$는 n개의 미지수에 관한 n개의 방정식의 선형계이고, A는 행을 바꾸지 않고 행사다리꼴로 변환시킬 수 있으며, A

$= LU$는 대응하는 LU-분해라고 가정하자.

LU-분해 방법에서 선형계 $A\mathbf{x} = \mathbf{b}$는 먼저 $L\mathbf{y} = \mathbf{b}$를 $\mathbf{y}$에 관해서 풀고 $U\mathbf{x} = \mathbf{y}$를 $\mathbf{x}$에 관해서 푼다. 그렇지만 $L\mathbf{y} = \mathbf{b}$를 푸는 데 요구되는 많은 작업이 A의 LU-분해를 구성하는 과정에 이루어진다. 왜 그런지를 보기 위하여

$$E_1, E_2, \cdots, E_k$$

가 A를 U로 변환시키는 행연산들의 수열에 대응되는 기본행렬들의 수열이라고 하자. 즉,

$$E_k \cdots E_2E_1A = U$$

따라서 $A\mathbf{x} = \mathbf{b}$의 양변에 $E_k \cdots E_2E_1$을 곱하면

$$U\mathbf{x} = E_k \cdots E_2E_1\mathbf{b}$$

를 얻으며, 이 식은

$$\mathbf{y} = E_k \cdots E_2E_1\mathbf{b}$$

로 다시 쓸 수 있다. 이 방정식은 A를 U로 변환시키는 행연산의 나열이 $\mathbf{b}$에 적용되면 벡터 $\mathbf{y}$가 된다는 것을 말해 준다. 따라서 Gauss 소거 과정은 붙인 행렬 $[A \mid \mathbf{b}]$를 $[U \mid \mathbf{y}]$로 변환시켜주며 마지막 열은 방정식 $L\mathbf{y} = \mathbf{b}$의 해를 제공한다. 이것은 LU-분해와 Gauss 소거(Gauss-Jordan 소거의 전진 단계)가 구성과 진행에서 다르지만, 같은 연산을 포함한다는 것을 보여 준다.

예제 3

LU-분해로 실행된 Gauss 소거

예제 1에서 계수행렬의 LU-분해를 이용하여 선형계

$$\begin{bmatrix} 2 & 6 & 2 \\ -3 & -8 & 0 \\ 4 & 9 & 2 \end{bmatrix} \begin{bmatrix} x_1 \\ x_2 \\ x_3 \end{bmatrix} = \begin{bmatrix} 2 \\ 2 \\ 3 \end{bmatrix} \tag{12}$$

를 푸는 방법을 보여 줬지만, 어떻게 인수분해를 유도하는지는 논의하지 않았다. 선형계를 푸는 과정에서 선형계 식 (7)을 풀기 위하여 전진대입을 이용하여 중간벡터

$$\mathbf{y} = \begin{bmatrix} 1 \\ 5 \\ 2 \end{bmatrix}$$

를 얻었다. 이제 앞에서 논의한 절차를 이용하여 식 (12)에 대한 붙인 행렬에 행연산을 수행하여 LU-분해와 벡터 $\mathbf{y}$를 구하겠다.

$$[A \mid \mathbf{b}] = \left[\begin{array}{ccc|c} 2 & 6 & 2 & 2 \\ -3 & -8 & 0 & 2 \\ 4 & 9 & 2 & 3 \end{array}\right] \quad \begin{bmatrix} \bullet & 0 & 0 \\ \bullet & \bullet & 0 \\ \bullet & \bullet & \bullet \end{bmatrix} = L(\text{점은 미지수를 나타냄})$$

$$\left[\begin{array}{ccc|c} 1 & 3 & 1 & 1 \\ -3 & -8 & 0 & 2 \\ 4 & 9 & 2 & 3 \end{array}\right] \quad \begin{bmatrix} 2 & 0 & 0 \\ \bullet & \bullet & 0 \\ \bullet & \bullet & \bullet \end{bmatrix}$$

$$\left[\begin{array}{ccc|c} 1 & 3 & 1 & 1 \\ 0 & 1 & 3 & 5 \\ 0 & -3 & -2 & -1 \end{array}\right] \quad \begin{bmatrix} 2 & 0 & 0 \\ -3 & \bullet & 0 \\ 4 & \bullet & \bullet \end{bmatrix}$$

$$\left[\begin{array}{ccc|c} 1 & 3 & 1 & 1 \\ 0 & 1 & 3 & 5 \\ 0 & 0 & 7 & 14 \end{array}\right] \quad \begin{bmatrix} 2 & 0 & 0 \\ -3 & 1 & 0 \\ 4 & -3 & \bullet \end{bmatrix}$$

$$[U \mid \mathbf{y}] = \left[\begin{array}{ccc|c} 1 & 3 & 1 & 1 \\ 0 & 1 & 3 & 5 \\ 0 & 0 & 1 & 2 \end{array}\right] \quad \begin{bmatrix} 2 & 0 & 0 \\ -3 & 1 & 0 \\ 4 & -3 & 7 \end{bmatrix} = L$$

이 결과는 예제 1의 결과와 일치하고, 계수행렬의 LU-분해를 얻고 동시에 $\mathbf{y}$를 구하는 데 필요한 전진대입도 완료했다. 주어진 선형계를 푸는 데 남은 과정은 역대입으로 선형계 $U\mathbf{x} = \mathbf{y}$를 푸는 것이다. 계산은 예제 1에서 이루어졌다. ■

LU-분해로 역행렬 만들기 역행렬을 만드는 최상의 알고리즘들 대부분은 LU-분해를 이용하는 것이다. 어떻게 이용되는지를 이해하기 위하여, A를 $n \times n$ 가역행렬이라 하고 $A^{-1} = [\mathbf{x}_1, \mathbf{x}_2, \cdots, \mathbf{x}_n]$ 은 열벡터로 분할된 역행렬, 그리고 $I = [\mathbf{e}_1, \mathbf{e}_2, \cdots, \mathbf{e}_n]$ 은 열벡터로 분할된 $n \times n$ 항등행렬이라 하자. 행렬방정식 $AA^{-1} = I$는

$$A[\mathbf{x}_1 \quad \mathbf{x}_2 \quad \cdots \quad \mathbf{x}_n] = [\mathbf{e}_1 \quad \mathbf{e}_2 \quad \cdots \quad \mathbf{e}_n]$$

또는

$$[A\mathbf{x}_1 \quad A\mathbf{x}_2 \quad \cdots \quad A\mathbf{x}_n] = [\mathbf{e}_1 \quad \mathbf{e}_2 \quad \cdots \quad \mathbf{e}_n]$$

으로 표현할 수 있으며, 이 식은 A^{-1}의 열벡터들이 n개의 선형계

$$A\mathbf{x} = \mathbf{e}_1, \quad A\mathbf{x} = \mathbf{e}_2, \quad \ldots, \quad A\mathbf{x} = \mathbf{e}_n \tag{13}$$

를 풀어서 얻어질 수 있음을 말해 준다. 앞에서 논의한 것처럼 이것도 LU-분해를 구함으로써 해결될 수 있고 그 분해를 이용하여 식 (13)의 n개의 선형계 각각을 풀 수 있다.

LDU-분해 LU-분해를 구하는 것에 대해 설명하였던 방법에 따르면, 행렬 U는 주대각선 성분이 1이지만 L은 그럴 필요가 없는 '비대칭성'이 생길지도 모른다. 그렇지만 하부삼각행렬의 주대각선 성분들도 1을 선호한다면 L의 대각성분들을 대각행렬 D로 '이동'시켜서 L을 주대각선 성분들이 1인 하부삼각행렬 L'와 D의 곱

$$L = L'D$$

로 쓸 수 있다. 예를 들면 주대각선 성분들이 0이 아닌 일반적인 3×3 하부삼각행렬은 다음과 같이 인수분해 될 수 있다.

$$\underset{L}{\begin{bmatrix} a_{11} & 0 & 0 \\ a_{21} & a_{22} & 0 \\ a_{31} & a_{32} & a_{33} \end{bmatrix}} = \underset{L'}{\begin{bmatrix} 1 & 0 & 0 \\ a_{21}/a_{11} & 1 & 0 \\ a_{31}/a_{11} & a_{32}/a_{22} & 1 \end{bmatrix}} \underset{D}{\begin{bmatrix} a_{11} & 0 & 0 \\ 0 & a_{22} & 0 \\ 0 & 0 & a_{33} \end{bmatrix}}$$

L'의 열들은 L의 열의 성분을 그 열에 있는 대각 성분으로 나누어서 얻어지고 있음을 주목하라. 따라서 예를 들면 식 (4)는 다음과 같이 다시 쓸 수 있다.

$$\begin{aligned} \begin{bmatrix} 2 & 6 & 2 \\ -3 & -8 & 0 \\ 4 & 9 & 2 \end{bmatrix} &= \begin{bmatrix} 2 & 0 & 0 \\ -3 & 1 & 0 \\ 4 & -3 & 7 \end{bmatrix} \begin{bmatrix} 1 & 3 & 1 \\ 0 & 1 & 3 \\ 0 & 0 & 1 \end{bmatrix} \\ &= \begin{bmatrix} 1 & 0 & 0 \\ -3/2 & 1 & 0 \\ 2 & -3 & 1 \end{bmatrix} \begin{bmatrix} 2 & 0 & 0 \\ 0 & 1 & 0 \\ 0 & 0 & 7 \end{bmatrix} \begin{bmatrix} 1 & 3 & 1 \\ 0 & 1 & 3 \\ 0 & 0 & 1 \end{bmatrix} \end{aligned}$$

일반적으로 A가 행 교환 없이 행사다리꼴로 변환될 수 있는 정사각행렬이면 A는 *유일하게* $A = LDU$로 인수분해 될 수 있다. 여기서 L은 주대각선 성분이 1인 하부삼각행렬, D는 대각행렬, U는 주대각선 성분이 1인 상부삼각행렬이다. 이 분해를 A의 ***LDU*-분해**(또는 ***LDU*-인수분해**)라고 부른다.

참고 행렬 A의 LU-분해를 구하기 위하여 설명한 절차는 행렬 U가 A의 행사다리꼴이므로 U의 주대각선 성분을 1로 만든다. LU-분해를 계산하는 많은 프로그램은 선행 1을 도입하기보다는 오히려 원래 행렬에서 **추축**(pivot)이라 부르는 선행 성분을 그대로 남겨 두고서 간단히 추축에 적당한 배수를 밑에 놓인 성분에 더하여 필요한 영들을 얻는다. 이는 주대각선상에 1보다는 선행 성분 그 자체인 추축을 갖는 상부삼각행렬을 만든다. 추축을 보존하는 것도 어떤 이점이 있음을 교재 후반부에 논의하겠다.

치환행렬을 이용한 행 교환 실세계의 응용에서는 반올림 과정의 오차를 줄이기 위해 부분적인 추축 연산이나 이와 유사한 과정이 사용되며, 따라서 수치적으로 안정된 알고리즘을 이용하여 선형계 $A\mathbf{x} = \mathbf{b}$를 풀 때는 행 교환이 거의 항상 일어난다. 행 교환이 일어날 때, LU-분해는 직접 이용될 수 없다. 그렇지만 LU-분해를 시작하기 전에 모든 행연산을 수행하여 A를 '전처리'함으로써 그런 어려운 점을 회피하는 것이 가능하다. 좀 더 정확하게 말하면, 행 교환에 대응하는 기본행렬을 곱하여 행렬 P를 구성하고 곱 PA를 구성함으로써 A에 모든 행 교환을 실행하는 것이다. 모든 행 교환은 이제 하지 않아도 되므로 행렬 PA는 행 교환 없이 행사다리꼴로 변환될 수 있어서 LU-분해를 갖는다.

$$PA = LU \tag{14}$$

행렬 P는 가역행렬(기본행렬의 곱)이므로, 선형계 $A\mathbf{x} = \mathbf{b}$와 $PA\mathbf{x} = P\mathbf{b}$는 같은 해들을 가지며(왜?) 후자는 LU-분해로 풀릴 수 있다.

참고 A의 크기가 $n \times n$이면 앞의 논의에서 행렬 P는 I_n의 행들을 어떤 방법으로 다시 정리하여 얻어진 행렬이다. 이런 형태의 행렬을 **치환행렬**(permutation matrix)이라 부른다. 어떤 저자는 우리가 P로 쓴 행렬을 P^{-1}로 쓰는데, 이 경우에 식 (14)는

$$A = PLU \tag{15}$$

로 쓸 수 있다. 이를 A의 ***PLU*-분해**라고 부른다.

선형계를 푸는 데 드는 비용과 플롭 "시간이 금"이라는 옛 격언이 있다. 이 말은 특히 산업계에서 잘 들어맞는다. 산업계에서 문제를 푸는 데 드는 비용은 종종 컴퓨터가 작업을 수행하는 데 걸리는 시간에 의해서 결정된다. 일반적으로, 컴퓨터가 문제를 푸는 데 요구되는 시간은 두 가지 요인, 즉 처리장치의 속도와 수행되어야 하는 연산의 수에 의존한다. 컴퓨터 처리장치의 속도는 항상 증가하여 기술이 자연스럽게 발전하므로 문제를 푸는 데 드는 비용을 낮추어 주고 있다. 그렇지만 문제를 푸는 데 요구되는 연산의 수는 기술의 문제가 아니라 오히려 문제를 푸는 데 이용되는 알고리즘의 문제이다. 따라서 큰 선형계를 푸는 데 올바른 알고리즘을 선택하는 것은 재정적으로 매우 중요하다. 이 절의 나머지 부분에서는 선형계를 푸는 데 알고리즘의 선택에 영향을 주는 요인들을 논의하겠다.

컴퓨터 용어로 두 실수에 대한 연산($+$, $-$, $*$, $\div$)은 '부동소수점 연산(floating-point operation)'* 의 축약어로 **플롭**(flop)이라고 부른다. 문제를 푸는 데 요구되는 플롭의 전체 횟수는 해의 **비용**(cost)이라 할 수 있어서, 이는 문제를 푸는 다양한 알고리즘 중에 편리한 방법을 선택하게 한다. 컴퓨터 장치의 속도와 연산에 대한 재정적인 면을 알고 있다면 플롭에서 가격은 필요한 경우 시간이나 돈의 단위로 전환될 수 있다. 예를 들면 오늘날 많은 PC가 초당 거의 10기가플롭을 수행할 수 있다(1기가플롭 $= 10^9$플롭). 따라서 100만 플롭의 비용이 드는 알고리즘은 0.0001초에 실행될 것이다.

플롭 비용을 어떻게 계산하는지 예시하기 위하여 Gauss-Jordan 소거로 n개의 미지수에 대한 n개 방정식의 선형계를 푸는 데 요구되는 플롭의 수를 계산하자. 이 목적을 위해서 처음 n개의 양의 정수의 합과 처음 n개의 양의 정수의 제곱 합에 대한 다음 공식이 필요하다.

$$1 + 2 + 3 + \cdots + n = \frac{n(n+1)}{2} \tag{16}$$

$$1^2 + 2^2 + 3^2 + \cdots + n^2 = \frac{n(n+1)(2n+1)}{6} \tag{17}$$

---

*실수는 **부동정수**(floating-point number)라고 하는 근사값으로 컴퓨터에 저장되어 있다. 밑이 10인 경우 부동점수는 $\pm.d_1d_2 \cdots d_n \times 10^m$ 형태를 갖는다. 여기서 m은 **가수**(mantissa)라고 부르는 정수이고 n은 소수점 오른쪽 숫자의 개수이다. n의 값은 컴퓨터에 따라 변한다. 어떤 문헌에서는 플롭이라는 용어가 처리장치 속도의 단위로 이용되어 '*1초당 부동점 연산*'을 뜻한다. 우리의 용법에서는 셈의 단위로 해석한다.

$A\mathbf{x} = \mathbf{b}$를 Gauss-Jordan 소거(또는, 역대입법을 이용하여 Gauss 소거)로 풀 수 있는 n개의 미지수에 대한 n개 방정식의 선형계라고 하자. 간단히 하기 위하여, A는 가역행렬이고 붙인 행렬 $[A \mid \mathbf{b}]$를 행사다리꼴로 변환하는 데 행 교환이 요구되지 않는다고 가정하자. 다음과 같이 분석하는 데 수반된 도표는 첫 행에 선행 1을 도입하고 그 아래로는 0을 도입하는 데 요구되는 연산을 셀 수 있는 편리한 방법을 제공한다. 연산을 셀 때, 나눗셈과 곱셈을 '곱셈'으로 통일하고, 덧셈과 뺄셈을 '덧셈'으로 통일할 것이다.

1단계. 첫 행에 선행 1을 도입하는 데 n플롭(곱셈)이 필요하다.

$$\left[\begin{array}{cccccc|c} 1 & \times & \times & \cdots & \times & \times & \times \\ \bullet & \bullet & \bullet & \cdots & \bullet & \bullet & \bullet \\ \bullet & \bullet & \bullet & \cdots & \bullet & \bullet & \bullet \\ \vdots & \vdots & \vdots & & \vdots & \vdots & \vdots \\ \bullet & \bullet & \bullet & \cdots & \bullet & \bullet & \bullet \\ \bullet & \bullet & \bullet & \cdots & \bullet & \bullet & \bullet \end{array}\right]$$

$\times$는 계산되고 있는 양을 나타낸다.
$\bullet$은 계산되지 않고 있는 양을 나타낸다.
행렬 크기는 $n \times (n+1)$이다.

2단계. 선행 1 밑으로 영을 도입하는 데 n번의 곱셈과 n번의 덧셈이 필요하며, 선행 1 밑으로 $n-1$행이 있어서 선행 1 밑으로 영을 도입하는 데 필요한 플롭의 수는 $2n(n-1)$이다.

$$\left[\begin{array}{cccccc|c} 1 & \bullet & \bullet & \cdots & \bullet & \bullet & \bullet \\ 0 & \times & \times & \cdots & \times & \times & \times \\ 0 & \times & \times & \cdots & \times & \times & \times \\ \vdots & \vdots & \vdots & & \vdots & \vdots & \vdots \\ 0 & \times & \times & \cdots & \times & \times & \times \\ 0 & \times & \times & \cdots & \times & \times & \times \end{array}\right]$$

1열. 1단계와 2단계를 조합하면 1열에 필요한 플롭의 수는

$$n + 2n(n-1) = 2n^2 - n$$

2열. 2열에 대한 절차는 행과 열이 각각 한 개씩 적다는 것을 제외하면 1열에서와 같다. 따라서 그 행에 선행 1과 그 밑으로 영들을 도입하는 데 필요한 플롭의 수는 첫 행에 대한 플롭 계산에서 n 대신 $n-1$을 대입하여 얻어질 수 있다. 따라서 2열에 필요한 플롭의 수는

$$2(n-1)^2 - (n-1)$$

3열. 2열에 대한 논의에 의하여 3열에 필요한 플롭의 수는

$$2(n-2)^2 - (n-2)$$

전체 열의 합계. 양식은 이제 분명하다, n개의 선행 1과 수반된 0들을 만들어 내는 데 필요한 플롭의 총 수는

$$(2n^2 - n) + [2(n-1)^2 - (n-1)] + [2(n-2)^2 - (n-2)] + \cdots + (2-1)$$

이고, 다시 쓰면

$$2[n^2 + (n-1)^2 + \cdots + 1] - [n + (n-1) + \cdots + 1]$$

이다. 식 (16)과 (17)을 적용하면 총 수는

$$2\frac{n(n+1)(2n+1)}{6} - \frac{n(n+1)}{2} = \frac{2}{3}n^3 + \frac{1}{2}n^2 - \frac{1}{6}n$$

이다.

다음으로 밑에서부터 대입을 완료하는 데 필요한 연산의 수를 세어 보자.

***n*열.** n열의 선행 1 위에 영을 도입하는 데 $n-1$번 곱셈과 $n-1$번 덧셈이 필요하므로 이 열에

필요한 플롭의 총수는 $2(n-1)$이다.

$$\left[\begin{array}{cccccc|c} 1 & \bullet & \bullet & \cdots & \bullet & 0 & \times \\ 0 & 1 & \bullet & \cdots & \bullet & 0 & \times \\ 0 & 0 & 1 & \cdots & \bullet & 0 & \times \\ \vdots & \vdots & \vdots & & \vdots & \vdots & \vdots \\ 0 & 0 & 0 & \cdots & 1 & 0 & \times \\ 0 & 0 & 0 & \cdots & 0 & 1 & \bullet \end{array}\right]$$

$(n-1)$열. 절차는 한 행이 적은 것을 제외하면 첫 단계와 같다. 따라서 $(n-1)$열에 필요한 플롭의 수는 $2(n-2)$이다.

$$\left[\begin{array}{cccccc|c} 1 & \bullet & \bullet & \cdots & 0 & 0 & \times \\ 0 & 1 & \bullet & \cdots & 0 & 0 & \times \\ 0 & 0 & 1 & \cdots & 0 & 0 & \times \\ \vdots & \vdots & \vdots & & \vdots & \vdots & \vdots \\ 0 & 0 & 0 & \cdots & 1 & 0 & \bullet \\ 0 & 0 & 0 & \cdots & 0 & 1 & \bullet \end{array}\right]$$

$(n-2)$열. $(n-1)$열에 대한 논의에 따라 $(n-2)$열에 필요한 플롭의 수는 $2(n-3)$이다.

합계. 형식은 이제 분명해졌다. 밑에서부터 대입을 완료하는 데 필요한 플롭의 총 수는

$$2(n-1)+2(n-2)+2(n-3)+\cdots+2(n-n)=2[n^2-(1+2+\cdots+n)]$$

이고, 식 (16)을 이용하면 이는

$$2\left(n^2-\frac{n(n+1)}{2}\right)=n^2-n$$

이다.

요약하면, Gauss-Jordan 소거에 대하여 위에서부터 대입과 밑에서부터 대입에 필요한 플롭의 수는 다음과 같다.

$$\text{위에서부터 대입에서 플롭} = \tfrac{2}{3}n^3+\tfrac{1}{2}n^2-\tfrac{1}{6}n \tag{18}$$

$$\text{밑에서부터 대입에서 플롭} = n^2-n \tag{19}$$

따라서 Gauss-Jordan 소거로 선형계를 푸는 데 드는 총 비용은 다음과 같다.

$$\tfrac{2}{3}n^3+\tfrac{3}{2}n^2-\tfrac{7}{6}n \tag{20}$$

대선형계를 푸는 데 드는 비용 계산

다항식에서 독립변수가 큰 값을 가질 때는 최고차항이 다항식값에 대부분 기여한다는 것은 다항식의 성질이다. 따라서 대선형계에 대해서는 식 (18)과 (19)를 이용하여 위에서부터 대입과 밑에서부터 대입에 플롭의 수를 다음과 같이 어림할 수 있다.

$$\text{위에서부터 대입에서 플롭} \approx \tfrac{2}{3}n^3 \tag{21}$$

$$\text{밑에서부터 대입에서 플롭} \approx n^2 \tag{22}$$

이는 대선형계에 대하여 밑에서부터 대입보다 위에서부터 대입을 실행하는 데 더 큰 비용이 든다는 것을 보여 준다. 사실, 위에서부터 대입과 밑에서부터 대입 사이의 비용 차이는 다음 예제에서 보여 주는 것처럼 매우 크다.

예제 4 대선형계를 푸는 데 드는 비용

초당 10기가플롭을 실행할 수 있는 컴퓨터를 이용하여 1만 개의 미지수를 갖는 1만 개 방정식의 선형계에 대하여 Gauss-Jordan 소거의 위에서부터 대입과 밑에서부터 대입을 실행하는 데 필요한 시간을 어림하라.

풀이 주어진 선형계에 대하여 $n = 10^4$으로 식 (21)과 (22)로부터 위에서부터 대입과 밑에서부터 대입에 필요한 기가플롭 수는 다음과 같다.

$$\text{위에서부터 대입에서 기가플롭} \approx \tfrac{2}{3}n^3 \times 10^{-9} = \tfrac{2}{3}(10^4)^3 \times 10^{-9} = \tfrac{2}{3} \times 10^3$$

$$\text{밑에서부터 대입에서 기가플롭} \approx n^2 \times 10^{-9} = (10^4)^2 \times 10^{-9} = 10^{-1}$$

따라서 초당 10기가플롭의 속도로 위에서부터 대입과 밑에서부터 대입에 대한 실행시간은 다음과 같다.

$$\text{위에서부터 대입에서 실행시간} \approx \left(\tfrac{2}{3} \times 10^3\right) \times 10^{-1}\ \text{s} \approx 66.67\ \text{s}$$

$$\text{밑에서부터 대입에서 실행시간} \approx (10^{-1}) \times 10^{-1}\ \text{s} \approx 0.01\ \text{s}$$ ■

표 3.7.1의 결과를 확인하는 것은 여러분에게 연습문제로 남겨 둔다.

표 3.7.1

큰 수 n에 대하여 $n \times n$ 행렬 A에 대한 대략의 비용	
알고리즘	**플롭 비용**
Gsuss-Jordan 소거(위에서부터 대입) [Gsuss 소거]	$\approx \frac{2}{3}n^3$
Gsuss-Jordan 소거(밑에서부터 대입) [역대입]	$\approx n^2$
A의 LU 분해	$\approx \frac{2}{3}n^3$
$L\mathbf{y} = \mathbf{b}$를 푸는 위에서부터 대입	$\approx n^2$
$U\mathbf{x} = \mathbf{y}$를 푸는 밑에서부터 대입	$\approx n^2$
$[A \mid I]$를 $[I \mid A^{-1}]$로 변환하여 A^{-1} 구하기	$\approx 2n^3$
$A^{-1}\mathbf{b}$ 계산	$\approx 2n^3$

선형계를 푸는 알고리즘을 선택할 때 고려사항

n개의 미지수에 관한 n개 방정식으로 이루어진 *한 개*의 선형계 $A\mathbf{x} = \mathbf{b}$에 대하여 LU-분해와 Gauss-Jordan 소거 방법은 계산 처리 면에서는 다르지만, 그 외에는 같은 수의 플롭을 포함한다. 따라서 어느 방법도 다른 방법에 대하여 비용의 이점을 갖지 못한다. 그렇지만 LU-분해는 다음과 같은 방법을 선택할 수 있도록 하는 다른 이점이 있다.

- Gauss-Jordan 소거(또는 Gauss 소거)는 붙인 행렬 $[A \mid \mathbf{b}]$을 이용하므로 $\mathbf{b}$는 반드시 알아야 한다. 반면에, LU-분해는 행렬 A만을 사용하므로 일단 분해를 알기만 하면 우변에 필요한 값을 얼마든지 넣어도 A에 의해 주어진 분해를 계속 사용할 수 있다.
- $A\mathbf{x} = \mathbf{b}$를 풀기 위하여 계산한 LU-분해는 필요하다면 A^{-1}를 계산하는 데 이용될 수 있다. 어떤 문제에서는 진짜 보너스이다.
- 컴퓨터 메모리 수요가 많은 대선형계에 대하여 U의 주대각선 위나 아래에 나타나는 1과 0들은 U의 형태로부터 알고 있으므로 저장할 필요가 없다. 이 빈 공간은 L의 성분들을 저장하는 데 이용될 수 있어서 선형계를 푸는 데 요구되는 메모리양을 줄여 준다.
- A가 대부분 영으로 이루어진 대행렬이고 0이 아닌 성분은 주대각선 주위에 집단으로 집중되어 있으면, Gauss-Jordan 소거보다 우월한 LU-분해에 의해 비용을 줄이는 데 이용될 수 있는 기술이 있다.

연습문제 3.7

연습문제 1~4에서는 주어진 LU-분해를 이용하여 예제 1과 같이 전진대입 다음에 역대입을 하여 선형계 $\mathbf{Ax} = \mathbf{b}$를 풀어라.

1. $A = \begin{bmatrix} 3 & -6 \\ -2 & 5 \end{bmatrix} = \begin{bmatrix} 3 & 0 \\ -2 & 1 \end{bmatrix}\begin{bmatrix} 1 & -2 \\ 0 & 1 \end{bmatrix} = LU;$

$\mathbf{b} = \begin{bmatrix} 0 \\ 1 \end{bmatrix}$

2. $A = \begin{bmatrix} 2 & 5 \\ -3 & -4 \end{bmatrix} = \begin{bmatrix} 1 & 0 \\ -\frac{3}{2} & 1 \end{bmatrix}\begin{bmatrix} 2 & 5 \\ 0 & \frac{7}{2} \end{bmatrix} = LU;$

$\mathbf{b} = \begin{bmatrix} 3 \\ -4 \end{bmatrix}$

3. $\mathbf{b} = \begin{bmatrix} -3 \\ -22 \\ 3 \end{bmatrix};\ A = \begin{bmatrix} 3 & -6 & -3 \\ 2 & 0 & 6 \\ -4 & 7 & 4 \end{bmatrix}$

$= \begin{bmatrix} 3 & 0 & 0 \\ 2 & 4 & 0 \\ -4 & -1 & 2 \end{bmatrix}\begin{bmatrix} 1 & -2 & -1 \\ 0 & 1 & 2 \\ 0 & 0 & 1 \end{bmatrix} = LU$

4. $\mathbf{b} = \begin{bmatrix} 1 \\ 5 \\ -7 \end{bmatrix};\ A = \begin{bmatrix} 1 & -3 & 0 \\ 0 & 1 & 3 \\ 2 & -10 & 2 \end{bmatrix}$

$= \begin{bmatrix} 1 & 0 & 0 \\ 0 & 1 & 0 \\ 2 & -4 & 1 \end{bmatrix}\begin{bmatrix} 1 & -3 & 0 \\ 0 & 1 & 3 \\ 0 & 0 & 14 \end{bmatrix} = LU$

연습문제 5~10에서는 계수행렬 A의 LU-분해를 구하고 이를 이용하여 예제 1에서와 같이 전진대입 다음에 밑에서부터 대입하여 선형계 $\mathbf{Ax} = \mathbf{b}$를 풀어라.

5. $\begin{bmatrix} 2 & 8 \\ -1 & -1 \end{bmatrix}\begin{bmatrix} x_1 \\ x_2 \end{bmatrix} = \begin{bmatrix} -2 \\ -2 \end{bmatrix}$

6. $\begin{bmatrix} -5 & -10 \\ 6 & 5 \end{bmatrix}\begin{bmatrix} x_1 \\ x_2 \end{bmatrix} = \begin{bmatrix} -10 \\ 19 \end{bmatrix}$

7. $\begin{bmatrix} 2 & -2 & -2 \\ 0 & -2 & 2 \\ -1 & 5 & 2 \end{bmatrix}\begin{bmatrix} x_1 \\ x_2 \\ x_3 \end{bmatrix} = \begin{bmatrix} -4 \\ -2 \\ 6 \end{bmatrix}$

8. $\begin{bmatrix} 5 & 5 & 10 \\ -8 & -7 & -9 \\ 0 & 4 & 26 \end{bmatrix}\begin{bmatrix} x_1 \\ x_2 \\ x_3 \end{bmatrix} = \begin{bmatrix} 0 \\ 1 \\ 4 \end{bmatrix}$

9. $\begin{bmatrix} -1 & 0 & 1 & 0 \\ 2 & 3 & -2 & 6 \\ 0 & -1 & 2 & 0 \\ 0 & 0 & 1 & 5 \end{bmatrix}\begin{bmatrix} x_1 \\ x_2 \\ x_3 \\ x_4 \end{bmatrix} = \begin{bmatrix} 5 \\ -1 \\ 3 \\ 7 \end{bmatrix}$

10. $\begin{bmatrix} 2 & -4 & 0 & 0 \\ 1 & 2 & 12 & 0 \\ 0 & 0 & 2 & 0 \\ 0 & -1 & -4 & -5 \end{bmatrix}\begin{bmatrix} x_1 \\ x_2 \\ x_3 \\ x_4 \end{bmatrix} = \begin{bmatrix} 8 \\ 0 \\ 1 \\ 0 \end{bmatrix}$

11. 연습문제 3의 행렬을 참고하여, 주어진 LU-분해를 이용하여 3개의 적절한 선형계를 풀면서 A^{-1}를 구하라.

12. 연습문제 4의 행렬을 참고하여, 주어진 LU-분해를 이용하여 3개의 적절한 선형계를 풀면서 A^{-1}를 구하라.

연습문제 13과 14에서는 A의 LDU-분해를 구하라.

13. $A = \begin{bmatrix} 2 & 1 & -1 \\ -2 & 0 & 2 \\ 2 & 2 & 1 \end{bmatrix}$ **14.** $A = \begin{bmatrix} -1 & -3 & -4 \\ 3 & 10 & -10 \\ -2 & -4 & 11 \end{bmatrix}$

연습문제 15와 16에서는 A가 치환행렬인지를 판별하라.

15. (a) $A = \begin{bmatrix} 0 & 1 \\ 1 & 0 \end{bmatrix}$ (b) $A = \begin{bmatrix} 0 & 1 & 0 \\ 1 & 0 & 1 \\ 0 & 0 & 1 \end{bmatrix}$

(c) $A = \begin{bmatrix} 0 & 0 & 1 & 0 \\ 0 & 1 & 0 & 0 \\ 0 & 0 & 0 & 1 \\ 1 & 0 & 0 & 0 \end{bmatrix}$

16. (a) $A = \begin{bmatrix} 0 & 1 \\ 0 & 1 \end{bmatrix}$ (b) $A = \begin{bmatrix} 0 & 0 & 1 \\ 0 & 1 & 0 \\ 1 & 0 & 0 \end{bmatrix}$

(c) $A = \begin{bmatrix} 0 & 0 & 1 & 0 \\ 0 & 1 & 1 & 0 \\ 0 & 0 & 0 & 1 \\ 1 & 0 & 0 & 0 \end{bmatrix}$

연습문제 17과 18에서는 주어진 A의 PLU-분해를 이용하여 선형계 $\mathbf{Ax} = \mathbf{b}$를 $P^{-1}\mathbf{Ax} = P^{-1}\mathbf{b}$로 쓰고 LU-분해를 활용해 $\mathbf{Ax} = \mathbf{b}$를 풀어라.

17. $\mathbf{b} = \begin{bmatrix} 2 \\ 1 \\ 5 \end{bmatrix};\ A = \begin{bmatrix} 0 & 1 & 4 \\ 1 & 2 & 2 \\ 3 & 1 & 3 \end{bmatrix};$

$A = \begin{bmatrix} 0 & 1 & 0 \\ 1 & 0 & 0 \\ 0 & 0 & 1 \end{bmatrix}\begin{bmatrix} 1 & 0 & 0 \\ 0 & 1 & 0 \\ 3 & -5 & 1 \end{bmatrix}\begin{bmatrix} 1 & 2 & 2 \\ 0 & 1 & 4 \\ 0 & 0 & 17 \end{bmatrix} = PLU$

18. $\mathbf{b} = \begin{bmatrix} 3 \\ 0 \\ 6 \end{bmatrix};\ A = \begin{bmatrix} 4 & 1 & 2 \\ 0 & 2 & 1 \\ 8 & 1 & 8 \end{bmatrix};$

$A = \begin{bmatrix} 1 & 0 & 0 \\ 0 & 0 & 1 \\ 0 & 1 & 0 \end{bmatrix}\begin{bmatrix} 1 & 0 & 0 \\ 2 & 1 & 0 \\ 0 & -2 & 1 \end{bmatrix}\begin{bmatrix} 4 & 1 & 2 \\ 0 & -1 & 4 \\ 0 & 0 & 9 \end{bmatrix} = PLU$

연습문제 19와 20에서는 A의 PLU-분해를 구하고 이를 이용하여 연습문제 17과 18의 방법을 이용하여 선형계 $\mathbf{Ax} = \mathbf{b}$를 풀어라.

19. $A = \begin{bmatrix} 3 & -1 & 0 \\ 3 & -1 & 1 \\ 0 & 2 & 1 \end{bmatrix}$; $\mathbf{b} = \begin{bmatrix} -2 \\ 1 \\ 4 \end{bmatrix}$

20. $A = \begin{bmatrix} 0 & 3 & -2 \\ 1 & 1 & 4 \\ 2 & 2 & 5 \end{bmatrix}$; $\mathbf{b} = \begin{bmatrix} 7 \\ 5 \\ -2 \end{bmatrix}$

21. (a) 초당 1기가플롭을 실행할 수 있는 컴퓨터를 이용하여 10만 개의 미지수에 관한 10만 개 방정식의 선형계에 대해 Gauss-Jordan 소거의 전진 단계를 실행하는 데 필요한 시간을 어림하라. (표 3.7.1을 보라.)

(b) 0.5초 내로 10,000 × 10,000 크기 행렬의 LU-분해를 구하기 위해서는 컴퓨터가 초당 얼마의 기가플롭을 실행할 수 있어야 하는가? (표 3.7.1을 보라.)

22. $A = \begin{bmatrix} a & b \\ c & d \end{bmatrix}$이다.

(a) $a \neq 0$이면 A는 L의 주대각선 위의 성분이 1인 LU-분해를 한 개만 가짐을 보여라.

(b) (a)의 LU-분해를 구하라.

토론과 발견

D1. 곱

$$PA = \begin{bmatrix} 0 & 0 & 0 & 1 \\ 0 & 0 & 1 & 0 \\ 0 & 1 & 0 & 0 \\ 1 & 0 & 0 & 0 \end{bmatrix} \begin{bmatrix} 2 & 1 & 3 & 5 \\ 0 & 7 & 7 & 4 \\ -11 & 12 & 6 & 9 \\ 3 & -3 & 6 & -6 \end{bmatrix}$$

의 첫째 인수는 치환행렬이다. 이를 확인하고, 그 결과를 이용하여 적절한 행 교환을 하여 PA를 구하라.

D2. A가 대칭행렬이고 가역행렬이면 A의 LDU-분해에서 인수 L과 U 사이에 어떤 관계가 존재하는가?

D3. 다음 행렬 A는 가역행렬이지만 LU-분해를 갖지 않음을 보여라.

$$A = \begin{bmatrix} 0 & 1 \\ 1 & 0 \end{bmatrix}$$

그 이유를 설명하라.

D4. 예제 1에서 L과 U의 셋째 대각 성분을 적절히 조절함으로써 LU-분해가 유일하지 않음을 보여라.

프로그램 활용 연습문제

T1. (***LU*-분해**) 계산 유틸리티는 LU-분해를 어떻게 다루느냐에 따라서 매우 다양하다. 예를 들면 행 교환 없이 LU-분해가 가능할지라도, 어떤 계산 유틸리티는 행 교환을 실행하여 반올림 오차를 감소시키고 PLU-분해를 낳는다. 독자의 계산 유틸리티가 LU-분해를 어떻게 다루는지 결정하고, 그것을 이용하여 예제 1의 행렬 A의 LU-분해 또는 PLU-분해를 구하라.

T2. (**역대입과 전진대입**) LU-분해는 선형계를 푸는 과정을 역대입과 전진대입으로 나눈다. 어떤 계산 유틸리티는 상부삼각계수행렬을 갖는 선형계 역대입으로 푸는 명령어를 갖고 있고, 어떤 것은 하부삼각계수행렬을 갖는 선형계를 전진 단계로 푸는 명령어를 갖고 있으며, 또 어떤 것은 계수행렬이 정확히 LU-형 또는 PLU-형으로 인수분해 된 선형계를 푸는 데 역대입과 전진대입을 이용하는 명령어를 갖는다. 독자의 유틸리티는 이런 역량들 전부나 일부를 가졌는지 판단하고, 예제 1의 선형계를 푸는 데 그들을 실험해 보라.

T3. (독자의 계산 유틸리티에 어떤 것이 더 편리하든 간에) LU-분해 또는 PLU-분해를 이용하여 선형계 $A\mathbf{x} = \mathbf{b}_1$, $A\mathbf{x} = \mathbf{b}_2$, $A\mathbf{x} = \mathbf{b}_3$를 풀어라. 여기서

$$A = \begin{bmatrix} 6 & 2 & -1 & 1 \\ 2 & 7 & 1 & -1 \\ 3 & -1 & 5 & 2 \\ 4 & 3 & 2 & -8 \end{bmatrix}; \quad \mathbf{b}_1 = \begin{bmatrix} 4 \\ 5 \\ 1 \\ 2 \end{bmatrix}$$

$$\mathbf{b}_2 = \begin{bmatrix} 0 \\ 4 \\ 2 \\ 3 \end{bmatrix}, \quad \mathbf{b}_3 = \begin{bmatrix} 6 \\ 7 \\ 8 \\ 4 \end{bmatrix}$$

이다.

T4. 독자의 계산 유틸리티를 이용하여 특이행렬의 LU-분해를 구할 때 어떤 일이 생기는지 알아보라.

3.8 분할된 행렬과 병렬처리

이 장의 앞 절에서 행렬을 행벡터 또는 열벡터로 나누는 것이 유용하다는 것을 알았다. 이 절에서는 행렬을 나누는 다른 방법을 고려하겠다. 이 방법은 특별한 문제에서 행렬의 중요한 부분들을 분리하거나 큰 행렬을 대규모 계산에서 더 잘 다룰 수 있는 작은 행렬들로 나누는 데 일반적으로 사용된다.

일반적인 분할 행렬은 선택된 행과 열 사이에 선을 삽입하여 여러 가지 방법으로 [**블록**(block)이라고도 부르는] **부분행**

렬(submatrix)들로 **분할**(partition)될 수 있다. 예를 들어 일반적인 3 × 4 행렬 A는 다음과 같이 네 개의 부분행렬 A_{11}, A_{12}, A_{21}, A_{22}로 분할될 수 있다.

$$A = \left[\begin{array}{ccc|c} a_{11} & a_{12} & a_{13} & a_{14} \\ a_{21} & a_{22} & a_{23} & a_{24} \\ \hline a_{31} & a_{32} & a_{33} & a_{34} \end{array}\right] = \begin{bmatrix} A_{11} & A_{12} \\ A_{21} & A_{22} \end{bmatrix}$$

여기서

$$A_{11} = \begin{bmatrix} a_{11} & a_{12} & a_{13} \\ a_{21} & a_{22} & a_{23} \end{bmatrix}, \quad A_{12} = \begin{bmatrix} a_{14} \\ a_{24} \end{bmatrix}$$

$$A_{21} = [a_{31} \quad a_{32} \quad a_{33}], \quad A_{22} = [a_{34}]$$

이렇게 분할하면 A는 성분이 행렬인 2 × 2 행렬로 간주한다. 블록들을 행렬의 성분으로 간주하면 분할된 행렬에 연산을 수행할 수 있다. 예를 들면

$$A = \begin{bmatrix} A_{11} & A_{12} \\ A_{21} & A_{22} \\ A_{31} & A_{32} \end{bmatrix}, \quad B = \begin{bmatrix} B_{11} & B_{12} \\ B_{21} & B_{22} \end{bmatrix}$$

그리고 블록들의 크기가 연산에 적합하다면 정리 3.1.7의 행렬 규칙의 블록화

$$AB = \begin{bmatrix} A_{11} & A_{12} \\ A_{21} & A_{22} \\ A_{31} & A_{32} \end{bmatrix} \begin{bmatrix} B_{11} & B_{12} \\ B_{21} & B_{22} \end{bmatrix} = \begin{bmatrix} A_{11}B_{11} + A_{12}B_{21} & A_{11}B_{12} + A_{12}B_{22} \\ A_{21}B_{11} + A_{22}B_{21} & A_{21}B_{12} + A_{22}B_{22} \\ A_{31}B_{11} + A_{32}B_{21} & A_{31}B_{12} + A_{32}B_{22} \end{bmatrix} \tag{1}$$

를 낳는다. 이 절차를 **블록곱셈**(block multiplication)이라 부른다. 그렇지만 식 (1)이 유효한 공식이 되려면 A와 B는 블록들의 크기가 12개의 곱과 6개의 합에 적합하도록 분할되어야 한다는 것에 유의하여야 한다.

예제 1 블록곱셈

분할된 행렬

$$A = \left[\begin{array}{rrr|rr} 3 & -4 & 1 & 0 & 2 \\ -1 & 5 & -3 & 1 & 4 \\ \hline 2 & 0 & -2 & 1 & 6 \end{array}\right] = \begin{bmatrix} A_{11} & A_{12} \\ A_{21} & A_{22} \end{bmatrix}, \quad B = \left[\begin{array}{rr} 2 & -1 \\ 3 & 0 \\ -5 & 1 \\ \hline 4 & -3 \\ 0 & 2 \end{array}\right] = \begin{bmatrix} B_{11} \\ B_{21} \end{bmatrix}$$

의 곱 AB에 대한 블록행-열규칙은

$$AB = \begin{bmatrix} A_{11} & A_{12} \\ A_{21} & A_{22} \end{bmatrix} \begin{bmatrix} B_{11} \\ B_{21} \end{bmatrix} = \begin{bmatrix} A_{11}B_{11} + A_{12}B_{21} \\ A_{21}B_{11} + A_{22}B_{21} \end{bmatrix}$$

이다. 이것은 블록의 크기가 모든 연산이 실행될 수 있도록 다음과 같이 되어 있으므로 유효한 공식이다.

$$A_{11}B_{11} + A_{12}B_{21} = \begin{bmatrix} 3 & -4 & 1 \\ -1 & 5 & -3 \end{bmatrix} \begin{bmatrix} 2 & -1 \\ 3 & 0 \\ -5 & 1 \end{bmatrix} + \begin{bmatrix} 0 & 2 \\ 1 & 4 \end{bmatrix} \begin{bmatrix} 4 & -3 \\ 0 & 2 \end{bmatrix} = \begin{bmatrix} -11 & 2 \\ 32 & 3 \end{bmatrix}$$

$$A_{21}B_{11} + A_{22}B_{21} = [2 \quad 0 \quad -2] \begin{bmatrix} 2 & -1 \\ 3 & 0 \\ -5 & 1 \end{bmatrix} + [1 \quad 6] \begin{bmatrix} 4 & -3 \\ 0 & 2 \end{bmatrix} = [18 \quad 5]$$

따라서

$$AB = \begin{bmatrix} A_{11}B_{11} + A_{12}B_{21} \\ A_{21}B_{11} + A_{22}B_{21} \end{bmatrix} = \left[\begin{array}{rr} -11 & 2 \\ 32 & 3 \\ \hline 18 & 5 \end{array}\right]$$

분할하지 않고 계산을 하여 이 결과가 옳다는 것을 증명해 보라.

$$AB = \begin{bmatrix} 3 & -4 & 1 & 0 & 2 \\ -1 & 5 & -3 & 1 & 4 \\ 2 & 0 & -2 & 1 & 6 \end{bmatrix} \begin{bmatrix} 2 & -1 \\ 3 & 0 \\ -5 & 1 \\ 4 & -3 \\ 0 & 2 \end{bmatrix} = \begin{bmatrix} -11 & 2 \\ 32 & 3 \\ 18 & 5 \end{bmatrix}$$ ■

개념문제 블록곱셈으로 AB를 계산할 수 있도록 이 예제에서 행렬 A와 B를 분할하는 다른 방법을 고안하라. 그 방법을 이용하여 계산하라.

다음은 **열-행 규칙**(column-row rule)이라고 부르는 블록곱셈의 특별한 경우로, 매우 유용하다(정리 3.1.7의 행렬곱셈에 관한 행-열 규칙과 비교해 보라).

정리 3.8.1 **(열-행 규칙)** *$m \times s$ 행렬 A와 $s \times n$ 행렬 B가 열벡터와 행벡터*

$$AA = [\mathbf{c}_1 \quad \mathbf{c}_2 \quad \cdots \quad \mathbf{c}_s], \quad B = \begin{bmatrix} \mathbf{r}_1 \\ \mathbf{r}_2 \\ \vdots \\ \mathbf{r}_s \end{bmatrix}$$

로 분할되면

$$AB = \mathbf{c}_1\mathbf{r}_1 + \mathbf{c}_2\mathbf{r}_2 + \cdots + \mathbf{c}_s\mathbf{r}_s \tag{2}$$

이다.

참고 식 (2)는 AB를 열벡터와 행벡터의 곱들의 합(외적)으로 표현하기 때문에 가끔 **외적규칙**(outer product rule)이라 부른다. 이 공식은 수의 계산에 대해서보다 이론 분석에 더 중요하며, 이 교재에서 많이 사용하겠다. 이 공식을 포함한 몇 개의 계산문제를 연습문제에 포함했다.

예제 2 tr(AB) = tr(BA)

다음은 3.2절에서 약속한 정리 3.2.12(e)의 증명이다. A와 B가 $m \times m$ 행렬이고 정리 3.8.1에서와 같이 분할되었다고 가정하자. 그러면 대각합의 정의로부터

$$\begin{aligned} \text{tr}(BA) &= \mathbf{r}_1\mathbf{c}_1 + \mathbf{r}_2\mathbf{c}_2 + \cdots + \mathbf{r}_s\mathbf{c}_s && [\textbf{행렬곱셈에 대한 행-열 규칙}] \\ &= \text{tr}(\mathbf{c}_1\mathbf{r}_1) + \text{tr}(\mathbf{c}_2\mathbf{r}_2) + \cdots + \text{tr}(\mathbf{c}_s\mathbf{r}_s) && [\textbf{정리 3.2.13}] \\ &= \text{tr}(\mathbf{c}_1\mathbf{r}_1 + \mathbf{c}_2\mathbf{r}_2 + \cdots + \mathbf{c}_s\mathbf{r}_s) && [\textbf{정리 3.2.12}(c)] \\ &= \text{tr}(AB) && [\textbf{정리 3.8.1}] \end{aligned}$$ ■

블록대각행렬 분할된 행렬 A의 주대각선 위의 행렬들이 정사각행렬이고 주대각선 밖의 행렬들은 모두 영행렬이면 A를 **블록대각행렬**(block diagonal matrix)이라 한다. 즉 행렬은

$$A = \begin{bmatrix} D_1 & 0 & \cdots & 0 \\ 0 & D_2 & \cdots & 0 \\ \vdots & \vdots & & \vdots \\ 0 & 0 & \cdots & D_k \end{bmatrix} \tag{3}$$

으로 분할되며, $D_1, D_2, \cdots, D_k$는 정사각행렬이다. 식 (3)에서 행렬 A가 가역행렬일 필요충분조건은 주대각선 위의 각 행렬이 가역행렬이라는 것을 보일 수 있다. 이 경우에 다음이 성립한다.

$$A^{-1} = \begin{bmatrix} D_1^{-1} & 0 & \cdots & 0 \\ 0 & D_2^{-1} & \cdots & 0 \\ \vdots & \vdots & & \vdots \\ 0 & 0 & \cdots & D_k^{-1} \end{bmatrix} \tag{4}$$

예제 3 블록대각행렬

블록대각행렬의 역행렬 구하기

$$A = \left[\begin{array}{cc|cc|c} 8 & -7 & 0 & 0 & 0 \\ 1 & -1 & 0 & 0 & 0 \\ \hline 0 & 0 & 3 & 1 & 0 \\ 0 & 0 & 5 & 2 & 0 \\ \hline 0 & 0 & 0 & 0 & 4 \end{array}\right]$$

는 주대각선 위에 2개의 2 × 2 행렬과 1개의 1 × 1 행렬이 있다. 2 × 2 행렬들의 행렬식이 0이 아니기 때문에 정리 3.2.7에 의하여 가역행렬이고 1 × 1 행렬은 0이 아니므로(그 역은 $\frac{1}{4}$) 가역행렬이다. 정리 3.2.7을 적용하여 2 × 2 행렬들의 역행렬들을 구하여

$$A^{-1} = \left[\begin{array}{cc|cc|c} 1 & -7 & 0 & 0 & 0 \\ 1 & -8 & 0 & 0 & 0 \\ \hline 0 & 0 & 2 & -1 & 0 \\ 0 & 0 & -5 & 3 & 0 \\ \hline 0 & 0 & 0 & 0 & \frac{1}{4} \end{array}\right]$$

을 보이는 것은 독자에게 남긴다. ■

블록상부삼각행렬

분할된 정사각행렬 A의 주대각선 위의 행렬들이 정사각행렬이고 주대각선 아래의 모든 행렬이 0이면 A는 **블록상부삼각행렬**(block upper triangular matrix)이라고 한다. 즉 행렬은

$$A = \begin{bmatrix} A_{11} & A_{12} & \cdots & A_{1k} \\ 0 & A_{22} & \cdots & A_{2k} \\ \vdots & \vdots & & \vdots \\ 0 & 0 & \cdots & A_{kk} \end{bmatrix} \tag{5}$$

으로 분할되며, $A_{11}, A_{22}, \cdots, A_{kk}$는 정사각행렬이다. **블록하부삼각행렬**(block lower triangular matrix)의 정의도 비슷하다.

큰 행렬을 연산하는 많은 컴퓨터 알고리즘은 블록 구조를 이용하여 계산을 작은 조각으로 나누어 수행한다. 예를 들면 블록상부삼각행렬

$$A = \begin{bmatrix} A_{11} & A_{12} \\ 0 & A_{22} \end{bmatrix}$$

를 생각하자. 여기서 A_{11}과 A_{22}는 정사각행렬이다. 연습문제에서 A_{11}과 A_{22}가 가역행렬이면 행렬 A는 가역행렬이고

$$A^{-1} = \begin{bmatrix} A_{11} & A_{12} \\ 0 & A_{22} \end{bmatrix}^{-1} = \begin{bmatrix} A_{11}^{-1} & -A_{11}^{-1}A_{12}A_{22}^{-1} \\ 0 & A_{22}^{-1} \end{bmatrix} \tag{6}$$

임을 보이라고 하겠다. 이 공식은 A의 역행렬을 구하는 작업이 **병렬처리**(parallel processing)에 의하여, 즉 작은 행렬 A_{11}과 A_{22}의 역행렬을 계산하기 위하여 *동시에* 작동하는 두 개의 각기 다른 처리기를 이용하여 이루어지도록 한다. 작은 행렬들의 역행렬들이 구해지면, A의 역행렬을 구성하는 식 (6)을 이용하여 결과를 결합할 수 있다. 병렬처리는 많은 계산이 동시에 이루어지므로 빠를 뿐만 아니라 가끔은 전체행렬 A를 수용할 수 있을 정도로 충분히 크지는 않을지 모르는 고속메모리에서 작은 행렬들의 역행렬을 구함으로써 속도 향상을 얻을 수 있다.

역사 속의 선형대수

1990년에 진행된 **인간 게놈 프로젝트**(human genome project)라고 하는 국제협력과제는 인간 DNA에 있는 약 10만 개의 유전자를 다 밝히고 인간 DNA를 구성하는 30억 개의 화학적 염기쌍의 배열을 밝히는 것이었다. 프로젝트의 제1부는 DNA 지도를 작성하고 염기서열을 결정하는 효율을 10배에서 20배까지 증가시키기 위한 최적의 계산 방법에 초점을 두었다. 병렬처리는 프로젝트의 그 관점에서 중요한 역할을 했다. 병렬처리에 의하여 초당 페터플롭 범위까지 작업을 성취할 수 있었다(1페터플롭 $= 10^{15}$플롭). 인간의 염기서열 초고는 2000년에 만들어졌고 거기에는 기능청사진과 인류의 진화역사가 포함되었다.

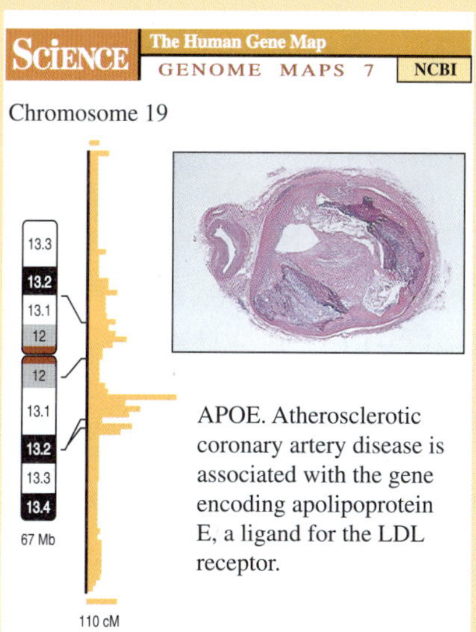

예제 4

$$A=\begin{bmatrix}4&7&-5&3\\3&5&3&-2\\0&0&7&2\\0&0&3&1\end{bmatrix}$$

는 가역블록상부삼각행렬임을 확인하고 식 (6)을 이용하여 역행렬을 구하라.

풀이 행렬은

$$A=\left[\begin{array}{cc|cc}4&7&-5&3\\3&5&3&-2\\\hline 0&0&7&2\\0&0&3&1\end{array}\right]=\begin{bmatrix}A_{11}&A_{12}\\0&A_{22}\end{bmatrix}$$

와 같이 식 (5)의 형태로 분할될 수 있으므로 행렬은 블록상부삼각행렬이다. 여기서

$$A_{11}=\begin{bmatrix}4&7\\3&5\end{bmatrix},\quad A_{12}=\begin{bmatrix}-5&3\\3&-2\end{bmatrix},\quad A_{22}=\begin{bmatrix}7&2\\3&1\end{bmatrix}$$

이다. 정리 3.2.7로부터 A_{11}과 A_{22}는 가역행렬이고 역행렬들은

$$A_{11}^{-1}=\begin{bmatrix}-5&7\\3&-4\end{bmatrix},\quad A_{22}^{-1}=\begin{bmatrix}1&-2\\-3&7\end{bmatrix}$$

이다. 더구나

$$-A_{11}^{-1}A_{12}A_{22}^{-1}=-\begin{bmatrix}-5&7\\3&-4\end{bmatrix}\begin{bmatrix}-5&3\\3&-2\end{bmatrix}\begin{bmatrix}1&-2\\-3&7\end{bmatrix}=\begin{bmatrix}-133&295\\78&-173\end{bmatrix}$$

이므로 식 (6)으로부터 A의 역행렬은

$$A^{-1}=\begin{bmatrix}-5&7&-133&295\\3&-4&78&-173\\0&0&1&-2\\0&0&-3&7\end{bmatrix}$$

이다. ■

연습문제 3.8

연습문제 1과 2에서는 행렬곱

$$\begin{bmatrix}2&1&-1\\3&0&5\\4&2&1\end{bmatrix}\begin{bmatrix}1&-2&-1\\3&0&-2\\-1&3&2\end{bmatrix}=\begin{bmatrix}6&-7&-6\\-2&9&7\\9&-5&-6\end{bmatrix}$$

을 지시된 분할을 이용하여 계산할 수 있는지 판정하라. 가능하다면 지시된 분할을 이용하여 블록곱셈으로 행렬곱을 계산하라.

1. (a) $\left[\begin{array}{cc|c}2&1&-1\\3&0&5\\\hline 4&2&1\end{array}\right]\left[\begin{array}{cc|c}1&-2&-1\\3&0&-2\\\hline -1&3&2\end{array}\right]$

(b) $\left[\begin{array}{c|cc}2&1&-1\\\hline 3&0&5\\4&2&1\end{array}\right]\left[\begin{array}{cc|c}1&-2&-1\\3&0&-2\\\hline -1&3&2\end{array}\right]$

(c) $\left[\begin{array}{ccc}2&1&-1\\\hline 3&0&5\\\hline 4&2&1\end{array}\right]\left[\begin{array}{c|c|c}1&-2&-1\\3&0&-2\\-1&3&2\end{array}\right]$

(d) $\left[\begin{array}{ccc}2&1&-1\\3&0&5\\\hline 4&2&1\end{array}\right]\begin{bmatrix}1&-2&-1\\3&0&-2\\-1&3&2\end{bmatrix}$

2. (a) $\left[\begin{array}{cc|c}2&1&-1\\3&0&5\\4&2&1\end{array}\right]\left[\begin{array}{cc|c}1&-2&-1\\3&0&-2\\\hline -1&3&2\end{array}\right]$

(b) $\left[\begin{array}{cc|c}2&1&-1\\\hline 3&0&5\\4&2&1\end{array}\right]\left[\begin{array}{cc|c}1&-2&-1\\3&0&-2\\\hline -1&3&2\end{array}\right]$

(c) $\left[\begin{array}{ccc}2&1&-1\\\hline 3&0&5\\\hline 4&2&1\end{array}\right]\left[\begin{array}{c|cc}1&-2&-1\\3&0&-2\\\hline -1&3&2\end{array}\right]$

(d) $\left[\begin{array}{c|c|c} 2 & 1 & -1 \\ 3 & 0 & 5 \\ 4 & 2 & 1 \end{array}\right]\left[\begin{array}{cc|c} 1 & -2 & -1 \\ 3 & 0 & -2 \\ -1 & 3 & 2 \end{array}\right]$

연습문제 3~6에서는 블록곱셈이 주어진 분할을 이용하여 행렬곱을 계산하는 데 이용될 수 있는지 판정하라. 그렇다면 곱을 블록곱셈으로 계산하라.

3. (a) $\left[\begin{array}{cc|cc} -1 & 2 & 1 & 5 \\ 0 & -3 & 4 & 2 \\ \hline 1 & 5 & 6 & 1 \end{array}\right]\left[\begin{array}{cc|c} -2 & 1 & 4 \\ -3 & 5 & 2 \\ \hline 7 & -1 & 5 \\ 0 & 3 & -3 \end{array}\right]$

(b) $\left[\begin{array}{ccc|c} -1 & 2 & 1 & 5 \\ \hline 0 & -3 & 4 & 2 \\ 1 & 5 & 6 & 1 \end{array}\right]\left[\begin{array}{cc|c} -2 & 1 & 4 \\ -3 & 5 & 2 \\ 7 & -1 & 5 \\ \hline 0 & 3 & -3 \end{array}\right]$

4. (a) $\left[\begin{array}{cc|cc} 2 & 0 & 5 & 5 \\ \hline 0 & 2 & 3 & -2 \\ -1 & 1 & 4 & 4 \end{array}\right]\left[\begin{array}{cc|c} 6 & 3 & -2 \\ 2 & 4 & -2 \\ \hline 0 & 2 & 1 \\ 0 & 3 & -1 \end{array}\right]$

(b) $\left[\begin{array}{cc|cc} 2 & 0 & 5 & 5 \\ 0 & 2 & 3 & -2 \\ -1 & 1 & 4 & 4 \end{array}\right]\left[\begin{array}{ccc} 6 & 3 & -2 \\ 2 & 4 & -2 \\ \hline 0 & 2 & 1 \\ 0 & 3 & -1 \end{array}\right]$

5. (a) $\left[\begin{array}{ccc|c} 3 & -1 & 0 & -3 \\ 2 & 1 & 4 & 5 \end{array}\right]\left[\begin{array}{ccc} 2 & -4 & 1 \\ 3 & 0 & 2 \\ 1 & -3 & 5 \\ \hline 2 & 1 & 4 \end{array}\right]$

(b) $\left[\begin{array}{cc} 2 & -5 \\ 1 & 3 \\ 0 & 5 \\ \hline 1 & 4 \end{array}\right]\left[\begin{array}{cc|cc} 2 & -1 & 3 & -4 \\ 0 & 1 & 5 & 7 \end{array}\right]$

6. (a) $\left[\begin{array}{ccc|cc} 1 & 0 & 0 & 0 & 0 \\ 0 & 1 & 0 & 0 & 0 \\ 0 & 0 & 1 & 0 & 0 \\ \hline 0 & 0 & 0 & 2 & 0 \\ 0 & 0 & 0 & -1 & 2 \end{array}\right]\left[\begin{array}{cc} 3 & 3 \\ -1 & 4 \\ 1 & 5 \\ \hline 2 & -2 \\ 1 & 6 \end{array}\right]$

(b) $\left[\begin{array}{c|ccc} 1 & 2 & 0 & 0 \\ \hline -1 & 3 & 0 & 0 \\ 0 & 0 & 4 & 2 \\ 0 & 0 & 2 & 1 \end{array}\right]\left[\begin{array}{cc|cc} 0 & 0 & 2 & 1 \\ \hline 0 & 0 & 5 & 3 \\ -2 & -2 & 0 & 0 \\ 1 & 3 & 0 & 0 \end{array}\right]$

연습문제 7과 8에서는 정리 3.8.1에서 설명한 열-행 규칙을 이용하여 곱을 계산하고, 곱을 직접 계산하여 자신의 답을 검산하라.

7. $\begin{bmatrix} 1 & 2 \\ 3 & -5 \end{bmatrix}\begin{bmatrix} -1 & 2 \\ -4 & 5 \end{bmatrix}$ **8.** $\begin{bmatrix} 3 & 1 \\ 2 & -4 \end{bmatrix}\begin{bmatrix} 1 & 2 & 0 \\ -1 & 6 & 2 \end{bmatrix}$

연습문제 9와 10에서는 예제 3의 방법을 이용하여 블록대각행렬 A의 역행렬을 구하라.

9. (a) $A = \begin{bmatrix} 2 & 1 & 0 & 0 \\ 3 & 2 & 0 & 0 \\ 0 & 0 & 3 & 4 \\ 0 & 0 & 1 & -1 \end{bmatrix}$

(b) $A = \begin{bmatrix} 5 & 2 & 0 & 0 & 0 \\ 3 & 1 & 0 & 0 & 0 \\ 0 & 0 & 5 & 0 & 0 \\ 0 & 0 & 0 & 2 & 7 \\ 0 & 0 & 0 & 1 & 4 \end{bmatrix}$

10. (a) $A = \begin{bmatrix} 5 & 1 & 0 & 0 \\ 4 & 1 & 0 & 0 \\ 0 & 0 & 2 & -3 \\ 0 & 0 & -3 & 5 \end{bmatrix}$

(b) $A = \begin{bmatrix} 2 & 0 & 0 & 0 & 0 \\ 0 & 1 & 2 & 0 & 0 \\ 0 & 3 & 7 & 0 & 0 \\ 0 & 0 & 0 & 4 & 9 \\ 0 & 0 & 0 & 1 & 2 \end{bmatrix}$

연습문제 11과 12에서는 예제 4의 방법을 이용하여 블록상부삼각행렬 A의 역행렬을 구하라.

11. $A = \begin{bmatrix} 2 & 1 & 3 & -6 \\ 1 & 1 & 7 & 4 \\ 0 & 0 & 3 & 5 \\ 0 & 0 & 2 & 3 \end{bmatrix}$

12. $A = \begin{bmatrix} -1 & -1 & 2 & 5 \\ 2 & 1 & -3 & 8 \\ 0 & 0 & 4 & 1 \\ 0 & 0 & 7 & 2 \end{bmatrix}$

연습문제 13~14에서는 M과 N을 분할행렬이라 하자. 여기서 A와 B는 2 × 2 행렬이고 A는 가역행렬이다. 분할행렬 MN에 대한 공식을 A와 B에 관하여 쓰라.

13. $M = \begin{bmatrix} A & B \\ 0 & A \end{bmatrix}, \quad N = \begin{bmatrix} A^{-1} & B \\ 0 & A \end{bmatrix}$

14. $M = \begin{bmatrix} A & A^{-1} \\ 0 & B \end{bmatrix}, \quad N = \begin{bmatrix} A & B \\ B & 0 \end{bmatrix}$

15. $\begin{bmatrix} A_1 & B_1 \\ 0 & C_1 \end{bmatrix}\begin{bmatrix} A_2 & B_2 \\ 0 & C_2 \end{bmatrix} = \begin{bmatrix} A_3 & B_3 \\ 0 & C_3 \end{bmatrix}$

$$A_1 = \begin{bmatrix} 2 & 0 \\ 0 & 1 \end{bmatrix}, \quad B_2 = \begin{bmatrix} 1 & 1 \\ 1 & 2 \end{bmatrix}, \quad C_1 = \begin{bmatrix} 1 & 1 \\ 1 & -1 \end{bmatrix}$$

$$A_2 = \begin{bmatrix} 2 & 0 \\ 0 & 2 \end{bmatrix}, \quad C_2 = \begin{bmatrix} 1 & 0 \\ 0 & 2 \end{bmatrix}, \quad B_3 = \begin{bmatrix} 2 & 1 \\ 1 & 3 \end{bmatrix}$$

인 경우, B_1을 구하라.

16. I_k는 $k \times k$ 항등행렬, A, B, X, Y, Z는 $k \times k$ 행렬, 그리고

$$\begin{bmatrix} A & B \\ 0 & I_k \end{bmatrix}\begin{bmatrix} X & Y & 3Z \\ 0 & 0 & I_k \end{bmatrix} = \begin{bmatrix} I_k & 0 & 0 \\ 0 & 0 & I_k \end{bmatrix}$$

인 경우, X, Y, Z에 대한 공식을 A와 B에 관하여 구하라.

17. 분할선형계

$$\left[\begin{array}{cc|cc} 5 & 2 & 2 & 3 \\ 2 & 1 & -3 & 1 \\ \hline 1 & 0 & 4 & 1 \\ 0 & 1 & 0 & 2 \end{array}\right]\left[\begin{array}{c} x_1 \\ x_2 \\ \hline x_3 \\ x_4 \end{array}\right]=\left[\begin{array}{c} 2 \\ 6 \\ \hline 0 \\ 0 \end{array}\right]$$

을

$$\begin{bmatrix} A & B \\ I & D \end{bmatrix}\begin{bmatrix} \mathbf{u} \\ \mathbf{v} \end{bmatrix}=\begin{bmatrix} \mathbf{b} \\ \mathbf{0} \end{bmatrix}$$

또는

$$\begin{aligned} A\mathbf{u}+B\mathbf{v}&=\mathbf{b} \\ \mathbf{u}+D\mathbf{v}&=\mathbf{0} \end{aligned}$$

으로 표현하고, 두 번째 방정식에서 **u**를 **v**에 관하여 풀고 첫 번째 방정식에 대입하여 풀어라. 선형계를 직접 풀어서 자신의 답을 검산하라.

18. 분할행렬의 곱

$$\begin{bmatrix} A_1 & A_2 \\ A_3 & A_4 \end{bmatrix}\begin{bmatrix} I & 0 \\ 0 & B \end{bmatrix}$$

을 A_1, A_2, A_3, A_4, B에 관하여 한 개의 분할행렬로 표현하라. (A_1과 A_3은 I의 행의 수만큼 많은 열을 갖고 있고, A_2와 A_4는 B의 행의 수만큼 많은 열을 갖고 있다고 가정하라.)

토론과 발견

D1. $A^2 = I_m$, $B^2 = I_k$,

$$M=\begin{bmatrix} A & 0 \\ 0 & B \end{bmatrix}$$

이면 M^2에 관해서 무엇을 말할 수 있는가?

D2. (a) 정사각행렬 A가

$$A=\begin{bmatrix} A_{11} & A_{12} \\ 0 & A_{22} \end{bmatrix}$$

와 같이 분할될 수 있다고 하자. 여기서 A_{11}과 A_{22}는 가역행렬이다. A는 가역행렬이고 역행렬은 곱

$$\begin{bmatrix} A_{11} & A_{12} \\ 0 & A_{22} \end{bmatrix}\begin{bmatrix} A_{11}^{-1} & -A_{11}^{-1}A_{12}A_{22}^{-1} \\ 0 & A_{22}^{-1} \end{bmatrix}$$

을 계산하여 식 (6)에 의하여 주어짐을 확인하라.

(b) 식 (6)과 유사한 하부삼각행렬의 역행렬에 대한 공식을 발견하여

$$A=\begin{bmatrix} A_{11} & 0 \\ A_{21} & A_{22} \end{bmatrix}$$

도 역시 가역행렬임을 보여라.

증명문제

P1. 행렬 M이

$$M=\begin{bmatrix} A & B \end{bmatrix}$$

로 분할되었다고 하자. 여기서 A는 가역행렬이다. A를 I로 변환시키는 기본행연산 수열이 있다고 가정하자. 행연산 수열이 M에 적용되면 그 결과로 생겨난 행렬은

$$M'=\begin{bmatrix} I & A^{-1}B \end{bmatrix}$$

임을 증명하라. [*힌트*: A는 기본행렬들의 곱으로 쓸 수 있다.]

프로그램 활용 연습문제

T1. **(부분행렬 뽑기)** 많은 계산 유틸리티들은 주어진 행렬의 행, 열, 부분행렬들을 뽑아내는 방법을 제공한다. 독자의 유틸리티는 이와 같은 특정을 가졌는지 판정하고, 있다면 분할하여 표시한 A의 4개의 부분행렬, 행벡터, 열벡터를 추출하라.

$$A=\left[\begin{array}{ccc|c} 1 & 2 & 3 & 4 \\ -3 & 9 & -6 & 12 \\ 7 & 6 & -5 & 2 \\ \hline 0 & 2 & -2 & 3 \end{array}\right]$$

T2. **(부분행렬로 행렬 구성하기)** 많은 계산 유틸리티들은 지정된 행렬들을 가지고 새로운 행렬을 만드는 방법을 제공한다. 독자의 유틸리티는 이런 방법을 제공하는지 판정하고, 그렇다면 다음을 구하라.

(a) 독자의 유틸리티로 연습문제 T1의 행렬 A의 행벡터들로 A를 구성하라.

(b) 독자의 유틸리티로 연습문제 T1의 행렬 A의 열벡터들로 A를 구성하라.

(c) 독자의 유틸리티로 연습문제 T1의 분할된 행렬 A의 부분행렬 $A_{11}, A_{12}, A_{21}, A_{22}$로 A를 구성하라.

T3. **(블록대각행렬 구성하기)** 많은 계산 유틸리티들은 지정된 행렬들을 가지고 블록대각행렬을 구성하는 방법을 제공한다. 독자의 유틸리티가 이런 특징을 가졌는지 판정하고, 그렇다면 그것을 이용하여 연습문제 T1의 행렬로부터 블록대각행렬

$$\begin{bmatrix} A & 0 \\ 0 & A^2 \end{bmatrix}$$

을 구성하라.

T4. 곱

$$AB=\begin{bmatrix} 1 & 2 & 3 & 4 \\ 0 & 2 & -1 & 6 \\ 5 & 0 & 3 & 1 \\ -7 & 1 & 3 & 2 \end{bmatrix}\begin{bmatrix} 3 & 3 & -4 & -5 \\ 1 & 0 & 2 & 3 \\ 0 & 1 & 4 & 5 \\ 4 & -4 & -1 & 0 \end{bmatrix}$$

를 직접 계산하고 정리 3.8.1의 열-행 규칙을 이용하는 방법으로도 계산하라.

T5. A가 9×9 블록대각행렬이고 대각블록들은

$$D_1 = \begin{bmatrix} -2 & 3 & 4 \\ 4 & -3 & -3 \\ 4 & -1 & 0 \end{bmatrix}, \quad D_2 = \begin{bmatrix} 0 & 1 & 2 \\ 1 & 0 & 3 \\ 4 & -3 & 8 \end{bmatrix}$$

$$D_3 = \begin{bmatrix} -1 & 0 & -5 \\ 1 & 1 & 0 \\ 3 & 2 & 6 \end{bmatrix}$$

의 순서이다. 식 (4)를 이용하여 A의 역행렬을 구하고, 또 직접 역행렬을 구하라.

T6. 연습문제 T5의 행렬들을 참고하여, 6×6 행렬

$$A = \begin{bmatrix} D_1 & D_2 \\ 0 & D_3 \end{bmatrix}$$

의 역행렬을 식 (6)을 이용하여 구하고 독자의 답을 직접 역행렬을 구한 것과 비교 검토하라.

T7. A가 $n \times n$ 행렬이고, $\mathbf{u}$와 $\mathbf{v}$는 $n \times 1$ 열벡터, 그리고 q가 스칼라이면 $(n+1) \times (n+1)$ 행렬

$$B = \begin{bmatrix} A & \mathbf{u} \\ \mathbf{v}^T & q \end{bmatrix}$$

는 $\mathbf{u}$, $\mathbf{v}$, q로 **A에 테를 둘러서**(bordering A) 만들었다고 말한다. 연습문제 T1의 행렬 A에

$$\mathbf{u} = \begin{bmatrix} 1 \\ 0 \\ 5 \\ -2 \end{bmatrix}, \quad \mathbf{v} = \begin{bmatrix} 3 \\ 6 \\ -1 \\ 4 \end{bmatrix}, \quad q = 8$$

로 테를 둘러라.

T8. 많은 응용에서 가역행렬 A의 성분 하나를 바꾸었을 때 A의 역행렬에 관한 영향을 아는 것은 중요하다. 이를 설명하기 위하여, $A = [a_{ij}]$는 가역 $n \times n$ 행렬이고, 역행렬 $A^{-1} = [\gamma_{ij}]$는 열벡터 $\mathbf{c}_1, \mathbf{c}_2, \cdots, \mathbf{c}_n$과 행벡터 $\mathbf{r}_1, \mathbf{r}_2, \cdots, \mathbf{r}_n$을 갖는다고 가정하자. 상수 λ가 A의 성분 a_{ij}에 더해지면 행렬 B를 얻고, $\lambda \neq -1/\gamma_{ji}$이면 행렬 B는 가역행렬이고

$$B^{-1} = A^{-1} - \left(\frac{\lambda}{1 + \lambda\gamma_{ji}}\right)\mathbf{c}_i\mathbf{r}_j$$

임을 보일 수 있다. 행렬

$$A = \begin{bmatrix} 1 & -1 & 1 \\ 0 & 2 & -1 \\ 2 & 3 & 0 \end{bmatrix}, \quad B = \begin{bmatrix} 1 & -1 & 1 \\ 0 & 2 & -1 \\ 2+\lambda & 3 & 0 \end{bmatrix}$$

에 대하여

(a) $\lambda = 2$에 대하여 직접 A^{-1}와 B^{-1}를 구하라.

(b) A^{-1}에서 적합한 행벡터와 열벡터들을 뽑고, 그것들과 앞에 설명한 공식을 이용하여 B^{-1}를 구하라. 자신의 결과가 (a)와 일치한다는 것을 확인하라.

(c) $n \times n$개의 격자로 이루어진 전자 표시판이 각 격자마다 숫자를 표시하여 시각 t일 때 $n \times n$ 행렬 $A(t)$를 구성하며, 이 표시기가 시각이 $t_1, t_2, t_3, \cdots$일 때 한 개의 성분을 바꿔 $A(t_1), A(t_2), A(t_3), \cdots$가 가역행렬이 되도록 한다. 행 축소로 계산하는 것에 반하여 앞에 설명한 공식을 이용하여 $A(t_{k-1})$의 역행렬로부터 $A(t_k)$의 역행렬을 계산하는 데 필요한 플롭의 수를 비교하라. [*주의*: n이 크다고 가정하고 표 3.7.1을 참고하라.]

제 4 장

행렬식
Determinants

행렬식은 기하학과 선형대수의 이론에서 중요하다. 또한 행렬식은 고차원에서 오른손법칙과 왼손법칙을 구별하는 방법을 제공한다.

4.1 행렬식 및 여인수전개

3.2절에서는 편의를 위하여 2 × 2 가역행렬의 역행렬을 구하는 일반적인 공식으로 행렬식의 개념을 소개하였다. 이 절에서는 행렬식의 개념을 확장하여 최종적으로 고차원에서 가역행렬의 역행렬을 구하는 공식과 선형계의 해를 구하는 공식을 소개할 것이다.

2 × 2 행렬과 3 × 3 행렬의 행렬식

3.2절에서 2 × 2 행렬

$$A = \begin{bmatrix} a & b \\ c & d \end{bmatrix}$$

의 행렬식은 주대각선 두 성분의 곱과 그 외의 두 성분의 곱의 차인 $\det(A) = ad - bc$로 정의하였다. 다시 말해서 행렬식은 다음과 같이 쓸 수 있다.

$$\begin{vmatrix} a & b \\ c & d \end{vmatrix} = ad - bc \tag{1}$$

역사적으로 행렬식은 처음에 여러 개의 미지수를 가지고 있는 선형연립방정식의 해를 구하는 문제에서 소개되었다. 예를 들면 3.2절의 예제 7에서는 선형계

$$\begin{aligned} u &= ax + by \\ v &= cx + dy \end{aligned}$$

의 계수행렬이 가역일 때, 이 방정식의 해인 x와 y가 u와 v에 대한 식

$$x = \frac{du - bv}{ad - bc}, \quad y = \frac{av - cu}{ad - bc}$$

로 표시될 수 있고, 행렬식의 표시법으로는 다음과 같이 쓸 수 있다(증명하라).

$$x = \frac{\begin{vmatrix} u & b \\ v & d \end{vmatrix}}{\begin{vmatrix} a & b \\ c & d \end{vmatrix}}, \quad y = \frac{\begin{vmatrix} a & u \\ c & v \end{vmatrix}}{\begin{vmatrix} a & b \\ c & d \end{vmatrix}} \tag{2}$$

17세기 말과 18세기 초에 이 공식들은 직접 선형계를 풀고 해들의 공통 패턴을 찾는 방법으로 고차원 선형계에 확장되었다. 그런 패턴들이 일단 발견되면 식 (2)에서처럼 더 높은 고차계의 해들이 행렬식들의 비율로 표현되는 방법으로 고차행렬식을 정의하는 데 사용될 수 있다. 지금부터 그 정의를 설명한다.

$\det(A)$의 정의를 고차원으로 확장하기 위하여 A의 첨자 표시 성분들을 이용하는 것이 유용하고, 식 (1)은 다음과 같이 쓸 수 있다.

$$\det(A) = \begin{vmatrix} a_{11} & a_{12} \\ a_{21} & a_{22} \end{vmatrix} = a_{11}a_{22} - a_{12}a_{21} \tag{3}$$

이것을 **2×2 행렬식**(2×2 determinant)이라고 한다.

> **역사 속의 선형대수**
>
> 행렬식이란 용어는 맨 처음 독일의 수학자 Carl Friedrich Gauss에 의해 1801년에 소개되었다(2장 참조). 그는 그것을 사용하여 함수들의 일정한 성질들을 '결정'했다. 흥미롭게도 *행렬*이라는 용어는 라틴어 '자궁(womb)'으로부터 유래되었는데 그것이 행렬식을 담는 그릇으로 보이기 때문이었다.

3×3 행렬 A의 행렬식은 **3×3 행렬식**(3×3 determinant)이라 하고, 다음과 같은 공식으로 정의한다.

$$\det(A) = \begin{vmatrix} a_{11} & a_{12} & a_{13} \\ a_{21} & a_{22} & a_{23} \\ a_{31} & a_{32} & a_{33} \end{vmatrix} = a_{11}a_{22}a_{33} + a_{12}a_{23}a_{31} + a_{13}a_{21}a_{32} - a_{13}a_{22}a_{31} - a_{12}a_{21}a_{33} - a_{11}a_{23}a_{32} \tag{4}$$

비록 이 공식이 의미 없는 것처럼 보이지만, 연립방정식

$$\begin{aligned} u &= a_{11}x + a_{12}y + a_{13}z \\ v &= a_{21}x + a_{22}y + a_{23}z \\ w &= a_{31}x + a_{32}y + a_{33}z \end{aligned}$$

의 계수행렬이 가역행렬일 때, 해 x, y, z를 u, v, w를 포함하는 3×3 행렬식들의 비율로 표시하게 된다. 이것은 뒤에서 증명할 것이다.

이 식 (3)과 (4)는 그림 4.1.1을 이용하여 얻어지므로 기억할 필요는 없다. 그림의 왼쪽에서 볼 수 있는 것처럼 식 (3)은 오른쪽 방향 화살표 위 성분들의 곱에서 왼쪽 방향 화살표 위 성분들의 곱을 뺌으로써 구할 수 있다. 그리고 그림의 오른쪽 부분에 나타낸 것처럼, 식 (4)는 행렬의 처음 두 열을 복사하여 오른쪽에 붙이고 나서, 오른쪽 방향 화살표 위 성분들의 곱에서 왼쪽 방향 화살표 위 성분들의 곱을 뺀 결과이다(증명하라).

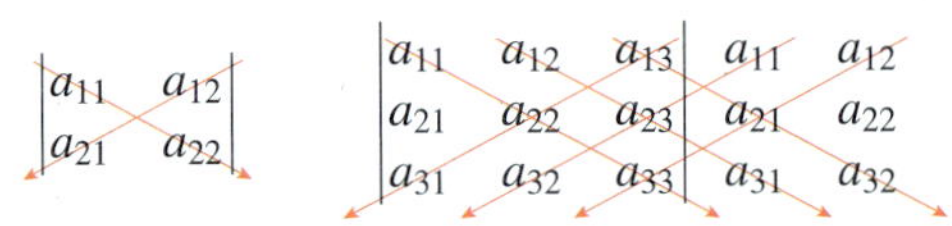

그림 4.1.1

예제 1 행렬식의 계산

$$\begin{vmatrix} 3 & 1 \\ 4 & -2 \end{vmatrix} = (3)(-2) - (1)(4) = -10$$

$$\begin{vmatrix} 1 & 2 & 3 \\ -4 & 5 & 6 \\ 7 & -8 & 9 \end{vmatrix} = \left|\begin{matrix} 1 & 2 & 3 \\ -4 & 5 & 6 \\ 7 & -8 & 9 \end{matrix}\right|\begin{matrix} 1 & 2 \\ -4 & 5 \\ 7 & -8 \end{matrix}$$

$$= [45 + 84 + 96] - [105 - 48 - 72] = 240$$

■

기본곱 행렬식의 정의를 일반 $n \times n$ 행렬로 확장하기 위하여, 식 (3)과 (4)의 구조를 상세하게 조사해 보자. 두 공식에서 행렬식은 곱들의 합이었고, 모든 곱들은 각 행에서 꼭 한 개의 원소와 각 열에서 꼭 한 개 원소를 포함하고 있다. 이 곱들의 반은 플러스 부호이고 반은 마이너스 부호이다. 이 곱들을 행렬의 **기본곱**(elementary product)이라 하고, $+$ 또는 $-$가 붙은 기본곱을 **부호가 붙은 기본곱**(signed elementary product)이라 한다. 식 (3)과 (4)에서 기본곱들의 행 첨자들은 자연 순서이지만 열 첨자는 섞여 있다. 예를 들면 식 (4)에서 각각의 기본곱들은

$$a_{1\_}a_{2\_}a_{3\_}$$

의 형태인데 여기서 공백들은 열 첨자인 $\{1, 2, 3\}$으로 얻어지는 순열(permutation) 중 하나이다. 모든 가능한 순열로 열 첨자의 공백들을 채움으로써 식 (4)에 나타난 모든 6개의 기본곱들을 얻을 수 있다(증명하라). 비슷하게 식 (3)에서의 두 개의 기본곱도

$$a_{1\_}a_{2\_}$$

열 첨자의 공백들을 $\{1, 2\}$의 모든 가능한 순열로 채움으로써 얻을 수 있다.

분명하게 나타나지는 않을지라도, 식 (3)과 (4)의 기본곱 앞의 부호(sign)들은 열 첨자의 순열과 관련된다. 보다 정확하게 각각의 부호가 붙은 기본곱들의 부호는 열 첨자의 순열들을 다시 그들의 자연순서로 되돌려 놓을 때 필요한 최소교환수를 계산하여 결정되는데, 그 최소교환수가 짝수이면 + 부호를, 홀수이면 − 부호를 붙인다. 예를 들면 2 × 2 행렬식의 공식

$$\det(A) = a_{11}a_{22} - a_{12}a_{21}$$

에서 기본곱 $a_{11}a_{22}$은 열 첨자의 순열 {1, 2}가 자연순서(자연순서로 교환할 때 필요한 최소교환수는 0으로 짝수이다)이므로 + 부호가 붙었다. 비슷하게 기본곱 $a_{12}a_{21}$은 열 첨자의 순열 {2, 1}이 한 번의 교환으로 자연순서로 만들 수 있기 때문에 − 부호가 붙었다.

3 × 3 행렬식의 기본곱의 부호를 찾는 것도 어렵지 않다. 기본적인 열 첨자의 순열은 다음과 같은 형태를 갖는다.

$$\{j_1, j_2, j_3\}$$

이것은 대부분 다음과 같이 세 번 이하의 교환을 거치면 자연순서로 다시 배열할 수 있다.

1. 첫 번째 첨자를 두 번째 또는 세 번째 첨자와 교환하여 1을 첫 번째 자리에 놓는다.
2. 새로운 두 번째 첨자를 세 번째 첨자와 교환하여 2를 두 번째 자리에 놓는다.

이런 과정을 거치면 다음 표의 결과들을 얻을 수 있고, 식 (4)의 결과와 일치함을 알 수 있다.

열 번호 순열	순열을 자연순서로 만드는 데 필요한 최소한의 교환수	부호가 붙은 기본곱
{1, 2, 3}	0	$+a_{11}a_{22}a_{33}$
{1, 3, 2}	1	$-a_{11}a_{23}a_{32}$
{2, 1, 3}	1	$-a_{12}a_{21}a_{33}$
{2, 3, 1}	2	$+a_{12}a_{23}a_{31}$
{3, 1, 2}	2	$+a_{13}a_{21}a_{32}$
{3, 2, 1}	3	$-a_{13}a_{22}a_{31}$

개념문제 정수 1, 2, 3, 4의 순열 $\{j_1, j_2, j_3, j_4\}$를 자연순서로 교환하는 최소교환수를 얻는 일반적인 과정을 생각해 보라. 1, 2, ⋯, n의 순열 $\{j_1, j_2, \cdots, j_n\}$에 이 과정을 확장해 보라.

일반 행렬식 일반적인 $n \times n$ 행렬의 행렬식을 정의하기 위하여 몇 가지 용어가 필요하다. 2 × 2 행렬과 3 × 3 행렬의 행렬식의 설명으로부터, $n \times n$ 행렬 A의 **기본곱**은 서로 다른 행과 열에서 정확히 하나씩 n개 원소를 택하여 곱한 것으로 정의한다. $A = [a_{ij}]$일 때 각각의 기본곱은

$$a_{1j_1}a_{2j_2}\cdots a_{nj_n} \tag{5}$$

으로 표현할 수 있다. 여기서 열 첨자는 1부터 n까지 정수의 순열 $\{j_1, j_2, \cdots, j_n\}$이고 행 첨자는 자연순서이다. 순열을 자연순서로 교환할 때 필요한 최소교환수를 계산하여 **짝수**이면 우순열, **홀수**이면 기순열이라고 정의한다. 식 (5)와 관련된 **부호가 붙은 기본곱**은

$$\pm a_{1j_1}a_{2j_2}\cdots a_{nj_n}$$

로 정의하는데, 여기서 순열 $\{j_1, j_2, \cdots, j_n\}$이 우순열이면 + 부호이고 기순열이면 − 부호이다.

정의 4.1.1 정사각행렬 A의 **행렬식**은 A의 모든 부호가 붙은 기본곱들의 합으로 정의하고 $\det(A)$로 표시한다.

$n \times n$ 행렬식은 수직선을 이용하여 다음과 같이 나타낸다.

$$\det(A) = |A| = \begin{vmatrix} a_{11} & a_{12} & \cdots & a_{1n} \\ a_{21} & a_{22} & \cdots & a_{2n} \\ \vdots & \vdots & & \vdots \\ a_{n1} & a_{n2} & \cdots & a_{nn} \end{vmatrix}$$

이것을 **$n \times n$ 행렬식** 또는 **n차 행렬식**이라 한다. 편리하게 정의 4.1.1을 시그마 표기법을 사용하여 다음 식과 같이 표현한다.

$$\det(A) = \sum \pm a_{1j_1} a_{2j_2} \cdots a_{nj_n} \tag{6}$$

여기서 Σ와 $\pm$는 열 첨자의 모든 가능한 순열 $\{j_1, j_2, \cdots, j_n\}$의 부호가 붙은 기본곱들의 합을 나타내고 있다.

참고 1×1 행렬 $A = [a_{11}]$의 행렬식은 a_{11}이다.

고차행렬식의 값을 구할 때 어려운 점

정의로부터 행렬식을 구하는 것은 계산량이 n의 증가에 따라 매우 빠르게 증가하므로 계산상의 어려움을 가지고 있다. $n \times n$ 행렬식의 부호가 붙은 기본곱의 개수가

$$n! = n \cdot (n-1) \cdot (n-2) \cdot \cdots \cdot 1$$

으로(연습문제 P2) n의 증가에 따라 급속히 증가하기 때문이다. 예를 들면 3×3 행렬식은 $3! = 6$개의 부호가 붙은 기본곱을 가지고 있고, 4×4는 $4! = 24$, 5×5는 $5! = 120$, 그리고 10×10은 $10! = 3{,}628{,}800$개가 있다. 30×30 행렬식은 부호가 붙은 곱들을 아주 많이 가지고 있기 때문에 오늘날의 전형적인 PC로 계산한다 해도 10^{10}년이 더 걸려야 계산할 수 있다. 이것은 엄청난 계산량인 것이다. 다행히 훨씬 적은 계산으로 행렬식의 값을 구하는 다른 방법이 있다.

주의 그림 4.1.1에서 보여 준 방법과 예제 1에서 사용한 방법은 4×4 또는 더 고차원의 행렬식을 계산할 때는 사용할 수 없다.

0으로만 구성된 행 또는 열을 갖고 있는 행렬의 행렬식

0으로만 구성된 행 또는 열을 갖고 있는 행렬의 행렬식은 그 크기에 상관없이 쉽게 계산된다.

정리 4.1.2 *행렬 A가 0으로 구성된 행 또는 열을 갖고 있는 정사각행렬이면 $\det(A) = 0$이다.*

증명 A가 0으로 구성된 행을 갖는다고 가정하자. 모든 부호가 붙은 기본곱들은 각 행에서 각각 하나의 원소를 포함하므로 모든 곱은 그 0으로 구성된 행의 0인 원소를 포함하고 있다. 그러므로 부호가 붙은 기본곱들은 모두 0이 되고 그 합도 0이다. 열에 대해서도 같은 방법으로 설명할 수 있다. ■

삼각행렬의 행렬식

다음의 정리를 이용하여 삼각행렬의 행렬식은 그 크기에 상관없이 쉽게 계산할 수 있다.

정리 4.1.3 *행렬 A가 삼각행렬이면 $\det(A)$는 주대각선 원소들의 곱과 같다.*

4×4 하부삼각행렬을 예로써 증명의 개념을 설명한다. 이 증명은 상부삼각행렬이나 일반적인 삼각행렬의 경우와 본질적으로 비슷하다.

증명(4×4 하부삼각행렬의 경우) 일반적인 4×4 하부삼각행렬

$$A = \begin{bmatrix} a_{11} & 0 & 0 & 0 \\ a_{21} & a_{22} & 0 & 0 \\ a_{31} & a_{32} & a_{33} & 0 \\ a_{41} & a_{42} & a_{43} & a_{44} \end{bmatrix}$$

를 생각해 보자. 기본곱은 정확히 각 행에서 한 개씩 택하되 각 열에서도 한 개씩만 택하여 곱한 것이므로 여섯 개의 0 중 하나도 포함하지 않은 기본곱은 단 하나 $a_{11}a_{22}a_{33}a_{44}$뿐(증명하라)이다. 이 기본곱의 열 첨자는 자연순서이므로 부호는 +이다. 그러므로 $\det(A) = a_{11}a_{22}a_{33}a_{44}$이다. ■

예제 2
삼각행렬의 행렬식

다음 행렬식의 값은 다음과 같이 계산 없이도 간단히 구할 수 있다.

$$\begin{vmatrix} -2 & 5 & 7 \\ 0 & 3 & 8 \\ 0 & 0 & 5 \end{vmatrix} = (-2)(3)(5) = -30, \quad \begin{vmatrix} 1 & 0 & 0 & 0 \\ 4 & 9 & 0 & 0 \\ -7 & 6 & -1 & 0 \\ 3 & 8 & -5 & -2 \end{vmatrix} = (1)(9)(-1)(-2) = 18$$ ■

소행렬식과 여인수

지금부터 보다 낮은 차수의 행렬식들로 행렬식을 표현하고 그 행렬식을 계산하는 방법을 소개하려 한다. 비록 뒤의 절에서 행렬식을 계산하는 보다 효과적인 방법들을 설명할 것이지만, 이 방법은 행렬식의 여러 가지 응용에서 중요한 역할을 한다.

정의 4.1.4 정사각행렬 A에서 i행과 j열을 삭제해서 얻은 행렬의 행렬식을 성분 a_{ij}의 **소행렬식**(minor; 또는 A의 ij번째 소행렬식)이라 하고, 이것을 M_{ij}로 나타낸다. $C_{ij} = (-1)^{i+j} M_{ij}$를 a_{ij}의 **여인수**(cofactor; 또는 A의 ij번째 여인수)라고 한다.

참고 소행렬식과 여인수는 스칼라이지만 관례적으로 대문자로 표시한다. 1×1 행렬 $[a_{11}]$에서 a_{11}의 소행렬식과 여인수는 모두 a_{11}로 정의한다.

예제 3
소행렬식과 여인수

$$A = \begin{bmatrix} 3 & 1 & -4 \\ 2 & 5 & 6 \\ 1 & 4 & 8 \end{bmatrix}$$

일 때 원소 a_{11}의 소행렬식은

$$M_{11} = \begin{vmatrix} 3 & 1 & -4 \\ 2 & 5 & 6 \\ 1 & 4 & 8 \end{vmatrix} = \begin{vmatrix} 5 & 6 \\ 4 & 8 \end{vmatrix} = 16$$

이고 대응하는 여인수는

$$C_{11} = (-1)^{1+1} M_{11} = M_{11} = 16$$

이다. 원소 a_{32}의 소행렬식은

$$M_{32} = \begin{vmatrix} 3 & 1 & -4 \\ 2 & 5 & 6 \\ 1 & 4 & 8 \end{vmatrix} = \begin{vmatrix} 3 & -4 \\ 2 & 6 \end{vmatrix} = 26$$

이고 대응하는 여인수는

$$C_{32} = (-1)^{3+2} M_{32} = -M_{32} = -26$$

이다. ■

역사 속의 선형대수

*소행렬식*이라는 용어는 영국의 수학자 James Sylvester(3장 참조)에 의해 처음 소개된 것이 확실하다. 그는 1850년에 발행된 논문에서 다음과 같이 썼다. "어떤 하나의 직선과 열을 없애면 원래 것보다 너비와 깊이가 하나 작은 정사각형을 얻는다. 삭제할 모든 가능한 직선과 열을 고려하면, 원래 행렬을 n개의 행과 n개의 열로 구성된 것이라고 가정했을 때, n^2개의 정사각소행렬(minor square)을 얻는데 각각은 주 또는 완전행렬식에 대응하여 첫 번째 소행렬식(first minor determinant)을 나타낸다."

참고 정의 4.1.4에 의하면 소행렬식과 그에 대응하는 여인수는 같거나 부호만 다르다. 그 부호는 $(-1)^{i+j}$로 $+1$ 또는 -1이며 부호만 배열하면 다음의 도표를 얻는다.

$$\begin{bmatrix} + & - & + & - & + & \cdots \\ - & + & - & + & - & \cdots \\ + & - & + & - & + & \cdots \\ - & + & - & + & - & \cdots \\ \vdots & \vdots & \vdots & \vdots & \vdots & \end{bmatrix}$$

그러므로 C_{ij}를 계산하기 위하여 $(-1)^{i+j}$를 계산할 필요 없이 M_{ij}에 위 도표의 대응하는 부호를 붙여 주면 된다. 예제 3에 적용해 보라.

여인수전개 이제 어떻게 3 × 3 행렬식을 2 × 2 행렬식들로 표현할 수 있는지를 설명한다. 식 (4)에 의하여 3 × 3 행렬식은

$$\det(A) = a_{11}a_{22}a_{33} + a_{12}a_{23}a_{31} + a_{13}a_{21}a_{32} - a_{13}a_{22}a_{31} - a_{12}a_{21}a_{33} - a_{11}a_{23}a_{32}$$

이므로 다음 등식을 얻는다.

$$\det(A) = a_{11}(a_{22}a_{33} - a_{23}a_{32}) + a_{21}(a_{13}a_{32} - a_{12}a_{33}) + a_{31}(a_{12}a_{23} - a_{13}a_{22})$$

괄호 안의 식들은 여인수 C_{11}, C_{21}, C_{31}(증명하라)이다. 그러므로 다음 식을 얻는다.

$$\det(A) = a_{11}C_{11} + a_{21}C_{21} + a_{31}C_{31}$$

이 식으로부터 det(*A*)는 첫 번째 열의 각 원소에 대응하는 여인수를 곱한 후 합하여 얻어짐을 알 수 있다. 특별히 첫 번째 열이 아니더라도 식 (4)의 인수들을 적절히 배합하여 다음과 같은 여섯 가지 공식을 얻을 수 있다.

$$\begin{aligned} \det(A) &= a_{11}C_{11} + a_{12}C_{12} + a_{13}C_{13} \\ &= a_{11}C_{11} + a_{21}C_{21} + a_{31}C_{31} \\ &= a_{21}C_{21} + a_{22}C_{22} + a_{23}C_{23} \\ &= a_{12}C_{12} + a_{22}C_{22} + a_{32}C_{32} \\ &= a_{31}C_{31} + a_{32}C_{32} + a_{33}C_{33} \\ &= a_{13}C_{13} + a_{23}C_{23} + a_{33}C_{33} \end{aligned} \tag{7}$$

이 식들을 *A*의 **여인수전개**(cofactor expansion)라고 한다. 각각의 여인수전개에서 원소와 여인수들은 같은 행 또는 같은 열에서 얻었다. 여기서 3 × 3 행렬식은 어느 한 행 또는 열의 원소들에 그 여인수를 곱한 후 합하여 계산됨을 알 수 있다.

역사 속의 선형대수

여인수전개는 낮은 차수의 행렬식들로 한 행렬의 행렬식을 표현하는 유일한 방법이 아니다. 예를 들면, 잘 알려져 있지는 않지만 Lewis Carroll이라는 필명으로 《이상한 나라의 앨리스》를 쓴 영국의 수학자 Charles Dodgson이 **농축**(condensation)이라고 부르는 방법을 발견하였다. 이 방법은 복잡하지만 최근에 컴퓨터에서 병렬처리를 위한 적합성 때문에 다시 각광을 받고 있다.

Charles Lutwidge Dodgson
(Lewis Carroll)
(1832~1898)

▶ 예제 4 3 × 3 행렬식의 여인수전개

예제 1의 3 × 3 행렬식을 첫 번째 열에 관한 여인수전개로 계산하면 다음과 같다.

$$\begin{vmatrix} 1 & 2 & 3 \\ -4 & 5 & 6 \\ 7 & -8 & 9 \end{vmatrix} = (1)\begin{vmatrix} 5 & 6 \\ -8 & 9 \end{vmatrix} + (-4)(-1)\begin{vmatrix} 2 & 3 \\ -8 & 9 \end{vmatrix} + (7)\begin{vmatrix} 2 & 3 \\ 5 & 6 \end{vmatrix}$$

$$= (1)(93) + (4)(42) + (7)(-3) = 240$$

두 번째 열에 관한 여인수전개로 계산하면 다음과 같다.

$$\begin{vmatrix} 1 & 2 & 3 \\ -4 & 5 & 6 \\ 7 & -8 & 9 \end{vmatrix} = (2)(-1)\begin{vmatrix} -4 & 6 \\ 7 & 9 \end{vmatrix} + (5)\begin{vmatrix} 1 & 3 \\ 7 & 9 \end{vmatrix} + (-8)(-1)\begin{vmatrix} 1 & 3 \\ -4 & 6 \end{vmatrix}$$

$$= (-2)(-78) + (5)(-12) + (8)(18) = 240$$

■

개념문제 예제 4의 방법을 이해하기 위해서 첫 번째 행과 두 번째 행에 관한 여인수전개 방법으로 행렬식을 계산하라.

3 × 3 행렬식의 여인수전개는 다음 정리의 특수한 경우이므로 증명은 생략한다.

> **정리 4.1.5** *$n \times n$ 행렬의 행렬식은 어느 한 행 또는 열의 원소에 그에 대응하는 여인수들의 곱을 합하여 계산한다. 모든 $1 \le i \le n$과 $1 \le j \le n$에 대하여 $\det(A)$는 다음과 같다.*
>
> $$\det(A) = a_{1j}C_{1j} + a_{2j}C_{2j} + \cdots + a_{nj}C_{nj}$$
>
> ***(j번째 열에 관한 여인수전개)***
>
> $$\det(A) = a_{i1}C_{i1} + a_{i2}C_{i2} + \cdots + a_{in}C_{in}$$
>
> ***(i번째 행에 관한 여인수전개)***

예제 5 다음 행렬식을 여인수전개 방법으로 계산하라.

4 × 4 행렬식의 여인수전개

$$A = \begin{bmatrix} 2 & 0 & 0 & 5 \\ -1 & 2 & 4 & 1 \\ 3 & 0 & 0 & 3 \\ 8 & 6 & 0 & 0 \end{bmatrix}$$

풀이 어떤 행이나 어떤 열에 관하여 여인수전개를 하여도 같은 결과를 얻을 수 있지만, 세 번째 열에는 0이 아닌 원소가 하나뿐이므로 원소 0에 해당하는 여인수를 계산할 필요가 없어서 세 번째 열에 관하여 전개를 하는 것이 가장 바람직하다. 계산하면 다음과 같다.

$$\det(A) = (0)C_{13} + (4)C_{23} + (0)C_{33} + (0)C_{43} = (4)C_{23}$$

따라서

$$\det(A) = \begin{vmatrix} 2 & 0 & 0 & 5 \\ -1 & 2 & 4 & 1 \\ 3 & 0 & 0 & 3 \\ 8 & 6 & 0 & 0 \end{vmatrix} = (-4)\begin{vmatrix} 2 & 0 & 5 \\ 3 & 0 & 3 \\ 8 & 6 & 0 \end{vmatrix} = (-4)(-6)\begin{vmatrix} 2 & 5 \\ 3 & 3 \end{vmatrix} = -216$$

여기서 3 × 3 행렬식은 두 번째 열에 관한 여인수전개 방법으로 계산했다. ■

참고 예제 5에서는 0인 원소가 많으므로 쉽게 계산할 수 있었다. 최악의 경우 0인 원소가 없을 때는 네 개의 3 × 3 행렬식을 계산해야 할 것이다. 다음 절에서는 행렬의 원소를 0으로 하여 행렬식의 계산을 간소화하는 방법을 소개할 것이다.

연습문제 4.1

연습문제 1~10에서는 예제 1의 방법을 이용하여 행렬식을 계산하라.

1. $\begin{bmatrix} 3 & 5 \\ -2 & 4 \end{bmatrix}$

2. $\begin{bmatrix} 4 & 1 \\ 8 & 2 \end{bmatrix}$

3. $\begin{bmatrix} -5 & 7 \\ -7 & -2 \end{bmatrix}$

4. $\begin{bmatrix} \sqrt{2} & \sqrt{6} \\ 4 & \sqrt{3} \end{bmatrix}$

5. $\begin{bmatrix} a-3 & 5 \\ -3 & a-2 \end{bmatrix}$

6. $\begin{bmatrix} -2 & 7 & 6 \\ 5 & 1 & -2 \\ 3 & 8 & 4 \end{bmatrix}$

7. $\begin{bmatrix} -2 & 1 & 4 \\ 3 & 5 & -7 \\ 1 & 6 & 2 \end{bmatrix}$

8. $\begin{bmatrix} -1 & 1 & 2 \\ 3 & 0 & -5 \\ 1 & 7 & 2 \end{bmatrix}$

9. $\begin{bmatrix} 3 & 0 & 0 \\ 2 & -1 & 5 \\ 1 & 9 & -4 \end{bmatrix}$

10. $\begin{bmatrix} c & -4 & 3 \\ 2 & 1 & c^2 \\ 4 & c-1 & 2 \end{bmatrix}$

연습문제 11과 12에서는 기본곱들의 열 첨자의 순열을 쓰고 순열이 우순열인지 기순열인지를 결정하여 그 부호를 구하라.

11. (a) $a_{14}a_{21}a_{33}a_{45}a_{52}$
(b) $a_{15}a_{23}a_{34}a_{42}a_{51}$
(c) $a_{14}a_{22}a_{35}a_{43}a_{51}$
(d) $a_{15}a_{24}a_{33}a_{42}a_{51}$
(e) $a_{11}a_{22}a_{33}a_{44}a_{55}$
(f) $a_{11}a_{24}a_{32}a_{43}a_{55}$

12. (a) $a_{11}a_{22}a_{33}a_{44}$
(b) $a_{12}a_{21}a_{34}a_{43}$
(c) $a_{11}a_{23}a_{34}a_{42}$
(d) $a_{14}a_{23}a_{32}a_{41}$
(e) $a_{14}a_{21}a_{32}a_{43}$
(f) $a_{13}a_{21}a_{34}a_{42}$

연습문제 13~16에서는 식 $\det(A) = 0$가 되는 λ를 구하라.

13. $A=\begin{bmatrix}\lambda-2 & 1\\ -5 & \lambda+4\end{bmatrix}$ **14.** $A=\begin{bmatrix}\lambda-4 & 0 & 0\\ 0 & \lambda & 2\\ 0 & 3 & \lambda-1\end{bmatrix}$

15. $A=\begin{bmatrix}\lambda-1 & 0\\ 2 & \lambda+1\end{bmatrix}$ **16.** $A=\begin{bmatrix}\lambda-4 & 4 & 0\\ -1 & \lambda & 0\\ 0 & 0 & \lambda-5\end{bmatrix}$

17. x를 구하라.

$$\begin{vmatrix}x & -1\\ 3 & 1-x\end{vmatrix}=\begin{vmatrix}1 & 0 & -3\\ 2 & x & -6\\ 1 & 3 & x-5\end{vmatrix}$$

18. y를 구하라.

$$\begin{vmatrix}2y & y\\ -4 & 2+y\end{vmatrix}=\begin{vmatrix}2 & -1 & 0\\ 0 & -y & -6\\ -1 & 3 & 1-y\end{vmatrix}$$

연습문제 19와 20에서는 계산하지 않고 주어진 행렬의 행렬식을 구하라.

19. (a) $\begin{bmatrix}1 & 0 & 0\\ 0 & -1 & 0\\ 0 & 0 & 1\end{bmatrix}$ (b) $\begin{bmatrix}0 & 0 & 0 & 0\\ 1 & 2 & 0 & 0\\ 0 & 4 & 3 & 0\\ 1 & 2 & 3 & 8\end{bmatrix}$

(c) $\begin{bmatrix}1 & 2 & 7 & -3\\ 0 & 1 & -4 & 1\\ 0 & 0 & 2 & 7\\ 0 & 0 & 0 & 3\end{bmatrix}$

20. (a) $\begin{bmatrix}2 & 0 & 0\\ 0 & 2 & 0\\ 0 & 0 & 2\end{bmatrix}$ (b) $\begin{bmatrix}1 & 1 & 1 & 1\\ 0 & 2 & 2 & 2\\ 0 & 0 & 3 & 3\\ 0 & 0 & 0 & 4\end{bmatrix}$

(c) $\begin{bmatrix}-3 & 0 & 0 & 0\\ 1 & 2 & 0 & 0\\ 40 & 10 & -1 & 0\\ 100 & 200 & -23 & 3\end{bmatrix}$

연습문제 21과 22에서는 (a) 행렬 A의 모든 소행렬식을 찾고, (b) 행렬 A의 모든 여인수들을 계산하라.

21. $A=\begin{bmatrix}1 & -2 & 3\\ 6 & 7 & -1\\ -3 & 1 & 4\end{bmatrix}$ **22.** $A=\begin{bmatrix}1 & 1 & 2\\ 3 & 3 & 6\\ 0 & 1 & 4\end{bmatrix}$

23. 행렬 A에 대하여 다음을 계산하라.

$$A=\begin{bmatrix}4 & -1 & 1 & 6\\ 0 & 0 & -3 & 3\\ 4 & 1 & 0 & 14\\ 4 & 1 & 3 & 2\end{bmatrix}$$

(a) M_{13}과 C_{13} (b) M_{23}과 C_{23}
(c) M_{22}와 C_{22} (d) M_{21}과 C_{21}

24. 행렬 A에 대해서 다음을 계산하라.

$$A=\begin{bmatrix}2 & 3 & -1 & 1\\ -3 & 2 & 0 & 3\\ 3 & -2 & 1 & 0\\ 3 & -2 & 1 & 4\end{bmatrix}$$

(a) M_{32}와 C_{32} (b) M_{44}와 C_{44}
(c) M_{41}과 C_{41} (d) M_{24}과 C_{24}

25. 연습문제 21 행렬의 행렬식을 다음과 같은 여인수전개 방법을 이용하여 계산하라.
(a) 첫 번째 행에 관하여 (b) 첫 번째 열에 관하여
(c) 두 번째 행에 관하여 (d) 두 번째 열에 관하여
(e) 세 번째 행에 관하여 (f) 세 번째 열에 관하여

26. 연습문제 22 행렬의 행렬식을 다음과 같은 여인수전개 방법을 이용하여 계산하라.
(a) 첫 번째 행에 관하여 (b) 첫 번째 열에 관하여
(c) 두 번째 행에 관하여 (d) 두 번째 열에 관하여
(e) 세 번째 행에 관하여 (f) 세 번째 열에 관하여

연습문제 27~32에서는 임의로 선택한 행 또는 열에 관한 여인수전개 방법을 이용하여 $\det(A)$*를 계산하라.*

27. $A=\begin{bmatrix}-3 & 0 & 7\\ 2 & 5 & 1\\ -1 & 0 & 5\end{bmatrix}$ **28.** $A=\begin{bmatrix}3 & 3 & 1\\ 1 & 0 & -4\\ 1 & -3 & 5\end{bmatrix}$

29. $A=\begin{bmatrix}1 & k & k^2\\ 1 & k & k^2\\ 1 & k & k^2\end{bmatrix}$ **30.** $A=\begin{bmatrix}k+1 & k-1 & 7\\ 2 & k-3 & 4\\ 5 & k+1 & k\end{bmatrix}$

31. $A=\begin{bmatrix}3 & 3 & 0 & 5\\ 2 & 2 & 0 & -2\\ 4 & 1 & -3 & 0\\ 2 & 10 & 3 & 2\end{bmatrix}$

32. $A=\begin{bmatrix}4 & 0 & 0 & 1 & 0\\ 3 & 3 & 3 & -1 & 0\\ 1 & 2 & 4 & 2 & 3\\ 9 & 4 & 6 & 2 & 3\\ 2 & 2 & 4 & 2 & 3\end{bmatrix}$

33. 다음의 행렬식 값이 θ와 무관함을 보여라.

$$\begin{vmatrix}\sin(\theta) & \cos(\theta) & 0\\ -\cos(\theta) & \sin(\theta) & 0\\ \sin(\theta)-\cos(\theta) & \sin(\theta)+\cos(\theta) & 1\end{vmatrix}$$

34. $A=\begin{bmatrix}a & b\\ 0 & c\end{bmatrix}$, $B=\begin{bmatrix}d & e\\ 0 & f\end{bmatrix}$

가 주어졌을 때 $AB=BA$의 필요충분조건은

$$\begin{vmatrix}b & a-c\\ e & d-f\end{vmatrix}=0$$

임을 보여라.

35. 다음의 두 행렬식이 어떤 관계가 있는지 계산하지 않고 보여라.

$$d_1=\begin{vmatrix}a & b & c\\ d & 1 & f\\ g & 0 & 1\end{vmatrix},\ d_2=\begin{vmatrix}a+\lambda & b & c\\ d & 1 & f\\ g & 0 & 1\end{vmatrix}$$

36. 모든 2×2 행렬식 A에 대하여 다음 식이 성립함을 보여라.

$$\det(A) = \frac{1}{2}\begin{vmatrix} \mathrm{tr}(A) & 1 \\ \mathrm{tr}(A^2) & \mathrm{tr}(A) \end{vmatrix}$$

토론과 발견

D1. 정수 원소들만 포함한 행렬의 행렬식이 정수임을 설명하라.

D2. 모든 원소가 1로 채워진 n차 행렬식에 대하여 무엇을 말할 수 있는가? 그 이유를 설명하라.

D3. 행렬식 값이 0이 아닌 3×3 행렬이 가질 수 있는 0의 최대 개수는 몇 개인가? 그 이유를 설명하라.

D4. a_1, a_2, b_1과 b_2가 상수일 때 다음 방정식이 나타내는 그래프에 대해서 무엇을 알 수 있는가?

$$\begin{vmatrix} x & y & 1 \\ a_1 & b_1 & 1 \\ a_2 & b_2 & 1 \end{vmatrix} = 0$$

D5. $\mathbf{u}$와 $\mathbf{v}$가 R^3의 열벡터일 때 $A = \mathbf{u}\mathbf{v}^T$의 여섯 개의 기본곱에 대해서 무엇을 얘기할 수 있는가?

증명문제

P1. 세 점 (x_1, y_1), (x_2, y_2), (x_3, y_3)이 일직선상에 있을 필요충분조건은 다음과 같음을 증명하라.

$$\begin{vmatrix} x_1 & y_1 & 1 \\ x_2 & y_2 & 1 \\ x_3 & y_3 & 1 \end{vmatrix} = 0$$

P2. **(귀납법을 이용한 증명)** 귀납법을 이용하여 n개의 자연수의 순열이 $n!$개이므로 $n \times n$ 행렬의 기본곱도 $n!$개임을 증명하라.

프로그램 활용 연습문제

T1. 연습문제 23과 24에 있는 행렬의 행렬식을 계산하라.

T2. 예제 3의 행렬의 여인수를 계산하고 두 번째 행과 두 번째 열에 관한 여인수전개 방법으로 행렬식을 계산하라.

T3. 임의의 3×3 행렬 A와 B를 선택하여 $\det(AB) = \det(A)\det(B)$를 계산하라. 이런 숫자들 사이의 관계에 대해서 확신이 있을 때까지 이 과정을 반복하라. 이 관계는 무엇인가?

T4. **(CAS)** 식 (4)를 확인하라.

T5. **(CAS)** 행렬식과 CAS의 단순화 방법을 이용하여 다음 식을 증명하라.

$$\begin{vmatrix} \frac{1}{a+x} & \frac{1}{a+y} & 1 \\ \frac{1}{b+x} & \frac{1}{b+y} & 1 \\ \frac{1}{c+x} & \frac{1}{c+y} & 1 \end{vmatrix} = \frac{(a-b)(a-c)(b-c)(x-y)}{(a+x)(b+x)(c+x)(a+y)(b+y)(c+y)}$$

T6. **(CAS)** 행렬식과 CAS의 단순화 방법을 이용하여 다음 식을 증명하라.

$$\begin{vmatrix} a & b & c & d \\ -b & a & d & -c \\ -c & -d & a & b \\ -d & c & -b & a \end{vmatrix} = (a^2 + b^2 + c^2 + d^2)^2$$

T7. **(CAS)** 다음의 행렬식을 간단한 공식으로 표현하라.

$$\begin{vmatrix} (a+b)^2 & c^2 & c^2 \\ a^2 & (b+c)^2 & a^2 \\ b^2 & b^2 & (c+a)^2 \end{vmatrix}$$

T8. n차 **Fibonacci 행렬**은 이탈리아 수학자 Leonardo Fibonacci(대략 1170~1250)의 이름을 따라 명명됐는데, $n \times n$ 행렬 F_n은 주대각선상에 1들을 가지고 있고, 대각선 바로 위에 1들을 가지고 있으며, 대각선 바로 아래에 -1들을 가지고 있고, 나머지는 전부 0인 행렬이다.

$$\det(F_1), \det(F_2), \det(F_3), \cdots, \det(F_7)$$

이와 같은 수열을 생각하자. 수열에서 한 항과 그것 앞의 두 항의 관계에 대해서 추측하라. 그 추측을 이용하여 $\det(F_8)$을 추정하라. 이 숫자를 계산하여 추정을 검토하라.

T9. A_n이 주대각선상에 2들을 가지고 있고, 대각선 바로 위와 아래에 1들을 가지고 있으며, 나머지는 전부 0인 $n \times n$ 행렬이라고 한다. n과 $\det(A_n)$ 사이의 관계에 대해서 추측하라.

4.2 행렬식의 성질

이 절에서는 행렬의 기본적인 성질들을 설명할 것이다. 이것은 행렬식을 계산하고, 선형계의 해를 구하고, 행렬의 가역성을 판단하는 데 도움이 될 것이다.

A^T의 행렬식

우선 이 절에서는 행렬의 행렬식과 그 전치행렬의 행렬식과의 관계를 확립한다. 정사각행렬 A의 모든 기본곱은 각 행과 각 열에서 하나의 원소를 뽑아서 이루어졌으므로 행렬식의 정의로부터 행과 열의 대칭관계에 의해서 $\det(A) = \det(A^T)$를 예상할 수 있다. 실제로 2×2 행렬에서 이것은 사실이다. 왜냐하면,

$$\det(A) = \begin{vmatrix} a & b \\ c & d \end{vmatrix} = ad - bc = ad - cb = \begin{vmatrix} a & c \\ b & d \end{vmatrix} = \det(A^T)$$

이기 때문이다. 이것을 일반적인 $n \times n$ 행렬에 확장하면 순열에서의 정리를 이용하여 A와 A^T가 같은 부호가 붙은 기본곱들을 갖고 이로써 행렬식도 같다는 것을 알 수 있다. 다른 증명은 이 절의 마지막에서 귀납법과 여인수전개를 이용하여 보여 줄 것이다.

정리 4.2.1 *A가 정사각행렬이면 $\det(A) = \det(A^T)$이다.*

이로써 행렬식의 행에 관한 모든 정리는 열에 관해서도 똑같이 성립한다. 반대도 마찬가지이다(예로 정리 4.1.2를 보라).

개념문제 앞 절의 예제 4의 행렬 A의 전치행렬을 찾고, $\det(A) = \det(A^T)$을 A^T에 대해서 임의 행 또는 열에 관한 여인수전개 방법을 이용하여 보여라.

기본행연산이 행렬식에 미치는 영향

다음 정리는 기본행연산과 **기본열연산**(elementary column operation)이 행렬식에 미치는 영향을 설명하고 있다(기본열연산은 열에 대해서 적용하는 점을 제외하면 기본행연산과 같다).

정리 4.2.2 *A를 $n \times n$ 행렬이라 하자.*

(a) 행렬 A의 한 행(열)에 상수 k를 곱하여 얻은 행렬을 B라고 하면 $\det(B) = k\det(A)$이다.

(b) 행렬 A의 두 행(열)을 교환하여 얻은 행렬을 B라고 하면 $\det(B) = -\det(A)$이다.

(c) 행렬 A의 한 행(열)을 그 행(열)에 다른 한 행(열)의 상수 배를 더한 것으로 바꾸어 놓은 행렬을 B라고 하면 $\det(B) = \det(A)$이다.

다음에 (a)와 (b)를 증명하고 (c)의 증명은 연습문제로 남긴다.

증명 (a) 행렬 A의 i행에 상수 k를 곱하여 행렬 B를 얻었다고 하자. $\det(A)$를 i번째 행에 관한 여인수전개식으로 쓰면 다음과 같다.

$$\det(A) = a_{i1}C_{i1} + a_{i2}C_{i2} + \cdots + a_{in}C_{in}$$

이 식에서 여인수들은 i번째 행의 원소들을 포함하지 않으므로 i번째 행에 상수 k를 곱하여도 변하지 않는다. 그러므로 $\det(B)$를 i번째 행에 관한 여인수전개식으로 쓰면 다음과 같다.

$$\det(B) = ka_{i1}C_{i1} + ka_{i2}C_{i2} + \cdots + ka_{in}C_{in} = k(a_{i1}C_{i1} + a_{i2}C_{i2} + \cdots + a_{in}C_{in}) = k\det(A)$$

열에 관해서는 유사한 방법을 사용하거나 정리 4.2.1을 적용하여 증명할 수 있다.

증명 (b) 행렬식의 정의와 열교환을 이용하면 쉽게 증명할 수 있다. 만약 A의 두 열을 교환하면 각각의 기본곱의 열 첨자의 순열을 자연순서로 만들 때 필요한 최소교환수가 하나씩 증가하거나 감소한다. 이것은 부호를 붙인 기본곱의 부호를 바꾸고 그 합에도 부호를 역전시키는 영향을 주게 된다. 행에 관한 증명은 정리 4.2.1을 이용하여 쉽게 얻을 수 있다. ■

예제 1 3 × 3 행렬식에서 기본행연산의 영향

다음 식은 3 × 3 행렬식에 정리 4.2.2를 적용한 예이다.

$$\underbrace{\begin{vmatrix} ka_{11} & ka_{12} & ka_{13} \\ a_{21} & a_{22} & a_{23} \\ a_{31} & a_{32} & a_{33} \end{vmatrix}}_{B} = k \underbrace{\begin{vmatrix} a_{11} & a_{12} & a_{13} \\ a_{21} & a_{22} & a_{23} \\ a_{31} & a_{32} & a_{33} \end{vmatrix}}_{A}$$

A의 첫 번째 행에 k배 하여 B를 얻는다. $\det(B) = k\det(A)$

$$\underbrace{\begin{vmatrix} a_{21} & a_{22} & a_{23} \\ a_{11} & a_{12} & a_{13} \\ a_{31} & a_{32} & a_{33} \end{vmatrix}}_{B} = -\underbrace{\begin{vmatrix} a_{11} & a_{12} & a_{13} \\ a_{21} & a_{22} & a_{23} \\ a_{31} & a_{32} & a_{33} \end{vmatrix}}_{A}$$

A의 첫 번째 행과 두 번째 행을 교환하여 B를 얻는다. $\det(B) = -\det(A)$

$$\underbrace{\begin{vmatrix} a_{11}+ka_{21} & a_{12}+ka_{22} & a_{13}+ka_{23} \\ a_{21} & a_{22} & a_{23} \\ a_{31} & a_{32} & a_{33} \end{vmatrix}}_{B} = \underbrace{\begin{vmatrix} a_{11} & a_{12} & a_{13} \\ a_{21} & a_{22} & a_{23} \\ a_{31} & a_{32} & a_{33} \end{vmatrix}}_{A}$$

A의 첫 번째 행에 두 번째 행의 k배를 더하여 B를 얻는다. $\det(B) = \det(A)$ ■

참고 정리 4.2.2의 (*a*)에서 한 행 또는 한 열의 공통인수를 행렬식 기호 밖으로 이동하여 쓸 수 있음을 알 수 있다(예제 1의 첫 부분을 보라).

다음의 정리는 정리 4.2.2로부터 직접 얻을 수 있다.

정리 4.2.3 *A를 $n \times n$ 행렬이라 하자.*

(*a*) *A의 두 행 또는 두 열이 같으면,* $\det(A) = 0$*이다.*

(*b*) *A의 두 행 또는 두 열이 비례하면,* $\det(A) = 0$*이다.*

(*c*) $\det(kA) = k^n \det(A)$

증명 (*a*) 만약 A의 두 행 또는 두 열이 같으면 그 두 행 또는 두 열을 교환하여도 A를 얻지만, 행렬식의 부호는 역전된다. 그러므로 $\det(A) = -\det(A)$가 되고 $\det(A) = 0$이다.

증명 (*b*) 만약 A의 두 행 또는 두 열이 비례하면 그중 한 행 또는 열이 다른 한 행 또는 열의 상수 배이다. 상수 k를 행렬식 기호 밖으로 이동하여 얻은 행렬 B는 서로 같은 두 행 또는 열을 가진다. 그러므로 행렬 B에 (*a*)를 적용하여 $\det(A) = k\det(B) = 0$을 얻는다.

증명 (*c*) 행렬 A의 각 행(열)에 같은 수 k를 곱한다. 각각의 n개의 행(열)에서 공통인수 k를 행렬식 기호 밖으로 이동하여 쓰면 $\det(kA) = k^n \det(A)$을 얻을 수 있다. ■

예제 2 계산 없이 확인해 볼 수 있는 행렬식

여기 계산 없이 즉시 알 수 있는 행렬식들이 있다.

$$\begin{vmatrix} 3 & -1 & 4 & -5 \\ 6 & -2 & 5 & 2 \\ 5 & 8 & 1 & 4 \\ -9 & 3 & -12 & 15 \end{vmatrix} = 0, \quad \begin{vmatrix} 0 & 0 & 0 & 1 \\ 0 & 0 & 1 & 0 \\ 0 & 1 & 0 & 0 \\ 1 & 0 & 0 & 0 \end{vmatrix} = 1, \quad \begin{vmatrix} 1 & -2 & 7 \\ -4 & 8 & 5 \\ 2 & -4 & 3 \end{vmatrix} = 0$$

비례하는 두 행 / 행교환을 두 번 하면 I_4가 된다. / 비례하는 두 열 ■

예제 3 행렬의 덧셈역원에 관한 행렬식

$\det(A)$와 $\det(-A)$의 관계는 무엇인가?

풀이 A가 $n \times n$ 행렬이라면 $-A=(-1)A$이므로 정리 4.2.3(*c*)에서 다음 식을 얻을 수 있다.

$$\det(-A) = (-1)^n \det(A)$$

그러므로 n이 짝수이면 $\det(-A)=\det(A)$이고, 홀수이면 $\det(-A)=-\det(A)$이다. ■

개념문제 예제 3의 결과를 부호가 붙은 기본곱의 합으로 행렬식을 구하는 행렬식의 정의로부터 직접 얻을 수 있는지 생각해 보라.

여인수전개의 간소화 앞 절에서 여인수전개로 행렬식을 구할 때, 행렬의 원소 중에 0이 많이 있는 행이나 열에 관하여 전개하면 간단히 구할 수 있는 것을 알았다. 한 행(열)에 적절한 수를 곱하여 다른 행(열)에 합하여도 행렬식의 값이 변하지 않는다는 성질에 의하여 0을 얻을 수 있으므로, 이런 연산을 여인수전개와 결합하면 더 효과적인 방법을 얻을 수 있다. 다음 예제를 보자.

▶ 예제 4 행연산을 이용한 여인수전개의 간소화

여인수전개 방법을 이용하여 다음 행렬의 행렬식을 계산하라.

$$A = \begin{bmatrix} 3 & 5 & -2 & 6 \\ 1 & 2 & -1 & 1 \\ 2 & 4 & 1 & 5 \\ 3 & 7 & 5 & 3 \end{bmatrix}$$

풀이 이 행렬은 0인 원소를 갖고 있지 않다. 그러므로 여인수전개를 직접 사용하면 네 개의 3 × 3 행렬식을 계산해야 한다. 한 행(열)에 적절한 수를 곱하여 다른 행(열)에 합하면 0인 원소를 얻을 수 있다. 예를 들면 첫 번째 열의 두 번째 행의 원소 1을 이용하여 적당한 수를 두 번째 행에 곱하여 나머지 3행에 각각 합하면 첫 번째 열에서 세 개의 0인 원소를 얻을 수 있다. 즉, 다음과 같다.

$$\det(A) = \begin{vmatrix} 0 & -1 & 1 & 3 \\ 1 & 2 & -1 & 1 \\ 0 & 0 & 3 & 3 \\ 0 & 1 & 8 & 0 \end{vmatrix}$$

$$= -\begin{vmatrix} -1 & 1 & 3 \\ 0 & 3 & 3 \\ 1 & 8 & 0 \end{vmatrix}$$

첫 번째 열에 관한 여인수 전개

$$= -\begin{vmatrix} -1 & 1 & 3 \\ 0 & 3 & 3 \\ 0 & 9 & 3 \end{vmatrix}$$

첫 번째 행을 세 번째 행에 더한다.

$$= -(-1)\begin{vmatrix} 3 & 3 \\ 9 & 3 \end{vmatrix}$$

첫 번째 열에 관한 여인수 전개

$$= -18$$

■

개념문제 예제 4에서 첫 번째 열의 두 번째 행 원소 1을 이용하여 두 번째 행에서 세 개의 0인 원소를 만들고, 두 번째 행에 관하여 여인수전개를 이용하여 행렬식을 계산해 보라.

Gauss 소거를 이용한 행렬식 실제 응용에서 행렬식은 흔히 Gauss 소거(보통은 *LU*-분해)를 이용하여 계산한다. 이 부분을 이제 상세하게 설명할 것이다. 여기서는 예를 들어 det(*A*)가 어떻게 행사다리꼴로 만들어져서 계산될 수 있는지를 설명할 것이다.

▶ 예제 5 Gauss 소거에 의한 행렬식 계산

이 예제에서는 다음 행렬식을 행사다리꼴로 만들고 행렬식을 계산하는 과정을 설명할 것이다.

$$A = \begin{bmatrix} 0 & 1 & 5 \\ 3 & -6 & 9 \\ 2 & 6 & 1 \end{bmatrix}$$

이 과정에서 보통의 행 축소와는 달리 선행 1은 공통인수를 행렬식 기호 밖으로 이동하여 씀으로써 얻어졌다.

$$\det(A)=\begin{vmatrix}0&1&5\\3&-6&9\\2&6&1\end{vmatrix}=-\begin{vmatrix}3&-6&9\\0&1&5\\2&6&1\end{vmatrix}$$ 첫 번째 행과 두 번째 행을 교환한다.

$$=-3\begin{vmatrix}1&-2&3\\0&1&5\\2&6&1\end{vmatrix}$$ 첫 번째 행의 공용인수 3을 행렬식 기호 밖으로 뺀다.

$$=-3\begin{vmatrix}1&-2&3\\0&1&5\\0&10&-5\end{vmatrix}$$ 첫 번째 행의 −2배를 세 번째 행에 더한다.

$$=-3\begin{vmatrix}1&-2&3\\0&1&5\\0&0&-55\end{vmatrix}$$ 두 번째 행의 −10배를 세 번째 행에 더한다.

$$=(-3)(-55)\begin{vmatrix}1&-2&3\\0&1&5\\0&0&1\end{vmatrix}$$ 마지막 행의 공통인수 −55를 행렬식 기호 밖으로 뺀다.

$$=(-3)(-55)(1)=165$$ ■

가역성을 위한 행렬식 테스트

다음의 정리는 여러 관점에서 볼 때 이 절에서 가장 중요하다.

정리 4.2.4 *정사각행렬 A가 가역행렬일 필요충분조건은 $\det(A)\neq 0$이다.*

증명 우선 첫 단계로 A의 행렬식과 기약 행사다리꼴 R의 행렬식이 함께 0이거나 아니면 함께 0이 아닌 것을 보일 것이다. 이를 위하여 행렬 기본행연산이 행렬식에 미치는 영향을 고려해 보자. 만약 연산이 행 교환이면 효과는 행렬식에 −1을 곱하는 것이고, 만약 한 행의 배수가 다른 행에 더해지면 행렬식의 값은 변하지 않고 한 행에 *0이 아닌* 상수 k를 곱하면 행렬식은 k를 곱해야 한다. 이 세 가지 경우 모두 연산의 전후에 행렬식은 함께 0이거나 아니면 함께 0이 아니다. R은 A의 순차적인 기본행연산에 의해 얻는데, 이것은 $\det(A)$와 $\det(R)$이 함께 0이거나 아니면 함께 0이 아니라는 결론을 얻는다. 이제 증명의 중요 부분을 살펴보겠다.

A는 가역행렬이라 가정하자. 이런 경우 A의 기약 행사다리꼴은 I이다(정리 3.3.3). $\det(I)\neq 0$이므로 $\det(A)\neq 0$이다. 역으로 $\det(A)\neq 0$으로 가정하자. 이처럼 만약 R이 A의 기약 행사다리꼴이라면, $\det(R)\neq 0$이 된다. 이것은 R은 0인 행을 가지고 있지 않다는 것과 $R=I$인 것을 의미한다(정리 3.2.4). 그래서 A는 가역행렬이다(정리 3.3.3). ■

참고 이 정리는 두 개의 비례적인 열이나 행을 갖는 행렬은 가역행렬일 수 없음을 분명하게 나타낸다.

행렬곱의 행렬식

행렬곱셈의 정의와 행렬식의 정의가 매우 복잡하기 때문에 어떠한 단순한 관계가 그들 사이에 존재할 것 같지 않다. 따라서 다음 정리는 꽤 놀랄 만하다. 증명은 이 절의 끝부분에 소개될 것이다.

정리 4.2.5 *만약 A와 B가 같은 크기의 정사각행렬이라면*

$$\det(AB)=\det(A)\det(B) \tag{1}$$

이 정리는 세 개나 그 이상의 행렬의 곱으로 확장 가능하다. 그리고 특히 확장된 정리를 적용하면 $A^n = AA\cdots A$(n은 인수)이라 할 때 다음과 같은 관계가 성립된다.

$$\det(A^n) = [\det(A)]^n \tag{2}$$

▶ 예제 6 정리 4.2.5의 설명

다음 행렬들에 대하여 정리 4.2.5에서의 결과를 검증하라.

$$A = \begin{bmatrix} 3 & 1 \\ 2 & 3 \end{bmatrix}, \quad B = \begin{bmatrix} -1 & 3 \\ 5 & -4 \end{bmatrix}$$

풀이

$$AB = \begin{bmatrix} 2 & 5 \\ 13 & -6 \end{bmatrix}$$

그리고 $\det(A) = 7$, $\det(B) = -11$과 $\det(AB) = -77$이고, 따라서 $\det(AB) = \det(A)\det(B)$이다. ■

LU-분해를 이용한 행렬식 구하기

예제 5는 Gauss 소거로 행렬식을 구하는 것을 보여 준다. 실제로 행렬식을 구하는 컴퓨터 프로그램은 LU-분해를 이용하는데, 이는 Gauss 소거를 수행하는 효율적인 방법이다, A가 LU-분해를 가지고 있는 경우에, 가령 $A = LU$라 하면, 행렬식 A는 $\det(A) = \det(L)\ \det(U)$로 표현되며, L과 U는 삼각행렬이기 때문에 쉽게 계산된다. 이처럼 $\det(A)$를 구하는 거의 대부분의 계산은 LU-분해를 얻기 위해 하는 것이다. 표 3.7.1을 보면 $n \times n$ 행렬의 LU-분해를 얻는 데 필요한 계산 수는 충분히 큰 n에 대하여 $\frac{2}{3}n^3$의 차수를 갖는다. 이것은 $n!$개의 부호 붙은 기본곱을 계산하는 행렬식 정의에 비해서 많이 개선된 것이다. 예를 들면 오늘날의 컴퓨터는 30×30 행렬식을 계산하는 데 LU-분해를 이용하면 1/1,000초의 시간이 소요되는 반면, 30!개의 부호 붙은 기본곱을 계산하는 데는 대략 10^{10}년이 필요하다.

3.7절에서 만약 부분추축연산이 사용되었거나 행교환으로 A를 행사다리꼴로 만들 수 있다면, A는 $A = PLU$의 인수분해가 가능하다. 여기서 P^{-1}은 A의 행교환과 통일한 치환행렬이 된다. 이 경우 $\det(A) = \det(P)\ \det(L)\ \det(U)$가 된다. 연습문제에서 $\det(P) = \pm 1$이 됨을 보여야 할 것이며, 행교환의 수가 짝수이면 $+$이고, 행교환의 수가 홀수이면 $-$이다. 실제적으로 컴퓨터 프로그램은 PLU-분해를 얻는 데 사용된 행교환의 수를 쉽게 구할 수 있으므로 인수 $\det(P)$는 $\det(A)$값을 구하는 데 어려움을 주지는 않는다.

역사 속의 선형대수

1815년 프랑스 수학자 Augustin Cauchy(1장 참조)는 처음으로 행렬식에 대해서 조직적이고 현대적인 기틀을 잡는 중요한 논문을 발표하였다. 그 논문에는 정리 4.2.5의 가장 일반적인 형태가 소개되고 증명되었다. 이 정리의 특별한 경우는 그 이전에 소개되고 증명되었지만, 마지막 발전을 가져온 사람은 Cauchy였다.

개념문제 3.7절의 예제 2에 있는 행렬 A를 LU-분해를 이용하여 행렬식을 계산 없이 구하고, 직접 $\det(A)$를 구하여 답을 확인하라.

역행렬의 행렬식

다음의 정리는 가역행렬의 행렬식과 역행렬의 행렬식 간의 근본적인 관계를 설명한다.

정리 4.2.6 *A가 가역행렬이면*

$$\det(A^{-1}) = \frac{1}{\det(A)} \tag{3}$$

증명 $AA^{-1} = I$이므로 $\det(AA^{-1}) = \det(I) = 1$이 된다. 이 식은 $\det(A)\ \det(A^{-1}) = 1$로 다시 쓸 수 있다. 따라서 정리를 얻게 된다. ■

▶ 예제 7 2 × 2 행렬에 대한 정리 4.2.6 확인하기

$A = \begin{bmatrix} a & b \\ c & d \end{bmatrix}$이 가역행렬이면

$$A^{-1} = \frac{1}{ad - bc}\begin{bmatrix} d & -b \\ -c & a \end{bmatrix}$$

이 된다. 그러므로 정리 4.2.3(*c*)로부터 다음을 확인할 수 있다.

$$\det(A^{-1}) = \frac{1}{(ad-bc)^2}\det\begin{bmatrix} d & -b \\ -c & a \end{bmatrix} = \frac{1}{(ad-bc)^2}(ad-bc) = \frac{1}{ad-bc} = \frac{1}{\det(A)}$$ ■

A + B 행렬식 $\det(AB) = \det(A)\det(B)$로부터 $\det(A+B) = \det(A) + \det(B)$라고 생각할 수도 있다. 그러나 다음의 예제는 이것이 틀린 것임을 보여 준다.

▶ 예제 8 $\det(A+B) \neq \det(A) + \det(B)$

다음의 행렬을 생각하자.

$$A = \begin{bmatrix} 1 & 2 \\ 2 & 5 \end{bmatrix}, \quad B = \begin{bmatrix} 3 & 1 \\ 1 & 3 \end{bmatrix}, \quad A+B = \begin{bmatrix} 4 & 3 \\ 3 & 8 \end{bmatrix}$$

$\det(A) = 1$, $\det(B) = 8$, 그리고 $\det(A+B) = 23$, 그래서 $\det(A+B) \neq \det(A) + \det(B)$이다. 연습문제 P1에서 $\det(A) + \det(B)$ 형태의 표현에 대한 유용한 결과를 볼 수 있다. ■

통합정리 정리 3.4.9에서 그때까지의 주요한 개념들의 대부분을 함께 묶어 정리하였다. 정리 4.2.4를 이용하면 행렬식의 특성을 그 정리에 통합할 수 있다.

정리 4.2.7 *A가 $n \times n$ 행렬이면, 다음 문장들은 동치이다.*

(*a*) *A의 행사다리꼴은 I_n이다.*

(*b*) *A는 기본행렬의 곱으로 표현할 수 있다.*

(*c*) *A는 가역행렬이다.*

(*d*) *$A\mathbf{x} = \mathbf{0}$는 자명한 해만 가진다.*

(*e*) *$A\mathbf{x} = \mathbf{b}$는 R^n의 모든 $\mathbf{b}$에 대해 해가 존재한다.*

(*f*) *$A\mathbf{x} = \mathbf{b}$는 R^n의 모든 $\mathbf{b}$에 대해 유일한 해를 갖는다.*

(*g*) *A의 열벡터들은 일차독립이다.*

(*h*) *A의 행벡터들은 일차독립이다.*

(*i*) *$\det(A) \neq 0$이다.*

선택: *정리 4.2.1의 증명*

정리 4.2.1의 다음 증명은 귀납적 방법을 사용한다.

증명 귀납적 증명 방법에는 두 부분이 있다. 첫 번째는 1×1 $(n = 1)$ 크기의 행렬에서 성립함을 증명해야 한다. 그다음에 $(n-1) \times (n-1)$ 행렬에서 성립한다는 가정하에 $n \times n$의 행렬에서 사실임을 증명해야 한다.

1×1 행렬 $A = [a_{11}]$인 경우는 $A^T = A$이므로 명백하다. 다음에 정리가 $(n-1) \times (n-1)$ 행렬에서 사실이라 가정하고 A가 $n \times n$ 행렬이라 하자. 어떠한 행 또는 열을 따라 여인수전개에 의해 $\det(A)$와 $\det(A^T)$를 계산할 수 있다. 특히 만약 $\det(A)$를 첫 번째 행에 관하여 여인수전개로 계산하고 $\det(A^T)$를 첫 번째 열에 관하여 여인수전개로 계산하면 다음과 같다.

$$\det(A) = a_{11}C_{11} + a_{12}C_{12} + \cdots + a_{1n}C_{1n}$$
$$\det(A^T) = a_{11}C'_{11} + a_{12}C'_{21} + \cdots + a_{1n}C'_{n1}$$

이 식에서 C_{ij}와 C'_{ij}는 해당하는 여인수이고 계수는 같다. 이유는 A^T의 첫 번째 열에 있는 원소들은 A의 첫 번째 행에 있는 원소들이기 때문이다. 다음을 증명해 보자.

$$C_{11} = C'_{11}, \quad C_{12} = C'_{21}, \ldots, \quad C_{1n} = C'_{n1} \tag{4}$$

이것이 증명되면 $\det(A) = \det(A^T)$가 증명되는 것이다. 식 (4)에 사용된 여인수를 계산하기 위해서 사용된 행렬은 모두 $(n-1) \times (n-1)$ 크기이며, 귀납적 가설은 행렬 A를 전치하는 것은 이러한 여인수를 변화시키지 않는다는 것을 의미하지만, 전치하는 것은 행과 열의 첨자를 교환하는 것이므로 이것으로 식 (4)가 성립함이 증명되었다. ■

선택: *정리 4.2.5의 증명*

정리 4.2.5를 증명하기 위해 2개의 보조정리라고 부르게 될 결과를 먼저 소개한다. 첫 번째 보조정리는 정리 4.2.2와 행렬 A의 앞쪽에 기본행렬을 곱하는 것은 기본행렬에 해당하는 기본행연산을 행렬 A에 수행하는 것과 같다는 사실에서 얻는다.

보조정리 4.2.8 *E를 $n \times n$ 기본행렬, I_n을 $n \times n$ 항등행렬이라 하자.*

(a) 만약 E가 I_n의 한 행에 k를 곱한 결과라면, $\det(E) = k$이다.

(b) 만약 E가 I_n의 두 행을 교환한 결과라면, $\det(E) = -1$이다.

(c) 만약 E가 I_n의 한 행의 상수 배를 다른 행에 더한 결과라면, $\det(E) = 1$이다.

다음 보조정리는 정리 4.2.5에서 A가 기본행렬인 특별한 경우이다.

보조정리 4.2.9 *B는 $n \times n$ 행렬이고 E는 $n \times n$ 기본행렬이라면 다음이 성립한다.*

$$\det(EB) = \det(E)\det(B)$$

증명 증명은 간단히 3가지 기본행연산의 결과를 분석하면 된다. 만약 E가 I_n의 한 행에 k를 곱한 결과라면, EB는 B의 같은 행에 k를 곱한 결과이다. 그러므로 정리 4.2.2(a)에 의해서 $\det(EB) = k\det(B)$이다. 그러나 보조정리 4.2.8(a)는 $\det(E)\det(B) = k\det(B)$이므로, $\det(EB) = \det(E)\det(B)$가 된다. 다른 두 개의 기본행연산에 대한 증명도 같다(확인하라). ■

보조정리 4.2.9는 일반적인 결과를 증명하기 위해 반복적으로 적용될 수 있다. 만약 $E_1, E_2, \cdots, E_r$이 일련의 기본행렬들이라면 다음이 성립한다.

$$\det(E_1E_2\cdots E_rB) = \det(E_1)\det(E_2)\cdots\det(E_r)\det(B) \tag{5}$$

특별한 경우로 $B = I$인 항등행렬이면 다음과 같은 식이 성립한다.

$$\det(E_1E_2\cdots E_r) = \det(E_1)\det(E_2)\cdots\det(E_r) \tag{6}$$

다음은 $\det(AB) = \det(A)\det(B)$에 대한 증명이다.

정리 4.2.5의 증명 첫 번째 행렬 A가 특이행렬일 경우와 가역행렬일 경우로 고려한다. 그것은 정리 3.3.8의 (b)에서와 같이, 만약 A가 특이행렬이면 AB도 특이행렬이다. A가 특이행렬이면 $\det(A) = 0$이고 $\det(AB) = 0$이 되며, 이로부터 $\det(A)\det(B) = \det(AB)$를 얻는다.

A가 가역행렬이면, 기본행렬의 곱으로 인수분해 할 수 있다.

$$A = E_1E_2\cdots E_r \tag{7}$$

그러면 식 (5)로부터 다음을 얻는다.

$$\det(AB) = \det(E_1E_2\cdots E_rB) = \det(E_1)\det(E_2)\cdots\det(E_r)\det(B)$$

식 (6)과 (7)로부터 다음과 같이 정리할 수 있으며, 증명이 완성된다.

$$\det(AB) = \det(E_1E_2\cdots E_r)\det(B) = \det(A)\det(B)$$ ■

연습문제 4.2

연습문제 1과 2에서는 $\det(A) = \det(A^T)$를 확인하라.

1. (a) $A = \begin{bmatrix} -2 & 3 \\ 1 & 4 \end{bmatrix}$ (b) $A = \begin{bmatrix} 2 & -1 & 3 \\ 1 & 2 & 4 \\ 5 & -3 & 6 \end{bmatrix}$

2. (a) $A = \begin{bmatrix} 1 & 2 \\ 2 & 6 \end{bmatrix}$ (b) $A = \begin{bmatrix} 1 & 3 & 2 \\ 3 & 1 & 5 \\ 2 & -1 & 1 \end{bmatrix}$

연습문제 3과 4에서는 행렬식의 값을 계산 없이 구하라.

3. (a) $\begin{vmatrix} 3 & 1 & 3 & 33 \\ 0 & \frac{1}{3} & 9 & 22 \\ 0 & 0 & -2 & 12 \\ 0 & 0 & 0 & 2 \end{vmatrix}$ (b) $\begin{vmatrix} 3 & 1 & 9 \\ -1 & 2 & -3 \\ 1 & 5 & 3 \end{vmatrix}$

(c) $\begin{vmatrix} 3 & -17 & 4 \\ 0 & 5 & 1 \\ 0 & 0 & -2 \end{vmatrix}$

4. (a) $\begin{vmatrix} \sqrt{2} & 0 & 0 & 0 \\ -8 & \sqrt{2} & 0 & 0 \\ 7 & 0 & -1 & 0 \\ 9 & 5 & 6 & 1 \end{vmatrix}$ (b) $\begin{vmatrix} -2 & 1 & 3 \\ 1 & -7 & 4 \\ -2 & 1 & 3 \end{vmatrix}$

(c) $\begin{vmatrix} 1 & -2 & 3 \\ 2 & -4 & 6 \\ 5 & -8 & 1 \end{vmatrix}$

연습문제 5와 6에서는 다음에 주어진 행렬식을 이용하여 계산하라.

$$\begin{vmatrix} a & b & c \\ d & e & f \\ g & h & i \end{vmatrix} = -6$$

5. (a) $\begin{vmatrix} d & e & f \\ g & h & i \\ a & b & c \end{vmatrix}$ (b) $\begin{vmatrix} 3a & 3b & 3c \\ -d & -e & -f \\ 4g & 4h & 4i \end{vmatrix}$

(c) $\begin{vmatrix} a+g & b+h & c+i \\ d & e & f \\ g & h & i \end{vmatrix}$ (d) $\begin{vmatrix} -3a & -3b & -3c \\ d & e & f \\ g-4d & h-4e & i-4f \end{vmatrix}$

6. (a) $\begin{vmatrix} g & h & i \\ d & e & f \\ a & b & c \end{vmatrix}$ (b) $\begin{vmatrix} a & b & c \\ d & e & f \\ 2a & 2b & 2c \end{vmatrix}$

(c) $\begin{vmatrix} a+d & b+e & c+f \\ -d & -e & -f \\ g & h & i \end{vmatrix}$ (d) $\begin{vmatrix} a & b & c \\ 2d & 2e & 2f \\ g+3a & h+3b & i+3c \end{vmatrix}$

연습문제 7과 8에서는 주어진 $n \times n$ 행렬 A에 대해서 $\det(kA) = k^n \det(A)$임을 확인하라.

7. (a) $A = \begin{bmatrix} -1 & 2 \\ 3 & 4 \end{bmatrix}$; $k = 2$

(b) $A = \begin{bmatrix} 2 & -1 & 3 \\ 3 & 2 & 1 \\ 1 & 4 & 5 \end{bmatrix}$; $k = -2$

8. (a) $A = \begin{bmatrix} 2 & 2 \\ 5 & -2 \end{bmatrix}$; $k = -4$

(b) $A = \begin{bmatrix} 1 & 1 & 1 \\ 0 & 2 & 3 \\ 0 & 1 & -2 \end{bmatrix}$; $k = 3$

9. 행렬식을 바로 풀지 말고, 왜 $x = 0$과 $x = 2$일 때 다음 식이 성립하는지 설명하라.

$$\begin{vmatrix} x^2 & x & 2 \\ 2 & 1 & 1 \\ 0 & 0 & -5 \end{vmatrix} = 0$$

10. 행렬식을 바로 풀지 말고, 왜 다음 식이 성립하는지 설명하라.

$$\det \begin{bmatrix} b+c & c+a & b+a \\ a & b & c \\ 1 & 1 & 1 \end{bmatrix} = 0$$

연습문제 11에서 18까지는 행렬을 기약 행사다리꼴로 바꾸어 행렬식을 구하라.

11. $\begin{bmatrix} 3 & 6 & -9 \\ 0 & 0 & -2 \\ -2 & 1 & 5 \end{bmatrix}$ **12.** $\begin{bmatrix} 0 & 3 & 1 \\ 1 & 1 & 2 \\ 3 & 2 & 4 \end{bmatrix}$

13. $\begin{bmatrix} 1 & -3 & 0 \\ -2 & 4 & 1 \\ 5 & -2 & 2 \end{bmatrix}$ **14.** $\begin{bmatrix} 3 & -6 & 9 \\ -2 & 7 & -2 \\ 0 & 1 & 5 \end{bmatrix}$

15. $\begin{bmatrix} 1 & -2 & 3 & 1 \\ 5 & -9 & 6 & 3 \\ -1 & 2 & -6 & -2 \\ 2 & 8 & 6 & 1 \end{bmatrix}$ **16.** $\begin{bmatrix} 2 & 1 & 3 & 1 \\ 1 & 0 & 1 & 1 \\ 0 & 2 & 1 & 0 \\ 0 & 1 & 2 & 3 \end{bmatrix}$

17. $\begin{bmatrix} 0 & 1 & 1 & 1 \\ \frac{1}{2} & \frac{1}{2} & 1 & \frac{1}{2} \\ \frac{2}{3} & \frac{1}{3} & \frac{1}{3} & 0 \\ -\frac{1}{3} & \frac{2}{3} & 0 & 0 \end{bmatrix}$ **18.** $\begin{bmatrix} 1 & 3 & 1 & 5 & 3 \\ -2 & -7 & 0 & -4 & 2 \\ 0 & 0 & 1 & 0 & 1 \\ 0 & 0 & 2 & 1 & 1 \\ 0 & 0 & 0 & 1 & 1 \end{bmatrix}$

연습문제 19와 20에서는 직접 행렬식을 계산하지 말고 등식을 확인하라.

19. (a) $\begin{vmatrix} a_1 & b_1 & a_1+b_1+c_1 \\ a_2 & b_2 & a_2+b_2+c_2 \\ a_3 & b_3 & a_3+b_3+c_3 \end{vmatrix} = \begin{vmatrix} a_1 & b_1 & c_1 \\ a_2 & b_2 & c_2 \\ a_3 & b_3 & c_3 \end{vmatrix}$

(b) $\begin{vmatrix} a_1+b_1 & a_1-b_1 & c_1 \\ a_2+b_2 & a_2-b_2 & c_2 \\ a_3+b_3 & a_3-b_3 & c_3 \end{vmatrix} = -2 \begin{vmatrix} a_1 & b_1 & c_1 \\ a_2 & b_2 & c_2 \\ a_3 & b_3 & c_3 \end{vmatrix}$

20. (a) $\begin{vmatrix} a_1+b_1t & a_2+b_2t & a_3+b_3t \\ a_1t+b_1 & a_2t+b_2 & a_3t+b_3 \\ c_1 & c_2 & c_3 \end{vmatrix} = (1-t^2)\begin{vmatrix} a_1 & a_2 & a_3 \\ b_1 & b_2 & b_3 \\ c_1 & c_2 & c_3 \end{vmatrix}$

(b) $\begin{vmatrix} a_1 & b_1+ta_1 & c_1+rb_1+sa_1 \\ a_2 & b_2+ta_2 & c_2+rb_2+sa_2 \\ a_3 & b_3+ta_3 & c_3+rb_3+sa_3 \end{vmatrix} = \begin{vmatrix} a_1 & a_2 & a_3 \\ b_1 & b_2 & b_3 \\ c_1 & c_2 & c_3 \end{vmatrix}$

21. 다음을 확인하라.

$$\begin{vmatrix} 1 & x & x^2 \\ 1 & y & y^2 \\ 1 & z & z^2 \end{vmatrix} = (y-x)(z-x)(z-y)$$

22. 다음 행렬의 행렬식을 구하라.

$$\begin{bmatrix} a & b & b & b \\ b & a & b & b \\ b & b & a & b \\ b & b & b & a \end{bmatrix}$$

연습문제 23과 24에서는 행렬식을 직접 계산하지 말고 $\det(A) = 0$*임을 보여라.*

23. $A = \begin{bmatrix} -2 & 8 & 1 & 4 \\ 3 & 2 & 5 & 1 \\ 1 & 10 & 6 & 5 \\ 4 & -6 & 4 & -3 \end{bmatrix}$

24. $A = \begin{bmatrix} -4 & 1 & 1 & 1 & 1 \\ 1 & -4 & 1 & 1 & 1 \\ 1 & 1 & -4 & 1 & 1 \\ 1 & 1 & 1 & -4 & 1 \\ 1 & 1 & 1 & 1 & -4 \end{bmatrix}$

연습문제 25와 26에서는 A가 가역행렬이 되는 k 값을 구하라.

25. (a) $A = \begin{bmatrix} k-3 & -2 \\ -2 & k-2 \end{bmatrix}$ (b) $A = \begin{bmatrix} 1 & 2 & 4 \\ 3 & 1 & 6 \\ k & 3 & 2 \end{bmatrix}$

26. (a) $A = \begin{bmatrix} k & 2 \\ 2 & k \end{bmatrix}$ (b) $A = \begin{bmatrix} 1 & 2 & 0 \\ k & 1 & k \\ 0 & 2 & 1 \end{bmatrix}$

27. 행렬 A는 3×3이며 $\det(A) = 7$인 경우에 다음 행렬식을 구하라.

(a) $\det(3A)$ (b) $\det(A^{-1})$
(c) $\det(2A^{-1})$ (d) $\det((2A)^{-1})$

28. 행렬 A는 4×4이며 $\det(A) = -2$인 경우에 다음 행렬식을 구하라.

(a) $\det(-A)$ (b) $\det(A^{-1})$
(c) $\det(2A^T)$ (d) $\det(A^3)$

연습문제 29와 30에서는 $\det(AB) = \det(A)\det(B)$*를 확인하라.*

29. $A = \begin{bmatrix} 1 & 0 & 0 \\ 3 & 3 & 0 \\ 5 & 2 & -2 \end{bmatrix}, \ B = \begin{bmatrix} 2 & 4 & -5 \\ 0 & 1 & 3 \\ 0 & 0 & 2 \end{bmatrix}$

30. $A = \begin{bmatrix} 2 & 1 & 0 \\ 3 & 4 & 0 \\ 0 & 0 & 2 \end{bmatrix}, \ B = \begin{bmatrix} 1 & -1 & 3 \\ 7 & 1 & 2 \\ 5 & 0 & 1 \end{bmatrix}$

연습문제 31과 32에서는 LU-분해를 만들고 정리 4.2.5를 이용하여 행렬식을 구하라.

31. 연습문제 15의 행렬

32. 연습문제 16의 행렬

33. 행렬식을 이용하여 다음 행렬이 모든 α, β, γ에 대해서 가역행렬이 아님을 보여라.

$$\begin{bmatrix} \sin^2\alpha & \sin^2\beta & \sin^2\gamma \\ \cos^2\alpha & \cos^2\beta & \cos^2\gamma \\ 1 & 1 & 1 \end{bmatrix}$$

34. 다음 선형계가 자명하지 않은 해를 갖는 실수값 λ가 있다면 모두 구하라.

(a) $\begin{aligned} x_1 + 2x_2 &= \lambda x_1 \\ 2x_1 + x_2 &= \lambda x_2 \end{aligned}$ (b) $\begin{aligned} 2x_1 + 3x_2 &= \lambda x_1 \\ 4x_1 + 3x_2 &= \lambda x_2 \end{aligned}$

(c) $\begin{aligned} 3x_1 + x_2 &= \lambda x_1 \\ -5x_1 - 3x_2 &= \lambda x_2 \end{aligned}$

35. (a) A가 정방행렬이면 $\det(A^TA) = \det(AA^T)$을 보여라.

(b) A가 가역행렬일 필요충분조건이 A^TA가 가역행렬임을 보여라.

36. A와 B는 행렬이다. A가 가역행렬이면 $\det(A^{-1}BA) = \det(B)$임을 보여라.

37. R^3 내의 벡터 $\mathbf{x} = (x_1, x_2, x_3)$와 $\mathbf{y} = (y_1, y_2, y_3)$에 대해서 다음을 보여라.

$$\|\mathbf{x}\|^2\|\mathbf{y}\|^2 - (\mathbf{x}\cdot\mathbf{y})^2 = \begin{vmatrix} x_1 & x_2 \\ y_1 & y_2 \end{vmatrix}^2 + \begin{vmatrix} x_1 & x_3 \\ y_1 & y_3 \end{vmatrix}^2 + \begin{vmatrix} x_2 & x_3 \\ y_2 & y_3 \end{vmatrix}^2$$

정사각행렬 M이 다음과 같이 ***블록삼각형태****(block triangular form)로 분할되면, 이때 A와 B는 정사각행렬이고,* $\det(M) = \det(A)\det(B)$*이다.*

$$M = \begin{bmatrix} A & 0 \\ C & B \end{bmatrix} \text{ 또는 } M = \begin{bmatrix} A & C \\ 0 & B \end{bmatrix}$$

이 결과를 이용해서 연습문제 38과 39의 행렬식을 계산하라.

38. (a) $M = \left[\begin{array}{cc|cc} 1 & 2 & 0 & 0 \\ 2 & 5 & 0 & 0 \\ \hline 5 & 12 & 3 & 3 \\ 11 & -8 & 2 & 1 \end{array}\right]$

(b) $M = \left[\begin{array}{ccc|ccc} 1 & 2 & 0 & 8 & 6 & -9 \\ 2 & 5 & 0 & 4 & 7 & 5 \\ -1 & 3 & 2 & 6 & 9 & -2 \\ \hline 0 & 0 & 0 & 3 & 0 & 0 \\ 0 & 0 & 0 & 2 & 1 & 0 \\ 0 & 0 & 0 & -3 & 8 & -4 \end{array}\right]$

39. (a) $M = \left[\begin{array}{cc|ccc} 2 & -1 & 2 & 5 & 6 \\ 4 & 3 & -1 & 3 & 4 \\ \hline 0 & 0 & 1 & 3 & 5 \\ 0 & 0 & -2 & 6 & 2 \\ 0 & 0 & 3 & 5 & 2 \end{array}\right]$ (b) $M = \left[\begin{array}{ccc|cc} 1 & 2 & 0 & 0 & 0 \\ 0 & 1 & 2 & 0 & 0 \\ 0 & 0 & 1 & 0 & 0 \\ \hline 0 & 0 & 0 & 1 & 2 \\ 2 & 0 & 0 & 0 & 1 \end{array}\right]$

40. P가 치환행렬이라면 $\det(P) = \pm 1$임을 보여라.

토론과 발견

D1. 다음의 두 행렬이 특이행렬이면 s와 t의 값에 대해 무엇을 말할 수 있는가?

$$\begin{bmatrix} 1 & 2 & s \\ 2 & 3 & t \\ 4 & 5 & 7 \end{bmatrix}, \quad \begin{bmatrix} 4 & 5 & 8 \\ s & 2 & 3 \\ t & 1 & 8 \end{bmatrix}$$

D2. A와 B는 $n \times n$ 행렬이다. 이미 AB와 BA가 같지 않다는 것을 알고 있다. $\det(AB)$와 $\det(BA)$도 마찬가지인지 설명하라.

D3. A와 B는 $n \times n$ 행렬이다. A와 B가 가역행렬이면 AB도 가역행렬이다. 그렇다면 A 또는 B가 가역행렬이 아닐 경우에 AB의 가역성에 대해서 설명하라.

D4. 다음과 같은 $n \times n$ 행렬의 행렬식에 대해 무엇을 말할 수 있는가?

$$\begin{bmatrix} 0 & 0 & \cdots & 0 & 1 \\ 0 & 0 & \cdots & 1 & 0 \\ \vdots & \vdots & & \vdots & \vdots \\ 0 & 1 & \cdots & 0 & 0 \\ 1 & 0 & \cdots & 0 & 0 \end{bmatrix}$$

D5. A가 n이 홀수인 $n \times n$ 반대칭행렬일 때, 행렬식에 대해서 설명하라.

D6. A는 $n \times n$ 행렬이고 B는 A의 행들을 역순으로 늘어놓은 행렬이다. $\det(A)$와 $\det(B)$를 관련지을 수 있는 정리를 작성하라.

D7. 다음 명제들이 참(T)인지 거짓 (F)인지 판별하고 그 이유를 설명하라.

(a) $\det(I + A) = 1 + \det(A)$

(b) $\det(A^4) = (\det(A))^4$

(c) $\det(3A) = 3\det(A)$

(d) $\det(A) = 0$이면, 동차선형계 $A\mathbf{x} = \mathbf{0}$은 많은 해를 가지고 있다.

D8. 다음 명제들이 참(T)인지 거짓(F)인지 판별하고 그 이유를 설명하라.

(a) A가 가역행렬이고 $\det(ABA) = 0$이면, $\det(B) = 0$이다.

(b) $A = A$–1이면, $\det(A) = \pm 1$이다.

(c) A의 기약 행사다리꼴이 0의 행을 가지면, A의 행렬식은 0이다.

(d) $\det(AA^T) = -1$이 되는 정사각행렬 A는 없다.

(e) $\det(A) \neq 0$이면, A는 기본행렬의 곱으로 표현할 수 있다.

D9. $A = A^2$이라면, A의 행렬식에 대해 무엇을 설명할 수 있는가? $A = A^3$일 경우도 설명하라.

D10. A는 다음과 같은 형태의 행렬이다. $*$에 값들을 대입했을 때 (반드시 모두 같을 필요는 없다) $\det(A)$에 대해서 얼마나 다른 값들을 얻게 될지 설명하라.

$$A = \begin{bmatrix} * & * & 0 & 0 & 0 \\ * & * & 0 & 0 & 0 \\ * & * & 0 & 0 & 0 \\ * & * & * & * & * \\ * & * & * & * & * \end{bmatrix}$$

D11. 첫 번째 열이 마지막 열로 옮겨지고, 다른 모든 열은 왼쪽으로 한 칸씩 이동한다면 n차 행렬식 값은 어떻게 될 것인가?

증명문제

P1. A, B, C는 다음과 같은 형태의 행렬이며, $\mathbf{x}$, $\mathbf{y}$, $\mathbf{x} + \mathbf{y}$는 각각 이들의 j번째 열벡터이다.

$$A = [\mathbf{c}_1 \cdots \mathbf{x} \cdots \mathbf{c}_n], \quad B = [\mathbf{c}_1 \cdots \mathbf{y} \cdots \mathbf{c}_n]$$
$$C = [\mathbf{c}_1 \cdots \mathbf{x} + \mathbf{y} \cdots \mathbf{c}_n]$$

여인수전개 방법을 이용하여 $\det(C) = \det(A) + \det(B)$임을 증명하라.

P2. 정리 4.2.2(c)를 증명하라. [힌트: 정리 4.2.3은 정리 4.2.2의 (a)와 (b)만을 사용했는데, 증명하는 데 이 결과들을 이용할 수 있다. i번째 행의 k배를 j번째 행에 더한 후, j번째 행에 대해서 여인수전개 하라.]

▶ 프로그램 활용 연습문제

T1. 행렬 A의 LU-분해를 찾고 이를 이용하여 계산 없이 $\det(A)$를 구하라.

$$A = \begin{bmatrix} -2 & 2 & -4 & -6 \\ -3 & 6 & 3 & -15 \\ 5 & -8 & -1 & 17 \\ 1 & 1 & 11 & 7 \end{bmatrix}$$

직접 $\det(A)$를 계산하여 그 결과를 확인하라.

T2. 임의의 5×5 행렬에 대해 정리 4.2.2를 확인하라.

T3. 행렬 A가 다음과 같을 때, 각각의 질문에 답하라.

$$A = \begin{bmatrix} 1 & 3 & 5 & -8 & 9 \\ 11 & 21 & 7 & -3 & 6 \\ -12 & 0 & 3 & 7 & 8 \\ 0 & -3 & 7 & 21 & 3 \\ \varepsilon & -3 & 7 & 21 & 3 \end{bmatrix}$$

(a) 여러분의 계산 유틸리티에 의해서 $\det(A) \neq 0$이거나 A가 가역이 안 되게 하는 영이 아닌 작은 ε를 구할 수 있는지 알아보라.

(b) 이것이 정리 4.2.4와 모순된다고 생각하는가? 설명하라.

T4. 연습문제 35에서 A가 정사각행렬이면, $\det(A^TA) = \det(AA^T)$임을 알았다. 실험에 의해 A가 정사각행렬이 아니라도 이 등식이 유지되는지 설명하라.

T5. (CAS) a, b, c, d가 모두 0이 아닐 때, 다음 벡터들이 일차독립인지를 보이기 위해 행렬식을 이용하라.

$$\mathbf{v}_1 = (a, b, c, d) \qquad \mathbf{v}_2 = (-b, a, d, -c)$$
$$\mathbf{v}_3 = (-c, -d, a, b) \qquad \mathbf{v}_4 = (-d, c, -b, a)$$

4.3 Cramer의 규칙과 A^{-1}에 대한 공식 및 행렬식의 응용

이 절에서는 역행렬에 대한 공식과 n개의 미지수와 n개의 방정식으로 이루어진 선형계의 해를 구하기 위하여 행렬식을 사용할 것이다. 또한 행렬식의 몇 가지 중요한 응용에 대해 설명할 것이다.

행렬의 딸림행렬

여인수전개는 여인수들과 A의 어떤 행 또는 열의 성분을 곱하고 그 결과를 더하여 $\det(A)$를 계산한다. 이제 A의 어떠한 행(열)의 성분들과 다른 행(열)에서 구한 여인수를 곱하고 그 결과를 더했을 때 생기는 결과에 대해 알아보자. 그 결과는 놀랍게도 항상 0이다. 그 이유를 알아보기 위해 다음 3×3 행렬을 생각하자.

$$A = \begin{bmatrix} a_{11} & a_{12} & a_{13} \\ a_{21} & a_{22} & a_{23} \\ a_{31} & a_{32} & a_{33} \end{bmatrix}$$

예를 들어 첫 번째 행의 원소들과 세 번째 행을 이용하여 구한 여인수들의 곱을 더하면 식 (1)과 같다.

$$a_{11}C_{31} + a_{12}C_{32} + a_{13}C_{33} \tag{1}$$

이 합이 0임을 보이기 위해, A의 세 번째 행을 첫 번째 행으로 대체한 행렬을 A'이라 하자.

$$A' = \begin{bmatrix} a_{11} & a_{12} & a_{13} \\ a_{21} & a_{22} & a_{23} \\ a_{11} & a_{12} & a_{13} \end{bmatrix}$$

어떠한 계산 없이도 두 행이 같기 때문에 $\det(A') = 0$임을 알 수 있다. 그러나 세 번째 행을 따라 여인수전개에 의해 $\det(A')$를 계산하도록 하자. 이 행의 여인수는 A의 세 번째 행의 여인수와 같다. 이는 두 행렬의 여인수를 계산할 때 세 번째 행이 삭제되기 때문이다. 따라서

$$\det(A') = a_{11}C_{31} + a_{12}C_{32} + a_{13}C_{33} = 0$$

이렇게 원했던 결과를 보일 수 있으며, 이러한 설명은 다음과 같은 일반적인 정리를 증명할 때 적용된다.

정리 4.3.1 *정사각행렬의 임의의 행(열) 성분과 다른 행(열) 성분의 여인수들을 곱한다면, 그 합은 0이다.*

개념문제 4.1절의 예제 3의 행렬에 대해서 한 쌍의 행과 한 쌍의 열을 선택하여 이 정리의 결과를 확인하라.

가역행렬의 역행렬에 대한 공식을 유도하기 위해 정리 4.3.1과 다음 개념이 필요하다.

정의 4.3.2 A가 $n \times n$ 행렬이고 C_{ij}는 a_{ij}의 여인수이면, 다음 행렬을 A의 **여인수행렬**(matrix of cofactor)이라 한다.

$$C = \begin{bmatrix} C_{11} & C_{12} & \cdots & C_{1n} \\ C_{21} & C_{22} & \cdots & C_{2n} \\ \vdots & \vdots & & \vdots \\ C_{n1} & C_{n2} & \cdots & C_{nn} \end{bmatrix}$$

이 행렬의 전치행렬을 A의 **딸림행렬**(adjoint, 때로는 adjugate)이라 부르고 adj(A)로 표기한다.

역사 속의 선형대수

딸림행렬을 여인수행렬의 전치행렬로 사용한 것은 1902년에 발행된 미국의 수학자 L. E. Dickson의 연구논문에 소개되었다.

Leonard Eugene Dickson
(1874~1954)

예제 1

주어진 행렬 A의 여인수들은 다음과 같다(확인하라).

$$A = \begin{bmatrix} 3 & 2 & -1 \\ 1 & 6 & 3 \\ 2 & -4 & 0 \end{bmatrix}$$

$$\begin{array}{lll} C_{11} = 12 & C_{12} = 6 & C_{13} = -16 \\ C_{21} = 4 & C_{22} = 2 & C_{23} = 16 \\ C_{31} = 12 & C_{32} = -10 & C_{33} = 16 \end{array}$$

따라서 여인수행렬과 딸렴행렬은 각각 다음과 같다.

$$C = \begin{bmatrix} 12 & 6 & -16 \\ 4 & 2 & 16 \\ 12 & -10 & 16 \end{bmatrix}, \quad \text{adj}(A) = C^T = \begin{bmatrix} 12 & 4 & 12 \\ 6 & 2 & -10 \\ -16 & 16 & 16 \end{bmatrix}$$

■

역행렬에 대한 공식 이제 가역행렬의 역행렬에 대한 공식을 유도해 보자.

정리 4.3.3 *A가 가역행렬이라면 다음이 성립한다.*

$$A^{-1} = \frac{1}{\det(A)} \text{adj}(A) \tag{2}$$

증명 첫 번째로 A adj$(A) = \det(A)I$를 증명한다. 이를 위해서 다음 곱을 생각하자.

$$A\,\text{adj}(A) = \begin{bmatrix} a_{11} & a_{12} & \cdots & a_{1n} \\ a_{21} & a_{22} & \cdots & a_{2n} \\ \vdots & \vdots & & \vdots \\ a_{i1} & a_{i2} & \cdots & a_{in} \\ \vdots & \vdots & & \vdots \\ a_{n1} & a_{n2} & \cdots & a_{nn} \end{bmatrix} \begin{bmatrix} C_{11} & C_{21} & \cdots & C_{j1} & \cdots & C_{n1} \\ C_{12} & C_{22} & \cdots & C_{j2} & \cdots & C_{n2} \\ \vdots & \vdots & & \vdots & & \vdots \\ C_{1n} & C_{2n} & \cdots & C_{jn} & \cdots & C_{nn} \end{bmatrix}$$

곱하기에서 음영으로 처리된 행과 열을 참고하면, 곱한 결과인 i번째 행 j번째 열에 있는 성분은 다음과 같다.

$$a_{i1}C_{j1} + a_{i2}C_{j2} + \cdots + a_{in}C_{jn} \tag{3}$$

$i = j$인 경우에는 성분들과 여인수들이 A의 같은 행에서 온다. 그래서 식 (3)은 det(A)의 그 행에 관한 여인수전개이다. 그리고 $i \neq j$인 경우 성분들과 여인수들은 다른 행에서 얻은 것이며, 정리 4.3.1에 의해서 0이 된다.

$$A\,\text{adj}(A) = \begin{bmatrix} \det(A) & 0 & \cdots & 0 \\ 0 & \det(A) & \cdots & 0 \\ \vdots & \vdots & & \vdots \\ 0 & 0 & \cdots & \det(A) \end{bmatrix} = \det(A)I$$

A는 가역행렬이므로 det(A) $\neq$ 0이고, 이 등식을 다시 쓰면 다음과 같다,

$$A\left[\frac{1}{\det(A)}\,\text{adj}(A)\right] = I$$

여기서 식 (2)를 구할 수 있다. ■

예제 2 역행렬을 계산하기 위해 딸림행렬 공식 이용하기

식 (2)를 사용하여 예제 1의 행렬 A의 역행렬을 구하라.

풀이 det(A) = 64임을 확인하도록 하고, 이 행렬식과 예제 1에서 계산한 딸림행렬을 이용하여 다음을 얻는다.

$$A^{-1} = \frac{1}{\det(A)}\,\text{adj}(A) = \begin{bmatrix} \frac{12}{64} & \frac{4}{64} & \frac{12}{64} \\ \frac{6}{64} & \frac{2}{64} & -\frac{10}{64} \\ -\frac{16}{64} & \frac{16}{64} & \frac{16}{64} \end{bmatrix}$$

■

개념문제 정리 3.2.7에 주어진 2 × 2 행렬에 대한 역행렬 공식은 식 (2)의 특별한 경우임을 보여라.

어떻게 역행렬 공식이 사용되는가?

식 (2)는 3 × 3 행렬에서는 수작업으로 역행렬을 계산하는 좋은 방법을 제공하지만, 4 × 4 행렬이나 그 이상의 행렬에서는 3.3절의 행축소 방법이 더 효과적이다. 3.7절에서 논의했던 것처럼 역행렬을 계산할 때 컴퓨터 프로그램은 식 (2)를 사용하지 않고 LU-분해를 사용한다. 식 (2)의 의미는 계산의 관점이 아니라 오히려 이론적인 분석에 있다.

다음의 간단한 예제에서는 역행렬을 직접 계산하는 방법으로는 쉽게 알 수 없는 A^{-1}의 특성들을 이 공식을 사용하여 어떻게 추론하는지를 보여 준다.

예제 3 A^{-1}에 대한 딸림행렬 공식의 계산

가역행렬 A가 정수 성분으로 구성되었다 할지라도, 그것의 역행렬은 정수 성분을 갖지 않을 수도 있다(2 × 2 행렬에 대해서 확인하라). $n \times n$ 행렬 A가 정수 성분을 갖고 det(A) = 1을 만족시키면, A^{-1}는 정수 성분들을 가지게 된다. 이유를 확인하기 위해 식 (2)를 쓰면 다음과 같다.

$$A^{-1} = \frac{1}{\det(A)}\,\text{adj}(A) = \text{adj}(A)$$

그러나 adj(A)에 있는 여인수들은 부호가 붙은 소행렬식에서 구해지고 덧셈, 뺄셈과 곱하기만(나눗셈은 없다) 포함한다. 그래서 여인수들은 정수값을 갖는다. ■

개념문제 A가 정수 성분을 갖고 det(A) $\neq$ 1인 가역행렬이면, A^{-1}는 정수 성분을 가질 수 있을까? 설명하라.

정리 3.6.1의 (c)와 (d)에서 증명 없이 삼각행렬 A가 가역행렬일 필요충분조건은 모든 주대각 성분들이 0이 아닐 때이고, 역행렬 또한 삼각행렬이 된다고 했다(정확하게 A가 상부삼각행렬이면 A^{-1}도 상부삼각행렬이 되고, A가 하부삼각행렬이면 A^{-1}도 하부삼각행렬이 된다). 첫 번째 문장의 증명은 det(A)가 주

대각 성분들의 곱이라는 데 있고, 따라서 $\det(A) \neq 0$일 필요충분조건은 모든 주대각 성분들이 0이 아니라는 것이다. A^{-1}이 삼각행렬이라는 증명은 식 (2)에 근거한다(연습문제 55와 56).

Cramer의 규칙

4.1절에서 행렬식을 소개할 때, 어떤 선형계의 해를 행렬식의 비율로 표현하는 방법으로 행렬식을 정의했다. n개 미지수들과 n개 방정식들로 이루어진 선형계에 대해서 이를 설명하려 한다. 두 개의 미지수와 두 개의 방정식으로 이루어진 $A\mathbf{x} = \mathbf{b}$로 시작하자.

$$\begin{aligned} a_{11}x + a_{12}y &= b_1 \\ a_{21}x + a_{22}y &= b_2 \end{aligned} \quad \text{또는 행렬 형태로 표현하면} \quad \begin{bmatrix} a_{11} & a_{12} \\ a_{21} & a_{22} \end{bmatrix} \begin{bmatrix} x \\ y \end{bmatrix} = \begin{bmatrix} b_1 \\ b_2 \end{bmatrix}$$

계수행렬 A가 가역이면, 4.1절의 식 (2)에 사용된 상수들을 조정하면 해를 다음과 같이 표현할 수 있다(확인하라).

$$x = \frac{\begin{vmatrix} b_1 & a_{12} \\ b_2 & a_{22} \end{vmatrix}}{\begin{vmatrix} a_{11} & a_{12} \\ a_{21} & a_{22} \end{vmatrix}}, \quad y = \frac{\begin{vmatrix} a_{11} & b_1 \\ a_{21} & b_2 \end{vmatrix}}{\begin{vmatrix} a_{11} & a_{12} \\ a_{21} & a_{22} \end{vmatrix}} \tag{4}$$

이 식의 형태를 살펴보자. 양쪽 식의 분모는 계수행렬의 행렬식이고, x의 분자는 계수행렬에서 x 계수가 $\mathbf{b}$의 성분으로 바뀐 행렬의 행렬식이며, y의 분자는 계수행렬에서 y 계수가 $\mathbf{b}$의 성분으로 바뀐 행렬의 행렬식이다. 이 공식을 2개의 미지수와 2개의 방정식에 대한 **Cramer의 규칙**(Cramer's rule)이라 한다.

예제 4 2개의 미지수와 2개의 방정식에 대한 Cramer의 규칙

Cramer의 규칙을 이용해서 풀어라.

$$\begin{aligned} 2x - 6y &= 1 \\ 3x - 4y &= 5 \end{aligned}$$

풀이 식 (4)로부터

$$x = \frac{\begin{vmatrix} 1 & -6 \\ 5 & -4 \end{vmatrix}}{\begin{vmatrix} 2 & -6 \\ 3 & -4 \end{vmatrix}} = \frac{26}{10} = \frac{13}{5}, \quad y = \frac{\begin{vmatrix} 2 & 1 \\ 3 & 5 \end{vmatrix}}{\begin{vmatrix} 2 & -6 \\ 3 & -4 \end{vmatrix}} = \frac{7}{10}$$ ■

Cramer의 규칙은 수치적 값을 포함하는 선형계보다는 형식적(symbolic) 값을 포함하는 선형계의 계산에 더 유용하다.

예제 5 Cramer의 규칙을 이용해서 방정식 풀기

다음 방정식을 풀기 위해 Cramer의 규칙을 사용하라.

$$\begin{aligned} x' &= x\cos\theta + y\sin\theta \\ y' &= -x\sin\theta + y\cos\theta \end{aligned}$$

x와 y를 x'과 y'항으로 나타내라.

풀이 계수행렬의 행렬식은 다음과 같다.

$$\begin{vmatrix} \cos\theta & \sin\theta \\ -\sin\theta & \cos\theta \end{vmatrix} = \cos^2\theta + \sin^2\theta = 1$$

Cramer의 규칙에 따르면 다음과 같다.

$$x = \begin{vmatrix} x' & \sin\theta \\ y' & \cos\theta \end{vmatrix} = x'\cos\theta - y'\sin\theta, \quad y = \begin{vmatrix} \cos\theta & x' \\ -\sin\theta & y' \end{vmatrix} = x'\sin\theta + y'\cos\theta$$ ■

다음 정리는 n개의 미지수들과 n개 방정식들로 이루어진 선형계에 대해서 Cramer의 규칙을 확장한 것이다.

역사 속의 선형대수

Cramer의 규칙의 변형된 형태는 스위스의 수학자 Gabriel Cramer가 1750년 출판한 책인 *Introduction à l'analyse des lignes courbes algébriques*에 처음 소개되기 전부터 알려져 왔었다. 그 방법이 대중화되고 수학자들이 Cramer의 이름을 붙여 명명하게 된 것은 Cramer의 우수한 표기법 때문이었다.

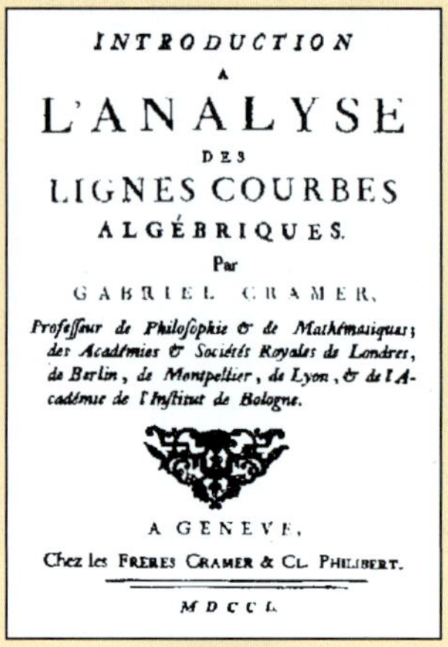

INTRODUCTION
À
L'ANALYSE
DES
LIGNES COURBES
ALGÉBRIQUES.
Par
GABRIEL CRAMER,
Professeur de Philosophie & de Mathématiques; des Académies & Sociétés Royales de Londres, de Berlin, de Montpellier, de Lyon, & de l'Académie de l'Institut de Bologne.
A GENEVE,
Chez les FRERES CRAMER & CL. PHILIBERT.
MDCCL.

Gabriel Cramer
(1704~1752)

정리 4.3.4 **(Cramer의 규칙)** $A\mathbf{x} = \mathbf{b}$가 n개의 미지수와 n개의 방정식으로 이루어진 선형계일 때, 선형계가 유일한 해를 가질 필요충분조건은 $\det(A) \neq 0$이며, 이 경우 해는 다음과 같다.

$$x_1 = \frac{\det(A_1)}{\det(A)}, \quad x_2 = \frac{\det(A_2)}{\det(A)}, \ldots, \quad x_n = \frac{\det(A_n)}{\det(A)}$$

여기서 A_j는 A의 j번째 열이 $\mathbf{b}$로 바뀐 행렬이다.

증명 정리 4.2.7로 인해 $\det(A) \neq 0$이라면 $A\mathbf{x} = \mathbf{b}$는 유일한 해를 가진다는 것을 알고 있다. 반대로 $A\mathbf{x} = \mathbf{b}$가 유일한 해를 가진다면, $A\mathbf{x} = \mathbf{0}$은 자명한 해만 갖는다. 만약 그렇지 않으면 $A\mathbf{x} = \mathbf{b}$의 해에 $A\mathbf{x} = \mathbf{0}$의 자명하지 않은 해를 더할 수 있고, 유일함과 모순되는 다른 해를 가질 수 있게 된다. $A\mathbf{x} = \mathbf{0}$이 자명한 해만 가지게 되고 정리 4.2.7은 $\det(A) \neq 0$임을 의미한다. $\det(A) \neq 0$인 경우에 $A\mathbf{x} = \mathbf{b}$의 유일한 해를 식 (2)를 사용하여 다음과 같이 쓸 수 있다.

$$\mathbf{x} = A^{-1}\mathbf{b} = \frac{1}{\det(A)}\operatorname{adj}(A)\mathbf{b} = \frac{1}{\det(A)}\begin{bmatrix} C_{11} & C_{21} & \cdots & C_{n1} \\ C_{12} & C_{22} & \cdots & C_{n2} \\ \vdots & \vdots & & \vdots \\ C_{1n} & C_{2n} & \cdots & C_{nn} \end{bmatrix}\begin{bmatrix} b_1 \\ b_2 \\ \vdots \\ b_n \end{bmatrix}$$

여기서 $\mathbf{x}$의 j번째 원소는

$$x_j = \frac{b_1C_{1j} + b_2C_{2j} + \cdots + b_nC_{nj}}{\det(A)} \tag{5}$$

여기서 $b_1, b_2, \cdots, b_n$은 $\mathbf{b}$의 원소들이다. 이 표현식에서 여인수들은 A의 j번째 열에서 계산되며 행렬 A의 j번째 열을 $\mathbf{b}$로 대체해도 여인수를 계산할 때 j번째 열은 삭제되므로, 같은 값을 얻게 된다. 이러한 대입으로 행렬 A_j를 얻게 되고 식 (5)의 분자는 A_j의 j번째 열에 관한 여인수전개로 해석된다. 따라서

$$x_j = \frac{\det(A_j)}{\det(A)}$$

이 되고 이것으로 증명되었다. ■

예제 6 다음 선형계를 풀어라.

$$\begin{aligned} x_1 + + 2x_3 &= 6 \\ -3x_1 + 4x_2 + 6x_3 &= 30 \\ -x_1 - 2x_2 + 3x_3 &= 8 \end{aligned}$$

풀이

$$A = \begin{bmatrix} 1 & 0 & 2 \\ -3 & 4 & 6 \\ -1 & -2 & 3 \end{bmatrix}, \quad A_1 = \begin{bmatrix} 6 & 0 & 2 \\ 30 & 4 & 6 \\ 8 & -2 & 3 \end{bmatrix}, \quad A_2 = \begin{bmatrix} 1 & 6 & 2 \\ -3 & 30 & 6 \\ -1 & 8 & 3 \end{bmatrix}, \quad A_3 = \begin{bmatrix} 1 & 0 & 6 \\ -3 & 4 & 30 \\ -1 & -2 & 8 \end{bmatrix}$$

그러므로 해는 다음과 같다.

$$x_1 = \frac{\det(A_1)}{\det(A)} = \frac{-40}{44} = \frac{-10}{11}, \quad x_2 = \frac{\det(A_2)}{\det(A)} = \frac{72}{44} = \frac{18}{11}$$

$$x_3 = \frac{\det(A_3)}{\det(A)} = \frac{152}{44} = \frac{38}{11}$$

■

행렬식의 기하학적 설명 다음 정리는 2×2 및 3×3 행렬식의 기하학적인 설명을 제공한다(그림 4.3.1).

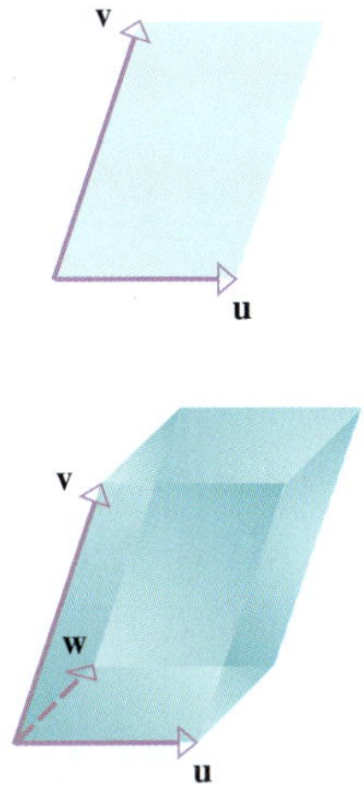

그림 4.3.1

정리 4.3.5

(a) *A가* 2×2 *행렬이면,* $|\det(A)|$*는 A의 2개 열벡터가 시점이 같을 때 2개 열벡터로 이루어지는 평행사변형의 면적을 표현한다.*

(b) *A가* 3×3 *행렬이면,* $|\det(A)|$*는 A의 3개 열벡터가 시점이 같을 때 3개 열벡터로 이루어지는 평행육면체의 부피를 표현한다.*

참고 이 정리는 평행사변형과 평행육면체의 **퇴화된**(degenerate) 사례에 대해서도 적용된다. (퇴화된 평행사변형은 평행사변형을 결정하는 벡터 중 하나의 길이가 0이거나 두 벡터가 같은 선상에 있을 때 발생한다. 그리고 퇴화된 평행육면체는 평행육면체를 결정하는 벡터 중에서 길이가 0이거나, 2개의 벡터가 같은 선상에 있거나, 3개의 벡터가 같은 평면에 있을 때 발생한다.) 퇴화된 평행사변형의 면적과 퇴화된 평행육면체의 부피를 0이라고 정의하면 퇴화된 사례에 대해서도 정리 4.3.5는 유효하다.

여기서 이 정리의 (a) 부분을 증명하고 (b) 부분의 증명은 생략한다.

증명 (a) 행렬 A가 다음과 같이 열로 분할되었다고 생각하자.

$$A = \begin{bmatrix} x_1 & x_2 \\ y_1 & y_2 \end{bmatrix} = [\mathbf{u} \quad \mathbf{v}]$$

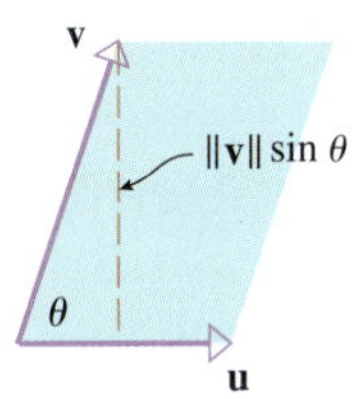

그림 4.3.2

벡터 $\mathbf{u}$와 $\mathbf{v}$가 두 개의 인접한 모서리인 평행사변형이 퇴화하지 않는다고 가정하자. 평행사변형의 면적은 밑변 $\times$ 높이라는 사실을 알고 있다. 그래서 이 면적은 그림 4.3.2에서 볼 수 있듯이 다음과 같다.

$$\text{면적} = \text{밑변} \times \text{높이} = \|\mathbf{u}\|\|\mathbf{v}\| \sin\theta$$

따라서 면적의 제곱은

$$(\text{면적})^2 = \|\mathbf{u}\|^2\|\mathbf{v}\|^2 \sin^2\theta = \|\mathbf{u}\|^2\|\mathbf{v}\|^2(1 - \cos^2\theta) = \|\mathbf{u}\|^2\|\mathbf{v}\|^2 - (\|\mathbf{u}\|\|\mathbf{v}\|\cos\theta)^2 \tag{6}$$

으로 표현될 수 있다. 따라서 정리 1.2.8의 식 (15)로부터 다음과 같이 정리할 수 있다.

$$\begin{aligned} (\text{면적}^2) &= \|\mathbf{u}\|^2\|\mathbf{v}\|^2 - (\mathbf{u} \cdot \mathbf{v})^2 \\ &= (x_1^2 + y_1^2)(x_2^2 + y_2^2) - (x_1x_2 + y_1y_2)^2 \\ &= x_1^2y_2^2 + x_2^2y_1^2 - 2(x_1x_2)(y_1y_2) \\ &= (x_1y_2 - x_2y_1)^2 = [\det(A)]^2 \end{aligned}$$

그러므로 이 식에 제곱근을 취하여 평행사변형의 면적은 $|\det(A)|$라는 원하는 결과를 얻게 된다. A의 하나 또는 두 개 열이 0이거나 열의 하나가 다른 열의 상수배인 퇴화된 경우에서는 $\det(A) = 0$이 되며, 정리는 모든 경우에 타당하다. ■

예제 7 행렬식을 사용한 평행사변형의 면적 구하기

꼭짓점 $P_1(-1, 2)$, $P_2(1, 7)$, $P_3(7, 8)$, $P_4(5, 3)$로 이루어진 평행사변형의 면적을 구하라.

풀이 그림 4.3.3으로부터 벡터 $\overrightarrow{P_1P_2} = (2, 5)$와 $\overrightarrow{P_1P_4} = (6, 1)$는 평행사변형의 인접한 모서리를 형성한다. 따라서 정리 4.3.5(a)로부터 면적 $= \pm\det(A)$이고, 부호는 면적을 음이 아닌 값으로 만들기 위함이다. 그러므로 다음과 같이 구할 수 있다.

$$\text{평행사변형의 면적} = \pm\begin{vmatrix} 2 & 6 \\ 5 & 1 \end{vmatrix} = \pm(-28) = 28$$ ■

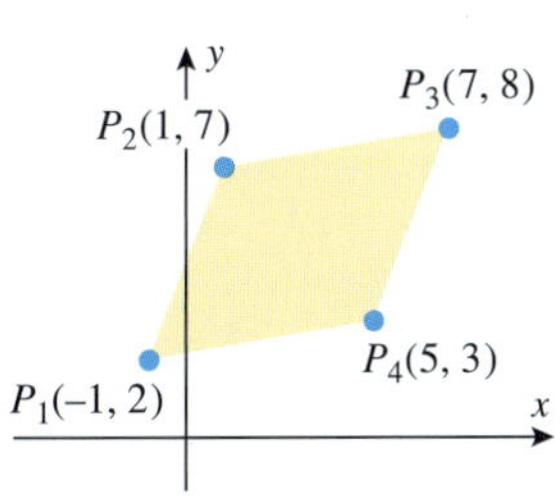

그림 4.3.3

삼각형의 면적은 밑변 $\times$ 높이의 2분의 1이라는 것을 기하학으로부터 알고 있다. 따라서 xy 평면에서 삼각형의 꼭짓점이 $P_1(x_1, y_1)$, $P_2(x_2, y_2)$, $P_3(x_3, y_3)$인 것을 알면, 이 꼭짓점들을 이용하여 밑변과 높이를 계산하여 면적을 계산할 수 있다. 그러나 다음 정리는 면적을 계산하는 더 효율적인 방법을 제공한다. 증명은 연습문제에서 다룬다.

정리 4.3.6 xy 평면에서 꼭짓점이 $P_1(x_1, y_1)$, $P_2(x_2, y_2)$, $P_3(x_3, y_3)$으로 주어진 삼각형이 있다고 하고, 삼각형은 P_1에서 P_2, P_3까지 시계 반대 방향으로 그려지는 것으로 가정하자. 그러면 삼각형의 면적은

$$\text{면적 } \triangle P_1P_2P_3 = \frac{1}{2}\begin{vmatrix} x_1 & y_1 & 1 \\ x_2 & y_2 & 1 \\ x_3 & y_3 & 1 \end{vmatrix} \tag{7}$$

에 의해 주어진다.

참고 만약 정리에서 삼각형이 P_1에서 P_2, P_3까지 시계 방향으로 그려지면, 식 (7)에서 오른쪽은 면적이 아니라 면적의 음수를 표현한다. 따라서 이 정리를 적용하기 위해 꼭짓점들에 어떻게 번호를 부여할지는 걱정할 필요가 없다—임의로 번호를 부여하고 면적을 구하기 위해 필요하면 부호를 조정하면 된다.

개념문제 만약 (x_3, y_3)이 원점이면, 정리 4.3.6에서 삼각형의 면적은 다음과 같이 2×2 행렬식으로 표현될 수 있다.

$$\text{면적 } \triangle P_1P_2P_3 = \frac{1}{2}\begin{vmatrix} x_1 & y_1 \\ x_2 & y_2 \end{vmatrix} \tag{8}$$

예제 8 행렬식을 사용한 삼각형의 면적 구하기

꼭짓점 $A(-5, 4)$, $B(3, 2)$, $C(-2, -3)$으로 이루어진 삼각형의 면적을 구하라.

풀이 꼭짓점의 순서를 고려하는 것보다, 부호 조정을 위해 $\pm$를 식 (7)에 삽입하고 계산하면 다음과 같다.

$$\text{면적 } \triangle ABC = \pm\frac{1}{2}\begin{vmatrix} -5 & 4 & 1 \\ 3 & 2 & 1 \\ -2 & -3 & 1 \end{vmatrix} = \pm\frac{1}{2}(-50) = 25$$

■

다항식 보간법과 Vandermonde 행렬식

정리 2.3.1에서 xy 평면의 n개의 점들이 서로 다른 x 좌표를 가지면, 그 점들을 지나는 $(n-1)$차 또는 그 이하 차수의 유일한 다항식이 있다는 것을 증명 없이 주장했다. 이제 그 정리를 증명할 수 있다. 만약 n개의 점들이

$$(x_1, y_1), (x_2, y_2), (x_3, y_3), \ldots, (x_n, y_n)$$

이고, 보간다항식이 2.3절의 식 (18)에 주어진 방정식 형태를 가지면

$$y = a_0 + a_1x + a_2x^2 + \cdots + a_{n-1}x^{n-1}$$

이 다항식에서의 계수는 다음을 만족시킨다.

$$\begin{aligned} a_0 + a_1x_1 + a_2x_1^2 + \cdots + a_{n-1}x_1^{n-1} &= y_1 \\ a_0 + a_1x_2 + a_2x_2^2 + \cdots + a_{n-1}x_2^{n-1} &= y_2 \\ \vdots \quad\quad \vdots \quad\quad \vdots \quad\quad\quad\quad \vdots \quad &\quad\, \vdots \\ a_0 + a_1x_n + a_2x_n^2 + \cdots + a_{n-1}x_n^{n-1} &= y_n \end{aligned}$$

이것은 n개의 미지수와 n개 방정식으로 이루어진 선형계이다. 그래서 정리 4.2.7은 선형계가 유일한 해를 가질 필요충분조건은 다음과 같다는 것을 의미한다.

$$\begin{vmatrix} 1 & x_1 & x_1^2 & \cdots & x_1^{n-1} \\ 1 & x_2 & x_2^2 & \cdots & x_2^{n-1} \\ \vdots & \vdots & \vdots & & \vdots \\ 1 & x_n & x_n^2 & \cdots & x_n^{n-1} \end{vmatrix} \neq 0$$

이 식 좌변의 $n \times n$ 행렬식은 프랑스 수학자 Alexandre Théophile Vandermonde (1735~1796)의 이름을 따서 **Vandermonde 행렬식**(Vandermonde determinant)으로 명명되었다. 이와 같이 정리 2.3.1의 증명은 만약 $x_1, x_2, \cdots, x_n$이 서로 다르면 Vandermonde 행렬식이 0이 아닌 것을 보여주면 된다. 간단하게 $n = 3$인 경우에 대해서 이것을 보이고, 일반적인 경우에 대해서는 증명의 절차를 설명하고자 한다.

역사 속의 선형대수

프랑스 수학자 Alexandre Théophile Vandermonde (1735~1796)의 주요 수학적 업적은 1771~1772년 사이에 출판된 네 개의 논문에 수록되어 있는데, 이 논문들 어느 곳에도 그의 이름이 붙은 행렬식에 대한 내용을 찾아볼 수 없다. 그 논문에서 Vandermonde는 행렬식과 선형방정식의 관계를 벗어나서 행렬식을 연구한 최초의 사람이고 행렬식 이론의 창시자이다. Vandermonde의 주된 관심은 음악이었고 35세까지는 수학에 진지하게 열중하지 않았다. 많은 다른 수학자처럼, 그도 역시 오락적 수학 퍼즐(특히 ***Knight's Tour***라 알려진 유명한 체스 게임)에 도취되었다. 체스에서 기사는 직선으로 움직이지 못하는 유일한 말이며, 문제는 기사가 각 사각형을 한 번만 거치는 것으로 제한하고, 기사가 연속적으로 이동하여 체스판의 각 사각형을 방문할 수 있는가이다.

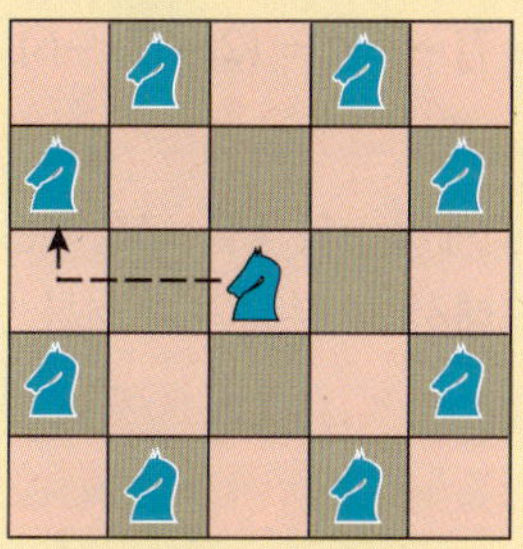

체스 애호가를 위해서, 인터넷에 이 문제에 대한 많은 정보가 있다.

$n = 3$에서 Vandermonde 행렬식은 다음과 같다.

$$\begin{vmatrix} 1 & x_1 & x_1^2 \\ 1 & x_2 & x_2^2 \\ 1 & x_3 & x_3^2 \end{vmatrix}$$

첫 두 열을 행렬 오른쪽에 추가하고 4.1절의 방법을 적용하여 행렬식을 구할 수 있지만, 행연산과 여인수전개를 이용하면 더 명백하게 증명할 수 있다.

$$\begin{vmatrix} 1 & x_1 & x_1^2 \\ 1 & x_2 & x_2^2 \\ 1 & x_3 & x_3^2 \end{vmatrix} = \begin{vmatrix} 1 & x_1 & x_1^2 \\ 0 & x_2 - x_1 & x_2^2 - x_1^2 \\ 0 & x_3 - x_1 & x_3^2 - x_1^2 \end{vmatrix} = (x_2 - x_1)(x_3 - x_1) \begin{vmatrix} 1 & x_1 & x_1^2 \\ 0 & 1 & x_2 + x_1 \\ 0 & 1 & x_3 + x_1 \end{vmatrix}$$

$$= (x_2 - x_1)(x_3 - x_1) \begin{vmatrix} 1 & x_2 + x_1 \\ 1 & x_3 + x_1 \end{vmatrix} = (x_2 - x_1)(x_3 - x_1)(x_3 - x_2)$$

x_1, x_2, x_3가 서로 다르다고 가정하면, 마지막 식에서 증명하기를 원하는 행렬식은 0이 아니라는 것을 명확하게 알 수 있다.

이 식으로부터 3×3 Vandermonde 행렬식의 계산은 $(x_j - x_i)$ 형태($1 \le i \le j \le 3$)의 모든 가능한 인수들의 곱으로 표현할 수 있다. 일반적으로 $n \times n$ Vandermonde 행렬식의 계산은 $(x_j - x_i)$ 형태($1 \le i \le j \le n$)의 모든 가능한 인수들의 곱으로 표현된다는 것을 증명할 수 있다. 이 사실은 식 (9)와 같이 표시할 수 있다. 여기서 기호 Π(그리스 대문자 pi)는 모든 $(x_j - x_i)$ 형태($1 \le i \le j \le n$)의 인수들의 곱을 표현하기 위해 사용된다.

$$\begin{vmatrix} 1 & x_1 & x_1^2 & \cdots & x_1^{n-1} \\ 1 & x_2 & x_2^2 & \cdots & x_2^{n-1} \\ \vdots & \vdots & \vdots & & \vdots \\ 1 & x_n & x_n^2 & \cdots & x_n^{n-1} \end{vmatrix} = \prod_{1 \le i < j \le n} (x_j - x_i) \tag{9}$$

3×3 경우와 같이, 이런 곱은 $x_1, x_2, \cdots, x_n$이 서로 다르면 0이 아니며 정리 2.3.1을 증명하게 된다.

외적

삼차원 공간에서 회전동작 연구의 기초적인 문제는 회전하는 물체의 회전축을 찾는 것과 회전이 축의 지정된 점에서 오른쪽으로 도는지 혹은 왼쪽으로 도는지 확인하는 것이다. 벡터 형태로 이 문제를 설명하기 위해, R^3의 원점을 지나는 축에 관한 회전이 0이 아닌 벡터 $\mathbf{u}$에서 0이 아닌 벡터 $\mathbf{v}$로 회전한다고 가정해보자. 회전의 축이 $\mathbf{u}$와 $\mathbf{v}$를 포함하는 평면에 수직이므로, $\mathbf{u}$와 $\mathbf{v}$로 이루어진 평면에 직각인 0이 아닌 벡터 $\mathbf{w}$는 회전축의 방향을 나타낼 것이다(그림 4.3.4). 또한 만약 $\mathbf{w}$의 방향이 $\mathbf{u}$에서 $\mathbf{v}$로의 회전이 $\mathbf{w}$의 끝점에서 시점 방향으로 보아 시계 반대 방향이 되도록 선택될 수 있으면, 벡터 $\mathbf{w}$는 축의 방향과 회전의 방향 모두를 확인하기 위해 필요한 모든 정보를 갖게 된다. 따라서 이 절의 목표는 $\mathbf{u}$와 $\mathbf{v}$가 알려졌을 때 $\mathbf{w}$를 얻을 수 있는 벡터곱을 정의하려는 것이다.

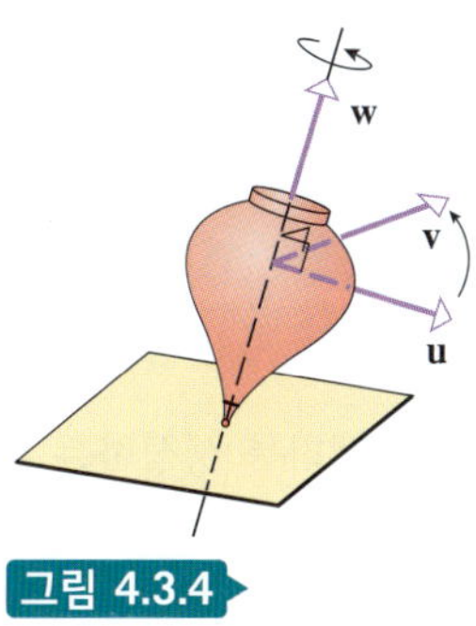

그림 4.3.4

정의 4.3.7 $\mathbf{u} = (u_1, u_2, u_3)$와 $\mathbf{v} = (v_1, v_2, v_3)$가 R^3의 벡터들이면, $\mathbf{u} \times \mathbf{v}$로 표시되는 **u와 v의 외적**(cross product)은 다음과 같이 R^3의 벡터로 정의한다.

$$\mathbf{u} \times \mathbf{v} = (u_2v_3 - u_3v_2, u_3v_1 - u_1v_3, u_1v_2 - u_2v_1) \tag{10}$$

또는 다음과 같이 표현할 수도 있다.

$$\mathbf{u}\times\mathbf{v}=\left(\begin{vmatrix}u_2 & u_3\\ v_2 & v_3\end{vmatrix}, -\begin{vmatrix}u_1 & u_3\\ v_1 & v_3\end{vmatrix}, \begin{vmatrix}u_1 & u_2\\ v_1 & v_2\end{vmatrix}\right) \quad (11)$$

참고 벡터들의 외적은 벡터이지만 벡터들의 내적은 스칼라인 것을 주의하라.

역사 속의 선형대수

외적표현법 $A \times B$는 미국 물리학자이자 수학자인 J. Willard Gibbs에 의해 예일대에서 학생들을 위한 출판되지 않은 강의 노트에서 소개되었다. 그리고 이것은 Gibbs의 학생인 Edwin Wilson (1879~1964)이 쓴 *Vector Analysis* 두 번째 판에 처음으로 발표되었다. Gibbs는 $A \times B$를 '반곱'이라 명명했었다.

식 (10)을 기억하기 위한 좋은 방법은 표준단위벡터들 $\mathbf{i}=(1, 0, 0)$, $\mathbf{j}=(0, 1, 0)$, $\mathbf{k}=(0, 0, 1)$의 항으로 $\mathbf{u}\times\mathbf{v}$를 표현하는 것인데, 식 (10)을 3×3 행렬식 형태로 다음 식 (12)와 같이 표현할 수 있다.

$$\mathbf{u}\times\mathbf{v}=\begin{vmatrix}\mathbf{i} & \mathbf{j} & \mathbf{k}\\ u_1 & u_2 & u_3\\ v_1 & v_2 & v_3\end{vmatrix}=\begin{vmatrix}u_2 & u_3\\ v_2 & v_3\end{vmatrix}\mathbf{i}-\begin{vmatrix}u_1 & u_3\\ v_1 & v_3\end{vmatrix}\mathbf{j}+\begin{vmatrix}u_1 & u_2\\ v_1 & v_2\end{vmatrix}\mathbf{k} \quad (12)$$

식 (12)에서 우변의 외적에 대한 공식은 3×3 행렬식*을 첫 행에 대해서 여인수전개하여 구해짐을 확인할 수 있다.

예제 9 외적 계산

$\mathbf{u}=(1, 2, -2)$와 $\mathbf{v}=(3, 0, 1)$일 때, 다음을 계산하라.

(a) $\mathbf{u}\times\mathbf{v}$ (b) $\mathbf{v}\times\mathbf{u}$ (c) $\mathbf{u}\times\mathbf{u}$

풀이 (a)

$$\mathbf{u}\times\mathbf{v}=\begin{vmatrix}\mathbf{i} & \mathbf{j} & \mathbf{k}\\ 1 & 2 & -2\\ 3 & 0 & 1\end{vmatrix}=\begin{vmatrix}2 & -2\\ 0 & 1\end{vmatrix}\mathbf{i}-\begin{vmatrix}1 & -2\\ 3 & 1\end{vmatrix}\mathbf{j}+\begin{vmatrix}1 & 2\\ 3 & 0\end{vmatrix}\mathbf{k}=2\mathbf{i}-7\mathbf{j}-6\mathbf{k}=(2, -7, -6)$$

풀이 (b) (a)와 같은 방법으로 구할 수 있지만 더 간단한 방법은, 외적에서 $\mathbf{u}$와 $\mathbf{v}$를 교환하는 것은 식 (12)의 오른쪽 2×2 행렬식 계산에서 두 행을 교환하는 것과 같고, 그래서 각 부분의 부호를 반대로 하면 된다는 것이다. 이와 같이 (a)로부터 다음을 구할 수 있다.

$$\mathbf{v}\times\mathbf{u}=-(\mathbf{u}\times\mathbf{v})=-(2\mathbf{i}-7\mathbf{j}-6\mathbf{k})=(-2, 7, 6)$$

풀이 (c) $\mathbf{u}=\mathbf{v}$이면, 식 (12)의 오른쪽 부분의 2×2 행렬식은 두 행이 같으므로 모두 0이 된다. 따라서

$$\mathbf{u}\times\mathbf{u}=0\mathbf{i}-0\mathbf{j}+0\mathbf{k}=(0, 0, 0)=\mathbf{0}$$ ■

다음 정리는 행렬식의 속성으로부터 유도되는 외적의 기초 특성들에 대한것이다. 증명의 일부는 연습문제로 주어진다.

정리 4.3.8 $\mathbf{u}$, $\mathbf{v}$, $\mathbf{w}$가 R^3의 벡터들이고 k가 스칼라이면 다음이 성립한다.

(a) $\mathbf{u}\times\mathbf{v}=-\mathbf{v}\times\mathbf{u}$

(b) $\mathbf{u}\times(\mathbf{v}+\mathbf{w})=(\mathbf{u}\times\mathbf{v})+(\mathbf{u}\times\mathbf{w})$

(c) $(\mathbf{u}+\mathbf{v})\times\mathbf{w}=(\mathbf{u}\times\mathbf{w})+(\mathbf{v}\times\mathbf{w})$

(d) $k(\mathbf{u}\times\mathbf{v})=(k\mathbf{u})\times\mathbf{v}=\mathbf{u}\times(k\mathbf{v})$

(e) $\mathbf{u}\times\mathbf{0}=\mathbf{0}\times\mathbf{u}=\mathbf{0}$

(f) $\mathbf{u}\times\mathbf{u}=\mathbf{0}$

$\mathbf{u}$와 $\mathbf{v}$의 외적의 정의가 가지는 목표 중 하나는 $\mathbf{u}$와 $\mathbf{v}$로 이루어진 평면에 수직인 벡터를 생성하는 것임을 상기하라. 다음 정리는 $\mathbf{u}\times\mathbf{v}$가 이 속성을 가지는 것을 보여 준다.

*이는 보통 의미에서는 행렬식이 아니다. 행렬식은 모두 스칼라 원소를 가지기 때문이다. 이와 같이 이 공식은 기억하기 좋은 방법일 뿐이다.

정리 4.3.9 $\mathbf{u}$와 $\mathbf{v}$가 R^3의 벡터들이면 다음이 성립한다.

(*a*) $\mathbf{u} \cdot (\mathbf{u} \times \mathbf{v}) = 0$ [$\mathbf{u} \times \mathbf{v}$는 $\mathbf{u}$에 수직이다]

(*b*) $\mathbf{v} \cdot (\mathbf{u} \times \mathbf{v}) = 0$ [$\mathbf{u} \times \mathbf{v}$는 $\mathbf{v}$에 수직이다]

(*a*)를 증명할 것이고 (*b*)의 증명은 유사하다.

증명 (*a*) $\mathbf{u} = (u_1, u_2, u_3)$이고 $\mathbf{v} = (v_1, v_2, v_3)$이면 식 (10)으로부터 다음을 얻는다.

$$\mathbf{u} \cdot (\mathbf{u} \times \mathbf{v}) = u_1(u_2v_3 - u_3v_2) + u_2(u_3v_1 - u_1v_3) + u_3(u_1v_2 - u_2v_1) = 0$$ ■

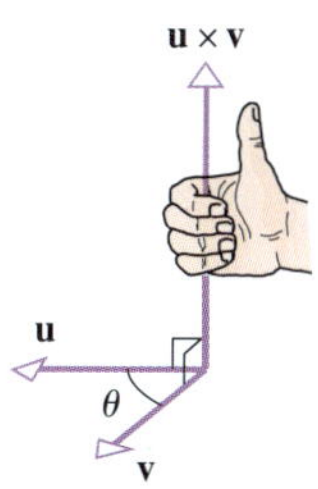

그림 4.3.5

일반적으로 $\mathbf{u}$와 $\mathbf{v}$가 0이 아니고 평행이 아닌 벡터들이면, $\mathbf{u}$와 $\mathbf{v}$로 정의되는 $\mathbf{u} \times \mathbf{v}$의 방향은 다음의 오른손규칙*에 의해 정의될 수 있다. 오른손의 손가락들이 $\mathbf{u}$에서 $\mathbf{v}$로 회전하는 방향을 감싸 잡을 때, 엄지손가락은 $\mathbf{u} \times \mathbf{v}$의 방향을 가리킬 것이다(그림 4.3.5). $\mathbf{u}$에서 $\mathbf{v}$로 회전의 방향은 관찰자가 $\mathbf{u} \times \mathbf{v}$의 끝점으로부터 원점을 향하여 관찰할 때 시계 반대 방향이 되는 것이 이 규칙으로부터 명백하다. 이 사실을 증명하지는 않지만, 표준단위벡터들 $\mathbf{i}$, $\mathbf{j}$ 그리고 $\mathbf{k}$의 여섯 개의 가능한 외적으로 그것을 설명하면 다음과 같다.

$$\begin{array}{lll} \mathbf{i} \times \mathbf{j} = \mathbf{k} & \mathbf{j} \times \mathbf{k} = \mathbf{i} & \mathbf{k} \times \mathbf{i} = \mathbf{j} \\ \mathbf{j} \times \mathbf{i} = -\mathbf{k} & \mathbf{k} \times \mathbf{j} = -\mathbf{i} & \mathbf{i} \times \mathbf{k} = -\mathbf{j} \end{array} \tag{13}$$

이 곱들은 예를 들면 다음과 같이 쉽게 유도된다.

$$\mathbf{i} \times \mathbf{j} = (1, 0, 0) \times (0, 1, 0) = \begin{vmatrix} \mathbf{i} & \mathbf{j} & \mathbf{k} \\ 1 & 0 & 0 \\ 0 & 1 & 0 \end{vmatrix} = \begin{vmatrix} 0 & 0 \\ 1 & 0 \end{vmatrix}\mathbf{i} - \begin{vmatrix} 1 & 0 \\ 0 & 0 \end{vmatrix}\mathbf{j} + \begin{vmatrix} 1 & 0 \\ 0 & 1 \end{vmatrix}\mathbf{k} = \mathbf{k}$$

오른손규칙에서 예측되듯이 $\mathbf{i}$에서 $\mathbf{j}$로의 90° 회전은 $\mathbf{i} \times \mathbf{j} = \mathbf{k}$의 종점으로부터 원점을 향해서 볼 때 시계 반대 방향을 나타내며, $\mathbf{j}$에서 $\mathbf{k}$로의 90° 회전은 $\mathbf{j} \times \mathbf{k} = \mathbf{i}$의 종점으로부터 원점을 향해서 볼 때 시계 반대 방향으로 나타난다.

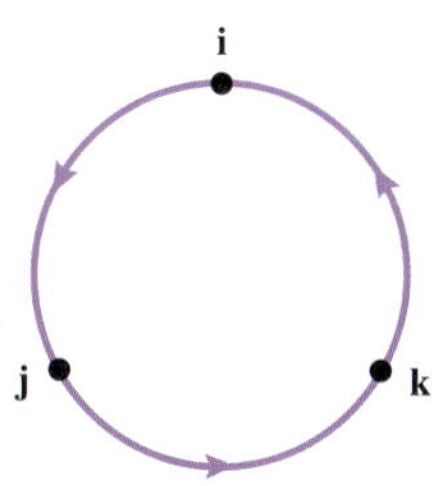

그림 4.3.6

개념문제 식 (13)에서 나머지 네 개의 외적도 오른손규칙을 만족시킴을 확인하라.

참고 식 (13)에서 여섯 개의 외적을 기억하는 유용한 방법은 그림 4.3.6의 다이어그램을 이용하는 것이다. 이 다이어그램에서 시계 반대 방향으로의 두 개의 연속적인 벡터들의 외적은 다음 벡터가 되고, 시계 방향으로의 두 개의 연속적인 외적은 다음 벡터의 반대이다.

주의 결합법칙 $a(bc) = (ab)c$와 $A(BC) = (AB)C$는 괄호가 어디에 삽입되더라도 성립되므로 세 개의 실수의 곱은 abc로, 그리고 세 개의 행렬의 곱은 ABC로 쓸 수 있다. 그러나 이러한 결합법칙은 외적에서는 성립하지 않는다. 예를 들면

$$\mathbf{i} \times (\mathbf{j} \times \mathbf{j}) = \mathbf{i} \times \mathbf{0} = \mathbf{0}\text{인 반면 } (\mathbf{i} \times \mathbf{j}) \times \mathbf{j} = \mathbf{k} \times \mathbf{j} = -\mathbf{i}$$

이다. 따라서 $\mathbf{i} \times (\mathbf{j} \times \mathbf{j}) \neq (\mathbf{i} \times \mathbf{j}) \times \mathbf{j}$이다. 그러므로 $\mathbf{u} \times \mathbf{v} \times \mathbf{w}$ 같은 표현은 분명하지 않기 때문에 사용하지 않는다.

다음 정리는 외적의 길이와 관련된다.

정리 4.3.10 $\mathbf{u}$와 $\mathbf{v}$를 R^3의 0이 아닌 벡터라 하고, θ를 이 벡터들의 사잇각이라 하자.

(*a*) $\|\mathbf{u} \times \mathbf{v}\| = \|\mathbf{u}\|\|\mathbf{v}\| \sin\theta$

(*b*) $\mathbf{u}$와 $\mathbf{v}$가 인접한 모서리인 평행사변형의 면적 A는 다음과 같다.

$$A = \|\mathbf{u} \times \mathbf{v}\| \tag{14}$$

*이 교재에서는 오른손좌표계만 고려하기로 한다. 왼손좌표계를 사용한다면 왼손규칙이 적용되어야 한다.

증명 (a) $0 \le \theta \le \pi$이므로 $\sin\theta \ge 0$이고, 그러므로

$$\sin\theta = \sqrt{1-\cos^2\theta}$$

이다. 따라서

$$\begin{aligned}
\|\mathbf{u}\|\|\mathbf{v}\|\sin\theta &= \|\mathbf{u}\|\|\mathbf{v}\|\sqrt{1-\cos^2\theta} \\
&= \|\mathbf{u}\|\|\mathbf{v}\|\sqrt{1-\frac{(\mathbf{u}\cdot\mathbf{v})^2}{\|\mathbf{u}\|^2\|\mathbf{v}\|^2}} \qquad \text{[정리 1.2.8]} \\
&= \sqrt{\|\mathbf{u}\|^2\|\mathbf{v}\|^2-(\mathbf{u}\cdot\mathbf{v})^2} \\
&= \sqrt{\left(u_1^2+u_2^2+u_3^2\right)\left(v_1^2+v_2^2+v_3^2\right)-(u_1v_1+u_2v_2+u_3v_3)^2} \\
&= \sqrt{(u_2v_3-u_3v_2)^2+(u_3v_1-u_1v_3)^2+(u_1v_2-u_2v_1)^2} \\
&= \|\mathbf{u}\times\mathbf{v}\| \qquad \text{[식 (10)]}
\end{aligned}$$

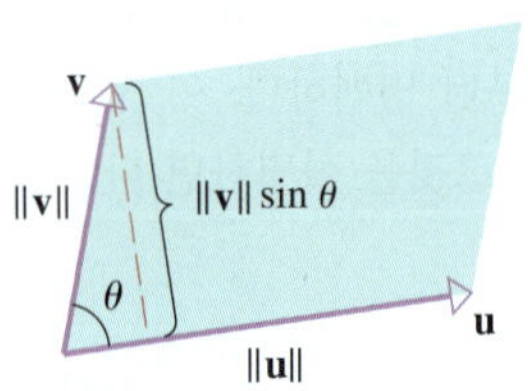

그림 4.3.7

증명 (b) 그림 4.3.7을 참고하면, $\mathbf{u}$와 $\mathbf{v}$가 인접한 모서리가 되는 평행사변형은 밑변의 길이가 $\|\mathbf{u}\|$이고 높이는 $\|\mathbf{v}\|\sin\theta$가 됨을 알 수 있다. 따라서 면적 A는 다음과 같다.

$$A = (\text{밑변})(\text{높이}) = \|\mathbf{u}\|\|\mathbf{v}\|\sin\theta = \|\mathbf{u}\times\mathbf{v}\|$$

■

예제 10 삼차원에서 삼각형의 면적 구하기

R^3에서 꼭짓점이 $P_1(2, 2, 0)$, $P_2(-1, 0, 2)$, $P_3(0, 4, 3)$으로 주어진 삼각형의 면적을 구하라.

풀이 삼각형의 면적 A는 인접한 모서리가 $\overrightarrow{P_1P_2}$와 $\overrightarrow{P_1P_3}$(그림 4.3.8)로 표현되는 평행사변형 면적의 절반이다. 그러므로

$$A = \tfrac{1}{2}\left\|\overrightarrow{P_1P_2}\times\overrightarrow{P_1P_3}\right\|$$

$\overrightarrow{P_1P_2} = (-3, -2, 2)$과 $\overrightarrow{P_1P_3} = (-2, 2, 3)$ 다음을 알 수 있다.

$$\overrightarrow{P_1P_2}\times\overrightarrow{P_1P_3} = \begin{vmatrix} \mathbf{i} & \mathbf{j} & \mathbf{k} \\ -3 & -2 & 2 \\ -2 & 2 & 3 \end{vmatrix} = -10\mathbf{i}+5\mathbf{j}-10\mathbf{k} = (-10, 5, -10)$$

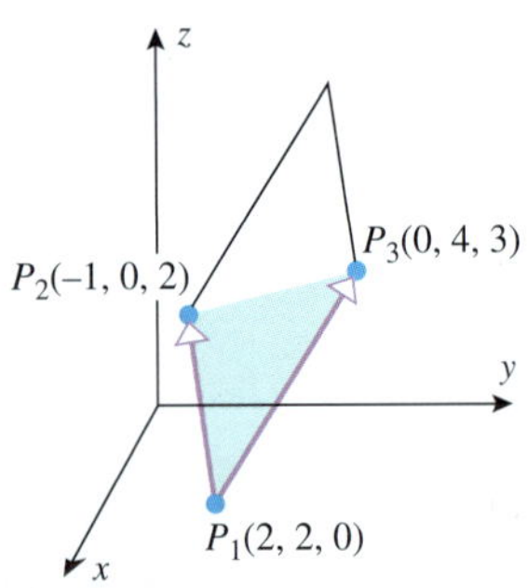

그림 4.3.8

그러므로

$$A = \tfrac{1}{2}\left\|\overrightarrow{P_1P_2}\times\overrightarrow{P_1P_3}\right\| = \tfrac{1}{2}\sqrt{225} = \tfrac{15}{2}$$

가 된다. ■

연습문제 4.3

연습문제 1~4에서는 A의 딸림행렬을 구하고, 정리 4.3.3을 이용해서 A^{-1}을 계산하라.

1. $A = \begin{bmatrix} 2 & 5 & 5 \\ -1 & -1 & 0 \\ 2 & 4 & 3 \end{bmatrix}$

2. $A = \begin{bmatrix} 2 & 0 & 3 \\ 0 & 3 & 2 \\ -2 & 0 & -4 \end{bmatrix}$

3. $A = \begin{bmatrix} 2 & -3 & 5 \\ 0 & 1 & -3 \\ 0 & 0 & 2 \end{bmatrix}$

4. $A = \begin{bmatrix} 2 & 0 & 0 \\ 8 & 1 & 0 \\ -5 & 3 & 6 \end{bmatrix}$

연습문제 5~10에서는 적용할 수 있는 문제에 대해 Cramer의 규칙으로 방정식을 풀어라.

5. $\begin{aligned} 7x_1 - 3x_2 &= 3 \\ 3x_1 + x_2 &= 5 \end{aligned}$

6. $\begin{aligned} 4x + 5y &= -8 \\ 11x + y &= 29 \end{aligned}$

7. $\begin{aligned} x - 4y + z &= 6 \\ 4x - y + 2z &= -1 \\ 2x + 2y - 3z &= -20 \end{aligned}$

8. $\begin{aligned} x_1 - 3x_2 + x_3 &= 4 \\ 2x_1 - x_2 \qquad &= -2 \\ 4x_1 \qquad - 3x_3 &= 0 \end{aligned}$

9. $\begin{aligned} -x_1 - 4x_2 + 2x_3 + x_4 &= -32 \\ 2x_1 - x_2 + 7x_3 + 9x_4 &= 14 \\ -x_1 + x_2 + 3x_3 + x_4 &= 11 \\ x_1 - 2x_2 + x_3 - 4x_4 &= -4 \end{aligned}$

10. $\begin{aligned} 2x_1 + 2x_2 - x_3 + x_4 &= 4 \\ 4x_1 + 3x_2 - x_3 + 2x_4 &= 6 \\ 8x_1 + 5x_2 - 3x_3 + 4x_4 &= 12 \\ 3x_1 + 3x_2 - 2x_3 + 2x_4 &= 6 \end{aligned}$

11. y와 z에 대한 풀이 없이 x를 찾아라.

$$\begin{aligned} 2x + 3y + 4z &= 1 \\ x - 2y - z &= 2 \\ 3x + y + z &= 4 \end{aligned}$$

12. x와 z에 대한 풀이 없이 y를 찾아라.

$$\begin{aligned} x + 2y + 3z &= -2 \\ 3x - y + z &= 1 \\ -x + 4y - 2z &= -3 \end{aligned}$$

13. 다음 행렬이 모든 θ에 대해 가역행렬임을 보이고 A^{-1}를 구하는데 정리 4.3.3을 이용하라.

$$A = \begin{bmatrix} \cos\theta & \sin\theta & 0 \\ -\sin\theta & \cos\theta & 0 \\ 0 & 0 & 1 \end{bmatrix}$$

14. 다음 행렬이 $\alpha \neq \pi/2 + n\pi$ (n은 정수)일 때 가역행렬임을 보이고, 정리 4.3.3을 이용하여 A^{-1}을 구하라.

$$A = \begin{bmatrix} \tan\alpha & -1 & 0 \\ 1 & \tan\alpha & 0 \\ 0 & 0 & \cos^2\alpha \end{bmatrix}$$

연습문제 15와 16에서는 행렬식을 이용하여 선형계가 유일한 해를 가지는 k의 모든 값을 구하라. 해를 찾기 위해 Cramer의 규칙을 이용하라.

15. $\begin{aligned} 3x + 3y + z &= 1 \\ 4x + ky + 2z &= 2 \\ 2kx + 2ky + kz &= 1 \end{aligned}$

16. $\begin{aligned} 2x + 3ky - kz &= 1 \\ x - y + 2z &= -1 \\ 3kx + 2y - z &= 3 \end{aligned}$

연습문제 17과 18에서는 행렬 A가 역행렬을 갖는 매개변수값에 대해서 설명하라.

17. $A = \begin{bmatrix} x & y & 0 \\ 0 & x & y \\ y & x & 0 \end{bmatrix}$

18. $A = \begin{bmatrix} s & 0 & t & 0 \\ 0 & s & 0 & t \\ t & 0 & s & 0 \\ 0 & t & 0 & s \end{bmatrix}$

연습문제 19와 20에서는 A의 열에 의해 결정된 평행사변형의 면적을 구하라.

19. $A = \begin{bmatrix} 1 & -2 \\ 1 & 1 \end{bmatrix}$

20. $A = \begin{bmatrix} 0 & 3 \\ 2 & -4 \end{bmatrix}$

연습문제 21과 22에서는 A의 열들에 의해 결정된 평행육면체의 부피를 구하라.

21. $A = \begin{bmatrix} 1 & 2 & 3 \\ 1 & 0 & 2 \\ -1 & 2 & 1 \end{bmatrix}$

22. $A = \begin{bmatrix} -1 & 1 & 0 \\ 2 & -1 & 1 \\ 1 & 3 & 1 \end{bmatrix}$

연습문제 23과 24에서는 다음 꼭짓점들로 이루어진 평행사변형의 면적을 구하라.

23. $P_1(1, 2), P_2(4, 4), P_3(7, 5), P_4(4, 3)$

24. $P_1(3, 2), P_2(5, 4), P_3(9, 4), P_4(7, 2)$

연습문제 25와 26에서는 다음 꼭짓점으로 만들어진 삼각형의 면적을 구하라.

25. $A(2, 0), B(3, 4), C(-1, 2)$

26. $A(1, 1), B(2, 2), C(3, -3)$

*연습문제 27과 28에서는 **u**, **v**, **w**로 세 모서리를 이루는 평행육면체의 부피를 구하라.*

27. $\mathbf{u} = (2, -6, 2), \mathbf{v} = (0, 4, -2), \mathbf{w} = (2, 2, -4)$

28. $\mathbf{u} = (3, 1, 2), \mathbf{v} = (4, 5, 1), \mathbf{w} = (1, 2, 4)$

*연습문제 29와 30에서는 시점이 같은 **u**, **v**, **w**가 같은 평면에 위치하는지를 결정하라.*

29. $\mathbf{u} = (-1, -2, 1), \mathbf{v} = (3, 0, -2), \mathbf{w} = (5, -4, 0)$

30. $\mathbf{u} = (5, -2, 1), \mathbf{v} = (4, -1, 1), \mathbf{w} = (1, -1, 0)$

31. 벡터 $(3, -1, 2)$와 직교하며 yz 평면에 평행인 모든 단위벡터를 구하라.

32. 벡터 $\mathbf{w} = (1, 2, 0)$에 직교하며 $\mathbf{u} = (3, 0, 1)$과 $\mathbf{v} = (1, -1, 1)$로 이루어진 평면 안에 있는 모든 단위벡터를 구하라.

33. 벡터 $\mathbf{u} = (2, 3, -6)$과 $\mathbf{v} = (2, 3, 6)$의 사잇각의 sine값을 구하기 위해 외적을 이용하라.

34. (a) 꼭짓점 $A(1, 0, 1)$, $B(0, 2, 3)$, $C(2, 1, 0)$을 가지는 삼각형의 면적을 구하라.
(b) 꼭짓점 C부터 모서리 AB까지 높이를 구하기 위해 (a)의 결과를 이용하라.

연습문제 35와 36에서는 $\mathbf{u} = (3, 2, -1)$, $\mathbf{v} = (0, 2, -3)$, $\mathbf{w} = (2, 6, 7)$이다. 다음을 계산하라.

35. (a) $\mathbf{v} \times \mathbf{w}$ (b) $\mathbf{u} \times (\mathbf{v} \times \mathbf{w})$
(c) $(\mathbf{u} \times \mathbf{v}) \times \mathbf{w}$

36. (a) $(\mathbf{u} \times \mathbf{v}) \times (\mathbf{v} \times \mathbf{w})$ (b) $\mathbf{u} \times (\mathbf{v} - 2\mathbf{w})$
(c) $(\mathbf{u} \times \mathbf{v}) - 2\mathbf{w}$

*연습문제 37과 38에서는 두 벡터 **u**와 **v** 모두에 직교인 벡터를 구하라.*

37. (a) $\mathbf{u} = (-6, 4, 2), \mathbf{v} = (3, 1, 5)$
(b) $\mathbf{u} = (-2, 1, 5), \mathbf{v} = (3, 0, -3)$

38. (a) $\mathbf{u} = (1, 1, -2), \mathbf{v} = (2, -1, 2)$
(b) $\mathbf{u} = (3, 3, 1), \mathbf{v} = (0, 4, 2)$

*연습문제 39~42에서는 R^3의 모든 **u**, **v**, **w**와 어떤 상수값 k에 대해서도 등식이 성립함을 보여라.*

39. $\mathbf{u} \times \mathbf{v} = -\mathbf{v} \times \mathbf{u}$

40. $\mathbf{u} \times (\mathbf{v} + \mathbf{w}) = (\mathbf{u} \times \mathbf{v}) + (\mathbf{u} \times \mathbf{w})$

41. $k(\mathbf{u} \times \mathbf{v}) = (k\mathbf{u}) \times \mathbf{v} = \mathbf{u} \times (k\mathbf{v})$

42. $\mathbf{u} \times \mathbf{0} = \mathbf{0}$, $\mathbf{u} \times \mathbf{u} = \mathbf{0}$

*연습문제 43과 44에서는 주어진 벡터 **u**, **v**에 의해 결정된 평행사변형의 면적을 구하라.*

43. (a) $\mathbf{u} = (1, -1, 2)$, $\mathbf{v} = (0, 3, 1)$
(b) $\mathbf{u} = (2, 3, 0)$, $\mathbf{v} = (-1, 2, -2)$

44. (a) $\mathbf{u} = (3, -1, 4)$, $\mathbf{v} = (6, -2, 8)$
(b) $\mathbf{u} = (1, 1, 1)$, $\mathbf{v} = (3, 2, -5)$

연습문제 45와 46에서는 주어진 꼭짓점을 갖는 R^3 내 삼각형의 면적을 구하라.

45. $P_1(2, 6, -1)$, $P_2(1, 1, 1)$, $P_3(4, 6, 2)$

46. $P(1, -1, 2)$, $Q(0, 3, 4)$, $R(6, 1, 8)$

47. **a**, **b**, **c**, **d**가 R^3 내의 벡터들이면, $(\mathbf{a} + \mathbf{d}) \cdot (\mathbf{b} \times \mathbf{c}) = \mathbf{a} \cdot (\mathbf{b} \times \mathbf{c}) + \mathbf{d} \cdot (\mathbf{b} \times \mathbf{c})$임을 보여라.

48. $(\mathbf{u} + \mathbf{v}) \times (\mathbf{u} - \mathbf{v})$를 단순화하라.

49. 점 $A(0, -2, 1)$, $B(1, -1, -2)$, $C(-1, 1, 0)$에 의해 결정된 평면에 수직인 벡터를 구하라.

50. R^3 내의 벡터 $\mathbf{u} = (u_1, u_2, u_3)$, $\mathbf{v} = (v_1, v_2, v_3)$, $\mathbf{w} = (w_1, w_2, w_3)$를 생각하자. 식 $\mathbf{u} \cdot (\mathbf{v} \times \mathbf{w})$는 **u**, **v**, **w**의 **스칼라삼중적**(scalar triple product)이라 부른다.

(a) 다음을 보여라.

$$\mathbf{u} \cdot (\mathbf{v} \times \mathbf{w}) = \begin{vmatrix} u_1 & u_2 & u_3 \\ v_1 & v_2 & v_3 \\ w_1 & w_2 & w_3 \end{vmatrix}$$

(b) $|\mathbf{u} \cdot (\mathbf{v} \times \mathbf{w})|$를 기하학적으로 해석하라. (세로선은 절대값을 나타낸다.)

51. $A = \begin{bmatrix} 1 & 3 & 1 \\ 2 & 5 & 2 \\ 1 & 3 & 8 \end{bmatrix}$일 때,

(a) 정리 4.3.3을 이용하여 A^{-1}을 구하라.
(b) 3.3절의 예제 3의 방법을 이용하여 A^{-1}을 구하라.
(c) 어떤 방법의 계산이 더 간단한가?

52. 적당한 k에 대해 거듭제곱이 0인 행렬, 즉 $A^k = 0$을 생각하자. A 행렬식의 속성을 이용하여 A가 가역이 아님을 보여라.

53. **u**, **v**, **w**가 R^3의 벡터들이고, 그들 중 어느 2개도 동일선상에 없다면, $\mathbf{u} \times (\mathbf{v} \times \mathbf{w})$는 **v**와 **w**에 의해 결정된 평면에 있다는 것을 보여라.

54. **u**, **v**, **w**가 R^3의 벡터들이고, 그들 중 어느 2개도 동일선상에 없다면, $(\mathbf{u} \times \mathbf{v}) \times \mathbf{w}$는 **u**와 **v**에 의해 결정된 평면에 있다는 것을 보여라.

55. 식 (2)를 이용하여 가역 상부삼각행렬의 역행렬은 상부삼각행렬임을 보여라. [*힌트*: 상부삼각행렬의 딸림행렬의 어떤 성분값이 0이 되는지 조사하라.]

56. 식 (2)를 이용하여 가역 하부삼각행렬의 역행렬은 하부삼각행렬임을 보여라. [*힌트*: 하부삼각행렬의 딸림행렬의 어떤 성분값이 0이 되는지 조사하라.]

57. 점 (0, 1), (1, −1), (2, −1), 그리고 (3, 7)을 지나는 차수 3의 다항식을 구하기 위해 Cramer의 규칙을 이용하라.

토론과 발견

D1. **u**와 **v**가 R^3 공간에서 시점을 원점으로 갖는 동일선상에 있지 않은 벡터라 하자.

(a) $\mathbf{w} = \mathbf{v} \times (\mathbf{u} \times \mathbf{v})$가 **u**와 **v**에 관하여 어떤 방향에 있는지를 설명하기 위해 스케치를 하라.
(b) $\mathbf{u} \cdot \mathbf{w}$와 $\mathbf{v} \cdot \mathbf{w}$의 값에 대하여 무엇을 말할 수 있는가? 이유를 설명하라.

D2. 만약 $\mathbf{u} \neq 0$이면, 등식 $\mathbf{u} \times \mathbf{v} = \mathbf{u} \times \mathbf{w}$의 양쪽에서 **u**를 지우고 $\mathbf{v} = \mathbf{w}$로 결론지을 수 있는 근거가 있는가? 이유를 설명하라.

D3. 다음 표현식 중 하나는 잘못된 것이다. 잘못된 하나는 어느 것이고 무엇이 잘못되었나?

$$\mathbf{u} \cdot (\mathbf{v} \times \mathbf{w}), \quad \mathbf{u} \times (\mathbf{v} \times \mathbf{w}), \quad (\mathbf{u} \cdot \mathbf{v}) \times \mathbf{w}$$

D4. 만약 $\mathbf{u} \times \mathbf{v} = 0$이면, 벡터 **u**와 **v**에 대하여 무엇을 말할 수 있는가?

D5. 실수의 곱하기에 대해서는 성립하나 벡터들의 외적에서는 성립하지 않는 다른 대수법칙의 예를 들어라.

D6. Cramer의 규칙으로 다음 선형계를 풀어라.

$$\begin{aligned} cx_1 - (1-c)x_2 &= 3 \\ (1-c)x_1 + \quad cx_2 &= -4 \end{aligned}$$

c의 어떤 값들에 대해 이 해는 유효한가? 설명하라.

D7. $A\mathbf{x} = \mathbf{b}$를 연습문제 12의 선형계라 하자.

(a) Cramer의 규칙을 이용하여 풀어라.
(b) Gauss-Jordan 소거로 풀어라.
(c) 어떤 방법의 계산이 더 간단한가?

D8. 다음 명제들이 참(T)인지 거짓(F)인지를 판별하고 그 이유를 설명하라.

(a) A가 정사각행렬이면, $A\,\text{adj}(A)$는 대각행렬이다.
(b) Cramer의 규칙은 미지수의 수와 방정식의 수가 같은 어떤 선형계라도 풀 수 있다.
(c) A가 가역이면, $\text{adj}(A)$ 또한 가역이다.
(d) A가 0인 행을 가지면 $\text{adj}(A)$도 그렇다.
(e) **u**, **v**, **w**가 R^3의 벡터들이면 다음이 성립한다.

$$\mathbf{u} \cdot (\mathbf{v} \times \mathbf{w}) = (\mathbf{u} \times \mathbf{v}) \cdot \mathbf{w}$$

증명문제

P1. $\mathbf{u}$와 $\mathbf{v}$가 R^3 내에서 영이 아니고 직교하지 않는 벡터이며, θ가 그 사잇각이면 다음을 증명하라.

$$\tan\theta = \frac{\|\mathbf{u}\times\mathbf{v}\|}{(\mathbf{u}\cdot\mathbf{v})}$$

P2. $\mathbf{u}$와 $\mathbf{v}$가 R^2 내의 영이 아닌 벡터이고, α와 β가 그림 Ex-P2의 각을 나타낼 때 다음을 증명하라.

$$\cos(\alpha-\beta) = \frac{\mathbf{u}\cdot\mathbf{v}}{\|\mathbf{u}\|\|\mathbf{v}\|}$$

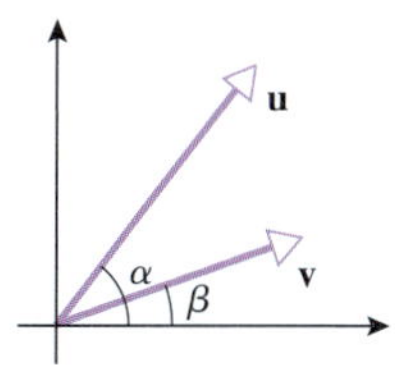

그림 Ex-P2

P3. R^3 내의 벡터들에 대해 다음 등식을 증명하라.

(a) $(\mathbf{u}+k\mathbf{v})\times\mathbf{v} = \mathbf{u}\times\mathbf{v}$

(b) $\mathbf{u}\cdot(\mathbf{v}\times\mathbf{w}) = -(\mathbf{u}\times\mathbf{w})\cdot\mathbf{v}$ [*힌트*: 연습문제 50을 보라.]

P4. $\mathbf{a}$, $\mathbf{b}$, $\mathbf{c}$, $\mathbf{d}$가 같은 평면에 위치한 R^3의 벡터들이면, $(\mathbf{a}\times\mathbf{b})\times(\mathbf{c}\times\mathbf{d}) = \mathbf{0}$을 증명하라.

P5. 정리 4.3.6을 증명하라.

프로그램 활용 연습문제

T1. 예제 9의 외적을 계산하라.

T2. 예제 1의 딸림행렬을 계산하고, 예제 2의 계산을 확인하라.

T3. x, z, w에 대해서 풀지 않고 y에 대해서 풀기 위해 Cramer의 규칙을 이용하고, 선형계를 다른 방법으로 풀어서 결과를 확인하라.

$$\begin{aligned} 4x + y + z + w &= 6 \\ 3x + 7y - z + w &= 1 \\ 7x + 3y - 5z + 8w &= -3 \\ x + y + z + 2w &= 3 \end{aligned}$$

T4. **(CAS)** 정리 4.3.8과 4.3.9의 명제들을 확인하라.

T5. **(CAS)** 4차와 5차 Vandermonde 행렬식에 대해 식 (9)를 확인하라.

4.4 고유값과 고유벡터 소개

이 절에서는 형식 $A\mathbf{x} = \mathbf{x}$의 선형계, 더 일반적으로는 λ가 스칼라인 $A\mathbf{x} = \lambda\mathbf{x}$인 선형계에 대해서 설명할 것이다. 그러한 방정식은 여러 중요한 응용 분야에서 발생하며 이 교재의 나머지 부분에서도 자주 거론되는 주제가 될 것이다.

고정점

$n\times n$ 행렬 A의 고정점은 $A\mathbf{x} = \mathbf{x}$(3.6절의 예제 6 앞에 있는 설명을 참고하라)를 만족시키는 R^n 내의 벡터 $\mathbf{x}$인 것을 상기하라. 모든 정방행렬 A는 $\mathbf{x} = \mathbf{0}$인 적어도 하나의 고정점을 갖는다. 이것을 A의 **자명한 고정점**(trivial fixed point)이라 부른다.

행렬 A의 고정점을 찾기 위한 일반적인 방법은 등식 $A\mathbf{x} = \mathbf{x}$를 $A\mathbf{x} = I\mathbf{x}$ 또는 다음과 같이 쓰는 것이다.

$$(I-A)\mathbf{x} = \mathbf{0} \tag{1}$$

이것은 계수행렬 $I-A$를 갖는 n개의 미지수와 n개의 방정식으로 구성된 동차선형계로 볼 수 있으며, $n\times n$ 행렬의 고정점의 집합은 식 (1)의 해로 얻어지는 R^n의 부분공간이다.

다음 정리는 행렬이 자명하지 않은 고정점을 가지는지를 확인하기 위해 유용하다.

> **정리 4.4.1** A가 $n \times n$ 행렬이면, 다음 명제는 동일하다.
> (a) A는 자명하지 않은 고정점을 가진다.
> (b) $I - A$는 특이행렬이다.
> (c) $\det(I - A) = 0$이다.

증명은 행렬 $I - A$에 정리 4.2.7의 (d), (c), (i)를 적용하면 가능하다. 상세한 것은 생략한다.

예제 1 2 × 2 행렬의 고정점

각각에 대해서 행렬이 자명하지 않은 고정점을 갖는지 아닌지를 결정하라. 갖는다면 xy 좌표계에 고정점의 부분공간을 그래프로 그려라.

(a) $A = \begin{bmatrix} 3 & 6 \\ 1 & 2 \end{bmatrix}$ (b) $A = \begin{bmatrix} 0 & 2 \\ 0 & 1 \end{bmatrix}$

풀이 (a) 행렬은 자명한 고정점만을 갖는다.

$$\det(I - A) = \begin{vmatrix} -2 & -6 \\ -1 & -1 \end{vmatrix} = -4 \neq 0$$

풀이 (b) 행렬은 자명하지 않은 고정점을 갖는다.

$$\det(I - A) = \begin{vmatrix} 1 & -2 \\ 0 & 0 \end{vmatrix} = 0$$

고정점 $\mathbf{x} = (x, y)$는 선형계 $(I - A)\mathbf{x} = \mathbf{0}$의 해이며, 그것을 다음과 같이 표현할 수 있다.

$$\begin{bmatrix} 1 & -2 \\ 0 & 0 \end{bmatrix} \begin{bmatrix} x \\ y \end{bmatrix} = \begin{bmatrix} 0 \\ 0 \end{bmatrix}$$

이 선형계의 일반해는 다음과 같고(증명하라),

$$x = 2t, \quad y = t \tag{2}$$

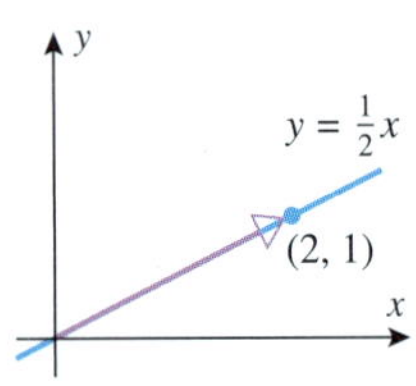

그림 4.4.1

그것은 선 $y = \frac{1}{2}x$ (그림 4.4.1)로 표현할 수 있다. 이 직선의 벡터 형태 표현은 다음과 같다.

$$\mathbf{x} = \begin{bmatrix} x \\ y \end{bmatrix} = \begin{bmatrix} 2t \\ t \end{bmatrix} = t\begin{bmatrix} 2 \\ 1 \end{bmatrix} \tag{3}$$

검토해 보면 식 (3)과 같은 모양은 A의 고정점임을 알 수 있다.

$$A\mathbf{x} = \begin{bmatrix} 0 & 2 \\ 0 & 1 \end{bmatrix} \begin{bmatrix} 2t \\ t \end{bmatrix} = \begin{bmatrix} 2t \\ t \end{bmatrix} = \mathbf{x}$$

■

고유값과 고유벡터

고정점 문제는 공식 $A\mathbf{x} = \mathbf{x}$를 만족시키는 0이 아닌 벡터를 찾는 것이다. 다음과 같은 등식을 만족시키거나, 더 일반적으로는 스칼라 λ에 대하여 식 $A\mathbf{x} = \lambda\mathbf{x}$을 만족시키는 0이 아닌 벡터가 존재할 것인가를 고려할 수 있다.

$$A\mathbf{x} = 2\mathbf{x}, \quad A\mathbf{x} = -3\mathbf{x}, \quad A\mathbf{x} = \sqrt{2}\mathbf{x}$$

그래서 다음과 같은 문제를 제시한다.

> **문제 4.4.2** 적당한 스칼라 λ에 대해서 $n \times n$ 행렬 A가 $A\mathbf{x} = \lambda\mathbf{x}$를 만족하도록 하는 R^n의 0이 아닌 벡터가 존재하는가?

이 문제를 어떻게 풀지에 대해서 얘기하기 전에, 추가적인 용어를 소개하는 것이 도움이 될 것이다.

> **정의 4.4.3** A가 $n \times n$ 행렬일 때, 만약 $A\mathbf{x} = \lambda\mathbf{x}$인 0이 아닌 벡터 $\mathbf{x}$가 존재하면 스칼라 λ를 A의 **고유값**(eigenvalue)이라 한다. λ가 A의 고유값이면, $A\mathbf{x} = \lambda\mathbf{x}$인 0이 아닌 모든 벡터는 λ에 대응하는 A의 **고유벡터**(eigenvector)라 한다.

$n \times n$ 행렬 A의 고유값을 구하는 가장 직접적인 방법은 등식 $A\mathbf{x} = \lambda\mathbf{x}$를 $A\mathbf{x} = \lambda I\mathbf{x}$, 또는 동치적으로

$$(\lambda I - A)\mathbf{x} = \mathbf{0} \tag{4}$$

과 같이 적고 선형계 식 (4)가 자명하지 않은 해를 갖는 λ값을 찾는 것이다. 식 (4)는 계수행렬 $\lambda I - A$가 특이행렬일 때에만 자명하지 않은 해를 가지므로 A의 고유값은 다음 등식의 해가 된다.

$$\det(\lambda I - A) = 0 \tag{5}$$

식 (5)를 A의 **특성방정식**(characteristic equation)이라 한다. 또한 λ가 A의 고유값이면, 식 (4)는 0이 아닌 해공간을 갖게 되고, 이를 λ에 대응하는 A의 **고유공간**(eigenspace)이라 한다. 그것은 λ에 대응하는 A의 고유벡터인 0이 아닌 벡터들의 집합이다.

앞에서 토론한 내용은 다음 정리와 같이 요약할 수 있다.

정리 4.4.4 *A가 $n \times n$ 행렬이고 λ가 스칼라이면, 다음의 명제는 동치이다.*

(a) *λ는 A의 고유값이다.*

(b) *λ는 방정식 $\det(\lambda I - A) = 0$의 해가 된다.*

(c) *선형계 $(\lambda I - A)\mathbf{x} = \mathbf{0}$는 자명하지 않은 해를 가진다.*

역사 속의 선형대수

*고유값*이라는 용어는 독일 수학자 David Hilbert에 의해 1904년에 *eigenwert*라는 단어로 소개되었다. Hilbert는 적분방정식에서 이 용어를 사용했고, 얼마 후 행렬에 적용되었다. 적분방정식에 대한 Hilbert의 업적은 이 교재 후반에서 다루게 될 개념인 *무한차원* 벡터공간의 연구에 연계되었다. Hilbert는 또한 Einstein과 거의 동시에 일반상대성 이론을 개발했고, 이는 1900년에 파리에서 개최된 Second International Congress of Mathematicians에서 행해진 유명한 연설 *The Problems of Mathematics*에서 발표한 23개의 문제로 특별히 알려지게 되었다. 그 문제들의 일부는 아직도 풀리지 않았고 20세기의 중요한 수학적 연구의 기초가 되어 왔다.

David Hilbert
(1862~1943)

예제 2

(a) 행렬 $A = \begin{bmatrix} 1 & 3 \\ 4 & 2 \end{bmatrix}$의 고유값과 대응하는 고유벡터를 구하라.

(b) xy 좌표계에서 A의 고유공간을 그래프로 나타내라.

풀이 (a) 고유값을 찾기 위해 A의 특성방정식을 풀어야 한다.

$$\lambda I - A = \lambda\begin{bmatrix} 1 & 0 \\ 0 & 1 \end{bmatrix} - \begin{bmatrix} 1 & 3 \\ 4 & 2 \end{bmatrix} = \begin{bmatrix} \lambda - 1 & -3 \\ -4 & \lambda - 2 \end{bmatrix}$$

이므로 특성방정식 $\det(\lambda I - \mathrm{A}) = 0$은 다음과 같다.

$$\begin{vmatrix} \lambda - 1 & -3 \\ -4 & \lambda - 2 \end{vmatrix} = 0$$

행렬식을 전개하고 단순화하면 다음과 같다(확인하라).

$$\lambda^2 - 3\lambda - 10 = 0 \text{ 또는 동치적으로 } (\lambda + 2)(\lambda - 5) = 0 \tag{6}$$

그래서 A의 고유값은 $\lambda = -2$와 $\lambda = 5$이다.

이 고유값에 대응하는 고유공간을 찾기 위해 $\lambda = -2$일 때와 $\lambda = 5$인 다음 선형계를 풀어야 한다.

$$\begin{bmatrix} \lambda - 1 & -3 \\ -4 & \lambda - 2 \end{bmatrix}\begin{bmatrix} x \\ y \end{bmatrix} = \begin{bmatrix} 0 \\ 0 \end{bmatrix} \tag{7}$$

두 가지 경우에 대해서 풀어 보자.

$\lambda = -2$인 경우 이 경우 식 (7)은 다음과 같다.

$$\begin{bmatrix} -3 & -3 \\ -4 & -4 \end{bmatrix}\begin{bmatrix} x \\ y \end{bmatrix} = \begin{bmatrix} 0 \\ 0 \end{bmatrix}$$

이 선형계를 풀면 다음 해를 얻는다(확인하라).

$$x = -t, \quad y = t \tag{8}$$

그래서 $\lambda = -2$에 대응하는 고유벡터들은 다음과 같은 형태의 0이 아닌 벡터이다.

$$\mathbf{x} = \begin{bmatrix} x \\ y \end{bmatrix} = \begin{bmatrix} -t \\ t \end{bmatrix} = t\begin{bmatrix} -1 \\ 1 \end{bmatrix} \tag{9}$$

검토해 보면 다음과 같다.

$$A\mathbf{x} = \begin{bmatrix} 1 & 3 \\ 4 & 2 \end{bmatrix}\begin{bmatrix} -t \\ t \end{bmatrix} = \begin{bmatrix} 2t \\ -2t \end{bmatrix} = -2\begin{bmatrix} -t \\ t \end{bmatrix} = -2\mathbf{x}$$

$\lambda = 5$인 경우 이 경우 식 (7)은 다음과 같다.

$$\begin{bmatrix} 4 & -3 \\ -4 & 3 \end{bmatrix}\begin{bmatrix} x \\ y \end{bmatrix} = \begin{bmatrix} 0 \\ 0 \end{bmatrix}$$

이 선형계를 풀면 다음 해를 얻는다(확인하라).

$$x = \tfrac{3}{4}t, \quad y = t \tag{10}$$

그래서 $\lambda = 5$에 대응하는 고유벡터들은 다음과 같은 형태의 0이 아닌 벡터이다.

$$\mathbf{x} = \begin{bmatrix} x \\ y \end{bmatrix} = \begin{bmatrix} \frac{3}{4}t \\ t \end{bmatrix} = t\begin{bmatrix} \frac{3}{4} \\ 1 \end{bmatrix} \tag{11}$$

검토해 보면 다음과 같다.

$$A\mathbf{x} = \begin{bmatrix} 1 & 3 \\ 4 & 2 \end{bmatrix}\begin{bmatrix} \frac{3}{4}t \\ t \end{bmatrix} = \begin{bmatrix} \frac{15}{4}t \\ 5t \end{bmatrix} = 5\begin{bmatrix} \frac{3}{4}t \\ t \end{bmatrix} = 5\mathbf{x}$$

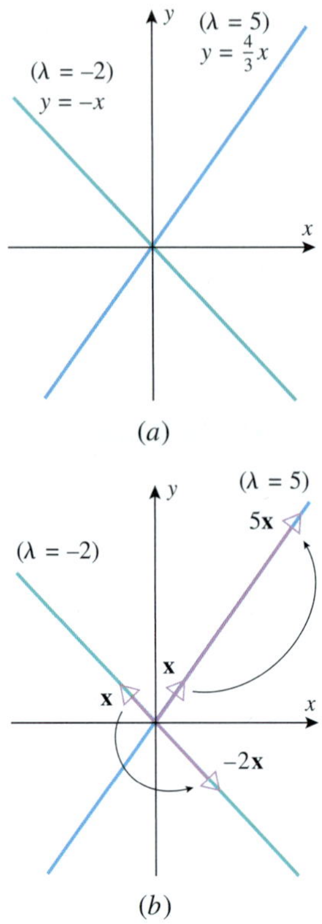

그림 4.4.2

풀이 (b) $\lambda = -2$와 $\lambda = 5$에 대응하는 고유공간은 매개변수방정식 (8)과 (10)에서 또는 식 (9)와 (11) 같은 벡터방정식으로부터 도식화될 수 있다. 이런 그래프를 표현하면 그림 4.4.2와 같다. 행렬 A와 $\lambda = 5$인 고유공간에 있는 고유벡터 $\mathbf{x}$를 곱하면, 결과는 $\mathbf{x}$ 벡터와 같은 방향이지만 크기는 5배가 된다. 그리고 행렬 A와 $\lambda = -2$인 고유공간에 있는 고유벡터 $\mathbf{x}$를 곱하면, 결과는 $\mathbf{x}$ 벡터와 반대 방향이며 길이는 2배로 증가한다. 두 경우에서 A와 고유벡터를 곱하는 것은 같은 고유공간 내의 벡터를 만들게 된다. ■

예제 3 3 × 3 행렬의 고유값

다음 행렬의 고유값을 구하라.

$$A = \begin{bmatrix} 0 & -1 & 0 \\ 0 & 0 & 1 \\ -4 & -17 & 8 \end{bmatrix}$$

풀이 다음을 확인할 수 있다.

$$\det(\lambda I - A) = \begin{vmatrix} \lambda & 1 & 0 \\ 0 & \lambda & -1 \\ 4 & 17 & \lambda - 8 \end{vmatrix} = \lambda^3 - 8\lambda^2 + 17\lambda - 4 \tag{12}$$

식 (12)에서 다음 특성방정식을 얻는다.

$$\lambda^3 - 8\lambda^2 + 17\lambda - 4 = 0 \tag{13}$$

이 방정식을 풀기 위해 우선 정수해를 검색해 보자. 이것은 다항방정식이 정수 계수를 가지면, 그것의 정수해는 상수항의 약수여야 한다는 사실을 이용하여 풀 수 있다. 이와 같이 식 (13)의 가능한 정수해는 -4의 약수, 다시 말해서 ± 1, ± 2, 그리고 ± 4일 뿐이다. 식 (13)에 연속적으로 이 값들을 대입해 보면 $\lambda = 4$가 정수해라는 것을 알 수 있다. 이것은 $\lambda - 4$가 식 (12)의 인수분해의 인수가 되고, 식 (12)를 $\lambda - 4$로 나누어 식 (13)을 다음과 같이 정리할 수 있다.

$$(\lambda - 4)(\lambda^2 - 4\lambda + 1) = 0$$

또한 특성방정식의 다른 해를 구하는 것은 다음의 이차방정식을 풀면 된다.

$$\lambda^2 - 4\lambda + 1 = 0$$

이차방정식의 근의 공식에 대입해서 A의 고유값을 구하면 다음과 같다.

$$\lambda = 4, \quad \lambda = 2 + \sqrt{3}, \quad \lambda = 2 - \sqrt{3}$$ ■

삼각행렬의 고유값 A가 대각 성분이 $a_{11}, a_{22}, \cdots, a_{nn}$으로 주어진 $n \times n$ 삼각행렬이면, $\lambda I - A$는 대각 성분이 $\lambda - a_{11}, \lambda - a_{22}, \cdots, \lambda - a_{nn}$인 삼각행렬이다(증명하라). 이와 같이 A의 특성다항식은 다음과 같다.

$$\det(\lambda I - A) = (\lambda - a_{11})(\lambda - a_{22})\cdots(\lambda - a_{nn})$$

이는 A의 고유값이 다음과 같다는 것을 의미하고, 정리 4.4.5로 요약된다.

$$\lambda_1 = a_{11}, \quad \lambda_2 = a_{22}, \ldots, \quad \lambda_n = a_{nn}$$

> **정리 4.4.5** *A가 삼각행렬(상부삼각, 하부삼각, 또는 대각)이면, A의 고유값은 A의 주대각 성분들이다.*

예제 4 삼각행렬의 고유값

검토해 보면 행렬

$$A = \begin{bmatrix} \frac{1}{2} & 0 & 0 & 0 \\ -1 & -\frac{2}{3} & 0 & 0 \\ 7 & \frac{5}{8} & 6 & 0 \\ \frac{4}{9} & -4 & 3 & 6 \end{bmatrix}$$

의 특성다항식은

$$\left(\lambda - \tfrac{1}{2}\right)\left(\lambda + \tfrac{2}{3}\right)(\lambda - 6)^2 = 0$$

이다. 그래서 A의 서로 다른 고유값은 $\lambda = \frac{1}{2}, \lambda = -\frac{2}{3}, \lambda = 6$이다. ■

행렬의 거듭제곱의 고유값 일단 행렬 A의 고유값과 고유벡터를 찾으면, A의 어떤 양의 정수 거듭제곱의 고유값과 고유벡터를 찾는 것은 간단하다. 예를 들면 λ가 A의 고유값이고 $\mathbf{x}$가 대응하는 고유벡터이면

$$A^2\mathbf{x} = A(A\mathbf{x}) = A(\lambda\mathbf{x}) = \lambda(A\mathbf{x}) = \lambda(\lambda\mathbf{x}) = \lambda^2\mathbf{x}$$

λ^2은 A^2의 고유값이고 $\mathbf{x}$는 대응하는 고유벡터가 된다. 일반적으로 다음의 결과를 얻을 수 있다.

> **정리 4.4.6** *λ가 행렬 A의 고유값이고 $\mathbf{x}$가 대응하는 고유벡터이며 k가 양의 정수이면, λ^k는 A^k의 고유값이고 $\mathbf{x}$는 대응하는 고유벡터이다.*

이 정리를 이용한 문제는 연습문제에 주어진다.

통합정리 $A\mathbf{x} = \lambda\mathbf{x}$가 되는 영이 아닌 벡터 $\mathbf{x}$가 있을 때에만 λ가 정사각행렬 A의 고유값이므로, $A\mathbf{x} = \mathbf{0}$이 되는 영이 아닌 벡터 $\mathbf{x}$가 있을 때에만 $\lambda = 0$이 A의 고유값이란 것을 알 수 있다. 그러나 $\det(A) = 0$일 때에만 이것이 사실이기 때문에, 정리 4.2.7에 다른 명제를 추가할 수 있다.

> **정리 4.4.7** 만약 A가 $n \times n$ 행렬이라면 다음 서술들은 동치이다.
>
> (a) *A의 행사다리꼴은 I_n이다.*
>
> (b) *A는 기본행렬의 곱으로 표현할 수 있다.*
>
> (c) *A는 가역행렬이다.*

(*d*) $A\mathbf{x} = \mathbf{0}$은 자명한 해만 가진다.

(*e*) $A\mathbf{x} = \mathbf{b}$는 R^n의 모든 $\mathbf{b}$에 대해 해가 존재한다.

(*f*) $A\mathbf{x} = \mathbf{b}$는 R^n의 모든 $\mathbf{b}$에 대해 유일한 해를 갖는다.

(*g*) A의 열벡터들은 일차독립이다.

(*h*) A의 행벡터들은 일차독립이다.

(*i*) $\det(A) \neq 0$이다.

(*j*) $\lambda = 0$은 A의 고유값이 아니다.

참고 연습문제에 A가 $\lambda_1, \lambda_2, \cdots, \lambda_k$인 고유값들을 갖는 가역행렬이면 $1/\lambda_1, 1/\lambda_2, \cdots, 1/\lambda_k$이 A^{-1}의 고유값들이라는 것을 증명하는 문제가 있다. 정리 4.4.7의 (*c*)와 (*j*)에 의해서 이러한 역수가 정의될 수 있다.

복소고유값 실수 성분을 갖는 행렬 A의 특성방정식은 허수해를 가질 수 있다. 예를 들면 행렬

$$A = \begin{bmatrix} -2 & -1 \\ 5 & 2 \end{bmatrix} \tag{14}$$

의 특성방정식은

$$\begin{vmatrix} \lambda + 2 & 1 \\ -5 & \lambda - 2 \end{vmatrix} = \lambda^2 + 1 = 0 \tag{15}$$

이다. 그러므로 특성방정식의 근들은 허수인 $\lambda = i$와 $\lambda = -i$이다.

여기에는 몇 가지 설명이 필요한 중요한 점들이 있다. 특별히, 지금까지 스칼라들이 실수라고 가정했고, 그래서 스칼라의 개념을 확장하여 복소수들을 허용하지 않는 이상 식 (15)에서의 허수들은 고유값들로 고려되지 않았다. 그러나 이것을 허용한다면, 선형계 $(\lambda I - A)\mathbf{x} = \mathbf{0}$은 복소수 성분들을 가지는 계수행렬을 가지며 이 선형계의 해 또한 복소수들을 포함할 수 있다. 그리하여 복소고유값을 허용함으로써 복소수 성분을 갖는 행렬과 복소수 성분을 갖는 벡터들을 고려해야만 한다. 복소고유값들은 중요하게 응용되므로 고유값과 고유벡터들에 대해서 완전한 설명이 되려면 복소수 스칼라와 복소수 성분을 갖는 복소수 벡터들이 허용되어야 한다. 이런 내용들은 나중에 좀 더 구체적으로 다룰 것이다. 그래서 아직까지는 행렬들이 실수 성분을 가지며 벡터들이 실수 성분을 가지고 있다고 가정한다. 그러나 특성방정식의 복소수 해를 **복소고유값**(complex eigenvalue)이라고 간주한다.

대수적 중복도 A가 $n \times n$ 행렬이라면 $\det(\lambda I - A)$의 전개된 형태는 λ^n의 계수가 1인 n차 다항식이다(설명할 수 있는가?). 즉 $\det(\lambda I - A)$은 다음과 같은 형태를 갖는다.

$$\det(\lambda I - A) = \lambda^n + c_1\lambda^{n-1} + \cdots + c_n \tag{16}$$

식 (16)의 오른쪽에 나타나는 다항식

$$p(\lambda) = \lambda^n + c_1\lambda^{n-1} + \cdots + c_n \tag{17}$$

을 A의 **특성다항식**(characteristic polynomial)이라 한다. 예를 들면 예제 2의 2×2 행렬 A의 특성다항식은 다음과 같은 2차 다항식이다[식 (6)을 보라].

$$p(\lambda) = \lambda^2 - 3\lambda - 10$$

그리고 예제 3의 3×3 행렬 A의 특성다항식은 3차 다항식

$$p(\lambda) = \lambda^3 - 8\lambda^2 + 17\lambda - 4$$

이다[식 (13)을 보라]. 특성다항식

$$\det(\lambda I - A) = \lambda^n + c_1\lambda^{n-1} + \cdots + c_n$$

을 인수분해 할 때 다음 세 가지 중 하나가 발생할 것이다.

1. 실수들만 가지고 서로 다른 선형인수들로 다항식을 완전하게 인수분해 할 수 있는 경우. 예를 들면

   $$\lambda^3 + \lambda^2 - 2\lambda = \lambda(\lambda^2 + \lambda - 2) = \lambda(\lambda - 1)(\lambda + 2)$$

2. 실수들만 가지고 서로 다른 선형인수들로 다항식을 완전하게 인수분해 할 수 있지만 어떤 인수들은 중복되는 경우. 예를 들면

   $$\lambda^6 - 3\lambda^4 + 2\lambda^3 = \lambda^3(\lambda^3 - 3\lambda + 2) = \lambda^3(\lambda - 1)^2(\lambda + 2)$$

3. 실수들만 가지고 다항식을 1차와 2차 인수들로 완전히 인수분해 할 수 있지만, 허수들을 사용하지 않고는 2차 인수들[그런 2차 인수들은 실수로 **인수분해되지 않는다**(irreducible)고 한다]을 1차 인수들로 분해할 수 없는 경우. 예를 들면

   $$\lambda^4 - 1 = (\lambda^2 - 1)(\lambda^2 + 1) = (\lambda - 1)(\lambda + 1)(\lambda - i)(\lambda + i)$$

   여기서 $\lambda^2 + 1$은 실수들로 인수분해 되지 않는다.

허수고유값들이 허용된다면, $\lambda_1, \lambda_2, \cdots, \lambda_n$이 A의 고유값들일 때 $n \times n$ 행렬 A의 특성다항식이 다음과 같이 인수분해 됨을 증명할 수 있다.

$$\det(\lambda I - A) = \lambda^n + c_1\lambda^{n-1} + \cdots + c_n = (\lambda - \lambda_1)(\lambda - \lambda_2)\cdots(\lambda - \lambda_n) \tag{18}$$

이것을 **특성다항식의 완전일차인수분해**(complete linear factorization)라 한다.* 식 (18)에서 일부 인수들이 중복된다면 그들은 결합될 수 있다. 예를 들면 첫 번째로 k개의 인수들이 서로 다르고 나머지 인수들은 첫 k개의 인수들의 중복이라면 식 (18)은 다음과 같이 다시 쓸 수 있다.

$$\det(\lambda I - A) = \lambda^n + c_1\lambda^{n-1} + \cdots + c_n = (\lambda - \lambda_1)^{m_1}(\lambda - \lambda_2)^{m_2}\cdots(\lambda - \lambda_k)^{m_k} \tag{19}$$

여기서 $\lambda_1, \lambda_2, \cdots, \lambda_k$는 A의 서로 다른 고유값들이다. 지수 m_i는 고유값 λ_i의 **대수적 중복도**(algebraic multiplicity)라 하고, 고유값이 특성다항식의 완전일차인수분해에서 얼마나 많이 중복됐는가를 알려준다.

식 (19)에서 고유값들의 대수적 중복도의 합은 특성다항식의 차수가 n이기 때문에 반드시 n이 되어야 한다. 예를 들면 6×6 행렬 A의 특성다항식이 다음과 같으면

$$\lambda^6 - 3\lambda^4 + 2\lambda^3 = \lambda^3(\lambda^3 - 3\lambda + 2) = \lambda^3(\lambda - 1)^2(\lambda + 2)$$

A의 서로 다른 고유값들은 $\lambda = 0$, $\lambda = 1$, $\lambda = -2$이다. 이 고유값들의 대수적 중복도는 각각 3, 2, 1이며 합은 6이 된다.

다음 정리가 이와 같은 내용을 요약한다.

정리 4.4.8 *A가 $n \times n$ 행렬이면, A의 특성다항식은 다음과 같다.*

$$\det(\lambda I - A) = (\lambda - \lambda_1)^{m_1}(\lambda - \lambda_2)^{m_2}\cdots(\lambda - \lambda_k)^{m_k}$$

이때 $\lambda_1, \lambda_2, \cdots, \lambda_k$는 서로 다른 A의 고유값이고 $m_1 + m_2 + \cdots + m_k = n$이다.

참고 이 정리는 만약 중복을 계산하고 복소고유값들을 허용한다면 $n \times n$ 행렬이 n개의 고유값들을 가진다는 것을 의미하지만, 서로 다른 고유값들의 수는 n보다 작을 수 있다.

개념문제 식 (18)에서 $\lambda = 0$을 대입함으로써, $n \times n$ 행렬 A의 특성다항식이 다음과 같음을 추론할 수 있다.

$$c_n = (-1)^n(\lambda_1\lambda_2\cdots\lambda_n) \tag{20}$$

*대수학의 기본정리(fundamental theorem of calculus)에 의하면 $p(\lambda)$가 실수 또는 복소수계수를 갖는 상수가 아닌 n차 다항식이라면, 다항방정식 $p(\lambda) = 0$는 적어도 한 개의 실수 또는 허근을 갖는다. λ_1이 그러한 해라면, $p(\lambda)$는 $p(\lambda) = (\lambda - \lambda_1)p_1(\lambda)$로 인수분해 할 수 있다는 것을 인수분해정리에서 알 수 있으며 $p_1(\lambda)$는 $(n-1)$차 다항식이다. $p_1(\lambda)$에 같은 인수분해 과정을 연속해서 적용하면 결국 식 (18)의 인수분해를 얻을 수 있다.

2 × 2 행렬의 고유값 분석 다음에 2 × 2 행렬의 고유값들에 대한 공식을 유도하고, 고유공간의 기하학적 특성에 대해서 설명하려 한다. 일반적인 2 × 2 행렬

$$A = \begin{bmatrix} a & b \\ c & d \end{bmatrix}$$

의 특성다항식은 다음과 같다.

$$\det(\lambda I - A) = \begin{vmatrix} \lambda - a & -b \\ -c & \lambda - d \end{vmatrix} = (\lambda - a)(\lambda - d) - bc = \lambda^2 - (a + d)\lambda + (ad - bc)$$

이것을 다음과 같이 A의 대각합과 행렬식을 이용하여 표현할 수 있다.

$$\det(\lambda I - A) = \lambda^2 - \mathrm{tr}(A)\lambda + \det(A) \tag{21}$$

이로부터 A의 특성방정식을 다음과 같이 쓸 수 있다.

$$\lambda^2 - \mathrm{tr}(A)\lambda + \det(A) = 0 \tag{22}$$

대수에서 $ax^2 + bx + c = 0$이 실수계수를 가지는 2차 방정식이라면 **판별식**(discriminant) $b^2 - 4ac$는 해의 성질을 결정한다.

$b^2 - 4ac > 0$ **[두 개의 서로 다른 실수근]**

$b^2 - 4ac = 0$ **[하나의 중복된 실수근]**

$b^2 - 4ac < 0$ **[두 개의 켤레 허수근]**

이것을 $a = 1$, $b = -\mathrm{tr}(A)$, $c = \det(A)$를 가지는 식 (22)에 적용하면 다음의 정리가 성립된다.

정리 4.4.9 *A가 실수 성분들을 가지는 2 × 2 행렬이라면 A의 특성방정식은*

$$\lambda^2 - \mathrm{tr}(A)\lambda + \det(A) = 0$$

이고, 다음이 성립한다.

(a) $\mathrm{tr}(A)^2 - 4\det(A) > 0$*일 때, A는 두 개의 서로 다른 실수고유값을 가진다.*

(b) $\mathrm{tr}(A)^2 - 4\det(A) = 0$*일 때, A는 하나의 중복된 실수고유값을 가진다.*

(c) $\mathrm{tr}(A)^2 - 4\det(A) < 0$*일 때, A는 두 개의 켤레 허수고유값을 가진다.*

참고 A가 복소수 성분을 가진다면 이 정리는 유효하지 않으므로, 비록 우리가 지금까지 고려한 행렬들이 실수 성분을 가지는 행렬들뿐일지라도, 정리에서 A가 반드시 실수 성분을 가진다고 강조했다. 나중에 이 정리가 적용될 수 없는 복소수 성분들을 가지는 행렬들에 대해서 고려할 것이다.

예제 5 2 × 2 행렬의 고유값들

다음 각 문제에서 특성방정식에 대한 식 (22)를 이용하여 고유값들을 찾아라.

(a) $A = \begin{bmatrix} 2 & 2 \\ -1 & 5 \end{bmatrix}$ (b) $A = \begin{bmatrix} 0 & -1 \\ 1 & 2 \end{bmatrix}$ (c) $A = \begin{bmatrix} 2 & 3 \\ -3 & 2 \end{bmatrix}$

풀이 (a) $\mathrm{tr}(A) = 7$과 $\det(A) = 12$이므로, A의 특성방정식은

$$\lambda^2 - 7\lambda + 12 = 0$$

이고 인수분해는 $(\lambda - 4)(\lambda - 3) = 0$이며, A의 고유값들은 $\lambda = 4$와 $\lambda = 3$이다.

풀이 (b) $\mathrm{tr}(A) = 2$와 $\det(A) = 1$이므로, A의 특성방정식은

$$\lambda^2 - 2\lambda + 1 = 0$$

이고 인수분해는 $(\lambda - 1)^2 = 0$이며, $\lambda = 1$만이 A의 고유값이다. 이의 대수적 중복도는 2이다.

풀이 (c) $\text{tr}(A) = 4$이고 $\det(A) = 13$이므로, A의 특성방정식은

$$\lambda^2 - 4\lambda + 13 = 0$$

이고 근의 공식으로 이 방정식을 풀면 다음을 얻는다.

$$\lambda = \frac{4 \pm \sqrt{(-4)^2 - 4(13)}}{2} = \frac{4 \pm \sqrt{-36}}{2} = 2 \pm 3i$$

그래서 A의 고유값들은 $\lambda = 2 + 3i$와 $\lambda = 2 - 3i$이다.

2 × 2 대칭행렬의 고유값 분석

이 교재의 뒷부분에서 실수 성분들을 가지는 모든 대칭행렬들이 실수고유값들을 가진다는 것을 보일 것이다. 그러나 2×2 경우에서는 이미 이 결과를 다음 정리에서와 같이 증명할 수 있다.

> **정리 4.4.10** *실수 성분들을 가지는 2×2 대칭행렬은 실수고유값들을 가진다. 또한 A가 다음과 같은 형태를 가질 때, 하나뿐인 $\lambda = a$인 중복된 고유값을 가지며*
>
> $$A = \begin{bmatrix} a & 0 \\ 0 & a \end{bmatrix} \tag{23}$$
>
> *그렇지 않을 때는 두 개의 서로 다른 고유값들을 가진다.*

증명 만약 2×2 대칭행렬이

$$A = \begin{bmatrix} a & b \\ b & d \end{bmatrix}$$

이라면

$$\text{tr}(A)^2 - 4\det(A) = (a+d)^2 - 4(ad - b^2) = (a-d)^2 + 4b^2 \geq 0$$

이므로 정리 4.4.9로부터 A가 실수고유값들을 가진다는 것을 알 수 있다. 또한 A가 한 개의 중복된 고유값들을 가질 필요충분조건은 다음과 같다.

$$\text{tr}(A)^2 - 4\det(A) = (a-d)^2 + 4b^2 = 0$$

이는 $a = d$와 $b = 0$인 경우에만 성립되므로 하나뿐인 중복된 고유값을 갖는 대칭행렬은 식 (23)과 같은 형태일 때이다. ■

연습문제에서 2×2 대칭행렬의 고유공간에 대한 다음과 같은 일반적인 결과들을 증명하는 단계를 알려 줄 것이다.

> **정리 4.4.11**
>
> (a) *실수 성분들을 가지는 2×2 대칭행렬이 하나의 중복된 고유값을 가진다면, 그 고유값에 대응되는 고유공간은 R^2이다.*
>
> (b) *실수 성분들을 가지는 2×2 대칭행렬이 두 개의 서로 다른 고유값들을 가진다면, 이런 고유값들에 대응되는 고유공간들은 R^2의 원점을 지나는 수직인 직선들이다.*

예제 6 2 × 2 대칭행렬의 고유공간들

xy 좌표계에서 다음 대칭행렬의 고유공간들을 그래프로 그려라.

$$A = \begin{bmatrix} 3 & 2 \\ 2 & 3 \end{bmatrix}$$

풀이 $\text{tr}(A) = 6$이고 $\det(A) = 5$이므로 식 (21)로부터 A의 특성다항식은 다음과 같고

$$\lambda^2 - 6\lambda + 5 = (\lambda - 1)(\lambda - 5)$$

A의 고유값들은 $\lambda = 1$과 $\lambda = 5$이다. 대응되는 고유공간들을 찾기 위해서 다음 선형계를 $\lambda = 1$과 $\lambda = 5$에 대해서 풀어야 한다.

$$\begin{bmatrix} \lambda - 3 & -2 \\ -2 & \lambda - 3 \end{bmatrix}\begin{bmatrix} x \\ y \end{bmatrix} = \begin{bmatrix} 0 \\ 0 \end{bmatrix} \tag{24}$$

$\lambda = 1$인 경우 이 경우에 식 (24)는 다음과 같다.

$$\begin{bmatrix} -2 & -2 \\ -2 & -2 \end{bmatrix}\begin{bmatrix} x \\ y \end{bmatrix} = \begin{bmatrix} 0 \\ 0 \end{bmatrix}$$

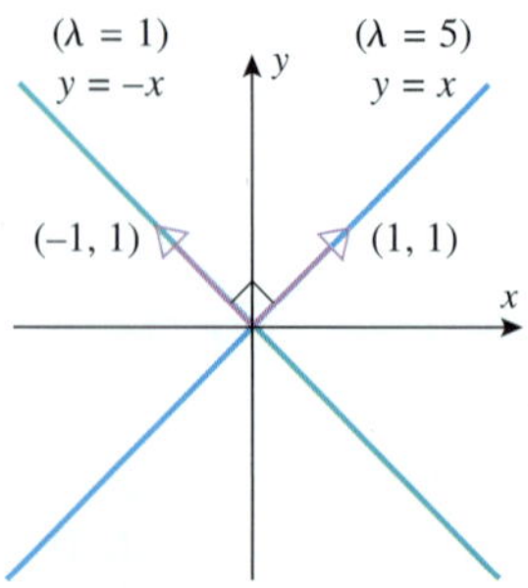

대칭행렬 A의 고유공간들은 직교한다.

그림 4.4.3

이 선형계를 풀면 다음 식 (25)와 같고(확인하라), 직선 $y = -x$라는 매개변수방정식을 얻게 된다. 이것이 바로 $\lambda = 1$에 대응되는 고유공간들이다(그림 4.4.3).

$$x = -t, \quad y = t \tag{25}$$

$\lambda = 5$인 경우 이 경우에 식 (24)는 다음과 같다.

$$\begin{bmatrix} 2 & -2 \\ -2 & 2 \end{bmatrix}\begin{bmatrix} x \\ y \end{bmatrix} = \begin{bmatrix} 0 \\ 0 \end{bmatrix}$$

이 선형계를 풀면 다음 식 (26)과 같고(확인하라), 직선 $y = x$의 매개변수방정식을 얻게 된다. 이것이 바로 $\lambda = 5$에 대응되는 고유공간들이다(그림 4.4.3).

$$x = t, \quad y = t \tag{26}$$

정리 4.4.11에 의해 보장되듯이 직선 $y = -x$와 $y = x$는 서로 수직이다. 벡터의 관점에서 보면, 식 (25)와 (26)을 벡터의 형태로

$$\mathbf{x} = \begin{bmatrix} x \\ y \end{bmatrix} = \begin{bmatrix} -t \\ t \end{bmatrix} = t\begin{bmatrix} -1 \\ 1 \end{bmatrix}, \quad \mathbf{x} = \begin{bmatrix} x \\ y \end{bmatrix} = \begin{bmatrix} t \\ t \end{bmatrix} = t\begin{bmatrix} 1 \\ 1 \end{bmatrix}$$

로 쓸 수 있는데, 거기에서 고유공간의 생성벡터들인 $\mathbf{v}_1$과 $\mathbf{v}_2$가 직교한다는 것을 알 수 있다.

$$\mathbf{v}_1 = \begin{bmatrix} -1 \\ 1 \end{bmatrix}, \quad \mathbf{v}_2 = \begin{bmatrix} 1 \\ 1 \end{bmatrix} \tag{27}$$

■

고유값들로 행렬식과 대각합을 표현하기

다음 정리는 정사각행렬에 대해서 고유값들을 이용한 행렬식과 대각합을 제공한다.

정리 4.4.12 *A가 고유값 $\lambda_1, \lambda_2, \cdots, \lambda_n$(중복도에 따라서 중복됨)을 가지는 $n \times n$ 행렬이라면 다음이 성립한다.*

(a) $\det(A) = \lambda_1\lambda_2\cdots\lambda_n$

(b) $\text{tr}(A) = \lambda_1 + \lambda_2 + \cdots + \lambda_n$

증명 (a) 특성다항식을 인수분해 된 형태로 다음과 같이 쓸 수 있다.

$$p(\lambda) = \det(\lambda I - A) = (\lambda - \lambda_1)(\lambda - \lambda_2)\cdots(\lambda - \lambda_n) \tag{28}$$

$\lambda = 0$이라고 놓으면 다음을 얻는다.

$$\det(-A) = (-1)^n(\lambda_1\lambda_2\cdots\lambda_n)$$

그러나 $\det(-A) = (-1)^n \det(A)$이므로 다음을 얻는다.

$$\det(A) = \lambda_1\lambda_2\cdots\lambda_n \tag{29}$$

증명 (b) $A = [a_{ij}]$라 하면 $p(\lambda)$를 다음과 같이 쓸 수 있다.

$$p(\lambda) = \det(\lambda I - A) = \begin{vmatrix} \lambda - a_{11} & -a_{12} & \cdots & -a_{1n} \\ -a_{21} & \lambda - a_{22} & \cdots & -a_{2n} \\ \vdots & \vdots & & \vdots \\ -a_{n1} & -a_{n2} & \cdots & \lambda - a_{nn} \end{vmatrix} \tag{30}$$

부호가 붙은 기본곱들의 합으로 이 행렬식 $p(\lambda)$를 계산한다면, 식 (30)의 주대각선에 *있지 않은* 성분을 포함하는 어떠한 기본곱이라도 λ에 대해서는 최대한 차수가 $n - 2$가 된다(확인하라). 그리하여 $p(\lambda)$에서 λ^{n-1} 계수는 다음 곱의 λ^{n-1}의 계수와 같다.

$$(\lambda - a_{11})(\lambda - a_{22}) \cdots (\lambda - a_{nn})$$

이 곱을 확장하면 다음 식 (31)을 얻으며

$$\lambda^n - (a_{11} + a_{22} + \cdots + a_{nn})\lambda^{n-1} + \cdots \tag{31}$$

또한 식 (28)에서 $p(\lambda)$ 표현을 확장하면 다음을 알 수 있다.

$$\lambda^n - (\lambda_1 + \lambda_2 + \cdots + \lambda_n)\lambda^{n-1} + \cdots$$

그래서 다음을 구하게 된다.

$$\text{tr}(A) = a_{11} + a_{22} + \cdots + a_{nn} = \lambda_1 + \lambda_2 + \cdots + \lambda_n$$ ■

예제 7 고유값들로부터의 행렬식과 대각합

특성다항식이 다음과 같은 3×3 행렬의 행렬식과 대각합을 구하라.

$$p(\lambda) = \lambda^3 - 3\lambda + 2 \tag{32}$$

풀이 이 다항식은 다음과 같이 인수분해 될 수 있다.

$$p(\lambda) = (\lambda - 1)^2(\lambda + 2)$$

그러므로 중복도에 따라 중복된 고유값들은 $\lambda_1 = 1$, $\lambda_2 = 1$, $\lambda_3 = -2$이다. 그래서 다음과 같다.

$$\det(A) = \lambda_1\lambda_2\lambda_3 = -2, \quad \text{tr}(A) = \lambda_1 + \lambda_2 + \lambda_3 = 0$$

다른 풀이 식 (31)로부터 $p(\lambda)$가 $n \times n$ 행렬 A의 특성다항식이라면 $\text{tr}(A)$는 λ^{n-1}의 계수의 음수라는 것을 알 수 있다. 그리고 식 (28)과 (29)로부터 $\det(A)$는 n이 짝수일 때는 $p(\lambda)$에서 상수항이고 n이 홀수일 때는 상수항의 음수라는 것을 알 수 있다. 그래서 식 (32)로부터 직접 $\text{tr}(A) = 0$과 $\det(A) = -2$임을 알 수 있다. ■

수치 방법에 의한 고유값들

현실 세계의 응용에서 고유값들은 거의 특성방정식을 푸는 것을 통해 얻어지지 않는데 주로 다음과 같은 두 가지 이유 때문이다.

1. $n \times n$ 행렬 A의 특성방정식을 만들기 위하여 행렬식 $\det(\lambda I - A)$을 확장해야 한다. 비록 *Mathematica*, *Maple*, 그리고 *Derive* 같은 컴퓨터 대수 시스템들이 크기가 작은 행렬들에 대해 이것을 할 수 있지만, 전형적인 응용에서 생기는 크기의 행렬들에 대해서는 계산량이 막대해져서 거의 불가능하다.
2. $n \geq 5$일 때 일반적인 $n \times n$ 행렬의 정확한 특성방정식에 대한 정확한 해를 구하는 대수적 공식이나 알고리즘은 없다.

이런 장애들 때문에 고유값과 고유벡터들에 대하여 수치적으로 근사해를 구하기 위한 여러 가지 알고리즘들이 개발되었다. 이런 것들의 일부분은 이 교재의 뒷부분에서 토론할 것이다.

연습문제 4.4

연습문제 1과 2에서는 행렬이 자명하지 않은 고정점들을 가지는지를 판별하고, 있다면 구하라.

1. (a) $\begin{bmatrix} 1 & 0 \\ 1 & 0 \end{bmatrix}$ (b) $\begin{bmatrix} 0 & 1 \\ 1 & 0 \end{bmatrix}$

2. (a) $\begin{bmatrix} 3 & 1 \\ 4 & 2 \end{bmatrix}$ (b) $\begin{bmatrix} 1 & 4 \\ 1 & 1 \end{bmatrix}$

연습문제 3과 4에서는 곱셈을 이용하여 $\mathbf{x}$가 A의 하나의 고유벡터임을 확인하고 대응되는 고유값을 구하라.

3. $A = \begin{bmatrix} 4 & 0 & 1 \\ 2 & 3 & 2 \\ 1 & 0 & 4 \end{bmatrix}$; $\mathbf{x} = \begin{bmatrix} 1 \\ 2 \\ 1 \end{bmatrix}$

4. $A = \begin{bmatrix} 2 & -1 & -1 \\ -1 & 2 & -1 \\ -1 & -1 & 2 \end{bmatrix}$; $\mathbf{x} = \begin{bmatrix} 1 \\ 1 \\ 1 \end{bmatrix}$

연습문제 5~8에서는 행렬의 특성방정식을 구하고, 고유값들과 그들의 대수적 중복도를 구하라.

5. (a) $\begin{bmatrix} 3 & 0 \\ 8 & -1 \end{bmatrix}$ (b) $\begin{bmatrix} 10 & -9 \\ 4 & -2 \end{bmatrix}$ (c) $\begin{bmatrix} 2 & 0 \\ 1 & 2 \end{bmatrix}$

6. (a) $\begin{bmatrix} -2 & 4 \\ 3 & 2 \end{bmatrix}$ (b) $\begin{bmatrix} 0 & 0 \\ 0 & 0 \end{bmatrix}$ (c) $\begin{bmatrix} 1 & 0 \\ 2 & 1 \end{bmatrix}$

7. (a) $\begin{bmatrix} 4 & 0 & 1 \\ -2 & 1 & 0 \\ -2 & 0 & 1 \end{bmatrix}$ (b) $\begin{bmatrix} 4 & -5 & -5 \\ \frac{2}{5} & 1 & -1 \\ \frac{6}{5} & -3 & -1 \end{bmatrix}$

(c) $\begin{bmatrix} 3 & 4 & -1 \\ -1 & -2 & 1 \\ 3 & 9 & 0 \end{bmatrix}$

8. (a) $\begin{bmatrix} 15 & 6 & -4 \\ -40 & -16 & 11 \\ 0 & 0 & -1 \end{bmatrix}$ (b) $\begin{bmatrix} 5 & 0 & 1 \\ 1 & 1 & 0 \\ -7 & 1 & 0 \end{bmatrix}$

(c) $\begin{bmatrix} 5 & 6 & 2 \\ 0 & -1 & -8 \\ 1 & 0 & -2 \end{bmatrix}$

연습문제 9~12에서는 행렬들의 고유공간들을 구하고 기하학적으로 표현하라.

9. 연습문제 5에서의 행렬들

10. 연습문제 6에서의 행렬들

11. 연습문제 7에서의 행렬들

12. 연습문제 8에서의 행렬들

13. 계산하지 말고 특성다항식과 고유값들을 구하라.

(a) $\begin{bmatrix} -1 & 6 \\ 0 & 5 \end{bmatrix}$ (b) $\begin{bmatrix} 3 & 0 & 0 \\ -2 & 7 & 0 \\ 4 & 8 & 1 \end{bmatrix}$

(c) $\begin{bmatrix} -\frac{1}{3} & 0 & 0 & 0 \\ 0 & -\frac{1}{3} & 0 & 0 \\ 0 & 0 & 1 & 0 \\ 0 & 0 & 0 & \frac{1}{2} \end{bmatrix}$

14. 특성다항식이 다음과 같이 주어지는 행렬을 만들라.

$p(\lambda) = \lambda(\lambda - 2)^2(\lambda + 1)$

연습문제 15와 16에서는 블록삼각분할법을 사용하여 특성다항식과 고유값들을 구하라. [주의: 전에 토론했던 4.2절의 연습문제 38과 39를 보라.]

15. $\begin{bmatrix} 2 & 3 & 0 & 0 \\ -1 & 6 & 0 & 0 \\ 0 & 0 & -2 & 5 \\ 0 & 0 & 1 & 2 \end{bmatrix}$ **16.** $\begin{bmatrix} 0 & 0 & 7 & -5 \\ 1 & 0 & 1 & 0 \\ 0 & 0 & -2 & 0 \\ 0 & 0 & 0 & 1 \end{bmatrix}$

연습문제 17과 18에서는 A의 고유값들과 대응되는 고유벡터들을 구하고, 그들을 이용하여 주어진 것과 같은 A의 거듭제곱의 고유값들과 대응되는 고유벡터들을 구하라.

17. $A = \begin{bmatrix} -1 & -2 & -2 \\ 1 & 2 & 1 \\ -1 & -1 & 0 \end{bmatrix}$; A^{25}

18. $A = \begin{bmatrix} 1 & 3 & 7 & 11 \\ 0 & \frac{1}{2} & 3 & 8 \\ 0 & 0 & 0 & 4 \\ 0 & 0 & 0 & 2 \end{bmatrix}$; A^9

연습문제 19와 20에서는 행렬의 고유값들을 구하고, 정리 4.4.12에서의 명제들을 확인하라.

19. $A = \begin{bmatrix} 2 & 1 & 1 \\ 2 & 1 & -2 \\ -1 & 0 & -2 \end{bmatrix}$ **20.** $A = \begin{bmatrix} 1 & 1 & -3 \\ 2 & 0 & 6 \\ 1 & -1 & 5 \end{bmatrix}$

연습문제 21과 22에서는 xy 좌표계에 주어진 대칭행렬의 고유공간들의 그래프를 그리고, 기울기를 이용하여 그들이 서로 수직임을 확인하라.

21. $\begin{bmatrix} 1 & 2 \\ 2 & 4 \end{bmatrix}$ **22.** $\begin{bmatrix} 1 & \sqrt{2} \\ \sqrt{2} & 0 \end{bmatrix}$

23. A가 2×2 행렬이고 $\mathbf{x}$가 R^2의 원점을 지나는 한 직선상에 있을 때 $A\mathbf{x}$도 그 직선상에 있다면 그 직선을 **A에 대하여 불변**(invariant under A)이라고 부른다. 주어진 행렬에 대하여 불변인 직선이 있다면 R^2에서 그런 모든 직선들의 방정식을 구하라.

(a) $\begin{bmatrix} 4 & -1 \\ 2 & 1 \end{bmatrix}$ (b) $\begin{bmatrix} 0 & 1 \\ -1 & 0 \end{bmatrix}$ (c) $\begin{bmatrix} 2 & 3 \\ 0 & 2 \end{bmatrix}$

연습문제 24와 25에서는 A가 주어진 고유값들을 갖는 a와 b를 구하라.

24. $A = \begin{bmatrix} 1 & 6 \\ a & b \end{bmatrix}$; $\lambda = 4, -3$ **25.** $A = \begin{bmatrix} 3 & 2 \\ a & b \end{bmatrix}$; $\lambda = 2, 5$

26. x가 어떤 값을 가질 때 다음 행렬이 적어도 하나의 중복된 고유값을 가지는가?

$$A = \begin{bmatrix} 3 & 0 & 0 \\ 0 & x & 2 \\ 0 & 2 & x \end{bmatrix}$$

27. A가 $A^2 = I$인 2×2 행렬이고 $\mathbf{x}$가 R^2에서의 임의의 벡터라면, $\mathbf{y} = \mathbf{x} + A\mathbf{x}$와 $\mathbf{z} = \mathbf{x} - A\mathbf{x}$가 A의 고유벡터라는 것을 보여라. 그리고 대응되는 고유값들을 구하라.

28. A가 정사각행렬이라면 A의 특성다항식의 상수항이 $(-1)^n \det(A)$이라는 것을 보여라.

연습문제 29와 30은 다음 일반적인 2×2 행렬의 고유값과 고유벡터에 대한 공식에 관한 것이다.

$$A = \begin{bmatrix} a & b \\ c & d \end{bmatrix}$$

29. (a) A의 고유값들이 다음과 같다는 것을 보이기 위해 식 (22)를 사용하라.

$$\lambda = \tfrac{1}{2}\left[(a+d) \pm \sqrt{(a-d)^2 + 4bc}\right]$$

(b) 다음 조건이 성립되면 A는 서로 다른 두 개의 고유값을 가짐을 보여라.

$$(a-d)^2 + 4bc > 0$$

(c) 다음 조건이 성립되면 A는 하나의 중복된 고유값을 가짐을 보여라.

$$(a-d)^2 + 4bc = 0$$

(d) 다음 조건이 성립되면 A는 실수고유값이 없다는 것을 보여라.

$$(a-d)^2 + 4bc < 0$$

30. $(a-d)^2 + 4bc > 0$이고 $b \neq 0$이면, A의 고유값들(연습문제 29에서 얻은)에 대한 고유벡터들이 다음과 같음을 보여라.

$$\lambda_1 = \tfrac{1}{2}\left[(a+d) + \sqrt{(a-d)^2 + 4bc}\right]; \ \mathbf{x}_1 = \begin{bmatrix} -b \\ a - \lambda_1 \end{bmatrix}$$

$$\lambda_2 = \tfrac{1}{2}\left[(a+d) - \sqrt{(a-d)^2 + 4bc}\right]; \ \mathbf{x}_2 = \begin{bmatrix} -b \\ a - \lambda_2 \end{bmatrix}$$

31. 행렬 A의 특성다항식이 $p(\lambda) = \lambda^2 + 3\lambda - 4$라 하자. 다음 행렬의 고유값을 구하기 위해 정리 4.4.6과 다음 연습문제 P2, P3, P4, P5를 이용하라.

(a) A^{-1} (b) A^{-3} (c) $A - 4I$
(d) $5A$ (e) $4A^T + 2I$

32. λ는 A의 고유값이고 $\mathbf{x}$는 그에 해당하는 고유벡터일 때 다음을 보여라.

$$\lambda = \frac{(A\mathbf{x}) \cdot \mathbf{x}}{\|\mathbf{x}\|^2}$$

33. (a) 다음 행렬의 특성다항식이 $p(\lambda) = c_0 + c_1\lambda + \cdots + c_{n-1}\lambda^{n-1} + \lambda^n$임을 보여라. [*힌트*: 첫 번째 열의 제일 위쪽 원소를 0으로 만들기 위해서 두 번째 행의 상수 배를 첫 번째 행에 더하고, 첫 번째 열에 대해서 여인수전개로 행렬식을 계산하라. 이러한 과정을 반복한다.]

$$C = \begin{bmatrix} 0 & 0 & 0 & \cdots & 0 & -c_0 \\ 1 & 0 & 0 & \cdots & 0 & -c_1 \\ 0 & 1 & 0 & \cdots & 0 & -c_2 \\ \vdots & \vdots & \vdots & & \vdots & \vdots \\ 0 & 0 & 0 & \cdots & 1 & -c_{n-1} \end{bmatrix}$$

(b) (a)에 주어진 행렬을 다음 다항식의 **동반행렬**(companion matrix)이라 한다.

$$p(\lambda) = c_0 + c_1\lambda + \cdots + c_{n-1}\lambda^{n-1} + \lambda^n$$

이로부터 만약 $p(\lambda)$가 최고차항의 계수가 1인 다항식이면, 특성다항식이 $p(\lambda)$로 주어지는 동반행렬이 있다는 사실을 알 수 있다. 특성다항식이 다음과 같이 주어진 행렬을 구하라.

$$p(\lambda) = 2 - 3\lambda + \lambda^2 - 5\lambda^3 + \lambda^4$$

▶ 토론과 발견

D1. A의 특성다항식이 다음과 같다.

$$p(\lambda) = (\lambda - 1)(\lambda - 3)^2(\lambda - 4)^3$$

(a) A의 크기는 얼마인가?
(b) A는 가역인가? 이유를 설명하라.

D2. 크기가 2×2이거나 더 크고, 성분들이 다 같은 행렬이라면 반드시 ______을 하나의 고유값으로 가진다.

D3. A가 $\mathrm{tr}(A) = \det(A) = 4$인 2×2 행렬이라면, A의 고유값들은 ______이다.

D4. $p(\lambda) = (\lambda - 3)^2(\lambda + 2)^3$이 행렬 A의 특성다항식이라면, $\det(A) =$ ______ 이고 $\mathrm{tr}(A) =$ ______이다.

D5. $\mathrm{tr}(A) = \det(A)$인 2×2 행렬이 존재한다면 모두 찾아라.

D6. A의 특성다항식이 다음과 같다면 A^2의 고유값들은 ______이다.

$$p(\lambda) = \lambda^4 + 5\lambda^3 + 6\lambda^2 - 4\lambda - 8$$

D7. 다음 명제들이 참(T) 혹은 거짓(F)인가를 판별하고, 그 이유를 설명하라. A는 정사각행렬이라 가정한다.

(a) 0이 아닌 어떤 스칼라 λ에 대해 $A\mathbf{x} = \lambda\mathbf{x}$라면, $\mathbf{x}$는 A의 고유벡터이다.

(b) λ가 A의 고유값이라면, 선형계 $(\lambda^2 I - A^2)\mathbf{x} = 0$은 자명하지 않은 해를 갖는다.

(c) $\lambda = 0$이 A의 고유값이라면, A의 행벡터와 열벡터들은 일차 독립이다.

(d) 실수고유값들을 가지는 2×2 행렬은 대칭이다.

D8. 다음 명제들이 참(T) 혹은 거짓(F)인가를 판별하고, 그 이유를 설명하라. A는 정사각행렬이라 가정한다.

(a) A의 고유값들은 A의 기약 행사다리꼴의 고유값들과 같다.

(b) 서로 다른 고유값들에 대응되는 고유벡터들이 더해졌다면 얻어진 벡터는 A의 고유벡터가 아니다.

(c) 3×3 행렬은 적어도 하나의 실수고유값을 가진다.

(d) A의 특성다항식이 $p(\lambda) = \lambda^n + 1$이면 A는 가역이다.

증명문제

P1. 식 (22)를 사용하여 2×2 행렬의 특성다항식이 $p(\lambda)$일 때, $p(A) = 0$임을 보여라. 즉 A가 자체의 특성방정식을 만족시킨다는 것이다. 이 결과를 ***Cayley-Hamilton* 정리**(Cayley-Hamilton theorem)라고 하는데, 이 교재의 뒷부분에서 $n \times n$ 행렬에 대해서 다시 설명하게 될 것이다. [*힌트*: 식 (22)의 좌변을 행렬 $\begin{bmatrix} a & b \\ c & d \end{bmatrix}$로 대체하라.]

P2. (a) A가 정사각행렬일 때, A와 A^T가 같은 특성다항식을 가지는 것을 보여라. [*힌트*: 특성방정식 $\det(\lambda I - A) = 0$을 고려하고 행렬식의 성질을 이용하라.]

(b) 다음 행렬을 이용하여 A와 A^T가 같은 고유공간을 가질 필요가 없다는 것을 보여라.

$$\begin{bmatrix} 2 & 0 \\ 2 & 3 \end{bmatrix}$$

P3. λ가 가역행렬 A의 고유값이고 $\mathbf{x}$가 대응되는 고유벡터일 때, $1/\lambda$가 A^{-1}의 고유값이고 $\mathbf{x}$가 대응되는 고유벡터라는 것을 보여라. [*힌트*: $A\mathbf{x} = \lambda\mathbf{x}$로부터 시작하라.]

P4. λ가 A의 고유값이고 $\mathbf{x}$가 대응되는 고유벡터일 때, $\lambda - s$가 모든 스칼라 s에 대해 $A - sI$의 고유값이고 $\mathbf{x}$가 대응되는 고유벡터임을 보여라.

P5. λ가 A의 고유값이고 $\mathbf{x}$가 대응되는 고유벡터일 때, $s\lambda$는 모든 스칼라 s에 대해서 sA의 고유값이고 $\mathbf{x}$는 대응되는 고유벡터임을 보여라.

P6. 연습문제 30의 결과들을 이용하여 정리 4.4.11을 증명하라.

P7. A와 B가 같은 크기의 정사각행렬들이고 λ가 A의 고유값이며 대응되는 고유벡터 $\mathbf{x}$가 B의 고정점이라고 가정한다. λ가 AB와 BA의 고유값이고 $\mathbf{x}$가 대응되는 고유벡터임을 보여라.

프로그램 활용 연습문제

T1. 예제 2에 있는 행렬의 고유값과 대응되는 고유벡터들을 구하라. 만약 구한 고유벡터들이 예제에서 얻어진 것과 다르다면 그 차이를 설명하라.

T2. 예제 4에 있는 행렬의 고유값에 대응되는 고유벡터들을 구하라.

T3. 그림 Ex-T3과 같은 n차 **장기판행렬**(checkerboard matrix) C_n의 제일 왼쪽 위 구석을 1로 채우고 다른 행과 열에 대해서는 0과 1을 교대로 채운 행렬로 정의한다(예로 그림을 참고하라).

(a) C_1, C_2, C_3, C_4, C_5의 고유값들을 구하고, C_6의 고유값에 대해서 추측하라. C_6의 고유값을 찾아서 추측을 확인하라.

(b) 일반적으로 C_n에 대해서 무엇이라 설명할 수 있는가?

1	0	1	0
0	1	0	1
1	0	1	0
0	1	0	1

그림 Ex-T3

T4. $n = 2, 3, 4, 5$가 되는 예제 2의 행렬에 대해서 정리 4.4.6의 서술을 확인하라.

T5. (CAS)

(a) 특성다항식을 찾는 명령을 사용하여 예제 3의 행렬의 특성다항식을 구하고, 행렬식 연산을 통하여 그 결과를 확인하라.

(b) 특성방정식을 풀어서 정확한 고유값들을 구하라.

T6. (CAS) 연습문제 29에서 공식들을 구하라.

T7. 다음 행렬의 특성다항식을 그래프로 그리고 특성방정식의 근들을 추정하라. 프로그램을 이용하여 직접 구한 고유값들과 추정한 값들을 비교하라.

$$A = \begin{bmatrix} 1 & 1 & 2 & 1 & 1 \\ 1 & 2 & 3 & 2 & 1 \\ 2 & 3 & 1 & 2 & 1 \\ 1 & 2 & 2 & 3 & 1 \\ 1 & 1 & 1 & 1 & 7 \end{bmatrix}$$

T8. 한 쌍의 3×3 행렬 A와 B를 선택해서 AB와 BA의 고유값들을 계산하라. 일반적으로 AB와 BA의 고유값들 사이의 관계에 대해서 근거 있는 추측을 하라.

제5장

행렬 모델
Matrix Models

행렬 모델은 경제, 생태계의 연구나 교통체계, 화학공정, 그리고 전기회로의 설계까지 다양한 분야에 응용된다.

5.1 동력계와 Markov 연쇄

이 절에서는 행렬 방법이 시간에 따라 변하는 물리계의 거동을 분석하기 위하여 사용될 수 있다는 것을 보여 줄 것이다. 여기에서 다루는 방법은 경영학, 생태학, 인구통계, 사회학, 그리고 대부분의 물리 과학 문제에 활용되고 있다.

동력계

동력계(dynamical system)는 시간에 따라 값이 변하는 유한개의 변수들의 집합이다. 어떤 시점에서의 변수의 값을 **변수의 상태**(state of the variable)라 하고, 이 상태에 의해 생성된 벡터를 그 시점에서 **동력계의 상태**(state of the dynamical system)라 한다. 이 절의 목적은 시간에 따라 동력계의 상태가 어떻게 변하는지를 분석하는 것이다. 다음의 예제를 살펴보자.

예제 1 동력계로서의 시장점유율

경쟁 관계에 있는 두 개의 텔레비전 채널을 가정해 보자. 채널 1과 채널 2는 초기시간에 시장점유율이 각각 50%이다. 1년 동안 채널 1은 채널 2의 시청률을 10% 잠식하고, 채널 2는 채널 1의 시청률 20%를 잠식한다고 가정하자(그림 5.1.1을 보라). 1년 후 각 채널의 시장점유율은 어떻게 될 것인가?

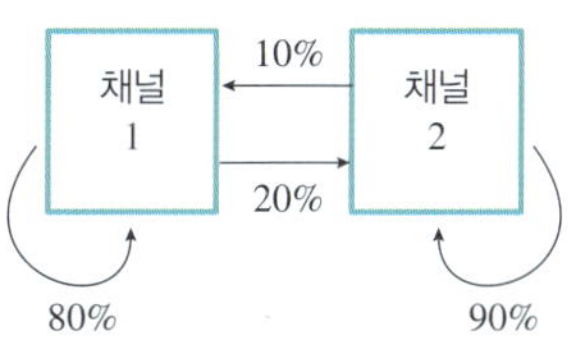

채널 1은 20%의 손실과 80%를 유지한다.
채널 2는 10%의 손실과 90%를 유지한다.

그림 5.1.1

풀이 시변(time-dependent) 변수를 도입하여 문제를 풀어 보자.

$x_1(t)$ = 시각 t의 채널 1의 시장점유율
$x_2(t)$ = 시각 t의 채널 2의 시장점유율

그리고 열벡터는 다음과 같다.

$$\mathbf{x}(t) = \begin{bmatrix} x_1(t) \\ x_2(t) \end{bmatrix} \quad \begin{matrix} \leftarrow \text{ 시각 } t\text{에서 채널 1의 시장점유율} \\ \leftarrow \text{ 시각 } t\text{에서 채널 2의 시장점유율} \end{matrix}$$

변수 $x_1(t)$와 $x_2(t)$는 시각 t에 상태가 벡터 $\mathbf{x}(t)$인 동력계를 형성한다. 만약 시작점을 $t = 0$이라 하고 그 때 각 채널의 시장점유율이 50%라 하면, 그 시점에 상태는 다음과 같다.

$$\mathbf{x}(0) = \begin{bmatrix} x_1(0) \\ x_2(0) \end{bmatrix} = \begin{bmatrix} 0.5 \\ 0.5 \end{bmatrix} \quad \begin{matrix} \leftarrow \text{ 시각 } t = 0\text{의 채널 1의 시장점유율} \\ \leftarrow \text{ 시각 } t = 0\text{의 채널 2의 시장점유율} \end{matrix} \tag{1}$$

시간 $t = 1$(1년 후)의 계의 상태를 구해 보자. 1년 동안 채널 1은 초기 50% 중 80%를 유지하고(20%는 채널 2로 변경), 채널 2에서 초기 50% 중 10%를 유치한다. 그러므로 시장점유율은 다음과 같다.

$$\mathbf{x}_1(1) = 0.8(0.5) + 0.1(0.5) = 0.45 \tag{2}$$

비슷한 방식으로 채널 2는 채널 1로부터 초기 50%의 20%를 유치하고, 초기에 확보한 50% 중 90%(10%는 채널 1로 변경)는 유지한다. 따라서

$$x_2(1) = 0.2(0.5) + 0.9(0.5) = 0.55 \tag{3}$$

그러므로 시각 $t = 1$의 계의 상태는 다음과 같다.

$$\mathbf{x}(1) = \begin{bmatrix} x_1(1) \\ x_2(1) \end{bmatrix} = \begin{bmatrix} 0.45 \\ 0.55 \end{bmatrix} \quad \begin{matrix} \leftarrow \text{ 시각 } t = 1\text{에서 채널 1의 시장점유율} \\ \leftarrow \text{ 시각 } t = 1\text{에서 채널 2의 시장점유율} \end{matrix} \tag{4}$$

■

예제 2 5년간의 시장점유율 변화

예제 1의 채널 1과 채널 2의 5년 동안의 시장점유율을 추적하라.

풀이 이 문제를 풀기 위하여 시각 $t = k$에 각 채널의 시장점유율을 미리 계산하였다고 가정하고, $x_1(k)$와 $x_2(k)$의 값을 이용해서 1년 후의 $x_1(k + 1)$과 $x_2(k + 1)$을 구해보자. 분석 결과는 식 (2)와 (3)에서 구했던 것과 동일하다. 1년 동안 채널 1은 초기 점유율 $x_1(k)$의 80%를 유지하고, 채널 2의 초기 점유율 $x_2(k)$의 10%를 추가로 확보한다. 그러므로

$$x_1(k+1) = (0.8)x_1(k) + (0.1)x_2(k) \tag{5}$$

비슷한 방식으로 채널 2는 채널 1로부터 초기 점유율 $x_1(k)$의 20%를 유치하고, 자신의 초기 점유율 $x_1(k)$의 90%를 유지한다. 그러므로

$$x_2(k+1) = (0.2)x_1(k) + (0.9)x_2(k) \tag{6}$$

식 (5)와 (6)은 다음과 같이 행렬 형태로 표현할 수 있다.

$$\begin{bmatrix} x_1(k+1) \\ x_2(k+1) \end{bmatrix} = \begin{bmatrix} 0.8 & 0.1 \\ 0.2 & 0.9 \end{bmatrix} \begin{bmatrix} x_1(k) \\ x_2(k) \end{bmatrix} \tag{7}$$

이 식은 행렬 곱셈을 이용하여 시각 $t = k$의 상태로부터 시각 $t = k + 1$의 계의 상태를 계산하는 방법을 제시한다. 예를 들어 식 (1)과 (7)을 이용하여 다음을 구할 수 있다.

$$\mathbf{x}(1) = \begin{bmatrix} 0.8 & 0.1 \\ 0.2 & 0.9 \end{bmatrix} \mathbf{x}(0) = \begin{bmatrix} 0.8 & 0.1 \\ 0.2 & 0.9 \end{bmatrix} \begin{bmatrix} 0.5 \\ 0.5 \end{bmatrix} = \begin{bmatrix} 0.45 \\ 0.55 \end{bmatrix}$$

이것은 식 (4)를 만족시킨다. 마찬가지로

$$\mathbf{x}(2) = \begin{bmatrix} 0.8 & 0.1 \\ 0.2 & 0.9 \end{bmatrix} \mathbf{x}(1) = \begin{bmatrix} 0.8 & 0.1 \\ 0.2 & 0.9 \end{bmatrix} \begin{bmatrix} 0.45 \\ 0.55 \end{bmatrix} = \begin{bmatrix} 0.415 \\ 0.585 \end{bmatrix}$$

식 (7)을 이용하여 $\mathbf{x}(2)$에서 $\mathbf{x}(3)$를 계산하고, $\mathbf{x}(3)$에서 $\mathbf{x}(4)$를 계산하고, 이런 과정을 반복하여 다음을 구할 수 있다(확인하라).

$$\mathbf{x}(3) = \begin{bmatrix} 0.3905 \\ 0.6095 \end{bmatrix}, \quad \mathbf{x}(4) = \begin{bmatrix} 0.37335 \\ 0.62665 \end{bmatrix}, \quad \mathbf{x}(5) = \begin{bmatrix} 0.361345 \\ 0.638655 \end{bmatrix} \tag{8}$$

그러므로 5년 후에 채널 1은 시장의 약 36%를 점유하며, 채널 2는 시장의 약 64%를 점유하게 된다. ■

필요하다면, 마지막 예제에서 5년 이상의 기간에 대한 시장점유율 분석을 할 수 있고, 장기적으로 시장점유율에 어떤 일이 일어나는지 알아볼 수 있다. 컴퓨터로 이 과정을 수행하여 다음과 같은 상태벡터를 구할 수 있었다(소수점 이하 6번째 자리까지 반올림함).

$$\mathbf{x}(10) \approx \begin{bmatrix} 0.338041 \\ 0.661959 \end{bmatrix}, \quad \mathbf{x}(20) \approx \begin{bmatrix} 0.333466 \\ 0.666534 \end{bmatrix}, \quad \mathbf{x}(40) \approx \begin{bmatrix} 0.333333 \\ 0.666667 \end{bmatrix} \tag{9}$$

소수점 이하 6번째 자리까지 반올림하면 40년 이후의 시간에는 $\mathbf{x}(40)$의 값과 같게 된다. 그래서 결국 채널 시장의 약 3분의 1을 점유하고, 채널 2는 시장의 약 3분의 2를 점유하며, 시장점유율이 안정됨을 알 수 있다. 이 절의 뒷부분에서 시장점유율이 안정화되는 이유를 설명하겠다.

Markov의 연쇄

변수의 상태를 확정된 값으로 파악할 수는 없지만, 확률로 표현할 수 있는 많은 동력계가 있다. 이러한 동력계를 **확률과정**(stochastic process)이라 한다(어원은 그리스어 'stokastikos'이고, 의미는 '어림짐작으로 진행함'이다). 확률과정의 상세한 내용을 위해서는 확률 용어에 대한 정확한 정의가 필요하지만 이 교

재의 학습 범위에서 벗어난다. 그렇지만 이 용어에 대한 다음과 같은 해석은 이 단원을 이해하는 데 충분하다.

> 간단하게 설명하면, 실험 또는 관찰을 통해 어떠한 결과를 얻을 **확률**(probability)은, 실험이 동일한 조건하에서 여러 번 반복되었을 때 그 결과를 얻을 수 있는 비율을 뜻한다. 반복 횟수가 많을수록 일어날 가능성에 대한 비율을 나타내는 확률이 더욱 정확해진다.

예를 들면 동전을 던져서 앞면이 나올 확률이 1/2이라면, 그 동전을 동일한 조건하에서 여러 번 던졌을 때, 전체 결과 중에서 절반 정도가 앞면이 된다고 예상할 수 있는 것을 의미한다. 확률은 종종 분수 또는 백분율로 표현된다. 그러므로 동전을 던져서 앞면이 나올 확률은 0.5 또는 50%로 표현될 수 있다.

실험 또는 관찰에서 n개의 결과가 가능하다면, 이러한 결과에 대한 확률은 음이 아닌 분수이며 합은 1이다. 확률은 오랜 기간에 걸쳐 발생하는 결과의 발생 비율을 나타내기 때문에 음이 아니며, 합은 모든 가능한 결과를 설명하기 때문에 1이다. 예를 들어 상자에 한 개의 빨강 공, 3개의 초록 공, 6개의 노랑 공이 들어 있고, 그 상자로부터 임의의 공을 선택하면 가능한 결과의 확률은

$$p_1 = \text{확률(빨강)} = 1/10 = 0.1$$
$$p_2 = \text{확률(초록)} = 3/10 = 0.3$$
$$p_3 = \text{확률(노랑)} = 6/10 = 0.6$$

각 확률은 음이 아닌 분수이며 다음과 같다.

$$p_1 + p_2 + p_3 = 0.1 + 0.3 + 0.6 = 1$$

n개의 가능한 상태를 갖는 확률과정에서, 매 시각 t에서 상태 벡터는 다음과 같은 형태를 갖는다.

$$\mathbf{x}(t) = \begin{bmatrix} x_1(t) \\ x_2(t) \\ \vdots \\ x_n(t) \end{bmatrix} \begin{matrix} \textbf{계가 상태 1인 확률} \\ \textbf{계가 상태 2인 확률} \\ \vdots \\ \textbf{계가 상태 } \boldsymbol{n}\textbf{인 확률} \end{matrix}$$

벡터 내 성분들의 합은 1이 되어야 한다. 왜냐하면 이 성분들이 모든 n가지의 가능성을 설명하기 때문이다. 일반적으로 음이 아닌 성분으로 합이 1인 벡터를 **확률벡터**(Probability vector)라 한다.

예제 3 확률적 관점에 의한 예제 1의 재고찰

예제 1과 2에서 상태벡터가 모두 확률벡터라는 점을 주목하라. 이는 각 상태벡터의 성분들이 채널의 시장점유율에 대한 분수 형태이고 각 시장점유율 모두가 전체 시장을 나타내기 때문에 예상할 수 있다. 또한 시장 정보가 대체로 본질적인 불확실성을 가지고 통계적 견본 추출 과정을 통해 얻어지므로, 상태벡터 내의 그 성분들을 엄밀한 시장 비율보다 오히려 확률로 해석하는 것이 실제적으로 타당하다. 그러므로 예를 들어 예제 1의 상태벡터

$$\mathbf{x}(1) = \begin{bmatrix} x_1(1) \\ x_2(1) \end{bmatrix} = \begin{bmatrix} 0.45 \\ 0.55 \end{bmatrix}$$

는 채널 1은 45%, 채널 2는 55%의 시장점유율을 가진다는 의미인데, 이는 시장에서 무작위로 뽑힌 개인이 채널 1의 시청자일 확률은 0.45이고, 채널 2의 시청자일 확률은 0.55라는 의미로도 해석할 수 있다. ■

각 열이 확률벡터인 정사각행렬을 **확률행렬**(stochastic matrix)이라 부른다. 이러한 행렬들은 확률과정의 연속적인 상태들과 관련된 공식에서 흔히 볼 수 있다. 예를 들면 식 (7)에서 상태벡터 $\mathbf{x}(k+1)$과 $\mathbf{x}(k)$는 $\mathbf{x}(k+1) = P\mathbf{x}(k)$ 형태의 방정식과 관련되어 있다. 여기서

$$P = \begin{bmatrix} 0.8 & 0.1 \\ 0.2 & 0.9 \end{bmatrix} \tag{10}$$

는 확률행렬이다. 각 열의 성분들은 1년 동안 각 채널의 시장점유율을 의미하므로 P의 열벡터가 확률벡

터라는 것은 놀랄 만한 일은 아니다. 첫 번째 열의 성분은 매년 채널 1이 점유한 시장의 80%를 유지하고, 20%를 잃는다는 것을 의미한다. 두 번째 열의 성분은 매년 채널 2가 점유한 시장의 90%를 유지하고, 10%를 잃는다는 것을 의미한다. 식 (10)의 성분들도 역시 확률로 볼 수 있다.

$P_{11} = 0.8 =$ 채널 1의 시청자가 채널 1의 시청자로 남아 있을 확률
$P_{21} = 0.2 =$ 채널 1의 시청자가 채널 2의 시청자로 변경될 확률
$P_{12} = 0.1 =$ 채널 2의 시청자가 채널 1의 시청자로 변경될 확률
$P_{22} = 0.9 =$ 채널 2의 시청자가 채널 2의 시청자로 남아 있을 확률

예제 1은 확률과정의 넓은 영역 중에서 특별한 경우이며, *Markov 연쇄*라 한다.

역사 속의 선형대수

Markov 연쇄는 러시아 수학자 A. A. Markov를 기리기 위해 붙여진 이름이다. 시를 사랑했던 그는 Pushkin의 시 *Eugene Onegin*에서 모음과 자음의 교대수열을 분석하기 위해 Markov 연쇄를 이용하였다. 그는 당시 Markov 연쇄가 문학작품의 분석에만 유일하게 적용될 수 있다고 생각했었다. 그러나 그의 발견이 오늘날 사회과학, 양자론, 유전학에서 사용되고 있다는 사실을 알게 된다면, 그는 매우 놀랄 것이다.

Andrei Andreyevich Markov
(1856~1922)

정의 5.1.1 **Markov 연쇄**(Markov chain)는 상태벡터가 연속적인 시간 간격에서 확률벡터이며, 또한 연속적인 시간 간격에서의 상태벡터들이 다음과 같은 형태의 방정식으로 연결되는 동력계이다.

$$\mathbf{x}(k+1) = P\mathbf{x}(k)$$

$P = [p_{ij}]$는 확률행렬이고, p_{ij}는 계가 시각 $t = k$에 상태 j에 있다면, 시각 $t = k + 1$에 계가 i의 상태일 확률이다. 행렬 P를 계의 **추이행렬**(transition matrix)이라 한다.

참고 이 정의에서 행 첨자 i는 이후 상태에 대응하고 열 첨자 j는 바로 이전 상태에 대응한다는 것을 유의하라(그림 5.1.2).

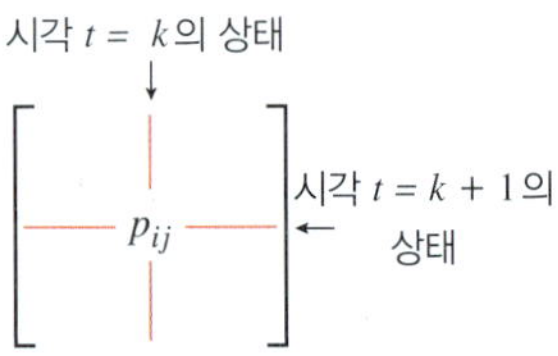

성분 p_{ij}는 계가 시각 $t = k$에 상태 j에 있다면 시각 $t = k + 1$에 계가 i의 상태일 확률이다.

그림 5.1.2

예제 4 Markov 연쇄와 같은 야생동물의 이동

꼬리표가 달린 사자가 먹이를 찾아 보호구역 1, 보호구역 2, 보호구역 3의 인접한 세 곳의 수렵 영역을 이동할 수 있다고 가정하자. 연구자들은 식량자원에 대한 자료를 기반으로, 사자의 월간 이동 패턴은 다음 추이행렬을 갖는 Markov 연쇄에 의해서 모델링될 수 있다고 결론지었다.

시각 $t = k$일 때의 영역

$$P = \begin{array}{c} \begin{array}{ccc} 1 & 2 & 3 \end{array} \\ \begin{bmatrix} 0.5 & 0.4 & 0.6 \\ 0.2 & 0.2 & 0.3 \\ 0.3 & 0.4 & 0.1 \end{bmatrix} \end{array} \begin{array}{c} 1 \\ 2 \\ 3 \end{array}$$

시각 $t = k + 1$일 때의 영역

(그림 5.1.3을 보라.) 즉

$P_{11} = 0.5 =$ 사자가 보호구역 1에 계속 머무를 확률
$P_{12} = 0.4 =$ 사자가 보호구역 2에서 보호구역 1로 이동할 확률
$P_{13} = 0.6 =$ 사자가 보호구역 3에서 보호구역 1로 이동할 확률
$P_{21} = 0.2 =$ 사자가 보호구역 1에서 보호구역 2로 이동할 확률
$P_{22} = 0.2 =$ 사자가 보호구역 2에 계속 머무를 확률
$P_{23} = 0.3 =$ 사자가 보호구역 3에서 보호구역 2로 이동할 확률
$P_{31} = 0.3 =$ 사자가 보호구역 1에서 보호구역 3으로 이동할 확률
$P_{32} = 0.4 =$ 사자가 보호구역 2에서 보호구역 3으로 이동할 확률
$P_{33} = 0.1 =$ 사자가 보호구역 3에 계속 머무를 확률

$t = 0$에 사자를 보호구역 2에 풀어 놓았다고 가정하고, 6개월 동안 사자의 예상 위치를 추적하라. t는 개월 수를 의미한다.

풀이 $x_1(k)$, $x_2(k)$, $x_3(k)$를 시각 $t = k$일 때 사자가 각각 보호구역 1, 2, 3에 있을 확률이라 하자. 이때 상태 벡터를

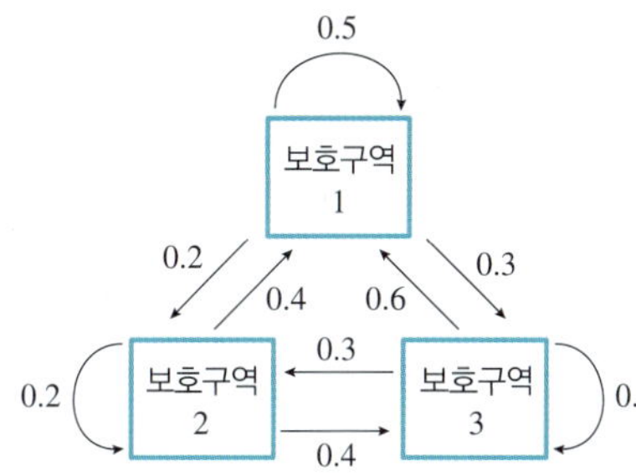

그림 5.1.3

$$\mathbf{x}(k) = \begin{bmatrix} x_1(k) \\ x_2(k) \\ x_3(k) \end{bmatrix}$$

이라 하자. $t = 0$의 시각에 사자가 보호구역 2에 있으므로, 초기의 상태벡터는 다음과 같다.

$$\mathbf{x}(0) = \begin{bmatrix} 0 \\ 1 \\ 0 \end{bmatrix}$$

6개월 동안의 상태벡터를 여러분이 직접 구해 보라.

$$\mathbf{x}(1) = P\mathbf{x}(0) = \begin{bmatrix} 0.400 \\ 0.200 \\ 0.400 \end{bmatrix}, \quad \mathbf{x}(2) = P\mathbf{x}(1) = \begin{bmatrix} 0.520 \\ 0.240 \\ 0.240 \end{bmatrix}, \quad \mathbf{x}(3) = P\mathbf{x}(2) = \begin{bmatrix} 0.500 \\ 0.224 \\ 0.276 \end{bmatrix}$$

$$\mathbf{x}(4) = P\mathbf{x}(3) \approx \begin{bmatrix} 0.505 \\ 0.228 \\ 0.267 \end{bmatrix}, \quad \mathbf{x}(5) = P\mathbf{x}(4) \approx \begin{bmatrix} 0.504 \\ 0.227 \\ 0.269 \end{bmatrix}, \quad \mathbf{x}(6) = P\mathbf{x}(5) \approx \begin{bmatrix} 0.504 \\ 0.227 \\ 0.269 \end{bmatrix}$$

예제 2에서처럼, 상태벡터는 사자가 보호구역 1에 있을 확률이 약 0.504, 보호구역 2에 있을 확률이 약 0.227, 보호구역 3에 있을 확률이 약 0.269로 시간이 지남에 따라 안정화되는 것으로 보인다. ■

추이행렬의 거듭제곱에 의한 Markov 연쇄

초기상태가 $\mathbf{x}(0)$인 Markov 연쇄에서 연속적인 상태벡터는 다음과 같다.

$$\mathbf{x}(1) = P\mathbf{x}(0), \quad \mathbf{x}(2) = P\mathbf{x}(1), \quad \mathbf{x}(3) = P\mathbf{x}(2), \quad \mathbf{x}(4) = P\mathbf{x}(3), \cdots$$

편의상, 일반적으로 $\mathbf{x}(k)$는 $\mathbf{x}_k$로 표기한다. 따라서 연속하는 상태벡터는 다음과 같이 더 간단히 표현할 수 있다.

$$\mathbf{x}_1 = P\mathbf{x}_0, \quad \mathbf{x}_2 = P\mathbf{x}_1, \quad \mathbf{x}_3 = P\mathbf{x}_2, \quad \mathbf{x}_4 = P\mathbf{x}_3, \cdots \tag{11}$$

다른 방법으로는 상태벡터를 다음과 같이 초기 상태벡터 $\mathbf{x}_0$의 항으로 표현할 수 있다.

$$\mathbf{x}_1 = P\mathbf{x}_0, \quad \mathbf{x}_2 = P(P\mathbf{x}_0) = P^2\mathbf{x}_0, \quad \mathbf{x}_3 = P(P^2\mathbf{x}_0) = P^3\mathbf{x}_0, \quad \mathbf{x}_4 = P(P^3\mathbf{x}_0) = P^4\mathbf{x}_0, \cdots$$

이로써 모든 중간 상태를 계산하지 않고 다음과 같은 식을 구할 수 있다.

$$\mathbf{x}_k = P^k\mathbf{x}_0 \tag{12}$$

이 공식을 더욱 유용하게 하는 행렬 거듭제곱의 효과적인 계산 방법에 대해서는 다음에 논의하겠다.

예제 5 $\mathbf{x}_0$을 이용하여 직접 상태벡터 구하기

식 (12)를 이용하여 예제 2의 상태벡터 $\mathbf{x}(3)$를 구하라.

풀이 초기 상태벡터와 추이행렬은 식 (1)과 (7)에 의해서 다음과 같다.

$$\mathbf{x}_0 = \mathbf{x}(0) = \begin{bmatrix} 0.5 \\ 0.5 \end{bmatrix}, \quad P = \begin{bmatrix} 0.8 & 0.1 \\ 0.2 & 0.9 \end{bmatrix}$$

P^3을 직접 구하고 식 (8)의 결과와 일치하는지를 보여라.

$$\mathbf{x}(3) = \mathbf{x}_3 = P^3\mathbf{x}_0 = \begin{bmatrix} 0.562 & 0.219 \\ 0.438 & 0.781 \end{bmatrix} \begin{bmatrix} 0.5 \\ 0.5 \end{bmatrix} = \begin{bmatrix} 0.3905 \\ 0.6095 \end{bmatrix}$$ ■

Markov 연쇄의 장기적 거동

지금까지 일정 시간 후 상태벡터가 안정화되는 것처럼 보이는 Markov 연쇄에 관한 두 가지 예제를 살펴보았다. 그러므로 모든 Markov 연쇄가 이러한 성질을 갖는지에 대한 의문을 갖는 것은 당연하다. 다음 예제에서 그렇지 않은 경우를 볼 수 있다.

▶ 예제 6 안정하지 않은 Markov 연쇄

$$P = \begin{bmatrix} 0 & 1 \\ 1 & 0 \end{bmatrix}$$

는 확률행렬이며 따라서 Markov 연쇄의 추이행렬로 볼 수 있다. 간단한 계산하면 $P^2 = I$라는 것을 알 수 있고, 이것으로부터 다음과 같이 표현할 수 있다.

$$I = P^2 = P^4 = P^6 = \cdots, \quad P = P^3 = P^5 = P^7 = \cdots$$

그러므로 초기 벡터 $\mathbf{x}_0$을 갖는 Markov 연쇄에서 연속적인 상태는 다음과 같고

$$\mathbf{x}_0, \ P\mathbf{x}_0, \ \mathbf{x}_0, \ P\mathbf{x}_0, \ \mathbf{x}_0, \cdots$$

$\mathbf{x}_0$과 $P\mathbf{x}_0$ 사이에서 진동한다. 그러므로 초기 벡터 $\mathbf{x}_0$의 두 성분이 $\frac{1}{2}$이 아니면 이 Markov 연쇄는 안정화되지 않는다(확인하라). ■

수열 또는 벡터가 극한값으로 접근함으로써 안정화된다는 말의 엄밀한 정의는 미적분학에서 언급된다. 그러나 여기에서는 그런 정도의 엄밀한 정의는 필요 없다. 즉 벡터의 수열

$$\mathbf{x}_1, \mathbf{x}_2, \cdots, \mathbf{x}_k, \cdots$$

은 만약 벡터 $\mathbf{x}_k$의 모든 성분들을 충분히 큰 k를 취함으로써 벡터 $\mathbf{q}$의 대응 성분들과 매우 가깝게 만들 수 있다면, 그것은 '**극한**(limit) 벡터 $\mathbf{q}$에 접근한다' 또는 '벡터 $\mathbf{q}$에 **수렴한다**(converge)'고 약식으로 말할 수 있다. 이것을 $k \to \infty$일 때 $\mathbf{x}_k \to q$로 표현한다.

예제 6에서 Markov 연쇄의 상태벡터가 항상 극한값에 접근할 필요는 없음을 알 수 있었다. 그러나 Markov 연쇄의 추이행렬에 가벼운 조건을 부과하여 상태벡터가 극한에 접근하는 것을 보장할 수 있다.

정의 5.1.2 만약 P 또는 P의 양의 거듭제곱이 모두 양의 성분을 가진다면, 확률행렬 P는 **정칙**(regular)이라 하며, 추이행렬이 정칙인 Markov 연쇄를 **정칙 Markov 연쇄**(regular Markov chain)라고 한다.

▶ 예제 7 정칙 확률행렬

예제 2와 4에서 추이행렬은 모든 성분이 양이므로 정칙이다. 행렬

$$P = \begin{bmatrix} 0.5 & 1 \\ 0.5 & 0 \end{bmatrix}$$

는 양의 성분을 가지기 때문에 정칙이다.

$$P^2 = \begin{bmatrix} 0.75 & 0.5 \\ 0.25 & 0.5 \end{bmatrix}$$

예제 6에서 행렬 P와 P의 모든 양의 거듭제곱이 몇 개의 영 성분을 가지므로 행렬 P는 정칙이 아니다(확인하라). ■

다음 정리는 Markov 연쇄의 장기적 거동에 대한 근본적인 결과이다. 그러나 여기에서 정리를 증명하지는 않겠다.

정리 5.1.3 *만약 P가 정칙 Markov 연쇄에 대한 추이행렬이면*

(a) $P\mathbf{q} = \mathbf{q}$인 유일한 확률벡터 $\mathbf{q}$가 존재한다.

(b) 임의의 초기 확률벡터 $\mathbf{x}_0$에 대하여, 상태벡터의 수열

$$\mathbf{x}_0,\ P\mathbf{x}_0,\ \cdots,\ P^k\mathbf{x}_0,\ \cdots$$

은 극한값으로 $\mathbf{q}$를 갖는다. 즉 $k \to \infty$일 때 $P^k\mathbf{x}_0 \to \mathbf{q}$이다.

Markov 연쇄의 **정상상태 벡터**(steady-state vector)라 부르는 벡터 $\mathbf{q}$는 추이행렬 P의 고정점이므로 그 해가 확률벡터라는 조건하에서 동차 선형계를 풀어서 구할 수 있다.

$$(I - P)\mathbf{q} = \mathbf{0}$$

예제 8
예제 1과 예제 2의 재고찰

예제 2에서 Markov 연쇄에 대한 추이행렬은 다음과 같다.

$$P = \begin{bmatrix} 0.8 & 0.1 \\ 0.2 & 0.9 \end{bmatrix}$$

추이행렬 P의 성분들이 양이기 때문에, Markov 연쇄는 정칙이고 따라서 유일한 정상상태벡터 $\mathbf{q}$를 갖는다. $\mathbf{q}$를 구하기 위하여 계 $(I - P)\mathbf{q} = \mathbf{0}$을 풀면 다음과 같다.

$$\begin{bmatrix} 0.2 & -0.1 \\ -0.2 & 0.1 \end{bmatrix}\begin{bmatrix} q_1 \\ q_2 \end{bmatrix} = \begin{bmatrix} 0 \\ 0 \end{bmatrix}$$

이 계의 일반해는

$$q_1 = 0.5s, \quad q_2 = s$$

이다(확인하라). 이것은 다음과 같이 벡터 형태로 쓸 수 있다.

$$\mathbf{q} = \begin{bmatrix} q_1 \\ q_2 \end{bmatrix} = \begin{bmatrix} 0.5s \\ s \end{bmatrix} = \begin{bmatrix} \frac{1}{2}s \\ s \end{bmatrix} \tag{13}$$

$\mathbf{q}$가 확률벡터가 되려면 반드시

$$1 = q_1 + q_2 = \tfrac{3}{2}s$$

이어야 하며, 따라서 $s = \frac{2}{3}$이다. 식 (13)에 이 값을 대입하면 다음의 정상상태벡터를 얻을 수 있다.

$$\mathbf{q} = \begin{bmatrix} \frac{1}{3} \\ \frac{2}{3} \end{bmatrix}$$

이것은 식 (9)에서 얻은 수치적 결과와 일치한다. ■

예제 9
예제 4의 재고찰

예제 4에서 Markov 연쇄에 대한 추이행렬은 다음과 같다.

$$P = \begin{bmatrix} 0.5 & 0.4 & 0.6 \\ 0.2 & 0.2 & 0.3 \\ 0.3 & 0.4 & 0.1 \end{bmatrix}$$

추이행렬 P의 성분들이 양이기 때문에, Markov 연쇄는 정칙이고 따라서 유일한 정상상태벡터 $\mathbf{q}$를 갖는다. $\mathbf{q}$를 구하기 위해 계 $(I - P)\mathbf{q} = \mathbf{0}$을 풀어 보자. (분수를 이용하여) 다음과 같이 쓸 수 있다.

$$\begin{bmatrix} \frac{1}{2} & -\frac{2}{5} & -\frac{3}{5} \\ -\frac{1}{5} & \frac{4}{5} & -\frac{3}{10} \\ -\frac{3}{10} & -\frac{2}{5} & \frac{9}{10} \end{bmatrix}\begin{bmatrix} q_1 \\ q_2 \\ q_3 \end{bmatrix} = \begin{bmatrix} 0 \\ 0 \\ 0 \end{bmatrix} \tag{14}$$

(이 예제에서는 반올림오차를 피하기 위하여 분수로 변환하였다.) 계수행렬의 기약행 사다리꼴이 다음과 같고

$$\begin{bmatrix} 1 & 0 & -\frac{15}{8} \\ 0 & 1 & -\frac{27}{32} \\ 0 & 0 & 0 \end{bmatrix}$$

식 (14)의 일반해가 다음과 같음을 확인하라.

$$q_1 = \tfrac{15}{8}s, \quad q_2 = \tfrac{27}{32}s, \quad q_3 = s \tag{15}$$

$\mathbf{q}$가 확률벡터이려면 반드시 $q_1 + q_2 + q_3 = 1$이어야 한다. 이로부터 $s = \frac{32}{119}$를 얻을 수 있다(확인하라). 식 (15)에 이 값을 대입하여 다음의 정상상태벡터를 구한다(확인하라).

$$\mathbf{q} = \begin{bmatrix} \frac{60}{119} \\ \frac{27}{119} \\ \frac{32}{119} \end{bmatrix} \approx \begin{bmatrix} 0.5042 \\ 0.2269 \\ 0.2689 \end{bmatrix}$$

이것은 예제 4에서 얻은 결과와 동일하다. ■

참고 Markov 연쇄의 이론에 대해 관심이 있는 독자는 *Finite Markov Chains* by J. Kemeny and J. Snell. Springer-Verlag, New york, 1976과 같은 이 주제에 대한 전문 서적을 참조하라.

연습문제 5.1

연습문제 1과 2에서는 A가 확률행렬인지를 판정하라. 만약 확률행렬이 아니라면 이유를 설명하라.

1. (a) $A = \begin{bmatrix} 0.4 & 0.3 \\ 0.6 & 0.7 \end{bmatrix}$ (b) $A = \begin{bmatrix} 0.4 & 0.6 \\ 0.3 & 0.7 \end{bmatrix}$

(c) $A = \begin{bmatrix} 1 & \frac{1}{2} & \frac{1}{3} \\ 0 & 0 & \frac{1}{3} \\ 0 & \frac{1}{2} & \frac{1}{3} \end{bmatrix}$ (d) $A = \begin{bmatrix} \frac{1}{3} & \frac{1}{3} & \frac{1}{2} \\ \frac{1}{6} & \frac{1}{3} & -\frac{1}{2} \\ \frac{1}{2} & \frac{1}{3} & 1 \end{bmatrix}$

2. (a) $A = \begin{bmatrix} 0.2 & 0.9 \\ 0.8 & 0.1 \end{bmatrix}$ (b) $A = \begin{bmatrix} 0.2 & 0.8 \\ 0.9 & 0.1 \end{bmatrix}$

(c) $A = \begin{bmatrix} \frac{1}{12} & \frac{1}{9} & \frac{1}{6} \\ \frac{1}{2} & 0 & \frac{5}{6} \\ \frac{5}{12} & \frac{8}{9} & 0 \end{bmatrix}$ (d) $A = \begin{bmatrix} -1 & \frac{1}{3} & \frac{1}{2} \\ 0 & \frac{1}{3} & \frac{1}{2} \\ 2 & \frac{1}{3} & 0 \end{bmatrix}$

연습문제 3과 4에서는 식 (11)과 (12)를 이용하여 두 가지 방법으로 상태벡터 $\mathbf{x}_4$를 구하라.

3. $P = \begin{bmatrix} 0.5 & 0.6 \\ 0.5 & 0.4 \end{bmatrix}$; $\mathbf{x}_0 = \begin{bmatrix} 0.5 \\ 0.5 \end{bmatrix}$

4. $P = \begin{bmatrix} 0.8 & 0.5 \\ 0.2 & 0.5 \end{bmatrix}$; $\mathbf{x}_0 = \begin{bmatrix} 1 \\ 0 \end{bmatrix}$

연습문제 5와 6에서는 P가 정칙 확률행렬인지를 결정하라.

5. (a) $P = \begin{bmatrix} \frac{1}{5} & \frac{1}{7} \\ \frac{4}{5} & \frac{6}{7} \end{bmatrix}$ (b) $P = \begin{bmatrix} \frac{1}{5} & 0 \\ \frac{4}{5} & 1 \end{bmatrix}$ (c) $P = \begin{bmatrix} \frac{1}{5} & 1 \\ \frac{4}{5} & 0 \end{bmatrix}$

6. (a) $P = \begin{bmatrix} \frac{1}{2} & 1 \\ \frac{1}{2} & 0 \end{bmatrix}$ (b) $P = \begin{bmatrix} 1 & \frac{2}{3} \\ 0 & \frac{1}{3} \end{bmatrix}$ (c) $P = \begin{bmatrix} \frac{3}{4} & \frac{1}{3} \\ \frac{1}{4} & \frac{2}{3} \end{bmatrix}$

연습문제 7~10에서는 P가 정칙 추이행렬인 것을 확인하고, 정상상태벡터를 구하라.

7. $P = \begin{bmatrix} \frac{1}{4} & \frac{2}{3} \\ \frac{3}{4} & \frac{1}{3} \end{bmatrix}$

8. $P = \begin{bmatrix} 0.2 & 0.6 \\ 0.8 & 0.4 \end{bmatrix}$

9. $P = \begin{bmatrix} \frac{1}{2} & \frac{1}{2} & 0 \\ \frac{1}{4} & \frac{1}{2} & \frac{1}{3} \\ \frac{1}{4} & 0 & \frac{2}{3} \end{bmatrix}$

10. $P = \begin{bmatrix} \frac{1}{3} & \frac{1}{4} & \frac{2}{5} \\ 0 & \frac{3}{4} & \frac{2}{5} \\ \frac{2}{3} & 0 & \frac{1}{5} \end{bmatrix}$

11. 다음과 같은 추이행렬을 갖는 Markov 과정을 생각하자.

	상태 1	상태 2
상태 1	0.2	0.1
상태 2	0.8	0.9

(a) 성분 0.2는 무엇을 나타내는가?

(b) 성분 0.1은 무엇을 나타내는가?

(c) 만약 이 계가 초기에 상태 1에 있다면, 다음 관측 시 상태 2가 될 확률은 얼마인가?

(d) 만약 이 계가 초기에 상태 1에 있을 가능성이 50%라면, 다음 관측 시 상태 2가 될 확률은 얼마인가?

12. 다음과 같은 추이행렬을 갖는 Markov 과정을 생각하자.

	상태 1	상태 2
상태 1	0	$\frac{1}{7}$
상태 2	1	$\frac{6}{7}$

(a) 성분 $\frac{6}{7}$은 무엇을 나타내는가?

(b) 성분 0은 무엇을 나타내는가?

(c) 만약 이 계가 초기에 상태 1에 있다면, 다음 관측 시 상태 2가 될 확률은 얼마인가?

(d) 만약 이 계가 초기에 상태 1에 있을 가능성이 50%라면, 다음 관측 시 상태 2가 될 확률은 얼마인가?

13. 어느 도시에서 하루의 대기 청정도는 '정상' 또는 '오염'으로 정해진다. 기록에 의하면 어느 날의 대기청정도가 정상이라면 다음 날도 정상일 가능성이 95%이다. 그리고 어느 날의 대기 청정도가 오염이라면 다음 날도 오염일 가능성은 45%이다.

(a) 이 현상의 추이행렬을 구하라.

(b) 만약 오늘 대기 청정도가 정상이면, 2일 뒤에도 정상일 확률은 얼마인가?

(c) 만약 오늘 대기 청정도가 오염이면, 3일 뒤에도 오염일 확률은 얼마인가?

(d) 만약 오늘 대기 청정도가 정상일 가능성이 20%이면, 내일 정상일 확률은 얼마인가?

14. 연구실 실험에서 쥐는 매일 2가지 종류의 음식, 즉 종류 I 혹은 종류 II 중 하나를 선택할 수 있다. 기록에 의하면, 어느 날 쥐가 종류 I의 음식을 선택했다면, 이튿날 종류 I을 선택할 가능성이 75%이다. 그리고 종류 II의 음식을 선택했다면, 이튿날 종류 II를 선택할 가능성이 50%이다.

(a) 이 현상에 대한 추이행렬을 구하라.

(b) 오늘 쥐가 종류 I을 선택했다면, 2일 뒤에도 종류 I을 선택할 확률은 얼마인가?

(c) 오늘 쥐가 종류 II를 선택했다면, 3일 뒤에도 종류 II를 선택할 확률은 얼마인가?

(d) 오늘 쥐가 종류 I을 선택할 가능성이 10%라면, 내일 종류 I을 선택할 확률은 얼마인가?

15. 어느 도시의 인구가 초기에 10만 명이고, 그 도시의 교외에 거주하는 인구가 2만 5,000명이라고 가정하자. 지역계획위원회는 매년 5%의 도시 인구가 교외로 이주하고 3%의 교외 인구가 도시로 이주한다고 결론을 내렸다.

(a) 전체 인구는 일정하다고 가정하고, 향후 5년 동안의 도시와 교외의 인구를 표로 나타내라(정수로 반올림하라).

(b) 장기적으로 도시와 교외에 인구가 어떻게 분포될 것인가?

16. 두 개의 텔레비전 방송국인 방송국 1과 방송국 2는 경쟁관계에 있다고 가정하자. 두 방송국은 초기에 각각 50%의 시청자를 점유하고 있다. 매년 방송국 1은 방송국 2의 시장점유율을 5%씩 잠식하고, 방송국 2는 방송국 1의 시장점유율을 10%씩 잠식한다고 가정하자.

(a) 향후 5년간 각 방송국의 시장점유율을 표로 보여라.

(b) 장기적으로 두 방송국 사이의 시장점유율은 어떻게 분포될 것인가?

17. 한 자동차 렌털 회사에 1, 2, 3이라는 세 개의 지점이 있다고 가정하자. 고객은 세 지점 중 한 지점에서 자동차를 렌트하고, 모든 지점에 반납할 수 있다. 기록에 의하면 자동차를 렌트하고 반납하는 경향은 다음 확률을 따른다.

		임대한 지점 1	임대한 지점 2	임대한 지점 3
반납한 지점	1	$\frac{1}{10}$	$\frac{1}{5}$	$\frac{3}{5}$
	2	$\frac{4}{5}$	$\frac{3}{10}$	$\frac{1}{5}$
	3	$\frac{1}{10}$	$\frac{1}{2}$	$\frac{1}{5}$

(a) 지점 1에서 자동차를 렌트했다고 가정하면, 이 자동차가 두 번 렌트된 후에 지점 1에 있을 확률은 얼마인가?

(b) 이 동력계가 Markov 연쇄로 모델링될 수 있다고 가정하고, 정상상태벡터를 구하라.

(c) 만약 렌트 회사가 120대의 자동차를 소유하고 있다면, 장기적으로 충분한 주차공간이 확보되었을 것이라고 합리적으로 확신하려면, 각 지점에 몇 개의 주차면을 할당해야 하는가? 이유를 설명하라.

18. 신체적 특성은 자손이 부모로부터 물려받은 유전자에 의해 결정된다. 가장 단순한 경우 자손의 특성은 한 쌍의 유전자로 결정되는데, 한 쌍의 유전자 중 하나는 아버지로부터 물려받고 다른 하나는 어머니로부터 물려받는다. 일반적으로 각 유전자는 **대립유전자**(allele)라고 하는 두 가지 중 한 가지의 형을 가지며, A와 a로 표기된다. 따라서 **유전자형**(genotype)이라 부르는 3가지 염색체 쌍이 나올 수 있다(유전자 쌍 Aa와 aA는 동일한 특성을 결정하므로 서로 구분하지 않는다).

AA, Aa, aa

유전학 연구에서 만약 유전자형이 알려진 부모가 유전자형이 알려지지 않은 임의의 부모와 교배하면, 자손의 유전자형은 다음 표와 같은 확률을 갖는다. 이것은 Markov 과정의 추이행렬로 볼 수 있다. 따라서 예를 들면 미지의 유전자형을 갖는 임의의 부모와 유전자 AA형 부모의 자손이 AA일 가능성이 50%, Aa일 가능성이 50%이고, aa일 가능성은 없다.

		부모의 유전자형 AA	부모의 유전자형 Aa	부모의 유전자형 aa
자손의 유전자형	AA	$\frac{1}{2}$	$\frac{1}{4}$	0
	Aa	$\frac{1}{2}$	$\frac{1}{2}$	$\frac{1}{2}$
	aa	0	$\frac{1}{4}$	$\frac{1}{2}$

(a) 추이행렬이 정칙임을 보여라.

(b) 정상상태벡터를 구하고, 그것의 의미에 대하여 논하라.

토론과 발견

D1. 다음 확률행렬에서 빠진 성분을 기입하고, 정상상태벡터를 구하라.

$$P = \begin{bmatrix} \frac{7}{10} & * & \frac{1}{5} \\ * & \frac{3}{10} & * \\ \frac{1}{10} & \frac{3}{5} & \frac{3}{10} \end{bmatrix}$$

D2. P가 $n \times n$ 확률행렬이고, M은 성분이 모두 1인 $1 \times n$ 행렬이라면, $MP =$ _______이다.

D3. P가 정상상태벡터 $\mathbf{q}$를 갖는 정칙 확률행렬이라면, $k \to \infty$인 경우에 곱의 수열

$P\mathbf{q}, P^2\mathbf{q}, P^3\mathbf{q}, \cdots, P^k\mathbf{q}, \cdots$

에 대한 의견을 제시하라.

D4. (a) P가 정상상태벡터 $\mathbf{q}$를 갖는 정칙 $n \times n$ 확률행렬이고, $\mathbf{e}_1, \mathbf{e}_2, \cdots, \mathbf{e}_n$이 열 형태의 표준단위벡터라면, 각각의 $i = 1, 2, \cdots, n$에 대해 $k \to \infty$일 때 수열

$P\mathbf{e}_i, P^2\mathbf{e}_i, P^3\mathbf{e}_i, \cdots, P^k\mathbf{e}_i, \cdots$

의 거동에 대하여 의견을 제시하라.

(b) 이것은 $k \to \infty$일 때 P^k의 열벡터의 거동에 대하여 무엇을 의미하는가?

증명문제

P1. 두 확률행렬의 곱은 확률행렬임을 증명하라. [*힌트*: 곱의 각 열을 첫 번째 인수의 열의 일차결합으로 쓰라.]

P2. (a) P를 정칙 $k \times k$ 확률행렬이라 하자. 만약 정상상태벡터의 모든 성분들이 $1/k$과 같은 경우에만 P의 행의 합들이 모두 1임을 증명하라. [*힌트*: 정리 5.1.3의 (*a*)를 이용하라.]

(b) (a)의 결과를 이용하여 다음 행렬의 정상상태벡터를 구하라.

$$P = \begin{bmatrix} 0 & \frac{1}{3} & \frac{2}{3} \\ \frac{1}{3} & \frac{2}{3} & 0 \\ \frac{2}{3} & 0 & \frac{1}{3} \end{bmatrix}$$

(c) 정칙이고 대칭인 확률행렬의 정상상태벡터는 어떤 의미를 갖는가? 답변을 증명하라.

P3. 만약 모든 성분이 ρ보다 크거나 같은 P가 확률행렬이면 P^2의 성분들이 ρ보다 크거나 같음을 증명하라.

프로그램 활용 연습문제

T1. P의 충분히 높은 고차 거듭제곱을 계산하여, 연습문제 D4에서 (b)항의 결과를 확인하라.

$$P = \begin{bmatrix} 0.2 & 0.4 & 0.5 \\ 0.1 & 0.3 & 0.1 \\ 0.7 & 0.3 & 0.4 \end{bmatrix}$$

T2. 다음 그림과 같이 복도로 연결된 7개의 방이 있는 미술관에서 경비원이 매일 밤 순찰한다. 경비원은 하나의 방을 10분 동안 순찰하고 인접한 임의의 다른 방으로 이동한다. 각 방을 선택할 확률은 동일하다.

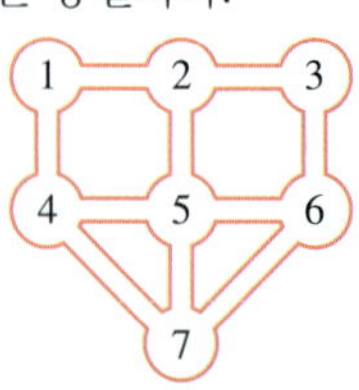

그림 Ex-T2

(a) 감독 패턴에 대한 7×7 추이행렬을 구하라.

(b) 경비원(또는 교대)이 감독 패턴을 무한정 따른다고 가정할 때, 어떤 시간비율로 각 방을 순찰하는가?

T3. Acme 트럭회사는 New york, Boston, Chicago에서 트럭을 렌트한다. 그리고 트럭은 다음의 표에 따라 해당 도시로 반납된다. 장기적인 트럭의 분포를 파악하라.

트럭을 임대한 도시

트럭을 반납한 도시		New york	Boston	Chicago
	New york	0.721	0.05	0.211
	Boston	0.122	0.92	0.095
	Chicago	0.157	0.03	0.694

표 Ex-T3

5.2 Leontief 투입–산출 모델

1973년 경제학자 Wassily Leontief는 경제 모델링에 대한 연구 업적으로 노벨상을 수상했다. 그는 서로 다른 경제 영역 간의 관계 연구에 행렬 방법을 사용하였다. 이 절에서 Leontief가 개발한 몇 가지 아이디어에 대해 살펴보자.

경제에서의 투입과 산출

경제를 분석하는 방법 중 하나는 경제를 **영역**(sector)으로 나누고 그 영역들의 상호 작용을 연구하는 것이다. 예를 들면, 기본경제는 제조업, 농업, 공공서비스의 세 영역으로 나눌 수 있다. 일반적으로 각 영역에는 특정한 **산출**(output)이 있지만 다른 영역들과 자체 영역으로부터 **투입**(input)이 필요하다. 예를 들면 농업 영역은 산출로 밀을 생산하지만 다른 제조업 영역으로부터 농기계, 공공서비스 영역에서 전력, 그리고 자체 영역에서 인력에게 제공할 식량이 필요하다. 그러므로 경제는 영역들의 투입물과 산출물이 유입되고 유출되는 네트워크로 생각할 수 있다. 이러한 흐름에 대한 연구를 **투입–산출 분석**(input-output analysis)이라 한다. 투입과 산출은 일반적으로 화폐 단위(예: 달러 또는 수백만 달러 등)로 측정되지만 다른 측정 단위도 사용할 수 있다.

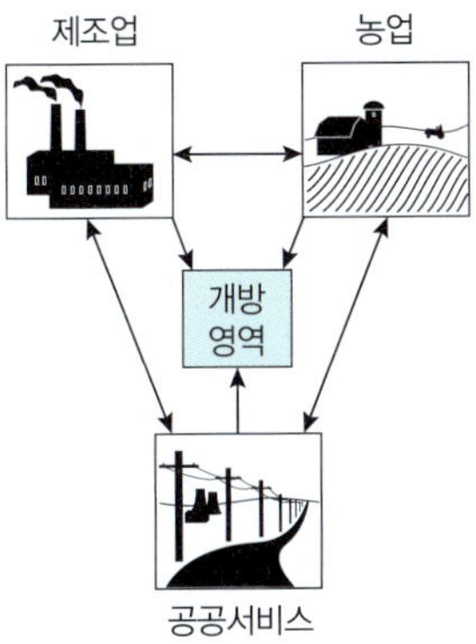

그림 5.2.1

실 경제에서 영역 사이의 흐름이 항상 명확한 것은 아니다. 예를 들어 제2차 세계대전 당시 미국은 5만 대의 새 비행기에 대한 수요로 인해 알루미늄 제조 공장이 많이 필요하였다. 또한 특정 구리 전기 부품에 대한 수요가 예상치 못하게 커졌고, 이로 인해 구리가 부족하게 되었다. 이 문제는 결국 Fort Knox로부터 빌린 은을 구리의 대체제로 사용하여 해결되었다. 아마도 현대의 투입–산출 분석 방법은 구리 부족을 예측하였을 것이다.

경제에서 대부분의 영역은 산출물을 생산한다. 그러나 자체적으로 아무것도 생산하지 않고 산출을 소비하는 영역이 있다(예: 소비자 시장). 이렇게 산출이 없는 영역을 **개방영역**(open sector)이라 한다. 개방영역이 없는 경제를 **닫힌 경제**(closed economy)라 하고, 한 개 이상의 개방영역을 갖는 경제를 **열린 경제**(open economy)라 한다(그림 5.2.1). 이 절에서는 한 개의 개방영역을 갖는 경제에 대해 살펴볼 것이며, 주요 목표는 생산 영역의 유지와 개방영역의 수요를 충족시키는 데 필요한 산출 수준을 결정하는 것이다.

열린 경제의 Leontief 모델

하나의 개방영역과 세 가지의 제품생산 영역(제조업, 농업, 공공서비스)을 가지는 기본적인 열린 경제를 고려하자. 투입과 산출은 달러로 측정되고, 생산 영역이 1달러의 가치를 생산하는 데 필요한 투입은 다음 표를 따른다.

표 5.2.1

		산출		
		제조업	농업	공공서비스
투입	제조업	$ 0.50	$ 0.10	$ 0.10
	농업	$ 0.20	$ 0.50	$ 0.30
	공공서비스	$ 0.10	$ 0.30	$ 0.40

일반적으로 이 표에서 상단과 좌측의 라벨은 떼어 내고 다음과 같은 행렬로 표현한다.

$$C = \begin{bmatrix} 0.5 & 0.1 & 0.1 \\ 0.2 & 0.5 & 0.3 \\ 0.1 & 0.3 & 0.4 \end{bmatrix} \tag{1}$$

이것을 **경제의 소비행렬**[(consumption matrix, 또는 **테크놀로지 행렬**(technology matrix)]이라 한다. C의 열벡터들

$$\mathbf{c}_1 = \begin{bmatrix} 0.5 \\ 0.2 \\ 0.1 \end{bmatrix}, \quad \mathbf{c}_2 = \begin{bmatrix} 0.1 \\ 0.5 \\ 0.3 \end{bmatrix}, \quad \mathbf{c}_3 = \begin{bmatrix} 0.1 \\ 0.3 \\ 0.4 \end{bmatrix}$$

는 제조업, 농업, 공공서비스 영역에서 각각 1.00달러의 가치를 산출하는 데 필요한 투입을 나타낸다. 이것들을 각 영역의 **소비벡터**(consumption vector)라 한다. 예를 들어 $\mathbf{c}_1$은 1.00달러의 가치를 산출하려면 제조업 영역에서 0.50달러의 제조 영역 산출과 0.20달러의 농업 영역 산출, 그리고 0.10달러의 공공서비스 영역의 산출이 필요하다는 것을 의미한다.

이 예를 계속해서 살펴보자. 개방영역에는 경제로부터 달러의 가치로 환산된 공산품, 농산품, 공공서비스의 공급이 필요하다고 가정하자.

d_1 공산품의 화폐가치(달러)
d_2 농산품의 화폐가치(달러)
d_3 공공서비스의 화폐가치(달러)

이들 수를 차례대로 성분으로 갖는 열벡터 **d**를 **외부수요벡터**(outside demand vector)라 한다. 상품생산 영역들은 자체 영역 산출의 일부를 소비하기 때문에 산출의 화폐가치는 외부수요뿐만 아니라 자체의 수요도 충족시켜야 한다. 이것에 필요한 화폐가치를 다음과 같이 정의하자.

x_1 공산품의 화폐가치(달러)
x_2 농산품의 화폐가치(달러)
x_3 공공서비스의 화폐가치(달러)

이들 수를 차례대로 성분으로 갖는 열벡터 **x**를 경제의 **생산벡터**(production vector)라 한다. 소비행렬 (1)을 갖는 경제에서 3개의 생산 영역이 소비할 생산벡터 **x**는 다음과 같다.

$$x_1\begin{bmatrix}0.5\\0.2\\0.1\end{bmatrix} + x_2\begin{bmatrix}0.1\\0.5\\0.3\end{bmatrix} + x_3\begin{bmatrix}0.1\\0.3\\0.4\end{bmatrix} = \begin{bmatrix}0.5 & 0.1 & 0.1\\0.2 & 0.5 & 0.3\\0.1 & 0.3 & 0.4\end{bmatrix}\begin{bmatrix}x_1\\x_2\\x_3\end{bmatrix} = C\mathbf{x}$$

제조업에 의한 소비율 / 농업에 의한 소비율 / 공공서비스에 의한 소비율

벡터 $C\mathbf{x}$를 경제의 **중간수요벡터**(intermediate demand vector)라 한다. 일단 중간수요가 충족되면, 외부수요를 충족시키기 위해 남은 생산의 일부분은 $\mathbf{x} - C\mathbf{x}$이다. 따라서 만약 외부수요벡터가 **d**이면, **x**는 다음의 방정식을 만족시켜야 한다.

$$\mathbf{x} \quad - \quad C\mathbf{x} \quad = \quad \mathbf{d}$$

생산량 / 중간수요 / 외부수요

이것을 다음과 같이 표현하는 것이 편리하다.

$$(I - C)\mathbf{x} = \mathbf{d} \tag{2}$$

행렬 $I - C$를 **Leontief 행렬**(Leontief matrix)이라 하고, 식 (2)를 **Leontief 방정식**(Leontief equation)이라 한다.

역사 속의 선형대수

자유시장경제의 현대적 분석 방법을 개척하여 1973년 노벨상을 받은 Wassily Leontief가 러시아 태생이라는 사실은 다소 아이러니한 일이다. Leontief는 15세의 나이에 Leningrad 대학교에 입학한 뛰어난 학생이었다. Soviet 체제하에서 지적 탐구에 대한 제약에 어려움을 겪은 그는 Berlin 대학에 진학하여 1928년에 박사 학위를 받았다. 그리고 1931년 미국으로 이주하여, Harvard 대학과 New York 대학에서 교수로 재직하다가 1999년 사망하였다. Leontief는 다음과 같은 방식으로 자신의 **투입-산출 분석**이 어떻게 작용하는지 설명하였다. "빵을 만들 때는 달걀, 밀가루, 그리고 우유가 필요하다. 그리고 만약 빵을 더 많이 만들려면 달걀을 더 많이 사용해야 한다. 경제의 모든 산업에 걸맞은 조리법이 있다."

Wassily Leontief
(1906~1999)

▶ 예제 1 외부수요의 충족

표 5.2.1에 기술된 경제를 생각해 보자. 개방영역이 7,900달러 가치의 공산품과, 3,950달러 가치의 농산품, 1,975 달러 가치의 공익설비에 대한 수요를 가지고 있다고 가정하자.

(a) 주어진 경제는 이 수요를 충족시킬 수 있는가?
(b) 만약 그렇다면, 정확하게 그것을 충족시킬 생산벡터 **x**를 구하라.

풀이 소비행렬, 생산벡터, 그리고 외부수요벡터는 다음과 같다.

$$C = \begin{bmatrix} 0.5 & 0.1 & 0.1 \\ 0.2 & 0.5 & 0.3 \\ 0.1 & 0.3 & 0.4 \end{bmatrix}, \quad \mathbf{x} = \begin{bmatrix} x_1 \\ x_2 \\ x_3 \end{bmatrix}, \quad \mathbf{d} = \begin{bmatrix} 7,900 \\ 3,950 \\ 1,975 \end{bmatrix} \tag{3}$$

외부수요를 충족시키려면, 벡터 **x**는 Leontief 방정식 (2)를 만족시켜야 한다. 그래서 주어진 문제는 선형계의 문제가 된다(해가 존재한다면).

$$\underset{I-C}{\begin{bmatrix} 0.5 & -0.1 & -0.1 \\ -0.2 & 0.5 & -0.3 \\ -0.1 & -0.3 & 0.6 \end{bmatrix}} \underset{\mathbf{x}}{\begin{bmatrix} x_1 \\ x_2 \\ x_3 \end{bmatrix}} = \underset{\mathbf{d}}{\begin{bmatrix} 7,900 \\ 3,950 \\ 1,975 \end{bmatrix}} \tag{4}$$

이 계에 대한 붙인 행렬의 기약 행사다리꼴이 다음과 같음을 보이는 것은 독자에게 남겨둔다.

$$\left[\begin{array}{ccc|c} 1 & 0 & 0 & 27,500 \\ 0 & 1 & 0 & 33,750 \\ 0 & 0 & 1 & 24,750 \end{array}\right]$$

이것은 식 (4)의 해가 존재함을 의미한다. 경제는 정확하게 2만 7,500달러 가치의 제조 산출과 3만 3,750달러 가치의 농업 산출, 그리고 2만 4,750달러의 공공서비스 산출이 있으므로 개방영역의 수요를 충족시킬 수 있다. ■

생산적인 열린 경제 앞의 논의에서는 세 가지 제품생산 영역의 열린 경제를 고려하였다. 동일한 개념을 n개의 제품생산 영역을 가진 열린 경제에도 적용할 수 있다. 이런 경우에 소비행렬, 생산벡터, 외부수요벡터는 다음과 같이 표현된다.

$$C = \begin{bmatrix} c_{11} & c_{12} & \cdots & c_{1n} \\ c_{21} & c_{22} & \cdots & c_{2n} \\ \vdots & \vdots & & \vdots \\ c_{n1} & c_{n2} & \cdots & c_{nn} \end{bmatrix}, \quad \mathbf{x} = \begin{bmatrix} x_1 \\ x_2 \\ \vdots \\ x_n \end{bmatrix}, \quad \mathbf{d} = \begin{bmatrix} d_1 \\ d_2 \\ \vdots \\ d_n \end{bmatrix}$$

여기에서 모든 성분은 음이 아니며,

c_{ij} = 단위 1의 산출을 위하여 j번째 영역이 필요로 하는 i번째 영역의 산출의 화폐가치
x_i = i번째 영역의 산출의 화폐가치
d_i = 열린 영역의 수요를 충족시키는 데 필요한 i번째 영역의 산출의 화폐가치이다.

참고 C의 j번째 열벡터는 j번째 영역이 화폐단위 1을 산출하는 데 다른 영역에게 요구하는 화폐가치를 성분으로 가지고, C의 i번째 행벡터는 다른 영역들이 각각 화폐단위 1의 산출을 위해 i번째 영역에게 요구하는 화폐가치를 성분으로 갖는 것에 유념하자.

앞의 예에서 다루었던 것처럼 외부 영역의 수요 **d**를 충족시키는 생산벡터 **x**는 다음 Leontief 방정식을 만족해야 한다.

$$(I - C)\mathbf{x} = \mathbf{d}$$

행렬 $I - C$가 가역이면 모든 수요벡터 **d**에 대해 이 방정식은 유일해

$$\mathbf{x} = (I - C)^{-1}\mathbf{d} \tag{5}$$

를 갖는다. 그러나 **x**가 유효한 생산벡터가 되려면 음이 아닌 성분을 가져야 한다. 그래서 경제학에서 중요한 문제는 Leontief 방정식이 음이 아닌 성분의 해를 갖는 조건을 구하는 것이다.

$I - C$가 가역인 경우에 $(I - C)^{-1}$가 음이 아닌 성분을 갖는다면 모든 수요벡터 **d**에 대응하는 **x**는 음이 아닌 성분을 가지게 되며, 따라서 식 (5)에 의하여 경제에 대해 유효한 생산벡터가 되는 것은 명백하

다. $(I-C)^{-1}$가 음이 아닌 성분을 갖는 경제는 **생산적**(productive)이라고 말한다. 그런 경제는 모든 수요가 적절한 생산 수준을 통해 충족되므로 특히 좋다.

C는 음이 아닌 성분을 가지므로, 정리 3.6.7로부터 C의 각 열의 합이 모두 1 미만이면 $I-C$는 가역이고, 역행렬은 음이 아닌 성분을 갖는다. 그러므로 열린 경제에 대해 다음과 같은 정리가 성립한다.

정리 5.2.1 *열린 경제에 대한 소비행렬 C에서 각 열의 합이 모두 1 미만이면 그 경제는 생산적이다.*

참고 C의 j번째 열의 합은 j번째 영역의 1달러 산출에 필요한 투입의 총 달러를 의미한다. 그래서 j번째 열의 합이 1 미만이면 j번째 영역은 1달러의 산출에 1달러 미만의 투입이 필요하다. 이때 j번째 영역은 **수익성이 있다**(profitable)라고 말한다. 그러므로 정리 5.2.1은 열린 경제의 모든 제품생산 영역에 이윤이 있다면 경제는 생산적임을 나타낸다. 연습문제에서 C의 각 행의 합이 모두 1 미만이면 열린 경제는 생산적임을 보이는 문제를 다룰 것이다. 그러므로 C의 각 열의 합이 모두 1 미만이거나 각 행의 합이 모두 1 미만이면 열린 경제는 생산적이다.

개념문제 소비행렬에서 각 행의 합이 경제적으로 중요한 이유는 무엇인가?

예제 2
모든 영역이 수익성이 있는 열린 경제

식 (1)에서 소비행렬 C의 각 열의 합이 1 미만이기 때문에, $(I-C)^{-1}$은 존재하고 음이 아닌 성분을 가진다. 계산기를 사용하여 이것을 확인하고 또한 예제 1의 식 (4)를 푸는 데 이 역을 사용하라.

풀이 다음 식이 성립하는지 확인해 보라.

$$(I-C)^{-1} \approx \begin{bmatrix} 2.65823 & 1.13924 & 1.01266 \\ 1.89873 & 3.67089 & 2.15190 \\ 1.39241 & 2.02532 & 2.91139 \end{bmatrix}$$

이 행렬은 음이 아닌 성분을 가지고

$$\mathbf{x} = (I-C)^{-1}\mathbf{d} \approx \begin{bmatrix} 2.65823 & 1.13924 & 1.01266 \\ 1.89873 & 3.67089 & 2.15190 \\ 1.39241 & 2.02532 & 2.91139 \end{bmatrix} \begin{bmatrix} 7900 \\ 3950 \\ 1975 \end{bmatrix} \approx \begin{bmatrix} 27{,}500 \\ 33{,}750 \\ 24{,}750 \end{bmatrix}$$

이것은 예제 1의 해와 일치한다. ■

연습문제 5.2

1. 자동차 정비사(M)와 자동차 정비소(B)는 서로 상대방의 서비스를 이용한다. M이 1.00달러의 사업을 할 때, M은 자신의 서비스 0.50달러와 B의 서비스 0.25달러를 소비하고, B가 1.00달러의 사업을 할 때, B는 자신의 서비스 0.10달러와 M의 서비스 0.25달러를 소비한다.

(a) 이 경제에 대한 소비행렬을 구하라.

(b) 고객이 7,000달러의 자동차 정비 작업과 1만 4,000달러의 자동차 차체 작업을 원한다면 M과 B는 각각 얼마만큼의 작업을 수행해야 하는가?

2. 단순한 경제는 식량(F)과 주택(H)을 생산한다. 1.00달러의 식량을 생산하려면 0.30달러의 식량과 0.10달러의 주택이 필요하고, 1.00달러의 주택을 생산하려면 0.20달러의 식량과 0.60달러의 주택이 필요하다.

(a) 이 경제에 대한 소비행렬을 구하라.

(b) 이 경제에서 13만 달러의 식량과 13만 달러의 주택을 공급하려면 몇 달러의 식량과 주택이 생산되어야 하는가?

3. 1.00달러의 산출에 필요한 투입 달러를 나타내는 다음 표에 기술된 열린 경제를 고려하자.

		산출		
		주택	식량	공공서비스
투입	주택	\$0.10	\$0.60	\$0.40
	식량	\$0.30	\$0.20	\$0.30
	공공서비스	\$0.40	\$0.10	\$0.20

표 Ex-3

(a) 경제에 대한 소비행렬을 구하라.

(b) 개방영역에서 1,930달러의 주택, 3,860달러의 식량, 5,790달러의 공공서비스에 대한 수요가 있다고 하자. 행 축소를 사용하여 이 수요를 정확하게 충족시킬 생산벡터를 구하라.

4. 어느 회사는 웹 디자인, 소프트웨어, 네트워킹 서비스를 제공한다. 다음 표에 기술된 대로 이 회사를 열린 경제로 간주하자. 여기서 입력은 1.00달러의 산출에 필요한 투입 달러이다.

		산출		
		웹 디자인	소프트웨어	네트워킹
투입	웹 디자인	\$0.40	\$0.20	\$0.45
	소프트웨어	\$0.30	\$0.35	\$0.30
	네트워킹	\$0.15	\$0.10	\$0.20

표 Ex-4

(a) 이 회사에 대한 소비행렬을 구하라.

(b) 고객(개방영역)이 5,400달러의 웹 디자인, 2,700달러의 소프트웨어, 900달러의 네트워킹을 요구한다고 가정하자. 행 축소를 사용하여 이 수요를 정확히 충족시킬 생산벡터를 구하라.

연습문제 5와 6에서는 역행렬을 이용하여 소비행렬 C에 대한 수요 $\mathbf{d}$를 충족시키는 생산벡터 $\mathbf{x}$를 구하라.

5. $C = \begin{bmatrix} 0.1 & 0.3 \\ 0.5 & 0.4 \end{bmatrix}$; $\mathbf{d} = \begin{bmatrix} 50 \\ 60 \end{bmatrix}$

6. $C = \begin{bmatrix} 0.3 & 0.1 \\ 0.3 & 0.7 \end{bmatrix}$; $\mathbf{d} = \begin{bmatrix} 22 \\ 14 \end{bmatrix}$

정리 5.2.1로부터 C가 음이 아닌 성분의 $n \times n$ 행렬이고 각 열의 합이 모두 1 미만이면 $I - C$는 가역이고 음이 아닌 성분을 갖는다는 것을 알고 있다. 연습문제 P2에서 만약 C가 음이 아닌 성분을 가지고 각 행의 합들이 1 미만이라면 이러한 결론이 사실임을 증명하도록 할 것이다. 이 결과와 정리 5.2.1을 이용해서 연습문제 7과 8을 풀어라.

7. 각 항에서 소비행렬 C를 가진 열린 경제가 생산적임을 보여라.

(a) $C = \begin{bmatrix} 0.4 & 0.3 & 0.5 \\ 0.2 & 0.5 & 0.2 \\ 0.2 & 0.1 & 0.1 \end{bmatrix}$ (b) $C = \begin{bmatrix} 0.1 & 0.3 & 0.4 \\ 0.2 & 0.2 & 0.2 \\ 0.8 & 0.1 & 0 \end{bmatrix}$

8. 각 항에서 소비행렬 C를 가진 열린 경제가 생산적임을 보여라.

(a) $C = \begin{bmatrix} 0.4 & 0.1 & 0.7 \\ 0.3 & 0.5 & 0.1 \\ 0.1 & 0.2 & 0.1 \end{bmatrix}$ (b) $C = \begin{bmatrix} 0.5 & 0.2 & 0.2 \\ 0.3 & 0.3 & 0.3 \\ 0.4 & 0.4 & 0.1 \end{bmatrix}$

9. 다음의 소비행렬을 가진 열린 경제를 생각하자.

$$C = \begin{bmatrix} 0.50 & 0 & 0.25 \\ 0.20 & 0.80 & 0.10 \\ 1 & 0.40 & 0 \end{bmatrix}$$

각 열의 합과 각 행의 합 중 몇 개가 1보다 더 크더라도 경제가 생산적임을 보여라. 이것은 정리 5.2.1에 위배되는가?

토론과 발견

D1. 다음 소비행렬을 가진 열린 경제를 고려하자.

$$C = \begin{bmatrix} \frac{1}{2} & 0 \\ 0 & 1 \end{bmatrix}$$

(a) 이 경제가 첫 번째 영역에서 $d_1 = 2$단위, 두 번째 영역에서 $d_2 = 0$단위의 수요는 충족시킬 수 있지만, 첫 번째 영역에서 $d_1 = 2$단위, 두 번째 영역에서 $d_2 = 1$단위의 수요는 충족시킬 수 없음을 보여라.

(b) (a)의 결과를 수학적 측면과 경제적 측면에서 설명하라.

D2. 다음 소비행렬을 가진 열린 경제를 생각하자.

$$C = \begin{bmatrix} \frac{1}{2} & \frac{1}{4} & \frac{1}{4} \\ \frac{1}{2} & \frac{1}{8} & \frac{1}{4} \\ \frac{1}{2} & \frac{1}{4} & \frac{1}{8} \end{bmatrix}$$

개방영역이 각 제품생산 영역으로부터 동일한 달러 가치를 요구한다면, 어느 영역이 이 수요를 충족시키는 데 가장 많은 달러 가치를 생산해야 하는가?

D3. 다음 소비행렬을 가진 열린 경제를 생각하자.

$$C = \begin{bmatrix} c_{11} & c_{12} \\ c_{21} & 0 \end{bmatrix}$$

Leontief 방정식 $\mathbf{x} - C\mathbf{x} = \mathbf{d}$이 $c_{21}c_{12} < 1 - c_{11}$이면 모든 수요벡터 $\mathbf{d}$에 대해 유일해를 가짐을 보여라.

증명문제

P1. (a) 각 열의 합이 1 미만인 소비행렬 C를 갖는 열린 경제를 고려하자. 이때 $\mathbf{x}$는 외부수요벡터 $\mathbf{d}$를 만족시키는 생산벡터라고 하자. 즉 $(I-C)^{-1}\mathbf{d} = \mathbf{x}$이다. $\mathbf{d}_j$는 $\mathbf{d}$의 j번째 성분을 1씩 증가시키고 다른 성분들은 고정시킴으로써 얻은 수요벡터라고 하자. 이 수요를 충족시키는 생산벡터 $\mathbf{x}_j$가 다음을 만족함을 증명하라.

$\mathbf{x}_j = \mathbf{x} + (I-C)^{-1}$의 j번째 열벡터

(b) $(I-C)^{-1}$의 j번째 열벡터의 경제적인 중요성이 무엇인지 말로 설명하라. [*힌트*: $\mathbf{x}_j - \mathbf{x}$를 보라.]

P2. C가 성분이 음이 아니며 각 행의 합들이 1 미만인 $n \times n$ 행렬이면 $I-C$는 가역이고 음이 아닌 성분을 가짐을 증명하라. [*힌트*: 임의의 가역행렬 A에 대해 $(A^T)^{-1} = (A^{-1})^T$이다.]

P3. 거듭제곱이 영인 소비행렬을 가진 열린 경제가 생산적임을 증명하라. [*힌트*: 정리 3.6.6을 참조하라.]

프로그램 활용 연습문제

T1. 열린 경제의 소비행렬이 다음과 같다고 가정하자.

$$C = \begin{bmatrix} 0.29 & 0.05 & 0.04 & 0.01 \\ 0.02 & 0.31 & 0.01 & 0.03 \\ 0.04 & 0.02 & 0.44 & 0.01 \\ 0.01 & 0.03 & 0.04 & 0.32 \end{bmatrix}$$

(a) 이 경제가 생산적임을 밝히고, 직접 계산하여 $(I-C)^{-1}$이 양의 성분을 가짐을 보여라.

(b) 역행렬이나 행 축소를 사용하여 다음의 수요를 만족시키는 생산벡터 $\mathbf{x}$를 구하라.

$$\mathbf{d} = \begin{bmatrix} 200 \\ 100 \\ 350 \\ 275 \end{bmatrix}$$

T2. Leontief 방정식 $\mathbf{x} - C\mathbf{x} = \mathbf{d}$는

$$\mathbf{x} = C\mathbf{x} + \mathbf{d}$$

로 다시 쓸 수 있다. 임의의 초기근사 $\mathbf{x}_0$을 이 방정식의 우변에 대입하여 근사적으로 풀어서 구한 벡터 $\mathbf{x}_1 = C\mathbf{x}_0 + \mathbf{d}$를 새로운(그리고 종종 더 나은) 근사값으로 설정한다. 이 과정을 반복함으로써 $\mathbf{x}_k = C\mathbf{x}_{k-1} + \mathbf{d}$의 관계로부터 연속적인 근사값 $\mathbf{x}_1, \mathbf{x}_2, \mathbf{x}_3, \cdots, \mathbf{x}_k$를 재귀적으로 구할 수 있다. 다음 절에서 이 수열이 상당히 일반적인 조건하에서 엄밀한 해로 수렴하는 것을 볼 수 있다. $\mathbf{x}_0 = \mathbf{0}$로 설정하고 이 방법을 사용하여 연습문제 T1의 해에 대한 10개의 연속적인 근사값 $\mathbf{x}_1, \mathbf{x}_2, \cdots, \mathbf{x}_{10}$을 구하라. $\mathbf{x}_{10}$을 연습문제 T1에서 구한 해와 비교하라.

T3. 다음 표에 기술된 열린 경제를 생각하자.

(a) 모든 영역이 수익성이 있음을 보여라.

(b) 개방영역이 다음의 수요를 만족시키는 생산 수준을 구하라(단위는 100만 달러): 농업 1.2달러, 제조업 3.4달러, 무역 2.7달러, 서비스 4.3달러, 에너지 2.9달러.

(c) 서비스에 대한 수요가 (b)항의 수준의 두 배라면 어느 영역이 영향을 가장 많이 받는가? 이유를 설명하라.

		산출				
		농업	제조업	무역	서비스	에너지
투입	농업	\$0.27	\$0.39	\$0.03	\$0.02	\$0.23
	제조업	\$0.15	\$0.15	\$0.10	\$0.01	\$0.22
	무역	\$0.06	\$0.07	\$0.36	\$0.15	\$0.35
	서비스	\$0.27	\$0.09	\$0.07	\$0.41	\$0.09
	에너지	\$0.23	\$0.19	\$0.36	\$0.24	\$0.10

표 Ex-T3

5.3 Gauss-Seidel과 Jacobi 반복법 및 희박한 선형계

많은 수학적 모델에서 계수행렬에 성분이 영인 비율이 높은 대규모 선형계를 볼 수 있다. 그런 경우에 계와 그것의 계수행렬은 희박하다(sparse)고 말한다. Gauss-Jordan 소거와 LU-분해가 희박한 선형계에 적용될 수 있지만, 그 방법들은 그 영들을 없애는 경향이 있기 때문에, 영이 발생함에 따르는 계산의 이점이 사라진다. 이 절에서는 희박한 계수행렬을 갖는 선형계의 풀이에 유용한 두 가지 방법을 다룬다.

반복법 $A\mathbf{x} = \mathbf{b}$를 n개의 미지수와 n개의 방정식으로 구성되어 가역 계수행렬 A를 갖는 선형계라 하자(따라서 계는 유일한 해를 갖는다). 이러한 계를 푸는 **반복법**(iterative method)은 **반복**(iterate)이라 불리는 벡터의 수열

$$\mathbf{x}_1, \mathbf{x}_2, \cdots, \mathbf{x}_k, \cdots$$

을 생성시키는 알고리즘이다. 이것은 k가 충분히 큰 수일 때 $\mathbf{x}_k$의 성분이 $\mathbf{x}$의 성분에 최대한 가까워진다는 의미에서 엄밀한 해 $\mathbf{x}$에 수렴한다. 반올림오차가 없다면 Gauss-Jordan 소거와 LU-분해를 사용하여 엄밀한 해를 구할 수 있지만, 반복법은 엄밀한 해의 근사값을 구하기 위하여 특별하게 설계된 방법이다.

반복법을 위한 기본 과정은 $A\mathbf{x} = \mathbf{b}$를 다음의 형태로 다시 표현할 수 있도록 행렬 B와 $\mathbf{c}$를 고안하는 것이다.

$$\mathbf{x} = B\mathbf{x} + \mathbf{c} \tag{1}$$

이 변형된 방정식은 다음 **점화관계**(recurrence relation)를 형성함으로써 풀 수 있다.

$$\mathbf{x}_{k+1} = B\mathbf{x}_k + \mathbf{c} \tag{2}$$

그 과정은 다음과 같다.

1단계. 임의의 **초기근사**(initial approximation) $\mathbf{x}_0$을 선택한다.

2단계. $\mathbf{x}_0$을 식 (2)의 우변에 대입하고 **첫 번째 반복**(first iterate)을 계산한다.

$$\mathbf{x}_1 = B\mathbf{x}_0 + \mathbf{c}$$

3단계. $\mathbf{x}_1$을 식 (2)의 우변에 대입하고 **두 번째 반복**(second iterate)을 계산한다.

$$\mathbf{x}_2 = B\mathbf{x}_1 + \mathbf{c}$$

4단계. 2, 3단계의 과정을 되풀이하고, 새로운 반복을 식 (2)의 우변에 대입하여 **세 번째**, **네 번째**, 그리고 그 후의 반복들을 구한다. 설정한 정확도에 도달할 때까지 충분히 많은 반복을 생성한다.

식 (2)에 의해 구한 반복의 수열이 실제적으로 엄밀한 해에 수렴하는지의 여부는 B와 $\mathbf{c}$의 선택 방법과 행렬 A의 성질에 달려 있다. 이 절에서는 가장 기본적인 두 가지 반복법을 살펴본다.

Jacobi 반복법 $A\mathbf{x} = \mathbf{b}$는 A가 가역이고 영이 아닌 대각 성분을 가지며, n개의 미지수를 갖는 n개의 방정식으로 구성된 선형계라고 하자. D는 A의 대각 성분으로 구성된 $n \times n$ 대각행렬이라 하자. 행렬 D는 대각 성분이 영이 아니므로[3.6절의 식 (2) 참조] 가역이고, 따라서 $A\mathbf{x} = \mathbf{b}$는 다음과 같이 다시 쓸 수 있다.

$$(A - D)\mathbf{x} + D\mathbf{x} = \mathbf{b}$$
$$D\mathbf{x} = (D - A)\mathbf{x} + \mathbf{b}$$
$$\mathbf{x} = D^{-1}(D - A)\mathbf{x} + D^{-1}\mathbf{b} \tag{3}$$

식 (3)은 $B = D^{-1}(D - A)$와 $C = D^{-1}\mathbf{b}$로 설정하면 식 (1)의 형태이고, 이에 대응하는 점화식은 다음과 같다.

$$\mathbf{x}_{k+1} = D^{-1}(D - A)\mathbf{x}_k + D^{-1}\mathbf{b} \tag{4}$$

이 공식을 사용하는 반복 알고리즘을 **Jacobi 반복법**(Jacobi iteration) 또는 **동시변위법**(method of simultaneous displacement)이라 한다.

$A\mathbf{x} = \mathbf{b}$가 선형계이면

$$\begin{aligned} a_{11}x_1 + a_{12}x_2 + \cdots + a_{1n}x_n &= b_1 \\ a_{21}x_1 + a_{22}x_2 + \cdots + a_{2n}x_n &= b_2 \\ \vdots \qquad\quad \vdots \qquad\qquad\quad \vdots \quad &\quad \vdots \\ a_{n1}x_1 + a_{n2}x_2 + \cdots + a_{nn}x_n &= b_n \end{aligned} \tag{5}$$

이고, 식 (3)의 각 방정식은 다음과 같다.

$$\begin{aligned} x_1 &= \frac{1}{a_{11}}(b_1 - a_{12}x_2 - a_{13}x_3 - \cdots - a_{1n}x_n) \\ x_2 &= \frac{1}{a_{22}}(b_2 - a_{21}x_1 - a_{23}x_3 - \cdots - a_{2n}x_n) \\ &\vdots \\ x_n &= \frac{1}{a_{nn}}(b_n - a_{n1}x_1 - a_{n2}x_2 - \cdots - a_{n(n-1)}x_{n-1}) \end{aligned} \tag{6}$$

이 식들은 식 (5)의 첫 번째 식에서 x_1은 나머지 미지수에 대하여 풀고, 두 번째 식에서도 x_2를 나머지 미지수에 대하여 푸는 등의 방식으로 구할 수 있다.

Jacobi 반복법은 공식 (4)를 사용하여 컴퓨터 프로그래밍을 할 수 있지만, 손으로 계산(컴퓨터나 계산기 보조)하는 경우 다음과 같은 과정을 이용할 수도 있다.

역사 속의 선형대수

위대한 독일 수학자인 Karl Gustav Jacobi는 부유하고 품위 있는 유대인 가정에서 성장했지만, 교사직을 지키려면 유대교 신앙을 포기할 수밖에 없었다. 그는 역동적이고 뛰어난 교사였으며, 그의 강의는 종종 청중을 매료시켰다. 불행히도 가족의 파산, 건강 악화, 그리고 그의 지각 없는 정치적인 발언에 기인한 정부의 연금 지급 중단 때문에 Jacobi의 생의 마지막은 비참해졌다. 그는 이론적 업적으로 유명해졌지만, 역학과 천문학에서도 뛰어난 업적을 남겼으며, 그러한 과정 중에 Jacobi 반복법이 처음 소개되었다.

Karl Gustav Jacobi
(1804~1851)

Jacobi 반복법

1단계. 계 $A\mathbf{x} = \mathbf{b}$를 식 (6)의 형태로 다시 쓰고, 미지수에 대한 임의의 초기값을 설정한다. 이 값으로부터 구성된 열벡터 $\mathbf{x}_0$은 초기근사이다. 더 적절한 값을 선택할 수 없다면 $\mathbf{x}_0 = \mathbf{0}$을 사용하라. 즉

$$x_1 = 0, \quad x_2 = 0, \cdots, \quad x_n = 0$$

이다.

2단계. 식 (6)의 좌변 $x_1, x_2, \cdots, x_n$의 새로운 값을 구하기 위해 초기근사를 우변에 대입한다. 이 새로운 성분을 갖는 열벡터 $\mathbf{x}_1$이 첫 번째 반복이다.

3단계. 식 (6)의 좌변 $x_1, x_2, \cdots, x_n$의 새로운 값을 구하기 위해 첫 번째 반복을 우변에 대입한다. 이 새로운 성분을 갖는 열벡터 $\mathbf{x}_2$가 두 번째 반복이다.

4단계. 세 번째 반복 $\mathbf{x}_3$를 구하기 위해 두 번째 반복을 식 (6)의 우변에 대입하는 등, 설정한 정확도를 충족시키는 데 필요한 만큼 반복 과정을 계속한다.

예제 1

다음 계의 해를 Jacobi 반복법을 사용하여 근사화하라.

$$\begin{aligned} 20x_1 + x_2 - x_3 &= 17 \\ x_1 - 10x_2 + x_3 &= 13 \\ -x_1 + x_2 + 10x_3 &= 18 \end{aligned} \tag{7}$$

소수점 넷째 자리에서 반올림했을 때 반복이 두 번 연속적으로 서로 같으면 과정을 종료하라.

풀이 Jacobi 반복법에 대해 설명한 것처럼, 첫 번째 방정식에서 x_1에 대한 해를 구하고, x_2의 해를 두 번째 방정식에서, x_3에 대한 해를 세 번째 방정식에서 구한다. 이것은 다음과 같다.

$$\begin{aligned} x_1 &= \tfrac{17}{20} - \tfrac{1}{20}x_2 + \tfrac{1}{20}x_3 \qquad & x_1 &= 0.85 - 0.05x_2 + 0.05x_3 \\ x_2 &= -\tfrac{13}{10} + \tfrac{1}{10}x_1 + \tfrac{1}{10}x_3 \quad \text{또는} \quad & x_2 &= -1.3 + 0.1x_1 + 0.1x_3 \\ x_3 &= \tfrac{18}{10} + \tfrac{1}{10}x_1 - \tfrac{1}{10}x_2 & x_3 &= 1.8 + 0.1x_1 - 0.1x_2 \end{aligned} \tag{8}$$

이것을 다음과 같은 행렬 형태로 쓸 수 있다.

$$\begin{bmatrix} x_1 \\ x_2 \\ x_3 \end{bmatrix} = \begin{bmatrix} 0 & -0.05 & 0.05 \\ 0.1 & 0 & 0.1 \\ 0.1 & -0.1 & 0 \end{bmatrix} \begin{bmatrix} x_1 \\ x_2 \\ x_3 \end{bmatrix} + \begin{bmatrix} 0.85 \\ -1.3 \\ 1.8 \end{bmatrix} \tag{9}$$

해에 대하여 특별한 정보가 없기 때문에 초기근사를 $x_1 = x_2 = x_3 = 0$로 취한다. 첫 번째 반복을 구하기 위해 이 값들을 식 (9)의 우변에 대입한다. 결과는 다음과 같다.

$$\mathbf{x}_1 = \begin{bmatrix} 0.85 \\ -1.3 \\ 1.8 \end{bmatrix}$$

두 번째 반복을 구하기 위해 $\mathbf{x}_1$의 성분을 식 (9)의 우변에 대입한다. 따라서 다음과 같다.

$$\mathbf{x}_2 = \begin{bmatrix} x_1 \\ x_2 \\ x_3 \end{bmatrix} = \begin{bmatrix} 0 & -0.05 & 0.05 \\ 0.1 & 0 & 0.1 \\ 0.1 & -0.1 & 0 \end{bmatrix} \begin{bmatrix} 0.85 \\ -1.3 \\ 1.8 \end{bmatrix} + \begin{bmatrix} 0.85 \\ -1.3 \\ 1.8 \end{bmatrix} = \begin{bmatrix} 1.005 \\ -1.035 \\ 2.015 \end{bmatrix}$$

소수점 넷째 자리에서 반올림했을 때 반복이 두 번 연속적으로 일치할 때까지 이 과정을 반복하여 얻은 결과가 표 5.3.1에 있다. 이것은 엄밀한 해 $x_1 = 1, x_2 = -1, x_3 = 2$와 소수점 넷째 자리까지 일치한다. ■

표 5.3.1

	$\mathbf{x}_0$	$\mathbf{x}_1$	$\mathbf{x}_2$	$\mathbf{x}_3$	$\mathbf{x}_4$	$\mathbf{x}_5$	$\mathbf{x}_6$	$\mathbf{x}_7$
x_1	0	0.8500	1.0050	1.0025	1.0001	1.0000	1.0000	1.0000
x_2	0	−1.3000	−1.0350	−0.9980	−0.9994	−1.0000	−1.0000	−1.0000
x_3	0	1.8000	2.0150	2.0040	2.0000	1.9999	2.0000	2.0000

참고 경험에 따르면, 반복을 소수점 m 자릿수로 반올림하려면 최소한 소수점 이하 $m + 1$ 자리까지 계산하여야 한다(많을수록 좋다). 그러므로 앞 예제에서 표에 기술된 반복은 소수점 이하 넷째 자리로 반올림하였지만, 최소한 소수점 다섯째 자리까지 계산해야 한다. 각자가 사용하는 계산기의 반올림 규칙에 따라, 계산 결과 값이 표의 값과 약간 다를 수도 있다.

Gauss-Seidel 반복법

Jacobi 반복법은 소규모 선형계에는 적당하지만 대규모 계에 대해서는 수렴 속도가 매우 느리다. 이제 수렴속도를 높이는 데 사용할 수 있는 과정을 고려해 보자.

Jacobi 방법의 각 단계에서 식 (6)의 우변에 이전 x값을 대입하여 새로운 x값을 구한다. 이 새로운 x값들은 모두 동시에 계산되지는 않는다. 맨 처음 방정식에서 x_1을 구하고, 그다음 x_2는 두 번째 방정식에서, 그다음 x_3은 세 번째 방정식에서 구하는 등의 방식으로 x의 성분들을 구한다. 새롭게 구한 x값이 이전의 값보다 더 정확한 값이라고 생각하기 때문에, 새로운 x값이 나타났다면 이것을 사용하여 보다 정확한 값을 구할 수 있는 것이 타당해 보인다. 이러한 과정에 의한 알고리즘을 **Gauss-Seidel 반복법**(Gauss-Seidel iteration) 또는 **축차변위법**(method of successive displacement)이라 한다. 다음 예제를 살펴보자.

예제 2 Gauss-Seidel 반복법

예제 1에서 Gauss-Seidel 반복법을 사용하여 소수점 이하 넷째 자리까지 선형계의 근사해를 구하라.

풀이 이전과 같이 $x_1 = x_2 = x_3 = 0$을 초기근사로 취하자. 먼저 $x_2 = 0$과 $x_3 = 0$을 식 (8)의 첫 번째 방정식의 우변에 대입하고 새로운 x_1을 구한 후, $x_3 = 0$과 새로운 x_1을 두 번째 방정식의 우변에 대입하여 새로운 x_2를 구하고, 새로운 x_1과 새로운 x_2를 세 번째 방정식의 우변에 대입하여 x_3를 구한다. 계산 과정은 다음과 같다.

$$x_1 = 0.85 - (0.05)(0) + (0.05)(0) = 0.85$$
$$x_2 = -1.3 + (0.1)(0.85) + (0.1)(0) = -1.215$$
$$x_3 = 1.8 + (0.1)(0.85) - (0.1)(-1.215) = 2.0065$$

그러므로 첫 번째 Gauss-Seidel 반복은

$$\mathbf{x}_1 = \begin{bmatrix} 0.8500 \\ -1.2150 \\ 2.0065 \end{bmatrix}$$

이다. 유사한 방법으로 두 번째 반복에 대한 계산은

$$x_1 = 0.85 - (0.05)(-1.215) + (0.05)(2.0065) = 1.011075$$
$$x_2 = -1.3 + (0.1)(1.011075) + (0.1)(2.0065) = -0.9982425$$
$$x_3 = 1.8 + (0.1)(1.011075) - (0.1)(-0.9982425) = 2.00093175$$

이다. 그러므로 소수점 이하 넷째 자리까지 구한 두 번째 Gauss-Seidel 반복은

$$\mathbf{x}_2 \approx \begin{bmatrix} 1.0111 \\ -0.9982 \\ 2.0009 \end{bmatrix}$$

역사 속의 선형대수

Ludwig Philipp von Seidel (1821~1896)은 Gauss(2장 참조)의 문하에서 공부한 독일의 수학자이자 물리학자이다. Seidel은 1874년 이 방법을 발표하였지만, Gauss의 이름이 어떻게 반복법에 결부되었는지는 불분명하다. 왜냐하면, Gauss는 훨씬 먼저 반복법을 알았지만 쓸모없다고 선언한 바 있기 때문이다. Gauss의 비판에도 불구하고 이 방법은 희박 선형계의 해를 구하는 데 일반적으로 사용된다.

이다. 표 5.3.2는 소수점 이하 넷째 자리까지 수행한 처음 네 개의 Gauss-Seidel 반복을 나타낸다. 표 5.3.1과 5.3.2를 비교하면, Gauss-Seidel 반복법은 소수점 이하 넷째 자리까지의 해를 네 번 반복하여 구한 반면, Jacobi 반복법은 여섯 번까지 반복했다는 것을 알 수 있다. ■

표 5.3.2

	$\mathbf{x}_0$	$\mathbf{x}_1$	$\mathbf{x}_2$	$\mathbf{x}_3$	$\mathbf{x}_4$
x_1	0	0.8500	1.0111	1.0000	1.0000
x_2	0	−1.2150	−0.9982	−0.9999	−1.0000
x_3	0	2.0065	2.0009	2.0000	2.0000

참고 컴퓨터 실행을 위해 Gauss-Seidel 반복법을 프로그래밍하려면 식 (4)와 같은 점화식이 바람직하다. 그러한 공식은 먼저 A를

$$A = D - L - U$$

로 치환하여 구할 수 있다. 여기서 D, $-L$, $-U$는 각각 그림 5.3.1에서 제시한 대각행렬, 하부삼각행렬, 그리고 상부삼각행렬이다(행렬 L과 U는 A의 LU-분해에 의한 것이 아니다). 만약 $D - L$이 가역이라면 Gauss-Seidel 반복법의 점화식은 다음과 같이 이 행렬들의 항으로 표현할 수 있다.

$$\mathbf{x}_{k+1} = (D - L)^{-1}U\mathbf{x}_k + (D - L)^{-1}\mathbf{b} \tag{10}$$

증명은 생략한다.

$$\underset{A}{\begin{bmatrix} \bullet & \bullet & \bullet & \bullet & \bullet \\ \bullet & \bullet & \bullet & \bullet & \bullet \\ \bullet & \bullet & \bullet & \bullet & \bullet \\ \bullet & \bullet & \bullet & \bullet & \bullet \\ \bullet & \bullet & \bullet & \bullet & \bullet \end{bmatrix}} = \underset{D}{\begin{bmatrix} \bullet & 0 & 0 & 0 & 0 \\ 0 & \bullet & 0 & 0 & 0 \\ 0 & 0 & \bullet & 0 & 0 \\ 0 & 0 & 0 & \bullet & 0 \\ 0 & 0 & 0 & 0 & \bullet \end{bmatrix}} - \underset{L}{\begin{bmatrix} 0 & 0 & 0 & 0 & 0 \\ -\bullet & 0 & 0 & 0 & 0 \\ -\bullet & \bullet & 0 & 0 & 0 \\ -\bullet & -\bullet & -\bullet & 0 & 0 \\ -\bullet & -\bullet & -\bullet & -\bullet & 0 \end{bmatrix}} - \underset{U}{\begin{bmatrix} 0 & -\bullet & -\bullet & -\bullet & -\bullet \\ 0 & 0 & -\bullet & -\bullet & -\bullet \\ 0 & 0 & 0 & -\bullet & -\bullet \\ 0 & 0 & 0 & 0 & -\bullet \\ \bullet & 0 & 0 & 0 & 0 \end{bmatrix}}$$

$-\bullet$은 A의 $\bullet$의 음(−)을 의미한다.

그림 5.3.1

수렴 Jacobi와 Gauss-Seidel 방법으로 구한 반복이 계의 해로 수렴하지 않는 경우가 있다. 이제 어떠한 조건 하에서 수렴이 보장되는지 살펴보자. 이를 위해 정사각행렬

$$A = \begin{bmatrix} a_{11} & a_{12} & \cdots & a_{1n} \\ a_{21} & a_{22} & \cdots & a_{2n} \\ \vdots & \vdots & & \vdots \\ a_{n1} & a_{n2} & \cdots & a_{nn} \end{bmatrix}$$

의 각 대각 성분의 절대값이 같은 행의 나머지 성분들의 절대값의 합보다 크면 **순대각우세행렬**(strictly diagonally dominant matrix)이라 정의하자. 즉

$$\begin{aligned} |a_{11}| &> |a_{12}| + |a_{13}| + \cdots + |a_{1n}| \\ |a_{22}| &> |a_{21}| + |a_{23}| + \cdots + |a_{2n}| \\ &\vdots \\ |a_{nn}| &> |a_{n1}| + |a_{n2}| + \cdots + |a_{n(n-1)}| \end{aligned} \tag{11}$$

이다.

예제 3 순대각우세행렬

행렬

$$\begin{bmatrix} 7 & -2 & 3 \\ 4 & 1 & -6 \\ 5 & 12 & -4 \end{bmatrix}$$

은 두 번째와 세 번째 행 모두 요구된 조건을 만족시키지 않기 때문에, 순대각우세행렬이 아니다. 두 번째 행에서 $|1|$은 $|4| + |-6|$보다 크지 않고, 세 번째 행에서 $|-4|$는 $|5| + |12|$보다 크지 않다. 그러나 두 번째와 세 번째 열을 서로 교환한다면 결과 행렬은 다음과 같으며 순대각우세행렬이다.

$$\begin{bmatrix} 7 & -2 & 3 \\ 5 & 12 & -4 \\ 4 & 1 & -6 \end{bmatrix}$$

왜냐하면

$$\begin{aligned} |7| &> |-2| + |3| \\ |12| &> |5| + |-4| \\ |-6| &> |4| + |1| \end{aligned}$$

■

순대각우세행렬은 다음 정리 때문에 중요하고, 이 정리의 증명은 선형대수의 수치적 방법을 다루는 책에서 찾을 수 있다(연습문제 P2 참조).

정리 5.3.1 *A가 순대각우세행렬이면 $A\mathbf{x} = \mathbf{b}$는 유일해를 가지며 어떠한 초기근사를 선택하더라도 Gauss-Seidel과 Jacobi 방법의 반복은 해당 해로 수렴한다.*

예제 4 반복의 수렴

예제 1과 2에서 실행한 계산은 Jacobi, Gauss-Seidel 반복이 계 (7)의 엄밀해에 수렴한다는 것을 확실히 보여 준다. 정리 5.3.1은 계의 계수행렬이 순대각우세이기 때문에 이것이 가능하다는 것을 보장한다(증명하라). ■

수렴 속도의 향상

문제에 적용할 경우에는 반복법의 수렴뿐만 아니라 수렴 속도도 고려해야 한다. A가 순대각우세행렬인 경우 수렴률은 식 (11)의 좌변이 우변보다 어느 정도 우세한가에 따라서 결정된다는 것을 알 수 있다. 좌변이 우세할수록 빨리 수렴한다. 따라서 식 (11)의 부등식이 성립하지만, 부등식 양변이 거의 비슷하여 Jacobi와 Gauss-Seidel 반복의 수렴이 너무 느려 알고리즘을 실제로 사용할 수 없을 수 있다. 이런 문제를 해결하기 위해서 수치 분석가들은 수렴률을 개선하는 다양한 방법을 고안했다. 이런 방법들 중에서 **Gauss-Seidel 반복보외법**(extrapolated Gauss-Seidel iteration) 또는 **축차가속완화법**(method of successive overrelaxation, 문헌에는 약어로 SOR이라 한다)이 가장 중요한 방법으로 알려져 있다. 이 주제에 대한 자세한 내용은 다음 문헌을 참고하라: G. H. Golub and C. F. Van Loan, *Matrix Computations*, Johns Hopkins University Press, Baltimore, 1996.

연습문제 5.3

연습문제 1과 2는 $x_1 = 0$, $x_2 = 0$로 시작하여 Jacobi 반복법과 Gauss-Seidel 반복법을 사용하여 계의 해를 근사화하라. 세 번까지 반복하고 그 결과와 엄밀해를 비교하라.

1. $\begin{aligned} 2x_1 + x_2 &= 7 \\ x_1 - 2x_2 &= 1 \end{aligned}$

2. $\begin{aligned} 3x_1 - x_2 &= 5 \\ 2x_1 + 3x_2 &= -4 \end{aligned}$

연습문제 3과 4는 $x_1 = 0$, $x_2 = 0$, $x_3 = 0$로 시작하여 Jacobi 반복법과 Gauss-Seidel 반복법을 사용하여 계의 해를 근사화하라. 세 번까지 반복하고 그 결과와 엄밀해를 비교하라.

3. $\begin{aligned} 10x_1 + x_2 + 2x_3 &= 3 \\ x_1 + 10x_2 - x_3 &= \tfrac{3}{2} \\ 2x_1 + x_2 + 10x_3 &= -9 \end{aligned}$

4. $\begin{aligned} 20x_1 - x_2 + x_3 &= 20 \\ 2x_1 + 10x_2 - x_3 &= 11 \\ x_1 + x_2 - 20x_3 &= -18 \end{aligned}$

연습문제 5와 6에서는 행렬이 순대각우세행렬인지 아닌지를 밝혀라.

5. (a) $\begin{bmatrix} 4 & -3 \\ 2 & -2 \end{bmatrix}$ (b) $\begin{bmatrix} 4 & -1 & -2 \\ 0 & -7 & 2 \\ 3 & -1 & 5 \end{bmatrix}$

(c) $\begin{bmatrix} 6 & 2 & 3 & 0 \\ 3 & 5 & 0 & 1 \\ 1 & 2 & -8 & 3 \\ -1 & 0 & 4 & 6 \end{bmatrix}$

6. (a) $\begin{bmatrix} -5 & -3 \\ 4 & 6 \end{bmatrix}$ (b) $\begin{bmatrix} 4 & 1 & 1 \\ -2 & 5 & 2 \\ 2 & -4 & 6 \end{bmatrix}$

(c) $\begin{bmatrix} 4 & 3 & 0 & -2 \\ 1 & 5 & 1 & -3 \\ -2 & 2 & 6 & 1 \\ 1 & 2 & 3 & -7 \end{bmatrix}$

연습문제 7~10에서는 행렬이 순대각우세행렬이 아님을 보이고, 행을 적절히 교환하여 순대각우세행렬을 만들 수 있는지를 밝혀라.

7. $\begin{bmatrix} -1 & 4 & -6 \\ 5 & 2 & 2 \\ 3 & -7 & -3 \end{bmatrix}$

8. $\begin{bmatrix} 1 & -2 & 3 & 7 \\ -6 & 1 & 0 & -4 \\ 1 & -2 & 5 & 1 \\ 3 & -8 & -1 & 1 \end{bmatrix}$

9. $\begin{bmatrix} 1 & -2 & 3 \\ 4 & 1 & 1 \\ 1 & -4 & 2 \end{bmatrix}$

10. $\begin{bmatrix} 1 & 3 & -1 & 2 \\ 5 & 1 & 4 & 0 \\ 2 & -1 & 5 & 1 \\ 0 & 3 & 6 & -2 \end{bmatrix}$

증명문제

*$m \times n$ 행렬 A에 대하여 각 행의 절댓값들의 합 중 최대값을 **무한놈**(infinity norm)으로 정의하자. 즉*

$$\|A\|_\infty = \max_{1 \le i \le m} \left[\sum_{j=1}^{n} |a_{ij}| \right]$$

P1. 다음을 증명하라.

(a) $\|aA\|_\infty = |a|\|A\|_\infty$

(b) $\|A + B\|_\infty \le \|A\|_\infty + \|B\|_\infty$

(c) $\mathbf{x}$가 $1 \times n$ 행벡터라면, 다음이 성립함을 증명하라.

$\|\mathbf{x}B\|_\infty \le \|B\|_\infty \|\mathbf{x}\|_\infty$

(d) 다음을 증명하라.

$\|AB\|_\infty \le \|A\|_\infty \|B\|_\infty$

P2. (a) M이 $n \times n$ 행렬이며, 수열이 $\mathbf{x}_k = M\mathbf{x}_{k-1} + \mathbf{y}$에 의해 재귀적으로 정의된다고 하자. 여기에서 $\mathbf{x}_0$은 임의의 값이다. 다음을 보여라.

$$\mathbf{x}_k = M^k\mathbf{x}_0 + (I + M + M^2 + \cdots + M^{k-1})\mathbf{y}$$

(b) 무한놈에 대한 연습문제 P1의 (a), (d)항과 정리 3.6.7을 사용하여 다음을 증명하라.

$\|M\|_\infty < 1$이면, $k \to \infty$일 때, $\mathbf{x}_k \to (I - M)^{-1}\mathbf{y}$

P3. 식 (4)에 따르면 A가 영이 아닌 대각 성분을 가진 $n \times n$ 가역행렬이고 $A\mathbf{x} = \mathbf{b}$가 방정식 계일 때, Jacobi 반복의 수열 $\mathbf{x}$는 $\mathbf{x}_{k+1} = M\mathbf{x}_k + \mathbf{y}$ 형태로 표현할 수 있다. 여기서 $M = D^{-1}(D - A)$, $y = D^{-1}\mathbf{b}$이다. (D는 행렬의 대각 성분이 A의 대각 성분과 일치하는 대각행렬이다.)

(a) A가 순대각우세라면 $\|M\|_\infty = \|D^{-1}(D - A)\|_\infty < 1$임을 보여라. [*힌트*: $D^{-1}(D - A)$의 k번째 행의 성분들을 구해서 그것들을 합산하라.]

(b) (a)항과 연습문제 P2를 사용하여 Jacobi 경우에 대한 정리 5.3.1의 증명을 완성하라.

P4. A를 각 대각 성분의 절댓값이 같은 열(행 대신에)의 다른 성분의 절댓값의 합보다 큰 성질을 갖는 $n \times n$ 가역행렬이라고 가정하자. $A\mathbf{x} = \mathbf{b}$의 해를 근사화하는 Jacobi 방법이 이 경우에 잘 작동함을 보여라. [*힌트*: $m \times n$ 행렬 A의 **1-놈**(1-norm)을 각

열의 절대값의 합 중에서 최대값이라고 정의한다. 즉

$$\|A\|_1 = \max_{1 \le j \le n} \sum_{i=1}^{m} |a_{ij}|$$

연습문제 P1과 P2의 무한놈에 대한 결과가 1-놈에 대해서도 성립한다는 것을 증명할 수 있다. 이를 받아들이고, 연습문제 P3에서 무한놈 대신에 1-놈을 사용하여 풀어 보라.]

프로그램 활용 연습문제

연습문제 T1과 T2에서는 Jacobi 반복법을 이용하여 $\mathbf{x} = \mathbf{0}$*에서 시작한 반복이 소수점 셋째 자리까지 두 번 연속적으로 일치할 때까지 해를 근사화하라. Gauss-Seidel 반복법을 사용하여 이 과정을 되풀이하고 각 방법에 필요한 반복 횟수를 비교하라.*

T1. 연습문제 3의 계

T2. 연습문제 4의 계

T3. 다음 선형계를 생각하자.

$$\begin{aligned} 2x_1 - 4x_2 + 7x_3 &= 8 \\ -2x_1 + 5x_2 + 2x_3 &= 0 \\ 4x_1 + x_2 + x_3 &= 5 \end{aligned}$$

(a) 계의 계수행렬이 순대각우세행렬이 아니기 때문에 정리 5.3.1은 Jacobi 반복이나 Gauss-Seidel 반복이 수렴하는 것을 보장하지 않는다. 처음 다섯 개의 Gauss-Seidel 반복을 계산하여 수렴하지 않음을 보여라.

(b) 순대각우세계수행렬을 지닌 선형계를 만들기 위해 방정식의 순서를 변경하라. 그리고 처음 다섯 개의 Gauss-Seidel 반복을 계산하여 수렴함을 보여라.

T4. **열**(heat)은 온도가 높은 점에서 온도가 낮은 점으로 흐르는 에너지이다. 이 에너지의 흐름은 온도가 높은 점의 온도가 내려가고 온도가 낮은 점의 온도가 올라가게 되어, 두 점에서 온도가 평형을 이루어 에너지 흐름이 멈출 때까지 지속된다. 이때 온도는 **정상상태**(steady state)에 도달했다고 한다. 모서리의 온도가 변하지 않는 직사각형 금속 평판에서 내부 점들의 정상상태 온도를 근사화하는 문제를 고려하자. 일반적으로 평판의 모든 점에서 정상상태 온도를 찾는 문제는 미적분학이 필요하지만, 유한개 점의 정상상태 온도를 찾는 문제로 한정한다면, 선형대수를 사용할 수 있다. 이 문제를 해결하는 아이디어는 평판의 내부에 직사각형 격자를 설정하고 내부 격자점에서 정상상태 온도를 근사화하는 것이다. 예를 들어 다음 그림의 마지막 부분은 직사각형 평판의 모서리 온도가 0°C, 0°C , 4°C, 16°C이고 아홉 개의 내부 격자 점의 미지의 정상상태 온도가 $t_1, t_2, \cdots, t_9$임을 나타내고 있다. 내부 격자 점의 정상상태 온도는 인접한 네 개 격자 점의 평균 온도에 근사한다는 **열역학의 이산평균**(discrete averaging) 모델을 사용하여 문제에 접근하자. 즉, 예를 들면 정상상태 온도 t_1과 t_5은 다음과 같다.

$t_5 = \frac{1}{4}(t_4 + t_2 + t_6 + t_8)$와 $t_1 = \frac{1}{4}(0 + 16 + t_2 + t_4)$

(a) 정상상태 온도 $t_1, t_2, \cdots, t_9$에 대한 아홉 개의 모든 이산평균 방정식을 기술하라.

(b) (a)항의 방정식을 행렬 형식 $\mathbf{t} = B\mathbf{t} + \mathbf{c}$으로 다시 기술하라. 여기서 $\mathbf{t}$는 미지의 정상상태 벡터의 열벡터, B는 9×9 행렬이고 $\mathbf{c}$는 9×1 상수 열벡터이다.

(c) 방정식 $\mathbf{t} = B\mathbf{t} + \mathbf{c}$는 식 (1)의 형태와 동일하므로, 식 (2)가 암시하듯이 Jacobi 반복법과 마찬가지로 점화관계 $\mathbf{t}_{k+1} = B\mathbf{t}_k + \mathbf{c}$를 사용하여 반복적으로 구할 수 있다. $t_1 = 0, t_2 = 0, \cdots, t_9 = 0$을 초기값으로 설정하고 이 방법을 사용하여, 10번 반복하여 정상상태 온도의 근사값을 구하라. [*해설*: 이것은 희소 행렬이 나타나는 좋은 예이다. 각 미지수가 다른 미지수 중 몇 개에만 의존하기 때문에, 결과 행렬은 많은 항에서 영을 갖는다.]

(d) 연속하는 2개의 반복의 각 성분 사이의 차가 0.001보다 작을 때까지 반복하여 정상상태 온도를 근사화하라.

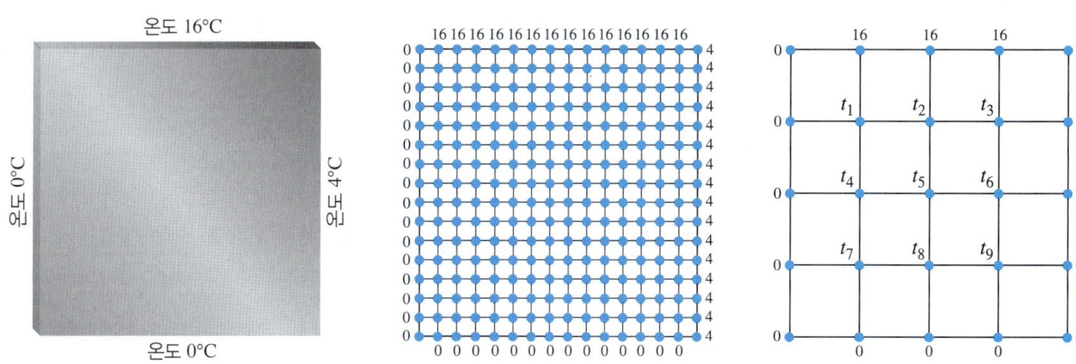

그림 Ex-T4 경계의 온도가 일정한 정사각평면 / 정사각평면을 미세한 격자로 표시 / 9개의 내부점을 갖는 격자

5.4 거듭제곱법 및 인터넷 검색 엔진의 응용

이론적으로 정사각행렬의 고유값은 특성방정식을 풀어서 구할 수 있다. 하지만 이 과정은 계산이 너무 어렵기 때문에 대부분의 응용 분야에서 이용하지 않는다. 이 절에서는 절대값이 가장 큰 고유값 및 대응하는 고유벡터를 근사화하는 알고리즘을 다룬다. 이런 특정 고유값 및 대응하는 고유벡터는 많은 반복 과정에서 자연스럽게 발생하기 때문에 중요하다. 이 절에서 살펴볼 방법은 최근에 초고속 인터넷 검색 엔진을 만드는 데 사용되었으며, 그것이 어떻게 이루어지는지 설명하겠다.

거듭제곱법 많은 응용문제에서 다음과 같이 R^n의 벡터 $\mathbf{x}_0$에 $n \times n$행렬 A를 반복적으로 곱하여 수열을 생성한다.

$$\mathbf{x}_0,\ A\mathbf{x}_0,\ A^2\mathbf{x}_0, \cdots,\ A^k\mathbf{x}_0, \cdots$$

이와 같은 형식의 수열을 **A에 의해 만들어진 거듭제곱수열**(power sequence generated by A)이라 한다. 이 절에서는 거듭제곱수열의 수렴 및 고유값과 고유벡터 연구에 대한 응용을 다룬다. 이를 위해 다음을 정의한다.

정의 5.4.1 행렬 A의 서로 다른 고유값이 $\lambda_1, \lambda_2, \cdots, \lambda_k$이고 $|\lambda_1|$이 $|\lambda_2|, \cdots, |\lambda_k|$보다 크다면 λ_1을 행렬 A의 **우세한 고유값**(dominant eigenvalue)이라 한다. 우세한 고유값에 대응하는 임의의 고유벡터를 A의 **우세한 고유벡터**(dominant eigenvector)라 한다.

예제 1 우세한 고유값

어떤 행렬은 우세한 고유값을 갖고 어떤 행렬은 그렇지 않다. 예를 들어 행렬의 서로 다른 고유값이

$$\lambda_1 = -4, \quad \lambda_2 = -2, \quad \lambda_3 = 1, \quad \lambda_4 = 3$$

이면, $\lambda_1 = -4$는 다른 모든 고유값의 절대값보다 크므로 우세하다. 그러나 행렬의 서로 다른 고유값이

$$\lambda_1 = 7, \quad \lambda_2 = -7, \quad \lambda_3 = -2, \quad \lambda_4 = 5$$

이면, $|\lambda_1| = |\lambda_2| = 7$이므로, 절대값이 다른 모든 고유값의 절대값보다 큰 고유값은 없다. ■

거듭제곱수열 수렴에서 가장 중요한 정리는 n개의 일차독립 고유벡터를 갖는 $n \times n$ 행렬에 적용된다. 대칭행렬이 이러한 성질을 갖는다는 것은 추후에 다룰 것이지만, 가장 중요한 응용 중 많은 경우가 대칭행렬과 관련되므로, 이 절에서는 대칭행렬의 경우만 다루기로 한다.

정리 5.4.2 *A를 양*의 우세한 고유벡터 λ를 가진 $n \times n$ 대칭행렬이라고 하자. $\mathbf{x}_0$이 λ에 대응하는 고유공간에서 직교하지 않는 R^n의 단위벡터라면, 정규화된 거듭제곱수열*

$$\mathbf{x}_0, \quad \mathbf{x}_1 = \frac{A\mathbf{x}_0}{\|A\mathbf{x}_0\|}, \quad \mathbf{x}_2 = \frac{A\mathbf{x}_1}{\|A\mathbf{x}_1\|}, \cdots, \quad \mathbf{x}_k = \frac{A\mathbf{x}_{k-1}}{\|A\mathbf{x}_{k-1}\|}, \cdots \tag{1}$$

은 우세한 단위고유벡터에 수렴하고, 수열

$$A\mathbf{x}_1 \cdot \mathbf{x}_1, \quad A\mathbf{x}_2 \cdot \mathbf{x}_2, \quad A\mathbf{x}_3 \cdot \mathbf{x}_3, \cdots, \quad A\mathbf{x}_k \cdot \mathbf{x}_k, \cdots \tag{2}$$

는 우세한 고유값 λ에 수렴한다.

참고 연습문제에서 식 (1)을 다음 식 (3)으로 표현하는 방법을 다룬다.

$$\mathbf{x}_0, \quad \mathbf{x}_1 = \frac{A\mathbf{x}_0}{\|A\mathbf{x}_0\|}, \quad \mathbf{x}_2 = \frac{A^2\mathbf{x}_0}{\|A^2\mathbf{x}_0\|}, \cdots, \quad \mathbf{x}_k = \frac{A^k\mathbf{x}_0}{\|A^k\mathbf{x}_0\|}, \cdots \tag{3}$$

*우세한 고유값이 양이 아니더라도, 수열 (2)는 여전히 우세한 고유값에 수렴하지만 수열 (1)은 교대수열이기 때문에 *특정* 우세한 고유벡터에 수렴하지 않을 수도 있다(연습문제 9 참조). 그럼에도 불구하고 k가 충분히 크면 식 (1)의 각 항은 *어떤* 우세한 고유벡터에 근접하게 근사하다.

이러한 표현 방식을 사용하면 각 반복을 이전 항으로 표현하지 않고 초기벡터 $\mathbf{x}_0$로 표현할 수 있다.

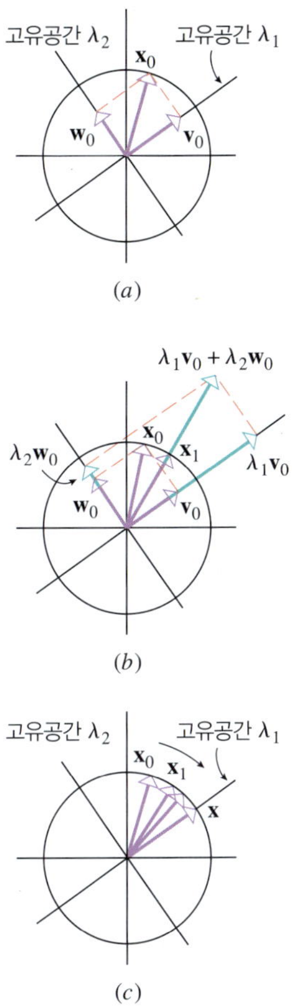

그림 5.4.1

정리 5.4.2를 증명하지는 않겠지만, A가 서로 다른 양의 고유값(λ_1과 λ_2 중 하나가 우세한)을 가진 2×2 대칭 행렬의 경우에는 기하학적 방법으로 타당성을 보일 수 있다. 구체적으로, λ_1이 우세하여

$$\lambda_1 > \lambda_2 > 0$$

라고 가정한다. A가 대칭이고 서로 다른 고유값을 갖는다고 가정하므로, 정리 4.4.11에 의하면 λ_1과 λ_2에 대응하는 고유공간들은 원점을 지나며 서로 직교하는 직선들이다. 그러므로 $\mathbf{x}_0$이 λ_1에 대응하는 고유공간에 직교하지 않는 단위벡터라고 가정하면 $\mathbf{x}_0$는 λ_2에 대응하는 고유공간에 존재하지 않는 것을 의미한다. $\mathbf{x}_0$와 A의 곱셈에 대한 기하학적 의미를 이해하기 위해서, $\mathbf{x}_0$를 다음과 같은 두 벡터의 합

$$\mathbf{x}_0 = \mathbf{v}_0 + \mathbf{w}_0 \tag{4}$$

으로 나누면 편리하다. 여기에서 $\mathbf{v}_0$과 $\mathbf{w}_0$은 $\mathbf{x}_0$를 λ_1과 λ_2의 고유공간으로 각각 정사영이다(그림 5.4.1a 참조). 이로 인해 $A\mathbf{x}_0$를 식 (5)와 같이 표현할 수 있다.

$$A\mathbf{x}_0 = A\mathbf{v}_0 + A\mathbf{w}_0 = \lambda_1\mathbf{v}_0 + \lambda_2\mathbf{w}_0 \tag{5}$$

이것은 $\mathbf{x}_0$에 A를 곱하는 것이 식 (4)의 $\mathbf{v}_0$과 $\mathbf{w}_0$ 항을 λ_1과 λ_2로 각각 '척도구성(scaling)' 함을 말하는 것이다. 그러나 λ_1이 λ_2보다 크기 때문에 $\mathbf{v}_0$ 방향의 척도가 $\mathbf{w}_0$ 방향의 척도보다 크다. 그러므로 $\mathbf{x}_0$에 A를 곱하는 것은 λ_1의 고유공간 쪽으로 $\mathbf{x}_0$를 끌어당기는 것이고, 정규화는 $\mathbf{x}_0$보다 λ_1의 고유공간에 더 근접한 단위원상의 벡터 $\mathbf{x}_1 = A\mathbf{x}_0/\|A\mathbf{x}_0\|$를 생성한다(그림 5.4.1$b$). 마찬가지로 $\mathbf{x}_1$에 A를 곱하고 정규화하는 과정은 $\mathbf{x}_1$보다 λ_1의 고유공간에 더 근접한 단위벡터 $\mathbf{x}_2$를 생성한다. 따라서 반복적으로 A를 곱하고 정규화함으로써 λ_1의 고유공간에 있는 단위벡터 $\mathbf{x}$에 수렴하는 단위원상의 벡터 $\mathbf{x}_k$의 수열이 만들어지는 것은 타당하다(그림 5.4.1c). 또한 $\mathbf{x}_k$가 $\mathbf{x}$로 수렴한다면, $A\mathbf{x}_k \cdot \mathbf{x}_k$가 A의 우세한 고유값인

$$A\mathbf{x} \cdot \mathbf{x} = \lambda_1\mathbf{x} \cdot \mathbf{x} = \lambda_1\|\mathbf{x}\|^2 = \lambda_1$$

에 수렴하는 것도 타당하다.

Euclid 척도구성을 이용한 거듭제곱법

정리 5.4.2는 대칭행렬 A의 우세한 고유값이 양이면, 이 고유값 및 대응하는 단위고유벡터를 근사화하는 알고리즘을 제시한다. **Euclid 척도구성을 이용한 거듭제곱법**(power method with Euclidean scaling)이라 부르는 이 알고리즘은 다음과 같다.

Euclid 척도구성과 거듭제곱법

1단계. 임의의 영이 아닌 벡터를 선택하고, 필요하다면 그것을 정규화하여 단위벡터 $\mathbf{x}_0$을 구하라.

2단계. $A\mathbf{x}_0$을 계산하고 정규화하여 우세한 단위고유벡터의 첫 번째 근사값 $\mathbf{x}_1$을 구하라. $A\mathbf{x}_1 \cdot \mathbf{x}_1$을 계산하여 우세한 고유값의 첫 번째 근사값을 구하라.

3단계. $A\mathbf{x}_1$을 계산하고 정규화하여 우세한 단위고유벡터의 두 번째 근사값 $\mathbf{x}_2$를 구하라. $A\mathbf{x}_2 \cdot \mathbf{x}_2$를 계산하여 우세한 고유값의 두 번째 근사값을 구하라.

4단계. $A\mathbf{x}_2$를 계산하고 정규화하여 우세한 단위고유벡터의 세 번째 근사값 $\mathbf{x}_3$을 구하라. $A\mathbf{x}_3 \cdot \mathbf{x}_3$을 계산하여 우세한 고유값의 세 번째 근사값을 구하라.

이 과정을 계속하면 우세한 고유값과 대응하는 단위고유벡터에 더 근접하는 근사에 대한 수열을 만들 수 있다.*

---

*벡터 $\mathbf{x}_0$이 우세한 고유값의 고유공간과 직교하면, 정리 5.4.2의 가설은 위배되고 이 방법은 실패할 수도 있다. 그러나 컴퓨터 반올림오차로 인하여 $\mathbf{x}_0$이 약간 교란(perturb)되기 때문에 직교성이 소멸되어 알고리즘이 정상적으로 작동된다. 이것은 오차로 인해 정확한 결과를 얻게 되는 한 가지 사례이다!

예제 2 Euclid 척도구성을 이용한 거듭제곱법

Euclid 척도구성을 이용한 거듭제곱법을 다음 행렬과 벡터에 적용하라.

$$A = \begin{bmatrix} 3 & 2 \\ 2 & 3 \end{bmatrix} \text{와} \quad \mathbf{x}_0 = \begin{bmatrix} 1 \\ 0 \end{bmatrix}$$

$\mathbf{x}_5$에서 중단하고 근사 결과를 우세한 고유값 및 해당 고유벡터의 엄밀한 값과 비교하라.

풀이 4.4절의 예제 6에서 A의 고유값이 $\lambda = 1$과 $\lambda = 5$임을 알았다. 따라서 A의 우세한 고유값은 $\lambda = 5$이다. $\lambda = 5$에 대응하는 고유공간은 다음과 같은 벡터 형식의 매개변수방정식 $x_1 = t$, $x_2 = t$로 표현되는 직선이다.

$$\mathbf{x} = \begin{bmatrix} t \\ t \end{bmatrix} = t\begin{bmatrix} 1 \\ 1 \end{bmatrix} \tag{6}$$

그러므로, $t = 1/\sqrt{2}$과 $t = -1/\sqrt{2}$을 취하면 다음과 같은 두 개의 우세한 단위고유벡터를 만들 수 있다.

$$\mathbf{v}_1 = \begin{bmatrix} \frac{1}{\sqrt{2}} \\ \frac{1}{\sqrt{2}} \end{bmatrix}, \quad \mathbf{v}_2 = \begin{bmatrix} -\frac{1}{\sqrt{2}} \\ -\frac{1}{\sqrt{2}} \end{bmatrix} \tag{7}$$

이제 단위벡터 $\mathbf{x}_0$을 초기값으로 설정하고 거듭제곱을 실행할 때 어떤 현상이 발생하는지 살펴보자.

$$A\mathbf{x}_0 = \begin{bmatrix} 3 & 2 \\ 2 & 3 \end{bmatrix}\begin{bmatrix} 1 \\ 0 \end{bmatrix} = \begin{bmatrix} 3 \\ 2 \end{bmatrix} \qquad \mathbf{x}_1 = \frac{A\mathbf{x}_0}{\|A\mathbf{x}_0\|} = \frac{1}{\sqrt{13}}\begin{bmatrix} 3 \\ 2 \end{bmatrix} \approx \frac{1}{3.60555}\begin{bmatrix} 3 \\ 2 \end{bmatrix} \approx \begin{bmatrix} 0.83205 \\ 0.55470 \end{bmatrix}$$

$$A\mathbf{x}_1 \approx \begin{bmatrix} 3 & 2 \\ 2 & 3 \end{bmatrix}\begin{bmatrix} 0.83205 \\ 0.55470 \end{bmatrix} \approx \begin{bmatrix} 3.60555 \\ 3.32820 \end{bmatrix} \qquad \mathbf{x}_2 = \frac{A\mathbf{x}_1}{\|A\mathbf{x}_1\|} \approx \frac{1}{4.90682}\begin{bmatrix} 3.60555 \\ 3.32820 \end{bmatrix} \approx \begin{bmatrix} 0.73480 \\ 0.67828 \end{bmatrix}$$

$$A\mathbf{x}_2 \approx \begin{bmatrix} 3 & 2 \\ 2 & 3 \end{bmatrix}\begin{bmatrix} 0.73480 \\ 0.67828 \end{bmatrix} \approx \begin{bmatrix} 3.56097 \\ 3.50445 \end{bmatrix} \qquad \mathbf{x}_3 = \frac{A\mathbf{x}_2}{\|A\mathbf{x}_2\|} \approx \frac{1}{4.99616}\begin{bmatrix} 3.56097 \\ 3.50445 \end{bmatrix} \approx \begin{bmatrix} 0.71274 \\ 0.70143 \end{bmatrix}$$

$$A\mathbf{x}_3 \approx \begin{bmatrix} 3 & 2 \\ 2 & 3 \end{bmatrix}\begin{bmatrix} 0.71274 \\ 0.70143 \end{bmatrix} \approx \begin{bmatrix} 3.54108 \\ 3.52976 \end{bmatrix} \qquad \mathbf{x}_4 = \frac{A\mathbf{x}_3}{\|A\mathbf{x}_3\|} \approx \frac{1}{4.99985}\begin{bmatrix} 3.54108 \\ 3.52976 \end{bmatrix} \approx \begin{bmatrix} 0.70824 \\ 0.70597 \end{bmatrix}$$

$$A\mathbf{x}_4 \approx \begin{bmatrix} 3 & 2 \\ 2 & 3 \end{bmatrix}\begin{bmatrix} 0.70824 \\ 0.70597 \end{bmatrix} \approx \begin{bmatrix} 3.53666 \\ 3.53440 \end{bmatrix} \qquad \mathbf{x}_5 = \frac{A\mathbf{x}_4}{\|A\mathbf{x}_4\|} \approx \frac{1}{4.99999}\begin{bmatrix} 3.53666 \\ 3.53440 \end{bmatrix} \approx \begin{bmatrix} 0.70733 \\ 0.70688 \end{bmatrix}$$

$$\lambda^{(1)} = (A\mathbf{x}_1)\cdot\mathbf{x}_1 = (A\mathbf{x}_1)^T\mathbf{x}_1 \approx \begin{bmatrix} 3.60555 & 3.32820 \end{bmatrix}\begin{bmatrix} 0.83205 \\ 0.55470 \end{bmatrix} \approx 4.84615$$

$$\lambda^{(2)} = (A\mathbf{x}_2)\cdot\mathbf{x}_2 = (A\mathbf{x}_2)^T\mathbf{x}_2 \approx \begin{bmatrix} 3.56097 & 3.50445 \end{bmatrix}\begin{bmatrix} 0.73480 \\ 0.67828 \end{bmatrix} \approx 4.99361$$

$$\lambda^{(3)} = (A\mathbf{x}_3)\cdot\mathbf{x}_3 = (A\mathbf{x}_3)^T\mathbf{x}_3 \approx \begin{bmatrix} 3.54108 & 3.52976 \end{bmatrix}\begin{bmatrix} 0.71274 \\ 0.70143 \end{bmatrix} \approx 4.99974$$

$$\lambda^{(4)} = (A\mathbf{x}_4)\cdot\mathbf{x}_4 = (A\mathbf{x}_4)^T\mathbf{x}_4 \approx \begin{bmatrix} 3.53666 & 3.53440 \end{bmatrix}\begin{bmatrix} 0.70824 \\ 0.70597 \end{bmatrix} \approx 4.99999$$

$$\lambda^{(5)} = (A\mathbf{x}_5)\cdot\mathbf{x}_5 = (A\mathbf{x}_5)^T\mathbf{x}_5 \approx \begin{bmatrix} 3.53576 & 3.53531 \end{bmatrix}\begin{bmatrix} 0.70733 \\ 0.70688 \end{bmatrix} \approx 5.00000$$

그러므로 $\lambda^{(5)}$는 우세한 고유값을 소수점 이하 다섯째 자리까지 정확하게 근사화하고($\lambda^{(5)}$의 5와 다섯째 자리의 5가 같은 것은 우연의 일치다), $\mathbf{x}_5$는 우세한 고유벡터

$$\mathbf{v}_1 = \begin{bmatrix} \frac{1}{\sqrt{2}} \\ \frac{1}{\sqrt{2}} \end{bmatrix} \approx \begin{bmatrix} 0.707106781187\cdots \\ 0.707106781187\cdots \end{bmatrix}$$

을 정확하게 소수점 이하 셋째 자리까지 근사화한다. ■

최대성분 척도구성을 이용한 거듭제곱법

다음으로, 거듭제곱법의 변형을 다룬다. 이 방법에서는 각 반복에서 정규화 대신에 반복의 가장 큰 성분이 1이 되도록 척도구성을 한다. 이 방법을 설명하기 위해서 $\mathbf{x}$의 성분의 최대 *절대값*을 $\max(\mathbf{x})$로 표기한다. 예를 들어

$$\mathbf{x} = \begin{bmatrix} 5 \\ 3 \\ -7 \\ 2 \end{bmatrix}$$

이면 $\max(\mathbf{x}) = 7$이다. 다음 정리는 정리 5.4.2의 유용한 변형이다.

정리 5.4.3 *$n \times n$ 대칭행렬 A가 양의 우세한* 고유값 λ를 갖는다고 하자. $\mathbf{x}_0$이 R^n의 영이 아닌 벡터이고, λ에 대응하는 고유공간과 직교하지 않는다면, 수열*

$$\mathbf{x}_0,\quad \mathbf{x}_1 = \frac{A\mathbf{x}_0}{\max(A\mathbf{x}_0)},\quad \mathbf{x}_2 = \frac{A\mathbf{x}_1}{\max(A\mathbf{x}_1)}, \ldots,\quad \mathbf{x}_k = \frac{A\mathbf{x}_{k-1}}{\max(A\mathbf{x}_{k-1})}, \ldots \tag{8}$$

은 λ에 대응하는 고유벡터로 수렴하고, 수열

$$\frac{A\mathbf{x}_1 \cdot \mathbf{x}_1}{\mathbf{x}_1 \cdot \mathbf{x}_1},\quad \frac{A\mathbf{x}_2 \cdot \mathbf{x}_2}{\mathbf{x}_2 \cdot \mathbf{x}_2},\quad \frac{A\mathbf{x}_3 \cdot \mathbf{x}_3}{\mathbf{x}_3 \cdot \mathbf{x}_3}, \ldots,\quad \frac{A\mathbf{x}_k \cdot \mathbf{x}_k}{\mathbf{x}_k \cdot \mathbf{x}_k}, \ldots \tag{9}$$

은 λ로 수렴한다.

참고 연습문제에서 초기벡터 $\mathbf{x}_0$ 항을 이용하여 식 (8)의 반복을 표현하면 식 (10)과 같은 대체 형식으로 표현될 수 있음을 보이라 할 것이다.

$$\mathbf{x}_0,\quad \mathbf{x}_1 = \frac{A\mathbf{x}_0}{\max(A\mathbf{x}_0)},\quad \mathbf{x}_2 = \frac{A^2\mathbf{x}_0}{\max(A^2\mathbf{x}_0)}, \ldots,\quad \mathbf{x}_k = \frac{A^k\mathbf{x}_0}{\max(A^k\mathbf{x}_0)}, \ldots \tag{10}$$

이 정리의 증명은 생략하지만, 식 (8)이 A의 고유벡터에 수렴하는 것을 이해하면 식 (9)가 우세한 고유값에 수렴하는 이유를 쉽게 이해할 수 있다. 이것을 위하여 식 (9)의 각 항을 다음과 같이 표현하자.

$$\frac{A\mathbf{x} \cdot \mathbf{x}}{\mathbf{x} \cdot \mathbf{x}} \tag{11}$$

이것을 A의 **Rayleigh 몫**(Rayleigh quotient)이라 한다. λ가 A의 고유값이고 $\mathbf{x}$가 대응하는 고유벡터인 경우, Rayleigh 몫은 다음과 같다.

$$\frac{A\mathbf{x} \cdot \mathbf{x}}{\mathbf{x} \cdot \mathbf{x}} = \frac{\lambda\mathbf{x} \cdot \mathbf{x}}{\mathbf{x} \cdot \mathbf{x}} = \frac{\lambda(\mathbf{x} \cdot \mathbf{x})}{\mathbf{x} \cdot \mathbf{x}} = \lambda$$

그러므로 $\mathbf{x}_k$가 우세한 고유벡터 $\mathbf{x}$에 수렴하면

$$\frac{A\mathbf{x}_k \cdot \mathbf{x}_k}{\mathbf{x}_k \cdot \mathbf{x}_k} \text{이 우세한 벡터인 } \frac{A\mathbf{x} \cdot \mathbf{x}}{\mathbf{x} \cdot \mathbf{x}} = \lambda$$

로 수렴하는 것은 타당하다.

역사 속의 선형대수

영국 물리학자 John Rayleigh는 불활성 가스인 아르곤을 발견한 공로로 1904년에 노벨 물리학상을 수상했다. 또한 Rayleigh는 음향학과 광학에서도 근본적인 발견을 하였고, 파동현상을 연구하여 하늘이 푸른색을 띠는 정확한 이유를 최초로 설명하였다.

John William Strutt Rayleigh
(1842~1919)

정리 5.4.3으로부터 **최대성분 척도구성을 이용한 거듭제곱법**(power method with maximum entry scaling)이라 부르는 다음 알고리즘을 구성할 수 있다.

최대성분 척도구성을 이용환 거듭제곱법

1단계. 영이 아닌 임의의 벡터 $\mathbf{x}_0$을 선정한다.

2단계. $A\mathbf{x}_0$을 계산하고 우세한 고유벡터의 첫 번째 근사 $\mathbf{x}_1$을 얻기 위해 인수 $1/\max(A\mathbf{x}_0)$을 곱한다. 우세한 고유값의 첫 번째 근사를 얻기 위해 $\mathbf{x}_1$의 Rayleigh 몫을 계산한다.

*정리 5.4.2에서처럼 우세한 고유값이 양이 아니더라도 수열 (9)는 여전히 우세한 고유값으로 수렴하지만, 수열 (8)은 *특정* 우세한 고유벡터로 수렴하지 않을 수도 있다. 그럼에도 불구하고 수열 (8)의 각 항은 충분히 큰 k에 대해 *어떤* 우세한 고유벡터로 근접한다.

3단계. $A\mathbf{x}_1$을 계산하고 우세한 고유벡터의 두 번째 근사 $\mathbf{x}_2$를 얻기 위해 인수 $1/\max(A\mathbf{x}_1)$을 곱한다. 우세한 고유값의 두 번째 근사를 얻기 위해 $\mathbf{x}_2$의 Rayteigh 몫을 계산한다.

4단계. $A\mathbf{x}_2$를 계산하고 우세한 고유벡터의 세 번째 근사 $\mathbf{x}_3$를 얻기 위해 인수 $1/\max(A\mathbf{x}_2)$을 곱한다. 우세한 고유값의 세 번째 근사를 얻기 위해 $\mathbf{x}_3$의 Rayleigh 몫을 계산한다.

이 과정을 계속하면 우세한 고유값 및 대응하는 고유벡터에 더 근접하는 근사에 대한 수열을 생성할 수 있다.

참고 Euclid 척도구성을 이용한 거듭제곱법과 최대성분 척도구성을 이용한 거듭제곱법의 차이점은 Euclid 척도구성은 우세한 단위고유벡터에 접근하는 수열을 만드는 반면에, 최대성분 척도구성은 가장 큰 성분이 1인 우세한 고유벡터에 접근하는 수열을 만든다는 것이다.

예제 3

최대성분 척도구성을 사용한 예제 2의 재고찰

$$A=\begin{bmatrix}3&2\\2&3\end{bmatrix} \text{와} \quad \mathbf{x}_0=\begin{bmatrix}1\\0\end{bmatrix}$$

일 때 최대성분 척도구성을 이용한 거듭제곱법을 적용하라. $\mathbf{x}_5$에서 중단하고 결과로 나온 근사값과 엄밀한 값을 비교하라. 또한 예제 2에서 구한 근사값과 비교하라.

풀이 다음 식을 확인하는 것은 독자에게 맡긴다.

$$A\mathbf{x}_0=\begin{bmatrix}3&2\\2&3\end{bmatrix}\begin{bmatrix}1\\0\end{bmatrix}=\begin{bmatrix}3\\2\end{bmatrix} \qquad \mathbf{x}_1=\frac{A\mathbf{x}_0}{\max(A\mathbf{x}_0)}=\frac{1}{3}\begin{bmatrix}3\\2\end{bmatrix}\approx\begin{bmatrix}1.00000\\0.66667\end{bmatrix}$$

$$A\mathbf{x}_1\approx\begin{bmatrix}3&2\\2&3\end{bmatrix}\begin{bmatrix}1.00000\\0.66667\end{bmatrix}\approx\begin{bmatrix}4.33333\\4.00000\end{bmatrix} \qquad \mathbf{x}_2=\frac{A\mathbf{x}_1}{\max(A\mathbf{x}_1)}\approx\frac{1}{4.33333}\begin{bmatrix}4.33333\\4.00000\end{bmatrix}\approx\begin{bmatrix}1.00000\\0.92308\end{bmatrix}$$

$$A\mathbf{x}_2\approx\begin{bmatrix}3&2\\2&3\end{bmatrix}\begin{bmatrix}1.00000\\0.92308\end{bmatrix}\approx\begin{bmatrix}4.84615\\4.76923\end{bmatrix} \qquad \mathbf{x}_3=\frac{A\mathbf{x}_2}{\max(A\mathbf{x}_2)}\approx\frac{1}{4.84615}\begin{bmatrix}4.84615\\4.76923\end{bmatrix}\approx\begin{bmatrix}1.00000\\0.98413\end{bmatrix}$$

$$A\mathbf{x}_3\approx\begin{bmatrix}3&2\\2&3\end{bmatrix}\begin{bmatrix}1.00000\\0.98413\end{bmatrix}\approx\begin{bmatrix}4.96825\\4.95238\end{bmatrix} \qquad \mathbf{x}_4=\frac{A\mathbf{x}_3}{\max(A\mathbf{x}_3)}\approx\frac{1}{4.96825}\begin{bmatrix}4.96825\\4.95238\end{bmatrix}\approx\begin{bmatrix}1.00000\\0.99681\end{bmatrix}$$

$$A\mathbf{x}_4\approx\begin{bmatrix}3&2\\2&3\end{bmatrix}\begin{bmatrix}1.00000\\0.99681\end{bmatrix}\approx\begin{bmatrix}4.99361\\4.99042\end{bmatrix} \qquad \mathbf{x}_5=\frac{A\mathbf{x}_4}{\max(A\mathbf{x}_4)}\approx\frac{1}{4.99361}\begin{bmatrix}4.99361\\4.99042\end{bmatrix}\approx\begin{bmatrix}1.00000\\0.99936\end{bmatrix}$$

$$\lambda^{(1)}=\frac{A\mathbf{x}_1\cdot\mathbf{x}_1}{\mathbf{x}_1\cdot\mathbf{x}_1}=\frac{(A\mathbf{x}_1)^T\mathbf{x}_1}{\mathbf{x}_1^T\mathbf{x}_1}\approx\frac{7.00000}{1.44444}\approx 4.84615$$

$$\lambda^{(2)}=\frac{A\mathbf{x}_2\cdot\mathbf{x}_2}{\mathbf{x}_2\cdot\mathbf{x}_2}=\frac{(A\mathbf{x}_2)^T\mathbf{x}_2}{\mathbf{x}_2^T\mathbf{x}_2}\approx\frac{9.24852}{1.85207}\approx 4.99361$$

$$\lambda^{(3)}=\frac{A\mathbf{x}_3\cdot\mathbf{x}_3}{\mathbf{x}_3\cdot\mathbf{x}_3}=\frac{(A\mathbf{x}_3)^T\mathbf{x}_3}{\mathbf{x}_3^T\mathbf{x}_3}\approx\frac{9.84203}{1.96851}\approx 4.99974$$

$$\lambda^{(4)}=\frac{A\mathbf{x}_4\cdot\mathbf{x}_4}{\mathbf{x}_4\cdot\mathbf{x}_4}=\frac{(A\mathbf{x}_4)^T\mathbf{x}_4}{\mathbf{x}_4^T\mathbf{x}_4}\approx\frac{9.96808}{1.99362}\approx 4.99999$$

$$\lambda^{(5)}=\frac{A\mathbf{x}_5\cdot\mathbf{x}_5}{\mathbf{x}_5\cdot\mathbf{x}_5}=\frac{(A\mathbf{x}_5)^T\mathbf{x}_5}{\mathbf{x}_5^T\mathbf{x}_5}\approx\frac{9.99360}{1.99872}\approx 5.00000$$

그러므로 $\lambda^{(5)}$는 정확하게 소수점 이하 다섯째 자리까지 우세한 고유값을 근사화하고, $\mathbf{x}_5$는 식 (6)에 $t=1$을 대입하여 계산한 결과인 우세한 고유벡터

$$\mathbf{x}=\begin{bmatrix}1\\1\end{bmatrix}$$

에 근접하게 된다. ■

수렴률 A가 다음과 같이 정렬될 수 있는 서로 다른 고유값을 갖는 대칭행렬이라면

$$|\lambda_1|>|\lambda_2|\geq|\lambda_3|\geq\cdots\geq|\lambda_k|$$

Rayleigh 몫이 우세한 고유값 λ_1에 수렴하는 '비율'은 비율 $|\lambda_1|/|\lambda_2|$에 비례한다. 즉 이 비율이 1에 가까우면 수렴속도는 느리고 크면 수렴속도가 빠르다—비율이 크면 클수록 빠르게 수렴한다. 예를 들어 A가 2×2 대칭행렬이라면, 비율 $|\lambda_1|/|\lambda_2|$가 클수록 그림 5.4.1에서 λ_1과 λ_2의 척도구성의 효과 사이의 불균형은 더욱 커지고, 이로 인해 A를 곱하는 것은 반복을 λ_1의 고유공간 쪽으로 끌어당기는 효과가 더욱 커진다. 실제로 예제 3에서 빠른 수렴속도를 보이는 것은 상당히 큰 비율 $|\lambda_1|/|\lambda_2| = 5/1 = 5$ 때문이다. 비율이 1에 가까운 경우에 거듭제곱법의 수렴은 매우 느릴 수 있으므로 다른 방법을 사용해야 한다.

중단 절차 λ가 우세한 고유값의 엄밀한 값이고, 거듭제곱법이 k번째 반복에서 근사값 $\lambda^{(k)}$를 생성한다면

$$\left|\frac{\lambda - \lambda^{(k)}}{\lambda}\right| \tag{12}$$

을 $\lambda^{(k)}$의 **상대오차**(relative error)라고 한다. 이것을 백분율로 표현하면 $\lambda^{(k)}$의 **백분율오차**(percentage error)라고 부른다. 예를 들어 $\lambda = 5$이고 세 번의 반복 후의 근사값이 $\lambda^{(3)} = 5.1$이라면 상대오차는

$$\lambda^{(3)} = \left|\frac{\lambda - \lambda^{(3)}}{\lambda}\right| = \left|\frac{5 - 5.1}{5}\right| = |-0.02| = 0.02$$

이고, 백분율 오차는 $\lambda^{(3)} = 0.02 \times 100\% = 2\%$이다.

실제 응용에서는 일반적으로 우세한 고유값에서 허용될 수 있는 상대오차 E를 알 수 있으며, 고유값에 대한 근사의 상대오차가 E 미만이면 반복 계산을 중단한다. 그러나 고유값 λ가 미지수이기 때문에 식 (12)를 이용하여 상대오차를 계산하는 것은 문제가 있다. 이 문제를 해결하기 위해, 일반적으로 λ를 $\lambda^{(k)}$로 추정하고 다음의 경우에 계산을 중단한다(단, $k \ge 2$).

$$\left|\frac{\lambda^{(k)} - \lambda^{(k-1)}}{\lambda^{(k)}}\right| < E \tag{13}$$

식 (13)의 좌변의 크기를 $\lambda^{(k)}$의 **추정 상대오차**(estimated relative error)라고 하며, 이를 백분율 형식으로 나타낸 것을 $\lambda^{(k)}$의 **추정 백분율오차**(estimated percentage error)라고 한다.

예제 4 예제 3의 계산에서 $\lambda^{(k)}$의 추정 백분율오차가 0.1% 미만이 되는 k의 가장 작은 값을 구하라.

추정 상대오차

풀이 예제 3에서 근사값의 백분율오차는 다음과 같다 .

	근사값	상대오차	오차율
$\lambda^{(2)}$:	$\left\|\frac{\lambda^{(2)} - \lambda^{(1)}}{\lambda^{(2)}}\right\| \approx \left\|\frac{4.99361 - 4.84615}{4.99361}\right\|$	≈ 0.02953	$= 2.953\%$
$\lambda^{(3)}$:	$\left\|\frac{\lambda^{(3)} - \lambda^{(2)}}{\lambda^{(3)}}\right\| \approx \left\|\frac{4.99974 - 4.99361}{4.99974}\right\|$	≈ 0.00123	$= 0.123\%$
$\lambda^{(4)}$:	$\left\|\frac{\lambda^{(4)} - \lambda^{(3)}}{\lambda^{(4)}}\right\| \approx \left\|\frac{4.99999 - 4.99974}{4.99999}\right\|$	≈ 0.00005	$= 0.005\%$
$\lambda^{(5)}$:	$\left\|\frac{\lambda^{(5)} - \lambda^{(4)}}{\lambda^{(5)}}\right\| \approx \left\|\frac{5.00000 - 4.99999}{5.00000}\right\|$	≈ 0.00000	$= 0\%$

그러므로 $\lambda^{(4)} = 4.99999$는 추정 백분율오차가 0.1% 미만인 첫 번째 근사이다. ■

참고 반복 과정을 언제 중단할지를 결정하는 규칙을 **중단절차**(stopping procedure)라고 한다. 연습문제에서 우세한 고유값 대신 우세한 고유벡터에 기반한 거듭제곱법의 중단절차를 다룬다.

인터넷 검색에서의 거듭제곱법 응용 많은 인터넷 검색 엔진들은 검색 문구의 단어를 페이지의 단어 및 페이지 제목의 단어와 비교하여 검색 관련 사이트 목록을 정한다. 최근, 내용이 아닌 페이지 간의 하이퍼링크에 기반한 새로운 인터넷 검색 알고리즘을 개발하는 데 거듭제곱법이 사용된 바 있다. **PageRank 알고리즘**(PageRank algorithm)이라

고 하는 이 알고리즘은 **Google*** 검색 엔진(Google search engine)에서 구현되었으며, Stanford 대학의 대학원생 Larry Page와 Sergey Brin이 개발하였다. 이 알고리즘의 변형인 **HITS** (Hypertext Induced Topic Search)는 1998년 Cornel 대학의 Jon M. Kleinberg가 개발했으며 IBM이 개발 중인 **Clever** 검색 엔진에 사용된다. 두 방법의 기본 아이디어는 검색에 적합한 페이지의 참조 구조를 나타내는 적절한 행렬을 구성한 다음, 이 행렬의 우세한 고유벡터를 사용하여 특정 기준에 따라 중요도 순으로 페이지를 나열하는 것이다. 검색에 적합한 페이지들은 다음과 같이 구한다.

- 사용자가 Google이나 Clever에 단어나 문구의 검색을 요청하면, 첫 번째 단계로 표준 텍스트에 기반한 검색 엔진을 사용하여 보통 수백 개의 관련 사이트 초기 모음 S_0를 찾는다.
- 한 단어는 여러 의미를 갖기도 하므로 집합 S_0에는 관련 없는 사이트가 포함되기도 한다. 그리고 검색어는 동의어가 있을 수 있으므로 검색어의 동의어를 사용한 중요한 사이트들은 포함되지 않을 수도 있다. 이러한 문제점을 해결하기 위해, Google과 Clever는 S_0에 있는 사이트를 참조(또는 연결)하는 사이트들을 찾아 S_0에 포함시켜 더 큰 집합 S로 확장한다. 이 과정은 기본적으로 [**검색집합**(search set)이라 부르는] 집합 S가 검색어와 관련된 가장 중요한 사이트를 포함한다고 가정한다.
- 검색집합이 수천 개의 사이트를 포함할 수 있으므로, 검색 엔진의 주요 작업은 검색어의 관련성에 따라서 사이트를 정렬하는 것이다. 이 부분에서 거듭제곱법과 PageRank 알고리즘, HITS 알고리즘이 활용된다.

역사 속의 선형대수

PC Magazine Names Google to Top 100 Web Sites

Google은 가장 관련 있는 웹페이지(가장 많은 인바운드 링크를 갖는 페이지)를 찾고 그것을 검색하기 위한 Stanford 대학의 연구 과제로 시작되었다. Google은 1999년 2월에 벤처기업이 되었으며, 매우 관련성 높은 결과를 반환하는 기이한 재주를 감안할 때, 성공할 운명이었다. …

PC Magazine

Gaga over Google

검색을 여러 해 사용한 후에, 나는 모두가 언급하는 영리하고 작은 엔진에 매료되었다. … 내가 정말 이 테크놀로지에 열광한 점은 찾고자 하는 것을 엄청난 속도로 찾는 획기적인 검색엔진 때문이다. 이 점이 Google을 나의 북마크파일의 맨 처음에 설정해 둔 이유이다.

Time Magazine

HITS 알고리즘을 설명하기 위하여, 검색집합 S는 n개의 사이트를 포함한다고 가정하고, 사이트 i가 사이트 j를 참조하면 $a_{ij} = 1$이고 그렇지 않으면 $a_{ij} = 0$인 $n \times n$ 행렬 $A = [a_{ij}]$를 S의 **인접행렬**(adjacency matrix)로 정의한다. 자기 자신을 참조하는 사이트는 없다는 관례를 따른다. 따라서 A의 대각 성분은 영이다.

예제 5

4개의 인터넷 사이트를 가진 검색집합에 대한 전형적인 인접행렬은 다음과 같다.

참조된 사이트 (열 1 2 3 4), 참조하는 사이트 (행 1, 2, 3, 4)

$$A = \begin{bmatrix} 0 & 0 & 1 & 1 \\ 1 & 0 & 0 & 0 \\ 1 & 0 & 0 & 1 \\ 1 & 1 & 1 & 0 \end{bmatrix} \tag{14}$$

그러므로 사이트 1은 사이트 3과 4를, 사이트 2는 사이트 1을 참조한다. 나머지도 이와 같은 식으로 참조한다. ■

한 사이트는 검색 과정에서 두 개의 기본적인 역할을 수행할 수 있다. 한 사이트가 많은 다른 사이트를 *참조한다*는 의미를 갖는 **허브**(hub)가 될 수 있으며, 또한 많은 다른 사이트에 의해서 *참조된다*는 의미를 갖는 **권한**(authority)이 될 수도 있다. 하나의 사이트는 참조하기도 하고 참조되기도 한다는 점에서 전형적으로 허브와 권한 성질 모두를 갖는다.

일반적으로 만약 A가 n개의 인터넷 사이트에 대한 인접행렬이라면, A의 열의 합은 사이트의 권한 측면을 측정하고, A의 행의 합은 허브 측면을 측정한다. 예를 들어 식 (14)의 열의 합은 3, 1, 2, 2인데, 그

*_google_이라는 용어는 수 10^{100}(1 다음에 100개의 영이 따르는)을 나타내는 단어 _googol_(천문학적 숫자)의 변형이다. 이 용어는 1938년에 미국 수학자 Edward Kasner (1878~1955)가 만들었다. 이 용어는 Kasner가 그의 여덟 살짜리 조카에게 엄청나게 큰 수를 무엇이라 하면 좋겠냐고 물었을 때, 그의 조카가 "googol"이라고 대답한 데서 비롯되었다. Kasner는 이어서 _googolplex_라는 수를 10^{googol}(1 다음에 googol개의 영이 따르는 수)로 정의하였다.

것은 사이트 1이 3개의 다른 사이트에 의해서 참조되고 사이트 2는 1개의 다른 사이트에 의해서 참조되는 것을 의미하며, 나머지도 이와 같은 방식으로 참조된다. 마찬가지로 식 (14)의 각 행의 합은 2, 1, 2, 3인데, 사이트 1은 두 개의 다른 사이트를 참조하고, 사이트 2는 한 개의 다른 사이트를 참조하며, 나머지도 이와 같은 방식으로 참조한다.

따라서 만약 A가 인접행렬이라면, A의 각 행의 합벡터 $\mathbf{h}_0$을 A의 **초기허브벡터**(initial hub vector)라 하고, A의 각 열의 합벡터 $\mathbf{a}_0$을 A의 **초기권한벡터**(initial authority vector)라 한다. 계산의 편의를 위하여 $\mathbf{a}_0$을 A^T의 각 행의 합벡터로 생각할 수 있다. 허브벡터의 성분을 **허브가중치**(hub weight), 권한벡터의 성분을 **권한가중치**(authority weight)라고 한다.

예제 6 인접행렬의 초기허브벡터와 초기권한벡터

예제 5의 인접행렬 A에 대한 초기허브벡터와 권한벡터를 구하라.

풀이 A의 각 행의 합은 초기허브벡터

$$\mathbf{h}_0 = \begin{bmatrix} 2 \\ 1 \\ 2 \\ 3 \end{bmatrix} \begin{matrix} \text{사이트 1} \\ \text{사이트 2} \\ \text{사이트 3} \\ \text{사이트 4} \end{matrix} \tag{15}$$

를 만들고 A^T의 각 행의 합(A의 각 열의 합)은 초기권한벡터

$$\mathbf{a}_0 = \begin{bmatrix} 3 \\ 1 \\ 2 \\ 2 \end{bmatrix} \begin{matrix} \text{사이트 1} \\ \text{사이트 2} \\ \text{사이트 3} \\ \text{사이트 4} \end{matrix} \tag{16}$$

를 만든다. ■

예제 6의 링크의 계산은 사이트 4가 주요한 허브이고 사이트 1이 가장 큰 권한을 가지고 있음을 보여준다. 그러나 링크의 수가 모든 것을 말해주지는 않는다. 예를 들어, 만약 사이트 1이 가장 많은 권한으로 간주되려면 그 사이트와 연결된 허브에 더 많은 가중치를 부여해야 하고, 만약 사이트 4가 주요한 허브로 간주되려면 해당 사이트로 연결하는 사이트에 더 많은 가중치가 부여되어야 하는 것이 타당해 보인다. 그러므로 검색 과정에서 허브와 권한 간의 상호작용을 고려해야 한다. 따라서 Clever가 일단 초기 권한벡터 $\mathbf{a}_0$을 계산한 후 (이 벡터의 정보를 이용하는) 공식

$$\mathbf{h}_1 = \frac{A\mathbf{a}_0}{\|A\mathbf{a}_0\|}, \quad \mathbf{a}_1 = \frac{A^T\mathbf{h}_1}{\|A^T\mathbf{h}_1\|} \tag{17}$$

을 사용하여 새로운 허브벡터 $\mathbf{h}_1$과 권한벡터 $\mathbf{a}_1$을 생성한다. 이 공식의 분자 항은 가중치를 부여하고, 정규화는 성분의 크기를 조절한다. 분자 항이 가중치를 부여하는 방식을 이해하려면, 곱 $A\mathbf{a}_0$을 $\mathbf{a}_0$로부터 계수를 취한 A의 열벡터의 일차결합으로 간주하자. 예를 들어, 예제 5의 인접행렬과 예제 6에서 계산된 권한벡터를 사용하여 다음과 같은 식을 얻을 수 있다.

참조된 사이트

$$A\mathbf{a}_0 = \overset{\begin{matrix}1 & 2 & 3 & 4\end{matrix}}{\begin{bmatrix} 0 & 0 & 1 & 1 \\ 1 & 0 & 0 & 0 \\ 1 & 0 & 0 & 1 \\ 1 & 1 & 1 & 0 \end{bmatrix}} \begin{bmatrix} 3 \\ 1 \\ 2 \\ 2 \end{bmatrix} = 3\begin{bmatrix} 0 \\ 1 \\ 1 \\ 1 \end{bmatrix} + 1\begin{bmatrix} 0 \\ 0 \\ 0 \\ 1 \end{bmatrix} + 2\begin{bmatrix} 1 \\ 0 \\ 0 \\ 1 \end{bmatrix} + 2\begin{bmatrix} 1 \\ 0 \\ 1 \\ 0 \end{bmatrix} = \begin{bmatrix} 4 \\ 3 \\ 5 \\ 6 \end{bmatrix} \begin{matrix} \text{사이트 1} \\ \text{사이트 2} \\ \text{사이트 3} \\ \text{사이트 4} \end{matrix}$$

그러므로 각각의 참조된 사이트에 대한 링크는 $\mathbf{a}_0$의 권한값에 따라 가중치를 부여받는다. 성분의 크기를 조절하기 위해, Clever는 $A\mathbf{a}_0$을 정규화하여 다음과 같이 갱신된 허브벡터를 만든다.

$$\mathbf{h}_1 = \frac{A\mathbf{a}_0}{\|A\mathbf{a}_0\|} = \frac{1}{\sqrt{86}}\begin{bmatrix}4\\3\\5\\6\end{bmatrix} \approx \begin{bmatrix}0.43133\\0.32350\\0.53916\\0.64700\end{bmatrix} \begin{matrix}\text{사이트 1}\\\text{사이트 2}\\\text{사이트 3}\\\text{사이트 4}\end{matrix} \quad \text{새로운 허브가중치}$$

식 (17)을 이용하여 권한벡터를 갱신하는 데 새로운 허브벡터 $\mathbf{h}_1$을 사용할 수 있다. 곱 $A^T\mathbf{h}_1$은 가중치를 부여하고, 정규화는 크기를 조절한다.

참조된 사이트
1 2 3 4

$$A^T\mathbf{h}_1 \approx \begin{bmatrix}0&1&1&1\\0&0&0&1\\1&0&0&1\\1&0&1&0\end{bmatrix}\begin{bmatrix}0.43133\\0.32350\\0.53916\\0.64700\end{bmatrix} \approx 0.43133\begin{bmatrix}0\\0\\1\\1\end{bmatrix} + 0.32350\begin{bmatrix}1\\0\\0\\0\end{bmatrix} + 0.53916\begin{bmatrix}1\\0\\0\\1\end{bmatrix} + 0.64700\begin{bmatrix}1\\1\\1\\0\end{bmatrix} \approx \begin{bmatrix}1.50966\\0.64700\\1.07833\\0.97049\end{bmatrix} \begin{matrix}\text{사이트 1}\\\text{사이트 2}\\\text{사이트 3}\\\text{사이트 4}\end{matrix}$$

$$\mathbf{a}_1 = \frac{A^T\mathbf{h}_1}{\|A^T\mathbf{h}_1\|} \approx \frac{1}{2.19142}\begin{bmatrix}1.50966\\0.64700\\1.07833\\0.97049\end{bmatrix} \approx \begin{bmatrix}0.68889\\0.29524\\0.49207\\0.44286\end{bmatrix} \begin{matrix}\text{사이트 1}\\\text{사이트 2}\\\text{사이트 3}\\\text{사이트 4}\end{matrix} \quad \text{새로운 권한 가중치}$$

일단 갱신된 허브벡터와 권한벡터 $\mathbf{h}_1$과 $\mathbf{a}_1$을 구하면, Clever 엔진은 과정을 반복하여 연속적인 허브벡터와 권한벡터를 계산하여 상호 연관된 수열을 생성한다.

$$\mathbf{h}_1 = \frac{A\mathbf{a}_0}{\|A\mathbf{a}_0\|}, \quad \mathbf{h}_2 = \frac{A\mathbf{a}_1}{\|A\mathbf{a}_1\|}, \quad \mathbf{h}_3 = \frac{A\mathbf{a}_2}{\|A\mathbf{a}_2\|}, \cdots, \quad \mathbf{h}_k = \frac{A\mathbf{a}_{k-1}}{\|A\mathbf{a}_{k-1}\|}, \cdots \tag{18}$$

$$\nearrow \quad \downarrow \quad \nearrow \quad \downarrow \quad \nearrow \quad \downarrow \qquad \downarrow$$

$$\mathbf{a}_0, \quad \mathbf{a}_1 = \frac{A^T\mathbf{h}_1}{\|A^T\mathbf{h}_1\|}, \quad \mathbf{a}_2 = \frac{A^T\mathbf{h}_2}{\|A^T\mathbf{h}_2\|}, \quad \mathbf{a}_3 = \frac{A^T\mathbf{h}_3}{\|A^T\mathbf{h}_3\|}, \cdots, \quad \mathbf{a}_k = \frac{A^T\mathbf{h}_k}{\|A^T\mathbf{h}_k\|}, \cdots \tag{19}$$

그러나 이 수열들은 거듭제곱수열이 숨겨져 있는 형태이다. 예를 들어 만약 $\mathbf{h}_k$를 표현한 식을 $\mathbf{a}_k$에 대한 표현식에 대입하면 다음과 같다.

$$\mathbf{a}_k = \frac{A^T\mathbf{h}_k}{\|A^T\mathbf{h}_k\|} = \frac{A^T\left(\dfrac{A\mathbf{a}_{k-1}}{\|A\mathbf{a}_{k-1}\|}\right)}{\left\|A^T\left(\dfrac{A\mathbf{a}_{k-1}}{\|A\mathbf{a}_{k-1}\|}\right)\right\|} = \frac{(A^TA)\mathbf{a}_{k-1}}{\|(A^TA)\mathbf{a}_{k-1}\|}$$

이것은 식 (19)를 다음과 같이 다시 쓸 수 있는 것을 의미한다.

$$\mathbf{a}_0, \quad \mathbf{a}_1 = \frac{(A^TA)\mathbf{a}_0}{\|(A^TA)\mathbf{a}_0\|}, \quad \mathbf{a}_2 = \frac{(A^TA)\mathbf{a}_1}{\|(A^TA)\mathbf{a}_1\|}, \cdots, \quad \mathbf{a}_k = \frac{(A^TA)\mathbf{a}_{k-1}}{\|(A^TA)\mathbf{a}_{k-1}\|}, \cdots \tag{20}$$

마찬가지로 수열 (18)도 다음과 같이 표현할 수 있다.

$$\mathbf{h}_1 = \frac{A\mathbf{a}_0}{\|A\mathbf{a}_0\|}, \quad \mathbf{h}_2 = \frac{(AA^T)\mathbf{h}_1}{\|(AA^T)\mathbf{h}_1\|}, \cdots, \quad \mathbf{h}_k = \frac{(AA^T)\mathbf{h}_{k-1}}{\|(AA^T)\mathbf{h}_{k-1}\|}, \cdots \tag{21}$$

참고 행렬 AA^T와 A^TA는 대칭이며 연습문제에서 이 행렬이 양의 우세한 고유값을 갖는지를 다룰 것이다(연습문제 P1). 그러므로 정리 5.4.2에 의하면 식 (20)과 식 (21)이 각각 A^TA와 AA^T의 우세한 고유벡터에 수렴함이 보장된다. 이 고유벡터의 성분은 Clever가 허브와 권한의 중요도에 따라 검색 사이트의 순위를 매기는 데 사용하는 권한과 허브의 가중치이다.

예제 7 HITS 알고리즘을 이용한 Clever 검색

Clever 검색 엔진이 검색집합에 10개의 인터넷 사이트를 생성하고, 사이트의 인접행렬이 다음과 같다고 가정하자.

참조된 사이트

$$A = \begin{array}{c} \begin{matrix} 1 & 2 & 3 & 4 & 5 & 6 & 7 & 8 & 9 & 10 \end{matrix} \\ \begin{bmatrix} 0 & 1 & 0 & 0 & 1 & 0 & 0 & 1 & 0 & 0 \\ 0 & 0 & 0 & 0 & 1 & 0 & 0 & 0 & 0 & 0 \\ 0 & 0 & 0 & 0 & 1 & 0 & 0 & 0 & 0 & 0 \\ 0 & 0 & 0 & 0 & 0 & 1 & 1 & 0 & 0 & 0 \\ 0 & 0 & 0 & 0 & 0 & 0 & 0 & 1 & 0 & 0 \\ 0 & 1 & 1 & 1 & 1 & 0 & 0 & 1 & 0 & 1 \\ 0 & 0 & 0 & 0 & 0 & 0 & 0 & 0 & 0 & 1 \\ 0 & 0 & 0 & 0 & 1 & 0 & 0 & 0 & 0 & 0 \\ 0 & 0 & 0 & 0 & 0 & 1 & 0 & 0 & 0 & 0 \\ 0 & 0 & 0 & 0 & 0 & 1 & 0 & 0 & 0 & 0 \end{bmatrix} \end{array} \begin{matrix} 1 \\ 2 \\ 3 \\ 4 \\ 5 \\ 6 \\ 7 \\ 8 \\ 9 \\ 10 \end{matrix}$$

참조하는 사이트

HITS 알고리즘을 사용하여 Clever 검색 엔진에서의 사이트의 순위를 권한의 내림차순으로 설정하라.

풀이 $\mathbf{a}_0$을 A의 각 열의 합을 정규화한 벡터라 하고, 권한벡터가 안정화될 때까지 식 (20)의 반복을 계산한다. 다음과 같음을 보여라.

$$\mathbf{a}_0 = \frac{1}{\sqrt{54}} \begin{bmatrix} 0 \\ 2 \\ 1 \\ 1 \\ 5 \\ 3 \\ 1 \\ 3 \\ 0 \\ 2 \end{bmatrix} \approx \begin{bmatrix} 0 \\ 0.27217 \\ 0.13608 \\ 0.13608 \\ 0.68041 \\ 0.40825 \\ 0.13608 \\ 0.40825 \\ 0 \\ 0.27217 \end{bmatrix}$$

그리고

$$(A^TA)\mathbf{a}_0 \approx \begin{bmatrix} 0 & 0 & 0 & 0 & 0 & 0 & 0 & 0 & 0 & 0 \\ 0 & 2 & 1 & 1 & 2 & 0 & 0 & 2 & 0 & 1 \\ 0 & 1 & 1 & 1 & 1 & 0 & 0 & 1 & 0 & 1 \\ 0 & 1 & 1 & 1 & 1 & 0 & 0 & 1 & 0 & 1 \\ 0 & 2 & 1 & 1 & 5 & 0 & 0 & 2 & 0 & 1 \\ 0 & 0 & 0 & 0 & 0 & 3 & 1 & 0 & 0 & 0 \\ 0 & 0 & 0 & 0 & 0 & 1 & 1 & 0 & 0 & 0 \\ 0 & 2 & 1 & 1 & 2 & 0 & 0 & 3 & 0 & 1 \\ 0 & 0 & 0 & 0 & 0 & 0 & 0 & 0 & 0 & 0 \\ 0 & 1 & 1 & 1 & 1 & 0 & 0 & 1 & 0 & 2 \end{bmatrix} \begin{bmatrix} 0 \\ 0.27217 \\ 0.13608 \\ 0.13608 \\ 0.68041 \\ 0.40825 \\ 0.13608 \\ 0.40825 \\ 0 \\ 0.27217 \end{bmatrix} \approx \begin{bmatrix} 0 \\ 3.26599 \\ 1.90516 \\ 1.90516 \\ 5.30723 \\ 1.36083 \\ 0.54433 \\ 3.67423 \\ 0 \\ 2.17732 \end{bmatrix}$$

그러므로

$$\mathbf{a}_1 = \frac{(A^TA)\mathbf{a}_0}{\|(A^TA)\mathbf{a}_0\|} \approx \frac{1}{8.15362}\begin{bmatrix} 0 \\ 3.26599 \\ 1.90516 \\ 1.90516 \\ 5.30723 \\ 1.36083 \\ 0.54433 \\ 3.67423 \\ 0 \\ 2.17732 \end{bmatrix} \approx \begin{bmatrix} 0 \\ 0.40056 \\ 0.23366 \\ 0.23366 \\ 0.65090 \\ 0.16690 \\ 0.06676 \\ 0.45063 \\ 0 \\ 0.26704 \end{bmatrix}$$

이런 방식으로 계속하면 다음과 같이 권한의 반복을 구할 수 있다.

$\mathbf{a}_0$	$\mathbf{a}_1 = \frac{(A^TA)\mathbf{a}_0}{\|(A^TA)\mathbf{a}_0\|}$	$\mathbf{a}_2 = \frac{(A^TA)\mathbf{a}_1}{\|(A^TA)\mathbf{a}_1\|}$	$\mathbf{a}_3 = \frac{(A^TA)\mathbf{a}_2}{\|(A^TA)\mathbf{a}_2\|}$	$\mathbf{a}_4 = \frac{(A^TA)\mathbf{a}_3}{\|(A^TA)\mathbf{a}_3\|}$	$\cdots$	$\mathbf{a}_9 = \frac{(A^TA)\mathbf{a}_8}{\|(A^TA)\mathbf{a}_8\|}$	$\mathbf{a}_{10} = \frac{(A^TA)\mathbf{a}_9}{\|(A^TA)\mathbf{a}_9\|}$	
0	0	0	0	0		0	0	사이트 1
0.27217	0.40056	0.41652	0.41918	0.41973		0.41990	0.41990	사이트 2
0.13608	0.23366	0.24917	0.25233	0.25309		0.25337	0.25337	사이트 3
0.13608	0.23366	0.24917	0.25233	0.25309		0.25337	0.25337	사이트 4
0.68041	0.65090	0.63407	0.62836	0.62665		0.62597	0.62597	사이트 5
0.40825	0.16690	0.06322	0.02372	0.00889	$\cdots$	0.00007	0.00002	사이트 6
0.13608	0.06676	0.02603	0.00981	0.00368		0.00003	0.00001	사이트 7
0.40825	0.45063	0.46672	0.47050	0.47137		0.47165	0.47165	사이트 8
0	0	0	0	0		0	0	사이트 9
0.27217	0.26704	0.27892	0.28300	0.28416		0.28460	0.28460	사이트 10

$\mathbf{a}_9$와 $\mathbf{a}_{10}$ 사이의 변화가 작다는 것은 반복이 A^TA의 우세한 고유벡터 근처에서 안정화되었음을 시사한다. $\mathbf{a}_{10}$의 성분으로부터 사이트 1, 6, 7, 9는 검색과 관련이 적을 가능성이 높으며, 그 외의 사이트는 다음의 순서로 검색되어야 함을 알 수 있다.

사이트 5, 사이트 8, 사이트 2, 사이트 10, 사이트 3과 4(동순위) ■

거듭제곱법의 변형

비록 정리 5.4.2와 5.4.3이 대칭행렬에 대하여 기술되었지만, 어떤 특정한 비대칭행렬에 대해서도 이 정리들이 성립한다. 예를 들어 추후에 이 정리들이 n개의 일차독립 고유벡터와 우세한 고유값을 갖는 임의의 $n \times n$ 행렬 A과 확률행렬에 대해 참임을 보일 것이다.

실제로 정리 5.1.3은 본질적으로 거듭제곱수열의 수렴에 관한 명제이다. 더 정확하게는, 모든 확률행렬이 $\lambda = 1$인 우세한 고유값을 가지며, 모든 정칙 확률행렬이 확률벡터이기도 한 유일한 우세한 고유벡터를 갖는다는 것을 증명할 수 있다. 그러므로 Markov 연쇄에 대한 정리 5.1.3의 (*b*)항은 다음과 같은 거듭제곱수열이 고유값 $\lambda = 1$에 대응하는 (확률)고유벡터 $\mathbf{q}$로 수렴한다는 사실을 서술한 것이다.

$$\mathbf{x}_0,\ P\mathbf{x}_0,\ P^2\mathbf{x}_0, \cdots,\ P^k\mathbf{x}_0, \cdots$$

연습문제에서 가장 작은 절대값의 고유값을 근사화하는 **역거듭제곱법**(inverse power method)과 중간 고유값을 근사화하는 **이동**(shifting) 기법에 대해 개괄적으로 설명할 것이다. 거듭제곱법, 역거듭제곱법, 이동은 가끔 희소 행렬이나 단순한 문제에 사용되지만, 응용에서는 ***QR*-알고리즘**(*QR*-algorithm)에 기반한 방법을 많이 사용한다. 이 알고리즘에 대한 설명은 많은 수치해석 책에서 찾아볼 수 있다.

연습문제 5.4

연습문제 1과 2에는 행렬 A의 서로 다른 고유값이 주어졌다. A가 우세한 고유값을 갖는지 밝히고, 만약 갖는다면 그 값을 구하라.

1. (a) $\lambda_1 = 7, \lambda_2 = 3, \lambda_3 = -8, \lambda_4 = 1$
(b) $\lambda_1 = -5, \lambda_2 = 3, \lambda_3 = 2, \lambda_4 = 5$

2. (a) $\lambda_1 = 1, \lambda_2 = 0, \lambda_3 = -3, \lambda_4 = 2$
(b) $\lambda_1 = -3, \lambda_2 = -2, \lambda_3 = -1, \lambda_4 = 3$

연습문제 3과 4에는 행렬 A와 A에 대한 정규화된 거듭제곱수열의 몇몇 항이 주어졌다. A가 우세한 고유값을 갖는다는 것을 보이고, 그것의 엄밀한 값과 정리 5.4.2의 수열 (2)에 대한 근사값을 비교하라. 정리 5.4.2의 수열 (1)의 항들이 접근하는 엄밀한 단위고유벡터를 구하라.

3. $A = \begin{bmatrix} -7 & -12 \\ 8 & 13 \end{bmatrix}$; $\mathbf{x}_0 = \begin{bmatrix} 1 \\ 0 \end{bmatrix}$, $\mathbf{x}_1 \approx \begin{bmatrix} -0.6585 \\ 0.7526 \end{bmatrix}$,

$\mathbf{x}_2 \approx \begin{bmatrix} -0.6996 \\ 0.7145 \end{bmatrix}$, $\mathbf{x}_3 \approx \begin{bmatrix} -0.7057 \\ 0.7085 \end{bmatrix}$, $\mathbf{x}_4 \approx \begin{bmatrix} -0.7068 \\ 0.7074 \end{bmatrix}$

4. $A = \begin{bmatrix} 1 & -3 \\ -3 & 5 \end{bmatrix}$; $\mathbf{x}_0 = \begin{bmatrix} \frac{1}{\sqrt{2}} \\ \frac{1}{\sqrt{2}} \end{bmatrix}$, $\mathbf{x}_1 \approx \begin{bmatrix} -0.7071 \\ 0.7071 \end{bmatrix}$,

$\mathbf{x}_2 \approx \begin{bmatrix} -0.4472 \\ 0.8944 \end{bmatrix}$, $\mathbf{x}_3 \approx \begin{bmatrix} -0.4741 \\ 0.8805 \end{bmatrix}$, $\mathbf{x}_4 \approx \begin{bmatrix} -0.4717 \\ 0.8818 \end{bmatrix}$

연습문제 5와 6에는 행렬 A와 A에 대한 최대성분 척도구성을 갖는 거듭제곱수열의 몇몇 항이 주어졌다. A가 우세한 고유값을 갖는다는 것을 보이고, 그것의 엄밀한 값과 정리 5.4.3의 수열 (9)에서 Rayleigh 몫에 의해 구해진 근사값을 비교하라. 정리 5.4.3의 수열 (8)의 항이 접근하는 엄밀한 고유벡터를 구하라.

5. $A = \begin{bmatrix} 5 & -1 \\ -1 & -1 \end{bmatrix}$; $\mathbf{x}_0 = \begin{bmatrix} 0 \\ 1 \end{bmatrix}$, $\mathbf{x}_1 = \begin{bmatrix} 1 \\ 1 \end{bmatrix}$, $\mathbf{x}_2 = \begin{bmatrix} 1 \\ -0.5 \end{bmatrix}$,

$\mathbf{x}_3 = \begin{bmatrix} 1 \\ -0.091 \end{bmatrix}$, $\mathbf{x}_4 = \begin{bmatrix} 1 \\ -0.179 \end{bmatrix}$

6. $A = \begin{bmatrix} 3.300 & -2.200 \\ -2.200 & 3.300 \end{bmatrix}$; $\mathbf{x}_0 = \begin{bmatrix} 1 \\ 0 \end{bmatrix}$, $\mathbf{x}_1 \approx \begin{bmatrix} 1 \\ -0.667 \end{bmatrix}$,

$\mathbf{x}_2 \approx \begin{bmatrix} 1 \\ -0.923 \end{bmatrix}$, $\mathbf{x}_3 \approx \begin{bmatrix} 1 \\ -0.984 \end{bmatrix}$, $\mathbf{x}_4 \approx \begin{bmatrix} 1 \\ -0.997 \end{bmatrix}$

연습문제 7과 8에는 (우세한 고유값을 갖는) 행렬 A와 수열 $\mathbf{x}_0$, $A\mathbf{x}_0$, $\cdots$, $A^5\mathbf{x}_0$이 주어졌다. 식 (9)와 식 (10)을 사용하여 우세한 고유값과 대응하는 고유벡터를 근사화하라.

7. $A = \begin{bmatrix} 1 & 2 \\ 2 & 1 \end{bmatrix}$; $\mathbf{x}_0 = \begin{bmatrix} 1 \\ 0 \end{bmatrix}$, $A\mathbf{x}_0 = \begin{bmatrix} 1 \\ 2 \end{bmatrix}$, $A^2\mathbf{x}_0 = \begin{bmatrix} 5 \\ 4 \end{bmatrix}$,

$A^3\mathbf{x}_0 = \begin{bmatrix} 13 \\ 14 \end{bmatrix}$, $A^4\mathbf{x}_0 = \begin{bmatrix} 41 \\ 40 \end{bmatrix}$, $A^5\mathbf{x}_0 = \begin{bmatrix} 121 \\ 122 \end{bmatrix}$

8. $A = \begin{bmatrix} 1 & 2 \\ 2 & 1 \end{bmatrix}$; $\mathbf{x}_0 = \begin{bmatrix} 0 \\ 1 \end{bmatrix}$, $A\mathbf{x}_0 = \begin{bmatrix} 2 \\ 1 \end{bmatrix}$, $A^2\mathbf{x}_0 = \begin{bmatrix} 4 \\ 5 \end{bmatrix}$,

$A^3\mathbf{x}_0 = \begin{bmatrix} 14 \\ 13 \end{bmatrix}$, $A^4\mathbf{x}_0 = \begin{bmatrix} 40 \\ 41 \end{bmatrix}$, $A^5\mathbf{x}_0 = \begin{bmatrix} 122 \\ 121 \end{bmatrix}$

9. 다음과 같은 행렬을 생각하자.

$$A = \begin{bmatrix} -1 & 0 \\ 0 & 0 \end{bmatrix}, \quad \mathbf{x}_0 = \begin{bmatrix} a \\ b \end{bmatrix}$$

$\mathbf{x}_0$은 단위벡터이고 $a \neq 0$이다. 비록 행렬 A가 대칭이고 우세한 고유값을 갖더라도, 정리 5.4.2의 거듭제곱수열 (1)이 수렴하지 않음을 보여라. 이것은 그 정리에서 우세한 고유값이 양이어야 한다는 조건이 필수적임을 나타낸다.

토론과 발견

D1. 다음과 같은 대칭행렬을 생각하자.

$$A = \begin{bmatrix} 0 & 1 \\ 1 & 0 \end{bmatrix}$$

영이 아닌 일반적인 벡터 $\mathbf{x}_0$에 대한 Euclid 척도구성을 이용한 거듭제곱수열 $\mathbf{x}_0, \mathbf{x}_1, \cdots, \mathbf{x}_k, \cdots$의 거동을 논하라. 관찰된 거동이 발생하는 원인은 행렬 관점에서 무엇인가?

D2. 대칭행렬 A가 서로 다른 고유값 $\lambda_1 = 8$, $\lambda_2 = 1.4$, $\lambda_3 = 2.3$, $\lambda_4 = -8.1$을 갖는다고 가정하자. Rayleigh 몫의 수렴에 대해서 의견을 제시하라.

증명문제

P1. 만약 A가 영이 아닌 $n \times n$ 행렬이라면, A^TA와 AA^T가 양의 우세한 고유값을 갖는다는 것을 증명하라.

P2. (귀납적 증명에 익숙한 경우) A를 $n \times n$ 행렬이라 하고, $\mathbf{x}_0$은 R^n의 단위벡터라 하며, 수열 $\mathbf{x}_1, \mathbf{x}_2, \cdots, \mathbf{x}_k, \cdots$를 다음과 같이 정의하자.

$$\mathbf{x}_1 = \frac{A\mathbf{x}_0}{\|A\mathbf{x}_0\|}, \quad \mathbf{x}_2 = \frac{A\mathbf{x}_1}{\|A\mathbf{x}_1\|}, \ldots, \quad \mathbf{x}_k = \frac{A\mathbf{x}_{k-1}}{\|A\mathbf{x}_{k-1}\|}, \ldots$$

귀납법을 이용하여 $\mathbf{x}_k = A^k\mathbf{x}_0/\|A^k\mathbf{x}_0\|$을 증명하라.

P3. (귀납적 증명에 익숙한 경우) A를 $n \times n$ 행렬이라 하고, $\mathbf{x}_0$은 R^n의 영이 아닌 벡터라 하며, 수열 $\mathbf{x}_1, \mathbf{x}_2, \cdots, \mathbf{x}_k, \cdots$를 다음과 같이 정의하자.

$$\mathbf{x}_1 = \frac{A\mathbf{x}_0}{\max(A\mathbf{x}_0)}, \quad \mathbf{x}_2 = \frac{A\mathbf{x}_1}{\max(A\mathbf{x}_1)}, \ldots,$$

$$\mathbf{x}_k = \frac{A\mathbf{x}_{k-1}}{\max(A\mathbf{x}_{k-1})}, \cdots$$

귀납법을 이용하여 $\mathbf{x}_k = A^k\mathbf{x}_0/\max(A^k\mathbf{x}_0)$을 증명하라.

프로그램 활용 연습문제

T1. Euclid 척도구성을 이용한 거듭제곱법을 사용하여 A의 우세한 고유값과 대응하는 고유벡터를 근사화하라. 초기벡터를 직접 선택하고, 고유값 근사치의 추정 백분율오차가 0.1% 미만이 되었을 때 중단하라.

(a) $\begin{bmatrix} 1 & 3 & 3 \\ 3 & 4 & -1 \\ 3 & -1 & 10 \end{bmatrix}$ (b) $\begin{bmatrix} 1 & 0 & 1 & 1 \\ 0 & 2 & -1 & 1 \\ 1 & -1 & 4 & 1 \\ 1 & 1 & 1 & 8 \end{bmatrix}$

T2. 연습문제 T1을 반복하라. 그러나 이번에는 두 개의 연속적인 고유벡터 근사의 모든 대응 성분들이 차이의 절대값이 0.01 미만일 때 중단하라.

T3. 최대성분 척도구성을 이용하여 연습문제 T1을 반복하라.

T4. Clever 검색 엔진이 검색집합에서 10개의 인터넷 사이트를 생성하고 사이트의 인접행렬이 다음과 같다고 가정하자.

참조된 사이트 (열 1–10), **참조하는 사이트** (행 1–10)

$$A = \begin{bmatrix} 0 & 1 & 1 & 0 & 1 & 1 & 0 & 0 & 0 & 1 \\ 0 & 0 & 1 & 0 & 0 & 0 & 0 & 0 & 0 & 0 \\ 0 & 0 & 0 & 0 & 0 & 0 & 0 & 0 & 0 & 1 \\ 0 & 1 & 1 & 0 & 0 & 1 & 1 & 0 & 0 & 1 \\ 0 & 0 & 0 & 1 & 0 & 0 & 0 & 0 & 0 & 0 \\ 0 & 1 & 0 & 0 & 0 & 0 & 0 & 0 & 0 & 0 \\ 0 & 0 & 0 & 0 & 0 & 0 & 0 & 0 & 1 & 0 \\ 0 & 0 & 0 & 0 & 0 & 1 & 0 & 0 & 0 & 0 \\ 0 & 1 & 1 & 0 & 0 & 1 & 0 & 1 & 0 & 1 \\ 0 & 0 & 0 & 0 & 0 & 1 & 0 & 0 & 0 & 0 \end{bmatrix}$$

Clever 검색 엔진에 HITS 알고리즘을 사용하여 사이트의 순위를 권한의 내림차순으로 설정하라.

A가 $n \times n$ 가역행렬일 때 절대값이 가장 작은 A의 고유값을 근사화하기 위해 거듭제곱법을 이용할 수 있다. 그리고 A의 고유값은 다음과 같이 절대값의 크기에 따라서 차례로 정렬할 수 있다.

$$|\lambda_1| \geq |\lambda_2| \geq \cdots \geq |\lambda_{n-1}| > |\lambda_n|$$

이 방법은 $\lambda_1, \lambda_2, \cdots, \lambda_n$이 A의 고유값이면 $1/\lambda_1, 1/\lambda_2, \cdots, 1/\lambda_n$은 A^{-1}의 고유값이 된다는 사실을 이용한다(4.4절의 연습문제 P3에서 증명되었다). 그리고 $1/\lambda_k$에 대응하는 A^{-1}의 고유벡터는 λ_k에 대응하는 A의 고유벡터와 같다. 상기 부등식은 A^{-1}이 $1/\lambda_n$의 우세한 고유값을 가진다는 것을 의미한다(왜 그런가?). 이 고유값 및 대응하는 고유벡터 $\mathbf{x}$의 근사화는 A^{-1}에 거듭제곱법을 적용하여 구할 수 있다. 일단 값을 구하면, 이 근사값의 역수는 절대값이 가장 작은 A의 고유값에 대한 근사를 제시하고, $\mathbf{x}$는 대응하는 고유벡터가 된다. 이 방법을 ***역거듭제곱법****이라 한다. 실제로 역거듭제곱법은 A^{-1}을 구하여 다음과 같은 연속적인 반복을 계산하여 구현되는 경우는 거의 없다.*

$$\mathbf{x}_k = \frac{A^{-1}\mathbf{x}_{k-1}}{\max(A^{-1}\mathbf{x}_{k-1})} \quad \text{또는} \quad \mathbf{x}_k = \frac{A^{-1}\mathbf{x}_{k-1}}{\|A^{-1}\mathbf{x}_{k-1}\|}$$

대신 $\mathbf{y}_k = A^{-1}\mathbf{x}_{k-1}$라 하고, $\mathbf{y}_k$에 대해서 LU-분해 등의 방법을 이용하여 방정식 $\mathbf{x}_{k-1} = A\mathbf{y}_k$를 풀고, $\mathbf{x}_k$를 얻도록 크기를 조절하는 것이 일반적이다. LU-분해는 한 번만 계산하면 되며, 이후에 각각의 새로운 반복을 찾는 데 다시 사용할 수 있다. 연습문제 T5와 T6에서 역거듭제곱법을 사용하라.

T5. 4.4절의 예제 6에서 다음의 고유값은

$$A = \begin{bmatrix} 3 & 2 \\ 2 & 3 \end{bmatrix}$$

$\lambda = 1$과 $\lambda = 5$임을 알았다. 그리고 이 절의 예제 2에서 Euclid 척도구성을 이용한 거듭제곱법을 사용하여 고유값 $\lambda = 5$ 및 대응 고유벡터를 근사화하였다. Euclid 척도구성을 이용한 역거듭제곱법을 사용하여 고유값 $\lambda = 1$ 및 대응 고유벡터를 근사화하라. 예제 2에서 사용된 벡터 $\mathbf{x}_0$으로 시작하고, 고유값의 추정 상대오차가 0.001 미만일 때 중단하라.

T6. Euclid 척도구성을 이용한 역거듭제곱법을 사용하여,

$$A = \begin{bmatrix} 0 & 0 & 2 \\ 0 & 2 & 0 \\ 2 & 0 & 3 \end{bmatrix}$$

의 절대값이 가장 작은 고유값과 대응하는 고유벡터를 근사화하라. 초기벡터를 직접 선택하고, 고유값의 추정 상대오차가 0.001 미만일 때 중단하라.

λ를 $n \times n$ 대칭 행렬 A의 고유값이라 하자. 만약 A의 어떤 다른 고유값보다 λ에 가까운 스칼라 s를 구할 수 있다면, 역거듭제곱법을 이용하여 A의 임의의 고유값 λ를 근사화할 수 있다. 이 방법은 4.4절의 연습문제 P4의 결과에 기반을 둔다. 그 내용은 A의 고유값이 $\lambda_1, \lambda_2, \cdots, \lambda_n$이면 $A - sI$의 고유값은 $\lambda_1 - s, \lambda_2 - s, \cdots, \lambda_n - s$이고, $\lambda - s$에 대응하는 $A - sI$의 고유벡터는 λ에 대응하는 A의 고유벡터와 같다는 것이다. s가 A의 다른 어떤 고유값보다 λ에 가깝다고 가정하였으므로, $1/(\lambda - s)$는 행렬 $(A - sI)^{-1}$의 우세한 고유값이 된다. 그래서 $\lambda - s$와 대응하는 고유벡터 $\mathbf{x}$는 $A - sI$에 역거듭제곱법을 적용함으로써 근사화할 수 있다. 이 근사값에 s를 더함으로써 A의 고유값인 λ의 근사값을 구할 수 있고, $\mathbf{x}$는 대응하는 고유벡터가 된다. 이 방법을 ***이동된 역거듭제곱법****(shifted inverse power method)이라 한다. 연습문제 T7에서 이 방법을 사용하라.*

T7. 다음과 같이 주어진 행렬은

$$A = \begin{bmatrix} 2.0800 & 0.8818 & 0.6235 \\ 0.8818 & 4.0533 & -2.7907 \\ 0.6235 & -2.7907 & 6.0267 \end{bmatrix}$$

3 근처에 고유값 λ가 존재한다. λ와 대응하는 고유벡터를 근사화하기 위해 $s = 3$인 이동된 역거듭제곱법을 사용하라. 초기벡터를 직접 선택하고, 추정 상대오차가 0.001 미만일 때 중단하라.

제 6 장

선형변환

Linear Transformations

선형변환은 무질서한 과정과 공학적 제어시스템의 설계에 관한 연구에서 사용된다. 선형변환은 전자적 그리고 음향적 신호의 잡음 제거와 컴퓨터 그래픽 같은 응용 분야에서 역시 중요하다.

6.1 변환으로서의 행렬

지금까지는 선형방정식의 문맥에서 행렬을 다루었다. 이 절에서는 연산의(operational) 관점에서 행렬을 다룰 것이다. '연산의' 관점이란 행렬 곱셈이 벡터들 사이에 대수적이고 기하학적인 관계에 어떻게 영향을 미치는가에 대하여 관심을 가진다는 것을 의미한다.

함수에 대한 복습 함수에 대한 여러 가지 개념들을 간단히 복습하는 것으로 시작한다. 첫째, 허용 가능한 x의 각 값이 반드시 하나의 값 y를 결정하는 방식으로 변수 y가 변수 x에 의존한다면, **y는 x의 함수**(y is a function of x)라고 한다. 예를 들어 모든 실수 x에는 유일한 거듭제곱 y만 있기 때문에, 만약 x가 실수이면 등식 $y = x^2$은 y를 x의 함수로 정의한다.

18세기 중반에 수학자들은 문자를 사용하여 함수를 표기하기 시작했기 때문에, 특별한 수식을 거론하지 않아도 함수에 대하여 논의하는 것이 가능하게 되었다. 이 개념을 이해하기 위하여, 함수를 컴퓨터 프로그램처럼 생각하라. 컴퓨터 프로그램은 하나의 **입력**(input) x를 받아서, 적당한 방식으로 입력 x에 대하여 연산하고, 오로지 하나의 **출력**(output) y를 생성한다. 컴퓨터 프로그램은 본질적으로 하나의 객체이기 때문에 f와 같은 이름을 부여할 수 있다. 그래서 f(컴퓨터 프로그램)를 각 입력 x를 유일한 출력 y에 관련시키는 과정으로 볼 수 있다(그림 6.1.1).

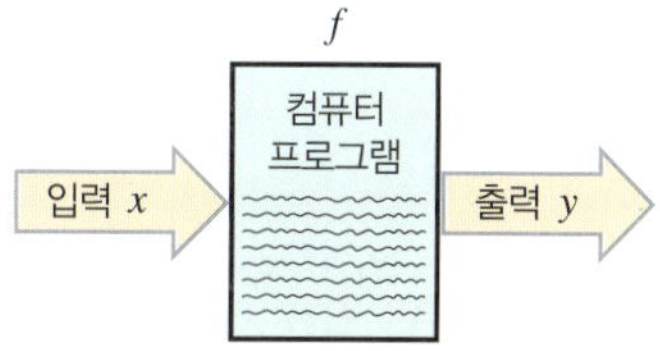

그림 6.1.1

일반적으로, 함수의 입력과 출력은 어떠한 유형의 객체가 될 수 있다(이 교재에서 그것들은 대부분 숫자, 벡터, 또는 행렬일지라도). 중요한 것은 허용 가능한 입력들의 집합이 명시되고 함수는 각 허용 가능한 입력에 대하여 정확하게 하나의 출력을 지정한다는 것이다. 함수의 더 정확한 정의는 다음과 같다.

정의 6.1.1 허용 가능한 입력들의 집합 D가 주어질 때, **함수**(function) f는 D의 각 입력에 대하여 하나의 유일한 출력을 연관시키는 규칙이다. 이때 집합 D는 f의 **정의역**(domain)이라고 한다. 입력을 x로 표기하면, 대응되는 출력은 $f(x)$로 표기한다. 또한 출력은 x에서 f의 **값**(value), x의 함수값 또는 f에 의한 x의 **상**(image)이라 하며, f가 x를 $f(x)$로 **사상한다**(map)라고 말한다. 출력은 하나의 문자 y로 표기하여 $y = f(x)$라고 표기하는 것이 일반적이다. 정의역에서 x가 변함에 따라 결과적으로 사상되는 모든 출력 y들의 집합은 f의 **치역**(range)이라고 한다.

입력과 출력이 모두 벡터인 함수는 **변환**(transformation)이라 하고, 변환은 F, T, 또는 L과 같이 대문자로 표기하는 것이 일반적이다. T가 벡터 $\mathbf{x}$를 벡터 $\mathbf{w}$로 사상하는 변환이면, 관계 $\mathbf{w} = T(\mathbf{x})$는 때때로 다음과 같이 쓰고 "$T$가 $\mathbf{x}$를 $\mathbf{w}$로 사상한다"라고 읽는다.

$$\mathbf{x} \xrightarrow{T} \mathbf{w}$$

예제 1 크기변환

T가 R^2의 벡터 $\mathbf{x} = (x_1, x_2)$를 R^2의 벡터 $2\mathbf{x} = (2x_1, 2x_2)$로 사상하는 변환이라고 하자. 이 관계는 여러 가지 방법으로 표현할 수 있다.

$$T(\mathbf{x}) = 2\mathbf{x}, \qquad T(x_1, x_2) = (2x_1, 2x_2)$$

$$\mathbf{x} \xrightarrow{T} 2\mathbf{x}, \qquad (x_1, x_2) \xrightarrow{T} (2x_1, 2x_2)$$

특히 $\mathbf{x} = (-1, 3)$이면, $T(\mathbf{x}) = 2\mathbf{x} = (-2, 6)$이고, 이를 다음과 같이 표현할 수 있다.

$$T(-1, 3) = (-2, 6) \quad \text{또는 동치적으로} \quad (-1, 3) \xrightarrow{T} (-2, 6)$$ ■

예제 2 성분-제곱 변환

T는 R^3의 벡터 $\mathbf{x}$를 $\mathbf{x}$의 각 성분들의 제곱인 성분을 가지는 R^3의 벡터로 사상하는 변환이라고 하자. 그러면, $\mathbf{x} = (x_1, x_2, x_3)$은 다음과 같이 표현할 수 있다.

$$T(x_1, x_2, x_3) = \left(x_1^2, x_2^2, x_3^2\right) \quad \text{또는 동치적으로} \quad (x_1, x_2, x_3) \xrightarrow{T} \left(x_1^2, x_2^2, x_3^2\right)$$ ■

예제 3 행렬 곱셈 변환

3×2 행렬 A를 생각해보자.

$$A = \begin{bmatrix} 1 & -1 \\ 2 & 5 \\ 3 & 4 \end{bmatrix} \tag{1}$$

T_A가 R^2의 2×1 열벡터 $\mathbf{x}$를 R^3의 3×1 열벡터 $A\mathbf{x}$로 사상하는 변환이라고 하자. 이 관계는 다음과 같이 표현할 수 있다.

$$T_A(\mathbf{x}) = A\mathbf{x} \quad \text{또는} \quad \mathbf{x} \xrightarrow{T_A} A\mathbf{x}$$

$A\mathbf{x}$를 다음과 같이 성분 형태로 쓰면,

$$A\mathbf{x} = \begin{bmatrix} 1 & -1 \\ 2 & 5 \\ 3 & 4 \end{bmatrix} \begin{bmatrix} x_1 \\ x_2 \end{bmatrix} = \begin{bmatrix} x_1 - x_2 \\ 2x_1 + 5x_2 \\ 3x_1 + 4x_2 \end{bmatrix}$$

변환 T_A를 다음과 같이 성분 형태로 표현할 수 있다.

$$T_A\left(\begin{bmatrix} x_1 \\ x_2 \end{bmatrix}\right) = \begin{bmatrix} x_1 - x_2 \\ 2x_1 + 5x_2 \\ 3x_1 + 4x_2 \end{bmatrix} \tag{2}$$

이 수식은 T_A가 점을 점으로 사상하는 것을 강조하도록 다음과 같이 쉼표 구분 형식으로 더 간결하게 표시할 수 있다.

$$T_A(x_1, x_2) = (x_1 - x_2, 2x_1 + 5x_2, 3x_1 + 4x_2) \tag{3}$$

예를 들어, 식 (2)와 (3)은 벡터 $(-1, 3)$을 벡터 $(-4, 13, 9)$로 사상한다.

$$T_A\left(\begin{bmatrix} -1 \\ 3 \end{bmatrix}\right) = \begin{bmatrix} -4 \\ 13 \\ 9 \end{bmatrix} \quad \text{또는} \quad T_A(-1, 3) = (-4, 13, 9)$$ ■

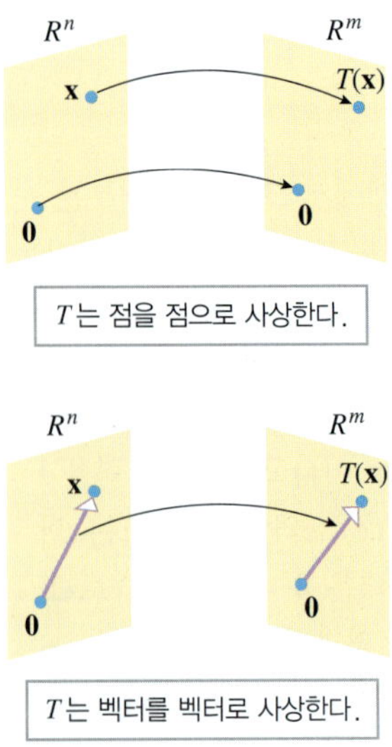

그림 6.1.2

T가 정의역이 R^n이고 치역이 R^m인 변환이면, 관련된 공간을 강조하기 원할 때 다음과 같이 표기할 것이다("T가 R^n을 R^m으로 사상한다"라고 읽는다).

$$T: R^n \to R^m \quad (4)$$

기하학적인 관점에 따라서, 변환 $T: R^n \to R^m$을 점을 점으로 사상하는 것으로 또는 벡터를 벡터로 사상하는 것으로 생각할 수 있다(그림 6.1.2). 예를 들어 예제 1의 크기변환(scaling transformation)은 R^2의 벡터(또는 점)를 R^2의 벡터(또는 점)로 사상하므로, 다음과 같이 표기할 수 있다.

$$T: R^2 \to R^2 \quad (5)$$

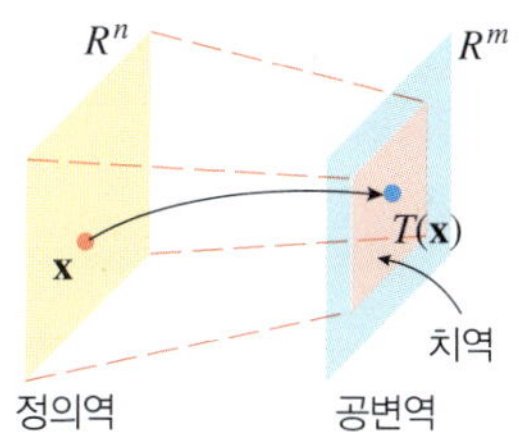

그림 6.1.3

예제 2의 변환 T_A는 R^2의 벡터(또는 점)를 R^3의 벡터(또는 점)로 사상하므로, 다음과 같이 표기할 수 있다.

$$T_A: R^2 \to R^3 \quad (6)$$

식 (4)에서 집합 R^n은 T의 정의역이지만 R^m은 T의 치역이 아닐 수도 있다는 것을 명심하라. T의 **공역**(codomain)이라고 부르는 집합 R^m은 사상되는 벡터가 존재하는 공간을 묘사하기 위한 의도이며 실제로 T의 치역보다 더 클 수도 있다(그림 6.1.3).

식 (6)에서 변환 T_A는 R^2을 다른 공간으로 사상하는 반면에, 식 (5)에서 변환 T는 공간 R^2을 공간 R^2 자기 자신으로 사상한다는 것에 주목하라. 일반적으로 $T: R^n \to R^n$이면, 변환 T가 공간 R^n을 자기 자신으로 사상한다는 것을 강조하기 위하여 변환 T를 R^n에서의 **연산자**(operator)라고 할 것이다.

행렬변환

예제 3은 **행렬변환**(matrix transformation)이라고 부르는 변환의 일반적인 종류의 특별한 경우이다. 특히 A가 $m \times n$ 행렬이고, $\mathbf{x}$가 R^n의 열 벡터이면, 곱 $A\mathbf{x}$는 R^m의 벡터이다. 그래서 $\mathbf{x}$에 A를 곱하는 것은 R^n의 벡터를 R^m의 벡터로 사상하는 변환을 생성한다. 이 변환을 **A에 의한 곱셈**(multiplication by A) 또는 **변환 A**(transformation A)라 하고, 행렬 A를 강조하기 위하여 T_A로 표기한다. 따라서 다음과 같이 표기한다.

$$T_A: R^n \to R^m$$

$$T_A(\mathrm{x}) = A\mathbf{x} \quad \text{또는 동치적으로} \quad \mathbf{x} \xrightarrow{T_A} A\mathbf{x}$$

A가 정사각행렬(정방행렬), 즉 $n \times n$인 특별한 경우에는 $T_A: R^n \to R^n$이고, T_A를 R^n에서의 **행렬연산자**(matrix operator)라고 부른다.

예제 4 영변환

0이 $m \times n$ 영행렬이면, 다음 식이 성립한다.

$$T_0(\mathbf{x}) = 0\mathbf{x} = \mathbf{0}$$

그래서 영행렬 0을 곱하면 R^n의 모든 벡터를 R^m의 영벡터로 사상한다. 따라서, T_0을 R^n에서 R^m으로의 **영변환**(zero transformation)이라 한다. ■

예제 5 항등연산자

I가 $n \times n$ 단위행렬(항등행렬)이면, R^n의 모든 벡터 $\mathbf{x}$에 대하여 다음이 성립한다.

$$T_I(\mathbf{x}) = I\mathbf{x} = \mathbf{x}$$

그래서 I를 곱하면 R^n의 모든 벡터를 자기 자신으로 사상한다. 따라서, T_I를 R^n에서의 **항등연산자**(identity operator)라고 한다. ■

지금까지는, 행렬에 관한 설명의 많은 부분이 다음과 같은 선형방정식을 푸는 내용이었다.

$$A\mathbf{x} = \mathbf{b} \quad (7)$$

이제는 행렬 곱셈의 변환적인 관점에 집중할 것이다. 예를 들어 A의 크기가 $m \times n$이면, A를 곱하는 것은 R^n에서 R^m으로의 행렬변환을 정의한다. 그래서 식 (7)을 푸는 문제를 기하학적으로 변환 T_A의 상이 R^m의 벡터 $\mathbf{b}$가 되는 R^n의 벡터 $\mathbf{x}$를 찾는 문제로 볼 수 있다.

예제 6 행렬변환

$T_A: R^2 \to R^3$가 예제 3에서의 행렬변환이라고 하자.

(a) T_A의 상이 다음 벡터 $\mathbf{b}$가 되는 R^2의 벡터 $\mathbf{x}$가 존재한다면 찾아라.

$$\mathbf{b} = \begin{bmatrix} 7 \\ 0 \\ 7 \end{bmatrix}$$

(b) T_A의 상이 다음 벡터 **b**가 되는 R^2의 벡터 **x**가 존재한다면 찾아라.

$$\mathbf{b} = \begin{bmatrix} 9 \\ -3 \\ -1 \end{bmatrix}$$

풀이 (a) 서술한 문제는 선형방정식의 해 **x**를 찾는 것과 동일하다.

$$\begin{bmatrix} 1 & -1 \\ 2 & 5 \\ 3 & 4 \end{bmatrix} \begin{bmatrix} x_1 \\ x_2 \end{bmatrix} = \begin{bmatrix} 7 \\ 0 \\ 7 \end{bmatrix} \tag{8}$$

이 선형방정식의 첨가행렬의 기약행사다리꼴이 다음과 같음을 보이도록 하라.

$$\begin{bmatrix} 1 & 0 & 5 \\ 0 & 1 & -2 \\ 0 & 0 & 0 \end{bmatrix}$$

이것에 의하여 식 (8)은 유일한 해를 가지며 $T_A(\mathbf{x}) = \mathbf{b}$가 된다. 이는 벡터 **b**가 T_A의 치역에 있음을 보여 준다.

$$\mathbf{x} = \begin{bmatrix} 5 \\ -2 \end{bmatrix}$$

풀이 (b) 서술한 문제는 선형방정식의 해 **x**를 찾는 것과 동일하다.

$$\begin{bmatrix} 1 & -1 \\ 2 & 5 \\ 3 & 4 \end{bmatrix} \begin{bmatrix} x_1 \\ x_2 \end{bmatrix} = \begin{bmatrix} 9 \\ -3 \\ -1 \end{bmatrix}$$

가우스(Gauss) 소거를 사용해서 첨가행렬의 행사다리꼴이 다음과 같음을 보이도록 하라.

$$\begin{bmatrix} 1 & -1 & 9 \\ 0 & 1 & -3 \\ 0 & 0 & 1 \end{bmatrix}$$

마지막 행은 선형방정식이 불일치(해가 없음)하다는 것을 나타내며, 따라서 $T_A(\mathbf{x}) = \mathbf{b}$가 되는 R^2의 벡터 **x**가 존재하지 않는다는 것을 나타낸다. 이는 벡터 **b**가 T_A의 치역에 존재하지 않는다는 의미이다. ■

선형변환 사전에 따르면, 용어 선형(linear)은 라틴어 단어 *linearis*에서 유래하였고, "선이나 선들의 또는 선이나 선들에 속하는"이라는 의미이다. 사전에 나오는 용어의 두 번째 의미는 "자극, 힘, 또는 입력에 직접적으로 비례하는 반응을 주는 또는 영향을 미치는"이다. 마지막으로, 사전은 *선형방정식*을 "방정식의 변수의 양이나 양들이 일차만으로 구성되는 대수적 방정식"으로 기술한다. 그래서 *선형*이라는 용어를 다음의 3가지 범주로 사용한다.

1. 대수적(방정식의 형식을 기술하는)
2. 기하학적(대상의 형식을 기술하는)
3. 연산적(계, 함수, 또는 변환이 입력에 반응하는 방법을 기술하는)

2장에서 선형성에 대한 대수적 그리고 기하학적인 해석을 다루었다. 예를 들어 $a_1, a_2, \cdots, a_n$과 b는 상수이고 모든 a_i가 영이 아닐 때, n개의 변수 $x_1, x_2, \cdots, x_n$으로 다음과 같은 형태로 표현할 수 있는 선형방정식을 정의했다.

$$a_1x_1 + a_2x_2 + \cdots + a_nx_n = b$$

선형방정식은 R^2에서는 직선들, R^3에서는 평면들, 그리고 R^n에서는 초평면(hyperplane)들에 해당한다는 것을 설명하였다. 이제는 선형성의 연산적인 해석에 집중할 것이다.

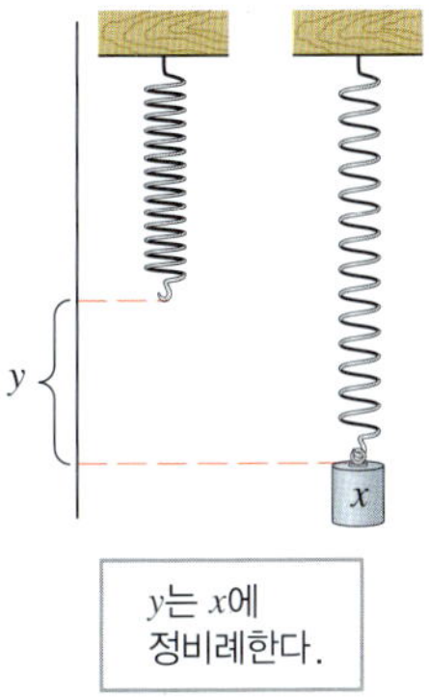

그림 6.1.4

$y = kx$를 만족시키는, **비례상수**(constant of proportionality)라고 부르는 상수 k가 존재한다면 변수 y는 변수 x에 **정비례**(directly proportional)한다고 말하는 것을 기억하라.

물리학에서 **후크의 법칙**(Hooke's law)은 정비례로 모형화할 수 있는 물리법칙의 좋은 예이다. 스프링에 달려 있는 x 단위의 무게가 스프링을 원래의 길이에서 x에 정비례하는 양 y만큼 늘인다는 것은 이 법칙을 따른다(그림 6.1.4). 즉 k가 양의 상수일 때, 변수 x와 y는 $y = kx$ 형태의 방정식으로 연관되어 있다. 상수 k는 스프링의 강도에 의존한다—스프링이 더 단단하면 k값이 더 작아진다(왜?).

편의상 $f(x) = kx$라 할 것이고 정비례 방정식 $y = kx$를 $y = f(x)$라는 함수 형식으로 표기한다. 이 방정식은 2가지 중요한 성질을 가진다.

1. **동질성**(homogeneity) — 곱하는 양으로 입력을 변화하면 출력도 같은 양만큼 변한다. 즉,

$$f(cx) = k(cx) = c(kx) = cf(x) \tag{9}$$

2. **가산성**(additivity) — 두 개의 입력을 더하는 것은 대응하는 출력을 더하는 것과 같다. 즉,

$$f(x_1 + x_2) = k(x_1 + x_2) = kx_1 + kx_2 = f(x_1) + f(x_2) \tag{10}$$

이러한 개념들은 그림 6.1.4의 무게-스프링을 사용하여 물리적으로 설명할 수 있다. 스프링의 원래 길이에서 늘어나는 길이 y는 무게 x에 정비례하기 때문에, c만큼 무게를 증가시키면 스프링이 늘어나는 길이도 같은 양만큼 늘어난다는 것은 동질성을 따른다. 따라서, 무게를 2배의 양만큼 증가시키면 길이도 2배만큼 늘어나고, 무게를 3배 증가시키면 길이도 3배만큼 늘어난다(그림 6.1.5a). 게다가, $x_1 + x_2$의 무게로 스프링이 늘어나는 양은 x_1으로 늘어난 길이와 x_2로 늘어난 길이의 합과 같다는 것은 가산성을 따른다(그림 6.1.5b).

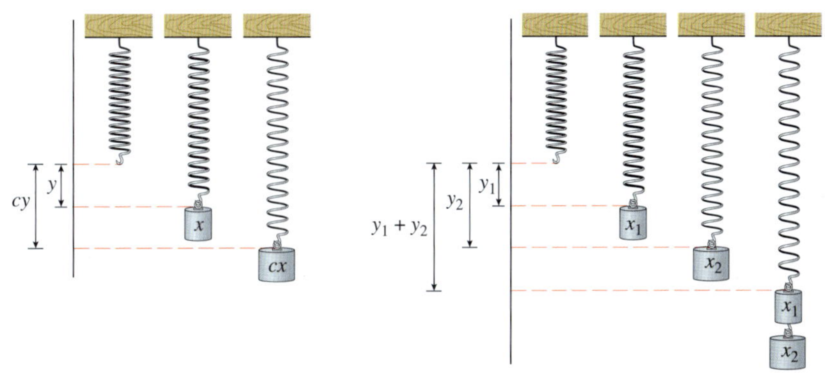

그림 6.1.5 (a) (b)

식 (9)와 (10)에 의하여 다음을 정의한다.

정의 6.1.2 R^n의 모든 벡터와 $\mathbf{u}$와 $\mathbf{v}$, 그리고 모든 스칼라 c에 대하여 다음 두 가지 성질이 성립하면 함수 $T : R^n \to R^m$을 R^n에서 R^m으로의 **선형변환**이라고 한다.

(i) $T(c\mathbf{u}) = cT(\mathbf{u})$ **(동질성의 성질)**

(ii) $T(\mathbf{u} + \mathbf{v}) = T(\mathbf{u}) + T(\mathbf{v})$ **(가산성의 성질, 합의 성질)**

$m = n$인 특별한 경우에, 선형변환 T를 R^n에서의 **선형연산자**라고 한다.

$\mathbf{v}_1$과 $\mathbf{v}_2$는 R^n의 벡터이고 c_1과 c_2가 임의의 스칼라이면, 다음이 성립한다는 것을 보이기 위하여 이 정의에서의 두 성질들을 결합하여 사용할 수 있다(증명하라).

$$T(c_1\mathbf{v}_1 + c_2\mathbf{v}_2) = c_1T(\mathbf{v}_1) + c_2T(\mathbf{v}_2)$$

더 일반적으로, $\mathbf{v}_1, \mathbf{v}_2, \cdots, \mathbf{v}_k$가 R^n의 벡터이고 $c_1, c_2, \cdots, c_k$가 임의의 스칼라이면, 다음이 성립한다.

$$T(c_1\mathbf{v}_1 + c_2\mathbf{v}_2 + \cdots + c_k\mathbf{v}_k) = c_1T(\mathbf{v}_1) + c_2T(\mathbf{v}_2) + \cdots + c_kT(\mathbf{v}_k) \tag{11}$$

공학자와 물리학자들은 때때로 이것을 **중첩의 원리**(superposition principle)라고 한다.

역사 속의 선형대수

영국 과학자 Robert Hooke (1635~1702)가 스프링 저울의 설계를 연구하는 과정에서 자기 이름으로 명명된 법칙을 발견했다. Hooke는 17세기 가장 명석하고 박학한 과학자 중 한 사람으로, 처음으로 생물학의 세포를 확인했으며(처음으로 세포라는 단어를 사용함), 최초로 그레고리안 반사 망원경을 만들었고, 인공마스크를 발명하였다. 또한 망원경의 십자선을 개발했으며, 볼 조인트를 발명했고, 목성이 그 축 위에서 회전한다는 것을 보였으며, 지질학에서 주요한 발견을 했다. 그리고 1666년 대화재 이후 런던의 재건에서 중심이 된 건축가였다. Hooke의 사진은 남아 있지 않다. 어떤 사람들은 그가 "너무 마르고 등이 굽고 또한 못생겨서" 아마 초상화를 그릴 때 너무 난처해서 가만히 앉아 있지 못했다고도 하고, 어떤 사람들은 역제곱 중력법칙의 발견에 대하여 Isaac Newton이 Hooke를 증오하여 그를 그릴 미술가가 없었다고도 한다.

예제 7

정리 3.1.5로부터 A는 $m \times n$ 행렬이고, $\mathbf{u}$와 $\mathbf{v}$는 R^n의 열벡터이며, c가 스칼라이면, $A(c\mathbf{u}) = c(A\mathbf{u})$이고 $A(\mathbf{u}+\mathbf{v}) = A\mathbf{u} + A\mathbf{v}$임을 상기하라. 따라서, 다음이 성립하기 때문에 행렬변환 $T_A : R^n \to R^m$은 선형이다.

$$T_A(c\mathbf{u}) = A(c\mathbf{u}) = c(A\mathbf{u}) = cT_A(\mathbf{u})$$
$$T_A(\mathbf{u}+\mathbf{v}) = A(\mathbf{u}+\mathbf{v}) = A\mathbf{u} + A\mathbf{v} = T_A(\mathbf{u}) + T_A(\mathbf{v})$$ ■

예제 8

예제 2에서 다음과 같은 변환을 고려하였다.

$$T(x_1, x_2, x_3) = (x_1^2, x_2^2, x_3^2)$$

이 변환은 정의 6.1.2의 두 조건을 모두 만족하지 못하기 때문에 선형이 아니다(물론 두 조건 중 하나만 만족하지 않더라도 비선형이 되기에 충분할지라도). 이 변환은 다음과 같이 동질성의 조건을 만족하지 않으며, 이것은 어떤 스칼라와 벡터들에 대하여 $T(c\mathbf{u}) \neq cT(\mathbf{u})$임을 의미한다.

$$T(c\mathbf{u}) = T(cu_1, cu_2, cu_3) = (c^2u_1^2, c^2u_2^2, c^2u_3^2) = c^2(u_1^2, u_2^2, u_3^2) = c^2T(\mathbf{u})$$

이 변환은 다음과 같이 가산성의 조건을 만족하지 않으며, 이것은 R^3의 어떤 벡터들에 대하여 $T(\mathbf{u}+\mathbf{v}) \neq T(\mathbf{u}) + T(\mathbf{v})$임을 의미한다.

$$T(\mathbf{u}+\mathbf{v}) = T(u_1+v_1, u_2+v_2, u_3+v_3) = ((u_1+v_1)^2, (u_2+v_2)^2, (u_3+v_3)^2)$$
$$T(\mathbf{u}) + T(\mathbf{v}) = (u_1^2, u_2^2, u_3^2) + (v_1^2, v_2^2, v_3^2) = (u_1^2+v_1^2, u_2^2+v_2^2, u_3^2+v_3^2)$$ ■

선형변환의 성질들

다음 정리는 선형변환의 몇 가지 기본적인 성질들을 제시한다.

정리 6.1.3 *$T : R^n \to R^m$이 선형변환이면, 다음이 성립한다.*

(a) $T(\mathbf{0}) = \mathbf{0}$

(b) $T(-\mathbf{u}) = -T(\mathbf{u})$

(c) $T(\mathbf{u}-\mathbf{v}) = T(\mathbf{u}) - T(\mathbf{v})$

증명 (a)를 증명하기 위해 식 $T(c\mathbf{u}) = cT(\mathbf{u})$에 $c = 0$을 대입하고, (b)를 증명하기 위해 $c = -1$을 대입한다. (c)를 증명하기 위해 식 $T(\mathbf{u}+\mathbf{v}) = T(\mathbf{u}) + T(\mathbf{v})$에 $\mathbf{v}$를 $-\mathbf{v}$로 대입하고 얻어진 방정식의 오른쪽에 (b)를 적용한다. ■

개념문제 예제 8에서 R^2에서 성분을 제곱하는 연산자는 선형이 아님을 보였다. 이 연산자는 정리 6.1.3의 성질 중 적어도 하나를 만족하지 않음을 보여라. 어느 것인가?

예제 9 평행이동은 선형이 아니다

$\mathbf{x}$에 $\mathbf{x}_0$을 더하는 것은 $\mathbf{x}$의 끝점을 $\mathbf{x}_0$만큼 평행이동하는 효과를 가짐을 상기하라(그림 6.1.6). 따라서, R^n에서의 연산자 $T(\mathbf{x}) = \mathbf{x}_0 + \mathbf{x}$는 R^n의 모든 점을 $\mathbf{x}_0$만큼 평행이동시키는 효과를 가진다. $\mathbf{x}_0 \neq \mathbf{0}$이면 T는 선형이 아님을 보여라.

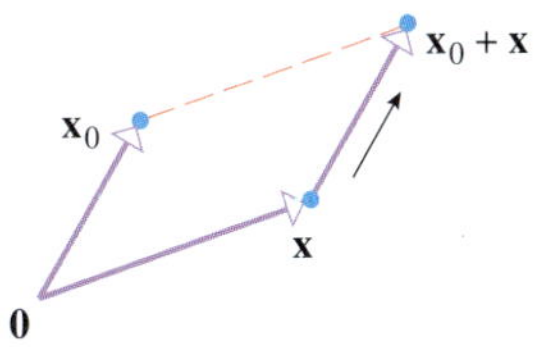

$\mathbf{x}$에 $\mathbf{x}_0$을 더하는 것은 $\mathbf{x}$의 끝점을 $\mathbf{x}_0$만큼 평행이동한다.

그림 6.1.6

풀이 동질성이나 선형성 둘 중에 하나(또는 둘 다 모두)가 성립되지 않는 것을 보여주자. 그러나 $T(\mathbf{0}) = \mathbf{x}_0 + \mathbf{0} = \mathbf{x}_0 \neq \mathbf{0}$이기 때문에, 정리 6.1.3의 (*a*) 부분을 위반하므로 T는 선형이 아님을 알 수 있다. 연산자에 대하여 동질성과 선형성 모두를 만족시키지 못한다는 것을 확인해 보라. ■

참고 때때로 정의역 V가 R^n의 전체공간이 아니라 R^n의 진부분공간인 변환을 고려할 필요가 있을 것이다. 정의 6.1.2에서와 같이, 이런 종류의 변환 $T : V \to R^m$이 가산성과 동질성을 만족시키면 이 변환을 **선형**이라고 한다. 그 증명에도 변화가 없기 때문에, 정리 6.1.3은 이러한 선형변환에 대하여 유효하다.

R^n에서 R^m으로의 모든 선형변환은 행렬변환이다

예제 7에서 R^n에서 R^m으로의 모든 행렬변환은 선형임을 보았다. 이제는 $T : R^n \to R^m$이 선형변환이면, R^n의 모든 벡터 $\mathbf{x}$(당연히 $\mathbf{x}$를 열 형식으로 표시한다고 가정함)에 대하여 다음을 만족시키는 유일한 $m \times n$ 행렬이 존재한다는 의미에서 행렬변환이 R^n에서 R^m으로의 단 하나의 선형변환이라는 것을 보일 것이다. 이것은 R^n에서 R^m으로의 모든 선형변환들을 행렬의 곱셈으로 수행할 수 있다는 것을 의미하기 때문에 매우 중요한 결과이다.

$$T(\mathbf{x}) = A\mathbf{x}$$

이 결과를 증명하기 위하여, $\mathbf{x}$를 열 형식으로 쓰고 다음과 같이 표준단위벡터들의 일차결합으로 표현하도록 하자.

$$\mathbf{x} = \begin{bmatrix} x_1 \\ x_2 \\ \vdots \\ x_n \end{bmatrix} = x_1 \begin{bmatrix} 1 \\ 0 \\ \vdots \\ 0 \end{bmatrix} + x_2 \begin{bmatrix} 0 \\ 1 \\ \vdots \\ 0 \end{bmatrix} + \cdots + x_n \begin{bmatrix} 0 \\ 0 \\ \vdots \\ 1 \end{bmatrix} = x_1\mathbf{e}_1 + x_2\mathbf{e}_2 + \cdots + x_n\mathbf{e}_n$$

따라서, 식 (11)로부터 다음을 얻는다.

$$T(\mathbf{x}) = x_1T(\mathbf{e}_1) + x_2T(\mathbf{e}_2) + \cdots + x_nT(\mathbf{e}_n) \tag{12}$$

연속된 열벡터로 $T(\mathbf{e}_1)$, $T(\mathbf{e}_2)$, ⋯, $T(\mathbf{e}_n)$을 갖는 행렬 A를 만들면, 3.1절의 식 (10)으로부터 식 (12)를 다음과 같이 표시할 수 있다.

$$T(\mathbf{x}) = [T(\mathbf{e}_1) \quad T(\mathbf{e}_2) \quad \cdots \quad T(\mathbf{e}_n)] \begin{bmatrix} x_1 \\ x_2 \\ \vdots \\ x_n \end{bmatrix} = A\mathbf{x}$$

따라서, 다음의 결과를 얻게 된다.

> **정리 6.1.4** *$T : R^n \to R^m$가 선형변환이라고 하고, 벡터들은 열 형식으로 표시된다고 가정하자. $\mathbf{e}_1$, $\mathbf{e}_2$, ⋯, $\mathbf{e}_n$은 R^n의 표준단위벡터이고, $\mathbf{x}$가 R^n의 임의의 벡터이면, $T(\mathbf{x})$는 다음과 같이 표현할 수 있다.*
>
> $$T(\mathbf{x}) = A\mathbf{x} \tag{13}$$
>
> *여기서 A는 다음과 같다.*
>
> $$A = [T(\mathbf{e}_1) \quad T(\mathbf{e}_2) \quad \cdots \quad T(\mathbf{e}_n)]$$

이 정리에서 행렬 A를 ***T*의 표준행렬**(standard matrix for T)이라 하고, T를 ***A*에 대응하는 변환**(transformation corresponding to A), 또는 T를 ***A*에 의해서 표현된 변환**(transformation represented by A), 또는 때때로 간단하게 ***T*는 변환 *A*이다**(T is the transformation A)라고 말한다.

T와 그 표준행렬 사이의 관계를 강조하는 것이 바람직할 때, A를 $[T]$로 표기할 것이다. 즉, 다음과 같이 표기할 것이다.

$$[T] = [T(\mathbf{e}_1) \quad T(\mathbf{e}_2) \quad \cdots \quad T(\mathbf{e}_n)]$$

이 표기법을 사용하여, 식 (13)의 수식은 다음과 같이 표기할 수 있다.

$$T(\mathbf{x}) = [T]\mathbf{x} \tag{14}$$

참고 정리 6.1.4는 일단 표준단위벡터의 상을 안다면 표준행렬 $[T]$를 구할 수 있고 그다음에 식 (14)를 사용해서 모든 다른 벡터들의 상을 표준행렬 $[T]$를 사용하여 계산할 수 있다는 의미에서 선형변환 $T : R^n \to R^m$은 *표준단위벡터에서의 값으로 완전하게 결정된다*는 것을 보여준다.

▶ 예제 10 크기변환 연산자에 대한 표준행렬

예제 1에서 $T(\mathbf{x}) = 2\mathbf{x}$로 정의된 크기변환 연산자(scaling operator) $T : R^2 \to R^2$을 고려했다. 이 연산자가 선형이라는 것과 해당하는 표준행렬을 찾는 것을 보여라.

풀이 다음이 성립하기 때문에 변환 T는 동질적이다.

$$T(c\mathbf{u}) = 2(c\mathbf{u}) = c(2\mathbf{u}) = cT(\mathbf{u})$$

그리고 다음이 성립되기 때문에 변환 T는 가산적이다.

$$T(\mathbf{u}+\mathbf{v}) = 2(\mathbf{u}+\mathbf{v}) = 2\mathbf{u}+2\mathbf{v} = T(\mathbf{u})+T(\mathbf{v})$$

정리 6.1.4로부터, T의 표준행렬은 다음과 같다.

$$[T] = \begin{bmatrix} T(\mathbf{e}_1) & T(\mathbf{e}_2) \end{bmatrix} = \begin{bmatrix} 2\mathbf{e}_1 & 2\mathbf{e}_2 \end{bmatrix} = \begin{bmatrix} 2 & 0 \\ 0 & 2 \end{bmatrix}$$

다음과 같이 확인할 수 있다.

$$[T]\mathbf{x} = \begin{bmatrix} 2 & 0 \\ 0 & 2 \end{bmatrix}\begin{bmatrix} x_1 \\ x_2 \end{bmatrix} = \begin{bmatrix} 2x_1 \\ 2x_2 \end{bmatrix} = 2\begin{bmatrix} x_1 \\ x_2 \end{bmatrix} = 2\mathbf{x} = T(\mathbf{x})$$

■

R^n에서 R^m으로의 변환들은 종종 R^n의 벡터 $\mathbf{x} = (x_1, x_2, \cdots, x_n)$의 성분들을 R^m에 있는 $\mathbf{x}$의 상 $\mathbf{w} = T(\mathbf{x}) = (w_1, w_2, \cdots, w_m)$의 성분들과 연관시키는 수식에 의해서 결정된다. 정리 6.1.4에 따라서 그러한 변환이 선형일 필요충분조건은 "$A = [a_{ij}]$가 T의 표준행렬일 때 $\mathbf{w}$와 $\mathbf{x}$ 사이의 관계를 $\mathbf{w} = A\mathbf{x}$로 표현할 수 있다"이다. 이 행렬방정식 안의 각 방정식들을 풀어 쓰면 다음과 같다.

$$\begin{aligned} w_1 &= a_{11}x_1 + a_{12}x_2 + \cdots + a_{1n}x_n \\ w_2 &= a_{21}x_1 + a_{22}x_2 + \cdots + a_{2n}x_n \\ &\ \vdots \\ w_m &= a_{m1}x_1 + a_{m2}x_2 + \cdots + a_{mn}x_n \end{aligned}$$

따라서, *$\mathbf{x}$와 $\mathbf{w}$의 성분들을 연관시키는 방정식들이 선형방정식들이 된다는 것은 $T(\mathbf{x}) = (w_1, w_2, \cdots, w_m)$가 선형변환이 되는 필요충분조건임*을 알 수 있다.

▶ 예제 11 선형변환의 표준행렬

다음의 수식으로 정의된 변환 $T : R^3 \to R^2$이 선형임을 보이고 표준행렬을 찾아라.

$$T(x_1, x_2, x_3) = (x_1 + x_2, x_2 - x_3) \tag{15}$$

풀이 $\mathbf{x} = (x_1, x_2, x_3)$를 R^3의 벡터라고 하고, $\mathbf{w} = (w_{11}, w_{12})$를 변환 T에 의한 $\mathbf{x}$의 상이라고 하자. 식 (15)에 의해 다음이 성립한다.

$$w_1 = x_1 + x_2, \qquad w_2 = x_2 - x_3$$

이 식들은 선형방정식이기 때문에, 변환 T는 선형이다. T의 표준행렬을 찾기 위하여 변환 T에 의한 표준단위벡터들의 상을 다음과 같이 계산한다.

$$T(\mathbf{e}_1) = T(1, 0, 0) = (1, 0)$$
$$T(\mathbf{e}_2) = T(0, 1, 0) = (1, 1)$$
$$T(\mathbf{e}_3) = T(0, 0, 1) = (0, -1)$$

이 벡터들을 열 형식으로 쓰면 다음과 같은 표준행렬을 구할 수 있다.

$$[T] = [T(\mathbf{e}_1) \quad T(\mathbf{e}_2) \quad T(\mathbf{e}_3)] = \begin{bmatrix} 1 & 1 & 0 \\ 0 & 1 & -1 \end{bmatrix}$$

다음과 같이 확인할 수 있고, 이 식은 행렬 표현을 제외하면 식 (15)와 일치한다.

$$[T]\mathbf{x} = \begin{bmatrix} 1 & 1 & 0 \\ 0 & 1 & -1 \end{bmatrix} \begin{bmatrix} x_1 \\ x_2 \\ x_3 \end{bmatrix} = \begin{bmatrix} x_1 + x_2 \\ x_2 - x_3 \end{bmatrix}$$

■

개념문제 R^n에서의 항등연산자를 위한 표준행렬에 대하여 어떤 설명을 할 수 있는가? R^n에서 R^m으로의 영변환을 위한 표준행렬에 대하여 어떤 설명을 할 수 있는가?

원점에 대한 회전

R^2와 R^3에서 가장 중요한 몇몇 선형연산자로는 회전(rotation), 반사(reflection), 그리고 사영(projection, 투영)이 있다. 이 절에서는 R^2에서 이런 연산자를 위한 표준행렬을 어떻게 찾는지를 설명하고, 다음 절에서 그 연산자들에 대하여 더 자세히 다루기 위하여 이 행렬들을 이용할 것이다.

θ를 고정된 각이라고 하고, R^2의 각 벡터 $\mathbf{x}$를 원점을 중심으로 θ 각도만큼* 회전시키는 연산자 T를 생각하자(그림 6.1.7*a*). 몇 개의 적당한 그림들을 그려서 T가 선형이라는 것을 시각화하기는 어렵지 않다. 예를 들어, 그림 6.1.7*b*에서 $\mathbf{u}$에 먼저 c를 곱한 다음에 회전하는 것과 $\mathbf{u}$를 먼저 회전한 다음에 c를 곱하는 것은 $\mathbf{u}$의 상이 같은 결과를 갖기 때문에 회전 T가 동질적인 것은 분명하다. 또한, 그림 6.1.7*c*에서 $\mathbf{u}$와 $\mathbf{v}$를 먼저 더하고 그 합을 회전하는 것과 벡터 $\mathbf{u}$와 $\mathbf{v}$를 먼저 회전하고 회전된 벡터들의 합을 구하는 것은 상이 같은 결과를 갖기 때문에 T는 가산적인 것이 분명하다.

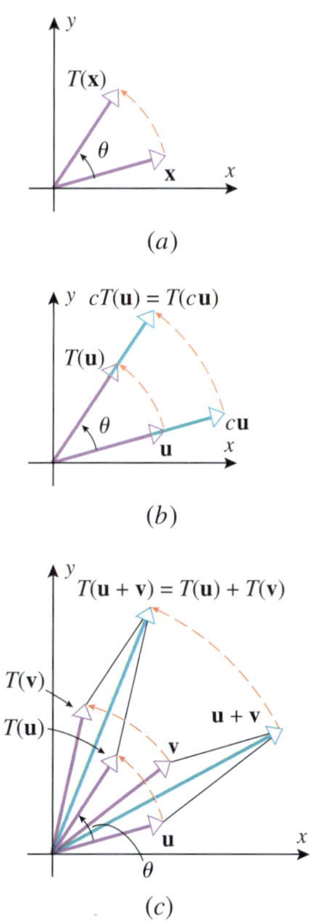

그림 6.1.7

이제 회전연산자를 위한 표준행렬을 찾도록 하자. 원점을 중심으로 각도 θ만큼의 회전을 위한 표준행렬을 R_θ로 표기할 것이다. 그림 6.1.8에서 이 행렬이 다음과 같음을 알 수 있다.

$$R_\theta = [T(\mathbf{e}_1) \quad T(\mathbf{e}_2)] = \begin{bmatrix} \cos\theta & -\sin\theta \\ \sin\theta & \cos\theta \end{bmatrix} \tag{16}$$

그래서 이 회전에 의한 벡터 $\mathbf{x} = (x, y)$의 상은 다음과 같다.

$$R_\theta \mathbf{x} = \begin{bmatrix} \cos\theta & -\sin\theta \\ \sin\theta & \cos\theta \end{bmatrix} \begin{bmatrix} x \\ y \end{bmatrix} \tag{17}$$

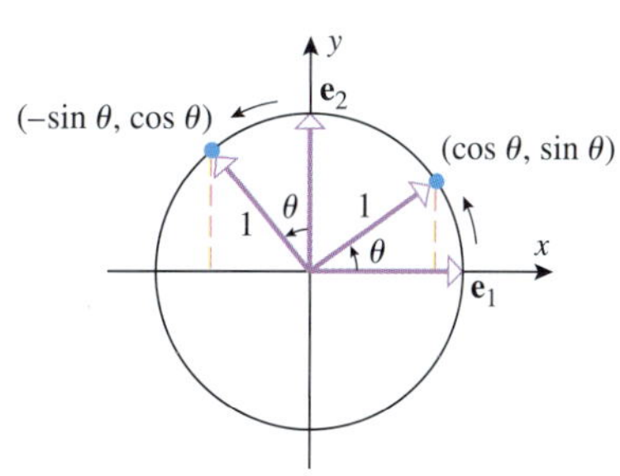

그림 6.1.8

*평면에서, 반시계 방향의 각은 양수이고 시계 방향의 각은 음수이다.

예제 12 회전연산자

원점에 대하여 $\pi/6$ 라디안($= 30^\circ$)의 회전에 의한 $\mathbf{x} = (1, 1)$의 상을 구하라.

풀이 식 (17)에 따라서 $\theta = \pi/6$일 때 상은 다음과 같고 쉼표 구분 표기법으로 표시하면 이 상은 대략 (0.37, 1.37)이 된다.

$$R_{\pi/6}\mathbf{x} = \begin{bmatrix} \frac{\sqrt{3}}{2} & -\frac{1}{2} \\ \frac{1}{2} & \frac{\sqrt{3}}{2} \end{bmatrix} \begin{bmatrix} 1 \\ 1 \end{bmatrix} = \begin{bmatrix} \frac{\sqrt{3}-1}{2} \\ \frac{1+\sqrt{3}}{2} \end{bmatrix} \approx \begin{bmatrix} 0.37 \\ 1.37 \end{bmatrix}$$ ■

원점을 지나는 직선에 대한 반사

이제 양의 x-축과의 각이 θ이고 원점을 지나는 직선에 대하여 벡터 $\mathbf{x}$를 반사시키는 연산자 $T : R^2 \to R^2$를 고려하자(그림 6.1.9). 회전연산자들의 선형성을 설명할 때 사용한 같은 형태의 기하학적인 설명을 반사연산자의 선형성을 설명할 때도 사용할 수 있다. 반사를 문자 H로 표기하는 관례를 유지하도록, 그림 6.1.9에서 반사를 위한 표준행렬을 H_θ로 표기할 것이다. 그림 6.1.10으로부터 이 행렬은 다음과 같음을 알 수 있다.

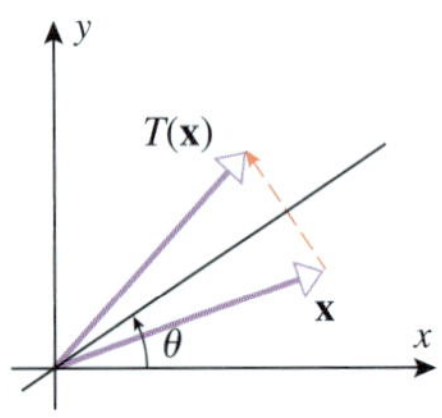

그림 6.1.9

$$H_\theta = [T(\mathbf{e}_1) \quad T(\mathbf{e}_2)] = \begin{bmatrix} \cos 2\theta & \cos\left(\frac{\pi}{2} - 2\theta\right) \\ \sin 2\theta & -\sin\left(\frac{\pi}{2} - 2\theta\right) \end{bmatrix} = \begin{bmatrix} \cos 2\theta & \sin 2\theta \\ \sin 2\theta & -\cos 2\theta \end{bmatrix} \tag{18}$$

그래서, 이 반사에 의한 벡터 $\mathbf{x} = (x, y)$의 상은 다음과 같다.

$$H_\theta\mathbf{x} = \begin{bmatrix} \cos 2\theta & \sin 2\theta \\ \sin 2\theta & -\cos 2\theta \end{bmatrix} \begin{bmatrix} x \\ y \end{bmatrix} \tag{19}$$

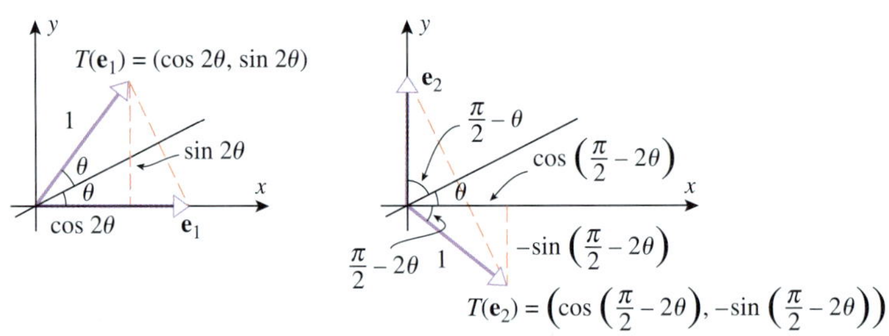

그림 6.1.10

xy-좌표계에서 가장 기본적인 반사들은 x-축에 대한 반사($\theta = 0$), y축에 대한 반사($\theta = \pi/2$), 그리고 직선 $y = x$에 대한 반사($\theta = \pi/4$)이다. 이런 반사들에 대한 몇 가지 정보를 표 6.1.1에 나타내었다.

예제 13 반사연산자

양의 x축과 $\pi/6(= 30^\circ)$ 각을 이루며 원점을 지나는 직선에 대한 벡터 $\mathbf{x} = (1, 1)$의 반사에 의한 상을 구하라.

풀이 식 (19)에 $\theta = \pi/6$을 대입하면 다음을 얻고, 이 상을 쉼표 구분 표기법으로 표시하면 대략 (1.37, 0.37)이다.

$$H_{\pi/6}\mathbf{x} = \begin{bmatrix} \frac{1}{2} & \frac{\sqrt{3}}{2} \\ \frac{\sqrt{3}}{2} & -\frac{1}{2} \end{bmatrix} \begin{bmatrix} 1 \\ 1 \end{bmatrix} = \begin{bmatrix} \frac{1+\sqrt{3}}{2} \\ \frac{\sqrt{3}-1}{2} \end{bmatrix} \approx \begin{bmatrix} 1.37 \\ 0.37 \end{bmatrix}$$ ■

개념문제 식 (19)로부터 표 6.1.1의 표준행렬들을 구하라.

원점을 지나는 직선으로의 정사영

그림 6.1.11과 같이 R^2의 각 벡터 $\mathbf{x}$를 원점을 지나는 직선에 수직으로 사영(project)하는 연산자 $T : R^2 \to R^2$를 고려하자. 이 연산자를 직선 위로의 R^2의 **정사영**(orthogonal projection)이라고 부른다. 직선으로의 정사영은 선형적이고, 그러므로 행렬연산자가 된다는 것을 보일 수 있다.

표 6.1.1

연산자	설명	$\mathbf{e}_1$과 $\mathbf{e}_2$의 상	표준행렬
y-축에 대한 반사 $T(x, y) = (-x, y)$	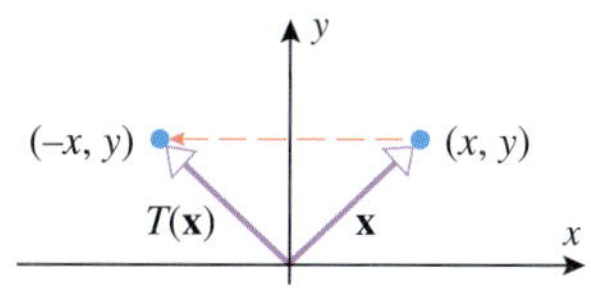	$T(\mathbf{e}_1) = T(1, 0) = (-1, 0)$ $T(\mathbf{e}_2) = T(0, 1) = (0, 1)$	$\begin{bmatrix} -1 & 0 \\ 0 & 1 \end{bmatrix}$
x-축에 대한 반사 $T(x, y) = (x, -y)$	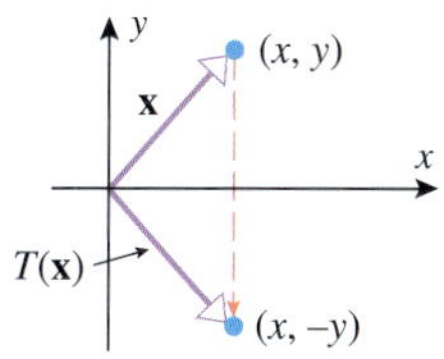	$T(\mathbf{e}_1) = T(1, 0) = (1, 0)$ $T(\mathbf{e}_2) = T(0, 1) = (0, -1)$	$\begin{bmatrix} 1 & 0 \\ 0 & -1 \end{bmatrix}$
직선 $y = x$에 대한 반사 $T(x, y) = (y, x)$	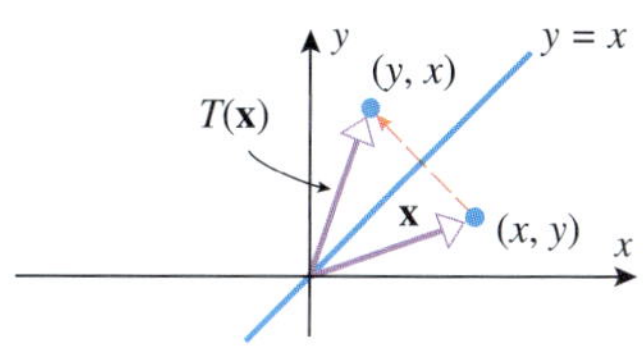	$T(\mathbf{e}_1) = T(1, 0) = (0, 1)$ $T(\mathbf{e}_2) = T(0, 1) = (1, 0)$	$\begin{bmatrix} 0 & 1 \\ 1 & 0 \end{bmatrix}$

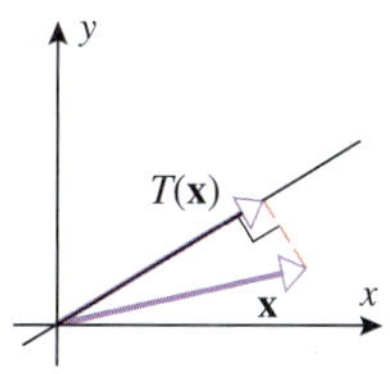

원점을 지나는 직선으로의 정사영

그림 6.1.11

원점을 지나는 일반적인 직선으로의 정사영의 표준행렬은 정리 6.1.4를 사용해서 구할 수 있다. 그러나 정사영을 반사의 관점으로 표현하고, 반사를 위하여 이미 알려진 표준행렬을 사용하는 다른 접근 방법을 고려하는 것이 정사영을 위한 행렬을 구하는 데 유익할 것이다.

양의 x축과 이루는 각이 θ이고 원점을 지나는 직선을 생각하고, 정사영의 표준행렬을 P_θ로 표기하자. R^2의 각 벡터 $\mathbf{x}$에 대하여 벡터 $P_\theta\mathbf{x}$가 벡터 $H_\theta\mathbf{x}$와 다음과 같은 수식으로 연관되어 있다는 것은 그림 6.1.12로부터 명확하다.

$$P_\theta\mathbf{x} - \mathbf{x} = \tfrac{1}{2}(H_\theta\mathbf{x} - \mathbf{x})$$

$P_\theta\mathbf{x}$를 구하면 다음을 얻는다.

$$P_\theta\mathbf{x} = \tfrac{1}{2}H_\theta\mathbf{x} + \tfrac{1}{2}\mathbf{x} = \tfrac{1}{2}H_\theta\mathbf{x} + \tfrac{1}{2}I\mathbf{x} = \tfrac{1}{2}(H_\theta + I)\mathbf{x}$$

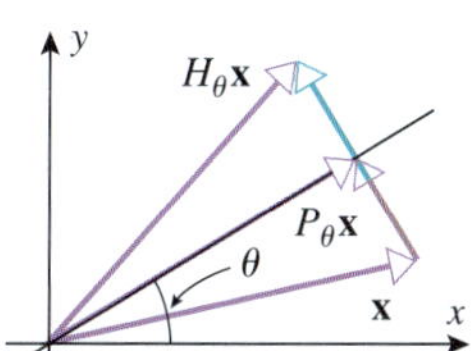

그림 6.1.12

정리 3.4.4의 (b)로부터 다음을 얻는다.

$$P_\theta = \tfrac{1}{2}(H_\theta + I) \tag{20}$$

이 방정식과 식 (18)을 사용해서 다음이 성립함을 보여라.

$$P_\theta = \begin{bmatrix} \frac{1}{2}(1+\cos 2\theta) & \frac{1}{2}\sin 2\theta \\ \frac{1}{2}\sin 2\theta & \frac{1}{2}(1-\cos 2\theta) \end{bmatrix} = \begin{bmatrix} \cos^2\theta & \sin\theta\cos\theta \\ \sin\theta\cos\theta & \sin^2\theta \end{bmatrix} \tag{21}$$

그래서 이 사영에 의해 벡터 $\mathbf{x} = (x, y)$의 상은 다음과 같다.

$$P_\theta\mathbf{x} = \begin{bmatrix} \cos^2\theta & \sin\theta\cos\theta \\ \sin\theta\cos\theta & \sin^2\theta \end{bmatrix}\begin{bmatrix} x \\ y \end{bmatrix} \tag{22}$$

R^2에서 가장 기본적인 정사영은 좌표축들로의 정사영이다. 표 6.1.2는 이러한 연산자들에 대한 정보를 보여준다.

예제 14 정사영 연산자

양의 x축과 이루는 각이 $\pi/12(= 15^\circ)$이며 원점을 지나는 직선으로의 벡터 $\mathbf{x} = (1, 1)$의 정사영을 구하라.

풀이 여기에서는 각 $2\theta = \pi/6$가 $\theta = \pi/12$보다 계산하기에 더 좋기 때문에, 식 (21)에 주어진 표준행렬

표 6.1.2

연산자	설명	$\mathbf{e}_1$과 $\mathbf{e}_2$의 상	표준행렬
x-축으로의 정사영 $T(x, y) = (x, 0)$	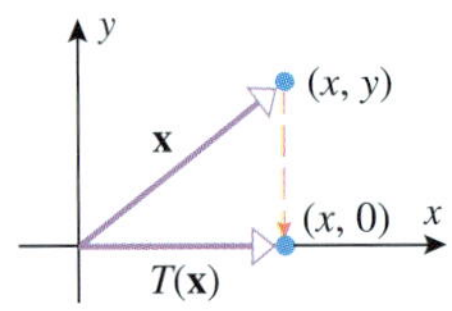	$T(\mathbf{e}_1) = T(1, 0) = (1, 0)$ $T(\mathbf{e}_2) = T(0, 1) = (0, 0)$	$\begin{bmatrix} 1 & 0 \\ 0 & 0 \end{bmatrix}$
y-축으로의 정사영 $T(x, y) = (0, y)$	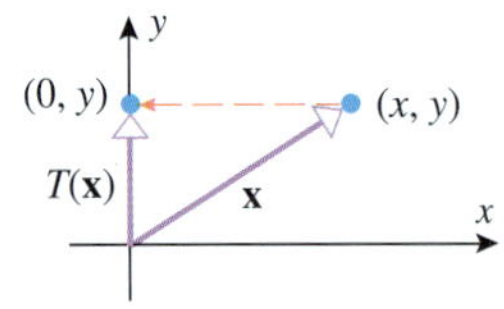	$T(\mathbf{e}_1) = T(1, 0) = (0, 0)$ $T(\mathbf{e}_2) = T(0, 1) = (0, 1)$	$\begin{bmatrix} 0 & 0 \\ 0 & 1 \end{bmatrix}$

의 첫 번째 형식을 이용하여 계산하는 것이 더 쉽다. 이것으로 다음의 사영을 위한 표준행렬을 얻는다.

$$P_{\pi/12} = \begin{bmatrix} \frac{1}{2}\left(1 + \cos\frac{\pi}{6}\right) & \frac{1}{2}\sin\frac{\pi}{6} \\ \frac{1}{2}\sin\frac{\pi}{6} & \frac{1}{2}\left(1 - \cos\frac{\pi}{6}\right) \end{bmatrix} = \begin{bmatrix} \frac{1}{2}\left(1 + \frac{\sqrt{3}}{2}\right) & \frac{1}{4} \\ \frac{1}{4} & \frac{1}{2}\left(1 - \frac{\sqrt{3}}{2}\right) \end{bmatrix}$$

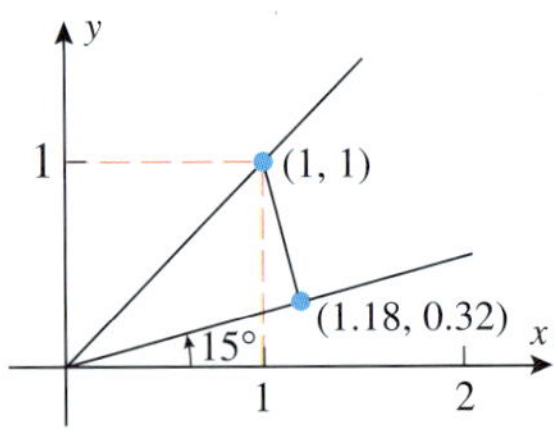

그림 6.1.13

그래서 이 사영에 의한 $\mathbf{x} = (1, 1)$의 상은 다음과 같고, 이 사영을 쉼표 구분 표기법으로 표기하면 대략 (1.18, 0.32)가 된다. 이 사영을 그림 6.1.13에 표시하였다.

$$P_{\pi/12}\mathbf{x} = \begin{bmatrix} \frac{1}{2}\left(1 + \frac{\sqrt{3}}{2}\right) & \frac{1}{4} \\ \frac{1}{4} & \frac{1}{2}\left(1 - \frac{\sqrt{3}}{2}\right) \end{bmatrix}\begin{bmatrix} 1 \\ 1 \end{bmatrix} = \begin{bmatrix} \frac{1}{4}\left(3 + \sqrt{3}\right) \\ \frac{1}{4}\left(3 - \sqrt{3}\right) \end{bmatrix} \approx \begin{bmatrix} 1.18 \\ 0.32 \end{bmatrix}$$ ■

개념문제 표 6.1.2의 결과를 유도하기 위하여 식 (22)를 사용하라.

단위정사각형의 변환

R^2의 **단위정사각형**(unit square)은 $\mathbf{e}_1$과 $\mathbf{e}_2$를 이웃한 변으로 가지는 정사각형이고, 그 정점은 (0, 0), (1, 0), (1, 1), (0, 1)인 정사각형이다. 이러한 정점들의 이미지들을 그려보면 R^2에서의 선형연산자의 기하학적인 작용에 대한 이해를 종종 얻을 수 있다(그림 6.1.14).

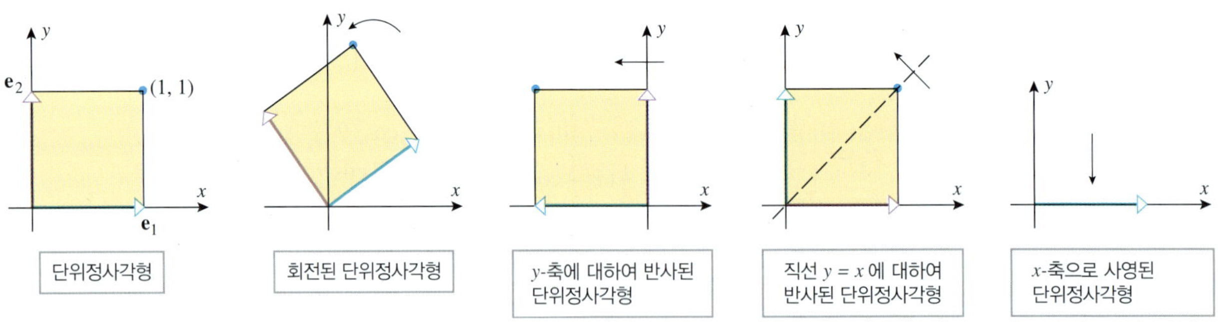

그림 6.1.14

멱수열(거듭제곱수열)

변환이 기하학적인 대상에 어떤 영향을 주느냐보다는 선형변환의 연속적인 적용들이 하나의 특정한 벡터에 어떤 영향을 줄 것인지에 대하여 더 관심이 있는 많은 문제들이 있다. 즉 A가 R^n에서의 선형연산자를 위한 표준행렬이고 $\mathbf{x}_0$가 R^n의 어떤 고정 벡터이면, 다음과 같은 거듭제곱수열(power sequence)의 작용에 관심이 있을 것이다.

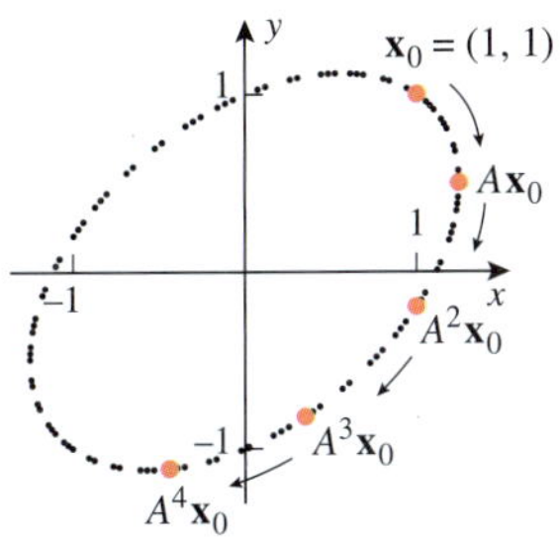

그림 6.1.15

$$\mathbf{x}_0,\ A\mathbf{x}_0,\ A^2\mathbf{x}_0,\ \ldots,\ A^k\mathbf{x}_0,\ \ldots$$

예를 들어 A와 $\mathbf{x}_0$가 다음과 같다면,

$$A = \begin{bmatrix} \frac{1}{2} & \frac{3}{4} \\ -\frac{3}{5} & \frac{11}{10} \end{bmatrix}, \quad \mathbf{x}_0 = \begin{bmatrix} 1 \\ 1 \end{bmatrix}$$

컴퓨터나 계산기의 도움으로 거듭제곱수열의 첫 다섯 개의 항들이 다음과 같음을 보일 수 있다.

$$\mathbf{x}_0 = \begin{bmatrix} 1 \\ 1 \end{bmatrix}, \quad A\mathbf{x}_0 = \begin{bmatrix} 1.25 \\ 0.5 \end{bmatrix}, \quad A^2\mathbf{x}_0 = \begin{bmatrix} 1.0 \\ -0.2 \end{bmatrix}, \quad A^3\mathbf{x}_0 = \begin{bmatrix} 0.35 \\ -0.82 \end{bmatrix}, \quad A^4\mathbf{x}_0 = \begin{bmatrix} -0.44 \\ -1.112 \end{bmatrix}$$

MATLAB이나 컴퓨터 대수 시스템의 도움으로 첫 100개의 항을 순서쌍 (x, y)로 점을 찍어 그린다면, 그 점들은 그림 6.1.15에 보이는 것처럼 타원의 궤도를 따라 움직인다. 왜 이러한 현상이 발생하는지에 대한 설명은 행렬의 구조에 대한 더 깊은 분석이 필요하며 이것은 다음 장에서 다루게 될 것이다.

연습문제 6.1

연습문제 1과 2에서, 변환 $T_A(\mathbf{x}) = A\mathbf{x}$의 정의역과 공역을 구하라.

1. (a) A의 크기가 3×2이다.
(b) A의 크기가 2×3이다.
(c) A의 크기가 3×3이다.

2. (a) A의 크기가 4×5이다.
(b) A의 크기가 5×4이다.
(c) A의 크기가 4×4이다.

3. $T(x_1, x_2) = (x_1 + x_2, -x_2, 3x_1)$이면 T의 정의역은 _____이고, T의 공역은 _____이며, T에 의한 $\mathbf{x} = (1, -2)$의 상은 _____이다.

4. $T(x_1, x_2, x_3) = (x_1 + 2x_2, x_1 - 2x_2)$이면 T의 정의역은 _____이고, T의 공역은 _____이며, T에 의한 $\mathbf{x} = (0, -1, 4)$의 상은 _____이다.

연습문제 5와 6에서, 선형변환 T에 대한 표준행렬 $[T]$가 주어진다. 이를 이용해서 $T(\mathbf{x})$를 구하라.

5. (a) $[T] = \begin{bmatrix} 1 & 2 \\ 3 & 4 \end{bmatrix}$; $\mathbf{x} = \begin{bmatrix} 3 \\ -2 \end{bmatrix}$

(b) $[T] = \begin{bmatrix} -1 & 2 & 0 \\ 3 & 1 & 5 \end{bmatrix}$; $\mathbf{x} = \begin{bmatrix} -1 \\ 1 \\ 3 \end{bmatrix}$

6. (a) $[T] = \begin{bmatrix} -2 & 1 & 4 \\ 3 & 5 & 7 \\ 6 & 0 & -1 \end{bmatrix}$; $\mathbf{x} = \begin{bmatrix} x_1 \\ x_2 \\ x_3 \end{bmatrix}$

(b) $[T] = \begin{bmatrix} -1 & 1 \\ 2 & 4 \\ 7 & 8 \end{bmatrix}$; $\mathbf{x} = \begin{bmatrix} x_1 \\ x_2 \end{bmatrix}$

연습문제 7과 8에서, T_A는 표준행렬이 A인 변환이라고 하자. T_A에 의한 상이 $\mathbf{b}$가 되는 벡터 $\mathbf{x}$가 있다면 찾아라.

7. (a) $A = \begin{bmatrix} 1 & 2 & 0 \\ 0 & -1 & 3 \\ 2 & 5 & -3 \end{bmatrix}$; $\mathbf{b} = \begin{bmatrix} 1 \\ -1 \\ 3 \end{bmatrix}$

(b) $A = \begin{bmatrix} 1 & 2 & 0 \\ 0 & -1 & 3 \\ 2 & 5 & -3 \end{bmatrix}$; $\mathbf{b} = \begin{bmatrix} 2 \\ 1 \\ 1 \end{bmatrix}$

8. (a) $A = \begin{bmatrix} 2 & 1 & 5 & 0 \\ 3 & -2 & 4 & -7 \\ -1 & 2 & 0 & 5 \end{bmatrix}$; $\mathbf{b} = \begin{bmatrix} 7 \\ 0 \\ 4 \end{bmatrix}$

(b) $A = \begin{bmatrix} 2 & 1 & 5 & 0 \\ 3 & -2 & 4 & -7 \\ -1 & 2 & 0 & 5 \end{bmatrix}$; $\mathbf{b} = \begin{bmatrix} -1 \\ 2 \\ 3 \end{bmatrix}$

연습문제 9~12에서, T가 선형인지 아닌지 결정하라. 선형이 아니라면, 만족시키지 못하는 것이 가산성인지 또는 동질성인지를 (또는 둘 다) 말하라.

9. (a) $T(x, y) = (2x, y)$ (b) $T(x, y) = (x^2, y)$
(c) $T(x, y) = (-y, x)$ (d) $T(x, y) = (x, 0)$

10. (a) $T(x, y) = (2x + y, x - y)$
(b) $T(x, y) = (x + 1, y)$
(c) $T(x, y) = (y, y)$
(d) $T(x, y) = (\sqrt[3]{x}, \sqrt[3]{y})$

11. (a) $T(x, y, z) = (x, x + y + z)$
(b) $T(x, y, z) = (1, 1)$
(c) $T(x, y, z) = (0, x)$

12. (a) $T(x, y, z) = (0, 0)$
(b) $T(x, y, z) = (y^2, z)$
(c) $T(x, y, z) = (3x - 4y, 2x - 5z)$

연습문제 13~16에서, 다음 방정식으로 정의된 변환 $\mathbf{x} \xrightarrow{T} \mathbf{w}$의 정의역과 공역을 찾고, T가 선형인지 아닌지 결정하라.

13. $\begin{aligned} w_1 &= 3x_1 - 2x_2 + 4x_3 \\ w_2 &= 5x_1 - 8x_2 + x_3 \end{aligned}$

14. $\begin{aligned} w_1 &= 2x_1x_2 - x_2 \\ w_2 &= x_1 + 3x_1x_2x_3 \\ w_3 &= x_1 + x_2 \end{aligned}$

15. $\begin{aligned} w_1 &= 5x_1 - x_2 + x_3 \\ w_2 &= -x_1 + x_2 + 7x_3 \\ w_3 &= 2x_1 - 4x_2 - x_3 \end{aligned}$

16. $\begin{aligned} w_1 &= x_1^2 - 3x_2 + x_3 - 2x_4 \\ w_2 &= 3x_1 - 4x_2 - x_3^2 + x_4 \end{aligned}$

연습문제 17과 18에서, T가 선형이라고 가정하고, 주어진 정보를 사용하여 [T]를 찾아라.

17. $T(1, 0) = (3, 2, 4)$, $T(0, 1) = (-1, 3, 0)$

18. $T(1, 0, 0) = (1, 1, 2)$, $T(0, 1, 0) = (1, 1, 2)$, $T(0, 0, 1) = (0, 3, 1)$

*연습문제 19와 20에서, T에 대한 표준행렬을 찾고, 그것을 이용하여 T(**x**)를 계산하라. T(**x**)를 직접 계산하여 답안을 확인하라.*

19. (a) $T(x_1, x_2) = (-x_1 + x_2, x_2)$; $\mathbf{x} = (-1, 4)$

(b) $T(x_1, x_2, x_3) = (2x_1 - x_2 + x_3, x_2 + x_3, 0)$; $\mathbf{x} = (2, 1, -3)$

20. (a) $T(x_1, x_2, x_3) = (4x_1, -x_2 + x_3)$; $\mathbf{x} = (2, 0, -5)$

(b) $T(x_1, x_2) = (3x_1, -5x_2)$; $\mathbf{x} = (-4, 0)$

21. (a) 다음과 같은 방정식으로 정의된 선형변환 $\mathbf{x} \xrightarrow{T} \mathbf{w}$에 대한 표준행렬을 구하라.

$$\begin{aligned} w_1 &= 3x_1 + 5x_2 - x_3 \\ w_2 &= 4x_1 - x_2 + x_3 \\ w_3 &= 3x_1 + 2x_2 - x_3 \end{aligned}$$

(b) 방정식에 벡터 $\mathbf{x} = (-1, 2, 4)$를 대입하여 T에 의한 벡터 $\mathbf{x}$의 상을 구하고, 표준행렬을 사용하여 T에 의한 벡터 $\mathbf{x}$의 상을 구하라.

22. (a) 다음과 같은 방정식들로 정의된 선형변환 $\mathbf{x} \xrightarrow{T} \mathbf{w}$에 대한 표준행렬을 구하라.

$$\begin{aligned} w_1 &= 2x_1 - 3x_2 + x_3 \\ w_2 &= 3x_1 + 5x_2 - x_3 \end{aligned}$$

(b) 방정식에 벡터 $\mathbf{x} = (-1, 2, 4)$를 대입하여 T에 의한 벡터 $\mathbf{x}$의 상을 구하고, 표준행렬을 사용하여 T에 의한 벡터 $\mathbf{x}$의 상을 구하라.

23. 행렬의 곱셈을 사용하여 다음의 변환에 의한 벡터 $\mathbf{x} = (-2, 1)$의 상을 구하라.

(a) x-축에 대한 반사

(b) 직선 $y = -x$에 대한 반사

(c) x-축으로의 정사영

(d) y-축으로의 정사영

24. 행렬의 곱셈을 사용하여 다음의 변환에 의한 벡터 $\mathbf{x} = (-2, 1)$의 상을 구하라.

(a) y-축에 대한 반사

(b) 직선 $y = x$에 대한 반사

(c) x-축으로의 정사영

(d) y-축으로의 정사영

25. 행렬의 곱셈을 사용하여 다음의 회전에 의한 벡터 $\mathbf{x} = (3, 4)$의 상을 구하라.

(a) 원점에 대한 45°의 회전

(b) 원점에 대한 90°의 회전

(c) 원점에 대한 π 라디안의 회전

(d) 원점에 대한 −30°의 회전

26. 행렬의 곱셈을 사용하여 다음의 회전에 의한 벡터 $\mathbf{x} = (4, 3)$의 상을 구하라.

(a) 원점에 대한 30°의 회전

(b) 원점에 대한 −90°의 회전

(c) 원점에 대한 $3\pi/2$ 라디안의 회전

(d) 원점에 대한 −60°의 회전

27. 행렬의 곱셈을 사용하여 다음 변환에 의한 점 $\mathbf{x} = (3, 4)$의 상을 구하라.

(a) 양의 x-축과의 각이 $\theta = \pi/3$이며 원점을 지나는 직선에 대한 반사

(b) (a)의 직선으로의 정사영

28. 행렬의 곱셈을 사용하여 다음 변환에 의한 점 $\mathbf{x} = (4, 3)$의 상을 구하라.

(a) 양의 x-축과의 각이 $\theta = 120°$이며 원점을 지나는 직선에 대한 반사

(b) (a)의 직선으로의 정사영

29. 다음의 행렬이 원점에 대한 어떤 회전에 대한 표준행렬이라는 것을 보이고, 이것이 나타내는 최소 양의 회전각을 구하라.

$$A = \begin{bmatrix} -\frac{1}{\sqrt{2}} & -\frac{1}{\sqrt{2}} \\ \frac{1}{\sqrt{2}} & -\frac{1}{\sqrt{2}} \end{bmatrix}$$

30. 다음의 행렬이 원점을 지나는 직선에 대한 반사의 표준행렬이라는 것을 보여라. 어떤 직선인가?

$$A = \begin{bmatrix} \frac{1}{\sqrt{2}} & \frac{1}{\sqrt{2}} \\ \frac{1}{\sqrt{2}} & -\frac{1}{\sqrt{2}} \end{bmatrix}$$

31. L은 원점을 지나고 기울기가 m인 직선 $y = mx$이라 하고, H_L은 R^2에서 L에 대한 반사의 표준행렬이라 하며, P_L은 R^2에서 L로의 정사영에 대한 표준행렬이라 하자. 다음이 성립함을 보이기 위하여 식 (18)과 (21), 적당한 삼각함수의 공식, 그리고 그림 Ex-31을 사용하라.

(a) $H_L = \dfrac{1}{1+m^2}\begin{bmatrix} 1-m^2 & 2m \\ 2m & m^2-1 \end{bmatrix}$

(b) $P_L = \dfrac{1}{1+m^2}\begin{bmatrix} 1 & m \\ m & m^2 \end{bmatrix}$

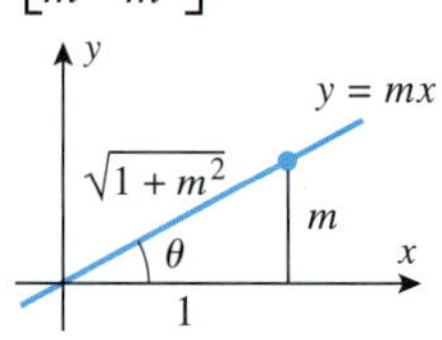

그림 Ex-31

32. 연습문제 31의 결과를 사용하여 다음을 구하라.
(a) 직선 $y = 2x$에 대한 벡터 $\mathbf{x} = (3, 4)$의 반사
(b) 직선 $y = 2x$으로의 벡터 $\mathbf{x} = (3, 4)$의 정사영

33. 연습문제 31의 결과를 사용해서 다음을 구하라.
(a) 직선 $y = 3x$에 대한 벡터 $\mathbf{x} = (4, 3)$의 반사
(b) 직선 $y = 3x$으로의 벡터 $\mathbf{x} = (4, 3)$의 정사영

34. 식 $T(x, y)= (0, 0)$이 R^2에서 선형연산자라는 것을 보여라. 그러나 식 $T(x, y)= (1, 1)$은 선형연산자가 아님을 보여라.

35. $T_A : R^3 \to R^3$은 다음 행렬 A에 의한 곱셈이고, $\mathbf{e}_1$, $\mathbf{e}_2$, $\mathbf{e}_3$은 R^3의 표준기저벡터들이라고 하자. 계산 없이 다음 벡터들을 구하라.

$$A = \begin{bmatrix} -1 & 3 & 0 \\ 2 & 1 & 2 \\ 4 & 5 & -3 \end{bmatrix}$$

(a) $T_A(\mathbf{e}_1), T_A(\mathbf{e}_2), T_A(\mathbf{e}_3)$ (b) $T_A(\mathbf{e}_1 + \mathbf{e}_2 + \mathbf{e}_3)$
(c) $T_A(7\mathbf{e}_3)$

36. $(x, y) \xrightarrow{T} (s, t)$가 다음 방정식으로 정의된 R^2에서의 선형연산자라고 가정하자.

$$2x + \ \ y = s$$
$$6x + 2y = t$$

이 연산자에 의한 직선 $x + y = 1$의 상을 구하라.

37. 다음의 각 그림으로 묘사된 선형연산자 $T : R^3 \to R^3$에 대한 표준행렬을 구하라.

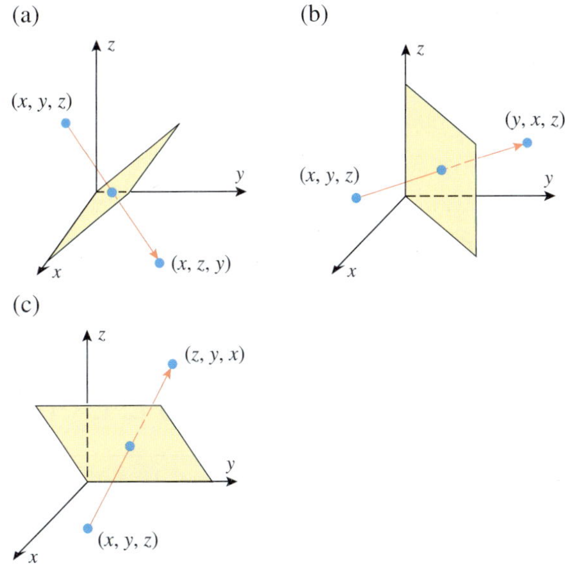

38. 다음의 각 변환에 대하여 xy-평면에서 꼭짓점이 (0, 0), (1, 0), (1, 2), 그리고 (0, 2)인 직사각형에 대한 상을 그려라.
(a) x-축에 대한 반사
(b) y-축에 대한 반사
(c) 원점에 대한 $\theta = \pi/4$ 회전
(d) $y = x$에 대한 반사

39. $T : R^2 \to R^2$가 벡터를 x-축으로 정사영하고, 그런 다음에 y-축에 대하여 반사하면, T에 대한 표준행렬은 ＿＿＿이다.

40. $T : R^2 \to R^2$가 벡터를 직선 $y = x$에 대하여 반사하고, 그런 다음에 x-축에 대하여 반사하면 T에 대한 표준행렬은 ＿＿＿이다.

토론과 발견

D1. 다음 문장이 참(T)인지 거짓(F)인지 나타내고, 그 이유를 밝혀라.
(a) T가 R^n을 R^m으로 사상하고 $T(\mathbf{0}) = \mathbf{0}$이면, T는 선형이다.
(b) T가 R^n을 R^m으로 사상하고, 모든 스칼라 c_1과 c_2, 그리고 R^n의 모든 벡터 $\mathbf{u}$와 $\mathbf{v}$에 대하여 다음이 성립하면, T는 선형이다.

$$T(c_1\mathbf{u} + c_2\mathbf{v}) = c_1T(\mathbf{u}) + c_2T(\mathbf{v})$$

(c) R^n의 모든 $\mathbf{v}$에 대하여 $T(-\mathbf{v})= -T(\mathbf{v})$인 선형변환 $T : R^n \to R^n$은 단 하나이다.
(d) R^n의 모든 벡터 $\mathbf{u}$와 $\mathbf{v}$에 대하여 $T(\mathbf{u} + \mathbf{v})= T(\mathbf{u} - \mathbf{v})$인 선형변환 $T : R^n \to R^n$은 단 하나이다.
(e) $\mathbf{v}_0$가 R^n의 영이 아닌 벡터이면, 식 $T(\mathbf{v})= \mathbf{v}_0 + \mathbf{v}$는 R^n에서 선형연산자를 정의한다.

D2. L은 양의 x-축과의 각이 $\pi/4$이고 R^2의 원점을 지나는 직선이고, A는 직선 L에 대한 R^2의 반사에 대한 표준행렬이다. A의 고유값과 고유벡터에 대하여 추측하고 일반적인 방법으로 그것들을 계산해서 그 추측을 확인하라.

D3. 벡터 $\mathbf{x}$에 다음의 행렬을 곱하는 기하학적 효과를 말로 설명하라.

$$A = \begin{bmatrix} \cos^2\theta - \sin^2\theta & -2\sin\theta\cos\theta \\ 2\sin\theta\cos\theta & \cos^2\theta - \sin^2\theta \end{bmatrix}$$

D4. 벡터 $\mathbf{x}$에 A를 곱하는 것이 xy-평면에서 벡터 $\mathbf{x}$를 각 θ만큼 회전시키는 것이면, $\mathbf{x}$에 A^T를 곱하는 효과는 무엇인가? 이유를 설명하라.

D5. $\mathbf{x}_0$는 R^n의 영이 아닌 하나의 열벡터라고 하자. R_θ는 원점에 대하여 각 θ만큼의 회전에 대한 표준행렬일 때, $T : R^2 \to R^2$는 $T(\mathbf{x})= \mathbf{x}_0 + R_\theta\mathbf{x}$로 정의된 변환이라고 가정하자. 이 변환을 기하학적으로 설명하라. 이 변환은 선형인가? 설명하라.

D6. $y = mx + b$의 그래프는 직선이기 때문에 일반적으로 $f(x)= mx + b$ 형태의 함수를 '선형 함수'라고 부른다. f는 가산성과 동질성을 만족하는가?

D7. $\mathbf{x} = \mathbf{x}_0 + t\mathbf{v}$가 R^n의 직선이라 하고, $T : R^n \to R^n$은 R^n의 선형연산자라고 하자. 연산자 T에 의하여 이 직선의 상은 기하학적으로 어떤 모양이 될까? 이유를 설명하라.

▶ 프로그램 활용 연습문제

T1. (a) 양의 x-축과 이루는 각도가 $12°$이고 xy-평면의 원점을 지나는 직선에 대한 점 (1, 3)의 반사를 구하라.

(b) 점 (2, -1)이 xy-평면의 원점을 지나는 어떤 직선 L에 대하여 점 (1, 2)로 반사된다는 것이 주어질 때, L에 대한 점 (5, -2)의 반사를 구하라.

T2. (a) 양의 x-축과 이루는 각도가 $12°$이고 xy-평면의 원점을 지나는 직선으로 점 (1, 3)의 정사영을 구하라.

(b) 점 (5, 1)을 xy-평면의 원점을 지나는 어떤 직선 L로 정사영한 결과가 점 (2, 3)이라는 것이 주어질 때, 점 (5, -2)를 L로 정사영한 결과를 구하라.

T3. 그림 6.1.15를 그리고 $\mathbf{x}_0$의 다른 값에 대하여 멱수열의 양상을 조사하라.

6.2 선형연산자의 기하학

이 절에서는 선형연산자의 몇 가지 기하학적 성질들에 대하여서 공부하게 될 것이다. 이 절에서 개발할 개념들은 컴퓨터 그래픽에서 응용되며, 많은 수치적 알고리즘에 사용된다.

길이-보존 (norm-preserving) 선형연산자

마지막 단원에서 R^2에서의 세 가지 종류의 연산자에 대하여 공부했다: 원점에 관한 회전, 원점을 지나는 선에 대한 반사, 원점을 지나는 선 위로의 정사영. 이러한 연산자들에 대한 표준행렬은 다음과 같다.

$$R_\theta = \begin{bmatrix} \cos\theta & -\sin\theta \\ \sin\theta & \cos\theta \end{bmatrix}, \quad H_\theta = \begin{bmatrix} \cos 2\theta & \sin 2\theta \\ \sin 2\theta & -\cos 2\theta \end{bmatrix}, \quad P_\theta = \begin{bmatrix} \cos^2\theta & \sin\theta\cos\theta \\ \sin\theta\cos\theta & \sin^2\theta \end{bmatrix} \qquad (1\text{~}3)$$

원점에 대한 θ만큼의 회전 / 양의 x-축과 이루는 각이 θ가 되고 원점을 지나는 직선에 대한 반사 / 양의 x-축과 이루는 각이 θ가 되고 원점을 지나는 직선 위로의 정사영

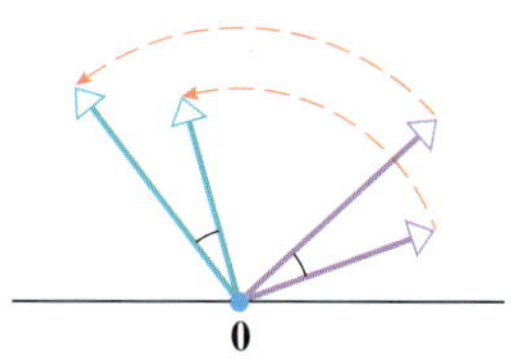

원점에 대한 회전은 벡터들의 길이나 벡터들의 사이의 각도를 바꾸지 않는다.

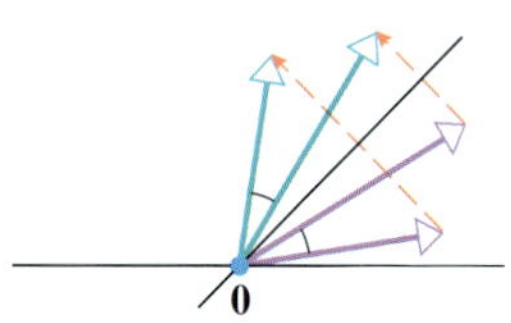

원점을 지나는 직선에 대한 반사는 벡터들의 길이나 벡터들의 사이의 각도를 바꾸지 않는다.

그림 6.2.1

그림 6.2.1에서와 같이, 원점에 대한 회전과 원점을 지나는 선에 대한 반사는 두 벡터의 길이 또는 벡터들의 사이의 각도를 바꾸지 않는다. 그래서 이러한 연산자들을 *길이보존*(length preserving) 그리고 *각도보존*(angle preserving)이라고 부른다. 반면에, 원점을 지나는 직선 위로의 정사영은 벡터의 길이와 벡터들 사이의 각도를 바꿀 수 있다(그림을 그려서 증명하라).

일반적으로, 길이보존 성질 $\|T(\mathbf{x})\| = \|\mathbf{x}\|$을 가지는 선형연산자 $T : R^n \to R^n$을 **직교연산자**(orthogonal operator) 또는 **선형균등**(linear isometry, "같은 길이"라는 뜻의 그리스어 *isometros*에서 유래)이라고 한다. 그래서, 예를 들어 원점에 대한 회전과 R^2의 원점을 지나는 직선에 대한 반사는 직교연산자이다. 이러한 두 연산자들이 길이뿐만 아니라 각을 보존한다는 사실은 다음 정리의 결과로, 이 정리는 길이를 보존하는 선형연산자들은 **내적보존**(dot product preserving)이며, 그 역도 성립함을 나타낸다.

정리 6.2.1 *$T : R^n \to R^n$가 R^n에서의 선형연산자이면, 다음의 명제는 동치이다.*

(a) R^n의 모든 $\mathbf{x}$에 대하여 $\|T(\mathbf{x})\| = \|\mathbf{x}\|$이다. **[*T*는 직교(즉 길이보존)]**

(b) R^n의 모든 $\mathbf{x}, \mathbf{y}$에 대하여 $T(\mathbf{x}) \cdot T(\mathbf{y}) = \mathbf{x} \cdot \mathbf{y}$이다. **[*T*는 내적보존]**

증명 (a) ⇒ (b) T를 길이보존이라 가정하고, $\mathbf{x}$와 $\mathbf{y}$를 R^n의 임의의 두 벡터라고 하자. 다음의 관계를 유도해 낼 수 있다.

$\|\mathbf{x}+\mathbf{y}\|^2$와 $\|\mathbf{x}-\mathbf{y}\|^2$를 다음과 같이 쓰고 내적을 전개하면 다음 식 (4)를 유도할 수 있다.

$$\|\mathbf{x}+\mathbf{y}\|^2 = (\mathbf{x}+\mathbf{y}) \cdot (\mathbf{x}+\mathbf{y}) \text{ 그리고 } \|\mathbf{x}-\mathbf{y}\|^2 = (\mathbf{x}-\mathbf{y}) \cdot (\mathbf{x}-\mathbf{y})$$

$$\mathbf{x} \cdot \mathbf{y} = \tfrac{1}{4}\left(\|\mathbf{x}+\mathbf{y}\|^2 - \|\mathbf{x}-\mathbf{y}\|^2\right) \qquad (4)$$

이제 식 (4)로부터 다음이 성립한다.

$$\begin{aligned} T(\mathbf{x}) \cdot T(\mathbf{y}) &= \tfrac{1}{4}\left(\|T(\mathbf{x})+T(\mathbf{y})\|^2 - \|T(\mathbf{x})-T(\mathbf{y})\|^2\right) \\ &= \tfrac{1}{4}\left(\|T(\mathbf{x}+\mathbf{y})\|^2 - \|T(\mathbf{x}-\mathbf{y})\|^2\right) \qquad \text{[가산성과 정리 6.1.3에 의하여]} \\ &= \tfrac{1}{4}\left(\|\mathbf{x}+\mathbf{y}\|^2 - \|\mathbf{x}-\mathbf{y}\|^2\right) \qquad \text{[}T\text{는 길이보존이다]} \\ &= \mathbf{x}\cdot\mathbf{y} \qquad \text{[식 (4)]} \end{aligned}$$

증명 $(b) \Rightarrow (a)$ 역으로 T가 내적보존이라 가정하고, $\mathbf{x}$를 R^n의 임의의 벡터라고 가정하자. $\|\mathbf{x}\|$를 다음과 같이 표현할 수 있다.

$$\|\mathbf{x}\| = \sqrt{\mathbf{x}\cdot\mathbf{x}} \tag{5}$$

그러므로 다음이 성립한다.

$$\|T(\mathbf{x})\| = \sqrt{T(\mathbf{x})\cdot T(\mathbf{x})} = \sqrt{\mathbf{x}\cdot\mathbf{x}} = \|\mathbf{x}\|$$ ■

참고 식 (5)는 내적으로 길이를 표현하는 방법을 제공하며, 반면에 때때로 **극항등식**(polarization identity)이라고 부르는 식 (4)는 길이로 내적을 표현하는 방법을 제공한다는 점에서 식 (4)와 (5)는 '동전의 양면'이다.

직교연산자는 각과 직교성을 보존한다

정리 1.2.12 다음의 참고로부터 R^n의 영이 아닌 두 벡터 $\mathbf{x}$와 $\mathbf{y}$의 사잇각은 다음 공식으로 구할 수 있음을 기억하라.

$$\theta = \cos^{-1}\left(\frac{\mathbf{x}\cdot\mathbf{y}}{\|\mathbf{x}\|\|\mathbf{y}\|}\right) \tag{6}$$

따라서, $T : R^n \rightarrow R^n$가 직교연산자라면 T가 길이보존이고 내적보존이라는 사실은 다음을 의미한다.

$$\cos^{-1}\left(\frac{T(\mathbf{x})\cdot T(\mathbf{y})}{\|T(\mathbf{x})\|\|T(\mathbf{y})\|}\right) = \cos^{-1}\left(\frac{\mathbf{x}\cdot\mathbf{y}}{\|\mathbf{x}\|\|\mathbf{y}\|}\right) \tag{7}$$

이것은 직교연산자는 각을 보존한다는 것을 의미한다. 특히, 두 벡터들의 상벡터들이 직교한다는 의미로 직교연산자가 직교성을 보존한다는 것은 원래의 두 벡터가 직교한다는 것과 동치(필요충분조건)이다.

직교행렬

다음의 목표는 연산자의 직교성과 표준행렬의 성질 간의 관계를 살펴보는 것이다. 첫 단계로, A를 직교 선형연산자인 $T : R^n \rightarrow R^n$의 표준행렬이라고 가정하자. R^n의 모든 $\mathbf{x}$에 대하여 $T(\mathbf{x}) = A\mathbf{x}$이고, $\|T(\mathbf{x})\| = \|\mathbf{x}\|$이기 때문에, R^n의 모든 $\mathbf{x}$에 대하여 다음의 식이 성립한다.

$$\|A\mathbf{x}\| = \|\mathbf{x}\| \tag{8}$$

따라서, 선형연산자가 직교하는지 아닌지를 결정하는 문제는 R^n의 모든 $\mathbf{x}$에 대하여 표준행렬이 식 (8)을 만족하는지를 결정하는 문제로 바뀐다. 다음 정의는 이 문제를 살펴보는 데 유용할 것이다.

정의 6.2.2 정사각행렬 A는 $A^{-1} = A^T$일 때 **직교**(orthogonal)라고 한다.

참고 실용적인 문제로, $A^TA = I$ 또는 $AA^T = I$임을 보임으로써 정사각행렬 A가 직교임을 보일 수 있다. 이는 둘 중 하나의 조건이 정리 3.3.8에 의해 다른 조건을 함축하기 때문이다.

예제 1 직교행렬

다음 행렬 A는 $A^TA = I$이기 때문에 직교행렬(orthogonal matrix)이다.

$$A = \begin{bmatrix} \frac{3}{7} & \frac{2}{7} & \frac{6}{7} \\ -\frac{6}{7} & \frac{3}{7} & \frac{2}{7} \\ \frac{2}{7} & \frac{6}{7} & -\frac{3}{7} \end{bmatrix}$$

$$A^TA = \begin{bmatrix} \frac{3}{7} & -\frac{6}{7} & \frac{2}{7} \\ \frac{2}{7} & \frac{3}{7} & \frac{6}{7} \\ \frac{6}{7} & \frac{2}{7} & -\frac{3}{7} \end{bmatrix} \begin{bmatrix} \frac{3}{7} & \frac{2}{7} & \frac{6}{7} \\ -\frac{6}{7} & \frac{3}{7} & \frac{2}{7} \\ \frac{2}{7} & \frac{6}{7} & -\frac{3}{7} \end{bmatrix} = \begin{bmatrix} 1 & 0 & 0 \\ 0 & 1 & 0 \\ 0 & 0 & 1 \end{bmatrix} = I$$

$$A^{-1} = A^T = \begin{bmatrix} \frac{3}{7} & -\frac{6}{7} & \frac{2}{7} \\ \frac{2}{7} & \frac{3}{7} & \frac{6}{7} \\ \frac{6}{7} & \frac{2}{7} & -\frac{3}{7} \end{bmatrix}$$ ■

다음 정리는 직교행렬의 몇 가지 기본적인 성질들을 나타낸다.

정리 6.2.3

(a) 직교행렬의 전치행렬은 직교행렬이다.

(b) 직교행렬의 역행렬은 직교행렬이다.

(c) 직교행렬들의 곱은 직교행렬이다.

(d) A가 직교행렬이면, $\det(A) = 1$ *또는* $\det(A) = -1$*이다.*

증명 (a) A가 직교행렬이면, $A^TA = I$이다. 이것은 $A^T(A^T)^T = I$로 쓸 수 있으며, $(A^T)^{-1} = (A^T)^T$임을 의미한다. 따라서 A^T는 직교행렬이다.

증명 (b) A가 직교행렬이면, $A^{-1} = A^T$이다. 양변을 전치하면 다음 식이 성립하며 이것은 A^{-1}이 직교행렬임을 의미한다.

$$(A^{-1})^T = (A^T)^T = A = (A^{-1})^{-1}$$

증명 (c) 두 직교행렬의 곱에 대하여 증명하려 한다. A와 B가 직교행렬이면 다음이 성립한다.

$$(AB)^{-1} = B^{-1}A^{-1} = B^TA^T = (AB)^T$$

그러므로 AB는 직교행렬이다.

증명 (d) A가 직교행렬이면, $A^TA = I$이다. 양변의 행렬식을 취하고, 행렬식의 성질을 사용하면 다음과 같다.

$$\det(A)\det(A^T) = \det(A)\det(A) = 1$$

이것은 $\det(A) = 1$ 또는 $\det(A) = -1$임을 의미한다. ■

개념문제 예제 1의 직교행렬 A에 대하여 $\det(A) = -1$이 될 수 있음을 확인하라.

다음의 정리는 일반적인 행렬에 적용할 수 있고, 자체로서도 의미가 있으며, 정사각행렬이 직교행렬인지 아닌지를 결정하는 효과적인 방법으로 유도할 것이다.

정리 6.2.4 *A가* $m \times n$ *행렬이면, 다음은 서로 동치이다.*

(a) $A^TA = I$

(b) R^n*의 모든* $\mathbf{x}$*에 대하여* $\|A\mathbf{x}\| = \|\mathbf{x}\|$*이다.*

(c) R^n*의 모든* $\mathbf{x}, \mathbf{y}$*에 대하여* $A\mathbf{x} \cdot A\mathbf{y} = \mathbf{x} \cdot \mathbf{y}$*이다.*

(d) 행렬 A의 열벡터들은 정규직교(orthonormal)이다.

다음의 순서로 증명한다: (a) ⇒ (b) ⇒ (c) ⇒ (d) ⇒ (a).

증명 (a) ⇒ (b) 3.2절의 식 (12)로부터 다음을 얻는다.

$$\|A\mathbf{x}\|^2 = A\mathbf{x} \cdot A\mathbf{x} = \mathbf{x} \cdot A^TA\mathbf{x} = \mathbf{x} \cdot I\mathbf{x} = \mathbf{x} \cdot \mathbf{x} = \|\mathbf{x}\|^2$$

이로써 (*b*)가 증명된다.

증명 (*b*) ⇒ (*c*) 정리 6.2.1에 $T(\mathbf{x}) = A\mathbf{x}$를 대입하여 결과를 얻는다.

증명 (*c*) ⇒ (*d*) $T : R^n \to R^n$을 행렬연산자 $T(\mathbf{x}) = A\mathbf{x}$로 정의하자. 가정에 의해, R^n의 모든 $\mathbf{x}$와 $\mathbf{y}$에 대하여 $T(\mathbf{x}) \cdot T(\mathbf{y}) = \mathbf{x} \cdot \mathbf{y}$이고, 그래서 정리 6.2.1은 R^n의 모든 $\mathbf{x}$에 대하여 $\|T(\mathbf{x})\| = \|\mathbf{x}\|$임을 의미한다. 이것은 T가 길이와 직교성을 보존한다는 것을 말하며, 그래서 T는 모든 정규직교벡터들의 집합을 정규직교벡터들의 다른 집합으로 사상해야 한다. 특히, 이것은 표준단위벡터들의 집합에 대하여 성립한다. 그래서 다음은 정규직교벡터들의 집합이 되어야 한다.

$$T(\mathbf{e}_1) = A\mathbf{e}_1, \quad T(\mathbf{e}_2) = A\mathbf{e}_2, \ldots, \quad T(\mathbf{e}_n) = A\mathbf{e}_n$$

그러나 이 벡터들은 행렬 A의 열벡터들이며(왜?) (*d*)가 증명되었다.

증명 (*d*) ⇒ (*a*) A의 열벡터들을 정규직교벡터로 가정하고, 이러한 벡터들을 $\mathbf{a}_1, \mathbf{a}_2, \cdots, \mathbf{a}_n$으로 표기하자. 그러면 3.6절의 식 (9)로부터 $A^TA = I$를 얻게 된다(확인하라). ■

A가 정사각행렬이면, 정리 6.2.4의 (*a*)에서 $A^TA = I$라는 조건은 $A^{-1} = A^T$와 동치(즉 A가 직교행렬)이다. 그래서 정사각행렬의 경우 정리 6.2.4와 6.2.3은 함께 직교행렬에 대하여 다음과 같은 정리를 유도한다.

정리 6.2.5 *A가 $n \times n$ 행렬이면, 다음의 명제들은 동치이다.*

(*a*) *A는 직교행렬이다.*

(*b*) *R^n의 모든 $\mathbf{x}$에 대하여 $\|A\mathbf{x}\| = \|\mathbf{x}\|$이다.*

(*c*) *R^n의 모든 $\mathbf{x}$와 $\mathbf{y}$에 대하여 $A\mathbf{x} \cdot A\mathbf{y} = \mathbf{x} \cdot \mathbf{y}$이다.*

(*d*) *A의 열벡터는 정규직교벡터들이다.*

(*e*) *A의 행벡터는 정규직교벡터들이다.*

R^n의 모든 $\mathbf{x}$에 대하여 $\|T(\mathbf{x})\| = \|\mathbf{x}\|$이면 선형연산자 $T : R^n \to R^n$은 직교라고 정의했음을 상기하라. 그래서 T가 직교일 필요충분조건은 T의 표준행렬이 R^n의 모든 $\mathbf{x}$에 대하여 $\|A\mathbf{x}\| = \|\mathbf{x}\|$라는 성질을 가진다는 것이다. 이 사실과 정리 6.2.5의 (*a*)와 (*b*)에 의해 직교연산자의 기본 행렬에 대하여 다음과 같은 정리를 유도한다.

정리 6.2.6 *선형연산자 $T : R^n \to R^n$이 직교할 필요충분조건은 표준행렬이 직교이다.*

▶ 예제 2

회전과 반사의 표준행렬은 직교행렬이다

R^2에서 원점에 대한 회전과 원점을 지나는 직선에 대한 반사는 직교연산자이므로, 이러한 연산자들의 표준행렬은 직교행렬이어야 한다. 식 (1)은 다음이 성립함을 보이기 때문에 이것은 정말로 사실이다.

$$R_\theta^T R_\theta = \begin{bmatrix} \cos\theta & \sin\theta \\ -\sin\theta & \cos\theta \end{bmatrix} \begin{bmatrix} \cos\theta & -\sin\theta \\ \sin\theta & \cos\theta \end{bmatrix}$$
$$= \begin{bmatrix} \cos^2\theta + \sin^2\theta & 0 \\ 0 & \sin^2\theta + \cos^2\theta \end{bmatrix} = \begin{bmatrix} 1 & 0 \\ 0 & 1 \end{bmatrix} = I$$

유사하게, 식 (2)는 $H_\theta^T H_\theta = I$를 보여 주고 있다(확인하라). ■

▶ 예제 3

직교행렬 확인하기

예제 1에서 다음과 같은 행렬 A는 $A^TA = I$가 성립하므로 직교행렬임을 보였다.

$$A = \begin{bmatrix} \frac{3}{7} & \frac{2}{7} & \frac{6}{7} \\ -\frac{6}{7} & \frac{3}{7} & \frac{2}{7} \\ \frac{2}{7} & \frac{6}{7} & -\frac{3}{7} \end{bmatrix} \tag{9}$$

정리 6.2.5를 고려하여, 행벡터들 또는 열벡터들이 정규직교임을 보임으로써 행렬 A의 직교성을 역시 밝힐 수도 있다. 각자 증명해 보기 바란다. ■

R^2에서의 모든 직교 선형연산자는 회전이나 반사이다

R^2에서 원점에 관한 회전과 원점을 지나는 직선에 대한 반사는 직교연산자(즉 길이보존)라는 것을 알았다. 이제는 이것들이 R^2에서 유일한 직교연산자라는 것을 보일 것이다.

정리 6.2.7 *$T: R^2 \to R^2$이 직교 선형연산자이면, T에 대한 표준행렬은 다음과 같은 형태로 표현할 수 있다.*

$$R_\theta = \begin{bmatrix} \cos\theta & -\sin\theta \\ \sin\theta & \cos\theta \end{bmatrix} \quad \text{또는} \quad H_{\theta/2} = \begin{bmatrix} \cos\theta & \sin\theta \\ \sin\theta & -\cos\theta \end{bmatrix} \tag{10}$$

즉, T는 원점에 관한 회전이거나 원점을 지나는 직선에 대한 반사이거나 둘 중 하나이다.

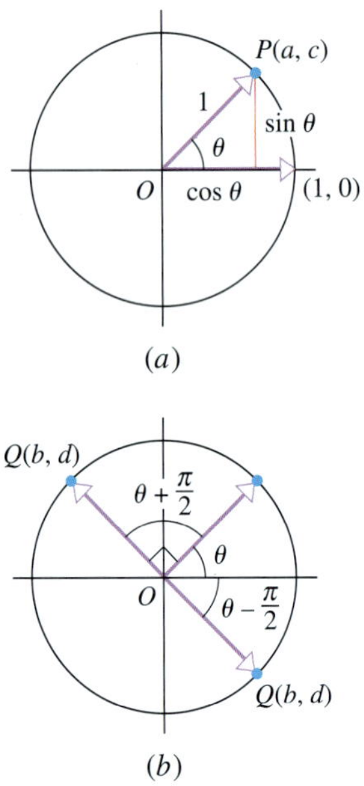

그림 6.2.2

증명 T를 R^2에서의 직교 선형연산자이고 그 표준행렬은 다음과 같다고 가정하자.

$$A = \begin{bmatrix} a & b \\ c & d \end{bmatrix}$$

이 행렬은 직교행렬이다. 그래서 A의 열벡터들은 정규직교이다. 따라서 $a^2 + c^2 = 1$이며, 이것은 점 $P(a, c)$가 단위 원 위에 있다는 것을 의미한다(그림 6.2.2a). θ가 $\mathbf{e}_1 = (1, 0)$에서 벡터 $\overrightarrow{OP} = (a, c)$까지의 각이면, a와 c를 다음과 같이 쓸 수 있다.

$$a = \cos\theta, \quad c = \sin\theta$$

그래서 A를 다음과 같이 다시 표현할 수 있다.

$$A = \begin{bmatrix} \cos\theta & b \\ \sin\theta & d \end{bmatrix} \tag{11}$$

A의 직교성은 A의 두 번째 열벡터가 첫 번째 열벡터와 직교한다는 것을 의미하므로 $\mathbf{e}_1$에서 $\overrightarrow{OQ} = (b, d)$까지 반시계 방향 각은 반드시 $\theta + \pi/2$ 또는 $\theta - \pi/2$이다(그림 6.2.2b). 첫 번째 경우에는 다음이 성립한다.

$$b = \cos(\theta + \pi/2) = -\sin\theta, \quad d = \sin(\theta + \pi/2) = \cos\theta$$

두 번째 경우에는 다음이 성립한다.

$$b = \cos(\theta - \pi/2) = \sin\theta, \quad d = \sin(\theta - \pi/2) = -\cos\theta$$

식 (11)에 이를 대입하면 식 (10)의 두 가지 가능한 형태를 얻는다. ■

행렬 A가 2×2 직교행렬이면, 정리 6.2.7로부터 해당하는 선형연산자는 원점에 대한 회전 또는 원점을 지나는 직선에 대한 반사 중 하나라는 것을 알고 있다. 식 (1)과 (2)가 다음과 같기 때문에, A의 행렬식을 이런 두 가지 경우를 구별하기 위하여 사용할 수 있다.

$$\det(R_\theta) = \begin{vmatrix} \cos\theta & -\sin\theta \\ \sin\theta & \cos\theta \end{vmatrix} = \cos^2\theta + \sin^2\theta = 1$$

$$\det(H_{\theta/2}) = \begin{vmatrix} \cos\theta & \sin\theta \\ \sin\theta & -\cos\theta \end{vmatrix} = -(\cos^2\theta + \sin^2\theta) = -1$$

그러므로 2×2 직교행렬은 $\det(A) = 1$이면 회전을 나타내고 $\det(A) = -1$이면 반사를 나타낸다.

예제 4 직교행렬들의 기하학적 성질

다음 각각에 대하여 R^2에서 행렬 A와 관련된 선형연산자를 기술하라.

$$\text{(a)} \quad A = \begin{bmatrix} 1/\sqrt{2} & -1/\sqrt{2} \\ 1/\sqrt{2} & 1/\sqrt{2} \end{bmatrix} \qquad \text{(b)} \quad A = \begin{bmatrix} 1/\sqrt{2} & 1/\sqrt{2} \\ 1/\sqrt{2} & -1/\sqrt{2} \end{bmatrix}$$

풀이 (a) A의 열벡터들은 정규직교(확인하라)이므로 행렬 A는 직교한다. 이것은 연산자가 원점에 관한 회전이나 원점을 지나는 직선에 대한 반사임을 의미한다, $\det(A) = 1$이기 때문에, 명확하게 연산자가 회전임을 알 수 있다. 회전각은 식 (1)에서 일반적인 회전행렬 R_θ와 A를 비교함으로써 결정할 수 있다. 비교의 결과는 다음과 같다.

$$\cos\theta = 1/\sqrt{2}, \quad \sin\theta = 1/\sqrt{2}$$

이것으로 회전각 θ는 $\pi/4(=45°)$이라는 결론을 내린다.

풀이 (b) 행렬 A는 직교행렬이고 $\det(A) = -1$이므로 해당하는 연산자는 원점을 지나는 직선에 대한 반사이다. 일반적인 반사행렬 H_θ와 A를 비교함으로써 x-축 양의 방향과 직선이 이루는 각도를 결정할 수 있다.

$$\cos 2\theta = 1/\sqrt{2}, \quad \sin 2\theta = 1/\sqrt{2}$$

이것으로 회전각 θ는 $\pi/8(=22.5°)$이라는 결론을 내린다. ■

R^2에서의 축소와 확대

지금까지 길이보존 선형연산자에 대하여 주로 다루었지만, 이제는 길이가 보존되지 않는 몇 가지 중요한 선형연산자를 고려할 것이다.

k가 음이 아닌 스칼라이면, 선형연산자 $T(x, y) = (kx, ky)$를 **k배 크기변환 연산자**(scaling operator with factor k)라고 한다. 특별히, k 값이 $0 \le k < 1$이면 이 연산자를 **축소**(contraction)라고 하며, $k > 1$이면 **확대**(dilation)이라고 한다. 축소는 벡터의 방향은 보존하지만 k배만큼 길이를 감소시키고, 확대는 벡터의 방향은 보존하지만 k배만큼 길이를 증가시킨다. 표 6.2.1은 R^2에서의 k배 크기변환 연산자에 대한 기본적인 정보를 나타낸다.

표 6.2.1

연산자	설명 $T(x, y) = (kx, ky)$	단위정사각형에 대한 효과	표준행렬
R^2에서 k배 축소 ($0 \le k < 1$)	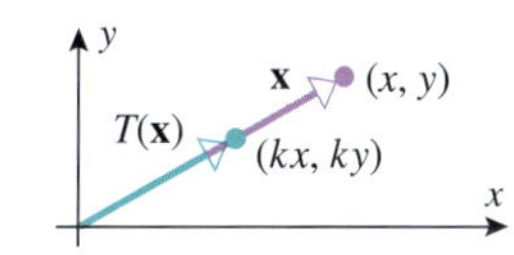	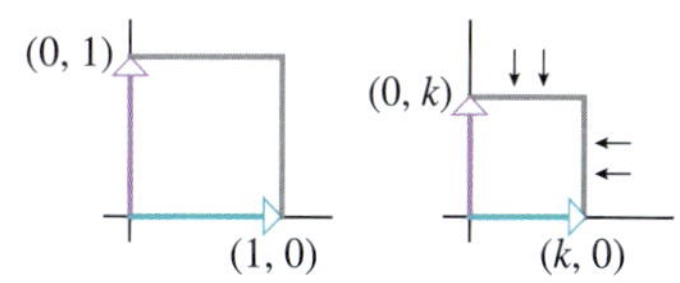	$\begin{bmatrix} k & 0 \\ 0 & k \end{bmatrix}$
R^2에서 k배 확대 ($k > 1$)	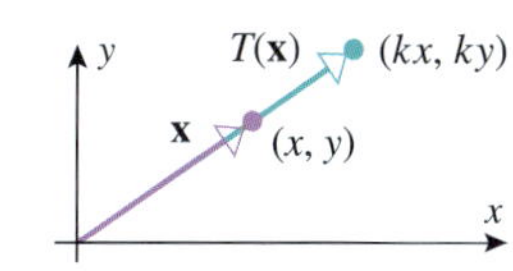	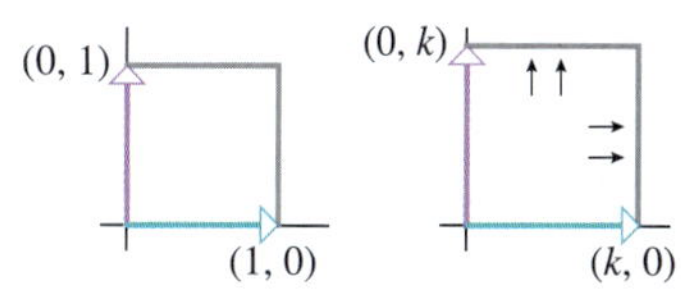	

R^2에서의 수직과 수평으로 압축과 확장

xy-평면에 있는 각 점의 x-좌표에 음이 아닌 상수 k를 곱하는 연산자 $T(x, y) = (kx, y)$는 x-축 방향으로 평면에 있는 모든 그림을 확장하거나 압축하는 효과를 가진다. k가 $0 \le k < 1$이면 압축시키고 $k > 1$이면 확장시킨다. 따라서, T를 **x-방향으로 k배 확장(또는 압축)** [expansion (or compression) in the x-direction with factor k]이라고 한다. 유사하게, $T(x, y) = (x, ky)$는 **y-방향으로 k배 확장(또는 압축)** [expansion (or compression) in the y-direction with factor k]이다. 표 6.2.2는 R^2에서의 확장과 압축에 대한 기본적인 정보를 나타낸다.

층밀림

$T(x, y) = (x + ky, y)$ 형태의 선형연산자는 xy-평면의 점 (x, y)를 y-축 좌표에 비례하는 ky만큼 x-축으로 평행하게 평행이동 한다. 이 연산자는 x-축 위에 있는 점은 그대로 고정되도록 하지만($y = 0$이므로), x-축에서 멀어질수록 평행이동 거리가 늘어난다. 이 연산자를 **인수 k를 갖는 x-방향 층밀림**(shear in the x-direction with factor k)이라 부른다. 유사하게, $T(x, y) = (x, y + kx)$ 형태의 선형연산자를 **인수 k를 갖는 y-방향 층밀림**(shear in the y-direction with factor k)이라고 한다. 표 6.2.3은 R^2에서의 층밀림에 대한 기본적인 정보를 나타낸다.

표 6.2.2

연산자	설명 $T(x, y) = (kx, y)$	단위정사각형에 대한 효과	표준행렬
x-방향으로 R^2의 k배 압축 $(0 \le k < 1)$	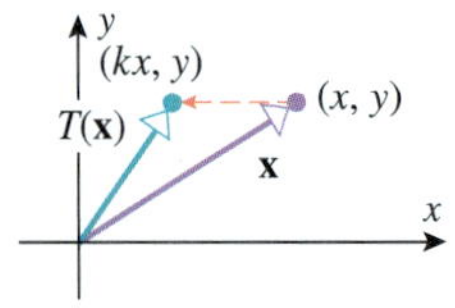	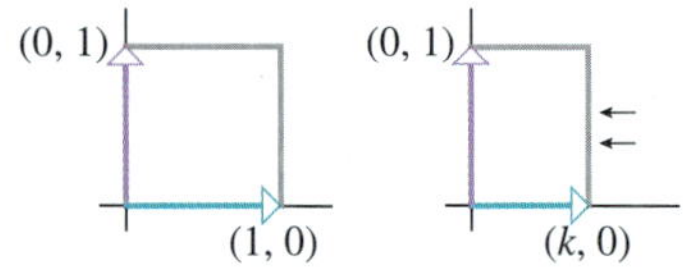	$\begin{bmatrix} k & 0 \\ 0 & 1 \end{bmatrix}$
x-방향으로 R^2의 k배 확장 $(k > 1)$	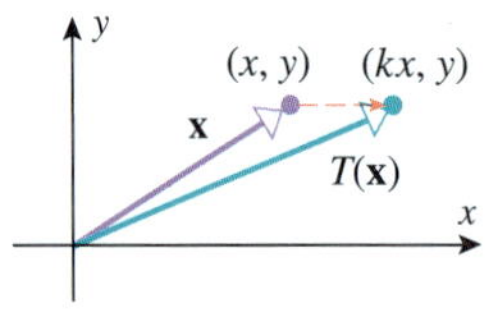	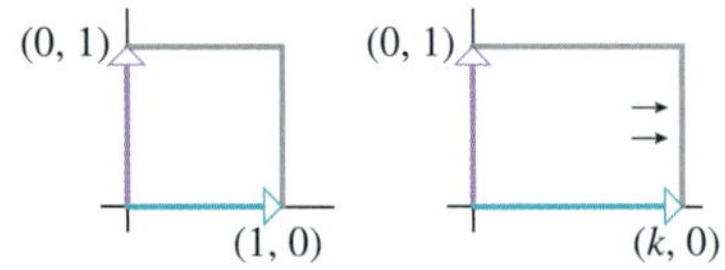	
연산자	**설명 $T(x, y) = (x, ky)$**	**단위정사각형에 대한 효과**	**표준행렬**
y-방향으로 R^2의 k배 압축 $(0 \le k < 1)$	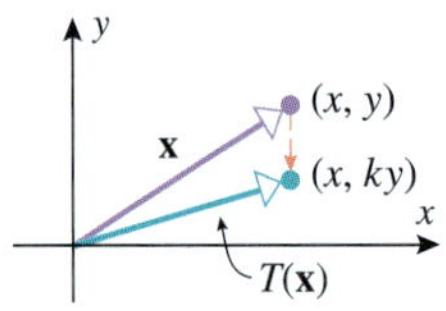	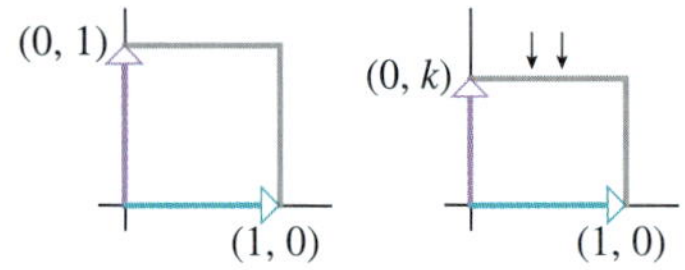	$\begin{bmatrix} 1 & 0 \\ 0 & k \end{bmatrix}$
y-방향으로 R^2의 k배 확장 $(k > 1)$	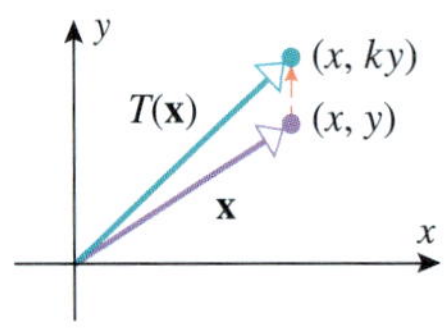	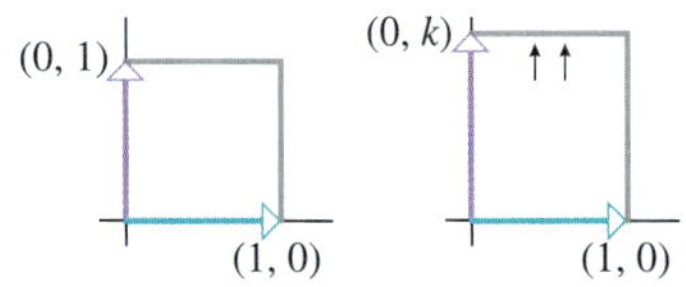	

표 6.2.3

연산자	단위정사각형에 대한 효과	표준행렬
인수 k로 x-방향으로 R^2의 층밀림 $T(x, y) = (x + ky, y)$	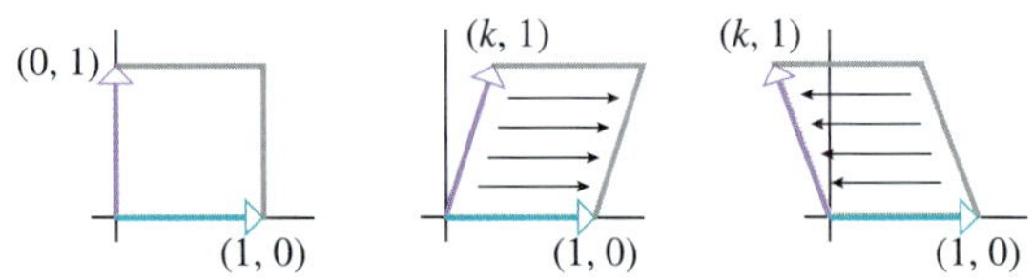 $(k > 0)$ $(k < 0)$	$\begin{bmatrix} 1 & k \\ 0 & 1 \end{bmatrix}$
인수 k로 y-방향으로 R^2의 층밀림 $T(x, y) = (x, y + kx)$	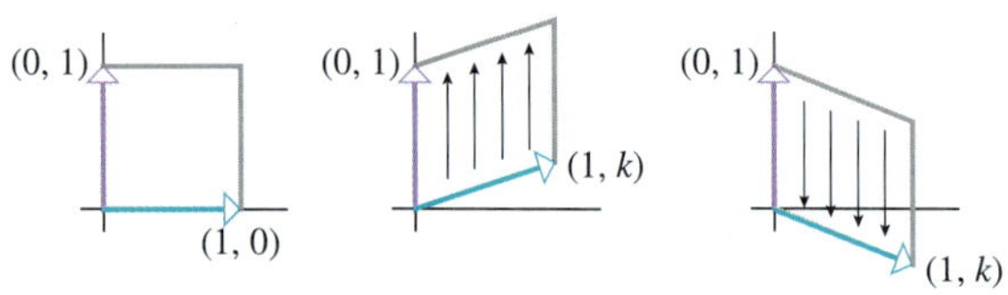 $(k > 0)$ $(k < 0)$	$\begin{bmatrix} 1 & 0 \\ k & 1 \end{bmatrix}$

예제 5 R^2에서의 몇 가지 기본적인 선형연산자

다음 각각에서 행렬 A에 해당하는 선형연산자를 묘사하고, 단위정사각형에 대한 연산자의 효과를 보여라.

(a) $A_1 = \begin{bmatrix} 1 & 2 \\ 0 & 1 \end{bmatrix}$ (b) $A_2 = \begin{bmatrix} 2 & 0 \\ 0 & 2 \end{bmatrix}$ (c) $A_3 = \begin{bmatrix} 2 & 0 \\ 0 & 1 \end{bmatrix}$

풀이 이 행렬들을 표 6.2.1, 6.2.2, 6.2.3의 행렬들과 비교함으로써, 행렬 A_1은 인수 2로 x-방향 층밀림, 행렬 A_2는 인수 2로 확대, 그리고 행렬 A_3은 인수 2로 x-방향으로 확장에 해당함을 알 수 있다. 단위정사각형에 대한 이런 연산자들의 영향은 그림 6.2.3과 같다. ■

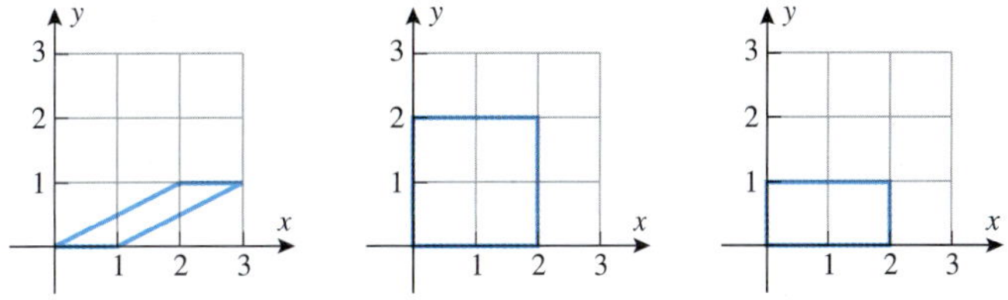

그림 6.2.3

예제 6 컴퓨터 그래픽에 대한 응용

그림 6.2.4는 Albert Einstein의 유명한 사진이며, 그것에 대하여 컴퓨터로 생성한 3가지 선형변환을 보여준다. 원래의 그림은 스캐닝을 한 다음에 디지털화하여 픽셀들의 사각형 배열로 분해되었다. 변환된 그림은 다음과 같이 얻어졌다.

- 각 픽셀에 좌표와 음영 수준을 할당하기 위해 MATLAB 프로그램을 사용하였다.
- 픽셀의 좌표들을 행렬의 곱셈을 통하여 변환하였다.
- 변환된 그림을 생성하기 위하여 원래의 음영 수준을 할당하였다. ■

디지털화 스캔 | 회전됨 | 수평으로 층밀림 | 수평으로 압축됨

그림 6.2.4

R^3에서의 선형연산자들

이제 우리의 관심을 R^3의 선형연산자로 돌린다. R^2에서와 같이, 길이를 보존하는 연산자들(직교연산자들)과 그렇지 않은 연산자를 구분하기를 원한다. 길이를 보존하지 않는 가장 중요한 선형연산자들은 부분공간들로의 정사영이며, 이들 중 가장 간단한 것은 xyz-좌표계의 좌표평면들로의 정사영이다. 표 6.2.4는 이런 연산자들에 대한 기본적인 정보들을 제공한다. 더 일반적인 정사영들은 다음 장에서 공부하게 될 것이기 때문에, 이 절의 나머지 단원에서는 직교연산자에 대하여 집중할 것이다.

표 6.2.4

연산자	설명	표준행렬
xy-평면으로 정사영 $T(x, y, z) = (x, y, 0)$	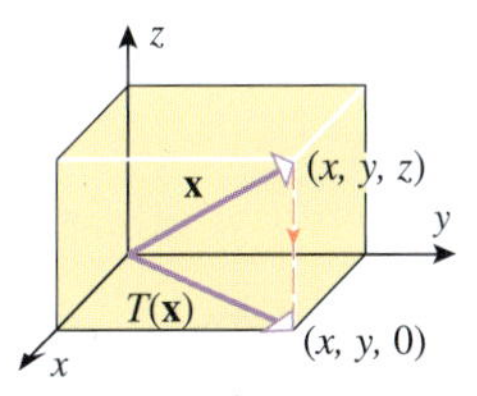	$\begin{bmatrix} 1 & 0 & 0 \\ 0 & 1 & 0 \\ 0 & 0 & 0 \end{bmatrix}$
xz-평면으로 정사영 $T(x, y, z) = (x, 0, z)$	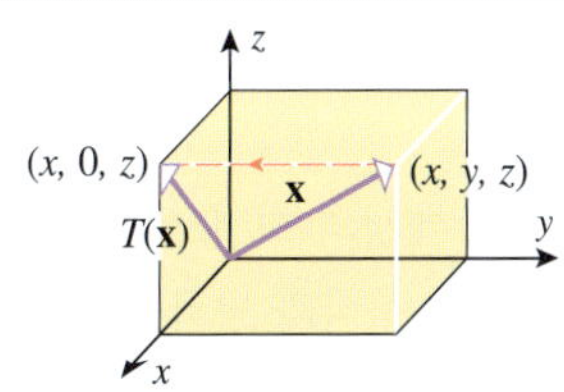	$\begin{bmatrix} 1 & 0 & 0 \\ 0 & 0 & 0 \\ 0 & 0 & 1 \end{bmatrix}$
yz-평면으로 정사영 $T(x, y, z) = (0, y, z)$	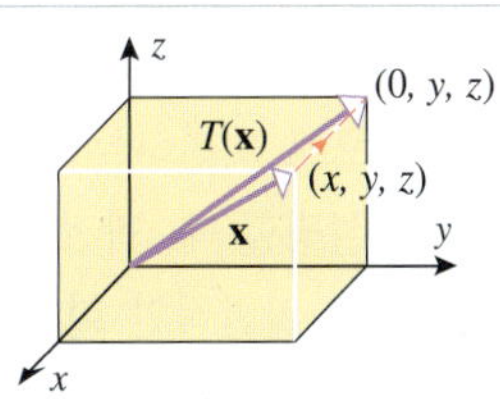	$\begin{bmatrix} 0 & 0 & 0 \\ 0 & 1 & 0 \\ 0 & 0 & 1 \end{bmatrix}$

2 × 2 직교행렬은 R^2에서 원점에 대한 회전이나 원점을 지나는 직선에 대한 반사에 대응된다는 것을 알았다. 모든 3 × 3 직교행렬들이 다음과 같은 유형들의 R^3에서의 선형연산자에 대응된다는 것을 증명할 수 있다.

유형 1: 원점을 지나는 직선에 대한 회전
유형 2: 원점을 지나는 평면에 대한 반사
유형 3: 원점을 지나는 직선에 대한 반사 다음에 그 직선에 수직인 원점을 지나는 평면에 대한 반사

(이 결과에 대한 증명은 *Linear Algebra and Geometry*, David Bloom, Cambridge University Press, New York, 1979에서 찾을 수 있다.)

2 × 2 직교행렬 A는 행렬식에 의하여 회전이나 반사를 표현하는지를 구별할 수 있다는 것을 기억하라. $\det(A) = 1$이면 회전이고, $\det(A) = -1$이면 반사를 나타낸다. 유사하게, A가 3 × 3 직교행렬인 경우 $\det(A) = 1$이면 A는 회전을 표현하며(즉, 유형 1의), $\det(A) = -1$이면 유형 2나 유형 3의 연산자를 표현한다. 따라서, 행렬식이 1인 2 × 2나 3 × 3 직교행렬을 자주 **회전행렬**(rotation matrix)이라고 할 것이다. 행렬식이 −1인 3 × 3 직교행렬이 유형 2나 유형 3의 연산자를 표현하는지를 알아보기 위해서는 고유값과 고유벡터에 대한 분석이 필요하다.

좌표평면에 대한 반사

직교(rectangular) xyz-좌표계에서 가장 기본적인 반사들은 좌표평면에 대한 반사들이다. 표 6.2.5는 R^3에서의 그런 연산자에 대한 기본적인 정보를 나타낸다.

표 6.2.5

<table>
<tr><th>연산자</th><th>설명</th><th>표준행렬</th></tr>
<tr><td>xy-평면에 대한 반사
$T(x, y, z) = (x, y, -z)$</td><td>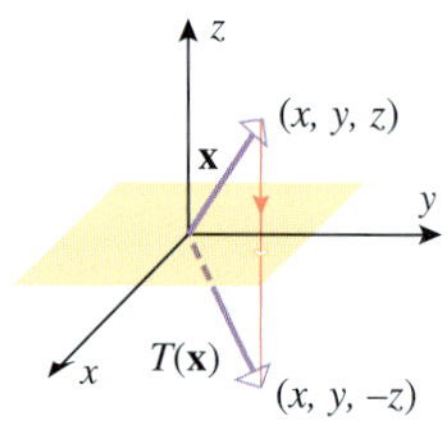
</td><td>$\begin{bmatrix} 1 & 0 & 0 \\ 0 & 1 & 0 \\ 0 & 0 & -1 \end{bmatrix}$</td></tr>
<tr><td>xz-평면에 대한 반사
$T(x, y, z) = (x, -y, z)$</td><td>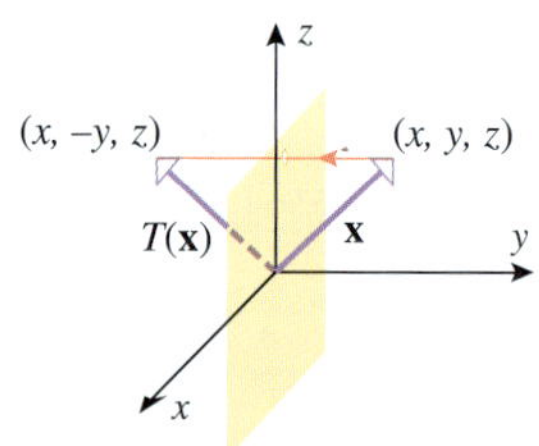
</td><td>$\begin{bmatrix} 1 & 0 & 0 \\ 0 & -1 & 0 \\ 0 & 0 & 1 \end{bmatrix}$</td></tr>
<tr><td>yz-평면에 대한 반사
$T(x, y, z) = (-x, y, z)$</td><td>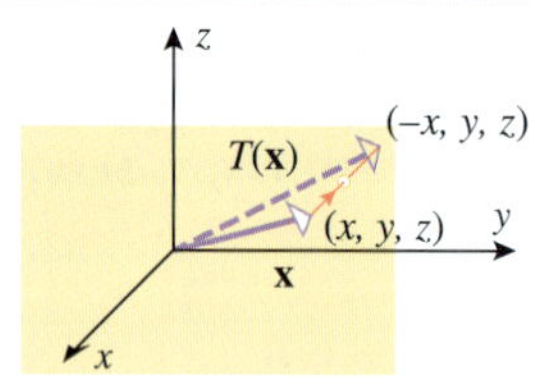
</td><td>$\begin{bmatrix} -1 & 0 & 0 \\ 0 & 1 & 0 \\ 0 & 0 & 1 \end{bmatrix}$</td></tr>
</table>

R^3에서의 회전

이제 R^3에서의 회전으로 관심을 돌릴 것이다. 관련된 몇 가지 논점들을 이해하는 것을 돕기 위하여, 익숙한 예제—북극과 남극을 통한 지축에 대한 지구의 회전—로 시작할 것이다. 간단하게, 지구를 구라고 가정하자. 태양이 동쪽에서 뜨고 서쪽으로 지기 때문에, 지구는 서쪽에서 동쪽으로 회전함을 알 수 있다. 그러나 북극에 있는 관찰자에게는 반시계 방향으로 회전하는 것처럼 보일 것이고, 남극에 있는 관찰자는 시계 방향으로 회전하는 것처럼 보일 것이다(그림 6.2.5). 그래서 R^3에서의 회전은 시계 방향이나 반시계 방향으로 설명할 때, 회전의 축을 따라 보는 방향을 반드시 기술해야 한다.

R^3에서의 일반적인 회전을 이해하기 위하여 지구의 회전에 관한 몇 가지 다른 유용한 사실들을 살펴보자. 예를 들어, 지구가 축에 관해서 회전할 때 북극과 남극은 고정되어 남아 있고, 마찬가지로 회전축

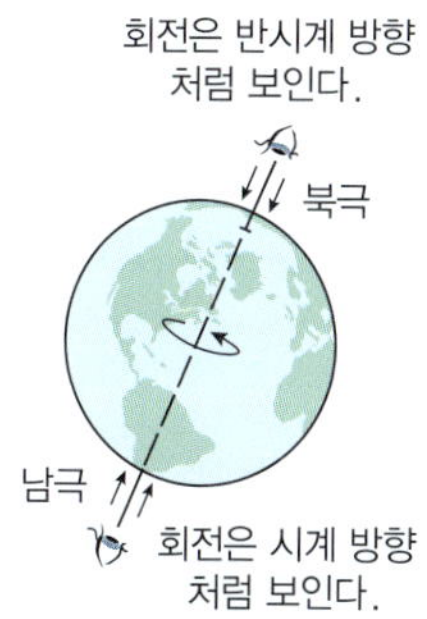

그림 6.2.5

위의 모든 다른 점들도 고정되어 있다. 그래서 회전의 축은 지구의 회전에서 고정된 점들의 직선으로 생각할 수 있다. 게다가 회전축 위에 있지 않는 지구의 모든 점들은 회전축을 중심으로 하고 회전축과 수직인 평면 위에 있는 원형 경로를 따라 움직인다. 예를 들어, 적도 평면 위의 점들은 지구의 중심에 대한 원으로 적도 평면 내에서 움직인다.

R^3에서의 회전은 **회전축**(axis of rotation)이라고 부르는, 고정된 점들의 직선을 가진 직교연산자이다. 이 단원에서는 원점을 지나는 직선에 대한 회전만을 고려할 것이며, 단순화하기 위해서 회전각의 최대값은 180°(π 라디안)로 가정할 것이다. $T : R^3 \to R^3$가 원점을 지나는 직선에 대하여 각 θ만큼의 회전이면, 그리고 W가 원점을 통과하는 회전축에 수직인 평면이면, T는 W에 있는 영벡터가 아닌 벡터 $\mathbf{w}$를 벡터 $T(\mathbf{w})$로 회전한다(그림 6.2.6*a*). 그래서 평면 W 내에서 연산자 T는 원점에 대한 R^2의 회전처럼 동작한다. W에서 각 θ에 대한 회전의 방향을 구하기 위하여, 회전축을 따라 보는 방향을 구할 필요가 있다. 원점을 시작점으로 하고 벡터 $\mathbf{u}$의 끝점에서 원점을 향하여 봄으로써 W를 바라보는 회전축 위의 영이 아닌 벡터 $\mathbf{u}$를 선택함으로써 이것을 구할 수 있다. $\mathbf{u}$를 회전축의 **방향**(orientation)이라고 한다(그림 6.2.6*b*).

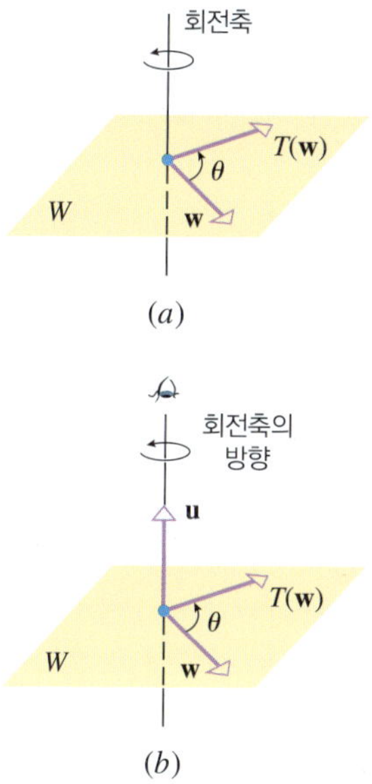

그림 6.2.6

이제 $\mathbf{u}$의 끝점에서 바라볼 때 평면 W에서 회전들이 반시계 방향처럼 보이도록 방향 $\mathbf{u}$를 어떻게 선택할 것인가에 대하여 알아보자. $\theta \neq 0$이고 $\theta \neq \pi$이면,* $\mathbf{w}$가 W에 있는 임의의 영이 아닌 벡터일 때 다음 식으로 $\mathbf{u}$의 방향을 구할 수 있다.

$$\mathbf{u} = \mathbf{w} \times T(\mathbf{w}) \tag{12}$$

이와 같이 $\mathbf{u}$를 선택하면, 오른손법칙(right-hand rule)이 성립하고, $\mathbf{w}$에서 $T(\mathbf{w})$로의 회전은 $\mathbf{u}$의 끝점에서 원점을 향해 볼 때 반시계 방향이다(그림 6.2.7). 반시계 방향의 각을 음이 아닌 값으로 하는 관례를 따른다면, 각 θ는 $0 \leq \theta \leq \pi$를 만족할 것이다.

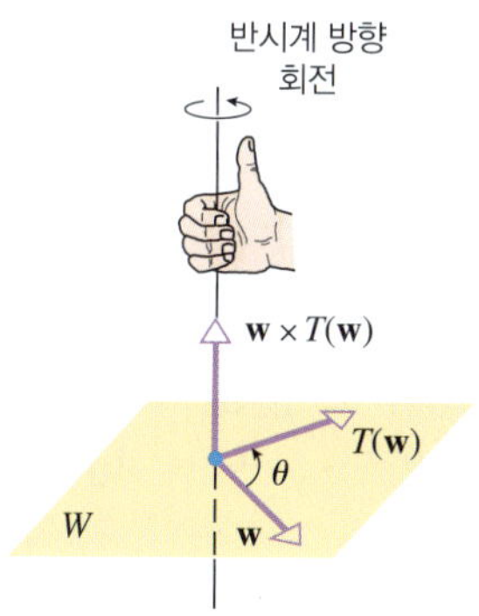

그림 6.2.7

xyz-직교좌표계에서 가장 기본적인 회전은 좌표축에 관한 회전이다. 표 6.2.6은 이러한 회전에 관한 기본적인 정보를 제공한다. 이러한 각각의 회전에 대하여, 표준단위벡터 중 하나는 변하지 않고, 나머지 두 개의 표준단위벡터의 상을 그림 6.1.8을 적절히 적용해서 계산될 수 있다. 예를 들어 양의 y-축에 대한 각 θ만큼의 회전에서 양의 y축 방향을 따르는 벡터 $\mathbf{e}_2 = (0, 1, 0)$는 변하지 않고, 벡터 $\mathbf{e}_1 = (1, 0, 0)$과 $\mathbf{e}_3 = (0, 0, 1)$은 zx-평면에서 각 θ만큼 회전하게 된다. 따라서, 이 회전을 표현하는 표준행렬을 $R_{y,\theta}$로 표기한다면 다음이 성립한다.

$$\mathbf{e}_1 = (1, 0, 0) \xrightarrow{R_{y,\theta}} (\cos\theta, 0, -\sin\theta)$$

$$\mathbf{e}_2 = (0, 1, 0) \xrightarrow{R_{y,\theta}} (0, 1, 0)$$

$$\mathbf{e}_3 = (0, 0, 1) \xrightarrow{R_{y,\theta}} (\sin\theta, 0, \cos\theta)$$

(그림 6.2.8을 보라.)

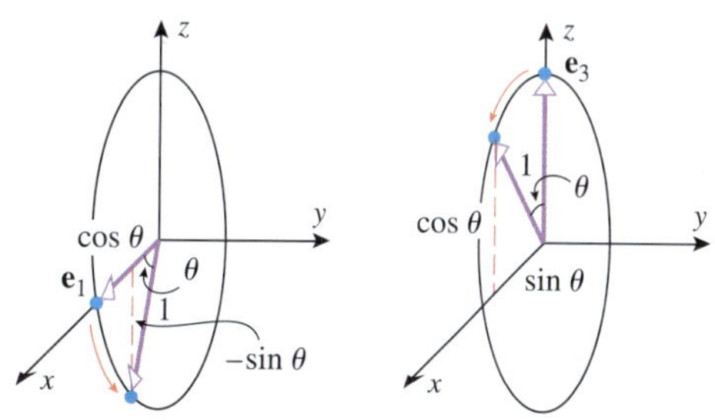

그림 6.2.8 $T(\mathbf{e}_1) = (\cos\theta, 0, -\sin\theta)$ $T(\mathbf{e}_3) = (\sin\theta, 0, \cos\theta)$

일반적인 회전

R^3에서의 일반적인 회전에 대한 완전한 분석은 여기서 다루기에는 너무 많은 세부사항을 포함하므로, 주요 사항에 초점을 맞추고 빠진 부분은 참고자료를 참조할 것이다. 다음의 2가지 기본적인 문제들을 고려할 것이다.

---

*이 경우들에서 보는 방향은 중요하지 않다. 예를 들어, 벡터 $\mathbf{w}$가 시계 방향으로 180° 회전하거나 반시계 방향으로 180° 회전하는 것에 상관없이 같은 결과를 얻는다.

1. 회전축과 회전각이 알려져 있는 회전에 대한 표준행렬을 찾아라.
2. 회전에 대한 표준행렬이 주어질 때, 회전축과 각을 찾아라.

첫 번째 문제에 대한 해답은 다음의 정리에서 구할 수 있는데, 예를 들어 정리의 증명은 책 *Principles Interactive Computer Graphics*, W. M. Newman and R. F. Sproull, McGraw-Hill, New York, 1979 나 논문 "The Matrix of a Rotation," Roger C, Alperin, *College Mathematics Journal*, Vol. 20, No.3, May 1989에서 찾을 수 있다.

정리 6.2.8 $\mathbf{u} = (a, b, c)$가 단위벡터이면, 방향 $\mathbf{u}$가 주어지고 원점을 지나는 축에 대하여 각도 θ 만큼의 회전을 위한 표준행렬 $R_{\mathbf{u},\theta}$는 다음과 같다.

$$R_{\mathbf{u},\theta} = \begin{bmatrix} a^2(1-\cos\theta)+\cos\theta & ab(1-\cos\theta)-c\sin\theta & ac(1-\cos\theta)+b\sin\theta \\ ab(1-\cos\theta)+c\sin\theta & b^2(1-\cos\theta)+\cos\theta & bc(1-\cos\theta)-a\sin\theta \\ ac(1-\cos\theta)-b\sin\theta & bc(1-\cos\theta)+a\sin\theta & c^2(1-\cos\theta)+\cos\theta \end{bmatrix} \quad (13)$$

이러한 좀 더 일반적인 결과로부터 표 6.2.6의 결과를 유도하는 것이 유익할 것이라는 것을 역시 알 수 있을 것이다.

표 6.2.6

연산자	단위정사각형에 대한 효과	표준행렬
양의 x-축에 대하여 θ만큼 회전	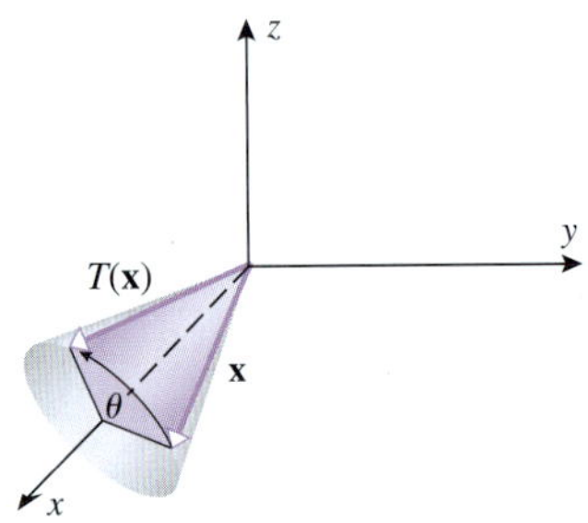	$\begin{bmatrix} 1 & 0 & 0 \\ 0 & \cos\theta & -\sin\theta \\ 0 & \sin\theta & \cos\theta \end{bmatrix}$
양의 y-축에 대하여 θ만큼 회전	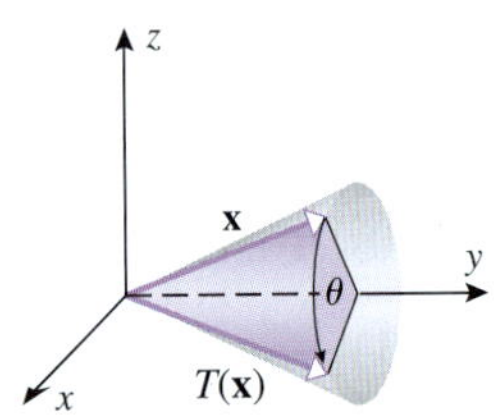	$\begin{bmatrix} \cos\theta & 0 & \sin\theta \\ 0 & 1 & 0 \\ -\sin\theta & 0 & \cos\theta \end{bmatrix}$
양의 z-축에 대하여 θ만큼 회전	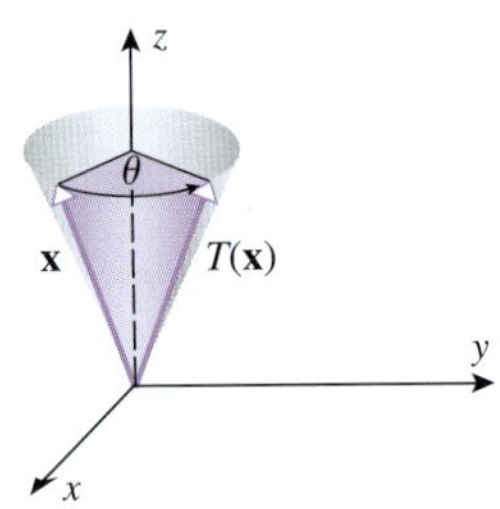	$\begin{bmatrix} \cos\theta & -\sin\theta & 0 \\ \sin\theta & \cos\theta & 0 \\ 0 & 0 & 1 \end{bmatrix}$

이제 회전행렬 A가 주어졌을 경우 회전축과 회전각을 찾는 두 번째 문제에 대하여 생각해 보자. 회전축은 행렬 A의 고정된 점으로 구성되기 때문에, 다음의 선형방정식을 풀어서 결정할 수 있다.

$$(I - A)\mathbf{x} = \mathbf{0}$$

(4.4절 초반부의 논의를 보라.) 일단 회전축을 알게 되면, 회전축에 직교하고 다음 벡터 $\mathbf{u}$를 사용하여 회전축을 향하게 하며 원점을 지나는 평면 W 위에 있는 0이 아닌 벡터 $\mathbf{w}$를 찾을 수 있다.

$$\mathbf{u} = \mathbf{w} \times A\mathbf{w}$$

$\mathbf{u}$의 끝점에서 원점을 바라볼 때, 회전각 θ는 평면 W에서 반시계 방향이 될 것이며, 따라서 다음 식으로 계산할 수 있다.

$$\cos\theta = \frac{\mathbf{w}\cdot A\mathbf{w}}{\|\mathbf{w}\|\|A\mathbf{w}\|} \tag{14}$$

다음 예를 살펴보자.

예제 7 회전축과 회전각

(a) 다음의 행렬 A가 R^3의 원점을 통과하는 직선에 대한 회전을 나타냄을 보여라.

$$A = \begin{bmatrix} 0 & 0 & 1 \\ 1 & 0 & 0 \\ 0 & 1 & 0 \end{bmatrix}$$

(b) 회전축과 회전각을 찾아라.

풀이 (a) 행렬 A는 직교행렬이고 $\det(A) = 1$이므로 회전행렬이다(확인하라).

풀이 (b) 회전축을 찾기 위해 선형방정식 $(I - A)\mathbf{x} = \mathbf{0}$을 풀어야 한다. 선형방정식과 일반해가 다음과 같음을 확인하도록 하라.

$$\begin{bmatrix} 1 & 0 & -1 \\ -1 & 1 & 0 \\ 0 & -1 & 1 \end{bmatrix}\begin{bmatrix} x \\ y \\ z \end{bmatrix} = \begin{bmatrix} 0 \\ 0 \\ 0 \end{bmatrix}$$

$$\mathbf{x} = \begin{bmatrix} x \\ y \\ z \end{bmatrix} = t\begin{bmatrix} 1 \\ 1 \\ 1 \end{bmatrix}$$

따라서 회전축은 점 (1, 1, 1)과 원점을 지나는 직선이다. 이 선에 수직이고 원점을 지나는 평면은 다음 방정식에 의해 주어진다.

$$x + y + z = 0$$

이 평면에서 0이 아닌 벡터를 찾기 위하여, 변수 중 2개에 임의의 값들을 할당하고(둘 다 0이 아닌) 세 번째 변수의 값을 계산한다. 그래서, 예를 들어 $x = 1$과 $y = -1$로 설정하면 평면 W 위의 벡터 $\mathbf{w} = (1, -1, 0)$를 얻는다. 이 벡터를 열벡터 형태로 쓰면 다음을 얻는다(확인하라).

$$\mathbf{w} = \begin{bmatrix} 1 \\ -1 \\ 0 \end{bmatrix}, \quad A\mathbf{w} = \begin{bmatrix} 0 & 0 & 1 \\ 1 & 0 & 0 \\ 0 & 1 & 0 \end{bmatrix}\begin{bmatrix} 1 \\ -1 \\ 0 \end{bmatrix} = \begin{bmatrix} 0 \\ 1 \\ -1 \end{bmatrix}, \quad \mathbf{w}\times A\mathbf{w} = \begin{bmatrix} 1 \\ 1 \\ 1 \end{bmatrix}$$

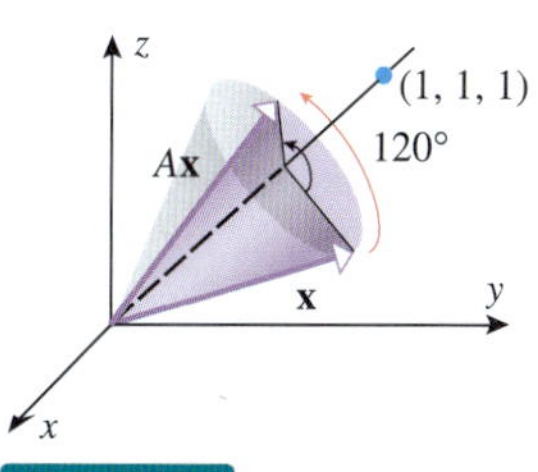

그림 6.2.9

따라서, 방향 $\mathbf{u} = \mathbf{w}\times A\mathbf{w} = (1, 1, 1)$에 관한 회전각 θ는 다음을 만족시킨다.

$$\cos\theta = \frac{\mathbf{w}\cdot A\mathbf{w}}{\|\mathbf{w}\|\|A\mathbf{w}\|} = -\frac{1}{2} \tag{15}$$

그러므로 회전각은 $2\pi/3(= 120^\circ)$이다(그림 6.2.9). ■

많은 회전들을 포함하는 응용문제들을 풀려면 회전축과 회전각을 계산하기 위한 공식들을 구하는 것이 바람직하다. A의 성분들로 회전각에 대한 코사인값을 구하는 식은 다음을 관찰하여 식 (13)으로부터 얻을 수 있다.

$$\operatorname{tr}(A) = (a^2 + b^2 + c^2)(1 - \cos\theta) + 3\cos\theta = 1 - \cos\theta + 3\cos\theta = 1 + 2\cos\theta$$

이 식으로부터 다음을 얻는다.

$$\cos\theta = \frac{\operatorname{tr}(A) - 1}{2} \tag{16}$$

회전축에 대한 다양한 공식들이 있다. 그러한 공식 하나를 다음 논문에서 찾을 수 있다: "The Axis of Rotation : Analysis, Algebra, Geometry," Dan Kalman, *Mathematics Magazine*, Vol. 62, No.4, October 1989. 이 논문에 의하면, A가 회전행렬이면 회전축에 직교하지 않는 R^3의 0이 아닌 어떠한 벡터 $\mathbf{x}$에 대하여 다음 벡터 $\mathbf{v}$는 0이 아니며, $\mathbf{x}$의 시점이 원점일 때 회전축 위에 있게 된다.

$$\mathbf{v} = A\mathbf{x} + A^T\mathbf{x} + [1 - \text{tr}(A)]\mathbf{x} \tag{17}$$

다음은 예제 7에 대한 식 (16)과 (17)의 응용이다.

예제 8 식 (16)과 (17)을 사용해서 예제 7의 (b)를 풀어라.

예제 7을 다시 분석

풀이 이 경우에 $\text{tr}(A) = 0$이므로(확인하라), 식 (17)을 단순화하면 다음과 같다.

$$\mathbf{v} = A\mathbf{x} + A^T\mathbf{x} + \mathbf{x} = (A + A^T + I)\mathbf{x}$$

$\mathbf{x}$를 표준단위벡터 $\mathbf{e}_1 = (1, 0, 0)$이라 하고 열벡터로 표현하자. 그러면 회전축은 다음 벡터로 결정된다.

$$\mathbf{v} = (A + A^T + I)\mathbf{e}_1 = \begin{bmatrix} 1 & 1 & 1 \\ 1 & 1 & 1 \\ 1 & 1 & 1 \end{bmatrix}\begin{bmatrix} 1 \\ 0 \\ 0 \end{bmatrix} = \begin{bmatrix} 1 \\ 1 \\ 1 \end{bmatrix}$$

이것은 회전축이 점 (1, 1, 1)을 지나고 있음을 의미하며, 예제 7과 같은 결과이다. 게다가, $\text{tr}(A) = 0$이므로, 식 (16)으로부터 회전각은 다음과 같다.

$$\cos\theta = \frac{\text{tr}(A) - 1}{2} = -\frac{1}{2}$$

이것은 식 (15)와 같다. ■

연습문제 6.2

연습문제 1~4에서, 다음의 행렬이 직교행렬임을 확인하고 역행렬을 찾아라.

1. $\begin{bmatrix} \frac{3}{5} & -\frac{4}{5} \\ \frac{4}{5} & \frac{3}{5} \end{bmatrix}$

2. $\begin{bmatrix} \frac{20}{29} & \frac{21}{29} \\ -\frac{21}{29} & \frac{20}{29} \end{bmatrix}$

3. $\begin{bmatrix} \frac{4}{5} & 0 & -\frac{3}{5} \\ -\frac{9}{25} & \frac{4}{5} & -\frac{12}{25} \\ \frac{12}{25} & \frac{3}{5} & \frac{16}{25} \end{bmatrix}$

4. $\begin{bmatrix} \frac{1}{\sqrt{3}} & \frac{1}{\sqrt{2}} & \frac{1}{\sqrt{6}} \\ \frac{1}{\sqrt{3}} & -\frac{1}{\sqrt{2}} & \frac{1}{\sqrt{6}} \\ \frac{1}{\sqrt{3}} & 0 & -\frac{2}{\sqrt{6}} \end{bmatrix}$

연습문제 5와 6에서, 행렬 A가 직교행렬임을 확인하고, 행렬 A에 의한 곱셈이 원점에 대한 회전인지 또는 원점을 지나는 직선에 대한 반사인지를 결정하라. 적절하게 회전각이나 직선이 양의 x-축과 이루는 각을 구하라.

5. (a) $A = \begin{bmatrix} -\frac{1}{\sqrt{2}} & \frac{1}{\sqrt{2}} \\ -\frac{1}{\sqrt{2}} & -\frac{1}{\sqrt{2}} \end{bmatrix}$ (b) $A = \begin{bmatrix} -\frac{1}{2} & \frac{\sqrt{3}}{2} \\ \frac{\sqrt{3}}{2} & \frac{1}{2} \end{bmatrix}$

6. (a) $\begin{bmatrix} \frac{1}{2} & -\frac{\sqrt{3}}{2} \\ \frac{\sqrt{3}}{2} & \frac{1}{2} \end{bmatrix}$ (b) $\begin{bmatrix} \frac{1}{2} & \frac{\sqrt{3}}{2} \\ \frac{\sqrt{3}}{2} & -\frac{1}{2} \end{bmatrix}$

연습문제 7과 8에서, R^2에서 다음으로 제시된 각 선형연산자에 대한 표준행렬을 찾아라.

7. (a) 인수 $\frac{1}{5}$을 갖는 축소
(b) x-방향으로 $\frac{1}{3}$배 압축
(c) y-방향으로 6배 확장
(d) 인수 3을 갖는 x-방향으로 층밀림

8. (a) 인수 5를 갖는 확대
(b) x-방향으로 3배 확장
(c) y-방향으로 $\frac{1}{6}$배 압축
(d) 인수 2를 갖는 y-방향으로 층밀림

연습문제 9와 10에서, 주어진 행렬의 곱셈에 대한 기하학적 효과를 설명하라.

9. (a) $\begin{bmatrix} 3 & 0 \\ 0 & 1 \end{bmatrix}$ (b) $\begin{bmatrix} \frac{1}{4} & 0 \\ 0 & \frac{1}{4} \end{bmatrix}$
(c) $\begin{bmatrix} 1 & 4 \\ 0 & 1 \end{bmatrix}$ (d) $\begin{bmatrix} 1 & 0 \\ -4 & 1 \end{bmatrix}$

10. (a) $\begin{bmatrix} 1 & 0 \\ 0 & \frac{2}{3} \end{bmatrix}$ (b) $\begin{bmatrix} 8 & 0 \\ 0 & 8 \end{bmatrix}$

(c) $\begin{bmatrix} 1 & -3 \\ 0 & 1 \end{bmatrix}$ (d) $\begin{bmatrix} 1 & 0 \\ 3 & 1 \end{bmatrix}$

연습문제 11~14에서, 정리 6.1.4를 사용하여 다음의 각 선형변환에 대한 표준행렬을 구하라.

11. $T : R^2 \to R^2$는 벡터를 인수 3으로 확대한 다음에, 직선 $y = x$에 대하여 결과 벡터를 반사하고, 그런 다음에 y-축으로 정사영한다.

12. $T : R^2 \to R^2$는 $y = -x$에 대하여 벡터를 반사한 다음에, 결과 벡터를 y-축으로 정사영하고, 그런 다음에 y-방향으로 $\frac{1}{2}$배 압축한다.

13. $T : R^3 \to R^3$은 벡터를 xz-평면으로 정사영한 다음에 결과 벡터를 xy-평면으로 정사영한다.

14. $T : R^3 \to R^3$은 벡터를 xy-평면에 대하여 반사한 다음에, 결과 벡터를 xz-평면에 대하여 반사하고, 그런 다음에 yz-평면에 대하여 반사한다.

연습문제 15와 16에서, 다음의 변환에 대하여 꼭짓점이 (0, 0), (1, 0), (1, 2), (0, 2)인 사각형의 상을 그려라.

15. (a) x-축에 대한 반사
(b) y-방향으로 $\frac{1}{4}$배 압축
(c) 인수 3을 갖는 x-방향으로 층밀림

16. (a) y-축에 대한 반사
(b) x-방향으로 3배 확장
(c) 인수 2를 갖는 y-방향으로 층밀림

연습문제 17과 18에서, 꼭짓점이 (0, 0), (1, 0), (1, 1), (0, 1)으로 주어진 정사각형의 상을 그려라.

17. (a) $A = \begin{bmatrix} 2 & 0 \\ 0 & 1 \end{bmatrix}$ (b) $A = \begin{bmatrix} 1 & 0 \\ 0 & 2 \end{bmatrix}$
(c) $A = \begin{bmatrix} 2 & 0 \\ 0 & 2 \end{bmatrix}$

18. (a) $A = \begin{bmatrix} \frac{2}{3} & 0 \\ 0 & 1 \end{bmatrix}$ (b) $A = \begin{bmatrix} 1 & 0 \\ 0 & \frac{2}{3} \end{bmatrix}$
(c) $A = \begin{bmatrix} \frac{2}{3} & 0 \\ 0 & \frac{2}{3} \end{bmatrix}$

19. 행렬의 곱셈을 사용하여 다음 각 평면에 대한 (2, 5, 3)의 반사를 구하라.
(a) xy-평면 (b) xz-평면 (c) yz-평면

20. 행렬의 곱셈을 사용하여 다음 각 평면에 대한 (−2, 1, 3)의 정사영을 구하라.
(a) xy-평면 (b) xz-평면 (c) yz-평면

21. R^3에서 다음의 각 회전을 수행하는 선형연산자에 대한 표준행렬을 구하라.
(a) 양의 x-축에 대하여 90° 회전
(b) 양의 y-축에 대하여 90° 회전
(c) 양의 z-축에 대하여 −90° 회전

22. R^3에서 다음의 각 회전을 수행하는 선형연산자에 대한 표준행렬을 구하라.
(a) 양의 x-축에 대하여 −90° 회전
(b) 양의 y-축에 대하여 −90° 회전
(c) 양의 z-축에 대하여 90° 회전

23. 행렬의 곱셈을 사용하여 다음의 각 회전에 대한 벡터 (−2, 1, 2)의 상을 구하라.
(a) 양의 x-축에 대하여 30° 회전
(b) 양의 y-축에 대하여 45° 회전
(c) 양의 z-축에 대하여 −60° 회전

24. 행렬의 곱셈을 사용하여 다음의 각 회전에 대한 벡터 (−2, 1, 2)의 상을 구하라.
(a) 양의 x-축에 대하여 60° 회전
(b) 양의 y-축에 대하여 30° 회전
(c) 양의 z-축에 대하여 −45° 회전

연습문제 25와 26에서, 다음의 행렬이 R^3의 원점을 지나는 직선에 관한 회전을 나타냄을 보이고, 예제 7의 방법을 사용하여 회전축과 회전각을 구하라.

25. $A = \begin{bmatrix} 1 & 0 & 0 \\ 0 & 0 & -1 \\ 0 & 1 & 0 \end{bmatrix}$ **26.** $A = \begin{bmatrix} 0 & 1 & 0 \\ 0 & 0 & 1 \\ 1 & 0 & 0 \end{bmatrix}$

27. 연습문제 25를 예제 8의 방법을 사용하여 풀어라.

28. 연습문제 26을 예제 8의 방법을 사용하여 풀어라.

29. R^3에서 직교좌표계의 x-축, y-축, z-축으로의 **정사영**은 각각 다음과 같이 정의된다.

$$T_1(x, y, z) = (x, 0, 0), \quad T_2(x, y, z) = (0, y, 0)$$
$$T_3(x, y, z) = (0, 0, z)$$

(a) 좌표축으로의 정사영들이 선형연산자들임을 보이고, 해당하는 표준행렬 M_1, M_2, M_3를 구하라.
(b) $T : R^3 \to R^3$이 좌표축으로의 정사영이면, $T(\mathbf{x})$와 $\mathbf{x} - T(\mathbf{x})$가 R^3의 모든 벡터 $\mathbf{x}$에 대하여 직교임을 대수적으로 보여라. T가 y-축으로의 정사영일 때의 경우에서 $\mathbf{x}$, $T(\mathbf{x})$, 그리고 $\mathbf{x} - T(\mathbf{x})$를 그려서 설명하라.

30. 다음 그림에서와 같이, R^3에서 **인수 k를 갖는 xy-방향으로의 층밀림은** xy-평면과 평행한 각 점 (x, y, z)를 새로운 위치 $(x + kz, y + kz, z)$로 이동하는 선형변환이다.
(a) 인수 k를 갖는 xy-방향으로의 층밀림에 대한 표준행렬을 찾아라.
(b) 인수 k를 갖는 xz-방향으로의 층밀림과 인수 k를 갖는 yz-방향으로의 층밀림을 어떻게 정의할 것인가? 이러한 층밀림들에 대한 표준행렬들을 구하라.

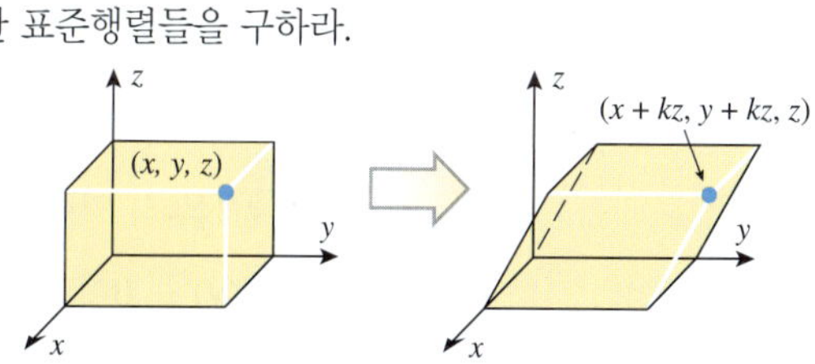

그림 Ex-30

31. 식 (13)을 사용하여 표 6.2.6의 표준행렬들을 유도하라.

토론과 발견

D1. 다음의 각 A의 곱셈이 단위정사각형에 주는 기하학적인 효과를 말로 설명하라.

(a) $A = \begin{bmatrix} 2 & 0 \\ 0 & 0 \end{bmatrix}$ (b) $A = \begin{bmatrix} 0 & 0 \\ 0 & 3 \end{bmatrix}$

(c) $A = \begin{bmatrix} 2 & 0 \\ 0 & 3 \end{bmatrix}$ (d) $A = \begin{bmatrix} \frac{\sqrt{3}}{2} & \frac{1}{2} \\ -\frac{1}{2} & \frac{\sqrt{3}}{2} \end{bmatrix}$

D2. 다음의 행렬이 직교행렬이 되기 위한 값 a, b, c를 찾아라. a, b, c 값은 유일한가? 설명하라.

$$\begin{bmatrix} a & \frac{1}{\sqrt{2}} & -\frac{1}{\sqrt{2}} \\ b & \frac{1}{\sqrt{6}} & \frac{1}{\sqrt{6}} \\ c & \frac{1}{\sqrt{3}} & \frac{1}{\sqrt{3}} \end{bmatrix}$$

D3. 다음의 행렬이 직교행렬이기 위한 a와 b의 조건을 찾아라.

$$\begin{bmatrix} a+b & b-a \\ a-b & b+a \end{bmatrix}$$

D4. 직교행렬들이 길이를 보존한다는 것이 주어지면, 직교행렬 A의 고유값 λ에 대하여 무엇을 말할 수 있는가?

D5. 각 항목에서, 행렬 A에 의한 곱셈의 기하학적 성질들을 고려함으로써 주어진 변환에 대응하는 행렬 A의 고유벡터와 고유값에 대하여 추측하라. 각 예측을 계산을 통해서 확인하라.

(a) 직선 $y = x$에 대한 반사

(b) 인수 $\frac{1}{2}$을 갖는 축소

D6. 꼭짓점의 좌표가 (0, 0), (2, 1), (3, 0)인 삼각형을 직각인 꼭짓점이 원점에 있는 직각삼각형으로 변환하는 x-방향으로의 층밀림에 대한 행렬을 구하라.

D7. $\|\mathbf{x} + \mathbf{y}\| = 4$와 $\|\mathbf{x} - \mathbf{y}\| = 2$를 만족시키는 R^n의 벡터 $\mathbf{x}$와 $\mathbf{y}$가 주어지면, $\mathbf{x} \cdot \mathbf{y}$ 값에 대하여 무엇을 말할 수 있는가?

D8. 극항등식 (4)로부터 $\mathbf{x}$와 $\mathbf{y}$가 $\|\mathbf{x} + \mathbf{y}\| = \|\mathbf{x} - \mathbf{y}\|$인 R^n의 벡터들이면, $\mathbf{x} \cdot \mathbf{y} = 0$이다. R^2에서 그림을 그려서 이를 기하학적으로 설명하라.

프로그램 활용 연습문제

T1. 식 (13)을 사용하여 방향벡터가 $\mathbf{u} = \left(\frac{2}{7}, \frac{3}{7}, \frac{6}{7}\right)$인 원점을 지나는 축에 대하여 $\theta = \pi/4$만큼 회전에 의한 $\mathbf{x} = (1, -2, 5)$의 상을 구하라.

T2. 행렬 A가 다음과 같다고 하자.

$$A = \begin{bmatrix} -\frac{3}{7} & -\frac{2}{7} & -\frac{6}{7} \\ \frac{6}{7} & -\frac{3}{7} & -\frac{2}{7} \\ -\frac{2}{7} & -\frac{6}{7} & \frac{3}{7} \end{bmatrix}$$

A가 회전을 표현한다는 것을 보여라. 그리고 식 (16)과 (17)을 사용해서 회전축과 회전각을 구하라.

T3. $\mathbf{u}$가 다음과 같다고 하자.

$$\mathbf{u} = \begin{bmatrix} \frac{1}{3} \\ \frac{2}{3} \\ \frac{2}{3} \end{bmatrix}$$

정리 6.2.8을 사용하여 방향벡터가 $\mathbf{u}$인 축에 대하여 각 $\pi/6$만큼의 회전에 대한 표준행렬을 구하라.

6.3 핵과 치역

이 절에서는 선형변환의 치역에 대하여 좀 더 자세히 알아볼 것이며, 선형변환이 0으로 사상하는 벡터들의 집합이 정의역의 부분공간에서 변환이 가지는 기하학적인 영향을 이해하는 데 중요한 역할을 한다는 것을 보일 것이다.

선형변환의 핵 $\mathbf{x} = t\mathbf{v}$가 R^n에서 원점을 지나는 직선이면, 그리고 T가 R^n에서 선형연산자이면, 변환 T에 의한 직선의 상은 다음과 같은 형태의 벡터들의 집합이다.

$$T(\mathbf{x}) = T(t\mathbf{v}) = tT(\mathbf{v})$$

기하학적으로, 이러한 상에는 다음의 2가지 가능성이 있다(그림 6.3.1을 보라).

1. $T(\mathbf{v}) = \mathbf{0}$이면, 모든 $\mathbf{x}$에 대하여 $T(\mathbf{x}) = \mathbf{0}$이다. 그래서 상은 단지 점 $\mathbf{0}$이다.
2. $T(\mathbf{v}) \neq \mathbf{0}$이면, 상은 $T(\mathbf{v})$에 의해 결정되는 원점을 지나는 직선이다.

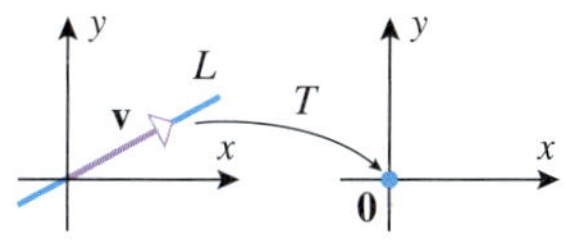

$T(\mathbf{v}) = \mathbf{0}$ 이면 T는 L을 $\mathbf{0}$으로 사상한다.

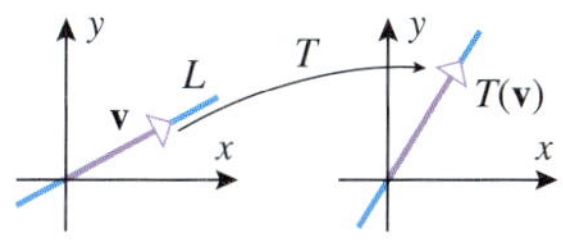

$T(\mathbf{v}) \neq \mathbf{0}$ 이면 T는 L을 $T(\mathbf{v})$에 의하여 생성되는 직선으로 사상한다.

그림 6.3.1

유사하게, $\mathbf{x} = t_1\mathbf{v}_1 + t_2\mathbf{v}_2$가 R^n의 원점을 지나는 평면이면, 변환 T에 의한 이 평면의 상은 다음과 같은 형태의 벡터들의 집합이다.

$$T(\mathbf{x}) = T(t_1\mathbf{v}_1 + t_2\mathbf{v}_2) = t_1T(\mathbf{v}_1) + t_2T(\mathbf{v}_2)$$

이러한 상에는 다음의 3가지 가능성이 있다.

1. $T(\mathbf{v}_1) = \mathbf{0}$이고 $T(\mathbf{v}_2) = \mathbf{0}$이면, 모든 $\mathbf{x}$에 대하여 $T(\mathbf{x}) = \mathbf{0}$이다. 그래서 상은 단지 점 $\mathbf{0}$이다.
2. $T(\mathbf{v}_1) \neq \mathbf{0}$이고 $T(\mathbf{v}_2) \neq \mathbf{0}$이면, 그리고 $T(\mathbf{v}_1)$과 $T(\mathbf{v}_2)$가 서로의 스칼라곱이 아니면, 상은 원점을 지나는 평면이다.
3. 나머지 경우들에서 상은 원점을 지나는 직선이다.

앞선 논의를 고려해보면, 선형변환의 기하학적인 효과를 이해하기 위하여 그 변환이 $\mathbf{0}$으로 사상하는 벡터들의 집합에 대한 어떤 것들을 알아야 한다는 것을 이해한다. 이러한 벡터들의 집합은 충분히 중요하여 관련된 특별한 용어와 표기 방법이 있다.

정의 6.3.1 $T: R^n \to R^m$이 선형변환이면, T가 $\mathbf{0}$으로 사상하는 R^n의 벡터들의 집합을 T의 **핵**(kernel)이라 하고 $\ker(T)$로 표기한다.

예제 1 몇 가지 기본 연산자들의 핵

다음 각각에 대하여, R^3에서 주어진 선형연산자의 핵을 찾아라.

(a) 영연산자 $T_{\mathbf{0}}(\mathbf{x}) = \mathbf{0}\mathbf{x} = \mathbf{0}$

(b) 항등연산자 $T_I(\mathbf{x}) = I\mathbf{x} = \mathbf{x}$

(c) xy-평면으로의 정사영 T

(d) 원점을 지나는 직선에 대한 각 θ만큼 회전 T

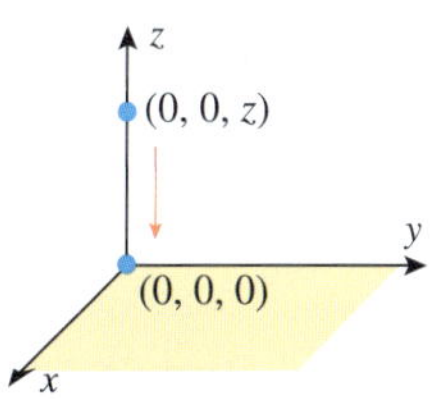

그림 6.3.2

풀이 (a) 모든 벡터 $\mathbf{x}$를 $\mathbf{0}$으로 보내는 변환이면, 핵은 R^3의 모든 벡터들이다. 즉 $\ker(T_0) = R^3$이다.

풀이 (b) $T_I(\mathbf{x}) = \mathbf{x}$이기 때문에, $T_I(\mathbf{x}) = \mathbf{0}$와 $\mathbf{x} = \mathbf{0}$은 필요충분조건이다. 이것은 $\ker(T_I) = \{\mathbf{0}\}$임을 의미한다.

풀이 (c) xy-평면 위로의 정사영은 일반적인 점 $\mathbf{x} = (x, y, z)$를 $(x, y, 0)$으로 사상한다. 그래서 $\mathbf{0} = (0, 0, 0)$으로 사상되는 점들은 각각 $x = 0$이고 $y = 0$인 점들이다. 그래서 정사영 T의 핵은 z-축이다(그림 6.3.2).

풀이 (d) 회전으로 상이 $\mathbf{0}$이 되는 유일한 벡터는 벡터 $\mathbf{0}$ 자체이다. 즉 회전 T의 핵은 $\{\mathbf{0}\}$이다. ■

정리 6.1.3에 의하면 선형변환의 핵이 항상 벡터 $\mathbf{0}$을 포함하는데, 이는 관심을 가질 만큼 중요하다. 다음 정리는 선형변환의 핵이 항상 부분공간이라는 것을 보여준다.

정리 6.3.2 $T: R^n \to R^m$가 선형변환이면, T의 핵은 R^n의 부분공간이다.

증명 T의 핵은 R^n의 영벡터를 포함하기 때문에 공집합이 아니다. T의 핵이 R^n의 부분공간임을 보이기 위하여 스칼라 곱과 덧셈에 대하여 닫혀 있다는 것을 보여야 한다. 이를 위하여 $\mathbf{u}$와 $\mathbf{v}$를 $\ker(T)$의 임의의 벡터라 하고, c를 임의의 스칼라라고 하자. 그러면 다음이 성립한다.

$$T(c\mathbf{u}) = cT(\mathbf{u}) = c\mathbf{0} = \mathbf{0}$$

그래서 $c\mathbf{u}$는 $\ker(T)$의 원소이며, 이는 $\ker(T)$가 스칼라 곱에 대하여 닫혀 있다는 것을 보여준다. 또한

$$T(\mathbf{u} + \mathbf{v}) = T(\mathbf{u}) + T(\mathbf{v}) = \mathbf{0} + \mathbf{0} = \mathbf{0}$$

이므로 $\mathbf{u} + \mathbf{v}$는 $\ker(T)$의 원소이며, 이는 $\ker(T)$가 덧셈에 대하여 닫혀 있다는 것을 보여준다. ■

행렬변환의 핵 A가 $m \times n$ 행렬이고 $T_A: R^n \to R^m$이 대응하는 선형변환이면, $T_A(\mathbf{x}) = A\mathbf{x}$이다. 그래서 $\mathbf{x}$가 T_A의 핵이라는 것은 $A\mathbf{x} = \mathbf{0}$이라는 것과 필요충분조건이 된다. 따라서 다음과 같은 결론을 얻는다.

정리 6.3.3 *A가 $m \times n$ 행렬이면, 대응하는 선형변환의 핵은 $A\mathbf{x} = \mathbf{0}$의 해공간이다.*

예제 2 행렬연산자의 핵

예제 1의 (c)에서 xy-평면 위로의 R^3의 정사영의 핵은 z-축임을 알았다. 이 사영을 위한 다음과 같은 표준 행렬을 생각함으로써 이것은 역시 정리 6.3.3으로부터 유도할 수 있다.

$$A = \begin{bmatrix} 1 & 0 & 0 \\ 0 & 1 & 0 \\ 0 & 0 & 0 \end{bmatrix}$$

이 행렬로부터 $A\mathbf{x} = \mathbf{0}$ 선형방정식의 일반해는 다음과 같음이 분명하다.

$$x = 0, \quad y = 0, \quad z = t$$

이는 z-축에 대한 매개변수방정식이다. ■

수학에서 서로 다른 관점들을 강조하기 위해서 하나의 대상에 다른 이름들을 부여하는 많은 예들이 있다. 예를 들어 현재 문맥에서 $A\mathbf{x} = \mathbf{0}$의 *해공간*과 T_A의 *핵*은 실제로 같으며, 선형방정식이나 선형변환을 강조하기에 따라서 용어를 선택한다. 세 번째 가능성은 이러한 부분공간을 *선형방정식* $A\mathbf{x} = \mathbf{0}$이나 *변환* T_A가 아닌 *행렬* A와 관련된 대상으로 취급하는 것이다. 다음 용어는 이러한 관점을 강조한다.

정의 6.3.4 A가 $m \times n$ 행렬이면, 선형방정식 $A\mathbf{x} = \mathbf{0}$의 해공간, 또는 동등하게 변환 T_A의 핵을 행렬 A의 **영공간**(null space)이라 하고 null(A)로 표기한다.

예제 3 행렬의 영공간 찾기

다음 행렬의 영공간을 찾아라.

$$A = \begin{bmatrix} 1 & 3 & -2 & 0 & 2 & 0 \\ 2 & 6 & -5 & -2 & 4 & -3 \\ 0 & 0 & 5 & 10 & 0 & 15 \\ 2 & 6 & 0 & 8 & 4 & 18 \end{bmatrix}$$

풀이 원하는 부분공간을 생성하는 벡터들의 집합을 구함으로써 문제를 해결할 것이다. A의 영공간은 $A\mathbf{x} = \mathbf{0}$의 해공간이므로 주어진 문제는 이러한 선형방정식을 푸는 것으로 요약될 수 있다. 계산은 2.2절의 예제 7에서 수행하였고, 해공간은 다음 벡터들의 모든 일차결합으로 구성됨을 알았다.

$$\mathbf{v}_1 = \begin{bmatrix} -3 \\ 1 \\ 0 \\ 0 \\ 0 \\ 0 \end{bmatrix}, \quad \mathbf{v}_2 = \begin{bmatrix} -4 \\ 0 \\ -2 \\ 1 \\ 0 \\ 0 \end{bmatrix}, \quad \mathbf{v}_3 = \begin{bmatrix} -2 \\ 0 \\ 0 \\ 0 \\ 1 \\ 0 \end{bmatrix}$$

따라서 null(A) = span$\{\mathbf{v}_1, \mathbf{v}_2, \mathbf{v}_3\}$이다. ■

이 단원의 시작에서 선형변환 $T : R^n \to R^m$은 원점을 지나는 직선을 원점을 지나는 다른 직선이나 하나의 점 $\mathbf{0}$으로 사상한다는 것을 보였고, 그러한 변환이 원점을 지나는 평면을 원점을 지나는 다른 평면, 원점을 지나는 직선, 또는 하나의 점 $\mathbf{0}$으로 사상한다는 것을 보였다. 모든 경우에서 상은 부분공간이며 다음 정리와 일치한다.

정리 6.3.5 *$T : R^n \to R^m$이 선형변환이면, T는 R^n의 부분공간을 R^m의 부분공간으로 사상한다.*

증명 S를 R^n의 임의의 부분공간이라 하고, $W = T(S)$가 S에 대한 T의 상이라고 하자. 이때 W가 스칼라곱과 덧셈에 대하여 닫혀 있다는 것을 보여 주고자 한다. 그러면 $\mathbf{u}$와 $\mathbf{v}$가 W 내의 임의의 벡터이고, c가 임의의 스칼라이면, $c\mathbf{u}$와 $\mathbf{u} + \mathbf{v}$는 변환 S에 포함되는 벡터들의 T의 상임을 보여야 한다. 이러한 벡터를 상으로 갖는 벡터를 찾기 위해 다음과 같이 $\mathbf{u}$와 $\mathbf{v}$를 각각 S의 벡터 $\mathbf{u}_0$과 $\mathbf{v}_0$의 상이라고 가정하자.

$$\mathbf{u} = T(\mathbf{u}_0) \text{ 그리고 } \mathbf{v} = T(\mathbf{v}_0)$$

S가 R^n의 부분공간이기 때문에, S는 스칼라 곱과 덧셈에 대하여 닫혀 있다. 그래서 $c\mathbf{u}_0$과 $\mathbf{u}_0 + \mathbf{v}_0$도 역시 S의 벡터이다. 따라서 구하고자 하는 벡터는 다음과 같다.

$$T(c\mathbf{u}_0) = cT(\mathbf{u}_0) = c\mathbf{u} \text{ 그리고 } T(\mathbf{u}_0 + \mathbf{v}_0) = T(\mathbf{u}_0) + T(\mathbf{v}_0) = \mathbf{u} + \mathbf{v}$$

이것은 $c\mathbf{u}$와 $\mathbf{u} + \mathbf{v}$가 S의 벡터들의 상이라는 것을 의미한다. ■

선형변환의 치역

이제 선형변환의 핵이 아닌 치역으로 관심을 옮겨 보자. 다음 정의는 변환의 문맥에서 정의 6.1.1을 재구성한 것이다.

정의 6.3.6 $T : R^n \to R^m$이 선형변환이면, ran(T)로 표기하는 T의 **치역**(range)은 R^n의 적어도 1개의 벡터의 상인 R^m 내의 모든 벡터들의 집합이다. 다르게 말하면, ran(T)는 변환 T에 대한 정의역 R^n의 상이다.

예제 4 R^3에서 기본 연산자의 치역

R^3에서 다음의 선형연산자의 치역을 서술하라.

(a) 영연산자 $T_0(\mathbf{x}) = 0\mathbf{x} = \mathbf{0}$

(b) 항등연산자 $T_I(\mathbf{x}) = I\mathbf{x} = \mathbf{x}$

(c) xy-평면으로의 정사영 T

(d) 원점을 지나는 직선에 대한 각 θ만큼의 회전 T

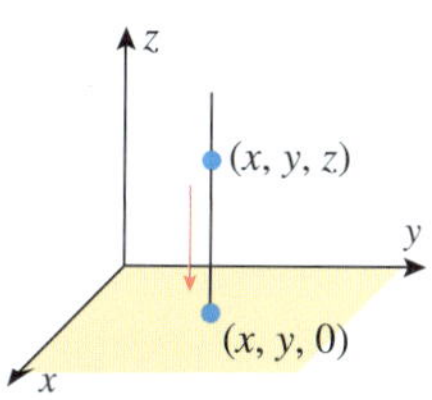

그림 6.3.3

풀이 (a) 이 변환은 R^3 내의 모든 벡터를 $\mathbf{0}$으로 사상한다. 그러므로 ran(T_0) = {$\mathbf{0}$}이다.

풀이 (b) 이러한 변환은 모든 벡터를 그 자체로 사상한다. 그러므로 R^3의 모든 벡터는 어떤 벡터의 상이다. 따라서 ran(T_I) = R^3이다.

풀이 (c) 이러한 변환은 일반적인 점 $\mathbf{x} = (x, y, z)$를 $(x, y, 0)$로 사상한다. 그래서 치역은 z-성분이 0으로 주어지는 모든 점들로 구성된다. 기하학적으로, ran(T)는 xy-평면이다(그림 6.3.3).

풀이 (d) R^3의 모든 벡터는 회전 T에 대한 어떤 벡터의 상이다. 예를 들어 상이 $\mathbf{x}$인 벡터를 찾기 위해서, 원점을 지나는 직선에 대하여 각 $-\theta$만큼 $\mathbf{x}$를 회전시켜 벡터 $\mathbf{w}$를 얻고, 이를 각 θ만큼 회전시켰을 때, $\mathbf{w}$의 상은 $\mathbf{x}$가 될 것이다. 따라서 ran(T) = R^3이다. ■

선형변환 $T : R^n \to R^m$의 치역은 T에 대한 R^n의 상으로 볼 수 있다. 그래서 T의 치역은 R^m의 부분공간이라는 것은 정리 6.3.5의 특별한 경우이다. 이것은 예제 4의 결과와 일치한다.

정리 6.3.7 *$T : R^n \to R^m$이 선형변환이면, ran(T)는 R^m의 부분공간이다.*

행렬변환의 치역

A가 $m \times n$인 행렬이고 $T_A : R^n \to R^m$이 대응하는 선형변환이면, $T_A(\mathbf{x}) = A\mathbf{x}$이다. 그래서 R^m의 벡터 $\mathbf{b}$가 T_A의 치역에 있다는 것은 $A\mathbf{x} = \mathbf{b}$를 만족시키는 $\mathbf{x}$가 존재한다는 것과 필요충분조건이다. 다르게 말하면, $\mathbf{b}$가 T_A의 치역에 있다는 것은 선형방정식 $A\mathbf{x} = \mathbf{b}$가 일치한다(해를 가진다)라는 것과 필요충분조건이다. 따라서, 정리 3.5.5로부터 다음과 같은 결론을 유도할 수 있다.

정리 6.3.8 *A가 $m \times n$인 행렬이면, 대응하는 선형변환의 치역은 A의 열공간이다.*

$T_A : R^n \to R^m$가 행렬 A에 대응하는 선형변환이면, T_A의 치역과 A의 열공간은 서로 관점은 달리하지만 같은 대상이다. 즉 전자는 변환을 강조하고 후자는 행렬을 강조한 것이다.

예제 5
행렬변환의 치역

예제 4의 (c)에서 xy-평면으로의 R^3의 정사영의 치역은 xy-평면임을 알았다. 이것은 다음과 같은 정사영에 대한 표준행렬을 고려해 봄으로써 정리 6.3.8로부터 역시 유도할 수 있다.

$$A = \begin{bmatrix} 1 & 0 & 0 \\ 0 & 1 & 0 \\ 0 & 0 & 0 \end{bmatrix}$$

정사영의 치역은 A의 열공간이고, 이는 다음과 같은 형태의 벡터로 구성된다.

$$A\mathbf{x} = \begin{bmatrix} 1 & 0 & 0 \\ 0 & 1 & 0 \\ 0 & 0 & 0 \end{bmatrix}\begin{bmatrix} x \\ y \\ z \end{bmatrix} = x\begin{bmatrix} 1 \\ 0 \\ 0 \end{bmatrix} + y\begin{bmatrix} 0 \\ 1 \\ 0 \end{bmatrix} + z\begin{bmatrix} 0 \\ 0 \\ 0 \end{bmatrix} = \begin{bmatrix} x \\ y \\ 0 \end{bmatrix}$$

따라서, 정사영의 치역은 $(x, y, 0)$ 형태로 표현되는 모든 점들의 집합이다. 즉 xy-평면이다. ■

R^m의 주어진 벡터 $\mathbf{b}$가 선형변환 $T: R^n \to R^m$의 치역에 존재하는지의 여부를 결정할 수 있는지는 여러 종류의 문제들에서 중요하다. A가 변환 T의 표준행렬이면, 이 문제는 $\mathbf{b}$가 A의 열공간에 포함되는지를 결정하는 문제가 된다. 다음 예제를 보자.

예제 6
열공간

다음과 같은 행렬을 생각해 보자.

$$A = \begin{bmatrix} 1 & -8 & -7 & -4 \\ 2 & -3 & -1 & 5 \\ 3 & 2 & 5 & 14 \end{bmatrix}, \quad \mathbf{b} = \begin{bmatrix} 8 \\ -10 \\ -28 \end{bmatrix}$$

$\mathbf{b}$가 A의 열공간에 포함되는지를 결정하고, 만약 그렇다면 $\mathbf{b}$를 A의 열벡터들의 일차결합으로 표현하라.

풀이 선형방정식 $A\mathbf{x} = \mathbf{b}$가 해를 가지는지를 결정함으로써 문제를 풀 수 있다. 해를 가진다면, $\mathbf{b}$는 열공간에 포함되고 임의의 해의 성분들이 원하는 일차결합을 위한 계수로 사용될 수 있다. 해를 갖지 않는다면, $\mathbf{b}$는 A의 열공간에 포함되지 않는다. 이 선형방정식의 첨가행렬의 기약행사다리꼴이 다음과 같음을 확인하라.

$$\begin{bmatrix} 1 & 0 & 1 & 4 & -8 \\ 0 & 1 & 1 & 1 & -2 \\ 0 & 0 & 0 & 0 & 0 \end{bmatrix}$$

이 행렬로부터 선형방정식이 해를 가지며, 일반해는 다음과 같음을 알 수 있다.

$$x_1 = -8 - s - 4t, \quad x_2 = -2 - s - t, \quad x_3 = s, \quad x_4 = t$$

매개변수 s와 t는 임의의 값이므로, $\mathbf{b}$가 A의 열벡터들의 일차결합으로 표현되는 방법은 무수히 많다. 특별히 간단한 하나의 방법은 $s = 0$와 $t = 0$일 경우이고, 이 경우에 $x_1 = -8$, $x_2 = -2$, $x_3 = 0$, 그리고 $x_4 = 0$이다. 이는 다음과 같은 일차결합을 나타낸다.

$$\mathbf{b} = \begin{bmatrix} 8 \\ -10 \\ -28 \end{bmatrix} = -8\begin{bmatrix} 1 \\ 2 \\ 3 \end{bmatrix} - 2\begin{bmatrix} -8 \\ -3 \\ 2 \end{bmatrix} + 0\begin{bmatrix} -7 \\ -1 \\ 5 \end{bmatrix} + 0\begin{bmatrix} -4 \\ 5 \\ 14 \end{bmatrix}$$

매개변수 s와 t에 다른 값들을 설정함으로써 다른 방법으로 A의 열벡터들의 일차결합으로 $\mathbf{b}$를 표현하는 것이 유용하다는 것을 알 수 있다. ■

존재성과 유일성

선형변환 $T: R^n \to R^m$에 대하여 다음의 질문들과 관심이 있는 많은 문제들이 있다.

- **존재성**(existence) **질문**—R^m의 모든 벡터는 R^n의 적어도 하나의 벡터의 상인가? 즉 T의 치역은 R^m 자체인가? (그림 6.3.4의 개념적인 그림을 보라.)
- **유일성**(uniqueness) **질문**—R^n 내의 다른 두 개의 벡터들이 R^m에서 같은 상을 가질 수 있는가? (그림 6.3.5의 개념적인 그림을 보라.)

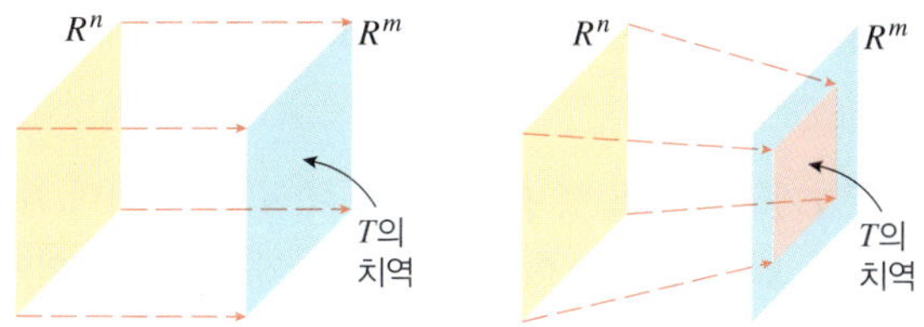

치역은 R^m이다. 그래서 R^m의 모든 벡터는 R^n의 적어도 하나의 벡터의 상이다.

치역은 R^m이 자체가 아니다. 그래서 R^n의 벡터의 상이 아닌 R^m의 벡터들이 존재한다.

그림 6.3.4

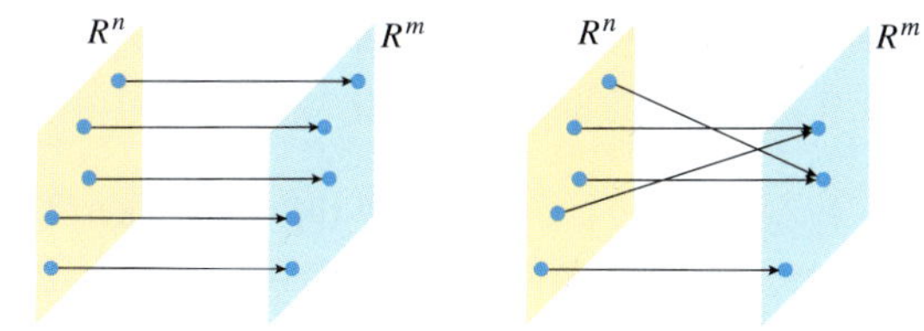

R^n의 다른 벡터들은 R^m에서 다른 상을 가진다.

R^m에서 같은 상을 가지는 R^n의 다른 벡터들이 존재한다.

그림 6.3.5

다음 용어들은 이러한 질문들과 관련이 있다.

정의 6.3.9 변환의 치역이 전체 공변역 R^m이면, 변환 $T : R^n \to R^m$을 **전사**(onto)라고 한다. 즉, R^m의 모든 벡터는 R^n의 적어도 하나의 벡터의 상이다.

정의 6.3.10 T가 R^n의 서로 다른 벡터를 R^m의 서로 다른 벡터로 사상하면, 변환 $T : R^n \to R^m$을 **단사**(one-to-one, 때로는 1−1이라고 표기)라고 한다.

일반적으로, 하나의 변환은 이러한 정의의 성질을 모두 가지거나, 둘 다 가지지 않거나, 또는 둘 중 하나만 가질 수 있다. 몇 가지 예제를 보자.

예제 7 단사인 동시에 전사인 경우

$T : R^2 \to R^2$가 xy-평면의 각 벡터를 원점을 중심으로 각 θ만큼 회전시키는 연산자라 하자. 서로 다른 벡터를 같은 각만큼 회전시키면 서로 다른 벡터를 얻기 때문에 이 연산자는 단사이다. R^2의 어떤 벡터 $\mathbf{x}$도 회전에 대하여 어떤 벡터 $\mathbf{w}$의 상이기 때문에($\mathbf{x}$를 각 $-\theta$만큼 회전시키면 $\mathbf{w}$를 얻음) 이 연산자는 전사이다. ■

예제 8 단사와 전사 둘 다 아닌 경우

$T : R^3 \to R^3$이 xy-평면 위로의 정사영이라 하자. 어떤 수직선 위의 서로 다른 점들을 xy-평면의 같은 점으로 사상하기 때문에 이 연산자는 단사가 아니다. 치역은 R^3 전체가 아니고 xy-평면이기 때문에 이 연산자는 전사가 아니다. ■

예제 9 단사이지만 전사는 아닌 경우

$T : R^2 \to R^3$이 식 $T(x, y) = (x, y, 0)$로 정의되는 선형변환이라 하자. 이 선형변환이 단사라는 것을 보이기 위해 두 개의 점 $\mathbf{x}_1 = (x_1, y_1)$과 $\mathbf{x}_2 = (x_2, y_2)$의 상을 고려하자. $T(\mathbf{x}_1) = T(\mathbf{x}_2)$이면 $(x_1, y_1, 0) = (x_2, y_2, 0)$이고, 이는 $x_1 = y_1$과 $x_2 = y_2$을 의미한다. 따라서 $\mathbf{x}_1 \neq \mathbf{x}_2$이면, $T(\mathbf{x}_1) \neq T(\mathbf{x}_2)$이고, 이것은 T가 서로 다른 벡터를 서로 다른 벡터로 사상한다는 것을 의미한다. 변환의 치역이 R^3 자체가 아니기 때문에 이 변환은 전사가 아니다. 예를 들어, R^2의 어떠한 벡터도 $(0, 0, 1)$로 사상되지 않는다. ■

예제 10 전사이지만 단사는 아닌 경우

$T : R^3 \to R^2$를 식 $T(x, y, z) = (x, y)$로 정의된 선형변환이라 하자. R^2의 모든 벡터 $\mathbf{w} = (x, y)$는 R^3의 적어도 하나의 벡터의 상이기 때문에 이 변환은 전사이다. 사실상 벡터 $\mathbf{w} = (x, y)$는 R^3의 처음 두 성분이 $\mathbf{w}$의 성분들과 동일한 벡터 $\mathbf{x} = (x, y, z)$의 상이다. 서로 다른 두 개의 벡터 $\mathbf{x}_1 = (x, y, z_1)$과 $\mathbf{x}_2 = (x, y, z_2)$가 동일한 점 (x, y)로 사상되기 때문에 이 변환은 단사가 아니다. ■

다음 정리는 선형변환의 핵과 단사의 성질을 연결하는 중요한 관계를 설명한다.

정리 6.3.11 *$T : R^n \to R^m$이 선형변환이면, 다음 명제들은 동치이다.*

(a) T는 단사이다.

(b) $\ker(T) = \{\mathbf{0}\}$이다.

증명 $(a) \Rightarrow (b)$ T가 단사라고 가정하자. T는 선형이기 때문에, 정리 6.1.3에 의해 $T(\mathbf{0}) = \mathbf{0}$이다. T가 단

사라는 사실은 $\mathbf{x} = \mathbf{0}$이 $T(\mathbf{x}) = \mathbf{0}$을 만족시키는 유일한 벡터라는 것을 의미한다. 그래서 $\ker(T) = \{\mathbf{0}\}$이다.

증명 (b) ⇒ (a) $\ker(T) = \{\mathbf{0}\}$라고 가정하자. T가 단사임을 증명하기 위하여, $\mathbf{x}_1 \neq \mathbf{x}_2$이면 $T(\mathbf{x}_1) \neq T(\mathbf{x}_2)$임을 증명할 것이다. 그러나 $\mathbf{x}_1 \neq \mathbf{x}_2$이면 $\mathbf{x}_1 - \mathbf{x}_2 \neq \mathbf{0}$이고, 이것은 $\mathbf{x}_1 - \mathbf{x}_2$가 $\ker(T)$에 있지 않음을 의미한다. 이것은 다음을 의미한다.

$$T(\mathbf{x}_1 - \mathbf{x}_2) = T(\mathbf{x}_1) - T(\mathbf{x}_2) \neq \mathbf{0}$$

따라서, $T(\mathbf{x}_1) \neq T(\mathbf{x}_2)$이다. ■

선형방정식 관점에서의 단사와 전사

A가 $m \times n$ 행렬이고 $T_A : R^n \to R^m$이 대응하는 선형변환이면, $T_A(\mathbf{x}) = A\mathbf{x}$이다. 따라서 $\ker(T_A) = \{\mathbf{0}\}$이라는 것은(즉 T_A가 단사) 선형방정식 $A\mathbf{x} = \mathbf{0}$가 자명해만을 갖는다는 것과 같다. 또한 T_A가 전사라는 것은 R^m의 각 벡터 $\mathbf{b}$에 대하여 $A\mathbf{x} = \mathbf{b}$를 만족시키는 적어도 하나의 벡터 $\mathbf{x}$가 R^n에 존재한다는 것과 같다. 이로써 다음 정리가 성립한다.

정리 6.3.12 *A가 $m \times n$인 행렬이고 대응하는 선형변환 $T_A : R^n \to R^m$이 단사일 필요충분조건은 선형방정식 $A\mathbf{x} = \mathbf{0}$이 자명해만을 가진다는 것이다.*

정리 6.3.13 *A가 $m \times n$인 행렬이면, 대응하는 선형변환 $T_A : R^n \to R^m$이 전사일 필요충분조건은 선형방정식 $A\mathbf{x} = \mathbf{b}$가 R^m의 모든 $\mathbf{b}$에 대하여 일치한다(해를 가진다)는 것이다.*

▶ 예제 11
'큰' 공간을 '작은' 공간으로 사상하기

$T : R^n \to R^m$이 선형변환이라고 하자. 그리고 $n > m$이라고 가정하자. A가 T의 표준행렬이면, 선형방정식 $A\mathbf{x} = \mathbf{0}$은 방정식의 수보다 더 많은 미지수를 가지므로 자명하지 않은 해를 가진다. 따라서, 정리 6.3.12로부터 T는 단사가 아니다. 그래서 행렬변환이 더 높은 차원의 공간 R^n을 더 낮은 차원의 공간 R^m으로 사상한다면, R^m의 같은 점으로 사상하는 R^n의 서로 다른 점들이 반드시 존재해야 함을 보인 것이다. 예를 들어 다음의 선형변환은 더 높은 차원의 R^3 공간을 낮은 차원의 R^2로 사상한다. 그러므로 계산을 하지 않아도 T는 단사가 아니라고 말할 수 있다.

$$T(x_1, x_2, x_3) = (x_1 + x_2, x_1 - x_3)$$ ■

이 단원의 앞에서, 선형변환 $T : R^n \to R^m$이 단사이지만 전사가 아닐 수 있고 또는 전사이지만 단사가 아닐 수 있음을 보았다(예제 9와 10). T가 선형연산자인 특별한 경우에, 다음 정리는 단사와 전사의 성질들이 동시에 만족되거나 아니면 동시에 만족되지 않는다는 것을 보여 준다.

정리 6.3.14 *$T : R^n \to R^n$이 R^n에서의 선형연산자이면, T가 단사일 필요충분조건은 T가 전사라는 것이다.*

증명 A를 T에 대한 표준행렬이라 하자. 정리 4.4.7의 (d)와 (e)에 따라서, 선형방정식 $A\mathbf{x} = \mathbf{0}$가 오직 자명한 해를 가질 필요충분조건은 $A\mathbf{x} = \mathbf{b}$가 R^n의 모든 벡터 $\mathbf{b}$에 대하여 일치한다는 것이다. 이것을 정리 6.3.12, 6.3.13과 함께 적용하면 증명이 완성된다. ■

▶ 예제 12
예제 7과 8의 재확인

예제 7과 8에서 언급한 바와 같이 R^2의 원점에 대한 회전은 단사이고 전사이며, R^3에서 xy-평면 위로의 정사영은 단사도 전사도 아니다. 회전과 정사영은 모두 *선형연산자*이기 때문에, 둘 다 성립하거나 아무것도 성립하지 않는다는 것은 정리 6.3.14에 부합된다. ■

통합정리

정리 4.4.7에서 그 시점까지 이 책에서 다루었던 대부분의 중요한 개념들을 함께로 묶었다. 이제 정리 6.3.12, 6.3.13, 그리고 6.3.14는 그 정리에 두 가지 결과를 더 추가할 수 있다.

정리 6.3.15 *A가 $n \times n$ 행렬이고, T_A가 표준행렬 A를 가지는 R^n의 선형연산자이면, 다음 문장들은 동치이다.*

(a) *A의 행사다리꼴은 I_n이다.*
(b) *A는 기본행렬의 곱으로 표현할 수 있다.*
(c) *A는 가역행렬이다.*
(d) *$A\mathbf{x} = \mathbf{0}$은 자명해만 가진다.*
(e) *$A\mathbf{x} = \mathbf{b}$는 R^n의 모든 $\mathbf{b}$에 대하여 해가 존재한다.*
(f) *$A\mathbf{x} = \mathbf{b}$는 R^n의 모든 $\mathbf{b}$에 대하여 유일한 해를 갖는다.*
(g) *A의 열벡터들은 일차독립이다.*
(h) *A의 행벡터들은 일차독립이다.*
(i) *$\mathrm{del}(A) \neq 0$이다.*
(j) *$\lambda = 0$은 A의 고유값이 아니다.*
(k) *T_A는 단사이다.*
(i) *T_A는 전사이다.*

예제 13 행렬식을 이용한 예제 7과 8의 재확인

R^2의 원점에 대한 회전이 단사이며 전사라는 사실은 표준행렬의 행렬식이 영이 아니라는 것을 보여줌으로써 대수적으로 확인할 수 있다. 이것은 6.1절의 식 (16)을 사용하여 다음과 같이 확인할 수 있다.

$$\det(R_\theta) = \begin{vmatrix} \cos\theta & -\sin\theta \\ \sin\theta & \cos\theta \end{vmatrix} = \cos^2\theta + \sin^2\theta = 1 \neq 0$$

R^3에서 xy-평면 위로의 정사영은 단사도 전사도 아니라는 사실은 표준행렬 A의 행렬식이 0이라는 것을 보여줌으로써 확인할 수 있다. 이 경우는 다음과 같다.

$$\det(A) = \begin{vmatrix} 1 & 0 & 0 \\ 0 & 1 & 0 \\ 0 & 0 & 0 \end{vmatrix} = 0$$ ■

연습문제 6.3

연습문제 1과 2에서, 어떤 계산도 하지 말고 T의 핵과 치역을 구하라. 어떤 변환들이 단사인지 전사인지를 결정하라.

1. (a) T는 R^2에서 x-축으로의 정사영
(b) T는 R^3에서 yz-평면으로의 정사영
(c) $T: R^2 \to R^2$는 $T(\mathbf{x}) = 2\mathbf{x}$인 확대
(d) $T: R^3 \to R^3$은 xy-평면에 대한 반사

2. (a) T는 R^2에서 y-축으로의 정사영
(b) T는 R^3에서 xz-평면으로의 정사영
(c) $T: R^2 \to R^2$는 $T(\mathbf{x}) = \frac{1}{2}\mathbf{x}$인 축소
(d) $T: R^3 \to R^3$은 z-축에 대한 각 $\pi/4$의 회전

연습문제 3~6에서, 표준행렬이 A인 선형변환의 핵을 구하라. 벡터들의 집합의 생성으로 답을 표현하라.

3. $A = \begin{bmatrix} 1 & 1 \\ 2 & 2 \end{bmatrix}$

4. $A = \begin{bmatrix} 1 & 0 & 2 \\ 2 & 1 & -1 \\ 1 & -1 & 7 \end{bmatrix}$

5. $A = \begin{bmatrix} 1 & 2 & -3 \\ -1 & -2 & 3 \\ 4 & 4 & 4 \end{bmatrix}$

6. $A = \begin{bmatrix} 2 & 1 & -1 \\ 1 & -2 & 1 \\ 1 & -7 & 4 \\ 3 & 4 & -3 \end{bmatrix}$

연습문제 7과 8에서, 해공간이 T의 핵인 선형방정식을 구성하고 풀어라. 그리고 벡터들의 집합의 생성으로 핵을 표현하라.

7. $T: R^3 \to R^4$; $T(x, y, z) = (x - z, y - z, x - y, x + y + z)$

8. $T: R^3 \to R^2$; $T(x, y, z) = (x + 2y + z, x - y + z)$

연습문제 9와 10에서, $\mathbf{b}$가 A의 열공간에 있는지를 결정하라. 그리고 만약 그렇다면, $\mathbf{b}$를 A의 열벡터들의 일차결합으로 표현하라.

9. (a) $A = \begin{bmatrix} 1 & 2 & 0 \\ -2 & 2 & 1 \\ 1 & 8 & 1 \end{bmatrix}$; $\mathbf{b} = \begin{bmatrix} 1 \\ 1 \\ 1 \end{bmatrix}$

(b) $A = \begin{bmatrix} 1 & 2 & 0 \\ -2 & 2 & 1 \\ 1 & 8 & 1 \end{bmatrix}$; $\mathbf{b} = \begin{bmatrix} 3 \\ -1 \\ 8 \end{bmatrix}$

10. (a) $A = \begin{bmatrix} 3 & -2 & 1 & 5 \\ 1 & 4 & 5 & -3 \\ 0 & 1 & 1 & -1 \end{bmatrix}$; $\mathbf{b} = \begin{bmatrix} 2 \\ 1 \\ 0 \end{bmatrix}$

(b) $A = \begin{bmatrix} 3 & -2 & 1 & 5 \\ 1 & 4 & 5 & -3 \\ 0 & 1 & 1 & -1 \end{bmatrix}$; $\mathbf{b} = \begin{bmatrix} 4 \\ 6 \\ 1 \end{bmatrix}$

연습문제 11과 12에서, $\mathbf{w}$가 선형연산자 T의 치역에 있는지를 결정하라.

11. $T: R^3 \to R^3$; $T(x, y, z) = (2x - y, x + z, y - z)$; $\mathbf{w} = (3, 3, 0)$

12. $T: R^3 \to R^3$; $T(x, y, z) = (x - y, x + y + z, x + 2z)$; $\mathbf{w} = (1, 2, -1)$

연습문제 13~16에서, 다음 방정식들로 정의된 선형연산자에 대한 표준행렬을 구하고, 그 연산자가 단사인지 전사인지, 또는 둘 다인지를 결정하라.

13. $\begin{aligned} w_1 &= 2x_1 - 3x_2 \\ w_2 &= 5x_1 + x_2 \end{aligned}$

14. $\begin{aligned} w_1 &= 8x_1 + 4x_2 \\ w_2 &= 2x_1 + x_2 \end{aligned}$

15. $\begin{aligned} w_1 &= -x_1 + 3x_2 + 2x_3 \\ w_2 &= 2x_1 + 4x_3 \\ w_3 &= x_1 + 3x_2 + 6x_3 \end{aligned}$

16. $\begin{aligned} w_1 &= x_1 + 2x_2 + 3x_3 \\ w_2 &= 2x_1 + 5x_2 + 3x_3 \\ w_3 &= x_1 + 8x_3 \end{aligned}$

연습문제 17과 18에서, 다음 방정식들로 정의된 선형연산자가 전사가 아님을 보이고, 치역에 속하지 않는 벡터를 구하라.

17. $\begin{aligned} w_1 &= 4x_1 - 2x_2 \\ w_2 &= 2x_1 - x_2 \end{aligned}$

18. $\begin{aligned} w_1 &= x_1 - 2x_2 + x_3 \\ w_2 &= 5x_1 - x_2 + 3x_3 \\ w_3 &= 4x_1 + x_2 + 2x_3 \end{aligned}$

19. 다음의 행렬 A를 곱하는 것이 단사 선형변환인지를 결정하라.

(a) $A = \begin{bmatrix} 1 & -1 \\ 2 & 0 \\ 3 & -4 \end{bmatrix}$ (b) $A = \begin{bmatrix} 1 & 2 & 3 \\ -1 & 0 & -4 \end{bmatrix}$

20. 연습문제 19의 선형변환이 전사인지를 결정하라.

21. 다음과 같은 선형방정식 $A\mathbf{x} = \mathbf{b}$를 고려하자.

$$\begin{bmatrix} 1 & -2 & -1 & 3 \\ 2 & 4 & 6 & -2 \\ 3 & 0 & 3 & 3 \end{bmatrix} \begin{bmatrix} x_1 \\ x_2 \\ x_3 \\ x_4 \end{bmatrix} = \begin{bmatrix} b_1 \\ b_2 \\ b_3 \end{bmatrix}$$

(a) 이 선형방정식이 해를 가지기 위하여 b_1, b_2, b_3가 어떤 조건들을 만족시켜야 하는가?

(b) (a)의 결과를 이용하여 일차독립인 벡터들의 집합의 선형결합으로 선형변환 T_A의 치역을 표현하라.

(c) 일차독립인 벡터들의 집합의 일차결합으로 T_A의 핵을 표현하라.

토론과 발견

D1. 다음 문장이 참(T)인지 거짓(F)인지를 판별하고 그 이유를 밝혀라.

(a) 선형변환 $T: R^n \to R^n$이 단사이고 $T(\mathbf{u} - \mathbf{v}) = 0$이면, $\mathbf{u} = \mathbf{v}$이다.

(b) 선형변환 $T: R^n \to R^m$이 전사이고 $T(\mathbf{u} - \mathbf{v}) = 0$이면, $\mathbf{u} = \mathbf{v}$이다.

(c) $\det(A) = 0$이면, T_A는 전사가 아니고 단사도 아니다.

(d) $T: R^n \to R^m$이 전사가 아니면, ker(T)는 무수히 많은 벡터들을 포함한다.

(e) R^2에서 층밀림은 단사 선형연산자이다.

D2. $\mathbf{a}$를 R^3의 고정된 벡터라 하자. 식 $T(\mathbf{v}) = \mathbf{a} \times \mathbf{v}$가 R^3에서 단사 선형연산자를 정의한다고 생각하는가? 이유를 설명하라.

D3. A가 $m \times n$ 행렬이고, 선형방정식 $A\mathbf{x} = \mathbf{b}$가 R^m의 모든 벡터 $\mathbf{b}$에 대하여 해를 가진다면, $T_A: R^n \to R^m$의 치역에 대하여 무엇을 말할 수 있는가?

D4. $\mathbf{x} = t\mathbf{v}$가 R^n의 원점을 지나는 직선이고 $\mathbf{v}_0$는 R^n의 영이 아닌 벡터이면, $\mathbf{x} = t\mathbf{v}$를 직선 $\mathbf{x} = \mathbf{v}_0 + t\mathbf{v}$로 전사로 사상하는 R^n의 선형연산자가 존재하는가? 이유를 설명하라.

증명문제

P1. A와 B가 $n \times n$ 행렬이고 $\mathbf{x}$가 B의 영공간에 있다면, $\mathbf{x}$는 AB의 영공간에 있음을 증명하라.

▶ 프로그램 활용 연습문제

T1. 다음과 같은 행렬을 고려하자.

$$A = \begin{bmatrix} 2 & 5 & -3 & 7 & 1 & 3 \\ 5 & -2 & 9 & 8 & 4 & -2 \\ -4 & 3 & 8 & 11 & -5 & 2 \\ 11 & 0 & -2 & 4 & 10 & -1 \end{bmatrix}$$

(a) A의 영공간을 구하라. 답을 벡터들 집합의 생성으로 표현하라.

(b) 벡터 $\mathbf{w} = (5, -2, -3, 6)$가 선형변환 T_A의 치역에 포함되는지를 결정하라. 만약 그렇다면, T_A에 의한 상이 $\mathbf{w}$인 벡터를 구하라.

T2. 다음과 같은 행렬을 고려하자.

$$A = \begin{bmatrix} 3 & -5 & -2 & 2 \\ -4 & 7 & 4 & 4 \\ 4 & -9 & -3 & 7 \\ 2 & -6 & -3 & 2 \end{bmatrix}$$

$T_A : R^4 \to R^4$가 전사인지를 세 가지 방법으로 보여라.

6.4 선형변환의 합성과 가역성

이 단원에서 연속으로 두 개 이상의 선형변환을 수행하는 것에 관련된 문제에 대하여 알아보고, 행렬 A의 가역성과 대응하는 선형연산자의 기하학적인 성질 사이의 관계를 살펴볼 것이다.

선형변환의 합성 일련의 선형변환들을 연속적으로 적용하는 많은 응용들이 있으며, 각 변환을 앞선 변환의 결과에 적용한다. 예를 들어 회전, 반사, 그리고 사영을 순서대로 적용하는 경우이다. 이 단원의 첫 번째 목표는 연속적인 선형변환들을 어떻게 하나의 선형변환으로 합성하는가를 보여주는 것이다.

$T_1 : R^n \to R^k$와 $T_2 : R^k \to R^m$이 선형변환들이고 T_1의 공변역이 T_2의 정의역과 같다면, R^n의 각 벡터 $\mathbf{x}$에 대하여 우선 R^k의 벡터를 구하기 위하여 $T_1(\mathbf{x})$를 계산할 수 있고, 다음에 R^m의 벡터를 구하기 위하여 $T_2(T_1(\mathbf{x}))$를 계산할 수 있다. 따라서, 처음에 T_1을 적용하고 그다음에 T_1의 결과에 T_2를 적용하는 것은 R^n에서 R^m으로의 변환을 하는 것이다. 이 변환을 **T_1과 T_2의 합성**(composition of T_2 with T_1)이라 하며, $T_2 \circ T_1$로 표기한다("T_2 서클 T_1"이라고 읽는다). 즉 다음과 같다(그림 6.4.1).

$$(T_2 \circ T_1)(\mathbf{x}) = T_2(T_1(\mathbf{x})) \tag{1}$$

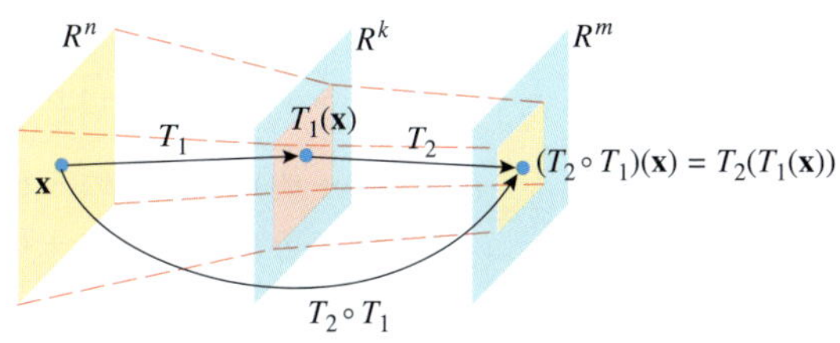

그림 6.4.1

다음 정리는 두 개의 선형변환의 합성이 자체로 선형변환이 됨을 보여준다.

정리 6.4.1 *$T_1 : R^n \to R^k$와 $T_2 : R^k \to R^m$이 모두 선형변환이면, $(T_2 \circ T_1) : R^n \to R^m$도 역시 선형변환이다.*

증명 합성 $T_2 \circ T_1$이 선형임을 증명하기 위해, 이것이 가산성과 동질성을 만족함을 보여야 한다. 따라서, $\mathbf{u}$와 $\mathbf{v}$를 R^n의 임의의 벡터라 하고 c를 스칼라라 하자. 식 (1)과 T_1과 T_2의 선형성으로부터 다음이 성립하고, 이것은 가산성을 증명한다.

$$\begin{aligned}(T_2 \circ T_1)(\mathbf{u}+\mathbf{v}) &= T_2(T_1(\mathbf{u}+\mathbf{v})) = T_2(T_1(\mathbf{u}) + T_1(\mathbf{v})) \\ &= T_2(T_1(\mathbf{u})) + T_2(T_1(\mathbf{v})) \\ &= (T_2 \circ T_1)(\mathbf{u}) + (T_2 \circ T_1)(\mathbf{v})\end{aligned}$$

또한, 다음이 성립하고 이것은 동질성을 증명한다.

$$(T_2 \circ T_1)(c\mathbf{u}) = T_2(T_1(c\mathbf{u})) = T_2(cT_1(\mathbf{u})) = cT_2(T_1(\mathbf{u})) = c(T_2 \circ T_1)(\mathbf{u})$$ ■

이제 두 개의 선형변환의 합성에 대한 표준행렬이 각 변환에 대한 표준행렬과 어떻게 연관되는지를 살펴보자. 이를 위해, $T_1 : R^n \to R^k$의 표준행렬은 $[T_1]$이고 $T_2 : R^k \to R^m$의 표준행렬이 $[T_2]$라고 가정하자. 따라서, R^n의 각 단위벡터 $\mathbf{e}_i$에 대하여 다음과 같이 정리할 수 있으며, 이것은 $[T_2][T_1]$이 $T_2 \circ T_1$의 표준행렬임을 보여준다.

$$(T_2 \circ T_1)(\mathbf{e}_i) = T_2(T_1(\mathbf{e}_i)) = T_2([T_1]\mathbf{e}_i) = [T_2]([T_1]\mathbf{e}_i) = ([T_2][T_1])\mathbf{e}_i$$

그래서, 다음이 성립한다.

$$[T_2 \circ T_1] = [T_2][T_1] \tag{2}$$

즉, *두 개의 선형변환의 합성에 대한 표준행렬은 적절한 순서로 각 표준행렬들의 곱이다.*

식 (2)를 표준행렬을 표시하기 위하여 특별한 문자들을 사용할 때 유용한 다른 형식으로 표기할 수 있다. A가 선형변환 $T_A : R^n \to R^k$에 대한 표준행렬이고 B가 선형변환 $T_B : R^k \to R^m$에 대한 표준행렬이면, 식 (2)는 BA가 $T_B \circ T_A$에 대한 표준행렬임을 말한다. 즉, 다음과 같다.

$$T_B \circ T_A = T_{BA} \tag{3}$$

요약하면, 행렬의 곱셈을 다음과 같이 변환의 관점에서 해석할 수 있다.

정리 6.4.2 *A가 $k \times n$ 행렬이고 B가 $m \times k$ 행렬이면, $m \times n$ 행렬인 BA는 B에 대응하는 선형변환에 A에 대응하는 선형변환을 합성한 변환에 대한 표준행렬이다.*

예제 1 R^2에서 회전들의 합성

$T_1 : R^2 \to R^2$이 R^2에서 원점을 중심으로 각 θ_1만큼의 회전이고, $T_2 : R^2 \to R$이 원점을 중심으로 각 θ_2만큼의 회전이라 하자. 이러한 회전들을 위한 표준행렬은 다음과 같다.

$$R_{\theta_1} = \begin{bmatrix} \cos\theta_1 & -\sin\theta_1 \\ \sin\theta_1 & \cos\theta_1 \end{bmatrix}, \quad R_{\theta_2} = \begin{bmatrix} \cos\theta_2 & -\sin\theta_2 \\ \sin\theta_2 & \cos\theta_2 \end{bmatrix} \tag{4}$$

합성은 다음과 같고, 먼저 $\mathbf{x}$를 각 θ_1만큼 회전하고 $T_1(\mathbf{x})$를 각 θ_2만큼 회전한다.

$$(T_2 \circ T_1)(\mathbf{x}) = T_2(T_1(\mathbf{x}))$$

그래서 $T_2 \circ T_1$에 대한 표준행렬은 다음과 같다.

$$R_{\theta_1+\theta_2} = \begin{bmatrix} \cos(\theta_1+\theta_2) & -\sin(\theta_1+\theta_2) \\ \sin(\theta_1+\theta_2) & \cos(\theta_1+\theta_2) \end{bmatrix} \tag{5}$$

식 (2)를 적용하여 이를 확인해 보자. 그 식에 따라서 $T_2 \circ T_1$에 대한 표준행렬은 다음과 같다.

$$\begin{aligned} R_{\theta_2}R_{\theta_1} &= \begin{bmatrix} \cos\theta_2 & -\sin\theta_2 \\ \sin\theta_2 & \cos\theta_2 \end{bmatrix}\begin{bmatrix} \cos\theta_1 & -\sin\theta_1 \\ \sin\theta_1 & \cos\theta_1 \end{bmatrix} \\ &= \begin{bmatrix} \cos\theta_2\cos\theta_1 - \sin\theta_2\sin\theta_1 & -\cos\theta_2\sin\theta_1 - \sin\theta_2\cos\theta_1 \\ \sin\theta_2\cos\theta_1 + \cos\theta_2\sin\theta_1 & -\sin\theta_2\sin\theta_1 + \cos\theta_2\cos\theta_1 \end{bmatrix} \\ &= \begin{bmatrix} \cos(\theta_1+\theta_2) & -\sin(\theta_1+\theta_2) \\ \sin(\theta_1+\theta_2) & \cos(\theta_1+\theta_2) \end{bmatrix} \end{aligned}$$

이는 식 (5)의 결과와 일치한다. ■

예제 1을 고려하면, R^2에서 두 개의 반사의 합성은 또 다른 반사일 것이라고 생각할 수도 있다. 다음의 예제는 그렇지 않음을 보여준다. R^2에서 원점을 지나는 직선들에 대한 두 개의 반사의 합성은 원점에 대한 회전이다.

예제 2 반사들을 합성하기

6.1절의 식 (18)에 의하여, 다음 행렬들은 각각 R^2에서 x-축과 각 θ_1 및 θ_2를 이루는 원점을 지나는 직선에 대한 반사들을 나타낸다.

$$H_{\theta_1} = \begin{bmatrix} \cos 2\theta_1 & \sin 2\theta_1 \\ \sin 2\theta_1 & -\cos 2\theta_1 \end{bmatrix}, \quad H_{\theta_2} = \begin{bmatrix} \cos 2\theta_2 & \sin 2\theta_2 \\ \sin 2\theta_2 & -\cos 2\theta_2 \end{bmatrix}$$

따라서, 각 θ_1을 이루는 직선에 대하여 먼저 반사한 다음에 각 θ_2를 이루는 직선에 대하여 반사한다면, 표준행렬이 다음과 같은 선형연산자를 얻는다.

$$\begin{aligned} H_{\theta_2}H_{\theta_1} &= \begin{bmatrix} \cos 2\theta_2 & \sin 2\theta_2 \\ \sin 2\theta_2 & -\cos 2\theta_2 \end{bmatrix} \begin{bmatrix} \cos 2\theta_1 & \sin 2\theta_1 \\ \sin 2\theta_1 & -\cos 2\theta_1 \end{bmatrix} \\ &= \begin{bmatrix} \cos 2\theta_2 \cos 2\theta_1 + \sin 2\theta_2 \sin 2\theta_1 & \cos 2\theta_2 \sin 2\theta_1 - \sin 2\theta_2 \cos 2\theta_1 \\ \sin 2\theta_2 \cos 2\theta_1 - \cos 2\theta_2 \sin 2\theta_1 & \sin 2\theta_2 \sin 2\theta_1 + \cos 2\theta_2 \cos 2\theta_1 \end{bmatrix} \\ &= \begin{bmatrix} \cos(2\theta_2 - 2\theta_1) & -\sin(2\theta_2 - 2\theta_1) \\ \sin(2\theta_2 - 2\theta_1) & \cos(2\theta_2 - 2\theta_1) \end{bmatrix} \end{aligned}$$

이 행렬을 6.1절의 식 (16)의 행렬 R_θ와 비교하면, 이 행렬은 원점을 중심으로 각 $2\theta_2 - 2\theta_1$만큼의 회전을 나타낸다는 것을 안다. 따라서, 다음과 같음을 알 수 있다.

$$H_{\theta_2}H_{\theta_1} = R_{2(\theta_2-\theta_1)}$$

이 결과는 그림 6.4.2에 설명된다. ■

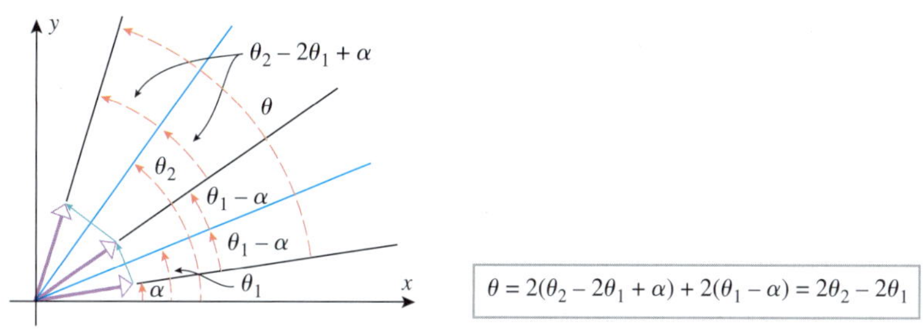

그림 6.4.2

참고 상기 두 개의 예제에서 R^2에서 원점에 대한 두 개의 회전들의 합성 또는 원점을 지나는 직선들에 대한 두 개의 반사들의 합성은 원점에 대한 회전임을 알았다. 회전은 행렬식이 +1인 직교행렬로 표현되고 반사는 행렬식이 −1인 직교행렬로 표현되기 때문에, 정리 6.2.7로부터 이런 사실을 예상할 수 있을 것이다. 따라서, 두 개의 회전행렬들이나 두 개의 반사행렬들의 곱은 행렬식이 +1인 직교행렬이고, 그래서 회전을 표현한다.

예제 3 합성은 가환 연산이 아니다

(a) R^2에서 x-방향으로 인수 2를 갖는 층밀림을 먼저 수행하고 그런 다음에 직선 $y = x$에 대한 반사를 수행하는 선형연산자에 대한 표준행렬을 구하라.

(b) R^2에서 직선 $y = x$에 대한 반사를 먼저 수행하고 그런 다음에 x-방향으로 인수 2를 갖는 층밀림을 수행하는 선형연산자에 대한 표준행렬을 구하라.

풀이 A_1과 A_2를 각각 층밀림과 반사에 대한 표준행렬이라 하자. 그러면 표 6.2.3과 표 6.1.1로부터 다음을 얻는다.

$$A_1 = \begin{bmatrix} 1 & 2 \\ 0 & 1 \end{bmatrix}, \quad A_2 = \begin{bmatrix} 0 & 1 \\ 1 & 0 \end{bmatrix}$$

따라서, 층밀림 다음에 반사에 대한 표준행렬은 다음과 같다.

$$A_2A_1 = \begin{bmatrix} 0 & 1 \\ 1 & 0 \end{bmatrix} \begin{bmatrix} 1 & 2 \\ 0 & 1 \end{bmatrix} = \begin{bmatrix} 0 & 1 \\ 1 & 2 \end{bmatrix}$$

그리고 반사 다음에 층밀림에 대한 표준행렬은 다음과 같다.

$$A_1A_2 = \begin{bmatrix} 1 & 2 \\ 0 & 1 \end{bmatrix} \begin{bmatrix} 0 & 1 \\ 1 & 0 \end{bmatrix} = \begin{bmatrix} 2 & 1 \\ 1 & 0 \end{bmatrix}$$

행렬 A_2A_1과 A_1A_2가 같지 않기 때문에, 층밀림 다음에 반사는 반사 다음에 층밀림과 다르다(그림 6.4.3). ■

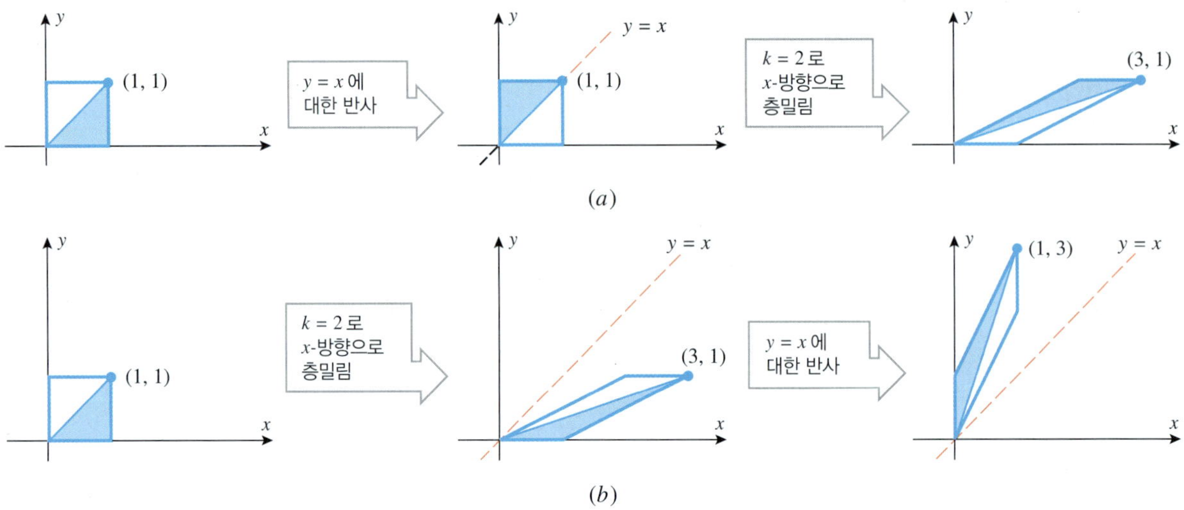

그림 6.4.3

참고 T_A와 T_B가 각각 표준행렬이 A와 B인 선형연산자이면, 식 (3)으로부터 $T_A \circ T_B = T_B \circ T_A$일 필요충분조건은 $AB = BA$이다. 따라서, 선형연산자의 합성이 순서에 관계없이 같을 필요충분조건은 표준행렬들이 교환법칙을 만족시킬 때이다.

세 개 이상의 선형변환들의 합성

정의역과 공변역이 적절하게 일치할 때 세 개 이상의 행렬변환에 대하여 합성을 정의할 수 있다. 특히, 다음의 변환들에 대하여

$$T_1 : R^n \to R^k, \quad T_2 : R^k \to R^l, \quad T_3 : R^l \to R^m$$

합성 $(T_3 \circ T_2 \circ T_1) : R^n \to R^m$을 다음과 같이 정의할 수 있다.

$$(T_3 \circ T_2 \circ T_1)(\mathbf{x}) = T_3(T_2(T_1(\mathbf{x}))) \tag{6}$$

이 경우에 식 (2)와 유사하게 다음이 성립한다.

$$[T_3 \circ T_2 \circ T_1] = [T_3][T_2][T_1] \tag{7}$$

또한 A, B, C가 각각 선형변환 T_A, T_B, T_C에 대한 표준행렬이면, 식 (3)과 유사하게 다음이 성립한다.

$$T_C \circ T_B \circ T_A = T_{CBA} \tag{8}$$

네 개 이상의 변환에 대하여 식 (6), (7), (8)을 확장할 수 있는 것은 명확하다.

예제 4 세 개의 행렬변환들의 합성

z-축에 대하여 하나의 벡터를 θ만큼 회전시킨 다음에, 결과 벡터를 yz-평면에 대하여 반사하고, 그 벡터를 xy-평면에 정사영하는 선형연산자 $T : R^3 \to R^3$의 표준행렬을 구하라.

풀이 A, B, C가 각각 회전, 반사, 그리고 사영을 위한 표준행렬일 때, 연산자 T는 합성으로 다음과 같이 표현할 수 있다.

$$T = T_C \circ T_B \circ T_A = T_{CBA}$$

$$A = \begin{bmatrix} \cos\theta & -\sin\theta & 0 \\ \sin\theta & \cos\theta & 0 \\ 0 & 0 & 1 \end{bmatrix}, \quad B = \begin{bmatrix} -1 & 0 & 0 \\ 0 & 1 & 0 \\ 0 & 0 & 1 \end{bmatrix}, \quad C = \begin{bmatrix} 1 & 0 & 0 \\ 0 & 1 & 0 \\ 0 & 0 & 0 \end{bmatrix}$$

역사 속의 선형대수

우주비행사 Gus Grissom과 머큐리 통제센터(Mercury Control Center) 사이의 피치(pitch), 요(yaw), 롤(roll) 문제에 대한 다음 대화는 1961년 7월 21일 *Liberty Bell* 7호가 비행하는 동안 녹음되었다. 시간은 (분:초)로 표현된다.

통제센터(0:01): "이륙하라."
Bell 7 (0:03): "아 알았다. …시계가 작동 중이다."
통제센터(0:08): "수신 상태 양호…."
Bell 7 (0:11): "알았다."
통제센터(0:36.5): "…피치 88[도], 궤도는 좋다."
Bell 7 (0:39): "알았다. 여기에서도 좋아 보인다."
통제센터(2:42.5): "…캡 셉[캡슐 분리]; 선회를 시작하였다 …."
Bell 7 (3:02): "…나는 궤도 자세에 있다. 나는 피치 업(pitch up) 중이다. 오케이, 40… 잠깐만, 나는 여기 어딘가에서 롤을 잃었다."
통제센터(3:10.5): "알았다. 속도 제어 명령을 시작한다. 너는 수동 피치를 시도하고 있다."
Bell 7 (3:15.5): "오케이, 나는 다시 롤을 회복했다…."
Bell 7 (3:24.5): "…나는 속도에 대한, 아, 수동 제어에 대한 문제를 가지고 있다."
통제센터(3:28): "알았다."
Bell 7 (3:31): "내가 여기서 비행선을 안정화할 수 있다면… 모든 축들이 제대로 작동하고 있다."
통제센터(3:36): "알았다. 수동 제어가 좋다는 것을 이해하라."
Bell 7 (3:40.5): "알았다. 그건—그건, 내가 기대한 것보다 더, 다소 느리다."
Bell 7 (3:51.5): "오케이, 요를 회복하고 있다. 나는 다소 느리다."
통제센터(3:57.5): "알았다. 수신 상태가 양호하다, Gus."

제어 문제들은 해결되었다. 그리고 캡슐 출입문이 너무 이르게 투하되어 착수하고, 조종실과 Grissom의 우주복이 침수될 때까지 나머지 비행에서 특별한 일은 없었다. Grissom은 거의 물에 잠겼으며, 캡슐은 해저 3마일 아래로 가라앉았고 1999년에 회수되었다. 우주비행사 Grissom은 1967년 우주선 발사 시험 중 발생한 비극적인 화재로 사망하였다.

이러한 행렬들은 다음과 같고(확인하라), T를 위한 표준행렬은 다음과 같다.

$$CBA = \begin{bmatrix} 1 & 0 & 0 \\ 0 & 1 & 0 \\ 0 & 0 & 0 \end{bmatrix} \begin{bmatrix} -1 & 0 & 0 \\ 0 & 1 & 0 \\ 0 & 0 & 1 \end{bmatrix} \begin{bmatrix} \cos\theta & -\sin\theta & 0 \\ \sin\theta & \cos\theta & 0 \\ 0 & 0 & 1 \end{bmatrix}$$

$$= \begin{bmatrix} -\cos\theta & \sin\theta & 0 \\ \sin\theta & \cos\theta & 0 \\ 0 & 0 & 0 \end{bmatrix}$$ ■

많은 응용들에서 하나의 객체는 원점을 지나는 다른 축들에 대하여 연속적인 회전을 거친다. 다음의 중요한 정리는 이러한 회전들의 최종적인 효과는 원점을 지나는 어떤 축에 대하여 하나의 단일한 회전의 효과와 같다는 것을 보여준다.

정리 6.4.3 *$T_1, T_2, \cdots, T_k$가 R^3의 원점을 지나는 축들에 대한 연속적인 회전들이면, k개의 회전들은 R^3의 원점을 지나는 적당한 축에 대한 하나의 단일한 회전으로 수행할 수 있다.*

증명 $A_1, A_2, \cdots, A_k$가 회전들을 위한 표준행렬이라고 하자. 각 행렬은 직교이고 행렬식이 1이다. 그래서 다음의 곱도 직교이고 행렬식이 1이다.

$$A = A_k \cdots A_2 A_1$$

그래서, A는 R^3의 원점을 지나는 어떤 축에 대한 회전을 나타낸다. A는 합성 $T_k \circ \cdots \circ T_2 \circ T_1$을 위한 표준행렬이기 때문에, 결과가 증명이 되었다. ■

항공학과 우주 항해학에서, xyz-좌표계에 대한 비행기나 우주왕복선의 방향은 종종 **요**(yaw), **피치**(pitch), **롤**(roll)이라 부르는 용어로 서술된다. 예를 들어, 비행기가 y-축을 따라서 날아가고 있고 xy-평면이 수평을 정의한다면, 비행기가 z-축에 대하여 회전하는 각도를 **요**라고 하고, x-축에 대하여 회전하는 각도를 **피치**, 그리고 y-축에 대하여 회전하는 각도를 **롤**이라고 한다(그림 6.4.4). 정리 6.4.3의 결과로, 요, 피치, 그리고 롤의 합성은 원점을 지나는 어떤 축에 대한 단일 회전으로 수행될 수 있다. 사실은, 이것이 우주왕복선이 자세를 교정하는 방법이다. 우주왕복선은 각각의 회전을 분리해서 실행하지 않고, 하나의 축을 계산하고 정확한 방향을 얻기 위하여 그 축에 대하여 회전한다. 그러한 회전 동작들은 안테나를 정렬하기 위하여, 우주왕복선의 앞쪽을 천체를 향하도록 하려고, 또는 도킹을 위한 적하 베이(payload bay)에 위치를 맞추기 위하여 사용된다.

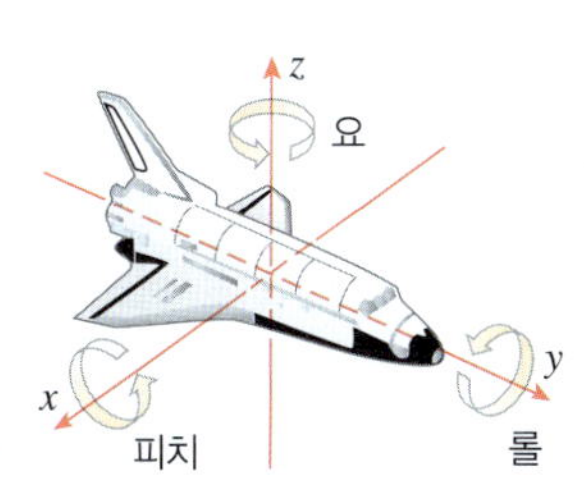

그림 6.4.4

▶ 예제 5 회전 문제

R^3의 벡터가 처음에 양의 x-축에 대하여 45° 회전하고, 그런 다음에 그 결과의 벡터를 양의 y-축에 대하여 45° 회전하며, 그런 다음에 그 결과의 벡터를 양의 z-축에 대하여 45° 회전한다고 가정하자. 하나의 회전으로 같은 결과를 얻을 수 있는 적당한 회전축과 회전각을 구하라.

풀이 R_x, R_y, R_z를 각각 양의 x-축, y-축, z-축에 대한 회전을 위한 표준행렬로 표기하자. 표 6.2.6을 참조하면, 이 행렬들은 다음과 같다.

$$R_x = \begin{bmatrix} 1 & 0 & 0 \\ 0 & \frac{1}{\sqrt{2}} & -\frac{1}{\sqrt{2}} \\ 0 & \frac{1}{\sqrt{2}} & \frac{1}{\sqrt{2}} \end{bmatrix}, \quad R_y = \begin{bmatrix} \frac{1}{\sqrt{2}} & 0 & \frac{1}{\sqrt{2}} \\ 0 & 1 & 0 \\ -\frac{1}{\sqrt{2}} & 0 & \frac{1}{\sqrt{2}} \end{bmatrix}, \quad R_z = \begin{bmatrix} \frac{1}{\sqrt{2}} & -\frac{1}{\sqrt{2}} & 0 \\ \frac{1}{\sqrt{2}} & \frac{1}{\sqrt{2}} & 0 \\ 0 & 0 & 1 \end{bmatrix}$$

그래서 문제의 순서로 회전들을 합성한 표준행렬은 다음과 같다(확인하라).

$$A = R_z R_y R_x = \begin{bmatrix} \frac{1}{2} & \frac{\sqrt{2}}{4} - \frac{1}{2} & \frac{\sqrt{2}}{4} + \frac{1}{2} \\ \frac{1}{2} & \frac{\sqrt{2}}{4} + \frac{1}{2} & \frac{\sqrt{2}}{4} - \frac{1}{2} \\ -\frac{1}{\sqrt{2}} & \frac{1}{2} & \frac{1}{2} \end{bmatrix} \approx \begin{bmatrix} 0.5 & -0.1464 & 0.8536 \\ 0.5 & 0.8536 & -0.1464 \\ -0.7071 & 0.5 & 0.5 \end{bmatrix}$$

회전의 축 $\mathbf{v}$를 찾기 위하여, 임의의 벡터 $\mathbf{x}$가 $\mathbf{e}_1$이 되도록 선택하여, 6.2절의 식 (17)을 적용할 것이다. 다음이 성립하는 것을 확인하라.

$$\mathbf{v} = \begin{bmatrix} \frac{1}{2} - \frac{\sqrt{2}}{4} \\ \frac{\sqrt{2}}{4} \\ \frac{1}{2} - \frac{\sqrt{2}}{4} \end{bmatrix} \approx \begin{bmatrix} 0.1464 \\ 0.3536 \\ 0.1464 \end{bmatrix}$$

또한 6.2절의 식 (16)을 이용하면 회전각은 다음을 만족하고 $\theta \approx 64.74°$이다.

$$\cos\theta = \frac{\operatorname{tr}(A) - 1}{2} = \frac{2 + \sqrt{2}}{8} \approx 0.4268$$

■

선형연산자를 합성으로 분해하기

연속적인 선형변환들을 하나의 단일한 선형변환으로 합성할 수 있음을 알았다. 때때로 행렬변환의 기하학적 효과는 이 과정을 반대로 생각하여 기하학적 효과들이 알려져 있는 더 단순한 변환들의 합성으로 그 변환을 표현할 때 가장 잘 이해할 수 있다. R^2에서 몇몇 예제로 시작할 것이다.

▶ 예제 6 대각행렬로 변환하기

다음과 같은 대각행렬 D는 두 개 행렬들의 곱으로 분해될 수 있다.

$$D = \begin{bmatrix} \lambda_1 & 0 \\ 0 & \lambda_2 \end{bmatrix}$$

$$D = \begin{bmatrix} \lambda_1 & 0 \\ 0 & \lambda_2 \end{bmatrix} = \begin{bmatrix} 1 & 0 \\ 0 & \lambda_2 \end{bmatrix} \begin{bmatrix} \lambda_1 & 0 \\ 0 & 1 \end{bmatrix} = D_2 D_1$$

D_1을 곱하는 것은 $0 \le \lambda_1 < 1$이면 x-방향으로 압축이고, $\lambda_1 > 1$이면 x-방향으로 확장이며, 그리고 $\lambda_1 = 1$이면 변화가 없다. D_2를 곱하는 것은 y-방향으로 유사한 결과를 얻는다. 예를 들어 다음 행렬을 곱하는 것은 x-방향으로 3배를 확장하고 y-방향으로 $\frac{1}{2}$배 압축하는 것을 의미한다.

$$D = \begin{bmatrix} 3 & 0 \\ 0 & \frac{1}{2} \end{bmatrix} = \begin{bmatrix} 3 & 0 \\ 0 & 1 \end{bmatrix} \begin{bmatrix} 1 & 0 \\ 0 & \frac{1}{2} \end{bmatrix}$$

■

마지막 예제의 결과는 대각행렬에 대한 좀 더 일반적인 결과의 특별한 경우이다. 특히, 대각행렬 D가 음이 아닌 성분을 가지면, D를 곱하는 것은 표준단위벡터 $\mathbf{e}_i$를 벡터 $\lambda_i \mathbf{e}_i$로 사상한다. 그래서 이 연산자를 표준단위벡터의 방향으로 압축이나 확장하는 것으로 생각할 수 있다. $0 \le \lambda_i < 1$이면 $\mathbf{e}_i$의 방향으로 압축하고 $\lambda_i > 1$이면 $\mathbf{e}_i$의 방향으로 확장한다. $\lambda_i = 1$이면 D에 의한 곱셈은 $\mathbf{e}_i$ 방향으로 아무런 영향이 없다. 이러한 기하학적 성질들 때문에, 음이 아닌 성분을 갖는 대각행렬을 **크기변환행렬**(scaling matrix)이라 부른다.

$$D = \begin{bmatrix} \lambda_1 & 0 & \cdots & 0 \\ 0 & \lambda_2 & \cdots & 0 \\ \vdots & \vdots & \ddots & \vdots \\ 0 & 0 & \cdots & \lambda_n \end{bmatrix}$$

예제 7 2×2 기본행렬들을 사용한 변환

2×2 기본행렬은 다음과 같은 5가지의 가능한 형태를 가진다(확인하라).

$\begin{bmatrix} 1 & k \\ 0 & 1 \end{bmatrix}$	$\begin{bmatrix} 1 & 0 \\ k & 1 \end{bmatrix}$	$\begin{bmatrix} 0 & 1 \\ 1 & 0 \end{bmatrix}$	$\begin{bmatrix} k & 0 \\ 0 & 1 \end{bmatrix}$	$\begin{bmatrix} 1 & 0 \\ 0 & k \end{bmatrix}$
유형 1	**유형 2**	**유형 3**	**유형 4**	**유형 5**

유형 1은 x-방향으로의 층밀림을 나타내고, 유형 2는 y-방향으로의 층밀림을 나타내며, 그리고 유형 3은 직선 $y = x$에 대한 반사를 나타낸다. $k \geq 0$이면, 유형 4와 5는 각각 x-방향과 y-방향으로의 압축이나 확장을 표현한다. $k < 0$이면, $k_1 > 0$인 $k = -k_1$으로 k를 표현할 수 있고, 유형 4와 5의 행렬을 다음과 같이 분해할 수 있다.

$$\begin{bmatrix} k & 0 \\ 0 & 1 \end{bmatrix} = \begin{bmatrix} -k_1 & 0 \\ 0 & 1 \end{bmatrix} = \begin{bmatrix} -1 & 0 \\ 0 & 1 \end{bmatrix}\begin{bmatrix} k_1 & 0 \\ 0 & 1 \end{bmatrix} \tag{9}$$

$$\begin{bmatrix} 1 & 0 \\ 0 & k \end{bmatrix} = \begin{bmatrix} 1 & 0 \\ 0 & -k_1 \end{bmatrix} = \begin{bmatrix} 1 & 0 \\ 0 & -1 \end{bmatrix}\begin{bmatrix} 1 & 0 \\ 0 & k_1 \end{bmatrix} \tag{10}$$

그래서, 음수 k를 갖는 유형 4의 행렬은 x-방향으로 압축이나 확장을 한 다음에 y-축에 대한 반사를 표현한다. 그리고 음수 k를 갖는 유형 5의 행렬은 y-방향으로 압축이나 확장을 한 다음에 x-축에 대한 반사를 표현한다. ■

정리 3.3.3으로부터 가역행렬 A를 기본행렬들의 곱으로 표현할 수 있음을 상기하라. 그래서, 예제 7은 R^2에서 표준행렬들이 가역인 선형연산자의 기하학적 효과에 관한 다음 결과를 유도한다.

> **정리 6.4.4** *A가 2×2 가역행렬이면, R^2에서 대응하는 선형연산자는 좌표축 방향으로의 층밀림, 압축, 그리고 확장, 그리고 좌표축에 대한 반사와 직선 $y = x$에 대한 반사의 합성이다.*

예제 8 2×2 가역행렬을 사용한 변환

다음 행렬 A의 곱셈의 기하학적 효과를 층밀림, 압축, 확장, 그리고 반사로 설명하라.

$$A = \begin{bmatrix} 1 & 2 \\ 3 & 4 \end{bmatrix}$$

풀이 $\det(A) \neq 0$이기 때문에, 행렬 A는 가역이고 따라서 다음과 같은 일련의 기본행연산들에 의하여 I로 바뀔 수 있다.

$$\begin{bmatrix} 1 & 2 \\ 3 & 4 \end{bmatrix} \rightarrow \begin{bmatrix} 1 & 2 \\ 0 & -2 \end{bmatrix} \rightarrow \begin{bmatrix} 1 & 2 \\ 0 & 1 \end{bmatrix} \rightarrow \begin{bmatrix} 1 & 0 \\ 0 & 1 \end{bmatrix}$$

1행에 -3을 곱하여 2행에 더한다.	2행에 $-\frac{1}{2}$을 곱한다.	2행에 -2를 곱하여 1행에 더한다.

세 번의 연속된 행연산들은 다음과 같은 기본행렬들을 곱하여 수행될 수 있다.

$$E_1 = \begin{bmatrix} 1 & 0 \\ -3 & 1 \end{bmatrix}, \quad E_2 = \begin{bmatrix} 1 & 0 \\ 0 & -\frac{1}{2} \end{bmatrix}, \quad E_3 = \begin{bmatrix} 1 & -2 \\ 0 & 1 \end{bmatrix}$$

이 행렬들의 역행렬을 구하고 3.3절의 식 (2)를 적용하여 다음과 같은 분해를 얻는다.

$$A = E_1^{-1}E_2^{-1}E_3^{-1} = \begin{bmatrix} 1 & 0 \\ 3 & 1 \end{bmatrix}\begin{bmatrix} 1 & 0 \\ 0 & -2 \end{bmatrix}\begin{bmatrix} 1 & 2 \\ 0 & 1 \end{bmatrix} = \begin{bmatrix} 1 & 0 \\ 3 & 1 \end{bmatrix}\begin{bmatrix} 1 & 0 \\ 0 & -1 \end{bmatrix}\begin{bmatrix} 1 & 0 \\ 0 & 2 \end{bmatrix}\begin{bmatrix} 1 & 2 \\ 0 & 1 \end{bmatrix}$$

그래서 오른쪽에서 왼쪽으로 읽으면, A의 기하학적 효과는 x-방향으로 인수 2로 층밀림, y-방향으로 인수 2로 확장, x-축에 대한 반사, 그리고 y-방향으로 인수 3으로 층밀림을 연속적으로 적용하는 것이다. ■

선형변환의 역

다음 목표는 A가 가역일 때 A와 A^{-1}로 표현되는 선형연산자들 사이의 관계를 찾는 것이다. 몇 가지 용어로 시작할 것이다.

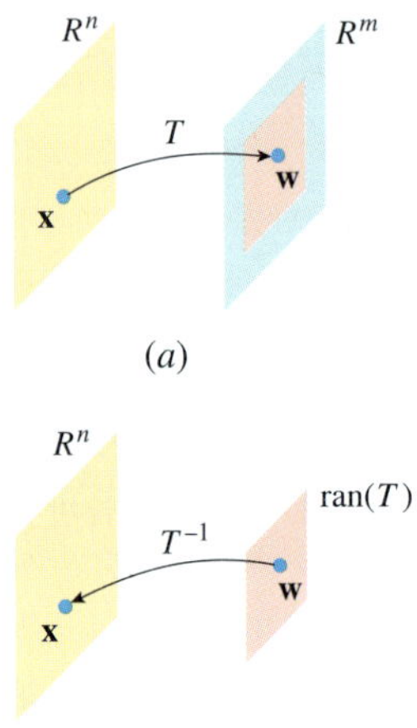

(a)
(b)
그림 6.4.5

$T : R^n \to R^m$이 단사 선형변환이면, T의 치역에 있는 각 벡터 $\mathbf{w}$는 T의 정의역에 있는 유일한 벡터 $\mathbf{x}$의 상이다(그림 6.4.5a). $\mathbf{x}$를 $\mathbf{w}$의 **원상**(preimage)이라 한다. 원상의 유일성은 $\mathbf{w}$를 $\mathbf{x}$로 사상하는 새로운 함수를 만들 수 있게 한다. 이 함수를 T의 **역**(inverse)이라 하고 T^{-1}로 표기한다. 따라서, $T^{-1}(\mathbf{w}) = \mathbf{x}$는 $T(\mathbf{x}) = \mathbf{w}$과 동치(필요충분조건)이다(그림 6.4.5$b$). 함수 T^{-1}의 정의역은 T의 치역이고 T^{-1}의 치역은 T의 정의역이다. T^{-1}의 정의역이 ran(T)임을 강조할 때는 다음과 같이 쓸 것이다.

$$T^{-1}: \text{ran}(T) \to R^n \tag{11}$$

형식을 따지지 않고 말하면, $\mathbf{w} = T(\mathbf{x})$이면 다음이 성립한다는 의미에서 T와 T^{-1}는 서로의 효과를 '상쇄'한다고 한다.

$$T(T^{-1}(\mathbf{w})) = T(\mathbf{x}) = \mathbf{w} \tag{12}$$

$$T^{-1}(T(\mathbf{x})) = T^{-1}(\mathbf{w}) = \mathbf{x} \tag{13}$$

다음 결과를 증명하는 것은 연습문제로 남길 것이다.

정리 6.4.5 *T가 단사 선형변환이면, T^{-1}도 단사 선형변환이다.*

가역 선형연산자

T가 R^n에서의 단사 선형연산자인 특별한 경우에, T는 전사이고 그러므로 T^{-1}의 정의역이 R^n 자체인 것은 정리 6.3.15로부터 알 수 있다. 정리 6.4.5와 함께, 이것은 T가 R^n에서의 단사 선형연산자이면 T^{-1}도 단사 선형연산자임을 의미한다. 이것은 T에 대한 표준행렬과 T^{-1}에 대한 표준행렬 사이에 어떤 관계가 존재하는지에 대하여 자연스럽게 질문을 하도록 한다.

정리 6.4.6 *T가 R^n에서의 단사 선형연산자이면, T에 대한 표준행렬은 가역이고 역행렬은 T^{-1}에 대한 표준행렬이다.*

증명 A와 B를 각각 T와 T^{-1}에 대한 표준행렬이라 하자, 그리고 $\mathbf{x}$를 R^n의 임의의 벡터라고 하자. 식 (13)으로부터 다음이 성립함을 알 수 있다.

$$T^{-1}(T(\mathbf{x})) = \mathbf{x}$$

이를 행렬 형식으로 다음과 같이 쓸 수 있다.

$$B(A\mathbf{x}) = \mathbf{x} \quad \text{또는} \quad (BA)\mathbf{x} = \mathbf{x} = I\mathbf{x}$$

이것은 R^n의 모든 $\mathbf{x}$에 대하여 성립하므로, 정리 3.4.4로부터 $BA = I$임을 알 수 있다. 따라서 A는 가역이고 그 역행렬은 B이다. 이것으로 증명이 되었다. ■

T가 R^n에서의 단사 선형연산자이면, 정리 6.4.6의 명제를 다음 수식으로 쓸 수 있다.

$$[T^{-1}] = [T]^{-1} \tag{14}$$

대신에, 표준행렬 A를 갖는 단사 선형연산자를 표기하기 위하여 T_A를 사용한다면, 식 (14)는 다음을 의미한다.

$$T_A^{-1} = T_{A^{-1}} \tag{15}$$

참고 역 연산자가 있음을 강조하기 원할 때 단사 선형연산자를 **가역 선형연산자**(invertible linear operator)라 부르기도 한다.

예제 9 회전연산자의 역

R^2에서의 다음과 같은 선형연산자는 원점에 대하여 각 θ만큼의 회전임을 상기하라.

$$A = \begin{bmatrix} \cos\theta & -\sin\theta \\ \sin\theta & \cos\theta \end{bmatrix} \tag{16}$$

이 연산자의 역은 각 $-\theta$만큼의 회전임이 분명하다. 왜냐하면 $\mathbf{x}$를 각 θ만큼 회전시킨 다음에 그 상을 각 $-\theta$만큼 회전시키면 다시 벡터 $\mathbf{x}$가 되기 때문이다. 다음은 원점에 관해서 각 $-\theta$만큼의 회전을 나타내기 때문에, 이것은 정리 6.4.6과 일치한다.

$$A^{-1} = A^T = \begin{bmatrix} \cos\theta & \sin\theta \\ -\sin\theta & \cos\theta \end{bmatrix} = \begin{bmatrix} \cos(-\theta) & -\sin(-\theta) \\ \sin(-\theta) & \cos(-\theta) \end{bmatrix} \tag{17}$$

■

예제 10 압축연산자의 역

R^2에서의 다음과 같은 선형연산자는 y-방향으로 $\frac{1}{2}$배 압축을 나타낸다. 이 연산자의 역은 y-방향으로 2배 확장임이 분명하다.

$$A = \begin{bmatrix} 1 & 0 \\ 0 & \frac{1}{2} \end{bmatrix}$$

다음은 y-방향으로 2배 확장이기 때문에 이것은 정리 6.4.6과 일치한다.

$$A^{-1} = \begin{bmatrix} 1 & 0 \\ 0 & 2 \end{bmatrix}$$

■

예제 11 반사연산자의 역

6.1절의 식 (18)로부터 다음과 같은 R^2의 선형연산자는 양의 x-축 방향과 각이 $\theta/2$가 되고 원점을 지나는 직선에 대한 반사임을 상기하라.

$$A = \begin{bmatrix} \cos\theta & \sin\theta \\ \sin\theta & -\cos\theta \end{bmatrix}$$

$\mathbf{x}$를 이 직선에 대하여 반사하고, 그다음에 $\mathbf{x}$의 상을 그 직선에 대하여 반사하면 다시 $\mathbf{x}$로 되돌아가기 때문에, A가 역행렬을 가진다는 것이 기하학적으로 명백하다. 다음이 성립하기 때문에, 이것은 정리 6.4.6과 일치한다.

$$A^{-1} = A^T = \begin{bmatrix} \cos\theta & \sin\theta \\ \sin\theta & -\cos\theta \end{bmatrix}$$

■

예제 12 선형방정식으로 정의된 선형연산자의 역

다음의 선형방정식들로 정의된 선형연산자 $T(x_1, x_2, x_3) = (w_1, w_2, w_3)$가 단사임을 보이고, T^{-1}을 정의하는 선형방정식의 집합을 구하라.

$$\begin{aligned} w_1 &= x_1 + 2x_2 + 3x_3 \\ w_2 &= 2x_1 + 5x_2 + 3x_3 \\ w_3 &= x_1 \qquad\quad + 8x_3 \end{aligned} \tag{18}$$

풀이 이 연산자에 대한 표준행렬은 다음과 같다(확인하라).

$$A = \begin{bmatrix} 1 & 2 & 3 \\ 2 & 5 & 3 \\ 1 & 0 & 8 \end{bmatrix}$$

3.3절의 예제 3에서 이 행렬 A는 가역이고 A^{-1}이 다음과 같음을 보였다.

$$A^{-1} = \begin{bmatrix} -40 & 16 & 9 \\ 13 & -5 & -3 \\ 5 & -2 & -1 \end{bmatrix} \tag{19}$$

A의 가역성은 T가 단사이고 $\mathbf{x} = T^{-1}(\mathbf{w}) = A^{-1}\mathbf{w}$임을 의미한다. 따라서, 식 (19)로부터 $T^{-1}(w_1, w_2, w_3) = (x_1, x_2, x_3)$이 다음과 같음을 알 수 있다.

$$\begin{aligned} x_1 &= -40w_1 + 16w_2 + 9w_3 \\ x_2 &= 13w_1 - 5w_2 - 3w_3 \\ x_3 &= 5w_1 - 2w_2 - w_3 \end{aligned}$$

이러한 방정식들은 단순하게 식 (18)을 풀어서 x_1, x_2, x_3을 w_1, w_2, w_3으로 표현한 것이다. ■

R^2에서 가역 선형연산자의 기하학적 성질

다음 정리는 R^2에서 가역 선형연산자가 직선에 미치는 영향에 관한 것이다. 이 결과는 그러한 연산자들이 다각형으로 둘러싸인 영역들을—예를 들어, 삼각형들이나 사각형들—어떻게 사상하는지를 결정하도록 도울 것이다.

정리 6.4.7 *$T : R^2 \to R^2$이 가역 선형연산자이면,*

(a) 직선의 상은 직선이다.

(b) 직선의 상이 원점을 지나기 위한 필요충분조건은 원래의 직선이 원점을 지나는 것이다.

(c) 두 직선들의 상이 평행이기 위한 필요충분조건은 원래의 두 직선들이 평행하다는 것이다.

(d) 세 점의 상들이 하나의 직선 위에 있기 위한 필요충분조건은 원래 세 점들이 하나의 직선 위에 있다는 것이다.

(e) 두 점을 연결하는 선분의 상은 두 점들의 상들을 연결하는 선분이다.

(*a*), (*b*), (*c*)를 증명할 것이다.

증명 (*a*) 1.3절의 식 (4)로부터 영이 아닌 벡터 $\mathbf{v}$에 평행하고 $\mathbf{x}_0$을 지나는 직선 L은 벡터방정식 $\mathbf{x} = \mathbf{x}_0 + t\mathbf{v}$로 주어짐을 상기하라. 그래서 T의 선형성은 T에 의한 이 직선의 상은 다음과 같은 형태의 모든 벡터들로 구성된다는 것을 의미한다.

$$T(\mathbf{x}) = T(\mathbf{x}_0) + tT(\mathbf{v}) \tag{20}$$

T는 가역이고 $\mathbf{v} \neq \mathbf{0}$이기 때문에, $T(\mathbf{v}) \neq \mathbf{0}$이다(왜?). 따라서, 식 (20)은 $T(\mathbf{v})$와 평행하고 $T(\mathbf{x}_0)$를 지나는 직선의 벡터방정식이다.

증명 (*b*) T가 가역이기 때문에, $T(\mathbf{x})= \mathbf{0}$의 필요충분조건은 $\mathbf{x} = \mathbf{0}$이다. 따라서, 식 (20)이 원점을 지나기 위한 필요충분조건은 $\mathbf{x} = \mathbf{x}_0 + t\mathbf{v}$가 원점을 지난다는 것이다.

증명 (*c*) L_1과 L_2가 평행인 직선이면, 두 직선은 모두 영이 아닌 어떤 벡터 $\mathbf{v}$에 평행이므로 다음과 같은 벡터 형식으로 표현할 수 있다.

$$\mathbf{x} = \mathbf{x}_1 + t\mathbf{v}, \quad \mathbf{x} = \mathbf{x}_2 + t\mathbf{v}$$

이러한 직선들의 상은 다음과 같고, 둘 다 영이 아닌 벡터 $T(\mathbf{v})$와 평행이다.

$$T(\mathbf{x}) = T(\mathbf{x}_1) + tT(\mathbf{v}), \quad T(\mathbf{x}) = T(\mathbf{x}_2) + tT(\mathbf{v})$$

그러므로 상들은 평행한 직선이어야 한다. 마찬가지로 T^{-1}에 같은 방법을 적용하면 그 반대의 증명도 할 수 있다. ■

가역 선형연산자에 의한 단위정사각형의 상

R^2에서 가역 연산자 T에 의한 단위정사각형의 상에 대하여 살펴보자. 선형연산자는 $\mathbf{0}$을 $\mathbf{0}$으로 사상하기 때문에, 원점에 있는 정점은 변환에 의하여 변화가 없다. 나머지 세 개의 정점들의 상들은 서로 달라야

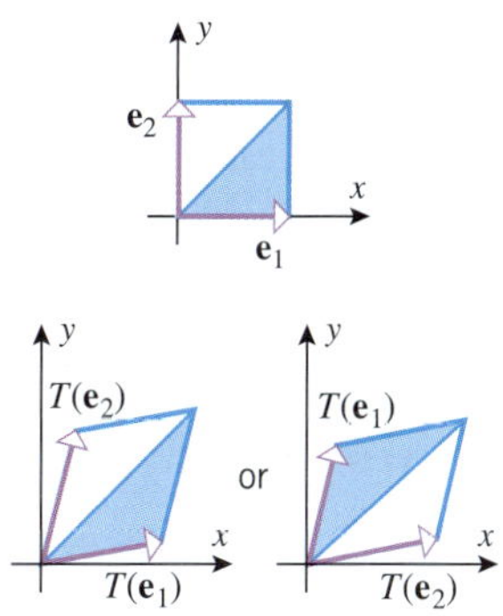

가역 선형연산자에 의한 단위정사각형의 상은 평행사변형이다.

그림 6.4.6

한다. 왜냐하면 그렇지 않다면 세 점들의 상들이 하나의 직선 위에 있을 것이고, 이것은 정리 6.4.7의 (d)에 의해 불가능하다. 마지막으로, 평행한 변들의 상들은 평행이기 때문에 단위정사각형의 상은 원점에 하나의 정점을 가지고 인접한 변들은 $T(\mathbf{e}_1)$과 $T(\mathbf{e}_2)$로 주어지는 평행사변형이라고 결론을 내릴 수 있다(그림 6.4.6). 다음의 A가 T에 대한 표준행렬이면, 정리 4.3.5로부터 $|\det(A)|$는 인접한 변 $T(\mathbf{e}_1)$과 $T(\mathbf{e}_2)$를 가지는 평행사변형의 면적이다. 이 평행사변형은 T에 의한 단위정사각형의 상이기 때문에, 다음 결과를 얻는다.

$$A = [T(\mathbf{e}_1) \quad T(\mathbf{e}_2)] = \begin{bmatrix} x_1 & x_2 \\ y_1 & y_2 \end{bmatrix}$$

정리 6.4.8 *$T : R^2 \to R^2$가 가역 선형연산자이면, T는 단위정사각형을 원점에 하나의 정점을 가지고 인접한 변 $T(\mathbf{e}_1)$과 $T(\mathbf{e}_2)$를 가지는 평행사변형으로 사상한다. $A = [T(\mathbf{e}_1)\ T(\mathbf{e}_2)]$는 T에 대한 표준행렬일 때, 이 평행사변형의 면적은 $|\det(A)|$이다.*

개념문제 $T : R^2 \to R^2$가 가역이 아닌 R^2에서의 선형연산자이면, 선형연산자의 표준행렬 A는 특이행렬이고 $\det(A) = 0$이다. 이것은 단위정사각형의 상에 대하여 어떤 설명을 하고 있는가?

예제 13 회전연산자와 반사연산자의 행렬식

R_θ는 R^2의 원점에 대하여 각 θ만큼의 회전에 대한 표준행렬이고, H_θ는 R^2의 x-축과 각 θ를 이루는 직선에 대한 반사의 표준행렬이면, 회전과 반사는 단위정사각형의 면적을 변화시키지 않기 때문에, $|\det(R_\theta)| = 1$이고 $|\det(H_\theta)| = 1$이어야 한다. 이것은 $\det(R_\theta) = 1$이고 $\det(H_\theta) = -1$이라는 6.2절의 내용과 일치한다. ■

연습문제 6.4

연습문제 1과 2에서, T_A와 T_B는 다음과 같은 표준행렬을 갖는 선형연산자라고 하자. $T_B \circ T_A$와 $T_A \circ T_B$에 대한 표준행렬을 구하라.

1. $A = \begin{bmatrix} 1 & -2 & 0 \\ 4 & 1 & -3 \\ 5 & 2 & 4 \end{bmatrix}$, $B = \begin{bmatrix} 2 & -3 & 3 \\ 5 & 0 & 1 \\ 6 & 1 & 7 \end{bmatrix}$

2. $A = \begin{bmatrix} 6 & 3 & -1 \\ 2 & 0 & 1 \\ 4 & -3 & 6 \end{bmatrix}$, $B = \begin{bmatrix} 4 & 0 & 4 \\ -1 & 5 & 2 \\ 2 & -3 & 8 \end{bmatrix}$

3. $T_1(x_1, x_2) = (x_1 + x_2, x_1 - x_2)$ 그리고 $T_2(x_1, x_2) = (3x_1, 2x_1 + 4x_2)$라 하자.
(a) T_1과 T_2에 대한 표준행렬을 구하라.
(b) $T_2 \circ T_1$과 $T_1 \circ T_2$에 대한 표준행렬을 구하라.
(c) $T_1(T_2(x_1, x_2))$과 $T_2(T_1(x_1, x_2))$에 대한 식을 찾기 위하여 (b)에서 구한 행렬들을 사용하라.

4. $T_1(x_1, x_2, x_3) = (4x_1, -2x_1 + x_2, -x_1, -3x_2)$ 그리고 $T_2(x_1, x_2, x_3) = (x_1 + 2x_2, -x_3, 4x_1 - x_3)$라 하자.
(a) T_1과 T_2에 대한 표준행렬을 구하라.
(b) $T_2 \circ T_1$과 $T_1 \circ T_2$에 대한 표준행렬을 구하라.
(c) $T_1(T_2(x_1, x_2, x_3))$과 $T_2(T_1(x_1, x_2, x_3))$에 대한 식을 찾기 위하여 (b)에서 구한 행렬들을 사용하라.

연습문제 5와 6에서, R^2에서 다음의 선형연산자들의 합성에 대한 표준행렬을 행렬의 곱셈을 사용하여 구하라.

5. (a) 90°의 반시계 방향 회전, 그런 다음에 직선 $y = x$에 대한 반사
(b) y-축으로의 정사영, 그런 다음에 인수 $\frac{1}{2}$을 갖는 축소
(c) x-축에 대한 반사, 그런 다음에 인자 3을 갖는 확장

6. (a) 60°의 반시계 방향 회전, 그런 다음에 x-축으로의 정사영, 그런 다음에 직선 $y = x$에 대한 반사
(b) 인수 2를 갖는 확대, 그런 다음에 45°의 반시계 방향 회전, 그런 다음에 y-축에 대한 반사
(c) 15°의 반시계 방향 회전, 그런 다음에 105°의 반시계 방향 회전, 그런 다음에 60°의 반시계 방향 회전

연습문제 7~10에서, R^3에서 다음의 선형연산자들의 합성에 대한 표준행렬을 행렬의 곱셈을 사용하여 구하라.

7. (a) yz-평면에 대한 반사, 그런 다음에 xz-평면으로의 정사영
(b) y-축에 대한 45°의 반시계 방향 회전, 그런 다음에 인수 $\sqrt{2}$를 갖는 확대
(c) xy-평면으로의 정사영, 그런 다음에 yz-평면에 대한 반사

8. (a) xz-평면에 대한 반사, 그런 다음에 xy-평면으로의 정사영
(b) x-축에 대한 30°의 반시계 방향 회전, 그런 다음에 인수 $\frac{1}{3}$을 갖는 축소
(c) xz-평면으로의 정사영, 그런 다음에 xy-평면에 대한 반사

9. (a) x-축에 대한 30°의 반시계 방향 회전, 그런 다음에 z-축에 대한 30°의 반시계 방향 회전, 그런 다음에 인수 $\frac{1}{4}$을 갖는 축소
(b) xy-평면에 대한 반사, 그런 다음에 xz-평면에 대한 반사, 그런 다음에 yz-평면으로의 정사영

10. (a) x-축에 대한 270°의 반시계 방향 회전, 그런 다음에 y-축에 대한 90°의 반시계 방향 회전, 그런 다음에 z-축에 대한 180° 회전
(b) z-축에 대한 30°의 반시계 방향 회전, 그런 다음에 xy-평면에 대한 반사, 그런 다음에 yz-평면으로의 정사영

연습문제 11과 12에서, 다음 행렬을 기본행렬들의 곱으로 표현하고, A를 곱하는 효과를 압축, 확장, 반사, 그리고 층밀림의 연속으로 설명하라.

11. (a) $A=\begin{bmatrix}2&0\\0&3\end{bmatrix}$ (b) $A=\begin{bmatrix}2&1\\1&0\end{bmatrix}$
(c) $A=\begin{bmatrix}0&-2\\4&0\end{bmatrix}$ (d) $A=\begin{bmatrix}1&-3\\4&6\end{bmatrix}$

12. (a) $A=\begin{bmatrix}\frac{1}{2}&0\\0&\frac{1}{3}\end{bmatrix}$ (b) $A=\begin{bmatrix}0&1\\1&2\end{bmatrix}$
(c) $A=\begin{bmatrix}0&2\\-5&0\end{bmatrix}$ (d) $A=\begin{bmatrix}1&4\\2&9\end{bmatrix}$

연습문제 13과 14에서, 선형연산자의 역을 설명하라.

13. (a) x-축에 대한 R^2의 반사
(b) R^2에서 원점에 대한 각 $\pi/4$의 회전
(c) 인수 3을 갖는 R^2의 확대
(d) R^2에서 y-방향으로 $\frac{1}{2}$배 압축

14. (a) y-축에 대한 R^2의 반사
(b) R^2에서 원점에 대한 각 $-\pi/6$의 회전
(c) 인수 $\frac{1}{5}$을 갖는 R^2의 축소
(d) R^2에서 x-방향으로 7배 확장

연습문제 15~18에서, 다음 방정식들에 의하여 정의된 선형연산자 $T : R^2 \to R^2$가 단사인지를 결정하라. 만약 그렇다면, 역 연산자에 대한 표준행렬을 구하고, $T^{-1}(w_1, w_2)$를 구하라.

15. $w_1 = x_1 + 2x_2$
$w_2 = x_1 + x_2$

16. $w_1 = 4x_1 - 6x_2$
$w_2 = 2x_1 + 3x_2$

17. $w_1 = -x_2$
$w_2 = x_1$

18. $w_1 = 3x_1$
$w_2 = 5x_1$

연습문제 19~22에서, 다음 방정식들에 의하여 정의된 선형연산자 $T : R^3 \to R^3$가 단사인지를 결정하라. 만약 그렇다면, 역 연산자에 대한 표준행렬을 구하고, $T^{-1}(w_1, w_2, w_3)$를 구하라.

19. $w_1 = x_1 - 2x_2 + 2x_3$
$w_2 = 2x_1 + x_2 + x_3$
$w_3 = x_1 + x_2$

20. $w_1 = x_1 - 3x_2 + 4x_3$
$w_2 = -x_1 + x_2 + x_3$
$w_3 = -2x_2 + 5x_3$

21. $w_1 = x_1 + 4x_2 - x_3$
$w_2 = 2x_1 + 7x_2 + x_3$
$w_3 = x_1 + 3x_2$

22. $w_1 = x_1 + 2x_2 + x_3$
$w_2 = 2x_1 + x_2 + 4x_3$
$w_3 = 7x_1 + 4x_2 + 5x_3$

연습문제 23과 24에서, $T_1 \circ T_2 = T_2 \circ T_1$인지를 결정하라.

23. (a) $T_1 : R^2 \to R^2$는 x-축으로 정사영이고, $T_2 : R^2 \to R^2$는 y-축으로 정사영이다.
(b) $T_1 : R^2 \to R^2$는 원점에 대하여 각 θ_1의 회전이고, $T_2 : R^2 \to R^2$는 원점에 대하여 각 θ_2의 회전이다.
(c) $T_1 : R^3 \to R^3$은 x-축에 대하여 각 θ_1의 회전이고, $T_2 : R^3 \to R^3$은 z-축에 대하여 각 θ_2의 회전이다.

24. (a) $T_1 : R^2 \to R^2$는 x-축에 대한 반사이고, $T_2 : R^2 \to R^2$는 y-축에 대한 반사이다.
(b) $T_1 : R^2 \to R^2$는 x-축으로 정사영이고, $T_2 : R^2 \to R^2$는 반시계 방향으로 각 θ의 회전이다.
(c) $T_1 : R^3 \to R^3$은 인수 k를 갖는 확장이고, $T_2 : R^3 \to R^3$은 z-축에 대하여 반시계 방향으로 각 θ의 회전이다.

25. $H_{\pi/3}$와 $H_{\pi/6}$는 양의 x-축과 이루는 각이 각각 $\pi/3$과 $\pi/6$이고 원점을 지나는 직선에 대한 반사의 표준행렬이다. $H_{\pi/3}$의 반사에 이은 $H_{\pi/6}$의 반사와 같은 효과를 가지는 회전에 대한 표준행렬을 구하라.

26. $H_{\pi/4}$와 $H_{\pi/8}$는 양의 x-축과 이루는 각이 각각 $\pi/4$과 $\pi/8$이고 원점을 지나는 직선에 대한 반사의 표준행렬이다. $H_{\pi/4}$의 반사에 이은 $H_{\pi/8}$의 반사와 같은 효과를 가지는 회전에 대한 표준행렬을 구하라.

연습문제 27과 28에서, A의 곱셈에 의한 단위정사각형의 상을 그려라. 그리고 행렬식을 사용하여 면적을 구하라.

27. $A=\begin{bmatrix}1&-1\\1&2\end{bmatrix}$

28. $A=\begin{bmatrix}2&3\\3&4\end{bmatrix}$

토론과 발견

D1. 다음의 주어진 문장이 참(T)인지 거짓(F)인지 답하라. 답을 설명하라.

(a) $T_1 : R^n \to R^m$과 $T_2 : R^m \to R^k$가 선형변환이고 T_1이 단사가 아니면, $T_2 \circ T_1$도 단사가 아니다.

(b) $T_1 : R^n \to R^m$과 $T_2 : R^m \to R^k$가 선형변환이고 T_1이 전사가 아니면, $T_2 \circ T_1$도 전사가 아니다.

(c) $T_1 : R^n \to R^m$과 $T_2 : R^m \to R^k$가 선형변환이고 T_2가 단사가 아니면, $T_2 \circ T_1$도 단사가 아니다.

(d) $T_1 : R^n \to R^m$과 $T_2 : R^m \to R^k$가 선형변환이고 T_2가 전사가 아니면, $T_2 \circ T_1$도 전사가 아니다.

D2. L을 R^2에서 양의 x-축 방향과 각 β를 이루고 원점을 지나는 직선이라 하고, R_β를 원점에 대한 각 β의 회전에 대한 표준행렬이라 하며, H_0는 x-축에 대한 반사의 표준행렬이라 하자. $R_\beta H_0 R_\beta^{-1}$을 곱하는 기하학적 효과를 L에 관하여 설명하라.

D3. R^2에서 원점에 대한 모든 회전은 원점을 지나는 직선들에 대한 두 개의 반사들의 합성으로 표현될 수 있음을 보이고, 그림을 그려서 120° 회전이 그러한 2개의 반사로 수행됨을 설명하라.

프로그램 활용 연습문제

T1. R^3에서 z-축에 대한 30°의 회전, 그런 다음에 x-축에 대한 60°의 회전, 그런 다음에 y-축에 대한 45°의 회전을 연속적으로 고려하자. 세 번의 회전들을 적당한 축에 대한 한 번의 단일한 회전으로 수행하기를 원한다면, 어떤 축과 각도를 사용해야 하는가?

T2. **(CAS)** R^3에서 x-축에 대한 θ_1의 회전, 그런 다음에 y-축에 대한 θ_2의 회전, 그런 다음에 z-축에 대한 θ_3의 회전을 연속적으로 고려하자. 세 번의 회전들을 실행하는 하나의 단일한 행렬을 구하라.

6.5 컴퓨터 그래픽

컴퓨터 그래픽(computer graphics)의 분야는 컴퓨터 화면에 이차원과 삼차원의 객체들의 표현을 디스플레이, 변환, 그리고 애니메이션을 하는 것과 관련이 있다. 이 주제에 대한 완전한 연구는 삼차원 효과를 얻기 위한 색상, 조명, 그리고 모델링과 같은 주제들을 철저하게 파고드는 것이 필요할 것이다. 그러나 이 절에서는 선분으로 구성된 객체들을 이동하고 변환하기 위하여 행렬변환을 사용하는 것에만 관심을 가질 것이다.

와이어프레임 이 절에서는 직선 선분으로 연결된 유한개의 점들로 구성된 그래픽 이미지를 화면에 표시하는 것을 다룰 것이다. 점은 **정점**(vertex)이라 하고, 선분은 **와이어**(wire)라 하며, 정점들을 와이어로 연결하여 형성한 객체를 **와이어프레임**(wireframe)이라고 한다. 예를 들어, 그림 6.5.1a는 '넘어진 집'의 와이어프레임을 보여 준다. 곡선을 갖는 객체는 곡선을 따라 간격이 좁은 점들을 선택하고 그 점들을 직선 선분들로 연결함으로써 와이어프레임으로 근사할 수 있다.

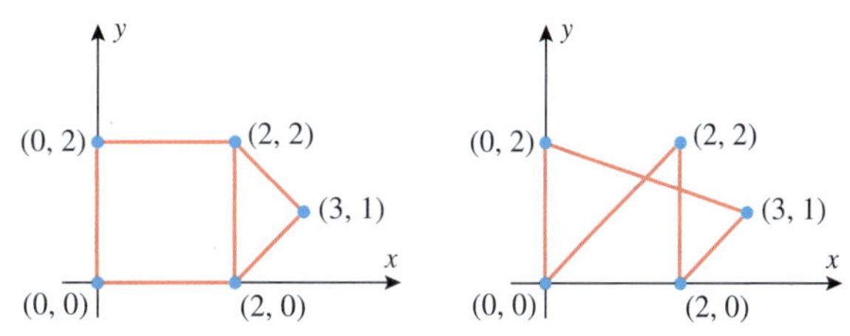

그림 6.5.1

와이어프레임을 컴퓨터로 그리기 위해서 적당한 좌표계에서 정점들의 좌표와 어떤 정점들의 쌍이 와이어로 연결되었는지를 나타내는 정보가 주어져야 한다. 예를 들면, 그림 6.5.1b의 와이어프레임은 집과는 같은 정점들을 가지고 있지만, 정점들이 다르게 연결되었기 때문에 다르게 보인다.

와이어프레임의 행렬 표현 와이어프레임에서 정점들의 위치를 저장하는 편리한 방법 하나는 정점의 좌표를 열벡터로 갖는 **정점행렬**(vertex matrix) V를 만드는 것이다. 예를 들어, 그림 6.5.1의 와이어프레임의 정점들을 다음과 같이 저장할 수 있다.

$$V = \begin{bmatrix} 0 & 2 & 3 & 2 & 0 \\ 0 & 0 & 1 & 2 & 2 \end{bmatrix} \tag{1}$$

정점행렬에서 정점들을 나열하는 순서는 중요하지 않다. 그러나 일단 순서가 결정되면, n개의 정점을 갖는 와이어프레임의 정점들을 어떻게 연결하는지에 대한 정보를 $n \times n$ **연결성행렬**(connectivity matrix) C에 저장할 수 있다. V의 행 i에 있는 정점이 열 j에 있는 정점에 연결되면 이 행렬의 i행과 j열의 성분은 1이고 그렇지 않으면 0이다. (모든 정점은 자기 자신과 연결된다고 생각하자. 따라서 대각 성분들은 모두 1이다.) 예를 들어, 그림 6.5.1a의 집에 대한 연결성 정보는 다음과 같이 저장할 수 있다.

$$C = \begin{bmatrix} 1 & 1 & 0 & 0 & 1 \\ 1 & 1 & 1 & 1 & 0 \\ 0 & 1 & 1 & 1 & 0 \\ 0 & 1 & 1 & 1 & 1 \\ 1 & 0 & 0 & 1 & 1 \end{bmatrix} \tag{2}$$

개념문제 그림 6.5.1b의 와이어프레임에 대한 연결성행렬을 적어라.

참고 연결성행렬은 항상 대칭이다(왜?). 그래서 컴퓨터 저장 공간을 효율적으로 사용하기 위하여 주대각선 위쪽이나 아래쪽의 성분들만 저장할 필요가 있다.

예제 1 와이어프레임의 구축

정점과 연결성행렬이 다음과 같은 와이어프레임을 그려라.

$$V = \begin{bmatrix} 1 & 2 & 1 & 0 \\ 0 & 1 & 2 & 1 \end{bmatrix} \text{과} \quad C = \begin{bmatrix} 1 & 1 & 0 & 1 \\ 1 & 1 & 1 & 1 \\ 0 & 1 & 1 & 1 \\ 1 & 1 & 1 & 1 \end{bmatrix}$$

그림 6.5.2는 와이어프레임을 보여준다. V의 첫 번째와 세 번째 열을 제외하고 모든 정점들은 서로 연결되었음을 확인함으로써 C로부터 연결들을 구할 수 있다. ■

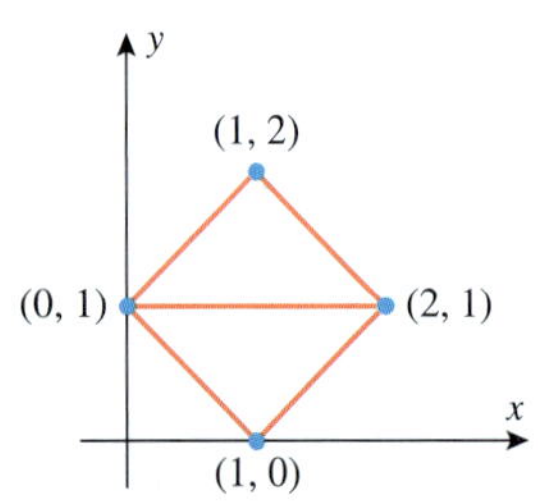

그림 6.5.2

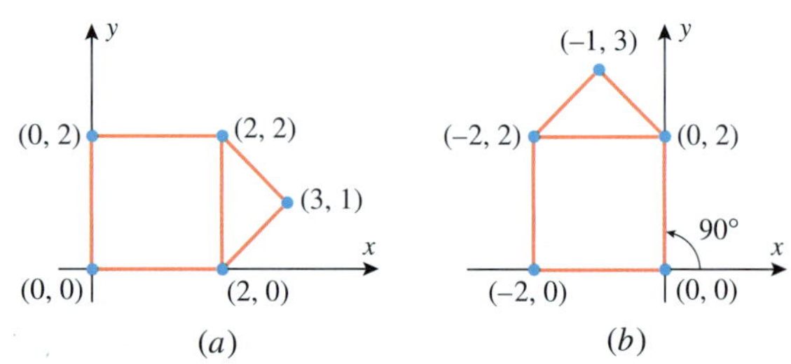

그림 6.5.3

와이어프레임 변환하기

다음에는 정점행렬에 가역 선형변환을 적용함으로써 와이어프레임을 변환시키는 방법에 대하여 고려할 것이다. 와이어프레임의 기초적인 연결성행렬이 주어지고 변환된 정점들의 연결성은 같은 행렬로 표현된다고 가정할 것이다.

예제 2 그림 6.5.3a의 넘어진 집은 정점행렬의 벡터들을 90° 반시계 방향으로 회전시킴으로써 그림 6.5.3b에 있는 세워진 위치로 바꿀 수 있다. 이 회전에 대한 표준행렬은 다음과 같다.

$$R = \begin{bmatrix} \cos(90°) & -\sin(90°) \\ \sin(90°) & \cos(90°) \end{bmatrix} = \begin{bmatrix} 0 & -1 \\ 1 & 0 \end{bmatrix} \tag{3}$$

식 (1)의 정점행렬 V의 왼쪽에 R을 곱하여 모든 회전들을 한꺼번에 수행할 수 있다. 그래서 회전된 집에 대한 정점행렬 V_1은 다음과 같고, 그림 6.5.3b와 일치한다.

$$V_1 = RV = \begin{bmatrix} 0 & -1 \\ 1 & 0 \end{bmatrix} \begin{bmatrix} 0 & 2 & 3 & 2 & 0 \\ 0 & 0 & 1 & 2 & 2 \end{bmatrix} = \begin{bmatrix} 0 & 0 & -1 & -2 & -2 \\ 0 & 2 & 3 & 2 & 0 \end{bmatrix} \tag{4}$$

유사하게, 정점행렬의 왼쪽에 적당한 변환행렬을 곱함으로써 집을 반사, 사영, 압축, 확장, 또는 층밀림 변환을 할 수 있다. ■

역사 속의 선형대수

Adobe Inspiration becomes reality.™

1985년, Adobe 시스템(주)은 ***PostScript***라 부르는 프로그래밍 언어를 개발했는데, 이것의 목적은 글씨체, 페이지 구성, 그리고 그래픽에 대한 정보를 인쇄 장치로 전송함으로써 인쇄물의 모양을 제어하는 것이다. 오늘날 대부분의 잡지와 책들(이 교재를 포함하여)은 PostScript를 사용하여 만들어진다. PostScript의 힘은 글씨체, 페이지 구성, 그리고 그래픽 이미지에 대한 수학적인 정보를 행렬변환을 사용하여 아주 빠르게 계산하는 능력에서 생긴다. 예를 들면, PostScript의 글씨체는 크기와 모양을 바꾸기 위하여 행렬변환으로 처리되는, *윤곽선*(outlines)이라 부르는 수학적 수식에 의해 표현된다. 또한 PostScript는 인쇄되는 페이지를 *세로 모드*(긴 방향이 수직이 되는)에서 *가로 모드*(긴 방향이 수평이 되는)로 바꾸기 위하여, 그리고 글자나 그래픽의 위치를 가운데로 옮기거나 바꾸기 위하여 회전과 평행이동을 사용한다.

예제 3

컴퓨터 화면에서 사용되는 글씨체는 대개 **로만 버전**(roman, 똑바로 선)과 **이탤릭 버전**(italic)을 가진다. 이탤릭 버전은 대개 로만 버전을 층밀림하여 생성한다. 예를 들어, 그림 6.5.4*a*는 로만체 T를 위한 와이어프레임과 수직에서 15° 벗어난 각도로 양의 *x*-축 방향으로 로만체를 층밀림하여 구한 이탤릭 버전에 대한 와이어프레임을 보여준다. 이탤릭 *T*의 정점들을 소수점 이하 두 번째 자리까지 구하라.

풀이 로만 T에 대한 정점행렬이 다음과 같음을 확인하라.

$$V = \begin{bmatrix} 0.5 & 0.5 & 3 & 3 & -3 & -3 & -0.5 & -0.5 \\ 0 & 6.5 & 6.5 & 7.5 & 7.5 & 6.5 & 6.5 & 0 \end{bmatrix}$$

$\mathbf{e}_1$과 $\mathbf{e}_2$가 R^2의 표준단위벡터일 때, 층밀림행렬 S의 열벡터들은 $S\mathbf{e}_1$과 $S\mathbf{e}_2$이다, 층밀림에 의하여 x-축 위의 점들은 변화가 없기 때문에, $S\mathbf{e}_1 = \mathbf{e}_1$이다. $\mathbf{e}_2$에 대한 층밀림의 효과는 $\mathbf{e}_2$의 상 $S\mathbf{e}_2$가 수직에서 15° 기울어지도록 $\mathbf{e}_2$의 끝점을 수평하게 오른쪽으로 이동하는 것이다(그림 6.5.4*b*). 그래서 다음이 성립한다.

$$S\mathbf{e}_1 = \mathbf{e}_1 = \begin{bmatrix} 1 \\ 0 \end{bmatrix} \quad \text{and} \quad S\mathbf{e}_2 = \begin{bmatrix} \sin 15^\circ \\ 1 \end{bmatrix} \approx \begin{bmatrix} 0.26 \\ 1 \end{bmatrix}$$

그러므로 층밀림을 한 T에 대한 정점행렬은 다음과 같다.

$$SV \approx \begin{bmatrix} 1 & 0.26 \\ 0 & 1 \end{bmatrix} \begin{bmatrix} 0.5 & 0.5 & 3 & 3 & -3 & -3 & -0.5 & -0.5 \\ 0 & 6.5 & 6.5 & 7.5 & 7.5 & 6.5 & 6.5 & 0 \end{bmatrix}$$

$$= \begin{bmatrix} 0.5 & 2.19 & 4.69 & 4.95 & -1.05 & -1.31 & 1.19 & -0.5 \\ 0 & 6.5 & 6.5 & 7.5 & 7.5 & 6.5 & 6.5 & 0 \end{bmatrix}$$

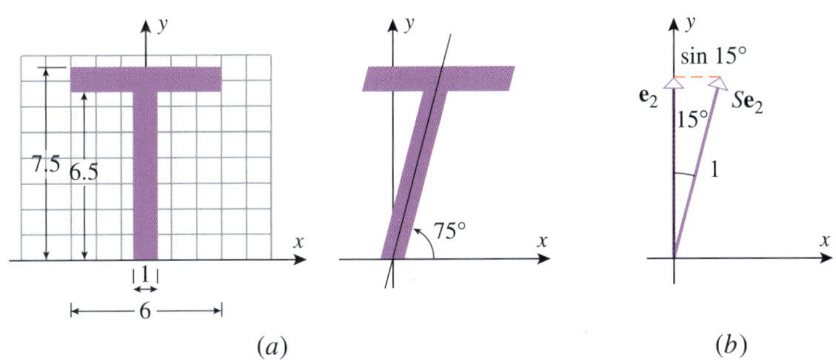

그림 6.5.4

정점들을 그려서 이 결과가 그림 6.5.4*a*에 있는 층밀림을 한 *T*와 일치함을 확인해보라. ■

동차좌표계를 사용한 평행이동

평행이동은 컴퓨터 그래픽에 있어서 중요한 연산일지라도, 선형연산자가 아니므로 행렬연산자가 아니기 때문에 문제가 있다(6.1절의 예제 9를 보라). 그래서, 예를 들어 행렬의 곱셈으로 R^2의 벡터들을 평행이동시킬 2×2 행렬이 존재하지 않고, 유사하게 R^3의 벡터들을 평행시킬 3×3 행렬도 존재하지 않는다. 다행히, 분할행렬들에 대한 다음의 정리를 사용함으로써 이 문제를 우회할 방법이 있다.

정리 6.5.1 *$\mathbf{x}$와 $\mathbf{x}_0$가 R^n의 벡터이고, I_n이 $n \times n$ 항등행렬이면, 다음이 성립한다.*

$$\left[\begin{array}{c|c} I_n & \mathbf{x}_0 \\ \hline 0 & 1 \end{array}\right] \left[\begin{array}{c} \mathbf{x} \\ \hline 1 \end{array}\right] = \left[\begin{array}{c} \mathbf{x}_0 + \mathbf{x} \\ \hline 1 \end{array}\right] \tag{5}$$

증명 스칼라를 1 × 1 행렬로 표현하는 일반적인 관례를 따르면 다음 식을 얻는다.

$$\left[\begin{array}{c|c} I_n & \mathbf{x}_0 \\ \hline 0 & 1 \end{array}\right]\left[\begin{array}{c} \mathbf{x} \\ \hline 1 \end{array}\right] = \left[\begin{array}{c} I_n\mathbf{x}+\mathbf{x}_0 \\ \hline 0+1 \end{array}\right] = \left[\begin{array}{c} \mathbf{x}_0+\mathbf{x} \\ \hline 1 \end{array}\right]$$ ■

이 정리는 1이라는 추가적인 성분을 첨가함으로써 $\mathbf{x}$와 $\mathbf{x}_0+\mathbf{x}$를 수정한다면, 행렬의 곱셈으로 수정된 $\mathbf{x}$를 수정된 $\mathbf{x}_0+\mathbf{x}$로 변환하는 $(n+1)\times(n+1)$ 행렬이 있다는 것을 보여준다. 일단 수정된 $\mathbf{x}_0+\mathbf{x}$가 계산되면, 평행이동된 R^n의 벡터 $\mathbf{x}_0+\mathbf{x}$를 얻기 위하여 마지막 성분 1을 삭제할 수 있다. 용어의 문제로, $\mathbf{x}=(x_1, x_2, \cdots, x_n)$가 R^n의 벡터이면, R^{n+1}의 수정된 벡터 $(x_1, x_2, \cdots, x_n, 1)$는 $\mathbf{x}$를 **동차좌표계**(homogeneous coordinates)로 표현한 것이라고 한다. 그래서, 예를 들어 R^2의 점 $\mathbf{x}=(x, y)$는 $(x, y, 1)$로 동차좌표계로 표현되고, R^3의 점 $\mathbf{x}=(x, y, z)$는 $(x, y, z, 1)$로 동차좌표계로 표현된다.

예제 4 행렬곱셈에 의한 평행이동

$\mathbf{x}=(x, y)$를 $\mathbf{x}_0=(h, k)$만큼 평행이동시키면 벡터 $\mathbf{x}+\mathbf{x}_0=(x+h, y+k)$를 얻는다. 정리 6.5.1을 사용하여, 이것은 다음과 같이 동차좌표계로 계산할 수 있다.

$$\left[\begin{array}{cc|c} 1 & 0 & h \\ 0 & 1 & k \\ \hline 0 & 0 & 1 \end{array}\right]\left[\begin{array}{c} x \\ y \\ \hline 1 \end{array}\right] = \left[\begin{array}{c} x+h \\ y+k \\ \hline 1 \end{array}\right]$$

이제 평행이동된 벡터는 마지막 1을 삭제하면 얻을 수 있다. ■

예제 5 행렬곱셈으로 와이어프레임을 평행이동하기

그림 6.5.5*a*의 바로 선 집을 그림 6.5.5*b*와 같은 위치로 평행이동하기 위하여 행렬의 곱셈을 사용하라.

풀이 바로 선 집에 대한 정점행렬은 다음과 같다.

$$V_1 = \begin{bmatrix} 0 & 0 & -1 & -2 & -2 \\ 0 & 2 & 3 & 2 & 0 \end{bmatrix}$$

원하는 위치로 집을 평행이동시키기 위해서 V_1의 모든 열벡터들을 다음 $\mathbf{x}_0$만큼 평행이동시켜야 한다.

$$\mathbf{x}_0 = \begin{bmatrix} 3 \\ 2 \end{bmatrix}$$

정리 6.5.1로부터, 이러한 평행이동은 다음과 같은 행렬곱셈을 거쳐 동차좌표계로 얻을 수 있다.

$$T = \left[\begin{array}{c|c} I_2 & \mathbf{x}_0 \\ \hline 0 & 1 \end{array}\right] = \left[\begin{array}{cc|c} 1 & 0 & 3 \\ 0 & 1 & 2 \\ \hline 0 & 0 & 1 \end{array}\right] \tag{6}$$

우선 V_1의 열벡터들을 동차좌표계로 바꾸면, 한 번의 곱셈으로 모든 평행이동들을 수행할 수 있다.

$$\begin{bmatrix} 1 & 0 & 3 \\ 0 & 1 & 2 \\ 0 & 0 & 1 \end{bmatrix}\begin{bmatrix} 0 & 0 & -1 & -2 & -2 \\ 0 & 2 & 3 & 2 & 0 \\ 1 & 1 & 1 & 1 & 1 \end{bmatrix} = \begin{bmatrix} 3 & 3 & 2 & 1 & 1 \\ 2 & 4 & 5 & 4 & 2 \\ 1 & 1 & 1 & 1 & 1 \end{bmatrix}$$

곱한 결과의 세 번째 행에서 1들을 삭제하면, 평행이동한 집에 대한 정점행렬 V_2를 다음과 같이 얻는다.

$$V_2 = \begin{bmatrix} 3 & 3 & 2 & 1 & 1 \\ 2 & 4 & 5 & 4 & 2 \end{bmatrix}$$

이것이 그림 6.5.5*b*와 일치하는지를 확인하라. ■

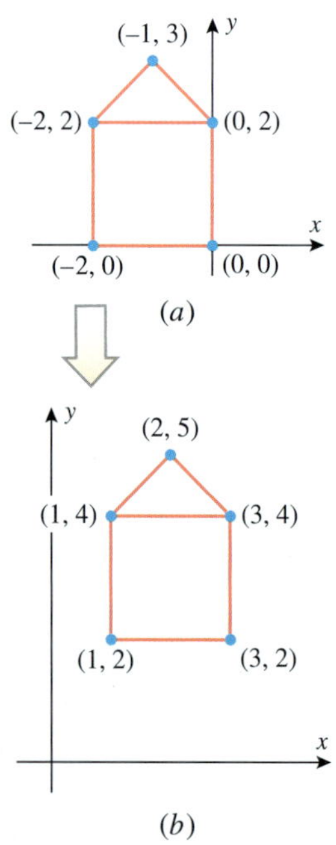

그림 6.5.5

이제 행렬의 곱셈에 의해서 컴퓨터 그래픽에서의 모든 기본적인 변환을 수행하는 법을 알았다. 그러나 평행이동은 다른 크기의 행렬을 요구하기 때문에 여전히 매우 눈에 띈다. 예를 들어 R^2에서 회전은 2×2 행렬에 의하여 실행되는 반면에, 평행이동은 3×3 행렬을 요구한다. 이것은 평행이동을 다른 변환들과 행렬의 곱셈으로 합성하기 불가능하도록 만들기 때문에 문제가 된다. 이러한 크기들의 불일치를 해소하는 하나의 방법은 동차좌표계에서 모든 기본적인 변환들을 수행하는 것이다. 다음 정리는 이렇게 하는 것을 가능하게 할 것이다. 이를 증명하도록 하라.

정리 6.5.2 *A가 $n \times n$ 행렬이고, $\mathbf{x}$가 열 형식으로 표현된 R^n의 벡터이면, 다음이 성립한다.*

$$\left[\begin{array}{c|c} A & 0 \\ \hline 0 & 1 \end{array}\right]\left[\begin{array}{c} \mathbf{x} \\ \hline 1 \end{array}\right] = \left[\begin{array}{c} A\mathbf{x} \\ \hline 1 \end{array}\right]$$

예제 6 동차좌표계에서의 회전

벡터 $\mathbf{x} = (x, y)$가 원점에 대하여 각 θ만큼 회전하면, 열 형식으로 결과 벡터는 다음과 같다.

$$\begin{bmatrix} \cos\theta & -\sin\theta \\ \sin\theta & \cos\theta \end{bmatrix}\begin{bmatrix} x \\ y \end{bmatrix} = \begin{bmatrix} x\cos\theta - y\sin\theta \\ x\sin\theta + y\cos\theta \end{bmatrix} \tag{7}$$

정리 6.5.2를 사용하여, 이 계산은 다음과 같이 동차좌표계에서 수행할 수 있다.

$$\left[\begin{array}{cc|c} \cos\theta & -\sin\theta & 0 \\ \sin\theta & \cos\theta & 0 \\ \hline 0 & 0 & 1 \end{array}\right]\left[\begin{array}{c} x \\ y \\ \hline 1 \end{array}\right] = \left[\begin{array}{c} x\cos\theta - y\sin\theta \\ x\sin\theta + y\cos\theta \\ \hline 1 \end{array}\right]$$

이것은 마지막 1을 삭제하면 식 (7)과 일치한다. ■

예제 7 동차좌표계에서의 합성

그림 6.5.3과 6.5.5의 결합인 그림 6.5.6은 넘어진 집을 우선 바로 선 위치로 90° 회전하고 새로운 위치로 평행이동을 한 와이어프레임을 보여준다. 예제 2에서 식 (3)의 행렬 R을 사용하여 회전을 수행하였고, 예제 5에서 식 (6)의 3×3 행렬 T를 사용하여 평행이동을 수행하였다. 이러한 변환들을 합성하고 동차좌표계에서 단일 행렬의 곱셈으로 합성을 실행하기 위하여, 첫 번째로 예제 2의 회전행렬 R을 다음과 같이 표현해야 한다.

$$R' = \left[\begin{array}{c|c} R & 0 \\ \hline 0 & 1 \end{array}\right] = \left[\begin{array}{cc|c} 0 & -1 & 0 \\ 1 & 0 & 0 \\ \hline 0 & 0 & 1 \end{array}\right]$$

동차좌표계에서 평행이동을 위한 행렬은 다음과 같기 때문에,

$$T = \left[\begin{array}{c|c} I_2 & \mathbf{x}_0 \\ \hline 0 & 1 \end{array}\right] = \left[\begin{array}{cc|c} 1 & 0 & 3 \\ 0 & 1 & 2 \\ \hline 0 & 0 & 1 \end{array}\right]$$

회전과 평행이동의 합성은 동차좌표계로 표현된 정점행렬에 다음 행렬을 곱함으로써 동차좌표계에서 수행될 수 있다.

$$TR' = \begin{bmatrix} 1 & 0 & 3 \\ 0 & 1 & 2 \\ 0 & 0 & 1 \end{bmatrix}\begin{bmatrix} 0 & -1 & 0 \\ 1 & 0 & 0 \\ 0 & 0 & 1 \end{bmatrix} = \begin{bmatrix} 0 & -1 & 3 \\ 1 & 0 & 2 \\ 0 & 0 & 1 \end{bmatrix}$$

이것에서 다음을 얻을 수 있다.

$$TR'V = \begin{bmatrix} 0 & -1 & 3 \\ 1 & 0 & 2 \\ 0 & 0 & 1 \end{bmatrix}\begin{bmatrix} 0 & 2 & 3 & 2 & 0 \\ 0 & 0 & 1 & 2 & 2 \\ 1 & 1 & 1 & 1 & 1 \end{bmatrix} = \begin{bmatrix} 3 & 3 & 2 & 1 & 1 \\ 2 & 4 & 5 & 4 & 2 \\ 1 & 1 & 1 & 1 & 1 \end{bmatrix}$$

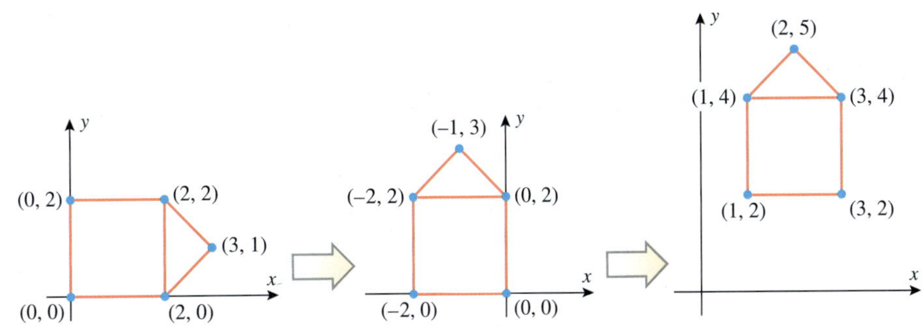

그림 6.5.6

마지막 1들을 삭제하면 그림 6.5.6과 일치한다(확인하라). ■

삼차원 그래픽 객체의 이차원 표현을 얻기 위하여 삼차원 와이어프레임의 정점들과 와이어들을 화면으로 사영시킴으로써 삼차원 와이어프레임을 평평한 컴퓨터 화면에 나타낼 수 있다. 좀 더 정확하게, 어떤 삼차원 와이어프레임이 xy-평면이 컴퓨터 화면과 일치하고 z-축이 화면과 수직인 xyz-좌표계에 그려졌다고 생각하자. 그림 6.5.7처럼, 관찰자의 눈이 z-축의 점 $Q(0, 0, d)$에 있다고 가정하면, 와이어프레임의 한 정점 $P(x, y, z)$는 Q에서 P를 지나는 광선이 화면과 만나는 점 $(x^*, y^*, 0)$으로 컴퓨터 화면에 표현될 수 있다. 이를 P의 **화면좌표계**(screen coordinate)라 하고, 화면좌표계를 얻기 위한 이러한 절차를 **관찰점 Q에 대한 원근투영**(perspective projection with viewpoint Q)이라 한다.

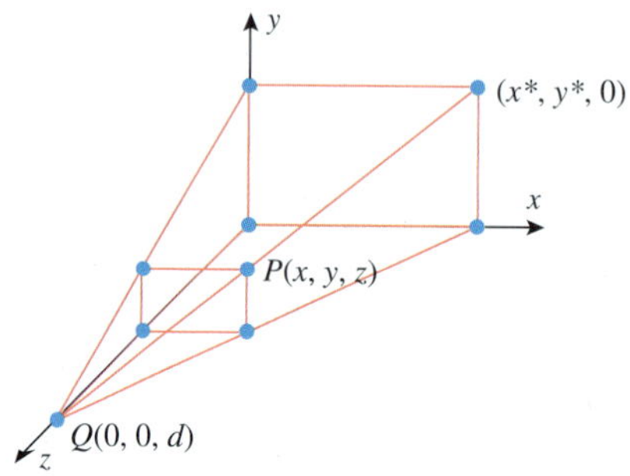

그림 6.5.7

원근투영은 조명 및 배경 선들을 제거하는 기술과 함께 결합하여, 삼차원 입체의 현실적 이미지를 생성하는 데 유용하다. 현실성에 대한 환상은 원근투영이 상평면(image plane)에 **소실점**(vanishing point)을 생성하기 때문에 발생한다. 이 소실점은 실제 객체에서 z-축에 평행한 직선들이 투영된 상에서 만나는 점이다(그림 6.5.8a). 그러나 투영이 바람직하지 않은 컴퓨터 그래픽의 많은 응용들(예를 들어, 공학적 그림)이 있다. 그러한 경우에서 와이어프레임의 화면 이미지는 전형적으로 xy-평면 위로의 정사영(orthogonal projection)으로 생성된다(그림 6.5.8b).

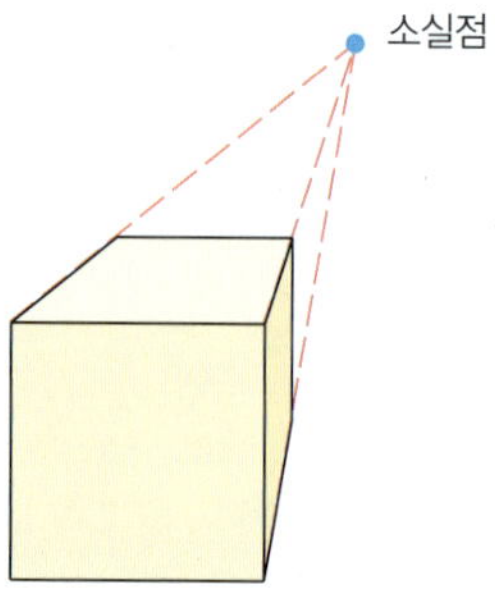

원근투영으로 표현된 정육면체

(a)

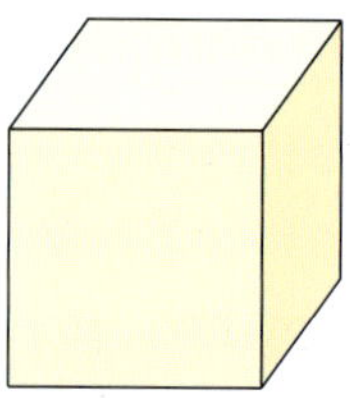

정사영으로 표현된 정육면체

(b)

그림 6.5.8

참고 그림 6.5.7에서 d가 무한히 커지면, 원근투영에 의해 생성되는 화면의 점 $(x^*, y^*, 0)$은 정사영에 의해 생성되는 화면의 점 $(x, y, 0)$에 근접할 것이라는 것을 관찰하라. 그래서 정사영은 관찰자의 눈이 화면에서 '무한히 멀리 있는' 원근투영으로 볼 수 있다.

▶ 예제 8 삼차원 와이어프레임의 변환

그림 6.5.9a는 다음과 같은 정점행렬을 가진 삼차원 와이어프레임의 xy-평면으로의 정사영을 보여준다.

$$V = \begin{bmatrix} 3 & 5 & 6 & 7 & 9 & 9 & 11 & 12 & 13 & 15 \\ 5 & 17 & 0 & 11 & 20 & 8 & 11 & 0 & 17 & 5 \\ -9 & -1 & 0 & 3 & -6 & -16 & 3 & 0 & -1 & -9 \end{bmatrix}$$

(a) 동차좌표계로 해결하기 위하여, R^3에서 와이어프레임을 양의 x-축에 대하여 반시계 방향으로 60° 회전하기 위하여 적절한 4×4 행렬을 사용하라. 그런 다음에 회전된 와이어프레임을 xy-평면으로 정사영하여 그려라.

(b) 동차좌표계로 해결하기 위하여, (a)에서 얻은 회전된 와이어프레임을 다음의 $\mathbf{x}_0$만큼 평행이동하기 위하여 적절한 4×4 행렬을 사용하라.

$$\mathbf{x}_0 = \begin{bmatrix} 1 \\ 2 \\ 5 \end{bmatrix} \tag{8}$$

그런 다음에 평행이동을 한 와이어프레임을 xy-평면으로 정사영하여 그려라.

(c) 회전한 다음에 평행이동을 수행하는 단일의 4×4 행렬을 찾아라.

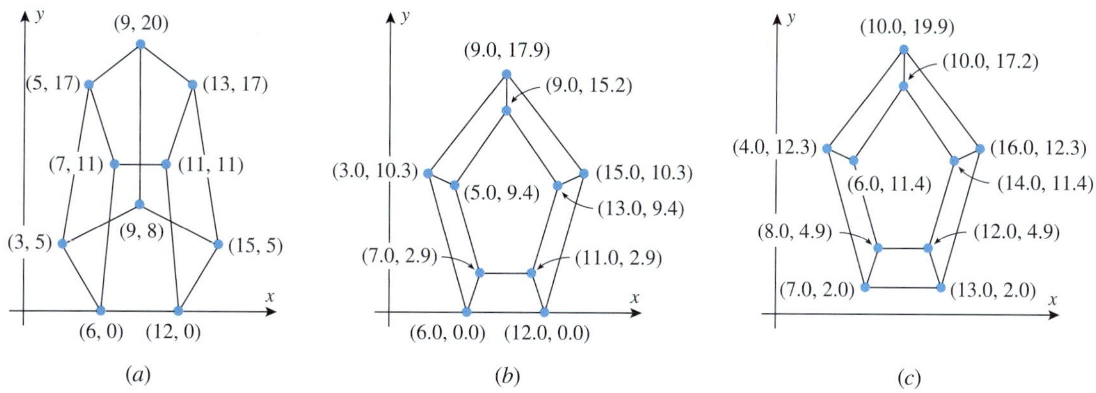

그림 6.5.9

풀이 (a) 동차좌표계에서 원하는 회전을 나타내 4×4 행렬을 찾기 위하여, 먼저 회전을 위한 3×3 표준행렬을 구하기 위하여 표 6.2.6을 이용하고 그다음에 정리 6.5.2를 적용하여 다음을 얻는다(확인하라).

$$R = \begin{bmatrix} 1 & 0 & 0 & 0 \\ 0 & \frac{1}{2} & -\frac{1}{2}\sqrt{3} & 0 \\ 0 & \frac{1}{2}\sqrt{3} & \frac{1}{2} & 0 \\ 0 & 0 & 0 & 1 \end{bmatrix} \tag{9}$$

회전을 수행하기 위하여 동차좌표계로 V의 열벡터를 작성하고 R을 곱한다. 그러면 다음과 같은 결과를 얻는다.

$$V_1 = \begin{bmatrix} 1 & 0 & 0 & 0 \\ 0 & \frac{1}{2} & -\frac{1}{2}\sqrt{3} & 0 \\ 0 & \frac{1}{2}\sqrt{3} & \frac{1}{2} & 0 \\ 0 & 0 & 0 & 1 \end{bmatrix} \begin{bmatrix} 3 & 5 & 6 & 7 & 9 & 9 & 11 & 12 & 13 & 15 \\ 5 & 17 & 0 & 11 & 20 & 8 & 11 & 0 & 17 & 5 \\ -9 & -1 & 0 & 3 & -6 & -16 & 3 & 0 & -1 & -9 \\ 1 & 1 & 1 & 1 & 1 & 1 & 1 & 1 & 1 & 1 \end{bmatrix}$$

$$\approx \begin{bmatrix} 3.000 & 5.000 & 6.000 & 7.000 & 9.000 & 9.000 & 11.000 & 12.000 & 13.000 & 15.000 \\ 10.294 & 9.366 & 0.000 & 2.902 & 15.196 & 17.856 & 2.902 & 0.000 & 9.366 & 10.294 \\ -0.170 & 14.222 & 0.000 & 11.026 & 14.321 & -1.072 & 11.026 & 0.000 & 14.222 & -0.170 \\ 1 & 1 & 1 & 1 & 1 & 1 & 1 & 1 & 1 & 1 \end{bmatrix}$$

R^3에서 회전된 와이어프레임에 대한 정점행렬은 이제 1들을 삭제하여 얻을 수 있고, 회전된 와이어프레임을 xy-평면으로 정사영하는 정점행렬은 z-좌표를 0으로 설정하여 얻을 수 있다. 결과적인 와이어프레임은 z-좌표를 제거하고 좌표를 소수점 이하 한 자리로 반올림하여 그림 6.5.9b와 같이 표현된다.

풀이 (b) 정리 6.5.1과 식 (8)로부터, 동차좌표계에서 평행이동을 수행하는 행렬 T는 다음과 같다.

$$T = \begin{bmatrix} 1 & 0 & 0 & 1 \\ 0 & 1 & 0 & 2 \\ 0 & 0 & 1 & 5 \\ 0 & 0 & 0 & 1 \end{bmatrix} \tag{10}$$

그래서 동차좌표계에서 평행이동된 와이어프레임의 정점행렬은 다음과 같다.

$$V_2 = TV_1 \approx \begin{bmatrix} 1 & 0 & 0 & 1 \\ 0 & 1 & 0 & 2 \\ 0 & 0 & 1 & 5 \\ 0 & 0 & 0 & 1 \end{bmatrix} \begin{bmatrix} 3.000 & 5.000 & 6.000 & 7.000 & 9.000 & 9.000 & 11.000 & 12.000 & 13.000 & 15.000 \\ 10.294 & 9.366 & 0.000 & 2.902 & 15.196 & 17.856 & 2.902 & 0.000 & 9.366 & 10.294 \\ -0.170 & 14.222 & 0.000 & 11.026 & 14.321 & -1.072 & 11.026 & 0.000 & 14.222 & -0.170 \\ 1 & 1 & 1 & 1 & 1 & 1 & 1 & 1 & 1 & 1 \end{bmatrix}$$

$$\approx \begin{bmatrix} 4.000 & 6.000 & 7.000 & 8.000 & 10.000 & 10.000 & 12.000 & 13.000 & 14.000 & 16.000 \\ 12.294 & 11.366 & 2.000 & 4.902 & 17.196 & 19.856 & 4.902 & 2.000 & 11.366 & 12.294 \\ 4.830 & 19.222 & 5.000 & 16.026 & 19.321 & 3.928 & 16.026 & 5.000 & 19.222 & 4.830 \\ 1 & 1 & 1 & 1 & 1 & 1 & 1 & 1 & 1 & 1 \end{bmatrix}$$

R^3에서 평행이동된 와이어프레임에 대한 정점행렬은 1들을 삭제하여 얻을 수 있고, 회전된 와이어프레임을 xy-평면으로 정사영하기 위한 정점행렬은 z-좌표들을 0으로 설정하여 얻을 수 있다. 결과적인 와이어프레임은 z-좌표를 제거하고 좌표를 소수점 이하 한 자리로 반올림하여 그림 6.5.9c와 같이 표현된다.

풀이 (c) 회전을 한 다음에 평행이동을 하는 것은 식 (9)와 (10)으로부터 다음의 행렬로 수행할 수 있다.

$$TR = \begin{bmatrix} 1 & 0 & 0 & 1 \\ 0 & 1 & 0 & 2 \\ 0 & 0 & 1 & 5 \\ 0 & 0 & 0 & 1 \end{bmatrix} \begin{bmatrix} 1 & 0 & 0 & 0 \\ 0 & \frac{1}{2} & -\frac{1}{2}\sqrt{3} & 0 \\ 0 & \frac{1}{2}\sqrt{3} & \frac{1}{2} & 0 \\ 0 & 0 & 0 & 1 \end{bmatrix} = \begin{bmatrix} 1 & 0 & 0 & 1 \\ 0 & \frac{1}{2} & -\frac{1}{2}\sqrt{3} & 2 \\ 0 & \frac{1}{2}\sqrt{3} & \frac{1}{2} & 5 \\ 0 & 0 & 0 & 1 \end{bmatrix}$$ ■

연습문제 6.5

연습문제 1~4에서, 다음의 정점행렬 V와 연결성행렬 C에 대한 와이어프레임을 그려라.

1. $V = \begin{bmatrix} 1 & 1 & 2 & 2 \\ 0 & 1 & 1 & 0 \end{bmatrix}$; $C = \begin{bmatrix} 1 & 1 & 1 & 1 \\ 1 & 1 & 1 & 0 \\ 1 & 1 & 1 & 1 \\ 1 & 0 & 1 & 1 \end{bmatrix}$

2. $V = \begin{bmatrix} 0 & 1 & 2 & 3 & 2 & 1 \\ 1 & 2 & 2 & 1 & 0 & 0 \end{bmatrix}$; $C = \begin{bmatrix} 1 & 1 & 0 & 0 & 0 & 1 \\ 1 & 1 & 1 & 0 & 0 & 0 \\ 0 & 1 & 1 & 1 & 0 & 0 \\ 0 & 0 & 1 & 1 & 1 & 0 \\ 0 & 0 & 0 & 1 & 1 & 1 \\ 1 & 0 & 0 & 0 & 1 & 1 \end{bmatrix}$

3. $V = \begin{bmatrix} 0 & 1 & 2 & 3 \\ 0 & 1 & 0 & 1 \end{bmatrix}$; $C = \begin{bmatrix} 1 & 1 & 0 & 1 \\ 1 & 1 & 1 & 1 \\ 0 & 1 & 1 & 1 \\ 1 & 1 & 1 & 1 \end{bmatrix}$

4. $V = \begin{bmatrix} 0 & 1 & 2 & 3 & 4 \\ 1 & 0 & 1 & 0 & 1 \end{bmatrix}$; $C = \begin{bmatrix} 1 & 1 & 0 & 0 & 0 \\ 1 & 1 & 1 & 0 & 0 \\ 0 & 1 & 1 & 1 & 0 \\ 0 & 0 & 1 & 1 & 1 \\ 0 & 0 & 0 & 1 & 1 \end{bmatrix}$

연습문제 5~8에서, 다음의 와이어프레임에 대한 정점행렬과 연결성행렬을 구하라.

5.

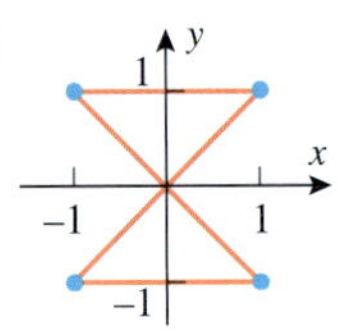

6.

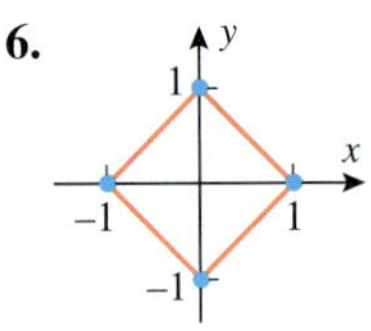

7.

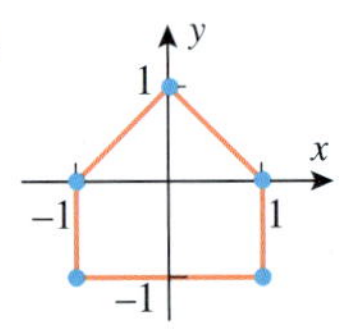

8.

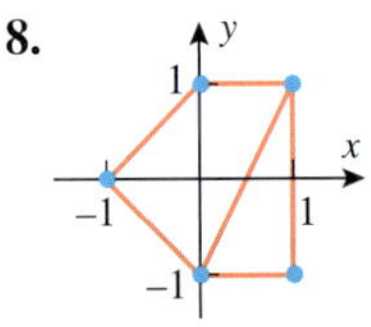

연습문제 9~12에서, 행렬의 곱셈을 사용하여 변환 A에 의한 와이어프레임의 상을 구하고, 그 상을 그려라.

9. 연습문제 7의 와이어프레임, $A = \begin{bmatrix} 2 & 0 \\ 0 & 3 \end{bmatrix}$

10. 연습문제 8의 와이어프레임, $A = \begin{bmatrix} \frac{1}{2} & 0 \\ 0 & 2 \end{bmatrix}$

11. 연습문제 7의 와이어프레임, $A = \begin{bmatrix} 1 & 2 \\ 0 & 1 \end{bmatrix}$

12. 연습문제 8의 와이어프레임, $A = \begin{bmatrix} 1 & 0 \\ 2 & 1 \end{bmatrix}$

연습문제 13~16에서, 와이어프레임을 $\mathbf{x}_0$만큼 평행이동하기 위하여 동차좌표계에서 행렬의 곱셈을 사용하고, 그 상을 그려라.

13. 연습문제 7의 와이어프레임, $\mathbf{x}_0 = \begin{bmatrix} 1 \\ 1 \end{bmatrix}$

14. 연습문제 8의 와이어프레임, $\mathbf{x}_0 = \begin{bmatrix} -1 \\ 0 \end{bmatrix}$

15. 연습문제 7의 와이어프레임, $\mathbf{x}_0 = \begin{bmatrix} 2 \\ -1 \end{bmatrix}$

16. 연습문제 8의 와이어프레임, $\mathbf{x}_0 = \begin{bmatrix} 0 \\ 2 \end{bmatrix}$

연습문제 17과 18에서, R^2에서 주어진 연산을 수행하는 동차좌표계의 3×3 행렬을 구하라.

17. (a) 원점에 대한 30°의 회전
(b) x-축에 대한 반사

18. (a) x-축 방향으로 $\frac{1}{2}$배 압축
(b) 인수 6을 갖는 확대

연습문제 19와 20에서, R^3에서 주어진 연산을 수행하는 동차좌표계의 4×4 행렬을 구하라.

19. (a) z-축에 대한 60°의 회전
(b) yz-평면에 대한 반사

20. (a) x-축에 대한 45°의 회전
(b) xy-평면에 대한 반사

21. (a) 동차좌표계에서 $\mathbf{x} = (x, y)$를 $\mathbf{x}_0 = (1, 2)$만큼 평행이동하는 3×3 행렬을 구하라.
(b) (a)에서 구한 행렬을 사용하여 점 $\mathbf{x} = (3, 4)$를 평행이동한 상을 구하라.

22. (a) 동차좌표계에서 $\mathbf{x} = (x, y)$를 $\mathbf{x}_0 = (-2, 4)$만큼 평행이동하는 3×3 행렬을 구하라.
(b) (a)에서 구한 행렬을 사용하여 점 $\mathbf{x} = (1, 3)$을 평행이동한 상을 구하라.

23. (a) 동차좌표계에서 $\mathbf{x} = (x, y, z)$를 $\mathbf{x}_0 = (5, 3, -1)$만큼 평행이동하는 4×4 행렬을 구하라.
(b) (a)에서 구한 행렬을 사용하여 점 $\mathbf{x} = (5, -4, 1)$을 평행이동한 상을 구하라.

24. (a) 동차좌표계에서 $\mathbf{x} = (x, y, z)$를 $\mathbf{x}_0 = (4, 2, 0)$만큼 평행이동하는 4×4 행렬을 구하라.
(b) (a)에서 구한 행렬을 사용하여 점 $\mathbf{x} = (6, -3, 2)$를 평행이동한 점을 구하라.

연습문제 25~28에서, 동차좌표계에서 다음의 합성을 수행하는 행렬을 구하라.

25. 원점에 대하여 60° 회전, 그런 다음에 $(3, -1)$만큼 평행이동

26. $(1, 1)$만큼의 평행이동, 그런 다음에 $(x, y) \to (2x, 7y)$인 크기변환

27. $(x, y, z) \to (-x, 2y + z, x + y)$, 그런 다음에 $(2, -3, 5)$만큼 평행이동

28. 양의 y-축에 대하여 30°만큼 회전, 그런 다음에 $(1, -2, 3)$만큼 평행이동

토론과 발견

6.1절에서 R^2에서 원점에 대한 회전들과 원점을 지나는 직선에 대한 반사들에 대하여 고려했다[6.1절의 식 (16)과 (18)을 보라]. 그러나 원점 이외의 점들에 대한 회전들이나 원점을 지나지 않는 직선들에 대한 반사들에 관심이 있는 많은 응용들이 있다. 그러한 변환들은 선형이 아니지만 동차좌표계에서 행렬의 곱셈으로 수행될 수 있다. 이러한 개념을 연습문제 D1~D3에서 살펴보자.

D1. R^2에서 점 $\mathbf{x}_0 = (x_0, y_0)$에 대하여 각 θ의 회전을 하는 한 가지 방법은 우선 점 $\mathbf{x}_0$을 원점으로 옮기기 위하여 $-\mathbf{x}_0$만큼 평행이동하고, 그런 다음에 원점에 대하여 각 θ의 회전을 하며, 그런 다음에 원점을 $\mathbf{x}_0 = (x_0, y_0)$로 다시 옮기기 위하여 평행이동하는 것이다. 그래서 R^2에서 점 $\mathbf{x}_0 = (x_0, y_0)$에 대하여 각 θ의 회전을 하는 동차좌표계의 행렬 R은 다음과 같다.

$$R = \begin{bmatrix} 1 & 0 & x_0 \\ 0 & 1 & y_0 \\ 0 & 0 & 1 \end{bmatrix} \begin{bmatrix} \cos\theta & -\sin\theta & 0 \\ \sin\theta & \cos\theta & 0 \\ 0 & 0 & 1 \end{bmatrix} \begin{bmatrix} 1 & 0 & -x_0 \\ 0 & 1 & -y_0 \\ 0 & 0 & 1 \end{bmatrix}$$

R^2에서 일반적인 점 (x, y)를 점 $(2, -1)$에 대하여 30° 회전한 상을 구하라.

D2. (a) R^2에서 양의 x-축 방향과 θ의 각을 이루고 점 $\mathbf{x}_0 = (x_0, y_0)$을 지나는 직선에 대하여 반사하는 동차좌표계의 행렬 H를 구하기 위하여 연습문제 D1에서 논의한 개념을 사용하라. (연습문제 D1에서와 같이, 행렬 H를 곱으로 표현하라.)
(b) (a)에서 구한 행렬을 사용하여 양의 x-축과 30°의 각을 이루고 점 $(2, -1)$을 지나는 직선에 대한 반사에 의한 일반적인 점 (x, y)의 상을 구하라.

D3. 점 $(1, 2)$를 지나고 기울기가 $\frac{1}{2}$인 직선에 대한 반사에 의한 점 $(3, 4)$의 상을 구하라. [*제안*: 6.1절의 연습문제 31(a)와 이 절의 연습문제 D2를 보라.]

D4. λ_1과 λ_2가 양의 스칼라이면, R^2에서 크기변환 연산자 $(x, y) \to (\lambda_1 x, \lambda_2 y)$는 x-좌표를 인수 λ_1만큼 늘리거나 줄이고, y-좌표를 인수 λ_2만큼 늘리거나 줄인다. 크기변환 연산자는 원점은 변하게 하지 않기 때문에, 때때로 원점을 크기변환 연산자를 위한 **크기변환의 중심**(center of scaling)이라 부른다. 그러나 x-방향과 y-방향으로 늘리거나 줄이지만 원점이 아닌 $\mathbf{x}_0 = (x_0, y_0)$을 변하지 않게 하는 선형이 아닌 크기변환 연산자가 역시 존재한다. 먼저 점 $\mathbf{x}_0$을 원점으로 옮기기 위하여 $-\mathbf{x}_0$만큼 평행이동하고, 그런 다음에 크기변환 연산자 $(x, y) \to (\lambda_1 x, \lambda_2 y)$를 적용하며, 그런 다음에 다시 원점을 점 $\mathbf{x}_0$로 이동하기 위하여 $\mathbf{x}_0$만큼 평행이동을 함으로써 이런 유형의 연산자들을 구할 수 있다. 동차좌표계에서 이러한 세 가지 연산을 수행하는 3×3 행렬 S를 구하

고, 이것을 사용하여 이 변환이 다음과 같음을 보여라.

$$(x, y) \to (x_0 + \lambda_1(x - x_0), y_0 + \lambda_2(y - y_0))$$

[이 변환에 의하여 (x_0, y_0)는 변하지 않고 $\lambda_1 = \lambda_2 = 1$이 아닐 때, $(x_0, y_0) \neq (0, 0)$이면 이 변환은 선형이 아니라는 것을 주의하라.]

D5. (a) $\mathbf{x} = (x, y)$를 $\mathbf{x}_0 = (x_0, y_0)$만큼 평행이동하고, 그런 다음에 결과 벡터를 원점에 대하여 각 θ만큼 회전하는 동차좌표계의 3×3 행렬을 구하라.

(b) (a)에서 반대의 순서로 수행하는 변환에 대한 동차좌표계의 3×3 행렬을 구하라.

(c) (a)와 (b)의 결과들은 회전과 평행이동의 가환성(commutativity)에 대하여 무엇을 말하는가? 결과를 설명하는 그림을 그려라.

프로그램 활용 연습문제

T1. (a) 다음 그림은 직교 xyz-좌표계에서 정육면체의 와이어프레임을 보여준다. 와이어프레임에 대한 정점행렬을 구하고, xy-평면으로의 와이어프레임의 정사영을 그려라.

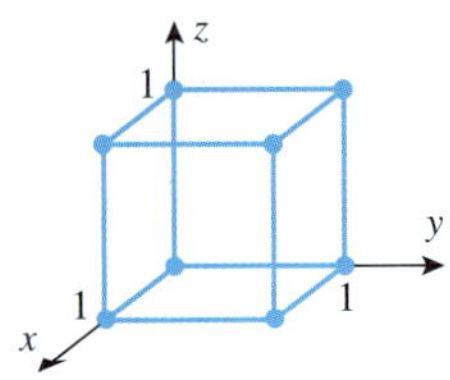

그림 Ex-T1

(b) 동차좌표계에서 와이어프레임을 양의 z-축에 대하여 30°만큼 회전하고, 그런 다음에 x-축의 양의 방향으로 1단위만큼 평행이동하는 4×4 행렬을 구하라.

(c) 회전과 평행이동을 적용한 와이어프레임의 정점행렬을 구하라.

(d) 회전과 평행이동을 적용한 와이어프레임을 xy-평면으로 정사영한 결과를 그리기 위하여 (c)에서 구한 행렬을 사용하라. 그 결과는 사영이 어떻게 보여야 하는 것인가에 대한 직관적인 기하학적 느낌과 일치하는가?

T2. 와이어프레임을 양의 y-축에 대하여 30°만큼 회전하고 그런 다음에 원점에 있는 정점을 점 (1, 1, 1)로 평행이동을 한다고 가정하여 연습문제 T1의 (b), (c), 그리고 (d)의 과정을 반복하라.

T3. 다음의 그림은 xy-좌표계에서 문자 L과 문자 L을 층밀림과 평행이동으로 생성한 이탤릭 버전을 보여준다. 예제 3의 방법을 사용하여 이동된 이탤릭체 L의 정점들을 소수점 이하 둘째 자리까지 구하라.

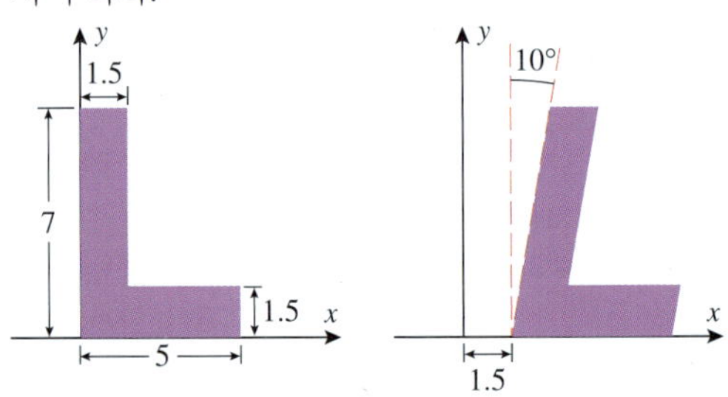

그림 Ex-T3

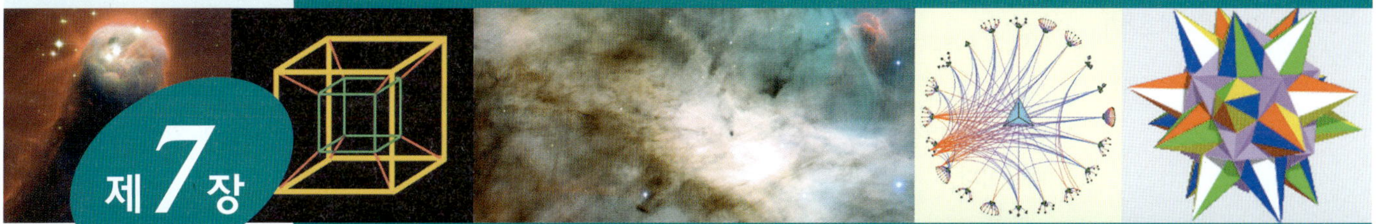

제 7 장

차원과 구조
Dimension and Structure

n차 공간에서의 차원과 구조의 개념들은 친숙한 기하학적 생각으로써 자료를 가시화하고 해석하는 것을 가능하게 한다. 사실상 선형대수학의 모든 응용 분야는 이러한 아이디어를 어떤 식으로든 이용한다.

7.1 기저와 차원

3.5절에서 차원의 개념을 약식으로 논의했다. 이 절의 목표는 차원의 개념을 수학적으로 확실히 하는 것이다.

부분공간의 기저

$V = \text{span}\{\mathbf{v}_1, \mathbf{v}_2, \cdots, \mathbf{v}_s\}$가 R^n의 부분공간이고 집합 $S = \{\mathbf{v}_1, \mathbf{v}_2, \cdots, \mathbf{v}_s\}$의 벡터들이 일차종속이면, 적어도 S의 벡터들 중 하나는 소거될 수 있고 나머지 벡터들은 여전히 V를 생성할 것이다. 예를 들면 $S = \{\mathbf{v}_1, \mathbf{v}_2, \mathbf{v}_3\}$에서 $V = \text{span}\{\mathbf{v}_1, \mathbf{v}_2, \mathbf{v}_3\}$이 일차종속집합이라 하자. S가 일차종속이라는 것은 집합 S에서 적어도 하나의 벡터는 다른 벡터들의 일차결합으로 표현할 수 있다는 것을 의미한다.

$$\mathbf{v}_3 = k_1\mathbf{v}_1 + k_2\mathbf{v}_2 \tag{1}$$

그러므로 V의 모든 벡터 $\mathbf{w}$는 $\mathbf{v}_1$과 $\mathbf{v}_2$의 일차결합으로 표현할 수 있다. 먼저 $\mathbf{w}$를 $\mathbf{v}_1$, $\mathbf{v}_2$, $\mathbf{v}_3$의 일차결합으로 나타내면

$$\mathbf{w} = c_1\mathbf{v}_1 + c_2\mathbf{v}_2 + c_3\mathbf{v}_3$$

그리고 식 (1)을 대입하면

$$\mathbf{w} = c_1\mathbf{v}_1 + c_2\mathbf{v}_2 + c_3(k_1\mathbf{v}_1 + k_2\mathbf{v}_2) = (c_1 + c_3k_1)\mathbf{v}_1 + (c_2 + c_3k_2)\mathbf{v}_2$$

이것은 특히 일차독립벡터로 생성된 집합은 불필요한 벡터를 포함하지 않는다는 것을 뜻한다. 기저에 대한 정의는 다음과 같다.

정의 7.1.1 R^n의 부분공간 V의 벡터들의 집합이 일차독립이고 V를 생성한다면, 이 집합을 V에 대한 **기저**(basis)라 한다.

여기 몇 가지 예제가 있다.

예제 1
단순한 기저들

- 만약 V가 R^n의 원점을 지나는 직선이라면, 직선 위의 영이 아닌 벡터는 V의 기저를 형성한다.
- 만약 V가 R^n의 원점을 지나는 평면이라면, 서로 스칼라배수가 아니고 영이 아닌 평면 위의 두 개의 벡터는 V의 기저를 형성한다.
- 만약 $V = \{\mathbf{0}\}$이 R^n의 부분공간 V라면, V는 어떤 일차독립벡터도 가질 수 없으므로 V는 어떠한 기저도 가질 수 없다.* ■

*어떤 책에서는 공집합을 $\{\mathbf{0}\}$의 기저로 정의하지만, 이 책에서는 $\{\mathbf{0}\}$을 기저를 가지지 않는 부분공간으로 생각할 것이다.

▶ 예제 2 R^n의 표준기저

표준 단위벡터 $\mathbf{e}_1, \mathbf{e}_2, \cdots, \mathbf{e}_n$은 일차독립이고, 다음과 같이 쓰면

$$c_1\mathbf{e}_1 + c_2\mathbf{e}_2 + \cdots + c_n\mathbf{e}_n = \mathbf{0} \tag{2}$$

$(c_1, c_2, \cdots, c_n) = (0, 0, \cdots, 0)$을 얻는다. 이것은 식 (2)의 모든 계수가 0이라는 것을 의미한다. 더구나 이 벡터들은 R^n을 생성한다. 왜냐하면 R^n의 임의의 벡터 $\mathbf{x} = (x_1, x_2, \cdots, x_n)$은 다음과 같이 표현될 수 있기 때문이다.

$$\mathbf{x} = x_1(1, 0, \ldots, 0) + x_2(0, 1, \ldots, 0) + \cdots + x_n(0, 0, \ldots, 1) = x_1\mathbf{e}_1 + x_2\mathbf{e}_2 + \cdots + x_n\mathbf{e}_n$$

$\{\mathbf{e}_1, \mathbf{e}_2, \cdots, \mathbf{e}_n\}$을 R^n의 **표준기저**(standard basis)라고 부른다. ■

우리는 R^n의 둘 또는 그 이상의 벡터들로 이루어진 집합 $S = \{\mathbf{v}_1, \mathbf{v}_2, \cdots, \mathbf{v}_k\}$가 일차종속이기 위한 필요충분조건은 이 집합의 적당한 벡터가 이 집합의 다른 벡터들의 일차결합이 된다는 것을 알고 있다. 이보다 한 단계 더 나아간 다음 정리는 기저에 대한 공부를 하는 데 매우 유용할 것이다. 즉 S에 벡터들이 어떤 순서로 늘어져 있건 상관없이 이 순서에서 적어도 한 벡터가 그 앞의 벡터들의 일차결합으로 표시된다면 S는 일차종속이 됨을 다음 정리에서 보일 것이다.

정리 7.1.2 *$S = \{\mathbf{v}_1, \mathbf{v}_2, \cdots, \mathbf{v}_k\}$가 R^n의 둘 혹은 그 이상의 영이 아닌 벡터집합이라 하자. S가 일차종속이 되기 위한 필요충분조건은 S의 어떤 벡터가 그 이전 벡터들의 일차결합이 되는 것이다.*

증명 만약 S의 어떤 벡터가 이전 벡터들의 일차결합이라면, 정리 3.4.6에 의해 S의 일차종속이 성립한다.

반대로 S가 일차종속집합이라고 하면 다음 식은 영이 아닌 스칼라가 존재하는 것을 의미한다.

$$t_1\mathbf{v}_1 + t_2\mathbf{v}_2 + \cdots + t_k\mathbf{v}_k = \mathbf{0} \tag{3}$$

그리고 t_j가 가장 큰 지표를 가진 영이 아닌 스칼라라고 하자. 따라서 식 (3)은 다음과 같이 다시 쓸 수 있다.

$$t_1\mathbf{v}_1 + t_2\mathbf{v}_2 + \cdots + t_j\mathbf{v}_j = \mathbf{0}$$

$t_j \neq 0$이므로 이 식은 $1/t_j$을 곱해서 $\mathbf{v}_1, \mathbf{v}_2, \cdots, \mathbf{v}_{j-1}$의 일차결합으로 $\mathbf{v}_j$를 구할 수 있다. 이로써 증명이 끝이 난다. ■

▶ 예제 3 정리 7.1.2를 이용한 일차독립

집합 $\{\mathbf{v}_1, \mathbf{v}_2, \mathbf{v}_3\}$의 어떤 벡터도 그 앞의 원소들의 일차결합이 아닌 것을 보임으로써 다음 벡터들이 일차독립인 것을 보여라.

$$\mathbf{v}_1 = (0, 2, 0), \quad \mathbf{v}_2 = (3, 0, 3), \quad \mathbf{v}_3 = (-4, 0, 4)$$

풀이 벡터 $\mathbf{v}_2$는 $\mathbf{v}_1$의 스칼라 배수가 아니므로, $\mathbf{v}_1$의 일차결합이 아니다. $\mathbf{v}_3$은 $\mathbf{v}_1$과 $\mathbf{v}_2$의 일차결합이 아니다. 만약 $\mathbf{v}_3 = t_1\mathbf{v}_1 + t_2\mathbf{v}_2$의 관계가 있다면, $\mathbf{v}_3$의 두 번째 계수를 0으로 하기 위해 $t_1 = 0$을 가져야 한다. 이것은 $\mathbf{v}_3$이 $\mathbf{v}_2$의 스칼라 배수라는 것을 의미하며, 사실과 다르다. 그러므로 $\{\mathbf{v}_1, \mathbf{v}_2, \mathbf{v}_3\}$의 어떠한 벡터도 다른 벡터들의 일차결합이 아니다. ■

▶ 예제 4 행사다리꼴 형태의 영이 아닌 행벡터들의 독립

행사다리꼴 형태에서의 영이 아닌 행벡터들의 행렬은 일차독립이다. 이것이 왜 사실인지를 증명하기 위해 다음의 전형적인 행사다리꼴 행렬들을 살펴보자. $*$은 임의의 실수를 말한다.

$$\begin{bmatrix} 1 & * & * & * \\ 0 & 1 & * & * \\ 0 & 0 & 1 & * \\ 0 & 0 & 0 & 1 \end{bmatrix}, \quad \begin{bmatrix} 1 & * & * & * \\ 0 & 1 & * & * \\ 0 & 0 & 1 & * \\ 0 & 0 & 0 & 0 \end{bmatrix}, \quad \begin{bmatrix} 1 & * & * & * \\ 0 & 1 & * & * \\ 0 & 0 & 0 & 0 \\ 0 & 0 & 0 & 0 \end{bmatrix}, \quad \begin{bmatrix} 0 & 1 & * & * & * & * & * & * & * & * \\ 0 & 0 & 0 & 1 & * & * & * & * & * & * \\ 0 & 0 & 0 & 0 & 1 & * & * & * & * & * \\ 0 & 0 & 0 & 0 & 0 & 1 & * & * & * & * \\ 0 & 0 & 0 & 0 & 0 & 0 & 0 & 0 & 1 & * \end{bmatrix}$$

만약 이러한 행렬들의 영이 아닌 행벡터들을 *밑에서 위로* $\mathbf{v}_1, \mathbf{v}_2, \cdots$라 하면 어떠한 벡터도 그 앞의 벡터

들의 일차결합으로 표현될 수 없다. 왜냐하면 이와 같은 벡터들의 일차결합으로는 이들 벡터보다 선행하는 1을 갖는 벡터를 만들 수 없기 때문이다. 따라서 정리 7.1.2에 의해 영이 아닌 행벡터들은 일차독립이 된다. ■

이제 이 절의 주요한 정리들을 증명할 수학적 도구들을 모두 다 가졌다.

정리 7.1.3 **(기저의 존재)** *V가 R^n의 부분공간이면, 최대 n개의 벡터들을 가지는 V의 기저가 존재한다.*

증명 V가 영이 아닌 R^n의 부분공간이라 하자. 이제 우리는 V를 생성하는 적어도 n개의 벡터를 가지는 집합을 구하는 방법을 설명할 것이다. 이와 같이 구한 집합의 어떠한 벡터도 다른 벡터들의 일차결합으로 나타낼 수 없으며, 따라서 일차독립이다. 과정은 다음과 같다.

- $\mathbf{v}_1$을 벡터공간 V의 영이 아닌 벡터라 하자. 만약 $V = \text{span}\{\mathbf{v}_1\}$이면, 우리가 원하는 일차독립집합을 가진다.
- 만약 $V \neq \text{span}\{\mathbf{v}_1\}$이면, 벡터공간 V의 $\mathbf{v}_1$의 일차결합이 아닌 벡터 $\mathbf{v}_2$를 선택한다(즉 $\mathbf{v}_1$의 스칼라배수가 아니다). 만약 $V = \text{span}\{\mathbf{v}_1, \mathbf{v}_2\}$이면, 우리가 원하는 일차독립집합을 가진다.
- 만약 $V \neq \text{span}\{\mathbf{v}_1, \mathbf{v}_2\}$이면, 벡터공간 V의 $\mathbf{v}_1$과 $\mathbf{v}_2$의 일차결합이 아닌 벡터 $\mathbf{v}_3$을 선택한다. 만약 $V = \text{span}\{\mathbf{v}_1, \mathbf{v}_2, \mathbf{v}_3\}$이면, 벡터공간 V의 $\mathbf{v}_1$, $\mathbf{v}_2$ 및 $\mathbf{v}_3$의 일차결합이 아닌 벡터 $\mathbf{v}_4$를 선택한다. 이전 과정을 반복한다.
- 만약 이 과정을 계속한다면, 두 가지 가능성이 있다. 어떤 경우 V를 생성하는 일차독립벡터집합을 얻을 것이고, 그렇지 않으면 $n + 1$개 벡터의 일차독립집합을 얻을 것이다. 그렇지만 두 번째 경우는 불가능하다. 왜냐하면 R^n 공간에서 일차독립집합은 기껏해야 n개의 벡터만 가질 수 있기 때문이다 (정리 3.4.8). ■

일반적으로 영이 아닌 부분집합은 많은 기저들을 가진다. 예를 들어 V가 R^n의 원점을 지나는 직선이라면, 그 직선 위의 임의의 영이 아닌 벡터는 기저를 만든다. 그리고 V가 원점을 지나는 평면이라면, 평면 위의 동일 직선에 있지 않은 두 벡터는 평면에 대한 기저를 만든다. 모든 직선에 대한 기저들이 하나의 벡터를 가지고, 모든 평면에 대한 기저가 두 개의 벡터를 가지는 것은 우연한 것이 아니다. 다음 정리는 R^n의 영이 아닌 부분공간에 대한 모든 기저들이 같은 수의 벡터를 가져야 한다는 것을 보여 준다.

정리 7.1.4 *R^n의 영이 아닌 부분공간의 모든 기저들은 같은 수의 벡터를 가진다.*

증명 V를 R^n의 영이 아닌 부분공간이라 하고, $B_1 = \{\mathbf{v}_1, \mathbf{v}_2, \cdots, \mathbf{v}_k\}$와 $B_2 = \{\mathbf{w}_1, \mathbf{w}_2, \cdots, \mathbf{w}_m\}$을 V의 기저라 가정한다. 우리의 목적은 $k = m$을 증명하는 것이고, 그러기 위해서 $k \neq m$이라 가정하고 모순을 얻을 것이다. $k < m$과 $m < k$는 단지 표시법의 차이이므로, $k < m$의 경우만 증명하는 것으로 충분하다.

B_1은 V를 생성하고 B_2의 벡터들은 V의 벡터이므로, B_2의 각 $\mathbf{w}_i$는 B_1의 벡터들의 일차결합으로 표현될 수 있다. 즉 다음과 같다.

$$\begin{aligned}
\mathbf{w}_1 &= a_{11}\mathbf{v}_1 + a_{21}\mathbf{v}_2 + \cdots + a_{k1}\mathbf{v}_k \\
\mathbf{w}_2 &= a_{12}\mathbf{v}_1 + a_{22}\mathbf{v}_2 + \cdots + a_{k2}\mathbf{v}_k \\
&\ \ \vdots \\
\mathbf{w}_m &= a_{1m}\mathbf{v}_1 + a_{2m}\mathbf{v}_2 + \cdots + a_{km}\mathbf{v}_k
\end{aligned} \tag{4}$$

m개의 미지수$(c_1, c_2, \cdots, c_m)$를 가진 k개의 방정식들의 동차선형계를 고려하자.

$$\begin{bmatrix} a_{11} & a_{12} & \cdots & a_{1m} \\ a_{21} & a_{22} & \cdots & a_{2m} \\ \vdots & \vdots & & \vdots \\ a_{k1} & a_{k2} & \cdots & a_{km} \end{bmatrix} \begin{bmatrix} c_1 \\ c_2 \\ \vdots \\ c_m \end{bmatrix} = \begin{bmatrix} 0 \\ 0 \\ \vdots \\ 0 \end{bmatrix}$$

$k < m$이므로 이 계는 방정식보다 더 많은 미지수를 가지고, 따라서 자명하지 않은 해를 가진다(정리 2.2.3). 이것은 영이 아닌 수 $c_1, c_2, \cdots, c_m$이 존재한다는 것을 의미하고, 그 결과

$$c_1 \begin{bmatrix} a_{11} \\ a_{21} \\ \vdots \\ a_{k1} \end{bmatrix} + c_2 \begin{bmatrix} a_{12} \\ a_{22} \\ \vdots \\ a_{k2} \end{bmatrix} + \cdots + c_m \begin{bmatrix} a_{1m} \\ a_{2m} \\ \vdots \\ a_{km} \end{bmatrix} = \begin{bmatrix} 0 \\ 0 \\ \vdots \\ 0 \end{bmatrix}$$

또는 동일하게 다음과 같이 표현할 수 있다.

$$\begin{aligned} c_1a_{11} + c_2a_{12} + \cdots + c_ma_{1m} &= 0 \\ c_1a_{21} + c_2a_{22} + \cdots + c_ma_{2m} &= 0 \\ \vdots \qquad \vdots \qquad\qquad \vdots \quad &\ \ \vdots \\ c_1a_{k1} + c_2a_{k2} + \cdots + c_ma_{km} &= 0 \end{aligned} \tag{5}$$

이 증명을 마치기 위해 다음 식이 $\mathbf{w}_1, \mathbf{w}_2, \cdots, \mathbf{w}_m$의 일차독립에 모순되는 것을 보일 것이다.

$$c_1\mathbf{w}_1 + c_2\mathbf{w}_2 + \cdots + c_m\mathbf{w}_m = \mathbf{0} \tag{6}$$

이것을 위해 식 (4)를 이용하여 식 (6)의 좌변을 다시 썼다.

$$\begin{aligned} c_1\mathbf{w}_1 + c_2\mathbf{w}_2 + \cdots + c_m\mathbf{w}_m = \\ & c_1(a_{11}\mathbf{v}_1 + a_{21}\mathbf{v}_2 + \cdots + a_{k1}\mathbf{v}_k) \\ & + c_2(a_{12}\mathbf{v}_1 + a_{22}\mathbf{v}_2 + \cdots + a_{k2}\mathbf{v}_k) \\ & \ddots \\ & + c_m(a_{1m}\mathbf{v}_1 + a_{2m}\mathbf{v}_2 + \cdots + a_{km}\mathbf{v}_k) \end{aligned} \tag{7}$$

역사 속의 선형대수

때때로 수학적 발견들은 우리의 직관력을 흔든다. 그러한 발견이 1890년 이탈리아의 수학자 Giuseppe Peano에 의해 일어났다. 그는 매개변수 t가 0에서 1까지 변할 때 적어도 한 번은 평면의 모든 점을 지나는 매개변수방정식 $x = f(t)$, $y = g(t)$를 만들었다. Peano 곡선이라 부르는 이 곡선은 일차원 곡선과 이차원 평면의 개념을 파괴하였다. Peano의 발견은 수학자들이 차원에 대한 전체적인 개념을 재고하고 그것을 간결한 수학적 기초에 포함시키도록 유도하였다. 다행스럽게도 부분공간에 대한 차원의 개념은 곡선과 평면에 대한 차원의 개념보다 덜 복잡하다.

Giuseppe Peano
(1858~1932)

다음에 식 (7)의 우변을 전개해서 $\mathbf{v}_1, \mathbf{v}_2, \cdots, \mathbf{v}_k$항으로 일차결합 형태로 정리한다. 이 일차결합의 계수는 식 (5)의 좌변과 일치한다. 결과는 다음과 같다.

$$c_1\mathbf{w}_1 + c_2\mathbf{w}_2 + \cdots + c_m\mathbf{w}_m = 0\mathbf{v}_1 + 0\mathbf{v}_2 + \cdots + 0\mathbf{v}_k = \mathbf{0}$$

이것이 우리가 찾고 있는 모순이다. ■

예제 5
하나의 기저에 있는 벡터의 수

- R^n의 원점을 통과하는 직선의 모든 기저는 하나의 벡터를 가진다.
- R^n의 원점을 통과하는 평면의 모든 기저는 두 개의 벡터를 가진다.
- R^n의 모든 기저는 n개의 벡터를 가진다(왜냐하면 표준기저는 n개의 벡터를 가지기 때문이다.) ■

예제 5의 각 항목에서 보듯이 부분공간에 대한 기저벡터의 수는 그것의 차원에 대한 직관적인 개념과 일치한다. 그러므로 다음의 정의는 자연스럽게 받아들여진다.

정의 7.1.5 만약 V가 R^n의 영이 아닌 부분공간일 때, V의 **차원**(dimension)은 V의 기저에 대한 벡터의 수로 정의하며, $\dim(V)$라고 쓴다. 부가적으로 영 부분공간은 차원이 0이다.

예제 6
R^n의 부분공간의 차원

부분공간의 차원은 정의 7.1.5와 예제 5로부터 유도된다.

- R^n의 원점을 통과하는 직선의 차원은 1이다.
- R^n의 원점을 지나는 평면의 차원은 2이다.
- R^n의 차원은 n이다. ■

해공간의 차원 3.5절에서 Gauss-Jordan 소거에 의한 동차선형계 $A\mathbf{x} = \mathbf{0}$의 일반해를 다음의 형태라고 언급했다.

$$\mathbf{x} = t_1\mathbf{v}_1 + t_2\mathbf{v}_2 + \cdots + t_s\mathbf{v}_s \tag{8}$$

여기서 벡터 $\mathbf{v}_1, \mathbf{v}_2, \cdots, \mathbf{v}_s$는 일차독립이다. 이 벡터들을 $A\mathbf{x} = \mathbf{0}$의 **표준해**(canonical solution)라고 한다. 이 벡터들은 식 (8)의 계수 t_i 중 하나를 1로, 나머지를 0으로 한 후 얻은 해이다. 표준해 벡터들은 해공간을 생성하고 일차독립이므로, 그들은 해공간의 기저를 형성한다. 이 기저를 해공간의 **표준기저**(canonical basis)라고 한다.

예제 7 기저와 $A\mathbf{x} = \mathbf{0}$의 해공간의 차원

동차계의 해공간에 대한 표준기저를 찾아라.

$$\begin{aligned} x_1 + 3x_2 - 2x_3 \qquad\quad + 2x_5 \qquad\quad &= 0 \\ 2x_1 + 6x_2 - 5x_3 - 2x_4 + 4x_5 - 3x_6 &= 0 \\ 5x_3 + 10x_4 \qquad\quad + 15x_6 &= 0 \\ 2x_1 + 6x_2 \qquad\quad + 8x_4 + 4x_5 + 18x_6 &= 0 \end{aligned}$$

그리고 그 해공간의 차원을 구하라.

풀이 2.2절의 예제 7에서 Gauss-Jordan 소거에 의한 일반해가 다음과 같다는 것을 보였다.

$$(x_1, x_2, x_3, x_4, x_5, x_6) = r(-3, 1, 0, 0, 0, 0) + s(-4, 0, -2, 1, 0, 0) + t(-2, 0, 0, 0, 1, 0)$$

그러므로 표준기저벡터는

$$\mathbf{v}_1 = (-3, 1, 0, 0, 0, 0), \quad \mathbf{v}_2 = (-4, 0, -2, 1, 0, 0), \quad \mathbf{v}_3 = (-2, 0, 0, 0, 1, 0)$$

그리고 해공간은 R^6의 삼차원 부분공간이다. ■

초평면의 차원 3.5절을 상기하여, 만약 $\mathbf{a} = (a_1, a_2, \cdots, a_n)$이 R^n의 영이 아닌 벡터라면 R^n의 원점을 통과하는 초평면 $\mathbf{a}^\perp$은 다음 식에 의해 주어진다.

$$a_1x_1 + a_2x_2 + \cdots + a_nx_n = 0$$

이 식을 n개의 미지수를 가진 한 개의 방정식으로 이루어진 선형계의 방정식이라고 보자. 이 계는 하나의 선행변수와 $n-1$개의 자유변수를 가지기 때문에 이것의 해공간은 $n-1$차원을 가지고 이것은 $\dim(\mathbf{a}^\perp) = n-1$를 의미한다. 예를 들어 R^2의 원점을 통과하는 초평면은 차원 1을 가지고 R^3의 원점을 통과하는 초평면은 차원 2를 가진다.

정리 7.1.6 *만약 $\mathbf{a}$가 R^n의 영이 아닌 벡터라면, $\dim(\mathbf{a}^\perp) = n-1$이다.*

R^n의 초평면들은 R^n 자신을 제외한 부분공간들 중 최고차원이다.

연습문제 7.1

연습문제 1과 2에서는 나열된 어떤 벡터가 나머지 벡터들의 일차결합이 되는 것을 찾아서 이 벡터들이 일차종속이란 것을 보여라. 나열된 벡터 중 이러한 특성을 갖는 처음 벡터를 구하라. (이러한 문제들은 계산하지 않고 간단히 살펴봄으로써 풀 수 있어야 한다.)

1. (a) $\mathbf{v}_1 = (1, -3, 4),\ \mathbf{v}_2 = (2, -6, 8),\ \mathbf{v}_3 = (1, 1, 0)$
(b) $\mathbf{v}_1 = (1, 1, 1),\ \mathbf{v}_2 = (1, 1, 0),\ \mathbf{v}_3 = (0, 0, 1)$
(c) $\mathbf{v}_1 = (1, 0, 0, 0),\ \mathbf{v}_2 = (0, 1, 0, 0),\ \mathbf{v}_3 = (0, 0, 0, 1),\ \mathbf{v}_4 = (-1, 2, 0, 6)$

2. (a) $\mathbf{v}_1 = (8, -6, 2),\ \mathbf{v}_2 = (4, -3, 1),\ \mathbf{v}_3 = (0, 0, 7)$
(b) $\mathbf{v}_1 = (1, 1, 1),\ \mathbf{v}_2 = (1, 1, 0),\ \mathbf{v}_3 = (0, 0, 5)$
(c) $\mathbf{v}_1 = (0, 0, 1, 0),\ \mathbf{v}_2 = (0, 1, 0, 0),\ \mathbf{v}_3 = (0, 0, 0, 1),\ \mathbf{v}_4 = (0, 4, 5, 8)$

연습문제 3과 4에서는 나열된 벡터 중 하나를 다른 벡터들의 일차결합으로 표현하여 이 벡터들이 일차종속이라는 것을 보여라.

3. $\mathbf{v}_1 = (0, 3, 1, -1),\ \mathbf{v}_2 = (6, 0, 5, 1),\ \mathbf{v}_3 = (4, -7, 1, 3)$

4. $\mathbf{v}_1 = (2, 4, 2, -8),\ \mathbf{v}_2 = (6, 3, 9, -6),\ \mathbf{v}_3 = (-1, 1, -2, -2)$

5. (a) R^2에 있는 직선 $y = 2x$의 세 개의 다른 기저를 구하라.

(b) R^3에 있는 평면 $x + y + 2z = 0$의 세 개의 다른 기저를 구하라.

6. (a) R^2에 있는 $x = t,\ y = 3t$의 세 개의 다른 기저를 구하라.

(b) R^3에 있는 $x = t_1 + t_2,\ y = t_1 - t_2,\ z = 3t_1 + 2t_2$의 세 개의 다른 기저를 구하라.

연습문제 7~10에서는 동차계의 해공간에 대한 표준기저와 그 공간의 차원을 구하라.

7. $$\begin{aligned} 3x_1 + x_2 + x_3 + x_4 &= 0 \\ 5x_1 - x_2 + x_3 - x_4 &= 0 \end{aligned}$$

8. $$\begin{aligned} x_1 - x_2 + x_3 &= 0 \\ 2x_1 - x_2 + 4x_3 &= 0 \\ 3x_1 + x_2 + 11x_3 &= 0 \end{aligned}$$

9. $$\begin{aligned} 2x_1 + 2x_2 - x_3 \qquad + x_5 &= 0 \\ -x_1 - x_2 + 2x_3 - 3x_4 + x_5 &= 0 \\ x_1 + x_2 - 2x_3 \qquad - x_5 &= 0 \\ x_3 + x_4 + x_5 &= 0 \end{aligned}$$

10. $$\begin{aligned} x_1 + 2x_2 - 2x_3 + x_4 + 3x_5 &= 0 \\ x_2 + 3x_3 - x_4 - x_5 &= 0 \\ 2x_1 + 3x_2 - 7x_3 + 3x_4 + 7x_5 &= 0 \\ x_2 \qquad - x_4 + x_5 &= 0 \end{aligned}$$

연습문제 11과 12에서는 초평면 $\mathbf{a}^\perp$의 기저를 구하라.

11. (a) $\mathbf{a} = (1, 2, -3)$　　(b) $\mathbf{a} = (2, -1, 4, 1)$

12. (a) $\mathbf{a} = (-2, 1, 4)$　　(b) $\mathbf{a} = (0, -3, 5, 7)$

토론과 발견

D1. (a) 만약 $A\mathbf{x} = \mathbf{0}$이 n개의 미지수를 가진 m개의 방정식의 선형계라면, 이 계의 해공간은 기껏해야 차원이 _______이다.

(b) R^6의 초평면은 차원이 _______이다.

(c) R^5의 부분공간은 차원이 _______이다.

(d) 벡터 $\mathbf{v}_1 = (1, 0, 1, 0),\ \mathbf{v}_2 = (1, 1, 0, 0),\ \mathbf{v}_3 = (1, 1, 1, 0)$에 의해 생성된 R^4의 부분공간의 차원은_______이다.

D2. R^6의 벡터 $\mathbf{v}_1, \mathbf{v}_2, \mathbf{v}_3, \mathbf{v}_4$는 다음과 같고 $*$는 임의의 실수를 나타낸다.

$$\mathbf{v}_1 = (1, *, *, *, *, *), \quad \mathbf{v}_2 = (0, 0, 1, *, *, *)$$
$$\mathbf{v}_3 = (0, 0, 0, 1, *, *), \quad \mathbf{v}_4 = (0, 0, 0, 0, 1, *)$$

이 집합은 일차독립인가? 증명하라.

D3. $S = \{\mathbf{v}_1, \mathbf{v}_2, \cdots, \mathbf{v}_k\}$는 R^n의 둘 혹은 그이상의 영이 아닌 벡터들의 집합이다. S가 일차독립이기 위한 필요충분조건은 S의 적당한 벡터가 그 뒤의 원소들의 일차결합인 경우이다. 참인가 거짓인가? 증명하라.

D4. $$A = \begin{bmatrix} 2 & 4 & t \\ t & -1 & 1 \\ 3 & 1 & -1 \end{bmatrix}$$

이라면, t가 어떤 값을 가질 때 $A\mathbf{x} = \mathbf{0}$의 해공간이 양의 차원(positive dimension)을 가지는가? 그러한 각각의 t에 대한 차원을 구하라.

증명문제

P1. 정리 7.1.2를 이용하여 다음의 결과들을 증명하라.

(a) 만약 $S = \{\mathbf{v}_1, \mathbf{v}_2, \cdots, \mathbf{v}_k\}$가 R^n의 일차독립집합이면

$$S' = \{\mathbf{v}_1, \mathbf{v}_2, \cdots, \mathbf{v}_k, \mathbf{w}_1, \mathbf{w}_2, \cdots, \mathbf{w}_r\}$$

역시 일차독립집합이다. $\mathbf{w}_1, \mathbf{w}_2, \cdots, \mathbf{w}_r$은 R^n의 벡터들이다.

(b) 만약 $S = \{\mathbf{v}_1, \mathbf{v}_2, \cdots, \mathbf{v}_k\}$가 R^n의 일차독립집합이면, 공집합을 제외한 S의 모든 부분집합은 일차독립집합이다.

P2. k가 영이 아닌 스칼라이고, $\mathbf{a}$가 R^n의 영이 아닌 벡터라면 $(k\mathbf{a})^\perp = \mathbf{a}^\perp$인 것을 증명하라.

프로그램 활용 연습문제

T1. $S = \{(2, 6, 3, 4, 2), (3, 1, 5, 8, 3), (5, 1, 2, 6, 7), (8, 4, 3, 2, 6), (5, 5, 6, 3, 4)\}$의 어떤 벡터들이 다른 벡터들의 일차결합인가?

T2. **(CAS)** $A\mathbf{x} = \mathbf{0}$의 해공간에 대한 정확한 표준기저를 찾아라.

$$A = \begin{bmatrix} 1 & 5 & 2 & 4 & 4 & 7 \\ 3 & 2 & 4 & 9 & 1 & 3 \\ 5 & 2 & 4 & 8 & 5 & 7 \\ 9 & 9 & 10 & 21 & 10 & 17 \end{bmatrix}$$

7.2 기저의 성질

이 절에서는 기저와 차원에 대한 공부를 계속하고 부분공간의 중요한 성질들을 유도할 것이다.

기저의 성질 제한된 조건이 없는 경우 span$\{\mathbf{v}_1, \mathbf{v}_2, \cdots, \mathbf{v}_k\}$의 한 벡터를 다른 벡터들의 일차결합으로 나타내는 방법은 여러 가지가 있다. 예를 들면 $\mathbf{v} = (3, 4, 5)$를 다음의 벡터들로 어떻게 나타낼 것인지 고려해 보자.

$$\mathbf{v}_1 = (1, 0, 0), \quad \mathbf{v}_2 = (0, 1, 0), \quad \mathbf{v}_3 = (0, 0, 1), \quad \mathbf{v}_4 = (1, 1, 1)$$

한 가지 명료한 방법은 $\mathbf{v}_4$의 존재를 무시하는 것이다.

$$(3, 4, 5) = 3\mathbf{v}_1 + 4\mathbf{v}_2 + 5\mathbf{v}_3 + 0\mathbf{v}_4$$

다른 방법은 벡터들을 열 형태로 표현하고 벡터방정식을 쓰는 것이다.

$$\mathbf{v} = c_1\mathbf{v}_1 + c_2\mathbf{v}_2 + c_3\mathbf{v}_3 + c_4\mathbf{v}_4 \tag{1}$$

선형계로 나타내면 다음과 같다.

$$\begin{bmatrix} 1 & 0 & 0 & 1 \\ 0 & 1 & 0 & 1 \\ 0 & 0 & 1 & 1 \end{bmatrix} \begin{bmatrix} c_1 \\ c_2 \\ c_3 \\ c_4 \end{bmatrix} = \begin{bmatrix} 3 \\ 4 \\ 5 \end{bmatrix}$$

이 계를 풀면

$$c_1 = 3 - t, \quad c_2 = 4 - t, \quad c_3 = 5 - t, \quad c_4 = t$$

를 얻을 수 있다. 그리고 식 (1)에 대입하면

$$(3, 4, 5) = (3 - t)(1, 0, 0) + (4 - t)(0, 1, 0) + (5 - t)(0, 0, 1) + t(1, 1, 1)$$

따라서 $t = 1$이면

$$(3, 4, 5) = 2(1, 0, 0) + 3(0, 1, 0) + 4(0, 0, 1) + (1, 1, 1)$$

또 $t = -1$이면

$$(3, 4, 5) = 4(1, 0, 0) + 5(0, 1, 0) + 6(0, 0, 1) - (1, 1, 1)$$

$\mathbf{v}$를 $\mathbf{v}_1$, $\mathbf{v}_2$, $\mathbf{v}_3$, $\mathbf{v}_4$의 일차결합으로 표현할 수 있는 방법이 여러 가지 있을 수 있었던 이유가 이들 벡터 $\mathbf{v}_1$, $\mathbf{v}_2$, $\mathbf{v}_3$, $\mathbf{v}_4$가 일차종속이었기 때문인 것을 다음 정리에 의해 알 수 있다.

정리 7.2.1 *$S = \{\mathbf{v}_1, \mathbf{v}_2, \cdots, \mathbf{v}_k\}$가 R^n의 부분공간 V의 기저라면, V의 모든 벡터 $\mathbf{v}$는 정확히 한 가지 방법으로 S의 벡터들에 의해 일차결합으로 표현된다.*

증명 $\mathbf{v}$를 V의 벡터라 하자. S는 V를 생성하므로, S의 벡터들의 일차결합으로 $\mathbf{v}$를 표현하기 위한 방법이 적어도 하나 이상 존재한다. 정확히 한 가지가 있다는 것을 보이기 위해 다음을 가정한다.

$$\mathbf{v} = t_1\mathbf{v}_1 + t_2\mathbf{v}_2 + \cdots + t_k\mathbf{v}_k\,, \quad \mathbf{v} = t_1'\mathbf{v}_1 + t_2'\mathbf{v}_2 + \cdots + t_k'\mathbf{v}_k \tag{2}$$

처음 식에서 두 번째 식을 빼면

$$\mathbf{0} = (t_1 - t_1')\mathbf{v}_1 + (t_2 - t_2')\mathbf{v}_2 + \cdots + (t_k - t_k')\mathbf{v}_k$$

이 방정식의 우변은 S의 벡터들의 일차결합이고 이 벡터들은 일차독립이므로, 선형 결합의 계수들은 반드시 영이어야 한다. 그러므로 식 (2)의 두 일차결합은 같다. ■

다음 정리는 기저에 대한 중요한 두 가지 사실을 보인다.

1. 부분공간을 생성하는 집합은 그 부분공간의 기저이거나 그 집합의 부분집합으로 된 기저를 가진다.
2. 부분공간 내의 일차독립인 집합은 그 부분공간의 기저이거나 아니면 그 부분공간의 기저로 확장될 수 있다.

정리 7.2.2 *S는 R^n의 영이 아닌 부분공간 V 내의 유한개의 벡터집합이라 하자.*

(a) S가 V를 생성하지만 V의 기저가 아니라면, V의 기저는 S에서 적당한 벡터들을 제거함으로써 얻을 수 있다.

(b) S가 일차독립집합이지만 V의 기저가 아니라면, V의 기저는 V의 적당한 벡터를 S에 추가함으로써 얻을 수 있다.

증명 (a) S가 V를 생성하지만 V의 기저가 아니라면 S는 일차종속집합이어야 한다. 이것은 S의 적당한 벡터 $\mathbf{v}$가 그 앞의 벡터들의 일차결합임을 의미한다, S로부터 이 벡터를 제거함으로써 집합 S'을 얻을 수 있다. 이 집합 S'은 여전히 V를 생성하여야 하는데, 그 이유는 $\mathbf{v}$를 그 앞의 벡터를 이용하여 표시함으로써 S의 어떤 벡터들의 일차결합도 S'의 벡터들의 일차결합으로 다시 쓰일 수 있기 때문이다. 만약 S'이 일차독립이라면, 이것은 V의 기저이다. 여기서 증명이 끝난다. 만약 S'이 일차독립이 아니라면, S'의 어떤 벡터는 그 앞의 벡터들의 일차결합으로 표현할 수 있다. 이 벡터를 집합 S'에서 제거하여 집합 S''을 얻는다. 앞에서 설명한 것과 같이 집합 S''은 여전히 V를 생성한다. S''이 일차독립이라면, 이것은 V의 기저가 되어 증명이 끝난다. 그렇지 않다면 이러한 과정을 반복해서 기저를 찾는다.

증명 (b) $S = \{\mathbf{w}_1, \mathbf{w}_2, \cdots, \mathbf{w}_s\}$가 V의 일차독립집합이지만 V의 기저가 아니라면, S는 V를 생성하지 않는다. 그러므로 V의 어떤 벡터 $\mathbf{v}_1$은 S의 벡터들의 일차결합이 아니다. 이 벡터를 S에 추가해 주면 집합 $S' = \{\mathbf{w}_1, \mathbf{w}_2, \cdots, \mathbf{w}_s, \mathbf{v}_1\}$을 얻는다. 집합 S'의 어떤 벡터도 다른 벡터들의 일차결합이 아니므로, 이 집합은 여전히 일차독립이다. 만약 S'이 V를 생성한다면, 이것은 V의 기저가 되어 증명이 여기서 끝난다. 그렇지 않다면 S'의 벡터들의 일차결합이 아닌 V의 벡터 $\mathbf{v}_2$가 존재하고 이 벡터를 S'에 추가하여 $S'' = \{\mathbf{w}_1, \mathbf{w}_2, \cdots, \mathbf{w}_s, \mathbf{v}_1, \mathbf{v}_2\}$를 얻는다. 앞에서와 같이 이 집합은 여전히 일차독립이다. 만약 S''이 V를 생성한다면 증명은 끝이다. 아닐 경우 기저를 찾거나 n개의 벡터들이 일차독립인 집합을 찾을 때까지 이러한 과정을 반복한다. 그러나 후자의 경우 찾아진 집합은 V의 기저가 되어야 한다. 그렇지 않으면 이 집합은 V를 생성하지 못하고 우리는 지금까지 해왔던 과정에 따라 다른 벡터를 추가해야 하며, 이로부터 $n + 1$개 벡터의 일차독립집합을 만들 수 있게 된다. 그런데 정리 3.4.8에 의해 이것은 불가능하고 따라서 이 과정은 결국 모든 경우 기저를 생성한다. ■

정의에 의해 R^n의 영이 아닌 부분공간 V의 차원은 V의 기저의 벡터들의 개수이다. 즉, 차원은 V의 일차독립벡터들의 최대수로 볼 수도 있다. 그 이유는 만약 $\dim(V) = k$이고, k개보다 많은 수효의 일차독립벡터들을 찾아낼 수 있다면, 정리 7.2.2(*b*)에 의해 이 벡터들의 집합은 V의 기저가 되거나 V의 기저의 일부여야 하는데, V의 모든 기저들은 k개의 벡터를 가진다는 사실과는 모순이 된다.

정리 7.2.3 *V가 R^n의 영이 아닌 부분공간이라면,* $\dim(V)$*는 V의 일차독립벡터의 최대수이다.*

참고 공학자들은 차원의 동의어로 **자유도**(degree of freedom)란 말을 사용한다. 이 생각은 k개의 자유도를 가진 공간은 많아야 k개의 독립된 방향으로 움직임과 변화를 가질 수 있다는 것이다.

부분공간의 부분공간

지금까지 R^n의 부분공간에 초점을 맞췄다. 하지만 V와 W가 R^n의 부분공간이고, V가 W의 부분집합이면, V는 또한 W의 **부분공간**(subspace)이다. 예를 들어 그림 7.2.1에서 공간 $\{\mathbf{0}\}$은 직선의 부분공간이다. 직선은 평면의 부분공간이고, 평면은 R^3의 부분공간이다.

R^n의 부분공간의 차원은 부분공간이 가질 수 있는 일차독립벡터의 최대수이므로, V가 W의 부분공간이면 V의 차원은 W의 차원보다 클 수 없다. 특히 R^n의 차원은 최대 n이다. 더 나아가 V가 W의 부분공간

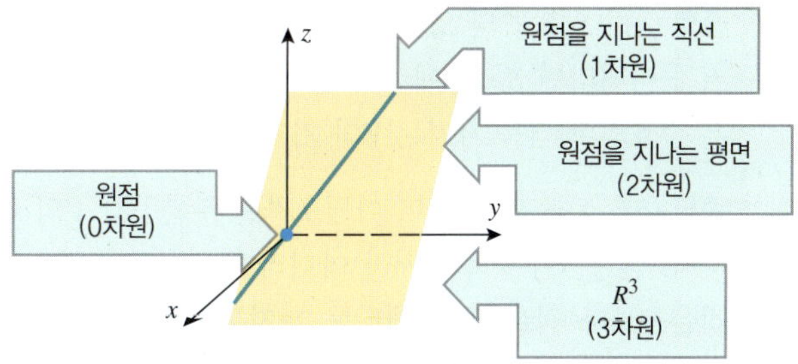

그림 7.2.1

이고 두 공간이 같은 차원을 가진다면, 두 공간은 같은 공간이다(연습문제 P8).

정리 7.2.4 *V와 W가 R^n의 부분공간이고 V가 W의 부분공간이면*

(a) $0 \leq \dim(V) \leq \dim(W) \leq n$

(b) *$V = W$이기 위한 필요충분조건은 $\dim(V) = \dim(W)$이다.*

종종 공집합이 아닌 집합 S가 주어져 있고, S에 벡터들을 추가하면 S가 생성하는 부분공간 span(S)가 어떻게 영향을 받는지 알아야 하는 경우가 있다. 다음 정리는 이 문제를 다룬다.

정리 7.2.5 *S는 R^n의 공집합이 아닌 벡터들의 집합이고, S'은 집합 S에 R^n의 벡터들을 추가하여 얻은 집합이라 하자.*

(a) *추가하는 벡터들이 span(S)에 있다면, span(S') = span(S)이다.*

(b) *span(S') = span(S)이면, 추가하는 벡터들은 span(S)에 있다.*

(c) *span(S')과 span(S)가 같은 차원이라면, 추가하는 벡터들은 span(S)에 있고 span(S') = span(S)이다.*

이 정리들은 명백하므로 증명하지 않는다. 예를 들어 (a)는 이미 S의 벡터들에 의한 일차결합인 벡터를 S에 추가하더라도 어떠한 새로운 벡터도 얻지 못한다는 것을 말한다. (b)는 추가되는 벡터가 S의 벡터들의 일차결합인 벡터들의 집합에 새로운 것을 더 추가하지 못한다면 추가된 벡터들은 이미 S의 일차결합벡터들이라는 것을 말한다. 마지막으로 (c)에서 S가 S'의 부분집합이라는 사실은 span(S)가 span(S')의 부분공간이라는 것을 의미한다(왜?). 따라서 두 공간이 같은 차원을 가진다면, 정리 7.2.4(b)에 의해 두 공간은 반드시 같은 공간이다. 그리고 이것은 추가된 벡터들은 반드시 span(S) 안에 있다는 것을 의미한다.

때때로 생성은 일차독립을 의미하며 그 반대도 마찬가지이다

일반적으로 벡터들의 집합이 R^n의 부분공간 V의 기저란 것을 보이려면 그 집합은 일차독립이고 V를 생성하는 것을 보이면 된다. 하지만 그 집합의 벡터들의 개수가 V의 차원과 같다는 것을 안다면, 그 집합이 기저라는 것을 보이려면 그 집합이 일차독립이거나 아니면 이 집합이 V를 생성하는 것 중 하나를 보이면 되고 나머지 조건은 자동적으로 성립하게 된다.

정리 7.2.6

(a) *R^n의 영이 아닌 k차원 부분공간에서 k개의 일차독립벡터들의 집합은 그 부분공간의 기저이다.*

(b) *R^n의 영이 아닌 k차원 부분공간을 생성하는 k개의 벡터들의 집합은 그 부분공간의 기저이다.*

(c) *R^n의 영이 아닌 k차원 부분공간에서 k개보다 적은 일차독립벡터들의 집합은 그 부분공간을 생성할 수 없다.*

(d) *R^n의 영이 아닌 k차원 부분공간에서 k개보다 많은 벡터들의 접합은 일차종속이다.*

증명 (a) S를 R^n의 영이 아닌 k차원 부분공간 V의 k개의 일차독립벡터들의 집합이라 하자. S가 V의 기저가 아니라면 S는 V에 적당한 벡터를 추가함으로써 기저로 확장될 수 있다. 그러나 이것은 k개보다 많은 수효의 벡터를 가지는 V의 기저를 생성하므로 불가능하다. 그러므로 S는 반드시 기저이다.

증명 (b) S를 R^n의 영이 아닌 k차원 부분공간 V의 k개의 벡터들의 집합이라 하고, S는 V를 생성한다고 하자. 만약 S가 V의 기저가 아니라면, S는 적당한 벡터들을 제거함으로써 기저가 될 수 있다. 그러나 이것은 k보다 적은 수의 벡터를 가지는 기저를 생성하고, 이것은 불가능하다. 그러므로 S는 반드시 기저이다.

증명 (c) S를 R^n의 영이 아닌 k차원 부분공간 V를 생성하는 k개보다 적은 수의 벡터들의 집합이라 하자. 그러면 S는 V의 기저이거나 적당한 벡터들을 제거함으로써 V의 기저가 될 수 있다. 이 경우 k개보다 적은 벡터들로 기저를 얻었다. 이것은 불가능하다.

증명 (d) S를 R^n의 영이 아닌 k차원 부분공간 V의 k개보다 많은 일차독립벡터들의 집합이라고 하자. S는 V의 기저이거나 V에 적당한 벡터들을 추가함으로써 V의 기저를 만들 수 있다. 이 경우 k개보다 많은 벡터들로 기저를 얻는다. 이것은 불가능하다. ■

예제 1
검사에 의한 기저

(a) 계산에 의하지 않고 벡터 $\mathbf{v}_1 = (-3, 7)$과 $\mathbf{v}_2 = (5, 5)$가 R^2의 기저를 형성하는 것을 보여라.

(b) 계산에 의하지 않고 벡터 $\mathbf{v}_1 = (2, 0, -1)$, $\mathbf{v}_2 = (4, 0, 7)$, $\mathbf{v}_3 = (6, 1, -5)$가 R^3의 기저를 형성하는 것을 보여라.

풀이 (a) 이차원 공간에 두 개의 벡터를 가지고 있다. 그래서 그 벡터들이 일차독립이란 것을 보이면 충분하다. 하지만 한 벡터가 다른 벡터의 스칼라배수가 아니므로 이 벡터들은 일차독립이다.

풀이 (b) 삼차원 공간에 세 개의 벡터가 주어져 있다. (*a*)와 같은 방법으로 이 벡터들이 일차독립이란 것을 보이면 된다. 세 벡터 중 어떤 벡터도 그 앞의 벡터들의 일차결합으로 나타낼 수 없다는 것을 보이면 된다. 벡터 $\mathbf{v}_2$는 벡터 $\mathbf{v}_1$의 스칼라배수가 아니므로 일차결합이 아니고, 벡터 $\mathbf{v}_3$도 벡터 $\mathbf{v}_1$과 벡터 $\mathbf{v}_2$의 일차결합이 아니다. 왜냐하면 $\mathbf{v}_1$과 $\mathbf{v}_2$의 두 번째 성분이 영이기 때문에 두 번째 성분이 영이 아닌 $\mathbf{v}_3$을 $\mathbf{v}_1$과 $\mathbf{v}_2$의 일차결합으로 표시할 수 없다. ■

예제 2
일차독립에 대한 행렬식

(a) 벡터 $\mathbf{v}_1 = (1, 2, 1)$, $\mathbf{v}_2 = (1, -1, 3)$, $\mathbf{v}_3 = (1, 1, 4)$가 R^3의 기저를 생성함을 보여라.

(b) 벡터 $\mathbf{v}_1$, $\mathbf{v}_2$, $\mathbf{v}_3$의 일차결합으로 $\mathbf{w} = (4, 9, 8)$을 나타내라.

풀이 (a) 삼차원 공간에 3개의 벡터가 주어져 있다. 세 벡터들이 일차독립인 것을 보이면 된다. 한 가지 방법은 $\mathbf{v}_1$ $\mathbf{v}_2$, $\mathbf{v}_3$을 열벡터로 하여 행렬 A를 만들고 정리 6.3.15를 적용하는 것이다.

$$A = \begin{bmatrix} 1 & 1 & 1 \\ 2 & -1 & 1 \\ 1 & 3 & 4 \end{bmatrix}$$

A의 행렬식은 영이 아니다[$\det(A) = -7$]. 정리 6.3.15의 (*i*)와 (*g*)는 열벡터들이 일차독립이란 것을 말한다.

풀이 (b) (a)의 결과는 벡터 $\mathbf{w}$가 $\mathbf{v}_1$, $\mathbf{v}_2$, $\mathbf{v}_3$의 유일한 일차결합으로 표현되는 것을 보장한다. 하지만 일차결합이 무엇인지는 알려 주지 않는다. 그것을 찾기 위해 벡터방정식을 다시 쓰면

$$(4, 9, 8) = c_1(1, 2, 1) + c_2(1, -1, 3) + c_3(1, 1, 4) \tag{3}$$

이고, 선형계로 표현하면 다음과 같다.

$$\begin{bmatrix} 1 & 1 & 1 \\ 2 & -1 & 1 \\ 1 & 3 & 4 \end{bmatrix} \begin{bmatrix} c_1 \\ c_2 \\ c_3 \end{bmatrix} = \begin{bmatrix} 4 \\ 9 \\ 8 \end{bmatrix}$$

이 계는 유일한 해 $c_1 = 3$, $c_2 = -1$, $c_3 = 2$를 가지고, 식 (3)에 이 값들을 대입하면

$$(4, 9, 8) = 3(1, 2, 1) - (1, -1, 3) + 2(1, 1, 4)$$

이다. 따라서 $\mathbf{w} = 3\mathbf{v}_1 - \mathbf{v}_2 + 2\mathbf{v}_3$로 표현된다. ■

통합정리 정리 7.2.6과 정리 6.3.15의 (g)와 (h)를 결합함으로써 4개의 정의가 추가된다. (정리 6.3.15의 항목들을 행과 열 명제를 함께 다루기 위해 재정리하였다.)

정리 7.2.7 *A가 $n \times n$ 행렬이고 T_A가 표준행렬 A를 가지는 R^n의 선형연산자라 하면, 다음 명제들은 동치이다.*

(a) A의 기약행사다리꼴은 I_n이다.
(b) A는 기본행렬들의 곱으로 표현할 수 있다.
(c) A는 가역이다.
(d) $A\mathbf{x} = \mathbf{0}$는 자명한 해만 가진다.
(e) $A\mathbf{x} = \mathbf{b}$는 R^n의 모든 벡터 $\mathbf{b}$에 대해 해를 가진다.
(f) $A\mathbf{x} = \mathbf{b}$는 R^n의 모든 벡터 $\mathbf{b}$에 대해 정확히 하나의 해를 가진다.
(g) $\det(A) \neq 0$이다.
(h) $\lambda = 0$은 A의 고유값이 아니다.
(i) T_A는 단사이다.
(j) T_A는 전사이다.
(k) A의 열벡터들은 일차독립이다.
(l) A의 행벡터들은 일차독립이다.
(m) A의 열벡터들은 R^n을 생성한다.
(n) A의 행벡터들은 R^n을 생성한다.
(o) A의 열벡터들은 R^n의 기저를 이룬다.
(p) A의 행벡터들은 R^n의 기저를 이룬다.

연습문제 7.2

연습문제 1과 2에서는 왜 벡터들이 주어진 벡터공간에서 기저를 이루지 못하는지 설명하라. (계산은 필요 없다.)

1. (a) $\mathbf{v}_1 = (1, 2)$, $\mathbf{v}_2 = (0, 3)$, $\mathbf{v}_3 = (2, 7)$, R^2
(b) $\mathbf{v}_1 = (-1, 3, 2)$, $\mathbf{v}_2 = (6, 1, 1)$, R^3
(c) $\mathbf{v}_1 = (4, 3)$, $\mathbf{v}_2 = (8, 6)$, R^2

2. (a) $\mathbf{v}_1 = (4, 3)$, R^2
(b) $\mathbf{v}_1 = (1, 1, 1)$, $\mathbf{v}_2 = (-1, 2, 4)$, $\mathbf{v}_3 = (0, 7, 9)$, $\mathbf{v}_4 = (-9, 8, 6)$, R^3
(c) $\mathbf{v}_1 = (1, 1, 1)$, $\mathbf{v}_2 = (-1, 2\ 4)$, $\mathbf{v}_3 = (0, 0, 0)$, R^3

연습문제 3과 4에서는 예제 1과 같이 주어진 벡터공간에 대해 벡터들이 기저를 이루는 것을 보여라.

3. (a) $\mathbf{v}_1 = (2, 1)$, $\mathbf{v}_2 = (3, 0)$, R^2
(b) $\mathbf{v}_1 = (4, 1, 0)$, $\mathbf{v}_2 = (-7, 8, 0)$, $\mathbf{v}_3 = (1, 1, 1)$, R^3

4. (a) $\mathbf{v}_1 = (7, 5)$, $\mathbf{v}_2 = (4, 8)$, R^2
(b) $\mathbf{v}_1 = (0, 1, 3)$, $\mathbf{v}_2 = (0, 8, 0)$, $\mathbf{v}_3 = (1, 6, 0)$, R^3

연습문제 5와 6에서는 벡터들이 R^3의 기저를 이루는지를 행렬식을 이용하여 결정하라.

5. (a) $\mathbf{v}_1 = (3, 2, -4)$, $\mathbf{v}_2 = (4, 1, -2)$, $\mathbf{v}_3 = (5, 2, -3)$
(b) $\mathbf{v}_1 = (3, 4, -5)$, $\mathbf{v}_2 = (8, 7, -2)$, $\mathbf{v}_3 = (2, -1, 8)$

6. (a) $\mathbf{v}_1 = (5, 1, -8)$, $\mathbf{v}_2 = (3, 0, 5)$, $\mathbf{v}_3 = (8, 1, -3)$
(b) $\mathbf{v}_1 = (-1, 1, 1)$, $\mathbf{v}_2 = (1, -1, 1)$, $\mathbf{v}_3 = (1, 1, -1)$

7. (a) 다음 벡터들이 R^3를 생성하지만 R^3의 기저를 이루지 못하는 것을 보여라.

$\mathbf{v}_1 = (1, 0, 0)$, $\mathbf{v}_2 = (0, 2, 0)$
$\mathbf{v}_3 = (0, 0, 3)$, $\mathbf{v}_4 = (1, 1, 1)$

(b) 벡터 $\mathbf{v} = (1, 2, 3)$을 (a)의 벡터들을 이용하여 세 가지 다른 방법으로 표현하라.

8. (a) 다음 벡터들이 R^3를 생성하지만 R^3의 기저를 이루지 못하는 것을 보여라.

$\mathbf{v}_1 = (1, 1, 1)$, $\mathbf{v}_2 = (1, 1, 0)$

$\mathbf{v}_3 = (1, 0, 0)$, $\mathbf{v}_4 = (3, 2, 0)$

(b) 벡터 $\mathbf{V} = (1, 2, 3)$을 (a)의 벡터들을 이용하여 세 가지 다른 방법으로 표현하라.

연습문제 9와 10에서는 $S = \{\mathbf{v}_1, \mathbf{v}_2\}$가 R^3의 일차독립집합임을 보이고, 적당한 표준단위벡터를 추가함으로써 R^3의 기저가 되게 S를 확장하라.

9. $\mathbf{v}_1 = (-1, 2, 3)$, $\mathbf{v}_2 = (1, -2, -2)$

10. $\mathbf{v}_1 = (1, -1, 0)$, $\mathbf{v}_2 = (3, 1, -2)$

연습문제 11과 12에서는 집합 $S = \{\mathbf{v}_1, \mathbf{v}_2, \mathbf{v}_3, \mathbf{v}_4\}$가 R^3을 생성하는 것을 보이고, S 내에서 그 전 벡터들의 일차결합으로 이루어지는 벡터를 제거함으로써 R^3의 기저를 생성하라. 그 결과 집합이 기저임을 확인하라.

11. $\mathbf{v}_1 = (1, 2, -2)$, $\mathbf{v}_2 = (3, -1, 1)$, $\mathbf{v}_3 = (4, 1, -1)$, $\mathbf{v}_4 = (1, 3, 6)$

12. $\mathbf{v}_1 = (3, 2, 2)$, $\mathbf{v}_2 = (6, 4, 4)$, $\mathbf{v}_3 = (1, 2, -3)$, $\mathbf{v}_4 = (0, 1, 4)$

연습문제 13과 14에서는 $B = \{\mathbf{v}_1, \mathbf{v}_2, \mathbf{v}_3\}$가 R^3의 기저임을 보이고, 기저벡터들의 일차결합으로 $\mathbf{v}$를 표현하라.

13. $\mathbf{v}_1 = (1, 0, 0)$, $\mathbf{v}_2 = (1; 1, 0)$, $\mathbf{v}_3 = (1, 1, 1)$; $\mathbf{v} = (2, 5, 1)$

14. $\mathbf{v}_1 = (1, 1, 0)$, $\mathbf{v}_2 = (1, 0, 1)$, $\mathbf{v}_3 = (0, 1, 1)$; $\mathbf{v} = (-4, 2, 3)$

연습문제 15와 16에서는 R^3의 부분공간 V와 W가 주어졌을 때, V가 W의 부분공간인지를 결정하라.

15. (a) V는 $\mathbf{u} = (1, 2, -1)$에 의해 생성된 원점을 지나는 직선이고, W는 법선벡터 $\mathbf{n} = (2, 0, 1)$을 가지는 원점을 지나는 평면이다.

(b) V는 $x = 2t$, $y = -t$, $z = t$를 매개변수방정식으로 하는 직선이고, W는 $x + 3y + z = 0$을 방정식으로 하는 평면이다.

16. (a) V는 $\mathbf{u} = (1, 1, 3)$에 의해 생성된 원점을 지나는 직선이고, W는 법선벡터 $\mathbf{n} = (2, 1, -1)$을 가지는 원점을 지나는 평면이다.

(b) V는 $x = t$, $y = 2t$, $z = -5t$를 매개변수방정식으로 하는 직선이고, W는 $3x + 2y + z = 0$을 매개변수방정식으로 하는 평면이다.

$S = \{\mathbf{v}_1, \mathbf{v}_2, \cdots, \mathbf{v}_n\}$이 R^n의 기저이고 $T : R^n \to R^m$이 선형변환이라 가정하자. 만약 기저벡터들의 상 $T(\mathbf{v}_1), T(\mathbf{v}_2), \cdots, T(\mathbf{v}_n)$을 안다면, 이 상벡터들은 R^n의 어떠한 벡터 $\mathbf{x}$의 상을 계산하는 데 사용될 수 있다. 먼저 $\mathbf{x}$를 S의 벡터들의 일차결합으로 나타내면, $\mathbf{x} = c_1\mathbf{v}_1 + c_2\mathbf{v}_2 + \cdots + c_n\mathbf{v}_n$이고, $T(\mathbf{x})$를 표현하기 위해 변환 T의 선형성을 이용하면 $T(\mathbf{x}) = c_1T(\mathbf{v}_1) + c_2T(\mathbf{v}_2) + \cdots + c_nT(\mathbf{v}_n)$이다. 이 사실은 때때로 선형변환이 기저들의 '값'들에 의해 완전히 결정된다고 묘사되기도 한다. 이 아이디어를 연습문제 17, 18에 이용하라.

17. $T : R^3 \to R^3$을 선형변환이라 가정하자.

$T(1, 1, 0) = (2, 1, -1)$, $T(0, 1, 2) = (1, 0, 2)$

$T(2, 1, 3) = (4, 0, 1)$

(a) $T(3, 2, -1)$을 구하라.

(b) $T(a, b, c)$를 구하라.

(c) T의 표준행렬을 구하라.

18. $T : R^3 \to R^4$를 선형변환이라 가정하자.

$T(1, 1, 1) = (3, 2, 0, 1)$, $T(1, 1, 0) = (2, 1, 3, -1)$

$T(1, 0, 0) = (5, -2, 1, 0)$

(a) $T(4, 3, 0)$을 구하라.

(b) $T(a, b, c)$를 구하라.

(c) T의 표준행렬을 구하라.

19. 벡터 $\mathbf{v}_1 = (1, -7, -5)$, $\mathbf{v}_2 = (3, -2, 8)$, $\mathbf{v}_3 = (4, -3, 5)$가 R^3의 기저를 이루는 것을 보이고, 일반벡터 $\mathbf{x} = (x, y, z)$을 이 기저벡터들의 일차결합으로 표현하라.

토론과 발견

D1. 다음 명제들이 참(T)인지 거짓(F)인지 판별하고 그 이유를 설명하라.

(a) $S = \{\mathbf{v}_1, \mathbf{v}_2, \cdots, \mathbf{v}_k\}$가 R^n의 일차독립이라면, $k \le n$이다.

(b) $S = \{\mathbf{v}_1, \mathbf{v}_2, \cdots, \mathbf{v}_k\}$가 R^n을 생성한다면, $k \ge n$이다.

(c) $S = \{\mathbf{v}_1, \mathbf{v}_2, \cdots, \mathbf{v}_k\}$가 R^n의 벡터집합이고, 만약 R^n의 모든 벡터들이 S의 벡터들의 일차결합으로 정확히 한 가지 방법으로 표현된다면, $k = n$이다.

(d) $A\mathbf{x} = \mathbf{0}$이 무한개의 해를 가지는 n개의 미지수를 가지는 n개 방정식의 선형계라면, A의 행벡터들은 R^n의 기저를 이루지 못한다.

(e) V와 W가 같은 차원을 가지는 별개의 R^n의 부분공간이면, 둘 중 어떤 것도 다른 것의 부분공간이 아니다.

D2. $S = \{\mathbf{v}_1, \mathbf{v}_2, \cdots, \mathbf{v}_n\}$이 R^n의 일차종속집합이라면, S의 적당한 벡터들의 일차결합에 의해 R^n이 기저를 만드는 것이 가능한가? 이유를 설명하라.

D3. $B = \{\mathbf{v}_1, \mathbf{v}_2, \cdots, \mathbf{v}_n\}$이 R^n의 기저라면, B의 각각의 벡터를 B의 벡터로 대응시키는 단사 연산자를 얼마나 많이 만들 수 있는가? (연습문제 P4 참조)

D4. 벡터

$\mathbf{v}_1 = (\sin\alpha + \sin\beta, \cos\beta + \cos\alpha)$와

$\mathbf{v}_2 = (\cos\beta - \cos\alpha, \sin\alpha - \sin\beta)$

가 R^2의 기저가 되도록 하는 α, β가 있으면 구하라.

D5. 왜 R^n의 부분공간 W의 차원이 W를 생성하는 벡터들의 최저수인가?

증명문제

P1. 다음을 증명하라: R^n의 모든 영이 아닌 부분공간은 기저를 가진다.

P2. 다음을 증명하라: 만약 k가 0에서 n 사이의 값을 가지는 정수라고 하면, R^n은 차원 k의 부분공간을 가진다.

P3. 다음을 증명하라: R^n의 모든 벡터를 $S = \{\mathbf{v}_1, \mathbf{v}_2, \cdots, \mathbf{v}_n\}$의 벡터들의 유일한 일차결합으로 표현할 수 있다면, S는 R^n의 기저이다. [*힌트*: 일차독립을 증명하기 위해 유일성 가정을 사용하라.]

P4. 다음을 증명하라: $T : R^n \to R^n$이 단사 선형연산자이고 $\{\mathbf{v}_1, \mathbf{v}_2, \cdots, \mathbf{v}_n\}$이 R^n의 기저라면, $\{T(\mathbf{v}_1), T(\mathbf{v}_2), \cdots, T(\mathbf{v}_n)\}$ 또한 R^n의 기저이다. 즉 단사 선형연산자는 기저들을 기저들로 사상한다. [*힌트*: 일차독립을 증명하기 위해 일대일 가정을 사용하라.]

P5. 다음을 증명하라: 만약 $B = \{\mathbf{v}_1, \mathbf{v}_2, \cdots, \mathbf{v}_n\}$과 $B' = \{\mathbf{w}_1, \mathbf{w}_2, \cdots, \mathbf{w}_n\}$이 R^n의 기저라면, R^n에 대한 $T(\mathbf{v}_1) = \mathbf{w}_1$, $T(\mathbf{v}_2) = \mathbf{w}_2, \cdots, T(\mathbf{v}_n) = \mathbf{w}_n$과 같은 유일한 선형연산자가 존재한다. [*힌트*: B가 R^n의 기저이므로, R^n의 모든 벡터 $\mathbf{x}$는 $\mathbf{x} = c_1\mathbf{v}_1 + c_2\mathbf{v}_2 + \cdots + c_n\mathbf{v}_n$과 같이 유일하게 표현될 수 있다. 식 $T(\mathbf{x}) = c_1\mathbf{w}_1 + c_2\mathbf{w}_2 + \cdots + c_n\mathbf{w}_n$이 요구되는 특성을 가지는 선형연산자를 정의함을 보여라.]

P6. (a) 만약 $\{\mathbf{v}_1, \mathbf{v}_2, \mathbf{v}_3\}$이 R^3의 기저라면 $\{\mathbf{u}_1, \mathbf{u}_2, \mathbf{u}_3\}$도 R^3의 기저인 것을 증명하라.

$$\mathbf{u}_1 = \mathbf{v}_1, \quad \mathbf{u}_2 = \mathbf{v}_1 + \mathbf{v}_2, \quad \mathbf{u}_3 = \mathbf{v}_1 + \mathbf{v}_2 + \mathbf{v}_3$$

(b) (a)의 결과를 일반화하여 말하라.

P7. 만약 $\mathbf{x}$와 $A\mathbf{x}$에 의해 생성된 R^n의 부분공간이 차원 1을 가진다면 $\mathbf{x}$가 $n \times n$ 행렬 A의 고유벡터인 것을 증명하라.

P8. V와 W가 R^n의 부분공간이고 $V \subset W$, $\dim(V) = \dim(W)$이면, $V = W$인 것을 증명하라. [*힌트*: $S = \{\mathbf{v}_1, \mathbf{v}_2, \cdots, \mathbf{v}_k\}$가 V의 기저이면, S 또한 W의 기저인 것을 보이기 위해 정리 7.2.2(*b*)를 이용하라. 그리고 $W \subset V$를 보이기 위해 이 결과를 이용하라.]

프로그램 활용 연습문제

T1. R^n의 벡터집합에 의해 생성된 부분공간의 차원을 찾기 위한 세 가지 다른 방법을 궁리하라. 그리고 다음 벡터들에 의해 생성된 R^5의 부분공간의 차원을 찾는 데 독자들이 궁리한 방법을 모두 이용하라.

$$\mathbf{v}_1 = (2, 2, -1, 0, 1), \quad \mathbf{v}_2 = (-1, -1, 2, -3, 1)$$
$$\mathbf{v}_3 = (1, 1, -2, 0, -1), \quad \mathbf{v}_4 = (0, 0, 1, 1, 1)$$

T2. $\mathbf{v}_1 = (1, 2, 1)$, $\mathbf{v}_2 = (4, 4, 4)$, $\mathbf{v}_3 = (1, 0, 1)$, $\mathbf{v}_4 = (2, 4, 2)$, $\mathbf{v}_5 = (0, 1, 1)$일 때, $S = \{\mathbf{v}_1, \mathbf{v}_2, \mathbf{v}_3, \mathbf{v}_4, \mathbf{v}_5\}$라 하자. R^3의 기저가 되는 모든 가능한 S의 부분집합을 구하라.

T3. **(CAS)** R^4의 기저를 형성하기 위한 a, b, c, d의 조건을 행렬식을 이용하여 찾아라.

$$\mathbf{v}_1 = (a, b, c, d), \quad \mathbf{v}_2 = (-b, a, d, -c)$$
$$\mathbf{v}_3 = (-c, -d, a, b), \quad \mathbf{v}_4 = (-d, c, -b, a)$$

7.3 행렬의 기본공간들

해석 기하학의 발전은 수학에 있어서 거대한 이정표들 중 하나였다. 그것은 대수방정식을 이용하여 기하학적 곡선의 특성을 연구하는 방법과, 반대로 대수방정식의 특성을 연구하기 위한 기하학적 곡선의 사용 방법을 제공했다. 이 절과 그 다음 절들에서는 행렬의 대수적 특성들이 부분공간의 기하학적 특성을 연구하는 데 어떻게 사용되는지를 보일 것이고, 반대로 부분공간의 기하학적 특성들이 행렬의 대수학적 특성을 연구하는 데 어떻게 사용되는지 보일 것이다. 또한 이 절에서 부분공간의 기저를 찾는 다양한 방법을 살펴볼 것이다.

행렬의 기본공간 A가 $m \times n$ 행렬이라면, A와 관련된 세 가지 중요한 공간이 있다.

1. row(A)로 표현되는 A의 **행공간**(row space)은 A의 행벡터들에 의해 생성되는 R^n의 부분공간이다.
2. col(A)로 표현되는 A의 **열공간**(column space)은 A의 열벡터들에 의해 생성되는 R^n의 부분공간이다.
3. null(A)로 표현되는 A의 **열공간**(null space)은 $A\mathbf{x} = \mathbf{0}$의 해공간이다. 이것은 R^n의 부분공간이다.

A와 A^T를 함께 고려한다면, 다음과 같은 6가지 부분공간이 있다.

$$\text{row}(A), \quad \text{row}(A^T), \quad \text{col}(A), \quad \text{col}(A^T), \quad \text{null}(A), \quad \text{null}(A^T)$$

그러나 행렬의 행을 열로, 열은 행으로 바꾸면, $\text{row}(A^T) = \text{col}(A)$이고 $\text{col}(A^T) = \text{row}(A)$이다. 그러므로 6가지 부분공간은 단지 4가지로 구별된다.

역사 속의 선형대수

계수(rank)의 개념은 1879년 독일의 수학자 Ferdinand Frobenius가 발표한 연구 논문에서 처음 나타났다. 그는 이 생각을 표현하기 위해 독일어 *rang*을 사용하였다.

Ferdinand Georg Frobenius
(1849~1917)

row(A)	null(A)
col(A)	null(A^T)

이것을 A의 **기본공간**(fundamental space)이라고 한다. row(A)와 null(A)의 차원은 이와 관련된 전문용어가 있을 만큼 대단히 중요하다.

정의 7.3.1 행렬 A의 행공간의 차원은 A의 **계수**(rank)라 하고 rank(A)로 표시한다. 행렬 A의 영공간(null space)의 차원은 **영공간의 차원**(nullity)이라 하고 nullity(A)로 표시한다.

참고 이 장 후반부에서 행렬의 행공간과 열공간이 항상 같은 차원을 가지는 것을 보게 될 것이다. 그리고 A의 계수를 열공간의 차원으로 생각할 수 있다. 하지만 이것은 현재로서는 필요가 없는 사실이다.

직교여공간

이 절의 목표 중 하나는 기본공간의 근본 특성들을 밝히는 것이다. 처음 단계로 직교에 관한 더 많은 결과를 확립할 필요가 있다.

만약 $\mathbf{a}$가 R^n의 영이 아닌 벡터라면, $\mathbf{a}^\perp$은 $\mathbf{a}$에 수직인 R^n의 벡터들의 집합이라고 3.5절에서 이야기했다. 이것을 $\mathbf{a}$의 *직교여공간*이라 부른다. 다음 정의는 한 개 이상의 벡터를 가진 집합에 대한 직교여공간으로 개념을 확장한다.

정의 7.3.2 만약 S가 R^n의 공집합이 아닌 집합일 때, $S^\perp$로 표현되는 S의 **직교여공간**(orthogonal complement)은 S의 모든 벡터들에 수직인 R^n의 모든 벡터들의 집합이라고 정의한다.

예제 1 R^3의 부분공간의 직교여공간

L이 R^3의 원점을 지나는 직선이라면, $L^\perp$은 L에 수직인 원점을 지나는 평면이고, W가 R^3의 원점을 지나는 평면이라면, $W^\perp$은 W에 수직인 원점을 지나는 직선이다(그림 7.3.1). ■

예제 2 행벡터들의 직교여공간

S가 $m \times n$인 행렬 A의 행벡터들의 집합이라면, 이 집합의 $S^\perp$은 정리 3.5.6에 의해 $A\mathbf{x} = \mathbf{0}$의 해공간이다. ■

정의 7.3.2에서 집합 S는 R^n의 부분공간이 될 필요는 없다. 하지만 다음 정리는 S가 부분공간이든 아니든, S의 직교여공간은 항상 R^n의 부분공간임을 보여준다.

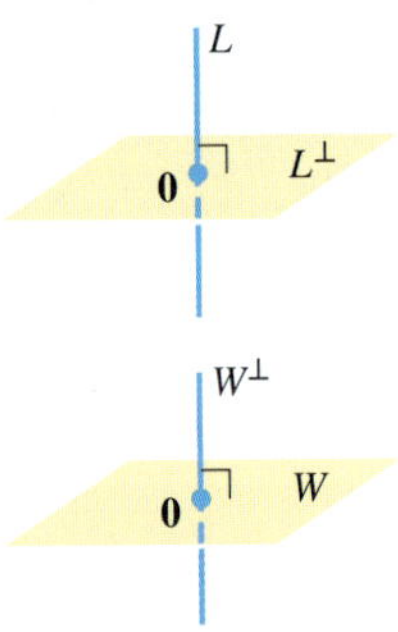

그림 7.3.1

정리 7.3.3 *S가 R^n의 공집합이 아닌 집합이라면, $S^\perp$은 R^n의 부분공간이다.*

증명 집합 $S^\perp$은 벡터 $\mathbf{0}$을 포함하고, 따라서 이 집합은 공집합이 아니라는 것을 의미한다. 이 집합은 스칼라곱과 덧셈에 닫혀 있다는 것을 보일 것이다. 이를 위해 $S^\perp$은 벡터 $\mathbf{u}$와 $\mathbf{v}$를 가지고, c는 스칼라라 하자. $c\mathbf{u}$와 $\mathbf{u}+\mathbf{v}$가 $S^\perp$의 벡터들인 것을 보이기 위해 S의 모든 벡터들에 대해 $c\mathbf{u}\cdot\mathbf{x} = 0$와 $(\mathbf{u}+\mathbf{v})\cdot\mathbf{x} = 0$인 것을 보여야 한다. 그러나 $\mathbf{u}$와 $\mathbf{v}$는 $S^\perp$의 벡터들이다. 그래서 $\mathbf{u}\cdot\mathbf{x} = 0$와 $\mathbf{v}\cdot\mathbf{x} = 0$이다. 그러므로 내적의 특성을 사용하여 다음 식을 얻을 수 있으며

$$c\mathbf{u}\cdot\mathbf{x} = c(\mathbf{u}\cdot\mathbf{x}) = c(0) = 0, \quad (\mathbf{u}+\mathbf{v})\cdot\mathbf{x} = (\mathbf{u}\cdot\mathbf{x}) + (\mathbf{v}\cdot\mathbf{x}) = 0+0 = 0$$

따라서 증명을 완성할 수 있다. ■

예제 3 두 벡터의 직교여공간

집합 $S = \{\mathbf{v}_1, \mathbf{v}_2\}$의 xyz 좌표계의 직교여공간을 찾아라.

$$\mathbf{v}_1 = (1, -2, 1), \quad \mathbf{v}_2 = (3, -7, 5)$$

풀이 $S^\perp$가 $\mathbf{v}_1$과 $\mathbf{v}_2$에 의한 평면에 수직이면서 원점을 지나는 직선인 것은 기하학적으로 명백하다. 이 직선을 찾는 한 가지 방법은 예제 2의 결과를 사용하는 것이다. 행벡터 $\mathbf{v}_1$과 $\mathbf{v}_2$를 가지는 행렬을 A라 하고

$A\mathbf{x} = \mathbf{0}$을 풀자. 이 계는 다음과 같다.

$$\begin{bmatrix} 1 & -2 & 1 \\ 3 & -7 & 5 \end{bmatrix} \begin{bmatrix} x \\ y \\ z \end{bmatrix} = \begin{bmatrix} 0 \\ 0 \\ 0 \end{bmatrix}$$

그리고 일반해는

$$x = 3t, \quad y = 2t, \quad z = t \tag{1}$$

이다. 그러므로 $S^{\perp}$는 벡터 $\mathbf{w} = (3, 2, 1)$과 평행한 원점을 지나는 직선이다.

다른 풀이 $\mathbf{v}_1$과 $\mathbf{v}_2$에 직교한 벡터는 다음과 같다.

$$\mathbf{v}_1 \times \mathbf{v}_2 = \begin{vmatrix} \mathbf{i} & \mathbf{j} & \mathbf{k} \\ 1 & -2 & 1 \\ 3 & -7 & 5 \end{vmatrix} = -3\mathbf{i} - 2\mathbf{j} - \mathbf{k} = (-3, -2, -1)$$

벡터 $\mathbf{w} = -(\mathbf{v}_1 \times \mathbf{v}_2) = (3, 2, 1)$ 또한 $\mathbf{v}_1$과 $\mathbf{v}_2$에 직교이고, 마이너스 부호가 적으므로 보다 간편한 선택이다. 이것은 처음 풀이에서 얻은 벡터 $\mathbf{w}$이고, 그래서 직교여공간이 식 (1)의 매개변수로 주어진 원점을 지나는 직선이라는 것을 알 수 있다.

직교여공간의 특성 다음 정리는 직교여공간에 대한 세 가지 기본 사실이다.

> ***정리 7.3.4***
>
> (*a*) *W가 R^n의 부분공간이면, $W^{\perp} \cap W = \{\mathbf{0}\}$이다.*
>
> (*b*) *S가 R^n의 공집합이 아니면, $S^{\perp} = \text{span}(S)^{\perp}$이다.*
>
> (*c*) *W가 R^n의 부분공간이면, $(W^{\perp})^{\perp} = W$이다.*

(*a*)와 (*b*)는 이 절에서 증명할 것이고, (*c*)는 더 많은 수학적 방법을 이용하여 다음 절에서 증명할 것이다.

증명 (*a*) W와 $W^{\perp}$이 R^n의 부분공간이므로 집합 $W^{\perp} \cap W$는 적어도 영벡터를 포함한다. 그러나 이것은 $W^{\perp} \cap W$의 유일한 벡터이다. 왜냐하면 만약 이 교집합에 벡터 $\mathbf{v}$가 있고, $\mathbf{v} \cdot \mathbf{v} = 0$라면, 이것은 정리 1.2.6의 (*d*)에 의해 $\mathbf{v} = \mathbf{0}$이란 것을 의미하기 때문이다.

증명 (*b*) $\text{span}(S)^{\perp}$의 모든 벡터가 $S^{\perp}$에 있고 그 반대도 만족시키는 것을 보여야 한다. 따라서 $\text{span}(S)^{\perp}$에 벡터 $\mathbf{v}$가 있다고 하자. 이 벡터는 $\text{span}(S)$의 모든 벡터에 수직이므로, $\mathbf{v}$는 S의 모든 벡터에 직교해야 한다. 이는 S가 $\text{span}(S)$에 포함되기 때문이다. 그러므로 $\mathbf{v}$는 $S^{\perp}$ 안에 포함된다. 반대로 $\mathbf{v}$가 $S^{\perp}$ 내의 벡터라 하자. $\mathbf{v}$가 $\text{span}(S)^{\perp}$에 있다는 것을 보이기 위해, $\mathbf{v}$가 S의 벡터들의 모든 일차결합에 수직인 것을 보여야 한다. 즉

$$\mathbf{w} = t_1\mathbf{v}_1 + t_2\mathbf{v}_2 + \cdots + t_k\mathbf{v}_k$$

를 임의의 일차결합이라고 하자. 그러면 내적의 특성에 의하여 다음 식을 얻는다.

$$\mathbf{v} \cdot \mathbf{w} = \mathbf{v} \cdot (t_1\mathbf{v}_1 + t_2\mathbf{v}_2 + \cdots + t_k\mathbf{v}_k) = t_1(\mathbf{v} \cdot \mathbf{v}_1) + t_2(\mathbf{v} \cdot \mathbf{v}_2) + \cdots + t_k(\mathbf{v} \cdot \mathbf{v}_k)$$

하지만 $\mathbf{v}$는 S의 모든 벡터에 수직이므로, 우변의 각각의 내적은 영이다. 그러므로 $\mathbf{v} \cdot \mathbf{w} = 0$이다. 이 결과는 $\mathbf{v}$가 $\text{span}(S)$의 모든 벡터에 수직인 것을 보여 준다. ■

참고 W가 R^n의 부분공간이고 $W^{\perp}$이 W의 직교여공간이라면 정리 7.3.4(*c*)의 등식 $(W^{\perp})^{\perp} = W$는 W가 $W^{\perp}$의 직교여공간이라는 것을 말한다. 이로써 W와 $W^{\perp}$이 *서로 직교여공간*이라는 것이 성립한다. 하지만 이 경우 W가 R^n의 (단순히 부분집합이 아니라) 부분공간이어야 한다는 조건이 필요하다.

정리 7.3.4의 (*b*)는 공집합이 아닌 집합의 직교여공간과 그 집합에 의해 생성된 부분공간의 직교여공

간이 같다는 것을 말한다. 예를 들면 행렬의 행벡터들의 집합의 직교여공간은 그 행렬의 행공간의 직교여공간과 같다. 그러므로 정리 3.5.6보다 좀 더 강력한 다음과 같은 정리를 정립하였다.

정리 7.3.5 *A가 $m \times n$ 행렬이면, A의 행공간과 A의 영공간은 서로 직교여공간이다.*

더욱이 이 정리를 A^T에 적용하고 A^T의 행공간이 A의 열공간이라는 사실을 이용하면, 다음의 동반 정리를 얻는다.

정리 7.3.6 *A가 $m \times n$ 행렬이라면, A의 열공간과 A^T의 영공간은 서로 직교여공간이다.*

두 정리의 결과는 다음 식으로 표현된다.

$$\begin{aligned} \text{row}(A)^{\perp} &= \text{null}(A), \qquad & \text{null}(A)^{\perp} &= \text{row}(A) \\ \text{col}(A)^{\perp} &= \text{null}(A^T), \qquad & \text{null}(A^T)^{\perp} &= \text{col}(A) \end{aligned} \tag{2}$$

다음 정리는 행렬의 기본공간들 사이의 관계를 연구하는 데 중요한 계산도구를 제공한다. Gauss-Jordan 소거와 Gauss 소거의 핵심이 되는 이 정리의 첫 번째와 두 번째 명제는 우리가 그러한 소거 방법들을 연구할 때 쉽게 사실로 받아들였던 것들이다.

정리 7.3.7

(*a*) *기본행연산은 행렬의 행공간을 바꾸지 못한다.*

(*b*) *기본행연산은 행렬의 영공간을 바꾸지 못한다.*

(*c*) *행렬의 행사다리꼴의 영이 아닌 행벡터는 그 행렬의 행공간의 기저를 이룬다.*

(*a*)와 (*b*)는 증명할 것이고, (*c*)에 대해서는 간단히 언급할 것이다.

증명 (*a*) 영이 아닌 스칼라를 행렬 A의 행에 곱하거나 한 행의 스칼라곱을 다른 행에 더하는 것은 A의 행벡터들의 일차결합을 계산하는 것이다. 그러므로 만약 B가 기본행연산의 연속에 의해 A로부터 얻어진다면, row(B)의 모든 벡터들은 반드시 row(A)에 있다. 하지만 B가 기본행연산에 의해 A로부터 얻어진다면, A는 역순으로 역연산을 취함으로써 B로부터 얻을 수 있다. 그러므로 row(A)의 모든 벡터는 또한 반드시 row(B)에 있고 이로부터 row(A) = row(B)라는 결론을 얻는다.

증명 (*b*) (*a*)에 의해, 행렬에 대해 기본행연산은 그 행렬의 행공간을 바꾸지 못하므로, 행공간의 직교여공간을 바꾸지 못한다. 그러나 A의 행공간의 직교여공간은 A의 영공간이고(정리 7.3.5), 따라서 행렬 A의 기본행연산을 수행하는 것은 A의 영공간을 바꾸지 못한다.

증명 (*c*) 행렬 A의 행사다리꼴의 영이 아닌 행벡터들은 A의 행공간에 대한 기저를 형성한다. 왜냐하면 영이 아닌 행벡터들은 이 정리의 (*a*)에 의해 행공간을 생성하고, 그것들은 7.1절의 예제 4에 의해 일차독립이다. ■

개념문제 기본행연산은 행렬의 열공간을 바꿀 수 있다고 생각하는가? 증명하라.

다음 유용한 정리는 두 행렬의 기본공간 사이의 관계를 다룬다.

정리 7.3.8 *같은 수의 서로 독립적인 열을 가진 행렬 A와 B가 있다면, 다음 명제들은 동치이다.*

(*a*) *A와 B는 같은 행공간을 가진다.*

(*b*) *A와 B는 같은 영공간을 가진다.*

(*c*) *A의 행벡터들은 B의 행벡터들의 일차결합이고, 역도 성립한다.*

(a)와 (b)가 동치라는 것을 증명할 것이고, $(a) \Leftrightarrow (c)$에 대한 증명은 연습문제로 남길 것이다. 따라서 $(b) \Leftrightarrow (c)$는 이들에 의한 논리적 결과이다.

증명 $(a) \Leftrightarrow (b)$ 행렬의 행공간과 영공간은 서로 직교여공간이다. 그러므로 만약 A와 B가 같은 행공간을 가진다면, 그들은 반드시 같은 영공간을 가진다. 역도 성립한다. ■

행소거에 의한 기저 찾기 이제 주어진 벡터들의 집합

$$S = \{\mathbf{v}_1, \mathbf{v}_2, \cdots, \mathbf{v}_s\}$$

로 생성된 R^n의 부분공간 W에 대한 기저를 찾는 문제를 생각하자. 이 문제에 두 가지 방법이 있고 각각 다른 식으로 구한다.

1. W의 *어떠한* 기저라도 상관없다면, $\mathbf{v}_1, \mathbf{v}_2, \cdots, \mathbf{v}_s$를 행벡터로 하는 행렬 A를 만드는 것으로부터 시작할 수 있다. 그러면 A의 행공간이 W가 된다. 그리고 기저는 A를 행사다리꼴로 변형시킨 뒤 영이 아닌 행을 추출함으로써 찾을 수 있다.
2. 기저가 꼭 S의 벡터들로 구성되어야 한다면, 기본행연산은 보통 행벡터들을 바꾸므로 방법 1은 적당하지 않다. 이런 종류의 기저 문제를 푸는 방법은 후에 논의할 것이다.

예제 4 행소거에 의한 기저 찾기

(a) 다음 벡터들에 의해 생성된 R^5의 부분공간 W에 대한 기저를 구하라.

$$\mathbf{v}_1 = (1, 0, 0, 0, 2), \quad \mathbf{v}_2 = (-2, 1, -3, -2, -4)$$
$$\mathbf{v}_3 = (0, 5, -14, -9, 0), \quad \mathbf{v}_4 = (2, 10, -28, -18, 4)$$

(b) $W^\perp$의 기저를 구하라.

풀이 (a) 주어진 벡터들에 의해 생성된 부분공간은 그 행렬 A의 행공간이다.

$$A = \begin{bmatrix} 1 & 0 & 0 & 0 & 2 \\ -2 & 1 & -3 & -2 & -4 \\ 0 & 5 & -14 & -9 & 0 \\ 2 & 10 & -28 & -18 & 4 \end{bmatrix} \tag{3}$$

이 행렬을 행사다리꼴로 변형시킴으로써 다음 행렬을 얻는다.

$$U = \begin{bmatrix} 1 & 0 & 0 & 0 & 2 \\ 0 & 1 & -3 & -2 & 0 \\ 0 & 0 & 1 & 1 & 0 \\ 0 & 0 & 0 & 0 & 0 \end{bmatrix} \tag{4}$$

영이 아닌 행을 추출하면 기저벡터들을 생성한다.

$$\mathbf{w}_1 = (1, 0, 0, 0, 2), \quad \mathbf{w}_2 = (0, 1, -3, -2, 0), \quad \mathbf{w}_3 = (0, 0, 1, 1, 0)$$

원래 벡터들의 형식과 일관되도록 괄호 표기 형식으로 나타냈다. 3개의 기저벡터들이 있고, $\dim(W) = 3$이다. 또 다른 기저로는 A로부터 얻은 기약 행사다리꼴을 이용해서 얻을 수 있다.

$$R = \begin{bmatrix} 1 & 0 & 0 & 0 & 2 \\ 0 & 1 & 0 & 1 & 0 \\ 0 & 0 & 1 & 1 & 0 \\ 0 & 0 & 0 & 0 & 0 \end{bmatrix} \tag{5}$$

이로부터 기저벡터들은 다음과 같다.

$$\mathbf{w}'_1 = (1, 0, 0, 0, 2), \quad \mathbf{w}'_2 = (0, 1, 0, 1, 0), \quad \mathbf{w}'_3 = (0, 0, 1, 1, 0) \tag{6}$$

비록 기약 행사다리꼴을 얻는 것이 추가적인 작업이지만, 결과 기저벡터들이 보통 더 많은 영을 가지므로 더 단순하다. 추가적인 작업이 정당한 것인지는 기저가 사용되는 목적에 달려 있다.

풀이 (b) 이 문제는 정리 7.3.5에 의해 $W^{\perp}$은 A의 영공간이라는 사실에 의해 동차계 $A\mathbf{x} = \mathbf{0}$의 해공간에 대한 기저를 찾은 것으로 축소된다. 우리는 Gauss-Jordan 소거에 의해 생성된 표준기저를 이용할 것이다. 식 (5)의 R이 A의 기약행사다리꼴이기 때문에 대부분의 작업은 이미 수행되었다. 일반해를 구하기 위해 R을 이용하면 다음과 같다.

$$\begin{bmatrix} x_1 \\ x_2 \\ x_3 \\ x_4 \\ x_5 \end{bmatrix} = s\begin{bmatrix} -2 \\ 0 \\ 0 \\ 0 \\ 1 \end{bmatrix} + t\begin{bmatrix} 0 \\ -1 \\ -1 \\ 1 \\ 0 \end{bmatrix} \tag{7}$$

그러므로 벡터

$$\mathbf{u}_1 = (-2, 0, 0, 0, 1), \quad \mathbf{u}_2 = (0, -1, -1, 1, 0)$$

는 $W^{\perp}$의 기저를 이룬다. $\mathbf{u}_1$, $\mathbf{u}_2$가 (a)에서 얻어진 W의 모든 기저벡터들에 수직인지를 확인하는 것은 독자에게 남겨 둔다. ■

▸ 예제 5 지정된 해공간을 가지는 선형계 구하기

해공간이 예제 4의 벡터들 $\mathbf{v}_1$, $\mathbf{v}_2$, $\mathbf{v}_3$, $\mathbf{v}_4$에 의해 생성된 공간 W인 동차선형계 $B\mathbf{x} = \mathbf{0}$을 찾아라.

풀이 예제 4의 (b)에서 $W^{\perp}$에 대한 기저벡터 $\mathbf{u}_1$과 $\mathbf{u}_2$를 찾았다. 이 벡터들을 행벡터로 하는 행렬

$$B = \begin{bmatrix} -2 & 0 & 0 & 0 & 1 \\ 0 & -1 & -1 & 1 & 0 \end{bmatrix}$$

를 이용하자. B의 행공간은 $W^{\perp}$이고, B의 영공간은 $(W^{\perp})^{\perp} = W$이다. 그러므로 선형계 $B\mathbf{x} = \mathbf{0}$ 혹은 동등하게

$$\begin{aligned} -2x_1 \qquad\qquad\qquad + x_5 &= 0 \\ - x_2 - x_3 + x_4 \qquad &= 0 \end{aligned}$$

는 해공간으로 W를 가진다.

주어진 부분공간의 벡터인지 결정하기

다음 세 가지 문제를 고려하자.

문제 1. R^m의 벡터들의 집합 $S = \{\mathbf{v}_1, \mathbf{v}_2, \cdots, \mathbf{v}_n\}$이 주어졌다. $\mathbf{b} = (b_1, b_2, \cdots, b_m)$이 span($S$) 안에 있기 위한 $b_1, b_2, \cdots, b_m$의 조건들을 구하라.

문제 2. $m \times n$ 행렬 A가 주어졌다. $\mathbf{b} = (b_1, b_2, \cdots, b_m)$이 col($A$) 안에 있기 위한 $b_1, b_2, \cdots, b_m$의 조건들을 구하라.

문제 3. 선형변환 $T : R^n \to R^m$이 주어졌다. $\mathbf{b} = (b_1, b_2, \cdots, b_m)$이 ran($T$) 안에 있기 위한 $b_1, b_2, \cdots, b_m$의 조건들을 구하라.

비록 이 문제들이 겉보기에는 달라 보이지만, 사실은 같은 문제를 달리 표현한 것이다(왜?). 다음 예제는 이 문제의 첫 번째 형태를 공략하는 세 가지 방법을 설명하고 있다.

▸ 예제 6 주어진 부분공간에 있기 위한 벡터의 조건들

예제 4에서 벡터 $\mathbf{v}_1$, $\mathbf{v}_2$, $\mathbf{v}_3$, $\mathbf{v}_4$에 의해 생성된 R^5의 부분공간에 벡터 $\mathbf{b} = (b_1, b_2, b_3, b_4, b_5)$가 반드시 있을 조건은 무엇인가?

풀이 1 이 문제를 푸는 가장 직접적인 방법은 어떠한 조건하에서 다음 벡터방정식이 x_1, x_2, x_3, x_4에 대해 해를 갖는지 살펴보는 것이다.

$$x_1\mathbf{v}_1 + x_2\mathbf{v}_2 + x_3\mathbf{v}_3 + x_4\mathbf{v}_4 = \mathbf{b} \tag{8}$$

이것은 $\mathbf{v}_1$, $\mathbf{v}_2$, $\mathbf{v}_3$, $\mathbf{v}_4$를 C의 연속적인 열벡터로 하는 선형계 $C\mathbf{x} = \mathbf{b}$의 벡터 형태이다. 이 계에 대한 붙인 행렬은

$$\left[\begin{array}{rrrr|c} 1 & -2 & 0 & 2 & b_1 \\ 0 & 1 & 5 & 10 & b_2 \\ 0 & -3 & -14 & -28 & b_3 \\ 0 & -2 & -9 & -18 & b_4 \\ 2 & -4 & 0 & 4 & b_5 \end{array}\right] \tag{9}$$

이고 우리의 목표는 이 계가 해를 가지도록 b의 조건들을 결정하는 것이다. 이것은 "해 존재성 문제(consistency problem)"로 불리는 것이다(3.3.10을 보라). 그 절의 예제 8에서와 같이 식 (9)의 좌변을 행사다리꼴로 줄이면, 그 결과는 다음과 같다(증명하라).

$$\left[\begin{array}{rrrr|c} 1 & -2 & 0 & 2 & b_1 \\ 0 & 1 & 5 & 10 & b_2 \\ 0 & 0 & 1 & 2 & b_3+3b_2 \\ 0 & 0 & 0 & 0 & b_4-b_3-b_2 \\ 0 & 0 & 0 & 0 & b_5-2b_1 \end{array}\right]$$

그러므로 그 계가 해를 갖기 위해서는 $\mathbf{b}$의 성분들이 두 개의 조건을 만족시켜야 한다.

$$\begin{aligned} b_4 - b_3 - b_2 &= 0 \\ b_5 - 2b_1 &= 0 \end{aligned} \quad \text{또는} \quad \begin{aligned} b_4 &= b_2 + b_3 \\ b_5 &= 2b_1 \end{aligned}$$

예를 들면 벡터 $(7, -2, 5, 3, 14)$가 W에 있지만, $(7, -2, 5, 3, 6)$과 $(0, -1, 3, -2, 0)$는 W에 있지 않다(증명하라).

풀이 2 열보다는 행에 중점을 두고 같은 문제를 해결하는 방법이 있다. 정리 7.2.5에 의해 $\mathbf{b}$가 span$\{\mathbf{v}_1, \mathbf{v}_2, \mathbf{v}_3, \mathbf{v}_4\}$에 포함되기 위한 필요충분조건은 이 공간이 span$\{\mathbf{v}_1, \mathbf{v}_2, \mathbf{v}_3, \mathbf{v}_4, \mathbf{b}\}$와 같은 차원을 갖는 것이고, 이는 $\mathbf{v}_1, \mathbf{v}_2, \mathbf{v}_3, \mathbf{v}_4$를 행으로 갖는 행렬 A와 A에 $\mathbf{b}$를 행으로 추가한 행렬이 같은 계수(rank)를 갖는 것과 필요충분조건이 된다. 행렬 A는 식 (3)에서 주어졌고 $\mathbf{b}$를 행에 추가하여 행렬

$$\left[\begin{array}{rrrrr} 1 & 0 & 0 & 0 & 2 \\ -2 & 1 & -3 & -2 & -4 \\ 0 & 5 & -14 & -9 & 0 \\ 2 & 10 & -28 & -18 & 4 \\ \hline b_1 & b_2 & b_3 & b_4 & b_5 \end{array}\right] \tag{10}$$

를 만든다. 식 (3)과 식 (10)이 같은 계수를 가지는 조건들을 결정하기 위해, 기약 행사다리꼴에서 식 (10)의 A 부분을 기약 행사다리꼴로(행사다리꼴이라도 역시 성립한다) 줄임으로써 행렬 A의 행공간의 기저를 찾을 수 있다.

$$\left[\begin{array}{ccccc} 1 & 0 & 0 & 0 & 2 \\ 0 & 1 & 0 & 1 & 0 \\ 0 & 0 & 1 & 1 & 0 \\ 0 & 0 & 0 & 0 & 0 \\ \hline b_1 & b_2 & b_3 & b_4 & b_5 \end{array}\right] \tag{11}$$

이 행렬이 A와 같은 계수(계수 3)를 가지기 위해서 기본행연산을 이용하여 마지막 행을 영으로 만드는 것이 가능해야 한다. 따라서 A의 추축열에 있는 마지막 행의 값들을, 맨 밑의 행에 추축행의 다양한 값을 더함으로써 0으로 만들어갈 것이다. 그 결과가 다음과 같이 되는 것을 보이는 것은 독자에게 남겨 둔다.

$$\left[\begin{array}{ccccc} 1 & 0 & 0 & 0 & 2 \\ 0 & 1 & 0 & 1 & 0 \\ 0 & 0 & 1 & 1 & 0 \\ 0 & 0 & 0 & 0 & 0 \\ \hline 0 & 0 & 0 & b_4-b_3-b_2 & b_5-2b_1 \end{array}\right] \tag{12}$$

식 (11)이 계수 3을 가지기 위해서 $b_4 - b_3 - b_2 = 0$와 $b_5 - 2b_1 = 0$이어야 한다. 이 조건들은 첫 번째 방법에서 얻은 결과와 동일하다.

풀이 3 세 번째 방법이다. $\mathbf{b} = (b_1, b_2, b_3, b_4, b_5)$가 벡터 $\mathbf{v}_1, \mathbf{v}_2, \mathbf{v}_3, \mathbf{v}_4$에 의해 생성된 부분공간 W에 있다는 것은 $\mathbf{b}$가 $W^\perp$의 모든 벡터에 수직이란 말과 같다. 그러나 예제 4(b)에서 벡터

$$\mathbf{u}_1 = (-2, 0, 0, 0, 1), \quad \mathbf{u}_2 = (0, -1, -1, 1, 0)$$

가 $W^\perp$의 기저를 이루는 것을 보았다. 그러므로 $\mathbf{b}$가 $\mathbf{u}_1$과 $\mathbf{u}_2$에 수직이면 $\mathbf{b}$는 $W^\perp$의 모든 벡터에 수직일 것이다. 성분 형태에서 수직 조건 $\mathbf{u}_1 \cdot \mathbf{b} = 0$와 $\mathbf{u}_2 \cdot \mathbf{b} = 0$를 사용한다면 다음을 얻는다.

$$-2b_1 + b_5 = 0, \quad -b_2 - b_3 + b_4 = 0$$

이것은 처음과 두 번째 방법에서 얻은 조건과 같다. ■

예제 7 유용한 알고리즘

$\mathbf{b}_1 = (7, -2, 5, 3, 14)$, $\mathbf{b}_2 = (7, -2, 5, 3, 6)$, $\mathbf{b}_3 = (0, -1, 3, -2, 0)$ 세 벡터 중 어떤 벡터가 예제 4의 벡터 $\mathbf{v}_1, \mathbf{v}_2, \mathbf{v}_3, \mathbf{v}_4$에 의해 생성된 R^5의 부분공간에 있는지를 결정하라.

풀이 문제를 푸는 한 가지 방법은 벡터 $\mathbf{v}_1, \mathbf{v}_2, \mathbf{v}_3, \mathbf{v}_4$를 연속한 열벡터로 하는 행렬 C를 생각하고, $C\mathbf{x} = \mathbf{b}_1$, $C\mathbf{x} = \mathbf{b}_2$, $C\mathbf{x} = \mathbf{b}_3$이 해를 가지는지를 조사함으로써 C의 열공간에 $\mathbf{b}$의 어떤 벡터가 있는지를 결정하는 것이다. 효율적인 방법은 3.3절의 예제 7에서 소개하였다. 그 예제에서와 같이 행렬 C에 열벡터 $\mathbf{b}_1$, $\mathbf{b}_2$, $\mathbf{b}_3$를 추가하고 분할된 행렬을 보라.

$$\left[\begin{array}{cccc|c|c|c} 1 & -2 & 0 & 2 & 7 & 7 & 0 \\ 0 & 1 & 5 & 10 & -2 & -2 & -1 \\ 0 & -3 & -14 & -28 & 5 & 5 & 3 \\ 0 & -2 & -9 & -18 & 3 & 3 & -2 \\ 2 & -4 & 0 & 4 & 14 & 6 & 0 \end{array}\right]$$

부분행렬 C가 행사다리꼴이 될 때까지 행연산을 수행하면 다음을 얻는다(증명하라).

$$\left[\begin{array}{cccc|c|c|c} 1 & -2 & 0 & 2 & 7 & 7 & 0 \\ 0 & 1 & 5 & 10 & -2 & -2 & -1 \\ 0 & 0 & 1 & 2 & -1 & -1 & 0 \\ 0 & 0 & 0 & 0 & 0 & 0 & -4 \\ 0 & 0 & 0 & 0 & 0 & -8 & 0 \end{array}\right]$$

이 결과로 $C\mathbf{x} = \mathbf{b}_1$은 해를 가지지만, $C\mathbf{x} = \mathbf{b}_2$와 $C\mathbf{x} = \mathbf{b}_3$는 그렇지 않으리라는 것을 알 수 있다. 그러므로 벡터 $\mathbf{b}_1 = (7, -2, 5, 3, 14)$는 $\text{span}\{\mathbf{v}_1, \mathbf{v}_2, \mathbf{v}_3, \mathbf{v}_4\}$에 있지만 벡터 $\mathbf{b}_2 = (7, -2, 5, 3, 6)$과 $\mathbf{b}_3 = (0, -1, 3, -2, 0)$은 그렇지 않다. 이것은 예제 6의 첫 번째 풀이의 끝에서 살펴본 바와 같이 해를 가진다. ■

연습문제 7.3

연습문제 1과 2에서는 xyz 좌표계에서 집합 $S = \{\mathbf{v}_1, \mathbf{v}_2\}$의 직교여공간을 찾기 위해 예제 3의 두 번째 방법을 이용하라. 답이 해를 가지는지를 확인하라.

1. $\mathbf{v}_1 = (1, 1, 3)$, $\mathbf{v}_2 = (0, 2, -1)$

2. $\mathbf{v}_1 = (2, 0, -1)$, $\mathbf{v}_2 = (1, 1, 5)$

연습문제 3과 4에서는 $\mathbf{u}$가 $W = \text{span}(\mathbf{v}_1, \mathbf{v}_2, \mathbf{v}_3)$의 직교여공간에 있다는 것을 증명하라.

3. $\mathbf{u} = (-1, 1, 0, 2)$; $\mathbf{v}_1 = (6, 2, 7, 2)$, $\mathbf{v}_2 = (1, 1, 3, 0)$, $\mathbf{v}_3 = (4, 0, 9, 2)$

4. $\mathbf{u} = (0, 2, 1, -2)$; $\mathbf{v}_1 = (4, 1, 2, 2)$, $\mathbf{v}_2 = (3, 5, 0, 5)$, $\mathbf{v}_3 = (1, 2, 2, 3)$

5. W가 방정식 $y = 2x$를 가지는 R^2의 직선이다. $W^\perp$에 대한 방정식을 구하라.

6. W가 방정식 $x - 2y - 3z = 0$을 가지는 R^3의 평면이다. $W^\perp$에 대한 매개변수방정식을 구하라.

7. W가 매개변수방정식 $x = 2t$, $y = -5t$, $z = 4t$를 가지는 R^3의 직선이다. $W^\perp$의 매개변수방정식을 구하라.

8. W가 R^3의 평면 $x+y+z=0$과 $x-y+z=0$의 교집합이다. $W^{\perp}$의 매개변수방정식을 구하라.

연습문제 9~14에서는 W가 주어진 벡터들에 의해 생성된 공간이다. W와 $W^{\perp}$에 대한 기저를 구하라.

9. $\mathbf{v}_1=(1,-1,3),\ \mathbf{v}_2=(5,-4,-4),\ \mathbf{v}_3=(7,-6,2)$

10. $\mathbf{v}_1=(2,0,-1),\ \mathbf{v}_2=(4,1,-2),\ \mathbf{v}_3=(8,1,-4)$

11. $\mathbf{v}_1=(1,1,0,0),\ \mathbf{v}_2=(0,0,1,1),$
$\mathbf{v}_3=(-2,0,2,2),\ \mathbf{v}_4=(4,2,-1,-1)$

12. $\mathbf{v}_1=(2,4,-5,6),\ \mathbf{v}_2=(1,2,-2,3),$
$\mathbf{v}_3=(3,6,-3,9),\ \mathbf{v}_4=(5,4,-1,6)$

13. $\mathbf{v}_1=(1,0,0,2,5),\ \mathbf{v}_2=(0,1,0,3,4),$
$\mathbf{v}_3=(0,0,1,4,7),\ \mathbf{v}_4=(2,-3,4,11,12)$

14. $\mathbf{v}_1=(1,4,-2,3,5),\ \mathbf{v}_2=(0,1,6,-7,1),$
$\mathbf{v}_3=(0,0,1,2,-3),\ \mathbf{v}_4=(0,0,0,1,2),$
$\mathbf{v}_5=(1,5,5,-1,5)$

연습문제 15~18에서는 해공간이 주어진 벡터들의 생성이 되는 선형계를 구하라.

15. 연습문제 9의 벡터들

16. 연습문제 10의 벡터들

17. 연습문제 11의 벡터들

18. 연습문제 12의 벡터들

*연습문제 19~22에서는 예제 6의 세 가지 방법을 사용하여 벡터 **b**가 주어진 벡터들로 생성된 공간에 있기 위한 조건들을 찾아라.*

19. 연습문제 9의 벡터들

20. 연습문제 10의 벡터들

21. 연습문제 11의 벡터들

22. 연습문제 12의 벡터들

*연습문제 23과 24에서는 **v**에 의해 생성된 공간에 어떤 **b**가 있는지, 있다면 찾아라.*

23. $\mathbf{v}_1=(1,1,0,-1,2),\ \mathbf{v}_2=(-2,0,1,1,3),$
$\mathbf{v}_3=(-1,1,2,1,-1),\ \mathbf{v}_4=(0,2,-1,1,1);$
$\mathbf{b}_1=(-2,4,2,2,5),\ \mathbf{b}_2=(0,-2,-3,-1,5),$
$\mathbf{b}_3=(-2,2,-1,1,0)$

24. $\mathbf{v}_1=(0,1,0,2,0),\ \mathbf{v}_2=(1,1,3,1,-1),$
$\mathbf{v}_3=(-1,0,2,1,1),\ \mathbf{v}_4=(3,-2,1,0,1);$
$\mathbf{b}_1=(3,-1,7,2,1),\ \mathbf{b}_2=(-2,0,-1,2,2),$
$\mathbf{b}_3=(3,2,6,4,1)$

연습문제 25와 26에서는 정리 7.3.5에 의해 null(A)와 row(A)가 직교여공간이라는 것을 확인하라.

25. $A=\begin{bmatrix}1&3&-2&0&2&0\\2&6&-5&-2&4&-3\\0&0&5&10&10&15\\2&6&0&8&4&18\end{bmatrix}$

26. $A=\begin{bmatrix}2&7&4&5&8\\4&4&8&5&4\\1&-9&-3&-5&-14\\3&5&7&5&6\end{bmatrix}$

연습문제 27과 28에서는 행렬의 행공간의 기저를 찾아라.

27. 연습문제 25의 행렬

28. 연습문제 26의 행렬

연습문제 29와 30에서는 행렬 A와 B가 같은 행공간을 가지는 것을 보여라.

29. $A=\begin{bmatrix}-1&3&3&2\\2&0&6&1\\-2&4&2&4\end{bmatrix},\quad B=\begin{bmatrix}2&-6&-6&-4\\0&6&12&5\\0&-1&-2&0\\2&-7&-8&-4\end{bmatrix}$

30. $A=\begin{bmatrix}1&-2&3&8\\2&-3&2&7\\-1&1&2&4\\-1&1&1&1\end{bmatrix},\quad B=\begin{bmatrix}3&-6&0&-3\\0&1&0&3\\0&0&1&3\end{bmatrix}$

31. 영공간이 다음 벡터들의 모든 일차결합인 행렬을 만들라.

$$\mathbf{v}_1=\begin{bmatrix}1\\-1\\3\\2\end{bmatrix},\quad \mathbf{v}_2=\begin{bmatrix}2\\0\\-2\\4\end{bmatrix}$$

32. (a) xyz 좌표계에서 다음 행렬의 영공간이 z축 위의 모든 점들로 구성되고 열공간이 xy 평면의 모든 점으로 구성되는 것을 보여라.

(b) 영공간이 x축이고 열공간이 yz 평면인 3×3 행렬을 구하라.

토론과 발견

D1. 다음 명제들이 참(T)인지 거짓(F)인지 판별하고 그 이유를 설명하라.

(a) 행렬 A의 영이 아닌 행벡터들은 A의 행공간에 대한 기저를 형성한다.

(b) E가 기본행렬이면, A와 EA는 같은 영공간을 가진다.

(c) A가 계수 n을 가지는 $n\times n$ 행렬이라면, A는 가역이다.

(d) A가 영이 아닌 $m\times n$ 행렬이라면, null(A) ∩ row(A)가 적어도 하나의 영이 아닌 벡터를 가진다.

(e) S가 R^n의 영이 아닌 부분집합이라면, $S^{\perp}$의 벡터들의 모든 일차결합은 $S^{\perp}$에 있다.

D2. 다음 명제들이 참(T)인지 거짓(F)인지 판별하고 그 이유를 설명하라.

(a) 가역행렬의 행공간과 열공간은 같다.

(b) V가 R^n의 부분공간이고 W가 V의 부분공간이면, $W^{\perp}$은 $V^{\perp}$의 부분공간이다.

(c) 행렬 A의 각 행이 행렬 B의 행들의 일차결합이라면, A와 B

는 같은 영공간을 가진다.

(d) A와 B가 같은 행공간을 가지는 $n \times n$ 행렬이라면, A와 B는 같은 열공간을 가진다.

(e) E가 기본행렬이라면, A와 EA는 같은 행공간을 가진다.

D3. 영공간이 직선 $3x - 5y = 0$인 2×2 행렬을 구하라.

D4. $T_A: R^n \to R^n$이 A의 곱셈이라면, A의 영공간은 T_A의 ______와 같고, A의 열공간은 T_A의______와 같다.

D5. W가 R^n의 초평면이라면, $W^{\perp}$에 관해 무엇을 말할 수 있는가?

D6. $A\mathbf{x} = \mathbf{0}$이 미지수 x, y, z를 가지는 세 방정식의 동차계라 하자.

(a) 해공간이 R^3의 원점을 지나는 직선이라면, 어떤 종류의 기하학적 물체가 A의 행공간인가? 답을 설명하라.

(b) A의 열공간이 원점을 지나는 직선이라면, 어떤 종류의 기하학적 물체가 동차계 $A^T\mathbf{x} = \mathbf{0}$의 해공간인가? 답을 설명하라.

D7. 다음 행렬들의 영공간을 스케치하라.

$$A = \begin{bmatrix} 1 & 4 \\ 0 & 5 \end{bmatrix}, \quad A = \begin{bmatrix} 1 & 0 \\ 0 & 5 \end{bmatrix}$$

$$A = \begin{bmatrix} 6 & 2 \\ 3 & 1 \end{bmatrix}, \quad A = \begin{bmatrix} 0 & 0 \\ 0 & 0 \end{bmatrix}$$

D8. (a) S가 xy 평면에 있는 직선 $y = 3x$ 위의 모든 벡터들의 집합이라 하자. $S^{\perp}$과 $(S^{\perp})^{\perp}$에 대한 방정식들을 구하라.

(b) $\mathbf{v}$가 xy 평면의 벡터 $(1, 2)$이고, $S = \{\mathbf{v}\}$라 하자. $S^{\perp}$과 $(S^{\perp})^{\perp}$에 대한 방정식들을 구하라.

D9. 같은 행공간을 가지는 $n \times n$ 가역행렬과 $n \times n$ 특이행렬을 찾는 것이 가능한가? 이유를 설명하라.

증명문제

P1. 정리 7.3.8의 (a)와 (c)가 동치인 것을 증명하라. [*힌트*: 각각의 행공간은 다른 것을 포함하는 것을 보여라.]

P2. $n \times n$ 가역행렬의 행벡터들이 R^n의 기저를 이루는 것을 증명하라.

P3. 다음을 증명하라: P가 $n \times n$ 가역행렬이고, A는 $n \times k$ 행렬이라면

$\text{rank}(PA) = \text{rank}(A)$이고 $\text{nullity}(PA) = \text{nullity}(A)$

이다. [*힌트*: 정리 7.3.8의 (a)와 (b)를 이용하라.]

P4. 다음을 증명하라: S가 R^n의 공집합이 아닌 부분집합이라면

$(S^{\perp})^{\perp} = \text{span}(S)$

이다. [*힌트*: 정리 7.3.4를 이용하라.]

P5. 다음을 증명하라: A가 $n \times n$ 가역행렬이고 k가 $1 \le k < n$을 만족시키는 정수라면, A의 첫 k행과 A^{-1}의 마지막 $n - k$ 열은 직교한다. [*힌트*: A와 A^{-1}를 적당히 분할하라.]

프로그램 활용 연습문제

T1. 많은 계산 유틸리티들이 행렬의 영공간을 찾기 위한 명령을 제공한다.

(a) 당신의 계산 유틸리티가 이 기능을 가지고 있는지 확인하고, 행렬의 행공간에 대한 기저를 찾기 위한 명령을 사용하라.

$$A = \begin{bmatrix} 3 & 2 & 1 & 3 & 5 \\ 6 & 4 & 3 & 5 & 7 \\ 9 & 6 & 5 & 7 & 9 \\ 3 & 2 & 0 & 4 & 8 \end{bmatrix}$$

(b) (a)에서 얻은 기저와 선형계 $A\mathbf{x} = \mathbf{0}$의 일반해를 찾기 위해 계산 유틸리티를 사용할 때의 결과 기저가 일치하는지를 확인하라.

T2. 어떤 계산 유틸리티들은 행렬의 행공간에 대한 기저를 찾기 위한 명령을 제공한다.

(a) 당신의 계산 유틸리티가 이 기능을 가지고 있는지 확인하고, 행렬의 행공간에 대한 기저를 찾기 위한 명령을 사용하라.

$$A = \begin{bmatrix} 2 & -1 & 3 & 5 \\ 4 & -3 & 1 & 3 \\ 3 & -2 & 3 & 4 \\ 4 & -1 & 15 & 17 \\ 7 & -6 & -7 & 0 \end{bmatrix}$$

(b) (a)에서 얻은 기저와 A의 기약행사다리꼴을 찾기 위해 계산 유틸리티를 사용할 때의 결과 기저가 일치하는지 확인하라.

T3. 어떤 계산 유틸리티들은 행렬의 열공간에 대한 기저를 찾기 위한 명령을 제공한다.

(a) 당신의 계산 유틸리티가 이 기능을 가지고 있는지 확인하고, 연습문제 T2의 행렬의 열공간에 대한 기저를 찾는 명령을 사용하라.

(b) (a)에서 얻은 기저와 A^T의 행공간에 대한 기저를 찾기 위해 계산 유틸리티를 사용한 결과 기저가 일치하는지 확인하라.

T4. 예제 4에서 벡터들에 의해 생성된 R^5의 부분공간이

$\mathbf{b}_1 = (2, 6, -17, -11, 4)$, $\mathbf{b}_2 = (1, 16, -45, -29, 2)$,
$\mathbf{b}_3 = (7, 14, 2, 1, 14)$

중 어떤 벡터가 있는지를 결정하라.

7.4 행렬의 차원정리와 이에 의한 결과

이 절에서는 계수와 영공간의 차원 사이의 관계를 얻을 것이고, R^n의 기하학적 구조를 탐구하기 위해 이 관계를 이용할 것이다.

행렬의 차원정리 정리 2.2.2로부터 $A\mathbf{x} = \mathbf{0}$가 n개의 미지수를 가진 동차선형계이고 붙인 행렬의 기약행사다리꼴이 r개의 영이 아닌 행을 가진다면, 이 계는 $n - r$개의 자유변수를 가진다. 이것을 *동차선형계의 차원정리*라고 부른다. 그러나 동차계에서 붙인 행렬과 계수행렬은 그들의 기약 행사다리꼴에서 같은 수의 영 행들을 가진다(A의 계수만큼의 수). 따라서 동차선형계에 대한 차원정리는 다음과 같이 표현할 수 있다.

$$\text{자유변수의 수} = n - \text{rank}(A)$$

혹은

$$\text{rank}(A) + \text{자유변수의 수} = A\text{의 열의 수} \tag{1}$$

그러나 각각의 자유변수는 계 $A\mathbf{x} = \mathbf{0}$의 일반해 안에 매개변수를 구성한다. 그래서 자유변수의 수는 계의 해공간의 차원과 같다(A의 영공간의 차원). 그러므로 식 (1)을 다음과 같이 다시 쓸 수 있고

$$\text{rank}(A) + \text{nullity}(A) = A\text{의 열의 수}$$

이로써 다음과 같은 행렬에 대한 차원정리가 확립되었다.

정리 7.4.1 **(행렬의 차원정리)** *A가 $m \times n$ 행렬이라면*

$$\text{rank}(A) + \text{nullity}(A) = n \tag{2}$$

예제 1 행렬의 차원정리

7.3절의 예제 4에서 행렬 A의 기약 행사다리꼴이 3개의 영이 아닌 행을 가지는 것을 보았고[7.3절의 식 (5)], A의 영공간의 차원이 2인 것을 보았다[7.3절의 식 (7)].

$$A = \begin{bmatrix} 1 & 0 & 0 & 0 & 2 \\ -2 & 1 & -3 & -2 & -4 \\ 0 & 5 & -14 & -9 & 0 \\ 2 & 10 & -28 & -18 & 4 \end{bmatrix}$$

그러므로

$$\text{rank}(A) + \text{nullity}(A) = 3 + 2 = 5$$

가 되고, 이는 식 (2)와 A가 5개의 열을 가진다는 사실 등에 잘 맞아떨어진다. ■

일차독립집합의 기저로의 확장 정리 7.2.2의 (*b*)에 의해 R^n의 모든 일차독립집합 $\{\mathbf{v}_1, \mathbf{v}_2, \cdots, \mathbf{v}_k\}$은 적당한 일차독립벡터들을 추가함으로써 R^n의 기저로 확장될 수 있다. 그러한 벡터들을 찾기 위한 한 가지 방법은 $\mathbf{v}_1, \mathbf{v}_2, \cdots, \mathbf{v}_k$를 행벡터로 가지는 행렬 A를 만드는 것이다. 그럼으로써 이 벡터들에 의해 생성된 부분공간은 A의 행공간이 된다. 동차선형계 $A\mathbf{x} = \mathbf{0}$을 풀면, A의 영공간에 대한 기저를 찾을 수 있다. 이 기저는 차원정리에 의해 $n - k$ 벡터로 이루어지는데 이들을 가령 $\mathbf{w}_{k+1}, \cdots, \mathbf{w}_n$이라 하면, 이들은 모든 $\mathbf{v}$에 직교한다. 따라서 null(A)와 row(A)는 직교한다. 이 직교성은 집합 $\{\mathbf{v}_1, \mathbf{v}_2, \cdots, \mathbf{v}_k, \mathbf{w}_{k+1}, \cdots, \mathbf{w}_n\}$이 일차독립이란 것을 의미하고(연습문제 P4) 따라서 R^n의 기저를 이룬다.

예제 2 일차독립집합의 기저로의 확장

벡터

$$\mathbf{v}_1 = (1, 3, -1, 1)\text{과 } \mathbf{v}_2 = (0, 1, 1, 6)$$

은 일차독립이고, 이들 중 한 벡터도 다른 한 벡터의 스칼라배수가 아니다. R의 기저로 집합 $\{\mathbf{v}_1, \mathbf{v}_2\}$를 확장하라.

풀이

$$A = \begin{bmatrix} 1 & 3 & -1 & 1 \\ 0 & 1 & 1 & 6 \end{bmatrix}$$

선형계 $A\mathbf{x} = \mathbf{0}$을 풀어서 행렬의 영공간에 대한 기저를 찾을 것이다.

$$\left[\begin{array}{cccc|c} 1 & 0 & -4 & -17 & 0 \\ 0 & 1 & 1 & 6 & 0 \end{array}\right]$$

일반해는 다음과 같다.

$$\begin{bmatrix} x_1 \\ x_2 \\ x_3 \\ x_4 \end{bmatrix} = \begin{bmatrix} 4s + 17t \\ -s - 6t \\ s \\ t \end{bmatrix} = s\begin{bmatrix} 4 \\ -1 \\ 1 \\ 0 \end{bmatrix} + t\begin{bmatrix} 17 \\ -6 \\ 0 \\ 1 \end{bmatrix}$$

그러므로 벡터

$$\mathbf{v}_1 = (1, 3, -1, 1), \quad \mathbf{v}_2 = (0, 1, 1, 6), \quad \mathbf{w}_3 = (4, -1, 1, 0), \quad \mathbf{w}_4 = (17, -6, 0, 1)$$

는 R^4의 기저를 이룬다. ■

행렬의 차원정리에 따른 몇 가지 결과

다음 정리는 행렬의 차원이론과 이미 논의한 여러 결과로부터 추론할 수 있는 $m \times n$ 행렬의 몇 가지 특성을 열거한 것이다.

정리 7.4.2 *$m \times n$ 행렬 A가 계수 k를 가지면*

(a) A의 영공간의 차원은 $n - k$이다.

(b) A의 모든 행사다리꼴은 k개의 영이 아닌 행을 가진다.

(c) A의 모든 행사다리꼴은 $m - k$개의 영 행을 가진다.

(d) 동차계 $A\mathbf{x} = \mathbf{0}$는 k개의 추축변수(선행변수)와 $n - k$개의 자유변수를 가진다.

▶ 예제 3
행렬의 차원정리의 결과

영공간의 차원 3을 가지는 5×7 행렬에 관한 몇 가지 사실들을 언급하라.

풀이 몇 가지 가능성이 있다.

- $\text{rank}(A) = 7 - 3 = 4$이다.
- A의 모든 행사다리꼴은 $5 - 4 = 1$개의 영 행을 가진다.
- 동차계 $A\mathbf{x} = \mathbf{0}$는 4개의 추축변수와 $7 - 4 = 3$개의 자유변수를 가진다. ■

▶ 예제 4
행렬의 차원정리 제한 사항들

5×7 행렬 A는 일차원 영공간을 가질 수 있는가?

풀이 없다. A의 계수는

$$\text{rank}(A) = 7 - \text{nullity}(A) = 7 - 1 = 6$$

이 될 것이고, 이것은 A의 5개의 행벡터들은 육차원 공간을 생성할 수 없으므로 불가능하다. ■

부분공간에 대한 차원정리

행렬에 대한 차원정리(정리 7.4.1)는 R^n의 부분공간에 대해 다음의 정리와 같이 바꿀 수 있다.

정리 7.4.3 **(부분공간에 대한 차원정리)** *W가 R^n의 부분공간이면 다음과 같다.*

$$\dim(W) + \dim(W^{\perp}) = n \tag{3}$$

증명 $W = \{\mathbf{0}\}$이면 $W^{\perp} = R^n$이다. 그리고 $\dim(W) + \dim(W^{\perp}) = 0 + n = n$이다. $W \neq \{\mathbf{0}\}$이면 W의

기저를 선택하고 이 기저벡터를 행벡터로 가지는 행렬 A를 만들라. 행렬 A는 R^n으로부터 행벡터들을 가지므로 n개의 열을 가진다. 더욱이 A의 행공간은 W이고 A의 영공간은 $W^\perp$이다. 정리 7.4.1에 의해

$$\dim(W) + \dim(W^\perp) = \text{rank}(A) + \text{nullity}(A) = n$$

이다. ■

예제 5 부분공간에 대한 차원정리

7.3절의 예제 4에서 R^5의 4개의 벡터 $\mathbf{v}_1$, $\mathbf{v}_2$, $\mathbf{v}_3$, $\mathbf{v}_4$에 의해 생성된 부분공간 W를 고려하였다. 그 예제의 (a)에서 3개의 벡터를 가지고 W의 기저를 찾았고, (b)에서 2개의 벡터를 가지고 $W^\perp$의 기저를 찾았다. 그러므로

$$\dim(W) + \dim(W^\perp) = 3 + 2 = 5$$

는 식 (3)과 R^5는 오차원을 가진다는 사실에 잘 맞아떨어진다. ■

통합정리 주요한 모든 개념을 정리 7.2.7에 통합하였다. 행렬에 대한 차원정리는 정리 7.2.7에 두 개의 결과를 추가할 수 있게 한다.

정리 7.4.4 *A는 $n \times n$ 행렬이고 T_A가 기본행렬 A를 가지는 R^n의 선형연산자라면, 다음 명제들은 동치이다.*

(a) A의 기약 행사다리꼴은 I_n이다.
(b) A는 기본행렬의 곱으로 표현할 수 있다.
(c) A는 가역이다.
(d) $A\mathbf{x} = \mathbf{0}$는 자명한 해만 가진다.
(e) $A\mathbf{x} = \mathbf{b}$는 R^n의 모든 벡터 $\mathbf{b}$에 대해 해를 가진다.
(f) $A\mathbf{x} = \mathbf{b}$는 R^n의 모든 벡터 $\mathbf{b}$에 대해 정확히 한 개의 해를 가진다.
(g) $\det(A) \neq 0$이다.
(h) $\lambda = 0$은 A의 고유값이 아니다.
(i) T_A는 단사이다.
(j) T_A는 전사이다.
(k) A의 열벡터들은 일차독립이다.
(l) A의 행벡터들은 일차독립이다.
(m) A의 열벡터는 R^n을 생성한다.
(n) A의 행벡터는 R^n을 생성한다.
(o) A의 열벡터는 R^n의 기저를 이룬다.
(p) A의 행벡터는 R^n의 기저를 이룬다.
(q) $\text{rank}(A) = n$이다.
(r) $\text{nullity}(A) = 0$이다.

명제 (q)와 (r)은 행렬에 대한 차원정리에 의해 동치이고, 명제 (r)과 (d)는 nullity(A)가 $A\mathbf{x} = \mathbf{0}$의 해공간의 차원이므로 동치이다. 그러므로 명제 (q)와 (r)은 논리적 추론에 의해 정리의 다른 모든 것들과 동치이다.

초평면 정리 7.1.6에서 $\mathbf{a}$가 영이 아닌 벡터라면, 초평면 $\mathbf{a}^\perp$는 차원 $n - 1$의 부분공간이다. 다음 정리는 역 또한 사실이란 것을 보인다.

정리 7.4.5 *W가 차원 $n - 1$을 가지는 R^n의 부분공간이면 $W = \mathbf{a}^\perp$인 영이 아닌 벡터 $\mathbf{a}$가 있다. 즉 W는 R^n의 원점을 지나는 초평면이다.*

증명 W가 차원 $n-1$을 가지는 R^n의 부분공간이라 하자. 부분공간의 차원정리로부터 $\dim(W^\perp)=1$이다. 이것은 $W^\perp$가 R^n의 영이 아닌 적당한 한 벡터의 생성(span)이라는 것을 의미한다. 즉 $W^\perp=\text{span}\{\mathbf{a}\}$이다. 그러므로 정리 7.3.4의 ($b$)와 ($c$)로부터

$$W=(W^\perp)^\perp=(\text{span}\{\mathbf{a}\})^\perp=\mathbf{a}^\perp$$

을 얻고, 이것은 W가 법선벡터 $\mathbf{a}$를 가지는 R^n의 원점을 지나는 초평면이란 것을 보인다. ■

R^n의 원점을 지나는 초평면은 차원 $n-1$의 부분공간이므로, 그것들의 직교여공간은 차원 1의 부분공간이고, R^n의 원점을 지나는 직선이다. 그러므로 다음의 기하학적 결과를 얻는다.

정리 7.4.6 *R^n의 원점을 지나는 초평면의 직교여공간은 R^n의 원점을 지나는 직선이고, R^n의 원점을 지나는 직선의 직교여공간은 R^n의 원점을 지나는 초평면이다. 특히 $\mathbf{a}$가 R^n의 영이 아닌 벡터라면, 직선 $\text{span}\{\mathbf{a}\}$와 초평면 $\mathbf{a}^\perp$은 서로 직교여공간이다.*

계수 1 행렬 계수가 1인 행렬은 나중에 살펴볼 문제에서 중요한 역할을 할 것이기 때문에, 그것에 대한 기본적인 결과들을 논의하는 것으로써 이 절을 마무리하려 한다. 여기 앞의 논의로부터 쉽게 유도되는 $m\times n$ 행렬 A에 관한 몇 가지 사실들이 있다.

- $\text{rank}(A)=1$이면, $\text{nullity}(A)=n-1$이고, A의 행공간은 R^n의 원점을 지나는 직선이고 영공간은 R^n의 원점을 지나는 초평면이다. 반대로 A의 행공간이 R^n의 원점을 지나는 직선이고, A의 영공간이 R^n의 원점을 지나는 초평면이라면, A의 계수는 1이다.
- $\text{rank}(A)=1$이면, A의 행공간은 영이 아닌 적당한 벡터 $\mathbf{a}$에 의해 생성되고, A의 모든 행벡터들은 $\mathbf{a}$의 스칼라배수이고 A의 영공간은 $\mathbf{a}^\perp$이다. 반대로 A의 행벡터들이 영이 아닌 벡터 $\mathbf{a}$의 스칼라배수라면, A의 계수는 1이고 A의 영공간은 초평면 $\mathbf{a}^\perp$이다.

▶ 예제 6
계수가 1인 행렬

다음 행렬들은 계수가 1인데, 그 이유는 각각의 경우 행벡터들은 다른 영이 아닌 행벡터들의 스칼라배수로 표현될 수 있기 때문이다.

$$\begin{bmatrix}2&-4&-6&0\\-3&6&9&0\end{bmatrix},\quad \begin{bmatrix}3&-1\\-6&2\\-3&1\end{bmatrix},\quad \begin{bmatrix}1&1&1\\-2&-2&-2\\0&0&0\end{bmatrix}$$

각 경우에 열벡터들 또한 영이 아닌 벡터의 스칼라배수인 것을 보라. 이것은 행렬의 행공간과 열공간이 항상 같은 차원을 가지기 때문이다. 다음 절에서 이 결과가 증명될 것이다. ■

계수 1 행렬은 영이 아닌 열벡터들의 외적을 계산할 때 발생한다. 왜 그런지를 살펴보자.

$$\mathbf{u}=\begin{bmatrix}u_1\\u_2\\\vdots\\u_m\end{bmatrix},\quad \mathbf{v}=\begin{bmatrix}v_1\\v_2\\\vdots\\v_n\end{bmatrix}$$

은 영이 아니다. 정의 3.1.11을 참고하면 $\mathbf{u}$와 $\mathbf{v}$의 외적(outer product)은 다음과 같다.

$$\mathbf{u}\mathbf{v}^T=\begin{bmatrix}u_1\\u_2\\\vdots\\u_m\end{bmatrix}[v_1\quad v_2\quad\cdots\quad v_n]=\begin{bmatrix}u_1v_1&u_1v_2&\cdots&u_1v_n\\u_2v_1&u_2v_2&\cdots&u_2v_n\\\vdots&\vdots&&\vdots\\u_mv_1&u_mv_2&\cdots&u_mv_n\end{bmatrix}\tag{4}$$

이 행렬의 모든 행벡터들은 영이 아닌 벡터 $\mathbf{v}^T$의 스칼라배수이고 $\mathbf{u}$의 성분 중 적어도 하나는 영이 아니기 때문에 이 행렬의 계수는 1이다.

예제 7

$\mathbf{uv}^T$ 곱으로부터 계수 1 행렬 만들기

$$\mathbf{u} = \begin{bmatrix} -2 \\ 1 \\ 4 \end{bmatrix}, \quad \mathbf{v} = \begin{bmatrix} 1 \\ 3 \\ -2 \\ -1 \end{bmatrix}$$

이라 하자. 그러면

$$\mathbf{uv}^T = \begin{bmatrix} -2 \\ 1 \\ 4 \end{bmatrix} [1 \quad 3 \quad -2 \quad -1] = \begin{bmatrix} -2 & -6 & 4 & 2 \\ 1 & 3 & -2 & -1 \\ 4 & 12 & -8 & -4 \end{bmatrix}$$

이 행렬은 계수가 1이다. ■

식 (4)에서 영이 아닌 열벡터들의 외적은 계수가 1인 것을 보았다. 다음 정리는 모든 계수가 1인 행렬은 외적으로부터 생긴다는 것을 보여 준다.

> **정리 7.4.7** *$\mathbf{u}$가 영이 아닌 $m \times 1$ 행렬이고 $\mathbf{v}$가 영이 아닌 $n \times 1$ 행렬이면, 외적*
>
> $$A = \mathbf{uv}^T$$
>
> *는 계수 1을 가진다. 반대로 A가 계수 1을 가지는 $m \times n$ 행렬이면, A는 상기 식 형태의 곱으로 분해될 수 있다.*

증명 역의 경우만 증명하면 된다. 따라서 A가 계수 1인 $m \times n$ 행렬이라 하자. A의 행벡터들은 영이 아닌 행벡터 $\mathbf{v}^T$의 모든 스칼라배수이다. 그래서 A는 다음과 같이 표현할 수 있다.

$$A = \begin{bmatrix} u_1\mathbf{v}^T \\ u_2\mathbf{v}^T \\ \vdots \\ u_m\mathbf{v}^T \end{bmatrix} = \begin{bmatrix} u_1 \\ u_2 \\ \vdots \\ u_m \end{bmatrix} \mathbf{v}^T = \mathbf{uv}^T$$

$\mathbf{u}$는 성분 $u_1, u_2, \cdots, u_m$을 가지는 열벡터이다. 이 성분들은 모두 동시에 영이 될 수 없다. 그렇지 않다면 A는 계수 0을 가지기 때문이다. ■

이 정리의 증명은 계수 1 행렬을 열벡터와 행벡터의 곱 $\mathbf{uv}^T$로 분해하는 방법을 제안한다. 즉 A의 영이 아닌 행으로서 $\mathbf{v}^T$를 택하고 $\mathbf{v}^T$로부터 A의 모든 행들을 만드는 스칼라를 성분으로 하는 열벡터 $\mathbf{u}$를 택한다.

예제 8

계수 1인 행렬을 $\mathbf{uv}^T$의 형태로 분해하기

예제 6의 첫 번째 행렬을 분해하자. 첫 번째 행으로 $\mathbf{v}^T$를 취한다. 결과는 다음과 같다.

$$\begin{bmatrix} 2 & -4 & -6 & 0 \\ -3 & 6 & 9 & 0 \end{bmatrix} = \begin{bmatrix} 1 \\ -\frac{3}{2} \end{bmatrix} [2 \quad -4 \quad -6 \quad 0] = \mathbf{uv}^T$$ ■

대칭인 계수 1 행렬 $\mathbf{u}$가 영이 아닌 열벡터라면

$$\mathbf{uu}^T = \begin{bmatrix} u_1 \\ u_2 \\ \vdots \\ u_n \end{bmatrix} [u_1 \quad u_2 \quad \cdots \quad u_n] = \begin{bmatrix} u_1^2 & u_1u_2 & \cdots & u_1u_n \\ u_2u_1 & u_2^2 & \cdots & u_2u_n \\ \vdots & \vdots & & \vdots \\ u_nu_1 & u_nu_2 & \cdots & u_n^2 \end{bmatrix} \tag{5}$$

계수가 1인 것에 추가로 이 행렬은 대칭이다. 이것은 다음 정리의 일부이며, 연습문제에서 증명할 것이다.

> **정리 7.4.8** *$\mathbf{u}$가 영이 아닌 $n \times 1$ 열벡터이면, 외적 $\mathbf{uu}^T$는 계수가 1인 대칭행렬이다. 역으로 A가 계수가 1인 대칭 $n \times n$ 행렬이라면 적당한 영이 아닌 $n \times 1$ 열벡터 $\mathbf{u}$에 대하여 $A = \mathbf{uu}^T$ 또는 $A = -\mathbf{uu}^T$로 분해될 수 있다.*

예제 9 uu^{T}로부터 계수 1인 대칭행렬 생성

$$\mathbf{u} = \begin{bmatrix} -2 \\ 1 \\ 3 \end{bmatrix}$$

이라면

$$\mathbf{u}\mathbf{u}^T = \begin{bmatrix} -2 \\ 1 \\ 3 \end{bmatrix} [-2 \quad 1 \quad 3] = \begin{bmatrix} 4 & -2 & -6 \\ -2 & 1 & 3 \\ -6 & 3 & 9 \end{bmatrix}$$

이고 대칭이며 계수가 1임을 볼 수 있다. ■

연습문제 7.4

연습문제 1~6에서는 행렬의 계수와 영공간의 차원이 차원정리의 식 (2)를 만족시키는지를 확인하라.

1. $A = \begin{bmatrix} 1 & -1 & 3 \\ 5 & -4 & -4 \\ 7 & -6 & 2 \end{bmatrix}$ **2.** $A = \begin{bmatrix} 2 & 0 & -1 \\ 4 & 0 & -2 \\ 0 & 0 & 0 \end{bmatrix}$

3. $A = \begin{bmatrix} 1 & 4 & 5 & 2 \\ 2 & 1 & 3 & 0 \\ -1 & 3 & 2 & 2 \end{bmatrix}$

4. $A = \begin{bmatrix} 1 & 4 & 5 & 6 & 9 \\ 3 & -2 & 1 & 4 & -1 \\ -1 & 0 & -1 & -2 & -1 \\ 2 & 3 & 5 & 7 & 8 \end{bmatrix}$

5. $A = \begin{bmatrix} 1 & -3 & 2 & 2 & 1 \\ 0 & 3 & 6 & 0 & -3 \\ 2 & -3 & -2 & 4 & 4 \\ 3 & -6 & 0 & 6 & 5 \\ -2 & 9 & 2 & -4 & -5 \end{bmatrix}$

6. $A = \begin{bmatrix} 1 & -1 & 0 & 3 & 2 & 1 & -3 \\ 2 & 1 & 1 & -1 & 0 & 3 & -2 \\ 1 & -4 & -1 & 10 & 6 & 0 & -7 \\ 3 & 3 & 2 & -5 & -2 & 5 & -1 \end{bmatrix}$

연습문제 7과 8에서는 주어진 정보를 이용하여 계 $A\mathbf{x} = \mathbf{0}$의 일반해의 추축변수의 수와 매개변수의 수를 찾아라.

7. (a) A는 계수 3인 5×8 행렬이다.
(b) A는 영공간의 차원이 2인 7×4 행렬이다.
(c) A는 행사다리꼴이 2개의 영이 아닌 행을 가지는 6×6 행렬이다.

8. (a) A는 계수 5인 7×9 행렬이다.
(b) A는 영공간의 차원이 3인 8×6 행렬이다.
(c) A는 행사다리꼴이 3개의 영이 아닌 행을 가지는 7×7 행렬이다.

연습문제 9와 10에서는 rank(A)의 가장 큰 값과 nullity(A)의 가장 작은 값을 찾아라.

9. (a) A는 5×3 (b) A는 3×5 (c) A는 4×4

10. (a) A는 6×4 (b) A는 2×6 (c) A는 5×5

11. $\mathbf{v}_1 = (1, 1, 0, 0)$과 $\mathbf{v}_2 = (0, 3, 4, 5)$는 일차독립벡터인 것을 보여라. 예제 2의 방법을 이용하여 집합 $\{\mathbf{v}_1, \mathbf{v}_2\}$를 R^4의 기저로 확장하라.

12. $\mathbf{v}_1 = (1, 0, -2, 3, -5)$, $\mathbf{v}_2 = (-2, 3, 3, 1, -1)$, $\mathbf{v}_3 = (4, 1, -3, 0, 5)$가 일차독립벡터인 것을 보여라. 예제 2의 방법을 이용하여 집합 $\{\mathbf{v}_1, \mathbf{v}_2, \mathbf{v}_3\}$을 R^5의 기저로 확장하라.

연습문제 13과 14에서는 계수가 1인 행렬이 있으면 찾고, 이들을 정리 7.4.7에서 보여 주는 $A = \mathbf{u}\mathbf{v}^T$ 형태로 표현하라.

13. (a) $A = \begin{bmatrix} 1 & -7 \\ -2 & 14 \end{bmatrix}$ (b) $A = \begin{bmatrix} 1 & 0 & 0 \\ 0 & 2 & 2 \\ 0 & 1 & 1 \end{bmatrix}$

(c) $A = \begin{bmatrix} 1 & 1 & 3 & 3 & -9 \\ -2 & -2 & -6 & -6 & 18 \\ 3 & 3 & 9 & 9 & -27 \end{bmatrix}$

14. (a) $A = \begin{bmatrix} 1 & 0 \\ 0 & 1 \end{bmatrix}$ (b) $A = \begin{bmatrix} 1 & 6 & -3 \\ 0 & 0 & 0 \\ -4 & -24 & 12 \end{bmatrix}$

(c) $A = \begin{bmatrix} 2 & -6 & 10 & 12 & -6 & 8 \\ 2 & -6 & 10 & 12 & -6 & 8 \\ 3 & -9 & 15 & 18 & -9 & 12 \\ -1 & 3 & -5 & -6 & 3 & -4 \end{bmatrix}$

연습문제 15와 16에서는 $\mathbf{u}$를 열벡터 형태로 표현하고, $\mathbf{u}\mathbf{u}^T$가 정리 7.4.8에서와 같이 계수가 1인 대칭행렬인 것을 확인하라.

15. $\mathbf{u} = (2, 3, 1, 1)$ **16.** $\mathbf{u} = (0, -4, 5, -7)$

연습문제 17과 18에서는 A의 계수를 t에 관한 식으로 표현하라.

17. $A = \begin{bmatrix} 1 & 1 & t \\ 1 & t & 1 \\ t & 1 & 1 \end{bmatrix}$ **18.** $A = \begin{bmatrix} t & 3 & -1 \\ 3 & 6 & -2 \\ -1 & -3 & t \end{bmatrix}$

19. 다음 $\begin{bmatrix} x & y & z \\ 1 & x & y \end{bmatrix}$ 계수 1을 가지면, $x = t$, $y = t^2$, $z = t^3$인 것을 보여라.

20. W가 벡터 $\mathbf{v}_1 = (1, 1, 1)$, $\mathbf{v}_2 = (1, 2, -3)$, $\mathbf{v}_3 = (4, 5, 0)$에 의해 생성된 R^3의 부분공간이라 하자. W와 $W^\perp$의 기저를 찾고, 정리 7.4.3을 증명하라.

21. W가 $x = 2t$, $y = -t$, $z = -3t$로 주어진 R^3의 직선이라고 하자. $W^\perp$의 기저를 찾고, 정리 7.4.3을 증명하라. W 또는 $W^\perp$는 R^3의 초평면인가? 설명하라.

22. $\mathbf{u}$와 $\mathbf{v}$가 R^n의 영이 아닌 열벡터이고, $T : R^n \to R^n$은 기본행렬이 $A = \mathbf{u}\mathbf{v}^T$인 선형연산자라 하자. $\ker(T) = \mathbf{v}^\perp$이고 $\text{ran}(T) = \text{span}\{\mathbf{u}\}$인 것을 보여라.

23. (a) 행렬 B가 행렬 A의 한 성분을 바꾼 결과라면, $A - B$의 계수는 1인 것을 보여라.

(b) 행렬 B가 행렬 A의 한 열 혹은 한 행을 바꾼 결과라면, $A - B$는 계수가 1인 것을 보여라.

(c) $m \times n$ 행렬의 한 성분, 한 열, 혹은 한 행이 바뀌면, 결과행렬 B는 적당한 $m \times 1$ 열벡터 $\mathbf{u}$와 $n \times 1$ 열벡터 $\mathbf{v}$에 대하여 $B = A + \mathbf{u}\mathbf{v}^T$ 형태로 표현될 수 있음을 보여라.

24. $\mathbf{u}$와 $\mathbf{v}$는 R^n의 영이 아닌 열벡터이고, $A = \mathbf{u}\mathbf{v}^T$라 하자.

(a) $A^2 = (\mathbf{u} \cdot \mathbf{v})A$인 것을 보여라.

(b) $\mathbf{u} \cdot \mathbf{v} \neq 0$이면 $\mathbf{u} \cdot \mathbf{v}$만이 A의 영이 아닌 고유값이라는 것을 (a)의 결과를 이용하여 보여라.

(c) 행렬 $A(A^2 \neq A)$가 계수 1을 가지면, $I - A$는 가역인 것을 (a)와 (b)의 결과를 이용하여 보여라.

토론과 발견

D1. 다음 명제들이 참(T)인지 거짓(F)인지 판별하고 그 이유를 설명하라.

(a) A가 정사각행렬이 아니면, A의 행벡터 혹은 열벡터는 일차종속이다.

(b) 행렬 A에 영이 아닌 행을 하나 더하는 것은 계수를 1 증가시킨다.

(c) A가 영이 아닌 $m \times n$ 행렬이면, A의 영공간의 차원은 기껏해야 m이다.

(d) 일차종속인 행을 가지는 정사각행렬의 영공간의 차원은 최소한 1이다.

(e) A가 정사각행렬이고, $A\mathbf{x} = \mathbf{b}$가 적당한 벡터 $\mathbf{b}$에 대해 해가 없다면 $\text{nullity}(A) = 0$이다.

(f) 행공간과 영공간 둘 다 원점을 지나는 직선인 3×3 행렬은 없다.

D2. A가 $m \times n$ 행렬이면, $\text{rank}(A^T) + \text{nullity}(A^T)$이다. 왜인가?

D3. A가 3×5 행렬이면, 기약 행사다리꼴의 선행 1의 개수는 기껏해야 _______이고, $A\mathbf{x} = \mathbf{0}$의 일반해의 매개변수의 개수는 기껏해야 _______이다.

D4. A가 5×3 행렬이면, 기약 행사다리꼴의 선행 1의 개수는 기껏해야 _______이고, $A\mathbf{x} = \mathbf{0}$의 일반해의 매개변수의 개수는 기껏해야 _______이다.

D5. 3×5 행렬의 계수와 영공간의 차원에 가능한 값은 무엇인가? 5×3 행렬과 5×5 행렬인 경우의 값은 무엇인가?

D6. $\mathbf{u}$와 $\mathbf{v}$가 R^n의 영이 아닌 열벡터라면, 행렬 $A = \mathbf{u}\mathbf{v}^T$의 영공간의 차원은 _______이다.

D7. $T : R^n \to R^n$은 선형연산자이고, T의 핵이 원점을 지나는 직선이라면, 어떤 기하학적 물체가 T의 치역인가? 답을 설명하라.

D8. 다음 행렬의 계수에 관해 무엇을 말할 수 있는가?

$$A = \begin{bmatrix} 1 & 0 & 0 \\ 0 & r-2 & 2 \\ 0 & s-1 & r+2 \\ 0 & 0 & 3 \end{bmatrix}$$

D9. 다음 행렬이 가장 작은 계수를 가지는 행렬이기 위한 λ의 값을 구하라.

$$A = \begin{bmatrix} 3 & 1 & 1 & 4 \\ \lambda & 4 & 10 & 1 \\ 1 & 7 & 17 & 3 \\ 2 & 2 & 4 & 3 \end{bmatrix}$$

D10. 두 행렬 A와 B가 같은 계수를 가지고 A^2와 B^2가 다른 계수를 가지는 예를 보여라.

D11. A와 B가 $AB = 0$인 $n \times n$ 행렬이면, 연습문제 T4의 Sylvester 부등식을 이용하여 $\text{rank}(A) + \text{rank}(B) \leq n$인 것을 보여라. 이것은 $\text{rank}(A)$와 $\text{nullity}(B)$의 관계에 대해 무엇을 의미하는가? 또한 $\text{rank}(B)$와 $\text{nullity}(A)$의 관계에 대해 무엇을 의미하는가?

증명문제

P1. 행렬

$$\begin{bmatrix} a_{11} & a_{12} & a_{13} \\ a_{21} & a_{22} & a_{23} \end{bmatrix}$$

이 계수 2를 갖기 위한 필요충분조건은 다음 행렬식 중 적어도 하나 이상이 영이 아닌 것을 증명하라. [*주의*: 이 문제는 연습문제 T6에서 언급된 더 일반적인 결과에 의해 성립하지만, 이 문제의 결과는 따로 증명하라.]

$$\begin{vmatrix} a_{11} & a_{12} \\ a_{21} & a_{22} \end{vmatrix}, \quad \begin{vmatrix} a_{11} & a_{13} \\ a_{21} & a_{23} \end{vmatrix}, \quad \begin{vmatrix} a_{12} & a_{13} \\ a_{22} & a_{23} \end{vmatrix}$$

P2. A가 계수 1을 가지는 $n \times n$ 대칭행렬이면, A는 R^n의 열벡터 $\mathbf{u}$에 대하여 $A = \mathbf{u}\mathbf{u}^T$ 혹은 $-\mathbf{u}\mathbf{u}^T$로 표현될 수 있음을 증명하라. [*힌트*: 정리 7.4.7과 A의 대칭성은 $A = \mathbf{x}\mathbf{y}^T = \mathbf{y}\mathbf{x}^T$를 의미한다. $\mathbf{x}^T\mathbf{y} \neq 0$임을 보이고, $\mathbf{x}^T\mathbf{y} > 0$인 경우와 $\mathbf{x}^T\mathbf{y} < 0$인 경우로 나누어 고려하라. $\mathbf{x}^T\mathbf{y} > 0$이라면

$$\mathbf{u} = \sqrt{\frac{\mathbf{x}^T\mathbf{x}}{\mathbf{x}^T\mathbf{y}}}\,\mathbf{y}$$

가 원하는 성질을 가지는 것을 보이고, $\mathbf{x}^T\mathbf{y} < 0$인 경우에도 비슷한 공식을 찾아라.]

P3. A와 B가 영이 아닌 행렬이라 하고, A를 열벡터들로 B를 행벡터들로 분할하라. 분할된 행렬들로 A와 B를 곱하면 AB가 계수 1인 행렬들의 합으로 분해됨을 보여라.

P4. 다음을 증명하라: $V = \{\mathbf{v}_1, \mathbf{v}_2, \cdots, \mathbf{v}_k\}$가 R^n의 일차독립벡터들의 집합이고, $W = \{\mathbf{w}_{k+1}, \cdots, \mathbf{w}_n\}$가 벡터 $\mathbf{v}_1, \mathbf{v}_2, \cdots, \mathbf{v}_k$를 연속적인 행으로 가지는 행렬 A의 영공간에 대한 기저이면, $V \cup W = \{\mathbf{v}_1, \mathbf{v}_2, \cdots, \mathbf{v}_k, \mathbf{w}_{k+1} \cdots, \mathbf{w}_n\}$이 R^n의 기저이다. [*힌트*: $V \cup W$은 n개의 벡터를 포함하므로, $V \cup W$가 일차독립인 것을 보이는 것으로 충분하다. 처음 단계는 다음 방정식

$$c_1\mathbf{v}_1 + c_2\mathbf{v}_2 + \cdots + c_k\mathbf{v}_k + d_1\mathbf{w}_1 + d_2\mathbf{w}_2 + \cdots + d_{n-k}\mathbf{w}_{n-k} = \mathbf{0}$$

을

$$c_1\mathbf{v}_1 + c_2\mathbf{v}_2 + \cdots + c_k\mathbf{v}_k = -d_1\mathbf{w}_1 - d_2\mathbf{w}_2 - \cdots - d_{n-k}\mathbf{w}_{n-k}$$

로 다시 쓰고 이를 이용하여 각 변이 $\mathbf{0}$이 됨을 보여라.]

P5. 연습문제 T4의 Sylvester 계수부등식(**Sylvester의 영공간의 차원 규칙**으로 알려져 있다)을 이용하여 다음을 증명하라: A와 B가 AB가 정의되는 정사각행렬이라면 다음 부등식이 성립된다.

$$\text{nullity}(A) \leq \text{nullity}(AB) \leq \text{nullity}(A) + \text{nullity}(B)$$
$$\text{nullity}(B) \leq \text{nullity}(AB) \leq \text{nullity}(A) + \text{nullity}(B)$$

P6. A가 역을 알고 있는 $n \times n$ 가역행렬이고 B가 A의 한 성분과 한 행 혹은 한 열을 바꿈으로써 얻은 행렬이라고 하자. 연습문제 23(c)에서, $\mathbf{u}$와 $\mathbf{v}$가 R^n의 열벡터라면 B는 $B = A + \mathbf{u}\mathbf{v}^T$로 표현될 수 있다는 것을 알 수 있다. 그러므로 A의 가역성이 $B = A + \mathbf{u}\mathbf{v}^T$의 가역성을 의미하는지에 관한 의문과 만약 그렇다면 A^{-1}와 B^{-1} 사이에 어떤 관계가 존재하는지에 관한 의문이 생긴다. $1 + \mathbf{v}^TA^{-1}\mathbf{u} \neq 0$이면 B는 가역이라는 것을 증명하라. 그리고

$$B^{-1} = (A + \mathbf{u}\mathbf{v}^T)^{-1} = A^{-1} - \frac{A^{-1}\mathbf{u}\mathbf{v}^TA^{-1}}{1 + \mathbf{v}^TA^{-1}\mathbf{u}}$$

인 경우도 증명하라.

프로그램 활용 연습문제

T1. (a) 어떤 계산 유틸리티는 행렬의 계수를 찾기 위한 명령을 제공한다. 이 명령이 있는지 확인하고, 예제 1의 행렬의 계수를 찾기 위해 그 명령을 이용하라.

(b) (a)에서 얻은 계수가 행렬의 기약 행사다리꼴에서 영이 아닌 행의 수를 찾기 위한 방법으로 구한 계수와 같은지를 확인하라.

T2. 영공간의 차원은 계수명령(rank command)과 식 (2)를 이용하여 계산할 수 있으므로 대부분의 계산 유틸리티는 행렬의 영공간의 차원을 구하기 위한 직접적인 명령을 제공하지 않는다. 7.3절의 연습문제 T1에서 행렬의 영공간의 차원을 찾기 위한 방법을 사용하고, 그 결과가 그 문제에서 얻은 기저벡터들의 수와 같은지 확인하라.

T3. 5×7 행렬에 대해 식 (2)를 확인하라.

T4. **Sylvester의 계수부등식**(Sylvester's rank inequality)은 A가 n열을 가지는 행렬이고 B는 n행을 가지는 행렬이면 다음과 같다.

$$\text{rank}(A) + \text{rank}(B) - n \leq \text{rank}(AB) \leq \text{rank}(A)$$
$$\text{rank}(A) + \text{rank}(B) - n \leq \text{rank}(AB) \leq \text{rank}(B)$$

독자들이 선택한 몇 개의 행렬이 부등식을 만족시키는지 확인하라.

T5. (a) 단지 한 성분만 다른 다음 두 행렬을 생각하자.

$$A = \begin{bmatrix} 7 & 4 & -2 & 4 \\ 2 & -3 & 7 & -6 \\ 5 & 6 & 2 & -5 \\ 3 & 3 & -5 & 8 \end{bmatrix}, \quad B = \begin{bmatrix} 7.1 & 4 & -2 & 4 \\ 2 & -3 & 7 & -6 \\ 5 & 6 & 2 & -5 \\ 3 & 3 & -5 & 8 \end{bmatrix}$$

A^{-1}을 계산하고, 연습문제 P6의 결과를 이용하여 B^{-1}을 계산하라.

(b) 직접 구한 B^{-1}의 결과를 비교하라.

T6. 행렬 A의 계수는 행렬식이 영이 아닌 A의 가장 큰 정사각 부분행렬(A에서 행과 열들을 제거함으로써 얻을 수 있다)의 차수인 것은 증명될 수 있다. 이 결과를 이용하여 다음 행렬의 계수를 찾아라.

$$A = \begin{bmatrix} 3 & -1 & 3 & 2 & 5 \\ 5 & -3 & 2 & 3 & 4 \\ 1 & -3 & -5 & 0 & -7 \\ 7 & -5 & 1 & 4 & 1 \end{bmatrix}$$

다른 방법을 이용하여 찾은 계수와 비교함으로써 독자들의 답을 검증하라.

7.5 계수정리와 이에 의한 결과

이 절에서는 행공간과 열공간이 같은 차원을 가지는 것을 증명할 것이고, 이 결과에 따른 몇 가지 파생된 결과들에 관해 논의할 것이다.

계수정리 다음 정리는 이 절의 끝에서 증명될 것이고 선형대수에서 가장 중요한 정리 중 하나이다.

정리 7.5.1 **(계수정리)** *행렬의 행공간과 열공간은 같은 차원을 가진다.*

예제 1 행공간과 열공간은 같은 차원을 가진다

7.3절의 예제 4에서 행렬의 행공간이 삼차원인 것을 보였다.

$$A=\begin{bmatrix} 1 & 0 & 0 & 0 & 2 \\ -2 & 1 & -3 & -2 & -4 \\ 0 & 5 & -14 & -9 & 0 \\ 2 & 10 & -28 & -18 & 4 \end{bmatrix} \tag{1}$$

그리고 차원정리는 열공간 또한 삼차원이란 것을 의미한다. 열공간의 기저를 찾아서 확인하라. 한 가지 방법은 A의 전치행렬을 취하고 행사다리꼴로 줄여가면서 영이 아닌 행벡터를 추출함으로써 A^T의 행공간의 기저를 찾는 것이다. 과정을 살펴보면, 먼저 A의 전치행렬을 취하면

$$A^T=\begin{bmatrix} 1 & -2 & 0 & 2 \\ 0 & 1 & 5 & 10 \\ 0 & -3 & -14 & -28 \\ 0 & -2 & -9 & -18 \\ 2 & -4 & 0 & 4 \end{bmatrix}$$

이고 이 행렬을 행사다리꼴로 줄이면

$$\begin{bmatrix} 1 & -2 & 0 & 2 \\ 0 & 1 & 5 & 10 \\ 0 & 0 & 1 & 2 \\ 0 & 0 & 0 & 0 \\ 0 & 0 & 0 & 0 \end{bmatrix} \tag{2}$$

와 같다(확인하라). 이 행렬에서 영이 아닌 행벡터는 A^T의 행공간의 기저를 이루고, A의 열공간은 기대한 바와 같이 삼차원이다. A의 열공간에 대한 열벡터의 기저는 식 (2)의 행벡터들을 전치시켜서 얻을 수 있다.

$$\mathbf{c}_1=\begin{bmatrix} 1 \\ -2 \\ 0 \\ 2 \end{bmatrix},\quad \mathbf{c}_2=\begin{bmatrix} 0 \\ 1 \\ 5 \\ 10 \end{bmatrix},\quad \mathbf{c}_3=\begin{bmatrix} 0 \\ 0 \\ 1 \\ 2 \end{bmatrix}$$ ■

정의 7.3.1에서 행렬 A의 계수는 행공간의 차원이란 것을 보았다. 정리 7.5.1의 결과로, 행렬의 열공간의 차원 또한 행렬의 계수로 생각할 수 있다. 더욱이 전치행렬은 열을 행으로, 행을 열로 바꾸기 때문에 행렬과 그것의 전치행렬은 반드시 같은 계수를 가진다.

정리 7.5.2 *A가 $m \times n$ 행렬이면*

$$\operatorname{rank}(A)=\operatorname{rank}(A^T) \tag{3}$$

이 결과는 몇 가지 중요한 결과를 파생시킨다. 예를 들어 A가 $m \times n$ 행렬이면, 정리 7.4.1을 A^T에 적용하여

$$\text{rank}(A^T) + \text{nullity}(A^T) = m$$

을 얻고, 식 (3)을 이용하여 다시 쓸 수 있다.

$$\text{rank}(A) + \text{nullity}(A^T) = m \tag{4}$$

이 관계는 행렬의 4개의 모든 기본공간의 차원들을 행렬의 크기와 계수로 나타내는 것을 가능하게 한다. 특히 A가 계수 k를 가지는 $m \times n$ 행렬이면

$$\begin{aligned} &\dim(\text{row}(A)) = k, \quad \dim(\text{null}(A)) = n - k \\ &\dim(\text{col}(A)) = k, \quad \dim(\text{null}(A^T)) = m - k \end{aligned} \tag{5}$$

예제 2
계수로부터 기본공간의 차원 구하기

$$A = \begin{bmatrix} 1 & 2 & -3 & 1 & 1 \\ -3 & 1 & 7 & -1 & 1 \\ -2 & 3 & 4 & 0 & 2 \end{bmatrix}$$

의 계수를 찾고, 그 결과를 이용하여 A의 기본공간의 차원을 계산하라.

풀이 A의 계수는 A의 행사다리꼴의 영이 아닌 행의 수이므로, A를 행사다리꼴로 줄여간다. 첫 열에 요구되는 영들을 넣으면 다음과 같다.

$$\begin{bmatrix} 1 & 2 & -3 & 1 & 1 \\ 0 & 7 & -2 & 2 & 4 \\ 0 & 7 & -2 & 2 & 4 \end{bmatrix}$$

이 시점에서 행공간이 이차원을 가지므로, 더 이상 진행할 필요가 없다. A는 계수 2를 가지고

$$\begin{aligned} &\dim(\text{row}(A)) = \text{rank} = 2, \quad \dim(\text{null}(A)) = \text{number of columns} - \text{rank} = 5 - 2 = 3 \\ &\dim(\text{col}(A)) = \text{rank} = 2, \quad \dim(\text{null}(A^T)) = \text{number of rows} - \text{rank} = 3 - 2 = 1 \end{aligned}$$ ■

개념문제 A가 $m \times n$ 행렬이면, A의 가장 큰 계수는 무엇인가? 설명하라.

해를 가짐과 계수 사이의 관계

이 교재의 전개 과정에서 우리는 n개의 미지수를 가지는 n개의 방정식의 선형계에 관련된 일련의 통합 정리를 개발하여 왔고, 그중 가장 마지막이 정리 7.4.4였다. 지금부터 미지수와 방정식의 개수가 다른 선형계로 관심을 돌릴 것이다. 다음 정리는 정리 3.5.5의 확장으로, 선형계가 해를 가짐과 선형계의 계수행렬과 붙인 행렬들 사이의 관계를 제공한다.

정리 7.5.3 **(해를 가짐 정리)** $A\mathbf{x} = \mathbf{b}$*가 n개의 미지수와 m개의 방정식을 가지는 선형계이면, 다음 명제들은 동치이다.*

(a) $A\mathbf{x} = \mathbf{b}$는 해를 가진다.

(b) $\mathbf{b}$는 A의 열공간 안에 있다.

(c) 행렬 A의 붙인 행렬 $[A \mid \mathbf{b}]$은 같은 계수를 가진다.

(a)와 (b)의 동치성은 정리 3.5.5에 주어졌으므로, 단지 $(b) \Leftrightarrow (c)$만 증명하면 된다. $(a) \Leftrightarrow (c)$는 논리적 추론에 의해 증명된다.

증명 $(b) \Leftrightarrow (c)$ $\mathbf{b}$가 A의 열공간에 있다면, 정리 7.2.5는 A와 $[A \mid \mathbf{b}]$의 열공간은 같은 차원을 가지는 것을 의미한다. 즉 두 행렬은 같은 차원을 가진다. 반대로 A와 $[A \mid \mathbf{b}]$가 같은 차원을 가지면, 그들의 열공간은 같은 차원을 가진다. 그래서 정리 7.2.5는 $\mathbf{b}$가 A의 열벡터들의 일차결합이라는 것을 의미한다. ■

예제 3 해를 가짐 정리의 시각화

계수와 선형계의 붙인 행렬 사이의 관계를 더 잘 이해하기 위해서 다음 계를 보자.

$$\begin{aligned} x_1 - 2x_2 - 3x_3 &= -4 \\ -3x_1 + 7x_2 - \ \ x_3 &= -3 \\ 2x_1 - 5x_2 + 4x_3 &= \ \ 7 \\ -3x_1 + 6x_2 + 9x_3 &= -1 \end{aligned}$$

이 계의 첨가된 행렬은

$$\left[\begin{array}{rrr|r} 1 & -2 & -3 & -4 \\ -3 & 7 & -1 & -3 \\ 2 & -5 & 4 & 7 \\ -3 & 6 & 9 & -1 \end{array}\right]$$

이고, 기약 행사다리꼴은 다음과 같다(확인하라).

$$\left[\begin{array}{rrr|r} 1 & 0 & -23 & 0 \\ 0 & 1 & -10 & 0 \\ 0 & 0 & 0 & 1 \\ 0 & 0 & 0 & 0 \end{array}\right] \tag{6}$$

이 행렬의 '나쁜' 세 번째 행이 이 계에 해가 없는 것을 확실하게 보여 준다. 그러나 이 행은 또한 계수행렬의 행사다리꼴이 붙인 행렬의 행사다리꼴보다 작은 계수를 가지는 것도 보여 준다[식 (6)의 마지막 열을 감추어 보면 알 수 있다]. 이 예제는 붙인 행렬과 계수행렬이 같은 계수를 갖기 위한 필요충분조건이 계수행렬의 행사다리꼴에 나쁜 열이 없는 것이고, 이는 계가 해를 갖는다는 것과 동치라는 사실을 확실하게 보여 준다. ■

다음 개념은 방정식의 수와 미지수의 수가 같지 않은 선형계를 공부하는 데 중요한 도구이다.

정의 7.5.4 행렬의 열벡터들이 일차독립이면 $m \times n$ 행렬 A는 **전열계수**(full column rank)를 가진다고 하고, 행렬의 행벡터들이 일차독립이면 **전행계수**(full row rank)를 가진다고 한다.

행렬의 열벡터들은 열공간을 생성하고 행벡터들은 행공간을 생성하므로, 전열계수를 가지는 행렬의 열벡터들은 반드시 열공간의 기저이고, 전행계수를 가지는 행렬의 행벡터들은 반드시 행공간의 기저이다. 그러므로 다음은 전열계수와 전행계수의 개념들을 관찰하는 다른 방법이다.

정리 7.5.5 *A가 $m \times n$ 행렬이면*

(a) A가 전열계수를 갖기 위한 필요충분조건은 A의 열벡터들이 열공간의 기저를 이루는 것이다. 즉 $\operatorname{rank}(A) = n$과 필요충분조건이다.

(b) A가 전행계수를 갖기 위한 필요충분조건은 A의 행벡터들이 행공간의 기저를 이루는 것이다. 즉 $\operatorname{rank}(A) = m$과 필요충분조건이다.

예제 4 전열계수와 전행계수

행렬

$$A = \begin{bmatrix} 1 & 0 \\ 2 & 1 \\ -3 & 1 \end{bmatrix}$$

은 열벡터들이 서로의 스칼라배수가 아니므로 전열계수를 가진다. 하지만 R^2의 세 벡터들이 일차종속이므로 전행계수는 갖지 못한다. 대조적으로

$$A^T = \begin{bmatrix} 1 & 2 & -3 \\ 0 & 1 & 1 \end{bmatrix}$$

은 전행계수를 가지지만 전열계수는 가지지 못한다.

개념문제 A가 전열계수를 가지는 $m \times n$ 행렬이면, m과 n의 상대적 크기에 관해 무엇을 말할 수 있는가? 설명하라.

다음 정리는 정리 3.5.3과 밀접하게 연관된다.

정리 7.5.6 *A가 $m \times n$ 행렬이면, 다음 명제는 동치이다.*

(a) $A\mathbf{x} = \mathbf{0}$는 자명한 해만 가진다.

(b) $A\mathbf{x} = \mathbf{b}$는 R^m의 모든 $\mathbf{b}$에 대해 최대 하나의 해를 가진다.

(c) A는 전열계수를 가진다.

(*a*)와 (*b*)의 동치성은 정리 3.5.3의 내용이기 때문에, (*a*)와 (*c*)가 동치라는 것을 보여주면 증명은 끝난다.

증명 (*a*) ⇔ (*c*) $\mathbf{a}_1, \mathbf{a}_2, \cdots, \mathbf{a}_n$을 A의 열벡터라 하고, 벡터 형태로 $A\mathbf{x} = \mathbf{0}$을 쓰자.

$$x_1\mathbf{a}_1 + x_2\mathbf{a}_2 + \cdots + x_n\mathbf{a}_n = \mathbf{0} \tag{7}$$

그러므로 $A\mathbf{x} = \mathbf{0}$이 오직 자명한 해만 가진다는 것을 말하기 위해서 식 (7)의 n개의 열벡터들이 일차독립이란 것을 보이면 된다. 즉 A가 전열계수를 갖는 경과 $A\mathbf{x} = \mathbf{0}$는 오직 자명한 해만 가진다는 것은 서로 필요충분조건이 된다. ■

예제 5 전열계수로부터 파생되는 결과

예제 4에서

$$A = \begin{bmatrix} 1 & 0 \\ 2 & 1 \\ -3 & 1 \end{bmatrix}$$

전열계수를 가지는 것을 보였다. 따라서 정리 7.5.6에 의해 $A\mathbf{x} = \mathbf{0}$가 오직 자명한 해만 가지고 $A\mathbf{x} = \mathbf{0}$는 R^3의 모든 $\mathbf{b}$에 대해 최대 하나의 해를 갖는다. 이 중 첫 번째 명제는 독자들이 직접 $A\mathbf{x} = \mathbf{0}$을 풀어서 증명하도록 남겨 둔다. 이제 $A\mathbf{x} = \mathbf{b}$가 R^3의 모든 벡터 $\mathbf{b} = (b_1, b_2, b_3)$에 대해 기껏해야 하나의 해를 가지는 것을 보일 것이다.

좌변이 기약행사다리꼴이 될 때까지 붙인 행렬 $[A \mid \mathbf{b}]$를 줄이면

$$\left[\begin{array}{cc|c} 1 & 0 & b_1 \\ 0 & 1 & b_2 - 2b_1 \\ 0 & 0 & b_3 - b_2 + 5b_1 \end{array}\right]$$

이 된다(확인하라). 따라서 두 가지 가능성 $b_3 - b_2 + 5b_1 \neq 0$과 $b_3 - b_2 + 5b_1 = 0$이 있다. 첫 번째 경우 계는 해를 가지지 않고, 두 번째 경우 계는 유일한 해 $x_1 = b_1$, $x_2 = b_2 - 2b_1$을 가진다. 어떤 경우든 최대 하나의 해를 가진다는 말은 옳다. ■

과대결정과 과소결정 선형계

공학 응용 분야에서 선형계 $A\mathbf{x} = \mathbf{b}$의 방정식들은 종종 여러 변수에 대한 물리적 조건을 수학적 형태로 표현한 것이다. 공학자들은 변수의 수와 조건의 수를 일치시키려고 노력한다. 그러나 이것은 항상 가능한 것은 아니다. 그래서 공학자들은 미지수보다 많은 수의 방정식을 가지는 선형계[**과대결정계**(over-determined system)] 혹은 미지수보다 적은 수의 방정식을 가지는 선형계[**과소결정계**(underdetermined system)]를 보게 된다. 응용 분야에서 과대결정계와 과소결정계의 발생은 종종 기대하지 않은 물리적 현상이 일어날지 모른다는 신호이다. 다음 정리는 왜 그런지를 설명한다.

정리 7.5.7 *A가 $m \times n$ 행렬이면*

(a) ***(과대결정의 경우)*** *$m > n$이면, 계 $A\mathbf{x} = \mathbf{b}$는 R^m의 어떤 벡터 $\mathbf{b}$에 대해서는 해를 갖지 못한다.*

(b) ***(과소결정의 경우)*** *$m < n$이면, 계 $A\mathbf{x} = \mathbf{b}$는 R^m의 임의의 벡터 $\mathbf{b}$에 대해 해를 갖지 못하거나 아니면 무수히 많은 해를 가진다.*

증명 (a) $m > n$이면, A의 열벡터들은 R^m을 생성하지 못한다. 그러므로 R^m에는 A의 열벡터들의 일차결합이 아닌 벡터 $\mathbf{b}$가 최소한 한 개 있다. 그러한 $\mathbf{b}$에 대해 계 $A\mathbf{x} = \mathbf{b}$는 해가 없다.

증명 (b) $m < n$이면, A의 열벡터들은 반드시 일차종속이다(R^m에는 n개의 열벡터가 있다). 이것은 $A\mathbf{x} = \mathbf{0}$은 무수히 많은 해를 가지는 것을 의미하고, 정리의 결과는 정리 3.5.2에 의해 성립한다. ■

예제 6 부적절한 로봇

변환식에서 정리 7.5.7을 표현하기 위해 $A\mathbf{x}$를 R^n에서 R^m으로의 변환행렬로, 방정식 $A\mathbf{x} = \mathbf{b}$에서 벡터 $\mathbf{b}$는 임의의 입력 $\mathbf{x}$에 대한 출력으로 생각한다. 정리 7.5.7의 (a)는 $m > n$이면 임의의 입력에 의해 만들어질 수 없는 적당한 출력이 있고, (b)는 $m < n$이면 모든 가능한 출력 $\mathbf{b}$에 대해 그러한 출력을 만드는 입력이 없거나 아니면 무수히 많은 입력들이 존재하는 것을 의미한다. 그러므로 예를 들면 입력 $\mathbf{x}$가 로봇 구동모터의 전압벡터이고, $\mathbf{b}$가 압력에 대응하는 로봇의 동작을 묘사하는 속력과 위치좌표로 이루어진 벡터라면, 과대결정계는 어떤 원하는 동작을 성취할 수 없게 로봇을 조정하고, 과소결정계는 무수히 많은 방법으로 어떤 동작을 하도록 로봇을 조정하지만 이것은 바람직하지 않을 수도 있다.

A^TA와 AA^T 형태의 행렬

A^TA와 AA^T 형태의 행렬은 많은 응용 분야에서 중요한 역할을 하므로, 이제 이러한 형태의 행렬들에 집중할 것이다.

3.6절의 식 (9)를 기억하라. A가 열벡터 $\mathbf{a}_1, \mathbf{a}_2, \cdots, \mathbf{a}_n$을 가지는 $m \times n$ 행렬이면 다음과 같고,

$$A^TA = \begin{bmatrix} \mathbf{a}_1 \cdot \mathbf{a}_1 & \mathbf{a}_1 \cdot \mathbf{a}_2 & \cdots & \mathbf{a}_1 \cdot \mathbf{a}_n \\ \mathbf{a}_2 \cdot \mathbf{a}_1 & \mathbf{a}_2 \cdot \mathbf{a}_2 & \cdots & \mathbf{a}_2 \cdot \mathbf{a}_n \\ \vdots & \vdots & & \vdots \\ \mathbf{a}_n \cdot \mathbf{a}_1 & \mathbf{a}_n \cdot \mathbf{a}_2 & \cdots & \mathbf{a}_n \cdot \mathbf{a}_n \end{bmatrix} \tag{8}$$

전치행렬은 열을 행으로 행을 열로 바꾸므로, 식 (8)로부터 $\mathbf{r}_1, \mathbf{r}_2, \cdots, \mathbf{r}_m$이 A의 행벡터들이면 다음과 같다.

$$AA^T = \begin{bmatrix} \mathbf{r}_1 \cdot \mathbf{r}_1 & \mathbf{r}_1 \cdot \mathbf{r}_2 & \cdots & \mathbf{r}_1 \cdot \mathbf{r}_m \\ \mathbf{r}_2 \cdot \mathbf{r}_1 & \mathbf{r}_2 \cdot \mathbf{r}_2 & \cdots & \mathbf{r}_2 \cdot \mathbf{r}_m \\ \vdots & \vdots & & \vdots \\ \mathbf{r}_m \cdot \mathbf{r}_1 & \mathbf{r}_m \cdot \mathbf{r}_2 & \cdots & \mathbf{r}_m \cdot \mathbf{r}_m \end{bmatrix} \tag{9}$$

다음 정리는 일반행렬 A, 전치행렬 A^T의 성질들과 정사각대칭행렬 A^TA 사이의 중요한 연결들을 제공한다.

정리 7.5.8 *A가 $m \times n$ 행렬이면*

(a) A와 A^TA는 같은 영공간을 가진다.

(b) A와 A^TA는 같은 행공간을 가진다.

(c) A^T와 A^TA는 같은 열공간을 가진다.

(d) A와 A^TA는 같은 계수를 가진다.

(a)는 증명할 것이고, 나머지는 연습문제로 남긴다.

증명 (a) $A\mathbf{x} = \mathbf{0}$의 모든 해가 $A^TA\mathbf{x} = \mathbf{0}$의 해인 것을 보여야 하고, 그 역도 보여줘야 한다. $\mathbf{x}_0$이 $A\mathbf{x} = \mathbf{0}$의 해라면

$$A^TA\mathbf{x}_0 = A^T(A\mathbf{x}_0) = A^T\mathbf{0} = \mathbf{0}$$

이므로, $\mathbf{x}_0$은 또한 $A^TA\mathbf{x} = \mathbf{0}$의 해이다. 역으로 $\mathbf{x}_0$이 $A^TA\mathbf{x} = \mathbf{0}$의 해라면, $\mathbf{x}_0$은 A^TA의 영공간의 벡터이고 따라서 정리 3.5.6에 의해 A^TA의 행공간의 모든 벡터에 수직이다. 그러나 A^TA가 대칭이므로 $\mathbf{x}_0$은 또한 A^TA의 열공간에 있는 모든 벡터에 수직이다. 특히 $\mathbf{x}_0$은 벡터 $A^TA\mathbf{x}_0$에 반드시 수직이다. 즉 $\mathbf{x}_0 \cdot (A^TA\mathbf{x}_0) = 0$이다. 3.1절의 식 (23)으로부터 이것을 다음과 같이 쓸 수 있다.

$$\mathbf{x}_0^T(A^TA\mathbf{x}_0) = 0 \quad \text{또는 동치적으로} \quad (A\mathbf{x}_0)^T(A\mathbf{x}_0) = 0$$

이것은 $A\mathbf{x}_0 \cdot A\mathbf{x}_0 = 0$을 의미하고, 정리 1.2.6의 (*d*)에 의해 $A\mathbf{x}_0 = \mathbf{0}$이다. 이것은 $\mathbf{x}_0$가 $A\mathbf{x} = \mathbf{0}$의 해인 것을 증명한다. ■

다음 정리는 정리 7.5.8에서 A를 A^T로 대신하고, 항목 (*d*)에서는 A와 A^T가 같은 계수를 가진다는 사실을 이용하면 증명할 수 있다.

정리 7.5.9 *A가 $m \times n$ 행렬이면*

(a) A^T와 AA^T는 같은 영공간을 가진다.

(b) A^T와 AA^T는 같은 행공간을 가진다.

(c) A와 AA^T는 같은 열공간을 가진다.

(d) A와 AA^T는 같은 계수를 가진다.

개념문제 rank(A^TA)와 rank(AA^T) 사이의 관계는 무엇인가? 이유는 무엇인가?

통합정리 다음 통합정리는 정리 7.5.6에 한 가지 조건을 추가한다.

정리 7.5.10 *A가 $m \times n$ 행렬이면, 다음 명제들은 동치이다.*

(a) $A\mathbf{x} = \mathbf{0}$는 오직 자명한 해만 가진다.

(b) $A\mathbf{x} = \mathbf{b}$는 R^m의 모든 $\mathbf{b}$에 대해 최대 하나의 해를 가진다.

(c) A는 전열계수를 가진다.

(d) A^TA는 가역이다.

나머지 동치성이 정리 7.5.6에 의해 명백하므로, (*c*)와 (*d*)가 동치인 것만 증명하면 충분하다.

증명 (*c*) ⇔ (*d*) A^TA는 $n \times n$ 행렬이므로 A^TA가 계수 n을 가지면, A^TA가 가역이라는 것은 정리 7.4.4의 명제 (*c*)와 (*q*)에 의해 알 수 있다. 그러나 A^TA는 정리 7.5.8의 (*d*)에 의해 A와 같은 계수를 가진다. 그래서 rank(A) $= n$, 즉 A가 전열계수를 갖는다는 것과 필요충분조건은 A^TA가 가역인 것이다. ■

참고 A가 가역이고 정사각이면, A^TA는 가역이라는 것을 정리 3.6.5에서 보았다. 그 결과는 정리 7.5.10에서 (*c*)와 (*d*)가 동치라는 것의 특별한 경우이다.

다음 정리는 정리 7.5.10의 A를 A^T로 바꿈으로써 충족된다.

정리 7.5.11 *A가 $m \times n$ 행렬이면, 다음 명제들은 동치이다.*

(a) $A^T\mathbf{x} = \mathbf{0}$는 오직 자명한 해만 가진다.

(b) $A^T\mathbf{x} = \mathbf{b}$는 R^n의 모든 벡터 $\mathbf{b}$에 대해 기껏해야 하나의 해를 가진다.

(c) A는 전행계수를 가진다.

(d) AA^T는 가역이다.

정리 7.5.10과 정리 7.5.11은 정사각이 아닌 행렬들에 관한 결과를 추론하기 위해 정사각행렬들에 관한 결과를 사용하는 것을 가능하게 한다. 예를 들어 det(A^TA) $\neq 0$이면, A^TA는 가역이고, det(AA^T) $\neq 0$이면 AA^T는 가역이다. 그러므로 정리 7.5.10과 정리 7.5.11로부터 det(A^TA) $\neq 0$이면 A는 전열계수를 가지고, det(AA^T) $\neq 0$이면 A는 전행계수를 가진다.

예제 7 전열계수와 전행계수의 행렬식 판별법

예제 4에서 행렬

$$A = \begin{bmatrix} 1 & 0 \\ 2 & 1 \\ -3 & 1 \end{bmatrix}$$

는 전열계수를 가지지만 전행계수는 가지지 못한다는 것을 보았다. 적당한 행렬식을 이용하여 이 결과들을 확인하라.

풀이 전열계수를 검사하기 위해 다음 행렬을 생각하자.

$$A^TA = \begin{bmatrix} 1 & 2 & -3 \\ 0 & 1 & 1 \end{bmatrix} \begin{bmatrix} 1 & 0 \\ 2 & 1 \\ -3 & 1 \end{bmatrix} = \begin{bmatrix} 14 & -1 \\ -1 & 2 \end{bmatrix}$$

그리고 전행계수를 검사하기 위해 다음 행렬을 생각하자.

$$AA^T = \begin{bmatrix} 1 & 0 \\ 2 & 1 \\ -3 & 1 \end{bmatrix} \begin{bmatrix} 1 & 2 & -3 \\ 0 & 1 & 1 \end{bmatrix} = \begin{bmatrix} 1 & 2 & -3 \\ 2 & 5 & -5 \\ -3 & -5 & 10 \end{bmatrix}$$

$\det(A^TA) = 27 \neq 0$(확인하라)이므로 행렬 A는 전열계수를 가지고, $\det(AA^T) = 0$이므로 행렬 A는 전행계수를 가지지 못한다. ■

계수의 응용

인터넷의 출현은 제한된 대역폭을 가진 통신선로에 많은 양의 디지털 정보를 전송하기 위한 효율적인 방법을 찾으려는 연구를 가속화했다. 디지털 정보는 일반적으로 행렬 형태로 저장되고, 전송 속도를 향상시키는 많은 기술들은 여러 방법에서 행렬의 계수를 사용한다. 계수는 '중복성(redundancy)'을 측정하는 중요한 역할을 한다. 즉 A가 계수 k를 가지는 $m \times n$ 행렬이면, $n - k$개의 열벡터와 $m - k$개의 행벡터는 k의 일차독립 열 혹은 일차독립 행으로 표현될 수 있다. 많은 정보 압축 계획에서 근본적인 생각은 거의 같은 정보를 제공하는 더 작은 계수를 가진 정보집합으로 원래 정보집합을 간략화하는 것이다. 그때 전송 속도를 높이기 위해 간략화된 집합에서 중복된 벡터들을 제거한다.

역사 속의 선형대수

1924년 미국 연방수사국(FBI)은 지문과 손도장을 채취하기 시작했고 현재 3,000만 개 이상을 파일로 가지고 있다. 저장 비용을 줄이기 위해, FBI는 1993년에 Los Alamos National Laboratory, National Bureau of Standards와 다른 그룹들과 함께 지문들을 디지털 형태로 저장하기 위한 압축 방법을 연구하기 시작했다. 다음 그림은 원본 지문과 26:1의 비로 압축된 디지털 데이터로부터 복원된 것이다.

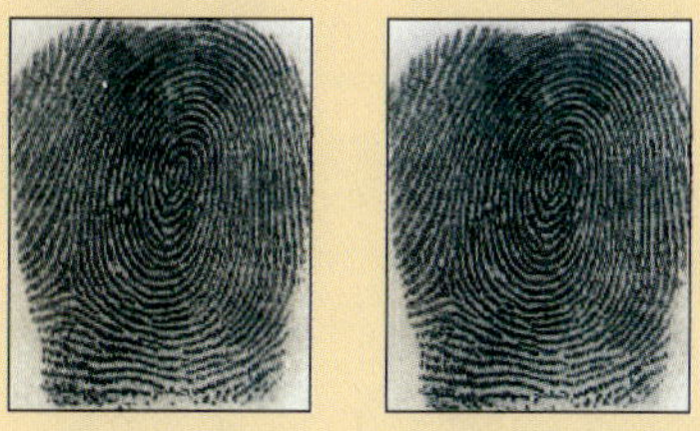

원본　　복원된 것

선택: 정리 7.5.1의 증명

$m \times n$ 행렬 A의 행공간과 열공간이 같은 차원을 가지는 것을 증명하고자 한다. 이 목적을 위해 A가 계수 k를 가진다 하면, 이것은 기약 행사다리꼴 R이 정확히 k개의 영이 아닌 벡터 $\mathbf{r}_1, \mathbf{r}_2, \cdots, \mathbf{r}_k$를 가진다는 것을 의미한다. 정리 7.3.7에 의해 A와 R은 같은 행공간을 가지므로, 행벡터 $\mathbf{a}_1, \mathbf{a}_2, \cdots, \mathbf{a}_m$은 R의 행벡터들의 일차결합으로 표현될 수 있다.

$$\begin{aligned} \mathbf{a}_1 &= c_{11}\mathbf{r}_1 + c_{12}\mathbf{r}_2 + c_{13}\mathbf{r}_3 + \cdots + c_{1k}\mathbf{r}_k \\ \mathbf{a}_2 &= c_{21}\mathbf{r}_1 + c_{22}\mathbf{r}_2 + c_{23}\mathbf{r}_3 + \cdots + c_{2k}\mathbf{r}_k \\ &\vdots \\ \mathbf{a}_m &= c_{m1}\mathbf{r}_1 + c_{m2}\mathbf{r}_2 + c_{m3}\mathbf{r}_3 + \cdots + c_{mk}\mathbf{r}_k \end{aligned} \tag{10}$$

다음에 각 방정식의 양변의 대응되는 성분들을 등식으로 연결하자. 이를 위해 $\mathbf{a}_i$의 j번째 성분을 a_{ij}라 하고 r_{ij}를 $\mathbf{r}_i$의 j번째 성분이라 하자. 그러면 식 (10) 양변의 j번째 성분들 사이의 관계는 다음과 같다.

$$\begin{aligned} a_{1j} &= c_{11}r_{1j} + c_{12}r_{2j} + c_{13}r_{3j} + \cdots + c_{1k}r_{kj} \\ a_{2j} &= c_{21}r_{1j} + c_{22}r_{2j} + c_{23}r_{3j} + \cdots + c_{2k}r_{kj} \\ &\vdots \\ a_{mj} &= c_{m1}r_{1j} + c_{m2}r_{2j} + c_{m3}r_{3j} + \cdots + c_{mk}r_{kj} \end{aligned}$$

이것을 다음과 같이 행렬 형태로 표현할 수 있다.

$$\begin{bmatrix} a_{1j} \\ a_{2j} \\ \vdots \\ a_{mj} \end{bmatrix} = r_{1j}\begin{bmatrix} c_{11} \\ c_{21} \\ \vdots \\ c_{m1} \end{bmatrix} + r_{2j}\begin{bmatrix} c_{12} \\ c_{22} \\ \vdots \\ c_{m2} \end{bmatrix} + r_{3j}\begin{bmatrix} c_{13} \\ c_{23} \\ \vdots \\ c_{m3} \end{bmatrix} + \cdots + r_{kj}\begin{bmatrix} c_{1k} \\ c_{2k} \\ \vdots \\ c_{mk} \end{bmatrix}$$

이 방정식의 좌변이 A의 j번째 열벡터이므로, 우리는 방정식의 우변의 k 열벡터들이 A의 열공간을 생성하는 것을 보였다. 그러므로 A의 열공간의 차원은 기껏해야 k이다. 즉

$$\dim(\text{col}(A)) \leq \dim(\text{row}(A)) \tag{11}$$

이로부터

$$\dim(\text{col}(A^T)) \leq \dim(\text{row}(A^T))$$

혹은

$$\dim(\text{row}(A)) \leq \dim(\text{col}(A)) \tag{12}$$

가 성립한다. 식 (11)과 (12)로부터 $\dim(\text{row}(A)) = \dim(\text{col}(A))$라는 결론을 얻을 수 있다. ■

연습문제 7.5

연습문제 1과 2에서는 A의 행공간과 열공간이 같은 차원을 가지는 것을 확인하라. A의 다른 두 개의 기본공간의 차원과 $A\mathbf{x} = \mathbf{0}$의 일반해의 매개변수의 수를 찾기 위해 구한 차원을 사용하라.

1. $A = \begin{bmatrix} 1 & -1 & 2 & -1 & 1 \\ 4 & -3 & -1 & 1 & -2 \\ 3 & -2 & -3 & 2 & -3 \\ 6 & -5 & 3 & -1 & 0 \end{bmatrix}$

2. $A = \begin{bmatrix} 1 & 1 & -2 & 3 & 2 \\ 2 & -1 & 3 & 4 & 1 \\ -1 & -2 & 3 & 1 & 0 \\ 3 & 0 & 1 & 7 & 3 \end{bmatrix}$

연습문제 3과 4에서는 정리 7.5.2에 따라 $\text{rank}(A) = \text{rank}(A^T)$를 확인하라.

3. $A = \begin{bmatrix} 2 & 0 & -1 \\ 1 & 2 & 3 \\ 3 & -2 & -5 \\ 4 & 2 & 5 \end{bmatrix}$ **4.** $A = \begin{bmatrix} 1 & 2 & 4 & 0 \\ -3 & 1 & 5 & 2 \\ -2 & 3 & 9 & 2 \end{bmatrix}$

연습문제 5와 6에서는 표의 정보를 이용하여 A의 4개의 기본공간의 차원을 구하라.

5.

	(a)	(b)	(c)	(d)	(e)
A의 크기	3×3	3×3	3×3	5×9	9×5
Rank(A)	3	2	1	2	2

6.

	(a)	(b)	(c)	(d)	(e)
A의 크기	3×4	4×3	6×3	5×7	7×4
Rank(A)	3	2	1	2	2

연습문제 7과 8에서는 표의 정보를 이용하여 선형계 $A\mathbf{x} = \mathbf{b}$가 해를 가지는지를 결정하라. 해를 가지면, 일반해의 매개변수의 수를 구하라.

7.

	(a)	(b)	(c)	(d)
A의 크기	3×3	3×3	3×3	5×9
Rank(A)	3	2	1	2
Rank[A | b]	3	3	1	2

8.

	(a)	(b)	(c)	(d)
A의 크기	4×5	4×4	5×3	8×7
Rank(A)	3	2	3	4
Rank[A | b]	4	2	3	4

연습문제 9와 10에서는 A가 전열계수, 전행계수, 혹은 둘 다 가지거나 둘 다 가지지 않는지를 결정하라.

9. (a) $A = \begin{bmatrix} 1 & 3 \\ 2 & 0 \\ -1 & 4 \end{bmatrix}$ (b) $A = \begin{bmatrix} 1 & 4 & -2 \\ 2 & 8 & -4 \end{bmatrix}$

(c) $A = \begin{bmatrix} 3 & 1 & 5 \\ -1 & 0 & 1 \end{bmatrix}$ (d) $A = \begin{bmatrix} 2 & 0 \\ 1 & 4 \end{bmatrix}$

10. (a) $A = \begin{bmatrix} 1 & 3 \\ 2 & 6 \\ -1 & 0 \end{bmatrix}$ (b) $A = \begin{bmatrix} 2 & 5 & -1 \\ 0 & 3 & 6 \end{bmatrix}$

(c) $A = \begin{bmatrix} 4 & -1 & 3 \\ 8 & -2 & 6 \end{bmatrix}$ (d) $A = \begin{bmatrix} 5 & 7 \\ 6 & 1 \end{bmatrix}$

11. A^TA와 AA^T의 가역성을 검사하기 위한 행렬식을 사용하여 연습문제 9의 답을 점검하라.

12. A^TA와 AA^T의 가역성을 검사하기 위한 행렬식을 사용하여 연습문제 10의 답을 점검하라.

연습문제 13과 14에서는 전열계수를 가지는 행렬 A가 있다. 정리 7.5.6과 관련하여 $A\mathbf{x} = \mathbf{0}$는 오직 자명한 해만 가지고 $A\mathbf{x} = \mathbf{b}$는 R^3의 모든 벡터 $\mathbf{b}$에 대해 기껏해야 하나의 해를 가지는 것을 확인하라.

13. $A = \begin{bmatrix} 1 & 2 \\ -1 & -2 \\ 3 & 0 \end{bmatrix}$ **14.** $A = \begin{bmatrix} 1 & 4 \\ 2 & 5 \\ 3 & 6 \end{bmatrix}$

연습문제 15와 16에서는 A와 A^TA가 정리 7.5.8에서처럼 같은 열공간과 행공간을 가지는 것을 확인하라.

15. $A = \begin{bmatrix} 1 & 2 \\ 2 & 4 \\ -1 & -2 \end{bmatrix}$ **16.** $A = \begin{bmatrix} 1 & 1 & 1 \\ 2 & 3 & -4 \end{bmatrix}$

17. 정리 7.5.7에 의해, 과대결정 선형계 $A\mathbf{x} = \mathbf{b}$는 적당한 벡터 $\mathbf{b}$에 대해 해를 가지지 않는다. 다음 과대결정 선형계가 해를 갖지 않기 위한 b_1, b_2, b_3, b_4, b_5의 모든 값을 구하라.

$$\begin{aligned} x_1 - 3x_2 &= b_1 \\ x_1 - 2x_2 &= b_2 \\ x_1 + \ \ x_2 &= b_3 \\ x_1 - 4x_2 &= b_4 \\ x_1 + 5x_2 &= b_5 \end{aligned}$$

18. 정리 7.5.7에 의해, 과소결정 선형계 $A\mathbf{x} = \mathbf{b}$는 주어진 벡터 $\mathbf{b}$에 대해 해를 갖지 않거나 아니면 무수히 많은 해를 가진다. 다음 과소결정 선형계가 무수히 많은 해를 가지기 위한 b_1, b_2, b_3의 모든 값을 구하라.

$$\begin{aligned} x_1 + 2x_2 + 3x_3 - \ \ x_4 &= b_1 \\ 3x_1 - \ \ x_2 + \ \ x_3 + 2x_4 &= b_2 \\ 4x_1 + \ \ x_2 + 4x_3 + \ \ x_4 &= b_3 \end{aligned}$$

토론과 발견

D1. A가 계수가 3인 7×5 행렬이면, $\dim(\text{row}(A^T)) =$ _______, $\dim(\text{col}(A^T)) =$ _______, 그리고 $\dim(\text{null}(A^T)) =$ _______를 만족시킨다.

D2. A가 계수가 k인 $m \times n$ 행렬이면, $\dim(\text{row}(A^TA)) =$ _______과 $\dim(\text{row}(AA^T)) =$ _______을 만족시킨다.

D3. 동차계 $A^T\mathbf{x} = \mathbf{0}$이 유일한 해를 가지면, A의 행공간과 열공간에 대해 무엇을 말할 수 있는가? 이유를 설명하라.

D4. 다음 명제들이 참(T)인지 거짓(F)인지를 판별하고 그 이유를 설명하라.

(a) A가 열보다 행이 많다면, 행공간의 차원은 열공간의 차원보다 크다.

(b) $\text{rank}(A) = \text{rank}(A^T)$이면, A는 정사각이다.

(c) A가 $n \times n$ 가역행렬이고, $\mathbf{b}$가 R^n의 열벡터이면, 행렬 A와 붙인 행렬 $[A \mid \mathbf{b}]$는 같은 계수를 가진다.

(d) A가 전행계수와 전열계수를 가지면, A는 정사각이다.

(e) A^TA와 AA^T가 둘 다 가역이면, A는 정사각이다.

(f) 계수와 영공간의 차원이 같은 3×3 행렬은 없다.

D5. 방정식 $x_1 + x_2 + x_3 = b$는 3개의 미지수를 가진 과소결정계의 하나의 방정식으로 볼 수 있다.

(a) 이 계가 b의 모든 값에 대해 무수히 많은 해를 가지는 것을 보여라. 이것은 정리 7.5.7(*b*)를 위반하는가?

(b) 정리 3.5.2에 의해, 이 계의 일반해를 특수해의 합에 동차계에 대응하는 일반해를 합하여 표현하라.

D6. (a) A가 3×5 행렬이면, A의 열벡터들은 일차종속이라는 것을 보여라.

(b) A가 5×3 행렬이면, A의 행벡터들은 일차종속이라는 것을 보여라.

(c) (a)와 (b)의 결과를 $m \neq n$인 $m \times n$ 행렬로 일반화하라.

증명문제

P1. A가 $m \times n$ 행렬이면, A^TA와 AA^T는 같은 계수를 가진다는 것을 증명하라.

P2. 정리 7.5.8의 (*a*)와 A와 A^TA가 n개의 열을 가지는 사실을 이용하여 이 정리의 (*d*)를 증명하라.

P3. (a) $\text{row}(A^TA)$가 $\text{row}(A)$의 부분공간이란 것을 먼저 보임으로써 정리 7.5.8의 (*b*)를 증명하라.

(b) 정리 7.5.8의 (*b*)를 이용하여 (*c*)를 증명하라.

P4. 다음을 증명하라: A가 정사각이 아니면, A의 행벡터들 아니면 열벡터들은 일차종속이다.

P5. 다음을 증명하라: A와 A^2이 같은 계수를 가지고 A가 정사각이면, $\text{null}(A) \cap \text{col}(A) = \{\mathbf{0}\}$이다. [*힌트*: 먼저 $\text{null}(A) = \text{null}(A^2)$를 보여라.]

P6. 다음을 증명하라: A가 계수 k를 가지는 영이 아닌 행렬이면, A는 적어도 하나의 가역 $k \times k$ 부분행렬을 가지고, 더 큰 크기를 가지는 모든 정사각 부분행렬들은 특이행렬이다. 반대로 영이 아닌 행렬 A의 가장 큰 가역 부분행렬의 크기가 $k \times k$이면, A는 계수 k를 가진다. (A의 부분행렬을 A 자신이거나 또는 A에서 행과 열을 제거함으로써 얻어지는 행렬로 이해하라.) 정리의 처음 부분의 증명을 위해, A가 계수 k를 가진다고 하고 다음과 같이 진행하라.

1단계. 먼저 k개의 일차독립 열들을 가지는 부분행렬이 있다는 것과 그 행렬의 가역 $k \times k$ 부분행렬이 있는 것을 보여라.

2단계. C가 $r > k$일 때 A의 $r \times r$ 부분행렬이면, C의 열들을 포함하는 A의 열들은 일차종속이라는 것을 보여라.

역을 증명할 때는, A는 계수 r을 가지고 가역 $k \times k$ 부분행렬을 가지고 더 큰 크기를 가지는 A의 모든 정사각 부분행렬은 특이행렬이라는 것을 가정하라. 정리의 처음 부분을 이용하여 $r = k$를 보여라.

P7. 7.3절의 연습문제 P3은 P가 $n \times n$ 가역행렬이고 A가 임의의 $n \times k$ 행렬이면 $\text{rank}(PA) = \text{rank}(A)$이고 $\text{nullity}(PA) = \text{nullity}(A)$임을 말하고 있다. 이 사실과 정리 7.5.2를 이용하여 P가 $n \times n$ 가역행렬이고 C가 $k \times n$ 행렬이면

$\text{rank}(CP) = \text{rank}(C)$이고 $\text{nullity}(CP) = \text{nullity}(C)$

라는 것을 증명하라.

▶ 프로그램 활용 연습문제

T1. **(행렬식을 이용하여 계수 찾기)** 정사각행렬이 가역이기 위한 필요충분조건은 행렬식이 0이 아닌 것이므로, 연습문제 P6으로부터 영이 아닌 A의 계수는 행렬식이 영이 아닌 A의 가장 큰 정사각 부분행렬의 차원인 것을 알 수 있다. 이 사실을 이용하여 다음 행렬 A의 계수를 구하고 다른 방법으로 구한 결과와 비교하라.

$$A = \begin{bmatrix} 3 & -1 & 3 & 2 & 5 \\ 5 & -3 & 2 & 3 & 4 \\ 1 & -3 & -5 & 0 & -7 \\ 7 & -5 & 1 & 4 & 1 \end{bmatrix}$$

7.6 추축정리와 이에 의한 결과

이 절에서는 행렬의 열공간에 관하여 생성된 집합으로부터 기저를 추출하는 방법을 알려 주는 중요한 정리를 전개할 것이다.

기저문제 확인 벡터집합 $S = \{\mathbf{v}_1, \mathbf{v}_2, \cdots, \mathbf{v}_s\}$에 의해 생성된 부분공간 W에 대한 기저를 찾는 문제를 다시 살펴보자. 이 문제에는 다음과 같은 두 가지 변형된 형태가 있다.

1. W의 임의의 기저를 찾는 것
2. S의 벡터들로 구성된 W의 기저를 찾는 것

이미 첫 번째 기저문제는 S의 벡터들을 행렬의 행벡터로 만들고, 그 행렬을 행사다리꼴로 줄이고, 영이 아닌 행벡터를 추출함으로써 풀 수 있는 것을 보았다(7.3절 예제 4). 두 번째 기저문제를 푸는 방법은 S의 벡터들을 *열벡터*로 갖는 행렬 A를 만드는 것이다. 이것은 W를 A의 열공간으로 만들고, 그 문제를 A의 열벡터들로 이루어진 A의 열공간에 대한 기저를 찾는 문제 중 하나로 바꾼다. 이 방법은 몇 가지 개념들이 필요하다.

정리 7.3.7로부터 기본행연산들은 행렬의 행공간과 영공간을 바꾸지 못한다. 그러나 기본행연산들은 행렬의 열공간은 바꾼다. 예를 들면

$$A = \begin{bmatrix} 1 & 2 \\ 1 & 2 \end{bmatrix}$$

은 한 번의 기본행연산에 의해서

$$B = \begin{bmatrix} 1 & 2 \\ 0 & 0 \end{bmatrix}$$

으로 줄어들 수 있다. 그러나 이 행렬들은 같은 열공간을 가지지 않는다. A의 열공간은 벡터 $\mathbf{v} = (1, 1)$로 생성되고, B의 열공간은 벡터 $\mathbf{w} = (1, 0)$로 생성된다. 그리고 이것들은 R^2의 원점을 지나는 다른 직선들이다. 하지만 $\mathbf{c}_1$과 $\mathbf{c}_2$로 표시되는 A의 열벡터들은 다음 방정식을 만족시키는 것에 유의하라.

$$\mathbf{c}_1 - \tfrac{1}{2}\mathbf{c}_2 = \mathbf{0}$$

그리고 $\mathbf{c}_1'$와 $\mathbf{c}_2'$로 표시되는 B의 열벡터들은

$$\mathbf{c}_1' - \tfrac{1}{2}\mathbf{c}_2' = \mathbf{0}$$

을 만족시킨다. 이 방정식들의 대응되는 계수들은 같다. 그러므로 비록 A로부터 B를 만드는 행연산이 열공간을 유지하지 않지만, 열벡터들 사이의 종속 관계(dependency relation)는 유지한다. 더 일반적으로, A와 B를 행동치행렬로서 다음과 같이 열벡터들로 분할된다고 하자.

$$A = [\mathbf{c}_1 \quad \mathbf{c}_2 \quad \cdots \quad \mathbf{c}_n], \qquad B = [\mathbf{c}_1' \quad \mathbf{c}_2' \quad \cdots \quad \mathbf{c}_n']$$

정리 7.3.7의 (b)로부터 동차선형계 $A\mathbf{x} = \mathbf{0}$과 $B\mathbf{x} = \mathbf{0}$은 같은 해집합을 가짐으로써 다음 두 선형계도 이들 동차선형계의 벡터 형식이므로 같은 해집합을 갖는다.

$$x_1\mathbf{c}_1 + x_2\mathbf{c}_2 + \cdots + x_n\mathbf{c}_n = \mathbf{0}$$

과

$$x_1\mathbf{c}_1' + x_2\mathbf{c}_2' + \cdots + x_n\mathbf{c}_n' = \mathbf{0}$$

이 방정식들로부터 B의 열벡터들이 일차독립이기 위한 필요충분조건은 A의 열벡터들도 일차독립이다. 또한 A와 B의 열벡터들이 일차종속이면, 이들의 열벡터들도 똑같은 종속관계를 가진다. 즉 *기본행연산은 열벡터들의 일차독립 혹은 일차종속관계를 바꾸지 못한다. 그리고 일차종속의 경우 열벡터들 사이의 종속관계를 바꾸지 못한다.* 이 결론들은 열벡터들의 어떤 부분집합에도 적용되는 것을 증명할 수 있고 다음의 정리를 이끌어 낼 수 있다.

정리 7.6.1 *A와 B를 행동치행렬이라 하자.*

(a) A의 열벡터들의 부분집합이 일차독립이면, B의 대응되는 열벡터들은 일차독립이다. 역도 성립한다.

(b) B의 열벡터들의 부분집합이 일차종속이면, A의 대응되는 열벡터들은 일차종속이다. 역도 성립한다. 더욱이 두 행렬의 열벡터들은 같은 종속관계(dependency relation)를 가진다.

이 정리는 행렬의 열공간의 기저를 이루는 행렬의 열벡터들의 집합을 찾는 열쇠가 된다.

예제 1 A의 열벡터로 구성되는 col(A)에 대한 기저

$$A = \begin{bmatrix} 1 & -3 & 4 & -2 & 5 & 4 \\ 2 & -6 & 9 & -1 & 8 & 2 \\ 2 & -6 & 9 & -1 & 9 & 7 \\ -1 & 3 & -4 & 2 & -5 & -4 \end{bmatrix}$$

에 대해 A의 열공간에 대한 기저를 이루는 열벡터들의 부분집합을 찾아라.

풀이 Gauss 소거를 사용하여 A를 행사다리꼴로 바꾸면

$$U = \begin{bmatrix} 1 & -3 & 4 & -2 & 5 & 4 \\ 0 & 0 & 1 & 3 & -2 & -6 \\ 0 & 0 & 0 & 0 & 1 & 5 \\ 0 & 0 & 0 & 0 & 0 & 0 \end{bmatrix}$$

이 된다. 기본행연산은 계수를 바꾸지 못하므로, U는 3개의 영이 아닌 행을 가진다. 이것은 A가 계수 3을 가진다는 것을 의미하고, A의 열공간은 삼차원을 가진다. 그러므로 A의 3개의 일차독립 열벡터들을

찾는다면, 이 벡터들은 정리 7.2.6에 의해 A의 열공간의 기저를 이룰 것이다. 이를 위해 선행 1(열 1, 3, 5)을 가지는 U의 열벡터들에 초점을 맞추자.

$$U=\begin{bmatrix}1 & * & 4 & * & 5 & * \\ 0 & * & 1 & * & -2 & * \\ 0 & * & 0 & * & 1 & * \\ 0 & * & 0 & * & 0 & *\end{bmatrix}$$

이 행렬의 왼쪽 열부터 오른쪽으로 이 3개의 열벡터들을 지나칠 때까지 뚫어보면, 이들 중 어떤 것도 그 앞의 것들의 일차결합이 아닌 것을 볼 수 있는데 그 이유는 어떠한 일차결합으로 선행 1을 만드는 방법이 없기 때문이다. 이는 이 열벡터들이 일차독립임을 나타내고, 따라서 정리 7.6.1에 의해 A의 대응 열벡터들이 일차독립이다. 그러므로 다음 열벡터들은 A의 열공간의 기저를 이룬다.

$$\mathbf{c}_1=\begin{bmatrix}1\\2\\2\\-1\end{bmatrix},\quad \mathbf{c}_3=\begin{bmatrix}4\\9\\9\\-4\end{bmatrix},\quad \mathbf{c}_5=\begin{bmatrix}5\\8\\9\\-5\end{bmatrix}$$ ■

이 예제에서, 행사다리꼴 U에서 선행 1을 가지는 열 위치의 A의 열벡터들이 A의 열공간의 기저가 됨을 보았다. 일반적으로 이 위치에서 열벡터들은 이와 연관된 이름을 가진다.

정의 7.6.2 행렬 A의 행사다리꼴에서 선행 1을 갖는 열의 위치에 있는 A의 열벡터들은 A의 **추축열**(pivot column)이라고 부른다.

예제 1의 방법대로 다음의 일반적인 결과를 증명하는 것은 간단한 일이다.

정리 7.6.3 ***(추축정리)*** *영이 아닌 행렬 A의 추축열들은 A의 열공간에 대한 기저를 이룬다.*

참고 7.5절의 끝에서 계수정리(정리 7.5.1)의 약간은 지루한 증명을 얻었다. 정리 7.6.3은 그 결과를 보다 간편하게 증명할 수 있게 한다. 이는 단순히 영이 아닌 행렬 A의 추축열의 수가 행사다리꼴의 선행 1의 수와 같고 이는 행사다리꼴의 영이 아닌 행들의 수와 같다는 것만 보면 된다. 그러므로 정리 7.6.3과 정리 7.3.7의 (c)에 의해서 열공간과 행공간은 같은 차원을 갖는다.

이제 이 절의 초반에 있는 두 번째 기저문제를 푸는 데 필요한 모든 수학적 기구들을 가졌다.

알고리즘 1 W가 $S=\{\mathbf{v}_1, \mathbf{v}_2, \cdots, \mathbf{v}_s\}$에 의해 생성된 R^n의 부분공간이면, 다음 과정은 S로부터 W의 기저를 추출하고 기저에 있지 않은 S의 벡터들을 기저벡터의 일차결합으로 표현한다.

1단계. 연속적인 열벡터 $\mathbf{v}_1, \mathbf{v}_2, \cdots, \mathbf{v}_s$들로 행렬 A를 구성하라.

2단계. A를 행사다리꼴 U로 줄이고, A의 추축열들을 결정하기 위해 선행 1을 가지는 열들을 찾아라.

3단계. W에 대한 기저를 얻기 위해 A의 추축열들을 추출하라. 이 기저벡터들을 괄호 표기 형식으로 표기하는 것이 적절하다면 그렇게 하라.

4단계. 기저벡터들의 일차결합으로 기저에 있지 않은 S의 벡터들을 표현하고자 하면, A의 기약행 사다리꼴 R을 얻기 위해 계속해서 U를 줄여라.

5단계. 검사에 의해, 선행 1을 갖지 않는 R의 열벡터들을 선행 1을 갖는 그 앞의 열벡터들의 일차결합으로 표현하라. 이 일차결합의 열벡터를 A의 대응되는 열벡터로 대치함으로써 기저에 있지 않은 A의 열벡터를 기저벡터들의 일차결합으로 나타내게 된다.

예제 2 생성벡터들의 집합으로부터 기저 추출하기

W는 다음 벡터들에 의해서 생성된 R^4의 부분공간이라 하자.

$$\mathbf{v}_1 = (1, -2, 0, 3), \quad \mathbf{v}_2 = (2, -5, -3, 6), \quad \mathbf{v}_3 = (0, 1, 3, 0)$$
$$\mathbf{v}_4 = (2, -1, 4, -7), \quad \mathbf{v}_5 = (5, -8, 1, 2)$$

(a) W의 기저를 이루는 이 벡터들의 부분집합을 찾아라.

(b) 기저에 있지 않은 $S = \{\mathbf{v}_1, \mathbf{v}_2, \mathbf{v}_3, \mathbf{v}_4, \mathbf{v}_5\}$의 벡터들을 기저에 있는 벡터들의 일차결합으로 표현하라.

풀이 (a) 부분공간이 W인 행렬을 생성하면 다음과 같다.

$$A = \begin{bmatrix} 1 & 2 & 0 & 2 & 5 \\ -2 & -5 & 1 & -1 & -8 \\ 0 & -3 & 3 & 4 & 1 \\ 3 & 6 & 0 & -7 & 2 \end{bmatrix}$$
$$\begin{matrix} \uparrow & \uparrow & \uparrow & \uparrow & \uparrow \\ \mathbf{v}_1 & \mathbf{v}_2 & \mathbf{v}_3 & \mathbf{v}_4 & \mathbf{v}_5 \end{matrix}$$

추축열을 찾기 위해, Gauss 소거를 이용하여 A를 행사다리꼴 U로 줄여라. 그 결과가 다음과 같음을 독자가 확인하라.

$$U = \begin{bmatrix} 1 & 2 & 0 & 2 & 5 \\ 0 & 1 & -1 & -3 & -2 \\ 0 & 0 & 0 & 1 & 1 \\ 0 & 0 & 0 & 0 & 0 \end{bmatrix}$$

선행 1은 열 1, 2, 4에서 나타나고, 따라서 W의 기저벡터들은(괄호 표기 형식)

$$\mathbf{v}_1 = (1, -2, 0, 3), \quad \mathbf{v}_2 = (2, -5, -3, 6), \quad \mathbf{v}_4 = (2, -1, 4, -7)$$

이다.

풀이 (b) 이 문제를 풀기 위해 A를 기약 행사다리꼴로 바꾸는 것이 도움이 된다. 기약 행사다리꼴로 바꾸고 결과가 다음과 같은지 확인하라.

$$R = \begin{bmatrix} 1 & 0 & 2 & 0 & 1 \\ 0 & 1 & -1 & 0 & 1 \\ 0 & 0 & 0 & 1 & 1 \\ 0 & 0 & 0 & 0 & 0 \end{bmatrix}$$
$$\begin{matrix} \uparrow & \uparrow & \uparrow & \uparrow & \uparrow \\ \mathbf{v}'_1 & \mathbf{v}'_2 & \mathbf{v}'_3 & \mathbf{v}'_4 & \mathbf{v}'_5 \end{matrix}$$

R의 열벡터들은 $\mathbf{v}'_1, \mathbf{v}'_2, \mathbf{v}'_3, \mathbf{v}'_4, \mathbf{v}'_5$로 이름 붙였다. 우리의 목적은 $\mathbf{v}_1, \mathbf{v}_2, \mathbf{v}_4$의 일차결합으로 $\mathbf{v}_3, \mathbf{v}_5$를 표현하는 것이다. 그러나 기본행연산은 열벡터들 사이의 종속관계를 바꾸지 못한다. 그러므로 $\mathbf{v}'_1, \mathbf{v}'_2, \mathbf{v}'_4$의 일차결합으로 $\mathbf{v}'_3, \mathbf{v}'_5$를 표현할 수 있다면, 같은 일차결합을 A의 대응하는 열벡터들에도 적용될 것이다.
따라서 R에서

$$\mathbf{v}'_3 = 2\mathbf{v}'_1 - \mathbf{v}'_2, \quad \mathbf{v}'_5 = \mathbf{v}'_1 + \mathbf{v}'_2 + \mathbf{v}'_4$$

그러므로

$$\mathbf{v}_3 = 2\mathbf{v}_1 - \mathbf{v}_2, \quad \mathbf{v}_5 = \mathbf{v}_1 + \mathbf{v}_2 + \mathbf{v}_4$$

이다. 벡터들의 성분으로부터 이 관계들이 옳다는 것을 직접 확인하라. ■

참고 행렬 A의 행벡터로 이루어진 행렬 A의 행공간에 대한 기저를 찾기 위해 다음과 같은 과정으로 알고리즘 1을 적용할 수 있다. 행렬 A의 전치행렬을 취하라. 행축소에 의해 A^T의 추축열을 찾아라. 그리고 A의 행공간에 대한 기저를 이루는 A의 행벡터들을 얻기 위해 이 추축열들의 전치행렬을 취하라.

행렬의 기본공간들에 대한 기저 이미 행렬 A를 행사다리꼴 U 혹은 기약 행사다리꼴 R로 줄임으로써 행렬 A의 4개의 기본공간 중에서 3개의 기본공간에 대한 기저를 어떻게 찾는지를 보았다.

1. U의 영이 아닌 행들은 row(A)에 대한 기저를 이룬다.
2. 선행 1을 가지는 U의 열들은 A의 추축을 알려 주고, 이들은 col(A)의 기저를 이룬다.
3. $A\mathbf{x} = \mathbf{0}$의 정규해는 null(A)에 대한 기저를 이루고, 이들은 계 $R\mathbf{x} = \mathbf{0}$으로부터 쉽게 얻어진다.

null(A^T)에 대한 기저는 $A^T\mathbf{x} = \mathbf{0}$을 풀기 위해 A^T의 행축소를 이용하여 얻을 수 있다. 그러나 A의 행축소에 의해 null(A^T)의 기저를 찾기 위한 알고리즘이 필요하다. 이미 A의 모든 네 개의 기본공간에 대한 기저들을 구하는 공통과정을 알고 있으므로, 이 과정을 자세히 살펴볼 것이다.

A가 계수 k를 가지는 $m \times n$ 행렬이면, A의 기본행연산들을 이용하여 null(A^T)에 대한 기저를 찾는 것에 관심이 있다. null(A^T)의 차원이 $m - k$인 것을 기억하라(행의 수 − 계수). 그리고 $k = m$이면, null(A^T)는 R^m의 영 부분공간이고, 이는 기저를 가지지 않는다. 이 때문에 $k < m$라고 가정한다. 이 가정에 의해 A의 모든 행사다리꼴은 적어도 하나의 영인 행을 가진다(왜?). 과정은 다음과 같다(이 절의 끝에서 증명한다).

알고리즘 2 A가 계수 k인 $m \times n$ 행렬이고 $k < m$이면, 다음 과정은 A에 대한 기본행연산으로 null(A^T)에 대한 기저를 생산한다.

1단계. 분할된 행렬 $[A \mid I_m]$ 을 만들기 위해 A의 오른쪽에 $m \times m$의 항등행렬을 인접시켜라.

2단계. A가 기약행사다리꼴 U가 될 때까지 $[A \mid I_m]$에 기본행연산들을 적용하고. 그 결과 얻어지는 분할된 행렬을 $[U \mid E]$라 하자.

3단계. U의 영 행들을 떼어 내기 위해 수평선을 추가함으로써 $[U \mid E]$를 재분할하여 다음 형태의 행렬을 만든다.

$$\begin{array}{c} \left[\begin{array}{c:c} V & E_1 \\ \hdashline 0 & E_2 \end{array}\right] \begin{array}{l} k \\ m-k \end{array} \\ \begin{array}{cc} n & m \end{array} \end{array}$$

주변 성분들은 크기를 나타낸다.

4단계. E_2의 행벡터들은 null(A^T)의 기저를 형성한다.

이 알고리즘에 관한 예제를 살펴보자.

예제 3 *A의 행축소에 의한 null(A^T)의 기저*

예제 1에서 행렬 A의 열공간에 대한 기저를 찾았다.

$$A = \begin{bmatrix} 1 & -3 & 4 & -2 & 5 & 4 \\ 2 & -6 & 9 & -1 & 8 & 2 \\ 2 & -6 & 9 & -1 & 9 & 7 \\ -1 & 3 & -4 & 2 & -5 & -4 \end{bmatrix}$$

행축소에 의해 null(A^T)의 기저를 찾기 위해 알고리즘 2를 적용하라.

풀이 예제 1에서 A는 계수 3을 가지는 것을 알았다. 그러므로 null(A^T)가 차원 1을 가진다는 것을 어떤 계산도 하지 않고 알 수 있다. 알고리즘 각 단계에서 다음을 얻는다.

$$[A \mid I_4] = \left[\begin{array}{cccccc:cccc} 1 & -3 & 4 & -2 & 5 & 4 & 1 & 0 & 0 & 0 \\ 2 & -6 & 9 & -1 & 8 & 2 & 0 & 1 & 0 & 0 \\ 2 & -6 & 9 & -1 & 9 & 7 & 0 & 0 & 1 & 0 \\ -1 & 3 & -4 & 2 & -5 & -4 & 0 & 0 & 0 & 1 \end{array}\right] \quad \textbf{1단계}$$

$$[U \mid E] = \left[\begin{array}{cccccc:cccc} 1 & -3 & 4 & -2 & 5 & 4 & 1 & 0 & 0 & 0 \\ 0 & 0 & 1 & 3 & -2 & -6 & -2 & 1 & 0 & 0 \\ 0 & 0 & 0 & 0 & 1 & 5 & 0 & -1 & 1 & 0 \\ 0 & 0 & 0 & 0 & 0 & 0 & 1 & 0 & 0 & 1 \end{array}\right] \quad \textbf{2단계}$$

$$\left[\begin{array}{c:c} V & E_1 \\ \hdashline 0 & E_2 \end{array}\right] = \left[\begin{array}{cccccc:cccc} 1 & -3 & 4 & -2 & 5 & 4 & 1 & 0 & 0 & 0 \\ 0 & 0 & 1 & 3 & -2 & -6 & -2 & 1 & 0 & 0 \\ 0 & 0 & 0 & 0 & 1 & 5 & 0 & -1 & 1 & 0 \\ \hdashline 0 & 0 & 0 & 0 & 0 & 0 & 1 & 0 & 0 & 1 \end{array}\right] \quad \textbf{3단계}$$

기대와 같이, 행렬 E_2가 단지 하나의 행벡터를 가진다. 즉

$$\mathbf{w} = [1 \quad 0 \quad 0 \quad 1]$$

이 벡터는 null(A^T)에 대한 기저이다. null(A^T)와 col(A)는 직교여공간이므로, 벡터 **w**는 예제 1에서 얻은 col(A)에 대한 기저벡터들에 수직이어야 한다. $\mathbf{w} \cdot \mathbf{c}_1 = 0$, $\mathbf{w} \cdot \mathbf{c}_3 = 0$, $\mathbf{w} \cdot \mathbf{c}_5 = 0$인 것을 보여서 확인하라. ■

개념문제 예제 1과 3에서 col(A)와 null(A^T)에 대한 기저를 찾았다. row(A)의 null(A)에 대한 기저들을 찾기 위해 앞의 3단계의 행렬을 이용하라.

열-행 인수분해

행렬 A의 추축열들은 A의 열공간에 대한 기저를 이루는 것을 보았고(정리 7.6.3), A의 행사다리꼴의 영이 아닌 행들이 A의 행공간에 대한 기저를 이루는 것을 보았다(정리 7.3.7). 다음 멋진 정리는 모든 영이 아닌 행렬 A는 두 행렬의 곱으로 분해될 수 있다는 것을 보인다. 첫 번째 행렬은 A의 추축열들로 구성되고 두 번째는 A의 기약행 사다리꼴의 영이 아닌 행들로 구성된다.

정리 7.6.4 (열-행 인수분해) *A가 계수 k를 가지는 $m \times n$ 행렬이면, A는*

$$A = CR \tag{1}$$

로 분해될 수 있다. 이때 C는 A의 추축열들이 열벡터인 $m \times k$ 행렬이고 R은 A의 기약 행사다리꼴의 영이 아닌 행들로 이루어진 $k \times n$ 행렬이다.

증명 알고리즘 2에서처럼, A의 오른쪽에 $m \times m$ 항등행렬을 더하고, A가 기약행사다리꼴 R_0이 될 때까지 $[A \mid I_m]$에 기본행연산을 적용하라. 분해된 행렬의 결과가 $[R_0 \mid E]$이면, E는 행연산들을 수행하는 기본행렬들의 곱이다. 즉

$$EA = R_0 \tag{2}$$

R_0과 E^{-1}을 다음과 같이 분해하라.

$$R_0 = \left[\begin{array}{c} R \\ \hline 0 \end{array}\right], \quad E^{-1} = [C \mid D]$$

이때 행렬 R은 A의 영이 아닌 행벡터들로 구성되고, 행렬 C는 E의 처음 k개의 열벡터들로 구성되며, 행렬 D는 E의 나머지 $m - k$개의 열들로 구성된다. 그러므로 식 (2)를 다시 쓸 수 있다.

$$A = E^{-1}R_0 = [C \mid D]\left[\begin{array}{c} R \\ \hline 0 \end{array}\right] = CR + D0 = CR \tag{3}$$

이제 C의 연속적인 열들이 A의 연속적인 추축열들이란 것을 보이는 일만 남았다. 이를 위해 A(그리고 R_0)의 추축열들의 열번호(column number)를

$$c_1, c_2, \ldots, c_k$$

라 하자. 잠시 생각해 보면 이 위치에 있는 R의 열벡터들은 R^k에 있는 표준단위벡터

$$\mathbf{e}_1, \mathbf{e}_2, \ldots, \mathbf{e}_k$$

라는 것을 곧 알 수 있다. 그러므로 식 (3)은 A의 j번째의 추축열이 $C\mathbf{e}_j$라는 것을 의미하고, 이것은 C의 j번째 열이다. ■

예제 4 열–행 인수분해

행렬

$$A = \begin{bmatrix} 1 & 2 & 8 \\ -1 & -1 & -5 \\ 2 & 5 & 19 \end{bmatrix}$$

의 기약 행사다리꼴은

$$R_0 = \begin{bmatrix} 1 & 0 & 2 \\ 0 & 1 & 3 \\ 0 & 0 & 0 \end{bmatrix}$$

이다(확인하라). 그리고 A는 열–행 인수분해를 가진다.

$$\underset{A}{\begin{bmatrix} 1 & 2 & 8 \\ -1 & -1 & -5 \\ 2 & 5 & 19 \end{bmatrix}} = \underset{C}{\begin{bmatrix} 1 & 2 \\ -1 & -1 \\ 2 & 5 \end{bmatrix}} \underset{R}{\begin{bmatrix} 1 & 0 & 2 \\ 0 & 1 & 3 \end{bmatrix}}$$ ■

열–행 확장 우리는 행렬의 곱은 첫째 행렬의 열과 둘째 행렬의 대응되는 행의 외적들의 합으로 표현할 수 있다는 것을 행렬곱에 대한 열–행 규칙(정리 3.8.1)으로부터 알고 있다. 식 (1)에 이것을 적용하면 다음의 결과를 얻는다.

> **정리 7.6.5** ***(열–행 확장)*** *A가 계수 k를 가지는 영이 아닌 행렬이면, A는*
>
> $$A = \mathbf{c}_1\mathbf{r}_1 + \mathbf{c}_2\mathbf{r}_2 + \cdots + \mathbf{c}_k\mathbf{r}_k \tag{4}$$
>
> *로 표현될 수 있다. $\mathbf{c}_1, \mathbf{c}_2, \cdots, \mathbf{c}_k$는 A의 연속적인 추축열들이고, $\mathbf{r}_1, \mathbf{r}_2, \cdots, \mathbf{r}_k$는 A의 기약 행사다리꼴의 연속적인 영이 아닌 행벡터들이다.*

예제 5 열–행 확장

예제 4에서 행렬 A에 대해 얻어진 열–행 인수분해로부터, A의 대응하는 열–행 확장은 다음과 같다.

$$\begin{bmatrix} 1 & 2 & 8 \\ -1 & -1 & -5 \\ 2 & 5 & 19 \end{bmatrix} = \begin{bmatrix} 1 \\ -1 \\ 2 \end{bmatrix} [1 \quad 0 \quad 2] + \begin{bmatrix} 2 \\ -1 \\ 5 \end{bmatrix} [0 \quad 1 \quad 3] = \begin{bmatrix} 1 & 0 & 2 \\ -1 & 0 & -2 \\ 2 & 0 & 4 \end{bmatrix} + \begin{bmatrix} 0 & 2 & 6 \\ 0 & -1 & -3 \\ 0 & 5 & 15 \end{bmatrix}$$ ■

선택: 알고리즘 2의 증명

A가 계수 k를 가지는 $m \times n$ 행렬이고, $k < m$이라 가정하자. 그리고 A가 행사다리꼴 U로 줄어들 때까지 기본행연산을 $[A \mid I_m]$에 적용하라. A에서 U로 줄이는 행연산들은 A의 왼쪽에 적당한 기본행렬 E를 곱함으로써 수행된다. 그러므로

$$EA = U \tag{5}$$

는 기본행렬들의 곱이고, 각각은 가역이므로 E는 가역이다. $[A \mid I_m]$의 좌측에 E를 곱하면

$$E[A \mid I_m] = [EA \mid EI_m] = [U \mid E]$$

가 생성된다. 행렬 $[U \mid E]$를 분해하면 다음과 같다.

$$[U \mid E] = \begin{bmatrix} V & E_1 \\ 0 & E_2 \end{bmatrix} \tag{6}$$

V는 U의 영이 아닌 행들의 $k \times n$ 행렬이다. 식 (5)와 (6)으로부터

$$\begin{bmatrix} V \\ 0 \end{bmatrix} = U = EA = \begin{bmatrix} E_1 \\ E_2 \end{bmatrix} A = \begin{bmatrix} E_1 A \\ E_2 A \end{bmatrix}$$

를 얻는다. 따라서 $E_2A = 0$이다. E_2A의 성분들을 E_2의 행벡터와 A의 열벡터의 점곱으로 인식한다면, 방정식 $E_2A = 0$은 E_2의 각 행벡터가 A의 각 열벡터에 수직이라는 것을 의미한다. 이것은 E_2의 행벡터가 col(A)의 직교여공간인 null(A^T)에 포함됨을 뜻한다. 그러므로 E_2의 행벡터들이 null(A^T)에 대한 기저를 이루는 것을 보이면 된다. E는 가역이므로, 그것의 행벡터들은 정리 7.4.4에 의해 일차독립이고 E_2의 행벡터들이 일차독립임을 의미한다. 왜냐하면 그것들은 E의 행벡터들의 부분집합이기 때문이다. 더욱이 E_2에 $m - k$개의 행벡터들이 있고, null(A^T)의 차원은 또한 $m - k$이다. 그러므로 E_2의 행벡터들은 정리 7.2.6에 의해 반드시 null(A^T)의 기저이다.

연습문제 7.6

연습문제 1~6에서는 A의 열벡터들로 구성되는 열공간의 기저와 A의 행벡터들로 구성되는 행공간의 기저를 찾아라.

1. $A = \begin{bmatrix} 1 & -1 & 3 \\ 5 & -4 & -4 \\ 7 & -6 & 2 \end{bmatrix}$ **2.** $A = \begin{bmatrix} 2 & 0 & -1 \\ 4 & 0 & -2 \\ 0 & 0 & 0 \end{bmatrix}$

3. $A = \begin{bmatrix} 1 & 4 & 5 & 2 \\ 2 & 1 & 3 & 0 \\ -1 & 3 & 2 & 2 \end{bmatrix}$

4. $A = \begin{bmatrix} 1 & 4 & 5 & 6 & 9 \\ 3 & -2 & 1 & 4 & -1 \\ -1 & 0 & -1 & -2 & -1 \\ 2 & 3 & 5 & 7 & 8 \end{bmatrix}$

5. $A = \begin{bmatrix} 1 & -3 & 2 & 2 & 1 \\ 0 & 3 & 6 & 0 & -3 \\ 2 & -3 & -2 & 4 & 4 \\ 3 & -6 & 0 & 6 & 5 \\ -2 & 9 & 2 & -4 & -5 \end{bmatrix}$

6. $A = \begin{bmatrix} 1 & 3 & 2 & 1 \\ -2 & -6 & 0 & -6 \\ 3 & 9 & 1 & 8 \\ -1 & -3 & -3 & -6 \\ 1 & 3 & 2 & 1 \\ 4 & 12 & 1 & 11 \end{bmatrix}$

연습문제 7~10에서는 다음 벡터들에 의해 생성된 공간의 기저를 이루는 이 벡터들의 부분집합을 구하라. 그리고 나머지 벡터들을 기저 벡터들의 일차결합으로 표현하라.

7. $\mathbf{v}_1 = (1, 2, -1, 1)$, $\mathbf{v}_2 = (4, 0, -6, 2)$, $\mathbf{v}_3 = (1, 10, -11, 3)$

8. $\mathbf{v}_1 = (1, 0, 1, 1)$, $\mathbf{v}_2 = (-3, 3, 7, 1)$, $\mathbf{v}_3 = (-1, 3, 9, 3)$, $\mathbf{v}_4 = (-5, 3, 5, -1)$

9. $\mathbf{v}_1 = (1, -2, 0, 3)$, $\mathbf{v}_2 = (2, -4, 0, 6)$, $\mathbf{v}_3 = (-1, 1, 2, 0)$, $\mathbf{v}_4 = (0, -1, 2, 3)$

10. $\mathbf{v}_1 = (1, -1, 5, 2)$, $\mathbf{v}_2 = (-2, 3, 1, 0)$, $\mathbf{v}_3 = (4, -5, 9, 4)$, $\mathbf{v}_4 = (0, 4, 2, -3)$, $\mathbf{v}_5 = (-7, 18, 2, -8)$

연습문제 11과 12에서는 알고리즘 2를 사용하여 null(A^T)의 기저를 찾아라.

11. 연습문제 2의 행렬 **12.** 연습문제 3의 행렬

연습문제 13과 14에서는 A의 4개의 기본공간에 대한 기저들을 찾아라.

13. $A = \begin{bmatrix} 1 & -1 & 2 & 3 \\ -2 & 1 & -1 & 1 \\ 4 & -3 & 5 & 5 \\ 0 & -1 & 3 & 7 \end{bmatrix}$

14. $A = \begin{bmatrix} 3 & 2 & 1 & 1 \\ -1 & 2 & 3 & -2 \\ 1 & 6 & 7 & -5 \\ 7 & 2 & -1 & 0 \end{bmatrix}$

15. 다음은 행렬 A와 그것의 기약 행사다리꼴 R과 R의 전치행렬의 기약 행사다리꼴 C이다.

$$A = \begin{bmatrix} 4 & 16 & 8 & 8 \\ 0 & 0 & 5 & 15 \\ 0 & 0 & 0 & 4 \\ 0 & 0 & 3 & 9 \\ 1 & 4 & 2 & 2 \end{bmatrix}, \quad R = \begin{bmatrix} 1 & 4 & 0 & 0 \\ 0 & 0 & 1 & 0 \\ 0 & 0 & 0 & 1 \\ 0 & 0 & 0 & 0 \\ 0 & 0 & 0 & 0 \end{bmatrix}$$

$$C = \begin{bmatrix} 1 & 0 & 0 & 0 & \frac{1}{4} \\ 0 & 1 & 0 & \frac{3}{5} & 0 \\ 0 & 0 & 1 & 0 & 0 \\ 0 & 0 & 0 & 0 & 0 \end{bmatrix}$$

(a) col(A)에 대하여 A의 열벡터로 구성되는 기저를 찾아라.

(b) row(A)에 대하여 A의 행벡터로 구성되는 기저를 찾아라.

(c) null(A)의 기저를 찾아라.

(d) null(A^T)의 기저를 찾아라.

연습문제 16과 17에서는 행렬의 열-행 인수분해와 열-행 확장을 구하라.

16. $\begin{bmatrix} 1 & 1 & 3 \\ 2 & -3 & -1 \\ 1 & 6 & 10 \end{bmatrix}$

17. $\begin{bmatrix} 2 & -4 & 2 & 6 \\ 1 & 1 & -4 & -2 \\ 3 & -9 & 8 & 14 \\ 0 & 6 & -10 & -10 \end{bmatrix}$

토론과 발견

D1. (a) A가 3×5 행렬이면, A의 행사다리꼴에서 선행 1의 개수는 기껏해야 _______이고, $A\mathbf{x} = \mathbf{0}$의 일반해의 매개변수의 개수는 기껏해야 _______이다. 그리고 A의 계수도 기껏해야 _______이고, A^T의 계수도 기껏해야 _______이며, nullity(A^T)는 기껏해야 _______이다.

(b) A가 5×3 행렬이면, A의 행사다리꼴에서 선행 1의 개수는 기껏해야 _______이고, $A\mathbf{x} = \mathbf{0}$의 일반해의 매개변수의 개수는 기껏해야 _______이다. 그리고 A의 계수도 기껏해야 _______이고, A^T의 계수도 기껏해야 _______이며, nullity(A^T)는 기껏해야 _______이다.

(c) A가 4×4 행렬이면, A의 행사다리꼴에서 선행 1의 개수는 기껏해야 _______이고, $A\mathbf{x} = \mathbf{0}$의 일반해의 매개변수의 개수는 기껏해야 _______이다. 그리고 A의 계수도 기껏해야 _______이고, A^T의 계수도 기껏해야 _______이며, nullity(A^T)는 기껏해야 _______이다.

(d) A가 $m \times n$ 행렬이면, A의 행사다리꼴에서 선행 1의 개수는 기껏해야 _______이고, $A\mathbf{x} = \mathbf{0}$의 일반해의 매개변수의 개수는 기껏해야 _______이다. 그리고 A의 계수도 기껏해야 _______이고, A^T의 계수도 기껏해야 _______이며, nullity(A^T)는 기껏해야 _______이다.

D2. 행렬의 추축열은 무엇인지 설명하고, 다음 행렬에서 추축열을 찾아라.

$$A = \begin{bmatrix} 0 & 0 & -2 & 0 & 7 & 12 \\ 2 & 4 & -10 & 6 & 12 & 28 \\ 2 & 4 & -5 & 6 & -5 & -1 \end{bmatrix}$$

D3. 계산을 하지 않고, A가 행사다리꼴일 때까지 $[A \mid I_5]$에 기본행 연산을 수행한 결과가 다음 행렬과 같을 때 null(A^T)의 기저를 구하라.

$$\left[\begin{array}{cccccc|ccccc} 1 & -3 & 4 & -2 & 5 & 4 & 3 & 1 & 0 & 0 & 1 \\ 0 & 0 & 1 & 3 & -2 & -6 & -5 & 2 & 0 & 0 & 0 \\ 0 & 0 & 0 & 0 & 1 & 5 & 0 & 3 & -4 & 2 & 2 \\ 0 & 0 & 0 & 0 & 0 & 0 & 4 & 0 & 1 & -4 & 5 \\ 0 & 0 & 0 & 0 & 0 & 0 & 0 & 1 & 0 & 0 & 1 \end{array}\right]$$

D4. $A = [\mathbf{a}_1\ \mathbf{a}_2\ \mathbf{a}_3\ \mathbf{a}_4\ \mathbf{a}_5]$는 기약 행사다리꼴이 다음과 같은 5×5 행렬이다.

$$\begin{bmatrix} 1 & 0 & 4 & 0 & 6 \\ 0 & 1 & -3 & 0 & 7 \\ 0 & 0 & 0 & 1 & 2 \\ 0 & 0 & 0 & 0 & 0 \\ 0 & 0 & 0 & 0 & 0 \end{bmatrix}$$

(a) col(A)의 기저를 이루는 $S = \{\mathbf{a}_1, \mathbf{a}_2, \mathbf{a}_3, \mathbf{a}_4, \mathbf{a}_5\}$의 부분집합을 구하라.

(b) 기저에 있지 않은 S의 벡터를 기저벡터들의 일차결합으로 나타내라.

프로그램 활용 연습문제

T1. 다음 벡터들을 생각하자.

$\mathbf{v}_1 = (1, 2, 4, -6, 11, 23, -14, 0, 2, 2)$

$\mathbf{v}_2 = (3, 1, -1, 7, 9, 13, -12, 8, 6, -30)$

$\mathbf{v}_3 = (5, 5, 7, -5, 31, 59, -40, 8, 10, -26)$

$\mathbf{v}_4 = (5, 0, -6, 20, 7, 3, -10, 16, 10, -62)$

알고리즘 1을 이용하여 span$\{\mathbf{v}_1, \mathbf{v}_2, \mathbf{v}_3, \mathbf{v}_4\}$를 위한 기저를 형성하는 벡터들의 부분집합을 찾고 기저에 있지 않은 벡터들을 기저벡터의 일차결합으로 표현하라.

T2. 다음 행렬을 생각하자.

$$A = \begin{bmatrix} 1 & 3 & 2 & 1 \\ -2 & -6 & 0 & -6 \\ 3 & 9 & 1 & 8 \\ -1 & -3 & -3 & -6 \\ 1 & 3 & 2 & 1 \\ 4 & 12 & 1 & 11 \end{bmatrix}$$

(a) 알고리즘 1을 이용하여 A의 열공간에 대한 기저를 이루는 A의 열벡터들의 부분집합을 찾고, 기저에 있지 않은 벡터들을 기저벡터의 일차결합으로 표현하라.

(b) A^T에 알고리즘 1을 적용하여 A의 행공간의 기저를 이루는 A의 행벡터들의 부분집합을 찾고, 기저에 있지 않은 벡터들을 기저벡터의 일차결합으로 표현하라.

(c) 알고리즘 2를 이용하여 행렬 A^T의 영공간에 대한 기저를 찾아라.

7.7 사영정리와 이에 의한 결과

지금까지 R^n에서의 세 가지 기본정리, 즉 차원정리, 계수정리, 추축정리를 공부하였다. 이 절에서는 이 기본 정리들에 네 번째 정리를 추가할 것이다.

R^2에 있는 직선 위로의 정사영

6.1절과 6.2절에서 R^2의 원점을 지나는 직선들 위로의 정사영과 R^3의 직교좌표계의 좌표평면 위로의 정사영에 관해 논의하였다. 이 절에서는 R^n의 부분공간 위로의 정사영을 정의하고 계산하는 보다 일반적인 문제들을 살펴볼 것이다. 이에 대한 적절한 정의를 얻기 위해, R^2의 원점을 지나는 직선들에 대한 정사영들을 다른 관점에서 다시 살펴볼 것이다.

6.1절의 식 (21)에서 xy 좌표계의 양의 x축과 각 θ를 이루고 원점을 지나는 직선 위로의 R^2의 정사영에 대한 표준행렬 P_θ는 다음과 같이 표현됨을 상기하자.

$$P_\theta = \begin{bmatrix} \cos^2\theta & \sin\theta\cos\theta \\ \sin\theta\cos\theta & \sin^2\theta \end{bmatrix} \tag{1}$$

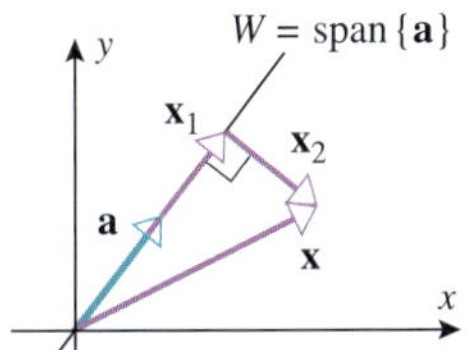

그림 7.7.1

이제 R^2의 영이 아닌 벡터 $\mathbf{a}$가 주어졌다고 가정하고 직선 $W = \text{span}\{\mathbf{a}\}$ 위로의 벡터 $\mathbf{x}$의 정사영을 θ에 대한 구체적인 계산 없이 어떻게 계산할지 생각해 보자.

그림 7.7.1로부터 벡터 $\mathbf{x}$가 다음과 같이 표현될 수 있음을 알 수 있다.

$$\mathbf{x} = \mathbf{x}_1 + \mathbf{x}_2 \tag{2}$$

이때 $\mathbf{x}_1$은 W 위로의 $\mathbf{x}$의 정사영이다. 그리고

$$\mathbf{x}_2 = \mathbf{x} - \mathbf{x}_1$$

는 W에 수직이고 원점을 지나는 직선 위로 $\mathbf{x}$의 정사영이다. 벡터 $\mathbf{x}_1$은 $\mathbf{a}$의 스칼라배수이다. 즉

$$\mathbf{x}_1 = k\mathbf{a} \tag{3}$$

이고 벡터 $\mathbf{x}_2 = \mathbf{x} - \mathbf{x}_1 = \mathbf{x} - k\mathbf{a}$는 $\mathbf{a}$에 직교한다. 따라서

$$(\mathbf{x} - k\mathbf{a}) \cdot \mathbf{a} = 0$$

를 얻게 된다. 이것을 다시 쓰면 다음과 같다.

$$\mathbf{x} \cdot \mathbf{a} - k(\mathbf{a} \cdot \mathbf{a}) = 0$$

이 식을 k에 대하여 풀고, 식 (3)에 대입하면

$$\mathbf{x}_1 = \frac{\mathbf{x} \cdot \mathbf{a}}{\mathbf{a} \cdot \mathbf{a}}\mathbf{a} = \frac{\mathbf{x} \cdot \mathbf{a}}{\|\mathbf{a}\|^2}\mathbf{a} \tag{4}$$

을 얻는데 이것은 $\mathbf{x}$의 span$\{\mathbf{a}\}$로의 정사영을 $\mathbf{a}$와 $\mathbf{x}$에 대해 나타낸 공식이다. 일반적으로 $\mathbf{x}_1$을 $\text{proj}_{\mathbf{a}}\mathbf{x}$로 표시하는데, 그러면 식 (4)는 다음과 같이 표현된다.

$$\text{proj}_{\mathbf{a}}\mathbf{x} = \frac{\mathbf{x} \cdot \mathbf{a}}{\|\mathbf{a}\|^2}\mathbf{a} \tag{5}$$

다음 예제는 이 식이 식 (1)과 잘 맞아떨어진다는 것을 보여 준다.

예제 1 R^2의 원점을 지나는 직선 위로의 정사영

식 (5)를 사용하여 xy 좌표계의 양의 x축과 각 θ를 이루고 원점을 지나는 직선 위로의 R^2의 정사영에 대한 표준행렬 P_θ를 구하라.

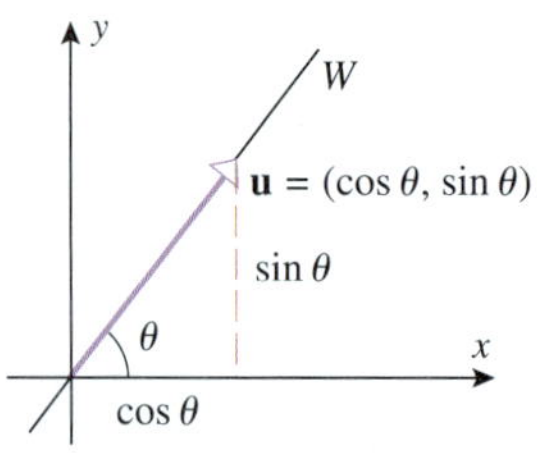

그림 7.7.2

풀이 그림 7.7.2에서 벡터 $\mathbf{u} = (\cos\theta, \sin\theta)$는 W 위에 있는 단위벡터이다. 그래서 이 벡터를 식 (5)의 $\mathbf{a}$로 사용하고, $\|\mathbf{u}\| = 1$인 사실을 이용하면

$$\text{proj}_{\mathbf{u}}\mathbf{x} = (\mathbf{x}\cdot\mathbf{u})\mathbf{u}$$

를 얻는다. 특히 직선 위의 표준단위벡터 $\mathbf{e}_1 = (1, 0)$과 $\mathbf{e}_2 = (0, 1)$의 정사영들은

$$\text{proj}_{\mathbf{u}}\mathbf{e}_1 = (\mathbf{e}_1\cdot\mathbf{u})\mathbf{u} = (\cos\theta)\mathbf{u} = (\cos^2\theta, \cos\theta\sin\theta) = (\cos^2\theta, \sin\theta\cos\theta)$$
$$\text{proj}_{\mathbf{u}}\mathbf{e}_2 = (\mathbf{e}_2\cdot\mathbf{u})\mathbf{u} = (\sin\theta)\mathbf{u} = (\sin\theta\cos\theta, \sin^2\theta)$$

이 벡터들을 열 형태로 표현하면 식 (1)과 같은 표준행렬을 얻는다.

$$P_\theta = [\text{proj}_{\mathbf{u}}\mathbf{e}_1 \quad \text{proj}_{\mathbf{u}}\mathbf{e}_2] = \begin{bmatrix} \cos^2\theta & \sin\theta\cos\theta \\ \sin\theta\cos\theta & \sin^2\theta \end{bmatrix}$$ ■

R^n의 원점을 지나는 직선들 위로의 정사영

식 (2)를 R^n으로 확장하는 다음 정리는 R^n의 원점을 지나는 직선들로의 정사영들을 정의하기 위한 기본이다(그림 7.7.3).

정리 7.7.1 *$\mathbf{a}$가 R^n의 영이 아닌 벡터라면, R^n의 모든 벡터 $\mathbf{x}$는 정확히 한 가지로 다음과 같이 표현할 수 있다.*

$$\mathbf{x} = \mathbf{x}_1 + \mathbf{x}_2 \tag{6}$$

여기서 $\mathbf{x}_1$은 $\mathbf{a}$의 스칼라배수이고, $\mathbf{x}_2$는 $\mathbf{a}$에 수직이다(따라서 $\mathbf{x}_1$에도 수직이다). $\mathbf{x}_1$과 $\mathbf{x}_2$는 다음과 같다.

$$\mathbf{x}_1 = \frac{\mathbf{x}\cdot\mathbf{a}}{\|\mathbf{a}\|^2}\mathbf{a} \quad \textit{and} \quad \mathbf{x}_2 = \mathbf{x} - \mathbf{x}_1 = \mathbf{x} - \frac{\mathbf{x}\cdot\mathbf{a}}{\|\mathbf{a}\|^2}\mathbf{a} \tag{7}$$

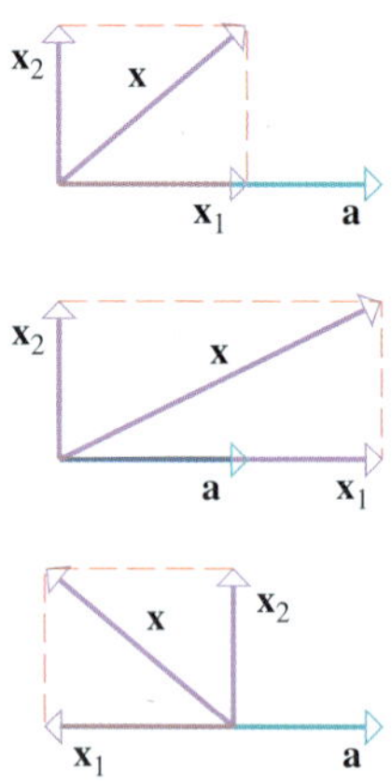

$\mathbf{x}_1$ = $\mathbf{a}$ 방향의 $\mathbf{x}$ 벡터 성분
$\mathbf{x}_2$ = $\mathbf{a}$에 수직인 방향의 $\mathbf{x}$의 벡터 성분

그림 7.7.3

증명 증명은 두 부분으로 나뉜다. *존재성*와 *유일성*이다. 존재성은 식 (6)을 만족시키는 벡터 $\mathbf{x}_1$과 $\mathbf{x}_2$가 실제로 존재하고 그 결과 $\mathbf{x}_1$은 $\mathbf{a}$의 스칼라배수이고 $\mathbf{x}_2$는 $\mathbf{a}$에 수직인지를 보이는 것이다. 유일성은 만약 정리의 조건들을 만족시키는 $\mathbf{x}_1'$과 $\mathbf{x}_2'$가 두 번째 벡터쌍이라면 $\mathbf{x}_1 = \mathbf{x}_1'$과 $\mathbf{x}_2 = \mathbf{x}_2'$인 것을 보이는 것이다.

존재성을 증명하기 위해서, 벡터 $\mathbf{x}_1$과 $\mathbf{x}_2$가 주어진 조건들을 만족시키는지를 보일 것이다. $\mathbf{x}_1$이 $\mathbf{a}$의 스칼라배수란 것은 명확하고 식 (6)을 만족시킨다. 그래서 $\mathbf{x}_2$가 $\mathbf{a}$에 수직이란 것을 증명하는 데 집중한다. 즉 $\mathbf{x}_2\cdot\mathbf{a} = 0$ 계산은 다음과 같다.

$$\mathbf{x}_2\cdot\mathbf{a} = (\mathbf{x} - \mathbf{x}_1)\cdot\mathbf{a} = \left(\mathbf{x} - \frac{\mathbf{x}\cdot\mathbf{a}}{\mathbf{a}\cdot\mathbf{a}}\mathbf{a}\right)\cdot\mathbf{a} = (\mathbf{x}\cdot\mathbf{a}) - \frac{\mathbf{x}\cdot\mathbf{a}}{\mathbf{a}\cdot\mathbf{a}}(\mathbf{a}\cdot\mathbf{a}) = 0$$

유일성을 증명하기 위해서, $\mathbf{x}$가 $\mathbf{x} = \mathbf{x}_1' + \mathbf{x}_2'$로 다시 표현될 수 있고, $\mathbf{x}_1'$은 $\mathbf{a}$의 스칼라배수이며, $\mathbf{x}_2'$는 $\mathbf{a}$에 수직이라고 가정하자. 그러면

$$\mathbf{x}_1 + \mathbf{x}_2 = \mathbf{x}_1' + \mathbf{x}_2'$$

이고

$$\mathbf{x}_1 - \mathbf{x}_1' = \mathbf{x}_2' - \mathbf{x}_2 \tag{8}$$

를 얻는다. $\mathbf{x}_1$과 $\mathbf{x}_1'$은 $\mathbf{a}$의 스칼라배수이고, 이들의 차 역시 $\mathbf{a}$의 스칼라배수이다. 식 (8)을 다시 쓰면

$$k\mathbf{a} = \mathbf{x}_2' - \mathbf{x}_2 \tag{9}$$

더욱이 $\mathbf{x}_2'$와 $\mathbf{x}_2$는 $\mathbf{a}$에 직교하므로, 이들의 차 역시 $\mathbf{a}$에 직교한다.식 (9)에서

$$k\mathbf{a}\cdot\mathbf{a} = k(\mathbf{a}\cdot\mathbf{a}) = 0 \tag{10}$$

그러나 $\mathbf{a} \neq \mathbf{0}$으로 가정했으므로, $\mathbf{a} \cdot \mathbf{a} = \|\mathbf{a}\|^2 \neq 0$이다. 그러므로 식 (10)은 $k = 0$임을 의미한다. 식 (9)는 $\mathbf{x}_2 = \mathbf{x}_2'$를, 식 (8)은 $\mathbf{x}_1 = \mathbf{x}_1'$을 의미한다. 이로써 유일성이 증명되었다. ■

벡터 $\mathbf{a}$와 $\mathbf{x}$가 R^2의 벡터인 특별한 경우, 식 (7)의 $\mathbf{x}_1$에 대한 식은 span{$\mathbf{a}$} 위로의 $\mathbf{x}$의 정사영에 대한 식 (5)와 일치한다. 그리고 이것은 R^n의 원점을 지나는 직선들 위로의 정사영을 정의하기 위해 식 (7)을 사용하라는 것을 제안한다.

정의 7.7.2 $\mathbf{a}$가 R^n의 영이 아닌 벡터이고, $\mathbf{x}$가 R^n의 벡터라면, **$\mathbf{x}$의 span{$\mathbf{a}$} 위로의 정사영**(orthogonal projection)은 $\text{proj}_{\mathbf{a}}\mathbf{x}$로 표현하고, 다음과 같이 정의한다.

$$\text{proj}_{\mathbf{a}}\mathbf{x} = \frac{\mathbf{x} \cdot \mathbf{a}}{\|\mathbf{a}\|^2}\mathbf{a} \tag{11}$$

벡터 $\text{proj}_{\mathbf{a}}\mathbf{x}$는 **$\mathbf{x}$의 $\mathbf{a}$상의 벡터 성분**(vector component of $\mathbf{x}$ along $\mathbf{a}$), $\mathbf{x} - \text{proj}_{\mathbf{a}}\mathbf{x}$는 **$\mathbf{x}$의 $\mathbf{a}$에 수직인 벡터 성분**(vector component of $\mathbf{x}$ orthogonal to $\mathbf{a}$)이라고 부른다.

예제 2 벡터 성분 구하기

$\mathbf{x} = (2, -1, 3)$과 $\mathbf{a} = (4, -1, 2)$ 일 때, $\mathbf{x}$의 $\mathbf{a}$상의 벡터 성분과 $\mathbf{x}$의 $\mathbf{a}$에 수직인 벡터 성분을 구하라.

풀이

$$\mathbf{x} \cdot \mathbf{a} = (2)(4) + (-1)(-1) + (3)(2) = 15 \tag{12}$$

와

$$\|\mathbf{a}\|^2 = \mathbf{a} \cdot \mathbf{a} = 4^2 + (-1)^2 + 2^2 = 21 \tag{13}$$

이므로, 식 (7)과 (11)에 의해 $\mathbf{x}$의 $\mathbf{a}$상의 벡터 성분은

$$\mathbf{x}_1 = \text{proj}_{\mathbf{a}}\mathbf{x} = \frac{\mathbf{x} \cdot \mathbf{a}}{\|\mathbf{a}\|^2}\mathbf{a} = \tfrac{15}{21}(4, -1, 2) = \left(\tfrac{20}{7}, -\tfrac{5}{7}, \tfrac{10}{7}\right)$$

이고 $\mathbf{x}$의 $\mathbf{a}$에 수직인 벡터 성분은 다음과 같다.

$$\mathbf{x}_2 = \mathbf{x} - \text{proj}_{\mathbf{a}}\mathbf{x} = (2, -1, 3) - \left(\tfrac{20}{7}, -\tfrac{5}{7}, \tfrac{10}{7}\right) = \left(-\tfrac{6}{7}, -\tfrac{2}{7}, \tfrac{11}{7}\right)$$

이러한 결과를 확인하기 위해, $\mathbf{x}_1$과 $\mathbf{x}_2$가 직교하고 $\mathbf{x} = \mathbf{x}_1 + \mathbf{x}_2$임을 확인할 필요가 있다. ■

가끔 정사영 자체가 아니라 $\text{proj}_{\mathbf{a}}\mathbf{x}$의 *길이*를 찾는 데 관심이 있을 수 있다. 이 길이에 대한 식은 식 (11)로부터 얻는다.

$$\|\text{proj}_{\mathbf{a}}\mathbf{x}\| = \left\|\frac{\mathbf{x} \cdot \mathbf{a}}{\|\mathbf{a}\|^2}\mathbf{a}\right\| = \frac{|\mathbf{x} \cdot \mathbf{a}|}{\|\mathbf{a}\|^2}\|\mathbf{a}\|$$

간단히 하면 다음과 같다.

$$\|\text{proj}_{\mathbf{a}}\mathbf{x}\| = \frac{|\mathbf{x} \cdot \mathbf{a}|}{\|\mathbf{a}\|} \tag{14}$$

예제 3 정사영의 길이 계산

식 (14)를 이용하여 예제 2의 벡터 $\mathbf{a}$와 $\mathbf{x}$에 대한 $\text{proj}_{\mathbf{a}}\mathbf{x}$의 길이를 계산하라.

풀이 식 (12)와 (13)의 결과들을 이용하면

$$\|\text{proj}_{\mathbf{a}}\mathbf{x}\| = \frac{|\mathbf{x} \cdot \mathbf{a}|}{\|\mathbf{a}\|} = \frac{|15|}{\sqrt{21}} = \frac{15}{\sqrt{21}}$$

예제 2에서 얻은 벡터 $\text{proj}_{\mathbf{a}}\mathbf{x}$로부터 직접 계산한 결과와 비교하라. ■

R^n의 사영연산자들 정의 7.7.2의 벡터 $\mathbf{x}$는 임의의 벡터이기 때문에, 다음과 같이 식 (11)을 사용하여 연산자 $T : R^n \to R^n$을 정의할 수 있다.

$$T(\mathbf{x}) = \text{proj}_{\mathbf{a}}\mathbf{x} = \frac{\mathbf{x} \cdot \mathbf{a}}{\|\mathbf{a}\|^2}\mathbf{a} \tag{15}$$

이것은 **span{a} 위로의 R^n의 정사영**(orthogonal projection of R^n onto span{$\mathbf{a}$})이라고 부른다. 이 연산자가 선형연산자란 것을 보이는 것은 연습문제로 남겼다. 다음 정리는 T의 표준행렬에 대한 공식을 제공한다.

정리 7.7.3 *$\mathbf{a}$가 R^n의 영이 아닌 벡터이고, $\mathbf{a}$가 열 형태로 표현된다면, 선형연산자 $T(\mathbf{x}) = \text{proj}_{\mathbf{a}}\mathbf{x}$에 대한 표준행렬은*

$$P = \frac{1}{\mathbf{a}^T\mathbf{a}}\mathbf{a}\mathbf{a}^T \tag{16}$$

이다. 이 행렬은 대칭이고 계수는 1이다.

증명 선형변환에 대한 표준행렬의 열벡터들은 변환에 의한 표준기저벡터들의 상들이다. 그러므로 $\mathbf{a}$의 j번째 성분을 a_j로 나타내면, P의 j번째 열은 다음과 같다.

$$T(\mathbf{e}_j) = \text{proj}_{\mathbf{a}}\mathbf{e}_j = \frac{\mathbf{e}_j \cdot \mathbf{a}}{\|\mathbf{a}\|^2}\mathbf{a} = \frac{a_j}{\|\mathbf{a}\|^2}\mathbf{a}$$

따라서 P를 열벡터들로 분할하면

$$P = \left[\frac{a_1}{\|\mathbf{a}\|^2}\mathbf{a} \;\middle|\; \frac{a_2}{\|\mathbf{a}\|^2}\mathbf{a} \;\middle|\; \cdots \;\middle|\; \frac{a_n}{\|\mathbf{a}\|^2}\mathbf{a}\right] = \frac{1}{\|\mathbf{a}\|^2}[a_1\mathbf{a} \mid a_2\mathbf{a} \mid \cdots \mid a_n\mathbf{a}]$$

$$= \frac{1}{\|\mathbf{a}\|^2}\mathbf{a}[a_1 \mid a_2 \mid \cdots \mid a_n] = \frac{1}{\mathbf{a}^T\mathbf{a}}\mathbf{a}\mathbf{a}^T$$

가 되고 이것은 식 (16)을 증명한다. 마지막으로 행렬 $\mathbf{a}\mathbf{a}^T$는 대칭이고, 계수는 1이다(정리 7.4.8). 그리고 P가 $\mathbf{a}\mathbf{a}^T$의 영이 아닌 스칼라배수이면, 또한 대칭이고 계수 1을 가진다.

개념문제 왜 사영 $T(\mathbf{x}) = \text{proj}_{\mathbf{a}}\mathbf{x}$에 대한 표준행렬이 계수 1을 가지기를 기대하는지 기하학적으로 설명하라.

$\mathbf{a}$ 대신 영이 아닌 $\mathbf{a}$의 스칼라배수를 대치하더라도 식 (16)의 행렬 P는 변하지 않는다는 사실에 대한 증명은 연습문제로 남겼다. 이것은 P는 직선을 생성하는 특정한 기저벡터 $\mathbf{a}$에 의해서가 아니라 그 위로 정사영하는 직선에 의해 결정된다는 것을 의미한다. 특히 직선상의 기본벡터 $\mathbf{u}$를 사용할 수 있다. 이 경우 $\mathbf{u}^T\mathbf{u} = \|\mathbf{u}\|^2 = 1$이고, P에 대한 식은 다음과 같이 간단히 표현된다.

$$P = \mathbf{u}\mathbf{u}^T \tag{17}$$

그러므로 *원점을 지나는 직선 위로의 R^n의 정사영에 대한 표준행렬은 직선상의 단위벡터를 찾고 그것을 가지고 자신의 벡터 외적을 해 줌으로써 얻을 수 있다.*

예제 4
예제 1의 다른 관점

식 (17)을 이용하여 xy 직교좌표계의 양의 x축과 각 θ를 가지는 원점을 지나는 직선 W 위로의 R^2의 정사영에 대한 표준행렬 P_θ를 구하라.

풀이 $\mathbf{u} = (\cos\theta, \sin\theta)$가 직선상의 단위벡터이므로, 이 벡터를 열 형태로 쓰고 P_θ를 얻기 위해 식 (17)을 적용하여

$$P_\theta = \mathbf{u}\mathbf{u}^T = \begin{bmatrix}\cos\theta \\ \sin\theta\end{bmatrix}[\cos\theta \quad \sin\theta] = \begin{bmatrix}\cos^2\theta & \sin\theta\cos\theta \\ \sin\theta\cos\theta & \sin^2\theta\end{bmatrix} \tag{18}$$

를 얻는다. 이 결과는 예제 1에서 본 것과 일치한다. ■

예제 5
정사영에 대한 표준행렬

(a) 벡터 $\mathbf{a} = (1, -4, 2)$에 의해 생성되는 직선 위로의 R^3의 정사영에 대한 표준행렬 P를 구하라.
(b) a에 의해 생성된 직선 위로의 벡터 $\mathbf{x} = (2, -1, 3)$의 정사영을 찾기 위해 이 행렬을 사용하라.
(c) P가 계수 1을 가지는 것을 보이고, 이 결과를 기하학적으로 해석하라.

풀이 (a) $\mathbf{a}$를 열 형태로 표현하면 다음 결과를 얻는다.

$$\mathbf{a}^T\mathbf{a} = [1 \quad -4 \quad 2]\begin{bmatrix} 1 \\ -4 \\ 2 \end{bmatrix} = 21, \quad \mathbf{a}\mathbf{a}^T = \begin{bmatrix} 1 \\ -4 \\ 2 \end{bmatrix}[1 \quad -4 \quad 2] = \begin{bmatrix} 1 & -4 & 2 \\ -4 & 16 & -8 \\ 2 & -8 & 4 \end{bmatrix}$$

그러므로 식 (16)으로부터 정사영에 대한 표준행렬 P는

$$P = \frac{1}{21}\begin{bmatrix} 1 & -4 & 2 \\ -4 & 16 & -8 \\ 2 & -8 & 4 \end{bmatrix} = \begin{bmatrix} \frac{1}{21} & -\frac{4}{21} & \frac{2}{21} \\ -\frac{4}{21} & \frac{16}{21} & -\frac{8}{21} \\ \frac{2}{21} & -\frac{8}{21} & \frac{4}{21} \end{bmatrix} \tag{19}$$

[이 결과는 $\mathbf{a}$를 정규화하고, 정규화된 벡터 $\mathbf{u}$를 이용하여 식 (17)에 적용하여도 역시 얻어진다.] 기대한 대로 P는 대칭인 것에 유의하라.

풀이 (b) $\mathbf{a}$에 의해 생성된 직선 위로의 $\mathbf{x}$의 정사영은 열 형태로 표현된 $\mathbf{x}$에 대하여 $P\mathbf{x}$이다. 그러므로

$$\text{proj}_{\mathbf{a}}\mathbf{x} = P\mathbf{x} = \begin{bmatrix} \frac{1}{21} & -\frac{4}{21} & \frac{2}{21} \\ -\frac{4}{21} & \frac{16}{21} & -\frac{8}{21} \\ \frac{2}{21} & -\frac{8}{21} & \frac{4}{21} \end{bmatrix}\begin{bmatrix} 2 \\ -1 \\ 3 \end{bmatrix} = \begin{bmatrix} \frac{12}{21} \\ -\frac{48}{21} \\ \frac{24}{21} \end{bmatrix} = \begin{bmatrix} \frac{4}{7} \\ -\frac{16}{7} \\ \frac{8}{7} \end{bmatrix}$$

풀이 (c) 식 (19)의 행렬 P는 두 번째와 세 번째 열들은 첫 번째의 스칼라배수이므로 계수 1을 가진다. 이것은 P의 열공간이 일차원이란 것을 말하고, P에 의해 표현되는 선형연산자의 치역은 열공간이므로 모순되지 않는다. 그리고 우리는 이것이 원점을 지나는 직선이란 것을 알고 있다. ■

일반 부분공간 위로의 정사영

이제 R^n의 일반 부분공간 위로의 정사영의 정의와 계산 문제를 살펴보자. 정리 7.7.1을 일반화한 다음 정리는 이 과정의 첫 단계가 될 것이다.

> **정리 7.7.4 (부분공간에 대한 사영 정리)** *W가 R^n의 부분공간이면, R^n의 모든 벡터는 정확히 한 가지 방법으로 다음과 같이 표현할 수 있다.*
>
> $$\mathbf{x} = \mathbf{x}_1 + \mathbf{x}_2 \tag{20}$$
>
> *이때 $\mathbf{x}_1$은 W, $\mathbf{x}_2$는 $W^\perp$에 있다.*

증명 $W = \{\mathbf{0}\}$인 경우는 연습문제로 남긴다. 따라서 $W \neq \{\mathbf{0}\}$이라 하고, 그러므로 기저를 가진다. $\{\mathbf{w}_1, \mathbf{w}_2, \cdots, \mathbf{w}_k\}$가 W의 기저라 하면, 이 기저벡터들을 연속적인 열로 가지는 행렬 M을 만들자. 이것은 W를 M의 열공간, $W^\perp$는 M^T의 영공간을 만든다. 그러므로 만약 R^n의 모든 벡터 $\mathbf{x}$가 정확히 다음과 같이 한 가지 방법으로 다음과 같이 표현될 수 있는지를 보이면 증명은 끝이 날 것이다.

$$\mathbf{x} = \mathbf{x}_1 + \mathbf{x}_2$$

여기서 $\mathbf{x}_1$은 M의 열공간에 있고, $M^T\mathbf{x}_2 = \mathbf{0}$이다. 그러나 $\mathbf{x}_1$이 M의 열공간에 있다는 것은 R^k의 적당한 벡터 $\mathbf{v}$에 대해 $\mathbf{x}_1 = M\mathbf{v}$라는 것과 동치이다. 그리고 $M^T\mathbf{x}_2 = \mathbf{0}$은 $M^T(\mathbf{x} - \mathbf{x}_1) = \mathbf{0}$와 동치이다. 그러므로 방정식

$$M^T(\mathbf{x} - M\mathbf{v}) = \mathbf{0} \tag{21}$$

이 $\mathbf{v}$에 대해 유일한 해를 가지는 것을 보이면 $\mathbf{x}_1 = M\mathbf{v}$와 $\mathbf{x}_2 = \mathbf{x} - \mathbf{x}_1$는 요구된 조건을 만족시키는 유일한 벡터들일 것이다. 이것을 보이기 위해 식 (21)을 다시 쓰면

$$M^TM\mathbf{v} = M^T\mathbf{x} \tag{22}$$

이 방정식의 행렬 M은 열벡터들이 일차독립이므로 전열계수를 가진다. 그러므로 정리 7.5.10에 의해 M^TM은 가역이고, 식 (22)는 유일한 해

$$\mathbf{v} = (M^TM)^{-1}M^T\mathbf{x} \tag{23}$$

를 가진다. ■

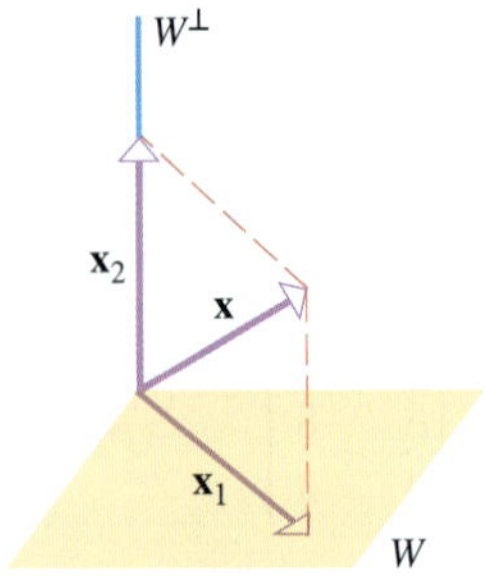

$\mathbf{x}_1 = \text{proj}_W\mathbf{x}$
$\mathbf{x}_2 = \mathbf{x} - \mathbf{x}_1 = \text{proj}_{W^\perp}\mathbf{x}$

그림 7.7.4

W가 R^n의 원점을 지나는 직선인 특별한 경우에, 이 정리에서 벡터 $\mathbf{x}_1$과 $\mathbf{x}_2$는 정리 7.7.1에서 주어진 것들이다. 이 때문에 식 (20)에서의 벡터 $\mathbf{x}_1$을 **W에 대한 $\mathbf{x}$의 정사영**이라 정의하게 된다. 뒤에서 벡터 $\mathbf{x}_2$는 **$W^\perp$의 정사영 $\mathbf{x}$**인 것을 보게 될 것이다. 이 벡터들을 $\mathbf{x}_1 = \text{proj}_W\mathbf{x}$와 $x_2 = \text{proj}_{W^\perp}\mathbf{x}$로 표시할 것이다(그림 7.7.4). 그러므로 식 (20)은 다음과 같이 표현할 수 있다.

$$\mathbf{x} = \text{proj}_W\mathbf{x} + \text{proj}_{W^\perp}\mathbf{x} \tag{24}$$

다음 결과의 증명은 정리 7.7.4의 증명과 식 (23)의 증명에서 얻은 관계식 $\mathbf{x}_1 = \text{proj}_W\mathbf{x} = M\mathbf{v}$에 의해 가능하다.

정리 7.7.5 *W가 R^n의 영이 아닌 부분공간이고, M이 W의 임의의 기저를 열벡터로 갖는 행렬이면, R^n의 모든 열벡터 $\mathbf{x}$에 대하여*

$$\text{proj}_W\mathbf{x} = M(M^TM)^{-1}M^T\mathbf{x} \tag{25}$$

식 (25)를 사용하여 표준행렬이 다음 식 (27)의 P와 같은 R^n의 선형연산자를 정의할 수 있다.

$$T(\mathbf{x}) = \text{proj}_W(\mathbf{x}) = M(M^TM)^{-1}M^T\mathbf{x} \tag{26}$$

$$P = M(M^TM)^{-1}M^T \tag{27}$$

이 연산자를 **W 위로의 R^n의 정사영**이라고 한다.

참고 식 (26)과 (27)을 이용할 때, 행렬 M의 열벡터들이 W의 기저벡터들이므로 M은 유일하지 않다는 것을 명심하라. 즉 M을 이루는 기저벡터들이 무엇이든지 같은 연산자 T와 같은 행렬 P를 얻을 것이다.

예제 6 원점을 지나는 위로의 R^3의 정사영

(a) 평면 $x - 4y + 2z = 0$ 위로의 R^3의 정사영에 대한 표준행렬 P를 구하라.
(b) 행렬 P를 사용하여 평면 위로의 벡터 $\mathbf{x} = (1, 0, 4)$의 정사영을 찾아라.

풀이 (a) 평면에 대한 기저를 찾고, 이 기저벡터들을 열로 하여 행렬 M을 만들고, P를 얻기 위해 식 (27)을 이용한다. 평면에 대한 기저를 찾기 위해, $x - 4y + 2z = 0$을 3개의 미지수를 가지는 이차선형계로 볼 것이다. 그리고 해공간의 기저를 찾는다. 선행변수 x에 대해 방정식을 풀고 자유변수에 임의의 값을 대입함으로써 일반해를 구한다.

$$\begin{bmatrix} x \\ y \\ z \end{bmatrix} = \begin{bmatrix} 4t_1 - 2t_2 \\ t_1 \\ t_2 \end{bmatrix} = t_1\begin{bmatrix} 4 \\ 1 \\ 0 \end{bmatrix} + t_2\begin{bmatrix} -2 \\ 0 \\ 1 \end{bmatrix}$$

우변의 두 열벡터는 해공간에 대한 기저를 이루므로, 행렬 M을 다음과 같이 구한다.

$$M = \begin{bmatrix} 4 & -2 \\ 1 & 0 \\ 0 & 1 \end{bmatrix}$$

그러므로

$$M^TM = \begin{bmatrix} 4 & 1 & 0 \\ -2 & 0 & 1 \end{bmatrix} \begin{bmatrix} 4 & -2 \\ 1 & 0 \\ 0 & 1 \end{bmatrix} = \begin{bmatrix} 17 & -8 \\ -8 & 5 \end{bmatrix}, \quad (M^TM)^{-1} = \begin{bmatrix} \frac{5}{21} & \frac{8}{21} \\ \frac{8}{21} & \frac{17}{21} \end{bmatrix}$$

그리고

$$P = M(M^TM)^{-1}M^T = \begin{bmatrix} 4 & -2 \\ 1 & 0 \\ 0 & 1 \end{bmatrix} \begin{bmatrix} \frac{5}{21} & \frac{8}{21} \\ \frac{8}{21} & \frac{17}{21} \end{bmatrix} \begin{bmatrix} 4 & 1 & 0 \\ -2 & 0 & 1 \end{bmatrix} = \begin{bmatrix} \frac{20}{21} & \frac{4}{21} & -\frac{2}{21} \\ \frac{4}{21} & \frac{5}{21} & \frac{8}{21} \\ -\frac{2}{21} & \frac{8}{21} & \frac{17}{21} \end{bmatrix} \tag{28}$$

풀이 (b) 평면 $x - 4y + 2z = 0$ 위로의 $\mathbf{x}$의 정사영은 열 형태 $\mathbf{x}$를 가지는 $P\mathbf{x}$이다.

$$P\mathbf{x} = \begin{bmatrix} \frac{20}{21} & \frac{4}{21} & -\frac{2}{21} \\ \frac{4}{21} & \frac{5}{21} & \frac{8}{21} \\ -\frac{2}{21} & \frac{8}{21} & \frac{17}{21} \end{bmatrix} \begin{bmatrix} 1 \\ 0 \\ 4 \end{bmatrix} = \begin{bmatrix} \frac{12}{21} \\ \frac{36}{21} \\ \frac{66}{21} \end{bmatrix} = \begin{bmatrix} \frac{4}{7} \\ \frac{12}{7} \\ \frac{22}{7} \end{bmatrix}$$

$\mathbf{x}$를 표현한 원래 괄호 표기 형식과 일치시키기 위해 괄호 표기 형식으로 쓰면 $P\mathbf{x} = (4/7, 12/7, 22/7)$이다. $P\mathbf{x}$가 평면 $x - 4y + 2z = 0$에 있는지, 그리고 $\mathbf{x} - P\mathbf{x}$가 $P\mathbf{x}$에 수직인지를 확인하라. ■

행렬은 언제 정사영을 표현하는가

이제 $n \times n$ 행렬 P가 R^n의 k차원 부분공간 W 위로의 정사영을 표현하기 위해서 어떤 성질을 가져야 하는지 결정하는 문제를 살펴보자. 몇 가지 성질들은 명백하다. 예를 들면 W는 k차원이므로, P의 열공간은 반드시 k차원이고, P는 반드시 계수 k를 가져야 한다. 식 (27)로부터 행렬 M이 W에 대한 기저를 이루는 열벡터들을 가지는 $n \times k$ 행렬이라면

$$P^T = \left(M(M^TM)^{-1}M^T\right)^T = M(M^TM)^{-1}M^T = P$$

따라서 P는 대칭이어야 하고

$$\begin{aligned} P^2 &= \left(M(M^TM)^{-1}M^T\right)\left(M(M^TM)^{-1}M^T\right) \\ &= M(M^TM)^{-1}(M^TM)(M^TM)^{-1}M^T = M(M^TM)^{-1}M^T = P \end{aligned}$$

이므로 P는 P^2와 같다. 직관적으로 이 사실은 그럴듯한데 그 이유는 W 위로의 R^n의 정사영은 W의 벡터들은 변화시키지 않기 때문이다. 특히 R^n의 임의의 $\mathbf{x}$에 대해 $P\mathbf{x}$는 변하지 않는다. 따라서

$$P^2\mathbf{x} = P(P\mathbf{x}) = P\mathbf{x}$$

이것은 $P^2 = P$를 의미한다.

행렬이 자신을 제곱한 행렬과 같다면 **멱등원**(idempotent)이라 한다. 그러므로 k차원을 가지는 부분공간 위로의 R^n의 정사영에 대한 표준행렬이 계수 k를 가지고 대칭이고, 멱등원이라는 것을 보였다. 연습문제에서 역 또한 참이라는 것을 증명할 것이다. 따라서 다음의 정리가 만들어진다.

> **정리 7.7.6** *$n \times n$ 행렬 P가 대칭이고, 멱등원이고, 계수 k를 가지면 이 행렬은 R^n의 k차원 부분공간 위로의 R^n의 정사영에 대한 표준행렬이다. 부분공간 W는 P의 열공간이다.*

예제 7
정사영의 성질들

예제 5에서, 벡터 $\mathbf{a} = (1, -4, 2)$에 의해 생성된 직선 위로의 R^3의 정사영에 대한 식 (19)의 표준행렬이 계수 1을 가진다는 것을 보였고, 이것은 직선이 일차원을 가진다는 사실과 잘 맞아떨어진다. 정리 7.7.6에 의해 행렬 P는 대칭이고(증명하라), 다음 식에 의해 멱등원이다.

$$P^2 = \begin{bmatrix} \frac{1}{21} & -\frac{4}{21} & \frac{2}{21} \\ -\frac{4}{21} & \frac{16}{21} & -\frac{8}{21} \\ \frac{2}{21} & -\frac{8}{21} & \frac{4}{21} \end{bmatrix} \begin{bmatrix} \frac{1}{21} & -\frac{4}{21} & \frac{2}{21} \\ -\frac{4}{21} & \frac{16}{21} & -\frac{8}{21} \\ \frac{2}{21} & -\frac{8}{21} & \frac{4}{21} \end{bmatrix} = \begin{bmatrix} \frac{1}{21} & -\frac{4}{21} & \frac{2}{21} \\ -\frac{4}{21} & \frac{16}{21} & -\frac{8}{21} \\ \frac{2}{21} & -\frac{8}{21} & \frac{4}{21} \end{bmatrix} = P$$ ■

예제 8

정사영 찾아내기

$$A = \begin{bmatrix} \frac{1}{9} & \frac{2}{9} & \frac{2}{9} \\ \frac{2}{9} & \frac{4}{9} & \frac{4}{9} \\ \frac{2}{9} & \frac{4}{9} & \frac{4}{9} \end{bmatrix}$$

가 원점을 지나는 직선 위로의 R^3의 정사영에 대한 표준행렬이라는 것을 보이고 그 직선을 찾아라.

풀이 A가 대칭이고, 멱등원이며, 계수 1을 가지는 것에 대한 증명은 생략한다. 그러므로 정리 7.7.6에 의해 A는 원점을 지나는 직선 위로의 R^3의 정사영을 표현한다. 이 직선은 A의 열공간이고, 따라서 두 번째와 세 번째 열은 첫 번째 열의 스칼라배수이므로 직선에 대한 기저로 첫 번째 열을 택한다. 게다가 이 열벡터의 스칼라배수 또한 직선의 기저이다. 성분들을 간단히 하기 위해 9를 곱한다. 그러므로 괄호 표기 형식으로 나타낸 직선은 벡터 $\mathbf{a} = (1, 2, 2)$의 생성을 이루고, xyz 좌표계의 매개변수로 다음과 같이 나타낼 수 있다.

$$x = t,\ y = 2t,\ z = 2t$$ ■

Strang 도표 식 (24)는 선형방정식계를 공부하는 데 유용하다. 왜 그런지 알아보자. A가 $m \times n$ 행렬이라 하면, $A\mathbf{x} = \mathbf{b}$는 n개의 미지수를 가지는 m개의 선형방정식의 계이다. $\mathbf{x}$는 R^n의 벡터이므로, $W = \text{row}(A)$와 $W^{\perp} = \text{null}(A)$를 가지는 식 (24)를 적용하여 직교항의 합으로 $\mathbf{x}$를

$$\mathbf{x} = \mathbf{x}_{\text{row}(A)} + \mathbf{x}_{\text{null}(A)} \tag{29}$$

으로 표현하자. 이때 $\mathbf{x}_{\text{row}(A)}$는 A의 행공간 위로의 $\mathbf{x}$의 정사영이고, $\mathbf{x}_{\text{null}(A)}$는 A의 영공간 위로의 $\mathbf{x}$의 정사영이다. 비슷하게 $\mathbf{b}$는 R^m의 벡터이므로, $\mathbf{b}$를 직교항들의 합으로 표현하기 위해서 $W = \text{col}(A)$와 $W^{\perp} = \text{null}(A^T)$를 가지는 식 (24)를 $\mathbf{b}$에 적용하여

$$\mathbf{b} = \mathbf{b}_{\text{col}(A)} + \mathbf{b}_{\text{null}(A^T)} \tag{30}$$

를 얻는다. 이때 $\mathbf{b}_{\text{col}(A)}$는 A의 열공간 위로의 $\mathbf{b}$의 정사영이고, $\mathbf{b}_{\text{null}(A^T)}$는 A^T의 영공간 위로의 $\mathbf{b}$의 정사영이다. 식 (29)와 (30)의 분해는 그림 7.7.5에서 보여 주는데, 직각인 두 직선으로 A의 기본공간들을 나타냈다. 이것을 **Strang 도표**(Strang diagram)*라고 한다.

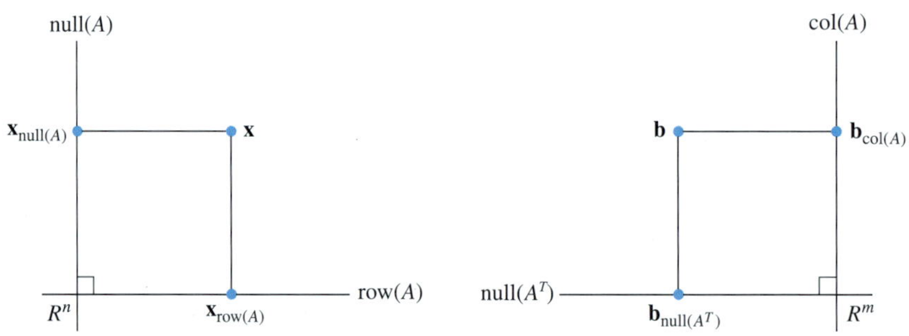

그림 7.7.5

Strang 도표에서 기본공간들을 직선으로 표현한 것은 그림상에서만 그런 것이지 결코 이 공간들이 일차원이라는 것을 뜻하는 것은 아니다. 우리가 확실히 아는 것은 다음 식들이다.

$$\dim(\text{row}(A)) + \dim(\text{null}(A)) = n \tag{31}$$

$$\dim(\text{col}(A)) + \dim(\text{null}(A^T)) = m \tag{32}$$

[7.5절의 식 (5)를 보라.] 또한 정리 3.5.5로부터 계 $A\mathbf{x} = \mathbf{b}$가 해를 갖기 위한 필요충분조건이 $\mathbf{b}$가 A의 열공간에 포함되는 것이고, 이는 $\mathbf{b}_{\text{null}(A^T)} = \mathbf{0}$인 것과 필요충분조건이 됨을 알고 있다. 이것은 그림 7.7.6

*이 책 저자들의 의사에 의해 이런 도표에 현재 MIT 교수인 Gilbert Strang의 이름을 사용하였다. Strang은 자신의 여러 편의 개괄식 논문으로 이 도표들을 널리 알렸다. Strang은 논문에서 기본공간을 표현하기 위해 선보다는 사각형을 사용했지만 기본 생각은 동일하다.

의 Strang 도표에 의해 설명된다.

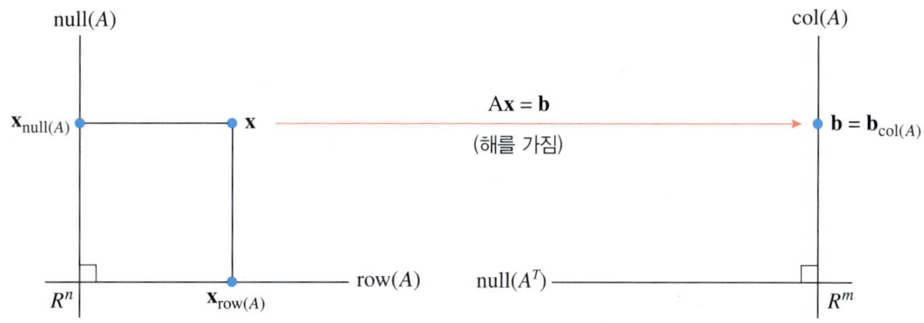

해가 존재하는 선형계에 대한 Strang 도표

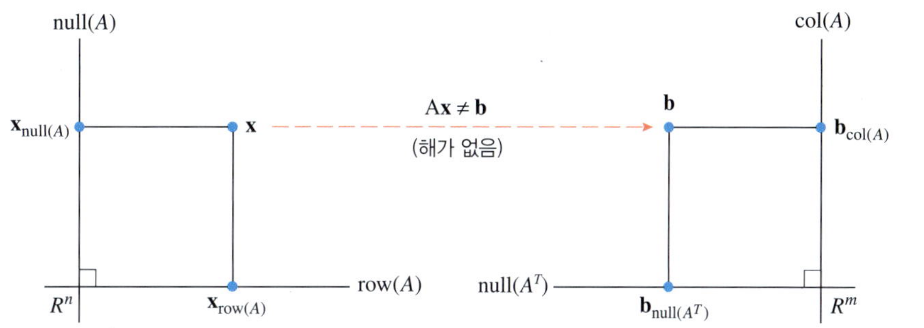

해가 존재하지 않는 선형계에 대한 strang 도표

그림 7.7.6

전열계수와 선형계의 해 존재

다음 정리에 의해 선형계에서 전열계수의 역할에 대해 보다 깊게 이해할 수 있게 된다.

정리 7.7.7 *A가 $m \times n$ 행렬이고 $\mathbf{b}$는 A의 열공간에 있다고 하자.*

(a) A가 전열계수를 가진다면, $A\mathbf{x} = \mathbf{b}$는 유일한 해를 가지고, 그 해는 A의 행공간에 있다.

(b) A가 전열계수를 가지지 않는다면, $A\mathbf{x} = \mathbf{b}$는 무한히 많은 해를 가진다. 그러나 A의 행공간에서는 유일한 해가 존재한다. 더욱이 그 계의 모든 해들 중에서, A의 행공간에 있는 해가 가장 작은 놈(norm)을 가진다.

증명 A가 전열계수를 가지면, 정리 7.5.6에 의해 $A\mathbf{x} = \mathbf{b}$는 해를 갖지 않거나 유일한 해를 가진다. 그러나 $\mathbf{b}$가 A의 열공간에 있으므로 그 계는 해를 가지고(정리 3.5.5), 따라서 유일한 해를 가진다. 만약 A가 전열계수를 가지지 않는다면 정리 7.5.6은 $A\mathbf{x} = \mathbf{0}$은 무난히 많은 해를 가지고 정리 3.5.2에 의해 $A\mathbf{x} = \mathbf{b}$ 또한 무한히 많은 해를 가진다는 것을 나타낸다. 이 둘 중 어떠한 경우라도 만약 $\mathbf{x}$가 해라면, 정리 7.7.4에 의해 $\mathbf{x}$는 두 직교항으로 다음과 같이 나누어질 수 있다.

$$\mathbf{x} = \mathbf{x}_{\text{row}(A)} + \mathbf{x}_{\text{null}(A)} \tag{33}$$

여기서 $\mathbf{x}_{\text{row}(A)}$는 row($A$)에 있고 $\mathbf{x}_{\text{null}(A)}$는 null($A$)에 있다. 그러므로

$$\mathbf{b} = A\mathbf{x} = A(\mathbf{x}_{\text{row}(A)} + \mathbf{x}_{\text{null}(A)}) = A\mathbf{x}_{\text{row}(A)} + A\mathbf{x}_{\text{null}(A)} = A\mathbf{x}_{\text{row}(A)} + \mathbf{0} = A\mathbf{x}_{\text{row}(A)} \tag{34}$$

이 성립하고, 이는 $\mathbf{x}_{\text{row}(A)}$가 $A\mathbf{x} = \mathbf{b}$의 해인 것을 보여 주고 있다. A가 전열계수를 가지는 경우에 이것은 계의 유일한 해이다[이로써 (a)가 증명된다]. 그리고 A가 전열계수를 갖지 않는 경우, 이것은 A의 행공간에 적어도 하나의 해가 존재한다는 것을 보인다. 뒤의 경우 A의 행공간에 유일한 해가 존재하는 것을 보이기 위해, $\mathbf{x}_r$과 $\mathbf{x}_r'$이 두 해라고 하자. 그러면

$$A(\mathbf{x}_r - \mathbf{x}_r') = A\mathbf{x}_r - A\mathbf{x}_r' = \mathbf{b} - \mathbf{b} = \mathbf{0}$$

이 식은 $\mathbf{x}_r - \mathbf{x}'_r$은 null($A$)인 것을 의미한다. 그러나 $\mathbf{x}_r - \mathbf{x}'_r$ 또한 row(A) = null(A)$^\perp$에 있고, 정리 7.3.4에 의해 (a)는 $\mathbf{x}_r - \mathbf{x}'_r = 0$이 되고, 따라서 $\mathbf{x}_r = \mathbf{x}'_r$이 된다. 그러므로 A의 행공간에 $A\mathbf{x} = \mathbf{b}$의 유일한 해가 있다. 마지막으로 식 (33)이 계의 임의의 해라면, Pythagoras 정리(정리 1.2.11)에 의해

$$\|\mathbf{x}\| = \sqrt{\|\mathbf{x}_{\text{row}(A)}\|^2 + \|\mathbf{x}_{\text{null}(A)}\|^2} \geq \|\mathbf{x}_{\text{row}(A)}\|$$

가 성립하는데, 이 식은 A의 행공간의 해 $\mathbf{x}_{\text{row}(A)}$가 최소놈을 가지는 것을 보이는 것이다. ■

이 정리는 그림 7.7.7의 Strang 도표에 의해 표현된다. 그림의 (a)는 A가 전열계수를 가지는 $m \times n$ 행렬이고 $A\mathbf{x} = \mathbf{b}$가 해를 가지는 경우를 표현한다. null(A) = {$\mathbf{0}$}인 경우 A의 영공간을 나타내는 수직인 직선은 한 점이 되고 $\mathbf{x} = \mathbf{x}_{\text{row}}$는 그 계의 유일한 해이다. 그림의 ($b$)는 계가 해를 가지지만 A는 전열계수를 갖지 않는 경우이다. 이 경우 $\mathbf{x}_{\text{row}(A)}$가 A의 행공간에 있는 계의 해이고, W가 A의 영공간의 벡터라면

$$\mathbf{x}' = \mathbf{x}_{\text{row}(A)} + \mathbf{w}$$

는 또한 이 계의 해이다. 따라서

$$A\mathbf{x}' = A\mathbf{x}_{\text{row}(A)} + A\mathbf{w} = \mathbf{b} + \mathbf{0} = \mathbf{b}$$

그러므로 $A\mathbf{x} = \mathbf{b}$의 해는 'null(A) 축'에 평행하고 $\mathbf{x}_{\text{row}(A)}$를 지나는 수직선 위의 점들에 의해 표현된다.

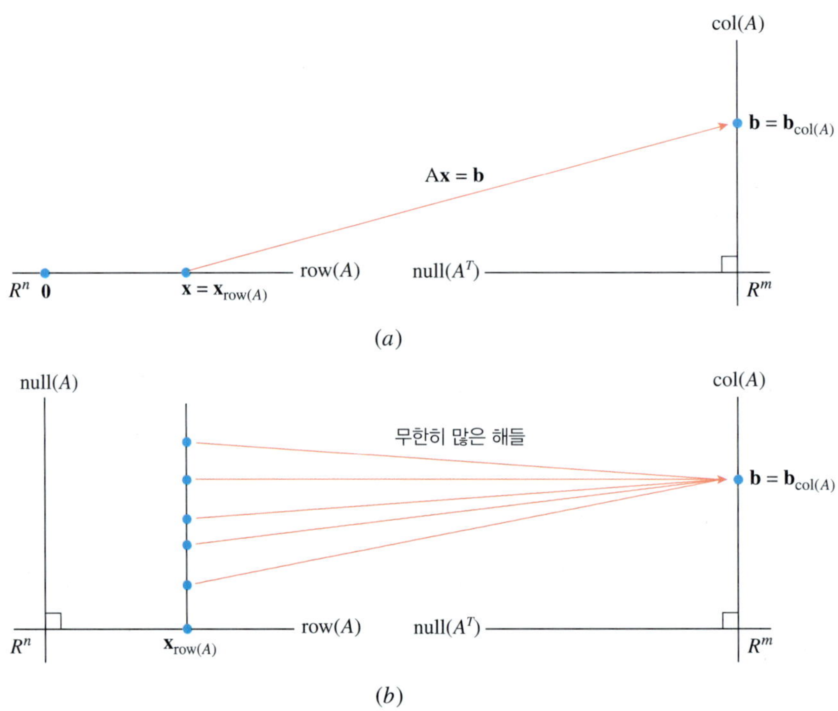

그림 7.7.7

이중직교정리 정리 7.3.4에서 W가 R^n의 부분공간이면 $(W^\perp)^\perp = W$인 것을 증명 없이 서술하였다. 이 결과가 다소 형식적으로 보이지만, 이것은 임의의 부분공간 W와 $W^\perp$이 서로 직교여공간이 된다는 의미에서 직교여공간들이 '동반쌍(companion pairs)'으로 나타난다는 것을 말하고 있기 때문에 중요한 사실이다. 그러므로 예를 들면 행렬의 영공간이 행공간의 직교여공간이라는 것을 아는 것은 자동적으로 행공간이 영공간의 직교여공간이란 것을 의미한다.

이제 우리는 이 결과를 증명하기 위한 모든 수학적 도구를 갖고 있다.

정리 7.7.8 **(이중직교정리)** *W가 R^n의 부분공간이면, $(W^\perp)^\perp = W$이다.*

증명 W의 모든 벡터가 $(W^\perp)^\perp$에 있다는 것을 보이고 역으로 $(W^\perp)^\perp$의 모든 벡터가 W에 있는 것도 보일

것이다. 집합 기호를 사용하면 $W \subset (W^{\perp})^{\perp}$과 $(W^{\perp})^{\perp} \subset W$인 것을 보임으로써 $W = (W^{\perp})^{\perp}$을 증명할 것이다.

$\mathbf{w}$를 W의 벡터라 하자. 정의에 의해 $W^{\perp}$은 W의 모든 벡터에 수직인 모든 벡터들로 구성된다. 그러므로 $W^{\perp}$의 모든 벡터들은 $\mathbf{w}$에 수직이고, 이것은 $\mathbf{w}$가 $(W^{\perp})^{\perp}$에 있다는 것을 의미한다. 역으로 $\mathbf{w}$가 $(W^{\perp})^{\perp}$의 벡터라면, 정리 7.7.4의 사영 정리로부터 $\mathbf{w}$는 다음과 같이 유일하게 표현할 수 있다.

$$\mathbf{w} = \mathbf{w}_1 + \mathbf{w}_2$$

이때 $\mathbf{w}_1$은 W의 벡터이고, $\mathbf{w}_2$는 $W^{\perp}$의 벡터이다. $\mathbf{w}$가 W의 벡터인 것을 보이기 위해 $\mathbf{w}_2 = 0$인 것을 보일 것이다(그러면 $\mathbf{w} = \mathbf{w}_1$이 되어 있는 W에 있다). 이를 위해 우선 $\mathbf{w}_2$가 $\mathbf{w}$에 직교하는 것을 유의하자. 그러므로

$$\mathbf{w}_2 \cdot \mathbf{w} = 0$$

이 되고, 이것은

$$(\mathbf{w}_2 \cdot \mathbf{w}_1) + (\mathbf{w}_2 \cdot \mathbf{w}_2) = 0$$

을 의미한다. 그러나 $\mathbf{w}_2$는 $\mathbf{w}_1$에 수직이다(왜?). 그래서 이 방정식은 $\mathbf{w}_2 \cdot \mathbf{w}_2 = 0$으로 간단히 되고 이것은 $\mathbf{w}_2 = \mathbf{0}$인 것을 의미한다. ■

$W^{\perp}$ 위로의 정사영

주어진 R^n의 부분공간 W에 대해, 정사영 $\text{proj}_{W^\perp}\mathbf{x}$에 대한 기본행렬은 두 가지 방법 중 하나로 계산될 수 있다. 한 가지 방법은 $W^{\perp}$의 기저 벡터들로 이루어진 M의 열벡터들을 가지고 식 (26)을 적용하는 것이고, 다른 방법은 $\text{proj}_{W^\perp}\mathbf{x}$를 $\text{proj}_{W}\mathbf{x}$를 이용하여 다음과 같이 표현하기 위해 식 $\mathbf{x} = \text{proj}_{W}\mathbf{x} + \text{proj}_{W^\perp}\mathbf{x}$를 이용하는 것이다.

$$\text{proj}_{W^\perp}\mathbf{x} = \mathbf{x} - \text{proj}_{W}\mathbf{x} = I\mathbf{x} - P\mathbf{x} = (I - P)\mathbf{x} \tag{35}$$

식 (27)과 (35)로부터 $\text{proj}_{W^\perp}\mathbf{x}$의 표준행렬은 $\text{proj}_{W}\mathbf{x}$에 대한 표준행렬 P를 사용하여 다음과 같이 표현할 수 있다.

$$I - P = I - M(M^TM)^{-1}M^T \tag{36}$$

이때 M의 열벡터들은 W의 기저를 이룬다.

▶ 예제 9
직교여공간 위로의 정사영

예제 6에서 평면 $x - 4y + 2z = 0$ 위로의 R^3의 정사영에 대한 표준행렬이 다음과 같다는 것을 보였다.

$$P = \begin{bmatrix} \frac{20}{21} & \frac{4}{21} & -\frac{2}{21} \\ \frac{4}{21} & \frac{5}{21} & \frac{8}{21} \\ -\frac{2}{21} & \frac{8}{21} & \frac{17}{21} \end{bmatrix}$$

이 경우 평면에 대한 직교여공간은 주어진 평면에 수직이고 원점을 지나는 직선, 즉 벡터 $\mathbf{a} = (1, -4, 2)$에 의해 생성된 직선이다. 식 (36)에 의해 이 직선 위로의 R^3의 정사영은

$$I - P = \begin{bmatrix} 1 & 0 & 0 \\ 0 & 1 & 0 \\ 0 & 0 & 1 \end{bmatrix} - \begin{bmatrix} \frac{20}{21} & \frac{4}{21} & -\frac{2}{21} \\ \frac{4}{21} & \frac{5}{21} & \frac{8}{21} \\ -\frac{2}{21} & \frac{8}{21} & \frac{17}{21} \end{bmatrix} = \begin{bmatrix} \frac{1}{21} & -\frac{4}{21} & \frac{2}{21} \\ -\frac{4}{21} & \frac{16}{21} & -\frac{8}{21} \\ \frac{2}{21} & -\frac{8}{21} & \frac{4}{21} \end{bmatrix}$$

이것은 예제 5에서 정리 7.7.3을 이용하여 얻은 결과와 잘 맞아떨어진다. ■

연습문제 7.7

*연습문제 1과 2에서는 span{**a**} 위로의 **x**의 정사영을 식 (5)와 사영에 대한 표준행렬을 사용하여 구하라.*

1. $\mathbf{x} = (-1, 6)$, $\mathbf{a} = (1, 2)$ **2.** $\mathbf{x} = (2, 3)$, $\mathbf{a} = (-2, 5)$

*연습문제 3과 4에서는 직선 l 위로의 **x**의 정사영을 식 (5)와 사영에 대한 표준행렬을 사용하여 구하라.*

3. $\mathbf{x} = (1, 1)$; l: $2x - y = 0$

4. $\mathbf{x} = (-3, 2)$; l: $x + 3y = 0$

*연습문제 5~8에서는 **x**의 **a**상에 있는 벡터 성분과 **a**에 수직인 벡터 성분을 구하라.*

5. $\mathbf{x} = (1, 1, 1)$, $\mathbf{a} = (0, 2, -1)$

6. $\mathbf{x} = (2, 0, 1)$, $\mathbf{a} = (1, 2, 3)$

7. $\mathbf{x} = (2, 1, 1, 2)$, $\mathbf{a} = (4, -4, 2, -2)$

8. $\mathbf{x} = (5, 0, -3, 7)$, $\mathbf{a} = (2, 1, -1, -1)$

연습문제 9~12에서는 식 (14)를 이용하여, 정사영을 직접 구하지 말고 정사영의 길이를 구하라.

9. $\mathbf{x} = (1, -2, 4)$, $\mathbf{a} = (2, 3, 6)$

10. $\mathbf{x} = (4, -5, 1)$, $\mathbf{a} = (2, 2, 4)$

11. $\mathbf{x} = (2, 3, 1, 5)$, $\mathbf{a} = (-4, 2, -2, 3)$

12. $\mathbf{x} = (5, -3, 7, 1)$, $\mathbf{a} = (7, 1, 0, -1)$

*연습문제 13과 14에서는 span{**a**} 위로의 R^3의 정사영에 대한 표준행렬을 구하고, 정리 7.7.6에 의해 행렬이 대칭이고, 멱등원이고 계수 1을 가지는지를 확인하라.*

13. $\mathbf{a} = (-1, 5, 2)$ **14.** $\mathbf{a} = (7, -2, 2)$

연습문제 15와 16에서는 span{$\mathbf{a}_1$, $\mathbf{a}_2$} 위로의 R^3의 정사영에 대한 표준행렬을 구하고, 정리 7.7.6에 의해 행렬이 대칭이고, 멱등원이고 계수 2를 가지는지를 확인하라.

15. $\mathbf{a}_1 = (3, -4, 1)$, $\mathbf{a}_2 = (2, 0, 3)$

16. $\mathbf{a}_1 = (1, -2, 5)$, $\mathbf{a}_2 = (4, -2, 3)$

연습문제 17과 18에서는 어떤 계산도 하지 않고 주어진 평면 위로의 R^3의 정사영에 대한 표준행렬을 쓸 수 있어야 한다. 이 행렬을 쓰고, 평면에 대한 기저를 찾아 식 (27)에 적용함으로써 답을 확인하라.

17. xz 평면 **18.** yz 평면

연습문제 19와 20에서는 평면 위로의 R^3의 정사영에 대한 표준행렬을 구하고, 이 행렬을 이용하여 주어진 평면 위로의 벡터 $\mathbf{v} = (2, 4, -1)$의 정사영을 찾아라.

19. 방정식 $x + y + z = 0$을 가지는 평면

20. 방정식 $2x - y + 3z = 0$을 가지는 평면

연습문제 21과 22에서는 R^4상에 선형독립의 백터들이 주어져 있다. 이들 백터에 의해 생성되는 부분집합 위로의 R^4의 정사영을 위한 표준행렬을 구하라.

21. $\mathbf{a}_1 = (4, -6, 2, -4)$, $\mathbf{a}_2 = (2, -3, 1, -2)$, $\mathbf{a}_3 = (1, 0, -2, 5)$, $\mathbf{a}_4 = (5, -6, 0, 1)$

22. $\mathbf{a}_1 = (5, -3, 1, -1)$, $\mathbf{a}_2 = (3, -6, 0, 9)$, $\mathbf{a}_3 = (8, -9, 1, 8)$, $\mathbf{a}_4 = (1, -2, 0, 3)$

*연습문제 23과 24에서는 선형계 $A\mathbf{x} = \mathbf{0}$의 해공간 위로의 **v**의 정사영을 구하라.*

23. $\mathbf{v} = (5, 6, 7, 2)$; $A = \begin{bmatrix} 1 & 1 & 1 & 0 \\ 0 & 2 & 1 & 1 \end{bmatrix}$

24. $\mathbf{v} = (1, 1, 2, 3)$; $A = \begin{bmatrix} 1 & 2 & 1 & 1 \\ 1 & 1 & -1 & 2 \\ 1 & -5 & 3 & 0 \end{bmatrix}$

연습문제 25와 26에서는 A의 기약 행사다리꼴을 이용하여 A의 행, 열공간 위로의 정사영에 대한 표준행렬을 찾아라.

25. $A = \begin{bmatrix} 1 & 1 & -1 & -1 \\ 1 & 0 & 1 & 3 \\ 3 & 2 & -1 & 1 \end{bmatrix}$

26. $A = \begin{bmatrix} 1 & 4 & 5 & 6 & 9 \\ 3 & -2 & 1 & 4 & -1 \\ -1 & 0 & -1 & -2 & -1 \\ 2 & 3 & 5 & 7 & 8 \end{bmatrix}$

*연습문제 27과 28에서는 $A\mathbf{x} = \mathbf{b}$가 해를 가지는 것을 보이고 A의 행공간에 있는 해 $\mathbf{x}_{row}$를 구하라. [힌트: **x**가 임의의 해라면, $\mathbf{x}_{row} = \text{proj}_{row(A)}\mathbf{x}$이다(그림 7.7.7).]*

27. $A = \begin{bmatrix} 1 & 2 & -1 & 2 \\ 3 & 1 & 0 & 5 \\ -1 & 3 & -2 & -1 \end{bmatrix}$; $\mathbf{b} = \begin{bmatrix} 0 \\ -1 \\ 1 \end{bmatrix}$

28. $A = \begin{bmatrix} 3 & 0 & 2 & -1 \\ 1 & 4 & 1 & 2 \\ 4 & -8 & 2 & -6 \end{bmatrix}$; $\mathbf{b} = \begin{bmatrix} 4 \\ 0 \\ 8 \end{bmatrix}$

연습문제 29와 30에서는 지시된 평면의 직교여공간 위로의 R^3의 정사영에 대해 표준행렬을 구하라.

29. 연습문제 19의 평면

30. 연습문제 20의 평면

31. $\mathbf{v}_1 = (1, -2, 3, 0)$와 $\mathbf{v}_2 = (3, 4, -1, 2)$에 의해 생성된 R^4의 부분공간의 직교여공간으로의 벡터 $\mathbf{v} = (1, 1, 1, 1)$의 정사영을 구하라.

토론과 발견

D1. (a) 원점을 지나는 직선 위로의 R^n의 정사영에 대한 표준행렬의 계수는 _______이고, 직교여공간 위로의 R^n의 정사영에 대한 표준행렬의 계수는 _______이다.

(b) $n \geq 2$이면, 원점을 지나는 평면 위로의 R^n의 정사영에 대한 표준행렬의 계수는 _______이고, 직교여공간 위로의 R^n의 정사영에 대한 표준행렬의 계수는 _______이다.

D2. 5×5 행렬 P가 어떤 성질을 가지면 이것이 R^5의 삼차원 부분공간 위로의 R^5의 정사영이 되는가?

D3. $\mathbf{a}$가 R^n의 영이 아닌 벡터이고 $\mathbf{x}$가 R^n의 벡터이면

$$q = \sqrt{\|\mathbf{x}\|^2 - \frac{|\mathbf{x} \cdot \mathbf{a}|^2}{\|\mathbf{a}\|^2}}$$

은 기하학적으로 무엇을 나타내는가?

D4. P가 부분공간 W 위로의 R^n의 정사영에 대한 표준행렬이면, 행렬 P^n에 대해 무엇을 말할 수 있는가?

D5. 다음 명제들이 참(T)인지 거짓(F)인지를 판별하고 그 이유를 설명하라.

(a) W가 R^n의 부분공간이면, R^n의 모든 벡터 $\mathbf{u}$에 대해 $\text{proj}_W\mathbf{u}$는 $\text{proj}_{W^\perp}\mathbf{u}$에 수직이다.

(b) $P^2 = P$를 만족시키는 $n \times n$ 행렬 P는 R^n의 어떤 부분공간 위로의 정사영에 대한 표준행렬이다.

(c) $\mathbf{x}$가 선형계 $A\mathbf{x} = \mathbf{b}$의 해라면, $\text{proj}_{\text{row}(A)}\mathbf{x}$ 또한 해이다.

(d) P가 부분공간 W 위로의 R^n의 정사영에 대한 표준행렬이면, $I - P$는 멱등원이다.

(e) $A\mathbf{x} = \mathbf{b}$가 해가 존재하지 않는 선형계이면, $A\mathbf{x} = \text{proj}_{\text{col}(A)}\mathbf{b}$도 해가 존재하지 않는다.

D6. W가 R^n의 부분공간이면, $((W^\perp)^\perp)^\perp$에 대해 무엇을 말할 수 있는가?

D7. 어떤 정사영에 대한 표준행렬이 아니고 계수 1인 3×3 대칭행렬을 구하라.

D8. A가 일차독립 행벡터들을 가지는 $n \times n$ 행렬이라 하자. A의 행공간 위로의 R^n의 정사영에 대한 표준행렬을 구하라.

D9. $n \times n$ 멱등행렬의 가능한 고유값들은 무엇인가?

D10. **(미적분 필요)** 주어진 행렬들에 대해, 선형계 $A\mathbf{x} = \mathbf{b}$가 해를 가지는 것을 확인하고, 일반해 벡터 $\mathbf{x}$의 길이를 최소화하는 계산을 이용하여 행공간 A에 있는 해 $\mathbf{x}_{\text{row}}$를 구하라. 적당한 정사영을 이용하여 구한 답을 확인하라. [*제안*: $\|\mathbf{x}\|$보다 $\|\mathbf{x}\|^2$을 최소화하여 계산을 간단히 할 수 있다.]

$$A = \begin{bmatrix} 1 & -2 & 1 \\ 2 & -5 & 1 \\ 3 & -7 & 2 \end{bmatrix}; \quad \mathbf{b} = \begin{bmatrix} 1 \\ -1 \\ 0 \end{bmatrix}$$

D11. R이 영이 아닌 행렬 A의 기약 행사다리꼴의 영이 아닌 행들로 이루어진 행렬이라 하고 G가 R의 전치행렬이라 하자. 행렬 $G(G^TG)^{-1}G^T$는 무엇을 나타내는가? 답을 설명하라.

증명문제

P1. 식 (15)가 R^n의 선형연산자를 정의하는 것을 증명하라.

P2. 식 (16)에서 영이 아닌 스칼라를 $\mathbf{a}$에 곱하여도 행렬 P는 바뀌지 않음을 증명하라.

P3. P가 제곱이 같고 계수 k를 가지는 $n \times n$ 대칭행렬이라 하자. P가 R^n의 k차원 부분공간 W 위로의 정사영에 대한 표준행렬인 것을 증명하라. [*힌트*: 부분공간 W는 P의 열공간이다. $P(I - P)\mathbf{x} = \mathbf{0}$을 증명하기 위해 R^n의 임의의 벡터 $\mathbf{x}$에 대하여 $\mathbf{x} = P\mathbf{x} + (I - P)\mathbf{x}$로 표현될 수 있다는 사실을 이용하라. 증명을 끝내기 위해 $(I - P)\mathbf{x}$가 $W^\perp$에 있다는 것을 보이고 정리 7.7.4와 식 (24)를 이용하라.]

프로그램 활용 연습문제

T1. **(정사영의 표준행렬)** 대부분의 계산 유틸리티들은 정사영에 대한 특별한 명령을 가지지 않는다. 그래서 여러 가지 명령들을 결합해서 사용한다. 벡터집합 $\{\mathbf{v}_1, \mathbf{v}_2, \cdots, \mathbf{v}_k\}$에 의해 생성된 부분공간 W 위로의 정사영에 대한 표준행렬을 찾기 위한 한 가지 방법은 먼저 W에 대한 기저를 찾는 것이다. 그리고 기저벡터를 열벡터로 가지는 행렬 A를 만든다. 다음에 식 (27)을 사용한다.

(a) 다음 벡터들에 의해 생성된 부분공간 W 위로의 R^4의 정사영에 대한 표준행렬을 구하라.

$\mathbf{v}_1 = (1, 2, 3, -4)$, $\mathbf{v}_2 = (2, 3, -4, 1)$,
$\mathbf{v}_3 = (2, -5, 8, -3)$, $\mathbf{v}_4 = (5, 26, -9, -12)$,
$\mathbf{v}_5 = (3, -4, 1, 2)$

(b) (a)에서 얻은 행렬을 이용하여 $\mathbf{x} = (1, 0, -3, 7)$에 대한 $\text{proj}_W\mathbf{x}$를 찾아라.

(c) (b)의 벡터에 대한 $\text{proj}_{W^\perp}\mathbf{x}$를 구하라.

T2. 다음 선형계가 해를 가지는 것을 확인하라. 그리고 계수행렬의 행공간에 있는 해를 구하라.

$$\begin{aligned} 12x_1 + 14x_2 - 15x_3 + 23x_4 + 27x_5 &= 5 \\ 16x_1 + 18x_2 - 22x_3 + 29x_4 + 37x_5 &= 8 \\ 18x_1 + 20x_2 - 21x_3 + 32x_4 + 41x_5 &= 9 \\ 10x_1 + 12x_2 - 16x_3 + 20x_4 + 23x_5 &= 4 \end{aligned}$$

T3. **(CAS)** 영이 아닌 벡터 $\mathbf{a} = (a_1, a_2, a_3)$에 의해 생성된 직선 위로의 R^3의 정사영에 대한 표준행렬을 계산하기 위해 식 (16)을 이용하고, 결과 행렬이 정리 7.7.6에 언급된 성질들을 가지는지 확인하라.

7.8 최적근사와 최소제곱

R^n의 부분공간 위로의 벡터의 정사영을 찾는 문제는 점과 부분공간 사이의 거리를 찾는 문제와 매우 밀접하다. 이 절에서 이 관계를 공부할 것이고, 이의 선형계에서의 응용을 논의할 것이다.

최소거리문제 우리는 여기에서 다음 문제를 생각할 것이다.

R^n에서의 최소거리문제 R^n의 부분공간 W와 벡터 $\mathbf{b}$가 주어져 있을 때, W 내의 벡터 $\hat{\mathbf{w}}$으로서 W 내의 다른 모든 벡터 $\mathbf{w}$에 대해 $\|\mathbf{b}-\hat{\mathbf{w}}\| < \|\mathbf{b}-\mathbf{w}\|$를 만족시키는 의미에서 $\mathbf{b}$에 가장 가까운 $\hat{\mathbf{w}}$를 찾아라. 그러한 벡터 $\hat{\mathbf{w}}$이 존재한다면, 이것을 **W로부터 $\mathbf{b}$까지의 최적근사**(best approximation)라 부른다(그림 7.8.1).

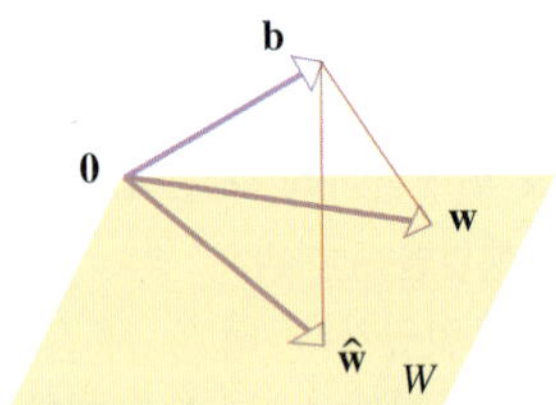

$\hat{\mathbf{w}}$는 W 안의 어떤 다른 벡터 $\mathbf{w}$보다 $\mathbf{b}$에 가깝다.

그림 7.8.1

최소거리문제를 풀기 위한 방법을 만들기 위해 R^3에 초점을 맞추자. 기하학적으로 $\mathbf{b}$가 R^3의 한 점이고 W가 원점을 지나는 평면이면, $\mathbf{b}$에 가장 가까운 W 내의 점 $\hat{\mathbf{w}}$은 $\mathbf{b}$에서 W로 수직선을 그어서 얻을 수 있다. 즉 $\hat{\mathbf{w}} = \text{proj}_W\mathbf{b}$이다. 이로부터 $\mathbf{b}$에서 W까지의 거리는 $d = \|\mathbf{b}-\text{proj}_W\mathbf{b}\|$ 혹은 $d = \|\text{proj}_{W^\perp}\mathbf{b}\|$이고, 이때의 $W^\perp$은 W에 수직인 원점을 지나는 직선이다(그림 7.8.2).

예제 1 R^3의 한 점과 평면 사이의 거리

적당한 정사영을 사용하여 한 점 (x_0, y_0, z_0)과 평면 $ax+by+cz=0$ 사이의 거리 d에 대한 식을 찾아라.

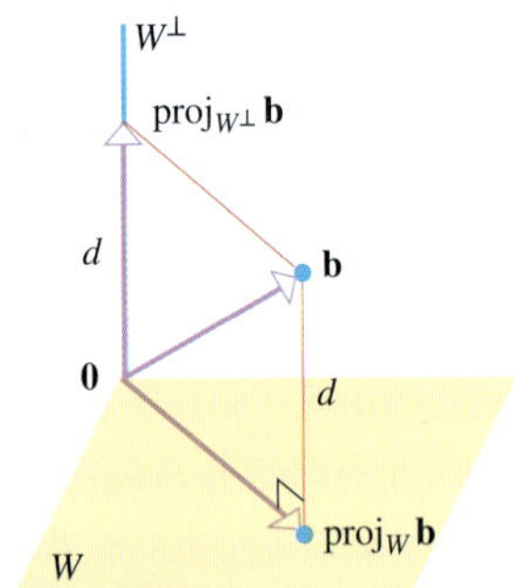

그림 7.8.2

풀이 $\mathbf{b} = (x_0, y_0, z_0)$이라 하고, W가 주어진 평면, 그리고 l이 W에 수직인 원점을 지나는 직선이라 하자(즉 l은 $W^\perp$). 직선 l은 평면의 법선벡터 $\mathbf{n} = (a, b, c)$에 의해 생성되고, 따라서 7.7절의 식 (14)로부터

$$d = \|\text{proj}_{W^\perp}\mathbf{b}\| = \|\text{proj}_{\mathbf{n}}\mathbf{b}\| = \frac{|\mathbf{n}\cdot\mathbf{b}|}{\|\mathbf{n}\|}$$

이 식에 $\mathbf{n}$과 $\mathbf{b}$의 성분을 대입하면

$$d = \frac{|(a,b,c)\cdot(x_0,y_0,z_0)|}{\|(a,b,c)\|} = \frac{|ax_0+by_0+cz_0|}{\sqrt{a^2+b^2+c^2}} \tag{1}$$

그러므로 예를 들면 한 점 $(-1, 5, 4)$에서 평면 $x-2y+3z=0$까지의 거리는 다음과 같다.

$$d = \frac{|ax_0+by_0+cz_0|}{\sqrt{a^2+b^2+c^2}} = \frac{|(1)(-1)+(-2)(5)+(3)(4)|}{\sqrt{1^2+(-2)^2+3^2}} = \frac{1}{\sqrt{14}}$$ ■

이전 논의에 비추어 보면, 다음 정리는 놀라운 것이 아니다.

정리 7.8.1 **(최적근사정리)** *W가 R^n의 부분공간이고, $\mathbf{b}$가 R^n의 한 점이면, W로부터 $\mathbf{b}$까지의 유일한 최적근사가 있다. 즉 $\hat{\mathbf{w}} = \text{proj}_W\mathbf{b}$이다.*

증명 W의 모든 벡터 $\mathbf{w}$에 대하여 다음과 같이 쓸 수 있다.

$$\mathbf{b}-\mathbf{w} = (\mathbf{b}-\text{proj}_W\mathbf{b}) + (\text{proj}_W\mathbf{b}-\mathbf{w})$$

이 방정식의 우변의 두 항은 수직이다(첫 번째 항이 $W^\perp$에 있고, 두 번째 항은 W에 있기 때문에). 그러므로 Pythagoras 정리를 적용하면

$$\|\mathbf{b}-\mathbf{w}\|^2 = \|\mathbf{b}-\text{proj}_W\mathbf{b}\|^2 + \|\text{proj}_W\mathbf{b}-\mathbf{w}\|^2$$

만약 $\mathbf{w} \neq \text{proj}_W\mathbf{b}$이면 이 방정식의 우변의 두 번째 항이 양이므로

$$\|\mathbf{b}-\text{proj}_W\mathbf{b}\|^2 < \|\mathbf{b}-\mathbf{w}\|^2$$

이 식은 $\mathbf{w} \neq \text{proj}_W\mathbf{b}$이면 $\|\mathbf{b}-\text{proj}_W\mathbf{b}\| < \|\mathbf{b}-\mathbf{w}\|$를 의미하고 $\hat{\mathbf{w}} = \text{proj}_W\mathbf{b}$가 W로부터 $\mathbf{b}$까지의 최적근사값이란 것을 말한다. 유일성에 관한 증명은 연습문제로 남겼다. ■

그림 7.8.2에 의해 한 점 $\mathbf{b}$에서 R^n의 부분공간 W까지의 **거리**(distance)를 다음과 같이 정의한다.

$$d = \|\mathbf{b} - \text{proj}_W \mathbf{b}\| \qquad [\mathbf{b}\text{에서 } W\text{까지의 거리}] \tag{2}$$

혹은

$$d = \|\text{proj}_{W^\perp} \mathbf{b}\| \qquad [\mathbf{b}\text{에서 } W\text{까지의 거리}] \tag{3}$$

다음 예제는 예제 1의 결과를 R^n으로 확장한다.

예제 2 한 점에서 초평면까지의 거리

R^n의 한 점 $\mathbf{b} = (b_1, b_2, \cdots, b_n)$에서 초평면 $a_1x_1 + a_2x_2 + \cdots + a_nx_n = 0$까지의 거리 d에 대한 식을 구하라.

풀이 초평면을 W로 표현하자. 이 초평면은 $\mathbf{a} = (a_1, a_2, \cdots, a_n)$의 직교여공간이다. 그래서 정리 7.4.6은 $W^\perp = \text{span}\{\mathbf{a}\}$를 의미한다. 그러므로 식 (3)과 7.7절의 식 (14)는 다음을 의미한다.

$$d = \|\text{proj}_{W^\perp}\mathbf{b}\| = \|\text{proj}_{\mathbf{a}}\mathbf{b}\| = \frac{|\mathbf{a}\cdot\mathbf{b}|}{\|\mathbf{a}\|} = \frac{|a_1b_1 + a_2b_2 + \cdots + a_nb_n|}{\sqrt{a_1^2 + a_2^2 + \cdots + a_n^2}} \tag{4}$$

표기법을 적당히 바꾸면 이 식은 R^3의 식 (1)로 줄어든다. ■

선형계의 최소제곱해

여러 가지 응용에서 선형계 $A\mathbf{x} = \mathbf{b}$는 이론적으로는 해를 가져야 하지만 A 또는 $\mathbf{b}$ 성분의 측정오차로 인해 해가 존재하지 않는 경우가 있다. 이런 경우에 일반적인 과정은 $\|\mathbf{b} - A\mathbf{x}\|$를 최소화함으로써 해에 가능한 한 가까운 벡터들을 찾는 것이다. 따라서 다음 정리를 만든다.

정의 7.8.2 A는 $m \times n$ 행렬이고 $\mathbf{b}$는 R^m의 벡터라면, 만약 R^n의 모든 $\mathbf{x}$에 대하여

$$\|\mathbf{b} - A\hat{\mathbf{x}}\| \le \|\mathbf{b} - A\mathbf{x}\| \tag{5}$$

이면 R^n의 벡터 $\hat{\mathbf{x}}$는 $A\mathbf{x} = \mathbf{b}$의 **최적근사해**(best approximate solution) 혹은 **최소제곱해**(least squares solution)라 한다. 벡터 $\mathbf{b} - A\hat{\mathbf{x}}$는 **최소제곱오차벡터**(least squares error vector)라 하고, 스칼라 $\|\mathbf{b} - A\hat{\mathbf{x}}\|$는 **최소제곱오차**(least squares error)라 한다.

참고 이 정의의 용어를 이해하기 위해, $\mathbf{b} - A\mathbf{x} = (e_1, e_2, \cdots, e_n)$라고 하자. 이 벡터의 성분들은 $\mathbf{x}$가 근사해일 때 개개의 성분에 나타나는 오차들로 해석될 수 있다. 최적근사해는 다음 식을 최소화하므로

$$\|\mathbf{b} - A\mathbf{x}\| = (e_1^2 + e_2^2 + \cdots + e_n^2)^{1/2} \tag{6}$$

이 해는 또한 성분들의 오차의 제곱의 합인 $e_1^2 + e_2^2 + \cdots + e_n^2$를 최소화한다. 따라서 *최소제곱해*이다.

선형계의 최소제곱해 찾기

다음 목적은 n개의 미지수를 가진 m개의 방정식의 선형계 $A\mathbf{x} = \mathbf{b}$의 최소제곱해를 찾기 위한 방법을 개발하는 것이다. 시작하기 위해, R^n의 모든 $\mathbf{x}$에 대하여 $A\mathbf{x}$가 A의 열공간에 있는 것에 유의하라. 따라서

$$A\mathbf{x} = \text{proj}_{\text{col}(A)}\mathbf{b} \tag{7}$$

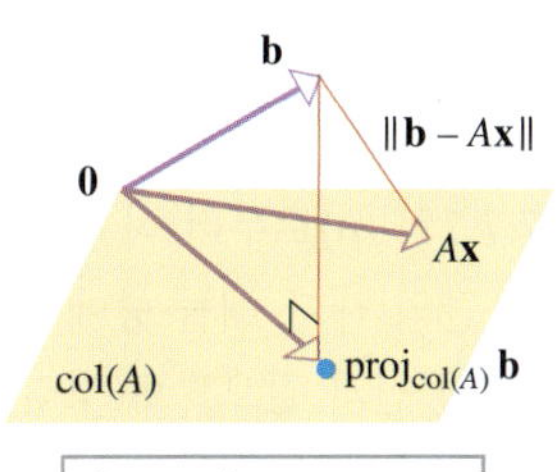

$\|\mathbf{b} - A\mathbf{x}\|$는 $A\mathbf{x} = \text{proj}_{\text{col}(A)}\mathbf{b}$일 때 최소이다.

그림 7.8.3

일 때 $\|\mathbf{b} - A\mathbf{x}\|$는 최소이다(그림 7.8.3). $\text{Proj}_{\text{col}(A)}\mathbf{b}$는 A의 열공간의 벡터이므로, 계 (7)은 해를 가지고 그것의 해들은 $A\mathbf{x} = \mathbf{b}$의 최소제곱해이다. 그러므로 *모든 선형계* $A\mathbf{x} = \mathbf{b}$*는 최소한 하나의 최소제곱해를 가진다*는 것을 알 수 있다.

실제적으로 최소제곱해들은 식 (7)에 의해 좀처럼 얻어지지 않는다. 왜냐하면 이 방정식은 정사영의 계산이 필요 없게 되는 변형된 형태로 다시 쓸 수 있기 때문이다. 이 변형된 식을 어떻게 얻는지 살펴보자. 식 (7)을 다시 쓰면

$$\mathbf{b} - A\mathbf{x} = \mathbf{b} - \text{proj}_{\text{col}(A)}\mathbf{b} \tag{8}$$

그리고 양변에 A^T를 곱하여 다음 식을 얻는다.

$$A^T(\mathbf{b} - A\mathbf{x}) = A^T(\mathbf{b} - \text{proj}_{\text{col}(A)}\mathbf{b}) \tag{9}$$

col(A)의 직교여공간은 null(A^T)이므로, 7.7절의 식 (24)로부터

$$\mathbf{b} - \text{proj}_{\text{col}(A)}\mathbf{b} = \text{proj}_{\text{null}(A^T)}\mathbf{b}$$

이것은 $\mathbf{b} - \text{proj}_{\text{col}(A)}b$가 A^T의 영공간에 있다는 것을 의미하고, 따라서

$$A^T(\mathbf{b} - \text{proj}_{\text{col}(A)}\mathbf{b}) = \mathbf{0}$$

그러므로 식 (9)는 $A^T(\mathbf{b} - A\mathbf{x}) = \mathbf{0}$이나 또는

$$A^TA\mathbf{x} = A^T\mathbf{b} \tag{10}$$

로 쓸 수 있다. 이것은 $A\mathbf{x} = \mathbf{b}$와 연관된 **정규방정식**(normal equation) 혹은 **정규계**(normal system)라고 부른다. 식 (10)의 각각의 방정식들은 $A\mathbf{x} = \mathbf{b}$와 연관된 **정규방정식**들이라 부른다. 이 결론을 이용하여, $A\mathbf{x} = \mathbf{b}$의 최소제곱해들을 찾는 문제는 연관된 정규계를 엄밀하게 푸는 문제로 줄일 수 있다. 다음 정리는 정규방정식의 해에 관한 기본적인 사실들을 말하고 있다.

정리 7.8.3

(*a*) *선형계* $A\mathbf{x} = \mathbf{b}$*의 최소제곱해들은 정규방정식의 엄밀한(exact) 해들이다.*

$$A^TA\mathbf{x} = A^T\mathbf{b} \tag{11}$$

(*b*) *만약 A가 전열계수를 가지면, 정규방정식은 다음과 같은 유일한 해를 가진다.*

$$\hat{\mathbf{x}} = (A^TA)^{-1}A^T\mathbf{b} \tag{12}$$

(*c*) *만약 A가 전열계수를 가지지 않는다면, 정규방정식은 무한히 많은 해를 가지지만, A의 행공간에는 유일한 해가 있다. 더욱이 정규방정식의 모든 해 중에서 A의 행공간의 해는 가장 작은 놈(norm)을 갖는다.*

증명 (*a*) 이미 $A\mathbf{x} = \mathbf{b}$의 모든 최소재곱해가 식 (11)을 만족시키는 것을 보였다. 반대로 $\mathbf{x}$가 식 (11)을 만족시키면, 이 벡터는 또한 다음 방정식을 만족시킨다.

$$A^T(\mathbf{b} - A\mathbf{x}) = \mathbf{0}$$

이것은 $\mathbf{b} - A\mathbf{x}$가 A^T의 행벡터들에 수직인 것을 의미하고, 그러므로 A의 열벡터들에도, 따라서 A의 열공간에도 수직이다. 다음 방정식

$$\mathbf{b} = A\mathbf{x} + (\mathbf{b} - A\mathbf{x})$$

는 $\mathbf{b}$를 col(A)의 벡터와 col(A)에 수직인 벡터의 합으로 표현하는데, 이것은 정리 7.7.4에 의해 $A\mathbf{x} = \text{proj}_{\text{col}(A)}\mathbf{b}$를 의미한다. 그러므로 $\mathbf{x}$는 $A\mathbf{x} = \mathbf{b}$의 최소제곱해이다.

증명 (*b*) A가 전열계수를 가지면, 정리 7.5.10에 의해 A^TA는 가역이다. 그래서 식 (12)는 식 (11)의 유일한 해이다.

증명 (*c*) A가 전열계수를 가지지 않는다면 A^TA는 가역이 아니다(정리 7.5.10). 그래서 식 (11)은 계수행렬이 전열계수를 가지지 않는 해가 존재하는 선형계이다. 이러한 경우, 정리 7.7.7의 (*b*)로부터 식 (11)은 무한히 많은 해를 가지지만 A^TA의 행공간에 유일한 해를 가지며, A^TA의 행공간의 해가 해들 중에서 가장 작은 놈(norm)을 가지는 해라는 것을 말한다. 그러나 A^TA의 행공간이 A의 행공간과 같으므로(정리 7.5.8), 정리의 마지막 주장을 증명하였다. ■

개념문제 A가 가역이면, 식 (12)가 $\mathbf{x} = A^{-1}\mathbf{b}$로 간단하게 되는 것을 보이고, 어떻게 이렇게 되는지를 설명하라.

▶ 예제 3 다음 선형계의 최소제곱해를 구하라.

최소제곱해

$$\begin{aligned} x_1 - x_2 &= 4 \\ 3x_1 + 2x_2 &= 1 \\ -2x_1 + 4x_2 &= 3 \end{aligned}$$

풀이 다음 계의 행렬 형태는 $A\mathbf{x} = \mathbf{b}$이다. 여기서

$$A = \begin{bmatrix} 1 & -1 \\ 3 & 2 \\ -2 & 4 \end{bmatrix}, \quad \mathbf{b} = \begin{bmatrix} 4 \\ 1 \\ 3 \end{bmatrix}$$

A의 열들이 다른 열의 스칼라배수가 아니므로, 행렬은 전열계수를 가진다. 그러므로 정리 7.8.3으로부터 식 (12)에 의해 최소제곱해가 존재한다. 다음을 확인하라.

$$A^TA = \begin{bmatrix} 1 & 3 & -2 \\ -1 & 2 & 4 \end{bmatrix} \begin{bmatrix} 1 & -1 \\ 3 & 2 \\ -2 & 4 \end{bmatrix} = \begin{bmatrix} 14 & -3 \\ -3 & 21 \end{bmatrix}$$

$$(A^TA)^{-1} = \begin{bmatrix} 14 & -3 \\ -3 & 21 \end{bmatrix}^{-1} = \begin{bmatrix} \frac{21}{285} & \frac{3}{285} \\ \frac{3}{285} & \frac{14}{285} \end{bmatrix}$$

$$\hat{\mathbf{x}} = (A^TA)^{-1}A^T\mathbf{b} = \begin{bmatrix} \frac{21}{285} & \frac{3}{285} \\ \frac{3}{285} & \frac{14}{285} \end{bmatrix} \begin{bmatrix} 1 & 3 & -2 \\ -1 & 2 & 4 \end{bmatrix} \begin{bmatrix} 4 \\ 1 \\ 3 \end{bmatrix} = \begin{bmatrix} \frac{21}{285} & \frac{3}{285} \\ \frac{3}{285} & \frac{14}{285} \end{bmatrix} \begin{bmatrix} 1 \\ 10 \end{bmatrix} = \begin{bmatrix} \frac{17}{95} \\ \frac{143}{285} \end{bmatrix}$$

그러므로 최소제곱해는 다음과 같다.

$$x_1 = \frac{17}{95}, \quad x_2 = \frac{143}{285}$$ ■

최소제곱오차벡터들의 직교 특성

다음 예를 보기 전에, 최소제곱오차벡터들의 몇 가지 특성을 살펴보는 것은 도움이 될 것이다. 이를 위해 선형계 $A\mathbf{x} = \mathbf{b}$를 고려해 보자. 7.7절의 식 (30)으로부터 $\mathbf{b}$를 다음과 같이 쓸 수 있다는 것을 알 수 있다.

$$\mathbf{b} = \text{proj}_{\text{col}(A)}\mathbf{b} + \text{proj}_{\text{null}(A^T)}\mathbf{b}$$

이로부터 다음 식이 얻어진다.

$$\mathbf{b} - A\mathbf{x} = (\text{proj}_{\text{col}(A)}\mathbf{b} - A\mathbf{x}) + \text{proj}_{\text{null}(A^T)}\mathbf{b} \tag{13}$$

그러나 식 (7)로부터 $\mathbf{x}$가 $A\mathbf{x} = \mathbf{b}$의 최소제곱해가 되기 위한 필요충분조건이

$$\text{proj}_{\text{col}(A)}\mathbf{b} - A\mathbf{x} = \mathbf{0}$$

인 것을 알 수 있다. 이것과 식 (13)에 의해서 $\hat{\mathbf{x}}$이 $A\mathbf{x} = \mathbf{b}$의 최소제곱해가 될 필요충분조건은

$$\mathbf{b} - A\hat{\mathbf{x}} = \text{proj}_{\text{null}(A^T)}\mathbf{b} \tag{14}$$

이 된다. 이것은 $A\mathbf{x} = \mathbf{b}$의 모든 최소제곱해 $\hat{\mathbf{x}}$는 같은 오차벡터를 가지는 것을 보여준다. 즉

$$\text{최소제곱오차벡터} = \mathbf{b} - A\hat{\mathbf{x}} = \text{proj}_{\text{null}(A^T)}\mathbf{b} \tag{15}$$

그러므로 최소제곱오차는 다음과 같이 쓸 수 있다.

$$\text{최소제곱오차} = \|\mathbf{b} - A\hat{\mathbf{x}}\| = \|\text{proj}_{\text{null}(A^T)}\mathbf{b}\| \tag{16}$$

더욱이 최소제곱오차벡터는 $\text{null}(A^T)$에 있고, 이 공간은 $\text{col}(A)$에 수직이므로 다음 결론을 얻는다.

정리 7.8.4 *벡터 $\hat{\mathbf{x}}$이 $A\mathbf{x} = \mathbf{b}$의 최소제곱해가 되기 위한 필요충분조건은 오차벡터 $\mathbf{b} - A\hat{\mathbf{x}}$이 A의 열공간에 수직인 것이다.*

예제 4 최소제곱해와 최소제곱오차벡터

다음 선형계에 대한 최소제곱해와 최소제곱오차를 구하라.

$$\begin{aligned} 3x_1 + 2x_2 - x_3 &= 2 \\ x_1 - 4x_2 + 3x_3 &= -2 \\ x_1 + 10x_2 - 7x_3 &= 1 \end{aligned}$$

풀이 선형계의 행렬형태는 $A\mathbf{x} = \mathbf{b}$이다. 여기서

$$A = \begin{bmatrix} 3 & 2 & -1 \\ 1 & -4 & 3 \\ 1 & 10 & -7 \end{bmatrix}, \quad \mathbf{b} = \begin{bmatrix} 2 \\ -2 \\ 1 \end{bmatrix}$$

계산 없이 살펴보는 정도로는 A가 전열계수를 가지는지가 확실하지 않으므로(실제로는 전열계수를 가지지 않는다), 대응되는 정규계 $A^TA\mathbf{x} = A^T\mathbf{b}$를 풀 것이다. 다음 결과를 확인하라.

$$A^TA = \begin{bmatrix} 11 & 12 & -7 \\ 12 & 120 & -84 \\ -7 & -84 & 59 \end{bmatrix}, \quad A^T\mathbf{b} = \begin{bmatrix} 5 \\ 22 \\ -15 \end{bmatrix}$$

그러므로 정규계에 붙인 행렬은 다음과 같다.

$$\left[\begin{array}{ccc|c} 11 & 12 & -7 & 5 \\ 12 & 120 & -84 & 22 \\ -7 & -84 & 59 & -15 \end{array}\right]$$

이 행렬의 기약 행사다리꼴이 다음과 같다는 것을 확인하라.

$$\left[\begin{array}{ccc|c} 1 & 0 & \frac{1}{7} & \frac{2}{7} \\ 0 & 1 & -\frac{5}{7} & \frac{13}{84} \\ 0 & 0 & 0 & 0 \end{array}\right]$$

그러므로 무한히 많은 최소제곱해가 있다. 그들은 다음과 같다.

$$\begin{aligned} x_1 &= \tfrac{2}{7} - \tfrac{1}{7}t \\ x_2 &= \tfrac{13}{84} + \tfrac{5}{7}t \\ x_3 &= t \end{aligned}$$

모든 최소제곱해가 동일한 최소제곱오차벡터와 동일한 최소제곱오차를 가지는 것을 확인하라. 이를 보이기 위해 먼저 다음을 계산한다.

$$\mathbf{b} - A\mathbf{x} = \begin{bmatrix} 2 \\ -2 \\ 1 \end{bmatrix} - \begin{bmatrix} 3 & 2 & -1 \\ 1 & -4 & 3 \\ 1 & 10 & -7 \end{bmatrix} \begin{bmatrix} \frac{2}{7} - \frac{1}{7}t \\ \frac{13}{84} + \frac{5}{7}t \\ t \end{bmatrix} = \begin{bmatrix} 2 \\ -2 \\ 1 \end{bmatrix} - \begin{bmatrix} \frac{7}{6} \\ -\frac{1}{3} \\ \frac{11}{6} \end{bmatrix} = \begin{bmatrix} \frac{5}{6} \\ -\frac{5}{3} \\ -\frac{5}{6} \end{bmatrix}$$

$\mathbf{b} - A\mathbf{x}$가 t에 의존하지 않으므로, 모든 최소제곱해는 같은 오차벡터를 생성한다. 그 결과 최소제곱오차는

$$\|\mathbf{b} - A\mathbf{x}\| = \sqrt{\left(\tfrac{5}{6}\right)^2 + \left(-\tfrac{5}{3}\right)^2 + \left(-\tfrac{5}{6}\right)^2} = \tfrac{5}{6}\sqrt{6}$$

정리 7.8.4와 같이 오차벡터가 다음 행렬의 열벡터들에 수직인 것을 확인하라.

$$A = \begin{bmatrix} 3 & 2 & -1 \\ 1 & -4 & 3 \\ 1 & 10 & -7 \end{bmatrix}$$

■

최소제곱문제의 Strang 도표 그림 7.8.4의 Strang 도표는 선형계 $A\mathbf{x} = \mathbf{b}$의 최소제곱해에 관해 지금까지 논의하였던 몇 가지 생각들을 표현한다. 그 그림에서 $\mathbf{b}$를 직교 항들의 합으로 나누었다.

$$\mathbf{b} = \text{proj}_{\text{col}(A)}\mathbf{b} + \text{proj}_{\text{null}(A^T)}\mathbf{b}$$

이 합의 항들은 최소제곱문제에서 중요하다. 왜냐하면 식 (7)로부터 각각의 최소제곱해 $\hat{\mathbf{x}}$는

$$A\hat{\mathbf{x}} = \text{proj}_{\text{col}(A)}\mathbf{b}$$

를 만족시키고 식 (15)로부터 오차벡터는

$$\mathbf{b} - A\hat{\mathbf{x}} = \text{proj}_{\text{null}(A^T)}\mathbf{b}$$

을 만족시키는 것을 알고 있기 때문이다. 그림 7.8.4a의 Strang 도표는 A가 전열계수를 가지지 않는 경우를 나타낸다. 이 경우 무수히 많은 최소제곱해가 있다. 그러나 A의 행공간에 유일한 최소제곱해 $\hat{\mathbf{x}}_{\text{row}}$가 존재하고, 이 최소제곱해는 최소놈(norm)을 가진다. 그림 7.8.4b의 Strang 도표는 A가 전열계수를 가지는 경우를 나타낸다. 이 경우 $\text{null}(A) = \{\mathbf{0}\}$이고, 따라서 null($A$)를 나타내는 수직선은 한 점이 되고, $\hat{\mathbf{x}}_{\text{row}}$는 유일한 최소제곱해이다.

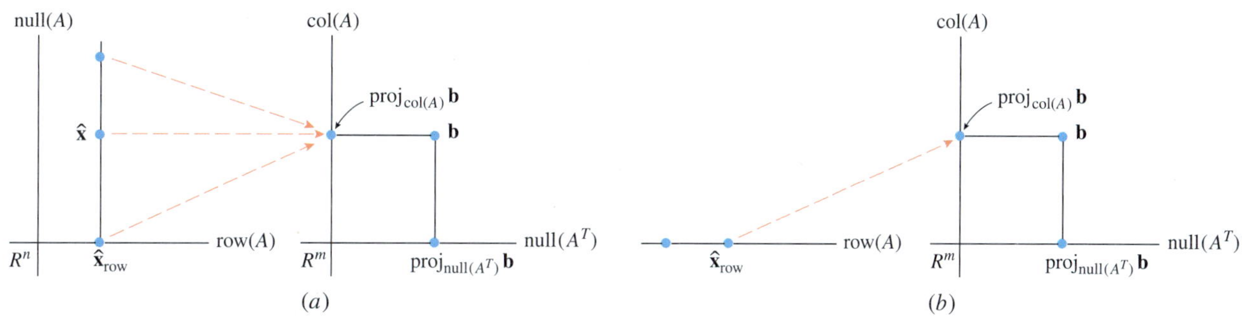

그림 7.8.4

실험 데이터에 곡선 맞추기 실험 작업에서 보편적으로 나타나는 문제는 실험에 의해 주어지는 x와 y의 값에 대응되는 평면상의 점, 예를 들어

$$(x_1, y_1), (x_2, y_2), \ldots, (x_n, y_n)$$

에 특별한 형태의 곡선 $y = f(x)$를 '맞추어서' 두 변수 x와 y 사이의 수학적 관계를 찾아내는 것이다. 곡선 $y = f(x)$는 데이터에 대한 **수학적 모델**(mathematical model)이라고 한다. 함수 f의 형태는 때때로 물리적인 이론과 데이터의 형태로 결정된다. 예를 들면 그림 7.8.5는 다항식 모델을 제시하는 몇 가지 데이터의 형태를 보인다. 일단 함수의 형태가 결정되면, 계수의 값들을 결정하는 방법은 데이터에 가능한 한 가깝게 함수의 그래프를 만드는 것이다. 이 절에서는 전적으로 다항식 모델만을 고려할 것이다. 하지만 연습문제에서 다른 여러 가지 수학적 모델들을 논의할 것이다.

먼저 선형모델을 가지고 시작할 것이다(1차 다항식). 이를 위해 x와 y를 주어진 변수라 하고, 이 변수들이 다음과 같은 선형방정식을 만족시킬 만한 충분한 증거가 있다고 가정하자.

$$y = a + bx \tag{17}$$

이때 a와 b는 다음의 둘 혹은 그 이상의 데이터 점들에 의해 결정된다.

$$(x_1, y_1), (x_2, y_2), \ldots, (x_n, y_n)$$

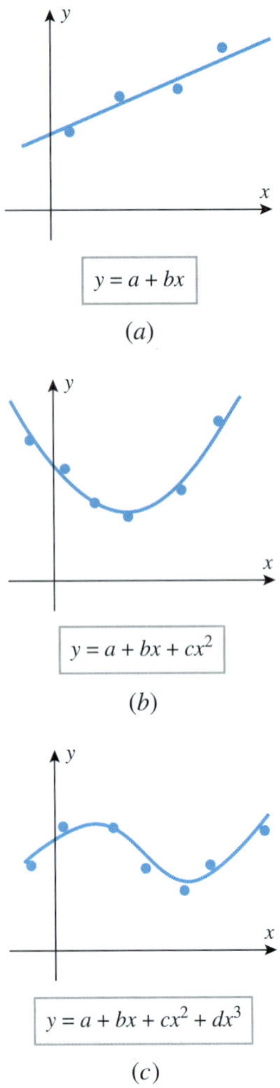

그림 7.8.5

만약 데이터가 정확히 한 직선에 떨어진다면, 각 점의 좌표계들은 식 (17)을 만족시킬 것이고, 미지 계수들은 선형계의 해가 될 것이다.

$$\begin{aligned} y_1 &= a + bx_1 \\ y_2 &= a + bx_2 \\ &\vdots \\ y_n &= a + bx_n \end{aligned} \tag{18}$$

이 계를 행렬 형태로 표현하면

$$\begin{bmatrix} 1 & x_1 \\ 1 & x_2 \\ \vdots & \vdots \\ 1 & x_n \end{bmatrix} \begin{bmatrix} a \\ b \end{bmatrix} = \begin{bmatrix} y_1 \\ y_2 \\ \vdots \\ y_n \end{bmatrix} \tag{19}$$

혹은 더 간결하게

$$M\mathbf{v} = \mathbf{y} \tag{20}$$

여기에서

$$M = \begin{bmatrix} 1 & x_1 \\ 1 & x_2 \\ \vdots & \vdots \\ 1 & x_n \end{bmatrix}, \quad \mathbf{v} = \begin{bmatrix} a \\ b \end{bmatrix}, \quad \mathbf{y} = \begin{bmatrix} y_1 \\ y_1 \\ \vdots \\ y_n \end{bmatrix} \tag{21}$$

만약 데이터에 측정오차가 있다면, 데이터 점은 일반적으로 직선 위에 있지 않다. 그리고 식 (20)은 해를 갖지 않는다. 이 경우에 정규계를 풀어서 a와 b의 값에 대한 최소제곱근사를 찾는다.

$$M^TM\mathbf{v} = M^T\mathbf{y} \tag{22}$$

만약 데이터 점들의 x 좌표가 모두 같지 않다면, M은 계수 2(전열계수)를 가질 것이고, 정규계는 유일한 최소제곱해를 가질 것이다.

$$\mathbf{v} = (M^TM)^{-1}M^T\mathbf{y} \tag{23}$$

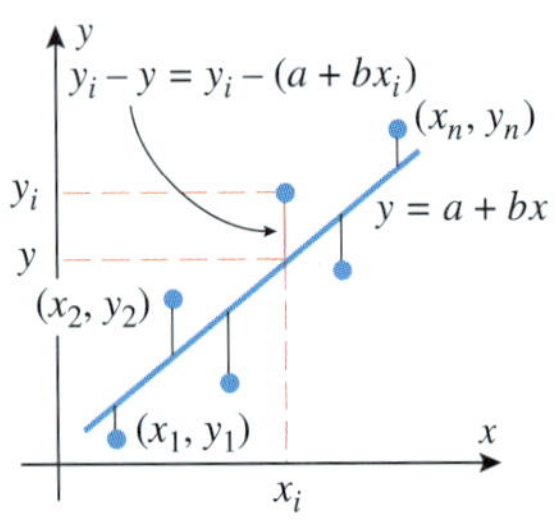

그림 7.8.6

이 풀이로부터 직선 $y = a + bx$를 데이터에 가장 잘 맞는 **최소제곱직선**(least squares line of best fit) 또는 **회귀직선**(regression line)이라 부른다. 식 (18)의 방정식들을 참조하여 이 직선이 다음 값을 최소화하는 것을 알 수 있다.

$$S = [y_1 - (a + bx_1)]^2 + [y_2 - (a + bx_2)]^2 + \cdots + [y_n - (a + bx_n)]^2 \tag{24}$$

식 (24)에서 대괄호 안에 있는 두 값의 차이를 **잔차**(residual)라 한다. 다시 정리하면 가장 잘 맞는 최소제곱직선은 잔차들의 제곱의 합을 최소화한다(그림 7.8.6).

예제 5

네 점 (0, 1), (1, 3), (2, 4), (3, 4)에 가장 잘 맞는 최소제곱직선을 찾아라.

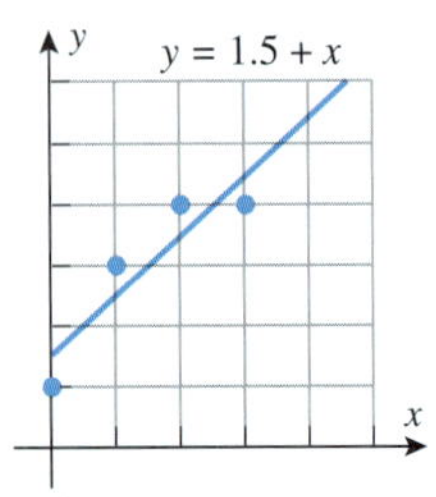

그림 7.8.7

풀이 식 (21)의 행렬 M과 y를 만들기 위해 데이터를 사용하는 것이 첫 번째 순서이다.

$$M = \begin{bmatrix} 1 & 0 \\ 1 & 1 \\ 1 & 2 \\ 1 & 3 \end{bmatrix}, \quad \mathbf{y} = \begin{bmatrix} 1 \\ 3 \\ 4 \\ 4 \end{bmatrix}$$

> ## 역사 속의 선형대수
>
> 1991년 10월 5일, *Magellan spacecraft* 우주선이 금성의 대기권으로 들어갔고 약 34 km의 고도에서 우주선의 신호가 두절될 때까지 온도 T (K: kelvin) 대 고도 h (km)로 항해하였다. 초기의 불규칙한 신호를 무시하면, 데이터는 선형적 관계가 강하다는 것을 알 수 있다. 그래서 최소제곱직선을 데이터의 선형 부분에 적용하여 다음 식을 얻었다.
>
> $$T = 737.5 - 8.125h$$
>
> 이 방정식에서 $h = 0$로 하면, 금성의 표면 온도는 $T \approx 737.5$ K로 추정된다.
>
> 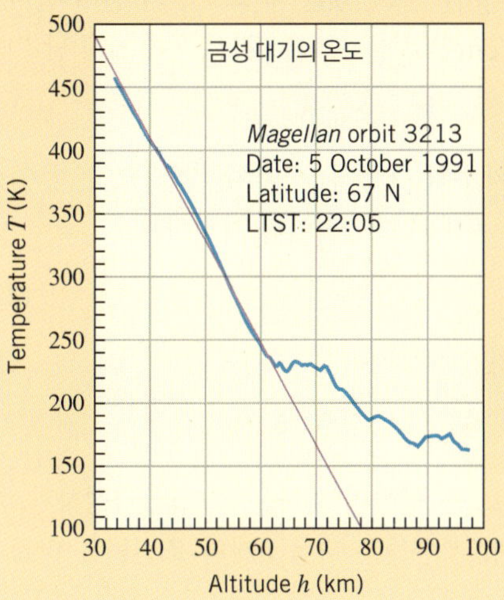
>
>
> *출처*: NASA

데이터 점들의 x 좌표가 모두 같지 않으므로, 정규계는 유일한 해를 가지고 가장 잘 맞는 최소제곱직선에 대한 계수들은 식 (23)으로부터 얻을 수 있다. 다음에 얻은 값들을 확인하라.

$$M^TM = \begin{bmatrix} 1 & 1 & 1 & 1 \\ 0 & 1 & 2 & 3 \end{bmatrix}\begin{bmatrix} 1 & 0 \\ 1 & 1 \\ 1 & 2 \\ 1 & 3 \end{bmatrix} = \begin{bmatrix} 4 & 6 \\ 6 & 14 \end{bmatrix}, \quad (M^TM)^{-1} = \begin{bmatrix} \frac{7}{10} & -\frac{3}{10} \\ -\frac{3}{10} & \frac{2}{10} \end{bmatrix}$$

그러므로 식 (23)을 적용하면

$$\mathbf{v} = \begin{bmatrix} a \\ b \end{bmatrix} = (M^TM)^{-1}M^T\mathbf{y} = \begin{bmatrix} \frac{7}{10} & -\frac{3}{10} \\ -\frac{3}{10} & \frac{2}{10} \end{bmatrix}\begin{bmatrix} 1 & 1 & 1 & 1 \\ 0 & 1 & 2 & 3 \end{bmatrix}\begin{bmatrix} 1 \\ 3 \\ 4 \\ 4 \end{bmatrix} = \begin{bmatrix} \frac{3}{2} \\ 1 \end{bmatrix} = \begin{bmatrix} 1.5 \\ 1 \end{bmatrix}$$

a와 b의 근사값은 $a = 1.5$와 $b = 1$이고, 데이터에 가장 잘 맞는 최소제곱직선은 $y = 1.5 + x$이다. 이 직선과 데이터 점들은 그림 7.8.7에 표시되었다.

다른 풀이 연습문제에서 식 (21)과 (22)를 이용하여 정규계가 다음과 같이 데이터 점들의 좌표들로 표현될 수 있는 것을 보여야 할 것이다.

$$\begin{bmatrix} n & \Sigma x_i \\ \Sigma x_i & \Sigma x_i^2 \end{bmatrix}\begin{bmatrix} a \\ b \end{bmatrix} = \begin{bmatrix} \Sigma y_i \\ \Sigma x_i y_i \end{bmatrix} \tag{25}$$

여기서 Σ는 1에서 n까지 변하는 i의 합을 표현한다. 주어진 데이터에 대하여

$$\Sigma x_i = x_1 + x_2 + x_3 + x_4 = 0 + 1 + 2 + 3 = 6$$
$$\Sigma x_i^2 = x_1^2 + x_2^2 + x_3^2 + x_4^2 = 0 + 1 + 4 + 9 = 14$$
$$\Sigma y_i = y_1 + y_2 + y_3 + y_4 = 1 + 3 + 4 + 4 = 12$$
$$\Sigma x_i y_i = x_1y_1 + x_2y_2 + x_3y_3 + x_4y_4 = (0)(1) + (1)(3) + (2)(4) + (3)(4) = 23$$

따라서 식 (25)로부터 정규계는

$$\begin{bmatrix} 4 & 6 \\ 6 & 14 \end{bmatrix}\begin{bmatrix} a \\ b \end{bmatrix} = \begin{bmatrix} 12 \\ 23 \end{bmatrix} \tag{26}$$

이 된다. 이 계의 해도 역시 $a = 1.5$, $b = 1$이 됨을 각자 확인해 보라. ■

▶ 예제 6
Hooke 법칙의 최소제곱 응용

물리학의 Hooke 법칙으로부터 질량이 x인 물체가 스프링에 매달려 있다면(그림 7.8.8), 적당한 조건들 하에서 스프링은 x에 대하여 선형방정식 $y = a + bx$로 주어지는 길이 y만큼 늘어날 것이다. 상수 a는 어떠한 물체도 연결되지 않았을 때의 스프링의 길이이므로 스프링의 **원래 길이**(natural length)이다. 상수 $k = 1/b$는 스프링의 **강성**(stiffness)이라 하는데, 강성이 강할수록 b는 작아지고 따라서 주어진 무게에 대해 스프링이 덜 늘어날 것이다.

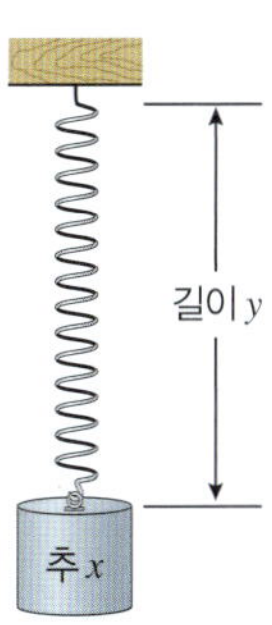

그림 7.8.8

다음 표는 다섯 개의 추를 뉴턴 단위로 측정한 값과 이에 대응하는 스프링의 길이를 센티미터(cm)로 나타내었다. 스프링의 원래 길이와 강성을 추정하기 위해 데이터에 가장 잘 맞는 최소제곱직선을 사용하라.

추 x (N)	1.0	2.0	1.0	6.0	8.0
길이 y (cm)	6.9	7.6	8.7	10.4	11.6

풀이 정규계를 찾기 위해 식 (25)를 이용할 것이다. 여기 계산 결과를 정렬하는 편리한 방법이 있다.

x_i	y_i	x_i^2	x_iy_i
1.0	6.9	1.0	6.9
2.0	7.6	4.0	15.2
4.0	8.7	16.0	34.8
6.0	10.4	36.0	62.4
8.0	11.6	64.0	92.8
$\Sigma x_i = 21.0$	$\Sigma y_i = 45.2$	$\Sigma x_i^2 = 121.0$	$\Sigma x_i y_i = 212.1$

식 (25)의 합들을 대입하면 정규계를 얻는다.

$$\begin{bmatrix} 5 & 21.0 \\ 21.0 & 121.0 \end{bmatrix}\begin{bmatrix} a \\ b \end{bmatrix} = \begin{bmatrix} 45.2 \\ 212.1 \end{bmatrix}$$

이 계를 푸는 것과, 최소제곱에 의한 근사를 소수점 이하 한 자리까지 계산했을 때 스프링의 원래 길이가 $a = 6.2$ cm이고, 강성의 최소제곱 근사값이 $k = 1/b = 1.5\ N/\text{cm}$인 것을 보이는 것은 독자에게 남긴다. ■

고차다항식에 의한 최소제곱해

직선을 데이터에 맞추는 기술은 데이터 점들의 집합에 지정된 차수의 다항식을 맞추는 것으로 쉽게 일반화된다. 이 아이디어를 설명하기 위해 우리가 원하는 것이 다음 형태의 다항식이라 가정하자.

$$y = a_0 + a_1x + \cdots + a_mx^m \tag{27}$$

이 식의 그래프는 n개의 데이터 점들을 가능한 한 가깝게 지난다.

$$(x_1, y_1), (x_2, y_2), \ldots, (x_n, y_n)$$

여기서 m은 지정된 것이고 계수 $a_0, a_1, \cdots, a_m$은 구하여야 하는 것이라 가정하자. 데이터 점들을 정확히 지나는 다항식에 대하여, 계수들은 다음 n개의 조건들을 만족시킨다.

$$\begin{aligned} y_1 &= a_0 + a_1x_1 + a_2x_1^2 + \cdots + a_mx_1^m \\ y_2 &= a_0 + a_1x_2 + a_2x_2^2 + \cdots + a_mx_2^m \\ &\vdots \\ y_n &= a_0 + a_1x_n + a_2x_n^2 + \cdots + a_mx_n^m \end{aligned}$$

이것은 $m+1$개의 미지수 $a_0, a_1, \cdots, a_m$을 가진 n 방정식의 선형계이다. 이 계를 행렬 형태로 쓰면

$$\begin{bmatrix} 1 & x_1 & x_1^2 & \cdots & x_1^m \\ 1 & x_2 & x_2^2 & \cdots & x_2^m \\ \vdots & \vdots & \vdots & & \vdots \\ 1 & x_n & x_n^2 & \cdots & x_n^m \end{bmatrix}\begin{bmatrix} a_0 \\ a_1 \\ \vdots \\ a_m \end{bmatrix} = \begin{bmatrix} y_1 \\ y_2 \\ \vdots \\ y_n \end{bmatrix}$$

혹은 더 간단하게

$$M\mathbf{v} = \mathbf{y} \tag{28}$$

여기서

역사 속의 선형대수

최소제곱의 기술은 1795년 독일의 수학자 Carl Friedrich Gauss에 의해 개발되었다. 이 방법에 대한 Gauss의 응용에 대해 극적이라고 표현하는 것이 결코 과장된 것은 아니다. 1801년 이탈리아 천문학자 Giuseppi Piazzi는 소행성 Ceres를 발견했고 태양 속으로 사라지기 전 그것의 궤도 1/40을 관찰했다. Piazzi의 세 번의 관찰과 최소제곱 방법을 이용하여 Gauss는 궤도를 계산했지만, 그의 결과는 다른 천문학 대가들의 결과와는 확연히 달랐다. 놀랍게도 다음 해에 Ceres는 Gauss가 예상했던 정확한 위치에 다시 나타났다. 이 결과로 Gauss는 유럽 최고의 수학자로 인정받게 되었다.

$$M = \begin{bmatrix} 1 & x_1 & x_1^2 & \cdots & x_1^m \\ 1 & x_2 & x_2^2 & \cdots & x_2^m \\ \vdots & \vdots & \vdots & & \vdots \\ 1 & x_n & x_n^2 & \cdots & x_n^m \end{bmatrix}, \quad \mathbf{v} = \begin{bmatrix} a_0 \\ a_1 \\ \vdots \\ a_m \end{bmatrix}, \quad \mathbf{y} = \begin{bmatrix} y_1 \\ y_2 \\ \vdots \\ y_n \end{bmatrix} \tag{29}$$

특별히 $m = n - 1$이고 x 좌표가 모두 다른 경우, 정리 2.3.1은 정확히 점들을 지나는 유일한 m차 다항식의 그래프가 존재하는 것을 암시한다. 이 경우 식 (28)은 해를 가지며, 더 나아가 유일한 해를 가진다. 하지만 만약 $m < n - 1$이면, 모든 점들을 지나는 식 (27) 형태의 곡선을 찾기는 불가능하다. 이러한 경우 계 (28)은 해가 존재하지 않기 때문에 최소제곱해를 받아들이는 것으로 만족해야 한다. 선형인 경우처럼, 정규계를 풀어서 최소제곱해를 찾을 수 있다.

$$M^TM\mathbf{v} = M^T\mathbf{y} \tag{30}$$

연습문제에서 $m < n$이고 적어도 $m + 1$개 데이터의 x 좌표가 다르다면, M은 전열계수를 가지고 식 (30)은 유일한 해를 가진다는 것을 증명할 것이다.

$$\mathbf{v} = (M^TM)^{-1}M^T\mathbf{y} \tag{31}$$

예제 7 뉴턴 제2법칙에 대한 최소제곱 응용

뉴턴 제2법칙에 의해, 지구 표면 근처의 물체는 수직으로 떨어질 때 다음 방정식을 만족시킨다.

$$y = y_0 + v_0t + \tfrac{1}{2}gt^2 \tag{32}$$

여기에서

y = 아래 방향을 가리키는 수직인 y축의 원점에 대한 물체의 좌표(그림 7.8.9)
y_0 = 초기 시점 $t = 0$에서의 물체의 좌표
v_0 = 초기 시점 $t = 0$에서의 물체의 속도
g = **중력가속도**(acceleration due to gravity)*로서 상수

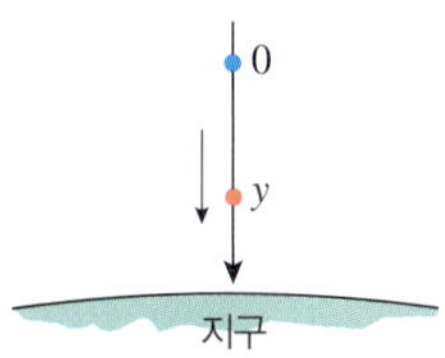

그림 7.8.9

초기 변위(displacement), 물체가 떨어지는 속도와 상수 g는 여러 시간에서 측정한 위치에 의해 실험적으로 결정된다고 가정한다. 다음 표의 데이터로부터 y_0, v_0, g의 최소제곱추정을 구하라.

시간 t (초)	0.10	0.20	0.30	0.40	0.50
변위 y (feet)	−0.18	0.31	1.03	2.48	3.73

풀이 식 (29)의 행렬 M, $\mathbf{v}$, $\mathbf{y}$를 얻기 위해 데이터를 이용하는 것이 첫 번째 과정이다. 성분들의 표기법을 적당히 조절하여 다음을 얻는다.

$$M = \begin{bmatrix} 1 & t_1 & t_1^2 \\ 1 & t_2 & t_2^2 \\ 1 & t_3 & t_3^2 \\ 1 & t_4 & t_4^2 \\ 1 & t_5 & t_5^2 \end{bmatrix} = \begin{bmatrix} 1 & 0.10 & 0.01 \\ 1 & 0.20 & 0.04 \\ 1 & 0.30 & 0.09 \\ 1 & 0.40 & 0.16 \\ 1 & 0.50 & 0.25 \end{bmatrix}, \quad \mathbf{v} = \begin{bmatrix} y_0 \\ v_0 \\ \frac{1}{2}g \end{bmatrix}, \quad \mathbf{y} = \begin{bmatrix} y_1 \\ y_2 \\ y_3 \\ y_4 \\ y_5 \end{bmatrix} = \begin{bmatrix} -0.18 \\ 0.31 \\ 1.03 \\ 2.48 \\ 3.73 \end{bmatrix}$$

정규계 $M^TM\mathbf{v} = M^T\mathbf{y}$가 다음과 같다는 것을 확인하고

*비록 물리학과 공학 서적에서 중력에 의한 가속도는 9.8 m/s^2 혹은 32.2 ft/s^2이지만 지구가 타원형이라는 사실과, 위도와 높이에 의존하는 다른 요소들이 중력가속도에 영향을 미친다. 중력가속도 g의 적당한 값은 실험적으로 결정되었고 여러 국제 과학 단체에 의해 수정되었다.

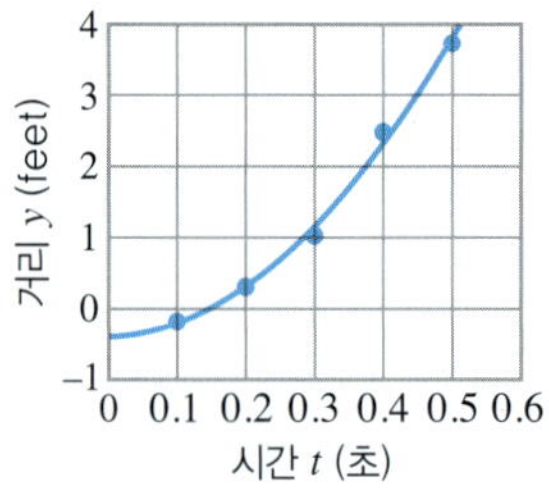

그림 7.8.10

$$\begin{bmatrix} 5 & 1.5 & 0.55 \\ 1.5 & 0.55 & 0.225 \\ 0.55 & 0.225 & 0.0979 \end{bmatrix} \begin{bmatrix} y_0 \\ v_0 \\ \frac{1}{2}g \end{bmatrix} = \begin{bmatrix} 7.37 \\ 3.21 \\ 1.4326 \end{bmatrix}$$

이 계를 풀어서 y_0, v_0, g의 최소제곱근사가

$$y_0 = -0.40, \quad v_0 = 0.35, \quad g = 32.14$$

인 것을 보여라. 다섯 개의 데이터와 방정식 $y = y_0 + v_0 t + \frac{1}{2}gt^2$의 그래프는 그림 7.8.10과 같다. ■

이론과 실제 컴퓨터의 반올림 오차(roundoff error) 때문에 이론상으로는 가능하던 과정이 실제 문제에서는 적용되지 않는 경우가 종종 있다. 예를 들면 행렬 A의 성분들에 작은 오차들이 있다면, 이 오차들은 A^TA의 성분에서 큰 오차들로 확대되는 경향이 있다. 최소제곱 문제에서도 이 효과가 나타난다. 따라서 정규방정식 $A^TA\mathbf{x} = A^T\mathbf{b}$도 반올림 오차에 대해 너무 민감해서 실제 응용에 있어서 일반적으로 발생하는 큰 시스템에는 유용하지 않다. 따라서 최소제곱 문제에 대한 다양한 알고리즘들이 A^TA의 계산을 피하는 특수한 목적을 위해 연구되었다.

연습문제 7.8

연습문제 1과 2에서는 대응되는 정규계를 풀어서 $A\mathbf{x} = \mathbf{b}$의 최소제곱해를 구하고, 최소제곱오차벡터가 A의 열공간에 수직인 것을 보여라(정리 7.8.4 참조).

1. $A = \begin{bmatrix} 1 & -1 \\ 2 & 3 \\ 4 & 5 \end{bmatrix}$; $\mathbf{b} = \begin{bmatrix} 2 \\ -1 \\ 5 \end{bmatrix}$

2. $A = \begin{bmatrix} 2 & -2 \\ 1 & 1 \\ 3 & 1 \end{bmatrix}$; $\mathbf{b} = \begin{bmatrix} 2 \\ -1 \\ 1 \end{bmatrix}$

3. 연습문제 1의 행렬들에 대해, $\text{Proj}_{\text{col}(A)}\mathbf{b}$를 찾고 최소제곱해가 식 (7)을 만족시키는 것을 확인하라.

4. 연습문제 2의 행렬들에 대해, $\text{Proj}_{\text{col}(A)}\mathbf{b}$를 찾고 최소제곱해가 식 (7)을 만족시키는 것을 확인하라.

연습문제 5~8에서는 $A\mathbf{x} = \mathbf{b}$의 모든 최소제곱해들을 찾고, 모든 해가 같은 오차벡터(그러므로 같은 최소제곱오차)를 가지는 것을 확인하라. 최소제곱오차를 계산하라.

5. $A = \begin{bmatrix} 2 & 1 \\ 4 & 2 \\ -2 & 1 \end{bmatrix}$; $\mathbf{b} = \begin{bmatrix} 3 \\ 2 \\ 1 \end{bmatrix}$

6. $A = \begin{bmatrix} 1 & 3 \\ -2 & -6 \\ 3 & 9 \end{bmatrix}$; $\mathbf{b} = \begin{bmatrix} 1 \\ 0 \\ 1 \end{bmatrix}$

7. $A = \begin{bmatrix} -1 & 3 & 2 \\ 2 & 1 & 3 \\ 0 & 1 & 1 \end{bmatrix}$; $\mathbf{b} = \begin{bmatrix} 7 \\ 0 \\ -7 \end{bmatrix}$

8. $A = \begin{bmatrix} 1 & 2 & 3 \\ -2 & -3 & -5 \\ 1 & 3 & 4 \end{bmatrix}$; $\mathbf{b} = \begin{bmatrix} 1 \\ 1 \\ 2 \end{bmatrix}$

연습문제 9와 10에서는 주어진 점들에 가장 잘 맞는 최소제곱직선 $y = a + bx$를 구하라. 같은 좌표계에 직선과 데이터를 그려서 결과가 적절한지를 보여라.

9. (2, 1), (3, 2), (5, 3), (6, 4)

10. (0, 1), (2, 0), (3, 1), (3, 2)

연습문제 11과 12에서는 주어진 점들에 가장 잘 맞는 최소제곱 이차식 $y = a_0 + a_1x + a_2x_2$를 구하라. 같은 좌표계에 곡선과 데이터를 그려서 결과가 적절한지를 보여라.

11. (0, 1), (2, 0), (3, 1), (3, 2)

12. (1, −2), (0, −1), (1, 0), (2, 4)

연습문제 13과 14에서는 언급된 가장 잘 맞는 최소제곱을 찾기 위해 정규계를 세우기만 하고 풀지는 말라. (계의 해를 찾을 때는 계산 유틸리티를 사용하는 것이 가장 좋다.)

13. 주어진 데이터 점들 (1, 4.9), (2, 10.8), (3, 27.9), (4, 60.2), (5, 113)에 대해 가장 잘 맞는 최소제곱 삼차 식 $y = a_0 + a_1x + a_2x^2 + a_3x^3$

14. 주어진 데이터 점들 (0, 0.9), (1, 3.1), (2, 9.4), (3, 24.1), (4, 57.3)에 대해 가장 잘 맞는 최소제곱 삼차 식 $y = a_0 + a_1x + a_2x^2 + a_3x^3$

15. 만약 식 (21)의 M, $\mathbf{v}$, $\mathbf{y}$가 벡터라면, 식 (22)의 정규계는 다음과 같이 표현되는 것을 보여라.

$$\begin{bmatrix} n & \Sigma x_i \\ \Sigma x_i & \Sigma x_i^2 \end{bmatrix} \begin{bmatrix} a \\ b \end{bmatrix} = \begin{bmatrix} \Sigma y_i \\ \Sigma x_i y_i \end{bmatrix}$$

토론과 발견

D1. (a) R^3에서 점 $P_0 = (1, -2, 1)$에서 평면 $x + y - z = 0$까지의 거리는 _______, P_0에 가장 가까운 평면 안의 점은 _______이다.

(b) R^4에서 점 $\mathbf{b} = (1, 2, 0, -1)$에서 초평면 $x_1 - x_2 + 2x_3 - 2x_4 = 0$까지의 거리는 _______, $\mathbf{b}$에 가장 가까운 초평면 안의 점은 _______이다.

D2. A가 일차독립 열벡터들을 가지는 $m \times n$ 행렬이라 하자. 그리고 $\mathbf{b}$를 R^m의 벡터라 하자. A와 A^T의 항으로 식을 표현하라.

(a) $\mathbf{b}$에 가장 가까운 A의 열공간의 벡터

(b) $A\mathbf{x} = \mathbf{b}$의 최소제곱해

(c) 최소제곱오차벡터

(d) 최소제곱오차

(e) R^m의 A의 열공간 위로의 정사영에 대한 표준행렬

D3. $x_1 = 1$, $x_2 = 2$가 다음 선형계의 최소제곱해가 되도록 하는 s의 값이 존재하는가?

$$x_1 - x_2 = 1$$
$$2x_1 + 3x_2 = 1$$
$$4x_1 + 5x_2 = s$$

이유를 설명하라.

D4. 회사는 판매인 수와 연 매출액과의 관계에 대한 자료를 얻는다.

판매인 수	5	10	15	20	25	30
연 매출액(100만)	3.4	4.3	5.2	6.1	7.2	8.3

판매인이 45명일 경우 연 매출액을 추정하기 위해 최소제곱법을 어떻게 사용할지를 설명하라. 그리고 가정해야 할 사항들을 논의하라. [실제로 계산을 할 필요는 없다.]

D5. 데이터 점들 (1, 7), (3, 3), (6, 1)에 가장 잘 맞는 곡선 $y = a + (b/x)$의 형태를 찾아라($X = 1/x$로 대체하여 간단히 하라). 같은 좌표계에 곡선과 데이터를 그려라.

D6. A가 $m \times n$ 행렬이고 $\mathbf{b}$가 R^m의 열벡터라 하자. 다음 식에서 벡터 $\mathbf{x}$와 $\mathbf{r}$의 중요성은 무엇인가?

$$\begin{bmatrix} A & I_m \\ 0 & A^T \end{bmatrix} \begin{bmatrix} \mathbf{x} \\ \mathbf{r} \end{bmatrix} = \begin{bmatrix} \mathbf{b} \\ \mathbf{0} \end{bmatrix}$$

증명문제

P1. 다음을 증명하라. A가 일차독립 열벡터들을 가지고, $A\mathbf{x} = \mathbf{b}$가 해를 가진다면, $A\mathbf{x} = \mathbf{b}$의 최소제곱해와 $A\mathbf{x} = \mathbf{b}$의 실제 해는 같다.

P2. 다음을 증명하라. A가 일차독립 열벡터들을 가지고, $\mathbf{b}$가 A의 열공간에 수직이라면 $A\mathbf{x} = \mathbf{b}$의 최소제곱해는 $\mathbf{x} = \mathbf{0}$이다.

P3. 다음을 증명하라. 선형계 $A\mathbf{x} = \mathbf{b}$의 모든 최소제곱해의 집합은 평행이동된 부분공간 $\hat{\mathbf{x}} + W$이고 $\hat{\mathbf{x}}$는 임의의 최소제곱해이며 W는 $A\mathbf{x} = \mathbf{0}$의 해공간이다. [힌트: A와 A^TA가 같은 영공간을 가진다는 사실을 이용하라.]

P4. 정리 7.8.1에서 $\mathbf{b}$의 최적근사는 유일하다는 것을 증명하라. [힌트: $\text{proj}_W\mathbf{b}$ 이외의 W의 어떠한 $\mathbf{w}$에 대해서도 $\|\mathbf{b} - \text{proj}_W\mathbf{b}\| < \|\mathbf{b} - \mathbf{w}\|$라는 사실을 이용하라.]

P5. 다음을 증명하라. 만약 $m < n$이고 $x_1, x_2, \cdots, x_n$ 중 적어도 $m + 1$개가 서로 다르다면, 식 (29)의 $n \times (m + 1)$인 행렬 M의 열벡터들은 일차독립이다. [힌트: 영이 아닌 m차 다항식은 기껏해야 m개의 다른 해를 가진다.]

P6. M을 식 (29)의 행렬이라 하자. 만약 $m < n$이고 $x_1, x_2, \cdots, x_n$ 중 적어도 $m + 1$개가 서로 다르다면, M^TM은 가역이라는 것을 증명하기 위해 이전 연습문제의 결과를 이용하라.

프로그램 활용 연습문제

T1. (데이터에 가장 잘 맞는 최소제곱) 대부분의 계산 유틸리티는 함수값과 데이터 사이 차이의 제곱의 합을 최소화하는 방법으로 여러 가지 함수를 데이터에 맞추는 직접적인 명령어를 제공한다. 이 명령을 사용하여 예제 5의 결과를 확인하라.

T2. (선형계의 최소제곱해) 어떤 계산 유틸리티는 선형계의 최소제곱해를 찾는 명령을 갖고 있다. 반면에 다른 계산 유틸리티는 사용자가 계를 세우고 대응되는 정규계를 풀기를 요구한다. 독자의 프로그램은 어떻게 동작하는지 알아보고 예제 3의 결과를 확인하라.

T3. 정규계를 풀어서 연습문제 13의 가장 잘 맞는 최소제곱을 찾고, 직접 명령어를 이용하여 얻은 결과와 비교하라.

T4. *Pathfinder*는 실험적이고, 경량이며, 원격조종이 되고, 태양에너지를 이용하는 비행기로, 태양에너지가 오랜 기간 높은 고도의 비행에 사용될 수 있는지를 판단하는 NASA의 일련의 실험에 사용되었다. 1997년 8월에 *Pathfinder*는 고도(H)와 온도(T)를 연관시키는 표에 자료를 기록하였다. 데이터의 점을 찍어서 선형모델이 합리적인지 보이고 가장 잘 맞는 최소제곱직선 $H = H_0 + kT$를 찾아라.

고도 H (1,000 feet)	15	20	25	30	35	40	45
온도 T (°C)	4.5	−5.9	−16.1	−27.6	−39.8	−50.2	−62.9

표 Ex-T4

응용문제에서 중요한 세 가지 모델이 있다.

지수모델(exponential model, $y = ae^{bx}$)

멱함수모델(power function model, $y = ax^b$)

로그모델(logarithmic model, $y = a + b \ln x$)

여기서 a와 b는 가능한 한 데이터에 가장 가깝게 맞추기 위해 결정된다. 연습문제 T5~T7은 **선형화**(linearization)*라고 부르는 과정인데, 이 과정을 통해 데이터가 최소제곱에 의해 가장 잘 맞는 직선이 이 상수들의 근사값을 찾는 데 쓰일 수 있는 형태로 변화된다.*

T5. (a) 방정식 $y = ae^{bx}$에서 $Y = \ln y$를 대입하면 방정식 $Y = bx + \ln a$를 얻는다. 이 방정식의 그래프는 xy 평면에서 기울기 b이고 Y축과 $\ln a$에서 만나는 직선이라는 것을 보여라.

(b) 항목 (a)는 $Y_i = \ln y_i$를 대입하고 나서 최소제곱법으로 b와 $\ln a$를 찾은 다음 $\ln a$로부터 a를 계산해 냄으로써 원래의 데이터 점들 (x_i, y_i)에서 (x_i, Y_i)로 변화된 데이터 점들에 직선을 맞추어서 원래의 n개의 데이터 점들 (x_i, y_i)에 $y = ae^{bx}$ 형태의 곡선을 맞출 수 있음을 알려 준다. 이 방법을 사용하여 다음 데이터를 지수모델로 맞춰라. 그리고 곡선과 데이터 점들을 같은 좌표계에 그려라.

x	0	1	2	3	4	5	6	7
y	3.9	5.3	7.2	9.6	12	17	23	31

T6. (a) 방정식 $y = ax^b$에서 $X = \ln x$와 $Y = \ln y$를 대입하면 방정식 $Y = bX + \ln a$를 얻는다. XY 평면에서 이 방정식의 그래프는 기울기가 b이고 Y축과 $\ln a$에서 만난다는 것을 보여라.

(b) 항목 (a)는 $X_i = \ln x_i$와 $Y_i = \ln y_i$를 대입하고 나서 최소제곱법으로 b와 $\ln a$를 찾은 다음 $\ln a$로부터 a를 계산해 냄으로써 원래의 데이터 점들 (x_i, y_i)에서 (X_i, Y_i)로 변화된 데이터 점들에 직선을 맞추어 원래의 n개의 데이터 점들 (x_i, y_i)에 $y = ax^b$ 형태의 곡선을 맞출 수 있음을 말하고 있다. 이 방법을 이용하여 다음 데이터를 멱함수 모델로 맞춰라. 그리고 곡선과 데이터 점들을 같은 좌표에 그려라.

x	2	3	4	5	6	7	8	9
y	1.75	1.91	2.03	2.13	2.22	2.30	2.37	2.43

T7. (a) 방정식 $y = a + b \ln x$에서 $X = \ln x$를 대입하면 방정식 $y = a + bX$를 얻는다. Xy 평면에서 이 방정식의 그래프는 기울기가 b이고 y축과 a에서 만난다는 것을 보여라.

(b) 항목 (a)는 $X_i = \ln x_i$를 대입하고 나서 최소제곱법으로 b와 a를 구함으로써 원래의 데이터 점들 (x_i, y_i)에서 (X_i, y_i)로 변화된 데이터 점들에 직선을 맞추어서 원래의 n개의 데이터 점들 (x_i, y_i)에 $y = a + b \ln x$ 형태의 곡선을 맞출 수 있음을 말하고 있다. 이 방법을 이용하여 다음 데이터를 로그모델로 맞춰라. 그리고 곡선과 데이터 점들을 같은 좌표계에 그려라.

x	2	3	4	5	6	7	8	9
y	4.07	5.30	6.21	6.79	7.32	7.91	8.23	8.51

T8. **(최소제곱에 의한 원의 중심)** 최소제곱법은 원주 위의 측정된 데이터 점들을 이용하여 원 $(x - h)^2 + (y - k)^2 = r^2$의 중심 (h, k)을 추정하는 데 사용될 수 있다. 데이터 점들은

$$(x_1, y_1), (x_2, y_2), \cdots, (x_n, y_n)$$

라고 하고, 원의 방정식을 다시 쓰면

$$2xh + 2yk + s = x^2 + y^2 \tag{*}$$

여기서

$$s = r^2 - h^2 - k \tag{**}$$

이다. 식 (*)상의 데이터 점들은 대체하면 미지수 h, k, s를 가지는 선형계를 만든다. 그 값들을 추정하기 위해 최소제곱을 풀 수 있다. 식 (**)는 r을 추정하기 위해 사용될 수 있다. 주어진 다음 표에서 원주 위의 측정된 데이터 점들로부터 원의 중심과 반지름을 근사화하기 위해 이 방법을 이용하라. [*주의*: 이 문제의 자료는 기원전 500년 그리스의 코린트 육상 트랙의 원형출발선 유적 발굴에 기초하고 있다. 문제에 대한 더 자세한 내용과 역사를 알고자 하면, "Finding the Center of a Circular Starting Line in an Ancient Greek Stadium," *SIAM Review*, Vol. 39, No. 4, 1997을 참고하라.]

x	19.880	20.919	21.735	24.361	24.361	25.375	25.979
y	68.874	67.676	66.692	64.385	62.908	61.292	60.277

표 Ex-T8

7.9 정규직교기저와 Gram-Schmidt 과정

이 절에서는 모든 영이 아닌 R^n의 부분공간은 정규직교벡터들의 기저를 가진다는 것을 보이고, 그러한 기저들을 찾기 위한 과정을 논의할 것이다. 정규직교벡터들의 기저들은 여러 종류의 계산들을 간단히 하기 때문에 중요하다.

직교기저와 정규직교기저

R^n의 벡터들의 집합에서 서로 다른 벡터들의 쌍이 직교한다면 이 집합은 *직교*라 하고, 직교이고 각각의 벡터들의 길이가 1이면 *정규직교*라고 하는 정의 1.2.9와 1.2.10을 상기하라. 이 절에서 R^n에 대한 **직교기저**(orthogonal base)와 **정규직교기저**(orthonormal base)를 공부할 것이다. 여기 몇 가지 예제가 있다.

예제 1 직교기저에서 정규직교기저로 바꾸기

벡터

$$\mathbf{v}_1 = (0, 2, 0), \quad \mathbf{v}_2 = (3, 0, 3), \quad \mathbf{v}_3 = (-4, 0, 4)$$

는 R^3의 직교기저를 이룬다는 것을 보여라. 그리고 이 직교기저를 각각의 벡터를 정규화하여 정규직교기저로 변환하라.

풀이 7.1절의 예제 3에서 이 벡터들은 일차독립이었다. 그래서 정리 7.2.6에 의해 이 벡터들은 R^3의 기저를 이루어야 한다. 다음을 보임으로써 이것이 직교기저임을 보여라.

$$\mathbf{v}_1 \cdot \mathbf{v}_2 = 0, \quad \mathbf{v}_1 \cdot \mathbf{v}_3 = 0, \quad \mathbf{v}_2 \cdot \mathbf{v}_3 = 0$$

직교기저 $\{\mathbf{v}_1, \mathbf{v}_2, \mathbf{v}_3\}$을 정규직교기저 $\{\mathbf{q}_1, \mathbf{q}_2, \mathbf{q}_3\}$로 바꾸기 위해 먼저 $\|\mathbf{v}_1\| = 2$, $\|\mathbf{v}_2\| = 3\sqrt{2}$, $\|\mathbf{v}_3\| = 4\sqrt{2}$를 계산하고 다음과 같이 정규화한다.

$$\mathbf{q}_1 = \frac{\mathbf{v}_1}{\|\mathbf{v}_1\|} = (0, 1, 0), \quad \mathbf{q}_2 = \frac{\mathbf{v}_2}{\|\mathbf{v}_2\|} = \left(\frac{1}{\sqrt{2}}, 0, \frac{1}{\sqrt{2}}\right), \quad \mathbf{q}_3 = \frac{\mathbf{v}_3}{\|\mathbf{v}_3\|} = \left(-\frac{1}{\sqrt{2}}, 0, \frac{1}{\sqrt{2}}\right)$$ ■

예제 2 R^n에 대한 표준기저는 정규직교기저이다

7.1절의 예제 2를 상기하면 벡터들

$$\mathbf{e}_1 = (1, 0, \cdots, 0), \quad \mathbf{e}_2 = (0, 1, \cdots, 0), \cdots, \quad \mathbf{e}_n = (0, 0, \cdots, 1)$$

은 R^n에 대한 표준기저를 이룬다. 이것은 정규직교기저이다. 왜냐하면 이 벡터들은 단위벡터이고 $\mathbf{e}_i \cdot \mathbf{e}_j = 0$, $i \neq j$이기 때문이다. ■

R^3에서 영이 아닌 서로 수직인 벡터들이 반드시 일차독립인 것은 기하학적으로 명백하다. 왜냐하면 세 벡터 중 하나가 다른 두 벡터의 일차결합이라면, 세 벡터들은 같은 평면에 있게 되는데 이 세 벡터는 그렇지 않기 때문이다. 다음은 보다 일반적인 결과의 특별한 경우이다.

정리 7.9.1 *R^n의 영이 아닌 벡터들의 직교집합은 일차독립이다.*

증명 $S = \{\mathbf{v}_1, \mathbf{v}_2, \cdots, \mathbf{v}_k\}$가 R^n의 영이 아닌 벡터들의 직교집합이라 하자. 다음 벡터방정식을 만족시키는 유일한 스칼라는

$$t_1\mathbf{v}_1 + t_2\mathbf{v}_2 + \cdots + t_k\mathbf{v}_k = \mathbf{0} \tag{1}$$

$t_1 = 0, t_2 = 0, \cdots, t_k = 0$이다. 이것을 증명하기 위해 S의 임의의 한 벡터 $\mathbf{v}_j$를 택하자. 식 (1)은

$$(t_1\mathbf{v}_1 + t_2\mathbf{v}_2 + \cdots + t_k\mathbf{v}_k) \cdot \mathbf{v}_j = \mathbf{0} \cdot \mathbf{v}_j = 0$$

을 의미하고, 식을 다시 정리하면

$$t_1(\mathbf{v}_1 \cdot \mathbf{v}_j) + t_2(\mathbf{v}_2 \cdot \mathbf{v}_j) + \cdots + t_k(\mathbf{v}_k \cdot \mathbf{v}_j) = 0 \tag{2}$$

그러나 S의 서로 다른 벡터들의 쌍은 직교한다. 그래서 이 방정식에서 $\mathbf{v}_j \cdot \mathbf{v}_j$를 제외한 모든 내적은 영(zero)이다. 그러므로 식 (2)는 다음과 같이 간단히 나타낼 수 있다.

$$t_j(\mathbf{v}_j \cdot \mathbf{v}_j) = 0 \tag{3}$$

S의 각각의 벡터가 영이 아니라고 가정했기 때문에, $\mathbf{v}_j \cdot \mathbf{v}_j = \|\mathbf{v}_j\|^2 \neq 0$은 참이다. 그러므로 식 (3)은 $t_j = 0$임을 의미하고, 증명은 끝난다. ■

예제 3 R^3의 정규직교기저

다음 벡터

$$\mathbf{v}_1 = \left(\tfrac{3}{7}, -\tfrac{6}{7}, \tfrac{2}{7}\right), \quad \mathbf{v}_2 = \left(\tfrac{2}{7}, \tfrac{3}{7}, \tfrac{6}{7}\right), \quad \mathbf{v}_3 = \left(\tfrac{6}{7}, \tfrac{2}{7}, -\tfrac{3}{7}\right)$$

가 R^3의 정규직교기저를 이루는 것을 보여라.

풀이 벡터들은 정규직교이다. 왜냐하면

$$\|\mathbf{v}_1\| = \|\mathbf{v}_2\| = \|\mathbf{v}_3\| = 1, \quad \mathbf{v}_1 \cdot \mathbf{v}_2 = \mathbf{v}_1 \cdot \mathbf{v}_3 = \mathbf{v}_2 \cdot \mathbf{v}_3 = 0$$

따라서 정리 7.9.1에 의해 이 벡터들은 일차독립이다. 따라서 R^3의 일차독립인 세 개의 벡터이므로 이들은 R^3의 기저를 이룬다. ■

정규직교기저를 이용한 정사영

정규직교기저는 많은 식들과 계산들을 간단히 하기 때문에 중요하다. 예를 들면 정리 7.7.5로부터 W가 R^n의 영이 아닌 부분공간이고 $\mathbf{x}$가 열 형태로 표현되는 R^n의 벡터이면, W에 대한 기저를 이루는 행렬 M의 열벡터들에 대하여

$$\text{proj}_W \mathbf{x} = M(M^TM)^{-1}M^T\mathbf{x} \tag{4}$$

특히 M의 열벡터들이 정규직교라면, $M^TM = I$이고 따라서 식 (4)는 간단히 된다.

$$\text{proj}_W \mathbf{x} = MM^T\mathbf{x} \tag{5}$$

그리고 이 정사영의 표준행렬에 대한 7.7절의 식 (27)은 다음과 같이 간단히 된다.

$$P = MM^T \tag{6}$$

그러므로 W에 대한 정규직교기저를 이용하면 사영 공식에서 행렬의 역변환을 필요 없게 하고, 정사영의 계산을 행렬들의 곱으로 간단히 한다.

예제 4 정규직교기저를 이용한 사영에 대한 표준행렬

정규직교벡터 $\mathbf{v}_1 = (0, 1, 0)$과 $\mathbf{v}_2 = (-\frac{4}{5}, 0, \frac{3}{5})$에 의해 생성된 원점을 지나는 평면 위로의 정사영에 대한 표준행렬 P를 구하라.

풀이 열 형태로 벡터를 표시하고 식 (6)을 적용하면 사영에 대한 표준행렬이 다음과 같음을 알 수 있다.

$$P = MM^T = \begin{bmatrix} 0 & -\frac{4}{5} \\ 1 & 0 \\ 0 & \frac{3}{5} \end{bmatrix} \begin{bmatrix} 0 & 1 & 0 \\ -\frac{4}{5} & 0 & \frac{3}{5} \end{bmatrix} = \begin{bmatrix} \frac{16}{25} & 0 & -\frac{12}{25} \\ 0 & 1 & 0 \\ -\frac{12}{25} & 0 & \frac{9}{25} \end{bmatrix}$$ ■

다음 정리는 기저가 정규직교 혹은 직교일 경우 식 (5)를 부분공간 W에 대한 기저벡터들의 항으로 표현한다.

정리 7.9.2

(a) $\{\mathbf{v}_1, \mathbf{v}_2, \cdots, \mathbf{v}_k\}$*가* R^n*의 부분공간* W*에 대한 정규직교기저이면,* W *위로의* R^n*의 벡터* $\mathbf{x}$*의 정사영은 다음과 같이 표현할 수 있다.*

$$\text{proj}_W \mathbf{x} = (\mathbf{x} \cdot \mathbf{v}_1)\mathbf{v}_1 + (\mathbf{x} \cdot \mathbf{v}_2)\mathbf{v}_2 + \cdots + (\mathbf{x} \cdot \mathbf{v}_k)\mathbf{v}_k \tag{7}$$

(b) $\{\mathbf{v}_1, \mathbf{v}_2, \cdots, \mathbf{v}_k\}$*가* R^n*의 부분공간* W*에 대한 직교기저이면,* W *위로의* R^n*의 벡터* $\mathbf{x}$*의 정사영은 다음과 같이 표현할 수 있다.*

$$\text{proj}_W \mathbf{x} = \frac{\mathbf{x} \cdot \mathbf{v}_1}{\|\mathbf{v}_1\|^2}\mathbf{v}_1 + \frac{\mathbf{x} \cdot \mathbf{v}_2}{\|\mathbf{v}_2\|^2}\mathbf{v}_2 + \cdots + \frac{\mathbf{x} \cdot \mathbf{v}_k}{\|\mathbf{v}_k\|^2}\mathbf{v}_k \tag{8}$$

증명 (a)

$$M = [\mathbf{v}_1 \quad \mathbf{v}_2 \quad \cdots \quad \mathbf{v}_k]$$

라 하자. 식 (5)로부터

$$\text{proj}_W\mathbf{x} = MM^T\mathbf{x}$$

M^T의 행벡터들은 M의 열벡터들의 전치 형태이므로, 행렬곱셈에 대한 행-열 규칙(정리 3.1.7)으로부터

$$M^T\mathbf{x} = \begin{bmatrix} \mathbf{v}_1^T\mathbf{x} \\ \mathbf{v}_2^T\mathbf{x} \\ \vdots \\ \mathbf{v}_k^T\mathbf{x} \end{bmatrix} = \begin{bmatrix} \mathbf{x}\cdot\mathbf{v}_1 \\ \mathbf{x}\cdot\mathbf{v}_2 \\ \vdots \\ \mathbf{x}\cdot\mathbf{v}_k \end{bmatrix} \tag{9}$$

그러므로 식 (5)와 (9)로부터

$$\text{proj}_W\mathbf{x} = M(M^T\mathbf{x}) = [\mathbf{v}_1 \quad \mathbf{v}_2 \quad \cdots \quad \mathbf{v}_k]\begin{bmatrix} \mathbf{x}\cdot\mathbf{v}_1 \\ \mathbf{x}\cdot\mathbf{v}_2 \\ \vdots \\ \mathbf{x}\cdot\mathbf{v}_k \end{bmatrix} = (\mathbf{x}\cdot\mathbf{v}_1)\mathbf{v}_1 + (\mathbf{x}\cdot\mathbf{v}_2)\mathbf{v}_2 + \cdots + (\mathbf{x}\cdot\mathbf{v}_k)\mathbf{v}_k$$

이것은 식 (7)을 증명한다.

증명 (b) 식 (8)은 정규직교기저를 얻기 위해 직교기저를 정규화하고 식 (7)을 적용하여 얻었다. 자세한 것은 연습문제로 남겼다. ■

예제 5 정규직교기저를 이용한 정사영

정규직교벡터 $\mathbf{v}_1 = (0, 1, 0)$과 $\mathbf{v}_2 = (-\frac{4}{5}, 0, \frac{3}{5})$에 의해 생성된 R^3의 평면 W 위로의 $\mathbf{x} = (1, 1, 1)$의 정사영을 찾아라.

풀이 정사영을 계산하는 한 가지 방법은 $\mathbf{x}$를 열 형태로 써서 예제 4에서 계산된 사영에 대한 행렬 P를 이용하는 것이다. 이로부터 다음을 얻는다.

$$\text{proj}_W\mathbf{x} = P\mathbf{x} = \begin{bmatrix} \frac{16}{25} & 0 & -\frac{12}{25} \\ 0 & 1 & 0 \\ -\frac{12}{25} & 0 & \frac{9}{25} \end{bmatrix}\begin{bmatrix} 1 \\ 1 \\ 1 \end{bmatrix} = \begin{bmatrix} \frac{4}{25} \\ 1 \\ -\frac{3}{25} \end{bmatrix}$$

괄호 표기 형식으로 나타내면 $\text{proj}_W\mathbf{x} = (\frac{4}{25}, 1, -\frac{3}{25})$이다.

다른 풀이 정사영을 계산하기 위한 두 번째 방법은 식 (7)을 이용하는 것이다.

$$\text{proj}_W\mathbf{x} = (\mathbf{x}\cdot\mathbf{v}_1)\mathbf{v}_1 + (\mathbf{x}\cdot\mathbf{v}_2)\mathbf{v}_2 = (1)(0, 1, 0) + \left(-\tfrac{1}{5}\right)\left(-\tfrac{4}{5}, 0, \tfrac{3}{5}\right) = \left(\tfrac{4}{25}, 1, -\tfrac{3}{25}\right)$$

이 결과는 표준행렬을 이용하여 얻은 결과와 같다. ■

예제 6 직교기저를 이용한 정사영

직교벡터

$$\mathbf{v}_1 = (0, 1, -1), \quad \mathbf{v}_2 = (1, 2, 2)$$

에 의해 생성된 R^3의 평면 W 위로의 $\mathbf{x} = (-5, 3, 1)$의 정사영을 찾아라.

풀이 기저벡터들을 정규화한 다음 그 결과 얻어진 W의 정규직교기저에 식 (7)을 적용할 수도 있지만, 그 대신 식 (8)을 바로 적용하자. 그러면

$$\|\mathbf{v}_1\|^2 = 0^2 + 1^2 + (-1)^2 = 2, \quad \|\mathbf{v}_2\|^2 = 1^2 + 2^2 + 2^2 = 9$$

를 얻는다. 식 (8)로부터 다음 결과를 얻을 수 있다.

$$\text{proj}_W \mathbf{x} = \frac{\mathbf{x} \cdot \mathbf{v}_1}{\|\mathbf{v}_1\|^2}\mathbf{v}_1 + \frac{\mathbf{x} \cdot \mathbf{v}_2}{\|\mathbf{v}_2\|^2}\mathbf{v}_2 = \tfrac{2}{2}(0, 1, -1) + \tfrac{3}{9}(1, 2, 2) = \left(\tfrac{1}{3}, \tfrac{5}{3}, -\tfrac{1}{3}\right)$$ ■

대각합과 정사영 다음 정리는 정사영의 치역의 차원을 찾는 간단한 방법을 제공한다.

> **정리 7.9.3** *P가 R^n의 부분공간 위로의 R^n의 정사영에 대한 표준행렬이라면, $\text{tr}(P) = \text{rank}(P)$이다.*

증명 P가 k차원의 부분공간 W 위로의 R^n의 정사영에 대한 표준행렬이라 하자. 만약 $\{\mathbf{v}_1, \mathbf{v}_2, \cdots, \mathbf{v}_k\}$가 W에 대한 정규직교기저라면, 식 (6)과 정리 3.8.1로부터

$$P = MM^T = [\mathbf{v}_1 \quad \mathbf{v}_2 \quad \cdots \quad \mathbf{v}_k]\begin{bmatrix} \mathbf{v}_1^T \\ \mathbf{v}_2^T \\ \vdots \\ \mathbf{v}_k^T \end{bmatrix} = \mathbf{v}_1\mathbf{v}_1^T + \mathbf{v}_2\mathbf{v}_2^T + \cdots + \mathbf{v}_k\mathbf{v}_k^T \tag{10}$$

이 결과와 대각합의 덧셈성질과 3.1절의 식 (27)을 이용하면

$$\begin{aligned} \text{tr}(P) &= \text{tr}\left(\mathbf{v}_1\mathbf{v}_1^T\right) + \text{tr}\left(\mathbf{v}_2\mathbf{v}_2^T\right) + \cdots + \text{tr}\left(\mathbf{v}_k\mathbf{v}_k^T\right) \\ &= (\mathbf{v}_1 \cdot \mathbf{v}_1) + (\mathbf{v}_2 \cdot \mathbf{v}_2) + \cdots + (\mathbf{v}_k \cdot \mathbf{v}_k) \\ &= \|\mathbf{v}_1\|^2 + \|\mathbf{v}_2\|^2 + \cdots + \|\mathbf{v}_k\|^2 \\ &= 1 + 1 + \cdots + 1 = k = \dim(W) \end{aligned}$$

이다. 그러나 행렬변환의 치역은 행렬의 열공간이다. 그래서 이 계산으로부터 $\text{tr}(P) = \dim(\text{col}(P)) = \text{rank}(P)$를 얻는다. ■

예제 7 정사영의 계수를 찾기 위해 대각합 이용

예제 4에서 벡터 $\mathbf{v}_1 = (0, 1, 0)$과 $\mathbf{v}_2 = (-\frac{4}{5}, 0, \frac{3}{5})$에 의해 생성된 평면 위로의 정사영에 대한 표준행렬 P가 다음과 같음을 보았다.

$$P = \begin{bmatrix} \frac{16}{25} & 0 & -\frac{12}{25} \\ 0 & 1 & 0 \\ -\frac{12}{25} & 0 & \frac{9}{25} \end{bmatrix}$$

평면은 이차원이므로 행렬 P는 반드시 계수 2를 가져야 한다. 계산에 의해 확인하면 다음과 같다.

$$\text{rank}(P) = \text{tr}(P) = \tfrac{16}{25} + 1 + \tfrac{9}{25} = 2$$ ■

정규직교기저벡터들의 일차결합 W가 R^n의 부분공간이고, $\mathbf{w}$가 W의 벡터이면, $\text{proj}_W\mathbf{w} = \mathbf{w}$이다. 그러므로 정리 7.9.2의 특별한 경우인 다음 정리가 얻어진다.

> **정리 7.9.4**
>
> (a) *$\{\mathbf{v}_1, \mathbf{v}_2, \cdots, \mathbf{v}_k\}$가 R^n의 부분공간 W에 대한 정규직교기저이고, $\mathbf{w}$가 W의 벡터라면*
>
> $$\mathbf{w} = (\mathbf{w} \cdot \mathbf{v}_1)\mathbf{v}_1 + (\mathbf{w} \cdot \mathbf{v}_2)\mathbf{v}_2 + \cdots + (\mathbf{w} \cdot \mathbf{v}_k)\mathbf{v}_k \tag{11}$$
>
> (b) *$\{\mathbf{v}_1, \mathbf{v}_2, \cdots, \mathbf{v}_k\}$가 R^n의 부분공간 W에 대한 직교기저이고, $\mathbf{w}$가 W의 벡터라면*
>
> $$\mathbf{w} = \frac{\mathbf{w} \cdot \mathbf{v}_1}{\|\mathbf{v}_1\|^2}\mathbf{v}_1 + \frac{\mathbf{w} \cdot \mathbf{v}_2}{\|\mathbf{v}_2\|^2}\mathbf{v}_2 + \cdots + \frac{\mathbf{w} \cdot \mathbf{v}_k}{\|\mathbf{v}_k\|^2}\mathbf{v}_k \tag{12}$$

7.7절의 식 (5)를 상기하여, 식 (12)의 우변의 항들이 $\mathbf{v}_1, \mathbf{v}_2, \cdots, \mathbf{v}_k$에 의해 생성된 직선들 위로의 정사영인 것을 관찰하라. 그래서 식 (12)는 k차원 부분공간 W의 벡터 $\mathbf{w}$를 일차원 부분공간 위로의 k개의 사

영들의 합으로 분해한다. 그림 7.9.1은 W가 R^2인 경우 이러한 사실을 보여 주고 있다.

예제 8 정규직교기저벡터들의 일차결합

벡터 $\mathbf{w} = (1, 1, 1)$을 정규직교벡터

$$\mathbf{v}_1 = \left(\tfrac{3}{7}, -\tfrac{6}{7}, \tfrac{2}{7}\right), \quad \mathbf{v}_2 = \left(\tfrac{2}{7}, \tfrac{3}{7}, \tfrac{6}{7}\right), \quad \mathbf{v}_3 = \left(\tfrac{6}{7}, \tfrac{2}{7}, -\tfrac{3}{7}\right)$$

의 일차결합으로 나타내라.

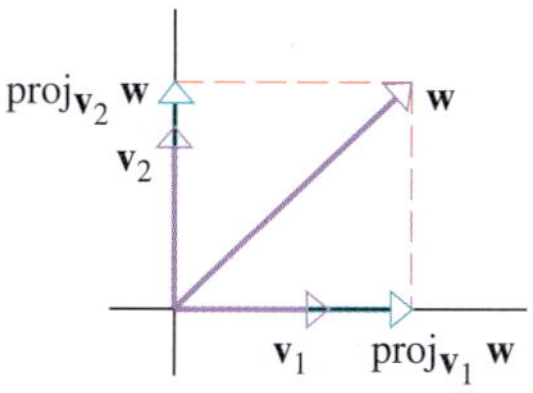

그림 7.9.1

풀이 예제 3에 주어진 벡터들은 R^3의 정규직교기저를 이루는 것을 보았다. 그러므로 $\mathbf{w}$는 식 (11)을 이용하여 $\mathbf{v}_1, \mathbf{v}_2, \mathbf{v}_3$의 일차결합으로 표현할 수 있다. 다음 결과를 확인하라.

$$\mathbf{w}\cdot\mathbf{v}_1 = -\tfrac{1}{7}, \quad \mathbf{w}\cdot\mathbf{v}_2 = \tfrac{11}{7}, \quad \mathbf{w}\cdot\mathbf{v}_3 = \tfrac{5}{7}$$

그러므로 식 (11)로부터

$$\mathbf{w} = -\tfrac{1}{7}\mathbf{v}_1 + \tfrac{11}{7}\mathbf{v}_2 + \tfrac{5}{7}\mathbf{v}_3$$

혹은 다음과 같이 나타낸다.

$$\mathbf{w} = -\tfrac{1}{7}\left(\tfrac{3}{7}, -\tfrac{6}{7}, \tfrac{2}{7}\right) + \tfrac{11}{7}\left(\tfrac{2}{7}, \tfrac{3}{7}, \tfrac{6}{7}\right) + \tfrac{5}{7}\left(\tfrac{6}{7}, \tfrac{2}{7}, -\tfrac{3}{7}\right)$$

■

참고 벡터 $\mathbf{w}$를 일차결합

$$\mathbf{w} = t_1\mathbf{v}_1 + t_2\mathbf{v}_2 + \cdots + t_k\mathbf{v}_k$$

로 표현하는 일반적인 과정은 양변의 대응하는 성분들을 등호로 연결하여 미지계수 $t_1, t_2, \cdots, t_k$에 대한 선형계를 만들고, 이를 푸는 것이다(2.1절의 예제 7 참조). 마지막 예제는 $\mathbf{v}_1, \mathbf{v}_2, \cdots, \mathbf{v}_k$가 정규직교벡터이면 계수들은 적당한 내적을 계산함으로써 얻을 수 있다는 것을 보인다. 그것에 의해 선형계를 풀 필요가 없게 된다.

직교기저와 정규직교기저 찾기

이 절의 주요 결과인 다음 정리는 모든 영이 아닌 R^n의 부분공간은 정규직교기저를 가지는 것을 보인다. 이 정리의 증명은 R^n의 부분공간의 어떤 기저를 직교기저로 바꾸는 방법을 알려 주기 때문에 특히 중요하다.

정리 7.9.5 *R^n의 모든 영이 아닌 부분공간은 정규직교기저를 가진다.*

증명 W가 R^n의 영이 아닌 부분공간이고 $\{\mathbf{w}_1, \mathbf{w}_2, \cdots, \mathbf{w}_k\}$가 W에 대한 기저라 하자. W가 정규직교기저를 가진다는 것을 증명하기 위해 W가 직교기저를 가진다는 것을 보이는 것으로 충분하다. 왜냐하면 직교기저벡터들을 정규화함으로써 정규직교기저로 바꿀 수 있기 때문이다.

다음 일련의 단계를 통해 W에 대한 직교기저 $\{\mathbf{v}_1, \mathbf{v}_2, \cdots, \mathbf{v}_k\}$를 만든다.

1단계. $\mathbf{v}_1 = \mathbf{w}_1$이라 하자.

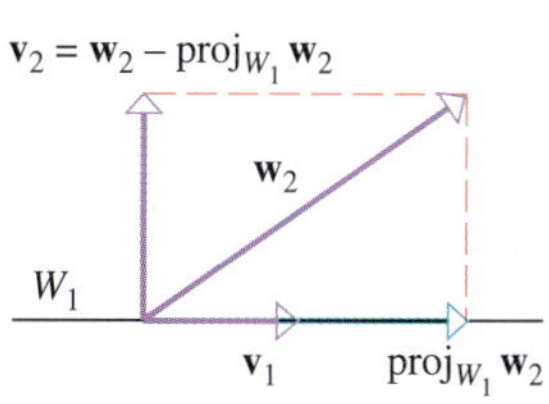

그림 7.9.2

2단계. 그림 7.9.2에 나타낸 것처럼, $\mathbf{v}_1$에 의해 생성된 부분공간 W_1에 수직인 $\mathbf{w}_2$의 성분을 계산함으로써 $\mathbf{v}_1$에 수직인 벡터 $\mathbf{v}_2$를 얻을 수 있다. 정리 7.9.2의 식 (8)과 7.7절의 식 (24)를 적용함으로써 이 성분을 다음과 같이 나타낼 수 있다.

$$\mathbf{v}_2 = \mathbf{w}_2 - \text{proj}_{W_1}\mathbf{w}_2 = \mathbf{w}_2 - \frac{\mathbf{w}_2\cdot\mathbf{v}_1}{\|\mathbf{v}_1\|^2}\mathbf{v}_1 \tag{13}$$

물론 $\mathbf{v}_2 = \mathbf{0}$이면, $\mathbf{v}_2$는 기저벡터가 아니다. 그러나 이것은 일어날 수 없다. 왜냐하면 식 (13)과 1단계로부터

$$\mathbf{w}_2 = \frac{\mathbf{w}_2\cdot\mathbf{v}_1}{\|\mathbf{v}_1\|^2}\mathbf{v}_1 = \frac{\mathbf{w}_2\cdot\mathbf{v}_1}{\|\mathbf{v}_1\|^2}\mathbf{w}_1$$

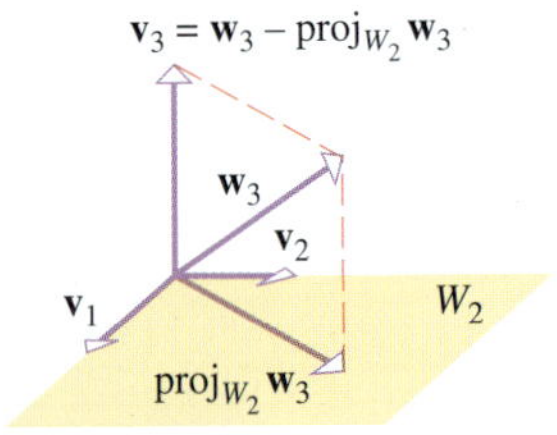

그림 7.9.3

이 되고, 이 식은 $\mathbf{w}_2$가 $\mathbf{w}_1$의 스칼라배수란 것을 의미하며, 기저벡터들 $\{\mathbf{w}_1, \mathbf{w}_2, \cdots, \mathbf{w}_k\}$의 일차독립성에 모순되기 때문이다.

3단계. $\mathbf{v}_1$과 $\mathbf{v}_2$에 수직인 벡터 $\mathbf{v}_3$을 얻기 위해, $\mathbf{v}_1$과 $\mathbf{v}_2$에 의해 생성된 부분공간 W_2에 수직인 $\mathbf{w}_3$의 성분을 계산할 것이다(그림 7.9.3). 식 (8)을 적용하여 이 성분들을 표현하면

$$\mathbf{v}_3 = \mathbf{w}_3 - \text{proj}_{W_2}\mathbf{w}_3 = \mathbf{w}_3 - \frac{\mathbf{w}_3 \cdot \mathbf{v}_1}{\|\mathbf{v}_1\|^2}\mathbf{v}_1 - \frac{\mathbf{w}_3 \cdot \mathbf{v}_2}{\|\mathbf{v}_2\|^2}\mathbf{v}_2$$

2단계에서처럼 $\{\mathbf{w}_1, \mathbf{w}_2, \cdots, \mathbf{w}_k\}$의 일차독립성에 의해 $\mathbf{v}_3 \neq \mathbf{0}$인 것을 보일 수 있다. 자세한 내용은 연습문제로 남긴다.

4단계. $\mathbf{v}_1, \mathbf{v}_2, \mathbf{v}_3$에 수직인 벡터 $\mathbf{v}_4$를 얻기 위해, $\mathbf{v}_1, \mathbf{v}_2, \mathbf{v}_3$에 의해 생성된 부분공간 W_3에 수직인 $\mathbf{w}_4$의 성분을 계산할 것이다. 식 (8)을 다시 적용하여 이 성분을 다음과 같이 표현할 수 있다.

$$\mathbf{v}_4 = \mathbf{w}_4 - \text{proj}_{W_3}\mathbf{w}_4 = \mathbf{w}_4 - \frac{\mathbf{w}_4 \cdot \mathbf{v}_1}{\|\mathbf{v}_1\|^2}\mathbf{v}_1 - \frac{\mathbf{w}_4 \cdot \mathbf{v}_2}{\|\mathbf{v}_2\|^2}\mathbf{v}_2 - \frac{\mathbf{w}_4 \cdot \mathbf{v}_3}{\|\mathbf{v}_3\|^2}\mathbf{v}_3$$

5~k단계. 이 과정을 계속하면 k단계 후에 직교집합 $\{\mathbf{v}_1, \mathbf{v}_2, \cdots, \mathbf{v}_k\}$를 생성한다. W가 k차원이므로 이 집합은 W의 직교기저이다. 이 결과로 증명은 끝난다. ■

이 정리의 증명은 **Gram-Schmidt 직교과정**(Gram-Schmidt orthogonalization process) 알고리즘을 제공한다. 이 알고리즘은 R^n의 부분공간에 대한 임의의 기저를 부분공간에 대한 직교기저로 바꾼다. 만약 결과 직교벡터들이 부분공간에 대한 정규직교기저를 생산하기 위해 정규화된다면, 그 알고리즘은 **Gram-Schmidt 과정**(Gram-Schmidt process)이라 부른다.

역사 속의 선형대수

덴마크의 보험계리사 Jörgen Pederson Gram과 독일 수학자 Erhard Schmidt는 뮤지컬계의 Gilbert와 Sullivan처럼 수학 세계에서 매우 연관이 깊은 사람들이다. 그러나 Gram과 Schmidt는 결코 만난 적이 없고 그들의 이름을 남기게 한 연구도 두 사람 중 누구도 알지 못했다. Gram의 이름은 그의 논문의 결과로 나타난 과정과 연결되어 있는데, 그는 최적제곱문제를 해결하기 위해 그 결과를 사용했고, Schmidt의 이름은 벡터공간에 대한 그의 연구와 연결되어 있다.

Gram은 기초수학과 응용 사이의 상호관계를 좋아했고 산림관리에 대한 4편의 논문을 썼다. 반면에 Schmidt는 20세기 수학의 방향에 지대한 영향을 미친 수학자이다. 제2차 세계대전 동안 Schmidt는 Berlin 대학의 고위직에 있었고 유대인에 대한 나치의 여러 가지 조치들을 수행했어야만 했다 그러나 그가 그러한 작업을 제대로 수행하지 못했던 것이 분명한 이유는, 그가 소위 '유대인 문제'를 제대로 이해하지 못한다고 비판을 받은 적이 있었기 때문이다. 어느 저명한 유대인 수학자는 1951년 Schmidt의 75번째 생일에 비평도 못하고 지냈던 시절 Schmidt가 겪은 어려움들을 얘기했다.

Jörgen Pederson Gram (1850~1916)

Erhard Schmidt (1876~1959)

예제 9

벡터 $\mathbf{w}_1 = (1, 1, 1)$, $\mathbf{w}_2 = (0, 1, 1)$, $\mathbf{w}_3 = (0, 0, 1)$은 R^3에 대한 기저를 형성한다(증명하라). Gram-Schmidt 직교과정을 이용하여 이 기저를 직교기저로 변환하라. 그리고 R^3의 기저에 대한 정규직교기저를 얻기 위해 직교기저벡터를 정규화하라.

풀이 $\{\mathbf{v}_1, \mathbf{v}_2, \mathbf{v}_3\}$은 Gram-Schmidt 직교과정에 의해 생성된 직교기저를 나타낸다. $\{\mathbf{q}_1, \mathbf{q}_2, \mathbf{q}_3\}$은 $\mathbf{v}_1, \mathbf{v}_2, \mathbf{v}_3$을 정규화하여 얻은 직교기저를 나타낸다. 직교기저를 찾기 위해 정리 7.9.5의 증명 단계들을 따른다.

1단계. $\mathbf{v}_1 = \mathbf{w}_1 = (1, 1, 1)$이라 하자.

2단계.
$$\mathbf{v}_2 = \mathbf{w}_2 - \text{proj}_{W_1}\mathbf{w}_2 = \mathbf{w}_2 - \frac{\mathbf{w}_2 \cdot \mathbf{v}_1}{\|\mathbf{v}_1\|^2}\mathbf{v}_1$$
$$= (0, 1, 1) - \tfrac{2}{3}(1, 1, 1) = \left(-\tfrac{2}{3}, \tfrac{1}{3}, \tfrac{1}{3}\right)$$

3단계.
$$\mathbf{v}_3 = \mathbf{w}_3 - \text{proj}_{W_2}\mathbf{w}_3 = \mathbf{w}_3 - \frac{\mathbf{w}_3 \cdot \mathbf{v}_1}{\|\mathbf{v}_1\|^2}\mathbf{v}_1 - \frac{\mathbf{w}_3 \cdot \mathbf{v}_2}{\|\mathbf{v}_2\|^2}\mathbf{v}_2$$
$$= (0, 0, 1) - \tfrac{1}{3}(1, 1, 1) - \tfrac{1/3}{2/3}\left(-\tfrac{2}{3}, \tfrac{1}{3}, \tfrac{1}{3}\right) = \left(0, -\tfrac{1}{2}, \tfrac{1}{2}\right)$$

그러므로 벡터들은

$$\mathbf{v}_1 = (1, 1, 1), \quad \mathbf{v}_2 = \left(-\tfrac{2}{3}, \tfrac{1}{3}, \tfrac{1}{3}\right), \quad \mathbf{v}_3 = \left(0, -\tfrac{1}{2}, \tfrac{1}{2}\right)$$

R^3에 대한 직교기저를 형성한다. 이 벡터들의 놈들은

$$\|\mathbf{v}_1\| = \sqrt{3}, \quad \|\mathbf{v}_2\| = \tfrac{\sqrt{6}}{3}, \quad \|\mathbf{v}_3\| = \tfrac{1}{\sqrt{2}}$$

이고, 그래서 R^3에 대한 직교기저는 다음과 같다.

$$\mathbf{q}_1 = \frac{\mathbf{v}_1}{\|\mathbf{v}_1\|} = \left(\tfrac{1}{\sqrt{3}}, \tfrac{1}{\sqrt{3}}, \tfrac{1}{\sqrt{3}}\right), \quad \mathbf{q}_2 = \frac{\mathbf{v}_2}{\|\mathbf{v}_2\|} = \left(-\tfrac{2}{\sqrt{6}}, \tfrac{1}{\sqrt{6}}, \tfrac{1}{\sqrt{6}}\right)$$

$$\mathbf{q}_3 = \frac{\mathbf{v}_3}{\|\mathbf{v}_3\|} = \left(0, -\tfrac{1}{\sqrt{2}}, \tfrac{1}{\sqrt{2}}\right)$$ ■

참고 이 예제에서 먼저 직교기저를 찾고 마지막에 정규직교기저를 만들기 위해 정규화를 했다. 다른 방법으로, 각각의 직교벡터가 계산될 때마다 각 벡터를 정규화하면 단계적으로 정규직교기저를 얻는다. 손으로 계산할 경우, 이 방법은 귀찮은 제곱근 계산을 없애 주므로, 마지막에 정규화하는 방법보다 훨씬 편하다.

예제 10

R^3의 평면에 대한 정규직교기저

Gram-Schmidt 과정을 사용하여 R^3의 평면 $x + y + z = 0$에 대한 정규직교기저를 찾아라.

풀이 먼저 평면에 대한 기저를 찾을 것이다. 그리고 그 기저에 Gram-Schmidt 과정을 적용할 것이다. 평면에서 서로의 스칼라배수가 아닌 영이 아닌 두 벡터는 기저 역할을 할 것이다. 그러한 벡터들을 찾는 한 가지 방법은 1.3절의 예제 7의 방법을 사용하여 평면을 매개변수 형태로 표현하는 것이다.

$$x = -t_1 - t_2, \quad y = t_1, \quad z = t_2$$

매개변수값 $t_1 = 1, t_2 = 0$와 $t_1 = 0, t_2 = 1$은 주어진 평면에 다음 벡터들을 생성한다.

$$\mathbf{w}_1 = (-1, 1, 0), \quad \mathbf{w}_2 = (-1, 0, 1)$$

이제 Gram-Schmidt 과정을 적용할 준비가 끝났다. 먼저 직교기저벡터들을 다음과 같이 찾는다.

$$\mathbf{v}_1 = \mathbf{w}_1 = (-1, 1, 0)$$

$$\mathbf{v}_2 = \mathbf{w}_2 - \frac{\mathbf{w}_2 \cdot \mathbf{v}_1}{\|\mathbf{v}_1\|^2}\mathbf{v}_1 = (-1, 0, 1) - \tfrac{1}{2}(-1, 1, 0) = \left(-\tfrac{1}{2}, -\tfrac{1}{2}, 1\right)$$

그리고 정규직교기저벡터들을 얻기 위해 이 벡터들을 다음과 같이 정규화한다.

$$\mathbf{q}_1 = \frac{\mathbf{v}_1}{\|\mathbf{v}_1\|} = \left(-\tfrac{1}{\sqrt{2}}, \tfrac{1}{\sqrt{2}}, 0\right)$$

$$\mathbf{q}_2 = \frac{\mathbf{v}_2}{\|\mathbf{v}_2\|} = \tfrac{2}{\sqrt{6}}\left(-\tfrac{1}{2}, -\tfrac{1}{2}, 1\right) = \left(-\tfrac{1}{\sqrt{6}}, -\tfrac{1}{\sqrt{6}}, \tfrac{2}{\sqrt{6}}\right)$$ ■

Gram-Schmidt 과정의 특성

연습문제에서, Gram-Schmidt 과정의 j번째 단계에서 생성된 벡터 $\mathbf{v}_j$가 $\mathbf{w}_1, \mathbf{w}_2, \cdots, \mathbf{w}_j$의 일차결합으로 표현되는 것을 보이도록 할 것이다. 그러므로 Gram-Schmidt 과정은 $\{\mathbf{w}_1, \mathbf{w}_2, \cdots, \mathbf{w}_k\}$에 의해 생성된 부분공간 W에 대한 직교기저 $\{\mathbf{v}_1, \mathbf{v}_2, \cdots, \mathbf{v}_k\}$를 만들 뿐만 아니라, 중간 단계의 벡터 $\{\mathbf{v}_1, \mathbf{v}_2, \cdots, \mathbf{v}_j\}$가 $\{\mathbf{w}_1, \mathbf{w}_2, \cdots, \mathbf{w}_j\}$에 의해 생성된 R^n의 부분공간에 대한 직교기저를 만들어 준다. 더욱이 $\mathbf{v}_j$는 $\text{span}\{\mathbf{v}_1, \mathbf{v}_2, \cdots, \mathbf{v}_{j-1}\}$에 수직이 되도록 만들어지기 때문에, 벡터 $\mathbf{v}_j$ 또한 반드시 $\text{span}\{\mathbf{w}_1, \mathbf{w}_2, \cdots, \mathbf{w}_{j-1}\}$에 수직이어야 한다. 왜냐하면 두 부분공간이 같기 때문이다.

요약하면 다음 정리와 같다.

정리 7.9.6 *$S = \{\mathbf{w}_1, \mathbf{w}_2, \cdots, \mathbf{w}_k\}$가 R^n의 영이 아닌 부분공간에 대한 기저이고 $S' = \{\mathbf{v}_1, \mathbf{v}_2, \cdots, \mathbf{v}_k\}$가 이에 대하여 Gram-Schmidt 과정을 적용하여 만들어진 직교기저라 하자.*

(a) j단계의 $\{\mathbf{v}_1, \mathbf{v}_2, \cdots, \mathbf{v}_j\}$는 $\text{span}\{\mathbf{w}_1, \mathbf{w}_2, \cdots, \mathbf{w}_j\}$에 대한 직교기저이다.

(b) j단계 $(j \geq 2)$의 $\mathbf{v}_j$는 $\text{span}\{\mathbf{w}_1, \mathbf{w}_2, \cdots, \mathbf{w}_{j-1}\}$에 직교한다.

참고 이 정리는 만약 직교기저벡터들이 과정의 마지막 단계에서 정규화되었다기보다 각 단계에서 정규화되었다고 하더라도 여전히 성립한다. 즉 $\{\mathbf{q}_1, \mathbf{q}_2, \cdots, \mathbf{q}_j\}$는 $\text{span}\{\mathbf{w}_1, \mathbf{w}_2, \cdots, \mathbf{w}_j\}$에 대한 정규직교기저이고 $\mathbf{q}_j$는 $\text{span}\{\mathbf{w}_1, \mathbf{w}_2, \cdots, \mathbf{w}_{j-1}\}$에 직교한다.

정규직교집합을 정규직교기저로 확장

R^n의 영이 아닌 부분공간의 일차독립집합은 W에 대한 기저로 확대될 수 있다는 정리 7.2.2의 (b)를 상기하라. 다음 정리는 이 정리와 유사한 직교기저와 정규직교기저인 경우의 결과이다.

정리 7.9.7 *W가 R^n의 영이 아닌 부분공간이면*

(a) 모든 W의 영이 아닌 벡터들의 직교집합은 W의 직교기저로 확대될 수 있다.

(b) W의 모든 정규직교집합은 W의 정규직교기저로 확대될 수 있다.

여기서는 (*b*)만 증명할 것이다. (*a*)의 증명도 비슷하다.

증명 (*b*) $S = \{\mathbf{v}_1, \mathbf{v}_2, \cdots, \mathbf{v}_s\}$가 W의 벡터의 정규직교집합이라 하자. 정리 7.2.2의 (*b*)는 S를 W의 적당한 기저 $S' = \{\mathbf{v}_1, \mathbf{v}_2, \cdots, \mathbf{v}_s, \mathbf{w}_{s+1} \cdots, \mathbf{w}_k\}$로 확대될 수 있다고 말한다. 만약 집합 S'에 Gram-Schmidt 과정을 적용하면, 벡터 $\mathbf{v}_1, \mathbf{v}_2, \cdots, \mathbf{v}_s$는 변하지 않을 것이다. 왜냐하면 이 벡터들은 이미 정규직교이기 때문이다. 그 결과 집합인

$$S'' = \{\mathbf{v}_1, \mathbf{v}_2, \cdots, \mathbf{v}_s, \mathbf{v}_{s+1}, \cdots, \mathbf{v}_k\}$$

는 W의 정규직교기저일 것이다. ■

연습문제에서, 7.4절의 예제 2 방법과 Gram-Schmidt 과정을 사용하여 정규직교집합을 정규직교기저로 확장하기 위한 계산 기술을 개발하도록 요구할 것이다.

연습문제 7.9

연습문제 1과 2에서는 벡터들이 직교집합을 형성하는지 결정하라. 만약 그렇다면, 정규화를 이용하여 정규직교집합으로 바꿔라.

1. (a) $\mathbf{v}_1 = (2, 3),\ \mathbf{v}_2 = (3, 2)$
(b) $\mathbf{v}_1 = (-1, 1),\ \mathbf{v}_2 = (1, 1)$
(c) $\mathbf{v}_1 = (-2, 1, 1),\ \mathbf{v}_2 = (1, 0, 2),\ \mathbf{v}_3 = (-2, -5, 1)$
(d) $\mathbf{v}_1 = (-3, 4, -1),\ \mathbf{v}_2 = (1, 2, 5),\ \mathbf{v}_3 = (4, -3, 0)$

2. (a) $\mathbf{v}_1 = (2, 3),\ \mathbf{v}_2 = (-3, 2)$
(b) $\mathbf{v}_1 = (1, -2),\ \mathbf{v}_2 = (-2, 1)$
(c) $\mathbf{v}_1 = (1, 0, 1),\ \mathbf{v}_2 = (1, 1, 1),\ \mathbf{v}_3 = (-1, 0, 1)$
(d) $\mathbf{v}_1 = (2, -2, 1),\ \mathbf{v}_2 = (2, 1, -2),\ \mathbf{v}_3 = (1, 2, 2)$

연습문제 3과 4에서는 벡터들이 R^3의 정규직교집합을 이루는지 결정하라. 만약 그렇지 않다면, 필요한 어떤 성질이 성립되지 않는 것인지 밝혀라.

3. (a) $\mathbf{v}_1 = \left(\frac{2}{3}, -\frac{2}{3}, \frac{1}{3}\right),\ \mathbf{v}_2 = \left(\frac{2}{3}, \frac{1}{3}, -\frac{2}{3}\right),\ \mathbf{v}_3 = \left(\frac{1}{3}, \frac{2}{3}, \frac{2}{3}\right)$
(b) $\mathbf{v}_1 = \left(\frac{1}{\sqrt{2}}, 0, \frac{1}{\sqrt{2}}\right),\ \mathbf{v}_2 = \left(\frac{1}{\sqrt{3}}, \frac{1}{\sqrt{3}}, -\frac{1}{\sqrt{3}}\right),$
$\mathbf{v}_3 = \left(-\frac{1}{\sqrt{2}}, 0, \frac{1}{\sqrt{2}}\right)$
(c) $\mathbf{v}_1 = \left(\frac{1}{\sqrt{2}}, 0, -\frac{1}{\sqrt{2}}\right),\ \mathbf{v}_2 = \left(\frac{1}{\sqrt{18}}, \frac{4}{\sqrt{18}}, \frac{1}{\sqrt{18}}\right),$
$\mathbf{v}_3 = \left(-\frac{2}{\sqrt{3}}, \frac{1}{\sqrt{3}}, -\frac{2}{\sqrt{3}}\right)$

4. (a) $\mathbf{v}_1 = \left(\frac{1}{\sqrt{2}}, \frac{1}{\sqrt{3}}, \frac{1}{\sqrt{6}}\right),\ \mathbf{v}_2 = \left(0, \frac{1}{\sqrt{3}}, -\frac{2}{\sqrt{6}}\right),$
$\mathbf{v}_3 = \left(-\frac{1}{\sqrt{2}}, \frac{1}{\sqrt{3}}, \frac{1}{\sqrt{6}}\right)$
(b) $\mathbf{v}_1 = \left(\frac{1}{3}, \frac{1}{3}, \frac{1}{3}\right),\ \mathbf{v}_2 = (0, 0, 0),\ \mathbf{v}_3 = \left(-\frac{1}{\sqrt{2}}, 0, \frac{1}{\sqrt{2}}\right)$
(c) $\mathbf{v}_1 = \left(\frac{1}{\sqrt{10}}, \frac{3}{\sqrt{20}}, \frac{3}{\sqrt{20}}\right),\ \mathbf{v}_2 = \left(\frac{3}{\sqrt{10}}, -\frac{1}{\sqrt{10}}, -\frac{1}{\sqrt{20}}\right),$
$\mathbf{v}_3 = \left(0, -\frac{1}{\sqrt{3}}, \frac{1}{\sqrt{3}}\right)$

연습문제 5와 6에서는 주어진 정규직교벡터들에 의해 생성된 R^4의 부분공간 위로의 $\mathbf{x} = (1, 2, 0, -1)$의 정사영을 찾아라.

5. (a) $\mathbf{v}_1 = \left(0, \frac{1}{\sqrt{18}}, -\frac{4}{\sqrt{18}}, -\frac{1}{\sqrt{18}}\right),\ \mathbf{v}_2 = \left(\frac{1}{2}, \frac{5}{6}, \frac{1}{6}, \frac{1}{6}\right)$
(b) $\mathbf{v}_1 = \left(0, \frac{1}{\sqrt{18}}, -\frac{4}{\sqrt{18}}, -\frac{1}{\sqrt{18}}\right),\ \mathbf{v}_2 = \left(\frac{1}{2}, \frac{5}{6}, \frac{1}{6}, \frac{1}{6}\right),$
$\mathbf{v}_3 = \left(\frac{1}{\sqrt{18}}, 0, \frac{1}{\sqrt{18}}, -\frac{4}{\sqrt{18}}\right)$

6. (a) $\mathbf{v}_1 = \left(\frac{1}{2}, \frac{1}{2}, \frac{1}{2}, \frac{1}{2}\right),\ \mathbf{v}_2 = \left(\frac{1}{2}, \frac{1}{2}, -\frac{1}{2}, -\frac{1}{2}\right)$
(b) $\mathbf{v}_1 = \left(\frac{1}{2}, \frac{1}{2}, \frac{1}{2}, \frac{1}{2}\right),\ \mathbf{v}_2 = \left(\frac{1}{2}, \frac{1}{2}, -\frac{1}{2}, -\frac{1}{2}\right),$
$\mathbf{v}_3 = \left(\frac{1}{2}, -\frac{1}{2}, \frac{1}{2}, -\frac{1}{2}\right)$

연습문제 7과 8에서는 주어진 직교벡터들에 의해 생성된 R^4의 부분공간 위로의 $\mathbf{x} = (1, 2, 0, -2)$의 정사영을 찾아라.

7. (a) $\mathbf{v}_1 = (1, 1, 1, 1),\ \mathbf{v}_2 = (1, 1, -1, -1)$
(b) $\mathbf{v}_1 = (1, 1, 1, 1),\ \mathbf{v}_2 = (1, 1, -1, -1),$
$\mathbf{v}_3 = (1, -1, 1, -1)$

8. (a) $\mathbf{v}_1 = (0, 1, -4, -1),\ \mathbf{v}_2 = (3, 5, 1, 1)$
(b) $\mathbf{v}_1 = (0, 1, -4, -1),\ \mathbf{v}_2 = (3, 5, 1, 1),$
$\mathbf{v}_3 = (1, 0, 1, -4)$

연습문제 9와 10에서는 $\{\mathbf{v}_1, \mathbf{v}_2, \mathbf{v}_3\}$이 R^3에 대한 정규직교기저인 것을 확인하라. 그리고 $\mathbf{w}$를 다음 벡터들의 일차결합으로 표현하라.

9. $\mathbf{v}_1 = \left(\frac{3}{\sqrt{11}}, \frac{1}{\sqrt{11}}, \frac{1}{\sqrt{11}}\right),\ \mathbf{v}_2 = \left(-\frac{1}{\sqrt{6}}, \frac{2}{\sqrt{6}}, \frac{1}{\sqrt{6}}\right),$
$\mathbf{v}_3 = \left(-\frac{1}{\sqrt{66}}, -\frac{4}{\sqrt{66}}, \frac{7}{\sqrt{66}}\right);\ \mathbf{w} = (-1, 1, 2)$

10. $\mathbf{v}_1 = \left(\frac{2}{3}, \frac{1}{3}, \frac{2}{3}\right),\ \mathbf{v}_2 = \left(\frac{1}{3}, \frac{2}{3}, -\frac{2}{3}\right),\ \mathbf{v}_3 = \left(\frac{2}{3}, -\frac{2}{3}, -\frac{1}{3}\right);$
$\mathbf{w} = (2, 0, 5)$

연습문제 11과 12에서는 $\{\mathbf{v}_1, \mathbf{v}_2, \mathbf{v}_3, \mathbf{v}_4\}$가 R^4의 직교기저인 것을 확인하라. 그리고 $\mathbf{w}$를 다음 벡터들의 일차결합으로 나타내라.

11. $\mathbf{v}_1 = (1, -2, 2, -3),\ \mathbf{v}_2 = (2, -3, 2, 4),\ \mathbf{v}_3 = (2, 2, 1, 0),$
$\mathbf{v}_4 = (5, -2, -6, -1);\ \mathbf{w} = (1, 1, 1, 1)$

12. $\mathbf{v}_1 = (1, 1, 1, 2),\ \mathbf{v}_2 = (1, 2, 3, -3),\ \mathbf{v}_3 = (1, -2, 1, 0),$
$\mathbf{v}_4 = (25, 4, -17, -6);\ \mathbf{w} = (1, 1, 1, 1)$

연습문제 13과 14에서는 주어진 정규직교벡터들에 의해 생성된 R^3의 부분공간 위로의 정사영에 대한 표준행렬을 찾아라.

13. $\mathbf{v}_1 = \left(\frac{2}{3}, \frac{1}{3}, \frac{2}{3}\right),\ \mathbf{v}_2 = \left(\frac{1}{3}, \frac{2}{3}, -\frac{2}{3}\right)$

14. $\mathbf{v}_1 = \left(\frac{1}{\sqrt{2}}, \frac{1}{\sqrt{3}}, \frac{1}{\sqrt{6}}\right),\ \mathbf{v}_2 = \left(0, \frac{1}{\sqrt{3}}, -\frac{2}{\sqrt{6}}\right)$

15. span$\{\mathbf{v}_1, \mathbf{v}_2\}$ 위로의 $\mathbf{w} = (0, 2, -3)$의 정사영을 찾기 위해 연습문제 13에서 얻은 행렬을 이용하고 식 (7)을 이용하여 결과를 확인하라.

16. span$\{\mathbf{v}_1, \mathbf{v}_2\}$ 위로의 $\mathbf{w} = (4, -5, 1)$의 정사영을 찾기 위해 연습문제 13에서 얻은 행렬을 이용하고 식 (7)을 이용하여 결과를 확인하라.

연습문제 17과 18에서는 주어진 직교벡터들에 의해 생성된 R^3의 부분공간 위로의 정사영에 대한 표준행렬을 찾아라.

17. $\mathbf{v}_1 = (1, 1, 1),\ \mathbf{v}_2 = (1, 1, -2)$

18. $\mathbf{v}_1 = (2, 1, 2),\ \mathbf{v}_2 = (1, 2, -2)$

19. span$\{\mathbf{v}_1, \mathbf{v}_2\}$ 위로의 $\mathbf{w} = (4, -5, 0)$의 정사영을 찾기 위해 연습문제 17에서 얻은 행렬을 이용하고, 식 (8)을 이용하여 결과를 확인하라.

20. span$\{\mathbf{v}_1, \mathbf{v}_2\}$ 위로의 $\mathbf{w} = (2, -3, 1)$의 정사영을 찾기 위해 연습문제 18에서 얻은 행렬을 이용하고, 식 (8)을 이용하여 결과를 확인하라.

21. 연습문제 17의 사영의 치역은 $\mathbf{v}_1$과 $\mathbf{v}_2$에 의해 생성된 원점을 지나는 평면이다. 그래서 사영에 대한 표준행렬은 계수 2를 가져야 한다. 행렬의 대각합을 계산하여 이 결과를 확인하라.

22. 연습문제 18의 행렬에 대해 연습문제 21에서 지시한 대로 풀어라.

연습문제 23~26에서는 정리 7.7.6을 이용하여 P가 정사영에 대한 표준행렬인 것을 확인하라. 그리고 정리 7.9.3을 이용하여 그 사영의 치역의 차원을 찾아라.

23. $P = \begin{bmatrix} \frac{20}{21} & \frac{4}{21} & -\frac{2}{21} \\ \frac{4}{21} & \frac{5}{21} & \frac{8}{21} \\ -\frac{2}{21} & \frac{8}{21} & \frac{17}{21} \end{bmatrix}$ **24.** $P = \begin{bmatrix} \frac{4}{49} & \frac{6}{49} & \frac{12}{49} \\ \frac{6}{49} & \frac{9}{49} & \frac{18}{49} \\ \frac{12}{49} & \frac{18}{49} & \frac{36}{49} \end{bmatrix}$

25. $P = \begin{bmatrix} \frac{1}{9} & \frac{2}{9} & \frac{2}{9} \\ \frac{2}{9} & \frac{4}{9} & \frac{4}{9} \\ \frac{2}{9} & \frac{4}{9} & \frac{4}{9} \end{bmatrix}$ **26.** $P = \begin{bmatrix} \frac{8}{9} & -\frac{2}{9} & \frac{2}{9} \\ -\frac{2}{9} & \frac{5}{9} & \frac{4}{9} \\ \frac{2}{9} & \frac{4}{9} & \frac{5}{9} \end{bmatrix}$

연습문제 27과 28에서는 Gram-Schmidt 과정을 이용하여 기저 $\{\mathbf{w}_1, \mathbf{w}_2\}$를 정규직교기저로 변환하라. xy 평면에 두 기저집합의 벡터들을 모두 그려라.

27. $\mathbf{w}_1 = (1, -3),\ \mathbf{w}_2 = (2, 2)$

28. $\mathbf{w}_1 = (1, 0),\ \mathbf{w}_2 = (3, -5)$

연습문제 29~32에서는 Gram-Schmidt 과정을 이용하여 주어진 기저를 정규직교기저로 변환하라.

29. $\mathbf{w}_1 = (1, 1, 1),\ \mathbf{w}_2 = (-1, 1, 0),\ \mathbf{w}_3 = (1, 2, 1)$

30. $\mathbf{w}_1 = (1, 0, 0),\ \mathbf{w}_2 = (3, 7, -2),\ \mathbf{w}_3 = (0, 4, 1)$

31. $\mathbf{w}_1 = (0, 2, 1, 0),\ \mathbf{w}_2 = (1, -1, 0, 0),\ \mathbf{w}_3 = (1, 2, 0, -1),$ $\mathbf{w}_4 = (1, 0, 0, 1)$

32. $\mathbf{w}_1 = (1, 2, 1, 0),\ \mathbf{w}_2 = (1, 1, 2, 0),\ \mathbf{w}_3 = (0, 1, 1, -2),$ $\mathbf{w}_4 = (1, 0, 3, 1)$

연습문제 33과 34에서는 집합을 기저로 확대하는 7.4절의 예제 2의 방법을 이용하여 주어진 정규직교집합을 R^3 또는 R^4에 대한 정규직교기저로 확대하라. 그리고 Gram-Schmidt 과정을 적용하라.

33. $\mathbf{w}_1 = \left(\frac{1}{\sqrt{2}}, \frac{1}{\sqrt{2}}, 0\right),\ \mathbf{w}_2 = \left(\frac{1}{\sqrt{2}}, -\frac{1}{\sqrt{2}}, 0\right)$

34. $\mathbf{w}_1 = \left(\frac{2}{3}, \frac{2}{3}, 0, \frac{1}{3}\right),\ \mathbf{w}_2 = \left(-\frac{1}{\sqrt{3}}, \frac{1}{\sqrt{3}}, \frac{1}{\sqrt{3}}, 0\right)$

35. 벡터 $\mathbf{w}_1 = (0, 1, 2),\ \mathbf{w}_2 = (-1, 0, 1),\ \mathbf{w}_3 = (-1, 1, 3)$에 의해 생성된 R^3의 부분공간에 대한 정규직교기저를 찾아라.

36. 벡터 $\mathbf{w}_1 = (-1, 2, 4, 7),\ \mathbf{w}_2 = (-3, 0, 4, -2),\ \mathbf{w}_3 = (2, 2, 7, -3),\ \mathbf{w}_4 = (4, 4, 7, 6)$에 의해 생성된 R^4의 부분공간에 대한 정규직교기저를 찾아라.

37. $\mathbf{w} = (1, 2, 3)$을 $\mathbf{w} = \mathbf{w}_1 + \mathbf{w}_2$ 형태로 표현하라. 여기서 $\mathbf{w}_1$은 벡터 $\mathbf{u}_1 = (\frac{4}{5}, 0, -\frac{3}{5})$과 $\mathbf{u}_2 = (0, 1, 0)$에 의해 생성된 평면 W에 놓여 있고, $\mathbf{w}_2$는 W에 직교한다.

38. $\mathbf{w} = (-1, 2, 6, 0)$을 $\mathbf{w} = \mathbf{w}_1 + \mathbf{w}_2$ 형태로 표현하라. 여기서 $\mathbf{w}_1$은 벡터 $\mathbf{u}_1 = (-1, 0, 1, 2)$와 $\mathbf{u}_2 = (0, 1, 0, 1)$에 의해 생성된 R^4의 부분공간 W에 놓여 있고, $\mathbf{w}_2$는 W에 직교한다.

39. $\mathbf{w} = (a, b, c)$가 영이 아닌 벡터라면, 직선 span$\{\mathbf{w}\}$ 위로의 R^3의 정사영에 대한 표준벡터가 다음과 같다는 것을 보여라.

$$P = \frac{1}{a^2 + b^2 + c^2}\begin{bmatrix} a^2 & ab & ac \\ ab & b^2 & bc \\ ac & bc & c^2 \end{bmatrix}$$

토론과 발견

D1. a와 b가 영이 아니라면, 평면 $z = ax + by$에 대한 정규직교기저는 ________이다.

D2. (a) 만약 $\mathbf{v}_1, \mathbf{v}_2, \mathbf{v}_3$이 일차독립벡터들 $\mathbf{w}_1, \mathbf{w}_2, \mathbf{w}_3$에 Gram-Schmidt 직교과정을 적용한 결과 벡터라면, span$\{\mathbf{v}_1\}$, span$\{\mathbf{v}_1, \mathbf{v}_2\}$, span$\{\mathbf{v}_1, \mathbf{v}_2, \mathbf{v}_3\}$과 span$\{\mathbf{w}_1\}$, Span$\{\mathbf{w}_1, \mathbf{w}_2\}$, span$\{\mathbf{w}_1, \mathbf{w}_2, \mathbf{w}_3\}$ 사이에는 무슨 관계가 존재하는가?

(b) $\mathbf{v}_3$과 span$\{\mathbf{w}_1, \mathbf{w}_2\}$ 사이에는 무슨 관계가 존재하는가?

D3. 만약 벡터들의 일차종속집합에 Gram-Schmidt 과정을 적용하면 무슨 일이 일어나는가?

D4. A가 열벡터들이 정규직교인 행렬이면, AA^T는 A의 열공간에 대해 무슨 관계를 가지는가?

D5. (a) 식 (6)에서 부분공간 W 위로의 R^n의 정사영에 대한 표준벡터는 $P = MM^T$ 형태로 표현될 수 있다는 것을 보았다. M의 열공간들과 P 사이의 관계는 무엇인가?

(b) 만약 P를 안다면, $P = MM^T$에서 행렬을 어떻게 찾을 수 있는가?

(c) 행렬 M은 유일한가?

D6. 다음 명제들이 참(T) 혹은 거짓(F)인지 판별하고 그 이유를 설명하라.

(a) R^n에는 일차종속 정규직교집합이 존재하지 않는다.

(b) R^n에는 일차종속 직교집합이 존재하지 않는다.

(c) R^n의 모든 부분공간은 정규직교기저를 갖는다.

(d) 만약 $\mathbf{q}_1, \mathbf{q}_2, \mathbf{q}_3$이 $\mathbf{w}_1, \mathbf{w}_2, \mathbf{w}_3$에 Gram-Schmidt 과정을 적용하여 얻은 정규직교벡터들이라면, $\mathbf{q}_3 \cdot \mathbf{w}_1 = 0$과 $\mathbf{q}_3 \cdot \mathbf{w}_2 = 0$이다.

증명문제

P1. 직교벡터들을 정규화하고 정리 7.9.2의 (*a*)를 이용하여 정리 7.9.2의 (*b*)를 증명하라.

P2. 다음을 증명하라. 만약 A가 대칭이고 멱등원이면, 정규직교 열을 갖는 행렬 U에 대하여 $A = UU^T$로 분해될 수 있다.

P3. Gram-Schmidt 직교과정의 j단계에서 생성되는 벡터 $\mathbf{v}_j$는 일차독립벡터 $\mathbf{w}_1, \mathbf{w}_2, \cdots, \mathbf{w}_j$의 일차결합으로 표현된다. 그것에 의하여 정리 7.9.6의 (*a*)를 증명하라. [*힌트*: $\mathbf{v}_1 = \mathbf{w}_1$이므로, $j = 1$일 때 결과는 사실이다. $k = j - 1$일 때 참이라고 가정하고 $k = j$일 때 참인 것을 증명하라. 그러면 수학적 귀납법에 의해 명제가 증명된다.]

프로그램 활용 연습문제

T1. (Gram-Schmidt 과정) 대부분의 계산 유틸리티는 직교집합 혹은 정규직교집합을 생성하는 Gram-Schmidt 과정의 여러 가지 변형된 형태를 수행하는 명령어를 제공한다. 어떤 계산 유틸리티들은 벡터들이 일차독립인 것을 요구하고, 다른 계산 유틸리티들은 벡터집합이 일차종속인 것을 허락한다. 후자의 경우 계산 유틸리티는 일차종속벡터들을 제거하고 원래 집합에 의해 생성된 공간에 대한 직교기저와 정규직교기저를 생성한다. 독자들의 계산 유틸리티가 어떻게 Gram-Schmidt 과정을 수행하는지 알아보고 예제 9에서 얻은 결과와 비교하라.

T2. (정규화) 어떤 계산 유틸리티들은 영이 아닌 벡터들의 집합을 정규화하는 명령어를 제공한다. 여러분의 계산 유틸리티가 이러한 명령어를 가지는지 알아보고, 만약 가진다면 직교벡터들의 다음 집합을 정규직교집합으로 바꿔라.

$\mathbf{v}_1 = (2, 1, 3, -1), \quad \mathbf{v}_2 = (3, 2, -3, -1)$

$\mathbf{v}_3 = (1, 5, 1, 10)$

T3. 다음 벡터들에 의해 생성된 R^7의 부분공간에 대한 정규직교기저를 찾아라.

$\mathbf{w}_1 = (1, 2, 3, 4, 5, 6, 7), \quad \mathbf{w}_2 = (1, 0, 3, 1, 1, 2, -2)$

$\mathbf{w}_3 = (1, 4, 3, 7, 9, 10, 1)$

T4. 다음 행렬의 4개의 기본공간에 대한 직교기저들을 찾아라.

$$A = \begin{bmatrix} 2 & -1 & 3 & 5 \\ 4 & -3 & 1 & 3 \\ 3 & -2 & 3 & 4 \\ 4 & -1 & 15 & 17 \\ 7 & -6 & -7 & 0 \end{bmatrix}$$

T5. (CAS) 영이 아닌 벡터 $\mathbf{w} = (a, b, c, d)$에 의해 생성된 R^4의 부분공간 위로의 정사영에 대한 표준행렬을 구하라. 이 행렬이 정리 7.7.6에 의해 대칭이고 멱등원인 것을 확인하고 정리 7.9.3을 이용하여 계수 1을 가지는 것을 확인하라.

7.10 *QR*-분해 및 Householder 변환

이 절에서 Gram-Schmidt 과정이 행렬들을 인수분해 하는 방법으로 볼 수 있다는 것을 보일 것이다. 그리고 어떻게 이 인수분해들이 최소제곱문제의 실제 풀이에서 일어나는 여러 가지 수치적 어려움을 처리하는지를 볼 것이다.

QR-분해

우선 다음 질문으로부터 시작하자.

> A가 $\mathbf{w}_1, \mathbf{w}_2, \cdots, \mathbf{w}_k$를 차례대로 열벡터로 갖고 전열계수를 갖는 $m \times k$ 행렬이라 하자. 만약 Gram-Schmidt 과정이 A를 이들 벡터에 적용하여 열공간의 정규직교기저 $\{\mathbf{q}_1, \mathbf{q}_2, \cdots, \mathbf{q}_k\}$를 생성하였다고 하고, $\mathbf{q}_1, \mathbf{q}_2, \cdots, \mathbf{q}_k$를 차례대로 열벡터로 가지는 행렬 Q를 만들었다면, 행렬 A와 Q 사이에 무슨 관계가 존재하는가?

이 질문에 대답하기 위해 행렬 A와 Q를 분할된 형태로 쓰면

$$A = [\mathbf{w}_1 \quad \mathbf{w}_2 \quad \cdots \quad \mathbf{w}_k], \quad Q = [\mathbf{q}_1 \quad \mathbf{q}_2 \quad \cdots \quad \mathbf{q}_k]$$

가 된다. 정리 7.9.4에 의해 A의 열벡터들은 Q의 열벡터들의 형태로 표현된다.

$$\begin{aligned}
\mathbf{w}_1 &= (\mathbf{w}_1 \cdot \mathbf{q}_1)\,\mathbf{q}_1 + (\mathbf{w}_1 \cdot \mathbf{q}_2)\,\mathbf{q}_2 + \cdots + (\mathbf{w}_1 \cdot \mathbf{q}_k)\,\mathbf{q}_k \\
\mathbf{w}_2 &= (\mathbf{w}_2 \cdot \mathbf{q}_1)\,\mathbf{q}_1 + (\mathbf{w}_2 \cdot \mathbf{q}_2)\,\mathbf{q}_2 + \cdots + (\mathbf{w}_2 \cdot \mathbf{q}_k)\,\mathbf{q}_k \\
&\ \ \vdots \\
\mathbf{w}_k &= (\mathbf{w}_k \cdot \mathbf{q}_1)\,\mathbf{q}_1 + (\mathbf{w}_k \cdot \mathbf{q}_2)\,\mathbf{q}_2 + \cdots + (\mathbf{w}_k \cdot \mathbf{q}_k)\,\mathbf{q}_k
\end{aligned}$$

더욱이 정리 7.9.6의 (*b*)로부터 $\mathbf{q}_j$는 i가 j보다 작으면 언제나 $\mathbf{w}_i$에 직교한다. 그래서 이 계는 더 간단히 다음과 같이 쓸 수 있다.

$$\begin{aligned}
\mathbf{w}_1 &= (\mathbf{w}_1 \cdot \mathbf{q}_1)\,\mathbf{q}_1 \\
\mathbf{w}_2 &= (\mathbf{w}_2 \cdot \mathbf{q}_1)\,\mathbf{q}_1 + (\mathbf{w}_2 \cdot \mathbf{q}_2)\,\mathbf{q}_2 \\
&\ \ \vdots \\
\mathbf{w}_k &= (\mathbf{w}_k \cdot \mathbf{q}_1)\,\mathbf{q}_1 + (\mathbf{w}_k \cdot \mathbf{q}_2)\,\mathbf{q}_2 + \cdots + (\mathbf{w}_k \cdot \mathbf{q}_k)\,\mathbf{q}_k
\end{aligned} \tag{1}$$

이제 다음 상부삼각행렬을 만들자.

$$R = \begin{bmatrix} (\mathbf{w}_1 \cdot \mathbf{q}_1) & (\mathbf{w}_2 \cdot \mathbf{q}_1) & \cdots & (\mathbf{w}_k \cdot \mathbf{q}_1) \\ 0 & (\mathbf{w}_2 \cdot \mathbf{q}_2) & \cdots & (\mathbf{w}_k \cdot \mathbf{q}_2) \\ \vdots & \vdots & & \vdots \\ 0 & 0 & \cdots & (\mathbf{w}_k \cdot \mathbf{q}_k) \end{bmatrix} \tag{2}$$

그리고 곱 QR을 생각하자. 정리 3.1.8로부터 이 곱의 j번째 열벡터는 R의 j번째 열로부터 온 계수들을 가지는 Q의 열벡터들의 일차결합이다. 그러나 이것은 정확히 식 (1)의 $\mathbf{w}_j$의 표현이다. 그래서 QR의 j번째 열은 A의 j번째 열과 같고, 그러므로 A와 Q는 다음 방정식을 만족시킨다.

$$\underbrace{[\mathbf{w}_1 \quad \mathbf{w}_2 \quad \cdots \quad \mathbf{w}_k]}_{A} = \underbrace{[\mathbf{q}_1 \quad \mathbf{q}_2 \quad \cdots \quad \mathbf{q}_k]}_{Q} \underbrace{\begin{bmatrix} (\mathbf{w}_1 \cdot \mathbf{q}_1) & (\mathbf{w}_2 \cdot \mathbf{q}_1) & \cdots & (\mathbf{w}_k \cdot \mathbf{q}_1) \\ 0 & (\mathbf{w}_2 \cdot \mathbf{q}_2) & \cdots & (\mathbf{w}_k \cdot \mathbf{q}_2) \\ \vdots & \vdots & \ddots & \vdots \\ 0 & 0 & \cdots & (\mathbf{w}_k \cdot \mathbf{q}_k) \end{bmatrix}}_{R} \tag{3}$$

연습문제에서 행렬 R의 대각 성분들이 영이 아닌 것을 보임으로써 R이 가역이라는 것을 보일 것이다.

정리 7.10.1 **(*QR*-분해)** *A가 전열계수를 가지는 $m \times k$ 행렬이면 A는 다음과 같이 인수분해 된다.*

$$A = QR \tag{4}$$

여기서 Q는 A의 열공간의 정규직교기저를 이루는 열벡터들의 $m \times k$ 행렬이고 R은 가역인 $k \times k$ 상부삼각행렬이다.

일반적으로 Q가 열벡터들이 정규직교이고 R이 가역인 상부삼각일 때 $A = QR$ 형태로 행렬 A를 인수분해 하는 것을 A의 ***QR*-분해**(*QR*-decompositon) 또는 ***QR*-인수분해**(*QR*-factorization)라고 부른다. 이 용어를 이용하면 정리 7.10.1은 전열계수를 가지는 모든 행렬 A가 *QR*-인수분해를 가진다는 것을 의미한다. 그리고 이 결과는 특히 A가 가역일 때 성립한다. Q가 정규직교열들을 가진다는 사실은 $Q^T Q = I$(정리 6.2.4)을 의미한다. 그래서 식 (4)에서 양변의 좌측에 Q^T를 곱하면

$$R = Q^T A \tag{5}$$

그러므로 전열계수를 가진 행렬 A의 *QR*-분해를 찾는 한 가지 방법은 A의 열벡터들에 Gram-Schmidt 과정을 적용하고 결과 정규직교기저벡터들로부터 행렬 Q를 형성하는 것이다. 그리고 식 (5)로부터 R을 찾는다. 여기 예제가 있다.

예제 1 다음 행렬의 QR-분해를 찾아라.

QR-분해 찾기

$$A = \begin{bmatrix} 1 & 0 & 0 \\ 1 & 1 & 0 \\ 1 & 1 & 1 \end{bmatrix}$$

풀이 행렬 A는 전열계수를 가진다(확인하라). 그래서 QR-분해를 가지는 것을 알 수 있다. Gram-Schmidt 과정을 벡터들

$$\mathbf{w}_1 = \begin{bmatrix} 1 \\ 1 \\ 1 \end{bmatrix}, \quad \mathbf{w}_2 = \begin{bmatrix} 0 \\ 1 \\ 1 \end{bmatrix}, \quad \mathbf{w}_3 = \begin{bmatrix} 0 \\ 0 \\ 1 \end{bmatrix}$$

에 적용하여 얻은 정규직교기저벡터들을 열벡터로 하는 행렬 Q를 형성하라.

$$Q = \begin{bmatrix} \frac{1}{\sqrt{3}} & -\frac{2}{\sqrt{6}} & 0 \\ \frac{1}{\sqrt{3}} & \frac{1}{\sqrt{6}} & -\frac{1}{\sqrt{2}} \\ \frac{1}{\sqrt{3}} & \frac{1}{\sqrt{6}} & \frac{1}{\sqrt{2}} \end{bmatrix}$$

(7.9절의 예제 9를 보라.) 식 (5)로부터

$$R = Q^T A = \begin{bmatrix} \frac{1}{\sqrt{3}} & \frac{1}{\sqrt{3}} & \frac{1}{\sqrt{3}} \\ -\frac{2}{\sqrt{6}} & \frac{1}{\sqrt{6}} & \frac{1}{\sqrt{6}} \\ 0 & -\frac{1}{\sqrt{2}} & \frac{1}{\sqrt{2}} \end{bmatrix} \begin{bmatrix} 1 & 0 & 0 \\ 1 & 1 & 0 \\ 1 & 1 & 1 \end{bmatrix} = \begin{bmatrix} \sqrt{3} & \frac{2}{\sqrt{3}} & \frac{1}{\sqrt{3}} \\ 0 & \frac{2}{\sqrt{6}} & \frac{1}{\sqrt{6}} \\ 0 & 0 & \frac{1}{\sqrt{2}} \end{bmatrix}$$

QR-분해를 구하면 다음과 같다.

$$\underset{A}{\begin{bmatrix} 1 & 0 & 0 \\ 1 & 1 & 0 \\ 1 & 1 & 1 \end{bmatrix}} = \underset{Q}{\begin{bmatrix} \frac{1}{\sqrt{3}} & -\frac{2}{\sqrt{6}} & 0 \\ \frac{1}{\sqrt{3}} & \frac{1}{\sqrt{6}} & -\frac{1}{\sqrt{2}} \\ \frac{1}{\sqrt{3}} & \frac{1}{\sqrt{6}} & \frac{1}{\sqrt{2}} \end{bmatrix}} \underset{R}{\begin{bmatrix} \sqrt{3} & \frac{2}{\sqrt{3}} & \frac{1}{\sqrt{3}} \\ 0 & \frac{2}{\sqrt{6}} & \frac{1}{\sqrt{6}} \\ 0 & 0 & \frac{1}{\sqrt{2}} \end{bmatrix}}$$

■

최소제곱문제에서 QR-분해의 역할

선형계 $A\mathbf{x} = \mathbf{b}$가 정규방정식 $A^TA\mathbf{x} = A^T\mathbf{b}$의 엄밀한 해들을 가지고, 만약 A가 전열계수를 가진다면, 유일한 최소제곱해는

$$\hat{\mathbf{x}} = (A^TA)^{-1}A^T\mathbf{b} \tag{6}$$

가 된다는 정리 7.8.3의 내용을 상기하자. 이 사실은 A가 전열계수를 가질 경우 최소제곱해를 계산하는 두 가지 방법을 제시한다.

1. 정규계 $A^TA\mathbf{x} = A^T\mathbf{b}$를 직접 풀어라. 즉 A^TA의 LU-분해를 하라.
2. A^TA를 역변환하고 식 (6)을 적용하라.

이 두 방법은 모두 비록 이론적으로는 좋지만, A^TA의 성분들을 계산할 때 A 성분들의 작은 반올림 오차가 많은 경우 확대되기 때문에 실제 계산에서는 잘 동작하지 않는다. 그러므로 최소제곱해를 찾기 위한 대부분의 컴퓨터 알고리즘은 행렬 A^TA의 계산을 피하는 방법들을 사용한다. A가 전열계수를 가질 경우, 이를 위한 한 가지 방법은 QR-분해 $A = QR$을 이용하는 것이고 정규계 $A^TA\mathbf{x} = A^T\mathbf{b}$를 다시 쓰면

$$(R^TQ^T)(QR)\mathbf{x} = R^TQ^T\mathbf{b} \tag{7}$$

이고, $Q^TQ = I$라는 사실을 이용하여 이 식을 다시 쓰면

$$R^TR\mathbf{x} = R^TQ^T\mathbf{b} \tag{8}$$

QR-분해의 정의로부터 R과 R^T는 가역이다. 그래서 식 (8)의 양변의 좌측에 $(R^T)^{-1}$을 곱하면 다음의 결과를 얻는다.

정리 7.10.2 *A가 전열계수를 가지는 $m \times k$ 행렬이고, $A = QR$이 A의 QR-분해이면, $A\mathbf{x} = \mathbf{b}$에 대한 정규계는 다음과 같이 표현할 수 있다.*

$$R\mathbf{x} = Q^T\mathbf{b} \tag{9}$$

그리고 최소제곱해는 다음과 같이 표현할 수 있다.

$$\hat{\mathbf{x}} = R^{-1}Q^T\mathbf{b} \tag{10}$$

식 (9)에서 행렬 R은 상부삼각이므로 정규계의 이 형태는 최소제곱해 $\hat{\mathbf{x}}$을 얻기 위해 역대입함으로써 쉽게 풀린다. 이 과정은 정규계 $A^TA\mathbf{x} = A^T\mathbf{b}$에서 발생하는 골치 아픈 A^TA를 피하기 때문에 실제 계산에서 매우 중요하다.

예제 2 QR-분해를 이용한 최소제곱해

주어진 방정식들에 의한 선형계 $A\mathbf{x} = \mathbf{b}$의 최소제곱해를 찾기 위해 QR-분해를 이용하라.

$$\begin{aligned} x_1 + 3x_2 + 5x_3 &= -2 \\ x_1 + x_2 \phantom{{}+5x_3} &= 3 \\ x_1 + x_2 + 2x_3 &= -1 \\ x_1 + 3x_2 + 3x_3 &= 2 \end{aligned}$$

풀이 계수행렬이 전열계수를 가지는 것을 확인하라.

$$A = \begin{bmatrix} 1 & 3 & 5 \\ 1 & 1 & 0 \\ 1 & 1 & 2 \\ 1 & 3 & 3 \end{bmatrix}$$

그리고 이 행렬의 QR-분해가 다음과 같다는 것을 예제 1의 방법을 사용하여 보여라.

$$A = QR = \begin{bmatrix} \frac{1}{2} & \frac{1}{2} & \frac{1}{2} \\ \frac{1}{2} & -\frac{1}{2} & -\frac{1}{2} \\ \frac{1}{2} & -\frac{1}{2} & \frac{1}{2} \\ \frac{1}{2} & \frac{1}{2} & -\frac{1}{2} \end{bmatrix} \begin{bmatrix} 2 & 4 & 5 \\ 0 & 2 & 3 \\ 0 & 0 & 2 \end{bmatrix}$$

이것은 다음을 의미한다.

$$Q^T\mathbf{b} = \begin{bmatrix} \frac{1}{2} & \frac{1}{2} & \frac{1}{2} & \frac{1}{2} \\ \frac{1}{2} & -\frac{1}{2} & -\frac{1}{2} & \frac{1}{2} \\ \frac{1}{2} & -\frac{1}{2} & \frac{1}{2} & -\frac{1}{2} \end{bmatrix} \begin{bmatrix} -2 \\ 3 \\ -1 \\ 2 \end{bmatrix} = \begin{bmatrix} 1 \\ -1 \\ -4 \end{bmatrix}$$

그래서 정규계 $R\mathbf{x} = Q^T\mathbf{b}$는

$$\begin{bmatrix} 2 & 4 & 5 \\ 0 & 2 & 3 \\ 0 & 0 & 2 \end{bmatrix} \begin{bmatrix} x_1 \\ x_2 \\ x_3 \end{bmatrix} = \begin{bmatrix} 1 \\ -1 \\ -4 \end{bmatrix}$$

역대입하여 최소제곱해를 얻는다.

$$x_1 = \tfrac{1}{2}, \quad x_2 = \tfrac{5}{2}, \quad x_3 = -2$$

■

다른 수치 문제들 비록 QR-분해가 최소제곱문제에서 골치 아픈 A^TA 계산을 피하지만, QR-분해를 구성하기 위해 Gram-Schmidt 과정을 사용할 때 또한 수치상의 어려운 문제가 일어난다. A의 성분들의 조그만 반올림 오차들에 의한 문제는 Q의 벡터들을 계산할 때 직교성에 심각한 손실을 일으킬 수 있다. 반올림 오차의 영향을 줄이는 방법은 Gram-Schmidt 과정에서 계산들의 순서를 재정리(수정된 Gram-Schmidt 과정)하는 것이다. 그러나 더 일반적인 접근은 Gram-Schmidt 과정을 전혀 사용하지 않고 QR-분해를 하는 것이다. 이것을 하기 위한 두 가지 기본적인 방법이 있다. 하나는 반사에 기초한 것이고 다른 하나는 회전에 기초한 것이다. 여기에서는 단지 기본적인 아이디어들만 다룰 것이다.

Householder 반사 $\mathbf{a}$가 R^2 혹은 R^3의 영이 아닌 벡터라면, 직선 span$\{\mathbf{a}\}$ 위로의 정사영과 R^3의 초평면 $\mathbf{a}^\perp$에 대한 반사 사이에는 R^3에서의 그림 7.10.1에서 보여 주듯이 단순한 관계가 있다. 만약 $\text{proj}_\mathbf{a}\mathbf{x}$를 직선 위로의 벡터 $\mathbf{x}$의 정사영이라 하고 $\text{refl}_{\mathbf{a}^\perp}\mathbf{x}$를 초평면에 대한 $\mathbf{x}$의 반사라 한다면, 그림으로부터 다음을 알 수 있다.

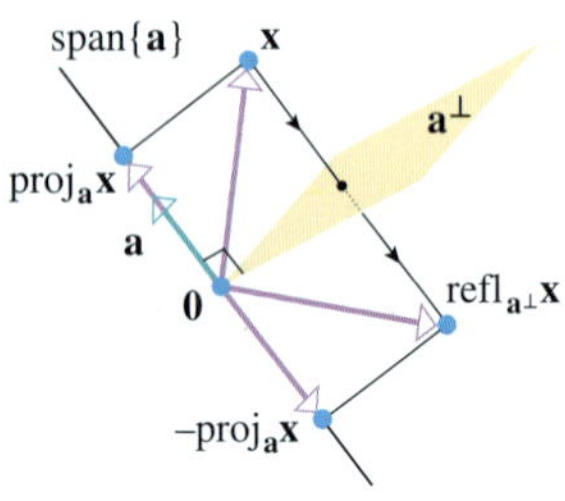

그림 7.10.1

$$\mathbf{x} - \text{refl}_{\mathbf{a}^\perp}\mathbf{x} = 2\text{proj}_\mathbf{a}\mathbf{x} \quad \text{또는 동치적으로} \quad \text{refl}_{\mathbf{a}^\perp}\mathbf{x} = \mathbf{x} - 2\text{proj}_\mathbf{a}\mathbf{x}$$

이 결과에 의해 다음과 같은 정의를 내리자.

정의 7.10.3 $\mathbf{a}$가 R^n의 영이 아닌 벡터이고, $\mathbf{x}$가 R^n의 임의의 벡터라면, **초평면 $\mathbf{a}^\perp$에 대한 $\mathbf{x}$의 반사**(reflection of $\mathbf{x}$ about the hyperplane $\mathbf{a}^\perp$)는 $\text{refl}_{\mathbf{a}^\perp}\mathbf{x}$로 표시하고 다음과 같이 정의한다.

$$\text{refl}_{\mathbf{a}^\perp}\mathbf{x} = \mathbf{x} - 2\text{proj}_\mathbf{a}\mathbf{x} \tag{11}$$

$T(\mathbf{x}) = \text{refl}_{\mathbf{a}^\perp}\mathbf{x}$로 표시되는 연산자 $T: R^n \to R^n$은 **초평면 $\mathbf{a}^\perp$에 대한 R^n의 반사**라고 부른다.

개념문제 $\text{refl}_{\mathbf{a}^\perp}$이 R^n의 선형연산자인 것을 증명하라.

7.7절의 식 (11)로부터

$$\text{refl}_{\mathbf{a}^\perp}\mathbf{x} = \mathbf{x} - 2\frac{\mathbf{x}\cdot\mathbf{a}}{\|\mathbf{a}\|^2}\mathbf{a} \tag{12}$$

이 성립한다. 그리고 정리 7.7.3으로부터 $\text{refl}_{\mathbf{a}^\perp}$에 대한 표준행렬 $H_{\mathbf{a}^\perp}$은

$$H_{\mathbf{a}^\perp} = I - \frac{2}{\mathbf{a}^T\mathbf{a}}\mathbf{a}\mathbf{a}^T \tag{13}$$

이다. 초평면이 특별히 단위벡터 $\mathbf{u}$에 대한 것이라면, $\mathbf{u}^T\mathbf{u} = \|\mathbf{u}\|^2 = 1$이므로 식 (12)와 (13)은 단순화된다.

$$\text{refl}_{\mathbf{u}^\perp}\mathbf{x} = \mathbf{x} - 2(\mathbf{x}\cdot\mathbf{u})\mathbf{u} \quad \text{그리고} \quad H_{\mathbf{u}^\perp} = I - 2\mathbf{u}\mathbf{u}^T \tag{14~15}$$

▶ 예제 3 R^3의 좌표평면에 대한 반사

표 6.2.5로부터 xyz 좌표계의 yz 평면에 대한 R^3의 반사에 대한 표준행렬은

$$\begin{bmatrix} -1 & 0 & 0 \\ 0 & 1 & 0 \\ 0 & 0 & 1 \end{bmatrix}$$

이다. 이것은 식 (15)와 잘 맞아떨어진다. 왜냐하면 yz 평면이 양의 x축 방향의 단위벡터 $\mathbf{u} = (1, 0, 0)$의 직교여공간이기 때문이다. 그러므로 만약 $\mathbf{u}$를 열 형태로 쓰고 식 (13)을 적용하면

$$H_{\mathbf{u}^\perp} = I - 2\mathbf{u}\mathbf{u}^T = \begin{bmatrix} 1 & 0 & 0 \\ 0 & 1 & 0 \\ 0 & 0 & 1 \end{bmatrix} - 2\begin{bmatrix} 1 \\ 0 \\ 0 \end{bmatrix}[1 \quad 0 \quad 0]$$

$$= \begin{bmatrix} 1 & 0 & 0 \\ 0 & 1 & 0 \\ 0 & 0 & 1 \end{bmatrix} - \begin{bmatrix} 2 & 0 & 0 \\ 0 & 0 & 0 \\ 0 & 0 & 0 \end{bmatrix} = \begin{bmatrix} -1 & 0 & 0 \\ 0 & 1 & 0 \\ 0 & 0 & 1 \end{bmatrix}$$

을 얻게 된다. ■

예제 4 R^3의 원점을 지나는 평면에 대한 반사

(a) 평면 $x - 4y + 2z = 0$에 대한 R^3의 반사에 대하여 표준행렬 H를 구하라.

(b) 행렬 H를 사용하여 평면에 대한 벡터 $\mathbf{b} = (1, 0, 4)$의 반사를 찾아라.

풀이 (a) 벡터 $\mathbf{a} = (1, -4, 2)$가 평면에 수직이므로 그 평면을 초평면 $\mathbf{a}^{\perp}$으로 생각할 수 있다. H를 찾기 위해 식 (14)를 적용하라. 다른 방법으로 $\mathbf{a}$를 정규화하고, 식 (15)를 적용한다. 이 방법이 우리가 택할 방법이다. $\mathbf{a}$를 정규화하면

$$\mathbf{u} = \left(\frac{1}{\sqrt{21}}, -\frac{4}{\sqrt{21}}, \frac{2}{\sqrt{21}}\right)$$

이것을 열 형태로 쓰고 $\mathbf{u}\mathbf{u}^T$를 계산하면

$$\mathbf{u}\mathbf{u}^T = \begin{bmatrix} \frac{1}{\sqrt{21}} \\ -\frac{4}{\sqrt{21}} \\ \frac{2}{\sqrt{21}} \end{bmatrix} \begin{bmatrix} \frac{1}{\sqrt{21}} & -\frac{4}{\sqrt{21}} & \frac{2}{\sqrt{21}} \end{bmatrix} = \begin{bmatrix} \frac{1}{21} & -\frac{4}{21} & \frac{2}{21} \\ -\frac{4}{21} & \frac{16}{21} & -\frac{8}{21} \\ \frac{2}{21} & -\frac{8}{21} & \frac{4}{21} \end{bmatrix}$$

$$H = I - 2\mathbf{u}\mathbf{u}^T = \begin{bmatrix} 1 & 0 & 0 \\ 0 & 1 & 0 \\ 0 & 0 & 1 \end{bmatrix} - 2\begin{bmatrix} \frac{1}{21} & -\frac{4}{21} & \frac{2}{21} \\ -\frac{4}{21} & \frac{16}{21} & -\frac{8}{21} \\ \frac{2}{21} & -\frac{8}{21} & \frac{4}{21} \end{bmatrix} = \begin{bmatrix} \frac{19}{21} & \frac{8}{21} & -\frac{4}{21} \\ \frac{8}{21} & -\frac{11}{21} & \frac{16}{21} \\ -\frac{4}{21} & \frac{16}{21} & \frac{13}{21} \end{bmatrix}$$

과 같이 구할 수 있다.

풀이 (b) 평면 $x - 4y + 2z = 0$에 대한 $\mathbf{b}$의 반사는 $\mathbf{b}$를 열 형태로 표현하였다 할 때 곱 $H\mathbf{b}$가 된다. 그러므로

$$H\mathbf{b} = \begin{bmatrix} \frac{19}{21} & \frac{8}{21} & -\frac{4}{21} \\ \frac{8}{21} & -\frac{11}{21} & \frac{16}{21} \\ -\frac{4}{21} & \frac{16}{21} & \frac{13}{21} \end{bmatrix} \begin{bmatrix} 1 \\ 0 \\ 4 \end{bmatrix} = \begin{bmatrix} \frac{3}{21} \\ \frac{72}{21} \\ \frac{48}{21} \end{bmatrix} = \begin{bmatrix} \frac{1}{7} \\ \frac{24}{7} \\ \frac{16}{7} \end{bmatrix}$$

혹은 괄호 표기 형식으로 나타내면 $H\mathbf{b} = \left(\frac{1}{7}, \frac{24}{7}, \frac{16}{7}\right)$이다. ■

역사 속의 선형대수

1950년대 초에 수치 선형대수학은 여러 가지 문제들을 풀기 위해 개발된 임시 방편적이고 서로 관련이 없는 알고리즘들의 모음이었다. 미국의 수학자 Alston Scott Householder는 Oak Ridge 국립연구소 재임 기간 중에 이 분야에 차원과 정밀성을 도입해야 한다고 확신했다. Householder는 Northwestem 대학교에서 철학 분야로 학사 학위를, 1927년 Cornell 대학교에서 동일 전공의 석사 학위를 취득했다. Householder의 관심 분야인 수치 해석학은 그가 Chicago 대학에서 수학으로 박사 학위를 받았던 1947년이 되어서야 꽃을 피우기 시작했다. 그 후 그는 수리생물학에 대하여 연구하였고 궁극적으로 그가 명성을 얻게 되었던 수치 선형대수학 분야에 대해 연구하였다.

Alston Scott Householder (1904~1993)

미국의 수학자 A. S. Householder가 초평면들에 대한 반사를 중요한 수치 알고리즘에 적용하였기 때문에, 초평면에 대한 반사를 **Householder 반사**(Householder reflection) 혹은 **Householder 변환**(Householder transformation)이라 부른다. 다음 정의에 나오는 용어 또한 일반적으로 사용되는 것이다.

정의 7.10.4 영이 아닌 R^n의 벡터 $\mathbf{a}$에 대하여 $n \times n$ 행렬

$$H = I - \frac{2}{\mathbf{a}^T\mathbf{a}}\mathbf{a}\mathbf{a}^T \tag{16}$$

를 **Householder 행렬**(Householder matrix)이라 부른다. 기하학적으로 H는 초평면 $\mathbf{a}^{\perp}$에 관한 Householder 반사에 대한 표준행렬이다.

다음 정리는 R^n에서 Householder 반사들이 R^2와 R^3에서의 반사들과 비슷한 특성을 가지는 것을 보인다. 증명은 연습문제에 있다.

정리 7.10.5 *Householder 행렬은 대칭 직교행렬이다.*

개념문제 H가 Householder 행렬이면, $H^{-1} = H$인 것을 보여라. 그리고 이것이 왜 일리가 있는지 기하학적으로 설명하라.

Householder 행렬들이 직교라는 사실은 Householder 반사가 길이를 보존한다는 것을 의미한다. 다음 정리는 이의 역에 대한 것이다. 즉 같은 길이를 가지는 두 벡터가 적당한 Householder 반사에 의해 관련된다는 것을 말한다.

정리 7.10.6 *$\mathbf{v}$와 $\mathbf{w}$가 같은 길이를 가지는 R^n의 서로 다른 벡터라면, 초평면 $(\mathbf{v} - \mathbf{w})^{\perp}$에 대한 Householder 반사는 $\mathbf{v}$를 $\mathbf{w}$로 보낸다. 역도 성립한다.*

증명 $\mathbf{a} = \mathbf{v} - \mathbf{w}$를 가지는 식 (16)으로부터 초평면 $(\mathbf{v} - \mathbf{w})^{\perp}$에 대한 Householder 반사하에서 벡터 $\mathbf{v}$의 상은

$$H\mathbf{v} = \mathbf{v} - \frac{2}{(\mathbf{v} - \mathbf{w})^T(\mathbf{v} - \mathbf{w})}(\mathbf{v} - \mathbf{w})(\mathbf{v} - \mathbf{w})^T\mathbf{v}$$

이다. $\mathbf{v}$와 $\mathbf{w}$는 같은 길이를 가지므로, $\mathbf{v}^T\mathbf{v} = \mathbf{w}^T\mathbf{w}$이다. 이 결과와 내적의 대칭성 $\mathbf{v}^T\mathbf{w} = \mathbf{w}^T\mathbf{v}$을 이용하여, $H\mathbf{v}$에 대한 상기 식에서 분모를 다음과 같이 다시 쓸 수 있다.

$$(\mathbf{v} - \mathbf{w})^T(\mathbf{v} - \mathbf{w}) = \mathbf{v}^T\mathbf{v} - \mathbf{w}^T\mathbf{v} - \mathbf{v}^T\mathbf{w} + \mathbf{w}^T\mathbf{w} = 2\mathbf{v}^T\mathbf{v} - 2\mathbf{w}^T\mathbf{v}$$

이 결과를 적용하면

$$\begin{aligned} H\mathbf{v} &= \mathbf{v} - \frac{1}{\mathbf{v}^T\mathbf{v} - \mathbf{w}^T\mathbf{v}}(\mathbf{v} - \mathbf{w})(\mathbf{v} - \mathbf{w})^T\mathbf{v} \\ &= \mathbf{v} - \frac{1}{\mathbf{v}^T\mathbf{v} - \mathbf{w}^T\mathbf{v}}(\mathbf{v} - \mathbf{w})^T\mathbf{v}(\mathbf{v} - \mathbf{w}) \\ &= \mathbf{v} - (\mathbf{v} - \mathbf{w}) = \mathbf{w} \end{aligned}$$

$(\mathbf{v} - \mathbf{w})^T\mathbf{v}$가 1×1 행렬이므로

이 식은 H가 $\mathbf{v}$를 $\mathbf{w}$로 보낸다는 것을 보인다. 역으로 $H\mathbf{w} = H^{-1}\mathbf{w} = \mathbf{v}$이므로 H는 $\mathbf{w}$를 $\mathbf{v}$로 보낸다. ■

정리 7.10.6은 주어진 벡터를 지정된 성분들이 영인 벡터로 변환하기 위해 Householder 반사를 이용하는 방법을 제공하기 때문에 중요하다. 예를 들면 벡터

$$\mathbf{v} = \begin{bmatrix} v_1 \\ v_2 \\ \vdots \\ v_n \end{bmatrix}, \quad \mathbf{w} = \begin{bmatrix} \|\mathbf{v}\| \\ 0 \\ \vdots \\ 0 \end{bmatrix}$$

은 같은 길이를 가진다. 그래서 정리 7.10.6에 의해 $\mathbf{v}$를 $\mathbf{w}$로 보내는 Householdel 반사가 존재한다. 더욱이 스칼라 $\|\mathbf{v}\|$는 $\mathbf{w}$의 어떤 위치에도 놓일 수 있다. 따라서 $\mathbf{v}$를 $n - 1$개의 지정된 위치에 영들을 가진 벡터로 사상시키는 Householdel 반사들이 존재한다. 여기 몇 가지 예제가 있다.

▶ 예제 5 벡터 $\mathbf{v} = (1, 2, 2)$를 2, 3번째 성분이 영인 벡터 $\mathbf{w}$로 보내는 Householder 반사를 구하라.

Householder 반사를 이용하여 영 성분 만들기

풀이 $\|\mathbf{v}\| = 3$이므로, 벡터 $\mathbf{w} = (3, 0, 0)$는 V와 같은 놈(norm)을 가진다. 그러므로 정리 7.10.6으로부터 초평면 $(\mathbf{v} - \mathbf{w})^{\perp}$에 대한 Householder 반사는 $\mathbf{v}$를 $\mathbf{w}$로 보낸다. 이 반사에 대한 Householder 행렬 H는 열 형태로 표시된 벡터 $\mathbf{a} = \mathbf{v} - \mathbf{w} = (-2, 2, 2)$를 가지는 식 (16)으로부터 얻을 수 있다. $\mathbf{a}^T\mathbf{a} = \|\mathbf{a}\|^2 = 12$이므로

$$H = I - \frac{2}{\mathbf{a}^T\mathbf{a}}\mathbf{a}\mathbf{a}^T = \begin{bmatrix} 1 & 0 & 0 \\ 0 & 1 & 0 \\ 0 & 0 & 1 \end{bmatrix} - \frac{1}{6}\begin{bmatrix} -2 \\ 2 \\ 2 \end{bmatrix}[-2 \quad 2 \quad 2]$$

$$= \begin{bmatrix} 1 & 0 & 0 \\ 0 & 1 & 0 \\ 0 & 0 & 1 \end{bmatrix} - \frac{1}{6}\begin{bmatrix} 4 & -4 & -4 \\ -4 & 4 & 4 \\ -4 & 4 & 4 \end{bmatrix} = \begin{bmatrix} \frac{1}{3} & \frac{2}{3} & \frac{2}{3} \\ \frac{2}{3} & \frac{1}{3} & -\frac{2}{3} \\ \frac{2}{3} & -\frac{2}{3} & \frac{1}{3} \end{bmatrix}$$

$\mathbf{v}$와 $\mathbf{w}$를 열 형태로 쓰고 $H\mathbf{v} = \mathbf{w}$인지를 확인하라. ■

예제 6
Householder 반사

$\mathbf{v} = (v_1, v_2, \cdots, v_n)$이라면, $\mathbf{v}$를 $\mathbf{w} = (v_1, v_2, \cdots, v_{k-1}, s, 0, \cdots, 0)$ 형태의 벡터로 보내는 Householder 반사가 존재한다. 즉 반사는 $\mathbf{v}$의 처음 $k-1$ 성분을 유지하고, v_k를 변화시킬 수 있으며, 나머지 성분들이 있다면 이들은 영으로 바꾼다.

풀이 $\|\mathbf{v}\| = \|\mathbf{w}\|$에 대해 s의 값을 찾을 수 있다면, 정리 7.10.6에 의해 $\mathbf{v}$를 $\mathbf{w}$로 보내는 Householder 반사가 존재한다. s의 값이 다음과 같은지 확인하라.

$$s = \pm\sqrt{v_k^2 + v_{k+1}^2 + \cdots + v_n^2} \tag{17}$$

■

참고 수치 알고리즘에서, 식 (17)에서의 현명한 부호 선택이 반올림 오차를 줄일 수 있다.

Householder 반사를 이용한 QR-분해

다음 목표는 Householder 반사를 이용하여 QR-분해를 구성하게 하는 방법을 찾는 것이다. 예를 들어 4×4 가역행렬의 QR-분해를 찾는다고 가정하면

$$A = \begin{bmatrix} \times & \times & \times & \times \\ \times & \times & \times & \times \\ \times & \times & \times & \times \\ \times & \times & \times & \times \end{bmatrix} \tag{18}$$

만약

$$Q_3Q_2Q_1A = R$$

를 만족시키는 직교행렬 Q_1, Q_2, Q_3을 찾을 수 있다면 이는 상부삼각이고, 따라서 이 방정식을 다시 쓰면

$$A = Q_1^{-1}Q_2^{-1}Q_3^{-1}R = Q_1^TQ_2^TQ_3^TR = QR \tag{19}$$

이 방정식은 $Q = Q_1^T, Q_2^T, Q_3^T$를 가지는 A의 QR-분해가 될 것이다.

이 생각을 구현하는 첫 번째 단계로, Q_1이 A의 첫 번째 열의 2, 3, 4번째 성분을 영으로 만드는 Householder 반사에 대한 Householder 행렬이라 하자. 따라서 Q_1A 곱은 다음과 같다.

$$Q_1A = \begin{bmatrix} \times & \times & \times & \times \\ 0 & \times & \times & \times \\ 0 & \times & \times & \times \\ 0 & \times & \times & \times \end{bmatrix} \tag{20}$$

여기서 $\times$로 표현되는 성분들은 식 (18)의 성분들과 같을 필요는 없다.

이제 식 (20)에서 만들어진 영들을 바꾸지 않고 두 번째 열의 주대각선 아래를 영으로 만들기를 원한다. 이를 위해 식 (20)의 우측 아래 3×3 행렬에 중점을 둔다. H_2가 이 3×3 부분행렬의 첫 번째 열의 2, 3번째 성분들을 영으로 만드는 Householder 반사에 대한 3×3 Householder 행렬이라 하자. Q_2를 다음과 같은 행렬이라 하자.

$$Q_2 = \left[\begin{array}{c|ccc} 1 & 0 & 0 & 0 \\ \hline 0 & & & \\ 0 & & H_2 & \\ 0 & & & \end{array}\right]$$

Q_2는 직교행렬이다(확인하라). 그리고 Q_2Q_1A는 다음과 같을 것이다.

$$Q_2Q_1A = \begin{bmatrix} \times & \times & \times & \times \\ 0 & \times & \times & \times \\ 0 & 0 & \times & \times \\ 0 & 0 & \times & \times \end{bmatrix} \tag{21}$$

다음에 식 (21)의 우측 아래의 2×2 부분행렬을 살펴보자. H_3을 이 2×2 부분행렬의 첫 번째 열의 두 번째 성분을 영으로 만드는 Householder 반사에 대한 2×2 Householder 행렬이라 하자. Q_3을 다음과 같은 행렬이라 하자.

$$Q_3 = \left[\begin{array}{cc|cc} 1 & 0 & 0 & 0 \\ 0 & 1 & 0 & 0 \\ \hline 0 & 0 & \multicolumn{2}{c}{\multirow{2}{*}{H_3}} \\ 0 & 0 & & \end{array}\right]$$

Q_3은 직교행렬이다(확인하라). 그리고 $Q_3Q_2Q_1A$는 다음과 같을 것이다.

$$Q_3Q_2Q_1A = \begin{bmatrix} \times & \times & \times & \times \\ 0 & \times & \times & \times \\ 0 & 0 & \times & \times \\ 0 & 0 & 0 & \times \end{bmatrix}$$

이 방정식의 우변의 행렬 R은 이제 상부삼각이다. 그래서 식 (19)는 A의 QR-분해를 제공한다. 여기 예제가 있다.

예제 7 Householder 반사를 이용하여 다음 행렬의 QR-분해를 구성하라.

Householder 반사를 이용한 QR

$$A = \begin{bmatrix} 1 & 3 & 1 \\ 2 & -5 & -2 \\ 2 & -4 & -3 \end{bmatrix}$$

풀이 예제 5에서 A의 첫 번째 열의 2, 3번째 성분들은 Householder 행렬에 의해 영으로 만들 수 있다.

$$Q_1 = \begin{bmatrix} \frac{1}{3} & \frac{2}{3} & \frac{2}{3} \\ \frac{2}{3} & \frac{1}{3} & -\frac{2}{3} \\ \frac{2}{3} & -\frac{2}{3} & \frac{1}{3} \end{bmatrix}$$

Q_1A를 계산하면

$$Q_1A = \begin{bmatrix} \frac{1}{3} & \frac{2}{3} & \frac{2}{3} \\ \frac{2}{3} & \frac{1}{3} & -\frac{2}{3} \\ \frac{2}{3} & -\frac{2}{3} & \frac{1}{3} \end{bmatrix} \begin{bmatrix} 1 & 3 & 1 \\ 2 & -5 & -2 \\ 2 & -4 & -3 \end{bmatrix} = \begin{bmatrix} 3 & -5 & -3 \\ 0 & 3 & 2 \\ 0 & 4 & 1 \end{bmatrix} \tag{22}$$

다음에 식 (22)의 우측 아래의 2×2 부분행렬 B를 고려하자. 즉

$$B = \begin{bmatrix} 3 & 2 \\ 4 & 1 \end{bmatrix}$$

B의 첫 번째 열의 두 번째 성분이 Householder 행렬에 의해 영으로 만들어지는 것을 보이는 것은 연습문제로 남겨 둔다.

$$H_2 = \begin{bmatrix} \frac{3}{5} & \frac{4}{5} \\ \frac{4}{5} & -\frac{3}{5} \end{bmatrix}$$

행렬을 구성하면 다음과 같다.

$$Q_2 = \begin{bmatrix} 1 & 0 & 0 \\ 0 & \frac{3}{5} & \frac{4}{5} \\ 0 & \frac{4}{5} & -\frac{3}{5} \end{bmatrix}$$

그리고 식 (22)의 좌측에 Q_2를 곱하면

$$Q_2Q_1A = \begin{bmatrix} 1 & 0 & 0 \\ 0 & \frac{3}{5} & \frac{4}{5} \\ 0 & \frac{4}{5} & -\frac{3}{5} \end{bmatrix} \begin{bmatrix} \frac{1}{3} & \frac{2}{3} & \frac{2}{3} \\ \frac{2}{3} & \frac{1}{3} & -\frac{2}{3} \\ \frac{2}{3} & -\frac{2}{3} & \frac{1}{3} \end{bmatrix} \begin{bmatrix} 1 & 3 & 1 \\ 2 & -5 & -2 \\ 2 & -4 & -3 \end{bmatrix} = \begin{bmatrix} 3 & -5 & -3 \\ 0 & 5 & 2 \\ 0 & 0 & 1 \end{bmatrix}$$

그러므로 A의 QR-분해는 다음과 같다.

$$A = \begin{bmatrix} 1 & 3 & 1 \\ 2 & -5 & -2 \\ 2 & -4 & -3 \end{bmatrix} = \begin{bmatrix} \frac{1}{3} & \frac{2}{3} & \frac{2}{3} \\ \frac{2}{3} & \frac{1}{3} & -\frac{2}{3} \\ \frac{2}{3} & -\frac{2}{3} & \frac{1}{3} \end{bmatrix} \begin{bmatrix} 1 & 0 & 0 \\ 0 & \frac{3}{5} & \frac{4}{5} \\ 0 & \frac{4}{5} & -\frac{3}{5} \end{bmatrix} \begin{bmatrix} 3 & -5 & -3 \\ 0 & 5 & 2 \\ 0 & 0 & 1 \end{bmatrix}$$

$$= \begin{bmatrix} \frac{1}{3} & \frac{14}{15} & \frac{2}{15} \\ \frac{2}{3} & -\frac{1}{3} & \frac{2}{3} \\ \frac{2}{3} & -\frac{2}{15} & -\frac{11}{15} \end{bmatrix} \begin{bmatrix} 3 & -5 & -3 \\ 0 & 5 & 2 \\ 0 & 0 & 1 \end{bmatrix}$$ ■

응용에서의 Householder 반사 초평면에 대한 벡터의 Householder 반사를 계산할 필요가 있는 응용에서 Householder 행렬은 명확히 계산할 필요는 없다. 그 대신 H가 초평면 $\mathbf{a}^{\perp}$에 대한 Householder 반사의 표준행렬이면, 식 (16)을 사용하여 $H\mathbf{x}$를 다음과 같이 계산하는 것이 일반적이다.

$$H\mathbf{x} = \left(I - \frac{2}{\mathbf{a}^T\mathbf{a}}\mathbf{a}\mathbf{a}^T\right)\mathbf{x} = \mathbf{x} - \beta\mathbf{a} \tag{23}$$

여기서 $\beta = 2\mathbf{a}^T\mathbf{x}/\mathbf{a}^T\mathbf{a}$이다. 이 식은 $H\mathbf{x}$를 $\mathbf{a}$와 $\mathbf{x}$로 직접적으로 표현하기 때문에, $H\mathbf{x}$를 계산하기 위한 목적으로 H를 명확하게 찾을 필요는 없다. $\mathbf{a}$가 특별히 단위벡터인 경우, 식 (23)은 간단히 표현된다.

$$H\mathbf{x} = \mathbf{x} - \beta\mathbf{a} = \mathbf{x} - 2(\mathbf{a}^T\mathbf{x})\mathbf{a} = \mathbf{x} - 2(\mathbf{a}\cdot\mathbf{x})\mathbf{a} \tag{24}$$

이 식에서 $2(\mathbf{a}\cdot\mathbf{x})\mathbf{a}$ 항이 $\mathbf{x}$의 $\mathbf{a}$ 위로의 정사영의 2배인 것을 확인하라.

연습문제 7.10

연습문제 1~6에서는 전열계수를 가지는 행렬 A가 주어졌다. A의 QR-분해를 구하라.

1. $A = \begin{bmatrix} 1 & -1 \\ 2 & 3 \end{bmatrix}$

2. $A = \begin{bmatrix} 1 & 2 \\ 0 & 1 \\ 1 & 4 \end{bmatrix}$

3. $A = \begin{bmatrix} 1 & 1 \\ -2 & 1 \\ 2 & 1 \end{bmatrix}$

4. $A = \begin{bmatrix} 1 & 0 & 2 \\ 0 & 1 & 1 \\ 1 & 2 & 0 \end{bmatrix}$

5. $A = \begin{bmatrix} 1 & 2 & 1 \\ 1 & 1 & 1 \\ 0 & 3 & 1 \end{bmatrix}$

6. $A = \begin{bmatrix} 1 & 0 & 1 \\ -1 & 1 & 1 \\ 1 & 0 & 1 \\ -1 & 1 & 0 \end{bmatrix}$

연습문제 7~10에서는 A의 QR-분해와 예제 2의 방법을 이용하여 계 $A\mathbf{x} = \mathbf{b}$의 최소제곱해를 찾아라.

7. 연습문제 3의 행렬 A, $\mathbf{b} = \begin{bmatrix} 1 \\ 1 \\ 0 \end{bmatrix}$

8. 연습문제 4의 행렬 A, $\mathbf{b} = \begin{bmatrix} 1 \\ 2 \\ 3 \end{bmatrix}$

9. 연습문제 5의 행렬 A, $\mathbf{b} = \begin{bmatrix} -2 \\ 3 \\ 1 \end{bmatrix}$

10. 연습문제 6의 행렬 A, $\mathbf{b} = \begin{bmatrix} 3 \\ -1 \\ 2 \\ 1 \end{bmatrix}$

연습문제 11, 12에서는 주어진 평면에 대해 R^3의 반사에 대한 표준행렬 H를 구하라. 그리고 H를 이용하여 그 평면에 대하여 $\mathbf{b}$의 반사를 찾아라.

11. $2x - y + 3z = 0$; $\mathbf{b} = (1, 2, 2)$

12. $x + y - 4z = 0$; $\mathbf{b} = (1, 0, 1)$

연습문제 13~16에서는 초평면 $\mathbf{a}^\perp$에 대하여 R^3(혹은 R^4)의 반사에 대한 표준행렬 H를 구하라.

13. $\mathbf{a} = (1, -1, 1)$

14. $\mathbf{a} = (1, -1, 2)$

15. $\mathbf{a} = (0, 1, -1, 3)$

16. $\mathbf{a} = (-1, 2, 3, 1)$

연습문제 17과 18에서는 길이가 같은 벡터 $\mathbf{v}$와 $\mathbf{w}$가 주어졌다. $\mathbf{v}$와 $\mathbf{w}$가 열 형태로 표현되었을 때 $H\mathbf{v} = \mathbf{w}$를 만족시키는 Householder 행렬 H를 구하라.

17. (a) $\mathbf{v} = (3, 4)$, $\mathbf{w} = (5, 0)$
(b) $\mathbf{v} = (3, 4)$, $\mathbf{w} = (0, 5)$
(c) $\mathbf{v} = (3, 4)$, $\mathbf{w} = \left(\frac{7\sqrt{2}}{2}, -\frac{\sqrt{2}}{2}\right)$

18. (a) $\mathbf{v} = (1, 1)$, $\mathbf{w} = (\sqrt{2}, 0)$
(b) $\mathbf{v} = (1, 1)$, $\mathbf{w} = (0, \sqrt{2})$
(c) $\mathbf{v} = (1, 1)$, $\mathbf{w} = \left(\frac{\sqrt{3}-1}{2}, \frac{1+\sqrt{3}}{2}\right)$

연습문제 19와 20에서는 벡터 $\mathbf{v}$를 마지막 두 성분들이 영인 행렬로 보내는 Householder 반사에 대한 표준행렬을 구하라.

19. $\mathbf{v} = (-2, 1, 2)$

20. $\mathbf{v} = (1, -2, 2)$

연습문제 21~24에서는 Householder 반사와 예제 7의 방법을 이용하여 주어진 행렬의 QR-분해를 찾아라.

21. $\begin{bmatrix} 1 & 2 \\ -1 & 3 \end{bmatrix}$

22. $\begin{bmatrix} 1 & 0 \\ 0 & 2 \\ 0 & 1 \end{bmatrix}$

23. $\begin{bmatrix} 1 & 2 & 1 \\ -1 & -2 & 3 \\ 0 & 4 & 5 \end{bmatrix}$

24. $\begin{bmatrix} 1 & 2 & 1 \\ 1 & 3 & -2 \\ 0 & -1 & 0 \\ 0 & 0 & 1 \end{bmatrix}$

25. 주어진 A의 QR-분해를 이용하여 A^{-1}의 계산 없이 선형계 $A\mathbf{x} = \mathbf{b}$를 풀어라.

$$A = \begin{bmatrix} \frac{1}{\sqrt{3}} & 0 & \frac{\sqrt{6}}{3} \\ \frac{1}{\sqrt{3}} & \frac{1}{\sqrt{2}} & -\frac{1}{\sqrt{6}} \\ \frac{1}{\sqrt{3}} & -\frac{1}{\sqrt{2}} & -\frac{1}{\sqrt{6}} \end{bmatrix} \begin{bmatrix} \sqrt{3} & -\sqrt{3} & \frac{5}{\sqrt{3}} \\ 0 & \sqrt{2} & 0 \\ 0 & 0 & \frac{2}{3}\sqrt{6} \end{bmatrix}; \quad \mathbf{b} = \begin{bmatrix} 3 \\ 2 \\ 0 \end{bmatrix}$$

26. (a) 식 (23)이 성립하는지 확인하라. [*힌트*: $A^T\mathbf{x} = \mathbf{a} \cdot \mathbf{x}$는 스칼라이다.]
(b) H를 초평면 $\mathbf{a}^\perp$에 대한 R^3의 Householder 반사의 표준행렬이라 하자. 여기서 $\mathbf{a} = (1, 1, 1)$이다. 식 (23)을 이용하여 H의 계산 없이 이 반사하에서 벡터 $\mathbf{x} = (3, 4, 1)$의 상을 찾아라. H를 찾아서 결과를 확인하고 열 형태의 $\mathbf{x}$를 가지고 $H\mathbf{x}$를 계산하라.

토론과 발견

D1. $\mathbf{e}_1, \mathbf{e}_2, \mathbf{e}_3$이 R^3의 표준기저벡터들이라면, 초평면 $\mathbf{e}_1^\perp, \mathbf{e}_2^\perp, \mathbf{e}_3^\perp$에 관한 R^3의 반사에 대한 표준행렬은 ________이다. 얻은 결과를 R^n에 대하여 일반화하라.

D2. 직선 $y = mx$에 대한 R^2의 반사에 대한 표준행렬은 ________이다.

D3. 어떤 s 값에 대하여 $\mathbf{v} = (3, 4, -7, 2)$를 $\mathbf{w} = (3, 4, s, 0)$으로 보내는 Householder 반사가 존재하는가?

D4. 직선에 대해 R^2의 반사가 $\mathbf{v} = (5, 12)$를 $\mathbf{w} = (13, 0)$로 보내는 그러한 직선 $y = mx$를 구하라.

D5. 평면에 대해 R^3의 반사가 $\mathbf{v} = (1, 2, 2)$를 $\mathbf{w} = (0, 0, 3)$으로 보내는 그러한 평면 $z = ax + by$를 구하라.

증명문제

P1. Householder 행렬들이 대칭이라는 것을 정의 7.10.4를 이용하여 증명하라.

P2. Householder 행렬들이 직교행렬이라는 것을 정의 7.10.4를 이용하여 증명하라.

P3. 식 (2)의 행렬 R이 대각 성분이 영이 아니라는 것을 보여서 R이 가역이라는 것을 증명하라. [힌트: 정리 7.9.6은 $\mathbf{w}_j$가 $\mathbf{q}_1, \mathbf{q}_2, \cdots, \mathbf{q}_j$의 일차결합으로 표현될 수 있다는 것을 의미한다.]

P4. $A = QR$이 A의 QR-분해라면, Q의 열벡터들이 A의 열공간에 대해 직교기저를 이루는 것을 증명하라.

프로그램 활용 연습문제

T1. 대부분의 선형대수 계산 유틸리티들은 QR-분해를 찾기 위한 명령어를 제공한다. 주어진 예제 1과 2의 행렬들의 QR-분해를 찾기 위해 이 명령어를 사용하라.

T2. Q를 찾기 위해 열벡터들에 Gram-Schmidt 과정을 적용하여 QR-분해를 구성하고 식 (5)를 이용하여 R을 계산하라.

$$A = \begin{bmatrix} 1 & 1 & 1 \\ 1 & 0 & 2 \\ 0 & 1 & 2 \end{bmatrix}$$

이 결과와 QR-분해를 계산하는 명령어에 의해 얻은 결과를 비교하라.

T3. 다음 선형계를 살펴보라.

$$\begin{aligned} x_1 + 5x_2 + 3x_3 &= 0.8 \\ x_1 + 3x_2 + 4x_3 &= 0.8 \\ x_1 + x_2 + 5x_3 &= 0.6 \\ x_1 + 2x_2 + x_3 &= 0.4 \end{aligned}$$

최소제곱해를 찾는 명령어를 사용하여 이 계의 최소제곱해를 구하라. 이렇게 해서 얻은 결과와 계수행렬의 QR-분해를 찾아서 예제 2의 방법을 적용하여 얻은 결과를 비교하라.

T4. Householder 반사와 예제 7의 방법을 이용하여 다음 행렬의 QR-분해를 찾아라.

$$A = \begin{bmatrix} 1 & 2 & 1 \\ -1 & -2 & 3 \\ 0 & 4 & 5 \end{bmatrix}$$

독자의 답을 QR-분해를 찾기 위한 계산 유틸리티에서 주어진 명령어를 통해 얻은 결과와 비교하라.

T5. **(CAS)** $\mathbf{a} = (a, b, c)$가 R^3의 영이 아닌 벡터라면, 초평면에 대하여 R^3의 반사에 대한 표준행렬 H는 다음과 같다는 것을 보여라.

$$H = \begin{bmatrix} 1 - \dfrac{2a^2}{a^2+b^2+c^2} & -\dfrac{2ab}{a^2+b^2+c^2} & -\dfrac{2ac}{a^2+b^2+c^2} \\ -\dfrac{2ab}{a^2+b^2+c^2} & 1 - \dfrac{2b^2}{a^2+b^2+c^2} & -\dfrac{2bc}{a^2+b^2+c^2} \\ -\dfrac{2ac}{a^2+b^2+c^2} & -\dfrac{2bc}{a^2+b^2+c^2} & 1 - \dfrac{2c^2}{a^2+b^2+c^2} \end{bmatrix}$$

7.11 기저에 대응하는 좌표

한 기저는 어떤 목적에는 편리하지만 다른 목적에는 그렇지 않을 수도 있다. 그래서 같은 문제에 다양한 기저들을 가지고 작업하는 것은 여러 가지 응용에서 흔한 일이다. 이 절에서 한 기저에 대한 결과들을 다른 기저에 대한 결과로 어떻게 바꿀 수 있는지를 살펴볼 것이다.

R^2와 R^3에서의 직교좌표계가 아닌 좌표계

이 절에서 첫 번째 목표는 벡터적인 관점을 채택하여 좌표계의 개념을 R^2와 R^3에서 R^n으로 확장하는 것이다. 이를 위해 R^2의 직교 xy 좌표계에 한 점을 좌표축 위로 정사영하고 원점으로부터 사영된 점까지의 부호를 고려한 거리를 찾음으로써 점 P를 가진 좌표점 (a, b)를 좌표계에 나타낼 수 있다는 것을 기억하라. 이것은 평면의 점들과 실수의 순서쌍 사이의 **일대일대응**(one-to-one correspondence)을 확립한다. 같은 일대일대응은 양의 x축과 y축의 단위벡터 $\mathbf{i}$와 $\mathbf{j}$를 고려하여 얻을 수 있다. 일차결합으로 벡터 $\overrightarrow{OP}$를 표현하면 다음과 같다(그림 7.11.1a).

$$\overrightarrow{OP} = a\mathbf{i} + b\mathbf{j}$$

일차결합에서의 계수들은 좌표축을 사용하여 얻은 좌표들과 같기 때문에, 직교 xy 좌표계의 점 P의 좌표를 $\overrightarrow{OP}$가 순서기저* $B = \{\mathbf{i}, \mathbf{j}\}$의 항으로 표현할 때의 계수들의 순서쌍으로 볼 수 있다. 비슷하게 xyz 좌표계의 점 P의 좌표 (a, b, c)는 순서기저 $B = \{\mathbf{i}, \mathbf{j}, \mathbf{k}\}$에 대한 일차결합

*여기에 나열된 벡터들의 순서는 중요하다. 왜냐하면 벡터들의 순서를 바꾸는 것은 좌표축의 순서를 바꾸는 것이기 때문이다. 일반적으로 나열된 기저벡터들의 순서가 반드시 있다면, 이 기저를 **순서기저**(ordered basis)라고 한다. 이 절에서 특별한 언급이 없더라도 모든 기저는 순서기저로 생각한다.

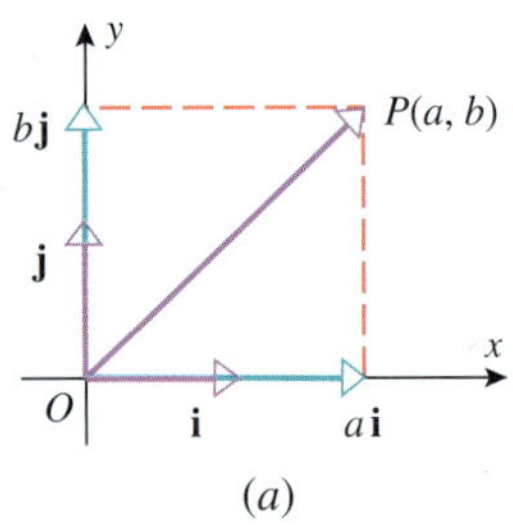

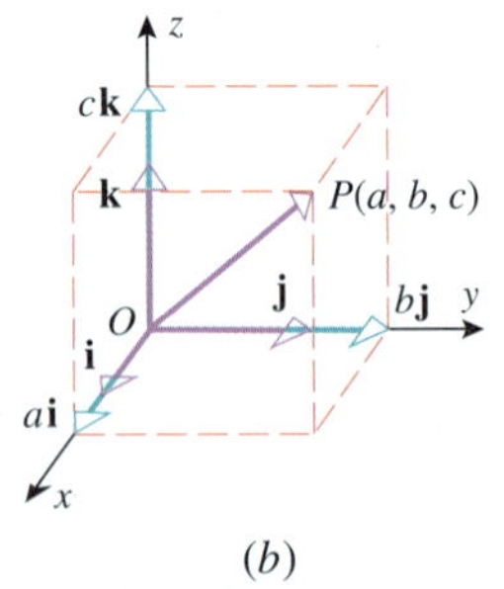

그림 7.11.1

$$\overrightarrow{OP} = a\mathbf{i} + b\mathbf{j} + c\mathbf{k}$$

의 계수들의 순서 3-짝으로 볼 수 있다(그림 7.11.1*b*). 평면의 점들과 실수들의 순서쌍 사이의 일대일대응을 확립하기 위해, 기저벡터들이 직교하고 길이 1을 가져야 할 필요는 없다. 예를 들어 $B = \{\mathbf{v}_1, \mathbf{v}_2\}$가 R^2의 순서기저라면, 평면의 각 점 P에 대하여 벡터 $\overrightarrow{OP}$을 일차결합으로 표현하는 정확히 한 가지 방법이 있다.

$$\overrightarrow{OP} = a\mathbf{v}_1 + b\mathbf{v}_2$$

그러므로 순서기저 B는 점 P와 관련하여 유일한 순서쌍 (a, b)를 가지며, 역도 성립한다. 따라서 기저 $B = \{\mathbf{v}_1, \mathbf{v}_2\}$를 '일반화된 좌표계'로 정의할 수 있고, 이 좌표계에서 점 P의 좌표 (a, b)는 원점에서 점 P에 $a\mathbf{v}_1$만큼 이동한 다음 다시 $b\mathbf{v}_2$만큼 이동함으로써 도달할 수 있음을 알려 준다(그림 7.11.2). 더 일반적으로 R^n의 순서기저 $B = \{\mathbf{v}_1, \mathbf{v}_2, \cdots, \mathbf{v}_n\}$를 다음과 같은 일반화된 좌표계로 정의할 수 있다고 생각할 수 있다.

$$\mathbf{x} = a_1\mathbf{v}_1 + a_2\mathbf{v}_2 + \cdots + a_n\mathbf{v}_n$$

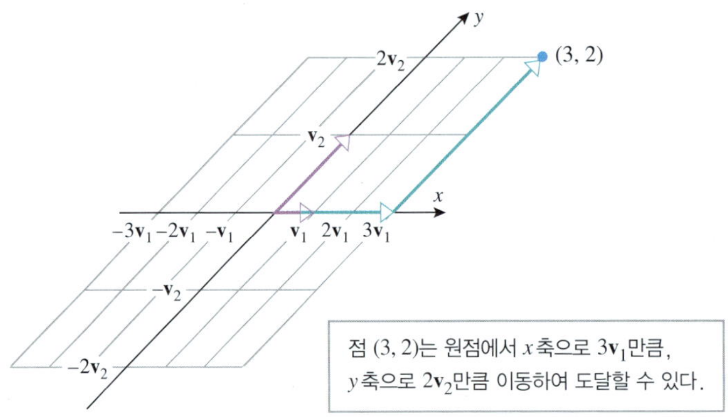

그림 7.11.2

여기서 R^n의 각 점들은 '좌표들'의 순서 n-짝$(a_1, a_2, \cdots, a_n)$으로 나타낼 수 있다. 이로써 다음 정의를 내릴 수 있다.

정의 7.11.1 $B = \{\mathbf{v}_1, \mathbf{v}_2, \cdots, \mathbf{v}_k\}$가 R^n의 부분공간 W의 순서기저이고

$$\mathbf{w} = a_1\mathbf{v}_1 + a_2\mathbf{v}_2 + \cdots + a_k\mathbf{v}_k$$

가 W의 벡터 $\mathbf{w}$를 B의 벡터들에 대한 일차결합으로 표현한다면

$$a_1, a_2, \cdots, a_n$$

를 **B에 대응하는 $\mathbf{w}$의 좌표**(coordinate of **w** with respect to B)라고 부른다. 보다 명확하게 a_j를 $\mathbf{w}$의 **$\mathbf{v}_j$ 좌표**라고 한다. 좌표들의 순서 k-짝을 다음과 같이 나타낸다.

$$(\mathbf{w})_B = (a_1, a_2, \cdots, a_k)$$

그리고 이를 B에 대응하는 $\mathbf{w}$에 대한 **좌표벡터**(coordinate vector)라고 부른다. 열벡터의 좌표계는

$$[\mathbf{w}]_B = \begin{bmatrix} a_1 \\ a_2 \\ \vdots \\ a_k \end{bmatrix}$$

이고, 이를 B에 대응하는 $\mathbf{w}$의 **좌표행렬**(coordinate matrix)이라고 부른다.

예제 1 좌표 찾기

7.2절의 예제 2(a)에서 벡터

$$\mathbf{v}_1 = (1, 2, 1), \quad \mathbf{v}_2 = (1, -1, 3), \quad \mathbf{v}_3 = (1, 1, 4)$$

R^3의 기저를 이루는 것을 보았다.

(a) 순서기저 $B = \{\mathbf{v}_1, \mathbf{v}_2, \mathbf{v}_3\}$에 대응하는 벡터 $\mathbf{w} = (4, 9, 8)$의 좌표벡터와 좌표행렬을 구하라.
(b) B에 대응하는 좌표벡터가 $(\mathbf{w})_B = (1, 2, -3)$인 R^3의 벡터 $\mathbf{w}$를 찾아라.

풀이 (a) 7.2절의 예제 2(b)는

$$\mathbf{w} = 3\mathbf{v}_1 - \mathbf{v}_2 + 2\mathbf{v}_3$$

로 $\mathbf{w}$를 나타낼 수 있다. 그러므로 다음과 같다.

$$(\mathbf{w})_B = (3, -1, 2), \quad [\mathbf{w}]_B = \begin{bmatrix} 3 \\ -1 \\ 2 \end{bmatrix}$$

풀이 (b) 좌표벡터의 성분들은 $\mathbf{w}$를 기저벡터들의 일차결합으로 어떻게 표현해야 할지를 알려 준다.

$$\mathbf{w} = \mathbf{v}_1 + 2\mathbf{v}_2 - 3\mathbf{v}_3 = (1, 2, 1) + 2(1, -1, 3) - 3(1, 1, 4) = (0, -3, -5)$$ ■

예제 2 표준기저에 대응하는 좌표들

$S = \{\mathbf{e}_1, \mathbf{e}_2, \cdots, \mathbf{e}_n\}$이 R^n의 표준기저이고 $\mathbf{w} = (\mathbf{w}_1, \mathbf{w}_2, \cdots, \mathbf{w}_n)$이면, $\mathbf{w}$는 다음과 같이 표준기저벡터들의 일차결합으로 표현할 수 있다.

$$\mathbf{w} = w_1(1, 0, \ldots, 0) + w_2(0, 1, \ldots, 0) + \cdots + w_n(0, 0, \ldots, 1) = w_1\mathbf{e}_1 + w_2\mathbf{e}_2 + \cdots + w_n\mathbf{e}_n$$

그러므로

$$(\mathbf{w})_S = (w_1, w_2, \ldots, w_n) = \mathbf{w} \tag{1}$$

즉 $\mathbf{w}$의 성분들은 표준기저에 대응하는 그것들의 좌표들과 같다. 만약 $\mathbf{w}$가 열 형태로 쓰인다면

$$[\mathbf{w}]_S = \begin{bmatrix} w_1 \\ w_2 \\ \vdots \\ w_n \end{bmatrix} = \mathbf{w} \tag{2}$$

R^n의 벡터 성분들을 표준기저에 대응하는 좌표들로 생각하길 원할 때, 이 성분들을 벡터의 **표준좌표**(standard coordinate)라고 부른다. ■

정규직교기저에 대응하는 좌표들

정리 7.9.4에 의해 $B = \{\mathbf{v}_1, \mathbf{v}_2, \cdots, \mathbf{v}_k\}$는 R^n의 부분공간 W에 대한 정규직교기저이고 $\mathbf{w}$가 W의 벡터라면, $\mathbf{w}$를 B의 벡터들의 일차결합으로 표현하면 다음과 같다는 것을 기억하라.

$$\mathbf{w} = (\mathbf{w} \cdot \mathbf{v}_1)\mathbf{v}_1 + (\mathbf{w} \cdot \mathbf{v}_2)\mathbf{v}_2 + \cdots + (\mathbf{w} \cdot \mathbf{v}_k)\mathbf{v}_k$$

그러므로 B에 대응하는 $\mathbf{w}$의 좌표벡터는

$$(\mathbf{w})_B = \big((\mathbf{w} \cdot \mathbf{v}_1), (\mathbf{w} \cdot \mathbf{v}_2), \ldots, (\mathbf{w} \cdot \mathbf{v}_k)\big) \tag{3}$$

이다. 이 결과는 정규직교기저에 대응하는 벡터의 성분들이 적당한 내적을 계산함으로써 얻을 수 있다는 것을 말하기 때문에 주목할 만하다. 반면에 일반적인 기저에 대해서는 선형계를 풀 필요가 있다(예제 1). 이것은 정규직교기저가 주는 또 다른 계산상의 이득이라 할 수 있다.

예제 3 정규직교기저에 대응하는 좌표 구하기

7.9절의 예제 3에서 벡터들이

$$\mathbf{v}_1 = \left(\tfrac{3}{7}, -\tfrac{6}{7}, \tfrac{2}{7}\right), \quad \mathbf{v}_2 = \left(\tfrac{2}{7}, \tfrac{3}{7}, \tfrac{6}{7}\right), \quad \mathbf{v}_3 = \left(\tfrac{6}{7}, \tfrac{2}{7}, -\tfrac{3}{7}\right)$$

R^3의 정규직교기저를 이루는 것을 보았다. 기저 $B = \{\mathbf{v}_1, \mathbf{v}_2, \mathbf{v}_3\}$에 대응하는 $\mathbf{w} = (1, -1, 1)$에 대한 좌표벡터를 구하라.

풀이 다음을 확인하라.

$$\mathbf{w}\cdot\mathbf{v}_1 = \tfrac{11}{7},\quad \mathbf{w}\cdot\mathbf{v}_2 = \tfrac{5}{7},\quad \mathbf{w}\cdot\mathbf{v}_3 = \tfrac{1}{7}$$

그러므로 $(\mathbf{w})_B = \left(\frac{11}{7}, \frac{5}{7}, \frac{1}{7}\right)$ 또는 열 형태로 다음과 같다.

$$[\mathbf{w}]_B = \begin{bmatrix} \frac{11}{7} \\ \frac{5}{7} \\ \frac{1}{7} \end{bmatrix}$$ ■

정규직교기저에 대응하는 좌표들의 계산 다음 정리는 B가 정규직교기저이면 벡터의 놈은 그것의 좌표벡터의 놈과 같고, 두 벡터들의 내적은 그들의 좌표벡터들의 내적과 같다는 것을 보여 준다.

정리 7.11.2 *B가 R^n의 k차원 부분공간 W에 대한 정규직교기저이고.* $\mathbf{u}$, $\mathbf{v}$, $\mathbf{w}$*는 다음과 같은 좌표벡터들을 가지는 W의 벡터들이라 하자.*

$$(\mathbf{u})_B = (u_1, u_2, \cdots, u_k),\quad (\mathbf{v})_B = (v_1, v_2, \cdots, v_k),\quad (\mathbf{w})_B = (w_1, w_2, \cdots, w_k)$$

그러면 다음이 성립한다.

(*a*) $\|\mathbf{w}\| = \sqrt{w_1^2 + w_2^2 + \cdots + w_k^2} = \|(\mathbf{w})_B\|$

(*b*) $\mathbf{u}\cdot\mathbf{v} = u_1v_1 + u_2v_2 + \cdots + u_kv_k = (\mathbf{u})_B \cdot (\mathbf{v})_B$

개념문제 만약 기저가 정규직교가 아니라면 이 정리가 참인지를 생각하고 설명하라.

예제 4 좌표를 사용한 계산

$B = \{\mathbf{v}_1, \mathbf{v}_2, \mathbf{v}_3\}$을 R^3의 정규직교기저라 하자. 그리고 $\mathbf{w} = (1, -1, 1)$라 하자. 예제 3에서 $(\mathbf{w})_B = \left(\frac{11}{7}, \frac{5}{7}, \frac{1}{7}\right)$인 것을 보았다. 그러므로

$$\|(\mathbf{w})_B\| = \sqrt{\left(\tfrac{11}{7}\right)^2 + \left(\tfrac{5}{7}\right)^2 + \left(\tfrac{1}{7}\right)^2} = \sqrt{3} = \|\mathbf{w}\|$$

이 되는 것은 정리 7.11.2의 (*a*)에 의해 알 수 있다. ■

R^n의 기저변화 이제 이 절에서 중요한 문제를 다루어 보자.

기저변화문제 $\mathbf{w}$가 R^n의 벡터이고 R^n의 기저를 기저 B에서 기저 B'로 바꾼다면, 좌표행렬 $[\mathbf{w}]_B$와 $[\mathbf{w}]_{B'}$는 어떤 관계를 가지는가?

이 문제를 풀기 위해 B를 '이전 기저'로, B'를 '새 기저'로 간주하는 것이 편리할 것이다. 그러므로 목적은 고정된 벡터 $\mathbf{w}$의 이전 좌표와 새 좌표 사이의 관계를 찾는 것이다. 표현을 간단히 하기 위해 R^2에서 이 문제를 풀 것이다. 이를 위해

$$B = [\mathbf{v}_1, \mathbf{v}_2],\quad B' = [\mathbf{v}'_1, \mathbf{v}'_2]$$

를 각각 이전 기저, 새 기저라 하자. 새 기저에 대응하는 이전 기저벡터들에 대한 좌표행렬이

$$[\mathbf{v}_1]_{B'} = \begin{bmatrix} a \\ b \end{bmatrix},\quad [\mathbf{v}_2]_{B'} = \begin{bmatrix} c \\ d \end{bmatrix} \tag{4}$$

즉

$$\begin{aligned} \mathbf{v}_1 &= a\mathbf{v}'_1 + b\mathbf{v}'_2 \\ \mathbf{v}_2 &= c\mathbf{v}'_1 + d\mathbf{v}'_2 \end{aligned} \tag{5}$$

라 하자. 이제 $\mathbf{w}$를 W의 벡터라 하자.

$$[\mathbf{w}]_B = \begin{bmatrix} k_1 \\ k_2 \end{bmatrix} \tag{6}$$

를 이전 좌표행렬이라 하자. 즉

$$\mathbf{w} = k_1\mathbf{v}_1 + k_2\mathbf{v}_2 \tag{7}$$

$\mathbf{w}$에 대한 새 좌표행렬을 구하기 위해 $\mathbf{w}$를 새 기저 B'의 항으로 표현해야 한다. 이를 위해 식 (5)를 식 (7)에 대입하면

$$\mathbf{w} = k_1(a\mathbf{v}_1' + b\mathbf{v}_2') + k_2(c\mathbf{v}_1' + d\mathbf{v}_2')$$

다시 정리하면

$$\mathbf{w} = (k_1a + k_2c)\mathbf{v}_1' + (k_1b + k_2d)\mathbf{v}_2'$$

그러므로

$$[\mathbf{w}]_{B'} = \begin{bmatrix} k_1a + k_2c \\ k_1b + k_2d \end{bmatrix}$$

이것은 식 (6)을 이용하여 다음과 같이 표현할 수 있다.

$$[\mathbf{w}]_{B'} = \begin{bmatrix} k_1a + k_2c \\ k_1b + k_2d \end{bmatrix} = \begin{bmatrix} a & c \\ b & d \end{bmatrix}\begin{bmatrix} k_1 \\ k_2 \end{bmatrix} = \begin{bmatrix} a & c \\ b & d \end{bmatrix}[\mathbf{w}]_B \tag{8}$$

이것은 새 좌표행렬이 이전 좌표행렬에 행렬

$$\begin{bmatrix} a & c \\ b & d \end{bmatrix} = \big[[\mathbf{v}_1]_{B'} \mid [\mathbf{v}_2]_{B'}\big] \tag{9}$$

을 곱하여 얻어지는 것임을 말하는 것이므로 식 (8)이 우리가 찾던 관계식이다. 이 행렬 (9)는 B 좌표들을 B' 좌표들로 변환하는 것을 나타내는 의미에서 $P_{B\to B'}$로 표기한다. 이 표기를 이용하여 식 (8)을 다음과 같이 나타낼 수 있다.

$$[\mathbf{w}]_{B'} = P_{B\to B'}[\mathbf{w}]_B$$

비록 이 관계가 표현을 간편하게 하기 위해 R^2에서 유도되었지만, R^n에서도 비슷한 관계가 유지된다. 여기 일반적인 결과가 있다.

정리 7.11.3 ***(기저변화 문제의 답)*** *$\mathbf{w}$가 R^n의 벡터이고, $B = \{\mathbf{v}_1, \mathbf{v}_2, \cdots, \mathbf{v}_n\}$과 $B' = \{\mathbf{v}_1', \mathbf{v}_2', \cdots, \mathbf{v}_n'\}$이 R^n의 기저들이면, 두 기저에 대응하는 $\mathbf{w}$의 좌표행렬은 다음 식을 만족시킨다.*

$$[\mathbf{w}]_{B'} = P_{B\to B'}[\mathbf{w}]_B \tag{10}$$

이때

$$P_{B\to B'} = \big[[\mathbf{v}_1]_{B'} \mid [\mathbf{v}_2]_{B'} \mid \cdots \mid [\mathbf{v}_n]_{B'}\big] \tag{11}$$

이 행렬은 B에서 B'으로의 ***추이행렬***(transition matrix) *또는* ***좌표변환행렬***(change of coordinate matrix)*이라 부른다.*

참고 식 (10)은 기저들에 대해 다른 문자가 사용되거나 B와 B'의 역할이 반대가 될 때 혼란스러울 수 있다. 그러나 추이행렬의 열들이 *변환이 시작되는* 기저들을 *변환이 끝나는* 기저들로 표현하였을 때의 좌표행렬이라는 것을 기억한다면 문제가 생기지 않는다.

예제 5 추이행렬

R^2에 대한 기저 $B_1 = \{\mathbf{e}_1, \mathbf{e}_2\}$와 $B_2 = \{\mathbf{v}_1, \mathbf{v}_2\}$를 고려하자. 여기서

$$\mathbf{e}_1 = (1, 0), \quad \mathbf{e}_2 = (0, 1), \quad \mathbf{v}_1 = (1, 1), \quad \mathbf{v}_2 = (2, 1)$$

(a) B_1에서 B_2로의 추이행렬을 구하라.

(b) $[\mathbf{w}]_{B_1}$이 다음과 같이 주어졌을 때, B_1에서 B_2로의 추이행렬을 이용하여 $[\mathbf{w}]_{B_2}$를 찾아라.

$$[\mathbf{w}]_{B_1} = \begin{bmatrix} 7 \\ 2 \end{bmatrix} \tag{12}$$

(c) B_2에서 B_1로의 추이행렬을 구하라.

(d) B_2에서 B_1로의 추이행렬을 이용하여 벡터 $[\mathbf{w}]_{B_2}$로부터 벡터 $[W]_{B_1}$을 회복하라.

풀이 (a) B_2 좌표들로 변환하므로, 요구되는 추이행렬의 형태는

$$P_{B_1 \to B_2} = \left[[\mathbf{e}_1]_{B_2} \mid [\mathbf{e}_2]_{B_2} \right] \tag{13}$$

이 된다. 다음과 같이 되는 것을 보이는 것은 독자에게 남겨 둔다.

$$\mathbf{e}_1 = -\mathbf{v}_1 + \mathbf{v}_2$$
$$\mathbf{e}_2 = 2\mathbf{v}_1 - \mathbf{v}_2$$

이로부터 다음 결과를 얻는다.

$$[\mathbf{e}_1]_{B_2} = \begin{bmatrix} -1 \\ 1 \end{bmatrix}, \quad [\mathbf{e}_2]_{B_2} = \begin{bmatrix} 2 \\ -1 \end{bmatrix}$$

그러므로 B_1에서 B_2로의 추이행렬은 다음과 같다.

$$P_{B_1 \to B_2} = \left[[\mathbf{e}_1]_{B_2} \mid [\mathbf{e}_2]_{B_2} \right] = \begin{bmatrix} -1 & 2 \\ 1 & -1 \end{bmatrix} \tag{14}$$

풀이 (b) 식 (12)와 (14)를 사용하면 다음을 얻을 수 있고,

$$[\mathbf{w}]_{B_2} = P_{B_1 \to B_2}[\mathbf{w}]_{B_1} = \begin{bmatrix} -1 & 2 \\ 1 & -1 \end{bmatrix} \begin{bmatrix} 7 \\ 2 \end{bmatrix} = \begin{bmatrix} -3 \\ 5 \end{bmatrix} \tag{15}$$

식 (12)와 (15)가 같은 벡터 $\mathbf{w}$에 일치해야 한다. 이것은 실제로 식 (12)로부터

$$\mathbf{w} = 7\mathbf{e}_1 + 2\mathbf{e}_2 = 7\begin{bmatrix} 1 \\ 0 \end{bmatrix} + 2\begin{bmatrix} 0 \\ 1 \end{bmatrix} = \begin{bmatrix} 7 \\ 2 \end{bmatrix}$$

가 되고 식 (15)로부터

$$\mathbf{w} = -3\mathbf{v}_1 + 5\mathbf{v}_2 = -3\begin{bmatrix} 1 \\ 1 \end{bmatrix} + 5\begin{bmatrix} 2 \\ 1 \end{bmatrix} = \begin{bmatrix} 7 \\ 2 \end{bmatrix}$$

이 되므로 알 수 있다.

풀이 (c) B_1 좌표로 변환하기 때문에, 요구되는 추이행렬의 형태는

$$P_{B_2 \to B_1} = \left[[\mathbf{v}_1]_{B_1} \mid [\mathbf{v}_2]_{B_1} \right]$$

이다. 그러나 B_1은 표준기저이다. 그래서 만약 $\mathbf{v}_1$과 $\mathbf{v}_2$가 열 형태로 표현된다면 $[\mathbf{v}_1]_{B_1} = \mathbf{v}_1$이고 $[\mathbf{v}_2]_{B_1} = \mathbf{v}_2$이다. 그러므로 다음과 같다.

$$P_{B_2 \to B_1} = \left[[\mathbf{v}_1]_{B_1} \mid [\mathbf{v}_2]_{B_1} \right] = [\mathbf{v}_1 \mid \mathbf{v}_2] = \begin{bmatrix} 1 & 2 \\ 1 & 1 \end{bmatrix} \tag{16}$$

풀이 (d) 식 (15)와 (16)을 이용하여

$$[\mathbf{w}]_{B_1} = P_{B_2 \to B_1}[\mathbf{w}]_{B_2} = \begin{bmatrix} 1 & 2 \\ 1 & 1 \end{bmatrix} \begin{bmatrix} -3 \\ 5 \end{bmatrix} = \begin{bmatrix} 7 \\ 2 \end{bmatrix}$$

이는 식 (12)와 잘 맞아떨어진다. ■

추이행렬의 가역성 B_1, B_2, B_3이 R^n의 기저들이면, 비록 공식적으로 증명하지 않았지만

$$P_{B_2 \to B_3} P_{B_1 \to B_2} = P_{B_1 \to B_3} \tag{17}$$

이 성립하는 것은 타당해 보인다. 이것은 $P_{B_1 \to B_2}$를 곱함으로써 B_1 좌표들을 B_2 좌표들로 보내고 $P_{B_2 \to B_3}$을 곱함으로써 B_2 좌표들을 B_3 좌표들로 보내기 때문이다. 따라서 먼저 $P_{B_1 \to B_2}$을 곱한 다음 $P_{B_2 \to B_3}$을 곱한 결과는 B_1 좌표들을 B_3 좌표들로 보낸다. 특별히 B와 B'이 W의 두 기저라면

$$P_{B' \to B} P_{B \to B'} = P_{B \to B} \tag{18}$$

이다. 그러나 $P_{B \to B} = I$이다(왜?). 따라서 식 (18)은 $P_{B' \to B}$와 $P_{B \to B'}$은 가역이고 서로 역이라는 것을 나타낸다.

정리 7.11.4 *B와 B'이 R^n의 기저들이라면 추이행렬 $P_{B' \to B}$와 $P_{B \to B'}$은 가역이고 서로 역이다. 즉*

$$(P_{B' \to B})^{-1} = P_{B \to B'}, \quad (P_{B \to B'})^{-1} = P_{B' \to B}$$

예제 6 추이행렬의 역

예제 5에서 다음을 보았다.

$$P_{B_2 \to B_1} = \begin{bmatrix} 1 & 2 \\ 1 & 1 \end{bmatrix}, \quad P_{B_1 \to B_2} = \begin{bmatrix} -1 & 2 \\ 1 & -1 \end{bmatrix}$$

이들을 단순히 곱해 보면 이 행렬들이 정리 7.11.4에서 말했듯이 가역인 것을 알 수 있다. ■

추이행렬을 찾는 좋은 방법

다음 목표는 추이행렬을 찾는 효과적인 방법을 찾는 것이다. 이를 위해 $B = \{\mathbf{v}_1, \mathbf{v}_2, \cdots, \mathbf{v}_n\}$과 $B' = \{\mathbf{v}'_1, \mathbf{v}'_2, \cdots, \mathbf{v}'_n\}$이 R^n의 기저라 하자. 그리고 추이행렬의 열들이 어떻게 계산되는지 살펴보자.

$$P_{B \to B'} = \big[[\mathbf{v}_1]_{B'} \mid [\mathbf{v}_2]_{B'} \mid \cdots \mid [\mathbf{v}_n]_{B'}\big] \tag{19}$$

$[\mathbf{v}_j]_{B'}$의 성분들은 $\mathbf{v}_1$를 $\mathbf{v}'_1, \mathbf{v}'_2, \cdots, \mathbf{v}'_n$의 일차결합으로 표현할 때의 계수들이고, 따라서 이것은 다음 선형계를 풀어서 얻을 수 있다.

$$\begin{bmatrix} \mathbf{v}'_1 & \mathbf{v}'_2 & \cdots & \mathbf{v}'_n \end{bmatrix} \mathbf{x} = \mathbf{v}_j \tag{20}$$

이것의 붙인 행렬은 다음과 같다.

$$\begin{bmatrix} \mathbf{v}'_1 & \mathbf{v}'_2 & \cdots & \mathbf{v}'_n \mid \mathbf{v}_j \end{bmatrix} \tag{21}$$

$\mathbf{v}'_1, \mathbf{v}'_2, \cdots, \mathbf{v}'_n$이 일차독립이므로, 식 (20)의 계수행렬은 계수(rank) n을 가진다. 따라서 그것의 기약 행사다리꼴은 항등행렬이다. 따라서 식 (21)의 기약 행사다리꼴은

$$\begin{bmatrix} I \mid [\mathbf{v}_j]_{B'} \end{bmatrix}$$

이므로 $[\mathbf{v}_j]_{B'}$은 식 (21)의 왼쪽 부분을 항등행렬로 줄이기 위해 식 (21)에 수행한 행연산들을 우변에 시행한 결과 행렬인 것을 보였다. 그러나 한 번에 한 열을 계산하기보다, 행렬

$$\begin{bmatrix} \mathbf{v}'_1 & \mathbf{v}'_2 & \cdots & \mathbf{v}'_n \mid \mathbf{v}_1 & \mathbf{v}_2 & \cdots & \mathbf{v}_n \end{bmatrix} \tag{22}$$

에 행연산들을 수행하여 한 번에 식 (19)의 모든 열들을 얻을 수 있다. 결과는

$$\begin{bmatrix} I \mid [\mathbf{v}_1]_{B'} & [\mathbf{v}_2]_{B'} & \cdots & [\mathbf{v}_n]_{B'} \end{bmatrix} = \begin{bmatrix} I \mid P_{B \to B'} \end{bmatrix} \tag{23}$$

이다. 요약하면 $B = \{\mathbf{v}_1, \mathbf{v}_2, \cdots, \mathbf{v}_n\}$을 이전 기저라 하고 $B' = \{\mathbf{v}'_1, \mathbf{v}'_2, \cdots, \mathbf{v}'_n\}$을 새 기저라 하면, 행연산에 의해 식 (22)로부터 식 (23)을 얻기 위한 과정은 다음 도표와 같다.

$$[\text{새 기저} \mid \text{이전 기저}] \xrightarrow{\text{행연산}} [I \mid \text{이전 기저에서 새 기저로의 추이행렬}] \tag{24}$$

요약하면, 행소거에 의해 추이행렬을 찾는 과정은 다음과 같다.

$P_{B\to B'}$ 를 계산하기 위한 과정

1단계. 행렬 $[B' \mid B]$를 구성하라.

2단계. 1단계의 행렬을 기약행사다리꼴로 줄이기 위해 기본행연산들을 사용하라.

3단계. 결과 행렬은 $[I \mid P_{B\to B'}]$가 될 것이다.

4단계. 3단계 행렬의 우변에서 행렬 $P_{B\to B'}$을 추출하라.

예제 7 행소거에 의한 추이행렬

예제 5에서 R^2의 기저 $B_1 = \{\mathbf{e}_1, \mathbf{e}_2\}$와 $B_2 = \{\mathbf{v}_1, \mathbf{v}_2\}$ 사이의 추이행렬들을 찾았다. 여기서

$$\mathbf{e}_1 = (1, 0), \quad \mathbf{e}_2 = (0, 1), \quad \mathbf{v}_1 = (1, 1), \quad \mathbf{v}_2 = (2, 1)$$

식 (24)를 사용하여 추이행렬들을 찾아라.

풀이 추이행렬 $P_{B_1\to B_2}$을 찾기 위해 항등행렬의 좌변을 만들려면 행렬을 줄여야 한다.

$$[B_2 \mid B_1] = \left[\begin{array}{cc|cc} 1 & 2 & 1 & 0 \\ 1 & 1 & 0 & 1 \end{array}\right]$$

결과는 다음과 같다(확인하라).

$$[I \mid P_{B_1\to B_2}] = \left[\begin{array}{cc|cc} 1 & 0 & -1 & 2 \\ 0 & 1 & 1 & -1 \end{array}\right]$$

이것은 식 (14)와 일치한다. 추이행렬 $P_{B_2\to B_1}$을 찾기 위해 항등행렬의 좌변을 만들려면 행렬을 줄여야 한다.

$$[B_1 \mid B_2] = \left[\begin{array}{cc|cc} 1 & 0 & 1 & 2 \\ 0 & 1 & 1 & 1 \end{array}\right]$$

그러나 이것은 벌써 그 형태이다. 따라서 다른 일을 할 필요가 없다.

$$P_{B_2\to B_1} = \begin{bmatrix} 1 & 2 \\ 1 & 1 \end{bmatrix}$$

이 결과는 식 (16)과 같다. ■

참고 이 예제의 두 번째 부분은 $B = \{\mathbf{v}_1, \mathbf{v}_2, \cdots, \mathbf{v}_n\}$이 R^n의 기저라면, B를 R^n의 표준기저 S로 바꾸는 추이행렬은 다음과 같다는 것을 말하고 있다.

$$P_{B\to S} = [\mathbf{v}_1 \mid \mathbf{v}_2 \mid \cdots \mid \mathbf{v}_n] \tag{25}$$

좌표사상 B가 R^n의 기저이면, 변환

$$\mathbf{x} \to (\mathbf{x})_B \text{ 또는 이의 행 표현 } \mathbf{x} \to [\mathbf{x}]_B$$

는 B에 대한 **좌표사상**(coordinate map)이라고 부른다. 연습문제에서 다음 관계들이 임의의 스칼라 c와 R^n의 벡터들 $\mathbf{v}$와 $\mathbf{w}$에 대해 성립함을 증명하도록 할 것이다.

$$(c\mathbf{v})_B = c(\mathbf{v})_B\,,\ [c\mathbf{v}]_B = c[\mathbf{v}]_B \tag{26}$$

$$(\mathbf{v}+\mathbf{w})_B = (\mathbf{v})_B + (\mathbf{w})_B\,,\ [\mathbf{v}+\mathbf{w}]_B = [\mathbf{v}]_B + [\mathbf{w}]_B \tag{27}$$

이 관계들로부터 B에 대한 좌표사상은 R^n의 선형연산자이다. 더욱이 R^n의 서로 다른 벡터들은 B에 대응하는 서로 다른 좌표벡터를 가진다(왜?). 따라서 좌표사상은 일대일(단사)이다. B가 직교기저인 경우, 정리 7.11.2로부터 좌표사상은 길이를 보존하고 내적을 보존한다. 즉 R^n의 직교연산자이다.

정리 7.11.5 *B가 R^n의 기저이면, 좌표사상 $\mathbf{x} \to (\mathbf{x})_B$(혹은 $\mathbf{x} \to [\mathbf{x}]_B$)는 R^n의 일대일(단사) 선형연산자이다. 더욱이 B가 R^n의 정규직교기저이면, 직교연산자이다.*

좌표사상과 정리 3.4.4를 사용하여 다음 결과를 증명하는 것은 연습문제로 남겼다.

정리 7.11.6 *A와 C가 $m \times n$ 행렬이고, B가 R^n의 기저일 때, R^n의 모든 $\mathbf{x}$에 대하여 $A[\mathbf{x}]_B = C[\mathbf{x}]_B$이면, $A = C$이다.*

이 정리는 두 행렬의 성분들을 정확히 모를 경우 두 행렬이 같은지를 판별하기 위해 좌표행렬들을 사용하는 방법을 알려 주므로 중요하다.

정규직교기저들 사이의 변화

정규직교기저들 사이의 추이행렬의 기본적인 특성을 고려해 보자.

정리 7.11.7 *B와 B′이 R^n의 정규직교기저라면. 추이행렬 $P_{B\to B'}$와 $P_{B'\to B}$는 직교행렬이다.*

증명 $P_{B\to B'}$과 $P_{B'\to B}$는 서로 역행렬이므로, $P_{B\to B'}$이 직교하는 것만 증명한다. $P_{B'\to B}$의 직교성은 정리 6.2.3으로부터 얻을 수 있다. 따라서 B와 B′이 W의 정규직교기저이고, $B = \{\mathbf{v}_1, \mathbf{v}_2, \cdots, \mathbf{v}_n\}$이라고 하자.

$$P_{B\to B'} = \big[[\mathbf{v}_1]_{B'} \mid [\mathbf{v}_2]_{B'} \mid \cdots \mid [\mathbf{v}_n]_{B'}\big] \tag{28}$$

이 직교행렬인 것을 증명하기 위해 이의 열벡터들이 정규직교라는 것을 보일 것이다(정리 6.2.5를 보라). 그러나 정리 7.11.2로부터 다음과 같이 나타낼 수 있다.

$$\|[\mathbf{v}_j]_{B'}\| = \|\mathbf{v}_j\| = 1, \quad [\mathbf{v}_i]_{B'} \cdot [\mathbf{v}_j]_{B'} = \mathbf{v}_i \cdot \mathbf{v}_j = 0 \qquad (i \neq j)$$ ■

예제 8 R^2의 표준기저의 회전

$S = \{\mathbf{e}_1, \mathbf{e}_2\}$가 R^2의 표준기저라 하고 $B = \{\mathbf{v}_1, \mathbf{v}_2\}$가 S의 벡터들이 원점에 대해 θ만큼 회전한 결과 기저라 하자. 식 (25)와 그림 7.11.3으로부터 B에서 S로의 추이행렬은

$$P = P_{B\to S} = [\mathbf{v}_1 \mid \mathbf{v}_2] = \begin{bmatrix} \cos\theta & -\sin\theta \\ \sin\theta & \cos\theta \end{bmatrix}$$

이고, 정리 7.11.7에서 보장하듯이 이 행렬은 직교행렬이다. 그리고 S에서 B로의 추이행렬은 다음과 같다.

$$P^T = P_{S\to B} = \begin{bmatrix} \cos\theta & \sin\theta \\ -\sin\theta & \cos\theta \end{bmatrix}$$ ■

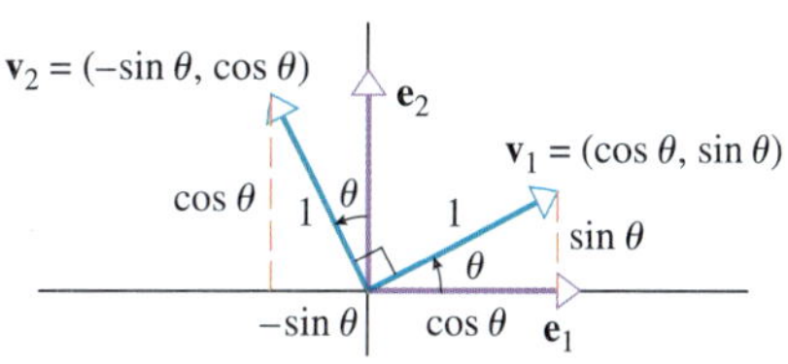

그림 7.11.3

좌표축계 회전에 대한 응용

6장에서 R^2와 R^3의 원점에 대한 회전을 논의했다. 그 논의에서 좌표축들은 고정시켰고 벡터들이 회전되었다. 그러나 많은 문제에서 벡터들을 고정하고 축을 회전시키는 것이 오히려 더 낫다. 여기 예제가 있다.

예제 9 R^2의 좌표축 회전

직교 xy 좌표계가 주어졌고 x′y′ 좌표계는 xy 좌표계를 원점에 대해 θ만큼 회전시켜 얻었다. 두 개의 좌표계가 있으므로, 평면의 각 점 Q는 xy 좌표계에 대응하는 좌표쌍 (x, y)와 x′y′계에 대응하는 좌표쌍 (x′, y′)을 가진다(그림 7.11.4a). 두 좌표쌍 사이의 관계를 찾기 위해서, 표준기저 $S = \{\mathbf{e}_1, \mathbf{e}_2\}$에서 기저 $B = \{\mathbf{v}_1, \mathbf{v}_2\}$로의 기저변환으로 축회전을 다룰 것이다. 여기서 $\mathbf{e}_1$과 $\mathbf{e}_2$는 양의 x축과 y축을, $\mathbf{v}_1$과 $\mathbf{v}_2$는 양의 x′축과 y′축을 지나는 단위벡터들이다(그림 7.11.4b). B의 벡터들은 S의 벡터들을 θ만큼 원점에 대해 회전시킨 결과이므로, 예제 8로부터 두 기저 사이의 추이행렬은 다음과 같다.

$$P_{B\to S} = \begin{bmatrix} \cos\theta & -\sin\theta \\ \sin\theta & \cos\theta \end{bmatrix}, \quad P_{S\to B} = \begin{bmatrix} \cos\theta & \sin\theta \\ -\sin\theta & \cos\theta \end{bmatrix} \tag{29~30}$$

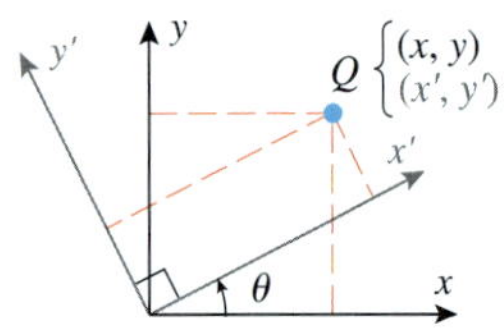

(a)

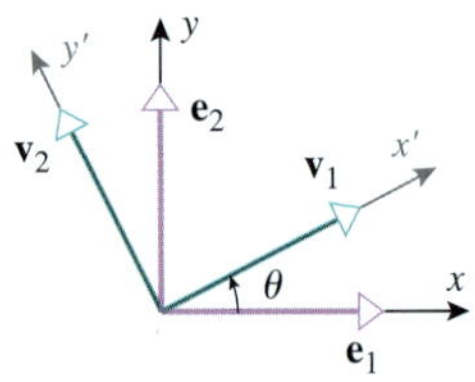

(b)

그림 7.11.4

그러므로 두 좌표쌍 사이의 관계는 다음과 같이 표현할 수 있다.

$$\begin{bmatrix} x \\ y \end{bmatrix} = \begin{bmatrix} \cos\theta & -\sin\theta \\ \sin\theta & \cos\theta \end{bmatrix} \begin{bmatrix} x' \\ y' \end{bmatrix} \quad \text{또는} \quad \begin{bmatrix} x' \\ y' \end{bmatrix} = \begin{bmatrix} \cos\theta & \sin\theta \\ -\sin\theta & \cos\theta \end{bmatrix} \begin{bmatrix} x \\ y \end{bmatrix} \tag{31~32}$$

풀어서 쓰면, 이 행렬들의 관계는 다음 방정식의 형태로 표현할 수 있다.

$$\begin{aligned} x &= x'\cos\theta - y'\sin\theta \\ y &= x'\sin\theta + y'\cos\theta \end{aligned} \quad \text{또는} \quad \begin{aligned} x' &= x\cos\theta + y\sin\theta \\ y' &= -x\sin\theta + y\cos\theta \end{aligned} \tag{33~34}$$

이 방정식들을 때때로 평면에 대한 **회전방정식**(rotation equation)이라고 부른다. ■

참고 만약 식 (32)의 추이행렬과 6.1절의 식 (16)의 회전행렬 R_θ를 비교한다면, 서로 역이라는 것을 볼 수 있다. 이것은 고정된 벡터들을 각 θ로 좌표축을 회전시키는 것은 고정된 축을 각 $-\theta$로 벡터를 회전시키는 것과 같은 효과를 가지기 때문이다.

행렬을 고려하기 위한 다른 방법들

좌표들은 행렬에 대해 새롭게 생각할 수 있도록 한다. 예를 들면 비록 다음 벡터 $\mathbf{x}$를 R^2의 $x_1 = 2$와 $x_2 = 3$을 가진 벡터로 생각하는 것은 당연하지만

$$\mathbf{x} = \begin{bmatrix} 2 \\ 3 \end{bmatrix}$$

이 벡터 $\mathbf{x}$를 다음과 같이 $B = \{\mathbf{v}_1, \mathbf{v}_2\}$를 R^2의 기저로 하는 벡터 $\mathbf{w}$의 좌표벡터로 고려할 수 있다.

$$\mathbf{x} = [\mathbf{w}]_B$$

그러면

$$\mathbf{w} = 2\mathbf{v}_1 + 4\mathbf{v}_2$$

이고, 좌표들과 추이행렬들은 또한 가역행렬들에 대해 새롭게 생각할 수 있도록 한다. 예를 들면 비록 가역행렬

$$A = \begin{bmatrix} 1 & 3 \\ 2 & 5 \end{bmatrix} \tag{35}$$

이 선형계에 대한 계수행렬로 보일지라도, 그것은 또한 기저 B에서 표준기저 $S = \{\mathbf{e}_1, \mathbf{e}_2\}$로의 추이행렬로 볼 수도 있다.

$$B = \left\{ \begin{bmatrix} 1 \\ 2 \end{bmatrix}, \begin{bmatrix} 3 \\ 5 \end{bmatrix} \right\}$$

더 일반적으로 다음 결과를 얻는다.

정리 7.11.8 *P가 열벡터들 $\mathbf{p}_1, \mathbf{p}_2, \cdots, \mathbf{p}_n$을 가지는 $n \times n$ 가역행렬이면, P는 R^n의 기저 $B = \{\mathbf{p}_1, \mathbf{p}_2, \cdots, \mathbf{p}_n\}$에서 R^n의 표준기저 $S = \{\mathbf{e}_1, \mathbf{e}_2, \cdots, \mathbf{e}_n\}$로의 추이행렬이다.*

개념문제 식 (35)를 추이행렬로 해석할 수 있는 다른 방법은 무엇인가?

P가 2×2 또는 3×3 직교행렬이고 $\det(P) = 1$인 경우, 행렬 P는 회전을 나타낸다. 이것을 벡터들의 회전으로 혹은 좌표축의 회전으로 인한 좌표의 변화로 볼 수 있다. 예를 들면 $P = [\mathbf{p}_1, \mathbf{p}_2]$가 2×2고 P를 선형연산자에 대한 표준행렬로 보면, P에 의한 곱은 $\mathbf{e}_1$과 $\mathbf{e}_2$를 $\mathbf{p}_1$과 $\mathbf{p}_2$로 회전시킨 R^2의 회전을 나타낸다. 다른 방법으로, 같은 행렬 P를 추이행렬로 본다면 정리 7.11.3에 의해 P에 의한 곱은 양의 축 방향이 $\mathbf{p}_1$과 $\mathbf{p}_2$인 직교좌표계에 대응하는 좌표들을 양의 축 방향이 $\mathbf{e}_1$과 $\mathbf{e}_2$인 회전된 좌표계에 대응하는 좌표들로 바꾼다. 그러므로 $P^{-1} = P^T$의 곱은 $\mathbf{e}_1$과 $\mathbf{e}_2$의 방향을 양의 축으로 하는 계에 대응하는 좌표들

을 $\mathbf{p}_1$과 $\mathbf{p}_2$의 방향을 양의 축으로 하는 좌표계에 대응하는 좌표들로 바꾼다. P와 P^T에 대한 이 두 가지 해석은 그림 7.11.5에 묘사되었다.

$$P = \begin{bmatrix} \frac{1}{\sqrt{2}} & -\frac{1}{\sqrt{2}} \\ \frac{1}{\sqrt{2}} & \frac{1}{\sqrt{2}} \end{bmatrix}, \quad P^T = \begin{bmatrix} \frac{1}{\sqrt{2}} & \frac{1}{\sqrt{2}} \\ -\frac{1}{\sqrt{2}} & \frac{1}{\sqrt{2}} \end{bmatrix}$$

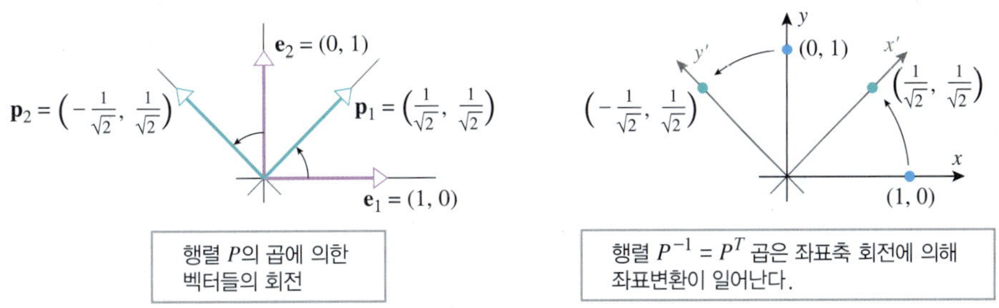

그림 7.11.5 (a) (b)

연습문제 7.11

1. R^2의 기저 $B = \{\mathbf{v}_1, \mathbf{v}_2\}$에 대응하는 $(\mathbf{w})_B$와 $[\mathbf{w}]_B$를 구하라.
(a) $\mathbf{w} = (3, -7)$; $\mathbf{v}_1 = (1, 0)$, $\mathbf{v}_2 = (0, 1)$
(b) $\mathbf{w} = (1, 1)$; $\mathbf{v}_1 = (2, -4)$, $\mathbf{v}_2 = (3, 8)$

2. R^2의 기저 $B = \{\mathbf{v}_1, \mathbf{v}_2\}$에 대응하는 $(\mathbf{w})_B$와 $[\mathbf{w}]_B$를 구하라.
(a) $\mathbf{w} = (-2, 5)$; $\mathbf{v}_1 = (1, 0)$, $\mathbf{v}_2 = (0, 1)$
(b) $\mathbf{w} = (7, 2)$; $\mathbf{v}_1 = (3, -5)$, $\mathbf{v}_2 = (4, 7)$

3. $\mathbf{w} = (2, -1, 3)$; $\mathbf{v}_1 = (1, 0, 0)$, $\mathbf{v}_2 = (2, 2, 0)$, $\mathbf{v}_3 = (3, 3, 3)$이 주어졌을 때 R^3의 기저 $B = \{\mathbf{v}_1, \mathbf{v}_2, \mathbf{v}_3\}$에 대응하는 $(\mathbf{w})_B$와 $[\mathbf{w}]_B$를 구하라.

4. $\mathbf{w} = (5, -12, 3)$; $\mathbf{v}_1 = (1, 2, 3)$, $\mathbf{v}_2 = (-4, 5, 6)$, $\mathbf{v}_3 = (7, -8, 9)$이 주어졌을 때 R^3의 기저 $B = \{\mathbf{v}_1, \mathbf{v}_2, \mathbf{v}_3\}$에 대응하는 $(\mathbf{w})_B$와 $[\mathbf{w}]_B$를 구하라.

5. 연습문제 3에서 B가 R^3의 기저라 하자. $(\mathbf{u})_B = (7, -2, 1)$에 대한 벡터 $\mathbf{u}$를 구하라.

6. 연습문제 4에서 B가 R^3의 기저라 하자. $(\mathbf{u})_B = (8, -5, 4)$에 대한 벡터 $\mathbf{u}$를 구하라.

연습문제 7~10에서는 $\mathbf{v}$들에 의해 형성된 정규직교기저에 대응하는 $\mathbf{w}$의 좌표벡터를 찾아라.

7. $\mathbf{w} = (3, 7)$; $\mathbf{v}_1 = \left(\frac{1}{\sqrt{2}}, -\frac{1}{\sqrt{2}}\right)$, $\mathbf{v}_2 = \left(\frac{1}{\sqrt{2}}, \frac{1}{\sqrt{2}}\right)$

8. $\mathbf{w} = (-1, 0, 2)$; $\mathbf{v}_1 = \left(\frac{2}{3}, -\frac{2}{3}, \frac{1}{3}\right)$, $\mathbf{v}_2 = \left(\frac{2}{3}, \frac{1}{3}, -\frac{2}{3}\right)$,
$\mathbf{v}_3 = \left(\frac{1}{3}, \frac{2}{3}, \frac{2}{3}\right)$

9. $\mathbf{w} = (2, -3, -1)$; $\mathbf{v}_1 = \left(\frac{1}{\sqrt{2}}, -\frac{1}{\sqrt{2}}, 0\right)$, $\mathbf{v}_2 = \left(\frac{1}{\sqrt{3}}, \frac{1}{\sqrt{3}}, \frac{1}{\sqrt{3}}\right)$,
$\mathbf{v}_3 = \left(\frac{1}{\sqrt{6}}, \frac{1}{\sqrt{6}}, -\frac{2}{\sqrt{6}}\right)$

10. $\mathbf{w} = (4, 3, 0, -2)$; $\mathbf{v}_1 = \left(\frac{2}{3}, \frac{2}{3}, -\frac{1}{3}, 0\right)$,
$\mathbf{v}_2 = \left(\frac{1}{\sqrt{3}}, -\frac{1}{\sqrt{3}}, 0, \frac{1}{\sqrt{3}}\right)$, $\mathbf{v}_3 = \left(\frac{1}{\sqrt{6}}, -\frac{1}{\sqrt{6}}, 0, -\frac{2}{\sqrt{6}}\right)$,
$\mathbf{v}_4 = \left(\frac{1}{3\sqrt{2}}, \frac{1}{3\sqrt{2}}, \frac{4}{3\sqrt{2}}, 0\right)$

11. $B = \{\mathbf{v}_1, \mathbf{v}_2\}$가 $\mathbf{v}_1 = \left(\frac{3}{5}, -\frac{4}{5}\right)$, $\mathbf{v}_2 = \left(\frac{4}{5}, \frac{3}{5}\right)$에 의한 R^2의 정규직교기저라 하자.
(a) 좌표벡터 $(\mathbf{u})_B = (1, 1)$와 $(\mathbf{v})_B = (-1, 4)$를 가지는 벡터 $\mathbf{u}$와 $\mathbf{v}$를 구하라.
(b) 좌표벡터 $(\mathbf{u})_B$와 $(\mathbf{v})_B$에 정리 7.11.2를 적용하여 $\|\mathbf{u}\|$, $\|\mathbf{v}\|$와 $\mathbf{u} \cdot \mathbf{v}$를 계산하라. 그리고 $\mathbf{u}$와 $\mathbf{v}$를 바로 계산해서 얻은 결과와 비교하라.

12. $B = \{\mathbf{v}_1, \mathbf{v}_2, \mathbf{v}_3\}$가 다음 벡터에 대한 R^3의 직교기저라 하자.
$$\mathbf{v}_1 = \left(\tfrac{1}{3}, \tfrac{2}{3}, \tfrac{2}{3}\right), \quad \mathbf{v}_2 = \left(\tfrac{2}{3}, \tfrac{1}{3}, -\tfrac{2}{3}\right), \quad \mathbf{v}_3 = \left(\tfrac{2}{3}, -\tfrac{2}{3}, \tfrac{1}{3}\right)$$
(a) 좌표벡터 $(\mathbf{u})_B = (-2, 1, 2)$와 $(\mathbf{v})_B = (3, 0, -2)$를 가지는 벡터 $\mathbf{u}$와 $\mathbf{v}$를 구하라.
(b) 좌표벡터 $(\mathbf{u})_B$와 $(\mathbf{v})_B$에 정리 7.11.2를 적용하여 $\|\mathbf{u}\|$, $\|\mathbf{v}\|$와 $\mathbf{u} \cdot \mathbf{v}$를 계산하라. 그리고 $\mathbf{u}$와 $\mathbf{v}$를 바로 계산해서 얻은 결과와 비교하라.

연습문제 13과 14에서는 B가 R^4의 정규직교기저라 가정하여 $\|\mathbf{u}\|$, $\|\mathbf{v}\|$, $\|\mathbf{w}\|$, $\|\mathbf{v} + \mathbf{w}\|$, $\|\mathbf{v} - \mathbf{w}\|$와 $\mathbf{v} \cdot \mathbf{w}$를 구하라.

13. $(\mathbf{u})_B = (-1, 2, 1, 3)$, $(\mathbf{v})_B = (0, -3, 1, 5)$,
$(\mathbf{w})_B = (-2, -4, 3, 1)$

14. $(\mathbf{u})_B = (0, 0, -1, -1)$, $(\mathbf{v})_B = (5, 5, -2, -2)$,
$(\mathbf{w})_B = (3, 0, -3, 0)$

15. 다음 그림은 직교 xy 좌표계와 뒤틀린 xy 좌표계를 보여준다. 모든 축들에는 1단위 크기가 사용된다고 가정하고 주어진 xy 좌표들에 대한 $x'y'$ 좌표들을 구하라.
(a) $(1, 1)$ (b) $(1, 0)$
(c) $(0, 1)$ (d) (a, b)

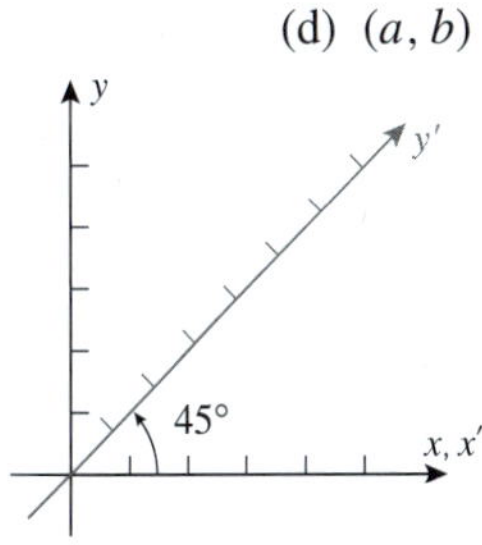

그림 Ex-15

16. 다음 그림은 단위기저벡터 $\mathbf{i}$와 $\mathbf{j}$로 결정된 직교 xy 좌표계와 단위기저벡터 $\mathbf{u}_1$과 $\mathbf{u}_2$에 의해 결정된 $x'y'$ 좌표계를 보여 준다. xy 좌표들로 주어진 점들의 $x'y'$ 좌표들을 구하라.

(a) $(\sqrt{3}, 1)$ (b) $(1, 0)$

(c) $(0, 1)$ (d) (a, b)

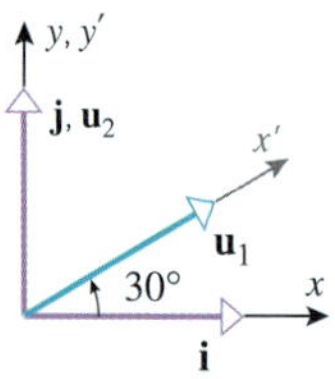

그림 Ex-16

17. S는 R^2에 대한 표준기저라 하고, $B = \{\mathbf{v}_1, \mathbf{v}_2\}$는 $\mathbf{v}_1 = (2, 1)$과 $\mathbf{v}_2 = (-3, 4)$의 기저라 하자.

(a) 계산 없이 추이행렬 $P_{B\to S}$를 구하라.

(b) 행소거를 이용하여 추이 행렬 $P_{S\to B}$를 구하라(예제 7을 참조하라).

(c) $P_{B\to S}$와 $P_{S\to B}$가 서로 역인 것을 보여라.

(d) B에 대응하는 $\mathbf{w} = (5, -3)$의 좌표행렬을 구하라. 그리고 행렬 $P_{B\to S}$을 이용하여 $[\mathbf{w}]_B$로부터 $[\mathbf{w}]_S$를 계산하라.

(e) S에 대응하는 $\mathbf{w} = (3, -5)$의 좌표행렬을 구하라. 그리고 행렬 $P_{S\to B}$을 이용하여 $[\mathbf{w}]_S$로부터 $[\mathbf{w}]_B$를 계산하라.

18. S는 R^3의 표준기저라 하고, $B = \{\mathbf{v}_1, \mathbf{v}_2, \mathbf{v}_3\}$는 $\mathbf{v}_1 = (1, 2, 1)$, $\mathbf{v}_2 = (2, 5, 0)$, $\mathbf{v}_3 = (3, 3, 8)$인 기저라 하자.

(a) 계산 없이 추이행렬 $P_{B\to S}$를 구하라.

(b) 행소거를 이용하여 추이 행렬 $P_{S\to B}$를 구하라(예제 7을 참조하라).

(c) $P_{B\to S}$와 $P_{S\to B}$가 서로 역인 것을 보여라.

(d) B에 대응하는 $\mathbf{w} = (5, -3, 1)$의 좌표행렬을 구하라. 그리고 행렬 $P_{B\to S}$을 이용하여 $[\mathbf{w}]_B$로부터 $[\mathbf{w}]_S$를 계산하라.

(e) S에 대응하는 $\mathbf{w} = (3, -5, 0)$의 좌표행렬을 구하라. 그리고 행렬 $P_{S\to B}$을 이용하여 $[\mathbf{w}]_S$로부터 $[\mathbf{w}]_B$를 계산하라.

19. $B_1 = \{\mathbf{u}_1, \mathbf{u}_2\}$와 $B_2 = \{\mathbf{v}_1, \mathbf{v}_2\}$가 $\mathbf{u}_1 = (2, 2)$, $\mathbf{u}_2 = (4, -1)$, $\mathbf{v}_1 = (1, 3)$이고 $\mathbf{v}_2 = (-1, -1)$인 R^2의 기저라 하자.

(a) 행소거에 의해 추이행렬 $P_{B_2\to B_1}$을 구하라.

(b) 행소거에 의해 추이행렬 $P_{B_1\to B_2}$를 구하라.

(c) $P_{B_2\to B_1}$과 $P_{B_1\to B_2}$가 서로 역인 것을 확인하라.

(d) B_1에 대응하는 $\mathbf{w} = (5, -3)$에 대한 좌표행렬을 찾아라. 그리고 행렬 $P_{B_1\to B_2}$를 사용하여 $[\mathbf{w}]_{B_1}$로부터 $[\mathbf{w}]_{B_2}$를 계산하라.

(e) B_2에 대응하는 $\mathbf{w} = (3, -5)$에 대한 좌표행렬을 찾아라. 그리고 행렬 $P_{B_2\to B_1}$을 사용하여 $[\mathbf{w}]_{B_2}$로부터 $[\mathbf{w}]_{B_1}$을 계산하라.

20. $B_1 = \{\mathbf{u}_1, \mathbf{u}_2\}$와 $B_2 = \{\mathbf{v}_1, \mathbf{v}_2\}$가 $\mathbf{u}_1 = (1, 2)$, $\mathbf{u}_2 = (2, 3)$, $\mathbf{v}_1 = (1, 3)$, $\mathbf{v}_2 = (1, 4)$인 R^2의 기저라 하자.

(a) 행소거에 의해 추이행렬 $P_{B_2\to B_1}$을 구하라.

(b) 행소거에 의해 추이행렬 $P_{B_1\to B_2}$를 구하라.

(c) $P_{B_2\to B_1}$과 $P_{B_1\to B_2}$가 서로 역인 것을 확인하라.

(d) B_1에 대응하는 $\mathbf{w} = (0, 1)$에 대한 좌표행렬을 찾아라. 그리고 행렬 $P_{B_1\to B_2}$를 사용하여 $[\mathbf{w}]_{B_1}$로부터 $[\mathbf{w}]_{B_2}$를 계산하라.

(e) B_2에 대응하는 $\mathbf{w} = (2, 5)$에 대한 좌표행렬을 찾아라. 그리고 행렬 $P_{B_2\to B_1}$을 사용하여 $[\mathbf{w}]_{B_2}$로부터 $[\mathbf{w}]_{B_1}$을 계산하라.

21. $B_1 = \{\mathbf{u}_1, \mathbf{u}_2, \mathbf{u}_3\}$와 $B_2 = \{\mathbf{v}_1, \mathbf{v}_2, \mathbf{v}_3\}$가 $\mathbf{u}_1 = (-3, 0, -3)$, $\mathbf{u}_2 = (-3, 2, -1)$, $\mathbf{u}_3 = (1, 6, -1)$, $\mathbf{v}_1 = (-6, -6, 0)$, $\mathbf{v}_2 = (-2, -6, 4)$, $\mathbf{v}_3 = (-2, -3, 7)$인 R^3의 기저라 하자.

(a) 행소거에 의해 추이행렬 $P_{B_1\to B_2}$를 구하라.

(b) B_1에 대응하는 $\mathbf{w} = (-5, 8, -5)$에 대한 좌표행렬을 찾아라. 그리고 (a)에서 얻은 추이행렬을 사용하여 행렬곱으로 $[\mathbf{w}]_{B_2}$를 계산하라.

(c) (b)의 결과를 이용하여 $[\mathbf{w}]_{B_2}$를 직접 계산하라.

22. 연습문제 21과 같은 방법으로 풀어라. W는 같고, $\mathbf{u}_1 = (2, 1, 1)$, $\mathbf{u}_2 = (2, -1, 1)$, $\mathbf{u}_3 = (1, 2, 1)$, $\mathbf{v}_1 = (3, 1, -5)$, $\mathbf{v}_2 = (1, 1, -3)$과 $\mathbf{v}_3 = (-1, 0, 2)$이다.

23. $B_1 = \{\mathbf{u}_1, \mathbf{u}_2, \mathbf{u}_3\}$과 $b_2 = \{\mathbf{v}_1, \mathbf{v}_2, \mathbf{v}_3\}$가 $\mathbf{u}_1 = \left(\frac{1}{\sqrt{3}}, \frac{1}{\sqrt{3}}, \frac{1}{\sqrt{3}}\right)$, $\mathbf{u}_2 = \left(\frac{1}{\sqrt{2}}, -\frac{1}{\sqrt{2}}, 0\right)$, $\mathbf{u}_3 = \left(\frac{1}{\sqrt{6}}, \frac{1}{\sqrt{6}}, -\frac{2}{\sqrt{6}}\right)$, $\mathbf{v}_1 = \left(\frac{1}{\sqrt{2}}, 0, \frac{1}{\sqrt{2}}\right)$, $\mathbf{v}_2 = \left(\frac{1}{\sqrt{3}}, \frac{1}{\sqrt{3}}, -\frac{1}{\sqrt{3}}\right)$, $\mathbf{v}_3 = \left(\frac{1}{\sqrt{6}}, -\frac{2}{\sqrt{6}}, -\frac{1}{\sqrt{6}}\right)$인 R^3의 기저라 하자, $P_{B_1\to B_2}$와 $P_{B_2\to B_1}$이 정리 7.11.7에 의해 직교행렬이란 것을 확인하라.

24. B_1을 연습문제 23의 기저라 하자. 좌표사상 $(\mathbf{x})\to(\mathbf{x})_{B_1}$이 직교연산자(정리 7.11.5에 의해)인 것을 그것의 표준행렬이 직교인 것을 보임으로써 확인하라.

25. $S = \{\mathbf{e}_1, \mathbf{e}_2\}$가 R^2의 표준기저라 하고 $B = \{\mathbf{v}_1, \mathbf{v}_2\}$를 S의 벡터들이 직선 $y = x$에 대해 반사한 기저라 하자.

(a) 추이행렬 $P_{B\to S}$을 구하라.

(b) $P = P_{B\to S}$라 하고 $P^T = P_{S\to B}$를 보여라. 이것을 기하학적으로 설명하라.

26. $S = \{\mathbf{e}_1, \mathbf{e}_2\}$가 R^2의 표준기저라 하고 $B = \{\mathbf{v}_1, \mathbf{v}_2\}$를 S의 벡터들이 양의 x축과 각 θ를 이루는 직선에 대해 반사한 기저라 하자.

(a) 추이행렬 $P_{B\to S}$를 구하라.

(b) $P = P_{B\to S}$라 하고 $P^T = P_{S\to B}$를 보여라. 이것을 기하학적으로 설명하라.

27. 직교 $x'y'$ 좌표계는 직교 xy 좌표계를 원점에 대해 각 $\theta = 3\pi/4$만큼 회전시켜 얻는다고 하자.

(a) xy 좌표들의 항들로 $x'y'$ 좌표들을 표현하는 회전방정식들을 구하라. 그리고 이 방정식들을 이용하여 xy 좌표 $(-2, 6)$을 가지는 $x'y'$ 좌표를 찾아라.

(b) $x'y'$ 좌표들의 항들로 xy 좌표들을 표현하는 회전방정식들을 구하라. 그리고 이 방정식들을 이용하여 $x'y'$ 좌표 $(5, 2)$를 가지는 xy 좌표를 찾아라.

28. $\theta = \pi/3$일 때, 연습문제 27과 같은 방법으로 풀어라.

29. 직교 $x'y'z'$ 좌표계는 직교 xyz 좌표계를 $\theta = \pi/4$만큼 양의 z축에 대해 시계 반대 방향으로 회전시켜 얻는다.

(a) xyz 좌표가 $(-1, 2, 5)$일 때, $x'y'z'$ 좌표점을 구하라.

(b) $x'y'z'$ 좌표가 $(1, 6, -3)$일 때, xyz 좌표점을 구하라.

30. 각 $\theta = \pi/3$만큼 양의 y축에 대해 시계 반대 방향으로 회전시킬 경우 연습문제 29와 같은 방법으로 풀어라.

31. 직교 $x''y''z''$ 좌표계는 먼저 $x'y'z'$ 좌표계를 얻기 위해 xyz 좌표계를 양의 z축에 대하여 시계 반대 방향으로 60°만큼 회전시킨다(양의 z축에서 원점을 바라보는 위치에서). 그리고 $x'y'z'$ 좌표계를 양의 y'축에 대하여 시계 반대 방향으로 45°만큼 회전시킨다(양의 y'축에서 원점을 바라보는 위치에서).

$$\begin{bmatrix} x'' \\ y'' \\ z'' \end{bmatrix} = A \begin{bmatrix} x \\ y \\ z \end{bmatrix}$$

에 의해 고정된 점의 xyz 좌표들과 $x''y''z''$ 좌표점들의 관계를 나타내는 행렬 A를 구하라.

토론과 발견

D1. B_1, B_2, B_3는 R^2의 기저들이고

$$P_{B_1 \to B_2} = \begin{bmatrix} 3 & 1 \\ 5 & 2 \end{bmatrix}, \quad P_{B_2 \to B_3} = \begin{bmatrix} 7 & 2 \\ 4 & -1 \end{bmatrix}$$

이면, $P_{B_3 \to B_1}$은 ______이다.

D2. 다음 행렬을 생각하자.

$$P = \begin{bmatrix} 1 & 1 & 0 \\ 1 & 0 & 2 \\ 0 & 2 & 1 \end{bmatrix}$$

(a) P는 어떤 기저 B에서 R^3의 표준기저 $S = \{\mathbf{e}_1, \mathbf{e}_2, \mathbf{e}_3\}$으로의 추이행렬인가?

(b) P는 표준기저 $S = \{\mathbf{e}_1, \mathbf{e}_2, \mathbf{e}_3\}$에서 R^3에 대한 어떤 기저 B로의 추이행렬인가?

D3. 행렬

$$P = \begin{bmatrix} 1 & 0 & 0 \\ 0 & 3 & 2 \\ 0 & 1 & 1 \end{bmatrix}$$

은 어떤 기저 B에서 R^3의 기저 $\{(1, 1, 1), (1, 1, 0), (1, 0, 0)\}$으로의 추이행렬인가?

D4. 만약 $[\mathbf{w}]_B = \mathbf{w}$가 R^n의 모든 벡터들에 대해 성립한다면, 기저 B에 대해 무엇을 말할 수 있는가?

D5. $[\mathbf{x} - \mathbf{y}]_B = \mathbf{0}$이면, $\mathbf{x}$와 $\mathbf{y}$에 대해 무엇을 말할 수 있는가?

증명문제

P1. B를 R^n의 기저라 하자. 벡터 $(\mathbf{v}_1)_B, (\mathbf{v}_2)_B, \cdots, (\mathbf{v}_k)_B$가 R^n의 일차독립집합을 이루기 위한 필요충분조건은 벡터 $\mathbf{v}_1, \mathbf{v}_2, \cdots, \mathbf{v}_k$는 R^n의 일차독립집합을 형성한다는 것임을 증명하라.

P2. B를 R^n의 기저라 하자. 벡터 $(\mathbf{v}_1)_B, (\mathbf{v}_2)_B, \cdots, (\mathbf{v}_k)_B$가 R^n을 생성하기 위한 필요충분조건은 벡터 $\mathbf{v}_1, \mathbf{v}_2, \cdots, \mathbf{v}_k$는 R_n을 생성하는 것임을 증명하라.

P3. 정리 3.4.4와 좌표사상이 전사라는 사실을 이용하여 정리 7.11.6을 증명하라.

P4. 식 (25)와 (27)은 임의의 스칼라 c와 R^n의 임의의 벡터 $\mathbf{v}$와 $\mathbf{w}$에 대해서도 충족되는 것을 보여라.

프로그램 활용 연습문제

T1. (a) $B_1 = \{\mathbf{u}_1, \mathbf{u}_2, \mathbf{u}_3, \mathbf{u}_4, \mathbf{u}_5\}$와 $B_2 = \{\mathbf{v}_1, \mathbf{v}_2, \mathbf{v}_3, \mathbf{v}_4, \mathbf{v}_5\}$가 R^5의 기저인 것을 확인하라. 그리고 추이행렬 $P_{B_1 \to B_2}$와 $P_{B_2 \to B_1}$을 찾아라.

$\mathbf{u}_1 = (3, 1, 3, 2, 6)$ $\quad$ $\mathbf{v}_1 = (2, 6, 3, 4, 2)$
$\mathbf{u}_2 = (4, 5, 7, 2, 4)$ $\quad$ $\mathbf{v}_2 = (3, 1, 5, 8, 3)$
$\mathbf{u}_3 = (3, 2, 1, 5, 4)$ $\quad$ $\mathbf{v}_3 = (5, 1, 2, 6, 7)$
$\mathbf{u}_4 = (2, 9, 1, 4, 4)$ $\quad$ $\mathbf{v}_4 = (8, 4, 3, 2, 6)$
$\mathbf{u}_5 = (3, 3, 6, 6, 7)$ $\quad$ $\mathbf{v}_5 = (5, 5, 6, 3, 4)$

(b) B_1과 $\mathbf{w} = (1, 1, 1, 1, 1)$의 B_2에 대응하는 좌표행렬들을 구하라.

T2. 많은 응용에서 오른손 xyz 좌표계를 연속적인 회전에 의해 같은 원점을 갖는 오른손 XYZ 좌표계로 변환하는 것은 중요한 문제이다(그림을 참조하라). 이것은 연속적으로 세 번 회전함으로써 수행될 수 있는데, 필요할 경우 적당한 축에 대해 하나의 회전으로 구성할 수도 있다. 세 번의 회전은 **Euler 각**(Euler angle)이라고 부르는 세 각 θ, ϕ, ψ와 **마디의 축**(axis of node)이라고 하는 벡터 $\mathbf{n}$을 포함한다. 그림에서 보이듯이, 마디의 축이 z축과 Z축 모두에 직교하고 따라서 xy 평면과 XY 평면이 교차하는 직선상에 있다. 각 θ는 양의 z축과 양의 Z축이 이루는 각이고, ϕ는 양의 x축과 마디의 축이 이루는 각이다. ψ는 마디의 축과 양의 X축이 이루는 각이다. 양의 xyz축은 다음 과정을 통해 양의 XYZ축으로 옮겨질 수 있다. 우선 양의 z축을 중심으로 xyz축을 시계 반대 방향으로 각 ϕ만큼 회전시켜서 x축을 마디축으로 옮긴다. 그다음 앞의 과정에 의해 옮겨진 축들을 마디축을 중심으로 시계 반대 방향으로 각 θ만큼 회전시켜서 양의 z축을 양의 Z

축으로 옮긴다. 마지막으로 앞의 과정에 의해 옮겨진 축을 양의 Z축을 중심으로 각 ψ만큼 시계 반대 방향으로 회전시켜 마디축을 양의 X축으로 옮긴다. 직교 xyz 좌표계와 직교 XYZ 좌표계가 같은 원점을 갖고 있다고 가정하고 $\theta = \pi/6$, $\phi = \pi/3$, $\psi = \pi/4$가 Euler 각이라 하자.

$$\begin{bmatrix} X \\ Y \\ Z \end{bmatrix} = A \begin{bmatrix} x \\ y \\ z \end{bmatrix}$$

에 의한 고정점(fixed point)의 xyz 좌표와 XYZ 좌표의 관계를 나타내는 행렬 A를 구하라.

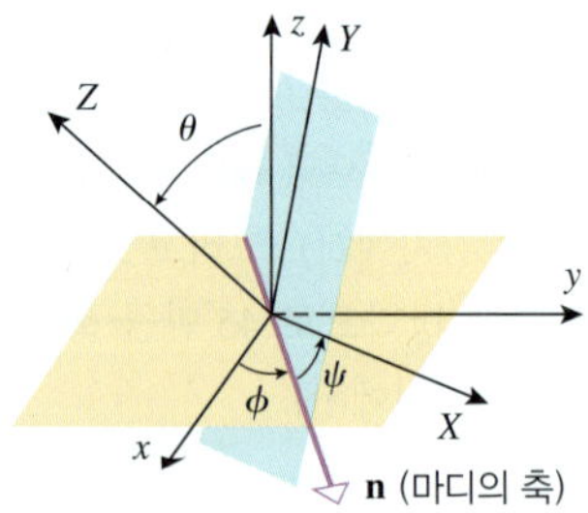

그림 Ex-T2

제 8 장 대각화
Diagonalization

행렬을 대각행렬로 변환하는 것은 수학적으로뿐만 아니라 진동분석, 얼굴이나 지문인식, 통계학, 자료 압축과 같은 응용에서도 중요하다.

8.1 선형변환의 행렬 표현

선형변환에 관한 표준행렬은 변환을 써서 계산을 수행하기 위해 행렬연산을 사용하는 데 있어서 편리하다. 그러나 이것은 선형변환의 연구에서 행렬이 할 수 있는 유일한 역할은 아니다. 이 절에서는 표준행렬이 명확히 표현할 수 없는 선형변환의 기하학적 성질을 나타내기 위해 다른 종류의 행렬들이 어떻게 사용될 수 있는가를 보여 줄 것이다.

기저에 대응하는 선형연산자의 행렬

모든 선형변환 $T: R^n \to R^m$은 R^n의 모든 벡터 $\mathbf{x}$에 대해서

$$T(\mathbf{x}) = [T]\mathbf{x}$$

인 성질을 갖는 부수된 표준행렬

$$[T] = [T(\mathbf{e}_1) \mid T(\mathbf{e}_2) \mid \cdots \mid T(\mathbf{e}_n)]$$

을 갖는다. 우선 표준행렬 $[T]$가 $n \times n$ 정사각행렬이 되는 R^n 위의 선형연산자 T의 경우에 대하여 살펴보자.

표준행렬의 형태는 선형연산자의 기하학적 성질을 완전하게 나타낼 때도 있고 그렇지 않을 때도 있다. 예컨대 행렬

$$[T_1] = \begin{bmatrix} \cos\frac{\pi}{4} & -\sin\frac{\pi}{4} & 0 \\ \sin\frac{\pi}{4} & \cos\frac{\pi}{4} & 0 \\ 0 & 0 & 1 \end{bmatrix} = \begin{bmatrix} \frac{1}{\sqrt{2}} & -\frac{1}{\sqrt{2}} & 0 \\ \frac{1}{\sqrt{2}} & \frac{1}{\sqrt{2}} & 0 \\ 0 & 0 & 1 \end{bmatrix} \tag{1}$$

을 검사해 보면 T_1은 xyz 좌표계에서 z축에 관한 각 $\pi/4$만큼의 회전임을 알 수 있다. 반면에 행렬

$$[T_2] = \begin{bmatrix} 0 & 0 & 1 \\ 1 & 0 & 0 \\ 0 & 1 & 0 \end{bmatrix} \tag{2}$$

을 간단히 검사해 보면 연산자 T_2에 대한 일부분의 기하학적 정보만 알 수 있다. 즉 행렬 $[T_2]$는 직교행렬이고 행렬식이 1이므로 T_2는 회전임을 알 수 있다. 그러나 행렬 (1)과는 달리, 이 행렬은 회전축과 각을 자세히 나타내지 않고 있다.

행렬 (1)과 (2)의 차이점은 표준기저의 방향에 관계가 있다. 연산자 T_1의 경우에, 표준기저벡터 $\mathbf{e}_3$은 회전축과 일치하고 기저벡터 $\mathbf{e}_1$, $\mathbf{e}_2$는 $\mathbf{e}_3$에 수직인 평면에서 회전한다. 따라서 표준행렬로부터 회전축과 각을 알 수 있다. 그러나 연산자 T_2인 경우에는, 어떠한 표준기저벡터도 회전축과 일치하지 않는다(6.2절의 예제 7과 그림 6.2.9 참조). 따라서 연산자 T_2는 $\mathbf{e}_1$, $\mathbf{e}_2$, $\mathbf{e}_3$을 연산자에 대한 유용한 기하학적 정보를 유추해 낼 수 있는 방법으로 변환시키지 않는다. 그러므로 표준기저는 대수적으로 단순하지만, 기하학적

관점에서 항상 최상의 기저는 아니다.

이 절의 주요한 목적은 표준행렬보다 선형변환의 기하학적 성질을 더 잘 나타내는 행렬을 만들기 위해 표준기저와 다른 기저를 사용하는 방법을 전개하는 데 있다. 이 방법의 핵심은 벡터 자체보다도 오히려 벡터의 *좌표*를 이용하는 것이다.

$$\mathbf{x} \xrightarrow{T} T(\mathbf{x})$$

를 R^n 위의 선형연산자라 하고, B를 R^n의 기저라 하자. $\mathbf{x}$를 $T(\mathbf{x})$로 보내는 과정에서 이 연산자는 좌표행렬 $[\mathbf{x}]_B$를 좌표행렬 $[T(\mathbf{x})]_B$로 보내는 동반연산자

$$[\mathbf{x}]_B \longrightarrow [T(\mathbf{x})]_B \tag{3}$$

를 만든다. 독자들은 연습문제에서 사상 (3)은 선형이고, 따라서 행렬변환, 즉

$$A[\mathbf{x}]_B = [T(\mathbf{x})]_B$$

를 만족시키는 행렬 A가 존재함을 밝혀 보이라는 질문을 받게 될 것이다. 다음 정리는 행렬 A를 구하는 방법을 보여 준다.

정리 8.1.1 *$T: R^n \to R^n$을 선형연산자, $B = \{\mathbf{v}_1, \mathbf{v}_2, \cdots, \mathbf{v}_n\}$을 R^n의 기저, 그리고*

$$A = \big[[T(\mathbf{v}_1)]_B \mid [T(\mathbf{v}_2)]_B \mid \cdots \mid [T(\mathbf{v}_n)]_B\big] \tag{4}$$

라 하면, R^n의 모든 벡터 $\mathbf{x}$에 대하여

$$[T(\mathbf{x})]_B = A[\mathbf{x}]_B \tag{5}$$

가 된다. 더욱이 식 (4)로 주어지는 행렬 A는 성질 (5)를 만족시키는 유일한 행렬이다.

증명 $\mathbf{x}$를 R^n의 임의의 벡터라 하고 B에 대응하는 $\mathbf{x}$의 좌표행렬을

$$[\mathbf{x}]_B = \begin{bmatrix} c_1 \\ c_2 \\ \vdots \\ c_n \end{bmatrix}$$

즉

$$\mathbf{x} = c_1\mathbf{v}_1 + c_2\mathbf{v}_2 + \cdots + c_n\mathbf{v}_n$$

이라고 하자. T의 선형성에 의하여

$$T(\mathbf{x}) = c_1T(\mathbf{v}_1) + c_2T(\mathbf{v}_2) + \cdots + c_nT(\mathbf{v}_n)$$

이 성립하고 좌표사상의 선형성에 의하여

$$[T(\mathbf{x})]_B = c_1[T(\mathbf{v}_1)]_B + c_2[T(\mathbf{v}_2)]_B + \cdots + c_n[T(\mathbf{v}_n)]_B$$

가 성립한다. 그리고 이것은

$$[T(\mathbf{x})]_B = \big[[T(\mathbf{v}_1)]_B \mid [T(\mathbf{v}_2)]_B \mid \cdots \mid [T(\mathbf{v}_n)]_B\big]\begin{bmatrix} c_1 \\ c_2 \\ \vdots \\ c_n \end{bmatrix} = A[\mathbf{x}]_B$$

와 같이 행렬 형태로 표기할 수 있다. 이것은 식 (4)의 행렬 A가 성질 (5)를 가짐을 증명하는 것이다. 더욱이 A는 이러한 성질을 갖는 유일한 행렬이다. 왜냐하면 만약 R^n의 모든 벡터 $\mathbf{x}$에 대하여

$$[T(\mathbf{x})]_B = A[\mathbf{x}]_B = C[\mathbf{x}]_B$$

를 만족시키는 행렬 C가 존재한다고 하면 정리 7.11.6에 의하여 $A = C$가 되기 때문이다. ■

식 (4)의 행렬 A를 **기저 B에 대응하는 T의 행렬**이라 하고

$$[T]_B = \big[[T(\mathbf{v}_1)]_B \mid [T(\mathbf{v}_2)]_B \mid \cdots \mid [T(\mathbf{v}_n)]_B\big] \tag{6}$$

로 표시한다. 이 기호를 사용하면 식 (5)는

$$[T(\mathbf{x})]_B = [T]_B[\mathbf{x}]_B \tag{7}$$

로 표기할 수 있다. R^n의 벡터의 성분은 표준기저 S에 대응하는 그의 좌표와 같음을 상기하면, 식 (6)에 의하여

$$[T]_S = \big[[T(\mathbf{v}_1)]_S \mid [T(\mathbf{v}_2)]_S \mid \cdots \mid [T(\mathbf{v}_n)]_S\big] = [T(\mathbf{v}_1) \mid T(\mathbf{v}_2) \mid \cdots \mid T(\mathbf{v}_n)] = [T]$$

가 된다. 즉 *표준기저에 대응하는 R^n 위의 선형연산자의 행렬은 T의 표준행렬과 같다.*

예제 1 기저 B에 대응하는 선형연산자의 행렬

$T : R^2 \rightarrow R^2$를 표준행렬이

$$[T] = \begin{bmatrix} 3 & 2 \\ 2 & 3 \end{bmatrix} \tag{8}$$

인 선형연산자라고 하자. 기저 $B = \{\mathbf{v}_1, \mathbf{v}_2\}$에 대응하는 T의 행렬을 구하라. 여기서

$$\mathbf{v}_1 = \begin{bmatrix} \frac{1}{\sqrt{2}} \\ -\frac{1}{\sqrt{2}} \end{bmatrix}, \quad \mathbf{v}_2 = \begin{bmatrix} \frac{1}{\sqrt{2}} \\ \frac{1}{\sqrt{2}} \end{bmatrix}$$

이다.

풀이 기저벡터의 연산자 T에 관한 상은

$$T(\mathbf{v}_1) = [T]\mathbf{v}_1 = \begin{bmatrix} 3 & 2 \\ 2 & 3 \end{bmatrix}\begin{bmatrix} \frac{1}{\sqrt{2}} \\ -\frac{1}{\sqrt{2}} \end{bmatrix} = \begin{bmatrix} \frac{1}{\sqrt{2}} \\ -\frac{1}{\sqrt{2}} \end{bmatrix} = \mathbf{v}_1 = \mathbf{v}_1 + 0\mathbf{v}_2$$

$$T(\mathbf{v}_2) = [T]\mathbf{v}_2 = \begin{bmatrix} 3 & 2 \\ 2 & 3 \end{bmatrix}\begin{bmatrix} \frac{1}{\sqrt{2}} \\ \frac{1}{\sqrt{2}} \end{bmatrix} = \begin{bmatrix} \frac{5}{\sqrt{2}} \\ \frac{5}{\sqrt{2}} \end{bmatrix} = 5\mathbf{v}_2 = 0\mathbf{v}_1 + 5\mathbf{v}_2$$

이므로 B에 대응하는 이들 벡터의 좌표행렬은

$$[T(\mathbf{v}_1)]_B = \begin{bmatrix} 1 \\ 0 \end{bmatrix}, \quad [T(\mathbf{v}_2)]_B = \begin{bmatrix} 0 \\ 5 \end{bmatrix}$$

이다. 따라서 식 (6)에 의하여

$$[T]_B = \big[[T(\mathbf{v}_1)]_B \mid [T(\mathbf{v}_2)]_B\big] = \begin{bmatrix} 1 & 0 \\ 0 & 5 \end{bmatrix}$$

이 된다. 이 행렬은 표준행렬에서 명확하지 않던 연산자 T에 관한 기하학적 정보를 알려 준다. 즉 선형변환 T는 $\mathbf{v}_2$ 좌표를 5배 확대시키고, $\mathbf{v}_1$ 좌표는 변화시키지 않는다. 예컨대 그림 8.1.1은 중심이 원점이고 두 변은 $\mathbf{v}_1$, $\mathbf{v}_2$와 평행하며, 한 변의 길이가 1인 정사각형에 이 연산자를 적용해서 얻은 확대된 결과를 보여준다. ■

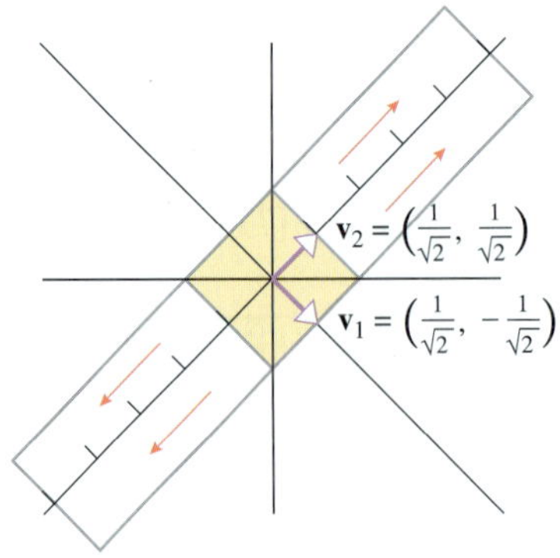

그림 8.1.1

예제 2 감추어진 기하 찾기

$T : R^3 \to R^3$을 표준행렬이

$$A = \begin{bmatrix} 0 & 0 & 1 \\ 1 & 0 & 0 \\ 0 & 1 & 0 \end{bmatrix} \tag{9}$$

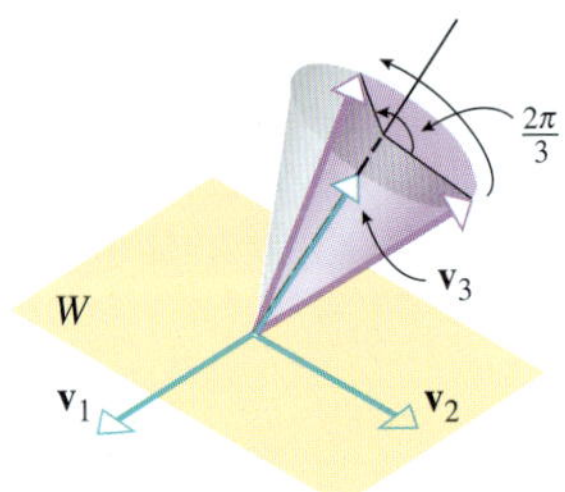

그림 8.1.2

인 선형연산자라 하자. 6.2절의 예제 7에서 T는 벡터 $\mathbf{n} = (1, 1, 1)$ 방향의 축에 관하여 각 $2\pi/3$만큼 회전시키는 연산자임을 알 수 있었다. 지금 정규직교기저 $B = \{\mathbf{v}_1, \mathbf{v}_2, \mathbf{v}_3\}$에 대응하는 T의 행렬이 어떤 모양인지 생각해 보자. 여기서 $\mathbf{v}_3 = \mathbf{v}_1 \times \mathbf{v}_2$는 $\mathbf{n}$의 양의 스칼라배수이고, $\{\mathbf{v}_1, \mathbf{v}_2\}$는 원점을 지나고 회전축(그림 8.1.2)에 수직인 평면 W의 정규직교기저이다. 회전연산자 T는 $\mathbf{v}_3$을 고정시키므로

$$T(\mathbf{v}_3) = \mathbf{v}_3 = 0\mathbf{v}_1 + 0\mathbf{v}_2 + 1\mathbf{v}_3$$

이고, 따라서

$$[T(\mathbf{v}_3)]_B = \begin{bmatrix} 0 \\ 0 \\ 1 \end{bmatrix}$$

가 된다. 또한 $T(\mathbf{v}_1)$과 $T(\mathbf{v}_2)$는 W에 놓여 있기 때문에, $\mathbf{v}_1$과 $\mathbf{v}_2$의 일차결합으로 표현된다. 따라서 $[T(\mathbf{v}_1)]_B$와 $[T(\mathbf{v}_2)]_B$의 제3의 좌표는 영이 되고, 기저 B에 대응하는 T의 행렬은 다음의 형태

$$[T]_B = \big[[T(\mathbf{v}_1)]_B \mid [T(\mathbf{v}_2)]_B \mid [T(\mathbf{v}_3)]_B\big] = \begin{bmatrix} \times & \times & 0 \\ \times & \times & 0 \\ 0 & 0 & 1 \end{bmatrix}$$

이 된다. T는 평면 W에서 R^2를 회전시키는 것과 똑같기 때문에 위의 성분이 밝혀지지 않은 블록은 R^2에서 회전행렬의 형태를 갖는다. 따라서

$$[T]_B = \big[[T(\mathbf{v}_1)]_B \mid [T(\mathbf{v}_2)]_B \mid [T(\mathbf{v}_3)]_B\big] = \begin{bmatrix} \cos\frac{2\pi}{3} & -\sin\frac{2\pi}{3} & 0 \\ \sin\frac{2\pi}{3} & \cos\frac{2\pi}{3} & 0 \\ 0 & 0 & 1 \end{bmatrix}$$

이 된다. 이 행렬은 식 (9)의 표준행렬에서 명확하지 않은 사실들, 즉 회전각은 $2\pi/3$이고 회전축은 $\mathbf{v}_3$의 방향임을 분명하게 해 준다. ■

기저 변환하기

서로 다른 기저에 대응하는 동일한 선형연산자를 표현하는 두 행렬은 대수적으로 관계가 있을 것이라고 추측하는 것은 당연하다. 그 관계를 밝혀 내기 위하여, $T : R^n \to R^n$을 선형연산자라 하고 $B = \{\mathbf{v}_1, \mathbf{v}_2, \cdots, \mathbf{v}_n\}$과 $B' = \{\mathbf{v}'_1, \mathbf{v}'_2, \cdots, \mathbf{v}'_n\}$을 R^n의 기저라 하자. 또한 $P = P_{B \to B'}$을 B에서 B'으로의 추이행렬이라 하자(따라서 $P^{-1} = P_{B' \to B}$는 B'에서 B로의 추이행렬이다). $[T]_B$와 $[T]_{B'}$ 사이의 관계를 구하기 위하여, 다음 네 가지 관계들을 개략적으로 동시에 연결한 그림 8.1.3의 도표를 생각하자.

$$[T]_B[\mathbf{x}]_B = [T(\mathbf{x})]_B, \qquad [T]_{B'}[\mathbf{x}]_{B'} = [T(\mathbf{x})]_{B'}$$
$$P[T(\mathbf{x})]_B = P_{B\to B'}[T(\mathbf{x})]_B = [T(\mathbf{x})]_{B'}, \qquad P[\mathbf{x}]_B = P_{B\to B'}[\mathbf{x}]_B = [\mathbf{x}]_{B'}$$

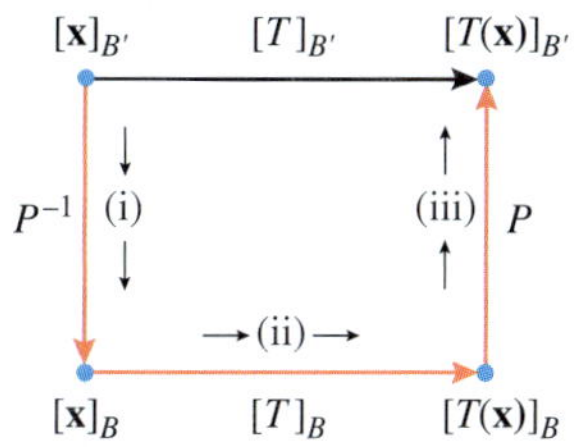

그림 8.1.3

이 그림은 $[\mathbf{x}]_{B'}$에서 $[T(\mathbf{x})]_{B'}$으로의 두 개의 다른 경로를 보여 준다. 그 각각의 경로는 이들 벡터 사이의 서로 다른 관계에 대응한다. 즉

1. 도표의 상단을 따라 $[\mathbf{x}]_{B'}$에서 $[T(\mathbf{x})]_{B'}$으로 직접 가는 경로는 관계

$$[T]_{B'}[\mathbf{x}]_{B'} = [T(\mathbf{x})]_{B'} \tag{10}$$

에 대응한다.

2. 좌측변 아래로 내려가서, 하단을 가로질러 우측변 위로 올라가는 $[\mathbf{x}]_{B'}$에서 $[T(\mathbf{x})]_{B'}$으로의 경로는 행렬곱셈을 연속 3회 실시하여 $[\mathbf{x}]_{B'}$에서 $[T(\mathbf{x})]_{B'}$을 계산하는 것에 대응한다. 즉
   (i) $[\mathbf{x}]_{B'}$의 좌측에 P^{-1}을 곱하여 $P^{-1}[\mathbf{x}]_{B'} = [\mathbf{x}]_B$를 구한다.
   (ii) $[\mathbf{x}]_B$의 좌측에 $[T]_B$를 곱하여 $[T]_B\,[\mathbf{x}]_B = [T(\mathbf{x})]_B$를 구한다.
   (iii) $[T(\mathbf{x})]_B$의 좌측에 P를 곱하여 $[T(\mathbf{x})]_{B'}$을 구한다.

이 과정에 의해서 관계

$$(P[T]_B P^{-1})[\mathbf{x}]_{B'} = [T(\mathbf{x})]_{B'} \tag{11}$$

을 얻는다. 따라서 식 (10)과 (11)에 의하여

$$(P[T]_B P^{-1})[\mathbf{x}]_{B'} = [T]_{B'}[\mathbf{x}]_{B'}$$

이 된다. 이 식은 R^n의 모든 $\mathbf{x}$에 대해서 성립하므로 정리 7.11.6으로부터

$$P[T]_B P^{-1} = [T]_{B'}$$

이 성립한다. 따라서 서로 다른 기저에 대응하는 하나의 고정된 선형연산자의 행렬 사이의 관계를 제공하는 다음 정리를 얻었다.

정리 8.1.2 *$T: R^n \to R^n$은 선형연산자이고 $B = \{\mathbf{v}_1, \mathbf{v}_2, \cdots, \mathbf{v}_n\}$과 $B' = \{\mathbf{v}'_1, \mathbf{v}'_2, \cdots, \mathbf{v}'_n\}$은 R^n의 기저이면 $[T]_B$와 $[T]_{B'}$은 방정식*

$$[T]_{B'} = P[T]_B P^{-1} \tag{12}$$

을 만족시킨다. 여기서

$$P = P_{B\to B'} = \big[[\mathbf{v}_1]_{B'} \mid [\mathbf{v}_2]_{B'} \mid \cdots \mid [\mathbf{v}_n]_{B'}\big] \tag{13}$$

은 B에서 B'으로의 추이행렬이다. B와 B'이 정규직교기저인 특별한 경우에 P는 직교행렬이 된다. 따라서 식 (12)는

$$[T]_{B'} = P[T]_B P^T \tag{14}$$

형이 된다.

간단히 하면 식 (12)는

$$[T]_B = P^{-1}[T]_{B'} P \tag{15}$$

로 고쳐 쓸 수 있다. 그리고 기저가 정규직교인 경우에 이 방정식은

$$[T]_B = P^T[T]_{B'} P \tag{16}$$

로 나타낼 수 있다.

참고 이들 공식을 모두 적용할 때 특히 기저에 대해 다른 기호를 사용하면, P가 B에서 B'으로의 추이행렬인지 또는 그 반대인지를 잊어버리기 쉽다. 모든 것을 완벽하게 하는 좋은 방법은 기호를 알맞게 맞추어서 그림 8.1.3을 그리는 것이다. 그림을 그릴 때 공식을 만들면서 그 방향을 고수하는 한 추이행렬 P의 방향은 임의로 정할 수 있다.

많은 선형연산자는 표준행렬에 의하여 정의되기 때문에 특히 정리 8.1.2에서 $B' = S$를 R^n의 표준기저로 생각하는 것은 중요하다. 이 경우 $[T]_{B'} = [T]_S = [T]$가 되고, B에서 B'으로의 추이행렬 P는 간단히

$$P = P_{B \to B'} = P_{B \to S} = \left[[\mathbf{v}_1]_S \mid [\mathbf{v}_2]_S \mid \cdots \mid [\mathbf{v}_n]_S \right] = [\mathbf{v}_1 \mid \mathbf{v}_2 \mid \cdots \mid \mathbf{v}_n]$$

형이 된다. 따라서 다음의 결과를 얻는다.

정리 8.1.3 *$T : R^n \to R^n$은 선형연산자이고 $B = \{\mathbf{v}_1, \mathbf{v}_2, \cdots, \mathbf{v}_n\}$은 R^n의 기저이면 $[T]$와 $[T]_B$는 방정식*

$$[T] = P[T]_B P^{-1} \tag{17}$$

을 만족시킨다. 여기서

$$P = [\mathbf{v}_1 \mid \mathbf{v}_2 \mid \cdots \mid \mathbf{v}_n] \tag{18}$$

은 B에서 표준기저로의 추이행렬이다. 특히 B가 정규직교기저일 때 행렬 P는 직교행렬이 된다. 따라서 식 (17)은

$$[T] = P[T]_B P^T \tag{19}$$

형이 된다.

간단히 하면 식 (17)은

$$[T]_B = P^{-1}[T]P \tag{20}$$

로 고쳐 쓸 수 있고 B가 정규직교기저이면 이 방정식은

$$[T]_B = P^T[T]P \tag{21}$$

로 표현할 수 있다.

식 (17)[또는 직교인 경우는 식 (19)]에 의해서 R^n의 표준기저에서 기저 B로의 변환 과정을 통하여 T의 표준행렬은

$$[T] = P[T]_B P^{-1} \tag{22}$$

로 인수분해된다. 여기서 P는 기저 B에서 표준기저 S로의 추이행렬이다. 이 인수분해의 기하학적 의미를 이해하기 위하여, 다음과 같이 $T(\mathbf{x})$를 계산하는 데 이용하자.

$$T(\mathbf{x}) = [T]\mathbf{x} = (P[T]_B P^{-1})\mathbf{x} = P[T]_B(P^{-1}\mathbf{x})$$

이 방정식을 우측에서 좌측으로 풀어 나가면, 우선 P^{-1}을 이용해서 $\mathbf{x}$의 표준좌표를 B 좌표에 보낸 후, 행렬 $[T]_B$를 그 B 좌표에 곱하고 난 다음, 행렬 P를 이용하여 계산 결과의 벡터를 표준좌표에 보내면 $T(\mathbf{x})$를 얻을 수 있음을 알 수 있다.

예제 3 인수분해 관점에서 살펴보는 예제 1

예제 1에서 표준행렬이

$$A = [T] = \begin{bmatrix} 3 & 2 \\ 2 & 3 \end{bmatrix}$$

인 선형연산자 $T : R^2 \to R^2$를 생각하였다. 그리고 벡터

$$[T]_B = \begin{bmatrix} 1 & 0 \\ 0 & 5 \end{bmatrix}$$

로 이루어진 정규직교기저 $B = \{\mathbf{v}_1, \mathbf{v}_2\}$에 대응하는 T의 행렬은

$$\mathbf{v}_1 = \begin{bmatrix} \frac{1}{\sqrt{2}} \\ -\frac{1}{\sqrt{2}} \end{bmatrix}, \quad \mathbf{v}_2 = \begin{bmatrix} \frac{1}{\sqrt{2}} \\ \frac{1}{\sqrt{2}} \end{bmatrix}$$

임을 밝혔다. 이때 B에서 S로의 추이행렬은

$$P = [\mathbf{v}_1 \mid \mathbf{v}_2] = \begin{bmatrix} \frac{1}{\sqrt{2}} & \frac{1}{\sqrt{2}} \\ -\frac{1}{\sqrt{2}} & \frac{1}{\sqrt{2}} \end{bmatrix}$$

이다. 따라서 식 (17)에 의하여 $[T]$는

$$\underset{[T]}{\begin{bmatrix} 3 & 2 \\ 2 & 3 \end{bmatrix}} = \underset{P}{\begin{bmatrix} \frac{1}{\sqrt{2}} & \frac{1}{\sqrt{2}} \\ -\frac{1}{\sqrt{2}} & \frac{1}{\sqrt{2}} \end{bmatrix}} \underset{[T]_B}{\begin{bmatrix} 1 & 0 \\ 0 & 5 \end{bmatrix}} \underset{P^{-1}}{\begin{bmatrix} \frac{1}{\sqrt{2}} & -\frac{1}{\sqrt{2}} \\ \frac{1}{\sqrt{2}} & \frac{1}{\sqrt{2}} \end{bmatrix}}$$

로 인수분해될 수 있다. 이 방정식을 우측에서 좌측으로 풀어 나가면, 우선 표준좌표를 B 좌표에 변환시키고 난 후, $\mathbf{v}_2$ 좌표를 5배 확대하고 $\mathbf{v}_1$ 좌표를 고정한 다음, B 좌표를 표준좌표에 다시 변환시키면 $T(\mathbf{x})$가 계산될 수 있음을 알 수 있다. ■

▶ 예제 4 인수분해 관점에서 살펴보는 예제 2

예제 2에서 표준행렬이

$$A = [T] = \begin{bmatrix} 0 & 0 & 1 \\ 1 & 0 & 0 \\ 0 & 1 & 0 \end{bmatrix}$$

인 회전 $T : R^3 \to R^3$을 생각하였다. 임의의 정규직교기저 $B = \{\mathbf{v}_1, \mathbf{v}_2, \mathbf{v}_3\}$에 대응하는 T의 행렬은

$$[T]_B = \begin{bmatrix} \cos\frac{2\pi}{3} & -\sin\frac{2\pi}{3} & 0 \\ \sin\frac{2\pi}{3} & \cos\frac{2\pi}{3} & 0 \\ 0 & 0 & 1 \end{bmatrix}$$

임을 밝혔다. 여기서 $\mathbf{v}_3 = \mathbf{v}_1 \times \mathbf{v}_2$는 회전축 방향의 벡터 $\mathbf{n} = (1, 1, 1)$의 양의 스칼라배수이고 $\{\mathbf{v}_1, \mathbf{v}_2\}$는 원점을 지나고 회전축에 수직인 평면 W의 정규직교기저이다. 이런 형태의 특수한 기저를 구하기 위해 6.2절의 예제 7로부터 평면 W의 방정식은

$$x + y + z = 0$$

이고 7.9절의 예제 10으로부터 벡터

$$\mathbf{v}_1 = \begin{bmatrix} -\frac{1}{\sqrt{2}} \\ \frac{1}{\sqrt{2}} \\ 0 \end{bmatrix}, \quad \mathbf{v}_2 = \begin{bmatrix} -\frac{1}{\sqrt{6}} \\ -\frac{1}{\sqrt{6}} \\ \frac{2}{\sqrt{6}} \end{bmatrix}$$

는 W의 정규직교기저가 됨을 상기하자.

$$\mathbf{v}_3 = \mathbf{v}_1 \times \mathbf{v}_2 = \begin{vmatrix} \mathbf{i} & \mathbf{j} & \mathbf{k} \\ -\frac{1}{\sqrt{2}} & \frac{1}{\sqrt{2}} & 0 \\ -\frac{1}{\sqrt{6}} & -\frac{1}{\sqrt{6}} & \frac{2}{\sqrt{6}} \end{vmatrix} = \frac{1}{\sqrt{3}}\mathbf{i} + \frac{1}{\sqrt{3}}\mathbf{j} + \frac{1}{\sqrt{3}}\mathbf{k}$$

이므로 $B = \{\mathbf{v}_1, \mathbf{v}_2, \mathbf{v}_3\}$에서 표준기저로의 추이행렬은

$$P = [\mathbf{v}_1 \mid \mathbf{v}_2 \mid \mathbf{v}_3] = \begin{bmatrix} -\frac{1}{\sqrt{2}} & -\frac{1}{\sqrt{6}} & \frac{1}{\sqrt{3}} \\ \frac{1}{\sqrt{2}} & -\frac{1}{\sqrt{6}} & \frac{1}{\sqrt{3}} \\ 0 & \frac{2}{\sqrt{6}} & \frac{1}{\sqrt{3}} \end{bmatrix}$$

이 된다. 이 행렬은 직교행렬이므로 식 (19)에 의하여 $[T]$는

$$\underset{[T]}{\begin{bmatrix} 0 & 0 & 1 \\ 1 & 0 & 0 \\ 0 & 1 & 0 \end{bmatrix}} = \underset{P}{\begin{bmatrix} -\frac{1}{\sqrt{2}} & -\frac{1}{\sqrt{6}} & \frac{1}{\sqrt{3}} \\ \frac{1}{\sqrt{2}} & -\frac{1}{\sqrt{6}} & \frac{1}{\sqrt{3}} \\ 0 & \frac{2}{\sqrt{6}} & \frac{1}{\sqrt{3}} \end{bmatrix}} \underset{[T]_B}{\begin{bmatrix} \cos\frac{2\pi}{3} & -\sin\frac{2\pi}{3} & 0 \\ \sin\frac{2\pi}{3} & \cos\frac{2\pi}{3} & 0 \\ 0 & 0 & 1 \end{bmatrix}} \underset{P^T}{\begin{bmatrix} -\frac{1}{\sqrt{2}} & \frac{1}{\sqrt{2}} & 0 \\ -\frac{1}{\sqrt{6}} & -\frac{1}{\sqrt{6}} & \frac{2}{\sqrt{6}} \\ \frac{1}{\sqrt{3}} & \frac{1}{\sqrt{3}} & \frac{1}{\sqrt{3}} \end{bmatrix}}$$

로 인수분해될 수 있다. 이것을 우측에서 좌측으로 풀어 나가면, $T(\mathbf{x})$는 우선 표준좌표를 B 좌표에 변환시킨 후, $\mathbf{v}_3$의 방향에서 축에 관하여 $2\pi/3$만큼 회전하고 나서, B 좌표를 표준좌표에 변환시키면 계산될 수 있음을 알 수 있다. ■

예제 5 반사의 표준행렬을 인수분해 하기

6.2절의 식 (2)에 의하여 xy 직교좌표계의 양의 x축과 각 θ를 이루면서 원점을 지나는 직선 L에 관한 R^2의 반사 T의 표준행렬은

$$[T] = H_\theta = \begin{bmatrix} \cos 2\theta & \sin 2\theta \\ \sin 2\theta & -\cos 2\theta \end{bmatrix}$$

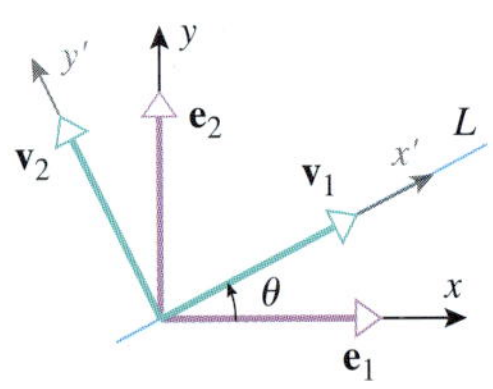

그림 8.1.4

가 된다. 이 행렬이 반사를 표현한다는 사실은 직관적으로 분명하지는 않다. 왜냐하면 양의 x축과 y축 방향의 표준단위벡터들이 직선 L과 특별한 관계가 없기 때문이다. 그러나 새로운 x'축을 L과 일치시키기 위해 좌표축을 각 θ만큼 회전하고, $\mathbf{v}_1$과 $\mathbf{v}_2$를 각각 x'축과 y'축 방향의 단위벡터라 하자(그림 8.1.4).

$$T(\mathbf{v}_1) = \mathbf{v}_1 = \mathbf{v}_1 + 0\mathbf{v}_2, \quad T(\mathbf{v}_2) = -\mathbf{v}_2 = 0\mathbf{v}_1 + (-1)\mathbf{v}_2$$

이므로 기저 $B = \{\mathbf{v}_1, \mathbf{v}_2\}$에 대응하는 T의 행렬은

$$[T]_B = \big[[T(\mathbf{v}_1)]_B \mid [T(\mathbf{v}_2)]_B\big] = \begin{bmatrix} 1 & 0 \\ 0 & -1 \end{bmatrix}$$

이 된다. 또한 7.11절의 예제 8로부터 표준기저 S와 기저 B 사이의 추이행렬은

$$P = P_{B\to S} = \begin{bmatrix} \cos\theta & -\sin\theta \\ \sin\theta & \cos\theta \end{bmatrix}, \quad P^T = P_{S\to B} = \begin{bmatrix} \cos\theta & \sin\theta \\ -\sin\theta & \cos\theta \end{bmatrix}$$

가 된다. 따라서 식 (19)에 의하여

$$\underset{[T]}{\begin{bmatrix} \cos 2\theta & \sin 2\theta \\ \sin 2\theta & -\cos 2\theta \end{bmatrix}} = \underset{P}{\begin{bmatrix} \cos\theta & -\sin\theta \\ \sin\theta & \cos\theta \end{bmatrix}} \underset{[T]_B}{\begin{bmatrix} 1 & 0 \\ 0 & -1 \end{bmatrix}} \underset{P^T}{\begin{bmatrix} \cos\theta & \sin\theta \\ -\sin\theta & \cos\theta \end{bmatrix}}$$

가 성립한다. 이 방정식을 우측에서 좌측으로 풀어 나가면, $T(\mathbf{x})$는 우선 xy 좌표축을 각 θ만큼 회전해서 표준좌표를 B 좌표로 전환한 후, x'축에 관해서 반사하고, θ만큼 회전시키면 표준좌표로 전환하여 계산될 수 있음을 알 수 있다. ■

한 쌍의 기저에 대응하는 선형변환 행렬

지금까지 선형연산자의 행렬 표현에 관해 집중적으로 설명하였다. 이제 선형변환 행렬을 생각하려고 한다. 모든 선형변환 $T: R^n \to R^m$은

$$[T] = [T(\mathbf{e}_1) \mid T(\mathbf{e}_2) \mid \cdots \mid T(\mathbf{e}_n)]$$

를 만족시키는 부수된 $m \times n$ 표준행렬

$$T(\mathbf{x}) = [T]\mathbf{x}$$

을 갖는다. B와 B'이 각각 R^n과 R^m의 기저이면 변환

$$\mathbf{x} \xrightarrow{T} T(\mathbf{x})$$

는 좌표행렬 $[\mathbf{x}]_B$를 좌표행렬 $[T(\mathbf{x})]_{B'}$으로 보내는 부수된 변환

$$[\mathbf{x}]_B \to [T(\mathbf{x})]_{B'}$$

을 갖는다. 연산자의 경우에서처럼 이러한 변환은 선형이고 따라서 행렬변환이다. 즉

$$A[\mathbf{x}]_B = [T(\mathbf{x})]_{B'}$$

을 만족시키는 행렬 A가 존재한다. 정리 8.1.1을 일반화한 다음 정리는 A를 구하는 방법을 보여준다. 증명은 정리 8.1.1의 증명과 비슷하므로 생략한다.

정리 8.1.4 *$T: R^n \to R^m$을 선형변환이라 하고 $B = \{\mathbf{v}_1, \mathbf{v}_2, \cdots, \mathbf{v}_n\}$과 $B' = \{\mathbf{u}_1, \mathbf{u}_2, \cdots, \mathbf{u}_n\}$을 각각 R^n과 R^m의 기저라 하며*

$$A = \big[[T(\mathbf{v}_1)]_{B'} \mid [T(\mathbf{v}_2)]_{B'} \mid \cdots \mid [T(\mathbf{v}_n)]_{B'}\big] \tag{23}$$

이라 하면 R^n의 모든 벡터 $\mathbf{x}$에 대해서

$$[T(\mathbf{x})]_{B'} = A[\mathbf{x}]_B \tag{24}$$

이다. 더욱이 식 (23)으로 주어지는 행렬 A는 성질 (24)를 갖는 유일한 행렬이다.

식 (23)의 행렬 A를 **기저 B와 B'에 대응하는 T의 행렬**이라 하고 기호 $[T]_{B',B}$로 표시한다. 이 기호를 사용하면 식 (23)과 (24)는

$$[T]_{B',B} = \big[[T(\mathbf{v}_1)]_{B'} \mid [T(\mathbf{v}_2)]_{B'} \mid \cdots \mid [T(\mathbf{v}_n)]_{B'}\big] \tag{25}$$

과

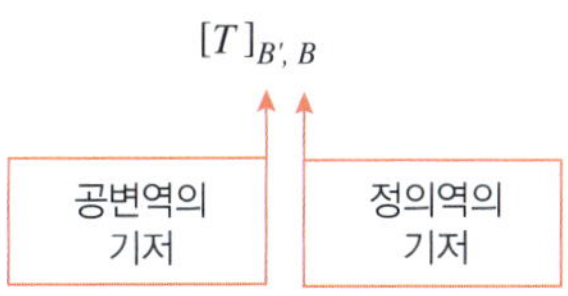

그림 8.1.5

$$[T(\mathbf{x})]_{B'} = [T]_{B',B}[\mathbf{x}]_B \tag{26}$$

로 나타낼 수 있다.

참고 기호 $[T]_{B',B}$에서 아래첨자의 순서를 알아본다. 즉 우측 아래첨자 B는 정의역의 기저이고 좌측 아래첨자 B'은 공변역의 기저를 나타낸다(그림 8.1.5). 또한 정의역의 기저가 식 (26)에서 '삭제(상쇄)'되는 과정에 유의한다(그림 8.1.6).

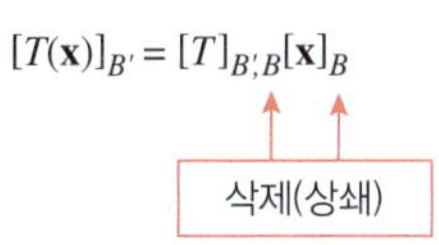

그림 8.1.6

R^n 또는 R^m의 벡터의 성분은 그 공간의 표준기저에 대응하는 좌표와 같다. 따라서 식 (25)에 의해서 $S = \{\mathbf{e}_1, \mathbf{e}_2, \cdots, \mathbf{e}_n\}$을 R^n의 표준기저, S'은 R^m의 표준기저라고 하면

$$[T]_{S',S} = \big[[T(\mathbf{e}_1)]_{S'} \mid [T(\mathbf{e}_2)]_{S'} \mid \cdots \mid [T(\mathbf{e}_n)]_{S'}\big] = [T(\mathbf{e}_1) \mid T(\mathbf{e}_2) \mid \cdots \mid T(\mathbf{e}_n)] = [T]$$

가 된다. 즉 이들 공간의 표준기저에 대응하는 R^n에서 R^m으로의 선형변환 행렬은 T의 표준행렬과 같다.

예제 6 선형변환 행렬

$T: R^2 \to R^3$을

$$T\left(\begin{bmatrix} x_1 \\ x_2 \end{bmatrix}\right) = \begin{bmatrix} x_2 \\ -5x_1 + 13x_2 \\ -7x_1 + 16x_2 \end{bmatrix}$$

로 정의되는 선형변환이라고 하자. R^2의 기저 $B = \{\mathbf{v}_1, \mathbf{v}_2\}$와 R^3의 기저 $B' = \{\mathbf{v}_1', \mathbf{v}_2', \mathbf{v}_3'\}$에 대응하는 T의 행렬을 구하라. 여기서

$$\mathbf{v}_1 = \begin{bmatrix} 3 \\ 1 \end{bmatrix}, \quad \mathbf{v}_2 = \begin{bmatrix} 5 \\ 2 \end{bmatrix}; \quad \mathbf{v}'_1 = \begin{bmatrix} 1 \\ 0 \\ -1 \end{bmatrix}, \quad \mathbf{v}'_2 = \begin{bmatrix} -1 \\ 2 \\ 2 \end{bmatrix}, \quad \mathbf{v}'_3 = \begin{bmatrix} 0 \\ 0 \\ 2 \end{bmatrix}$$

이다.

풀이 주어진 T의 공식을 이용하면

$$T(\mathbf{v}_1) = \begin{bmatrix} 1 \\ -2 \\ -5 \end{bmatrix}, \quad T(\mathbf{v}_2) = \begin{bmatrix} 2 \\ 1 \\ -3 \end{bmatrix}$$

을 얻고(증명하라), 이들 벡터를 $\mathbf{v}'_1$, $\mathbf{v}'_2$, $\mathbf{v}'_3$의 일차결합으로 표현하면

$$T(\mathbf{v}_1) = -\mathbf{v}'_2 - \tfrac{3}{2}\mathbf{v}'_3, \quad T(\mathbf{v}_2) = \tfrac{5}{2}\mathbf{v}'_1 + \tfrac{1}{2}\mathbf{v}'_2 - \tfrac{3}{4}\mathbf{v}'_3$$

이 된다(증명하라). 따라서

$$[T]_{B',B} = \big[[T(\mathbf{v}_1)]_{B'} \mid [T(\mathbf{v}_2)]_{B'}\big] = \begin{bmatrix} 0 & \frac{5}{2} \\ -1 & \frac{1}{2} \\ -\frac{3}{2} & -\frac{3}{4} \end{bmatrix}$$

이다. ■

선형변환 행렬의 기저변환에 대한 효과 정리 8.1.2, 8.1.3과 그와 관련된 인수분해는 모두 선형변환에 대해서도 비슷하게 성립한다. 예컨대 B_1과 B_2는 R^n의 기저, B'_1과 B'_2는 R^m의 기저, U는 B_2에서 B_1으로의 추이행렬, V는 B'_2에서 B'_1으로의 추이행렬이라 하면, 그림 8.1.7의 도표는

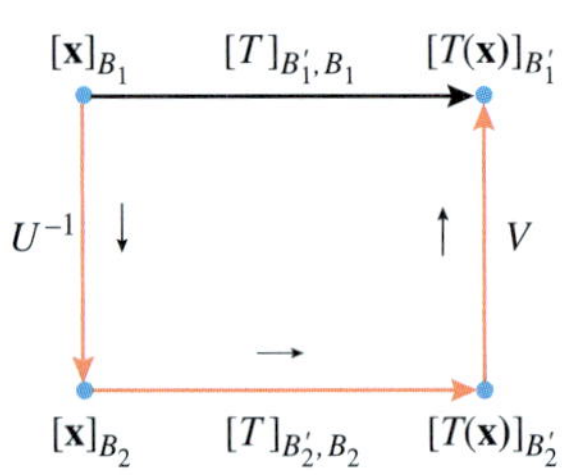

그림 8.1.7

$$[T]_{B'_1,B_1} = V[T]_{B'_2,B_2}U^{-1} \tag{27}$$

임을 보여 준다. 특히 B_1과 B'_1이 각각 R^n과 R^m의 표준기저이고 B와 B'은 각각 R^n과 R^m의 임의의 기저이면, 식 (27)에 의하여

$$[T] = V[T]_{B',B}U^{-1} \tag{28}$$

이 성립한다. 여기서 U는 B에서 R^n의 표준기저로의 추이행렬이고 V는 B'에서 R^m의 표준기저로의 추이행렬이다.

두 기저를 사용하여 선형연산자 표현하기 선형연산자 $T: R^n \to R^m$은 정의역과 공변역이 같은 선형변환이다. 하나의 기저 B를 선택해서 T를 $[T]_B$로 표현하는 대신에 R^n의 두 개의 서로 다른 기저, 말하자면 B와 B'을 선택해서 T를 $[T]_{B',B}$로 표현할 수 있다. 실제로 연습문제에서

$$[T]_B = [T]_{B,B}$$

임을 밝히라고 할 것이다. 즉 B에 대응하는 T의 단일 기저 표현은 두 기저가 동시에 B인 두 기저 표현으로 간주할 수 있다.

예제 7 항등연산자의 행렬

R^n의 각 벡터를 자기 자신으로 보내는 연산자 $T_I(\mathbf{x}) = \mathbf{x}$를 R^n 위의 항등연산자라고 한다(6.1절의 예제 5 참조).

(a) T_I의 표준행렬을 구하라.
(b) 임의의 기저 B에 대응하는 T_I의 행렬을 구하라.
(c) 임의의 한 쌍의 기저 B와 B'에 대응하는 T_I의 행렬을 구하라.

풀이 (a) T_I의 표준행렬은 $n \times n$ 항등행렬이다. 왜냐하면

$$[T_I] = [T_I(\mathbf{e}_1) \mid T_I(\mathbf{e}_2) \mid \cdots \mid T_I(\mathbf{e}_n)] = [\mathbf{e}_1 \mid \mathbf{e}_2 \mid \cdots \mid \mathbf{e}_n] = \begin{bmatrix} 1 & 0 & \cdots & 0 \\ 0 & 1 & \cdots & 0 \\ \vdots & \vdots & \ddots & \vdots \\ 0 & 0 & \cdots & 1 \end{bmatrix}$$

이기 때문이다.

풀이 (b) $B = \{\mathbf{v}_1, \mathbf{v}_2, \cdots, \mathbf{v}_n\}$를 R^n의 임의의 기저라 하면

$$[T_I]_B = \big[[T_I(\mathbf{v}_1)]_B \mid [T_I(\mathbf{v}_2)]_B \mid \cdots \mid [T_I(\mathbf{v}_n)]_B\big] = \big[[\mathbf{v}_1]_B \mid [\mathbf{v}_2]_B \mid \cdots \mid [\mathbf{v}_n]_B\big]$$

이다. 그런데 이들 열벡터의 각각에 대해서 $[\mathbf{v}_i]_B = \mathbf{e}_i$(왜?)이므로

$$[T_I]_B = [\mathbf{e}_1 \mid \mathbf{e}_2 \mid \cdots \mid \mathbf{e}_n]$$

이 된다. 즉 $[T_I]_B$는 $n \times n$ 항등행렬이다.

풀이 (c) $B = \{\mathbf{v}_1, \mathbf{v}_2, \cdots, \mathbf{v}_n\}$와 $B' = \{\mathbf{v}'_1, \mathbf{v}'_2, \cdots, \mathbf{v}'_n\}$을 R^n의 임의의 기저라 하면

$$[T_I]_{B',B} = \big[[T_I(\mathbf{v}_1)]_{B'} \mid [T_I(\mathbf{v}_2)]_{B'} \mid \cdots \mid [T_I(\mathbf{v}_n)]_{B'}\big] = \big[[\mathbf{v}_1]_{B'} \mid [\mathbf{v}_2]_{B'} \mid \cdots \mid [\mathbf{v}_n]_{B'}\big]$$

이고 이 행렬은 추이행렬 $P_{B \to B'}$이다[7.11절의 식 (11) 참조]. ■

연습문제 8.1

연습문제 1과 2에서는 $T : R^2 \to R^2$를 표준행렬 $[T]$가 다음과 같이 주어지는 선형연산자라고 하자. 기저 $B = \{\mathbf{v}_1, \mathbf{v}_2\}$에 대응하는 행렬 $[T]_B$를 구하고, R^2의 모든 벡터 $\mathbf{x}$에 대해서 식 (7)이 성립함을 밝혀라.

1. $[T] = \begin{bmatrix} 1 & -1 \\ 1 & 1 \end{bmatrix}$; $\mathbf{v}_1 = \begin{bmatrix} 1 \\ 1 \end{bmatrix}, \mathbf{v}_2 = \begin{bmatrix} -1 \\ 0 \end{bmatrix}$

2. $[T] = \begin{bmatrix} 1 & 0 \\ 3 & -2 \end{bmatrix}$; $\mathbf{v}_1 = \begin{bmatrix} 1 \\ 2 \end{bmatrix}, \mathbf{v}_2 = \begin{bmatrix} -2 \\ 1 \end{bmatrix}$

3. 연습문제 1의 행렬을 $[T] = P[T]_B P^{-1}$과 같이 인수분해 하라. 단, P는 적당한 추이행렬이다.

4. 연습문제 2의 행렬을 $[T] = P[T]_B P^{-1}$과 같이 인수분해 하라. 단, P는 적당한 추이행렬이다.

연습문제 5와 6에서는 $T : R^3 \to R^3$을 표준행렬 $[T]$가 다음과 같이 주어지는 선형연산자라고 하자. 기저 $B = \{\mathbf{v}_1, \mathbf{v}_2, \mathbf{v}_3\}$에 대응하는 행렬 $[T]_B$를 구하고, R^3의 모든 벡터 $\mathbf{x}$에 대해서 식 (7)이 성립함을 밝혀라.

5. $[T] = \begin{bmatrix} 1 & -1 & 0 \\ -1 & 1 & 0 \\ 1 & 0 & -1 \end{bmatrix}$; $\mathbf{v}_1 = \begin{bmatrix} 1 \\ 0 \\ 1 \end{bmatrix}, \mathbf{v}_2 = \begin{bmatrix} 0 \\ 1 \\ 1 \end{bmatrix}, \mathbf{v}_3 = \begin{bmatrix} 1 \\ 1 \\ 0 \end{bmatrix}$

6. $[T] = \begin{bmatrix} 0 & -2 & 3 \\ 0 & 0 & 0 \\ 1 & 0 & -2 \end{bmatrix}$; $\mathbf{v}_1 = \begin{bmatrix} -1 \\ 0 \\ 2 \end{bmatrix}, \mathbf{v}_2 = \begin{bmatrix} 3 \\ 3 \\ 3 \end{bmatrix}$,

$\mathbf{v}_3 = \begin{bmatrix} -1 \\ 2 \\ 0 \end{bmatrix}$

7. 연습문제 5의 행렬을 $[T] = P[T]_B P^{-1}$과 같이 인수분해 하라. 단, P는 적당한 추이행렬이다.

8. 연습문제 6의 행렬을 $[T] = P[T]_B P^{-1}$과 같이 인수분해 하라. 단, P는 적당한 추이행렬이다.

연습문제 9와 10에서는 선형연산자 $T : R^2 \to R^2$에 관한 정의가 주어진다. 기저 $B = \{\mathbf{v}_1, \mathbf{v}_2\}$와 $B' = \{\mathbf{v}'_1, \mathbf{v}'_2\}$에 대응하는 행렬 $[T]_B$와 $[T]_{B'}$을 각각 구하고, 이들 행렬이 정리 8.1.2의 식 (14)를 만족시킴을 확인하라.

9. $T\left(\begin{bmatrix} x_1 \\ x_2 \end{bmatrix}\right) = \begin{bmatrix} x_1 - 2x_2 \\ x_2 \end{bmatrix}$; $\mathbf{v}_1 = \begin{bmatrix} -1 \\ 5 \end{bmatrix}, \mathbf{v}_2 = \begin{bmatrix} 5 \\ -3 \end{bmatrix}$,

$\mathbf{v}'_1 = \begin{bmatrix} 2 \\ 1 \end{bmatrix}, \mathbf{v}'_2 = \begin{bmatrix} -3 \\ 4 \end{bmatrix}$

10. $T\left(\begin{bmatrix} x_1 \\ x_2 \end{bmatrix}\right) = \begin{bmatrix} x_1 + 7x_2 \\ 3x_1 - 4x_2 \end{bmatrix}$; $\mathbf{v}_1 = \begin{bmatrix} 2 \\ 22 \end{bmatrix}, \mathbf{v}_2 = \begin{bmatrix} 4 \\ -1 \end{bmatrix}$,

$\mathbf{v}'_1 = \begin{bmatrix} 1 \\ 3 \end{bmatrix}, \mathbf{v}'_2 = \begin{bmatrix} -1 \\ -1 \end{bmatrix}$

11. 연습문제 9의 행렬 $[T]_B$를 $[T]_B = P^{-1}[T]_{B'}P$와 같이 인수분해 하라. 단, P는 적당한 추이행렬이다.

12. 연습문제 10의 행렬 $[T]_B$를 $[T]_B = P^{-1}[T]_{B'}P$와 같이 인수분해 하라. 단, P는 적당한 추이행렬이다.

연습문제 13과 14에서는 선형연산자 $T : R^2 \to R^2$에 관한 정의가 주어진다. 표준행렬 $[T]$와 기저 $B = \{\mathbf{v}_1, \mathbf{v}_2\}$에 대응하는 행렬 $[T]_B$를 구하고, 이들 행렬은 정리 8.1.3의 식 (17)을 만족시킴을 확인하라.

13. $T\left(\begin{bmatrix} x_1 \\ x_2 \end{bmatrix}\right) = \begin{bmatrix} x_1 - 2x_2 \\ x_2 \end{bmatrix}$; $\mathbf{v}_1 = \begin{bmatrix} -1 \\ 5 \end{bmatrix}$, $\mathbf{v}_2 = \begin{bmatrix} 5 \\ -3 \end{bmatrix}$

14. $T\left(\begin{bmatrix} x_1 \\ x_2 \end{bmatrix}\right) = \begin{bmatrix} x_1 + 7x_2 \\ 3x_1 - 4x_2 \end{bmatrix}$; $\mathbf{v}_1 = \begin{bmatrix} 2 \\ 22 \end{bmatrix}$, $\mathbf{v}_2 = \begin{bmatrix} 4 \\ -1 \end{bmatrix}$

15. $T : R^2 \to R^2$는 $T(x, y) = (2x + 3y, x - 2y)$로 정의되는 선형연산자이고, $B = \{\mathbf{v}_1, \mathbf{v}_2\}$는 $\mathbf{v}_1 = (-1, 2)$, $\mathbf{v}_2 = (2, 1)$인 R^2의 기저라고 하자. $\mathbf{x} = (5, -3)$일 때

(a) $[T(\mathbf{x})]_B$, $[T]_B$, $[\mathbf{x}]_B$를 구하라.

(b) 식 (7)의 $[T(\mathbf{x})]_B = [T]_B[\mathbf{x}]_B$가 성립함을 확인하라.

16. $T : R^3 \to R^3$은 $T(x, y, z) = (x + y + z, 2y + 4z, 4z)$로 정의되는 선형연산자이고, $B = \{\mathbf{v}_1, \mathbf{v}_2, \mathbf{v}_3\}$은 $\mathbf{v}_1 = (1, 1, 0)$, $\mathbf{v}_2 = (-1, 1, 0)$, $\mathbf{v}_3 = (0, 0, 1)$인 R^3의 기저라고 하자. $\mathbf{x} = (2, -3, 4)$일 때

(a) $[T(\mathbf{x})]_B$, $[T]_B$, $[\mathbf{x}]_B$를 구하라.

(b) 식 (7)의 $[T(\mathbf{x})]_B = [T]_B[\mathbf{x}]_B$가 성립함을 확인하라.

연습문제 17과 18에서는 선형변환 $T : R^2 \to R^3$에 대한 공식이 주어진다. 기저 $B = \{\mathbf{v}_1, \mathbf{v}_2\}$와 $B' = \{\mathbf{v}_1', \mathbf{v}_2', \mathbf{v}_3'\}$에 대응하는 행렬 $[T]_{B',B}$를 구하고, R^2의 모든 $\mathbf{x}$에 대하여 식 (26)이 성립함을 밝혀라.

17. $T\left(\begin{bmatrix} x_1 \\ x_2 \end{bmatrix}\right) = \begin{bmatrix} x_1 + 2x_2 \\ -x_1 \\ 0 \end{bmatrix}$; $\mathbf{v}_1 = \begin{bmatrix} 1 \\ 3 \end{bmatrix}$, $\mathbf{v}_2 = \begin{bmatrix} -2 \\ 4 \end{bmatrix}$,

$\mathbf{v}_1' = \begin{bmatrix} 1 \\ 1 \\ 1 \end{bmatrix}$, $\mathbf{v}_2' = \begin{bmatrix} 2 \\ 2 \\ 0 \end{bmatrix}$, $\mathbf{v}_3' = \begin{bmatrix} 3 \\ 0 \\ 0 \end{bmatrix}$

18. $T\left(\begin{bmatrix} x_1 \\ x_2 \end{bmatrix}\right) = \begin{bmatrix} x_2 + x_1 \\ x_2 - x_1 \\ 3x_1 + 2x_2 \end{bmatrix}$; $\mathbf{v}_1 = \begin{bmatrix} 2 \\ -1 \end{bmatrix}$, $\mathbf{v}_2 = \begin{bmatrix} 2 \\ 1 \end{bmatrix}$,

$\mathbf{v}_1' = \begin{bmatrix} 1 \\ 2 \\ 0 \end{bmatrix}$, $\mathbf{v}_2' = \begin{bmatrix} 0 \\ 1 \\ 2 \end{bmatrix}$, $\mathbf{v}_3' = \begin{bmatrix} 1 \\ 0 \\ 2 \end{bmatrix}$

연습문제 19와 20에서는 선형변환 $T : R^3 \to R^2$에 대한 공식이 주어진다. 기저 $B = \{\mathbf{v}_1, \mathbf{v}_2, \mathbf{v}_3\}$과 $B' = \{\mathbf{v}_1', \mathbf{v}_2'\}$에 대응하는 행렬 $[T]_{B',B}$를 구하고, R^3의 모든 $\mathbf{x}$에 대하여 식 (26)이 성립함을 밝혀라.

19. $T\left(\begin{bmatrix} x_1 \\ x_2 \\ x_3 \end{bmatrix}\right) = \begin{bmatrix} 3x_1 + 2x_3 \\ 2x_1 - x_2 \end{bmatrix}$; $\mathbf{v}_1 = \begin{bmatrix} 1 \\ 1 \\ 0 \end{bmatrix}$, $\mathbf{v}_2 = \begin{bmatrix} 1 \\ 0 \\ 1 \end{bmatrix}$,

$\mathbf{v}_3 = \begin{bmatrix} 0 \\ 1 \\ 1 \end{bmatrix}$, $\mathbf{v}_1' = \begin{bmatrix} -3 \\ 2 \end{bmatrix}$, $\mathbf{v}_2' = \begin{bmatrix} 1 \\ 4 \end{bmatrix}$

20. $T\left(\begin{bmatrix} x_1 \\ x_2 \\ x_3 \end{bmatrix}\right) = \begin{bmatrix} 2x_1 - x_2 + 4x_3 \\ x_1 + x_2 + x_3 \end{bmatrix}$; $\mathbf{v}_1 = \begin{bmatrix} 0 \\ 1 \\ 1 \end{bmatrix}$, $\mathbf{v}_2 = \begin{bmatrix} 1 \\ 0 \\ 1 \end{bmatrix}$,

$\mathbf{v}_3 = \begin{bmatrix} 1 \\ 1 \\ 0 \end{bmatrix}$, $\mathbf{v}_1' = \begin{bmatrix} 2 \\ -3 \end{bmatrix}$, $\mathbf{v}_2' = \begin{bmatrix} 4 \\ 1 \end{bmatrix}$

21. $\mathbf{v}_1 = (-1, 2)$, $\mathbf{v}_2 = (2, 1)$인 R^2의 기저 $B = \{\mathbf{v}_1, \mathbf{v}_2\}$가 주어질 때, $T : R^2 \to R^2$를 B에 대응하는 행렬이

$$[T]_B = \begin{bmatrix} 1 & 3 \\ -2 & 5 \end{bmatrix}$$

인 선형변환이라고 하자.

(a) $[T(\mathbf{v}_1)]_B$와 $[T(\mathbf{v}_2)]_B$를 구하라.

(b) $T(\mathbf{v}_1)$과 $T(\mathbf{v}_2)$를 구하라.

(c) $T(x_1, x_2)$에 대한 공식을 구하라.

(d) (c)에서 구한 공식을 이용하여 $T(1, 1)$을 계산하라.

22. $B = \{\mathbf{v}_1, \mathbf{v}_2, \mathbf{v}_3, \mathbf{v}_4\}$와 $B' = \{\mathbf{v}_1', \mathbf{v}_2', \mathbf{v}_3'\}$은 각각 R^4와 R^3의 기저이다. 여기서 $\mathbf{v}_1 = (0, 1, 1, 1)$, $\mathbf{v}_2 = (2, 1, -1, -1)$, $\mathbf{v}_3 = (1, 4, -1, 2)$, $\mathbf{v}_4 = (6, 9, 4, 2)$, $\mathbf{v}_1' = (0, 8, 8)$, $\mathbf{v}_2' = (-7, 8, 1)$, $\mathbf{v}_3' = (-6, 9, 1)$이다. 그리고 $T : R^4 \to R^3$을 B와 B'에 대응하는 행렬이

$$[T]_{B',B} = \begin{bmatrix} 3 & -2 & 1 & 0 \\ 1 & 6 & 2 & 1 \\ -3 & 0 & 7 & 1 \end{bmatrix}$$

인 선형연산자라고 하자.

(a) $[T(\mathbf{v}_1)]_{B'}$, $[T(\mathbf{v}_2)]_{B'}$, $[T(\mathbf{v}_3)]_{B'}$, $[T(\mathbf{v}_4)]_{B'}$을 구하라.

(b) $T(\mathbf{v}_1)$, $T(\mathbf{v}_2)$, $T(\mathbf{v}_3)$, $T(\mathbf{v}_4)$를 구하라.

(c) $T(x_1, x_2, x_3, x_4)$에 대한 공식을 구하라.

(d) (c)에서 구한 공식을 이용하여 $T(2, 2, 0, 0)$을 구하라.

23. $T_I : R^2 \to R^2$를 항등연산자라 하자. $B = \{\mathbf{v}_1, \mathbf{v}_2\}$와 $B' = \{\mathbf{v}_1', \mathbf{v}_2'\}$는 R^2의 기저이다. 이때 $\mathbf{v}_1 = (2, 3)$, $\mathbf{v}_2 = (-1, 4)$, $\mathbf{v}_1' = (1, 7)$, $\mathbf{v}_2' = (6, -9)$이다. $[T]$, $[T]_B$, $[T]_{B'}$, $[T]_{B',B}$을 구하라.

24. $T_I : R^3 \to R^3$을 항등연산자라 하자. $B = \{\mathbf{v}_1, \mathbf{v}_2, \mathbf{v}_3\}$과 $B' = \{\mathbf{v}_1', \mathbf{v}_2', \mathbf{v}_3'\}$은 R^3의 기저이다. 이때 $\mathbf{v}_1 = (3, 4, 1)$, $\mathbf{v}_2 = (0, 5, 2)$, $\mathbf{v}_3 = (3, 9, 4)$, $\mathbf{v}_1' = (2, 8, -1)$, $\mathbf{v}_2' = (7, -8, 5)$, $\mathbf{v}_3' = (9, 0, 2)$이다. $[T]$, $[T]_B$, $[T]_{B'}$, $[T]_{B',B}$를 구하라.

25. $T : R^n \to R^m$이 영변환이면, R^n과 R^m의 임의의 기저에 대응하는 T의 행렬은 영행렬임을 밝혀라.

26. $T : R^n \to R^n$이 R^n의 축소 또는 확대연산자이면(6.2절 참조), R^n의 임의의 기저에 대응하는 T의 행렬은 항등행렬의 양의 스칼라 배수임을 밝혀라.

27. $B = \{\mathbf{v}_1, \mathbf{v}_2, \mathbf{v}_3\}$을 R^3의 기저라 하자. $T(\mathbf{v}_1) = \mathbf{v}_3$, $T(\mathbf{v}_2) = \mathbf{v}_1$, $T(\mathbf{v}_3) = \mathbf{v}_2$로 정의되는 선형연산자 $T : R^3 \to R^3$의 B에 대응하는 행렬을 구하라.

28. $B = \{\mathbf{v}_1, \mathbf{v}_2, \mathbf{v}_3, \mathbf{v}_4\}$를 R^4의 기저라 하자. $T(\mathbf{v}_1) = \mathbf{v}_2$, $T(\mathbf{v}_2) = \mathbf{v}_3$, $T(\mathbf{v}_3) = \mathbf{v}_4$, $T(\mathbf{v}_4) = \mathbf{v}_1$로 정의되는 선형연산자 $T : R^4 \to R^4$의 B에 대응하는 행렬을 구하라.

29. $T : R^2 \to R^2$를 표준행렬이

$$[T] = \begin{bmatrix} 1 & 5 \\ 5 & 1 \end{bmatrix}$$

인 선형연산자라 하고, $B = \{\mathbf{v}_1, \mathbf{v}_2\}$를 $\mathbf{v}_1 = \left(\frac{1}{\sqrt{2}}, -\frac{1}{\sqrt{2}}\right)$, $\mathbf{v}_2 = \left(\frac{1}{\sqrt{2}}, \frac{1}{\sqrt{2}}\right)$인 R^2의 정규직교기저라 하자. $[T]_B$를 구하고, 이 행렬을 이용하여 연산자 T의 기하학적 결과를 기술하라.

30. $T: R^3 \to R^3$을 표준행렬이

$$[T] = \begin{bmatrix} 0 & -2 & 0 \\ 0 & 0 & -2 \\ 2 & 0 & 0 \end{bmatrix}$$

인 선형연산자라 하고 $B = \{\mathbf{v}_1, \mathbf{v}_2, \mathbf{v}_3\}$을 R^3의 정규직교기저라 하자. 이때

$$\mathbf{v}_1 = \left(\tfrac{1}{\sqrt{3}},\ -\tfrac{1}{\sqrt{3}},\ \tfrac{1}{\sqrt{3}}\right), \quad \mathbf{v}_2 = \left(\tfrac{1}{\sqrt{6}},\ \tfrac{2}{\sqrt{6}},\ \tfrac{1}{\sqrt{6}}\right)$$
$$\mathbf{v}_3 = \left(-\tfrac{1}{\sqrt{2}},\ 0,\ \tfrac{1}{\sqrt{2}}\right)$$

이다. $[T]_B$를 구하고, 이 행렬을 이용하여 연산자 T의 기하학적 결과를 기술하라.

토론과 발견

D1. $\mathbf{v}_1 = (2, 0)$과 $\mathbf{v}_2 = (0, 4)$이고, $T: R^2 \to R^2$는 $T(\mathbf{v}_1) = \mathbf{v}_2$, $T(\mathbf{v}_2) = \mathbf{v}_1$인 선형연산자이면, T의 표준행렬은 ________이고, 기저 $\{\mathbf{v}_1, \mathbf{v}_2\}$에 대응하는 T의 행렬은 ________이다.

D2. T를 R^n 위의 선형연산자, B_1과 B_2를 R^n의 기저라 하고, C를 B_2에서 B_1로의 추이행렬이라 하자. 그림 8.1.3과 같은 도표를 그리고, 그 도표를 이용하여 $[T]_{B_1}$과 $[T]_{B_2}$ 사이의 관계식을 구하라.

D3. T를 R^n에서 R^m으로의 선형변환, B_1과 B_2를 R^n의 기저, C를 B_2에서 B_1로의 추이행렬, D를 B_4에서 B_3으로의 추이행렬이라 하자. 그림 8.1.7과 같은 도표를 그리고, 그 도표를 이용하여 $[T]_{B_3, B_1}$과 $[T]_{B_4, B_2}$ 사이의 관계식을 구하라.

D4. 다음 명제들이 참(T)인지 거짓(F)인지 판별하고 그 이유를 설명하라. 독자의 답이 옳은지 검증하라.

(a) $T_1: R^n \to R^n$과 $T_2: R^n \to R^n$은 선형연산자이고, R^n의 두 기저 B와 B'에 대응하는 행렬이 $[T_1]_{B', B} = [T_2]_{B', B}$이면, R^n의 모든 벡터 $\mathbf{x}$에 대해서 $T_1(\mathbf{x}) = T_2(\mathbf{x})$이다.

(b) $T_1: R^n \to R^n$은 선형연산자이고, R^n의 두 기저 B와 B'에 대응하는 행렬이 $[T_1]_B = [T_1]_{B'}$이면, $B = B'$이다.

(c) $T: R^n \to R^n$은 선형연산자이고, R^n의 어떤 기저 B에 대응하는 행렬이 $[T]_B = I_n$이면, T는 R^n 위의 항등연산자이다.

(d) $T: R^n \to R^n$은 선형연산자이고, R^n의 두 기저 B와 B'에 대응하는 행렬이 $[T]_{B', B} = I_n$이면, T는 R^n 위의 항등연산자이다.

D5. R^n의 표준기저는 매우 간단한데, R^n 위의 선형연산자를 다른 기저로 표현하고자 하는 이유는 무엇인가?

증명문제

P1. 식 (3)이 선형변환을 정의함을 증명하라.

P2. $T_1: R^n \to R^k$와 $T_2: R^k \to R^m$은 선형변환이라 하고 B, B', B''은 각각 R^n, R^k, R^m의 기저라 하자.

$$[T_2 \circ T_1]_{B'', B} = [T_2]_{B'', B'}[T_1]_{B', B}$$

임을 증명하라. [*유의*: 이것은 6.4절의 식 (2)를 일반화한 것이다.]

P3. $T: R^n \to R^n$이 일대일 선형연산자이면, R^n의 모든 기저 B에 대해서 $[T]_B$는 가역행렬이고, $[T^{-1}]_B = [T]_B^{-1}$임을 증명하라. [*유의*: 이것은 6.4절의 식 (14)를 일반화한 것이다.]

P4. $T: R^n \to R^n$은 선형연산자이고, B는 R^n의 기저이면 $[T]_B = [T]_{B, B}$임을 증명하라.

프로그램 활용 연습문제

T1. $T: R^5 \to R^3$을 공식

$T(x_1, x_2, x_3, x_4, x_5) =$

$(7x_1 + 12x_2 - 5x_3, 3x_1 + 10x_2 + 13x_4 + x_5, -9x_1 - x_3 - 3x_5)$

에 의해서 주어지는 선형변환이라 하고, $B = \{\mathbf{v}_1, \mathbf{v}_2, \mathbf{v}_3, \mathbf{v}_4, \mathbf{v}_5\}$와 $B' = \{\mathbf{v}_1', \mathbf{v}_2', \mathbf{v}_3'\}$은 각각 R^5와 R^3의 기저라 하자. 여기서 $\mathbf{v}_1 = (1, 1, 0, 0, 0)$, $\mathbf{v}_2 = (0, 1, 1, 0, 0)$, $\mathbf{v}_3 = (0, 0, 1, 1, 0)$, $\mathbf{v}_4 = (0, 0, 0, 1, 1)$, $\mathbf{v}_5 = (1, 0, 0, 0, 1)$, $\mathbf{v}_1' = (1, 2, -1)$, $\mathbf{v}_2' = (2, 1, 3)$, $\mathbf{v}_3' = (1, 1, 1)$이다.

(a) 행렬 $[T]_{B', B}$를 구하라.

(b) 벡터 $\mathbf{x} = (3, 7, -4, 5, 1)$에 대해서 $[\mathbf{x}]_B$를 구하고, (a)에서 구한 행렬을 이용하여 $[T(\mathbf{x})]_{B'}$을 구하라.

T2. $[T]$를 연습문제 T1의 선형변환의 표준행렬이라 하고 B와 B'을 연습문제 T1의 기저와 같다고 하자. 식 (28)에 나타낸 $[T]$의 인수분해를 구하라.

8.2 닮음과 대각화 가능성

다양한 목적으로 볼 때 대각행렬은 다루기에 가장 쉬운 행렬이다. 이 절에서는 선형연산자가 적당한 기저에 대하여 대각행렬로 표현될 수 있는 조건을 결정할 것이다. 그러한 조건에 관한 지식은 선형연산자에 관한 수학적 해석에 있어서 기본적이며, 과학, 공학, 경제학 등에 있어서 중요한 의미를 갖는다.

닮은행렬 기저변환이 선형연산자의 행렬표현에 어떻게 영향을 미치는지를 연구할 때

$$C = P^{-1}AP$$

형의 행렬방정식을 다루었다[예컨대 8.1절의 식 (15) 참조]. 이와 같은 방정식은 매우 중요하므로 이와 관련된 몇 가지 용어를 정의하자.

정의 8.2.1 A와 C가 같은 크기의 정사각행렬일 때, $C = P^{-1}AP$를 만족시키는 가역행렬 P가 존재하면 **C는 A와 닮았다**(C is similar to A)라고 한다.

참고 C가 A와 닮았으면, A도 C와 닮았다. $Q = P^{-1}$이라 놓으면 방정식 $C = P^{-1}AP$는

$$A = PCP^{-1} = (P^{-1})^{-1}C(P^{-1}) = Q^{-1}CQ$$

로 고쳐 쓸 수 있다. 닮음이 양방향으로 표현할 수 있음을 강조하고자 할 때 **A와 C는 닮았다**(A and C are similar)라고 한다.

다음 정리는 닮음을 연산자 관점에서 설명해 준다.

정리 8.2.2 *두 행렬이 닮기 위한 필요충분조건은 두 행렬이 동일한 선형연산자를 표현하게 하는 두 기저가 존재하는 것이다.*

증명 우선 A와 C가 $n \times n$ 닮은행렬이면, A와 C가 R^n 위의 동일한 선형연산자를 표현하게 하는 기저가 존재함을 밝힐 것이다. 이를 위해 $T : R^n \to R^n$을 A의 곱셈, 즉

$$A = [T] \tag{1}$$

라 하자. A와 C는 닮았으므로 $C = P^{-1}AP$를 만족시키는 가역행렬 P가 존재하고, 식 (1)에 의하여

$$C = P^{-1}[T]P \tag{2}$$

가 성립한다. P의 열벡터 형식을

$$P = [\mathbf{v}_1 \mid \mathbf{v}_2 \mid \cdots \mid \mathbf{v}_n]$$

이라 하면 P의 가역성과 정리 7.4.4에 의하여 $B = \{\mathbf{v}_1, \mathbf{v}_2, \cdots, \mathbf{v}_n\}$은 R^n의 기저가 된다. 따라서 식 (2)와 8.1절의 식 (20)으로부터

$$C = P^{-1}[T]P = [T]_B$$

가 성립한다. 그러므로 A는 표준기저에 대응하는 T의 행렬이고, C는 기저 B에 대응하는 T의 행렬임을 밝혔다. 따라서 증명의 한 부분이 완성된다.

역으로 C는 어떤 기저 B에 대하여 $T : R^n \to R^n$을 표현한다고 하고, A는 기저 B'에 대하여 T를 표현한다고 하자. 즉

$$C = [T]_B, \quad A = [T]_{B'}$$

이라고 하자. 만일 $P = P_{B \to B'}$이라 하면, 정리 8.1.2의 식 (12)에 의하여

$$[T]_{B'} = P[T]_B P^{-1} \quad \text{또는 동치적으로} \quad A = PCP^{-1}$$

이 된다. 마지막 방정식을 $C = P^{-1}AP$로 고쳐 쓰면 A와 C는 닮았음을 알 수 있다. ■

닮음불변량 닮은행렬이 공유하는 행렬의 기본 성질들은 많이 있다. 예컨대 $C = P^{-1}AP$이면

$$\det(C) = \det(P^{-1}AP) = \det(P^{-1})\det(A)\det(P) = \frac{1}{\det(P)}\det(A)\det(P) = \det(A)$$

이므로 닮은행렬은 같은 행렬식을 갖는다. 일반적으로 닮은행렬이 공유하는 임의의 성질을 **닮음불변량**(similarity invariant)이라고 한다. 다음 정리는 몇 가지 가장 중요한 닮음불변량을 요약한 것이다.

정리 8.2.3

(a) 닮은행렬은 같은 행렬식을 갖는다.

(b) 닮은행렬은 같은 계수(rank)를 갖는다.

(c) 닮은행렬은 같은 영공간의 차원을 갖는다.

(d) 닮은행렬은 같은 대각합을 갖는다.

(e) 닮은행렬은 동일한 특성다항식을 갖고, 따라서 같은 대수적 중복도를 갖는 동일한 고유값을 갖는다.

(a)는 이미 증명하였다. 이제 (e)를 증명할 것이고 나머지는 연습문제로 남긴다.

증명 (e) A와 C가 닮은행렬이면

$$\det(\lambda I - C) = \det(\lambda I - A) \tag{3}$$

임을 증명하고자 한다. 첫째 단계로 A와 C가 닮은행렬이면, 임의의 스칼라 λ에 대하여 $\lambda I - A$와 $\lambda I - C$도 역시 닮은행렬임을 밝힐 것이다. 이를 위해 $C = P^{-1}AP$이라 하면

$$\begin{aligned}\lambda I - C &= \lambda I - P^{-1}AP = \lambda P^{-1}P - P^{-1}AP = P^{-1}(\lambda P - AP)\\ &= P^{-1}(\lambda IP - AP) = P^{-1}(\lambda I - A)P\end{aligned}$$

가 되므로 $\lambda I - A$와 $\lambda I - C$는 닮은행렬이 된다. 따라서 (a)로부터 식 (3)은 성립한다.

예제 1 닮음

다음 두 행렬이 동일한 선형연산자를 표현하는 행렬이 되도록 하는 R^2의 두 기저가 존재하지 않음을 밝혀라.

$$A = \begin{bmatrix} 1 & 2 \\ 2 & 6 \end{bmatrix}, \quad C = \begin{bmatrix} 2 & 1 \\ 1 & 3 \end{bmatrix}$$

풀이 동일한 선형연산자를 표현하는 행렬 A와 C에 대하여, 두 행렬은 정리 8.2.2에 의하여 닮아야 한다. 그러나 이것은 성립될 수 없다. 왜냐하면 $\operatorname{tr}(A) = 7$이고 $\operatorname{tr}(C) = 5$이므로, 대각합은 닮음불변량이라는 사실에 모순이 되기 때문이다. ■

개념문제 같은 대각합을 갖는 두 개의 $n \times n$ 행렬은 닮아야 한다고 생각하는가? 논리적으로 설명하라.

닮은행렬의 고유벡터와 고유값

$$(\lambda_0 I - A)\mathbf{x} = \mathbf{0}$$

의 해공간은 λ_0에 대응하는 A의 고유공간임을 상기하자. 이 해공간의 차원을 λ_0의 **기하학적 중복도**(geometric multiplicity)라고 한다. A의 특성다항식의 완전 인수분해에서 인수 $\lambda - \lambda_0$의 반복수인 λ_0의 *대수적 중복도*와 혼동하지 말라.

예제 2 대수적 중복도와 기하학적 중복도

$$A = \begin{bmatrix} 2 & 0 & 0 \\ 1 & 3 & 0 \\ -3 & 5 & 3 \end{bmatrix}$$

의 고유값의 대수적 중복도와 기하학적 중복도를 구하라.

풀이 A는 삼각행렬이므로 그것의 특성다항식은

$$p(\lambda) = (\lambda - 2)(\lambda - 3)(\lambda - 3) = (\lambda - 2)(\lambda - 3)^2$$

이다. 따라서 서로 다른 고유값은 $\lambda = 2$와 $\lambda = 3$이고

$\lambda = 2$의 대수적 중복도는 1

$\lambda = 3$의 대수적 중복도는 2

이다.

고유값의 기하학적 중복도를 구하는 하나의 방법은 고유공간의 기저를 구한 뒤 기저벡터의 개수로부터 그 공간의 차원을 결정하는 것이다. 정의에 의해서 고유값 λ에 대응하는 고유공간은 $(\lambda I - A)\mathbf{x} = \mathbf{0}$, 즉

$$\begin{bmatrix} \lambda - 2 & 0 & 0 \\ -1 & \lambda - 3 & 0 \\ 3 & -5 & \lambda - 3 \end{bmatrix} \begin{bmatrix} x_1 \\ x_2 \\ x_3 \end{bmatrix} = \begin{bmatrix} 0 \\ 0 \\ 0 \end{bmatrix} \tag{4}$$

의 해공간이다. $\lambda = 2$이면 이 계는

$$\begin{bmatrix} 0 & 0 & 0 \\ -1 & -1 & 0 \\ 3 & -5 & -1 \end{bmatrix} \begin{bmatrix} x_1 \\ x_2 \\ x_3 \end{bmatrix} = \begin{bmatrix} 0 \\ 0 \\ 0 \end{bmatrix} \tag{5}$$

가 된다. 이 계의 일반해가

$$\mathbf{x} = \begin{bmatrix} x_1 \\ x_2 \\ x_3 \end{bmatrix} = \begin{bmatrix} \frac{1}{8}t \\ -\frac{1}{8}t \\ t \end{bmatrix} = t \begin{bmatrix} \frac{1}{8} \\ -\frac{1}{8} \\ 1 \end{bmatrix} \tag{6}$$

임을 밝히는 것은 독자에게 맡긴다. 이것은 $\lambda = 2$에 대응하는 고유공간의 차원이 1이고 식 (6)의 우변의 열벡터는 이 고유공간의 기저임을 보여 준다. 같은 방법으로 식 (4)에서 $\lambda = 3$에 대응하는 고유공간은

$$\begin{bmatrix} 1 & 0 & 0 \\ -1 & 0 & 0 \\ 3 & -5 & 0 \end{bmatrix} \begin{bmatrix} x_1 \\ x_2 \\ x_3 \end{bmatrix} = \begin{bmatrix} 0 \\ 0 \\ 0 \end{bmatrix} \tag{7}$$

의 해공간이 된다. 이 계의 일반해는

$$\mathbf{x} = \begin{bmatrix} x_1 \\ x_2 \\ x_3 \end{bmatrix} = \begin{bmatrix} 0 \\ 0 \\ t \end{bmatrix} = t \begin{bmatrix} 0 \\ 0 \\ 1 \end{bmatrix} \tag{8}$$

임을 밝히는 것은 독자에게 맡긴다. 그리고 이것은 $\lambda = 3$에 대응하는 고유공간의 차원은 1이고 식 (8)의 우변의 열벡터는 이 공간의 기저임을 보여 준다. 두 고유공간의 차원은 모두 1이므로

$\lambda = 2$의 기하학적 중복도는 1

$\lambda = 3$의 기하학적 중복도는 1

임을 밝혔다. ■

➤ 예제 3

대수적 중복도와 기하학적 중복도

$$A = \begin{bmatrix} 0 & 0 & -2 \\ 1 & 2 & 1 \\ 1 & 0 & 3 \end{bmatrix}$$

의 고유값의 대수적 중복도와 기하학적 중복도를 구하라.

풀이 A의 특성다항식이

$$p(\lambda) = \det(\lambda I - A) = \lambda^3 - 5\lambda^2 + 8\lambda - 4 = (\lambda - 1)(\lambda - 2)^2$$

임을 확인하는 것은 독자에게 맡긴다. 이 다항식에 의하여 A의 고유값은 $\lambda = 1$과 $\lambda = 2$이고

$\lambda = 1$의 기하학적 중복도는 1

$\lambda = 2$의 기하학적 중복도는 2

이다. 정의에 의하여 λ에 대응하는 고유공간은 계 $(\lambda I - A)\mathbf{x} = \mathbf{0}$, 즉

$$\begin{bmatrix} \lambda & 0 & 2 \\ -1 & \lambda - 2 & -1 \\ -1 & 0 & \lambda - 3 \end{bmatrix} \begin{bmatrix} x_1 \\ x_2 \\ x_3 \end{bmatrix} = \begin{bmatrix} 0 \\ 0 \\ 0 \end{bmatrix} \tag{9}$$

의 해공간이 된다. $\lambda = 1$에 대한 이 계의 일반해는

$$\mathbf{x} = \begin{bmatrix} x_1 \\ x_2 \\ x_3 \end{bmatrix} = \begin{bmatrix} -2t \\ t \\ t \end{bmatrix} = t \begin{bmatrix} -2 \\ 1 \\ 1 \end{bmatrix} \tag{10}$$

이고 $\lambda = 2$에 대한 일반해는

$$\mathbf{x} = \begin{bmatrix} x_1 \\ x_2 \\ x_3 \end{bmatrix} = \begin{bmatrix} -s \\ t \\ s \end{bmatrix} = \begin{bmatrix} -s \\ 0 \\ s \end{bmatrix} + \begin{bmatrix} 0 \\ t \\ 0 \end{bmatrix} = s \begin{bmatrix} -1 \\ 0 \\ 1 \end{bmatrix} + t \begin{bmatrix} 0 \\ 1 \\ 0 \end{bmatrix} \tag{11}$$

임을 밝히는 것은 독자에게 맡긴다. 이것은 $\lambda = 1$에 대응하는 고유공간의 차원은 1이고 식 (10)의 우변의 열벡터는 이 고유공간의 기저이며, $\lambda = 2$에 대응하는 고유공간의 차원은 2이고 식 (11)의 우변의 열벡터들은 이 고유공간의 기저임을 보여 준다. 따라서

$\lambda = 1$의 기하학적 중복도는 1

$\lambda = 2$의 기하학적 중복도는 2

이다. ■

참고 고유값의 기하학적 중복도를 결정하기 위해 고유공간의 기저를 구하는 일은 필수적인 것은 아니다. 예컨대 예제 2에서 고유공간의 차원을 구하기 위해서 행축소로 식 (5)와 (7)의 계수행렬의 계수(rank)를 구하고 나서 계수 + 영공간의 차원 = 3을 이용하면 영공간의 차원을 구할 수 있다.

다음의 정리는 고유값과 그들의 중복도는 닮음불변량임을 보여 준다.

정리 8.2.4 *닮은행렬은 같은 고유값을 갖고, 이들 고유값은 같은 대수적 중복도와 기하학적 중복도를 갖는다.*

증명 우선 A와 C가 닮은행렬이라 하자. 닮은행렬은 같은 특성다항식을 가지므로, A와 C는 같은 대수적 중복도를 갖는 동일한 고유값을 갖는다. 고유값 λ가 두 닮은행렬에 대한 같은 기하학적 중복도를 가짐을 밝히기 위해

$$(\lambda I - A)\mathbf{x} = \mathbf{0}\,, \quad (\lambda I - C)\mathbf{x} = \mathbf{0}$$

의 해공간이 같은 차원을 가짐을, 또는 행렬

$$\lambda I - A\,, \quad \lambda I - C \tag{12}$$

는 같은 영공간의 차원을 가짐을 밝혀야 한다. 그러나 A와 C의 닮음에 의하여 식 (12)의 행렬은 닮았음을 정리 8.2.3의 증명에서 밝혔다. 따라서 이들 행렬은 정리 8.2.3의 (c)에 의하여 같은 영공간의 차원을 갖게 된다. ■

정리 8.2.4를 확대 해석하지 말라. 즉 이 정리는 닮은행렬이 같은 대수적 중복도와 기하학적 중복도를 갖는 동일한 고유값을 갖지만, 닮은행렬은 같은 고유공간을 갖는다고 말할 수 없음을 나타내고 있다. 다음 정리는 닮은행렬의 고유공간 사이의 관계를 나타내고 있다.

정리 8.2.5 *$C = P^{-1}AP$이라 하고 λ는 A와 C의 고유값이라 하자.*
(a) $\mathbf{x}$가 λ에 대응하는 C의 고유벡터이면, $P\mathbf{x}$는 λ에 대응하는 A의 고유벡터이다.
(b) $\mathbf{x}$가 λ에 대응하는 A의 고유벡터이면, $P^{-1}\mathbf{x}$는 λ에 대응하는 C의 고유벡터이다.

(a)만 증명하고 (b)의 증명은 연습문제로 남긴다.

증명 (a) $\mathbf{x}$가 λ에 대응하는 C의 고유벡터라고 가정하면, $\mathbf{x} \neq \mathbf{0}$이고 $C\mathbf{x} = \lambda\mathbf{x}$이다. 만일 C에 $P^{-1}AP$를 대입하면

$$P^{-1}AP\mathbf{x} = \lambda\mathbf{x}$$

가 되고 이것은

$$AP\mathbf{x} = P\lambda\mathbf{x} \quad \text{또는 동치적으로} \quad A(P\mathbf{x}) = \lambda(P\mathbf{x}) \tag{13}$$

로 고쳐 쓸 수 있다. P는 가역행렬이고 $\mathbf{x} \neq \mathbf{0}$이므로, $P\mathbf{x} \neq \mathbf{0}$이 된다. 따라서 식 (13)의 두 번째 방정식에 의하여 $P\mathbf{x}$는 λ에 대응하는 A의 고유벡터이다. ■

대각화

대각행렬은 많은 응용 분야에서 중요한 역할을 한다. 왜냐하면 여러 관점에서 그들은 가장 단순한 종류의 선형연산자를 표현하기 때문이다. 예컨대 기저 $B = \{\mathbf{v}_1, \mathbf{v}_2, \cdots, \mathbf{v}_n\}$에 대응하는 선형연산자 $T : R^n \to R^n$의 행렬을

$$D = \begin{bmatrix} d_1 & 0 & \cdots & 0 \\ 0 & d_2 & \cdots & 0 \\ \vdots & \vdots & \ddots & \vdots \\ 0 & 0 & \cdots & d_n \end{bmatrix}$$

이라 하자. $\mathbf{w}$가 R^n의 벡터이고, $\mathbf{x} = [\mathbf{w}]_B$가 B에 대응하는 $\mathbf{w}$의 좌표행렬이면

$$D\mathbf{x} = \begin{bmatrix} d_1 & 0 & \cdots & 0 \\ 0 & d_2 & \cdots & 0 \\ \vdots & \vdots & \ddots & \vdots \\ 0 & 0 & \cdots & d_n \end{bmatrix} \begin{bmatrix} x_1 \\ x_2 \\ \vdots \\ x_n \end{bmatrix} = \begin{bmatrix} d_1x_1 \\ d_2x_2 \\ \vdots \\ d_nx_n \end{bmatrix}$$

이 된다. 따라서 $\mathbf{x}$에 D를 곱하는 것은 $\mathbf{w}$의 각 좌표(음의 d 값에 대해서는 반대 부호를 갖는)를 '척도구성'하는 효과를 갖는다. 특히 기저벡터 $\mathbf{v}_1, \mathbf{v}_2, \cdots, \mathbf{v}_n$ 중 한 벡터와 평행한 벡터에 대한 T의 효과는 그 벡터를 축소 또는 확대(역방향으로도 가능한)하는 것과 같다(그림 8.2.1).

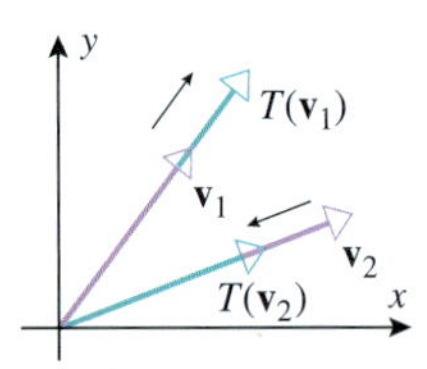

T가 기저 $B = \{\mathbf{v}_1, \mathbf{v}_2\}$에 대응하는 대각행렬로 표현되면, T는 $\mathbf{v}_1$ 또는 $\mathbf{v}_2$에 평행한 벡터를 축소 또는 확대한다(역방향으로도 가능).

그림 8.2.1

이제부터 주어진 선형연산자가 적당한 기저에 대하여 대각행렬이 되는 조건을 결정하는 문제를 다루려고 한다. 일반적으로 선형연산자의 표준행렬은 알고 있기 때문에, 이 문제를 다음과 같은 형태로 생각할 것이다.

대각화 문제 주어진 정사각행렬 A에 대해서, $P^{-1}AP$가 대각행렬이 되는 가역행렬 P가 존재하는가? 그리고 만일 존재한다면 이와 같은 P는 어떻게 구하는가? 만일 이와 같은 행렬 P가 존재한다면 A는 **대각화 가능**(diagonalizable)하고, P는 A를 **대각화한다**(diagonalize)고 한다.

다음 정리는 대각화 문제의 해답을 이끌어 낸다.

정리 8.2.6 *$n \times n$ 행렬 A가 대각화 가능할 필요충분조건은 A가 n개의 일차독립인 고유벡터를 갖는 것이다.*

증명 우선 행렬 A가 대각화 가능하면, A는 n개의 일차독립인 고유벡터를 가짐을 밝히려고 한다. A는 대각화 가능하므로 $P^{-1}AP = D$를 만족시키는 가역행렬 P와 대각행렬 D, 즉

$$P = \begin{bmatrix} p_{11} & p_{12} & \cdots & p_{1n} \\ p_{21} & p_{22} & \cdots & p_{2n} \\ \vdots & \vdots & & \vdots \\ p_{n1} & p_{n2} & \cdots & p_{nn} \end{bmatrix}, \quad D = \begin{bmatrix} \lambda_1 & 0 & \cdots & 0 \\ 0 & \lambda_2 & \cdots & 0 \\ \vdots & \vdots & \ddots & \vdots \\ 0 & 0 & \cdots & \lambda_n \end{bmatrix} \tag{14}$$

가 존재한다. 이것을 $AP = PD$로 고쳐 쓰고 식 (14)를 대입하면

$$AP = PD = \begin{bmatrix} p_{11} & p_{12} & \cdots & p_{1n} \\ p_{21} & p_{22} & \cdots & p_{2n} \\ \vdots & \vdots & & \vdots \\ p_{n1} & p_{n2} & \cdots & p_{nn} \end{bmatrix} \begin{bmatrix} \lambda_1 & 0 & \cdots & 0 \\ 0 & \lambda_2 & \cdots & 0 \\ \vdots & \vdots & \ddots & \vdots \\ 0 & 0 & \cdots & \lambda_n \end{bmatrix} = \begin{bmatrix} \lambda_1 p_{11} & \lambda_2 p_{12} & \cdots & \lambda_n p_{1n} \\ \lambda_1 p_{21} & \lambda_2 p_{22} & \cdots & \lambda_n p_{2n} \\ \vdots & \vdots & & \vdots \\ \lambda_1 p_{n1} & \lambda_2 p_{n2} & \cdots & \lambda_n p_{nn} \end{bmatrix} \tag{15}$$

을 얻는다. 따라서 $\mathbf{p}_1, \mathbf{p}_2, \cdots, \mathbf{p}_n$으로 P의 열벡터를 표시하면 식 (15)의 좌변은

$$AP = A[\mathbf{p}_1 \quad \mathbf{p}_2 \quad \cdots \quad \mathbf{p}_n] = [A\mathbf{p}_1 \quad A\mathbf{p}_2 \quad \cdots \quad A\mathbf{p}_n] \tag{16}$$

으로 나타낼 수 있고, 식 (15)의 우변은

$$[\lambda_1\mathbf{p}_1 \quad \lambda_2\mathbf{p}_2 \quad \cdots \quad \lambda_n\mathbf{p}_n] \tag{17}$$

으로 나타낼 수 있다. 따라서 식 (16)과 (17)에 의하여

$$A\mathbf{p}_1 = \lambda_1\mathbf{p}_1, \quad A\mathbf{p}_2 = \lambda_2\mathbf{p}_2, \ldots, \quad A\mathbf{p}_n = \lambda_n\mathbf{p}_n$$

이 성립하고, P의 가역성에 의하여 $\mathbf{p}_1, \mathbf{p}_2, \cdots, \mathbf{p}_n$은 영이 아닌 벡터가 된다. 따라서 $\mathbf{p}_1, \mathbf{p}_2, \cdots, \mathbf{p}_n$은 각각 $\lambda_1, \lambda_2, \cdots, \lambda_n$에 대응하는 A의 고유벡터이다. 더욱이 P의 가역성을 또 적용하면 $\mathbf{p}_1, \mathbf{p}_2, \cdots, \mathbf{p}_n$은 일차독립이 되므로(정리 7.4.4를 P에 적용), P의 열벡터는 A의 n개의 일차독립인 고유벡터들의 집합을 이룬다.

역으로 A는 n개의 일차독립인 고유벡터 $\mathbf{p}_1, \mathbf{p}_2, \cdots, \mathbf{p}_n$을 가지고, 대응하는 고유값을 각각 $\lambda_1, \lambda_2, \cdots, \lambda_n$이라 가정하면

$$A\mathbf{p}_1 = \lambda_1\mathbf{p}_1, \quad A\mathbf{p}_2 = \lambda_2\mathbf{p}_2, \ldots, \quad A\mathbf{p}_n = \lambda_1\mathbf{p}_n$$

이 된다. 이제 다음과 같이 행렬

$$P = [\mathbf{p}_1 \quad \mathbf{p}_2 \quad \cdots \quad \mathbf{p}_n] = \begin{bmatrix} p_{11} & p_{12} & \cdots & p_{1n} \\ p_{21} & p_{22} & \cdots & p_{2n} \\ \vdots & \vdots & & \vdots \\ p_{n1} & p_{n2} & \cdots & p_{nn} \end{bmatrix}, \quad D = \begin{bmatrix} \lambda_1 & 0 & \cdots & 0 \\ 0 & \lambda_2 & \cdots & 0 \\ \vdots & \vdots & \ddots & \vdots \\ 0 & 0 & \cdots & \lambda_n \end{bmatrix}$$

을 구성하면

$$\begin{aligned} AP = A[\mathbf{p}_1 \quad \mathbf{p}_2 \quad \cdots \quad \mathbf{p}_n] &= [A\mathbf{p}_1 \quad A\mathbf{p}_2 \quad \cdots \quad A\mathbf{p}_n] \\ &= [\lambda_1\mathbf{p}_1 \quad \lambda_2\mathbf{p}_2 \quad \cdots \quad \lambda_n\mathbf{p}_n] \\ &= \begin{bmatrix} \lambda_1 p_{11} & \lambda_2 p_{12} & \cdots & \lambda_n p_{1n} \\ \lambda_1 p_{21} & \lambda_2 p_{22} & \cdots & \lambda_n p_{2n} \\ \vdots & \vdots & & \vdots \\ \lambda_1 p_{n1} & \lambda_2 p_{n2} & \cdots & \lambda_n p_{nn} \end{bmatrix} \\ &= \begin{bmatrix} p_{11} & p_{12} & \cdots & p_{1n} \\ p_{21} & p_{22} & \cdots & p_{2n} \\ \vdots & \vdots & & \vdots \\ p_{n1} & p_{n2} & \cdots & p_{nn} \end{bmatrix} \begin{bmatrix} \lambda_1 & 0 & \cdots & 0 \\ 0 & \lambda_2 & \cdots & 0 \\ \vdots & \vdots & \ddots & \vdots \\ 0 & 0 & \cdots & \lambda_n \end{bmatrix} = PD \end{aligned}$$

를 얻는다. 그러나 P의 열벡터는 일차독립이므로 P는 가역행렬이다. 따라서 이 계산으로부터 $D = P^{-1}AP$가 되어 A는 대각화 가능하다. ■

참고 R^n에서 n개의 일차독립인 벡터의 집합은 R^n의 기저임을 기억한다면, 정리 8.2.6은 $n \times n$ 행렬 A가 대각화 가능할 필요충분조건은 A의 고유벡터로 이루어진 R^n의 기저가 존재하는 것과 동치가 된다.

행렬을 대각화하는 방법 정리 8.2.6에 의하여 n개의 일차독립인 고유벡터를 갖는 $n \times n$ 행렬 A는 대각화 가능함을 확증할 수 있고, 이 경우에 정리 8.2.6의 증명으로부터 A를 대각화하는 다음의 방법을 얻을 수 있다.

n개의 일차독립인 고유벡터를 갖는 $n \times n$ 행렬 A를 대각화하기

1단계. A의 n개의 일차독립인 고유벡터 $\mathbf{p}_1, \mathbf{p}_2, \cdots, \mathbf{p}_n$을 구한다.

2단계. 행렬 $P = [\mathbf{p}_1, \mathbf{p}_2, \cdots, \mathbf{p}_n]$을 구성한다.

3단계. 행렬 $P^{-1}AP$는 $\mathbf{p}_1, \mathbf{p}_2, \cdots, \mathbf{p}_n$에 각각 대응하는 고유값을 대각 성분으로 하는 대각행렬이 될 것이다.

예제 4 행렬을 대각화하기

예제 3에서 행렬

$$A = \begin{bmatrix} 0 & 0 & -2 \\ 1 & 2 & 1 \\ 1 & 0 & 3 \end{bmatrix}$$

은 고유값 $\lambda = 1$과 $\lambda = 2$를 갖고 이들의 고유공간의 기저벡터는

$$\underbrace{\mathbf{p}_1 = \begin{bmatrix} -2 \\ 1 \\ 1 \end{bmatrix}}_{\lambda = 1}, \quad \underbrace{\mathbf{p}_2 = \begin{bmatrix} -1 \\ 0 \\ 1 \end{bmatrix}, \quad \mathbf{p}_3 = \begin{bmatrix} 0 \\ 1 \\ 0 \end{bmatrix}}_{\lambda = 2}$$

임을 밝혔다. 세 벡터가 일차독립임을 밝히는 것은 쉽다. 따라서 A는 대각화 가능하고

$$P = \begin{bmatrix} -2 & -1 & 0 \\ 1 & 0 & 1 \\ 1 & 1 & 0 \end{bmatrix}$$

으로 대각화된다. 검산으로

$$P^{-1}AP = \begin{bmatrix} -1 & 0 & -1 \\ 1 & 0 & 2 \\ 1 & 1 & 1 \end{bmatrix} \begin{bmatrix} 0 & 0 & -2 \\ 1 & 2 & 1 \\ 1 & 0 & 3 \end{bmatrix} \begin{bmatrix} -2 & -1 & 0 \\ 1 & 0 & 1 \\ 1 & 1 & 0 \end{bmatrix} = \begin{bmatrix} 1 & 0 & 0 \\ 0 & 2 & 0 \\ 0 & 0 & 2 \end{bmatrix}$$

임을 밝히는 것은 독자에게 맡긴다. ■

참고 대각화 행렬 P의 열벡터에 대한 우선순위는 존재하지 않는다. 열벡터의 순서를 바꾸면 $D = P^{-1}AP$의 주대각선 위의 고유값의 순서가 바뀐다는 효과밖에 없다. 예컨대 예제 4에서 P의 열벡터를

$$P = [\mathbf{p}_3 \quad \mathbf{p}_1 \quad \mathbf{p}_2] = \begin{bmatrix} 0 & -2 & -1 \\ 1 & 1 & 0 \\ 0 & 1 & 1 \end{bmatrix}$$

과 같은 순서로 표기한다면 결과의 대각행렬은

$$P^{-1}AP = \begin{bmatrix} 2 & 0 & 0 \\ 0 & 1 & 0 \\ 0 & 0 & 2 \end{bmatrix}$$

가 된다.

예제 5 대각화 가능하지 않은 행렬

예제 2에서 행렬

$$A = \begin{bmatrix} 2 & 0 & 0 \\ 1 & 3 & 0 \\ -3 & 5 & 3 \end{bmatrix}$$

은 고유값 $\lambda = 2$와 $\lambda = 3$을 갖고 대응하는 고유공간의 기저는

$$\mathbf{p}_1 = \begin{bmatrix} \frac{1}{8} \\ -\frac{1}{8} \\ 1 \end{bmatrix}, \quad \mathbf{p}_2 = \begin{bmatrix} 0 \\ 0 \\ 1 \end{bmatrix}$$
$$\lambda = 2 \qquad\qquad \lambda = 3$$

임을 밝혔다. 이들 고유벡터는 한 벡터가 다른 벡터의 스칼라배수가 아니므로 일차독립이다. 그러나 다른 모든 고유벡터는 이들 두 벡터 중 한 벡터의 스칼라배수이므로 제3의 일차독립 고유벡터를 만들 수 없다. 따라서 A는 대각화될 수 없다. ■

고유벡터의 일차독립

다음 정리는 고유벡터로 이루어진 일차독립집합을 구하는 데 유용하다.

> **정리 8.2.7** $\mathbf{v}_1, \mathbf{v}_2, \cdots, \mathbf{v}_k$가 서로 다른 고유값 $\lambda_1, \lambda_2, \cdots, \lambda_k$에 대응하는 A의 고유벡터이면 집합 $\{\mathbf{v}_1, \mathbf{v}_2, \cdots, \mathbf{v}_k\}$는 일차독립이다.

증명 $\mathbf{v}_1, \mathbf{v}_2, \cdots, \mathbf{v}_k$를 일차종속이라 가정하고 모순을 얻으려고 한다. $\mathbf{v}_1, \mathbf{v}_2, \cdots, \mathbf{v}_k$가 일차종속이면 이 벡터열의 어떤 벡터는 앞선 벡터의 일차결합이 된다(정리 7.1.2). $\mathbf{v}_{r+1}$을 앞선 벡터의 일차결합이 되는 최초의 벡터라 하면, $\mathbf{v}_1, \mathbf{v}_2, \cdots, \mathbf{v}_r$은 일차독립이고

$$\mathbf{v}_{r+1} = c_1\mathbf{v}_1 + c_2\mathbf{v}_2 + \cdots + c_r\mathbf{v}_r \tag{18}$$

을 만족시키는 스칼라 $c_1, c_2, \cdots, c_r$이 존재한다. 식 (18)의 양변에 A를 곱하고 각 j에 대하여 $A\mathbf{v}_j = \lambda_j\mathbf{v}_j$를 이용하면

$$\lambda_{r+1}\mathbf{v}_{r+1} = c_1\lambda_1\mathbf{v}_1 + c_2\lambda_2\mathbf{v}_2 + \cdots + c_r\lambda_r\mathbf{v}_r \tag{19}$$

을 얻는다. 이제 식 (18)에 λ_{r+1}을 곱하여 식 (19)에서 빼면

$$\mathbf{0} = c_1(\lambda_1 - \lambda_{r+1})\mathbf{v}_1 + c_2(\lambda_2 - \lambda_{r+1})\mathbf{v}_2 + \cdots + c_r(\lambda_r - \lambda_{r+1})\mathbf{v}_r \tag{20}$$

을 얻는다. $\mathbf{v}_1, \mathbf{v}_2, \cdots, \mathbf{v}_r$은 일차독립이므로, 식 (20)의 우변의 계수들은 모두 영이 된다. 그런데 고유값은 모두 서로 다르기 때문에

$$c_1 = c_2 = \cdots = c_r = 0$$

이 된다. 이것과 식 (18)에 의하여 $\mathbf{v}_{r+1} = \mathbf{0}$이 되어 고유벡터는 영벡터가 아니라는 사실에 모순이 된다. 따라서 $\mathbf{v}_1, \mathbf{v}_2, \cdots, \mathbf{v}_k$는 일차독립이다. ■

참고 $\lambda_1, \lambda_2, \cdots, \lambda_k$가 A의 서로 다른 고유값이면, 각 대응하는 고유공간에서 고유벡터를 하나씩 선택해서 일차독립인 집합이 만들어질 수 있음을 정리 8.2.7은 말하고 있다. 더욱 일반화하면, 서로 다른 고유공간에서 일차독립인 고유벡터를 선택해서 하나의 집합으로 합치면 합쳐진 집합은 일차독립이 된다. 예컨대 예제 4의 행렬 A에 대해서 $\lambda = 1$에 대응하는 고유공간에서 고유벡터 $\mathbf{p}_1$과, $\lambda = 2$에 대응하는 고유공간에서 두 개의 일차독립인 고유벡터 $\mathbf{p}_2$와 $\mathbf{p}_3$을 얻었고, 어떤 계산도 하지 않고 $\{\mathbf{p}_1, \mathbf{p}_2, \mathbf{p}_3\}$은 일차독립인 집합임을 확증할 수 있다.

각 고유공간에서 고유벡터를 하나씩 선택해서 n개의 일차독립인 고유벡터의 집합을 만들 수 있기 때문에 정리 8.2.6과 8.2.7에 의하여 n개의 서로 다른 실고유값을 갖는 $n \times n$ 행렬은 대각화 가능이다.

정리 8.2.8 n개의 서로 다른 실고유값을 갖는 $n \times n$ 행렬은 대각화 가능이다.

▶ 예제 6

서로 다른 고유값을 갖는 대각화 가능한 행렬

3×3 행렬

$$A = \begin{bmatrix} 2 & 0 & 0 \\ 1 & 3 & 0 \\ -3 & 5 & 4 \end{bmatrix}$$

는 세 개의 다른 고유값 $\lambda = 2$, $\lambda = 3$, $\lambda = 4$를 갖기 때문에 대각화 가능하다. ■

정리 8.2.8의 역은 *성립하지 않는다*. 즉 n개의 서로 다른 고유값을 갖지 않는 $n \times n$ 행렬도 대각화가 가능할 수 있다. 예컨대 예제 4의 행렬 A는 비록 두 개의 서로 다른 고유값 $\lambda = 1$과 $\lambda = 2$를 갖지만, 대각화 가능함을 알 수 있었다. 대각화 가능성은 고유공간이 각각 1차원과 2차원이므로 세 개의 일차독립인 고유벡터를 구할 수 있어서 가능하였다. 따라서 대각화 가능성의 관건은 고유공간의 차원에 달려 있음을 알 수 있다.

정리 8.2.9 $n \times n$ 행렬 A가 대각화 가능이기 위한 필요충분조건은 고유값의 기하학적 중복도의 합이 n인 것이다.

증명 $\lambda_1, \lambda_2, \cdots, \lambda_k$가 A의 서로 다른 고유값이라 하고, $E_1, E_2, \cdots, E_k$를 대응하는 고유공간이라 하며, $B_1, B_2, \cdots, B_k$를 이들 고유공간의 임의의 기저라 하고, B는 이들 기저를 하나의 집합으로 합쳐서 만든 일차독립인 집합이라 하자(즉 B는 기저들의 합집합이다). 기하학적 중복도의 합이 n이면, B는 n개의 일차독립인 고유벡터의 집합이 된다. 따라서 A는 정리 8.2.6에 의하여 대각화 가능이다. 역의 증명은 좀 더 고급 과정에서 다루게 될 것이다. ■

▶ 예제 7

대각화 가능성과 기하학적 중복도

예제 2에서 행렬

$$A = \begin{bmatrix} 2 & 0 & 0 \\ 1 & 3 & 0 \\ -3 & 5 & 3 \end{bmatrix}$$

은 기하학적 중복도가 동시에 1인 고유값 $\lambda = 2$와 $\lambda = 3$을 가짐을 밝혔다. 기하학적 중복도의 합이 3보다 작기 때문에, 행렬은 대각화가 가능하지 않다. 또한 예제 3에서 행렬

$$A = \begin{bmatrix} 0 & 0 & -2 \\ 1 & 2 & 1 \\ 1 & 0 & 3 \end{bmatrix}$$

은 기하학적 중복도가 각각 1과 2인 고유값 $\lambda = 1$과 $\lambda = 2$를 가짐을 밝혔다. 기하학적 중복도의 합이 3이므로, 행렬은 대각화 가능이다(예제 4 참조). ■

대수적 중복도와 기하학적 중복도 사이의 관계

대각화 가능성에 관한 철저한 연구는 좀 더 고급 과정에서 배우게 될 것이다. 그러나 대각화 가능성 문제를 충분히 이해하는 데 중요한 한 가지 결과를 언급하고자 한다. 즉 고유값의 기하학적 중복도가 대수적 중복도보다 클 수 없음을 증명할 수 있다. 예컨대 어떤 6×6 행렬 A의 특성다항식이

$$p(\lambda) = (\lambda - 3)(\lambda - 5)^2(\lambda - 6)^3$$

이면, 특별한 행렬 A에 의해서, $\lambda = 6$에 대응하는 고유공간은 1, 2 또는 3차원일 수 있고, $\lambda = 5$에 대응하는 고유공간은 1 또는 2차원일 수 있으며, $\lambda = 3$에 대응하는 고유공간은 1차원이어야 한다. 행렬 A가 대각화 가능하려면 여섯 개의 일차독립인 고유벡터가 있어야 하고, 이것은 기하학적 중복도와 대수적 중복도가 같으면, 즉 $\lambda = 6$에 대응하는 고유공간은 3차원, $\lambda = 5$에 대응하는 고유공간은 2차원, 그리고 λ

= 3에 대응하는 고유공간은 1차원이면 일어날 수 있다. 다음 정리는 이러한 개념을 요약한 것이다(증명은 연습문제에 요약되어 있다).

정리 8.2.10 *A가 정사각행렬이면*

(a) A의 고유값의 기하학적 중복도는 대수적 중복도보다 작거나 같다.

(b) A가 대각화 가능이기 위한 필요충분조건은 A의 각 고유값의 기하학적 중복도는 대수적 중복도와 같은 것이다.

대각화 가능성에 관한 통합정리

다음의 통합정리는 이 절에서 다루었던 결과들을 결합한 것이다.

정리 8.2.11 *A가 $n \times n$ 행렬이면 다음 명제는 동치이다.*

(a) A는 대각화 가능이다.

(b) A는 n개의 일차독립인 고유벡터를 갖는다.

(c) R^n은 A의 고유벡터로 이루어진 기저를 갖는다.

(d) A의 고유값의 기하학적 중복도의 합은 n이다.

(e) A의 각 고유값의 기하학적 중복도는 대수적 중복도와 같다.

개념문제 대각화 가능한 행렬의 계수와 영이 아닌 고유값 사이의 관계를 밝혀라.

연습문제 8.2

연습문제 1~4에서는 A와 B가 닮은행렬이 아님을 밝혀라.

1. $A = \begin{bmatrix} 1 & 1 \\ 3 & 2 \end{bmatrix}$, $B = \begin{bmatrix} 1 & 0 \\ 3 & -2 \end{bmatrix}$

2. $A = \begin{bmatrix} 4 & -1 \\ 2 & 4 \end{bmatrix}$, $B = \begin{bmatrix} 4 & 1 \\ 2 & 4 \end{bmatrix}$

3. $A = \begin{bmatrix} 1 & 2 & 3 \\ 0 & 1 & 2 \\ 0 & 0 & 1 \end{bmatrix}$, $B = \begin{bmatrix} 1 & 2 & 0 \\ \frac{1}{2} & 1 & 0 \\ 0 & 0 & 1 \end{bmatrix}$

4. $A = \begin{bmatrix} 1 & 0 & 1 \\ 2 & 0 & 2 \\ 3 & 0 & 3 \end{bmatrix}$, $B = \begin{bmatrix} 1 & 1 & 0 \\ 2 & 2 & 0 \\ 0 & 1 & 1 \end{bmatrix}$

연습문제 5와 6에는 행렬 A의 특성다항식이 주어진다. 행렬의 크기를 구하고, 대수적 중복도와 함께 고유값을 열거하라. 그리고 고유공간의 가능한 차원에 대해 토론하라.

5. (a) $\lambda(\lambda+1)^2(\lambda-1)^2$
(b) $(\lambda+3)(\lambda+1)^3(\lambda-8)^7$

6. (a) $\lambda(\lambda-1)(\lambda+2)(\lambda-3)^2$
(b) $\lambda^2(\lambda-6)(\lambda-2)^3$

연습문제 7~10에서는 A의 고유값과 그들의 대수적, 기하학적 중복도를 구하라.

7. $A = \begin{bmatrix} 1 & 1 & 4 \\ 0 & 1 & 1 \\ 0 & 0 & 2 \end{bmatrix}$

8. $A = \begin{bmatrix} 1 & 0 & 0 \\ 2 & 3 & 0 \\ 7 & 1 & 5 \end{bmatrix}$

9. $A = \begin{bmatrix} 5 & 0 & 0 \\ 1 & 5 & 1 \\ -1 & 0 & 3 \end{bmatrix}$

10. $A = \begin{bmatrix} 1 & -2 & 0 \\ -2 & 1 & 0 \\ 2 & 2 & 3 \end{bmatrix}$

연습문제 11과 12에서는 행축소를 한 다음에 계수와 영공간의 차원 사이의 관계식을 사용해서 각 고유값에 대한 $\lambda I - A$의 계수를 계산하여 A의 고유값의 기하학적 중복도를 구하라.

11. $A = \begin{bmatrix} -1 & -1 & 1 \\ -1 & -1 & 1 \\ 1 & 1 & -1 \end{bmatrix}$

12. $A = \begin{bmatrix} 2 & -2 & 4 \\ 2 & -6 & 11 \\ 1 & -4 & 7 \end{bmatrix}$

연습문제 13과 14에서는 행축소에 의하여 각 고유값에 대한 $\lambda I - A$의 계수를 구하고, 그 결과를 이용하여 A는 대각화 가능임을 밝혀라.

13. $A = \begin{bmatrix} 4 & 0 & 1 \\ 2 & 3 & 2 \\ 1 & 0 & 4 \end{bmatrix}$

14. $A = \begin{bmatrix} 0 & -1 & 1 \\ -1 & 0 & 1 \\ 1 & 1 & 0 \end{bmatrix}$

연습문제 15~18에서는 A를 대각화하는 행렬 P를 구하고 $P^{-1}AP$를 계산하라.

15. $A = \begin{bmatrix} -14 & 12 \\ -20 & 17 \end{bmatrix}$

16. $A = \begin{bmatrix} 1 & 0 \\ 6 & -1 \end{bmatrix}$

17. $A = \begin{bmatrix} 1 & 0 & 0 \\ 0 & 1 & 1 \\ 0 & 1 & 1 \end{bmatrix}$

18. $A = \begin{bmatrix} 2 & 0 & -2 \\ 0 & 3 & 0 \\ 0 & 0 & 3 \end{bmatrix}$

연습문제 19~24에서는 A가 대각화 가능한지를 결정하고, 만일 대각화 가능한 경우 A를 대각화하는 행렬 P를 구하고 $P^{-1}AP$를 계산하라.

19. $A = \begin{bmatrix} -1 & 4 & -2 \\ -3 & 4 & 0 \\ -3 & 1 & 3 \end{bmatrix}$

20. $A = \begin{bmatrix} 19 & -9 & -6 \\ 25 & -11 & -9 \\ 17 & -9 & -4 \end{bmatrix}$

21. $A = \begin{bmatrix} 5 & 0 & 0 \\ 1 & 5 & 0 \\ 0 & 1 & 5 \end{bmatrix}$

22. $A = \begin{bmatrix} 0 & 0 & 0 \\ 0 & 0 & 0 \\ 3 & 0 & 1 \end{bmatrix}$

23. $A = \begin{bmatrix} -2 & 0 & 0 & 0 \\ 0 & -2 & 0 & 0 \\ 0 & 0 & 3 & 0 \\ 0 & 0 & 1 & 3 \end{bmatrix}$

24. $A = \begin{bmatrix} -2 & 0 & 0 & 0 \\ 0 & -2 & 5 & -5 \\ 0 & 0 & 3 & 0 \\ 0 & 0 & 0 & 3 \end{bmatrix}$

25. 주대각 성분이 1인 상부삼각행렬이 대각화 가능이면 그 행렬은 항등행렬임을 밝혀라.

26. 3×3 행렬이 3차원 고유공간을 가지면, 그 행렬은 대각행렬임을 밝혀라. 또 이 결과를 일반화하라.

27. 닮은행렬은 동시에 가역행렬이거나 동시에 특이행렬임을 밝혀라.

28. A, P, D는 $n \times n$ 행렬이고, D는 대각행렬, P의 열벡터는 영이 아닌 벡터, 그리고 $AP = PD$를 만족시킨다고 하자. 그러면 D의 대각 성분은 A의 고유값이고 P의 k번째 열벡터는 D의 k번째 대각 성분에 대응하는 고유벡터임을 밝혀라. [*제안*: P를 열벡터로 분할하라.]

*$T : R^n \to R^n$은 선형연산자이고 B는 R^n의 임의의 기저라 하면, $[T]$와 $[T]_B$는 닮은행렬임을 알고 있다. 따라서 정리 8.2.4에 의해서 $[T]$와 $[T]_B$는 같은 대수적 중복도와 기하학적 중복도를 갖는 동일한 고유값을 갖는다. $[T]$와 $[T]_B$의 이러한 공통적인 성질은 기저 B에 무관하기 때문에 연산자 T의 고유한 성질로 볼 수 있는 것이다. 따라서 $[T]$의 고유값을 **T의 고유값**(eigenvalue)이라 하고, $[T]$의 고유벡터를 **T의 고유벡터**(eigen vector)라 하며, T가 **대각화 가능 연산자**(diagonalizable operator)이기 위한 필요충분조건은 $[T]$가 대각화 가능한 행렬이다. 이들 개념은 연습문제 29~31에서 사용된다.*

29. 선형연산자 $T : R^3 \to R^3$이 공식

$$T(x_1, x_2, x_3) = (-2x_1 + x_2 - x_3,\ x_1 - 2x_2 - x_3,\ -x_1 - x_2 - 2x_3)$$

으로 정의될 때, T의 고유값을 구하고 T는 대각화 가능임을 밝혀라.

30. 선형연산자 $T : R^3 \to R^3$이 공식

$$T(x_1, x_2, x_3) = (-x_2 + x_3,\ -x_1 + x_3,\ x_1 + x_2)$$

로 정의될 때, T의 고유값을 구하고 T는 대각화 가능임을 밝혀라.

31. $T : R^n \to R^n$은 선형연산자이고 λ는 T의 고유값이라 하자. B가 R^n의 임의의 기저이면, $\mathbf{x}$가 λ에 대응하는 T의 고유벡터이기 위한 필요충분조건은 $[\mathbf{x}]_B$가 λ에 대응하는 $[T]_B$의 고유벡터임을 밝혀라.

32. $A = \begin{bmatrix} a & b \\ c & d \end{bmatrix}$

일 때 다음을 밝혀라.

(a) $(a - d)^2 + 4bc > 0$이면 A는 대각화 가능하다.

(b) $(a - d)^2 + 4bc < 0$이면 A는 대각화 가능하지 않다.

토론과 발견

D1. 닮지 않은 두 개의 $n \times n$ 행렬을 구하는 방법을 구하라. 구한 방법을 이용하여 닮지 않은 두 개의 3×3 행렬을 구하라.

D2. 다음 명제들이 참(T)인지 거짓(F)인지 판별하고 그 이유를 설명하라.

(a) 모든 정사각행렬은 자기 자신과 닮았다.

(b) A는 B와 닮았고, B는 C와 닮았으면, A는 C와 닮았다.

(c) A와 B가 닮은 가역행렬이면, A^{-1}와 B^{-1}는 닮았다.

(d) A의 모든 고유값의 대수적 중복도가 1이면 A는 대각화 가능하다.

D3. 다음 명제들이 참(T)인지 거짓(F)인지 판별하고 그 이유를 설명하라.

(a) 특이행렬은 대각화 가능하지 않다.

(b) A가 대각화 가능하면, $P^{-1}AP$가 대각행렬이 되는 행렬 P가 유일하게 존재한다.

(c) $\mathbf{v}_1$, $\mathbf{v}_2$, $\mathbf{v}_3$이 A의 서로 다른 고유공간의 영이 아닌 벡터이면, $\mathbf{v}_3$은 $\mathbf{v}_1$과 $\mathbf{v}_2$의 일차결합으로 표현될 수 없다.

(d) 가역행렬 A가 대각화 가능하면, A^{-1} 또한 대각화 가능하다.

(e) R^n이 행렬 A의 고유벡터로 이루어진 기저를 갖는다면, A는 대각화 가능하다.

D4. 행렬 A의 특성다항식을

$$p(\lambda) = (\lambda - 1)(\lambda - 3)^2(\lambda - 4)^3$$

이라고 하자.

(a) A의 크기는 얼마인가?

(b) A의 고유공간의 차원에 대해 설명하라.

(c) A가 대각화 가능할 때 고유공간의 차원은 얼마인가?

(d) $\{\mathbf{v}_1, \mathbf{v}_2, \mathbf{v}_3\}$은 A의 고유벡터의 일차독립인 집합이고 이들 모두가 A의 동일한 고유값에 대응하는 고유벡터이면, 그 고유값은 얼마인가?

D5. A를 세 개의 서로 다른 고유값 λ_1, λ_2, λ_3을 갖는 6×6 행렬이라 하자.

(a) λ_1의 기하학적 중복도는 2이고 λ_2의 기하학적 중복도는 3일 때, A의 대각화 가능성에 대하여 설명하라.

(b) λ_1의 기하학적 중복도는 2, λ_2의 기하학적 중복도는 1, λ_3의 기하학적 중복도는 2일 때, A의 대각화 가능성에 대하여 설명하라.

(c) λ_1과 λ_2의 기하학적 중복도가 각각 2일 때, A의 대각화 가능성에 대하여 설명하라.

증명문제

P1. 정리 8.2.3의 (*b*)와 (*c*)를 증명하라. [*힌트*: 7.5절의 연습문제 P7의 결과를 이용하라.]

P2. 정리 8.2.3의 (*d*)를 증명하라.

P3. 정리 8.2.5의 (*b*)를 증명하라.

P4. A와 B가 닮았으면, 모든 양의 정수 k에 대해서 A^k와 B^k도 또한 닮았음을 증명하라.

P5. A가 대각화 가능하면, 모든 양의 정수에 대해서 A^k도 또한 대각화 가능함을 증명하라.

P6. 이 문제는 $n \times n$ 행렬 A의 고유값의 대수적 중복도가 기하학적 중복도보다 크거나 같음을 증명하는 것이다. 이를 위해 λ_0을 기하학적 중복도가 k인 고유값이라 하자.

(a) R^n의 기저 $B = \{\mathbf{u}_1, \mathbf{u}_2, \cdots, \mathbf{u}_n\}$이 존재하고 B의 처음 k개의 벡터는 λ_0에 대응하는 고유공간의 기저가 됨을 증명하라.

(b) B의 벡터를 열벡터로 하는 행렬을 P라 하자. 곱 AP는

$$AP = P\begin{bmatrix} \lambda_0 I_k & X \\ 0 & Y \end{bmatrix}$$

로 표현될 수 있음을 증명하라. [*힌트*: 양변의 처음 k개의 열벡터를 비교하라.]

(c) (b)의 결과를 이용하여 A가

$$C = \begin{bmatrix} \lambda_0 I_k & X \\ 0 & Y \end{bmatrix}$$

와 닮았고, 따라서 A와 C는 같은 특성다항식을 가짐을 증명하라.

(d) $\det(\lambda I - C)$를 계산해서, C(따라서 A)의 특성다항식은 인수 $(\lambda - \lambda_0)$을 적어도 k번 포함함을 증명하고, 그리하여 λ_0의 대수적 중복도가 기하학적 중복도보다 크거나 같음을 증명하라. [*힌트*: 4.2절의 연습문제 38과 39 앞에 있는 지시를 참조하라.]

프로그램 활용 연습문제

T1. 대부분의 선형대수 계산 유틸리티는 행렬을 대각화하는 특수한 명령어를 갖고 있다. 만일 독자의 유틸리티가 이러한 기능을 갖고 있다면, 그것은 'Jordan 분해' 또는 'Jordan'이라는 단어가 들어간 어떤 비슷한 이름으로 묘사되어 있음을 알 수 있을 것이다. 이 명령어를 사용해서 예제 4의 행렬을 대각화하라.

T2. (a) $A = \begin{bmatrix} -13 & -60 & -60 \\ 10 & 42 & 40 \\ -5 & -20 & -18 \end{bmatrix}$

의 각 고유값 λ에 대해서 $\lambda I - A$의 영공간의 차원을 구하고, 적절한 정리를 이용하여 행렬 A가 대각화 가능함을 밝혀라.

(b) A의 고유벡터로 이루어진 R^3의 기저를 구하라.

T3. 각 성분들은 영이 아니고 특성방정식이

$$p(\lambda) = (\lambda - 2)^2(\lambda + 3)^2$$

이며 대각화 가능한 4×4 행렬 A를 만들고, A를 대각화하여 결과를 확인하라. [*힌트*: 4.2절의 연습문제 38과 39에 대한 지시를 참조하라.]

8.3 직교대각화 가능성과 행렬함수

여러 응용 분야에서 대칭행렬은 다른 어떤 종류의 행렬보다 더 많이 사용된다. 따라서 이 절에서는 이와 같은 행렬들의 대각화 성질을 다룰 것이다. 또한 행렬들의 함수에 대하여 살펴본다.

직교적 닮음 앞 절에서 $C = P^{-1}AP$를 만족시키는 가역행렬 P가 존재하면, 두 개의 $n \times n$ 행렬 A와 C는 닮았다고 하였다. 특히 $C = P^{-1}AP = P^TAP$를 만족시키는 직교행렬 P가 존재하는 경우는 매우 중요하므로 그와 관련된 새로운 용어를 다음과 같이 정의한다.

정의 8.3.1 A와 C를 같은 크기의 정사각행렬이라 하자. $C = P^TAP$를 만족시키는 직교행렬 P가 존재하면 **"C는 A와 직교적으로 닮았다"**라고 한다.

정의 8.2.1 다음에 나오는 "참고"를 사용하여 C가 A와 직교적으로 닮았으면, A는 C와 직교적으로 닮았음을 밝힐 수 있다. 따라서 닮음 관계를 두 가지 방법으로 표현할 수 있음을 강조하기 위해 흔히 **"A와 C는 직교적으로 닮았다"**라고 한다.

정리 8.2.2와 비슷한 다음 정리는 연산자 관점에서 직교적 닮음을 설명해 주는데 증명은 연습문제로 남긴다.

정리 8.3.2 *두 행렬이 직교적으로 닮기 위한 필요충분조건은 두 행렬이 동일한 선형연산자를 표현하게 하는 정규직교기저가 존재하는 것이다.*

이 절의 주된 내용은 하나의 행렬이 대각행렬과 직교적으로 닮을 조건을 결정하는 것이다.

직교대각화 문제 주어진 정사각행렬 A에 대해서, $C = P^TAP$가 대각행렬이 되는 직교행렬 P가 존재하는가? 만약 직교행렬 P가 존재한다면, 이와 같은 행렬 P는 어떻게 구하는가? 만약 이와 같은 행렬 P가 존재하면 A는 **직교대각화 가능하다**(orthogonally diagonalizable)고 하고 P는 A를 **직교대각화한다**(orthogonally diagonalize)고 한다.

참고 A가 하나의 선형연산자의 표준행렬이면, 직교대각화 문제는 이 연산자가 어떤 정규직교기저에 대응하는 대각행렬로 표현될 수 있는지를 묻는 것과 동치이다.

직교대각화에 대해서 우선 주목할 것은 대칭행렬이 아닌 행렬, 즉 비대칭행렬을 직교대각화할 수 없다는 것이다. 그 이유를 밝히기 위하여, P는 직교행렬이고 D는 대각행렬일 때

$$D = P^TAP \tag{1}$$

라 가정하자. $P^TP = PP^T = I$이므로 식 (1)은

$$A = PDP^T$$

로 고쳐 쓸 수 있다. 이 방정식 양변의 전치행렬을 구하고 $D^T = D$를 이용하면

$$A^T = (PDP^T)^T = (P^T)^TD^TP^T = PDP^T = A$$

가 되어 직교대각화 가능한 행렬은 대칭행렬이 됨을 알 수 있다. 그러나 어떤 대칭행렬이 직교대각화 가능한지는 여전히 알 수 없다. 정리 8.2.6과 비슷한 다음 정리는 이 문제를 해결하는 데 도움이 될 것이다.

정리 8.3.3 *$n \times n$ 행렬 A가 직교대각화 가능하기 위한 필요충분조건은 A의 n개의 고유벡터로 이루어진 정규직교집합이 존재하는 것이다.*

증명 우선 A가 직교대각화 가능하면, A의 n개 고유벡터의 정규직교집합이 존재함을 보인다. A의 직교

대각화 가능성에 의하여 $P^TAP = D$를 만족시키는 직교행렬 P와 대각행렬 D가 존재한다. 그러나 직교행렬의 열벡터는 정규직교이고 A의 고유벡터이므로(정리 8.2.6의 증명 참조), P의 열벡터는 A의 n개 고유벡터의 정규직교집합을 이룬다.

역으로 A의 n개 고유벡터의 정규직교집합 $\{\mathbf{p}_1, \mathbf{p}_2, \cdots, \mathbf{p}_n\}$ 이 존재한다고 하자. 정리 8.2.6의 증명에서 행렬

$$P = [\mathbf{p}_1 \quad \mathbf{p}_2 \quad \cdots \quad \mathbf{p}_n]$$

은 A를 대각화함을 밝혔다. 그러나 P의 열벡터는 정규직교이므로 P는 직교행렬이 된다. 따라서 P는 A를 직교대각화한다.

참고 R^n의 n개 벡터의 정규직교집합은 R^n의 정규직교기저임을 상기하면, 정리 8.3.3은 다음 명제와 동치임을 알 수 있다. 즉 *$n \times n$ 행렬 A가 직교대각화 가능하기 위한 필요충분조건은 A의 고유벡터로 이루어진 R의 정규직교기저가 존재*하는 것이다.

직교대각화 가능 행렬은 대칭행렬임을 알았다. 다음 정리에서는 모든 대칭행렬이 직교대각화 가능임을 확인하고, 대칭행렬을 직교대각화하는 방법을 유도하는 대칭행렬의 성질을 제공한다.

정리 8.3.4

(a) 행렬이 직교대각화 가능하기 위한 필요충분조건은 그것이 대칭행렬인 것이다.

(b) A가 대칭행렬이면 서로 다른 고유공간의 고유벡터는 직교한다.

(a)의 증명은 연습문제에서 다루고 여기서는 (b)를 증명한다.

증명 (b) $\mathbf{v}_1$과 $\mathbf{v}_2$를 각각 서로 다른 고유값 λ_1과 λ_2에 대응하는 고유벡터라 하자. 3.1절의 식 (26)을 사용해서 $\lambda_1(\mathbf{v}_1 \cdot \mathbf{v}_2) = (\lambda_1\mathbf{v}_1) \cdot \mathbf{v}_2$를 행렬곱 $(\lambda_1\mathbf{v}_1)^T\mathbf{v}_2$로 표기하면, 쉽게 $\mathbf{v}_1 \cdot \mathbf{v}_2 = 0$임을 증명할 수 있다. 나머지 증명은 이 표현을 적절히 활용하면 된다. 즉

$$\begin{aligned}
\lambda_1(\mathbf{v}_1 \cdot \mathbf{v}_2) = (\lambda_1\mathbf{v}_1)^T\mathbf{v}_2 = (A\mathbf{v}_1)^T\mathbf{v}_2 &= (\mathbf{v}_1^T A^T)\mathbf{v}_2 && [\mathbf{v}_1\text{은 } \lambda_1\text{에 대응하는 고유벡터이다.}] \\
&= (\mathbf{v}_1^T A)\mathbf{v}_2 && [A\text{의 대칭성}] \\
&= \mathbf{v}_1^T(A\mathbf{v}_2) \\
&= \mathbf{v}_1^T(\lambda_2\mathbf{v}_2) && [\mathbf{v}_2\text{는 } \lambda_2\text{에 대응하는 고유벡터이다.}] \\
&= \lambda_2\mathbf{v}_1^T\mathbf{v}_2 \\
&= \lambda_2(\mathbf{v}_1 \cdot \mathbf{v}_2) && [3.1\text{절의 식 (26)}]
\end{aligned}$$

따라서 $(\lambda_1 - \lambda_2)(\mathbf{v}_1 \cdot \mathbf{v}_2) = 0$이 된다. 그런데 $\lambda_1 \neq \lambda_2$이므로 $\mathbf{v}_1 \cdot \mathbf{v}_2 = 0$이다. ■

대칭행렬을 직교대각화하는 방법 대칭행렬 A를 직교대각화하려면 A의 고유벡터를 열벡터로 하는 직교행렬 P를 만들어야 한다. 이를 위해 각 고유공간의 기저를 구하고 Gram-Schmidt 과정을 이용하여 각 고유공간의 정규직교기저를 구한 다음, 이들 벡터를 하나의 집합으로 합친다. 이렇게 합쳐진 집합은 정리 8.2.9에 의하여 n개의 벡터로 이루어지고, 정리 8.3.4의 (b)에 의하여 서로 다른 고유공간에서 취해진 고유벡터는 직교가 된다. 따라서 n개 고유벡터의 전체 집합은 정규직교가 된다. 그러므로 이들 벡터를 열벡터로 하는 임의의 행렬 P는 직교이고 A를 대각화한다. 이상을 요약하면 대칭행렬을 직교대각화하는 절차는 다음과 같다.

$n \times n$ 대칭행렬을 직교대각화하기

1단계. A의 각 고유공간의 기저를 구한다.

2단계. 이들 각 기저에 Gram-Schmidt 과정을 적용하여 고유공간의 정규직교기저를 만든다.

3단계. 2단계에서 만든 벡터들을 열벡터로 하는 행렬 $P = [\mathbf{p}_1, \mathbf{p}_2, \cdots, \mathbf{p}_n]$을 만든다. 이 경우 행렬 P는 A를 직교대각화할 것이고, $D = P^TAP$의 대각 성분은 P에서 그들에 대응하는 고유벡터와 같은 순서대로 놓여 있는 고유값들이 된다.

예제 1 대칭행렬을 직교대각화하기

대칭행렬

$$A = \begin{bmatrix} 4 & 2 & 2 \\ 2 & 4 & 2 \\ 2 & 2 & 4 \end{bmatrix}$$

를 직교대각화하는 행렬 P를 구하라.

풀이 A의 특성방정식은

$$\det(\lambda I - A) = \det\begin{bmatrix} \lambda-4 & -2 & -2 \\ -2 & \lambda-4 & -2 \\ -2 & -2 & \lambda-4 \end{bmatrix} = (\lambda-2)^2(\lambda-8) = 0 \tag{2}$$

이다. 따라서 A의 고유값은 $\lambda = 2$와 $\lambda = 8$이 된다. 8.2절의 예제 3에 주어진 방법을 이용하면, 벡터

$$\mathbf{v}_1 = \begin{bmatrix} -1 \\ 1 \\ 0 \end{bmatrix}, \quad \mathbf{v}_2 = \begin{bmatrix} -1 \\ 0 \\ 1 \end{bmatrix} \tag{3}$$

은 $\lambda = 2$에 대응하는 고유공간의 기저이고

$$\mathbf{v}_3 = \begin{bmatrix} 1 \\ 1 \\ 1 \end{bmatrix} \tag{4}$$

은 $\lambda = 8$에 대응하는 고유공간의 기저임을 밝힐 수 있다. 기저 $\{\mathbf{v}_1, \mathbf{v}_2\}$와 $\{\mathbf{v}_3\}$에 Gram-Schmidt 과정을 적용하면 정규직교기저 $\{\mathbf{u}_1, \mathbf{u}_2\}$와 $\{\mathbf{u}_3\}$을 얻는다. 단

$$\mathbf{u}_1 = \begin{bmatrix} -\frac{1}{\sqrt{2}} \\ \frac{1}{\sqrt{2}} \\ 0 \end{bmatrix}, \quad \mathbf{u}_2 = \begin{bmatrix} -\frac{1}{\sqrt{6}} \\ -\frac{1}{\sqrt{6}} \\ \frac{2}{\sqrt{6}} \end{bmatrix}, \quad \mathbf{u}_3 = \begin{bmatrix} \frac{1}{\sqrt{3}} \\ \frac{1}{\sqrt{3}} \\ \frac{1}{\sqrt{3}} \end{bmatrix}$$

이다. 따라서 A는 행렬

$$P = \begin{bmatrix} -\frac{1}{\sqrt{2}} & -\frac{1}{\sqrt{6}} & \frac{1}{\sqrt{3}} \\ \frac{1}{\sqrt{2}} & -\frac{1}{\sqrt{6}} & \frac{1}{\sqrt{3}} \\ 0 & \frac{2}{\sqrt{6}} & \frac{1}{\sqrt{3}} \end{bmatrix}$$

에 의해 직교대각화된다. 검산으로

$$P^TAP = \begin{bmatrix} -\frac{1}{\sqrt{2}} & \frac{1}{\sqrt{2}} & 0 \\ -\frac{1}{\sqrt{6}} & -\frac{1}{\sqrt{6}} & \frac{2}{\sqrt{6}} \\ \frac{1}{\sqrt{3}} & \frac{1}{\sqrt{3}} & \frac{1}{\sqrt{3}} \end{bmatrix} \begin{bmatrix} 4 & 2 & 2 \\ 2 & 4 & 2 \\ 2 & 2 & 4 \end{bmatrix} \begin{bmatrix} -\frac{1}{\sqrt{2}} & -\frac{1}{\sqrt{6}} & \frac{1}{\sqrt{3}} \\ \frac{1}{\sqrt{2}} & -\frac{1}{\sqrt{6}} & \frac{1}{\sqrt{3}} \\ 0 & \frac{2}{\sqrt{6}} & \frac{1}{\sqrt{3}} \end{bmatrix} = \begin{bmatrix} 2 & 0 & 0 \\ 0 & 2 & 0 \\ 0 & 0 & 8 \end{bmatrix}$$

임을 확인하는 것은 독자에게 맡긴다. ■

스펙트럼 분해 행렬 A가

$$P = [\mathbf{u}_1 \quad \mathbf{u}_2 \quad \cdots \quad \mathbf{u}_n]$$

로 직교대각화되는 대칭행렬이고, $\lambda_1, \lambda_2, \cdots, \lambda_n$은 각각 $\mathbf{u}_1, \mathbf{u}_2, \cdots, \mathbf{u}_n$에 대응하는 A의 고유값이라 하면, 행렬 $D = P^TAP$는 대각성분이 A의 고유값인 대각행렬이 된다. 따라서 행렬 A는

$$A = PDP^T = [\mathbf{u}_1 \quad \mathbf{u}_2 \quad \cdots \quad \mathbf{u}_n]\begin{bmatrix} \lambda_1 & 0 & \cdots & 0 \\ 0 & \lambda_2 & \cdots & 0 \\ \vdots & \vdots & \ddots & \vdots \\ 0 & 0 & \cdots & \lambda_n \end{bmatrix}\begin{bmatrix} \mathbf{u}_1^T \\ \mathbf{u}_2^T \\ \vdots \\ \mathbf{u}_n^T \end{bmatrix} = [\lambda_1\mathbf{u}_1 \quad \lambda_2\mathbf{u}_2 \quad \cdots \quad \lambda_n\mathbf{u}_n]\begin{bmatrix} \mathbf{u}_1^T \\ \mathbf{u}_2^T \\ \vdots \\ \mathbf{u}_n^T \end{bmatrix}$$

로 표현할 수 있다. 열–행 규칙(정리 3.8.1)을 사용하여 곱셈을 하면, 공식

$$A = \lambda_1\mathbf{u}_1\mathbf{u}_1^T + \lambda_2\mathbf{u}_2\mathbf{u}_2^T + \cdots + \lambda_n\mathbf{u}_n\mathbf{u}_n^T \tag{5}$$

를 얻는다. 이 공식을 **A의 스펙트럼 분해**(spectral decomposition) 또는 **A의 고유값 분해**(eigenvalue decomposition)라 한다(가끔 A의 EVD라 하기도 한다).*

이 결과의 기하학적 의미를 살펴보면, $\mathbf{u}$가 열벡터 형식으로 표현된 R^n의 단위벡터이면 외적 $\mathbf{u}\mathbf{u}^T$는 $\mathbf{u}$에 의해서 생성되는 원점을 지나는 직선 위로의 정사영의 표준행렬이 된다[정리 7.7.3과 7.7절의 식 (17)]. 따라서 A의 스펙트럼 분해에 의하여, $A\mathbf{x}$는 $\mathbf{x}$를 A의 고유벡터에 의해 결정되는 직선 위로 사영시키고 난 후에, 이들 사영을 고유값으로 척도구성한 다음, 이 척도구성된 사영을 더하면 계산될 수 있다. 다음 예제를 살펴보자.

예제 2 스펙트럼 분해의 기하학적 해석

행렬

$$A = \begin{bmatrix} 1 & 2 \\ 2 & -2 \end{bmatrix}$$

는 대응하는 고유벡터

$$\mathbf{x}_1 = \begin{bmatrix} 1 \\ -2 \end{bmatrix}, \quad \mathbf{x}_2 = \begin{bmatrix} 2 \\ 1 \end{bmatrix}$$

을 갖는 고유값 $\lambda_1 = -3$과 $\lambda_2 = 2$를 갖는다(증명하라). 이들 기저벡터를 정규화하면

$$\mathbf{u}_1 = \frac{\mathbf{x}_1}{\|\mathbf{x}_1\|} = \begin{bmatrix} \frac{1}{\sqrt{5}} \\ -\frac{2}{\sqrt{5}} \end{bmatrix}, \quad \mathbf{u}_2 = \frac{\mathbf{x}_2}{\|\mathbf{x}_2\|} = \begin{bmatrix} \frac{2}{\sqrt{5}} \\ \frac{1}{\sqrt{5}} \end{bmatrix}$$

을 얻는다. 따라서 A의 스펙트럼 분해는

$$\begin{aligned}\begin{bmatrix} 1 & 2 \\ 2 & -2 \end{bmatrix} = \lambda_1\mathbf{u}_1\mathbf{u}_1^T + \lambda_2\mathbf{u}_2\mathbf{u}_2^T &= (-3)\begin{bmatrix} \frac{1}{\sqrt{5}} \\ -\frac{2}{\sqrt{5}} \end{bmatrix}\begin{bmatrix} \frac{1}{\sqrt{5}} & -\frac{2}{\sqrt{5}} \end{bmatrix} + (2)\begin{bmatrix} \frac{2}{\sqrt{5}} \\ \frac{1}{\sqrt{5}} \end{bmatrix}\begin{bmatrix} \frac{2}{\sqrt{5}} & \frac{1}{\sqrt{5}} \end{bmatrix} \\ &= (-3)\begin{bmatrix} \frac{1}{5} & -\frac{2}{5} \\ -\frac{2}{5} & \frac{4}{5} \end{bmatrix} + (2)\begin{bmatrix} \frac{4}{5} & \frac{2}{5} \\ \frac{2}{5} & \frac{1}{5} \end{bmatrix}\end{aligned} \tag{6}$$

이 된다. 단, 우변의 2×2 행렬들은 고유공간 위로의 정사영의 표준행렬들이다. 이제 이러한 분해가 A에 의한 곱셈에 관한 벡터 $\mathbf{x} = (1, 1)$의 상에 대해서 무엇을 알려 주는지 살펴보자. $\mathbf{x}$를 열벡터 형식으로 표기하면

$$A\mathbf{x} = \begin{bmatrix} 1 & 2 \\ 2 & -2 \end{bmatrix}\begin{bmatrix} 1 \\ 1 \end{bmatrix} = \begin{bmatrix} 3 \\ 0 \end{bmatrix} \tag{7}$$

이 되고 식 (6)으로부터

*_스펙트럼 분해_라는 용어는 A의 모든 고유값들의 집합을 가끔 A의 _스펙트럼_(spectrum)이라고 하는 데서 유래되었다. _고유값 분해_라는 용어는 Dan Kalman 교수가 "A Singularly Valuable Decomposition: The SVD of a Matrix" (_The College Mathematics Journal_, Vol. 27, No. 1, January 1996.)라는 논문에서 소개하였으며, 그는 이 논문으로 논문상을 수상하였다.

$$A\mathbf{x} = \begin{bmatrix} 1 & 2 \\ 2 & -2 \end{bmatrix}\begin{bmatrix} 1 \\ 1 \end{bmatrix} = (-3)\begin{bmatrix} \frac{1}{5} & -\frac{2}{5} \\ -\frac{2}{5} & \frac{4}{5} \end{bmatrix}\begin{bmatrix} 1 \\ 1 \end{bmatrix} + (2)\begin{bmatrix} \frac{4}{5} & \frac{2}{5} \\ \frac{2}{5} & \frac{1}{5} \end{bmatrix}\begin{bmatrix} 1 \\ 1 \end{bmatrix}$$

$$= (-3)\begin{bmatrix} -\frac{1}{5} \\ \frac{2}{5} \end{bmatrix} + (2)\begin{bmatrix} \frac{6}{5} \\ \frac{3}{5} \end{bmatrix} = \begin{bmatrix} \frac{3}{5} \\ -\frac{6}{5} \end{bmatrix} + \begin{bmatrix} \frac{12}{5} \\ \frac{6}{5} \end{bmatrix} \tag{8}$$

이 성립한다. 식 (7)로부터 A에 의한 곱셈에 관한 (1, 1)의 상은 (3, 0)이고, 또한 식 (8)에서부터 이 상은 (1, 1)을 $\lambda_1 = -3$과 $\lambda_2 = 2$에 대응하는 고유공간 위에 사영시켜서 벡터 $\left(-\frac{1}{5}, \frac{2}{5}\right)$와 $\left(\frac{6}{5}, \frac{3}{5}\right)$을 구하고 나서, 고유값으로 척도구성하여 $\left(\frac{3}{5}, -\frac{6}{5}\right)$과 $\left(\frac{12}{5}, \frac{6}{5}\right)$을 구한 후, 이들 벡터를 더해서 얻을 수 있다(그림 8.3.1 참조). ■

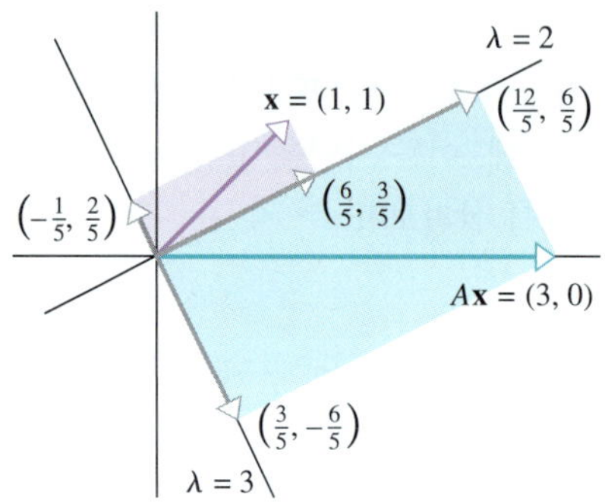

그림 8.3.1

참고 스펙트럼 분해식 (5)는 대칭행렬 A를 계수(rank)가 1인 행렬들의 일차결합으로 표현하는데, 이때 일차결합에서 각 행렬들의 계수(coefficient)는 A의 고유값이다. 연습문제에서 이러한 문제의 역으로 $\{\mathbf{u}_1, \mathbf{u}_2, \cdots, \mathbf{u}_n\}$이 R^n의 정규직교기저이고, A가

$$A = c_1\mathbf{u}_1\mathbf{u}_1^T + c_2\mathbf{u}_2\mathbf{u}_2^T + \cdots + c_n\mathbf{u}_n\mathbf{u}_n^T$$

로 표현된다면 A는 대칭행렬이고 고유값 $c_1, c_2, \cdots, c_n$을 가짐을 밝혀라.

대각화 가능한 행렬의 거듭제곱

정사각행렬의 고차 거듭제곱 계산이 필요한 응용문제가 많이 있다. 이와 같은 계산은 많은 시간이 필요하고 반올림 오차가 발생하기 쉬우므로, 관계되는 계산의 양을 줄일 수 있는 계산법에 흥미가 있는 것이다. 이제 대각화 가능한 행렬(예를 들면 대칭행렬)의 고차 거듭제곱 계산을 위한 중요한 방법을 생각할 것이다. 이 개념을 설명하기 위하여, A를 $n \times n$ 행렬이라 하고 P를 $n \times n$ 가역행렬이라 하면

$$(P^{-1}AP)^2 = (P^{-1}AP)(P^{-1}AP) = P^{-1}APP^{-1}AP = P^{-1}AIAP = P^{-1}A^2P$$

이고, 좀 더 일반적으로 k가 임의의 양의 정수이면

$$(P^{-1}AP)^k = P^{-1}A^kP \tag{9}$$

가 된다. 특히 A가 대각화 가능이고 $P^{-1}AP = D$가 대각행렬이면, 식 (9)에 의해서

$$P^{-1}A^kP = D^k \tag{10}$$

이 성립하고

$$A^k = PD^kP^{-1} \tag{11}$$

이라 고쳐 쓸 수 있다. 임의의 대각화 가능한 행렬에 대해서 성립하는 이 방정식은 대각행렬의 거듭제곱은 계산하기 쉽기 때문에, D의 k차 거듭제곱에 의하여 A의 k차 거듭제곱을 표현하고 있다[3.6절의 식 (3) 참조].

예제 3 대각화 가능한 행렬의 거듭제곱

대각화 가능한 행렬

$$A = \begin{bmatrix} 0 & 0 & -2 \\ 1 & 2 & 1 \\ 1 & 0 & 3 \end{bmatrix}$$

이 주어질 때, 식 (11)을 사용하여 A^{13}을 구하라.

풀이 8.2절의 예제 4에서

$$P^{-1}AP = \begin{bmatrix} -1 & 0 & -1 \\ 1 & 0 & 2 \\ 1 & 1 & 1 \end{bmatrix} \begin{bmatrix} 0 & 0 & -2 \\ 1 & 2 & 1 \\ 1 & 0 & 3 \end{bmatrix} \begin{bmatrix} -2 & -1 & 0 \\ 1 & 0 & 1 \\ 1 & 1 & 0 \end{bmatrix} = \begin{bmatrix} 1 & 0 & 0 \\ 0 & 2 & 0 \\ 0 & 0 & 2 \end{bmatrix}$$

임을 밝혔다. 따라서

$$A^{13} = \underset{P}{\begin{bmatrix} -2 & -1 & 0 \\ 1 & 0 & 1 \\ 1 & 1 & 0 \end{bmatrix}} \underset{D^{13}}{\begin{bmatrix} 1^{13} & 0 & 0 \\ 0 & 2^{13} & 0 \\ 0 & 0 & 2^{13} \end{bmatrix}} \underset{P^{-1}}{\begin{bmatrix} -1 & 0 & -1 \\ 1 & 0 & 2 \\ 1 & 1 & 1 \end{bmatrix}} = \begin{bmatrix} -8190 & 0 & -16,382 \\ 8191 & 8192 & 8191 \\ 8191 & 0 & 16,383 \end{bmatrix} \tag{12}$$

이다. 이 방법에 따르면 계산 작업의 대부분은 A를 대각화하는 데 있다. 일단 대각화가 되었다면, A의 다른 거듭제곱을 반복해서 계산할 필요가 없다. 예컨대 A^{1000}을 계산하려면 식 (12)에서 지수인 13을 1000으로 바꾸기만 하면 된다. ■

A가 스펙트럼 분해

$$A = \lambda_1 \mathbf{u}_1 \mathbf{u}_1^T + \lambda_2 \mathbf{u}_2 \mathbf{u}_2^T + \cdots + \lambda_n \mathbf{u}_n \mathbf{u}_n^T$$

를 갖는 대칭행렬인 특별한 경우에 행렬

$$P = [\mathbf{u}_1 \quad \mathbf{u}_2 \quad \cdots \quad \mathbf{u}_n]$$

은 A를 직교대각화한다. 따라서 식 (11)은

$$A^k = PD^kP^T$$

로 표현될 수 있다. 이 방정식을

$$A^k = \lambda_1^k \mathbf{u}_1 \mathbf{u}_1^T + \lambda_2^k \mathbf{u}_2 \mathbf{u}_2^T + \cdots + \lambda_n^k \mathbf{u}_n \mathbf{u}_n^T \tag{13}$$

로 쓸 수 있음을 밝히는 것은 독자에게 남긴다. 따라서 식 (13)에 의하여 A^k은 고유값이 A의 고유값의 k차 거듭제곱으로 주어지는 대칭행렬이 된다.

Cayley-Hamilton 정리

행렬의 거듭제곱에 관하여 가장 중요한 것은 **Cayley-Hamilton 정리**(Cayley-Hamilton theorem)이다. 이 정리의 일반적인 증명은 생략한다(4.4절의 연습문제 P1 참조).

정리 8.3.5 ***(Cayley-Hamilton 정리)*** *모든 정사각행렬은 그것의 특성방정식을 만족시킨다. 즉*

$$\lambda^n + c_1\lambda^{n-1} + \cdots + c_n = 0$$

이 $n \times n$ 행렬 A의 특성방정식이면

$$A^n + c_1A^{n-1} + \cdots + c_nI = 0 \tag{14}$$

가 된다.

식 (14)를 n에 관해서 풀면, Cayley-Hamilton 정리에 의하여 $n \times n$ 행렬 A의 모든 양의 정수 거듭제곱을 $I, A, \cdots, A^{n-1}$으로 표현할 수 있게 된다. A가 가역인 경우 식 (14)를

$$A\left(-\frac{1}{c_n}A^{n-1} - \frac{c_1}{c_n}A^{n-2} - \cdots - \frac{c_{n-1}}{c_n}I\right) = I \tag{15}$$

로 고쳐 쓰면(증명하라), 앞의 정리는 A^{-1}(따라서 A의 모든 음의 거듭제곱들)을 I, A, $\cdots$, A^{n-1}으로 표현할 수 있게 한다. 따라서 A^{-1}은 식 (15) 좌변의 괄호 안의 식이 된다.

참고 식 (15)에서 $c_n \neq 0$이다. 왜냐하면 만일 $C_n = 0$이면 $\lambda = 0$는 특성방정식의 근이 되어 A의 가역성에 모순이 되기 때문이다[정리 7.4.4의 (c)와 (h) 참조].

예제 4 8.2절의 예제 2에서

$$A = \begin{bmatrix} 2 & 0 & 0 \\ 1 & 3 & 0 \\ -3 & 5 & 3 \end{bmatrix}$$

의 특성방정식은

$$p(\lambda) = (\lambda - 2)(\lambda - 3)^2 = \lambda^3 - 8\lambda^2 + 21\lambda - 18$$

임을 밝혔다. 따라서 Cayley-Hamilton 정리에 의하여

$$A^3 - 8A^2 + 21A - 18I = 0 \tag{16}$$

이 성립한다. 이 방정식은 A^3과 A의 모든 고차 거듭제곱을 I, A와 A^2으로 표현하는 데 사용된다. 예컨대

$$A^3 = 8A^2 - 21A + 18I$$

이므로, 이 방정식을 이용하면

$$\begin{aligned} A^4 = AA^3 = 8A^3 - 21A^2 + 18A &= 8(8A^2 - 21A + 18I) - 21A^2 + 18A \\ &= 43A^2 - 150A + 144I \end{aligned}$$

가 된다. 또한 식 (16)은

$$A(A^2 - 8A + 21I) = 18I$$

로 고쳐 쓰면 A^{-1}을 A에 관한 다항식으로 표현하는 데 사용할 수 있다. 따라서

$$A^{-1} = \frac{1}{18}(A^2 - 8A + 21I) = \begin{bmatrix} \frac{1}{2} & 0 & 0 \\ -\frac{1}{6} & \frac{1}{3} & 0 \\ \frac{7}{9} & -\frac{5}{9} & \frac{1}{3} \end{bmatrix}$$

이다(증명하라). ■

역사 속의 선형대수

Cayley-Hamilton 정리는 Cayley의 논문 *Memoir on the Theory of Matrices*(행렬론에 관한 연구)에서 처음으로 도입되었다. Cayley는 그 연구에서 처음으로 행렬의 추상적 정의를 제시하였고, 덧셈, 스칼라곱, 곱셈, 역행렬을 정의하였으며, 여인수에 의해 행렬의 역행렬을 구하는 공식을 도입하였다(정리 4.3.3 참조). Cayley는 2 × 2 행렬에 대해서 정리를 증명하였고 일반적인 경우에도 성립함을 주장하였다. 아일랜드 수학자 William R. Hamilton 경은 그의 연구 과정에서 4 × 4 행렬에 대해서 정리를 증명하였다. 그래서 그의 이름이 또한 그 결과에 붙여졌던 것이다(1장 참조).

행렬의 지수

(미적분학 개념이 필요함)

3.2절에서 정사각행렬의 다항함수를 정의하였다. 그 논의에 의하면, 만일 A가 $n \times n$ 행렬이고

$$p(x) = a_0 + a_1x + a_2x^2 + \cdots + a_mx^m$$

이면 행렬 $p(A)$는

$$p(A) = a_0I + a_1A + a_2A^2 + \cdots + a_mA^m$$

으로 정의된다. 정사각행렬의 다른 함수들은 멱급수를 이용하여 정의할 수 있다. 예컨대 함수 f가 어떤 구간에서 Maclaurin 급수

$$f(x) = f(0) + f'(0)x + \frac{f''(0)}{2!}x^2 + \cdots + \frac{f^m(0)}{m!}x^m + \cdots \tag{17}$$

으로 표현된다면 $f(A)$는

$$f(A) = f(0)I + f'(0)A + \frac{f''(0)}{2!}A^2 + \cdots + \frac{f^m(0)}{m!}A^m + \cdots \tag{18}$$

으로 정의된다. 여기서 $f(A)$의 i행 j열의 성분은 식 (18) 우변 항들의 i행 j열의 성분의 합을 의미한다.* A가 대각행렬, 즉

$$A = \begin{bmatrix} d_1 & 0 & \cdots & 0 \\ 0 & d_2 & \cdots & 0 \\ \vdots & \vdots & \ddots & \vdots \\ 0 & 0 & \cdots & d_n \end{bmatrix}$$

이고, f가 점 $d_1, d_2, \cdots, d_k$에서 정의되는 특별한 경우에 식 (18)의 우변의 행렬은 대각행렬이 되므로 $f(A)$도 대각행렬이 된다. 이 경우에 식 (18)의 양변의 대응하는 대각 성분들은 같으므로

$$(f(A))_{kk} = f(0) + f'(0)d_k + \frac{f''(0)}{2!}d_k^2 + \cdots + \frac{f^m(0)}{m!}d_k^m + \cdots = f(d_k)$$

가 성립한다. 따라서 대각행렬의 경우, 급수계산을 직접 하지 않고 $f(A)$를

$$f(A) = \begin{bmatrix} f(d_1) & 0 & \cdots & 0 \\ 0 & f(d_2) & \cdots & 0 \\ \vdots & \vdots & \ddots & \vdots \\ 0 & 0 & \cdots & f(d_n) \end{bmatrix} \tag{19}$$

과 같이 바로 계산할 수 있다. 예컨대

$$A = \begin{bmatrix} 1 & 0 & 0 \\ 0 & 3 & 0 \\ 0 & 0 & -2 \end{bmatrix} \text{이면} \quad e^A = \begin{bmatrix} e & 0 & 0 \\ 0 & e^3 & 0 \\ 0 & 0 & e^{-2} \end{bmatrix}$$

이다.

지금 이들 개념을 사용해서 무한급수를 더하지 않고 대각화 가능한 행렬의 함수를 구할 수 있는 방법을 생각해 보자. A가 $n \times n$ 대각화 가능한 행렬이고

$$D = \begin{bmatrix} \lambda_1 & 0 & \cdots & 0 \\ 0 & \lambda_2 & \cdots & 0 \\ \vdots & \vdots & \ddots & \vdots \\ 0 & 0 & \cdots & \lambda_n \end{bmatrix}$$

일 때 $P^{-1}AP = D$이면 식 (10)과 (18)에 의해서

$$\begin{aligned} P^{-1}f(A)P &= f(0)I + f'(0)(P^{-1}AP) + \frac{f''(0)}{2!}(P^{-1}A^2P) + \cdots + \frac{f^m(0)}{m!}(P^{-1}A^mP) + \cdots \\ &= f(0)I + f'(0)D + \frac{f''(0)}{2!}D^2 + \cdots + \frac{f^m(0)}{m!}D^m + \cdots \\ &= f(D) \end{aligned}$$

이 된다. 따라서 $f(A)$는

$$f(A) = Pf(D)P^{-1} \tag{20}$$

과 같이 표현할 수 있으며 이 결과로 다음 정리를 얻는다.

정리 8.3.6 *A는 P에 의해 대각화되는 $n \times n$ 대각화 가능한 행렬이고 $\lambda_1, \lambda_2, \cdots, \lambda_n$은 P의 열벡터의 순서대로 대응하는 A의 고유값이라 하자. 만일 f가 A의 고유값을 포함하는 적당한 구간에서 Maclaurin 급수가 수렴하는 실수값 함수라 하면*

$$f(A) = P\begin{bmatrix} f(\lambda_1) & 0 & \cdots & 0 \\ 0 & f(\lambda_2) & \cdots & 0 \\ \vdots & \vdots & \ddots & \vdots \\ 0 & 0 & \cdots & f(\lambda_n) \end{bmatrix}P^{-1} \tag{21}$$

이다.

*이 급수가 수렴하는 조건은 Tom M. Apostol이 지은 *Calculus*, vol. II, John Wiley & Sons, New York, 1969에 설명되어 있다.

하나의 예를 들어 보자.

예제 5 대각화 가능한 행렬의 지수함수

대각화 가능한 행렬

$$A = \begin{bmatrix} 0 & 0 & -2 \\ 1 & 2 & 1 \\ 1 & 0 & 3 \end{bmatrix}$$

에 대한 e^{tA}를 구하라.

풀이 8.2절 예제 3에 의해서

$$P^{-1}AP = \begin{bmatrix} -1 & 0 & -1 \\ 1 & 0 & 2 \\ 1 & 1 & 1 \end{bmatrix}\begin{bmatrix} 0 & 0 & -2 \\ 1 & 2 & 1 \\ 1 & 0 & 3 \end{bmatrix}\begin{bmatrix} -2 & -1 & 0 \\ 1 & 0 & 1 \\ 1 & 1 & 0 \end{bmatrix} = \begin{bmatrix} 1 & 0 & 0 \\ 0 & 2 & 0 \\ 0 & 0 & 2 \end{bmatrix}$$

이므로, $f(A) = e^{tA}$일 때 식 (21)을 적용하면

$$\begin{aligned} e^{tA} = P\begin{bmatrix} e^t & 0 & 0 \\ 0 & e^{2t} & 0 \\ 0 & 0 & e^{2t} \end{bmatrix}P^{-1} &= \begin{bmatrix} -2 & -1 & 0 \\ 1 & 0 & 1 \\ 1 & 1 & 0 \end{bmatrix}\begin{bmatrix} e^t & 0 & 0 \\ 0 & e^{2t} & 0 \\ 0 & 0 & e^{2t} \end{bmatrix}\begin{bmatrix} -1 & 0 & -1 \\ 1 & 0 & 2 \\ 1 & 1 & 1 \end{bmatrix} \\ &= \begin{bmatrix} 2e^t - e^{2t} & 0 & 2e^t - 2e^{2t} \\ e^{2t} - e^t & e^{2t} & e^{2t} - e^t \\ e^{2t} - e^t & 0 & 2e^{2t} - e^t \end{bmatrix} \end{aligned}$$

이 된다. ■

A가 스펙트럼 분해

$$A = \lambda_1 \mathbf{u}_1\mathbf{u}_1^T + \lambda_2 \mathbf{u}_2\mathbf{u}_2^T + \cdots + \lambda_n \mathbf{u}_n\mathbf{u}_n^T$$

를 갖는 대칭행렬인 특별한 경우에 행렬

$$P = [\mathbf{u}_1 \quad \mathbf{u}_2 \quad \cdots \quad \mathbf{u}_n]$$

은 A를 직교대각화한다. 따라서 식 (20)은

$$f(A) = Pf(D)P^T$$

로 표현할 수 있다. 이 방정식을

$$f(A) = f(\lambda_1)\mathbf{u}_1\mathbf{u}_1^T + f(\lambda_2)\mathbf{u}_2\mathbf{u}_2^T + \cdots + f(\lambda_n)\mathbf{u}_n\mathbf{u}_n^T \tag{22}$$

와 같이 쓸 수 있음은 연습문제에서 밝히도록 한다(연습문제 P3). 따라서 $f(A)$는 고유값이 A의 고유값을 f에 대입하여 얻어지는 대칭행렬임을 알 수 있다.

대각화와 선형계 대칭행렬 A를 대각화하는 문제는 선형계 $A\mathbf{x} = \mathbf{b}$를 푸는 문제와 밀접한 관련이 있다. 예컨대 A가 대각화 가능이고 $P^{-1}AP = D$라 하자. 새로운 벡터 $\mathbf{y} = P^{-1}\mathbf{x}$를 정의하고, $A\mathbf{x} = \mathbf{b}$에

$$\mathbf{x} = P\mathbf{y} \tag{23}$$

를 대입하면, 미지수 $\mathbf{y}$에 관한 새로운 선형계 $AP\mathbf{y} = \mathbf{b}$를 얻는다. 이 방정식의 양변에 P^{-1}을 곱하면 $P^{-1}AP = D$이므로

$$D\mathbf{y} = P^{-1}\mathbf{b}$$

가 된다. 이 계는 대각계수행렬을 가지므로 $\mathbf{y}$에 대한 해를 즉시 구할 수 있고, 그다음에 식 (23)을 이용해서 $\mathbf{x}$를 계산할 수 있다.

대규모 선형계를 푸는 많은 계산법은 이 개념에 기초를 두고 있다. 이와 같은 계산법은 직교행렬에 의한 곱셈은 반올림 오차를 증대시키지 않으므로 계수행렬이 직교대각화 가능인 경우에 특히 효과적이다.

대각화 불가능인 경우 A가 대각화 가능하지 않은 경우에도 행렬 P를 적절하게 선택하여 $P^{-1}AP$를 매우 단순한 형태로 만들 수 있다. 이제 직교적 닮음을 포함하는, 실행렬에 관한 두 개의 이와 같은 정리를 생각해 볼 것이다. 증명은 생략한다. 독일의 수학자 Issai Schur (1875~1941)에 의한 첫 번째 정리는 실고유값을 갖는 정사각행렬 A는 A의 고유값을 대각 성분으로 하는 상부삼각행렬과 직교적으로 닮았음을 나타낸다.

정리 8.3.7 **(Schur의 정리)** *A가 실고유값과 실수 성분을 갖는 $n \times n$ 행렬이라 하면, P^TAP는*

$$P^TAP = \begin{bmatrix} \lambda_1 & \times & \times & \cdots & \times \\ 0 & \lambda_2 & \times & \cdots & \times \\ 0 & 0 & \lambda_3 & \cdots & \times \\ \vdots & \vdots & \vdots & \ddots & \vdots \\ 0 & 0 & 0 & \cdots & \lambda_n \end{bmatrix} \tag{24}$$

형의 상부삼각행렬이 되게 하는 직교행렬 P가 존재한다. 여기서 $\lambda_1, \lambda_2, \cdots, \lambda_n$은 중복도에 따라 반복되는 A의 고유값이다.

일반적으로 식 (24)의 상부삼각행렬을 S(Schur의 이름을 따서)로 표시한다. 이 경우에 방정식은

$$A = PSP^T \tag{25}$$

와 같이 고쳐 쓸 수 있고 이것을 A의 **Schur 분해**(Schur decomposition)라 한다.

참고 A가 $n \times n$ 정사각행렬로서 중복도를 고려하여 n개의 고유값을 갖는다면 정리 4.4.12에 의하여 A의 대각합은 A의 고유값의 합이고, A의 행렬식은 A의 고유값의 곱임을 알 수 있다. 행렬식과 대각합은 닮음불변량이므로, 이들 사실은 A가 실고유값을 갖는 경우에 식 (24)를 검사하면 명백해진다.

독일의 수학자 Gerhard Hessenberg (1894~1925)에 의한 다음 정리는 모든 정사각 실행렬은 제일 **주대각하부**(subdiagonal) 밑의 각 성분이 영인 행렬(그림 8.3.2)과 직교적으로 닮았음을 나타낸다. 이와 같은 행렬을 **상부 Hessenberg형**(upper Hessenberg form)이라 한다.

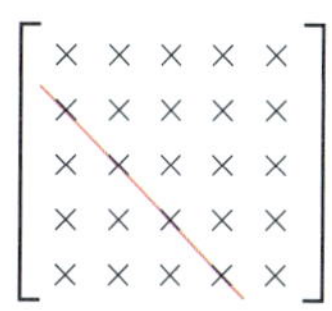

그림 8.3.2 제일 주대각하부

역사 속의 선형대수

독일의 수학자 Issai Schur의 일생은 1930년대 내내 나치 경찰이 유대계 지식인들에게 가했던 영향 때문에 슬픈 기억을 떠오르게 한다. Schur는 재기가 뛰어난 수학자이며 그가 연구하고 가르쳤던 Berlin 대학의 많은 학생들과 연구생들을 매료시켰던 인기 있는 교수였다. 그의 강의는 때때로 뒷줄에서 그를 보기 위해 오페라 망원경이 필요할 정도로 많은 학생들을 매료시켰다. Schur의 생활은 나치 통치하에서 점점 어려워졌고 1933년 4월에 그는 아리아인이 아닌 사람들은 공무원이 될 수 없게 하는 법률 때문에 대학에서 강제로 은퇴하게 되었다. 그를 존경하고 좋아했던 많은 제자와 동료들의 항의하는 소리가 있었다. 그러나 그것은 1935년 그의 완전한 면직을 막지는 못하였다. 자기 자신을 유대인보다 오히려 독일인으로 생각했던 Schur는 그가 받았던 박해와 굴욕을 결코 이해할 수 없었다. 그는 1939년 낙심해서 독일을 떠나 팔레스타인으로 향했다. 그는 가장 소중한 수학 서적을 팔아야 할 정도로 경제적으로 쪼들렸으며, 1941년 사망할 때까지 빈곤 속에서 생활하였다.

Issai Schur
(1875~1941)

정리 8.3.8 **(Hessenberg의 정리)** *실수 성분을 갖는 모든 정사각행렬은 상부 Hessenberg형 행렬과 직교적으로 닮았다. 즉 A가 $n \times n$ 행렬이면 P^TAP가*

$$P^TAP = \begin{bmatrix} \times & \times & \cdots & \times & \times & \times \\ \times & \times & \cdots & \times & \times & \times \\ 0 & \times & \ddots & \times & \times & \times \\ \vdots & \vdots & \ddots & \vdots & \vdots & \vdots \\ 0 & 0 & \cdots & \times & \times & \times \\ 0 & 0 & \cdots & 0 & \times & \times \end{bmatrix} \tag{26}$$

형의 행렬이 되게 하는 직교행렬 P가 존재한다.

참고 일반적으로 식 (26)의 대각 성분은 A의 고유값이 아니다.

보통 식 (26)의 상부 Hessenberg형 행렬을 H(Hessenberg 이름을 따서)로 표시한다. 이 경우 방정식은

$$A = PHP^T \tag{27}$$

와 같이 고쳐 쓸 수 있고 이것을 A의 **상부 Hessenberg 분해**(upper Hessenberg decomposition)라 한다.

많은 수치적 LU 및 QR-알고리즘에서 초기 행렬은 우선 상부 Hessenberg형으로 전환되고, 그것에 의하여 알고리즘 자체에서 계산의 양이 줄어든다. 어떤 컴퓨터 프로그램은 Schur 또는 Hessenberg 분해를 구하기 위한 조립된 명령어를 가지고 있다.

연습문제 8.3

연습문제 1~4에서는 다음과 같이 대칭행렬 A가 주어질 때 특성다항식을 조사해서 A의 고유공간의 차원을 구하라.

1. $A = \begin{bmatrix} 1 & 2 \\ 2 & 4 \end{bmatrix}$

2. $A = \begin{bmatrix} 1 & -4 & 2 \\ -4 & 1 & -2 \\ 2 & -2 & -2 \end{bmatrix}$

3. $A = \begin{bmatrix} 1 & 1 & 1 \\ 1 & 1 & 1 \\ 1 & 1 & 1 \end{bmatrix}$

4. $A = \begin{bmatrix} 3 & 2 & 2 \\ 2 & 3 & 2 \\ 2 & 2 & 3 \end{bmatrix}$

연습문제 5와 6에서는 정리 8.3.4에 의해 확증된 것처럼, 대칭행렬 A의 서로 다른 고유공간의 고유벡터는 직교함을 밝혀라.

5. 연습문제 3의 행렬 A

6. 연습문제 4의 행렬 A

연습문제 7~14에서는 A를 직교대각화하는 행렬 P를 구하고 대각행렬 $D = P^TAP$를 계산하라.

7. $A = \begin{bmatrix} 3 & 1 \\ 1 & 3 \end{bmatrix}$

8. $A = \begin{bmatrix} 6 & -2 \\ -2 & 3 \end{bmatrix}$

9. $A = \begin{bmatrix} -3 & 1 & 2 \\ 1 & -3 & 2 \\ 2 & 2 & 0 \end{bmatrix}$

10. $A = \begin{bmatrix} -2 & 0 & -36 \\ 0 & -3 & 0 \\ -36 & 0 & -23 \end{bmatrix}$

11. $A = \begin{bmatrix} 1 & 1 & 0 \\ 1 & 1 & 0 \\ 0 & 0 & 0 \end{bmatrix}$

12. $A = \begin{bmatrix} 2 & -1 & -1 \\ -1 & 2 & -1 \\ -1 & -1 & 2 \end{bmatrix}$

13. $A = \begin{bmatrix} 3 & 1 & 0 & 0 \\ 1 & 3 & 0 & 0 \\ 0 & 0 & 0 & 0 \\ 0 & 0 & 0 & 0 \end{bmatrix}$

14. $A = \begin{bmatrix} -7 & 24 & 0 & 0 \\ 24 & 7 & 0 & 0 \\ 0 & 0 & -7 & 24 \\ 0 & 0 & 24 & 7 \end{bmatrix}$

연습문제 15~18에서는 행렬 A의 스펙트럼 분해를 구하라.

15. 연습문제 7의 행렬 A

16. 연습문제 8의 행렬 A

17. 연습문제 9의 행렬 A

18. 연습문제 10의 행렬 A

연습문제 19~22에서는 예제 3의 방법을 사용해서 A의 주어진 거듭제곱을 계산하라.

19. $A = \begin{bmatrix} 8 & 9 \\ -6 & -7 \end{bmatrix}$; A^{10}

20. $A = \begin{bmatrix} -30 & 16 \\ -56 & 30 \end{bmatrix}$; A^{10}

21. $A = \begin{bmatrix} -5 & 0 & 6 \\ -3 & 1 & 3 \\ -4 & 0 & 5 \end{bmatrix}$; A^{1000}

22. $A = \begin{bmatrix} -4 & -2 & 6 \\ -2 & -1 & 3 \\ -3 & -2 & 5 \end{bmatrix}$; A^{1000}

23. $A = \begin{bmatrix} 3 & -2 & 1 \\ 2 & -2 & 2 \\ 3 & -6 & 5 \end{bmatrix}$일 때

(a) Cayley-Hamilton 정리에 의해서 확증된 것처럼, A가 그것의 특성방정식을 만족시킴을 밝혀라.

(b) A^2, A, I로 A^4에 대한 식을 구하라. 그리고 이 식을 사용해서 A^4를 계산하라.

(c) A^2, A, I를 이용하여 A^{-1}에 대한 식을 구하라.

24. A가 연습문제 21에 주어진 행렬일 때 연습문제 23의 지시대로 하라.

연습문제 25~28에서는 대각화 가능한 행렬 A가 주어질 때 e^{tA}를 계산하라.

25. A는 연습문제 7의 행렬이다.

26. A는 연습문제 8의 행렬이다.

27. A는 연습문제 9의 행렬이다.

28. A는 연습문제 10의 행렬이다.

29. 연습문제 9의 행렬에 대해서 $\sin(\pi A)$를 계산하라.

30. 연습문제 10의 행렬에 대해서 $\cos(\pi A)$를 계산하라.

31. $A = \begin{bmatrix} 0 & 0 & 0 \\ 1 & 0 & 0 \\ 2 & 1 & 0 \end{bmatrix}$일 때

(a) A는 거듭제곱이 영인 행렬임을 보여라.

(b) A의 영이 아닌 거듭제곱을 식 (17)에 대입하여 e^A을 계산하라.

32. 연습문제 31의 행렬 A에 대하여 $\sin(\pi A)$와 $\cos(\pi A)$를 계산하라.

33. A가 직교대칭행렬이면 1과 -1은 고유값이 될 수 있는 유일한 값임을 보여라.

토론과 발견

D1. 다음 명제들이 참(T)인지 거짓(F)인지 판별하고 그 이유를 설명하라. 결과의 답을 검증하라.

(a) A가 정사각행렬이면, AA^T는 직교대각화 가능하다.

(b) A가 $n \times n$ 대각화 가능한 행렬이면, A의 고유벡터로 이루어진 R^n의 정규직교기저가 존재한다.

(c) 직교행렬은 직교대각화 가능하다.

(d) A가 가역이고 직교대각화 가능한 행렬이면, A^{-1}은 직교대각화 가능하다.

(e) A가 직교대각화 가능하면, A는 실고유값을 갖는다.

D2. (a) 고유값이 $\lambda_1 = -1$, $\lambda_2 = 3$, $\lambda_3 = 7$이고, 대응하는 고유벡터가 $\mathbf{v}_1 = (0, 1, -1)$, $\mathbf{v}_2 = (1, 0, 0)$, $\mathbf{v}_3 = (0, 1, 1)$인 3×3 대칭행렬을 구하라.

(b) 고유값이 $\lambda_1 = -1$, $\lambda_2 = 3$, $\lambda_3 = 7$이고, 대응하는 고유벡터가 $\mathbf{v}_1 = (0, 1, -1)$, $\mathbf{v}_2 = (1, 0, 0)$ $\mathbf{v}_3 = (1, 1, 1)$인 3×3 대칭행렬이 존재하는가? 논리적으로 설명하라.

D3. A는 대각화 가능한 행렬이라 하자. 서로 다른 고유값의 고유벡터가 직교하면 A는 반드시 대칭인가? 그런 이유 또는 그렇지 않은 이유를 밝혀라.

증명문제

P1. 두 행렬이 직교적으로 닮기 위한 필요충분조건은 두 행렬이 동일한 선형연산자를 표현하게 하는 정규직교기저가 존재하는 것임을 증명하라. [*힌트*: 정리 8.2.2 참조.]

P2. $\{\mathbf{u}_1, \mathbf{u}_2, \cdots, \mathbf{u}_n\}$은 R^n의 정규직교기저이고 A가

$$A = c\mathbf{u}_1\mathbf{u}_1^T + c_2\mathbf{u}_2\mathbf{u}_2^T + \cdots + c_n\mathbf{u}_n\mathbf{u}_n^T$$

와 같이 표현되면, A는 대칭행렬이고 고유값 $c_1, c_2, \cdots, c_n$을 가짐을 증명하라.

P3. A는 대칭행렬이고 스펙트럼 분해가

$$A = \lambda_1\mathbf{u}_1\mathbf{u}_1^T + \lambda_2\mathbf{u}_2\mathbf{u}_2^T + \cdots + \lambda_n\mathbf{u}_n\mathbf{u}_n^T$$

이면

$$f(A) = f(\lambda_1)\mathbf{u}_1\mathbf{u}_1^T + f(\lambda_2)\mathbf{u}_2\mathbf{u}_2^T + \cdots + f(\lambda_n)\mathbf{u}_n\mathbf{u}_n^T$$

임을 증명하라.

P4. 이 연습문제는 행렬 A가 직교대각화 가능하기 위한 필요충분조건이 A가 대칭행렬임을 증명하는 데 도움을 줄 것이다. 직교대각화 가능한 행렬은 대칭행렬임을 밝혔다. 대칭행렬 A가 직교대각화 가능함을 증명하는 것은 더 어려운 부분이다. 두 단계로 진행할 것이다. 우선 A는 대각화 가능함을 보일 것이고, 그다음에 그 결과를 이용하여 A가 직교대각화 가능함을 보일 것이다.

(a) A를 $n \times n$ 대칭행렬이라 하자. A가 대각화 가능함을 증명하는 하나의 방법은 각 고유값에 대해서 기하학적 중복도가 대수적 중복도와 같음을 밝히는 것이다. 이를 위해 λ_0의 기하학적 중복도를 k라 가정하고 $B_0 = \{\mathbf{u}_1, \mathbf{u}_2, \cdots, \mathbf{u}_k\}$를 λ_0에 대응하는 고유공간의 정규직교기저라 하고, 이 기저를 R^n의 정규직교기저 $B = \{\mathbf{u}_1, \mathbf{u}_2, \cdots, \mathbf{u}_n\}$으로 확대한다. 그리고 P는 B의 벡터를 열벡터로 하는 행렬이라 하자. 8.2절의 연습문제 P6의 (b)에서 밝힌 것과 같이 곱 AP는

$$AP = P\begin{bmatrix} \lambda_0 I_k & X \\ 0 & Y \end{bmatrix}$$

로 나타낼 수 있다. B가 정규직교기저임을 이용하여 $X = 0$ [크기가 $n \times (n-k)$인 영행렬]임을 증명하라.

(b) (a)와 8.2절의 연습문제 P6의 (c)에 의해서 A는

$$C = \begin{bmatrix} \lambda_0 I_k & 0 \\ 0 & Y \end{bmatrix}$$

와 같은 특성다항식을 갖는다. 이 사실과 8.2절의 연습문제 P6의 (d)를 이용하여 λ_0의 대수적 중복도는 기하학적 중복도와 같음을 증명하라. 따라서 이것은 A가 대각화 가능함을 증명하는 것이다.

(c) 정리 8.3.4의 (*b*)와 A가 대각화 가능함을 이용하여 A는 직교대각화 가능함을 증명하라.

프로그램 활용 연습문제

T1. 대부분의 선형대수 계산 유틸리티는 대칭행렬을 직교대각화하는 특별한 명령어를 갖고 있지 않다. 따라서 다른 여러 가지 명령어들을 결합하여 계산해야 한다. 고유벡터를 구하고 Gram-Schmidt 과정을 실행하는 명령어를 사용해서 다음 행렬 A를 직교대각화하는 행렬 P를 구하라. 그 결과를 사용해서 A를 $A = PDP^T$와 같이 인수분해 하라. 단, D는 대각행렬이다.

$$A = \begin{bmatrix} \frac{1}{2} & 0 & \frac{3}{2} & 0 \\ 0 & \frac{1}{2} & 0 & \frac{3}{2} \\ \frac{3}{2} & 0 & \frac{1}{2} & 0 \\ 0 & \frac{3}{2} & 0 & \frac{1}{2} \end{bmatrix}$$

T2. 연습문제 T1의 행렬 A는 Cayley-Hamilton 정리에서 언급한 것처럼 특성방정식을 만족하는지 확인하라.

T3. 연습문제 T1의 행렬 A에 대해서 e^A를 계산하라.

T4. 연습문제 T1에 주어진 행렬 A의 스펙트럼 분해를 구하라.

8.4 이차형식

이 절에서는 각 항이 하나의 변수의 제곱이나 또는 두 변수의 곱으로 되어 있는 다변수 실함수를 연구하는 데 행렬법을 이용할 것이다. 이와 같은 함수는 기하학을 포함해서 역학계의 진동, 통계학, 전기공학 등 다양한 응용에서 나타난다.

이차형식의 정의 형식

$$a_1x_1 + a_2x_2 + \cdots + a_nx_n$$

와 같은 표현은 선형방정식과 선형계를 연구할 때 나타났다. $a_1, a_2, \cdots, a_n$이 고정된 상수라 하면, 이 식은 n개의 변수 $x_1, x_2, \cdots, x_n$에 관한 실함수이고 R^n 위의 **일차형식**(linear form)이라 한다. 일차형식에서 모든 변수는 1차로 나타나고 변수들의 곱은 존재하지 않는다. 이 절에서는

$$a_1x_1^2 + a_2x_2^2 + \cdots + a_nx_n^2 + (\text{서로 다른 } x_i\text{와 } x_j\text{에 관하여 가능한 모든 } a_kx_ix_j \text{ 항})$$

형식의 함수인 R^n 위의 **이차형식**(quadratic form)을 다루게 될 것이다. $a_kx_ix_j$ 형의 항들을 **다변수곱항**(cross product term)이라 한다. 보통 중복을 피하기 위하여 x_ix_j를 포함하는 다변수곱항과 x_jx_i를 포함하는 다변수곱항을 결합시킨다. 따라서 R^2 위의 이차형식의 일반형은 대체로

$$a_1x_1^2 + a_2x_2^2 + 2a_3x_1x_2 \tag{1}$$

과 같이 표시되고 R^3 위의 이차형식의 일반형은

$$a_1x_1^2 + a_2x_2^2 + a_3x_3^2 + 2a_4x_1x_2 + 2a_5x_1x_3 + 2a_6x_2x_3 \tag{2}$$

과 같이 표시된다. 대개의 경우 수 a와 1×1 행렬 $[a]$를 구별하지 않고, $\mathbf{x}$를 변수들의 열벡터라 하면, 식 (1)과 (2)는

$$a_1x_1^2 + a_2x_2^2 + 2a_3x_1x_2 = \begin{bmatrix} x_1 & x_2 \end{bmatrix} \begin{bmatrix} a_1 & a_3 \\ a_3 & a_2 \end{bmatrix} \begin{bmatrix} x_1 \\ x_2 \end{bmatrix} = \mathbf{x}^TA\mathbf{x}$$

$$a_1x_1^2 + a_2x_2^2 + a_3x_3^2 + 2a_4x_1x_2 + 2a_5x_1x_3 + 2a_6x_2x_3 = \begin{bmatrix} x_1 & x_2 & x_3 \end{bmatrix} \begin{bmatrix} a_1 & a_4 & a_5 \\ a_4 & a_2 & a_6 \\ a_5 & a_6 & a_3 \end{bmatrix} \begin{bmatrix} x_1 \\ x_2 \\ x_3 \end{bmatrix} = \mathbf{x}^TA\mathbf{x}$$

와 같이 행렬 형식으로 나타낼 수 있다(증명하라). 이들 공식에서 행렬 A는 대칭행렬이고 그것의 대각 성분은 제곱항들의 계수이며 대각선을 제외한 성분은 다변수곱항 계수의 1/2임을 유의하기 바란다. 일반적으로 A가 $n \times n$ 대칭행렬이고 $\mathbf{x}$가 변수로 이루어진 $n \times 1$ 열벡터일 때, 함수

$$Q_A(\mathbf{x}) = \mathbf{x}^T A\mathbf{x} \tag{3}$$

를 **A에 관한 이차형식**이라 한다. 식 (3)은 점곱(dot product) 기호로

$$Q_A(\mathbf{x}) = \mathbf{x}^T A\mathbf{x} = \mathbf{x}^T(A\mathbf{x}) = \mathbf{x} \cdot A\mathbf{x} = A\mathbf{x} \cdot \mathbf{x} \tag{4}$$

와 같이 간단히 표시할 수 있다. A가 대각행렬인 경우, 이차형식 Q_A는 다변수곱항을 갖지 않는다. 예컨대 A가 $n \times n$ 항등행렬이면

$$Q_A(\mathbf{x}) = \mathbf{x}^T I\mathbf{x} = \mathbf{x}^T\mathbf{x} = \mathbf{x} \cdot \mathbf{x} = \|\mathbf{x}\|^2 = x_1^2 + x_2^2 + \cdots + x_n^2$$

이고 만일 A의 대각 성분이 $\lambda_1, \lambda_2, \cdots, \lambda_n$이면

$$Q_A(\mathbf{x}) = \mathbf{x}^T A\mathbf{x} = [x_1 \quad x_2 \quad \cdots \quad x_n]\begin{bmatrix} \lambda_1 & 0 & \cdots & 0 \\ 0 & \lambda_2 & \cdots & 0 \\ \vdots & \vdots & \ddots & \vdots \\ 0 & 0 & \cdots & \lambda_n \end{bmatrix}\begin{bmatrix} x_1 \\ x_2 \\ \vdots \\ x_n \end{bmatrix} = \lambda_1 x_1^2 + \lambda_2 x_2^2 + \cdots + \lambda_n x_n^2$$

이 된다.

예제 1 행렬 기호로 이차형식 표시하기

A가 대칭행렬일 때, 다음의 각각에서 이차형식을 행렬 기호 $\mathbf{x}^T A\mathbf{x}$로 나타내라.

(a) $2x^2 + 6xy - 5y^2$ (b) $x_1^2 + 7x_2^2 - 3x_3^2 + 4x_1x_2 - 2x_1x_3 + 8x_2x_3$

풀이 A의 대각 성분들은 제곱항의 계수이고, 대각선을 제외한 성분은 다변수곱항 계수의 1/2이므로

$$2x^2 + 6xy - 5y^2 = [x \quad y]\begin{bmatrix} 2 & 3 \\ 3 & -5 \end{bmatrix}\begin{bmatrix} x \\ y \end{bmatrix}$$

$$x_1^2 + 7x_2^2 - 3x_3^2 + 4x_1x_2 - 2x_1x_3 + 8x_2x_3 = [x_1 \quad x_2 \quad x_3]\begin{bmatrix} 1 & 2 & -1 \\ 2 & 7 & 4 \\ -1 & 4 & -3 \end{bmatrix}\begin{bmatrix} x_1 \\ x_2 \\ x_3 \end{bmatrix}$$

이다. ■

이차형식에서의 변수변환

이차형식의 응용에서 나타나는 세 가지 중요한 문제가 있다.

1. $\mathbf{x}^T A\mathbf{x}$가 R^2 또는 R^3 위의 이차형식이면, $\mathbf{x}^T A\mathbf{x} = k$는 어떤 종류의 곡선이나 곡면을 나타내는가?
2. $\mathbf{x}^T A\mathbf{x}$가 R^n 위의 이차형식이면, $\mathbf{x} \neq \mathbf{0}$에 대해서 $\mathbf{x}^T A\mathbf{x} > 0$이기 위하여 A는 어떤 조건을 만족시켜야 하는가?
3. $\mathbf{x}^T A\mathbf{x}$가 R^n 위의 이차형식이면, $\mathbf{x}$가 $\|\mathbf{x}\| = 1$을 만족시키도록 제약되었을 때, $\mathbf{x}^T A\mathbf{x}$의 최대값과 최소값은 얼마인가?

처음 두 문제는 이 절에서 생각해 보고, 세 번째 문제는 다음 절에서 다룰 것이다. 이들 문제를 해결하는 많은 기법들은

$$\mathbf{x} = P\mathbf{y} \tag{5}$$

를 대입하여 변수 $x_1, x_2, \cdots, x_n$을 새로운 변수 $y_1, y_2, \cdots, y_n$으로 표현해서 이차형식 $\mathbf{x}^T A\mathbf{x}$를 단순화하는 데에 기초를 두고 있다. 만일 P가 가역행렬이면 식 (5)를 **변수변환**(change of variable)이라 하고 P가 직교행렬이면 식 (5)를 **직교변수변환**(orthogonal change of variable)이라 한다.

이차형식 $\mathbf{x}^T A\mathbf{x}$에서 변수변환 $\mathbf{x} = P\mathbf{y}$를 실행하면

$$\mathbf{x}^T A\mathbf{x} = (P\mathbf{y})^T A(P\mathbf{y}) = \mathbf{y}^T P^T AP\mathbf{y} = \mathbf{y}^T(P^T AP)\mathbf{y} \tag{6}$$

를 얻는다. 행렬 $B = P^T AP$는 대칭행렬이므로(증명하라), 변수변환의 효과는 변수 $y_1, y_2, \cdots, y_n$에 관한

새로운 이차형식 $\mathbf{y}^T B\mathbf{y}$를 얻는다는 것이다. 특히 A를 직교대각화하는 행렬 P를 취하면, D를 A의 고유값을 주대각 성분으로 하는 대각행렬이라 할 때, 새로운 이차형식은 $\mathbf{y}^T D\mathbf{y}$가 될 것이다. 즉

$$\mathbf{x}^T A\mathbf{x} = \mathbf{y}^T D\mathbf{y} = [y_1 \quad y_2 \quad \cdots \quad y_n]\begin{bmatrix} \lambda_1 & 0 & \cdots & 0 \\ 0 & \lambda_2 & \cdots & 0 \\ \vdots & \vdots & \ddots & \vdots \\ 0 & 0 & \cdots & \lambda_n \end{bmatrix}\begin{bmatrix} y_1 \\ y_2 \\ \vdots \\ y_n \end{bmatrix} = \lambda_1 y_1^2 + \lambda_2 y_2^2 + \cdots + \lambda_n y_n^2$$

이다. 따라서 **주축정리**(principal axes theorem)라 부르는 다음 결과를 얻는다.

> ***정리 8.4.1*** ***(주축정리)*** *A가 $n \times n$ 대칭행렬이면, 이차형식 $\mathbf{x}^T A\mathbf{x}$를 다변수곱항이 없는 이차형식 $\mathbf{y}^T D\mathbf{y}$으로 전환하는 직교변수변환이 존재한다. 특히 P가 A를 직교대각화하면, 이차형식 $\mathbf{x}^T A\mathbf{x}$에서 변수변환 $\mathbf{x} = P\mathbf{y}$를 실행하여 이차형식*
>
> $$\mathbf{x}^T A\mathbf{x} = \mathbf{y}^T D\mathbf{y} = \lambda_1 y_1^2 + \lambda_2 y_2^2 + \cdots + \lambda_n y_n^2$$
>
> *을 얻는다. 여기서 $\lambda_1, \lambda_2, \cdots, \lambda_n$은 A의 고유값으로, 대응하는 고유벡터가 순차적으로 P의 연속 열벡터를 이룬다.*

예제 2
주축정리의 예

이차형식 $Q = x_1^2 - x_3^2 - 4x_1x_2 + 4x_2x_3$에서 다변수곱항을 소거하는 직교변수변환을 구하고, Q를 새로운 변수로 나타내라.

풀이 주어진 이차형식은

$$Q = \mathbf{x}^T A\mathbf{x} = [x_1 \quad x_2 \quad x_3]\begin{bmatrix} 1 & -2 & 0 \\ -2 & 0 & 2 \\ 0 & 2 & -1 \end{bmatrix}\begin{bmatrix} x_1 \\ x_2 \\ x_3 \end{bmatrix}$$

와 같이 행렬 기호로 나타낼 수 있다. 행렬 A의 특성방정식은

$$\begin{vmatrix} \lambda - 1 & 2 & 0 \\ 2 & \lambda & -2 \\ 0 & -2 & \lambda + 1 \end{vmatrix} = \lambda^3 - 9\lambda = \lambda(\lambda + 3)(\lambda - 3) = 0$$

이므로 고유값은 $\lambda = 0, -3, 3$이다. 세 개의 고유공간의 정규직교기저가

$$\lambda = 0: \begin{bmatrix} \frac{2}{3} \\ \frac{1}{3} \\ \frac{2}{3} \end{bmatrix}, \quad \lambda = -3: \begin{bmatrix} -\frac{1}{3} \\ -\frac{2}{3} \\ \frac{2}{3} \end{bmatrix}, \quad \lambda = 3: \begin{bmatrix} -\frac{2}{3} \\ \frac{2}{3} \\ \frac{1}{3} \end{bmatrix}$$

임을 밝히는 것은 독자에게 맡긴다. 따라서 다변수곱항을 소거하는 변수변환 $\mathbf{x} = P\mathbf{y}$는

$$\begin{bmatrix} x_1 \\ x_2 \\ x_3 \end{bmatrix} = \begin{bmatrix} \frac{2}{3} & -\frac{1}{3} & -\frac{2}{3} \\ \frac{1}{3} & -\frac{2}{3} & \frac{2}{3} \\ \frac{2}{3} & \frac{2}{3} & \frac{1}{3} \end{bmatrix}\begin{bmatrix} y_1 \\ y_2 \\ y_3 \end{bmatrix}$$

이 된다. 따라서 다변수곱항이 없는 새로운 이차형식은

$$Q = \mathbf{y}^T(P^T AP)\mathbf{y} = [y_1 \quad y_2 \quad y_3]\begin{bmatrix} 0 & 0 & 0 \\ 0 & -3 & 0 \\ 0 & 0 & 3 \end{bmatrix}\begin{bmatrix} y_1 \\ y_2 \\ y_3 \end{bmatrix} = -3y_2^2 + 3y_3^2$$

이다. ■

이 절에서 논하지는 않을 것이나, 이차형식에서 다변수곱항을 소거하는 다른 방법이 있다. 이와 같은 두 가지 방법은 *Lagrange의 축소법*과 *Kronecker의 축소법*이라 하는데 수준이 높은 고등교재에서 논하게 된다.

참고 A가 $n \times n$ 대칭행렬이면, 이차형식 $\mathbf{x}^TA\mathbf{x}$는 치역이 모든 $x \in R^n$에 대하여 $\mathbf{x}^TA\mathbf{x}$의 모든 가능한 값들의 집합인 실함수이다. 변수변환 $\mathbf{x} = P\mathbf{y}$는 이차형식의 치역을 바꾸지 않는다. 즉 $\mathbf{x}$가 R^n 위에서 변할 때 $\mathbf{x}^TA\mathbf{x}$의 모든 값의 집합과 $\mathbf{y}$가 R^n 위에서 변할 때 $\mathbf{y}^T(P^TAP)\mathbf{y}$의 모든 값의 집합은 같다.

기하학에서의 이차형식

원뿔곡선(conic section)은 꼭짓점끼리 맞대고 있는 두 원뿔을 평면으로 자를 때 생기는 곡선(그림 8.4.1)임을 상기하자. 가장 중요한 원뿔곡선은 꼭짓점을 지나지 않는 평면으로 자를 때 생기는 타원, 쌍곡선, 포물선이다. 원은 원뿔의 대칭축에 수직인 평면으로 자를 때 생기는 타원의 특수한 경우이다. 꼭짓점을 지나는 평면으로 자를 때 생기는 단면을 **퇴화원뿔곡선**(degenerate conic)이라 한다. 이때 생길 수 있는 단면은 점, 만나는 한 쌍의 직선 또는 하나의 직선이다.

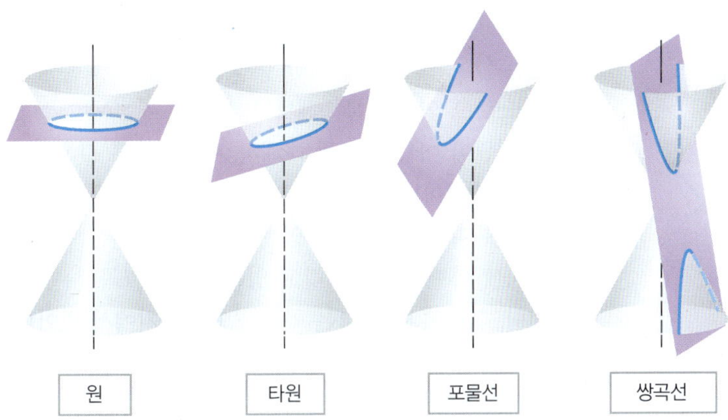

그림 8.4.1

R^2 위의 이차형식은 원뿔곡선을 연구할 때 자연스럽게 나타난다. 예컨대 해석기하학에서 보았듯이 모두가 영이 아닌 a, b, c에 대하여 형식

$$ax^2 + 2bxy + cy^2 + dx + ey + f = 0 \tag{7}$$

의 방정식은 원뿔곡선을 나타낸다.* 만일 식 (7)에서 $d = e = 0$이면, 일차항은 존재하지 않고 식 (7)은

$$ax^2 + 2bxy + cy^2 + f = 0 \tag{8}$$

이 되고, **중앙원뿔곡선**(central conic)을 표현한다고 한다. 이들 곡선은 원, 타원, 쌍곡선을 포함하지만 포물선을 포함하지는 않는다. 더욱이 식 (8)에서 $b = 0$이면, 다변수곱항은 존재하지 않고, 방정식

$$ax^2 + cy^2 + f = 0 \tag{9}$$

는 **표준위치**(standard position)에 있는 중앙원뿔곡선을 나타낸다고 한다.

식 (9)에서 $f \neq 0$이면, $-f$로 나눌 수 있어서 이 방정식은

$$a'x^2 + b'y^2 = 1 \tag{10}$$

형식으로 고쳐 쓸 수 있다. 더욱이 계수 a'과 b'이 둘 다 양수이거나 또는 하나는 양수이고 하나는 음수이면, 이 방정식은 비퇴화 원뿔곡선을 표현하고 계수를 분모에 놓으면 표 8.4.1에서 보여 주는 네 가지 형태 중 하나로 고쳐 쓸 수 있다. 이들 형식을 비퇴화 중앙원뿔곡선의 **표준형**(standard form)이라 한다. $\alpha = \beta$인 경우 표에서 보여 주는 타원은 원이 된다.

*$x^2 + y^2 + 1 = 0$인 경우에서처럼 식 (7)을 만족시키는 실수값 x와 y가 존재하지 않을 수도 있음을 고려해야 한다. 이와 같은 경우에 이 방정식은 **그래프를 갖지 않는다** 또는 **공그래프**(empty graph)를 갖는다고 한다.

표 8.4.1

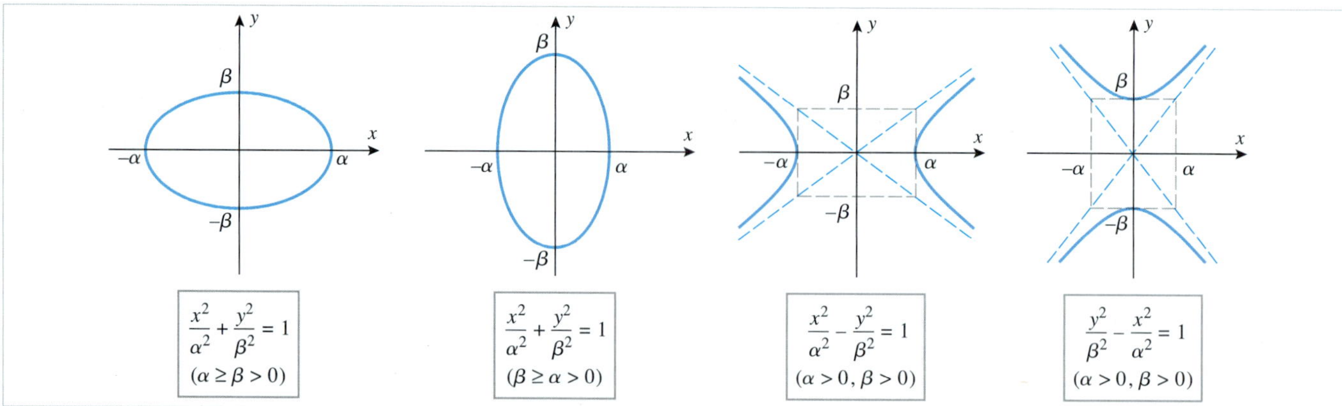

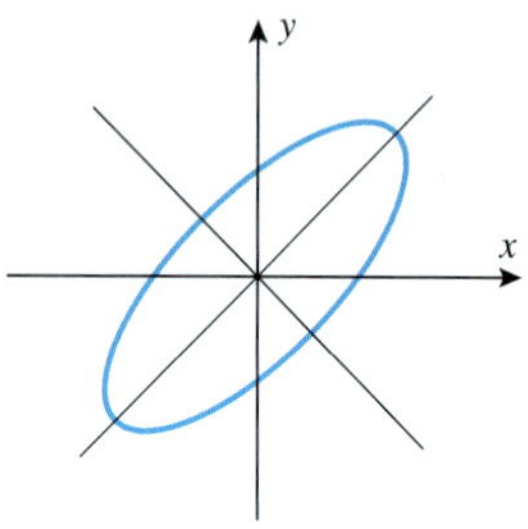

그림 8.4.2

이 교재에서는 독자들이 원뿔곡선의 기본 성질을 잘 알고 있다고 가정하므로, 이와 같은 내용을 논의하지는 않을 것이다. 하지만 중앙원뿔곡선의 표준형에서 상수 α와 β의 기하학적 의미를 이해할 필요가 있으므로 그 의미를 복습해보자. 타원의 경우에 2α는 x축 방향의 길이이고 2β는 y축 방향의 길이이다(표 8.4.1). 원이 아닌 타원에 대해서, 이들 중 큰 값은 **장축**(major axis)의 길이이고, 작은 값은 **단축**(minor axis)의 길이이다. 쌍곡선의 경우 2α와 2β는 대각선이 쌍곡선의 점근선을 따라 놓여 있는 직사각형의 변의 길이이다. 표준위치에 있는 중앙원뿔곡선은 두 좌표축에 관해 대칭이고 다변수곱항을 갖지 않는다. 방정식에 다변수곱항을 갖고 있는 중앙원뿔곡선은 표준위치에 있는 원뿔곡선을 원점에 관해 회전할 때 생긴다. 그래서 이와 같은 곡선을 **표준위치에서 벗어나도록 회전되었다**고 한다(그림 8.4.2).

R^3 위의 이차형식은 **이차곡면**(quadric surface)이라 하는 기하학적 대상으로 나타난다. a, b, c 모두가 영이 아닐 때, 이러한 유형을 갖는 중요한 곡면의 방정식은

$$ax^2+by^2+cz^2+2dxy+2exz+2fyz+g=0$$

이다. 이들 곡면을 **중앙이차곡면**(central quadric)이라 한다. 이차곡면에 관한 문제는 연습문제에서 다룰 것이다.

원뿔곡선 판별하기

지금 앞에서 제시된 세 가지 문제 중 첫 번째 문제, 즉 2 또는 3변수에 관한 방정식 $\mathbf{x}^T A\mathbf{x}=k$로 표현되는 곡선이나 곡면을 판별하는 문제를 다루려고 한다. 먼저 2변수의 경우에 초점을 맞출 것이다. 앞에서

$$ax^2+2bxy+cy^2+f=0 \tag{11}$$

형식의 방정식은 중앙원뿔곡선을 표현함을 알았다. $b=0$이면 원뿔곡선은 표준위치에 있고, $b\neq 0$이면 회전된 것이다. 이 방정식을 표준형들 중 하나와 비교해 보고 표준위치에 있는 중앙원뿔곡선을 판별하는 것은 쉬운 문제이다. 예컨대 방정식

$$9x^2+16y^2-144=0$$

은

$$\frac{x^2}{16}+\frac{y^2}{9}=1$$

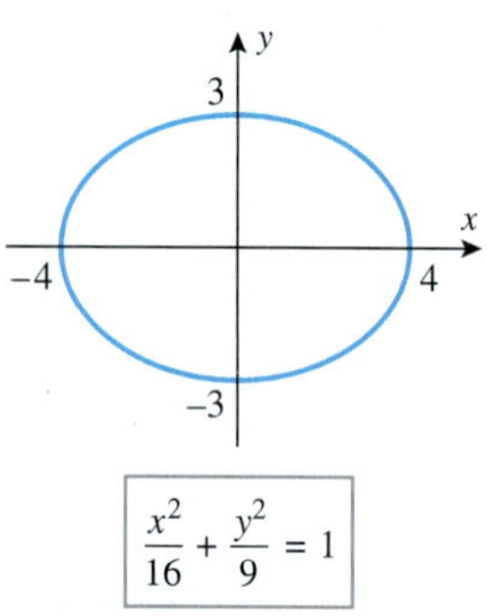

그림 8.4.3

으로 고쳐 쓸 수 있다. 표 8.4.1과 비교하면, 이것은 그림 8.4.3에서 보여 주는 타원이다.

중앙원뿔곡선이 표준위치에서 벗어나도록 회전된다면, 우선 좌표축을 회전하여 원뿔곡선을 표준위치에 놓고 그다음에 결과의 방정식을 표 8.4.1의 표준형들 중 하나와 비교해서 판별할 수 있다. 방정식 $ax^2+2bxy+cy^2+f=0$의 다변수곱항을 소거하는 회전을 구하기 위하여 상수항을 우변으로 옮기면 이 방정식은

$$ax^2+2bxy+cy^2=k$$

또는

$$\mathbf{x}^T A\mathbf{x} = [x \quad y]\begin{bmatrix} a & b \\ b & c \end{bmatrix}\begin{bmatrix} x \\ y \end{bmatrix} = k \tag{12}$$

와 같은 행렬 기호로 표현되어 계산이 편리해질 것이다. 좌표축을 회전하기 위하여 직교변수변환

$$\mathbf{x} = P\mathbf{x}'$$

을 할 필요가 있다. 여기서 $\det(P) = 1$이다. 그리고 만일 다변수곱항을 소거하기 위해 이 회전을 사용하려면 A를 직교대각화하는 행렬 P를 선택하여야 한다. 이러한 두 성질을 갖는 변수변환을 하면, 회전된 좌표계에서 식 (12)는

$$\mathbf{x}'^T D\mathbf{x}' = [x' \quad y']\begin{bmatrix} \lambda_1 & 0 \\ 0 & \lambda_2 \end{bmatrix}\begin{bmatrix} x' \\ y' \end{bmatrix} = k \tag{13}$$

이 된다. 단, λ_1과 λ_2는 A의 고유값이다. 식 (13)을

$$\lambda_1 x'^2 + \lambda_2 y'^2 = k \tag{14}$$

형식으로 표시하고 필요한 대수를 실행하여 이것을 표 8.4.1의 표준형들 중 한 표준형과 비교해 봄으로써 원뿔곡선을 판별할 수 있다. 예컨대 λ_1, λ_2와 k가 양수이면, 식 (14)는 x'축 방향의 축의 길이는 $2\sqrt{k/\lambda_1}$이고 y'축 방향의 축의 길이는 $2\sqrt{k/\lambda_2}$인 타원을 나타낸다. λ_1에 대응하는 단위고유벡터인 P의 제1열벡터는 양의 x'축 방향에 있고, λ_2에 대응하는 단위고유벡터인 P의 제2열벡터는 y'축 방향의 단위벡터이다. 이들 벡터를 타원의 **주축**(principal axis)이라 하고, 이것이 정리 8.4.1을 '주축정리'라 부르는 이유이다. 또한 P는 $x'y'$ 좌표에서 xy 좌표로의 추이행렬이므로, 7.11절의 식 (29)에 따라 P는 각 θ만큼의 회전에 의해서

$$P = \begin{bmatrix} \cos\theta & -\sin\theta \\ \sin\theta & \cos\theta \end{bmatrix} \tag{15}$$

와 같이 표현될 수 있다(그림 8.4.4).

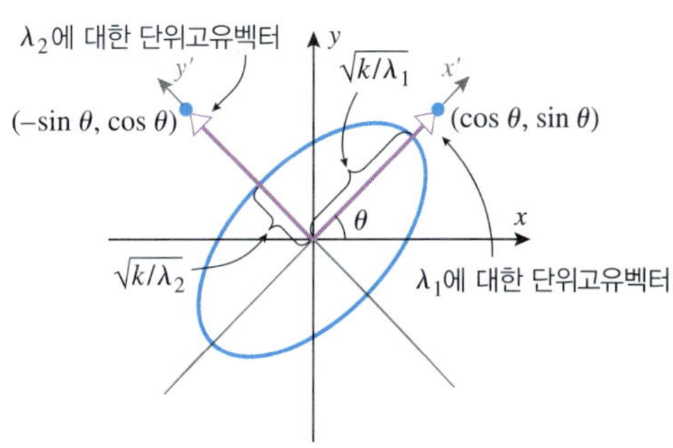

그림 8.4.4

예제 3 다변수곱항을 소거하여 원뿔곡선을 판별하기

(a) xy축을 회전해서 원뿔곡선을 표준위치에 놓고 방정식이 $5x^2 - 4xy + 8y^2 - 36 = 0$인 원뿔곡선을 판별하라.

(b) (a)에서 xy축을 회전하는 각 θ를 구하라.

풀이 (a) $\mathbf{x}^T A\mathbf{x} = 36$일 때 주어진 방정식은 행렬 형식

$$A = \begin{bmatrix} 5 & -2 \\ -2 & 8 \end{bmatrix}$$

으로 나타낼 수 있다. A의 특성다항식은

$$\begin{vmatrix} \lambda - 5 & 2 \\ 2 & \lambda - 8 \end{vmatrix} = (\lambda - 4)(\lambda - 9)$$

이므로, 고유값은 $\lambda = 4$와 $\lambda = 9$가 된다. 고유공간의 정규직교기저가

$$\lambda = 4: \quad \begin{bmatrix} \frac{2}{\sqrt{5}} \\ \frac{1}{\sqrt{5}} \end{bmatrix}, \quad \lambda = 9: \quad \begin{bmatrix} -\frac{1}{\sqrt{5}} \\ \frac{2}{\sqrt{5}} \end{bmatrix}$$

임을 밝히는 것은 독자에게 맡긴다. 따라서 A는

$$P = \begin{bmatrix} \frac{2}{\sqrt{5}} & -\frac{1}{\sqrt{5}} \\ \frac{1}{\sqrt{5}} & \frac{2}{\sqrt{5}} \end{bmatrix} \tag{16}$$

에 의하여 직교대각화된다. 더욱이 우연하게 $\det(P) = 1$이므로, $\mathbf{x} = P\mathbf{x}'$을 대입하면 좌표축이 회전함을 확실히 말할 수 있다. $\det(P) = -1$인 경우가 생긴다면, 열벡터를 교환해서 부호를 바꾸면 될 것이다. 따라서 식 (13)에 의하여 $x'y'$ 좌표계에서 원뿔곡선의 방정식은

$$[x' \quad y'] \begin{bmatrix} 4 & 0 \\ 0 & 9 \end{bmatrix} \begin{bmatrix} x' \\ y' \end{bmatrix} = 36$$

이 되고

$$4x'^2 + 9y'^2 = 36 \quad \text{or} \quad \frac{x'^2}{9} + \frac{y'^2}{4} = 1$$

와 같이 표기할 수 있다. 이 원뿔곡선은 축의 길이가 x'축 방향으로 $2\alpha = 6$이고 y'축 방향으로 $2\beta = 4$인 타원임을 표 8.4.1로부터 알 수 있다.

풀이 (b) 식 (15)에서부터

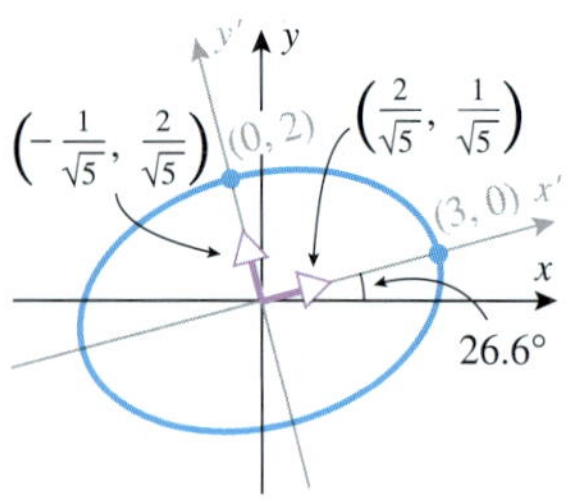

그림 8.4.5

$$P = \begin{bmatrix} \frac{2}{\sqrt{5}} & -\frac{1}{\sqrt{5}} \\ \frac{1}{\sqrt{5}} & \frac{2}{\sqrt{5}} \end{bmatrix} = \begin{bmatrix} \cos\theta & -\sin\theta \\ \sin\theta & \cos\theta \end{bmatrix}$$

이므로

$$\cos\theta = \frac{2}{\sqrt{5}}, \quad \sin\theta = \frac{1}{\sqrt{5}}, \quad \tan\theta = \frac{\sin\theta}{\cos\theta} = \frac{1}{2}$$

이 된다. 따라서 $\theta = \tan^{-1} 1/2 \approx 26.6°$이다(그림 8.4.5). ■

참고 연습문제에서 $b \neq 0$이면, 방정식

$$ax^2 + 2bxy + cy^2 = k$$

에서

$$\cot 2\theta = \frac{a - c}{2b} \tag{17}$$

를 만족시키는 각 θ만큼 회전하면 다변수곱항을 소거할 수 있음을 밝히라고 할 것이다. 이것이 마지막 예제의 (b)와 일치하는지 확인하는 것은 독자에게 맡긴다.

양의 정부호 이차형식

지금 앞에서 제시되었던 두 가지 문제 중의 두 번째, 즉 모든 영이 아닌 $\mathbf{x}$의 값에 대하여 $\mathbf{x}^T A\mathbf{x} > 0$일 조건을 결정하는 문제를 생각할 것이다. 이 문제가 중요한 이유를 간단히 설명할 것이다. 우선 몇 가지 용어를 소개한다.

정의 8.4.2 이차형식 $\mathbf{x}^T A\mathbf{x}$는

모든 $\mathbf{x} \neq \mathbf{0}$에 대하여 $\mathbf{x}^T A\mathbf{x} > 0$이면 **양의 정부호**(positive definite),

모든 $\mathbf{x} \neq \mathbf{0}$에 대하여 $\mathbf{x}^T A\mathbf{x} < 0$이면 **음의 정부호**(negative definite),

$\mathbf{x}$에 따라서 $\mathbf{x}^T A\mathbf{x}$가 양과 음의 값을 가지면 **부정부호**(indefinite)라고 한다.

이 정의의 용어는 행렬 A에도 적용된다. 즉 *대칭행렬 A는 관련된 이차형식 $\mathbf{x}^T A\mathbf{x}$가 갖는 조건에 따라 양의 정부호, 음의 정부호, 또는 부정부호라고* 한다.

다음 정리는 행렬 A와 이에 의한 이차형식 $\mathbf{x}^T A\mathbf{x}$가 양의 정부호, 음의 정부호, 또는 부정부호인지 결정할 때 고유값을 사용하는 방법을 제공한다.

정리 8.4.3 *A가 대칭행렬일 때*

(a) $\mathbf{x}^T A\mathbf{x}$가 양의 정부호이기 위한 필요충분조건은 A의 모든 고유값이 양의 실수인 것이다.

(b) $\mathbf{x}^T A\mathbf{x}$가 음의 정부호이기 위한 필요충분조건은 A의 모든 고유값이 음의 실수인 것이다.

(c) $\mathbf{x}^T A\mathbf{x}$가 부정부호이기 위한 필요충분조건은 A가 적어도 하나의 양의 고유값과 적어도 하나의 음의 고유값을 갖는 것이다.

증명 (a)와 (b) 주축정리(정리 8.4.1)에 의하여

$$\mathbf{x}^T A\mathbf{x} = \mathbf{y}^T D\mathbf{y} = \lambda_1 y_1^2 + \lambda_2 y_2^2 + \cdots + \lambda_n y_n^2 \tag{18}$$

을 만족시키는 직교변수변환 $\mathbf{x} = P\mathbf{y}$가 존재한다. 더욱이 P의 가역성에 의하여 $\mathbf{y} \neq \mathbf{0}$이기 위한 필요충분조건은 $\mathbf{x} \neq \mathbf{0}$이므로, $\mathbf{x} \neq \mathbf{0}$에 대한 $\mathbf{x}^T A\mathbf{x}$의 값은 $\mathbf{y} \neq \mathbf{0}$에 대한 $\mathbf{y}^T D\mathbf{y}$의 값과 같다. 따라서 식 (18)에 의하여 $\mathbf{x} \neq \mathbf{0}$에 대하여 $\mathbf{x}^T A\mathbf{x} > 0$이기 위한 필요충분조건은 식 (18)의 모든 λ(A의 고유값인)가 양의 실수인 것이고, $\mathbf{x} \neq \mathbf{0}$에 대하여 $\mathbf{x}^T A\mathbf{x} < 0$이기 위한 필요충분조건은 모든 고유값이 음의 실수인 것이다. 이로써 (a)와 (b)가 증명되었다.

증명 (c) A는 적어도 하나의 양의 고유값과 적어도 하나의 음의 고유값을 갖는다고 하자. 특히 식 (18)에서 $\lambda_1 > 0$, $\lambda_2 < 0$이라 가정하면

$y_1 = 1$이고 다른 모든 y는 0일 때 $\mathbf{x}^T A\mathbf{x} > 0$

이고

$y_2 = 1$이고 다른 모든 y는 0일 때 $\mathbf{x}^T A\mathbf{x} < 0$

이다. 이것은 $\mathbf{x}^T A\mathbf{x}$가 부정부호임을 증명하는 것이다. 역으로 어떤 $\mathbf{x}$에 대해서 $\mathbf{x}^T A\mathbf{x} > 0$이면 어떤 $\mathbf{y}$에 대해서 $\mathbf{y}^T D\mathbf{y} > 0$이므로, 식 (18)에서 λ들 중 적어도 하나는 양의 실수여야 한다. 같은 방법으로 어떤 $\mathbf{x}$에 대해서 $\mathbf{x}^T A\mathbf{x} < 0$이면 어떤 $\mathbf{y}$에 대해서 $\mathbf{y}^T D\mathbf{y} < 0$이므로, 식 (18)에서 λ들 중 적어도 하나는 음의 실수여야 한다. 이것으로 증명은 끝난다.

참고 정의 8.4.2에서 세 가지 부류가 모든 가능성을 다 열거한 것은 아니다. 예컨대 $\mathbf{x} \neq \mathbf{0}$에 대해서 $\mathbf{x}^T A\mathbf{x} \geq 0$인 이차형식을 **양의 반정부호**(positive semidefinite)라 하고, $\mathbf{x} \neq \mathbf{0}$에 대해서 $\mathbf{x}^T A\mathbf{x} \leq 0$인 이차형식을 **음의 반정부호**(negative semidefinite)라 한다. 모든 양의 정부호 이차형식은 양의 반정부호이지만 역은 성립하지 않는다. 그리고 모든 음의 정부호 이차형식은 음의 반정부호이지만 역은 성립하지 않는다(왜?). 정리 8.4.3의 증명을 적당히 조정하면, $\mathbf{x}^T A\mathbf{x}$가 양의 반정부호이기 위한 필요충분조건은 A의 모든 고유값이 음이 아닌 실수이고 $\mathbf{x}^T A\mathbf{x}$가 음의 반정부호이기 위한 필요충분조건은 A의 모든 고유값이 양이 아닌 실수임을 증명할 수 있다.

예제 4 양의 정부호 이차형식

보통 대칭행렬 A의 성분들의 부호에 의해서는 그 행렬이 양의 정부호, 음의 정부호, 또는 부정부호인지 말할 수 없다. 예컨대 행렬

$$A = \begin{bmatrix} 3 & 1 & 1 \\ 1 & 0 & 2 \\ 1 & 2 & 0 \end{bmatrix}$$

의 성분들은 음이 아니지만 고유값이 $\lambda = 1, 4, -2$(증명하라)이므로 A는 부정부호이다. 이것을 또 다른

방법으로 알아보기 위하여 이차형식을

$$Q_A(\mathbf{x}) = \mathbf{x}^TA\mathbf{x} = [x_1 \quad x_2 \quad x_3]\begin{bmatrix} 3 & 1 & 1 \\ 1 & 0 & 2 \\ 1 & 2 & 0 \end{bmatrix}\begin{bmatrix} x_1 \\ x_2 \\ x_3 \end{bmatrix} = 3x_1^2 + 2x_1x_2 + 2x_1x_3 + 4x_2x_3$$

으로 나타내자. 예컨대 $x_1 = 0, x_2 = 1, x_3 = 1$일 때 $Q_A = 4$이고 $x_1 = 0, x_2 = 1, x_3 = -1$일 때 $Q_A = -4$임을 알 수 있다. ■

개념문제 양의 정부호와 음의 정부호 행렬은 가역행렬이다. 이유는 무엇인가?

고유값을 이용하여 원뿔곡선 분류하기

$\mathbf{x}^TB\mathbf{x} = k$가 원뿔곡선의 방정식이고 $k \neq 0$이면 양변을 k로 나누어 이 방정식을

$$\mathbf{x}^TA\mathbf{x} = 1 \tag{19}$$

형식으로 고쳐 쓸 수 있다. 단, $A = (1/k)B$이다. 지금 좌표축을 회전하여(할 수만 있다면) 방정식에서 다변수곱항을 소거하면, 새로운 좌표계에서 원뿔곡선의 방정식은

$$\lambda_1 x'^2 + \lambda_2 y'^2 = 1 \tag{20}$$

형식이 될 것이다. 여기서 λ_1과 λ_2는 A의 고유값이다. 이 방정식으로 표현되는 종류의 원뿔곡선은 고유값 λ_1과 λ_2의 부호에 달려 있다. 예컨대 식 (20)에서부터 다음을 밝힐 수 있을 것이다.

- $\lambda_1 > 0$이고 $\lambda_2 > 0$이면 $\mathbf{x}^TA\mathbf{x} = 1$은 타원을 나타낸다.
- $\lambda_1 < 0$이고 $\lambda_2 < 0$이면 $\mathbf{x}^TA\mathbf{x} = 1$은 그래프를 갖지 않는다.
- λ_1과 λ_2가 반대부호이면 $\mathbf{x}^TA\mathbf{x} = 1$은 쌍곡선을 나타낸다.

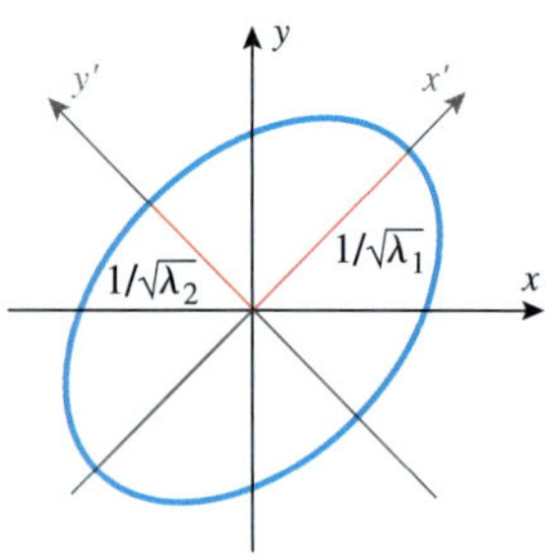

그림 8.4.6

타원인 경우, 식 (20)은

$$\frac{x'^2}{(1/\sqrt{\lambda_1})^2} + \frac{y'^2}{(1/\sqrt{\lambda_2})^2} = 1 \tag{21}$$

과 같이 고쳐 쓸 수 있으므로 타원의 주축의 길이는 $2/\sqrt{\lambda_1}$와 $2/\sqrt{\lambda_2}$이다(그림 8.4.6).

다음 정리는 정리 8.4.3과 상기 논의의 결과이다.

정리 8.4.4 *A가 2 × 2 대칭행렬일 때*

(a) A가 양의 정부호이면 $\mathbf{x}^TA\mathbf{x} = 1$은 타원을 나타낸다.

(b) A가 음의 정부호이면 $\mathbf{x}^TA\mathbf{x} = 1$은 그래프를 갖지 않는다.

(c) A가 부정부호이면 $\mathbf{x}^TA\mathbf{x} = 1$은 쌍곡선을 나타낸다.

예제 3에서는 회전하여 방정식

$$5x^2 - 4xy + 8y^2 - 36 = 0$$

이 장축의 길이는 6이고 단축의 길이는 4인 타원을 나타냄을 밝혔다. 이 결론은 또한 주어진 방정식을

$$\tfrac{5}{36}x^2 - \tfrac{1}{9}xy + \tfrac{2}{9}y^2 = 1$$

로 고쳐 쓰고 부수된 행렬

$$A = \begin{bmatrix} \frac{5}{36} & -\frac{1}{18} \\ -\frac{1}{18} & \frac{2}{9} \end{bmatrix}$$

의 고유값이 $\lambda_1 = \frac{1}{9}$과 $\lambda_2 = \frac{1}{4}$임을 밝혀서 얻을 수 있다. 이들 고유값은 양수이므로, 행렬 A는 양의 정부

호이고 방정식은 타원을 나타낸다. 더욱이 식 (20)으로부터 타원의 축의 길이는 $2/\sqrt{\lambda_1} = 6$과 $2/\sqrt{\lambda_2} = 4$가 된다. 이것은 예제 3의 결과와 일치한다.

참고 정리 8.4.4의 (*a*)를 고려하여, A가 양의 정부호 대칭행렬일 때 $\mathbf{x}^T A\mathbf{x} = 1$형의 방정식을 만족시키는 R^n의 점들의 집합을 **중앙타원면**(central ellipsoid)이라 한다. A가 항등행렬인 경우에 타원면을 **단위구**(unit sphere)라 하는데, 그것의 방정식 $\mathbf{x}^T\mathbf{x} = 1$이 조건 $\|\mathbf{x}\| = 1$과 동치이기 때문이다.

양의 정부호 행렬 판별하기

양의 정부호 행렬은 응용 측면에서 매우 중요한 대칭행렬이므로 좀 더 학습하는 것도 유익할 것이다. 이미 대칭행렬이 양의 정부호이기 위한 필요충분조건은 그것의 고유값이 모두 양수임을 알고 있다. 그러나 지금부터는 고유값을 구하지 않고 대칭행렬이 양의 정부호인지를 결정하는 기준을 제시할 것이다. 이를 위해 $n \times n$ 행렬 A의 처음 k개의 행과 열로 이루어진 $k \times k$ 부분행렬을 A의 ***k*번째 주부분행렬**(*k*th principal submatrix)이라 정의한다. 예컨대 일반적인 4×4 행렬의 주부분행렬은 다음과 같다.

$$\begin{bmatrix} a_{11} & a_{12} & a_{13} & a_{14} \\ a_{21} & a_{22} & a_{23} & a_{24} \\ a_{31} & a_{32} & a_{33} & a_{34} \\ a_{41} & a_{42} & a_{43} & a_{44} \end{bmatrix} \quad \begin{bmatrix} a_{11} & a_{12} & a_{13} & a_{14} \\ a_{21} & a_{22} & a_{23} & a_{24} \\ a_{31} & a_{32} & a_{33} & a_{34} \\ a_{41} & a_{42} & a_{43} & a_{44} \end{bmatrix} \quad \begin{bmatrix} a_{11} & a_{12} & a_{13} & a_{14} \\ a_{21} & a_{22} & a_{23} & a_{24} \\ a_{31} & a_{32} & a_{33} & a_{34} \\ a_{41} & a_{42} & a_{43} & a_{44} \end{bmatrix} \quad \begin{bmatrix} a_{11} & a_{12} & a_{13} & a_{14} \\ a_{21} & a_{22} & a_{23} & a_{24} \\ a_{31} & a_{32} & a_{33} & a_{34} \\ a_{41} & a_{42} & a_{43} & a_{44} \end{bmatrix}$$

첫 번째 주부분행렬 | 두 번째 주부분행렬 | 세 번째 주부분행렬 | 네 번째 주부분행렬

증명 없이 서술하는 다음 정리는 대칭행렬이 양의 정부호인지를 결정하는 데 행렬식 검사법을 제공한다.

정리 8.4.5 *대칭행렬 A가 양의 정부호이기 위한 필요충분조건은 모든 주부분행렬의 행렬식이 양의 실수인 것이다.*

예제 5 주부분행렬로 계산하기

행렬

$$A = \begin{bmatrix} 2 & -1 & -3 \\ -1 & 2 & 4 \\ -3 & 4 & 9 \end{bmatrix}$$

는 행렬식들

$$|2| = 2, \quad \begin{vmatrix} 2 & -1 \\ -1 & 2 \end{vmatrix} = 3, \quad \begin{vmatrix} 2 & -1 & -3 \\ -1 & 2 & 4 \\ -3 & 4 & 9 \end{vmatrix} = 1$$

이 모두 양의 실수이므로 양의 정부호이다. 따라서 A의 모든 고유값은 양의 실수이고 $\mathbf{x} \neq \mathbf{0}$에 대해서 $\mathbf{x}^T A\mathbf{x} > 0$임을 확증한다. ■

개념문제 3×3 대칭행렬의 모든 주부분행렬의 행렬식이 음의 실수이면, 그 행렬은 음의 정부호인가? 추론하라.

다음 정리는 양의 정부호 행렬의 두 가지 중요한 인수분해 성질을 제공해 준다.

정리 8.4.6 *A가 대칭행렬일 때 다음 명제는 동치이다.*

(a) A는 양의 정부호 행렬이다.

(b) $A = B^2$를 만족시키는 양의 정부호 대칭행렬 B가 존재한다.

(c) $A = C^T C$를 만족시키는 가역행렬 C가 존재한다.

증명 (*a*) ⇒ (*b*) A는 대칭행렬이므로 직교대각화 가능하다. 따라서 D가 A의 고유값을 대각 성분으로 하

는 대각행렬일 때, $P^TAP = D$를 만족시키는 직교행렬 P가 존재한다. 더욱이 A는 양의 정부호이므로 고유값은 양수이고, 따라서 D를 $D = D_1^2$으로 나타낼 수 있다. 여기서 D_1은 A의 고유값의 제곱근을 성분으로 하는 대각행렬이다. 따라서 $P^TAP = D_1^2$ 이 성립하여

$$A = PD_1^2P^T = PD_1D_1P^T = PD_1P^TPD_1P^T = (PD_1P^T)(PD_1P^T) = B^2 \tag{22}$$

와 같이 고쳐 쓸 수 있다. 여기서 $B = PD_1P^T$이다. B가 대칭행렬임을 확인하는 것은 독자에게 맡긴다. B가 양의 고유값을 가짐을 증명하여 양의 정부호 행렬임을 밝힐 것이다. 고유값은 닮음불변량이고 B는 D_1과 닮음이므로, B의 고유값은 D_1의 고유값과 같다. 따라서 B의 고유값은 A의 고유값의 제곱근이므로 양의 실수이다.

증명 (b) ⇒ (c) B가 양의 정부호 대칭행렬이고 $A = B^2$라 하자. 따라서 $A = B^2 = BB = B^TB$가 된다. 따라서 $C = B$라 놓으면 된다.

증명 (c) ⇒ (a) C가 가역행렬일 때 $A = C^TC$라 가정하자. $\mathbf{x} \neq \mathbf{0}$에 대해서 $\mathbf{x}^TA\mathbf{x} > 0$을 밝혀서 A가 양의 정부호임을 증명할 것이다. 이것을 증명하기 위하여 3.1절의 식 (26)과 정리 3.2.10의 (e)를 이용하면

$$\mathbf{x}^TA\mathbf{x} = \mathbf{x}^TC^TC\mathbf{x} = (C\mathbf{x})^T(C\mathbf{x}) = C\mathbf{x} \cdot C\mathbf{x} = \|C\mathbf{x}\|^2 \geq 0$$

이 된다. 그런데 C의 가역성에 의하여 $\mathbf{x} \neq \mathbf{0}$일 때 $C\mathbf{x} \neq \mathbf{0}$이므로 $\mathbf{x} \neq \mathbf{0}$에 대하여 $\mathbf{x}^TA\mathbf{x} > 0$이 성립한다. ■

예제 6 인수분해 $A = B^2$

8.3절의 예제 1에서 행렬

$$A = \begin{bmatrix} 4 & 2 & 2 \\ 2 & 4 & 2 \\ 2 & 2 & 4 \end{bmatrix}$$

의 고유값은 $\lambda = 2$와 $\lambda = 8$이고

$$P^TAP = \begin{bmatrix} -\frac{1}{\sqrt{2}} & \frac{1}{\sqrt{2}} & 0 \\ -\frac{1}{\sqrt{6}} & -\frac{1}{\sqrt{6}} & \frac{2}{\sqrt{6}} \\ \frac{1}{\sqrt{3}} & \frac{1}{\sqrt{3}} & \frac{1}{\sqrt{3}} \end{bmatrix} \begin{bmatrix} 4 & 2 & 2 \\ 2 & 4 & 2 \\ 2 & 2 & 4 \end{bmatrix} \begin{bmatrix} -\frac{1}{\sqrt{2}} & -\frac{1}{\sqrt{6}} & \frac{1}{\sqrt{3}} \\ \frac{1}{\sqrt{2}} & -\frac{1}{\sqrt{6}} & \frac{1}{\sqrt{3}} \\ 0 & \frac{2}{\sqrt{6}} & \frac{1}{\sqrt{3}} \end{bmatrix} = \begin{bmatrix} 2 & 0 & 0 \\ 0 & 2 & 0 \\ 0 & 0 & 8 \end{bmatrix} = D$$

임을 밝혔다. 고유값은 양의 실수이므로, 정리 8.4.6에 의하여 A는 적당한 양의 정부호 대칭행렬 B에 대해서 $A = B^2$로 인수분해 될 수 있다. 이러한 행렬 B를 구하는 한 가지 방법은 D_1이 D의 대각 성분의 제곱근을 대각 성분으로 하는 대각행렬일 때 식 (22)를 사용하고 $B = PD_1P^T$라 놓으면 되는 것이다. 따라서

$$B = PD_1P^T = \begin{bmatrix} -\frac{1}{\sqrt{2}} & -\frac{1}{\sqrt{6}} & \frac{1}{\sqrt{3}} \\ \frac{1}{\sqrt{2}} & -\frac{1}{\sqrt{6}} & \frac{1}{\sqrt{3}} \\ 0 & \frac{2}{\sqrt{6}} & \frac{1}{\sqrt{3}} \end{bmatrix} \begin{bmatrix} \sqrt{2} & 0 & 0 \\ 0 & \sqrt{2} & 0 \\ 0 & 0 & \sqrt{8} \end{bmatrix} \begin{bmatrix} -\frac{1}{\sqrt{2}} & \frac{1}{\sqrt{2}} & 0 \\ -\frac{1}{\sqrt{6}} & -\frac{1}{\sqrt{6}} & \frac{2}{\sqrt{6}} \\ \frac{1}{\sqrt{3}} & \frac{1}{\sqrt{3}} & \frac{1}{\sqrt{3}} \end{bmatrix}$$

$$= \begin{bmatrix} \frac{4\sqrt{2}}{3} & \frac{\sqrt{2}}{3} & \frac{\sqrt{2}}{3} \\ \frac{\sqrt{2}}{3} & \frac{4\sqrt{2}}{3} & \frac{\sqrt{2}}{3} \\ \frac{\sqrt{2}}{3} & \frac{\sqrt{2}}{3} & \frac{4\sqrt{2}}{3} \end{bmatrix}$$

가 된다. $A = B^2$임을 확인하는 것은 독자에게 맡긴다. ■

역사 속의 선형대수

Cholesky 인수분해에 관한 이야기는 약간 분명치 않다. 그러나 일반적으로 그것은 포병 사령관을 겸직했던 프랑스 육군 장교인 André-Louis Cholesky가 생각한 것으로 알려져 있다. 그는 제1차 세계대전 이전에는 크레타섬과 북아프리카에서 측지학과 측량에 관계하였다. Cholesky는 전쟁 중에 작전에서 전사하였고, 그의 업적은 한 동료 장교가 그를 추모하기 위해 발표하였다.

André-Louis Cholesky
(1875~1918)

Cholesky 인수분해 정리 8.4.6으로부터 A가 양의 정부호 대칭행렬이면, 적당한 가역행렬 C를 이용하여 $A = C^TC$로 인수분해 할 수 있음을 알고 있다. 좀 더 특별하게 A가 양의 정부호 대칭행렬이면, A는 $A = R^TR$으로 인수분해될 수 있다. 여기서 R은 주대각 성분이 양수인 상부삼각행렬이다. 이와 같은 인수분해를 A의 **Cholesky 인수분해**(Cholesky factorization)라 한다. Cholesky 인수분해는 많은 수치 알고리즘에서 중요하므로 MATLAB, Maple, Mathematica와 같은 수치 알고리즘 패키지는 인수분해를 계산하기 위한 정해진 명령어를 갖고 있다.

연습문제 8.4

연습문제 1과 2에서는 A가 대칭행렬일 때, 이차형식을 행렬기호 $\mathbf{x}^TA\mathbf{x}$로 나타내라.

1. (a) $3x_1^2 + 7x_2^2$ (b) $4x_1^2 - 9x_2^2 - 6x_1x_2$
(c) $9x_1^2 - x_2^2 + 4x_3^2 + 6x_1x_2 - 8x_1x_3 + x_2x_3$

2. (a) $5x_1^2 + 5x_1x_2$ (b) $-7x_1x_2$
(c) $x_1^2 + x_2^2 - 3x_3^2 - 5x_1x_2 + 9x_1x_3$

연습문제 3과 4에서는 행렬을 이용하지 않은 이차형식에 관한 수식을 구하라.

3. $[x \quad y]\begin{bmatrix} 2 & -3 \\ -3 & 5 \end{bmatrix}\begin{bmatrix} x \\ y \end{bmatrix}$

4. $[x_1 \quad x_2 \quad x_3]\begin{bmatrix} -2 & \frac{7}{2} & 1 \\ \frac{7}{2} & 0 & 6 \\ 1 & 6 & 3 \end{bmatrix}\begin{bmatrix} x_1 \\ x_2 \\ x_3 \end{bmatrix}$

연습문제 5~8에서는 이차형식 Q에서 다변수곱항을 소거하는 직교변수변환을 구하고 새로운 변수로 Q를 나타내라.

5. $Q = 2x_1^2 + 2x_2^2 - 2x_1x_2$

6. $Q = 5x_1^2 + 2x_2^2 + 4x_3^2 + 4x_1x_2$

7. $Q = 3x_1^2 + 4x_2^2 + 5x_3^2 + 4x_1x_2 - 4x_2x_3$

8. $Q = 2x_1^2 + 5x_2^2 + 5x_3^2 + 4x_1x_2 - 4x_1x_3 - 8x_2x_3$

연습문제 9와 10에서는 이차방정식을 행렬 형식 $\mathbf{x}^TA\mathbf{x} + K\mathbf{x} + f = 0$으로 표시하라. 여기서 $\mathbf{x}^TA\mathbf{x}$는 부수된 이차형식이고 K는 적당한 행렬이다.

9. (a) $2x^2 + xy + x - 6y + 2 = 0$
(b) $y^2 + 7x - 8y - 5 = 0$

10. (a) $x^2 - xy + 5x + 8y - 3 = 0$
(b) $5xy = 8$

연습문제 11과 12에서는 주어진 방정식으로 표현되는 원뿔곡선의 형태를 판별하라.

11. (a) $2x^2 + 5y^2 = 20$ (b) $x^2 - y^2 - 8 = 0$
(c) $7y^2 - 2x = 0$ (d) $x^2 + y^2 - 25 = 0$

12. (a) $4x^2 + 9y^2 = 1$ (b) $4x^2 - 5y^2 = 20$
(c) $-x^2 = 2y$ (d) $x^2 - 3 = -y^2$

연습문제 13~16에서는 원뿔곡선을 표준위치에 있도록 xy축을 회전해서 방정식으로 표현되는 원뿔곡선의 형태를 판별하라. 회전된 좌표계에서 원뿔곡선의 방정식을 구하라. 그리고 좌표축을 회전시키는 각 θ를 계산하라.

13. $2x^2 - 4xy - y^2 + 8 = 0$ **14.** $5x^2 + 4xy + 5y^2 = 9$

15. $11x^2 + 24xy + 4y^2 - 15 = 0$

16. $x^2 + xy + y^2 = \frac{1}{2}$

연습문제 17과 18에서는 행렬이 양의 정부호, 음의 정부호, 부정부호, 양의 반정부호, 또는 음의 반정부호인지를 검사해서 결정하라.

17. (a) $\begin{bmatrix} 1 & 0 \\ 0 & 2 \end{bmatrix}$ (b) $\begin{bmatrix} -1 & 0 \\ 0 & -2 \end{bmatrix}$ (c) $\begin{bmatrix} -1 & 0 \\ 0 & 2 \end{bmatrix}$
(d) $\begin{bmatrix} 1 & 0 \\ 0 & 0 \end{bmatrix}$ (e) $\begin{bmatrix} 0 & 0 \\ 0 & -2 \end{bmatrix}$

18. (a) $\begin{bmatrix} 2 & 0 \\ 0 & -5 \end{bmatrix}$ (b) $\begin{bmatrix} -2 & 0 \\ 0 & -5 \end{bmatrix}$ (c) $\begin{bmatrix} 2 & 0 \\ 0 & 5 \end{bmatrix}$
(d) $\begin{bmatrix} 0 & 0 \\ 0 & -5 \end{bmatrix}$ (e) $\begin{bmatrix} 2 & 0 \\ 0 & 0 \end{bmatrix}$

연습문제 19~24에서는 이차형식을 양의 정부호, 음의 정부호, 부정부호, 양의 반정부호, 또는 음의 반정부호로 분류하라.

19. $x_1^2 + x_2^2$ **20.** $-x_1^2 - 3x_2^2$

21. $(x_1 - x_2)^2$ **22.** $-(x_1 - x_2)^2$

23. $x_1^2 - x_2^2$ **24.** x_1x_2

연습문제 25와 26에서는 먼저 정리 8.4.3을, 그다음에는 정리 8.4.5를 이용하여 행렬 A가 양의 정부호임을 밝혀라.

25. (a) $A = \begin{bmatrix} 5 & -2 \\ -2 & 5 \end{bmatrix}$ (b) $A = \begin{bmatrix} 2 & -1 & 0 \\ -1 & 2 & 0 \\ 0 & 0 & 5 \end{bmatrix}$

26. (a) $A = \begin{bmatrix} 2 & 1 \\ 1 & 2 \end{bmatrix}$ (b) $A = \begin{bmatrix} 3 & -1 & 0 \\ -1 & 2 & -1 \\ 0 & -1 & 3 \end{bmatrix}$

27. B가 양의 정부호 대칭행렬일 때, 연습문제 25의 양의 정부호 대칭행렬을 $A = B^2$형으로 나타내라.

28. B가 양의 정부호 대칭행렬일 때, 연습문제 26의 양의 정부호 대칭행렬을 $A = B^2$형으로 나타내라.

연습문제 29와 30에서는 주어진 이차형식이 양의 정부호가 되는 k의 모든 값을 구하라.

29. $5x_1^2 + x_2^2 + kx_3^2 + 4x_1x_2 - 2x_1x_3 - 2x_2x_3$

30. $3x_1^2 + x_2^2 + 2x_3^2 - 2x_1x_3 + 2kx_2x_3$

31. 행렬 $A = \begin{bmatrix} 9 & 6 \\ 6 & 9 \end{bmatrix}$일 때

(a) 행렬 A는 양의 정부호임을 밝히고 $A = B^2$을 만족시키는 두 개의 서로 다른 양의 정부호 대칭행렬 B를 구하라.

(b) $A = C^TC$를 만족시키는 가역 상부삼각행렬 C를 구하라. [*힌트*: 우선 C의 고유값을 구하라.]

32. $\mathbf{x}^TA\mathbf{x}$를 $x_1, x_2, \cdots, x_n$에 관한 이차형식이라 하고 $T : R^n \to R$을 $T(\mathbf{x}) = \mathbf{x}^TA\mathbf{x}$라 정의하자.

(a) $T(x + y) = T(\mathbf{x}) + 2\mathbf{x}^TA\mathbf{y} + T(\mathbf{y})$임을 밝혀라.

(b) $T(c\mathbf{x}) = c^2T(\mathbf{x})$임을 밝혀라.

33. 이차형식 $(c_1x_1 + c_2x_2 + \cdots + c_nx_n)^2$을 대칭행렬 A에 의한 행렬표기인 $\mathbf{x}^TA\mathbf{x}$로 나타내라.

34. 통계학에서 변량

$$\overline{x} = \frac{1}{n}(x_1 + x_2 + \cdots + x_n)$$

과

$$s_x^2 = \frac{1}{n-1}\left[(x_1 - \overline{x})^2 + (x_2 - \overline{x})^2 + \cdots + (x_n - \overline{x})^2\right]$$

을 각각 $\mathbf{x} = (x_1, x_2, \cdots, x_n)$의 **표본평균**(sample mean)과 **표본분산**(sample variance)이라 한다.

(a) A가 대칭행렬일 때 이차형식 s_x^2을 대칭행렬 A에 의한 행렬표기 $\mathbf{x}^TA\mathbf{x}$로 나타내라.

(b) s_x^2는 양의 정부호 이차형식인가? 설명하라.

35. a, b, c가 양수일 때 xyz 좌표계에서 $ax^2 + by^2 + cz^2 = 1$ 형식의 방정식으로 주어지는 그래프는 **표준위치에 있는 중앙타원면**이라 부르는 곡면이다(그림 참조). 이 곡면은 xy 평면에서의 타원 $ax^2 + by^2 = 1$을 삼차원으로 일반화한 것이다. 좌표축과 타원면 $ax^2 + by^2 + cz^2 = 1$과의 교선은 타원면의 축이라 부르는 세 개의 선분을 결정한다. 중앙타원면을 원점을 중심으로 회전하여 두 개 또는 그 이상의 축이 임의의 좌표축과 일치하지 않게 된다면, 결과의 방정식은 하나 또는 그 이상의 다변수곱항을 가질 것이다.

(a) 방정식

$$\tfrac{4}{3}x^2 + \tfrac{4}{3}y^2 + \tfrac{4}{3}z^2 + \tfrac{4}{3}xy + \tfrac{4}{3}xz + \tfrac{4}{3}yz = 1$$

은 타원면을 나타냄을 밝히고, 그 축의 길이를 구하라. [*힌트*: 방정식을 $\mathbf{x}^TA\mathbf{x} = 1$형으로 표기하고 직교변수변환을 해서 다변수곱항을 소거하라.]

(b) 방정식 $\mathbf{x}^TA\mathbf{x} = 1$이 타원면을 표현하려면 3×3 대칭행렬 A는 어떤 성질을 가져야 하는가?

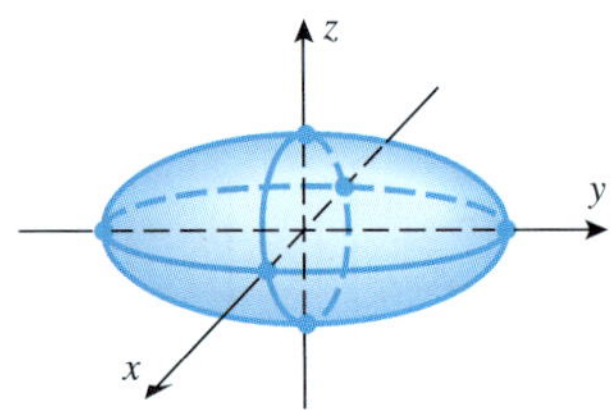

그림 Ex-35

토론과 발견

D1. 다음 명제들이 참(T)인지 거짓(F)인지 판별하고 그 이유를 설명하라.

(a) 성분이 양의 실수인 대칭행렬은 양의 정부호이다.

(b) $x_1^2 - x_2^2 + x_3^2 + 4x_1x_2x_3$은 이차형식이다.

(c) $(x_1 - 3x_2)^2$은 이차형식이다.

(d) 양의 정부호 행렬은 가역이다.

(e) 대칭행렬은 양의 정부호, 음의 정부호, 또는 부정부호이다.

(f) A가 양의 정부호 행렬이면 $-A$는 음의 정부호 행렬이다.

D2. 다음 명제들이 참(T)인지 거짓(F)인지 판별하고 그 이유를 설명하라.

(a) $\mathbf{x}$가 R^n의 벡터이면, $\mathbf{x} \cdot \mathbf{x}$는 이차형식이다.

(b) $\mathbf{x}^TA\mathbf{x}$가 양의 정부호 이차형식이면, $\mathbf{x}^TA^{-1}\mathbf{x}$도 양의 정부호 이차형식이다.

(c) A가 양의 고유값을 갖는 행렬이면, $\mathbf{x}^TA\mathbf{x}$는 양의 정부호 이차형식이다.

(d) A가 모든 성분이 양수이고 행렬식이 양수인 2×2 대칭행렬이면, A는 양의 정부호 행렬이다.

(e) $\mathbf{x}^TA\mathbf{x}$가 다변수곱항이 없는 이차형식이면, A는 대각행렬이다.

(f) $\mathbf{x}^TA\mathbf{x}$가 x와 y에 관한 양의 정부호 이차형식이고 $c \neq 0$이면, $\mathbf{x}^TA\mathbf{x} = c$의 그래프는 타원이다.

D3. $\mathbf{x}^TA\mathbf{x} = 1$이 원을 나타내려면 2×2 대칭행렬 A는 어떤 성질을 가져야 하는가?

증명문제

P1. $b \neq 0$일 때 방정식

$$\cot 2\theta = \frac{a-c}{2b}$$

를 만족시키는 각 θ만큼 좌표축을 회전해서 이차형식 $ax^2 + 2bxy + cy^2$에서 다변수곱항을 소거할 수 있음을 증명하라.

P2. 정의 8.4.2와 정리 8.4.3에 의하여 A가 양수의 고유값을 갖는 대칭행렬이면, $\mathbf{x} \neq \mathbf{0}$에 대해서 $\mathbf{x}^T A\mathbf{x} > \mathbf{0}$임을 알고 있다. 만일 A가 음이 아닌 고유값을 갖는 대칭행렬이면, $\mathbf{x} \neq \mathbf{0}$에 대해서 $\mathbf{x}^T A\mathbf{x} \geq 0$임을 증명하라.

프로그램 활용 연습문제

T1. 이차형식

$$Q = 2x_1^2 - x_2^2 + 3x_3^2 + 4x_4^2 - x_1x_2 - 3x_1x_4 + 2x_2x_3 - x_3x_4$$

에서 다변수곱항을 소거하는 직교변수변환을 구하고 Q를 새로운 변수로 나타내라.

T2. 많은 선형대수 계산 유틸리티는 양의 정부호 대칭행렬의 Cholesky 인수분해를 구하는 명령어를 갖는다. Hilbert 행렬

$$A = \begin{bmatrix} 1 & \frac{1}{2} & \frac{1}{3} & \frac{1}{4} \\ \frac{1}{2} & \frac{1}{3} & \frac{1}{4} & \frac{1}{5} \\ \frac{1}{3} & \frac{1}{4} & \frac{1}{5} & \frac{1}{6} \\ \frac{1}{4} & \frac{1}{5} & \frac{1}{6} & \frac{1}{7} \end{bmatrix}$$

는 분명히 대칭행렬이다. A의 고유값을 구하여 A가 양의 정부호 행렬임을 밝히고 난 후에, Cholesky 인수분해 $A = R^TR$을 구하라. 여기서 R은 상부삼각행렬이다. R^TR을 계산해서 그 결과를 확인하라.

8.5 최적화에 대한 이차형식의 응용

이차형식은 최대값 또는 최소값을 찾는 여러 가지 문제에서 나타난다. 이 절에서 이와 관련한 몇 가지 문제를 미적분학의 개념을 바탕으로 논의할 것이다.

이변수 함수의 극값

함수 $f(x, y)$가 일차편도함수를 갖는다면, $f(x, y)$의 극대값과 극소값은, 존재한다면

$$f_x(x, y) = 0\,, \quad f_y(x, y) = 0$$

인 점에서 나타난다. 이들 점을 **임계점**(critical point)이라 한다. 임계점 (x_0, y_0)에서의 f의 움직임은 점 (x_0, y_0)이 제거된 (x_0, y_0) 근방의 임의의 점 (x, y)에서

$$D(x, y) = f(x, y) - f(x_0, y_0) \tag{1}$$

의 부호로 결정된다.

- 점 (x_0, y_0)이 제거된 (x_0, y_0) 근방의 임의의 점 (x, y)에서 $D(x, y) > 0$이면, 그 근방에서 $f(x_0, y_0) < f(x, y)$이고 f는 (x_0, y_0)에서 **극소값**(relative minimum)을 갖는다고 한다(그림 8.5.1a).
- 점 (x_0, y_0)이 제거된 (x_0, y_0) 근방의 임의의 점 (x, y)에서 $D(x, y) < 0$이면, 그 근방에서 $f(x_0, y_0) > f(x, y)$이고 f는 (x_0, y_0)에서 **극대값**(relative maximum)을 갖는다고 한다(그림 8.5.1b).
- $D(x, y)$가 (x_0, y_0)의 임의의 근방에서 양의 값과 음의 값을 동시에 가지면, $f(x_0, y_0) < f(x, y)$인 점 (x, y)와 $f(x_0, y_0) > f(x, y)$인 점 (x, y)가 (x_0, y_0)의 근방에 존재한다. 이때 f는 (x_0, y_0)에서 **안장점**(saddle point)을 갖는다고 한다(그림 8.5.1c).

일반적으로 식 (1)의 부호를 직접 결정하는 일은 어려울 수 있다. 그러나 미적분학에서 증명된 다음 정리는 도함수를 이용하여 임계점을 분석할 수 있게 해 준다.

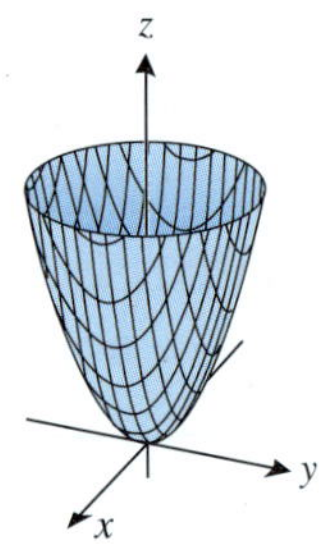

(0, 0, 0)에서 극소값

(*a*)

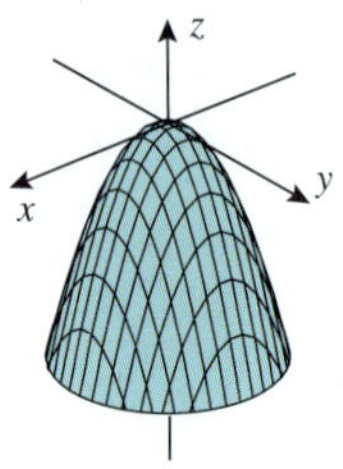

(0, 0, 0)에서 극대값

(*b*)

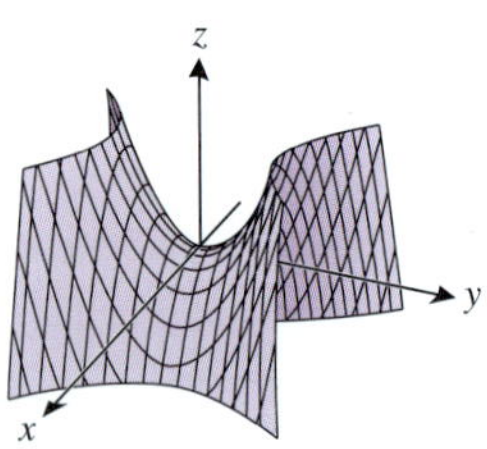

(0, 0, 0)에서 안장점

(*c*)

그림 8.5.1

정리 8.5.1 **(이차도함수 판정법)** (x_0, y_0)을 $f(x, y)$의 임계점이라 하고 f는 (x_0, y_0)의 적당한 근방에서 연속인 이차편도함수를 갖는다고 하자.

(*a*) $f_{xx}(x_0, y_0)f_{yy}(x_0, y_0) - f_{xy}^2(x_0, y_0) > 0$이고 $f_{xx}(x_0, y_0) > 0$이면 f는 (x_0, y_0)에서 극소값을 갖는다.

(*b*) $f_{xx}(x_0, y_0)f_{yy}(x_0, y_0) - f_{xy}^2(x_0, y_0) > 0$이고 $f_{xx}(x_0, y_0) < 0$이면 f는 (x_0, y_0)에서 극대값을 갖는다.

(*c*) $f_{xx}(x_0, y_0)f_{yy}(x_0, y_0) - f_{xy}^2(x_0, y_0) < 0$이면 f는 (x_0, y_0)에서 안장점을 갖는다.

(*d*) $f_{xx}(x_0, y_0)f_{yy}(x_0, y_0) - f_{xy}^2(x_0, y_0) = 0$이면 이 판정법으로 판정할 수 없다.

이 절에서는 이 정리를 이차형식으로 표현하는 방법을 보여 주려고 한다. 이를 위해 독일의 수학자이면서 과학자인 Ludwig Otto Hesse (1811~1874)의 이름을 따서 만든 f의 **Hessian** 또는 **Hessian 행렬**이라 부르는 행렬

$$H(x, y) = \begin{bmatrix} f_{xx}(x, y) & f_{xy}(x, y) \\ f_{xy}(x, y) & f_{yy}(x, y) \end{bmatrix}$$

를 생각해 보자. $H(x, y)$라는 표기는 행렬의 성분들이 x와 y에 종속적임을 강조하고 있다. Hessian 행렬은

$$\det[H(x_0, y_0)] = \begin{vmatrix} f_{xx}(x_0, y_0) & f_{xy}(x_0, y_0) \\ f_{xy}(x_0, y_0) & f_{yy}(x_0, y_0) \end{vmatrix} = f_{xx}(x_0, y_0)f_{yy}(x_0, y_0) - f_{xy}^2(x_0, y_0)$$

이 정리 8.5.1에서 나타나는 식이므로 흥미가 있는 것이다. 따라서 이차도함수 판정법을 다음과 같이 다시 공식화할 수 있다.

정리 8.5.2 **(이차도함수 판정법의 Hessian형)** (x_0, y_0)을 $f(x, y)$의 임계점이라 하고 f는 (x_0, y_0)의 적당한 근방에서 연속인 이차편도함수를 갖는다고 하자. $H = H(x_0, y_0)$이 (x_0, y_0)에서 f의 Hessian 행렬일 때

(*a*) H가 양의 정부호이면 f는 (x_0, y_0)에서 극소값을 갖는다.

(*b*) H가 음의 정부호이면 f는 (x_0, y_0)에서 극대값을 갖는다.

(*c*) H가 부정부호이면 f는 (x_0, y_0)에서 안장점을 갖는다.

(*d*) 그 밖의 다른 경우에는 이 판정법으로 판정할 수 없다.

증명 (*a*) H가 양의 정부호이면, 정리 8.4.5에 의하여 H의 주부분행렬은 양의 실수인 행렬식을 갖는다. 따라서

$$\det[H] = \begin{vmatrix} f_{xx}(x_0, y_0) & f_{xy}(x_0, y_0) \\ f_{xy}(x_0, y_0) & f_{yy}(x_0, y_0) \end{vmatrix} = f_{xx}(x_0, y_0)f_{yy}(x_0, y_0) - f_{xy}^2(x_0, y_0) > 0 \tag{2}$$

이고

$$\det[f_{xx}(x_0, y_0)] = f_{xx}(x_0, y_0) > 0 \tag{3}$$

이 된다. 그러므로 정리 8.5.1의 (*a*)에 의해서 f는 (x_0, y_0)에서 극소값을 갖는다.

증명 (*b*) H가 음의 정부호이면, 행렬 $-H$는 양의 정부호이다. 따라서 $-H$의 주부분행렬은 양의 실수인 행렬식을 갖는다. 따라서

$$\det[-H] = \begin{vmatrix} -f_{xx}(x_0, y_0) & -f_{xy}(x_0, y_0) \\ -f_{xy}(x_0, y_0) & -f_{yy}(x_0, y_0) \end{vmatrix} = f_{xx}(x_0, y_0)f_{yy}(x_0, y_0) - f_{xy}^2(x_0, y_0) > 0$$

이고

$$\det[-f_{xx}(x_0, y_0)] = -f_{xx}(x_0, y_0) > 0$$

이 된다. 그러므로 정리 8.5.1의 (*b*)에 의해서 f는 (x_0, y_0)에서 극대값을 갖는다.

증명 (c) H가 부정부호이면, H는 하나의 양의 실수인 고유값과 하나의 음의 실수인 고유값을 갖는다. $\det[H]$는 H의 고유값의 곱이므로

$$\det[H] = \begin{vmatrix} f_{xx}(x_0, y_0) & f_{xy}(x_0, y_0) \\ f_{xy}(x_0, y_0) & f_{yy}(x_0, y_0) \end{vmatrix} = f_{xx}(x_0, y_0) f_{yy}(x_0, y_0) - f_{xy}^2(x_0, y_0) < 0$$

이 된다. 따라서 정리 8.5.1의 (c)에 의하여 f는 점 (x_0, y_0)에서 안장점을 갖게 된다.

증명 (d) H가 양의 정부호, 음의 정부호, 또는 부정부호 중 어느 것도 아니면 H의 고유값 중 한 개 또는 두 개가 동시에 영이어야 한다. 그리고 $\det[H]$는 H의 고유값의 곱이므로

$$\det[H] = \begin{vmatrix} f_{xx}(x_0, y_0) & f_{xy}(x_0, y_0) \\ f_{xy}(x_0, y_0) & f_{yy}(x_0, y_0) \end{vmatrix} = f_{xx}(x_0, y_0) f_{yy}(x_0, y_0) - f_{xy}^2(x_0, y_0) = 0$$

이 된다. 따라서 정리 8.5.1의 (d)에 의하여 이 판정법으로는 판정할 수 없다. ■

예제 1 Hessian을 이용하여 극값 분류하기

$$f(x, y) = \tfrac{1}{3}x^3 + xy^2 - 8xy + 3$$

의 임계점을 구하고 이들 임계점에서 Hessian 행렬의 고유값을 사용해서 임계점 중, 만일 존재한다면 어떤 점이 극대점, 극소점, 또는 안장점인지 결정하라.

풀이 임계점과 Hessian 행렬을 동시에 구하기 위하여 f의 일차와 이차도함수를 계산할 필요가 있다. 이들 도함수는

$$f_x(x, y) = x^2 + y^2 - 8y, \qquad f_y(x, y) = 2xy - 8x, \qquad f_{xy}(x, y) = 2y - 8$$
$$f_{xx}(x, y) = 2x, \qquad f_{yy}(x, y) = 2x$$

이다. 따라서 Hessian 행렬은

$$H(x, y) = \begin{bmatrix} f_{xx}(x, y) & f_{xy}(x, y) \\ f_{xy}(x, y) & f_{yy}(x, y) \end{bmatrix} = \begin{bmatrix} 2x & 2y - 8 \\ 2y - 8 & 2x \end{bmatrix}$$

가 된다. 임계점을 구하기 위하여 $f_x = 0$과 $f_y = 0$이라 놓으면

$$f_x(x, y) = x^2 + y^2 - 8y = 0, \quad f_y(x, y) = 2xy - 8x = 2x(y - 4) = 0$$

을 얻는다. 두 번째 방정식을 풀면 $x = 0$ 또는 $y = 4$이다. 첫 번째 방정식에 $x = 0$을 대입하여 y에 관해서 풀면 $y = 0$ 또는 $y = 8$이 된다. 그리고 첫 번째 방정식에 $y = 4$를 대입하여 x에 관해서 풀면 $x = 4$ 또는 $x = -4$이다. 따라서 네 개의 임계점

$$(0, 0), \quad (0, 8), \quad (4, 4), \quad (-4, 4)$$

를 얻는다. 이들 점에서 Hessian 행렬을 계산하면

$$H(0, 0) = \begin{bmatrix} 0 & -8 \\ -8 & 0 \end{bmatrix}, \qquad H(0, 8) = \begin{bmatrix} 0 & 8 \\ 8 & 0 \end{bmatrix}$$
$$H(4, 4) = \begin{bmatrix} 8 & 0 \\ 0 & 8 \end{bmatrix}, \qquad H(-4, 4) = \begin{bmatrix} -8 & 0 \\ 0 & -8 \end{bmatrix}$$

가 된다. 이들 행렬의 고유값을 구하고 다음과 같이 정류점(stationary point)을 분류하는 것은 독자에게 맡긴다.

정류점 (x_0, y_0)	λ_1	λ_2	분류
(0, 0)	8	−8	안장점
(0, 8)	8	−8	안장점
(4, 4)	8	8	극소값
(−4, 4)	−8	−8	극대값

■

제약된 극값 문제 앞 절에서 제시된 세 번째 문제, 즉 제약조건 $\|\mathbf{x}\| = 1$에서 이차형식 $\mathbf{x}^T A\mathbf{x}$의 최대값과 최소값을 구하는 문제를 생각해 보자.

$\mathbf{x}^T A\mathbf{x}$가 R^2 위의 이차형식일 때 이 문제를 기하학적으로 시각화하기 위하여, $z = \mathbf{x}^T A\mathbf{x}$를 xyz 직교좌표계에서 어떤 곡면의 방정식으로, 그리고 $\|\mathbf{x}\| = 1$은 xy 평면에서 원점을 중심으로 하는 단위원으로 간주한다. 기하학적으로 제약조건 $\|\mathbf{x}\| = 1$에서 $\mathbf{x}^T A\mathbf{x}$의 최대값과 최소값을 구하는 문제는 곡면과 원으로 결정되는 직원기둥과의 교선 위의 가장 높은 점과 가장 낮은 점을 구하는 것과 같은 것이다(그림 8.5.2).

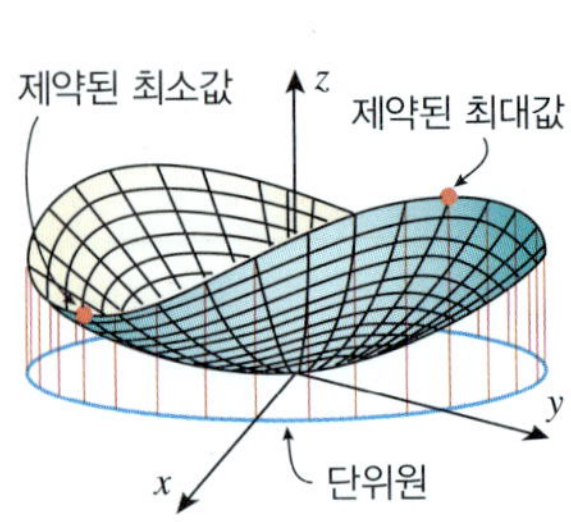

그림 8.5.2

이 절의 끝부분에서 증명을 하고 있는 다음 정리는 이와 같은 종류의 문제를 해결하는 데 핵심이 되는 결과이다.

> **정리 8.5.3** **(제약된 극값 정리)** *A를 $n \times n$ 대칭행렬이라 하고 이의 감소하는 크기순으로 배열되어 있는 고유값을 $\lambda_1 \ge \lambda_2 \ge \cdots \ge \lambda_n$이라 하면*
>
> (a) *단위구 $\|\mathbf{x}\| = 1$ 위에 $\mathbf{x}^T A\mathbf{x}$의 최대값과 최소값이 존재한다.*
>
> (b) *최대값은 λ_1(가장 큰 고유값)이고, 이 최대값은 $\mathbf{x}$가 λ_1에 대응하는 A의 단위고유벡터일 때 존재한다.*
>
> (c) *최소값은 λ_n(가장 작은 고유값)이고, 이 최소값은 $\mathbf{x}$가 λ_n에 대응하는 A의 단위고유벡터일 때 존재한다.*

참고 이 정리에서 조건 $\|\mathbf{x}\| = 1$을 **제약**(constraint)이라 하고, 이 제약조건에서 $\mathbf{x}^T A\mathbf{x}$의 최대값 또는 최소값을 **제약된 극값**(constrained extremum)이라 한다. 이 제약은 또한 $\mathbf{x}^T\mathbf{x} = 1$ 또는 $x_1^2 + x_2^2 + \cdots + x_n^2 = 1$으로 표현할 수 있다.

예제 2 제약된 극값 구하기

제약조건 $x^2 + y^2 = 1$에서 이차형식

$$z = 5x^2 + 5y^2 + 4xy$$

의 최대값과 최소값을 구하라.

풀이 이차형식은

$$z = 5x^2 + 5y^2 + 4xy = \mathbf{x}^T A\mathbf{x} = [x \quad y]\begin{bmatrix} 5 & 2 \\ 2 & 5 \end{bmatrix}\begin{bmatrix} x \\ y \end{bmatrix}$$

와 같이 행렬 표기로 나타낼 수 있다. A의 고유값은 $\lambda_1 = 7$과 $\lambda_2 = 3$이고 대응하는 고유벡터는

$$\lambda_1 = 7: \quad \begin{bmatrix} 1 \\ 1 \end{bmatrix}, \qquad \lambda_2 = 3: \quad \begin{bmatrix} -1 \\ 1 \end{bmatrix}$$

임을 밝히는 것은 독자에게 맡긴다. 이들 고유벡터를 정규화하면

$$\lambda_1 = 7: \quad \begin{bmatrix} \frac{1}{\sqrt{2}} \\ \frac{1}{\sqrt{2}} \end{bmatrix}, \qquad \lambda_2 = 3: \quad \begin{bmatrix} -\frac{1}{\sqrt{2}} \\ \frac{1}{\sqrt{2}} \end{bmatrix} \tag{4}$$

을 얻는다. 따라서 제약된 극값은

$(x, y) = \left(\frac{1}{\sqrt{2}}, \frac{1}{\sqrt{2}}\right)$에서 제약된 최대값: $z = 7$

$(x, y) = \left(-\frac{1}{\sqrt{2}}, \frac{1}{\sqrt{2}}\right)$에서 제약된 최소값: $z = 3$이다.

참고 식 (4)에서 고유벡터의 음의 벡터도 역시 단위고유벡터이므로 이들 단위고유벡터에서 또한 z는 최대값과 최소값을 얻게 된다. 즉 제약된 최대값 $z = 7$은 또한 점 $(x, y) = (-1/\sqrt{2}, -1/\sqrt{2})$에서도 존재하고 제약된 최소값 $z = 3$은 점 $(x, y) = (1/\sqrt{2}, -1/\sqrt{2})$에서도 존재한다.

예제 3 제약된 극값 문제

그림 8.5.3에서 보는 바와 같이 직사각형이 타원 $4x^2 + 9y^2 = 36$에 내접하고 있다. 고유값을 사용해서 내접하는 직사각형의 면적이 최대가 되게 하는 음이 아닌 x와 y의 값을 구하라.

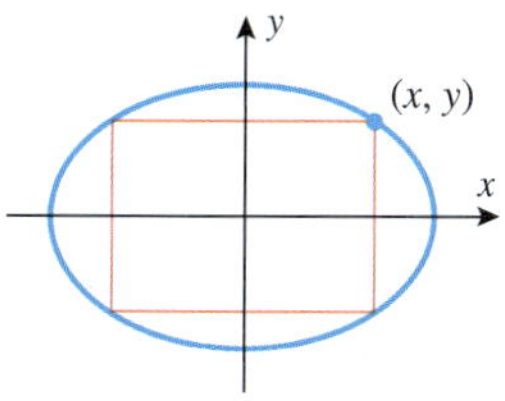

타원 $4x^2 + 9y^2 = 36$에 내접하는 직사각형

그림 8.5.3

풀이 내접하는 직사각형의 면적 z는 $z = 4xy$이므로 문제는 제약조건 $4x^2 + 9y^2 = 36$에서 이차형식 $z = 4xy$의 최대값을 구하면 된다. 이 문제에서 제약 방정식의 그래프는 원이 아니라 타원이다. 그러나 제약조건을

$$\left(\frac{x}{3}\right)^2 + \left(\frac{y}{2}\right)^2 = 1$$

으로 고쳐 쓰고 방정식

$$x = 3x_1, \quad y = 2y_1$$

에 의해서 새로운 변수 x_1과 y_1을 정의하면

$$z = 4xy = 24x_1y_1$$

이 문제를 다음과 같이 다시 공식화할 수 있다. 즉 제약조건

$$x_1^2 + y_1^2 = 1$$

에서 $z = 4xy = 24x_1y_1$의 최대값을 구하라. 이 문제를 해결하기 위하여, 이차형식 $z = 24x_1y_1$을

$$z = \mathbf{x}^T A\mathbf{x} = [x_1 \quad y_1]\begin{bmatrix} 0 & 12 \\ 12 & 0 \end{bmatrix}\begin{bmatrix} x_1 \\ y_1 \end{bmatrix}$$

로 나타낸다. A의 가장 큰 고유값은 $\lambda = 12$이고 음이 아닌 성분을 가지며 대응하는 유일한 단위고유벡터는

$$\mathbf{x} = \begin{bmatrix} x_1 \\ y_1 \end{bmatrix} = \begin{bmatrix} \frac{1}{\sqrt{2}} \\ \frac{1}{\sqrt{2}} \end{bmatrix}$$

임을 밝히는 것은 독자에게 맡긴다. 따라서 최대면적은 $z = 12$이고 이 최대면적은

$$x = 3x_1 = \frac{3}{\sqrt{2}}, \quad y = 2y_1 = \frac{2}{\sqrt{2}}$$

일 때 존재한다. ■

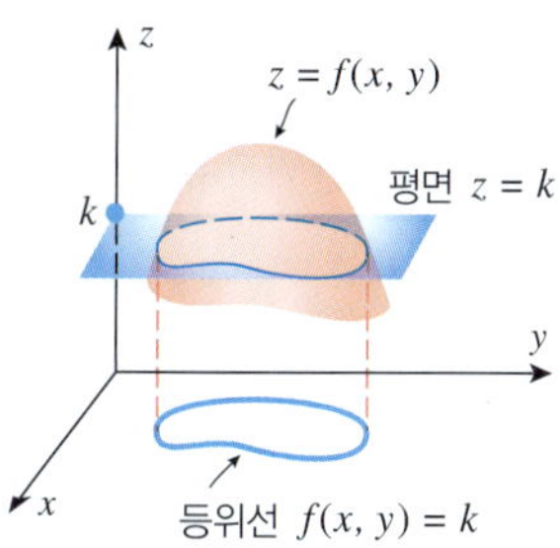

그림 8.5.4

제약된 극값과 등위선

이변수함수 $f(x, y)$의 형태를 시각화하는 유용한 방법은 xy 평면에서 $f(x, y)$가 상수일 때의 곡선을 생각하는 것이다. 이들 곡선은

$$f(x, y) = k$$

형식의 방정식을 갖는다. 이 곡선을 f의 **등위선**(level curve)이라 한다(그림 8.5.4). 특히 R^2 위의 이차형식 $\mathbf{x}^T A\mathbf{x}$의 등위선은

$$\mathbf{x}^T A\mathbf{x} = k \tag{5}$$

형식의 방정식을 가지므로 제약조건 $\|\mathbf{x}\| = 1$에서 $\mathbf{x}^T A\mathbf{x}$의 최대값과 최소값은 식 (5)의 그래프와 단위원이 만나게 하는 k의 가장 큰 값과 가장 작은 값이다. 대표적으로 이와 같은 k의 값은 단위원에 접하는 등위선을 나타낸다(그림 8.5.5). 더욱이 이들 등위선이 단위원과 접하는 점은 제약조건 $\|\mathbf{x}\| = 1$에서 $\mathbf{x}^T A\mathbf{x}$를 최대화 또는 최소화하는 벡터의 성분을 제공한다.

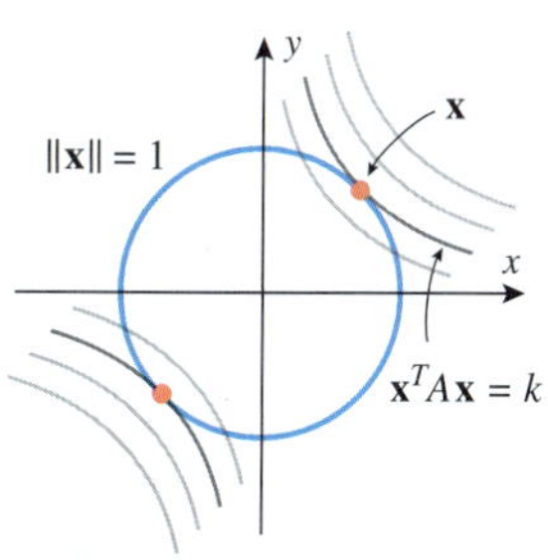

그림 8.5.5

예제 4 등위선을 이용하여 살펴보는 예제 2

예제 2에서는 제약조건 $x^2 + y^2 = 1$에서 이차형식

$$z = 5x^2 + 5y^2 + 4xy$$

의 최대값과 최소값을 구하였다. 제약된 최대값 $z = 7$은 점 $(x, y) = (1/\sqrt{2}, 1/\sqrt{2})$과 $(-1/\sqrt{2}, -1/\sqrt{2})$에서 존재하고 제약된 최소값 $z = 3$은 점 $(x, y) = (-1/\sqrt{2}, 1/\sqrt{2})$과 $(1/\sqrt{2}, -1/\sqrt{2})$에서 존재함을 밝혔다. 기하학적으로 이것은 등위선

$$5x^2 + 5y^2 + 4xy = 7$$

은 점 $(1/\sqrt{2}, 1/\sqrt{2})$과 $(-1/12, -1/\sqrt{2})$에서 단위원과 접하고 있고, 등위선

$$5x^2 + 5y^2 + 4xy = 3$$

은 점 $(-1/\sqrt{2}, 1/\sqrt{2})$과 $(1/\sqrt{2}, -1/\sqrt{2})$에서 단위원과 접하고 있음을 나타낸다. 또한 $k > 7$ 또는 $k < 3$일 때 등위선

$$5x^2 + 5y^2 + 4xy = k$$

는 단위원과 만나지 않음을 나타내고 있다(그림 8.5.6). ■

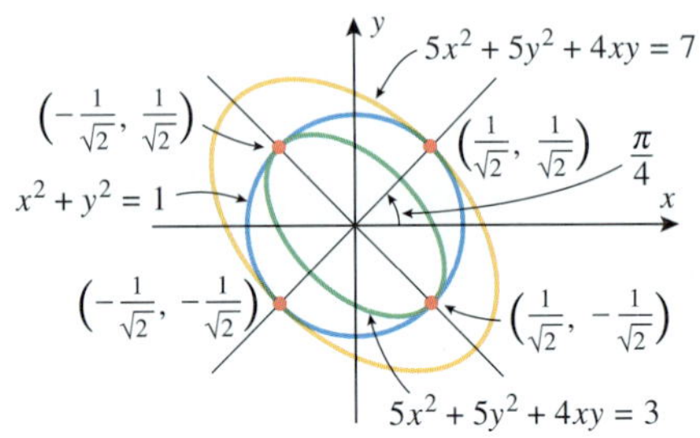

그림 8.5.6

정리 8.5.3의 증명 증명의 첫째 단계는 $\|\mathbf{x}\| = 1$일 때 $Q = \mathbf{x}^T A\mathbf{x}$는 제약된 최대값과 최소값을 가짐을 밝히는 것이다. A는 대칭행렬이므로 주축정리(정리 8.4.1)에 의하여 $\lambda_1, \lambda_2, \cdots, \lambda_n$이 A의 고유값일 때

$$\mathbf{x}^T A\mathbf{x} = \lambda_1 y_1^2 + \lambda_2 y_2^2 + \cdots + \lambda_n y_n^2 \tag{6}$$

을 만족시키는 직교변수변환 $\mathbf{x} = P\mathbf{y}$가 존재한다. $\|\mathbf{x}\| = 1$이라 하고 P의 열벡터(A의 단위고유벡터인)는

$$\lambda_1 \geq \lambda_2 \geq \cdots \geq \lambda_n \tag{7}$$

을 만족시키도록 배열되었다고 가정하자. P는 직교행렬이므로 P는 길이를 보존한다. 따라서 $\|\mathbf{y}\| = \|\mathbf{x}\| = 1$, 즉

$$y_1^2 + y_2^2 + \cdots + y_n^2 = 1$$

이 된다. 따라서 이 방정식과 식 (7)에 의하여

$$\lambda_n = \lambda_n(y_1^2 + y_2^2 + \cdots + y_n^2) \leq \lambda_1 y_1^2 + \lambda_2 y_2^2 + \cdots + \lambda_n y_n^2 \leq \lambda_1(y_1^2 + y_2^2 + \cdots + y_n^2) = \lambda_1$$

이다. 따라서 식 (6)에서부터

$$\lambda_n \leq \mathbf{x}^T A\mathbf{x} \leq \lambda_1$$

이 성립한다. 이것은 $\|\mathbf{x}\| = 1$일 때 $\mathbf{x}^T A\mathbf{x}$의 모든 값은 A의 가장 큰 고유값과 가장 작은 고유값 사이에 있음을 보여 준다. $\mathbf{x}$를 λ_1에 대응하는 단위고유벡터라 하면

$$\mathbf{x}^T A\mathbf{x} = \mathbf{x}^T(\lambda_1\mathbf{x}) = \lambda_1\mathbf{x}^T\mathbf{x} = \lambda_1\|\mathbf{x}\|^2 = \lambda_1$$

이므로 $\mathbf{x}^T A\mathbf{x}$의 제약된 최대값은 λ_1이고 이 최대값은 $\mathbf{x}$가 λ_1에 대응하는 A의 단위고유벡터일 때 존재한다. 같은 방법으로 $\mathbf{x}$가 λ_n에 대응하는 단위고유벡터이면

$$\mathbf{x}^T A\mathbf{x} = \mathbf{x}^T(\lambda_n\mathbf{x}) = \lambda_n\mathbf{x}^T\mathbf{x} = \lambda_n\|\mathbf{x}\|^2 = \lambda_n$$

이므로 $\mathbf{x}^T A\mathbf{x}$의 제약된 최소값은 λ_n이고 이 최소값은 $\mathbf{x}$가 λ_n에 대응하는 A의 단위고유벡터일 때 존재한다. 이것으로 증명은 끝난다. ■

연습문제 8.5

1. (a) 함수 $f(x, y) = 4xy - x^4 - y^4$은 (0, 0), (1, 1)과 (−1, −1)에서 임계점을 가짐을 밝혀라.

(b) 이차도함수 판정법의 Hessian형을 이용하여 f는 (1, 1)과 (−1, −1)에서 극대값을 갖고 (0, 0)에서 안장점을 가짐을 밝혀라.

2. (a) 함수 $f(x, y) = x^3 - 6xy - y^3$은 (0, 0)과 (−2, 2)에서 임계점을 가짐을 밝혀라.

(b) 이차도함수 판정법의 Hessian형을 이용하여 f는 (−2, 2)에서 극대값을 갖고, (0, 0)에서 안장점을 가짐을 밝혀라.

연습문제 3~6에서는 만약 존재하면 f의 임계점을 구하라. 그리고 그것이 극대점, 극소점, 또는 안장점인지 분류하라.

3. $f(x, y) = x^3 - 3xy - y^3$

4. $f(x, y) = x^3 - 3xy + y^3$

5. $f(x, y) = x^2 + 2y^2 - x^2y$

6. $f(x, y) = x^3 + y^3 - 3x - 3y$

연습문제 7~10에서는 제약조건 $x^2 + y^2 = 1$에서 이차형식 $z = f(x, y)$의 최대값과 최소값을 구하라. 그리고 극값이 존재하는 x와 y의 값을 결정하라.

7. $z = 5x^2 - y^2$ **8.** $z = xy$

9. $z = 3x^2 + 7y^2$ **10.** $z = 5x^2 + 5xy$

연습문제 11과 12에서는 제약조건 $x^2 + y^2 + z^2 = 1$에서 이차형식 $w = f(x, y, z)$의 최대값과 최소값을 구하라. 그리고 극값이 존재하는 x, y, z의 값을 결정하라.

11. $w = 9x^2 + 4y^2 + 3z^2$

12. $w = 2x^2 + y^2 + z^2 + 2xy + 2xz$

연습문제 13과 14에서는 주어진 제약조건에서 이차형식 $z = f(x, y)$의 최대값과 최소값을 구하라. [힌트: 예제 3에서와 같이 제약을 고쳐 쓰고 적당히 대입하여 문제를 표준형으로 변형하라.]

13. $z = xy$; $4x^2 + 8y^2 = 16$

14. $z = x^2 + xy + 2y^2$; $x^2 + 3y^2 = 16$

연습문제 15와 16에서는 이차형식의 제약된 극값에 대응하는 단위원과 등위선을 그려라. 단위원은 이들 등위선과 두 점에서만 접함을 밝혀라. 이 교점을 표시하라. 그리고 제약된 극값이 이들 점에서 존재함을 확인하라.

15. 연습문제 7의 이차형식과 제약

16. 연습문제 8의 이차형식과 제약

17. 중심이 원점에 있고 변이 좌표축에 평행한 직사각형이 타원 $x^2 + 25y^2 = 25$에 내접할 때, 예제 3의 방법을 이용하여 내접하고 있는 직사각형이 최대면적을 갖게 하는 x와 y의 음의 값을 구하라.

18. 금속판 위의 점 (x, y)에서 온도는 $T(x, y) = 4x^2 - 4xy + y^2$이다. 이 금속판 위를 배회하고 있는 개미 한 마리가 원점에 중심이 있고 반지름이 5인 원을 선회하고 있을 때 개미가 느끼는 가장 높은 온도와 가장 낮은 온도는 얼마인가?

토론과 발견

D1. (a) 함수 $f(x, y) = x^4 + y^4$과 $g(x, y) = x^4 - y^4$은 (0, 0)에서 임계점을 갖지만 이차도함수 판정법은 그 점에서 어떠한 판정도 할 수 없음을 밝혀라.

(b) 타당한 논거를 제시하여 f는 (0, 0)에서 극소값을, g는 (0, 0)에서 안장점을 가짐을 밝혀라.

D2. 어떤 이차형식 $f(x, y)$의 Hessian 행렬이

$$H = \begin{bmatrix} 2 & 4 \\ 4 & 2 \end{bmatrix}$$

일 때 f의 임계점의 위치와 분류에 관해서 논하라.

D3. A를 $n \times n$ 대칭행렬이라 하고 $\mathbf{x}$가 R^n의 열벡터일 때

$$q(\mathbf{x}) = \mathbf{x}^T A \mathbf{x}$$

라 가정하자. $\mathbf{x}$가 A의 고유값 λ에 대응하는 단위고유벡터일 때 q의 값에 대해서 논하라.

증명문제

P1. $\mathbf{x}^T A\mathbf{x}$가 제약조건 $\|\mathbf{x}\| = 1$에서 최대값과 최소값이 각각 M과 m인 이차형식이면, 구간 $m \le c \le M$의 각 수 c에 대해서 $\mathbf{x}_c^T A\mathbf{x}_c = c$를 만족시키는 단위벡터 $\mathbf{x}_c$가 존재함을 증명하라. [힌트: $m < M$일 때, $\mathbf{u}_m$과 $\mathbf{u}_m^T A\mathbf{u}_m = m$과 $\mathbf{u}_M^T A\mathbf{u}_M = M$을 만족하는 A의 단위고유벡터라 하고

$$\mathbf{x}_c = \sqrt{\frac{M-c}{M-m}}\mathbf{u}_m + \sqrt{\frac{c-m}{M-m}}\mathbf{u}_M$$

이라 하면 $\mathbf{x}_c^T A\mathbf{x}_c = c$임을 밝혀라.]

프로그램 활용 연습문제

T1. 제약조건 $\|\mathbf{x}\| = 1$에서 이차형식

$$q(\mathbf{x}) = x_1^2 + x_2^2 - x_3^2 - x_4^2 + 2x_1x_2 - 10x_1x_4 + 4x_3x_4$$

의 최대값과 최소값을 구하라.

8.6 특이값 분해

이 절에서는 $n \times n$ 대칭행렬에 대한 대각화 이론을 일반적인 $m \times n$ 행렬의 경우로 확장해 볼 것이다. 이 절에서 전개하려는 결과는 디지털화된 정보의 압축, 저장, 전송에 활용되고 선형계를 해결하는 문제에 대하여 최근에 사용되는 것 중 가장 좋은 계산 알고리즘의 기초가 된다.

정사각행렬의 특이값 분해

8.3절에서 다루었던 내용으로부터 대칭행렬은 직교대각화 가능하고 이 성질을 갖는 유일한 행렬임을 알고 있다(정리 8.3.4). $n \times n$ 대칭행렬 A가 직교대각화 가능하면 A는

$$A = PDP^T \tag{1}$$

로 인수분해 될 수 있다. 여기서 P는 A의 고유벡터로 이루어진 $n \times n$ 직교행렬이고, D는 성분이 P의 열벡터에 대응하는 A의 고유값인 대각행렬이다. 이 절에서는 식 (1)을 A의 **고유값 분해**(eigenvalue decomposition)라 할 것이다(간단히 A의 EVD라 한다).

만일 $n \times n$ 행렬 A가 대칭행렬이 아니면, 그것의 고유값 분해는 존재하지 않는다. 그러나 P가 직교행렬이고 H가 상부 Hessenberg형 행렬일 때, A는 Hessenberg 분해

$$A = PHP^T$$

을 갖는다(정리 8.3.8). 더욱이 A가 실수의 고유값을 가지면, 적당한 직교행렬 P와 적당한 상부삼각행렬 S에 대하여, A는 Schur 분해

$$A = PSP^T$$

를 갖는다(정리 8.3.7).

H와 S가 A보다 더 간단한 형태를 갖는다는 것뿐만 아니라 이들 인수분해에서 나타나는 직교행렬이 반올림 오차를 크게 하지 않는다는 것 때문에 고유값 분해, Hessenberg 분해, Schur 분해는 수치 알고리즘에서 중요하다. 이것이 타당한 이유를 밝히기 위해서, $\hat{\mathbf{x}}$을 성분이 정확히 알려진 열벡터라 하고

$$\mathbf{x} = \hat{\mathbf{x}} + \mathbf{e}$$

는 반올림 오차가 $\hat{\mathbf{x}}$의 성분에 존재할 때 생기는 벡터라 가정하자. P가 직교행렬이면 직교변환의 길이 보존성에 의하여

$$\|P\mathbf{x} - P\hat{\mathbf{x}}\| = \|\mathbf{x} - \hat{\mathbf{x}}\| = \|\mathbf{e}\|$$

가 되어 $P\hat{\mathbf{x}}$을 $P\mathbf{x}$로 근사화할 때의 오차의 크기는 $\hat{\mathbf{x}}$을 $\mathbf{x}$로 근사화할 때의 오차의 크기와 같음을 알 수 있다.

일반적인 정사각행렬 A의 다른 형태의 인수분해를 구할 때 사용되는 두 가지 중요한 방법이 있다. 즉

P가 가역행렬이지만 반드시 직교행렬일 필요가 없을 때

$$A = PJP^{-1}$$

형식의 인수분해를 구하는 것, 또는

$$A = U\Sigma V^T$$

형식의 인수분해를 구하는 것이다. 여기서 U와 V는 직교행렬이지만 반드시 같을 필요는 없는 행렬이다. 첫 번째 방법은 프랑스 수학자 Camille Jordan (1838~1922)의 이름을 따서 *Jordan 표준형*이라 부르는 인수분해를 유도한다. 여기서 J는 대각행렬(정리 8.2.6)이거나 어떤 종류의 블록대각행렬이다. 이 교재에서 다루지 않을 Jordan 표준형은 이론적으로나 어떤 응용 분야에서는 중요하지만, P가 직교행렬이 아니므로 반올림하는 데 어려움이 있어 수치 계산에는 덜 중요하다. 이 절에서 논의할 내용은 다음의 대각화 정리로 시작하는 두 번째 방법에 초점을 맞출 것이다.

정리 8.6.1 *A를 계수가 k인 $n \times n$ 행렬이라 하면, A는*

$$A = U\Sigma V^T$$

와 같이 인수분해 될 수 있다. 여기서 U와 V는 $n \times n$ 직교행렬이고 Σ는 주대각 성분이 k개 양의 실수와 $n-k$개의 영으로 되어 있는 대각행렬이다.

증명 행렬 A^TA는 대칭행렬이므로, 고유값 분해

$$A^TA = VDV^T$$

를 갖는다. 여기서 V의 열벡터는 A^TA의 단위고유벡터이고 D는 대각 성분이 A^TA의 대응하는 고유값인 대각행렬이다. 이들 고유값은 음의 실수가 아니다. 왜냐하면 λ가 A^TA의 고유값이고 $\mathbf{x}$가 대응하는 고유벡터이면, 3.2절의 식 (12)에 의하여

$$\|A\mathbf{x}\|^2 = A\mathbf{x} \cdot A\mathbf{x} = \mathbf{x} \cdot A^TA\mathbf{x} = \mathbf{x} \cdot \lambda\mathbf{x} = \lambda(\mathbf{x} \cdot \mathbf{x}) = \lambda\|\mathbf{x}\|^2$$

이 되므로 $\lambda \geq 0$이 된다.

정리 7.5.8과 8.2.3에 의하여

$$\text{rank}(A) = \text{rank}(A^TA) = \text{rank}(D)$$

이고 A의 계수는 k이므로, D의 주대각선 위에는 k개의 양의 성분과 $n-k$개의 영들이 존재한다. 간단히 A^TA의 고유값을

$$\lambda_1 \geq \lambda_2 \geq \cdots \geq \lambda_n \geq 0$$

과 같이 배열했을 때의 순서대로 V의 열벡터 $\mathbf{v}_1, \mathbf{v}_2, \cdots, \mathbf{v}_n$을 배열하면

$$\lambda_1 \geq \lambda_2 \geq \cdots \geq \lambda_k > 0, \quad \lambda_{k+1} = \lambda_{k+2} = \cdots = \lambda_n = 0 \tag{2}$$

가 된다. 그리고 상벡터(image vector)의 집합

$$\{A\mathbf{v}_1, A\mathbf{v}_2, \ldots, A\mathbf{v}_n\}$$

을 생각하자. 이 집합은 직교집합이다. 왜냐하면 $i \neq j$일 때 $\mathbf{v}_i$와 $\mathbf{v}_j$는 직교하므로

$$A\mathbf{v}_i \cdot A\mathbf{v}_j = \mathbf{v}_i \cdot A^TA\mathbf{v}_j = \mathbf{v}_i \cdot \lambda_j\mathbf{v}_j = \lambda_j(\mathbf{v}_i \cdot \mathbf{v}_j) = 0 \tag{3}$$

이 성립하기 때문이다. 더욱이

$$\|A\mathbf{v}_i\|^2 = A\mathbf{v}_i \cdot A\mathbf{v}_i = \mathbf{v}_i \cdot A^TA\mathbf{v}_i = \mathbf{v}_i \cdot \lambda_i\mathbf{v}_i = \lambda_i(\mathbf{v}_i \cdot \mathbf{v}_i) = \lambda_i\|\mathbf{v}_i\|^2 = \lambda_i$$

이므로

$$\|A\mathbf{v}_i\| = \sqrt{\lambda_i} \qquad (i = 1, 2, \ldots, n) \tag{4}$$

이 성립한다. $i = 1, 2, \cdots, k$에 대하여 $\lambda_i > 0$이므로, 식 (3)과 (4)에 의하여

$$\{A\mathbf{v}_1, A\mathbf{v}_2, \ldots, A\mathbf{v}_k\} \tag{5}$$

는 k개의 영이 아닌 벡터로 이루어진 A의 열공간의 직교집합이 된다. A의 열공간의 차원은 k이므로(A의 계수가 k이므로), 식 (5)는 A의 열공간의 직교기저가 된다. 이들 벡터를 정규화하여 열공간의 정규직교기저를 얻으면, 정리 7.9.7에 의하여 이 기저를 R^n의 정규직교기저

$$\{\mathbf{u}_1, \mathbf{u}_2, \ldots, \mathbf{u}_k, \mathbf{u}_{k+1}, \ldots, \mathbf{u}_n\}$$

으로 확장할 수 있다. 이 집합의 처음 k개의 벡터는 식 (5)의 벡터를 정규화한 것이므로

$$\mathbf{u}_j = \frac{A\mathbf{v}_j}{\|A\mathbf{v}_j\|} = \frac{1}{\sqrt{\lambda_j}}A\mathbf{v}_j \qquad (1 \le j \le k)$$

가 되고 따라서

$$A\mathbf{v}_1 = \sqrt{\lambda_1}\mathbf{u}_1, \quad A\mathbf{v}_2 = \sqrt{\lambda_2}\mathbf{u}_2, \ldots, \quad A\mathbf{v}_k = \sqrt{\lambda_k}\mathbf{u}_k \tag{6}$$

가 성립한다. 여기서 U를 직교행렬

$$U = [\mathbf{u}_1 \quad \mathbf{u}_2 \quad \cdots \quad \mathbf{u}_k \quad \mathbf{u}_{k+1} \quad \cdots \quad \mathbf{u}_n]$$

이라 하고, Σ를 대각행렬

$$\Sigma = \begin{bmatrix} \sqrt{\lambda_1} & & & & & & 0 \\ & \sqrt{\lambda_2} & & & & & \\ & & \ddots & & & & \\ & & & \sqrt{\lambda_k} & & & \\ & & & & 0 & & \\ & & & & & \ddots & \\ 0 & & & & & & 0 \end{bmatrix} \tag{7}$$

라 하자. 식 (2)와 (4)에 의하여 $j > k$에 대하여 $A\mathbf{v}_j = \mathbf{0}$이 되므로

$$\begin{aligned} U\Sigma &= [\sqrt{\lambda_1}\mathbf{u}_1 \quad \sqrt{\lambda_2}\mathbf{u}_2 \quad \cdots \quad \sqrt{\lambda_k}\mathbf{u}_k \quad \mathbf{0} \quad \cdots \quad \mathbf{0}] \\ &= [A\mathbf{v}_1 \quad A\mathbf{v}_2 \quad \cdots \quad A\mathbf{v}_k \quad A\mathbf{v}_{k+1} \quad \cdots \quad A\mathbf{v}_n] = AV \end{aligned}$$

가 성립한다. V는 직교행렬이므로 $A = U\Sigma V^T$로 고쳐 쓸 수 있다. ■

Σ의 주대각선 위에 있는 양의 성분은 A의 고유값이 아니라 A^TA의 영이 아닌 고유값의 제곱근임을 기억하는 것이 중요하다. 이러한 수를 A의 **특이값**(singular value)이라 하고

$$\sigma_1 = \sqrt{\lambda_1}, \quad \sigma_2 = \sqrt{\lambda_2}, \ldots, \quad \sigma_k = \sqrt{\lambda_k}$$

로 표시한다. 이 기호를 사용하면 정리 8.6.1에서 얻어진 인수분해는 A의 **특이값 분해**(singular value decomposition)라 부르는(간단히 A의 SVD라 한다)

$$A = U\Sigma V^T = [\mathbf{u}_1 \quad \mathbf{u}_2 \quad \cdots \quad \mathbf{u}_k \quad \mathbf{u}_{k+1} \quad \cdots \quad \mathbf{u}_n] \begin{bmatrix} \sigma_1 & & & & & & 0 \\ & \sigma_2 & & & & & \\ & & \ddots & & & & \\ & & & \sigma_k & & & \\ & & & & 0 & & \\ & & & & & \ddots & \\ 0 & & & & & & 0 \end{bmatrix} \begin{bmatrix} \mathbf{v}_1^T \\ \mathbf{v}_2^T \\ \vdots \\ \mathbf{v}_k^T \\ \mathbf{v}_{k+1}^T \\ \vdots \\ \mathbf{v}_n^T \end{bmatrix} \tag{8}$$

형식이 된다.* 벡터 $\mathbf{u}_1, \mathbf{u}_2, \cdots, \mathbf{u}_k$를 A의 **좌특이벡터**(left singular vector)라 하고 $\mathbf{v}_1, \mathbf{v}_2, \cdots, \mathbf{v}_k$를 A의 **우특이벡터**(right singular vector)라 한다.

다음 정리는 정리 8.6.1을 다시 표현한 것이고 정리 8.6.1을 증명하는 과정에서 성립했던 결과들을 모두 나타낸 것이다.

역사 속의 선형대수

'특이값'이라는 용어는 분명히 영국 태생의 수학자 Harry Bateman에 의한 것이다. 그는 1908년 출판된 연구 논문에서 이 용어를 사용하였다. 1910년에 미국으로 이민 간 Bateman은 Johns Hopkins 대학의 Bryn Mawr 단과대학에서 강의를 하였고 California 공과대학에서 마지막으로 강의를 하였다. 흥미롭게도 그는 1913년에 Johns Hopkins 대학에서 박사학위를 받았는데 그때 이미 그의 이름으로 60권의 책을 출판한 저명한 수학자였다.

Harry Bateman
(1882~1946)

정리 8.6.2 ***(정사각행렬의 특이값 분해)*** *A가 계수 k인 $n \times n$ 행렬이면, A는 특이값 분해 $A = U\Sigma V^T$를 갖는다. 여기서*

(a) $V = [\mathbf{v}_1, \mathbf{v}_2, \cdots, \mathbf{v}_k]$은 A^TA를 직교대각화한다.

(b) $\lambda_1, \lambda_2, \cdots, \lambda_k$가 V의 열벡터에 대응하는 A^TA의 영이 아닌 고유값일 때 Σ의 영이 아닌 대각 성분은

$$\sigma_1 = \sqrt{\lambda_1}, \sigma_2 = \sqrt{\lambda_2}, \ldots, \sigma_k = \sqrt{\lambda_k}$$

이다.

(c) V의 열벡터는 $\sigma_1 \geq \sigma_2 \geq \cdots \geq \sigma_k > 0$을 만족시키도록 배열된다.

(d) $$\mathbf{u}_i = \frac{A\mathbf{v}_i}{\|A\mathbf{v}_i\|} = \frac{1}{\sigma_i}A\mathbf{v}_i \qquad (i = 1, 2, \ldots, k)$$

(e) $\{\mathbf{u}_1, \mathbf{u}_2, \cdots, \mathbf{u}_k\}$는 col(A)의 정규직교기저이다.

(f) $\{\mathbf{u}_1, \mathbf{u}_2, \cdots, \mathbf{u}_k, \mathbf{u}_{k+1}, \cdots, \mathbf{u}_n\}$은 $\{\mathbf{u}_1, \mathbf{u}_2, \cdots, \mathbf{u}_k\}$을 확장한 R^n의 정규직교기저이다.

참고 행렬 A가 가역행렬인 특수한 경우일 때 $k = \text{rank}(A) = n$이므로, Σ의 대각선 위에는 영이 존재하지 않는다. 또한 이 경우에 (d)의 n개의 벡터들은 R^n의 정규직교기저를 이루기 때문에 (f)에서 만들어진 확장은 필요 없게 된다.

예제 1 정사각행렬의 특이값 분해

행렬

$$A = \begin{bmatrix} \sqrt{3} & 2 \\ 0 & \sqrt{3} \end{bmatrix}$$

의 특이값 분해를 구하라.

풀이 첫째 단계는 행렬

$$A^TA = \begin{bmatrix} \sqrt{3} & 0 \\ 2 & \sqrt{3} \end{bmatrix}\begin{bmatrix} \sqrt{3} & 2 \\ 0 & \sqrt{3} \end{bmatrix} = \begin{bmatrix} 3 & 2\sqrt{3} \\ 2\sqrt{3} & 7 \end{bmatrix}$$

의 고유값을 구하는 것이다. A^TA의 특성다항식은

$$\lambda^2 - 10\lambda + 9 = (\lambda - 9)(\lambda - 1)$$

이므로 A^TA의 고유값은 $\lambda_1 = 9$와 $\lambda_2 = 1$이고 A의 특이값은

$$\sigma_1 = \sqrt{\lambda_1} = \sqrt{9} = 3, \quad \sigma_2 = \sqrt{\lambda_2} = \sqrt{1} = 1$$

---

*엄밀히 말하면 U, V, P는 유일하지 않기 때문에, 식 (8)을 A의 '하나의(a)' 특이값 분해라 하고 식 (1)을 A의 '하나의(an)' 고유값 분해라고 불러야 한다. 그러나 보통 이들 인수분해를 '그(the)' 특이값 분해와 '그(the)' 고유값 분해라고 불러서 그렇지 않으면 일어날 수 있는 성가신 어법을 피한다. (역자 주: 우리의 어법에서는 문제가 되지 않는 영어식 표현이지만 원전에 있는 문장이기 때문에 이곳에 그대로 번역하여 둔다.)

이 된다. 고유값 $\lambda_1 = 9$와 $\lambda_2 = 1$에 대응하는 A^TA의 단위고유벡터가 각각

$$\mathbf{v}_1 = \begin{bmatrix} \frac{1}{2} \\ \frac{\sqrt{3}}{2} \end{bmatrix}, \quad \mathbf{v}_2 = \begin{bmatrix} -\frac{\sqrt{3}}{2} \\ \frac{1}{2} \end{bmatrix}$$

임을 밝히는 것은 독자에게 맡긴다. 따라서

$$\mathbf{u}_1 = \frac{1}{\sigma_1}A\mathbf{v}_1 = \frac{1}{3}\begin{bmatrix} \sqrt{3} & 2 \\ 0 & \sqrt{3} \end{bmatrix}\begin{bmatrix} \frac{1}{2} \\ \frac{\sqrt{3}}{2} \end{bmatrix} = \begin{bmatrix} \frac{\sqrt{3}}{2} \\ \frac{1}{2} \end{bmatrix}, \quad \mathbf{u}_2 = \frac{1}{\sigma_2}A\mathbf{v}_2 = (1)\begin{bmatrix} \sqrt{3} & 2 \\ 0 & \sqrt{3} \end{bmatrix}\begin{bmatrix} -\frac{\sqrt{3}}{2} \\ \frac{1}{2} \end{bmatrix} = \begin{bmatrix} -\frac{1}{2} \\ \frac{\sqrt{3}}{2} \end{bmatrix}$$

이다. 그러므로

$$U = [\mathbf{u}_1 \quad \mathbf{u}_2] = \begin{bmatrix} \frac{\sqrt{3}}{2} & -\frac{1}{2} \\ \frac{1}{2} & \frac{\sqrt{3}}{2} \end{bmatrix}, \quad V = [\mathbf{v}_1 \quad \mathbf{v}_2] = \begin{bmatrix} \frac{1}{2} & -\frac{\sqrt{3}}{2} \\ \frac{\sqrt{3}}{2} & \frac{1}{2} \end{bmatrix}$$

이 된다. 따라서 A의 특이값 분해는

$$\underset{A}{\begin{bmatrix} \sqrt{3} & 2 \\ 0 & \sqrt{3} \end{bmatrix}} = \underset{U}{\begin{bmatrix} \frac{\sqrt{3}}{2} & -\frac{1}{2} \\ \frac{1}{2} & \frac{\sqrt{3}}{2} \end{bmatrix}} \underset{\Sigma}{\begin{bmatrix} 3 & 0 \\ 0 & 1 \end{bmatrix}} \underset{V^T}{\begin{bmatrix} \frac{1}{2} & \frac{\sqrt{3}}{2} \\ -\frac{\sqrt{3}}{2} & \frac{1}{2} \end{bmatrix}}$$

이다. 우변의 행렬을 전부 곱하여 이 방정식의 타당성을 확인할 필요가 있다. ■

대칭행렬의 특이값 분해 대칭행렬 A는 고유값 분해 $A = PDP^T$와 특이값 분해 $A = U\Sigma V^T$를 동시에 갖는다. 따라서 두 분해 사이에 어떤 관계가 존재하는지 물어보는 것은 자연스럽다. 이 질문에 답하기 위하여, A는 계수 k를 갖고 A의 영이 아닌 고유값은

$$|\lambda_1| \geq |\lambda_2| \geq \cdots \geq |\lambda_k| > 0$$

을 만족시키도록 배열되어 있다고 하자. A가 대칭행렬일 때 $A^TA = A^2$이므로 A^TA의 고유값은 A의 고유값의 제곱이다. 따라서 비증가 순서로 배열되어 있는 A^TA의 영이 아닌 고유값은

$$\lambda_1^2 \geq \lambda_2^2 \geq \cdots \geq \lambda_k^2 > 0$$

이고 비증가 순서로 배열되어 있는 A의 특이값은

$$\sigma_1 = \sqrt{\lambda_1^2} = |\lambda_1|, \quad \sigma_2 = \sqrt{\lambda_2^2} = |\lambda_2|, \ldots, \quad \sigma_k = \sqrt{\lambda_k^2} = |\lambda_k|$$

이다. 이것은 *대칭행렬 A의 특이값은 A의 영이 아닌 고유값의 절대값*임을 보여주고, 또한 A가 음이 아닌 고유값을 갖는 대칭행렬이면, A의 특이값은 A의 영이 아닌 고유값과 같음을 보여 준다.

▶ 예제 2 고유값 분해로부터 특이값 분해 구하기

8.3절의 예제 2의 계산에 의하여 대칭행렬

$$A = \begin{bmatrix} 1 & 2 \\ 2 & -2 \end{bmatrix}$$

는 고유값 분해

$$A = PDP^T = \begin{bmatrix} \frac{1}{\sqrt{5}} & \frac{2}{\sqrt{5}} \\ -\frac{2}{\sqrt{5}} & \frac{1}{\sqrt{5}} \end{bmatrix}\begin{bmatrix} -3 & 0 \\ 0 & 2 \end{bmatrix}\begin{bmatrix} \frac{1}{\sqrt{5}} & -\frac{2}{\sqrt{5}} \\ \frac{2}{\sqrt{5}} & \frac{1}{\sqrt{5}} \end{bmatrix}$$

을 갖는다. 음의 부호를 대각행렬 인수에서 두 번째 직교행렬 인수로 '이동'시키는 다음 과정을 이용하여 A의 특이값 분해를 구할 수 있다. 즉

증명 (a)와 (b) 정리 8.6.4로부터 $\{\mathbf{u}_1, \mathbf{u}_2, \cdots, \mathbf{u}_k\}$는 col($A$)의 기저이고 $\{\mathbf{u}_1, \mathbf{u}_2, \cdots, \mathbf{u}_m\}$은 $\{\mathbf{u}_1, \mathbf{u}_2, \cdots, \mathbf{u}_k\}$를 R^n의 정규직교기저로 확장한 것임을 이미 알고 있다. 집합 $\{\mathbf{u}_{k+1}, \cdots, \mathbf{u}_m\}$의 각 벡터는 집합 $\{\mathbf{u}_1, \mathbf{u}_2, \cdots, \mathbf{u}_k\}$의 각 벡터와 수직이므로 $\{\mathbf{u}_{k+1}, \cdots, \mathbf{u}_m\}$의 각 벡터는 span$\{\mathbf{u}_1, \mathbf{u}_2, \cdots, \mathbf{u}_k\}$ = col(A)에 수직이다. 따라서 $\{\mathbf{u}_{k+1}, \cdots, \mathbf{u}_m\}$은 col$(A)^\perp$ = null(A^T)의 $m-k$개 벡터들의 정규직교집합이다. 그런데 null(A^T)의 차원이 $m-k$이므로[7.5절의 식 (5) 참조], $\{\mathbf{u}_{k+1}, \cdots, \mathbf{u}_m\}$은 null$(A^T)$의 정규직교기저가 된다.

증명 (c)와 (d) 벡터 $\mathbf{v}_1, \mathbf{v}_2, \cdots, \mathbf{v}_k$은 A^TA의 고유벡터의 정규직교집합을 이루고 A^TA의 대응하는 고유값(모두는 음이 아니다)이 비증가 순서

$$\lambda_1 \geq \lambda_2 \geq \cdots \geq \lambda_n \geq 0$$

대로 배열되어 있다. 정리 8.6.4에 의하여 이들 고유값의 처음 k개는 양의 실수이고 다음의 $n-k$개는 영이다. 따라서 $\{\mathbf{v}_{k+1}, \cdots, \mathbf{v}_n\}$은 A의 영공간과 같은 A^TA의 영공간(정리 7.5.8)의 $n-k$개 벡터의 정규직교집합이 된다. null(A)의 차원은 $n-k$이므로[7.5절의 식 (5) 참조], 집합 $\{\mathbf{v}_{k+1}, \cdots, \mathbf{v}_n\}$은 null($A$)의 정규직교기저가 된다. 더욱이 집합 $\{\mathbf{v}_{k+1}, \cdots, \mathbf{v}_n\}$의 각 벡터는 집합 $\{\mathbf{v}_1, \mathbf{v}_2, \cdots, \mathbf{v}_k\}$의 각 벡터와 수직이므로 집합 $\{\mathbf{v}_1, \mathbf{v}_2, \cdots, \mathbf{v}_k\}$의 각 벡터는 span$\{\mathbf{v}_{k+1}, \cdots, \mathbf{v}_n\}$ = null(A)에 수직이다. 따라서 $\{\mathbf{v}_1, \mathbf{v}_2, \cdots, \mathbf{v}_k\}$는 null$(A)^\perp$ = row(A)의 k개 벡터의 정규직교집합이다. 그런데 row(A)의 차원은 k이므로 $\{\mathbf{v}_1, \mathbf{v}_2, \cdots, \mathbf{v}_k\}$는 row($A$)의 정규직교기저가 된다. ■

축소된 특이값 분해 대수적으로 식 (12)의 행렬 Σ의 영 행과 열은 불필요한 것이고 그 공식에 있는 블록곱셈과 분할을 이용해서 식 $U\Sigma V^T$를 전개하면 소거될 수 있다. 영블록을 인수로 하는 곱은 없어지고 A의 **축소된 특이값 분해**(reduced singular value decomposition)라 부르는

$$A = [\mathbf{u}_1 \quad \mathbf{u}_2 \quad \cdots \quad \mathbf{u}_k]\begin{bmatrix} \sigma_1 & 0 & \ldots & 0 \\ 0 & \sigma_2 & \ldots & 0 \\ \vdots & \vdots & \ddots & \vdots \\ 0 & 0 & \ldots & \sigma_k \end{bmatrix}\begin{bmatrix} \mathbf{v}_1^T \\ \mathbf{v}_2^T \\ \vdots \\ \mathbf{v}_k^T \end{bmatrix} \tag{13}$$

가 남게 된다. 이 교재에서 식 (13)의 우변의 행렬을 각각 U_1, Σ_1, ${V_1}^T$로 표시하여 이 방정식을

$$A = U_1\Sigma_1V_1^T \tag{14}$$

로 표시할 것이다. U_1, Σ_1, ${V_1}^T$의 크기는 각각 $m \times k$, $k \times k$, $k \times n$이고, 행렬 Σ_1은 그것의 대각 성분이 양의 실수이므로, 가역행렬임을 유의하여야 한다.

개념문제 Σ_1^{-1}을 완전히 나타내라.

정리 3.8.1의 열-행 규칙을 이용하여 식 (13)의 우변을 전개하면, A의 **축소된 특이값 확장**(reduced singular value expansion)이라 부르는

$$A = \sigma_1\mathbf{u}_1\mathbf{v}_1^T + \sigma_2\mathbf{u}_2\mathbf{v}_2^T + \cdots + \sigma_k\mathbf{u}_k\mathbf{v}_k^T \tag{15}$$

를 얻는다. 이 결과는 모든 행렬에 적용되는 반면에, 스펙트럼 분해[8.3절의 식 (5)]는 대칭행렬에만 적용된다. 또한 식 (15)를 정리 7.6.5에서 주어지는 일반 행렬 A의 열-행 전개와 비교해 보는 것도 중요하다. 특이값 확장에서 $\mathbf{u}_i$와 $\mathbf{v}_i$는 정규직교인 반면에, 정리 7.6.5의 $\mathbf{c}_i$와 $\mathbf{r}_i$는 그럴 필요가 없다.

예제 5 축소된 특이값 분해

행렬

$$A = \begin{bmatrix} 1 & 1 \\ 0 & 1 \\ 1 & 0 \end{bmatrix}$$

의 축소된 특이값 분해와 축소된 특이값 확장을 구하라.

풀이 예제 4에서 특이값 분해

$$\underset{A}{\begin{bmatrix} 1 & 1 \\ 0 & 1 \\ 1 & 0 \end{bmatrix}} = \underset{U}{\begin{bmatrix} \frac{\sqrt{6}}{3} & 0 & -\frac{1}{\sqrt{3}} \\ \frac{\sqrt{6}}{6} & -\frac{\sqrt{2}}{2} & \frac{1}{\sqrt{3}} \\ \frac{\sqrt{6}}{6} & \frac{\sqrt{2}}{2} & \frac{1}{\sqrt{3}} \end{bmatrix}} \underset{\Sigma}{\begin{bmatrix} \sqrt{3} & 0 \\ 0 & 1 \\ 0 & 0 \end{bmatrix}} \underset{V^T}{\begin{bmatrix} \frac{\sqrt{2}}{2} & \frac{\sqrt{2}}{2} \\ \frac{\sqrt{2}}{2} & -\frac{\sqrt{2}}{2} \end{bmatrix}} \tag{16}$$

를 구하였다. A의 계수가 2이므로(증명하라), $k = 2$일 때 식 (13)에 의해 식 (16)에 대응하는 A의 축소된 특이값 분해는

$$\begin{bmatrix} 1 & 1 \\ 0 & 1 \\ 1 & 0 \end{bmatrix} = \begin{bmatrix} \frac{\sqrt{6}}{3} & 0 \\ \frac{\sqrt{6}}{6} & -\frac{\sqrt{2}}{2} \\ \frac{\sqrt{6}}{6} & \frac{\sqrt{2}}{2} \end{bmatrix} \begin{bmatrix} \sqrt{3} & 0 \\ 0 & 1 \end{bmatrix} \begin{bmatrix} \frac{\sqrt{2}}{2} & \frac{\sqrt{2}}{2} \\ \frac{\sqrt{2}}{2} & -\frac{\sqrt{2}}{2} \end{bmatrix}$$

가 된다. 따라서 축소된 특이값 확장

$$\begin{bmatrix} 1 & 1 \\ 0 & 1 \\ 1 & 0 \end{bmatrix} = \sigma_1 \mathbf{u}_1 \mathbf{v}_1^T + \sigma_2 \mathbf{u}_2 \mathbf{v}_2^T = \sqrt{3} \begin{bmatrix} \frac{\sqrt{6}}{3} \\ \frac{\sqrt{6}}{6} \\ \frac{\sqrt{6}}{6} \end{bmatrix} \begin{bmatrix} \frac{\sqrt{2}}{2} & \frac{\sqrt{2}}{2} \end{bmatrix} + (1) \begin{bmatrix} 0 \\ -\frac{\sqrt{2}}{2} \\ \frac{\sqrt{2}}{2} \end{bmatrix} \begin{bmatrix} \frac{\sqrt{2}}{2} & -\frac{\sqrt{2}}{2} \end{bmatrix}$$

$$= \sqrt{3} \begin{bmatrix} \frac{\sqrt{3}}{3} & \frac{\sqrt{3}}{3} \\ \frac{\sqrt{3}}{6} & \frac{\sqrt{3}}{6} \\ \frac{\sqrt{3}}{6} & \frac{\sqrt{3}}{6} \end{bmatrix} + (1) \begin{bmatrix} 0 & 0 \\ -\frac{1}{2} & \frac{1}{2} \\ \frac{1}{2} & -\frac{1}{2} \end{bmatrix}$$

을 얻는다. 예상한 것과 같이, 이 확장에서 행렬의 계수는 1임을 유의한다. ■

자료 압축과 영상처리 특이값 분해는 요구된 저장공간을 줄이고 전자전송을 빠르게 하기 위해 시각정보를 '압축'할 때 사용된다. 압축의 첫째 단계는 필요할 때 재생될 수 있도록 시각영상을 수치행렬로 나타내는 것이다.

예컨대 흑백 사진은 화소(점)들의 직사각형 배열로 주사된 다음, 그것의 회색 레벨에 따라서 각 화소에 수치를 대응시켜 행렬 A로 저장된다. 만일 256개의 회색 레벨이 사용된다면($0 =$ 흰색에서 $255 =$ 검은색까지), 행렬의 성분은 0과 255 사이의 정수가 된다. 영상은 그들에 대응된 회색 레벨에 의해 화소를 인쇄하거나 나열해서 행렬 A로부터 재생될 수 있다.

만일 행렬 A의 크기가 $m \times n$ 이면 그것의 mn개의 각 성분을 낱낱이 저장할 수 있다. 또 다른 방법은 $\sigma_1 \geq \sigma_2 \geq \cdots \geq \sigma_k$일 때 축소된 특이값 분해

$$A = \sigma_1 \mathbf{u}_1 \mathbf{v}_1^T + \sigma_2 \mathbf{u}_2 \mathbf{v}_2^T + \cdots + \sigma_k \mathbf{u}_k \mathbf{v}_k^T \tag{17}$$

를 계산하여 각 σ_i, $\mathbf{u}_i$, $\mathbf{v}_i$를 저장하는 것이다. 필요하면, 행렬 A(따라서 A가 표현하는 영상)는 식 (17)에서부터 복원될 수 있다. 각 $\mathbf{u}_j$는 m개 성분을 갖고 각 $\mathbf{v}_j$는 n개의 성분을 가지므로, 이 방법은

$$km + kn + k = k(m + n + 1)$$

역사 속의 선형대수

특이값 분해에 관한 이론은 다섯 사람, 즉 이탈리아의 수학자 Eugenio Beltrami, 프랑스의 수학자 Camille Jordan, 영국의 수학자 James Sylvester(3장 참조), 독일의 수학자 Erhard Schmidt(7장 참조), 그리고 Herman Weyl의 업적이 가장 핵심적인 역할을 했다. 또한 최근에 미국의 수학자 Gene Golub의 개척자적인 노력으로 안정적이고 효과적인 특이값 분해를 위한 알고리즘이 개발되었다. Beltrami와 Jordan은 분해의 원조이다. Beltrami는 1873년 서로 다른 특이값을 갖는 실가역행렬에 대한 결과를 증명(*Journal of Mathematics for the Use of the Students of the Italian Universities*에 아주 재미있게 소개되었다)하였다. 그 후에 Jordan은 이론을 잘 다듬었고 Beltrami가 가정했던 불필요한 제한조건들을 제거하였다. Beltrami와 Jordan의 연구 결과를 분명히 잘 몰랐던 Sylvester는 1889년 그 결과를 재발견하였고 그 중요성을 제시하였다. Schmidt는 특이값 분해가 하나의 행렬을 계수가 작은 또 다른 행렬로 근사화하는 데 사용될 수 있음을 보여 준 최초의 사람이었다. 그리고 그렇게 함으로써, 그는 하나의 수학적 호기심에서 중요한 실제적 응용 도구로 바꾸어 놓았다. Weyl은 오차가 존재할 때 더 낮은 계수의 근사값을 구하는 방법을 보여 주었다.

Eugenio Beltrami (1835~1900) *Marie Ennemond Camille Jordan* (1838~1922) *Herman Klaus Hugo Weyl* (1885~1955) *Gene H. Golub* (1932~2007)

개의 수의 저장공간을 필요로 한다. 그러나 특이값 $\sigma_{r+1}, \cdots, \sigma_k$가 충분히 작다고 가정하면 이들에 대응하는 식 (17)에서의 항을 없애도 행렬 A와 또한 A가 표현하는 영상의 만족스러운 근사값

$$A_r = \sigma_1\mathbf{u}_1\mathbf{v}_1^T + \sigma_2\mathbf{u}_2\mathbf{v}_2^T + \cdots + \sigma_r\mathbf{u}_r\mathbf{v}_r^T \tag{18}$$

를 얻게 된다. 식 (18)을 **A의 계수가 r인 근사값**이라 한다. A의 성분×성분(entry-by-entry) 저장공간이 mn개의 수를 필요로 하는 것과 비교하면, 이 행렬은 오직

$$rm + rn + r = r(m + n + 1)$$

개의 수의 저장공간을 필요로 한다. 예컨대 1000 × 1000 행렬의 계수가 100인 근사값은 A의 성분 × 성분 저장공간이 1,000,000개의 수를 필요로 하는 것과 비교하면 오직

$$100(1000 + 1000 + 1) = 200{,}100$$

개의 수의 저장공간을 필요로 한다. 거의 80%를 압축한 것이다.

그림 8.6.3은 식 (18)을 이용해서 얻은 디지털화한 비비 영상의 어떤 근사값을 나타내고 있다.

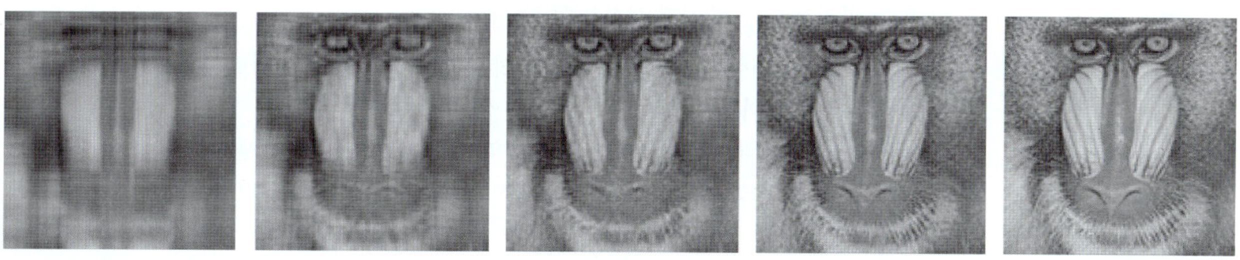

계수 4 계수 10 계수 20 계수 50 계수 128

그림 8.6.3

참고 A_r의 계수는 r이고, A_r은 식 (18)에서 사용된 기저벡터에 무관함을 증명할 수 있다. 그리고 'A와 A_r 성분의 차의 제곱의 합은 가능한 한 작다'라는 의미에서 A_r은 계수가 r인 $m \times n$ 행렬에 의한 A의 가장 좋은 가능한 근사값임을 증명할 수 있다.

변환 관점에서의 특이값 분해

A를 $m \times n$ 행렬이라 하고 $T_A : R^n \to R^m$을 A에 의한 곱셈이라 하면 식 (12)의 행렬

$$\Sigma = \left[\begin{array}{cccc|c} \sigma_1 & 0 & \cdots & 0 & \\ 0 & \sigma_2 & \cdots & 0 & 0_{k\times(n-k)} \\ \vdots & \vdots & \ddots & \vdots & \\ 0 & 0 & \cdots & \sigma_k & \\ \hline & & 0_{(m-k)\times k} & & 0_{(m-k)\times(n-k)} \end{array}\right]$$

는 R^n과 R^m의 각각의 기저 $\{\mathbf{v}_1, \mathbf{v}_2, \cdots, \mathbf{v}_n\}$과 $\{\mathbf{u}_1, \mathbf{u}_2, \cdots, \mathbf{u}_m)$에 대응하는 T_A의 행렬이다(증명하라). 따라서 벡터를 이들 기저로 표현할 때 하나의 벡터에 A를 곱하면 결과는 그 벡터의 처음 k개의 좌표를 인수 $\sigma_1, \sigma_2, \cdots, \sigma_k$에 의해 척도구성하고, 나머지 좌표는 영으로 보내며 차원의 감소 또는 증가에 따라 좌표를 버리거나 영을 추가할 수 있음을 알 수 있다. 이 개념은 계수가 2인 2×3 행렬 A에 대해서 그림 8.6.4로 설명된다. R^3의 단위구 위에서 A에 의한 곱셈의 결과는 삼차원의 정의역이 이차원의 치역으로 줄어든 다음에 인수 σ_1과 σ_2로 크기에 따라 남아 있는 특이벡터 $\mathbf{u}_1$과 $\mathbf{u}_2$의 방향으로 확장하거나 압축해서 R^2의 타원을 얻게 된다.

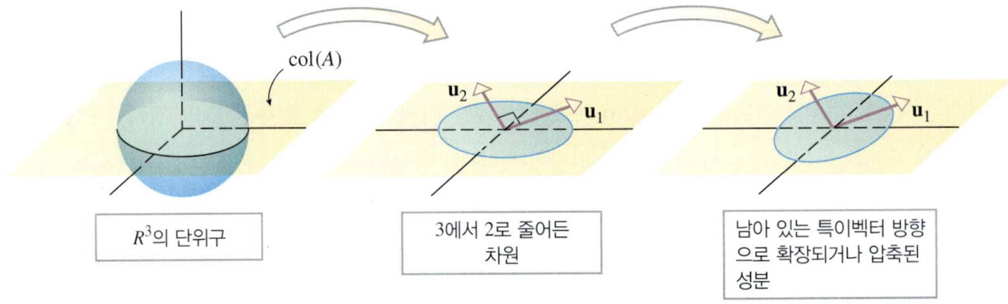

그림 8.6.4

선형변환 $T_A(\mathbf{x}) = A\mathbf{x}$의 대수적 성질에 논의를 집중하면, 행렬 A의 특이값 분해와 축소된 특이값 분해에 대하여 몇 가지 더 통찰할 수 있다. $\text{row}(A)^\perp = \text{null}(A)$이므로, 정리 7.7.4에 의해서 R^n의 모든 벡터 $\mathbf{x}$는

$$\mathbf{x} = \mathbf{x}_{\text{row}(A)} + \mathbf{x}_{\text{null}(A)}$$

로 유일하게 나타낼 수 있다. 여기서 $\mathbf{x}_{\text{row}(A)}$는 $\mathbf{x}$의 A의 행공간 위로의 정사영이고, $\mathbf{x}_{\text{null}(A)}$는 $\mathbf{x}$의 A의 영공간 위로의 정사영이다. $A\mathbf{x}_{\text{null}(A)} = \mathbf{0}$이므로

$$T_A(\mathbf{x}) = A\mathbf{x} = A\mathbf{x}_{\text{row}(A)} + A\mathbf{x}_{\text{null}(A)} = A\mathbf{x}_{\text{row}(A)}$$

가 된다. 따라서 다음 세 가지 사실을 알 수 있다.

1. A의 곱셈에 의한 R^n의 임의의 벡터의 상은 그 벡터의 row(A) 위로의 정사영의 상과 같다.
2. 변환 T_A의 치역, 즉 col(A)는 row(A)의 상이다.
3. T_A는 row(A)의 서로 다른 벡터를 R^m의 서로 다른 벡터로 보낸다(이유는?). 따라서 T_A는 정의역이 R^n인 변환으로 생각할 때는 일대일이 아닐 수도 있지만, 정의역을 row(A)로 제한하면 일대일이 된다.

행렬변환 T_A의 형태는 row(A) 위에서 그 작용에 의해 완전히 결정되기 때문에 효율성의 관점에서 정의

역의 불필요한 부분을 제거하여 T_A를 정의역이 row(A)인 변환으로 간주하는 것은 의미가 있다. row(A)의 기저 $\{\mathbf{v}_1, \mathbf{v}_2, \cdots, \mathbf{v}_k\}$와 col($A$)의 기저 $\{\mathbf{u}_1, \mathbf{u}_2, \cdots, \mathbf{u}_k\}$에 대응하는 이 제한된 변환의 행렬은 A의 축소된 특이값 분해에서 나타나는 행렬

$$\Sigma_1 = \begin{bmatrix} \sigma_1 & & & 0 \\ & \sigma_2 & & \\ & & \ddots & \\ 0 & & & \sigma_k \end{bmatrix}$$

가 된다.

참고 앞의 논의에 의해서, *모든 영이 아닌 행렬변환 T_A의 '숨겨진' 내부에는 A의 행공간을 A의 열공간 위로 보내는 일대일 행렬사상이 존재함을 알 수 있다. 더욱이 숨겨진 변환은 적당한 기저에 관해서 A의 축소된 특이값 분해로 표현됨을 알 수 있다.*

연습문제 8.6

연습문제 1~4에서는 A의 서로 다른 특이값을 구하라.

1. $A = \begin{bmatrix} 1 & 2 & 0 \end{bmatrix}$ **2.** $A = \begin{bmatrix} 3 & 0 \\ 0 & 4 \end{bmatrix}$

3. $A = \begin{bmatrix} 1 & -2 \\ 2 & 1 \end{bmatrix}$ **4.** $A = \begin{bmatrix} \sqrt{2} & 0 \\ 1 & \sqrt{2} \end{bmatrix}$

연습문제 5~12에서는 A의 특이값 분해를 구하라.

5. $A = \begin{bmatrix} 1 & -1 \\ 1 & 1 \end{bmatrix}$ **6.** $A = \begin{bmatrix} -3 & 0 \\ 0 & -4 \end{bmatrix}$

7. $A = \begin{bmatrix} 4 & 6 \\ 0 & 4 \end{bmatrix}$ **8.** $A = \begin{bmatrix} 3 & 3 \\ 3 & 3 \end{bmatrix}$

9. $A = \begin{bmatrix} -2 & 2 \\ -1 & 1 \\ 2 & -2 \end{bmatrix}$ **10.** $A = \begin{bmatrix} -2 & -1 & 2 \\ 2 & 1 & -2 \end{bmatrix}$

11. $A = \begin{bmatrix} 1 & 0 \\ 1 & 1 \\ -1 & 1 \end{bmatrix}$ **12.** $A = \begin{bmatrix} 6 & 4 \\ 0 & 0 \\ 4 & 0 \end{bmatrix}$

연습문제 13과 14에서는 A의 특이값 분해와 예제 3의 방법을 사용하여 A의 극분해를 구하라.

13. 연습문제 7의 행렬 A

14. 연습문제 8의 행렬 A

연습문제 15와 16에서는 A의 특이값 분해와 예제 5의 방법을 사용하여 A의 축소된 특이값 분해와 축소된 특이값 확장을 구하라.

15. 연습문제 11의 행렬 A

16. 연습문제 10의 행렬 A

연습문제 17과 18에서는 주어진 대칭행렬 A의 고유값 분해를 구하고, 다음에 예제 2 방법을 사용해서 A의 특이값 분해를 구하라.

17. $A = \begin{bmatrix} 1 & 2 & 0 \\ 2 & 1 & 0 \\ 0 & 0 & 3 \end{bmatrix}$ **18.** $A = \begin{bmatrix} 0 & 0 & -2 \\ 0 & -2 & 0 \\ -2 & 0 & 3 \end{bmatrix}$

19. A는 특이값 분해

$$A = \begin{bmatrix} \frac{1}{2} & \frac{1}{2} & \frac{1}{2} & \frac{1}{2} \\ \frac{1}{2} & -\frac{1}{2} & -\frac{1}{2} & \frac{1}{2} \\ \frac{1}{2} & -\frac{1}{2} & \frac{1}{2} & -\frac{1}{2} \\ \frac{1}{2} & \frac{1}{2} & -\frac{1}{2} & -\frac{1}{2} \end{bmatrix} \begin{bmatrix} 24 & 0 & 0 \\ 0 & 12 & 0 \\ 0 & 0 & 0 \\ 0 & 0 & 0 \end{bmatrix} \begin{bmatrix} \frac{2}{3} & -\frac{1}{3} & \frac{2}{3} \\ \frac{2}{3} & \frac{2}{3} & -\frac{1}{3} \\ -\frac{1}{3} & \frac{2}{3} & \frac{2}{3} \end{bmatrix}$$

를 갖는다고 하자.

(a) A의 네 개의 기본공간의 정규직교기저를 구하라.

(b) A의 축소된 특이값 분해를 구하라.

20. $T: R^n \to R^m$을 표준행렬 A가 특이값 분해 $A = U\Sigma V^T$를 갖는 선형사상이라 하고 $B = \{\mathbf{v}_1, \mathbf{v}_2, \cdots, \mathbf{v}_n\}$과 $B' = \{\mathbf{u}_1, \mathbf{u}_2, \cdots, \mathbf{u}_m\}$을 각각 V와 U의 열벡터라 하자. $\Sigma = [T]_{B', B}$임을 밝혀라.

21. A^TA의 특이값은 A의 특이값의 제곱임을 밝혀라.

22. $A = U\Sigma V^T$가 A의 특이값 분해이면, U는 AA^T를 직교대각화함을 보여라.

23. $A = PQ$를 예제 3의 극분해라 하자. Q에 의한 곱셈은 원점에 대한 각 330°만큼의 회전임을 밝히고, P에 의한 곱셈은 R^2를 벡터 $\mathbf{u}_1 = (\sqrt{3}/2, 1/2)$ 방향으로 3배, 그리고 $\mathbf{u}_2 = (-1/2, \sqrt{3}/2)$ 방향으로 1배 확대함을 밝혀라.

토론과 발견

D1. (a) $A = U\Sigma V^T$가 계수 k인 $m \times n$ 행렬의 특이값 분해이면, U의 크기는 ______, Σ의 크기는 ______, V의 크기는 ______이다.

(b) $A = U_1\Sigma_1 V_1^T$가 계수 k인 $m \times n$ 행렬의 축소된 특이값 분해이면, U_1의 크기는 ______, Σ_1의 크기는 ______, V_1의 크기는 ______이다.

D2. $A = U\Sigma V^T$가 가역행렬 A의 특이값 분해이면, $V\Sigma^{-1}U^T$는 ______의 특이값 분해이다. 독자 자신의 답을 검증하라.

D3. 직교적으로 닮은 행렬은 동일한 특이값을 갖는가? 독자 자신의 답을 검증하라.

D4. P가 R^n에서 부분공간 W 위로의 정사영의 표준행렬일 때, P의 특이값에 대하여 논하라.

D5. (a) 다음 그림은 2×2 가역행렬 A에 의한 곱셈이 단위원을 타원으로 변환하는 것을 보여 주고 있다. 그림이 나타내는 것을 더 정확하게 설명하는 문장을 작성하라.

(b) 예제 1의 행렬에 대한 그림을 그려라.

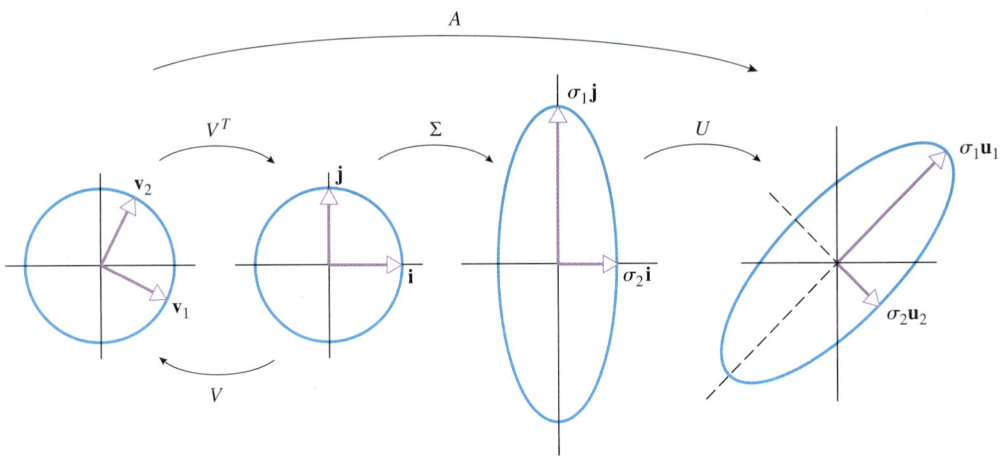

그림 Ex-D5

프로그램 활용 연습문제

T1. **(특이값 분해)** 대부분의 선형대수 계산 유틸리티는 특이값 분해를 구하는 명령어를 내장하고 있지만 매우 다양하다. 어떤 계산 유틸리티는 축소된 특이값 분해를 만들어 내고, 어떤 것은 소수 형식의 성분을 필요로 하며, 어떤 것은 U를 전치행렬 형식으로 나타내므로 독자의 계산 유틸리티 사용 시 이러한 점에 유의할 필요가 있다. 행렬

$$A = \begin{bmatrix} 3 & 0 & \frac{3}{2} \\ 1 & -2 & \frac{5}{2} \\ 1 & -2 & \frac{5}{2} \\ 3 & 0 & \frac{3}{2} \end{bmatrix}$$

의 축소된 특이값 분해를 구하고 인수를 전부 곱하고 그 곱을 A와 비교하여 검산하라.

T2. 행렬

$$A = \begin{bmatrix} 3 & 2 & -5 \\ -6 & -8 & -6 \\ -5 & -5 & 8 \end{bmatrix}$$

에 대하여 A^TA의 고유값의 제곱근을 계산하여 A의 특이점을 구하라. 이 결과와 A의 특이값 분해를 계산하는 명령어에 의한 결과를 비교하라.

T3. 계수가 1인 3×6 행렬을 작성하라. 그리고 행렬의 계수는 영이 아닌 특이값의 개수와 같음을 확인하라. 계수가 2나 3인 3×6 행렬에 대해서도 똑같이 하라.

T4. **(MATLAB과 인터넷 접속이 요구됨)** MATLAB에 특별한 이 문제는 특이값 분해를 이용하여 웹사이트에 저장하였던 주사된 영상에서 그림 8.6.3의 비비 그림을 재생할 수 있게 해 준다. 다음의 단계는 비비 영상의 계수가 r인 근사값을 얻게 해줄 것이다.

1단계. 사이트에 나와 있는 지시대로 웹사이트

http://www.contemplinalg.com

http://www.wiley.com/college/anton

에서 압축되지 않은 주사된 영상 mandrill.bmp를 내려받아라. 검산으로, 임의의 bitmap 영상 조망용 프로그램이나 유틸리티(.bmp 파일)를 사용해서 이 영상을 조망하라. 이 영상은 그림 8.6.3의 계수가 128인 그림과 같이 보일 것이다.

2단계. MATLAB 명령어

```
graymandrill = imread('mandrill.bmp')
```

을 사용해서 bitmap 영상의 화소를 그들의 회색 레벨을 나타내는 정수값에 대응시켜라. 이로써 'graymandrill'이라 명명된 회색레벨 정수의 행렬을 얻게 된다.

3단계. MATLAB 명령어

```
A = double(graymandrill)
```

을 사용해서 회색 레벨 정수의 행렬을 부동소수 성분을 갖는 행렬 A로 전환하라.

4단계. MATLAB 명령어

```
[u, s, v] = svd(A)
```

을 사용해서 A의 특이값 분해의 행렬을 계산하라.

5단계. 비비 영상의 계수가 r인 근사값을 만들기 위하여, 적당한 MATLAB 명령어를 사용해서 행렬 ur, sr, 그리고 vr을 구성하라. 여기서 ur은 u의 처음 r개의 열(벡터)로 이루어지고, sr은 s의 처음 r개의 행과 처음 r개의 열로 구성된 행렬이다. 그리고 vr은 v의 처음 r개의 열로 이루어진다. 적당한 MATLAB 명령어를 사용해서 곱 (ur)(sr)(vr)^{T}를 계산하라. 그리고 그 결과를 Ar이라 명명하라.

6단계. MATLAB 명령어

```
graylevelr = uint8(Ar)
```

을 사용해서 Ar의 성분을 회색 레벨 정수로 바꿔라. 회색 레벨값의 행렬이 'graylevelr'이라 명명된다.

7단계. MATLAB 명령어

```
imwrite(graylevelr, 'mandrillr.bmp')
```

을 사용해서 임의의 bitmap 영상 조망용 프로그램 또는 유틸리티로 볼 수 있는 'mandrillr.bmp'라 명명된 계수가 r인 그림의 bitmap 파일을 만들어라.

요약된 단계를 사용해서 그림 8.6.3의 계수 50, 계수 20, 계수 10, 계수 4인 근사값을 구하고 영상을 보라.

8.7 유사역원

역행렬의 개념은 정사각행렬에 적용된다. 이 절에서는 정사각이 아닌 행렬에 적용할 수 있는 '유사역원'의 개념을 생각하여 역행렬의 개념을 일반화할 것이다. 유사역원은 선형계의 최소제곱해의 연구에 중요하게 응용된다.

유사역원 A를 축소된 특이값 분해

$$A = U_1\Sigma_1V_1^T$$

를 갖는 $n \times n$ 가역행렬이라 하면 U_1, Σ_1, V_1은 모두 $n \times n$ 가역행렬이다(왜?). 따라서 U_1과 V_1의 직교성에 의하여

$$A^{-1} = V_1\Sigma_1^{-1}U_1^T \tag{1}$$

가 성립한다. 만일 A가 정사각행렬이 아니거나 또는 가역이 아닌 정사각행렬이면, 이 공식은 적용되지 않는다. 그러나 앞에서 행렬 Σ_1은 항상 가역임을 알고 있으므로 가역행렬 A에 대해서만 A^{-1}로 표현하지만, 식 (1)의 우변의 곱은 모든 행렬 A에 대해서 정의된다. A가 영이 아닌 $m \times n$ 행렬이면 $n \times m$ 행렬

$$A^+ = V_1\Sigma_1^{-1}U_1^T \tag{2}$$

를 A의 **유사역원**(pseudoinverse)*이라 한다. $A = 0$이면, $A^+ = 0$이라 정의한다. 유사역원은 가역행렬의 경우 역행렬과 같지만, 모든 행렬에 적용된다는 점에서 더 일반적이다.

▶ 예제 1 축소된 SVD로부터 유사역원 구하기

8.6절의 예제 5에서 얻은 축소된 특이값 분해를 이용하여 행렬

$$A = \begin{bmatrix} 1 & 1 \\ 0 & 1 \\ 1 & 0 \end{bmatrix}$$

의 유사역원을 구하라.

---

*유사역원은 U_1형과 V_1형에 사용된 기저에 무관함을 알 수 있으므로 용어 '그(the)' 유사역원은 적절한 것이다. (역자 주: 우리의 어법에서는 문제가 되지 않는 영어식 표현이지만 원전에 있기 때문에 이곳에 그대로 번역해 둔다.) 유사역원은 또한 개별적으로 기호 개념을 개발한 미국의 수학자 E. H. Moore (1862~1932)와 영국의 수학자이자 물리학자인 Roger Penrose (1931~)의 이름을 따서 **Moore-Penrose 역원**(Moore-Penrose inverse)이라고도 한다.

풀이 8.6절의 예제 5에서 축소된 특이값 분해

$$A = [\mathbf{u}_1 \quad \mathbf{u}_2]\begin{bmatrix}\sigma_1 & 0\\ 0 & \sigma_2\end{bmatrix}\begin{bmatrix}\mathbf{v}_1^T\\ \mathbf{v}_2^T\end{bmatrix} = \begin{bmatrix}\frac{\sqrt{6}}{3} & 0\\ \frac{\sqrt{6}}{6} & -\frac{\sqrt{2}}{2}\\ \frac{\sqrt{6}}{6} & \frac{\sqrt{2}}{2}\end{bmatrix}\begin{bmatrix}\sqrt{3} & 0\\ 0 & 1\end{bmatrix}\begin{bmatrix}\frac{\sqrt{2}}{2} & \frac{\sqrt{2}}{2}\\ \frac{\sqrt{2}}{2} & -\frac{\sqrt{2}}{2}\end{bmatrix}$$

를 얻었다. 따라서 식 (2)에 의해서 다음과 같다.

$$A^+ = [\mathbf{v}_1 \quad \mathbf{v}_2]\begin{bmatrix}\frac{1}{\sigma_1} & 0\\ 0 & \frac{1}{\sigma_2}\end{bmatrix}\begin{bmatrix}\mathbf{u}_1^T\\ \mathbf{u}_2^T\end{bmatrix}$$

$$= \begin{bmatrix}\frac{\sqrt{2}}{2} & \frac{\sqrt{2}}{2}\\ \frac{\sqrt{2}}{2} & -\frac{\sqrt{2}}{2}\end{bmatrix}\begin{bmatrix}\frac{1}{\sqrt{3}} & 0\\ 0 & 1\end{bmatrix}\begin{bmatrix}\frac{\sqrt{6}}{3} & \frac{\sqrt{6}}{6} & \frac{\sqrt{6}}{6}\\ 0 & -\frac{\sqrt{2}}{2} & \frac{\sqrt{2}}{2}\end{bmatrix} = \begin{bmatrix}\frac{1}{3} & -\frac{1}{3} & \frac{2}{3}\\ \frac{1}{3} & \frac{2}{3} & -\frac{1}{3}\end{bmatrix}$$ ■

다음 정리는 A가 최대 열계수를 가질 때 A^+를 계산하는 다른 방법을 제공한다.

정리 8.7.1 *A가 최대 열계수를 갖는 $m \times n$ 행렬이면,*

$$A^+ = (A^TA)^{-1}A^T \tag{3}$$

가 성립한다.

증명 $A = U_1\Sigma_1V_1^T$를 A의 축소된 특이값 분해라 하면

$$A^TA = (V_1\Sigma_1^TU_1^T)(U_1\Sigma_1V_1^T) = V_1\Sigma_1^2V_1^T$$

가 성립한다. A가 최대 열계수를 가지므로, 행렬 A^TA는 가역이고(정리 7.5.10) V_1은 $n \times n$ 직교행렬이 된다. 따라서

$$(A^TA)^{-1} = V_1\Sigma_1^{-2}V_1^T$$

이다. 따라서 이것으로부터

$$(A^TA)^{-1}A^T = (V_1\Sigma_1^{-2}V_1^T)(U_1\Sigma_1V_1^T)^T = (V_1\Sigma_1^{-2}V_1^T)(V_1\Sigma_1U_1^T) = V_1\Sigma_1^{-1}U_1^T = A^+$$

가 된다. ■

예제 2 최대 열계수를 갖는 경우의 유사역원

예제 1에서 특이값 분해를 사용하여 행렬

$$A = \begin{bmatrix}1 & 1\\ 0 & 1\\ 1 & 0\end{bmatrix}$$

의 유사역원을 계산하였다. 그러나 A는 최대 열계수를 가지므로 그것의 유사역원은 식 (3)에서 계산될 수 있다. 이를 위하여 우선 A^TA를 계산하면

$$A^TA = \begin{bmatrix}1 & 0 & 1\\ 1 & 1 & 0\end{bmatrix}\begin{bmatrix}1 & 1\\ 0 & 1\\ 1 & 0\end{bmatrix} = \begin{bmatrix}2 & 1\\ 1 & 2\end{bmatrix}$$

이다. 따라서 이것으로부터

$$A^+ = (A^TA)^{-1}A^T = \begin{bmatrix}\frac{2}{3} & -\frac{1}{3}\\ -\frac{1}{3} & \frac{2}{3}\end{bmatrix}\begin{bmatrix}1 & 0 & 1\\ 1 & 1 & 0\end{bmatrix} = \begin{bmatrix}\frac{1}{3} & -\frac{1}{3} & \frac{2}{3}\\ \frac{1}{3} & \frac{2}{3} & -\frac{1}{3}\end{bmatrix}$$

이 된다. 이것은 예제 1에서 구한 결과와 일치한다. ■

유사역원의 성질 다음 정리는 유사역원에 대한 몇 가지 대수적 사실을 언급하고 있다. 이 증명은 연습문제로 남긴다.

정리 8.7.2 *A^+가 $m \times n$ 행렬 A의 유사역원이면 다음이 성립한다.*

(a) $AA^+A = A$

(b) $A^+AA^+ = A^+$

(c) $(AA^+)^T = AA^+$

(d) $(A^+A)^T = A^+A$

(e) $(A^T)^+ = (A^+)^T$

(f) $A^{++} = A$

다음 정리는 변환의 관점에서 유사역원의 몇 가지 성질을 언급하고 있다. 처음 세 부분을 증명하고 나머지 두 부분은 연습문제로 남긴다.

정리 8.7.3 *$A^+ = V_1\Sigma_1^{-1}U_1^T$는 계수 k인 $m \times n$ 행렬 A의 유사역원이고, U_1과 V_1의 열벡터가 각각 $\mathbf{u}_1, \mathbf{u}_2, \cdots, \mathbf{u}_k$와 $\mathbf{v}_1, \mathbf{v}_2, \cdots, \mathbf{v}_k$이면 다음이 성립한다.*

(a) R^m의 모든 벡터 $\mathbf{y}$에 대하여 $A^+\mathbf{y}$는 row(A)에 포함된다.

(b) $A^+\mathbf{u}_i = \dfrac{1}{\sigma_i}\mathbf{v}_i \qquad (i = 1, 2, \cdots, k)$이다.

(c) null(A^T)의 모든 벡터 $\mathbf{y}$에 대하여 $A^+\mathbf{y} = \mathbf{0}$이다.

(d) AA^+는 R^m에서 col(A) 위로의 정사영이다.

(e) A^+A는 R^n에서 row(A) 위로의 정사영이다.

증명 (a) $\mathbf{y}$가 R^m의 임의의 벡터이면 식 (2)에 의하여

$$A^+\mathbf{y} = V_1\Sigma_1^{-1}U_1^T\mathbf{y} = V_1(\Sigma_1^{-1}U_1^T\mathbf{y})$$

가 된다. 따라서 $A^+\mathbf{y}$는 V_1의 열벡터의 일차결합이다. 정리 8.6.5에 의하여 이들 벡터는 row(A)에 속하므로, $A^+\mathbf{y}$는 row(A)에 포함된다.

증명 (b) A^+의 우측에 U_1을 곱하면

$$A^+U_1 = V_1\Sigma_1^{-1}U_1^TU_1 = V_1\Sigma_1^{-1}$$

이 된다. 따라서 양변의 대응하는 열벡터를 비교하면 (b)의 결과를 얻을 수 있다.

증명 (c) $\mathbf{y}$를 null(A^T)의 임의의 벡터라 하면, $\mathbf{y}$는 col(A)의 각 벡터에 수직이다. 그리고 특히 $\mathbf{y}$는 $U_1 = [\mathbf{u}_1, \mathbf{u}_2, \cdots, \mathbf{u}_k]$의 각 열벡터에 수직이다. 이것에 의하여 $U_1^T\mathbf{y} = \mathbf{0}$이다(왜?). 따라서

$$A^+\mathbf{y} = V_1\Sigma_1^{-1}U_1^T\mathbf{y} = (V_1\Sigma_1^{-1})U_1^T\mathbf{y} = \mathbf{0}$$

이 성립한다. ■

예제 3 유사역원을 이용하는 정사영

$$A = \begin{bmatrix} 1 & 1 \\ 0 & 1 \\ 1 & 0 \end{bmatrix}$$

의 유사역원을 이용해서 R^3에서 A의 열공간 위로의 정사영의 표준행렬을 구하라.

풀이 예제 2에서 A의 유사역원을 계산하였다. 그 결과를 이용하면 R^3에서 col(A) 위로의 정사영은

$$AA^+ = \begin{bmatrix} 1 & 1 \\ 0 & 1 \\ 1 & 0 \end{bmatrix} \begin{bmatrix} \frac{1}{3} & -\frac{1}{3} & \frac{2}{3} \\ \frac{1}{3} & \frac{2}{3} & -\frac{1}{3} \end{bmatrix} = \begin{bmatrix} \frac{2}{3} & \frac{1}{3} & \frac{1}{3} \\ \frac{1}{3} & \frac{2}{3} & -\frac{1}{3} \\ \frac{1}{3} & -\frac{1}{3} & \frac{2}{3} \end{bmatrix}$$

임을 알 수 있다. ■

개념문제 어떠한 계산도 하지 않고, R^2에서 예제 3의 행렬 A의 행공간 위로의 정사영에 대해 가설을 세우고 A^+A를 계산하여 독자의 가설을 확인하라.

유사역원과 최소제곱

유사역원은 최소제곱 문제를 해결하는 데 특이값 분해를 이용하는 방법을 제공하기 때문에 중요하다. 선형계 $A\mathbf{x} = \mathbf{b}$의 최소제곱해는 정규방정식 $A^TA\mathbf{x} = A^T\mathbf{b}$의 완전해(exact solution)임을 상기하자. A가 최대 열계수를 갖는 경우에 행렬 A^TA는 가역이고 유일한 최소제곱해

$$\mathbf{x} = (A^TA)^{-1}A^T\mathbf{b} = A^+\mathbf{b} \tag{4}$$

가 존재한다. 따라서 최대 열계수를 갖는 경우에 최소제곱해는 $\mathbf{b}$에 A의 유사역원을 곱해서 얻는다. A가 최대 열계수를 갖지 않는 경우에는 A^TA가 가역이 아니고, 정규방정식은 무수히 많은 해를 갖는데, 그들의 각각은 $A\mathbf{x} = \mathbf{b}$의 최소제곱해이다. 그러나 이들 최소제곱해 중 A의 행공간에 속하는 최소제곱해는 유일하다(정리 7.8.3). 그리고 또한 그것은 최소놈을 갖는 최소제곱해이다. 다음 정리는 식 (4)를 일반화한 것이다.

정리 8.7.4 *A는 $m \times n$ 행렬이고, $\mathbf{b}$는 R^m의 임의의 벡터이면*

$$\mathbf{x} = A^+\mathbf{b}$$

는 최소놈을 갖는 $A\mathbf{x} = \mathbf{b}$의 최소제곱해이다.

증명 우선 $\mathbf{x} = A^+\mathbf{b}$는 정규방정식 $A^TA\mathbf{x} = A^T\mathbf{b}$를 만족시키고 따라서 최소제곱해임을 밝힐 것이다. 이를 위해서 $A = U_1\Sigma_1V_1^T$를 A의 축소된 특이값 분해라 하면

$$A^+\mathbf{b} = V_1\Sigma_1^{-1}U_1^T\mathbf{b}$$

가 된다. 따라서

$$(A^TA)A^+\mathbf{b} = V_1\Sigma_1^2V_1^TV_1\Sigma_1^{-1}U_1^T\mathbf{b} = V_1\Sigma_1^2\Sigma_1^{-1}U_1^T\mathbf{b} = V_1\Sigma_1U_1^T\mathbf{b} = A^T\mathbf{b}$$

가 성립하고 $X = A^+\mathbf{b}$는 정규방정식 $A^TA\mathbf{x} = A^T\mathbf{b}$를 만족시킨다.

$\mathbf{x} = A^+\mathbf{b}$가 최소놈의 최소제곱해임을 밝히기 위해서, 이 벡터가 A의 행공간에 놓여 있음을 보이면 충분하다(정리 7.8.3). 그러나 이것은 정리 8.7.3의 (*a*)에 의해서 성립한다. ■

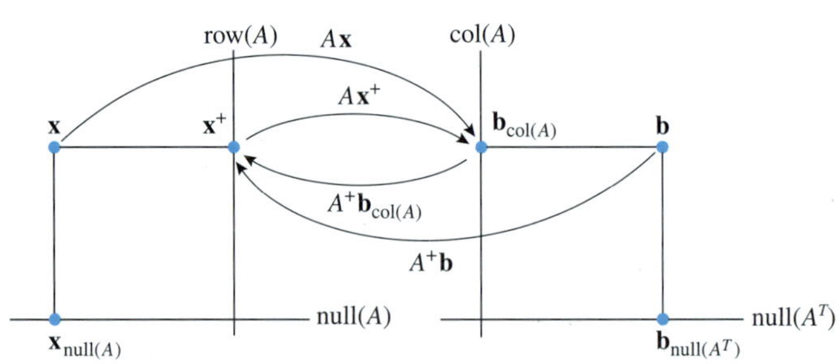

그림 8.7.1

지금까지 논의해 온 몇 가지 개념은 그림 8.7.1의 Strang 도표로 설명된다. $\mathbf{b}$가 col(A)에 존재하지 않으므로, 그 도표에서 나타나는 선형계 $A\mathbf{x} = \mathbf{b}$는 해를 갖지 않는다. $\mathbf{x}$와 $\mathbf{b}$를

$$\mathbf{x} = \mathbf{x}_{\text{row}(A)} + \mathbf{x}_{\text{null}(A)}, \quad \mathbf{b} = \mathbf{b}_{\text{col}(A)} + \mathbf{b}_{\text{null}(A^T)}$$

와 같이 직교항으로 분리하고 $\mathbf{x}_{\text{row}(A)}$를 간단히 $\mathbf{x}^+$로 표기하였다. 이 벡터는 최소놈의 최소제곱해이고 $A\mathbf{x} = \mathbf{b}_{\text{col}(A)}$의 완전해이다. 즉

$$A\mathbf{x}^+ = \mathbf{b}_{\text{col}(A)}$$

가 된다. 이 방정식을 $\mathbf{x}^+$에 관해서 풀기 위하여, 우선 유사역원 A^+를 곱해서

$$A^+A\mathbf{x}^+ = A^+\mathbf{b}_{\text{col}(A)}$$

을 얻는다. 그리고 정리 8.7.3(e)와 $\mathbf{x}^+ = \mathbf{x}_{\text{row}(A)}$는 A의 행공간에 존재함을 이용하여

$$\mathbf{x}^+ = A^+\mathbf{b}_{\text{col}(A)}$$

를 얻는다. 따라서 A는 $\mathbf{x}^+$를 $\mathbf{b}_{\text{col}(A)}$로 보내고 A^+는 $\mathbf{b}_{\text{col}(A)}$로부터 $\mathbf{x}^+$를 얻는다.

조건수와 수치 문제

선형계는 반올림 오차에 대해 민감하기 때문에 특이값 분해는 정확하게 풀기 어려운 선형계를 풀고 해석하는 데 중요한 역할을 한다. 해를 갖는 선형계 $A\mathbf{x} = \mathbf{b}$의 경우 반올림 오차는 계수행렬이 특이행렬에 가까울 때, 즉 하나 또는 그 이상의 특이값이 영에 아주 가까울 때 전형적으로 나타난다. 이와 같은 선형계는 **불량조건**(ill condition)이라 한다. 반올림 오차가 계산된 해의 정확성에 얼마나 영향을 미치는지를 측정하는 좋은 방법은 A의 가장 큰 특이값에 대한 A의 가장 작은 특이값의 비율을 구하는 것이다. 이 비율을 A의 **조건수**(condition number)라 하고

$$\text{cond}(A) = \frac{\sigma_1}{\sigma_k} \tag{5}$$

로 표기한다. 조건수가 크면 클수록, 그 계는 작은 반올림 오차에 더 예민해진다. 사실 A와 $\mathbf{b}$의 성분이 r개의 유효자릿수까지 정확하고, A의 조건수가 10^c(양의 정수 c에 대해서)를 초과하면, 구한 답은 $r - c$개보다 더 많은 유효자리까지 정확할 확률이 크지 않다는 것을 선형대수의 수치계산법에 관한 책에서 볼 수 있다. 따라서, 예컨대 $\text{cond}(A) = 10^2$이고 A와 $\mathbf{b}$의 성분이 5개의 유효자릿수까지 정확하다면 구한 임의의 답은 기껏해야 $5 - 2 = 3$개의 유효자릿수까지 정확할 수 있다.

선형계 $A\mathbf{x} = \mathbf{b}$의 최소제곱해를 구하는 기본 계산법은 정규방정식 $A^TA\mathbf{x} = A^T\mathbf{b}$를 정확하게 푸는 것이다. 그러나 A^TA의 특이값은 A의 특이값의 제곱이므로(8.6절의 연습문제 21), $\text{cond}(A^TA)$는 A의 조건수의 제곱이 된다. 따라서 $A\mathbf{x} = \mathbf{b}$가 불량조건 선형계이면, 정규방정식은 훨씬 더 불량조건이 된다. 이론상으로 이 선형계가 불량조건이 아니면 특이값 분해를 구한 다음에 그 분해를 사용해서 유사역원과 최소제곱해 $\mathbf{x} = A^+\mathbf{b}$를 계산하여 A의 조건수를 결정할 수 있다.

이런 모든 것은 그럴듯하게 들리기는 하지만 어려운 점은 A의 특이값이 A^TA의 고유값의 제곱근이라는 것과, 이들 특이값을 문제의 A^TA로부터 직접 계산함으로써 부정확한 최소제곱해는 물론 부정확한 조건수의 추정값을 얻을 수 있다는 것이다. 다행히 A^TA를 계산하지 않고 특이값 분해를 구하는 계산법이 있다. 이들 계산법은 선형계의 최소제곱해를 구하는 데 잘 알려진 몇 가지 가장 좋은 알고리즘을 얻게 해주며 선형대수의 수치계산법에 관한 책에서 논의되고 있다. 이 주제에 관한 두 개의 대표적인 서적은 G. H. Golub과 C. F. Van Loan이 공동으로 쓴 *Matrix Computations*(행렬계산) (Johns Hopkins 대학 출판부, Baltimore, 1996)과 William H. Press, Saul A. Teukolsky, William T. Vetterling, 그리고 Brian P. Flannery가 공동으로 쓴 *Numerical Recipes in C, The Art of Scientific Computing*(C언어에 의한 수치계산법, 과학적 계산의 예술) (Cambridge 대학 출판부, 뉴욕, 1999)이다.

연습문제 8.7

연습문제 1~4에서는 최대 열계수를 갖는 행렬 A가 주어진다. 정리 8.7.1을 이용해서 A의 유사역원을 구하라.

1. $A = \begin{bmatrix} 3 \\ 4 \end{bmatrix}$

2. $A = \begin{bmatrix} 1 & 1 \\ 1 & 3 \\ 2 & 1 \end{bmatrix}$

3. $A = \begin{bmatrix} 7 & 1 \\ 0 & 0 \\ 5 & 5 \end{bmatrix}$

4. $A = \begin{bmatrix} 4 \\ 5 \end{bmatrix}$

5. 연습문제 1의 행렬 A와 A^+에 대해서 정리 8.7.2의 여섯 가지 성질이 성립함을 확인하라.

6. 연습문제 2의 행렬 A와 A^+에 대해서 정리 8.7.2의 여섯 가지 성질이 성립함을 확인하라.

연습문제 7~10에서는 A의 축소된 특이값 분해를 이용해서 A의 유사역원을 계산하라.

7. 연습문제 1의 행렬

8. 연습문제 2의 행렬

9. 연습문제 3의 행렬

10. 연습문제 4의 행렬

연습문제 11과 12에서는 가역행렬 A가 주어질 때 $A^{-1} = A^+$임을 확인하라.

11. $A = \begin{bmatrix} 2 & 2 \\ -1 & 1 \end{bmatrix}$

12. $A = \begin{bmatrix} 2 & 2 \\ 0 & 2 \end{bmatrix}$

연습문제 13과 14에서는 식 (3)을 적용할 수 없음을 밝히고, 적절한 방법을 사용해서 A^+를 구하라.

13. $A = \begin{bmatrix} 1 & 1 \\ 1 & 1 \end{bmatrix}$

14. $A = \begin{bmatrix} 1 & 0 \\ 0 & 0 \\ 0 & 0 \end{bmatrix}$

연습문제 15와 16에서는 A의 유사역원을 사용해서 R^3에서 A의 열공간 위로의 정사영의 표준행렬을 구하라.

15. 연습문제 2의 행렬 A

16. 연습문제 3의 행렬 A

연습문제 17과 18에서는 알맞은 유사역원을 사용해서 선형계의 최소놈의 최소제곱해를 구하라.

17.
$$\begin{aligned} x_1 + x_2 &= 1 \\ 2x_1 + 2x_2 &= 0 \\ 2x_1 + 2x_2 &= -1 \end{aligned}$$

18.
$$\begin{aligned} x_1 + x_2 &= 1 \\ 2x_1 + 3x_2 &= 1 \\ 2x_1 + x_2 &= 1 \end{aligned}$$

19. 행렬 $A = [1\ 2\ 3]$는 최대 열계수를 갖지 않지만 그것의 전치행렬은 최대 열계수를 갖는다. 따라서 정리 8.7.1을 사용해서 A^+는 계산할 수 없지만, $(A^T)^+$는 계산할 수 있다. 그 정리를 사용해서 $(A^T)^+$를 계산한 다음 그 결과를 사용해서 A^+를 구하라.

20. 연습문제 19의 방법을 사용해서 행렬

$$A = \begin{bmatrix} 1 & 2 & 2 \\ 1 & 3 & 1 \end{bmatrix}$$

의 유사역원을 구하라.

21. A가 가역행렬일 때 식 (3)은 $A^+ = A^{-1}$로 단순화됨을 밝혀라.

토론과 발견

D1. 직교열벡터를 갖는 행렬 A의 유사역원에 대해 논하라.

D2. A가 계수 1인 행렬이면, 8.6절의 식 (15)에 의하여 A의 축소된 특이값 분해는 $A = \sigma \mathbf{u}\mathbf{v}^T$의 형태를 갖는다. 단, $\mathbf{u}$와 $\mathbf{v}$는 단위행렬이다.

(a) 이 경우에 A^+의 축소된 특이값 확장은 무엇인가?

(b) 이 경우에 (a)의 결과를 사용해서 A^+A와 AA^+를 계산하고, 그 결과의 식이 기하학적으로 예상될 수 있었던 이유를 설명하라.

D3. c가 영이 아닌 스칼라일 때, $(cA)^+$와 A^+는 어떠한 관계가 있는가?

D4. 축소된 특이값 분해 $A = U\Sigma V^T$가

$$[2 \quad 1 \quad -2] = [-1][3]\left[-\tfrac{2}{3} \quad -\tfrac{1}{3} \quad \tfrac{2}{3}\right]$$

로 주어지는 행렬 $A = [2\ \ 1\ \ -2]$에 대해서 A^+, A^+A, AA^+를 구하라.

D5. (a) AA^+와 A^+A의 어떤 성질에 의하여 이들 행렬이 멱등행렬(idempotent)임을 알 수 있는가?

(b) 정리 8.7.2를 사용해서 AA^+와 A^+A가 멱등행렬임을 밝혀라.

증명문제

P1. 식 (2)를 사용하여 A가 $m \times n$ 행렬이면, $AA^+A = A$임을 증명하라.

P2. 식 (2)를 사용하여 A가 $m \times n$ 행렬이면, $(AA^+)^T = AA^+$임을 증명하라.

P3. 식 (2)를 사용하여 A가 $m \times n$ 행렬이면, $(A^T)^+ = (A^+)^T$임을 증명하라.

P4. 식 (2)를 사용하여 A가 $m \times n$ 행렬이면, $A^{++} = A$임을 증명하라.

P5. 연습문제 P4와 P1의 결과를 사용하여 A가 $m \times n$ 행렬이면, $A^+AA^+ = A^+$임을 증명하라.

P6. 연습문제 P4와 P2의 결과를 사용하여 A가 $m \times n$ 행렬이면, $(A^+A)^T = A^+A$임을 증명하라.

P7. 식 (2)를 사용하여 A가 $m \times n$ 행렬이면, AA^+는 R^n에서 A의 열공간 위로의 정사영임을 증명하라. [*힌트*: 우선 $AA^+ = U_1U_1^T$임을 밝혀라.]

P8. A^T에 연습문제 P7의 결과를 적용하고, 정리 8.7.2를 이용하여 A가 $m \times n$ 행렬이면, A^+A는 R^n에서 A의 행공간 위로의 정사영임을 증명하라.

프로그램 활용 연습문제

T1. **(유사역원)** 몇 가지 선형대수 계산 유틸리티는 행렬의 유사역원을 구하기 위한 명령어를 제공한다. 독자의 계산 유틸리티는 이러한 기능을 갖고 있는지 확인해 보라. 갖고 있다면, 그 명령어를 사용하여 예제 1 행렬의 유사역원을 구하라.

T2. 축소된 특이값 분해를 사용하여 행렬

$$A = \begin{bmatrix} 1 & 2 & 3 \\ -2 & 1 & -1 \\ 3 & 4 & 7 \end{bmatrix}$$

의 유사역원을 구하라. 만일 독자의 계산 유틸리티가 유사역원을 구하기 위한 명령어를 갖는다면, 그것을 사용하여 독자가 구한 결과를 검사하라.

T3. 행렬의 계수는 일차독립인 행(또는 열)의 개수이다. 실제로 크기가 큰 행렬의 경우 반올림 오차 때문에 계수를 정확하게 구하는 것은 어렵다. 행렬 A의 계수를 추정하는 일반적인 과정은 허용오차(자료의 정확도에 관계 있는) ε을 설정하여, A의 계수가 ε보다 큰 특이값의 개수로 추정한다. 이것을 주어진 허용오차에 대한 A의 **유효계수**(effective rank)라 한다.

(a) $\varepsilon = 10^{-14}$의 허용오차를 사용하여 행렬

$$A = \begin{bmatrix} 16 & 2 & 3 & 13 \\ 5 & 11 & 10 & 8 \\ 9 & 7 & 6 & 12 \\ 4 & 14 & 15 & 1 \end{bmatrix}$$

의 유효계수를 구하라.

(b) 식 (5)를 사용하여 A의 조건수를 구하라.

$$A = \begin{bmatrix} -149 & -50 & -154 \\ 537 & 180 & 546 \\ -27 & -9 & -25 \end{bmatrix}$$

(c) 8.7절의 마지막에서 A와 $\mathbf{b}$의 원소들이 r개의 유효자릿수까지 정확하고 A의 조건수가 10^c을 초과하면, $A\mathbf{x} = \mathbf{b}$의 계산된 해가 $r - c$개의 유효자릿수 이상 정확하지 않을 가능성이 높다는 점이 언급되었다. (b)에서 A의 원소들이 정확하다고 가정할 때, $A\mathbf{x} = \mathbf{b}$의 해에서 3개의 유효자릿수의 정확도를 달성하려면 벡터 $\mathbf{b}$의 원소에 몇 개의 유효자릿수 정확도가 필요한지 구하라.

T4. 해가 없는 선형계 $A\mathbf{x} = \mathbf{b}$에서

$$A = \begin{bmatrix} 1 & 2 & 3 \\ -2 & -3 & -5 \\ 1 & 3 & 4 \end{bmatrix}; \quad \mathbf{b} = \begin{bmatrix} 1 \\ 1 \\ 2 \end{bmatrix}$$

일 때, 이 계는 무수히 많은 최소제곱해를 가짐을 밝히고, A의 유사역원을 사용하여 최소놈을 갖는 최소제곱해를 구하라.

8.8 복소고유값과 복소고유벡터

지금까지 주로 실고유값과 실고유벡터에 관심을 집중하였다. 그러나 복소고유값과 복소고유벡터는 응용 분야와 기하학적 해석 분야에서 매우 중요하므로, 실수의 경우와 똑같은 역할을 부여하려고 하는 것이다. 이것이 이 절의 주요 목표이다.

C^n 내의 벡터

복소고유값과 복소고유벡터를 연구하기 위한 처음 단계로 다음과 같이 정의한다.

정의 8.8.1 n이 양의 정수일 때, n개의 복소수 열 $(v_1, v_2, \cdots, v_n)$을 **복소 n-짝**(complex n-tuple)이라고 한다. 모든 복소 n-짝의 집합을 **복소 n-공간**(complex n-space)이라 하고 C^n으로 표시한다.

실수의 n-짝에 대해서 사용되는 용어는 복소 n-짝에도 변함없이 그대로 적용된다. 따라서 $v_1, v_2, \cdots, v_n$이 복소수일 때, $\mathbf{v} = (v_1, v_2, \cdots, v_n)$을 C^n 내의 **벡터**(vector)라 하고 $v_1, v_2, \cdots, v_n$을 그것의 **성분**(component)이라고 한다. C^3 내의 벡터의 예를 몇 가지 제시하면

$$\mathbf{u} = (1+i, -4i, 3+2i), \quad \mathbf{v} = (0, i, 5), \quad \mathbf{w} = \left(6-\sqrt{2}i, 9+\tfrac{1}{2}i, \pi i\right)$$

등이다.

C^n에서 스칼라는 복소수이고, 덧셈, 뺄셈, 스칼라곱은 R^n에서와 똑같이 성분끼리 계산된다. 정리 1.1.5의 여덟 가지 성질은 C^n 내의 벡터에 대해서 성립함을 증명할 수 있고, 이것으로부터 C^n 내의 벡터는 R^n 내의 벡터와 같은 대수적 성질을 가짐을 알 수 있다. (정리 1.1.6 다음에 있는 미리보기를 참조하라.)

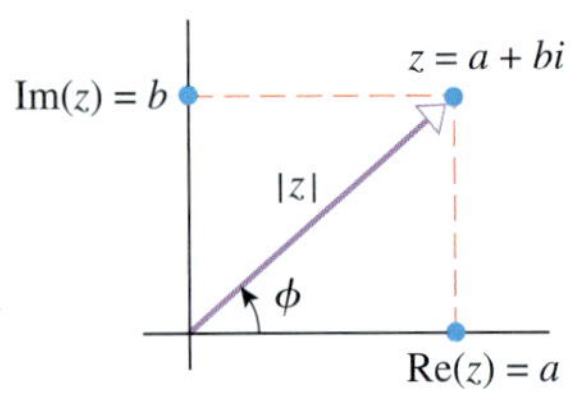

그림 8.8.1

$z = a + bi$가 복소수일 때, $\bar{z} = a - bi$를 그것의 **복소켤레**(complex conjugate)라 하며, 실수 $\operatorname{Re}(z) = a$와 $\operatorname{Im}(z) = b$를 각각의 **실수부**(real part)와 **허수부**(imaginary part)라 하고, $|z| = \sqrt{a^2+b^2}$을 z의 **modulus** 또는 **절대값**(absolute value)이라고 한다. 그림 8.8.1에서 설명되는 것과 같이, **복소평면**(complex plane)이라 부르는 직교좌표계에서 복소수 $z = a + bi$는 점 또는 벡터 (a, b)로 나타낼 수 있다. 그림에서의 각 ϕ를 z의 **편각**(argument)이라 하고, 이 각에 의하여 z의 실수부와 허수부는

$$\operatorname{Re}(z) = |z|\cos\phi, \quad \operatorname{Im}(z) = |z|\sin\phi \tag{1}$$

로 표현될 수 있다. 따라서 z 자신은

$$z = |z|(\cos\phi + i\sin\phi) \tag{2}$$

와 같이 표기될 수 있는데 이것을 z의 **극형식**(polar form)이라고 한다.

C^n 내의 벡터

$$\mathbf{v} = (v_1, v_2, \ldots, v_n) = (a_1+b_1i, a_2+b_2i, \ldots, a_n+b_ni) \tag{3}$$

는

$$\mathbf{v} = (v_1, v_2, \ldots, v_n) = (a_1, a_2, \ldots, a_n) + i(b_1, b_2, \ldots, b_n) = \operatorname{Re}(\mathbf{v}) + i\operatorname{Im}(\mathbf{v}) \tag{4}$$

와 같이 표현될 수 있다. 여기서 벡터

$$\operatorname{Re}(\mathbf{v}) = (a_1, a_2, \ldots, a_n), \quad \operatorname{Im}(\mathbf{v}) = (b_1, b_2, \ldots, b_n)$$

을 각각 $\mathbf{v}$의 **실수부**와 **허수부**라고 한다. 벡터

$$\bar{\mathbf{v}} = (\bar{v}_1, \bar{v}_2, \ldots, \bar{v}_n) = (a_1-b_1i, a_2-b_2i, \ldots, a_n-b_ni) \tag{5}$$

를 $\mathbf{v}$의 **복소켤레**라 하고, $\operatorname{Re}(\mathbf{v})$와 $\operatorname{Im}(\mathbf{v})$에 의하여

$$\bar{\mathbf{v}} = (a_1, a_2, \ldots, a_n) - i(b_1, b_2, \ldots, b_n) = \operatorname{Re}(\mathbf{v}) - i\operatorname{Im}(\mathbf{v}) \tag{6}$$

로 나타낼 수 있다. 따라서 식 (4)로부터 R^n 내의 벡터는 허수부가 $\mathbf{0}$인 C^n 내의 벡터로 볼 수 있다. 그리고 식 (6)에 의하여 C^n 내의 벡터가 R^n에 속하기 위한 필요충분조건은 $\bar{\mathbf{v}} = \mathbf{v}$이다.

이 절에서는 복소 성분을 갖는 행렬을 고찰할 것이다. 그리고 앞으로 성분이 실수인 행렬 A를 **실행렬**(real matrix)이라 하고 성분이 복소수이면 **복소행렬**(complex matrix)이라고 할 것이다. 실행렬은 실수 성분만을 가져야 하나, 복소행렬은 실수 성분을 가질 수도 있고 갖지 않을 수도 있음을 유의하여야 한다. 실행렬에 관한 표준연산은 복소행렬에도 변함없이 그대로 적용된다. 그리고 행렬에 관한 잘 알려진 모든 성질도 여전히 성립한다. A가 복소행렬이면, $\mathrm{Re}(A)$와 $\mathrm{Im}(A)$는 각각 A의 실수부와 허수부로 이루어진 행렬이고, $\overline{A}$는 A의 각 성분의 복소켤레로 이루어진 행렬이다.

예제 1 벡터와 행렬의 실수부와 허수부

$$\mathbf{v} = (3+i, -2i, 5), \quad A = \begin{bmatrix} 1+i & -i \\ 4 & 6-2i \end{bmatrix}$$

일 때

$$\overline{\mathbf{v}} = (3-i, 2i, 5), \quad \mathrm{Re}(\mathbf{v}) = (3, 0, 5), \quad \mathrm{Im}(\mathbf{v}) = (1, -2, 0)$$

$$\overline{A} = \begin{bmatrix} 1-i & i \\ 4 & 6+2i \end{bmatrix}, \quad \mathrm{Re}(A) = \begin{bmatrix} 1 & 0 \\ 4 & 6 \end{bmatrix}, \quad \mathrm{Im}(A) = \begin{bmatrix} 1 & -1 \\ 0 & -2 \end{bmatrix}$$

$$\det(A) = \begin{vmatrix} 1+i & -i \\ 4 & 6-2i \end{vmatrix} = (1+i)(6-2i) - (-i)(4) = 8+8i$$

가 된다. ■

복소켤레의 대수적 성질

다음 두 정리는 이 절에서 필요한 벡터와 행렬에 관한 몇 가지 성질을 요약한 것이다. 증명의 일부분은 연습문제로 남긴다.

정리 8.8.2 *$\mathbf{u}$와 $\mathbf{v}$가 C^n 내의 벡터이고 k는 스칼라일 때 다음이 성립한다.*

(a) $\overline{\overline{\mathbf{u}}} = \mathbf{u}$

(b) $\overline{k\mathbf{u}} = \overline{k}\overline{\mathbf{u}}$

(c) $\overline{\mathbf{u}+\mathbf{v}} = \overline{\mathbf{u}} + \overline{\mathbf{v}}$

(d) $\overline{\mathbf{u}-\mathbf{v}} = \overline{\mathbf{u}} - \overline{\mathbf{v}}$

정리 8.8.3 *A는 $m \times k$ 복소행렬이고 B는 $k \times n$ 복소행렬이면 다음이 성립한다.*

(a) $\overline{\overline{A}} = A$

(b) $(\overline{A^T}) = (\overline{A})^T$

(c) $\overline{AB} = \overline{A}\,\overline{B}$

복소 Euclid 내적

다음 정의는 점곱과 놈의 개념을 C^n에 확장한 것이다.

정의 8.8.4 $\mathbf{u} = (u_1, u_2, \cdots, u_n)$과 $\mathbf{v} = (v_1, v_2, \cdots, v_n)$이 C^n 내의 벡터일 때, $\mathbf{u}$와 $\mathbf{v}$의 **복소 Euclid 내적**[complex Euclidean inner product, 또는 **복소점곱**(complex dot product)이라고도 한다]은 $\mathbf{u} \cdot \mathbf{v}$로 표기하고

$$\mathbf{u} \cdot \mathbf{v} = u_1\overline{v}_1 + u_2\overline{v}_2 + \cdots + u_n\overline{v}_n \tag{7}$$

으로 정의한다. 또한 C^n 위의 **Euclid 놈**(Euclidean norm)을

$$\|\mathbf{v}\| = \sqrt{\mathbf{v} \cdot \mathbf{v}} = \sqrt{|v_1|^2 + |v_2|^2 + \cdots + |v_n|^2} \tag{8}$$

으로 정의한다.

실수의 경우처럼, $\|\mathbf{v}\| = 1$일 때 $\mathbf{v}$를 C^n 내의 **단위벡터**(unit vector)라 하고 $\mathbf{u}$와 $\mathbf{v}$가 직교이기 위한 필요충분조건은 $\mathbf{u} \cdot \mathbf{v} = 0$이다.

참고 식 (7)에서 복소켤레들은 $\|\mathbf{v}\|$가 실수임을 확실하게 해 준다. 왜냐하면 그들이 없으면 식 (8)에서 $\mathbf{v} \cdot \mathbf{v}$는 허수가 되기 때문이다. 또한 $\mathbf{u}$와 $\mathbf{v}$가 실수 성분을 가지면 식 (7)은 R^n 위의 점곱이 됨을 유의해야 한다.

3.1절의 식 (26)으로부터 $\mathbf{u}$와 $\mathbf{v}$가 R^n 내의 열벡터이면 그들의 점곱은

$$\mathbf{u} \cdot \mathbf{v} = \mathbf{u}^T \mathbf{v} = \mathbf{v}^T \mathbf{u}$$

로 표현될 수 있다. C^n에서 비슷한 공식은

$$\mathbf{u} \cdot \mathbf{v} = \mathbf{u}^T \overline{\mathbf{v}} = \overline{\mathbf{v}}^T \mathbf{u} \tag{9}$$

가 된다(증명하라).

예제 2 복소 Euclid 내적과 놈

$$\mathbf{u} = (1 + i, i, 3 - i), \quad \mathbf{v} = (1 + i, 2, 4i)$$

일 때 $\mathbf{u} \cdot \mathbf{v}$, $\mathbf{v} \cdot \mathbf{u}$, $\|\mathbf{u}\|$, $\|\mathbf{v}\|$를 구하라.

풀이

$$\mathbf{u} \cdot \mathbf{v} = (1 + i)\overline{(1 + i)} + i\overline{(2)} + (3 - i)\overline{(4i)} = (1 + i)(1 - i) + 2i + (3 - i)(-4i) = -2 - 10i$$
$$\mathbf{v} \cdot \mathbf{u} = (1 + i)\overline{(1 + i)} + 2\overline{(i)} + (4i)\overline{(3 - i)} = (1 + i)(1 - i) - 2i + 4i(3 + i) = -2 + 10i$$
$$\|\mathbf{u}\| = \sqrt{|1 + i|^2 + |i|^2 + |3 - i|^2} = \sqrt{2 + 1 + 10} = \sqrt{13}$$
$$\|\mathbf{v}\| = \sqrt{|1 + i|^2 + |2|^2 + |4i|^2} = \sqrt{2 + 4 + 16} = \sqrt{22}$$

■

예제 2는 R^n 위의 점곱과 C^n 위의 복소 Euclid 내적과의 주요한 차이점을 보여 주고 있다. 점곱에 대해서 $\mathbf{v} \cdot \mathbf{u} = \mathbf{u} \cdot \mathbf{v}$(점곱의 대칭성질)이지만, 복소 Euclid 내적에 대해서 그 대응관계는 $\mathbf{u} \cdot \mathbf{v} = \overline{\mathbf{v} \cdot \mathbf{u}}$인데, 이것을 **반대칭성질**(antisymmetry property)이라고 한다. 다음의 정리는 정리 1.2.6과 유사하다. 증명은 생략한다.

정리 8.8.5 $\mathbf{u}$, $\mathbf{v}$, $\mathbf{w}$는 C^n 내의 벡터이고 k는 스칼라일 때 복소 Euclid 내적은 다음의 성질을 만족시킨다.

(*a*) $\mathbf{u} \cdot \mathbf{v} = \overline{\mathbf{v} \cdot \mathbf{u}}$ **(반대칭성질)**

(*b*) $\mathbf{u} \cdot (\mathbf{v} + \mathbf{w}) = \mathbf{u} \cdot \mathbf{v} + \mathbf{u} \cdot \mathbf{w}$ **(분배성질)**

(*c*) $k(\mathbf{u} \cdot \mathbf{v}) = (k\mathbf{u}) \cdot \mathbf{v}$ **(동차성질)**

(*d*) $\mathbf{v} \cdot \mathbf{v} \geq 0$이고, $\mathbf{v} \cdot \mathbf{v} = 0$이기 위한 필요충분조건은 $\mathbf{v} = \mathbf{0}$이다. **(양성질)**

정리의 (*c*)는 복소 Euclid 내적에 곱해지는 스칼라는 첫째 벡터에 곱해져서 재정리되지만, 두 번째 벡터에는 그것의 복소켤레가 곱해져서 재정리될 수 있음을 나타내고 있다. 즉

$$k(\mathbf{u} \cdot \mathbf{v}) = k(\overline{\mathbf{v} \cdot \mathbf{u}}) = \overline{\overline{k}}\,(\overline{\mathbf{v} \cdot \mathbf{u}}) = \overline{\overline{k}\,(\mathbf{v} \cdot \mathbf{u})} = (\overline{k}\mathbf{v}) \cdot \mathbf{u} = \mathbf{u} \cdot (\overline{k}\mathbf{v}) \tag{10}$$

가 성립한다. k 대신 $\overline{k}$를 대입하고 $\overline{\overline{k}} = k$임을 이용하면, 이 관계식은 또한

$$\mathbf{u} \cdot k\mathbf{v} = \overline{k}(\mathbf{u} \cdot \mathbf{v}) \tag{11}$$

로 표기할 수 있다.

C^n 내의 벡터공간 개념 복소수 스칼라를 사용하는 점을 제외하고는 일차결합, 일차독립, 부분공간, 생성, 기저, 차원 등의 개념이 변함없이 C^n에 그대로 적용되는데, 이 교재에서 그들에 관하여 서술되었던 대부분의 정리도 마찬가지로 그대로 적용된다.

개념문제 R^n은 C^n의 부분공간인가? 설명하라.

C^n 내의 벡터 위에서 작용하는 실행렬의 복소고유값 복소행렬의 고유값과 고유벡터는 실행렬의 경우와 똑같이 정의된다. A가 복소(또는 실수) 성분을 갖는 $n \times n$ 행렬이면, 특성방정식 $\det(\lambda I - A) = 0$의 복소수 근을 A의 **복소고유값**(complex eigenvalues)이라고 한다. 실행렬의 경우와 같이, λ가 A의 복소고유값이기 위한 필요충분조건은 $A\mathbf{x} = \lambda\mathbf{x}$를 만족시키는 영이 아닌 벡터 $\mathbf{x}$가 C 내에 존재하는 것이다. 이와 같은 각 $\mathbf{x}$를 λ에 대응하는 A의 **복소고유벡터**(complex eigenvector)라고 한다. λ에 대응하는 A의 복소고유벡터는 선형계 $(\lambda I - A)\mathbf{x} = \mathbf{0}$의 영이 아닌 해가 된다. 그리고 이와 같은 해들의 전체 집합은 λ에 대응하는 A의 **고유공간**(eigenspace)이라 부르는 C^n의 부분공간이 된다.

다음 정리는 실행렬이 복소고유값을 가지면, 이들 고유값과 그들에 대응하는 고유벡터는 켤레쌍으로 나타남을 보여 준다.

정리 8.8.6 *λ는 $n \times n$ 실행렬 A의 고유값이고, $\mathbf{x}$는 대응하는 고유벡터이면, $\bar{\lambda}$는 A의 고유값이고, $\bar{\mathbf{x}}$는 대응하는 고유벡터가 된다.*

증명 λ는 A의 고유값이고 $\mathbf{x}$는 대응하는 고유벡터이므로

$$\overline{A\mathbf{x}} = \overline{\lambda\mathbf{x}} = \bar{\lambda}\bar{\mathbf{x}} \tag{12}$$

를 얻는다. 그러나 A는 실행렬이므로, $\bar{A} = A$이 되어 정리 8.8.3의 (c)에 의하여

$$\overline{A\mathbf{x}} = \bar{A}\bar{\mathbf{x}} = A\bar{\mathbf{x}} \tag{13}$$

가 성립한다. 두 방정식 (12)와 (13)에 의하여

$$A\bar{\mathbf{x}} = \overline{A\mathbf{x}} = \bar{\lambda}\bar{\mathbf{x}}$$

가 된다. 이때 $\bar{\mathbf{x}} \neq 0$이다(왜?). 따라서 $\bar{\lambda}$는 A의 고유값이고 이는 $\bar{\mathbf{x}}$에 대응하는 고유벡터가 된다. ■

예제 3 복소고유값과 복소고유벡터

$$A = \begin{bmatrix} -2 & -1 \\ 5 & 2 \end{bmatrix}$$

의 고유값과 고유공간의 기저를 구하라.

풀이 A의 특성다항식은

$$\begin{vmatrix} \lambda+2 & 1 \\ -5 & \lambda-2 \end{vmatrix} = \lambda^2 + 1 = (\lambda - i)(\lambda + i)$$

이므로 A의 고유값은 $\lambda = i$와 $\lambda = -i$이다. 정리 8.8.6에 의해 보장된 것과 같이, 이들 고유값은 복소켤레이다. 고유벡터를 구하기 위하여 $\lambda = i$와 $\lambda = -i$일 때 (선형)계

$$\begin{bmatrix} \lambda+2 & 1 \\ -5 & \lambda-2 \end{bmatrix}\begin{bmatrix} x_1 \\ x_2 \end{bmatrix} = \begin{bmatrix} 0 \\ 0 \end{bmatrix}$$

을 풀어야 한다. $\lambda = i$일 때, 이 계는

$$\begin{bmatrix} i+2 & 1 \\ -5 & i-2 \end{bmatrix}\begin{bmatrix} x_1 \\ x_2 \end{bmatrix} = \begin{bmatrix} 0 \\ 0 \end{bmatrix} \tag{14}$$

이 된다. Gauss-Jordan 소거로 붙인 행렬

$$\begin{bmatrix} i+2 & 1 & 0 \\ -5 & i-2 & 0 \end{bmatrix} \tag{15}$$

을 기약 행사다리꼴로 변형하면 이 계를 풀 수 있다. 더 간단히 하기 위해서 우선 식 (14)가 자명하지 않은 해를 가지므로 식 (15)의 기약 행사다리꼴이 영으로만 이루어진 행을 가짐을 알아야 한다. 이 경우에 식 (15)의 각 행은 다른 행의 스칼라배수이므로, 제1행에 제2행의 적당한 스칼라배수를 더해서 제1행의 성분을 영으로 놓고 행끼리 교환한 다음에 새로운 제1행에 $-\frac{1}{5}$을 곱하면 기약 행사다리꼴

$$\begin{bmatrix} 1 & \frac{2}{5}-\frac{1}{5}i & 0 \\ 0 & 0 & 0 \end{bmatrix}$$

을 얻을 수 있다. 따라서 이 계의 일반해는

$$x_1 = \left(-\tfrac{2}{5}+\tfrac{1}{5}i\right)t, \quad x_2 = t$$

가 된다. 그러므로 $\lambda = i$에 대응하는 고유공간은 1차원이고 기저벡터

$$\mathbf{x} = \begin{bmatrix} -\frac{2}{5}+\frac{1}{5}i \\ 1 \end{bmatrix} \tag{16}$$

의 모든 복소수 스칼라배수들로 이루어짐을 알 수 있다. 검산으로 $A\mathbf{x} = i\mathbf{x}$임을 확인해 보자.

$$A\mathbf{x} = \begin{bmatrix} -2 & -1 \\ 5 & 2 \end{bmatrix}\begin{bmatrix} -\frac{2}{5}+\frac{1}{5}i \\ 1 \end{bmatrix} = \begin{bmatrix} -2\left(-\frac{2}{5}+\frac{1}{5}i\right)-1 \\ 5\left(-\frac{2}{5}+\frac{1}{5}i\right)+2 \end{bmatrix} = \begin{bmatrix} -\frac{1}{5}-\frac{2}{5}i \\ i \end{bmatrix} = i\mathbf{x}$$

가 성립한다. 같은 방법으로 $\lambda = -i$에 대응하는 고유공간의 기저를 구할 수 있지만 계산은 불필요하다. 왜냐하면 정리 8.8.6에 의하여

$$\bar{\mathbf{x}} = \begin{bmatrix} -\frac{2}{5}-\frac{1}{5}i \\ 1 \end{bmatrix} \tag{17}$$

은 이 고유공간의 기저임에 틀림없다. 다음 계산은 $\bar{\mathbf{x}}$가 $\lambda = -i$에 대응하는 A의 고유벡터임을 확인해 주고 있다. 즉

$$A\bar{\mathbf{x}} = \begin{bmatrix} -2 & -1 \\ 5 & 2 \end{bmatrix}\begin{bmatrix} -\frac{2}{5}-\frac{1}{5}i \\ 1 \end{bmatrix}$$

$$= \begin{bmatrix} -2\left(-\frac{2}{5}-\frac{1}{5}i\right)-1 \\ 5\left(-\frac{2}{5}-\frac{1}{5}i\right)+2 \end{bmatrix} = \begin{bmatrix} -\frac{1}{5}+\frac{2}{5}i \\ -i \end{bmatrix} = -i\bar{\mathbf{x}}$$

가 성립한다. ■

역사 속의 선형대수

Olga Taussky-Todd는 행렬 해석에서 선구자적인 여성 중 한 사람이었고 Califormia 공과대학(칼텍)의 교수로 임명된 최초의 여성이었다. 그녀는 제2차 세계대전 동안 영국의 국립물리실험실에서 일을 하였다. 그곳에서 그녀는 초음속 항공기 날개의 불규칙 진동을 연구하는 부서에 배치되었다. 불규칙 진동에 관한 핵심 문제는 어떤 6 × 6 복소행렬의 고유값의 위치 선정과 관계가 있음이 판명되었다. 그래서 많은 젊은 여성 직원들이 수동기계로 필요한 계산을 하기 위해서 임명되었다. Taussky-Todd는 Geršgorin 정리라고 하는 결과를 들은 적이 있었다. 그런데 그 정리는 복소행렬의 고유값을 포함하는 어떤 원들을 판별하는 간단한 방법을 제공하였다. 그녀는 이 정리가 다른 방법으로 계산할 수 없는 불규칙 진동에 관한 정보를 제공하는 데 사용될 수 있음을 즉각 깨달았다. 이러한 관찰은 Geršgorin 정리를 모호한 것으로부터 실제적인 응용에 중요한 것으로 부상시켰다. 제2차 세계대전 이후 Olga Taussky-Todd는 과제에 관련된 행렬에 관한 연구를 계속하였고, 잘 알려져 있으나 본질적으로 다른 많은 행렬에 관한 결과들을 오늘날 행렬론이라고 부르는 논리정연한 과제로 발전시키는 일에 이바지하였다.

Olga Taussky-Todd
(1906~1995)

실대칭행렬은 실고유값을 가진다는 사실에 대한 증명

정리 4.4.10에서 2 × 2 실대칭행렬이 실고유값을 가짐을 증명하였고, 증명 없이 그 결과는 모든 실대칭행렬에 대해서 성립한다고 설명하였다. 이제 우리는 이런 일반적인 결과를 증명하는 데 필요한 수학적 도구가 모두 준비되었다. 증명의 핵심은 실대칭행렬을 모든 성분의 허수부가 영인 복소행렬로 간주하는 것이다.

정리 8.8.7 *A가 실대칭행렬이면 A는 실고유값을 갖는다.*

증명 λ를 A의 고유값이라 하고 $\mathbf{x}$를 대응하는 고유벡터라 하자. 이때 λ는 복소수이고 $\mathbf{x}$는 C^n 내의 벡터일 수 있다. 따라서 $\mathbf{x} \neq 0$일 때

$$A\mathbf{x} = \lambda\mathbf{x}$$

가 된다. 이 방정식의 양변에 $\bar{\mathbf{x}}^T$를 곱하면

$$\bar{\mathbf{x}}^T A\mathbf{x} = \bar{\mathbf{x}}^T(\lambda\mathbf{x}) = \lambda(\bar{\mathbf{x}}^T\mathbf{x}) = \lambda(\mathbf{x}\cdot\mathbf{x}) = \lambda\|\mathbf{x}\|^2$$

이 되고, 따라서

$$\lambda = \frac{\bar{\mathbf{x}}^T A\mathbf{x}}{\|\mathbf{x}\|^2}$$

를 얻는다. 이 식의 분모는 실수이므로

$$\overline{\bar{\mathbf{x}}^T A\mathbf{x}} = \bar{\mathbf{x}}^T A\mathbf{x} \tag{18}$$

임을 밝혀서 λ가 실수임을 증명할 수 있다. 그런데 A는 대칭행렬이고 실수 성분을 가지므로, 식 (9)의 두 번째 등식과 켤레의 성질에 의하여

$$\overline{\bar{\mathbf{x}}^T A\mathbf{x}} = \overline{\bar{\mathbf{x}}^T}\,\overline{A}\,\bar{\mathbf{x}} = \mathbf{x}^T(A\bar{\mathbf{x}}) = (A\bar{\mathbf{x}})^T\mathbf{x} = \bar{\mathbf{x}}^T A^T\mathbf{x} = \bar{\mathbf{x}}^T A\mathbf{x}$$

가 성립한다. ■

실행렬의 복소고유값의 기하학적 해석

다음 정리는 2 × 2 실행렬의 복소고유값의 기하학적 의미를 이해하는 데 중요한 역할을 한다.

정리 8.8.8 *실행렬*

$$C = \begin{bmatrix} a & -b \\ b & a \end{bmatrix} \tag{19}$$

의 고유값은 $\lambda = a \pm bi$가 된다. a와 b가 동시에 영이 아니면 이 행렬은

$$\begin{bmatrix} a & -b \\ b & a \end{bmatrix} = \begin{bmatrix} |\lambda| & 0 \\ 0 & |\lambda| \end{bmatrix}\begin{bmatrix} \cos\phi & -\sin\phi \\ \sin\phi & \cos\phi \end{bmatrix} \tag{20}$$

와 같이 인수분해 될 수 있다. 여기서 ϕ는 양의 x축에서 원점으로부터 시작되고 점 (a, b)를 지나는 반직선에 이르는 각이다(그림 8.8.2).

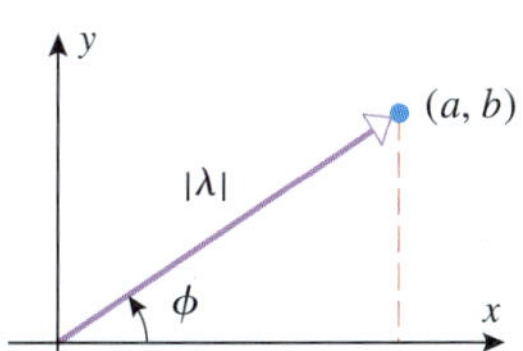

그림 8.8.2

기하학적으로 이 정리는 식 (19) 형식의 행렬에 의한 곱셈은 각 ϕ만큼 회전한 다음 $|\lambda|$배 척도구성한 것으로 볼 수 있다는 것을 나타낸다(그림 8.8.3).

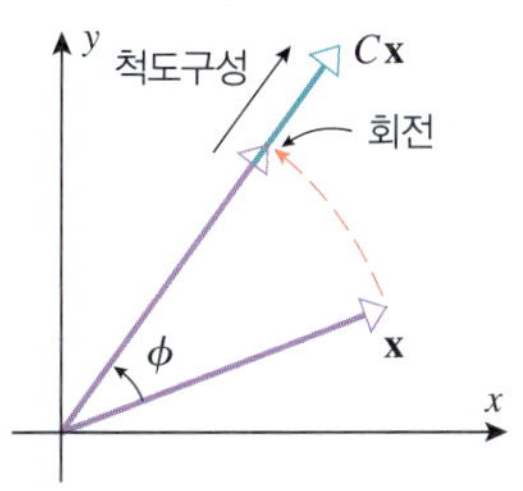

그림 8.8.3

증명 C의 특성방정식은 $(\lambda - a)^2 + b^2 = 0$(증명하라)이므로, C의 고유값은 $\lambda = a \pm bi$가 된다. a와 b가 동시에 영이 아니라고 하면, ϕ가 양의 x축에서 원점으로부터 점 (a, b)를 지나는 반직선에 이르는 각일 때 각 ϕ는 고유값 $\lambda = a + bi$의 편각이 되므로, 식 (1)을 사용하면 λ의 실수부와 허수부는

$$a = |\lambda|\cos\phi\,, \quad b = |\lambda|\sin\phi$$

가 된다. 따라서 식 (19)는

$$\begin{bmatrix} a & -b \\ b & a \end{bmatrix} = \begin{bmatrix} |\lambda| & 0 \\ 0 & |\lambda| \end{bmatrix}\begin{bmatrix} \frac{a}{|\lambda|} & -\frac{b}{|\lambda|} \\ \frac{b}{|\lambda|} & \frac{a}{|\lambda|} \end{bmatrix} = \begin{bmatrix} |\lambda| & 0 \\ 0 & |\lambda| \end{bmatrix}\begin{bmatrix} \cos\phi & -\sin\phi \\ \sin\phi & \cos\phi \end{bmatrix}$$

와 같이 표기할 수 있다. ■

다음 정리는 복소고유값을 갖는 모든 2 × 2 실행렬은 식 (19)의 행렬과 닮았음을 보여 주고 있다(증명은 연습문제에서 다룬다).

정리 8.8.9 *A를 복소고유값 $\lambda = a \pm bi$를 갖는 2 × 2 실행렬이라 하자(단, $b \neq 0$이다). $\mathbf{x}$가 $\lambda = a - bi$에 대응하는 A의 고유벡터이면, 행렬 $P = [\mathrm{Re}(\mathbf{x})\ \mathrm{Im}(\mathbf{x})]$는 가역이고*

$$A = P\begin{bmatrix} a & -b \\ b & a \end{bmatrix}P^{-1} \tag{21}$$

가 된다.

예제 4 복소고유값을 이용하는 인수분해

고유값 $\lambda = -i$와 식 (17)에 주어진 대응하는 고유벡터를 이용하여 예제 3의 행렬을 식 (21)의 형태로 인수분해 하라.

풀이 정리 8.8.9의 기호와 일치시키기 위해서, $\lambda = -i$에 대응하는 식 (17)의 고유벡터를 $\mathbf{x}$로 표기하자. 이 λ와 $\mathbf{x}$에 대하여

$$a = 0, \quad b = 1, \quad \mathrm{Re}(\mathbf{x}) = \begin{bmatrix} -\frac{2}{5} \\ 1 \end{bmatrix}, \quad \mathrm{Im}(\mathbf{x}) = \begin{bmatrix} -\frac{1}{5} \\ 0 \end{bmatrix}, \quad P = [\mathrm{Re}(\mathbf{x}) \quad \mathrm{Im}(\mathbf{x})] = \begin{bmatrix} -\frac{2}{5} & -\frac{1}{5} \\ 1 & 0 \end{bmatrix}$$

이므로 A는

$$\begin{bmatrix} -2 & -1 \\ 5 & 2 \end{bmatrix} = \begin{bmatrix} -\frac{2}{5} & -\frac{1}{5} \\ 1 & 0 \end{bmatrix} \begin{bmatrix} 0 & -1 \\ 1 & 0 \end{bmatrix} \begin{bmatrix} 0 & 1 \\ -5 & -2 \end{bmatrix}$$

와 같이 식 (21)의 형태로 인수분해 될 수 있다. 우변을 전부 곱하여 이것을 확인하여 보라. ■

정리 8.8.9가 기하학적으로 나타내는 의미를 이해하기 위하여 식 (20)의 우변의 행렬을 각각 S와 R_ϕ로 표기하여 식 (20)을 이용하면 식 (21)은

$$A = PSR_\phi P^{-1} = P \begin{bmatrix} |\lambda| & 0 \\ 0 & |\lambda| \end{bmatrix} \begin{bmatrix} \cos\phi & -\sin\phi \\ \sin\phi & \cos\phi \end{bmatrix} P^{-1} \tag{22}$$

와 같이 고쳐 쓸 수 있다. 지금 P를 기저 $B = \{\mathrm{Re}(\mathbf{x}), \mathrm{Im}(\mathbf{x})\}$에서 표준기저로의 추이행렬로 간주하면, 식 (22)는 곱 $A\mathbf{x}_0$을 다음 세 단계 과정으로 계산할 수 있음을 뜻한다. 즉

1. $P^{-1}\mathbf{x}_0$을 계산하여 $\mathbf{x}_0$을 표준좌표에서 B 좌표로 보내라.

2. $SR_\phi P^{-1}\mathbf{x}_0$을 계산하여 벡터 $P^{-1}\mathbf{x}_0$을 회전하고 척도구성하라.

3. 회전되고 척도구성된 벡터를 표준좌표로 되돌려 보내 $A\mathbf{x}_0 = PSR_\phi P^{-1}\mathbf{x}_0$을 구하라.

예제 5 타원형 궤도

6.1절 마지막 부분에서

$$A = \begin{bmatrix} \frac{1}{2} & \frac{3}{4} \\ -\frac{3}{5} & \frac{11}{10} \end{bmatrix}, \quad \mathbf{x}_0 = \begin{bmatrix} 1 \\ 1 \end{bmatrix}$$

일 때 A에 의한 반복곱셈은 그림 6.1.15에서 보여 준 원점에 관한 타원형 궤도를 그리는 점열

$$\mathbf{x}_0, \quad A\mathbf{x}_0, \quad A^2\mathbf{x}_0, \ldots, \quad A^n\mathbf{x}_0, \ldots$$

을 만들어 냄을 밝혔다. 지금 그 형태를 설명해 보자. 첫째 단계로, A의 고유값은 $\lambda = \frac{4}{5} \pm \frac{3}{5}i$이고 이에 대응하는 고유벡터는

$$\lambda_1 = \frac{4}{5} - \frac{3}{5}i: \quad \mathbf{v}_1 = \left(\frac{1}{2} + i, 1\right), \qquad \lambda_2 = \frac{4}{5} + \frac{3}{5}i: \quad \mathbf{v}_2 = \left(\frac{1}{2} - i, 1\right)$$

임을 밝히는 것은 독자에게 맡긴다. 식 (21)에서 $\lambda_1 = \frac{4}{5} - \frac{3}{5}i$와 $\mathbf{x} = \mathbf{v}_1 = (\frac{1}{2} + i, 1)$이라 놓고 $|\lambda| = 1$임을 이용하면 인수분해

$$\underset{A}{\begin{bmatrix} \frac{1}{2} & \frac{3}{4} \\ -\frac{3}{5} & \frac{11}{10} \end{bmatrix}} = \underset{P}{\begin{bmatrix} \frac{1}{2} & 1 \\ 1 & 0 \end{bmatrix}} \underset{R_\phi}{\begin{bmatrix} \frac{4}{5} & -\frac{3}{5} \\ \frac{3}{5} & \frac{4}{5} \end{bmatrix}} \underset{P^{-1}}{\begin{bmatrix} 0 & 1 \\ 1 & -\frac{1}{2} \end{bmatrix}} \tag{23}$$

을 얻게 된다. 여기서 R_ϕ는

$$\tan\phi = \frac{\sin\phi}{\cos\phi} = \frac{3/5}{4/5} = \frac{3}{4} \qquad \left(\phi = \tan^{-1}\frac{3}{4} \approx 36.9°\right)$$

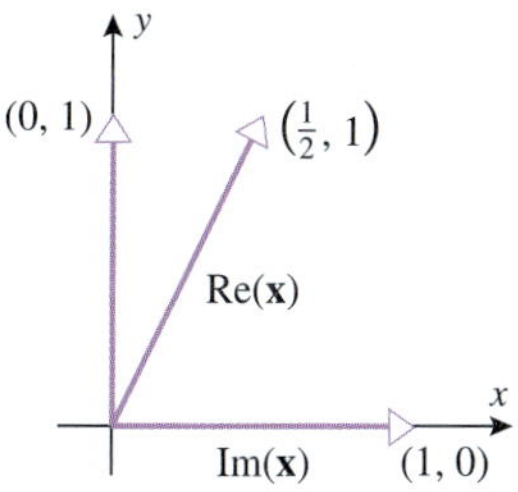

그림 8.8.4

인 각 ϕ만큼 원점에 관한 회전이다. 식 (23)의 행렬 P는 기저

$$B = \{\text{Re}(\mathbf{x}), \text{Im}(\mathbf{x})\} = \left\{\left(\tfrac{1}{2}, 1\right), (1, 0)\right\}$$

에서 표준기저로의 추이행렬이고, P^{-1}은 표준기저에서 기저 B로의 추이행렬이다(그림 8.8.4). 다음으로 이 양의 정수일 때 식 (23)에 의하여

$$A^n\mathbf{x}_0 = (PR_\phi P^{-1})^n\mathbf{x}_0 = PR_\phi^n P^{-1}\mathbf{x}_0$$

임을 관찰한다. 따라서 곱 $A^n\mathbf{x}_0$은 우선 $\mathbf{x}_0$을 B 좌표로 된 점 $P^{-1}\mathbf{x}_0$으로 보낸 후에 R_ϕ^n을 곱해서 이 점을 각 $n\phi$만큼 원점에 관하여 회전한다. 다음으로 $R_\phi^n P^{-1}\mathbf{x}_0$에 P를 곱하여 결과의 점을 표준좌표에 되돌려 보내 계산할 수 있다. 기하학적으로 일어나고 있는 현상을 알아보자. B 좌표에서 A에 의한 각 축차 곱셈은 점 $P^{-1}\mathbf{x}_0$를 각 ϕ만큼 앞으로 돌리고, 원점에 관한 원형궤도를 그리게 한다. 그러나 기저 B는 비뚤어져 있으므로(직교가 아님), 원형궤도 위의 점이 표준좌표로 역변환 될 때 그 결과는 원형궤도가 $A^n\mathbf{x}_0$에 의하여 타원형 궤도로 비틀어지게 되는 것이다(그림 8.8.5a). 첫째 단계에 대한 계산을 알아본다(연속 단계는 그림 8.8.5b에서 설명된다).

$$\begin{bmatrix} \frac{1}{2} & \frac{3}{4} \\ -\frac{3}{5} & \frac{11}{10} \end{bmatrix}\begin{bmatrix} 1 \\ 1 \end{bmatrix} = \begin{bmatrix} \frac{1}{2} & 1 \\ 1 & 0 \end{bmatrix}\begin{bmatrix} \frac{4}{5} & -\frac{3}{5} \\ \frac{3}{5} & \frac{4}{5} \end{bmatrix}\begin{bmatrix} 0 & 1 \\ 1 & -\frac{1}{2} \end{bmatrix}\begin{bmatrix} 1 \\ 1 \end{bmatrix}$$

$$= \begin{bmatrix} \frac{1}{2} & 1 \\ 1 & 0 \end{bmatrix}\begin{bmatrix} \frac{4}{5} & -\frac{3}{5} \\ \frac{3}{5} & \frac{4}{5} \end{bmatrix}\begin{bmatrix} 1 \\ \frac{1}{2} \end{bmatrix} \qquad \textbf{[}\mathbf{x}_0\textbf{는 } B \textbf{ 좌표에 보내진다.]}$$

$$= \begin{bmatrix} \frac{1}{2} & 1 \\ 1 & 0 \end{bmatrix}\begin{bmatrix} \frac{1}{2} \\ 1 \end{bmatrix} \qquad \textbf{[점 } (1, \tfrac{1}{2})\textbf{은 각 } \phi\textbf{만큼 회전된다.]}$$

$$= \begin{bmatrix} \frac{5}{4} \\ \frac{1}{2} \end{bmatrix} \qquad \textbf{[점 } (\tfrac{1}{2}, 1)\textbf{은 표준좌표에 보내진다.]}$$

■

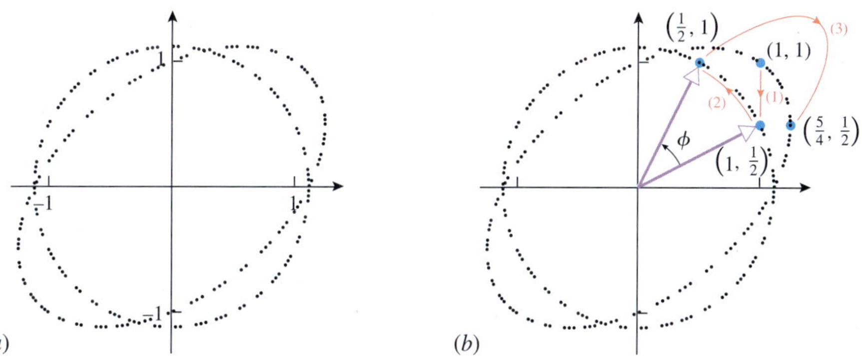

그림 8.8.5 (a) (b)

연습문제 8.8

연습문제 1과 2에서는 $\bar{\mathbf{u}}$, Re($\mathbf{u}$), Im($\mathbf{u}$), $\|\mathbf{u}\|$를 구하라.

1. $\mathbf{u} = (2-i, 4i, 1+i)$ **2.** $\mathbf{u} = (6, 1+4i, 6-2i)$

연습문제 3과 4에서는 $\mathbf{u}$, $\mathbf{v}$, k가 정리 8.8.2에 나타난 관계식을 만족시키는지 밝혀라.

3. $\mathbf{u} = (3-4i, 2+i, -6i)$, $\mathbf{v} = (1+i, 2-i, 4)$, $k = i$

4. $\mathbf{u} = (6, 1+4i, 6-2i)$, $\mathbf{v} = (4, 3+2i, i-3)$, $k = -i$

5. $\mathbf{u}$와 $\mathbf{v}$가 연습문제 3의 벡터일 때, 방정식 $i\mathbf{x} - 3\mathbf{v} = \bar{\mathbf{u}}$를 $\mathbf{x}$에 관하여 풀어라.

6. $\mathbf{u}$와 $\mathbf{v}$가 연습문제 4의 벡터일 때, 방정식 $(1+i)\mathbf{x} + 2\mathbf{u} = \bar{\mathbf{v}}$를 $\mathbf{x}$에 관하여 풀어라.

연습문제 7과 8에서는 $\bar{A}$, Re(A), Im(A), det(A), tr(A)를 구하라.

7. $A = \begin{bmatrix} -5i & 4 \\ 2-i & 1+5i \end{bmatrix}$　　**8.** $A = \begin{bmatrix} 4i & 2-3i \\ 2+3i & 1 \end{bmatrix}$

9. A는 연습문제 7에 주어진 행렬이라 하자. $B = (1-i, 2i)$를 열벡터 형식으로 표기할 때 A와 B는 정리 8.8.3에 기술한 성질을 갖는지 확인하라.

10. A는 연습문제 8에 주어진 행렬이라 하자. $B = (5i, 1-4i)$를 열벡터 형식으로 표기할 때 A와 B는 정리 8.8.3에 기술한 성질을 갖는지 확인하라.

연습문제 11과 12에서는 $\mathbf{u}\cdot\mathbf{v}$, $\mathbf{u}\cdot\mathbf{w}$, $\mathbf{v}\cdot\mathbf{w}$를 계산하라. 그리고 식 (9)는 물론이고 정리 8.8.5의 (a), (b), (c)에 기술한 성질이 충족됨을 밝혀라.

11. $\mathbf{u} = (i, 2i, 3)$, $\mathbf{v} = (4, -2i, 1+i)$, $\mathbf{w} = (2-i, 2i, 5+3i)$, $k = 2i$

12. $\mathbf{u} = (1+i, 4, 3i)$, $\mathbf{v} = (3, -4i, 2+3i)$, $\mathbf{w} = (1-i, 4i, 4-5i)$, $k = 1+i$

13. 연습문제 11의 $\mathbf{u}$, $\mathbf{v}$, $\mathbf{w}$에 대해서 $\overline{(\mathbf{u}\cdot\overline{\mathbf{v}}) - \overline{\mathbf{w}\cdot\mathbf{u}}}$ 을 계산하라.

14. 연습문제 12의 $\mathbf{u}$, $\mathbf{v}$, $\mathbf{w}$에 대해서 $\overline{(\overline{i\mathbf{u}}\cdot\mathbf{w}) + (\|\mathbf{u}\|\mathbf{v})\cdot\mathbf{u}}$ 를 계산하라.

연습문제 15~18에서는 A의 고유값과 고유공간의 기저를 구하라.

15. $A = \begin{bmatrix} 4 & -5 \\ 1 & 0 \end{bmatrix}$　　**16.** $A = \begin{bmatrix} -1 & -5 \\ 4 & 7 \end{bmatrix}$

17. $A = \begin{bmatrix} 5 & -2 \\ 1 & 3 \end{bmatrix}$　　**18.** $A = \begin{bmatrix} 8 & 6 \\ -3 & 2 \end{bmatrix}$

연습문제 19~22에서는 식 (19) 형식의 행렬 C가 주어질 때 정리 8.8.8에 의하여 C는 $|\lambda|$배 척도구성행렬과 각 ϕ만큼의 회전행렬의 곱으로 인수분해 될 수 있다. $|\lambda|$와 $-\pi < \phi \le \pi$를 만족하는 각 ϕ를 구하라.

19. $C = \begin{bmatrix} 1 & -1 \\ 1 & 1 \end{bmatrix}$　　**20.** $C = \begin{bmatrix} 0 & 5 \\ -5 & 0 \end{bmatrix}$

21. $C = \begin{bmatrix} 1 & \sqrt{3} \\ -\sqrt{3} & 1 \end{bmatrix}$　　**22.** $C = \begin{bmatrix} \sqrt{2} & \sqrt{2} \\ -\sqrt{2} & \sqrt{2} \end{bmatrix}$

연습문제 23~26에서는 복소고유값을 갖는 행렬 A가 주어질 때 $A = PCP^{-1}$을 만족시키는 가역행렬 P와 식 (19) 형식의 행렬 C를 구하라.

23. $A = \begin{bmatrix} -1 & -5 \\ 4 & 7 \end{bmatrix}$　　**24.** $A = \begin{bmatrix} 4 & -5 \\ 1 & 0 \end{bmatrix}$

25. $A = \begin{bmatrix} 8 & 6 \\ -3 & 2 \end{bmatrix}$　　**26.** $A = \begin{bmatrix} 5 & -2 \\ 1 & 3 \end{bmatrix}$

27. $\mathbf{u}$와 $\mathbf{v}$가 C^3에서 직교가 되도록 하는 복소수 스칼라 k가 존재한다면 모두 구하라.

(a) $\mathbf{u} = (2i, i, 3i)$, $\mathbf{v} = (i, 6i, k)$

(b) $\mathbf{u} = (k, k, 1+i)$, $\mathbf{v} = (1, -1, 1-i)$

28. A는 $n \times n$ 실행렬이고 $\mathbf{x}$는 C^n 내의 벡터일 때 $\text{Re}(A\mathbf{x}) = A(\text{Re}(\mathbf{x}))$와 $\text{Im}(A\mathbf{x}) = A(\text{Im}(\mathbf{x}))$임을 밝혀라.

29. **Pauli 스핀행렬**(Pauli spin matrix)이라 부르는 행렬

$$\sigma_1 = \begin{bmatrix} 0 & 1 \\ 1 & 0 \end{bmatrix}, \quad \sigma_2 = \begin{bmatrix} 0 & -i \\ i & 0 \end{bmatrix}, \quad \sigma_3 = \begin{bmatrix} 1 & 0 \\ 0 & -1 \end{bmatrix}$$

은 *반정수 스핀*(half-integral spin)으로 입자를 연구하는 양자역학에서 사용된다. 또한 양자역학에서 사용되는 **Dirac 행렬**은 Pauli 스핀행렬과 2×2 항등행렬 I_2에 의하여

$$\beta = \begin{bmatrix} I_2 & 0 \\ 0 & -I_2 \end{bmatrix}, \quad \alpha_x = \begin{bmatrix} 0 & \sigma_1 \\ \sigma_1 & 0 \end{bmatrix}$$

$$\alpha_y = \begin{bmatrix} 0 & \sigma_2 \\ \sigma_2 & 0 \end{bmatrix}, \quad \alpha_z = \begin{bmatrix} 0 & \sigma_3 \\ \sigma_3 & 0 \end{bmatrix}$$

으로 표현된다.

(a) $\beta^2 = \alpha_x^2 = \alpha_y^2 = \alpha_z^2$임을 밝혀라.

(b) $AB = -BA$를 만족시키는 행렬 A와 B를 **반교환행렬**(anti-commutative matrix)이라 한다. Dirac 행렬은 반교환행렬임을 밝혀라.

토론과 발견

D1. $\mathbf{u}\cdot\mathbf{v} = a + bi$이면, $(i\mathbf{u})\cdot\mathbf{v} =$ ______, $\mathbf{u}\cdot(i\mathbf{v}) =$ ______, $\mathbf{v}\cdot(i\mathbf{u}) =$ ______이다.

D2. k는 실수 스칼라이고 $\mathbf{v}$는 R^n 내의 벡터이면 정리 1.2.2에 의해서 $\|k\mathbf{v}\| = |k|\|\mathbf{v}\|$이다. 이 관계식은 k가 복소수 스칼라이고 $\mathbf{v}$는 C^n 내의 벡터일 때도 성립하는가? 결과를 검증하라.

D3. u_1, u_2, v_1, v_2가 실수일 때, $\lambda = a + bi$는 2×2 실행렬 A의 고유값이고 $\mathbf{x} = (u_1 + v_1 i, u_2 + v_2 i)$는 대응하는 고유벡터이면 ______도 또한 A의 고유값이고 ______은 대응하는 고유벡터이다.

D4. 대칭행렬

$$A = \begin{bmatrix} 1 & 4i \\ 4i & 3 \end{bmatrix}$$

의 고유값은 실수가 아님을 밝혀라. 이것은 정리 8.8.7에 모순인가?

증명문제

P1. 정리 8.8.2의 (*c*)를 증명하라.

P2. 정리 8.8.3을 증명하라.

P3. $\mathbf{u}$와 $\mathbf{v}$가 C^n 내의 벡터일 때

$$\mathbf{u}\cdot\mathbf{v} = \tfrac{1}{4}\|\mathbf{u}+\mathbf{v}\|^2 - \tfrac{1}{4}\|\mathbf{u}-\mathbf{v}\|^2 + \tfrac{i}{4}\|\mathbf{u}+i\mathbf{v}\|^2 - \tfrac{i}{4}\|\mathbf{u}-i\mathbf{v}\|^2$$

임을 증명하라.

P4. 정리 8.8.8에 의하여 회전행렬

$$R_\phi = \begin{bmatrix} \cos\phi & -\sin\phi \\ \sin\phi & \cos\phi \end{bmatrix}$$

의 고유값은 $\lambda = \cos\phi \pm i\sin\phi$이다. $\mathbf{x}$를 둘 중 하나의 고유값에 대응하는 고유벡터라 하면 $\mathrm{Re}(\mathbf{x})$와 $\mathrm{Im}(\mathbf{x})$는 서로 수직이고 크기가 같음을 증명하라. [*참고*: 이것에 의하여 $P = [\mathrm{Re}(\mathbf{x}) \mid \mathrm{Im}(\mathbf{x})]$는 직교행렬의 실수 스칼라배수가 된다.]

P5. 정리 8.8.9를 다음과 같이 증명하라.

(a) 기호로 간단히 하기 위해서

$$M = \begin{bmatrix} a & -b \\ b & a \end{bmatrix}$$

라 하고 $\mathbf{u} = \mathrm{Re}(\mathbf{x})$, $\mathbf{v} = \mathrm{Im}(\mathbf{x})$, $P = [\mathbf{u} \mid \mathbf{v}]$라 하자. 관계식 $A\mathbf{x} = \lambda\mathbf{x}$에 의하여 $A\mathbf{x} = (a\mathbf{u} + b\mathbf{v}) + i(-b\mathbf{u} + a\mathbf{v})$임을 보이고, 이 방정식에서 실수부와 허수부끼리 같게 하여

$$AP = [A\mathbf{u} \mid A\mathbf{v}] = [a\mathbf{u} + b\mathbf{v} \mid -b\mathbf{u} + a\mathbf{v}] = PM$$

임을 밝혀라.

(b) P는 가역행렬임을 밝힘으로써 증명을 완성하라. 왜냐하면 (a)의 결과에 의하여 $A = PMP^{-1}$가 되기 때문이다. [*힌트*: P가 가역이 아니면, 그것의 열벡터 중 하나는 다른 열벡터의 실수 스칼라배수가 된다. 즉 $\mathbf{v} = c\mathbf{u}$이다. 이것을 (a)에서 구한 $A\mathbf{u} = a\mathbf{u} + b\mathbf{v}$와 $A\mathbf{v} = -b\mathbf{u} + a\mathbf{v}$에 대입하라. 그리고 $(1 + c^2)b\mathbf{u} = \mathbf{0}$임을 밝혀라. 마시막으로, 이것은 모순을 유도함을 보여라. 이것에 의하여 P는 가역임을 증명한다.]

P6. 이 문제에서 Cauchy-Schwarz 부등식과 비슷한 복소 부등식을 증명할 것이다.

(a) k가 복소수이고 $\mathbf{u}$와 $\mathbf{v}$가 C^n 내의 벡터이면

$$(\mathbf{u} - k\mathbf{v})\cdot(\mathbf{u} - k\mathbf{v}) = \mathbf{u}\cdot\mathbf{u} - \bar{k}(\mathbf{u}\cdot\mathbf{v}) - k\overline{(\mathbf{u}\cdot\mathbf{v})} + k\bar{k}(\mathbf{v}\cdot\mathbf{v})$$

임을 증명하라.

(b) (a)의 결과를 이용하여

$$0 \le \mathbf{u}\cdot\mathbf{u} - \bar{k}(\mathbf{u}\cdot\mathbf{v}) - k\overline{(\mathbf{u}\cdot\mathbf{v})} + k\bar{k}(\mathbf{v}\cdot\mathbf{v})$$

임을 증명하라.

(c) (b)에서 $k = (\mathbf{u}\cdot\mathbf{v})/(\mathbf{v}\cdot\mathbf{v})$라 놓고

$$|\mathbf{u}\cdot\mathbf{v}| \le \|\mathbf{u}\|\,\|\mathbf{v}\|$$

임을 증명하라.

프로그램 활용 연습문제

T1. **(복소수에 관한 산술연산)** 대부분의 선형대수 계산 유틸리티는 복소수를 입력할 수 있으며 복소수에 관한 덧셈, 뺄셈, 곱셈, 나눗셈, 켤레셈, 절대값과 편각계산법, 실수부와 허수부 적출법을 실행할 수 있다. 이들 연산에 숙달될 때까지 몇 가지 복소수를 입력하고 여러 가지 계산을 실행하여 보라.

T2. **(복소수 성분을 갖는 벡터와 행렬)** 대부분의 선형대수 계산 유틸리티에 대해서, 복소수 성분을 갖는 벡터와 행렬에 관한 연산은 실수 성분을 갖는 벡터와 행렬의 경우와 똑같다. 몇 가지 복소수를 입력하고 연산에 익숙할 때까지 여러 가지 계산을 실행하여 보라.

T3. 예제 1과 2의 계산을 실행하여 보라.

T4. (a) 벡터

$$\mathbf{u}_1 = (i, i, i), \quad \mathbf{u}_2 = (0, i, i), \quad \mathbf{u}_3 = (i, 2i, i)$$

가 일차독립임을 밝혀라.

(b) Gram-Schmidt 과정을 이용하여 $\{\mathbf{u}_1, \mathbf{u}_2, \mathbf{u}_3\}$을 정규직교집합으로 변환하라.

T5. $c_1(i, 2 - i, 2 + i) + c_2(1 + i, -2i, 2) + c_3(3, i, 6 + i) = (i, i, i)$

를 만족시키는 스칼라 c_1, c_2, c_3이 존재하는지를 결정하라.

T6. $A = \begin{bmatrix} 1 & 2 & 1 \\ -2 & 1 & 0 \\ 1 & 0 & 1 \end{bmatrix}$

의 고유값과 고유공간의 기저를 구하라.

T7. C가 식 (19) 형식의 행렬일 때,

$$A = \begin{bmatrix} -1-\sqrt{3} & 2\sqrt{3} \\ -\sqrt{3} & -1+\sqrt{3} \end{bmatrix}$$

을 $A = PCP^{-1}$과 같이 인수분해 하라.

8.9 Hermite 행렬, 유니터리 행렬, 정규행렬

모든 실대칭행렬은 직교대각화 가능이고 직교대각화 가능한 행렬은 대칭행렬밖에 없음을 알고 있다. 이 절에서는 복소행렬에 대한 대각화 문제를 다룰 것이다.

Hermite 행렬과 유니터리 행렬

복소행렬에서는 전치연산이 실행렬의 경우보다 덜 중요하다. 복소수에 대하여 더 유용한 연산이 다음 정의에서 제공된다.

정의 8.9.1 A가 복소행렬일 때 A^*로 표기되는 A의 **켤레전치**(conjugate transpose)는

$$A^* = \overline{A}^T \tag{1}$$

로 정의된다.

참고 정리 8.8.3의 (b)는 $\overline{(A^T)} = (\overline{A})^T$를 나타내므로, $A^* = \overline{A}^T$를 계산할 때 전치와 켤레 연산의 순서는 문제가 안 된다. 또한 A가 실행렬의 경우에 $A^* = (\overline{A})^T = A^T$이므로, 실행렬에 대하여 A^*와 A^T는 똑같다.

예제 1 켤레전치

행렬

$$A = \begin{bmatrix} 1+i & -i & 0 \\ 2 & 3-2i & i \end{bmatrix}$$

의 켤레전치를 구하라.

풀이

$$\overline{A} = \begin{bmatrix} 1-i & i & 0 \\ 2 & 3+2i & -i \end{bmatrix} \text{이며, 따라서} \quad A^* = \overline{A}^T = \begin{bmatrix} 1-i & 2 \\ i & 3+2i \\ 0 & -i \end{bmatrix}$$

가 된다. ■

다음 정리는 켤레전치 연산의 기본적인 대수적 성질은 전치연산의 대수적 성질과 비슷함을 보여 준다. 이 정리의 일부는 연습문제에서 증명할 것이다(정리 3.2.10과 비교하라).

정리 8.9.2 *k는 복소수 스칼라이고 A, B, C는 주어진 연산이 실행될 수 있는 크기의 복소행렬이라 하면 다음이 성립한다.*

(a) $(A^*)^* = A$

(b) $(A + B)^* = A^* + B^*$

(c) $(A - B)^* = A^* - B^*$

(d) $(kA)^* = \overline{k}A^*$

(e) $(AB)^* = B^*A^*$

참고 8.8절의 식 (9)의 관계식 $\mathbf{u} \cdot \mathbf{v} = \overline{\mathbf{v}}^T n$는

$$\mathbf{u} \cdot \mathbf{v} = \mathbf{v}^*\mathbf{u} \tag{2}$$

와 같이 켤레전치로 표현될 수 있음을 유의하라.

지금 C^n에서 대각화 연구에 중요한 두 가지 새로운 종류의 행렬을 정의하려 한다.

정의 8.9.3 정사각 복소행렬 A가

$$A^{-1} = A^* \tag{3}$$

이면 A를 **유니터리 행렬**(unitary matrix)이라 하고

$$A^* = A \tag{4}$$

이면 A를 **Hermite 행렬***이라 한다.

A가 실행렬이면 $A^* = A^T$이고, 이 경우에 식 (3)은 $A^{-1} = A^T$가 되고 식 (4)는 $A^T = A$가 된다. 따라서 유니터리 행렬은 실직교행렬을 복소행렬로 일반화한 것이고, Hermite 행렬은 실대칭행렬을 복소행렬로 일반화한 것이다.

예제 2 Hermite 행렬 알아보기

Hermite 행렬은 그들의 대각 성분이 실수이고(왜?), 주대각선을 중심으로 대칭적으로 놓여 있는 성분은 대칭 성분의 복소컬레이므로 알아보기가 쉽다. 예컨대

$$A = \begin{bmatrix} 1 & i & 1+i \\ -i & -5 & 2-i \\ 1-i & 2+i & 3 \end{bmatrix}$$

은 Hermite 행렬이라고 말할 수 있다. 이것을 대수적으로 알아보자.

$$\overline{A} = \begin{bmatrix} 1 & -i & 1-i \\ i & -5 & 2+i \\ 1+i & 2-i & 3 \end{bmatrix} \text{이며, 따라서} \quad A^* = \overline{A}^T = \begin{bmatrix} 1 & i & 1+i \\ -i & -5 & 2-i \\ 1-i & 2+i & 3 \end{bmatrix} = A$$

가 된다. ■

실대칭행렬이 실고유값을 갖는 것은 다음에 나와 있는 Hermite 행렬에 관한 더 일반적인 결과의 특수한 경우이다.

정리 8.9.4 *Hermite 행렬의 고유값은 실수이다.*

증명은 연습문제로 남기기로 한다.

실대칭행렬의 서로 다른 고유공간의 고유벡터가 직교하는 것은 다음과 같이 Hermite 행렬에 관한 더 일반적인 결과의 특수한 경우이다.

정리 8.9.5 *A가 Hermite 행렬이면 서로 다른 고유공간의 고유벡터는 직교한다.*

증명 $\mathbf{v}_1$과 $\mathbf{v}_2$를 서로 다른 고유값 λ_1과 λ_2에 대응하는 고유벡터라 하자. $\lambda_1 = \overline{\lambda}_1$, $\lambda_2 = \overline{\lambda}_2$, $A = A^*$이므로

$$\begin{aligned}\lambda_1(\mathbf{v}_2 \cdot \mathbf{v}_1) = (\lambda_1\mathbf{v}_1)^*\mathbf{v}_2 = (A\mathbf{v}_1)^*\mathbf{v}_2 &= (\mathbf{v}_1^*A^*)\mathbf{v}_2 \\ &= (\mathbf{v}_1^*A)\mathbf{v}_2 = \mathbf{v}_1^*(A\mathbf{v}_2) \\ &= \mathbf{v}_1^*(\lambda_2\mathbf{v}_2) = \lambda_2(\mathbf{v}_1^*\mathbf{v}_2) = \lambda_2(\mathbf{v}_2 \cdot \mathbf{v}_1)\end{aligned}$$

이 된다. 따라서 $(\lambda_1 - \lambda_2)(\mathbf{v}_2 \cdot \mathbf{v}_1) = 0$이 성립한다. 그런데 $\lambda_1 \neq \lambda_2$이므로 $\mathbf{v}_2 \cdot \mathbf{v}_1 = 0$이다. ■

예제 3 Hermite 행렬의 고유값과 고유벡터

Hermite 행렬

$$A = \begin{bmatrix} 2 & 1+i \\ 1-i & 3 \end{bmatrix}$$

은 실고유값을 갖고 서로 다른 고유공간의 고유벡터는 직교함을 확인하라.

*프랑스 수학자 Charles Hermite (1822~1901)의 이름을 따서 붙여졌다.

풀이 A의 특성다항식이

$$\det(\lambda I - A) = \begin{vmatrix} \lambda-2 & -1-i \\ -1+i & \lambda-3 \end{vmatrix} = (\lambda-2)(\lambda-3) - (-1-i)(-1+i) = (\lambda-1)(\lambda-4)$$

이므로 A의 고유값은 실수인 $\lambda = 1$과 $\lambda = 4$이다. A의 고유공간의 기저는 $\lambda = 1$과 $\lambda = 4$일 때 선형계

$$\begin{bmatrix} \lambda-2 & -1-i \\ -1+i & \lambda-3 \end{bmatrix}\begin{bmatrix} x_1 \\ x_2 \end{bmatrix} = \begin{bmatrix} 0 \\ 0 \end{bmatrix}$$

을 풀면 구할 수 있다. 이 계를 풀고 일반해가

$$\lambda = 1:\quad \begin{bmatrix} x_1 \\ x_2 \end{bmatrix} = t\begin{bmatrix} -1-i \\ 1 \end{bmatrix},\qquad \lambda = 4:\quad \begin{bmatrix} x_1 \\ x_2 \end{bmatrix} = t\begin{bmatrix} \frac{1}{2}(1+i) \\ 1 \end{bmatrix}$$

임을 밝히는 것은 독자에게 맡긴다. 따라서 이들 고유공간의 기저는

$$\lambda = 1:\quad \mathbf{v}_1 = \begin{bmatrix} -1-i \\ 1 \end{bmatrix},\qquad \lambda = 4:\quad \mathbf{v}_2 = \begin{bmatrix} \frac{1}{2}(1+i) \\ 1 \end{bmatrix}$$

이 된다. 그런데

$$\mathbf{v}_1 \cdot \mathbf{v}_2 = (-1-i)\left(\overline{\tfrac{1}{2}(1+i)}\right) + (1)(1) = \tfrac{1}{2}(-1-i)(1-i) + 1 = 0$$

이므로 벡터 $\mathbf{v}_1$과 $\mathbf{v}_2$는 직교한다. 따라서 그들의 모든 스칼라배수도 또한 직교한다. ■

유니터리 행렬은 보통 그냥 보고서 알아내기가 쉽지 않다. 그러나 정리 6.2.5와 비슷한 다음 어떤 정리는 행렬이 그것의 역행렬을 계산하지 않고 유니터리 행렬인지를 확인하는 방법을 제공한다. 이 정리의 일부는 연습문제에서 증명할 것이다.

> **정리 8.9.6** *A를 복소 성분을 갖는 $n \times n$ 행렬이라 하면 다음은 동치이다.*
> *(a) A는 유니터리 행렬이다.*
> *(b) C^n의 모든 $\mathbf{x}$에 대하여 $\|A\mathbf{x}\| = \|\mathbf{x}\|$이다.*
> *(c) C^n의 모든 $\mathbf{x}$와 $\mathbf{y}$에 대하여 $A\mathbf{x} \cdot A\mathbf{y} = \mathbf{x} \cdot \mathbf{y}$이다.*
> *(d) A의 열벡터는 복소 Euclid 내적에 관한 C^n의 정규직교집합을 이룬다.*
> *(e) A의 행벡터는 복소 Euclid 내적에 관한 C^n의 정규직교집합을 이룬다.*

예제 4 유니터리 행렬

정리 8.9.6을 사용하여

$$A = \begin{bmatrix} \frac{1}{2}(1+i) & \frac{1}{2}(1+i) \\ \frac{1}{2}(1-i) & \frac{1}{2}(-1+i) \end{bmatrix}$$

는 유니터리 행렬임을 밝히고 A^{-1}을 구하라.

풀이 행벡터

$$\mathbf{r}_1 = \left[\tfrac{1}{2}(1+i)\quad \tfrac{1}{2}(1+i)\right],\qquad \mathbf{r}_2 = \left[\tfrac{1}{2}(1-i)\quad \tfrac{1}{2}(-1+i)\right]$$

가 직교함을 밝힐 것이다. 관련된 계산을 하면

$$\|\mathbf{r}_1\| = \sqrt{\left|\tfrac{1}{2}(1+i)\right|^2 + \left|\tfrac{1}{2}(1+i)\right|^2} = \sqrt{\tfrac{1}{2}+\tfrac{1}{2}} = 1$$

$$\|\mathbf{r}_2\| = \sqrt{\left|\tfrac{1}{2}(1-i)\right|^2 + \left|\tfrac{1}{2}(-1+i)\right|^2} = \sqrt{\tfrac{1}{2}+\tfrac{1}{2}} = 1$$

$$\begin{aligned}\mathbf{r}_1 \cdot \mathbf{r}_2 &= \left(\tfrac{1}{2}(1+i)\right)\left(\overline{\tfrac{1}{2}(1-i)}\right) + \left(\tfrac{1}{2}(1+i)\right)\left(\overline{\tfrac{1}{2}(-1+i)}\right) \\ &= \left(\tfrac{1}{2}(1+i)\right)\left(\tfrac{1}{2}(1+i)\right) + \left(\tfrac{1}{2}(1+i)\right)\left(\tfrac{1}{2}(-1-i)\right) = \tfrac{1}{2}i - \tfrac{1}{2}i = 0\end{aligned}$$

가 성립하므로 A는 유니티리 행렬이다. 따라서

$$A^{-1} = A^* = \begin{bmatrix} \frac{1}{2}(1-i) & \frac{1}{2}(1+i) \\ \frac{1}{2}(1-i) & \frac{1}{2}(-1-i) \end{bmatrix}$$

가 된다. $AA^* = A^*A = I$임을 밝혀서 이 결과를 확인하는 것은 독자에게 맡긴다. ■

유니터리 행렬의 대각화 가능성

유니터리 행렬은 실직교행렬에 대응하는 복소행렬이므로, 다음의 정의는 실행렬의 직교대각화의 개념을 자연스럽게 일반화한 것이다.

정의 8.9.7 복소정사각행렬 A는 $P^*AP = D$가 복소대각행렬이 되는 행렬 P가 존재할 때 **유니터리 대각화 가능하다**(unitarily diagonalizable)고 하고, 이와 같은 임의의 행렬 P는 A를 **유니터리 대각화한다**(unitarily diagonalize)고 한다.

$n \times n$ 실대칭행렬 A는 n개 고유벡터의 정규직교집합을 가지며 열벡터가 A의 고유벡터의 정규직교집합인 $n \times n$ 행렬로써 직교대각화됨을 상기하자. 여기에 그 결과에 해당하는 복소수의 경우가 있다.

정리 8.9.8 *모든 $n \times n$ Hermite 행렬 A는 n개 고유벡터의 정규직교집합을 가지며 열벡터가 A의 고유벡터의 정규직교집합인 $n \times n$ 행렬로써 유니터리 대각화된다.*

Hermite 행렬 A를 유니터리 대각화하는 과정은 대칭행렬을 직교대각화하는 과정과 완전히 똑같다. 즉

1단계. *A의 각 고유공간의 기저를 구한다.*

2단계. *Gram-Schmidt 과정을 이들 각 기저에 적용하여 고유공간의 정규직교기저를 구한다.*

3단계. *2단계에서 구한 기저벡터를 열벡터로 하는 행렬 P를 구성한다. 이 행렬은 유니터리 행렬이고 (정리 8.9.6) A를 유니터리 대각화할 것이다.*

예제 5 Hermite 행렬의 유니터리 대각화

Hermite 행렬

$$A = \begin{bmatrix} 2 & 1+i \\ 1-i & 3 \end{bmatrix}$$

을 유니터리 대각화하는 행렬 P를 구하라.

풀이 A의 고유값은 $\lambda = 1$과 $\lambda = 4$이고 대응하는 고유공간의 기저는

$$\lambda = 1:\quad \mathbf{v}_1 = \begin{bmatrix} -1-i \\ 1 \end{bmatrix}, \qquad \lambda = 4:\quad \mathbf{v}_2 = \begin{bmatrix} \frac{1}{2}(1+i) \\ 1 \end{bmatrix}$$

임을 예제 3에서 밝혔다. 각 고유공간은 유일한 하나의 기저벡터를 가지므로 Gram-Schmidt 과정으로 이들 기저벡터를 정규화하는 문제는 간단하다.

$$\mathbf{p}_1 = \frac{\mathbf{v}_1}{\|\mathbf{v}_1\|} = \begin{bmatrix} \frac{-1-i}{\sqrt{3}} \\ \frac{1}{\sqrt{3}} \end{bmatrix}, \qquad \mathbf{p}_2 = \frac{\mathbf{v}_2}{\|\mathbf{v}_2\|} = \begin{bmatrix} \frac{1+i}{\sqrt{6}} \\ \frac{2}{\sqrt{6}} \end{bmatrix}$$

임을 밝히는 것은 독자에게 맡긴다. 따라서 A는 행렬

$$P = [\mathbf{p}_1 \quad \mathbf{p}_2] = \begin{bmatrix} \frac{-1-i}{\sqrt{3}} & \frac{1+i}{\sqrt{6}} \\ \frac{1}{\sqrt{3}} & \frac{2}{\sqrt{6}} \end{bmatrix}$$

로 유니터리 대각화된다.

$$P^*AP = \begin{bmatrix} \frac{-1+i}{\sqrt{3}} & \frac{1}{\sqrt{3}} \\ \frac{1-i}{\sqrt{6}} & \frac{2}{\sqrt{6}} \end{bmatrix} \begin{bmatrix} 2 & 1+i \\ 1-i & 3 \end{bmatrix} \begin{bmatrix} \frac{-1-i}{\sqrt{3}} & \frac{1+i}{\sqrt{6}} \\ \frac{1}{\sqrt{3}} & \frac{2}{\sqrt{6}} \end{bmatrix} = \begin{bmatrix} 1 & 0 \\ 0 & 4 \end{bmatrix}$$

임을 밝혀서 이 결과를 검산하라. ■

반 Hermite 행렬

3.6절에서 실수 성분을 갖는 정사각행렬은 $A^T = -A$일 때 반대칭행렬이라 했던 것을 상기하자. 비슷한 방법으로 복소 성분을 갖는 정사각행렬은

$$A^* = -A$$

일 때 **반 Hermite 행렬**(skew-Hermitian matrix)이라 한다. 반 Hermite 행렬은 주대각선 위에서 영 또는 순허수를 가져야 하고(연습문제 28), 주대각선에 관해 대칭으로 놓여 있는 성분의 복소켤레는 대칭 성분과 서로 부호만 달라야 한다. 반 Hermite 행렬의 한 예는

$$A = \begin{bmatrix} i & 1-i & 5 \\ -1-i & 2i & i \\ -5 & i & 0 \end{bmatrix}$$

이다.

정규행렬

Hermite 행렬은 실대칭행렬이 만족하는 전부는 아니지만 많은 성질을 만족한다. 예컨대 실대칭행렬은 직교대각화 가능하고 Hermite 행렬은 유니터리 대각화 가능함을 알고 있다. 그러나 실대칭행렬은 유일한 직교대각화 가능한 행렬인 반면에, Hermite 행렬이 아닌 유니터리 대각화 가능한 행렬이 존재한다. 특히 정사각복소행렬 A가 유니터리 대각화 가능이기 위한 필요충분조건은

$$AA^* = A^*A \tag{5}$$

임을 증명할 수 있다. 이 성질을 갖는 행렬을 **정규행렬**(normal matrix)이라 한다. 정규행렬은 복소수의 경우 Hermite 행렬, 반 Hermite 행렬, 유니터리 행렬을 포함하고, 실수의 경우는 대칭행렬, 반대칭행렬, 직교행렬을 포함한다. 영이 아닌 반대칭행렬은 직교대각화 가능하지 않으면서 유니터리 대각화 가능한 실행렬의 보기가 되므로 특히 흥미롭다.

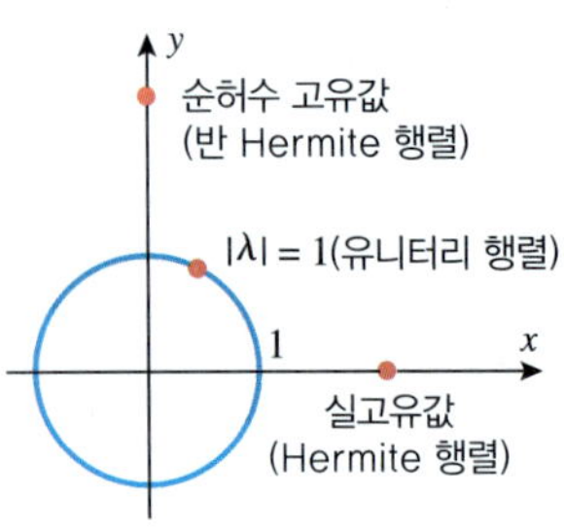

그림 8.9.1

고유값의 비교

Hermite 행렬의 고유값은 실수임을 알고 있다. 연습문제에서 반 Hermite 행렬의 고유값은 영이거나 순허수(영인 실수부를 갖는다)이고 유니터리 행렬의 고유값의 절대값은 1임을 밝히라고 할 것이다. 이들 결과는 그림 8.9.1에 설명되어 있다.

연습문제 8.9

연습문제 1과 2에서는 A^*를 구하라.

1. $A = \begin{bmatrix} 2i & 1-i \\ 4 & 3+i \\ 5+i & 0 \end{bmatrix}$ **2.** $A = \begin{bmatrix} 2i & 1-i & -1+i \\ 4 & 5-7i & -i \end{bmatrix}$

연습문제 3과 4에서는 A가 Hermite 행렬이 되도록 '×'에 적당한 수를 대입하라.

3. $A = \begin{bmatrix} 1 & i & 2-3i \\ \times & -3 & 1 \\ \times & \times & 2 \end{bmatrix}$ **4.** $A = \begin{bmatrix} 2 & 0 & 3+5i \\ \times & -4 & -i \\ \times & \times & 6 \end{bmatrix}$

연습문제 5와 6에서는 '×'의 임의의 값에 대해서, A는 Hermite 행렬이 아님을 밝혀라.

5. (a) $A = \begin{bmatrix} 1 & i & 2-3i \\ -i & -3 & \times \\ 2-3i & \times & \times \end{bmatrix}$

(b) $A = \begin{bmatrix} \times & \times & 3+5i \\ 0 & i & -i \\ 3-5i & i & \times \end{bmatrix}$

6. (a) $A = \begin{bmatrix} 1 & 1+i & \times \\ 1+i & 7 & \times \\ 6-2i & \times & 0 \end{bmatrix}$

(b) $A = \begin{bmatrix} 1 & \times & 3+5i \\ \times & 3 & 1-i \\ 3-5i & \times & 2+i \end{bmatrix}$

연습문제 7과 8에서는 Hermite 행렬 A가 주어질 때, A의 고유값은 실수이고 서로 다른 고유공간의 고유벡터는 직교함을 확인하라(정리 8.9.5에 따라서).

7. $A = \begin{bmatrix} 3 & 2-3i \\ 2+3i & -1 \end{bmatrix}$ **8.** $A = \begin{bmatrix} 0 & 2i \\ -2i & 2 \end{bmatrix}$

연습문제 9~12에서는 A가 유니터리 행렬임을 밝히고 A^{-1}를 구하라.

9. $A = \begin{bmatrix} \frac{3}{5} & \frac{4}{5}i \\ -\frac{4}{5} & \frac{3}{5}i \end{bmatrix}$

10. $A = \begin{bmatrix} \frac{1}{\sqrt{2}} & \frac{1}{\sqrt{2}} \\ -\frac{1}{2}(1+i) & \frac{1}{2}(1+i) \end{bmatrix}$

11. $A = \begin{bmatrix} \frac{1}{2\sqrt{2}}(\sqrt{3}+i) & \frac{1}{2\sqrt{2}}(1-i\sqrt{3}) \\ \frac{1}{2\sqrt{2}}(1+i\sqrt{3}) & \frac{1}{2\sqrt{2}}(i-\sqrt{3}) \end{bmatrix}$

12. $A = \begin{bmatrix} \frac{1}{\sqrt{3}}(-1+i) & \frac{1}{\sqrt{6}}(1-i) \\ \frac{1}{\sqrt{3}} & \frac{2}{\sqrt{6}} \end{bmatrix}$

연습문제 13~18에서는 Hermite 행렬 A가 주어질 때, A를 대각화하는 유니터리 행렬 P를 구하고, $P^{-1}AP$를 계산하라.

13. $A = \begin{bmatrix} 4 & 1-i \\ 1+i & 5 \end{bmatrix}$ **14.** $A = \begin{bmatrix} 3 & -i \\ i & 3 \end{bmatrix}$

15. $A = \begin{bmatrix} 6 & 2+2i \\ 2-2i & 4 \end{bmatrix}$ **16.** $A = \begin{bmatrix} 0 & 3+i \\ 3-i & -3 \end{bmatrix}$

17. $A = \begin{bmatrix} 5 & 0 & 0 \\ 0 & -1 & -1+i \\ 0 & -1-i & 0 \end{bmatrix}$

18. $A = \begin{bmatrix} 2 & \frac{1}{\sqrt{2}}i & -\frac{1}{\sqrt{2}}i \\ -\frac{1}{\sqrt{2}}i & 2 & 0 \\ \frac{1}{\sqrt{2}}i & 0 & 2 \end{bmatrix}$

연습문제 19와 20에서는 A가 반 Hermite 행렬이 되도록 '×'에 적당한 수를 대입하라.

19. $A = \begin{bmatrix} 0 & i & 2-3i \\ \times & 0 & 1 \\ \times & \times & 4i \end{bmatrix}$ **20.** $A = \begin{bmatrix} 0 & 0 & 3-5i \\ \times & 0 & -i \\ \times & \times & 0 \end{bmatrix}$

연습문제 21과 22에서는 '×'의 임의의 값에 대해서 A가 반 Hermite 행렬이 아님을 밝혀라.

21. (a) $A = \begin{bmatrix} 0 & i & 2-3i \\ -i & 0 & \times \\ 2+3i & \times & \times \end{bmatrix}$

(b) $A = \begin{bmatrix} 1 & \times & 3-5i \\ \times & 2i & -i \\ -3+5i & i & 3i \end{bmatrix}$

22. (a) $A = \begin{bmatrix} i & \times & 2-3i \\ \times & 0 & 1+i \\ 2+3i & -1-i & \times \end{bmatrix}$

(b) $A = \begin{bmatrix} 0 & -i & 4+7i \\ \times & 0 & \times \\ -4-7i & \times & 1 \end{bmatrix}$

연습문제 23과 24에서는 반 Hermite 행렬이 주어질 때, A의 고유값이 순허수임을 확인하라.

23. $A = \begin{bmatrix} 0 & -1+i \\ 1+i & i \end{bmatrix}$ **24.** $A = \begin{bmatrix} 0 & 3i \\ 3i & 0 \end{bmatrix}$

연습문제 25와 26에서는 A가 정규행렬임을 밝혀라.

25. $A = \begin{bmatrix} 1+2i & 2+i & -2-i \\ 2+i & 1+i & -i \\ -2-i & -i & 1+i \end{bmatrix}$

26. $A = \begin{bmatrix} 2+2i & i & 1-i \\ i & -2i & 1-3i \\ 1-i & 1-3i & -3+8i \end{bmatrix}$

27. θ의 모든 실수값에 대해서 행렬

$$A = \frac{1}{\sqrt{2}}\begin{bmatrix} e^{i\theta} & e^{-i\theta} \\ ie^{i\theta} & -ie^{-i\theta} \end{bmatrix}$$

는 유니터리 행렬임을 밝혀라. [*유의*: $e^{i\theta}$의 정의에 대해 부록 *B*의 식 (17)을 참조하라.]

28. 반 Hermite 행렬의 주대각선 위의 각 성분은 영이거나 순허수임을 밝혀라.

29. A를 복소 성분을 갖는 $n \times n$ 행렬이라 하고, 행렬 B와 C를

$$B = \frac{1}{2}(A + A^*), \quad C = \frac{1}{2i}(A - A^*)$$

로 정의할 때

(a) B와 C는 Hermite 행렬임을 밝혀라.

(b) $A = B + iC$와 $A^* = B - iC$임을 밝혀라.

(c) A가 정규행렬이 될 때 B와 C는 어떤 조건을 만족시켜야 하는가?

30. A가 복소 성분을 갖는 $n \times n$ 행렬이고, $\mathbf{u}$와 $\mathbf{v}$는 열로 표현되는 C^n 내의 벡터라 하면, 3.2절의 식 (12)와 (13)에 해당하는 다음이 성립함을 밝혀라.

$$A\mathbf{u} \cdot \mathbf{v} = \mathbf{u} \cdot A^*\mathbf{v}, \quad \mathbf{u} \cdot A\mathbf{v} = A^*\mathbf{u} \cdot \mathbf{v}$$

31. A가 유니터리 행렬이면, A^*도 또한 유니터리 행렬임을 밝혀라.

32. 반 Hermite 행렬의 고유값은 영이거나 순허수임을 밝혀라.

33. 유니터리 행렬의 고유값은 절대값이 1임을 밝혀라.

34. $\mathbf{u}$가 열 형식으로 표현된 C^n 내의 영이 아닌 벡터일 때, $P = \mathbf{u}\mathbf{u}^*$는 계수가 1인 Hermite 행렬임을 밝혀라. [*힌트*: 정리 7.4.7과 7.4절의 식 (4)를 참조하라.]

35. $\mathbf{u}$가 열 형식으로 표현된 C^n 내의 벡터일 때, $H = I - 2\mathbf{u}\mathbf{u}^*$는 유니터리이고, Hermite 행렬임을 밝혀라.

토론과 발견

D1. Hermite인 동시에 유니터리 행렬 A의 역행렬에 대해서 논의하라.

D2. Hermite인 동시에 유니터리 행렬이면서 그의 성분 모두가 실수는 아닌 2×2 행렬을 구하라.

D3. 어떤 조건에서 다음 행렬이 정규행렬이 되는가?

$$A = \begin{bmatrix} a & 0 & 0 \\ 0 & 0 & c \\ 0 & b & 0 \end{bmatrix}$$

D4. 연습문제 34와 35의 행렬 $P = \mathbf{u}\mathbf{u}^*$와 $H = I - 2\mathbf{u}\mathbf{u}^*$에 의한 곱셈에 알맞은 기하학적 설명을 하라.

증명문제

P1. A가 가역행렬이면, A^*도 역시 가역임을 증명하고, 그 경우 $(A^*)^{-1} = (A^{-1})^*$임을 증명하라.

P2. (a) 4.1절의 식 (6)을 이용하여, $\det(\overline{A}) = \overline{\det(A)}$임을 증명하라.

(b) (a)의 결과와 정사각행렬과 그것의 전치행렬은 행렬식이 같음을 이용하여, $\det(A^*) = \overline{\det(A)}$ 임을 증명하라.

P3. 연습문제 P2의 (b)를 이용하여

(a) A가 Hermite 행렬일 때, $\det(A)$는 실수임을 증명하라.

(b) A가 유니터리 행렬일 때, $|\det(A)| = 1$임을 증명하라.

P4. 전치행렬과 복소켤레의 성질을 이용하여, 정리 8.9.2의 (a)와 (e)를 증명하라.

P5. 전치행렬과 복소켤레의 성질을 이용하여, 정리 8.9.2의 (b)와 (d)를 증명하라.

P6. 복소 성분을 갖는 $n \times n$ 행렬 A가 유니터리 행렬이기 위한 필요충분조건은 A의 열벡터가 C^n의 정규직교집합을 이루는 것임을 증명하라.

P7. A가 Hermite 행렬일 때, A는 실고유값을 가짐을 증명하라. [*힌트*: 정리 8.8.7의 증명에서 $\overline{\mathbf{x}}^T$를 $\mathbf{x}^*$로 대신하여 그대로 해보라.]

프로그램 활용 연습문제

T1. 행렬

$$A = \begin{bmatrix} 1 & i & 1+i \\ -i & -1 & 1 \\ 1-i & 1 & 0 \end{bmatrix}$$

을 유니터리 대각화하는 행렬 P를 구하라.

T2. $A = \begin{bmatrix} 3 & 3+3i \\ 3-3i & 5 \end{bmatrix}$

의 고유값과 고유공간의 기저를 구하라. 그리고 그들이 정리 8.9.4와 8.9.5에 기술한 성질을 가지는지 확인하라.

T3. Hermite 행렬

$$A = \begin{bmatrix} 3 & -3+2i & 2-2i \\ -3-2i & 1 & 4+2i \\ 2+2i & 4-2i & -4 \end{bmatrix}$$

의 고유값과 고유공간의 기저의 근사값을 소수점 이하 둘째 자리까지 구하라.

T4. (CAS) Hermite 행렬

$$A = \begin{bmatrix} 1 & a+bi \\ a-bi & 1 \end{bmatrix}$$

의 고유값과 고유공간의 기저를 구하라.

8.10 미분방정식계

물리학, 공학, 화학과 그 밖의 많은 과학의 법칙들은 '미분방정식', 즉 함수와 이들의 도함수를 포함하는 방정식으로 기술된다. 이 절의 목적은 선형대수가 이 주제에 응용할 수 있는 몇 가지 방법을 간단히 설명하는 데 있다. 이 절에서는 미적분학도 필요하다.

용어 가장 기본적인 미분방정식의 하나는

$$y' = ay \tag{1}$$

이고, 여기서 a는 상수, $y = y(t)$는 결정해야 할 미지함수이고, $y' = dy/dt$는 독립변수 t에 관한 y의 도함수이다. 이것은 미지함수의 일차도함수만을 포함하고 있기 때문에 **일계방정식**(first-order equation)이라 한다. 보통 이런 종류의 방정식은 $y(t)$가 시간의 함수인 문제에서 나타나므로 독립변수로 문자 t를 사용하였다.

식 (1)의 **해**(solution)는 y와 그것의 도함수를 대입할 때 그 방정식을 만족시키는 임의의 미분 가능한 함수 $y(t)$이다. 예컨대

$$y = ce^{at} \tag{2}$$

는 t의 모든 값에 대해서

$$y' = cae^{at} = a(ce^{at}) = ay$$

이므로 임의의 상수 c에 대해서 식 (1)의 해이다. 역으로 식 (1)의 모든 해는 식 (2) 형식이 되어야 함을 밝힐 수 있으므로(연습문제 P1), 식 (2)를 식 (1)의 **일반해**(general solution)라고 한다.

때때로 특수한 시간 t_0에서 특수한 값 y_0를 갖는 식 (1)의 해에 관심을 가질 것이다. 조건 $y(t_0) = y_0$를 **초기조건**(initial condition)이라 하고, 이 초기조건을 만족하는 방정식 $y' = ay$의 해를 나타내고 싶을 때

$$y' = ay, \quad y(t_0) = y_0 \tag{3}$$

으로 표기한다. 식 (3)을 식 (1)에 대한 **초기값 문제**(initial value problem)라 한다.

예제 1 초기값 문제

초기값 문제

$$y' = 2y, \quad y(0) = 6$$

을 풀어라.

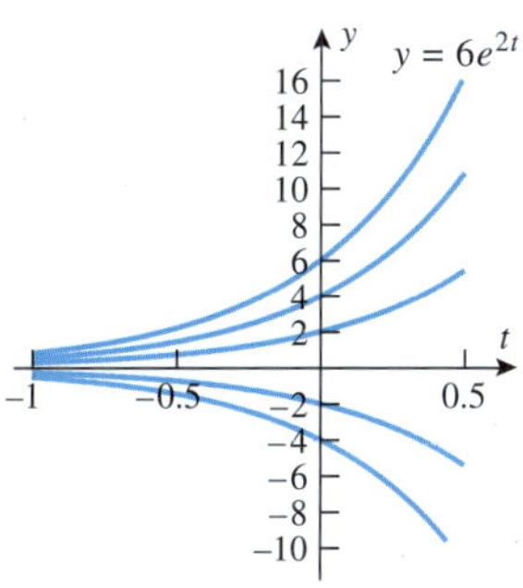

그림 8.10.1

풀이 $a = 2$일 때 식 (2)에 의하여 미분방정식의 일반해는

$$y = ce^{2t} \tag{4}$$

가 된다. 초기조건은 $t = 0$일 때 $y = 6$이므로, 이것을 식 (4)에 대입하면 $c = 6$이 된다(확인하라). 따라서 초기값 문제의 해는

$$y = 6e^{2t}$$

이다. 기하학적으로 일반해는 ty 평면에서의 값에 따라서 곡선들의 모음을 나타내고, 초기조건은 점 $(t_0, y_0) = (0, 6)$을 지나는 곡선들의 모임의 특수해를 나타낸다(그림 8.10.1 참조). ■

미분방정식의 선형계 이 절에서는 다음과 같은 형식의 미분방정식계를 다룰 것이다.

$$\begin{aligned}
y_1' &= a_{11}y_1 + a_{12}y_2 + \cdots + a_{1n}y_n \\
y_2' &= a_{21}y_1 + a_{22}y_2 + \cdots + a_{2n}y_n \\
&\;\;\vdots \qquad\quad \vdots \qquad\qquad\qquad\;\; \vdots \\
y_n' &= a_{n1}y_1 + a_{n2}y_2 + \cdots + a_{nn}y_n
\end{aligned} \tag{5}$$

여기서 a_{ij}는 실수인 상수이고 $y_1 = y_1(t)$, $y_2 = y_2(t)$, $\cdots$, $y_n = y_n(t)$는 결정해야 할 미분 가능한 함수이다. 이것을 **동차일계 선형계**(homogeneous first-order linearsystem)라고 한다. 식 (5)는 간단히 행렬 기호로

$$\begin{bmatrix} y_1' \\ y_2' \\ \vdots \\ y_n' \end{bmatrix} = \begin{bmatrix} a_{11} & a_{12} & \cdots & a_{1n} \\ a_{21} & a_{22} & \cdots & a_{2n} \\ \vdots & \vdots & & \vdots \\ a_{n1} & a_{n2} & \cdots & a_{nn} \end{bmatrix} \begin{bmatrix} y_1 \\ y_2 \\ \vdots \\ y_n \end{bmatrix} \tag{6}$$

또는 더욱 간단히

$$\mathbf{y}' = A\mathbf{y} \tag{7}$$

로 쓸 수 있다. 이때 $\mathbf{y}$는 미지함수의 열벡터이고, $\mathbf{y}'$은 그들의 도함수로 이루어진 열벡터이다.* 방정식의 개수와 미지함수의 개수가 같은 경우만 다룰 것이므로 이 계의 **계수행렬**(coefficient matrix)이라 부르는 행렬 A는 이 절에서 항상 정사각행렬이 될 것이다. 이 계의 해는 식 (5)의 방정식을 모두 만족시키는 미분 가능한 함수열

$$y_1 = y_1(t), \quad y_2 = y_2(t), \ldots, \quad y_n = y_n(t)$$

또는 식 (7)을 만족시키는 열벡터

$$\mathbf{y} = \mathbf{y}(t) = \begin{bmatrix} y_1(t) \\ y_2(t) \\ \vdots \\ y_n(t) \end{bmatrix}$$

로 간주될 수 있다. $\mathbf{y} = \mathbf{0}$는 항상 식 (7)의 해이다. 이것을 **영해**(zero solution) 또는 **자명한 해**(trivial solution)라고 한다.

때때로 어떤 시간 t_0에서 특수값 $\mathbf{y}_0$을 갖는 식 (7)의 해를 구하는 데 관심을 가질 것이다. 즉 $\mathbf{y}(t_0) = \mathbf{y}_0$을 만족시키는 $\mathbf{y}(t)$가 필요할 것이다. 이것을 식 (7)에 대한 **초기조건**이라 한다. 초기조건을 가정하여 식 (7)을 푸는 문제를

$$\mathbf{y}' = A\mathbf{y}, \quad \mathbf{y}(t_0) = \mathbf{y}_0 \tag{8}$$

으로 표시하고 그것을 식 (7)에 대한 **초기값 문제**라 한다. 식 (8)은 모든 $\mathbf{y}_0$에 대해서 유일한 해를 가짐을 증명할 수 있다.

예제 2 초기값 문제

(a) 다음 계를 풀어라.

$$\begin{bmatrix} y_1' \\ y_2' \\ y_3' \end{bmatrix} = \begin{bmatrix} 3 & 0 & 0 \\ 0 & -2 & 0 \\ 0 & 0 & 5 \end{bmatrix} \begin{bmatrix} y_1 \\ y_2 \\ y_3 \end{bmatrix}$$

(b) 초기조건

$$y_1(0) = 1, \quad y_2(0) = 4, \quad y_3(0) = -2 \tag{9}$$

를 만족시키는 계의 해를 구하라.

풀이 (a) 행렬 A가 대각행렬인 사실은 이 계의 각 방정식은 세 개의 미지함수 중 하나만을 포함하고 있어서 개별적으로 풀 수 있음을 나타내고 있다. 이들 방정식은

*이 절에서 *벡터*라는 용어의 의미는 연속함수를 성분으로 하는 것으로 확대할 것이다. 또한 $\mathbf{y}$의 성분이 미분 가능한 함수이면 $\mathbf{y}'$은 $\mathbf{y}$의 성분을 미분하여 얻은 결과를 벡터로 표기할 것이다. 다음 장에서 이러한 개념을 더 자세히 다룰 것이다.

$$y_1' = 3y_1$$
$$y_2' = -2y_2$$
$$y_3' = 5y_3$$

이다. 따라서 식 (2)로부터 이들 방정식의 해는

$$y_1 = c_1e^{3t}, \quad y_2 = c_2e^{-2t}, \quad y_3 = c_3e^{5t}$$

가 된다. 이 계의 해는 간단히

$$\mathbf{y} = \begin{bmatrix} y_1 \\ y_2 \\ y_3 \end{bmatrix} = \begin{bmatrix} c_1e^{3t} \\ c_2e^{-2t} \\ c_3e^{5t} \end{bmatrix} \tag{10}$$

로 표현할 수 있다. 식 (10)은 각 방정식에서 하나씩 세 개의 임의의 상수를 포함하고 있다.

풀이 (*b*) 식 (9)의 초기조건을 열벡터 형식으로 표기하고 식 (10)을 이용하면

$$\mathbf{y}(0) = \begin{bmatrix} y_1(0) \\ y_2(0) \\ y_3(0) \end{bmatrix} = \begin{bmatrix} c_1e^0 \\ c_2e^0 \\ c_3e^0 \end{bmatrix} = \begin{bmatrix} c_1 \\ c_2 \\ c_3 \end{bmatrix} = \begin{bmatrix} 1 \\ 4 \\ -2 \end{bmatrix}$$

를 얻는다. 이 방정식에 의해서 구해진 값 $c_1 = 1$, $c_2 = 4$, $c_3 = -2$를 식 (10)에 대입하면 초기값 문제의 해

$$\mathbf{y} = \begin{bmatrix} y_1 \\ y_2 \\ y_3 \end{bmatrix} = \begin{bmatrix} e^{3t} \\ 4e^{-2t} \\ -2e^{5t} \end{bmatrix}$$

를 얻는다. 별도로 이 해는

$$y_1 = e^{3t}, \quad y_2 = 4e^{-2t}, \quad y_3 = -2e^{5t}$$

로 표현할 수 있다. ■

기본해 다음 정리는 $\mathbf{y}' = A\mathbf{y}$의 해에 대한 기본적인 결과를 제공한다.

> **정리 8.10.1** *$\mathbf{y}_1, \mathbf{y}_2, \cdots, \mathbf{y}_k$가 $\mathbf{y}' = A\mathbf{y}$의 해이면, 임의의 스칼라 상수 $c_1, c_2, \cdots, c_k$에 대하여*
>
> $$\mathbf{y} = c_1\mathbf{y}_1 + c_2\mathbf{y}_2 + \cdots + c_k\mathbf{y}_k$$
>
> *도 또한 해이다.*

증명 방정식

$$\mathbf{y} = c_1\mathbf{y}_1 + c_2\mathbf{y}_2 + \cdots + c_k\mathbf{y}_k \tag{11}$$

의 양변의 대응하는 성분을 미분하면

$$\mathbf{y}' = c_1\mathbf{y}_1' + c_2\mathbf{y}_2' + \cdots + c_k\mathbf{y}_k' \tag{12}$$

가 된다. 더욱이 $\mathbf{y}_1, \mathbf{y}_2, \cdots, \mathbf{y}_k$는 계 $\mathbf{y}' = A\mathbf{y}$의 해이므로

$$\mathbf{y}_1' = A\mathbf{y}_1, \quad \mathbf{y}_2' = A\mathbf{y}_2, \ldots, \quad \mathbf{y}_k' = A\mathbf{y}_k \tag{13}$$

가 성립한다. 따라서 식 (11), (12), (13)에 의해서

$$\mathbf{y}' = c_1A\mathbf{y}_1 + c_2A\mathbf{y}_2 + \cdots + c_kA\mathbf{y}_k = A(c_1\mathbf{y}_1 + c_2\mathbf{y}_2 + \cdots + c_k\mathbf{y}_k) = A\mathbf{y}$$

가 되고 식 (11)은 $\mathbf{y}' = A\mathbf{y}$의 해가 된다. ■

$\mathbf{y}_1, \mathbf{y}_2, \cdots, \mathbf{y}_k$의 성분들이 t에 관한 연속함수이고, $c_1, c_2, \cdots, c_k$가 스칼라 상수이면

$$\mathbf{y} = c_1\mathbf{y}_1 + c_2\mathbf{y}_2 + \cdots + c_k\mathbf{y}_k$$

를 **계수**(coefficient)가 $c_1, c_2, \cdots, c_k$인 $\mathbf{y}_1, \mathbf{y}_2, \cdots, \mathbf{y}_k$의 **일차결합**(linear combination)이라 한다. 벡터 용어를 계속 사용해서 표현할 때, 집합 $S = \{\mathbf{y}_1, \mathbf{y}_2, \cdots, \mathbf{y}_k\}$는 S의 어떤 벡터도 S의 다른 벡터의 일차결합이 될 수 없다면 일차독립(linearly independent)이라 할 것이다.

이 용어를 사용하면, 정리 8.10.1은 $\mathbf{y}' = A\mathbf{y}$의 해의 모든 일차결합도 또한 해가 됨을 나타낸다. 특히 이것에 의하여 두 개의 해의 합은 또한 해이고(덧셈에 관해서 닫혀 있다) 하나의 해의 상수 스칼라배수도 또한 해이다(스칼라곱에 관해서 닫혀 있다). 따라서 $\mathbf{y}' = A\mathbf{y}$의 해집합은 부분공간의 성질을 가지므로 그 계의 **해공간**(solution space)이라 한다.

다음 정리의 증명은 미분방정식에 관한 많은 교재에서 찾아볼 수 있다.

정리 8.10.2 *A를 $n \times n$ 행렬이라 하자.*

(a) 방정식 $\mathbf{y}' = A\mathbf{y}$는 n개의 일차독립인 해의 집합을 갖는다.

(b) $S = \{\mathbf{y}_1, \mathbf{y}_2, \cdots, \mathbf{y}_n\}$이 n개의 일차독립인 해의 임의의 집합이면 모든 해는 S의 해의 일차결합으로 유일하게 표현될 수 있다.

A는 $n \times n$ 행렬이고, $S = \{y_1, y_2, \cdots, y_n\}$는 주어진 계 $\mathbf{y}' = A\mathbf{y}$의 n개의 일차독립인 해의 임의의 집합이면 S를 이 계의 **기본 해집합**(fundamental set of solutions)이라 하고

$$\mathbf{y} = c_1\mathbf{y}_1 + c_2\mathbf{y}_2 + \cdots + c_n\mathbf{y}_n$$

을 그 계의 **일반해**라고 한다.

예제 3 기본 해집합

다음의 계

$$\begin{bmatrix} y_1' \\ y_2' \\ y_3' \end{bmatrix} = \begin{bmatrix} 3 & 0 & 0 \\ 0 & -2 & 0 \\ 0 & 0 & 5 \end{bmatrix} \begin{bmatrix} y_1 \\ y_2 \\ y_3 \end{bmatrix}$$

는 예제 2에서 풀었다. 기본 해집합을 구하라.

풀이 식 (10)에 의하여 모든 해 $\mathbf{y}$는

$$\mathbf{y} = \begin{bmatrix} c_1e^{3t} \\ c_2e^{-2t} \\ c_3e^{5t} \end{bmatrix} = c_1\begin{bmatrix} e^{3t} \\ 0 \\ 0 \end{bmatrix} + c_2\begin{bmatrix} 0 \\ e^{-2t} \\ 0 \end{bmatrix} + c_3\begin{bmatrix} 0 \\ 0 \\ e^{5t} \end{bmatrix} \tag{14}$$

로 표현될 수 있고

$$\mathbf{y}_1 = \begin{bmatrix} e^{3t} \\ 0 \\ 0 \end{bmatrix}, \quad \mathbf{y}_2 = \begin{bmatrix} 0 \\ e^{-2t} \\ 0 \end{bmatrix}, \quad \mathbf{y}_3 = \begin{bmatrix} 0 \\ 0 \\ e^{5t} \end{bmatrix} \tag{15}$$

의 일차결합이다. 이들 벡터는 어떤 벡터도 다른 두 벡터의 일차결합으로 표현될 수 없음을 밝힘으로써 일차독립임을 확인하는 것은 독자에게 맡긴다. 따라서 식 (15)는 기본 해집합이고 식 (14)는 일반해가 된다. ■

고유값과 고유벡터를 이용한 해

정리 8.10.2로부터 A가 $n \times n$ 행렬이면, 계 $\mathbf{y}' = A\mathbf{y}$를 푸는 일반적인 방법은 n개의 일차독립인 해를 구하는 것이다. 해를 구하는 방법을 생각해 보자.

단 하나의 방정식 $y' = ay$는 c가 임의의 상수일 때, $y = ce^{at}$ 형식의 해를 가지므로

$$\mathbf{y}' = A\mathbf{y} \tag{16}$$

는

$$\mathbf{y} = e^{\lambda t}\mathbf{x} \tag{17}$$

형식의 영이 아닌 해를 가질 수 있음은 그럴듯하다. 여기서 λ는 상수 스칼라이고 있는 영이 아닌 상수 벡터이다. (지수 λ는 $y = ce^{at}$의 a에 해당하고, $\mathbf{x}$는 계수 c에 해당한다.) 물론 이와 같은 해는 있을 수도 있고 없을 수도 있다. 그러나 $\mathbf{y}$가 해가 되기 위해 λ와 $\mathbf{x}$가 만족시켜야 하는 조건을 구해서 그 가능성을 조사해보자. 식 (17)의 양변을 t로 미분하고 λ와 $\mathbf{x}$가 t에 무관함을 고려하면

$$\mathbf{y}' = \lambda e^{\lambda t}\mathbf{x}$$

을 얻는다. 지금 이 식과 식 (17)을 식 (16)에 대입하면

$$\lambda e^{\lambda t}\mathbf{x} = Ae^{\lambda t}\mathbf{x}$$

를 얻는다. 양변에서 영이 아닌 인수 $e^{\lambda t}$를 소거하면

$$A\mathbf{x} = \lambda\mathbf{x}$$

를 얻는데 이것은 식 (17)의 해가 존재하면, λ는 A의 고유값이고 $\mathbf{x}$는 대응하는 고유벡터임을 나타낸다. 연습문제에서 식 (17)의 모든 벡터는 사실상 식 (16)의 해임을 확인하도록 할 것이다. 이 결과에 의하여 다음 정리를 얻을 수 있다.

정리 8.10.3 *λ는 A의 고유값이고 $\mathbf{x}$는 대응하는 고유벡터이면 $\mathbf{y} = e^{\lambda t}\mathbf{x}$는 계 $\mathbf{y}' = A\mathbf{y}$의 해가 된다.*

예제 4 일반해 구하기

정리 8.10.3을 사용하여 다음 계의 일반해를 구하라.

$$\begin{aligned} y_1' &= y_1 + y_2 \\ y_2' &= 4y_1 - 2y_2 \end{aligned}$$

풀이 이 계를 $\mathbf{y}' = A\mathbf{y}$와 같이 행렬 형식으로 표기할 수 있다. 여기서

$$A = \begin{bmatrix} 1 & 1 \\ 4 & -2 \end{bmatrix}$$

이다. A의 특성다항식은

$$\det(\lambda I - A) = \begin{vmatrix} \lambda - 1 & -1 \\ -4 & \lambda + 2 \end{vmatrix} = \lambda^2 + \lambda - 6 = (\lambda - 2)(\lambda + 3)$$

이므로 A의 고유값은 $\lambda = 2$와 $\lambda = -3$이다. 대응하는 고유벡터가

$$\lambda_1 = 2: \quad \mathbf{x}_1 = \begin{bmatrix} 1 \\ 1 \end{bmatrix} \text{과} \quad \lambda_2 = -3: \quad \mathbf{x}_2 = \begin{bmatrix} -\frac{1}{4} \\ 1 \end{bmatrix}$$

임을 밝히는 것은 독자에게 맡긴다. 따라서 정리 8.10.3에 의하여, 이것은 계의 두 개의 해를 얻게 해 준다. 즉

$$\mathbf{y}_1 = e^{2t}\begin{bmatrix} 1 \\ 1 \end{bmatrix}, \quad \mathbf{y}_2 = e^{-3t}\begin{bmatrix} -\frac{1}{4} \\ 1 \end{bmatrix}$$

이다. 이들 해는 일차독립이므로(어느 벡터도 다른 벡터의 상수 스칼라배수가 아니므로), 그 계의 일반해는

$$\mathbf{y} = c_1e^{2t}\begin{bmatrix} 1 \\ 1 \end{bmatrix} + c_2e^{-3t}\begin{bmatrix} -\frac{1}{4} \\ 1 \end{bmatrix}$$

이 된다. 검산으로 성분

$$y_1 = c_1e^{2t} - \tfrac{1}{4}c_2e^{-3t}, \quad y_2 = c_1e^{2t} + c_2e^{-3t}$$

가 두 개의 주어진 방정식을 만족시키는지 확인하라. ■

앞의 예제 3에서 y_1과 y_2는 어느 것도 다른 것의 상수 스칼라배수가 아님을 밝혀서 일차독립임을 유도할 수 있다. 다음 정리의 결과는 일차독립성을 매번 검사할 필요가 없음을 나타낸다.

정리 8.10.4 *$\mathbf{x}_1, \mathbf{x}_2, \cdots, \mathbf{x}_k$는 A의 일차독립인 고유벡터이고 $\lambda_1, \lambda_2, \cdots, \lambda_k$는 대응하는 고유값(반드시 다를 필요는 없는)이면*

$$\mathbf{y}_1 = e^{\lambda_1 t}\mathbf{x}_1, \quad \mathbf{y}_2 = e^{\lambda_2 t}\mathbf{x}_2, \ldots, \quad \mathbf{y}_k = e^{\lambda_k t}\mathbf{x}_k$$

는 $\mathbf{y}' = A\mathbf{y}$의 일차독립인 해이다.

증명 정리 8.10.3에 의하여 $\mathbf{y}_1, \mathbf{y}_2, \cdots, \mathbf{y}_k$는 해임을 이미 알고 있다. 따라서 일차독립성을 확인만 하면 된다.

$$c_1\mathbf{y}_1 + c_2\mathbf{y}_2 + \cdots + c_k\mathbf{y}_k = \mathbf{0}$$

이라 하자. 따라서

$$c_1 e^{\lambda_1 t}\mathbf{x}_1 + c_2 e^{\lambda_2 t}\mathbf{x}_2 + \cdots + c_k e^{\lambda_k t}\mathbf{x}_k = \mathbf{0}$$

이 된다. 이 방정식에서 $t = 0$이라 놓으면

$$c_1\mathbf{x}_1 + c_2\mathbf{x}_2 + \cdots + c_k\mathbf{x}_k = \mathbf{0}$$

을 얻는다. 그런데 $\mathbf{x}_1, \mathbf{x}_2, \cdots, \mathbf{x}_k$는 일차독립이므로

$$c_1 = c_2 = \cdots = c_k = 0$$

이어야 한다. 따라서 $\mathbf{y}_1, \mathbf{y}_2, \cdots, \mathbf{y}_k$는 일차독립이다. ■

$n \times n$ 행렬이 대각화 가능하기 위한 필요충분조건은 그 행렬이 n개의 일차독립인 고유벡터를 가지는 것임을 알고 있으므로(정리 8.2.6), 다음 결과는 정리 8.10.4에 의하여 성립한다.

정리 8.10.5 *A가 $n \times n$ 대각화 가능한 행렬이면, 계 $\mathbf{y}' = A\mathbf{y}$의 일반해는*

$$\mathbf{y} = c_1 e^{\lambda_1 t}\mathbf{x}_1 + c_2 e^{\lambda_2 t}\mathbf{x}_2 + \cdots + c_n e^{\lambda_n t}\mathbf{x}_n \tag{18}$$

이 된다. 여기서 $\mathbf{x}_1, \mathbf{x}_2, \cdots, \mathbf{x}_n$은 임의의 n개의 일차독립인 고유벡터이고 $\lambda_1, \lambda_2, \cdots, \lambda_n$은 대응하는 고유값이다.

증명 정리 8.10.2(b)와 정리 8.10.4를 이용하라. ■

▶ 예제 5 고유값과 고유벡터를 이용한 일반해

다음 계의 일반해를 구하라.

$$\begin{aligned} y_1' &= -2y_3 \\ y_2' &= y_1 + 2y_2 + y_3 \\ y_3' &= y_1 + 3y_3 \end{aligned}$$

풀이 문제의 계는 행렬기호를 사용하여

$$\mathbf{y}' = \begin{bmatrix} 0 & 0 & -2 \\ 1 & 2 & 1 \\ 1 & 0 & 3 \end{bmatrix}\mathbf{y}$$

로 표기할 수 있다. 8.2절의 예제 3과 4에서 이 계의 계수행렬은 기하학적 중복도가 1인 고유값 $\lambda = 1$과 기하학적 중복도가 2인 고유값 $\lambda = 2$를 가짐을 밝혀서 대각화 가능임을 나타냈었다. 또한 대응하는 고유공간의 기저는

$$\lambda = 1: \begin{bmatrix} -2 \\ 1 \\ 1 \end{bmatrix} \text{과} \quad \lambda = 2: \begin{bmatrix} -1 \\ 0 \\ 1 \end{bmatrix}, \begin{bmatrix} 0 \\ 1 \\ 0 \end{bmatrix}$$

임을 밝혔다. 따라서 정리 8.10.5에 의하여 계의 일반해는

$$\mathbf{y} = c_1 \begin{bmatrix} -2 \\ 1 \\ 1 \end{bmatrix} e^{t} + c_2 \begin{bmatrix} -1 \\ 0 \\ 1 \end{bmatrix} e^{2t} + c_3 \begin{bmatrix} 0 \\ 1 \\ 0 \end{bmatrix} e^{2t}$$

가 된다. (여기서는 스칼라에서 흔히 하는 것처럼 열벡터 앞에 지수함수를 배치하는 대신 열벡터 뒤에 지수함수를 배치하는 일반적인 관행을 따른다.) 검산으로 $\mathbf{y}$의 성분 y_1, y_2, y_3이 세 개의 주어진 방정식을 만족시키는지 확인하라. ■

예제 6 혼합문제

두 개의 탱크가 그림 8.10.2와 같이 연결되어 있다고 하자. 시간 $t = 0$일 때, 탱크 1에는 80 L의 물에 7 kg의 소금이 용해되어 있고, 탱크 2에는 80 L의 물에 10 kg의 소금이 용해되어 있다. 그림에 표시된 것처럼, 순수한 물이 30 L/min의 비율로 탱크 1에 펌프로 주입되고, 소금 혼합물이 그림에서 보여 주는 비율로 두 탱크 사이에 교환되며, 탱크 2의 혼합물은 30 L/min의 비율로 배출되었다. 시간 1일 때 각 탱크에 남아 있는 소금의 양을 구하라.

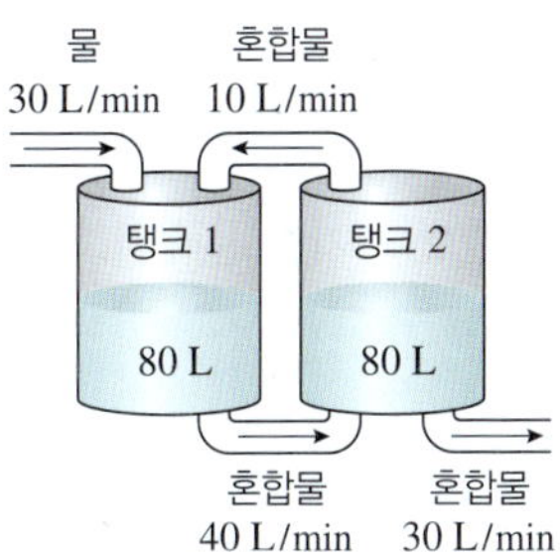

그림 8.10.2

풀이 각 탱크의 액체의 양은 액체가 각 탱크에 주입되는 비율과 배출되는 비율이 같기 때문에 일정하게 남아 있음을 알 수 있다. 따라서 각 탱크는 항상 80 L의 액체를 담고 있다.

$y_1(t) =$ 시간 t일 때 탱크 1의 소금의 양

$y_2(t) =$ 시간 t일 때 탱크 2의 소금의 양

이라 하고 변화율 y_1'과 y_2'를 생각하자. 각 변화율은 소금이 탱크에 주입되는 비율에서 배출되는 비율을 빼 준 것으로 간주될 수 있다. 예컨대

$$\text{소금이 탱크 1에 주입되는 비율} = \left(10\frac{\text{L}}{\text{min}}\right)\left(\frac{y_2(t)}{80}\frac{\text{kg}}{\text{L}}\right) = \frac{y_2(t)}{8}\frac{\text{kg}}{\text{min}}$$

$$\text{소금이 탱크 1에서 배출되는 비율} = \left(40\frac{\text{L}}{\text{min}}\right)\left(\frac{y_1(t)}{80}\frac{\text{kg}}{\text{L}}\right) = \frac{y_1(t)}{2}\frac{\text{kg}}{\text{min}}$$

이므로 $y_1(t)$의 변화율은

$$y_1'(t) = \text{주입되는 비율} - \text{배출되는 비율} = \frac{y_2(t)}{8} - \frac{y_1(t)}{2} \tag{19}$$

이다. 같은 방법으로

$$\text{소금이 탱크 2에 주입되는 비율} = \left(40\frac{\text{L}}{\text{min}}\right)\left(\frac{y_1(t)}{80}\frac{\text{kg}}{\text{L}}\right) = \frac{y_1(t)}{2}\frac{\text{kg}}{\text{min}}$$

$$\text{소금이 탱크 2에서 배출되는 비율} = \left((10+30)\frac{\text{L}}{\text{min}}\right)\left(\frac{y_2(t)}{80}\frac{\text{kg}}{\text{L}}\right) = \frac{y_2(t)}{2}\frac{\text{kg}}{\text{min}}$$

이므로 $y_2(t)$의 변화율은

$$y_2'(t) = \text{주입되는 비율} - \text{배출되는 비율} = \frac{y_1(t)}{2} - \frac{y_2(t)}{2} \tag{20}$$

이다. 주어진 문제에 의해서 초기조건은

$$y_1(0) = 7\text{과 } y_2(0) = 10 \tag{21}$$

이므로 식 (19), (20), (21)에 의하여 시간 t일 때 각 탱크에 남아 있는 소금의 양은 초기값 문제

$$\begin{aligned} y_1' &= -\tfrac{1}{2}y_1 + \tfrac{1}{8}y_2 \\ y_2' &= \ \ \tfrac{1}{2}y_1 - \tfrac{1}{2}y_2 \end{aligned} \qquad y_1(0) = 7, \quad y_2(0) = 10$$

을 풀면 구할 수 있다. 계수행렬

$$A = \begin{bmatrix} -\frac{1}{2} & \frac{1}{8} \\ \frac{1}{2} & -\frac{1}{2} \end{bmatrix}$$

은 대응하는 고유벡터가

$$\mathbf{x}_1 = \begin{bmatrix} -1 \\ 2 \end{bmatrix}, \quad \mathbf{x}_2 = \begin{bmatrix} 1 \\ 2 \end{bmatrix}$$

인 고유값 $\lambda_1 = -\frac{3}{4}$과 $\lambda_2 = -\frac{1}{4}$을 가지므로(증명하라), 정리 8.10.5에 의하여 계의 일반해는

$$\mathbf{y} = c_1 e^{-3t/4}\mathbf{x}_1 + c_2 e^{-t/4}\mathbf{x}_2$$

또는

$$\begin{aligned} y_1 &= -c_1 e^{-3t/4} + c_2 e^{-t/4} \\ y_2 &= 2c_1 e^{-3t/4} + 2c_2 e^{-t/4} \end{aligned} \tag{22}$$

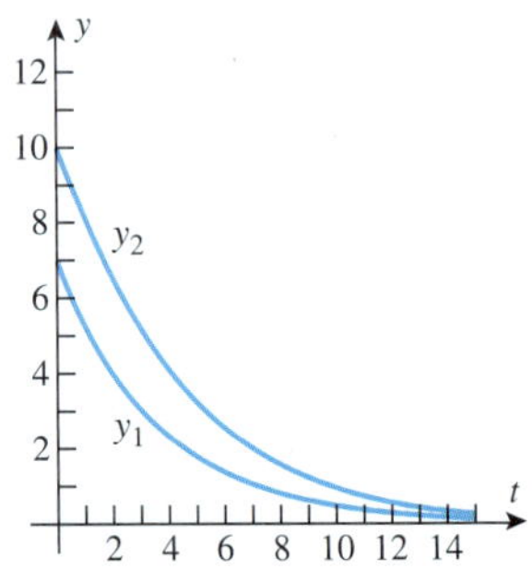

그림 8.10.3

가 된다. 초기조건 $y_1(0) = 7$과 $y_2(0) = 10$을 대입하면 선형계

$$\begin{aligned} -c_1 + \ \ c_2 &= 7 \\ 2c_1 + 2c_2 &= 10 \end{aligned}$$

을 얻는다. 이것을 풀면 해는 $c_1 = -1$, $c_2 = 6$이 된다. 이들 값을 식 (22)에 대입하면 초기값 문제의 해

$$\begin{aligned} y_1 &= e^{-3t/4} + 6e^{-t/4} \\ y_2 &= -2e^{-3t/4} + 12e^{-t/4} \end{aligned}$$

를 얻는다. 그림 8.10.3은 두 해곡선의 그래프를 보여 주고 있다. ■

개념문제 $t \to +\infty$일 때 그림 8.10.3의 곡선이 t축에 가까워지는 이유를 물리학적으로 설명하라.

지수형 해 A가 $n \times n$ 대각화 가능한 행렬이면, 식 (18)에서부터 초기값 문제

$$\mathbf{y}' = A\mathbf{y}, \quad \mathbf{y}(0) = \mathbf{y}_0 \tag{23}$$

의 해는

$$\mathbf{y} = c_1 e^{\lambda_1 t}\mathbf{x}_1 + c_2 e^{\lambda_2 t}\mathbf{x}_2 + \cdots + c_n e^{\lambda_n t}\mathbf{x}_n = [\mathbf{x}_1 \ \ \mathbf{x}_2 \ \ \cdots \ \ \mathbf{x}_n] \begin{bmatrix} e^{\lambda_1 t} & 0 & \cdots & 0 \\ 0 & e^{\lambda_2 t} & \cdots & 0 \\ \vdots & \vdots & \ddots & \vdots \\ 0 & 0 & \cdots & e^{\lambda_n t} \end{bmatrix} \begin{bmatrix} c_1 \\ c_2 \\ \vdots \\ c_n \end{bmatrix} \tag{24}$$

로 표현될 수 있다. 여기서 상수 $c_1, c_2, \cdots, c_n$은 초기조건을 만족시키도록 선택된다. 행렬

$$P = [\mathbf{x}_1 \ \ \mathbf{x}_2 \ \ \cdots \ \ \mathbf{x}_n] \tag{25}$$

의 열벡터는 A의 일차독립인 고유벡터의 집합을 이룬다. 이 행렬은 가역이고 A를 대각화한다. 더욱이 식 (24)에서 $t = 0$이라 놓고

$$\mathbf{y}_0 = [\mathbf{x}_1 \ \ \mathbf{x}_2 \ \ \cdots \ \ \mathbf{x}_n] \begin{bmatrix} c_1 \\ c_2 \\ \vdots \\ c_n \end{bmatrix} = P \begin{bmatrix} c_1 \\ c_2 \\ \vdots \\ c_n \end{bmatrix} \quad \text{또는} \quad \begin{bmatrix} c_1 \\ c_2 \\ \vdots \\ c_n \end{bmatrix} = P^{-1}\mathbf{y}_0 \tag{26}$$

이면 초기조건을 만족시킨다. 만일 식 (26)을 식 (24)에 대입하면, 초기값 문제의 해에 대한 다음의 식을

얻는다. 즉

$$\mathbf{y} = P\begin{bmatrix} e^{\lambda_1 t} & 0 & \cdots & 0 \\ 0 & e^{\lambda_2 t} & \cdots & 0 \\ \vdots & \vdots & \ddots & \vdots \\ 0 & 0 & \cdots & e^{\lambda_n t} \end{bmatrix} P^{-1}\mathbf{y}_0$$

이 된다. 그런데 8.3절의 식 (21)에서 $f(x) = e^{tx}$라 놓으면 위 관계식을 $\mathbf{y} = e^{tA}\mathbf{y}_0$으로 고쳐 쓸 수 있다. 따라서 다음 결과를 얻게 된다.

정리 8.10.6 *A가 대각화 가능한 행렬이면, 초기값 문제*

$$\mathbf{y}' = A\mathbf{y}, \quad \mathbf{y}(0) = \mathbf{y}_0$$

의 해는

$$\mathbf{y} = e^{tA}\mathbf{y}_0 \tag{27}$$

으로 표현될 수 있다.

예제 7 행렬 e^{tA}를 이용한 해

정리 8.10.6을 사용하여 초기값 문제

$$\begin{aligned} y_1' &= -2y_3 \\ y_2' &= y_1 + 2y_2 + y_3 \qquad y_1(0) = 2, \quad y_2(0) = -1, \quad y_3(0) = 0 \\ y_3' &= y_1 + 3y_3 \end{aligned}$$

을 풀어라.

풀이 계수행렬과 초기조건의 벡터 형태는

$$A = \begin{bmatrix} 0 & 0 & -2 \\ 1 & 2 & 1 \\ 1 & 0 & 3 \end{bmatrix}, \quad \mathbf{y}(0) = \begin{bmatrix} 2 \\ -1 \\ 0 \end{bmatrix}$$

이다. 행렬 e^{tA}는 8.3절의 예제 5에서 계산하였다. 그 결과와 식 (27)을 사용하면 해

$$\mathbf{y} = e^{tA}\mathbf{y}_0 = \begin{bmatrix} 2e^t - e^{2t} & 0 & 2e^t - 2e^{2t} \\ e^{2t} - e^t & e^{2t} & e^{2t} - e^t \\ e^{2t} - e^t & 0 & 2e^{2t} - e^t \end{bmatrix}\begin{bmatrix} 2 \\ -1 \\ 0 \end{bmatrix} = \begin{bmatrix} 4e^t - 2e^{2t} \\ e^{2t} - 2e^t \\ 2e^{2t} - 2e^t \end{bmatrix}$$

또는

$$y_1 = 4e^t - 2e^{2t}, \quad y_2 = e^{2t} - 2e^t, \quad y_3 = 2e^{2t} - 2e^t$$

를 얻게 된다. ■

참고 식 (27)은 초기값 문제의 해에 대한 공식을 제공하므로 중요한 해석적 도구가 된다. 그러나 실제 계산에서 더욱 효과적인 방법이 존재하므로 이 공식은 수치 계산에 좀처럼 사용되지 않는다.

A가 대각화 가능이 아닌 경우

대각화 가능한 행렬에 대해서만 정리 8.10.6을 입증하였지만, 공식

$$\mathbf{y} = e^{tA}\mathbf{y}_0 \tag{28}$$

은 모든 경우에서 초기값 문제 $\mathbf{y}' = A\mathbf{y}$, $\mathbf{y}(0) = \mathbf{y}_0$의 해를 제공함을 증명할 수 있다. 그러나 A가 대각화 가능이 아니면, 이 공식의 행렬 e^{tA}는 8.3절의 식 (21)로부터 얻을 수 없다. 더 정확하게 말하면, e^{tA}는 무한급수

$$e^{tA} = I + tA + \frac{t^2A^2}{2!} + \frac{t^3A^3}{3!} + \cdots + \frac{t^kA^k}{k!} + \cdots \tag{29}$$

를 사용하여 구하거나 근사화해야 한다. 비록 어려운 일이지만, A의 계산이 단순해지는 공학 문제들이 있다. 이제 몇 가지 예제를 들기로 한다.

예제 8 초기값 문제

대각화 불가능 초기값 문제

$$\begin{aligned} y_1' &= 0 \\ y_2' &= y_1 \qquad\qquad y_1(0) = 2, \quad y_2(0) = 1, \quad y_3(0) = 3 \\ y_3' &= y_1 + y_2 \end{aligned}$$

을 풀어라.

풀이 계수행렬과 초기조건의 벡터 형식은

$$A = \begin{bmatrix} 0 & 0 & 0 \\ 1 & 0 & 0 \\ 1 & 1 & 0 \end{bmatrix}, \quad \mathbf{y}(0) = \begin{bmatrix} 2 \\ 1 \\ 3 \end{bmatrix}$$

이다. $A^3 = 0$임을 밝히는 것은 독자에게 맡기기로 한다. 이것에 의하여 식 (29)는 유한합

$$e^{tA} = I + tA + \frac{t^2A^2}{2} = \begin{bmatrix} 1 & 0 & 0 \\ t & 1 & 0 \\ t + \frac{1}{2}t^2 & t & 1 \end{bmatrix}$$

로 간단히 된다(증명하라). 따라서 식 (28)로부터 초기값 문제의 해는

$$\mathbf{y} = \begin{bmatrix} 1 & 0 & 0 \\ t & 1 & 0 \\ t + \frac{1}{2}t^2 & t & 1 \end{bmatrix} \begin{bmatrix} 2 \\ 1 \\ 3 \end{bmatrix} = \begin{bmatrix} 2 \\ 1 + 2t \\ 3 + 3t + t^2 \end{bmatrix}$$

또는

$$y_1 = 2, \quad y_2 = 1 + 2t, \quad y_3 = 3 + 3t + t^2$$

이 된다. ■

예제 9 초기값 문제

대각화 불가능 초기값 문제

$$\begin{aligned} y_1' &= y_2 \qquad\qquad y_1(0) = 2, \quad y_2(0) = 1 \\ y_2' &= -y_1 \end{aligned}$$

을 풀어라.

풀이 계수행렬과 초기조건의 벡터 형식은

$$A = \begin{bmatrix} 0 & 1 \\ -1 & 0 \end{bmatrix}, \quad \mathbf{y}(0) = \begin{bmatrix} 2 \\ 1 \end{bmatrix} \tag{30}$$

이다. $A^2 = -I$ 임을 밝히는 것은 독자에게 남긴다. 이것에 의하여

$$\begin{aligned} &A^4 = I,\ A^6 = -I,\ A^8 = I,\ A^{10} = -I, \ldots \\ &A^3 = -A,\ A^5 = A,\ A^7 = -A,\ A^9 = A, \ldots \end{aligned}$$

이 성립한다. 따라서 식 (29)에 $A^{2k} = (-1)^k I$와 $A^{2k+1} = (-1)^k A$($k = 1, 2, \cdots$에 대하여)를 대입하고 $\sin t$와 $\cos t$에 관한 Maclaurin 급수를 이용하면

$$\begin{aligned} e^{tA} &= I\left(1 - \frac{t^2}{2!} + \frac{t^4}{4!} - \frac{t^6}{6!} + \cdots\right) + A\left(t - \frac{t^3}{3!} + \frac{t^5}{5!} - \frac{t^7}{7!} + \cdots\right) \\ &= I\cos t + A\sin t = \begin{bmatrix} \cos t & 0 \\ 0 & \cos t \end{bmatrix} + \begin{bmatrix} 0 & \sin t \\ -\sin t & 0 \end{bmatrix} = \begin{bmatrix} \cos t & \sin t \\ -\sin t & \cos t \end{bmatrix} \end{aligned}$$

를 얻는다. 따라서 식 (28)로부터 초기값 문제의 해는

$$\mathbf{y} = \begin{bmatrix} \cos t & \sin t \\ -\sin t & \cos t \end{bmatrix}\begin{bmatrix} 2 \\ 1 \end{bmatrix} = \begin{bmatrix} 2\cos t + \sin t \\ \cos t - 2\sin t \end{bmatrix}$$

또는

$$y_1 = 2\cos t + \sin t, \quad y_2 = \cos t - 2\sin t$$

가 된다. ■

연습문제 8.10

연습문제 1과 2에서는 초기값 문제를 풀어라.

1. $y' = -3y,\ y(0) = 5$ **2.** $y' = 5y,\ y(0) = -3$

연습문제 3과 4에서는 주어진 계를 풀고, 기본 해집합을 기술하고, 초기조건을 만족시키는 해를 구하라.

3. $\begin{bmatrix} y_1' \\ y_2' \\ y_3' \end{bmatrix} = \begin{bmatrix} 1 & 0 & 0 \\ 0 & 4 & 0 \\ 0 & 0 & -2 \end{bmatrix}\begin{bmatrix} y_1 \\ y_2 \\ y_3 \end{bmatrix};\ \begin{bmatrix} y_1(0) \\ y_2(0) \\ y_3(0) \end{bmatrix} = \begin{bmatrix} 1 \\ 1 \\ 1 \end{bmatrix}$

4. $\begin{bmatrix} y_1' \\ y_2' \\ y_3' \end{bmatrix} = \begin{bmatrix} 2 & 0 & 0 \\ 0 & 2 & 0 \\ 0 & 0 & 5 \end{bmatrix}\begin{bmatrix} y_1 \\ y_2 \\ y_3 \end{bmatrix};\ \begin{bmatrix} y_1(0) \\ y_2(0) \\ y_3(0) \end{bmatrix} = \begin{bmatrix} 1 \\ 2 \\ 0 \end{bmatrix}$

연습문제 5~8에서는 고유값과 고유벡터를 사용하여 계의 일반해를 구하고, 초기조건을 만족시키는 해를 구하라.

5. $\begin{aligned} y_1' &= y_1 + 4y_2 \\ y_2' &= 2y_1 + 3y_2 \end{aligned} \quad y_1(0) = 0, \quad y_2(0) = 0$

6. $\begin{aligned} y_1' &= y_1 + 3y_2 \\ y_2' &= 4y_1 + 5y_2 \end{aligned} \quad y_1(0) = 2, \quad y_2(0) = 1$

7. $\begin{bmatrix} y_1' \\ y_2' \\ y_3' \end{bmatrix} = \begin{bmatrix} 4 & 0 & 1 \\ -2 & 1 & 0 \\ -2 & 0 & 1 \end{bmatrix}\begin{bmatrix} y_1 \\ y_2 \\ y_3 \end{bmatrix};\ \begin{bmatrix} y_1(0) \\ y_2(0) \\ y_3(0) \end{bmatrix} = \begin{bmatrix} -1 \\ 1 \\ 0 \end{bmatrix}$

8. $\begin{bmatrix} y_1' \\ y_2' \\ y_3' \end{bmatrix} = \begin{bmatrix} 4 & 2 & 2 \\ 2 & 4 & 2 \\ 2 & 2 & 4 \end{bmatrix}\begin{bmatrix} y_1 \\ y_2 \\ y_3 \end{bmatrix};\ \begin{bmatrix} y_1(0) \\ y_2(0) \\ y_3(0) \end{bmatrix} = \begin{bmatrix} 0 \\ 2 \\ -2 \end{bmatrix}$

9. 두 탱크가 다음 그림에서처럼 연결되어 있다고 하자. 시간 $t = 0$일 때, 탱크 1에는 물 120 L에 소금 30 kg이 용해되어 있고, 탱크 2에는 물 120 L에 소금 40 kg이 용해되어 있다. 그림에서 표시된 것처럼, 순수한 물이 80 L/min의 비율로 탱크 1에 펌프로 주입되고, 소금 혼합물은 그림에서 보여 주는 비율로 두 탱크 사이에 교환되며, 탱크 2의 혼합물은 80 L/min의 비율로 배출되고 있다. 시간 1일 때 두 탱크에 남아 있는 소금의 양을 구하라.

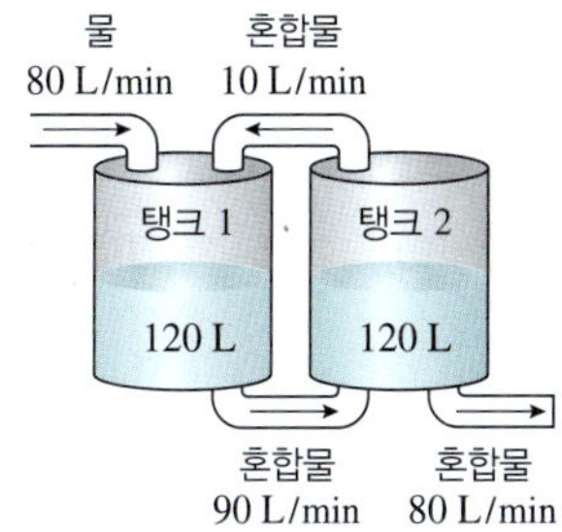

그림 Ex-9

10. 두 탱크가 다음 그림과 같이 연결되어 있다고 하자. $t = 0$일 때 탱크 1에는 물 30 L에 소금 2 kg이 용해되어 있고 탱크 2에는 물 30 L에 소금 5 kg이 용해되어 있다. 순수한 물이 20 L/min의 비율로 탱크 1에 펌프로 주입되고, 소금 혼합물은 그림에서 보여주는 비율로 두 탱크 사이에 교환되며, 탱크 2의 혼합물은 15 L/min의 비율로 배출되고, 또 탱크 1의 혼합물은 5 L/min의 비율로 배출되고 있다. 시간 1일 때 두 탱크에 남아 있는 소금의 양을 구하라.

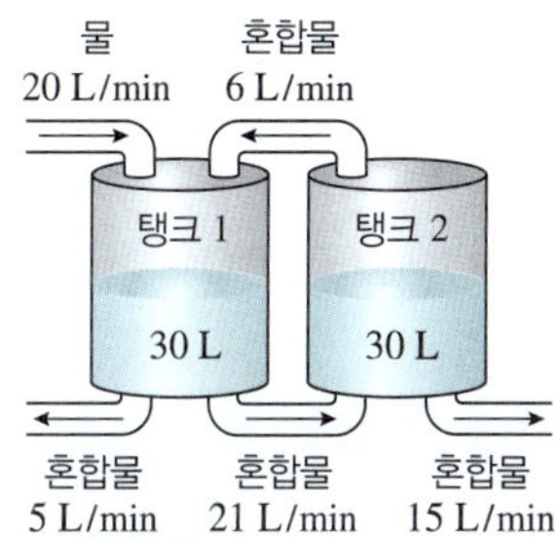

그림 Ex-10

연습문제 11~14에서는 정리 8.10.6과 예제 7의 방법을 사용하여 초기값 문제를 풀어라.

11. $\begin{bmatrix} y_1' \\ y_2' \end{bmatrix} = \begin{bmatrix} 4 & -2 \\ 1 & 1 \end{bmatrix}\begin{bmatrix} y_1 \\ y_2 \end{bmatrix};\ \begin{bmatrix} y_1(0) \\ y_2(0) \end{bmatrix} = \begin{bmatrix} 3 \\ -4 \end{bmatrix}$

12. $\begin{bmatrix} y_1' \\ y_2' \end{bmatrix} = \begin{bmatrix} 1 & 2 \\ -1 & 4 \end{bmatrix}\begin{bmatrix} y_1 \\ y_2 \end{bmatrix};\ \begin{bmatrix} y_1(0) \\ y_2(0) \end{bmatrix} = \begin{bmatrix} 0 \\ 1 \end{bmatrix}$

13. $\begin{bmatrix} y_1' \\ y_2' \\ y_3' \end{bmatrix} = \begin{bmatrix} 1 & -1 & -1 \\ 1 & 3 & 1 \\ -3 & 1 & -1 \end{bmatrix}\begin{bmatrix} y_1 \\ y_2 \\ y_3 \end{bmatrix};\ \begin{bmatrix} y_1(0) \\ y_2(0) \\ y_3(0) \end{bmatrix} = \begin{bmatrix} 2 \\ 0 \\ -1 \end{bmatrix}$

14. $\begin{bmatrix} y_1' \\ y_2' \\ y_3' \end{bmatrix} = \begin{bmatrix} 0 & -1 & 1 \\ -1 & 0 & 1 \\ 1 & 1 & 1 \end{bmatrix} \begin{bmatrix} y_1 \\ y_2 \\ y_3 \end{bmatrix}; \quad \begin{bmatrix} y_1(0) \\ y_2(0) \\ y_3(0) \end{bmatrix} = \begin{bmatrix} 1 \\ 2 \\ -2 \end{bmatrix}$

연습문제 15와 16에 주어진 계는 거듭제곱이 영인 계수행렬을 갖는다. 예제 8의 방법을 사용하여 초기값 문제를 풀어라.

15. $\begin{bmatrix} y_1' \\ y_2' \\ y_3' \end{bmatrix} = \begin{bmatrix} 0 & 1 & 2 \\ 0 & 0 & -1 \\ 0 & 0 & 0 \end{bmatrix} \begin{bmatrix} y_1 \\ y_2 \\ y_3 \end{bmatrix}; \quad \begin{bmatrix} y_1(0) \\ y_2(0) \\ y_3(0) \end{bmatrix} = \begin{bmatrix} -1 \\ 4 \\ 2 \end{bmatrix}$

16. $\begin{bmatrix} y_1' \\ y_2' \\ y_3' \end{bmatrix} = \begin{bmatrix} 1 & 5 & -2 \\ 1 & 2 & -1 \\ 3 & 6 & -3 \end{bmatrix} \begin{bmatrix} y_1 \\ y_2 \\ y_3 \end{bmatrix}; \quad \begin{bmatrix} y_1(0) \\ y_2(0) \\ y_3(0) \end{bmatrix} = \begin{bmatrix} 1 \\ 2 \\ -1 \end{bmatrix}$

17. 예제 9의 방법을 사용하여 다음 초기값 문제를 풀어라.

$$\begin{aligned} y_1' &= -y_2 \\ y_2' &= y_1 \end{aligned} \qquad y_1(0) = -1, \quad y_2(0) = 2$$

18. 예제 9의 방법과 $\sinh x$와 $\cosh x$의 Maclaurin 급수를 사용하여 다음 초기값 문제를 풀어라.

$$\begin{aligned} y_1' &= y_2 \\ y_2' &= y_1 \end{aligned} \qquad y_1(0) = 3, \quad y_2(0) = -1$$

19. 이 문제는 단 하나의 미분방정식을 계로 표현해서 풀 수 있음을 설명하고 있다.

(a) 미분방정식을 $y_1 = y$과 $y_2 = y'$을 $y'' - 6y' - 6y = 0$에 대입하여 이 방정식의 해는 다음의 계를 만족시킴을 보여라.

$$\begin{aligned} y_1' &= y_2 \\ y_2' &= 6y_1 + 6y_2 \end{aligned}$$

(b) (a)의 계를 풀고, 그 해가 본래의 미분방정식을 만족시킴을 밝혀라.

20. 연습문제 19의 개념을 활용하여 미분방정식 $y''' - 6y'' + 11y' - 6y = 0$을 세 개의 방정식을 갖는 계로 표현해서 풀어라.

21. 두 탱크가 그림에서처럼 연결되어 있다고 하자. 시간 $t = 0$일 때 탱크 1에는 물 60 L에 소금 10 kg이 용해되어 있고, 탱크 2에는 물 60 L에 소금 7 kg이 용해되어 있다. 순수한 물이 30 L/min의 비율로 탱크 1에 펌프로 주입되고, 소금 혼합물이 10 L/min의 비율로 탱크 1에서 탱크 2로 흐르고, 탱크 2의 혼합물은 10 L/min의 비율로 배출되며, 탱크 1의 혼합물은 20 L/min의 비율로 배출되고 있다. 시간 t일 때 두 탱크에 남아 있는 소금의 양을 구하라. [*힌트*: 지수 방법을 사용해서 결과의 계를 풀어라.]

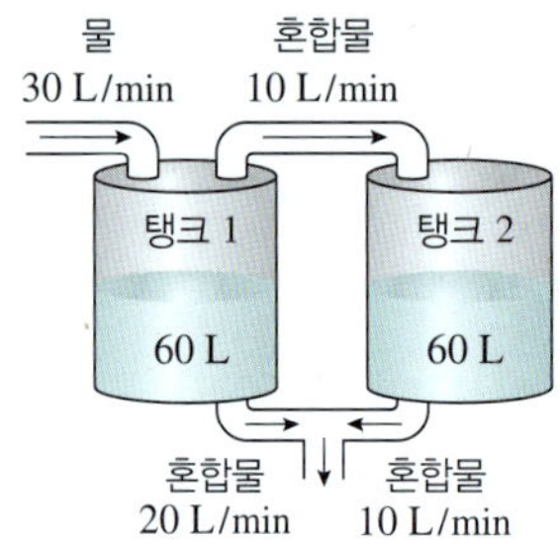

그림 Ex-21

22. λ가 정사각행렬 A의 고유값이고 $\mathbf{x}$는 대응하는 고유벡터이면, $\mathbf{y} = e^{\lambda t}\mathbf{x}$는 $\mathbf{y}' = A\mathbf{y}$의 해임을 밝혀라.

증명문제

P1. $y' = ay$의 모든 해는 $y = ce^{at}$ 형태임을 증명하라. [*힌트*: $y = f(t)$를 주어진 방정식의 해라고 놓고 $f(t)e^{-at}$가 상수임을 밝혀라.]

프로그램 활용 연습문제

T1. (a) 알맞은 고유값과 고유벡터를 계산하여 다음 계의 일반해를 구하라.

$$\begin{aligned} y_1' &= 3y_1 + 2y_2 + 2y_3 \\ y_2' &= y_1 + 4y_2 + y_3 \\ y_3' &= -2y_1 - 4y_2 - y_3 \end{aligned}$$

(b) 다음 초기조건을 만족시키는 해를 구하라.

$$y_1(0) = 0,\ y_2(0) = 1,\ y_3(0) = -3$$

T2. 병렬 ***LRC* 회로**(parallel *LRC* circuit)라 부르는 그림의 전기회로는 저항 R[옴(Ω)]인 저항기, 인덕턴스 L[헨리(H)]인 유도자, 정전용량 C[패럿(F)]인 콘덴서로 되어 있다. 전기회로 이론에서 저항기를 흐르는 전류 I[암페어(A)]와 콘덴서에 걸려 있는 전압강하 V[볼트(V)]는 미분방정식

$$\frac{dI}{dt} = \frac{V}{L}$$

$$\frac{dV}{dt} = -\frac{I}{C} - \frac{V}{RC}$$

을 만족시킨다. 여기서 도함수는 t에 관한 것이다. $L = 0.5$ H, $C = 0.2$ F, $R = 2\ \Omega$이고, V와 I의 초기조건이 $V(0) = 1$ V와 $I(0) = 2$ A일 때 t의 함수 I와 V를 구하라.

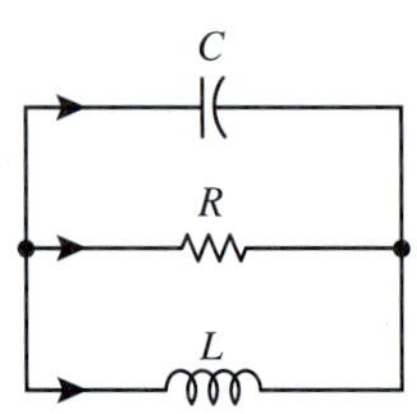

그림 EX-T2

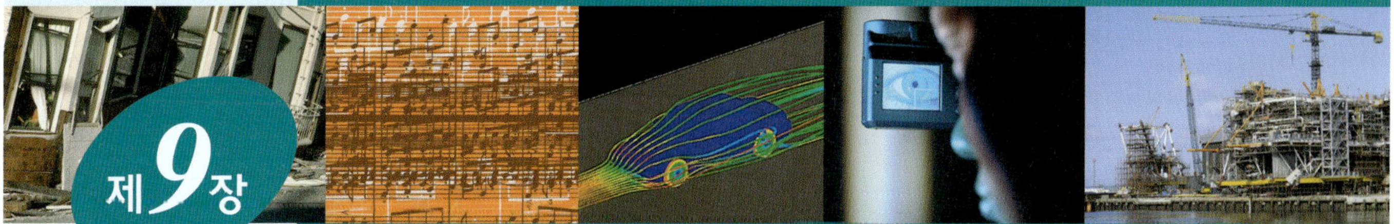

제 9 장 일반 벡터공간

General Vector Spaces

일반 벡터공간, 특히 함수의 벡터 공간은 파형 분석과 새로운 분야인 웨이블릿에 이용된다. 예를 들어 지진 예측, 음악 합성, 유체역학, 음성 및 얼굴 인식 및 석유탐사 등의 응용 분야에 응용된다.

9.1 벡터공간 공리

이 책에서 벡터의 개념이 여러 차례 일반화되었다. 벡터를 길이와 방향을 갖는 양으로서 살펴보면서 시작했고, 다음으로 이차원이나 삼차원의 화살표, 또는 실수의 순서쌍이거나 순서 3짝, 그리고 실수의 n짝으로서 살펴보았다. 이 외에 벡터 개념의 다른 유용한 일반화들이 존재하는 것을 여러 차례 암시하였다. 이 절에서 이러한 일반화에 대하여 논의한다. 예제에서 미적분학을 종종 사용하게 될 것이다.

벡터공간 공리

이 절의 주요 목표는 일반 대상들의 집합에서 두 가지 연산이 가능한 벡터공간이 되기 위한 요구사항을 구체화하는 것이다. 기본적인 아이디어는 익숙한 벡터의 정리들이 성립하기 위하여 연산에 적절한 제한사항을 부과하는 것이다. 이 아이디어는 복잡하지 않다. R^n과 그 부분공간에 대한 대수정리의 근원을 살펴보면(점곱을 포함하는 방법들을 제외하고), 대부분 몇 개의 핵심 성질에서 도출되었음을 알 수 있을 것이다.

- 모든 부분공간은 스칼라곱과 덧셈에 대하여 닫혀 있다.
- 모든 부분공간은 벡터 **0**를 포함하고, 부분공간 내의 벡터들은 정리 1.1.5의 대수 성질들을 만족한다.

따라서 만약 두 연산(덧셈과 스칼라 곱)이 가능한 대상들의 집합이 있고, 그러한 연산을 갖는 대상들이 이러한 핵심 성질들을 가지고 있다면, 그 연산을 갖는 대상들은 필연적으로 벡터에 대한 익숙한 대수적 정리들도 만족할 것이므로, 이 대상을 벡터라고 부르는 것이 타당할 것이다. 따라서 다음과 같은 정의를 내린다.

정의 9.1.1 V를 덧셈과 스칼라곱의 연산이 정의된 대상들의 집합이라 하자. **덧셈**(addition)은 V의 대상의 모든 쌍 $\mathbf{u}$와 $\mathbf{v}$에 대하여 $\mathbf{u}$와 $\mathbf{v}$의 합으로 간주되는 유일한 대상 $\mathbf{u}+\mathbf{v}$를 대응시키는 규칙이고, **스칼라곱**(scalar multiplication)은 V의 모든 대상 $\mathbf{u}$와 임의의 스칼라 k에 대하여 k에 의한 $\mathbf{u}$의 스칼라곱으로 간주되는 유일한 대상 $k\mathbf{u}$를 대응시키는 규칙이다. 이러한 연산을 갖는 집합 V를 **벡터공간**(vectorspace)이라 부르고, 다음 성질들이 V에 있는 모든 $\mathbf{u}$, $\mathbf{v}$, $\mathbf{w}$와 모든 스칼라 k, l에 대하여 성립한다면 이 대상들을 **벡터**(vector)라 부른다.

1. V는 **덧셈에 대하여 닫혀 있다**(closed under addition). 즉, $\mathbf{u}$와 $\mathbf{v}$가 V에 존재하면, $\mathbf{u}+\mathbf{v}$도 V에 존재한다.
2. $\mathbf{u}+\mathbf{v}=\mathbf{v}+\mathbf{u}$
3. $(\mathbf{u}+\mathbf{v})+\mathbf{w}=\mathbf{u}+(\mathbf{v}+\mathbf{w})$
4. V는 V 내에 있는 모든 $\mathbf{u}$에 대하여 $\mathbf{u}+\mathbf{0}=\mathbf{u}$라는 의미에서 덧셈의 영처럼 동작하는 대상 $\mathbf{0}$ [**영벡터**(zero vector)라 부른다]를 포함한다.

5. V 내의 각 대상 $\mathbf{u}$에 대하여, $\mathbf{u} + (-\mathbf{u}) = \mathbf{0}$을 만족시키는 대상 $-\mathbf{u}$[$\mathbf{u}$의 **덧셈역원**(negative)이라 부른다]가 V에 존재한다.
6. V는 **스칼라곱에 대하여 닫혀 있다**(closed under scalar multiplication). 즉, $\mathbf{u}$가 V에 존재하고 k가 스칼라이면, $k\mathbf{u}$도 V에 존재한다.
7. $k(\mathbf{u}+\mathbf{v}) = k\mathbf{u} + k\mathbf{v}$
8. $(k+l)\mathbf{u} = k\mathbf{u} + l\mathbf{u}$
9. $k(l\mathbf{u}) = (kl)\mathbf{u}$
10. $1\mathbf{u} = \mathbf{u}$

이 정의에서 기술된 10개의 성질을 **벡터공간 공리**(vector space axioms)라 부르고, 이러한 10개의 공리를 만족시키는 두 가지 연산이 가능한 집합 V를 **벡터공간**(vector space)이라 부른다.

연습문제에서 독자는 벡터공간 V에서 영벡터는 유일하고 V의 각 벡터는 유일한 덧셈역원을 갖는다는 것을 증명하기 위하여 이 공리들을 사용하게 될 것이다. 따라서 '그(the)' 영벡터, '그(the)' 덧셈역원이라는 문구를 사용할 수 있다.* 만약 벡터공간 V에서 스칼라가 실수여야 한다면 V를 **실벡터공간**(real vector space)이라 부르고, 스칼라가 복소수까지 허용되면 V를 **복소벡터공간**(complex vector space)이라 부른다. 이 절에서는 실벡터공간만 다룰 것이다.

예제 1
R^n은 벡터공간이다

벡터공간 공리들은 R^n 내의 벡터에 대한 닫힘 성질들과 정리 1.1.5에 기반하기 때문에, 이러한 성질들은 덧셈과 스칼라곱의 표준연산을 갖는 R^n 안의 벡터에서 자동적으로 성립한다. 그러므로, R^n은 공리적 의미에서 벡터공간의 한 예다. ■

예제 2
수열공간 R^∞

R^n을 일반화하는 자연스러운 한 가지 방법은 다음과 같이 무한개의 성분을 갖는 벡터를 허용하는 것이다.

$$\mathbf{v} = (v_1, v_2, \cdots, v_n, \cdots)$$

여기서 v_1, v_2, ⋯, v_n, ⋯은 실수의 무한수열이다. 이 무한수열의 집합을 기호 R^∞로 표기한다. R^n의 벡터와 마찬가지로 대응하는 성분이 같다면 두 개의 무한수열이 같다고 간주하고, 스칼라곱과 덧셈을 다음과 같이 성분별의 연산으로 정의한다. 즉

$$k\mathbf{v} = (kv_1, kv_2, \cdots, kv_n, \cdots)$$
$$\mathbf{v}+\mathbf{w} = (v_1, v_2, \cdots, v_n, \cdots) + (w_1, w_2, \cdots, w_n, \cdots)$$
$$= (v_1+w_1, v_2+w_2, \cdots, v_n+w_n, \cdots)$$

이러한 연산을 갖는 R^∞가 10개의 벡터공간 공리를 만족하는지 확인하는 문제를 연습문제로 남겨둔다. ■

역사 속의 선형대수

이탈리아인 수학자 Giuseppe Peano(7장 참조)는 벡터공간에 대한 공리들을 공식적으로 명시한 첫 번째 인물이다. 1888년에 출판된 *Geometrical Calculus*라는 책에 소개된 그 공리들은 동시대 많은 사람들에게 인정받지 못했다. 그러나 결국 후대에 이러한 공리들이 주목할 만한 획기적인 업적임이 입증되었다. 또한 Peano의 책에서 일반 벡터공간에 대한 차원의 개념이 공식적으로 정의되었다.

다음의 정리 1.1.6의 일반화에 대한 증명은 R^n의 결과를 일반 벡터공간까지 확장하는 데 어떻게 벡터공간 공리들을 사용할 수 있는지를 보여준다.

정리 9.1.2 *만약 $\mathbf{v}$가 벡터공간 V의 벡터이고, k가 스칼라이면 다음이 성립한다.*

(a) $0\mathbf{v} = \mathbf{0}$

(b) $k\mathbf{0} = \mathbf{0}$

(c) $(-1)\mathbf{v} = -\mathbf{v}$

*역자 주: 영어의 정관사 'the'에 대한 용법과 관련된 문장으로, 각각, 한 개만 존재하므로 (그) 영벡터, (그) 역벡터라고 한다.

증명 (*a*) 스칼라곱 $0\mathbf{v}$는 공리 6에 의해 V의 벡터이고 공리 5에 의해 덧셈역원 $-0\mathbf{v}$를 갖는다. 그러므로

$$\begin{aligned}
0\mathbf{v} &= 0\mathbf{v} + \mathbf{0} && \textbf{[공리 4]}\\
&= 0\mathbf{v} + [0\mathbf{v} + (-0\mathbf{v})] && \textbf{[공리 5]}\\
&= [0\mathbf{v} + 0\mathbf{v}] + (-0\mathbf{v}) && \textbf{[공리 3]}\\
&= [0+0]\mathbf{v} + (-0\mathbf{v}) && \textbf{[공리 8]}\\
&= 0\mathbf{v} + (-0\mathbf{v}) && \textbf{[실수의 성질]}\\
&= \mathbf{0} && \textbf{[공리 5]}
\end{aligned}$$

증명 (*b*) 스칼라곱 $k\mathbf{0}$은 공리 6에 의해 V의 벡터이고 공리 5에 의해 덧셈역원 $-k\mathbf{0}$을 갖는다. 그러므로

$$\begin{aligned}
k\mathbf{0} &= k\mathbf{0} + \mathbf{0} && \textbf{[공리 4]}\\
&= k\mathbf{0} + [k\mathbf{0} + (-k\mathbf{0})] && \textbf{[공리 5]}\\
&= [k\mathbf{0} + k\mathbf{0}] + (-k\mathbf{0}) && \textbf{[공리 3]}\\
&= k[\mathbf{0} + \mathbf{0}] + (-k\mathbf{0}) && \textbf{[공리 7]}\\
&= k\mathbf{0} + (-k\mathbf{0}) && \textbf{[공리 4]}\\
&= \mathbf{0} && \textbf{[공리 5]}
\end{aligned}$$

증명 (*c*) $(-1)\mathbf{v}$가 $\mathbf{v}$의 덧셈역원임을 증명하기 위하여, $\mathbf{v} + (-1)\mathbf{v} = \mathbf{0}$을 보여야 한다. 논증하면 다음과 같다.

$$\begin{aligned}
\mathbf{v} + (-1)\mathbf{v} &= 1\mathbf{v} + (-1)\mathbf{v} && \textbf{[공리 10]}\\
&= [1 + (-1)]\mathbf{v} && \textbf{[공리 8]}\\
&= 0\mathbf{v} && \textbf{[실수의 성질]}\\
&= \mathbf{0} && \textbf{[이 정리의 (a) 항]}
\end{aligned}$$

■

참고 성분을 다루면 이 정리는 R^n에 대하여 훨씬 쉽게 증명될 수 있지만, 그 결과로 만들어지는 정리는 오직 R^n에서만 적용될 수 있다. 벡터공간 공리를 사용하여 이 정리를 증명함으로써, 모든 벡터공간에서 성립하는 정리를 도출할 수 있다. 사실, 이것이 공리적 접근법의 장점(하나의 증명으로 여러 벡터공간에서 정리를 확립한다)이다.

함수공간

대부분 중요한 벡터공간은 실함수를 포함하므로, 그러한 벡터공간이 어떻게 R^n에서 자연스럽게 일반화로 발생되는지 살펴보겠다. 첫 번째 단계로, 새로운 관점에서 R^n의 벡터를 고찰하는 것이 필요하다. 만약 $\mathbf{u} = (u_1, u_2, \cdots, u_n)$ 이 R^n의 벡터라면, $\mathbf{u}$의 성분을 독립변수가 1에서 n까지 변하는 정수인 함수 f의 함수값으로 간주할 수 있다. 즉

$$f(1) = u_1, \quad f(2) = u_2, \cdots, \quad f(n) = u_n$$

그러므로 예를 들면 함수

$$f(k) = \tfrac{1}{4}k^2 \qquad (k = 1, 2, 3, 4) \tag{1}$$

는 다음 벡터의 표현이라 할 수 있다.

$$\mathbf{u} = (f(1), f(2), f(3), f(4)) = \left(\tfrac{1}{4}, 1, \tfrac{9}{4}, 4\right)$$

필요하다면, 벡터 $\mathbf{u}$(그림 9.1.1*a*)를 시각적으로 표현하기 위하여 이 함수를 그래프로 나타낼 수 있다. k가 정수값이라고 가정하기 때문에 이 그래프는 고립점으로 이루어져 있으나, k를 새로운 변수 x로 치환하고 x가 $-\infty$에서 ∞까지 제약 없이 변한다고 생각해 보자. 이제 그래프가 고립점으로 이루어진 함수가 아닌

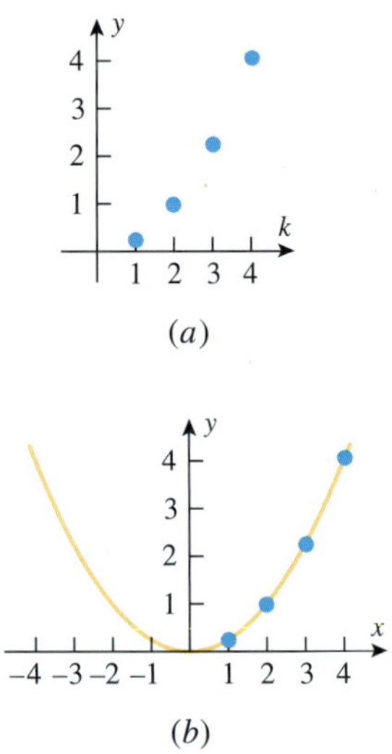

그림 9.1.1

다음과 같이 그래프가 연속 곡선인(그림 9.1.1b) 함수를 갖는다.

$$f(x) = \frac{1}{4}x^2 \qquad (-\infty < x < \infty) \tag{2}$$

뿐만 아니라 식 (1)과 (2)의 형태를 비교하면, 식 (2)를 x의 각 값에 대해 하나씩, x번째 성분의 값이 $f(x)$인 무한히 많은 성분을 갖는 벡터의 표현이라 할 수 있다. 따라서, 예를 들면 식 (2)로 표현된 벡터의 $x = \sqrt{3}$에서의 성분은 $f(\sqrt{3}) = \frac{3}{4}$이다.

n-짝과 함수의 유사성을 계속 살펴보기 위해, 모든 실수 x에 대해서 정의된 실수값을 갖는 함수 집합을 $F(-\infty, \infty)$라고 하면, 두 함수 f와 g의 대응하는 성분이 같을 때에만 f와 g가 **같다**고 할 수 있고, $f = g$라 쓴다. 즉,

$f = g$가 되기 위한 필요충분조건은 모든 실수 x에 대하여 $f(x) = g(x)$이다

기하학적으로 그래프가 일치할 때에만 두 함수가 동치이다. 더 나아가 R^n의 벡터와 마찬가지로, 성분별 덧셈과 스칼라곱을 수행할 수 있다고 생각하자. 즉 f와 g가 $F(-\infty, \infty)$에서의 함수이고 c가 스칼라이면, **스칼라곱**(scalarmultiple) cf와 **합**(sum) $f + g$를 다음 공식과 같이 정의할 수 있다.

$$\begin{aligned}(cf)(x) &= cf(x) \\ (f+g)(x) &= f(x) + g(x)\end{aligned} \tag{3}$$

기하학적으로, $f + g$의 그래프는 f와 g 그래프의 대응하는 y 좌표값을 더하여 구할 수 있고, cf의 그래프는 f 그래프의 각 y 좌표값에 c를 곱하여 구할 수 있다(그림 9.1.2).

그림 9.1.2

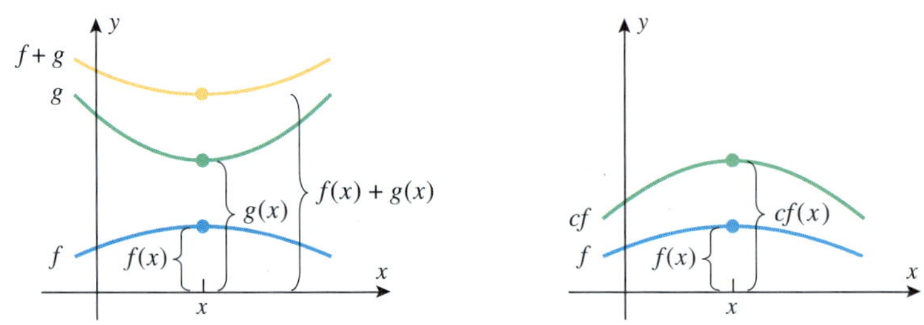

예제 3
$F(-\infty, \infty)$은 벡터공간이다

식 (3)의 연산을 갖는 $F(-\infty, \infty)$가 정의 9.1.1의 열 개의 벡터공간 공리를 만족함을 확인함으로써 벡터 공간임을 보여라.

풀이

- **공리 1과 6**—f와 g가 $F(-\infty, \infty)$의 함수이고 c가 스칼라이면, 식 (3)은 모든 실수 x에 대해서 $(cf)(x)$와 $(f + g)(x)$을 정의한다. 따라서 cf와 $f + g$는 $F(-\infty, \infty)$ 내에 존재한다.
- **공리 4**—모든 실수 x에 대해서 값이 영인 함수 0을 살펴보자. 기하학적으로 이 함수의 그래프는 x축과 일치한다(그림 9.1.3a). f가 $F(-\infty, \infty)$ 내의 임의의 함수라면, 모든 실수 x에 대해서

  $$f(x) + 0 = f(x)$$

  이며, $f + 0 = f$를 의미한다. 따라서 영함수는 $F(-\infty, \infty)$의 영벡터이다.
- **공리 5**—$F(-\infty, \infty)$의 임의의 함수 f에 대해서 f의 음의 함수값을 갖는 함수 $-f$를 정의하자. 즉 모든 실수 x에 대해서

  $$(-f)(x) = (-1)f(x)$$

  이다(그림 9.1.3b). 이는 모든 실수 x에 대해서

  $$f(x) + (-f)(x) = f(x) + (-1)f(x) = 0$$

  이며, $f + (-f) = 0$을 의미한다. 따라서 $-f$는 f의 덧셈역원이다.

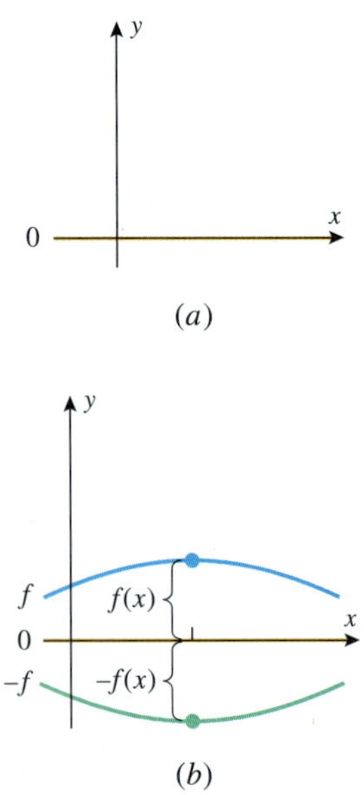

그림 9.1.3

- **공리 2, 3, 7, 8, 9, 10**—$F(-\infty, \infty)$의 함수에 대한 이 성질들은 각 성분에 적용되는 실수의 해당 성질로부터 도출된다. 예를 들면 f와 g가 $F(-\infty, \infty)$ 내의 함수라면, 실수에 대한 교환법칙은 모든 실수 x에 대해서 다음을 의미한다.

$$(f+g)(x) = f(x) + g(x) = g(x) + f(x) = (g+f)(x)$$

그리고 이 수식은 공리 2를 확증한다. 나머지 공리들에 대한 확증도 유사하며 연습문제에서 다룬다. ■

행렬공간 $m \times n$ 행렬은 m개의 행벡터나 n개의 열벡터 수열로 간주할 수 있다. 그러나 행렬은 적절한 방법으로 생각하면 그 자체로 벡터로 간주할 수도 있다. 이를 위해, 실수 성분을 갖는 모든 $m \times n$ 행렬의 집합을 M_{mn}이라 하고 행렬 덧셈과 행렬의 스칼라곱이라는 표준연산을 생각하자. 이 연산은 앞서 입증된 정리들에 의해 열 개의 벡터공간 공리를 만족한다. 그래서 M_{mn}은 벡터공간으로 간주하고 그 안의 행렬을 벡터로 볼 수 있다. 예를 들면 이 공간의 영벡터는 $m \times n$ 영행렬이다. $m \times 1$ 실수행렬들의 벡터공간은 열 형태로 표현되는 벡터의 R^m으로 간주될 수 있고 $1 \times n$ 실수행렬들의 벡터공간은 행 형태로 표현되는 벡터의 R^n으로 볼 수 있다.

특이한 벡터공간 벡터공간의 정의는 어떤 종류의 대상이라도 벡터가 될 수 있게 하며, 어떤 종류의 연산이라도 벡터공간의 덧셈과 스칼라곱이 되도록 할 수 있다—유일한 요구사항은 대상과 그 연산이 열 개의 벡터공간 공리를 만족하여야 하는 것이다. 이러한 사실로 인하여 몇몇 특이한 벡터공간을 만들 수 있다. 다음의 예를 살펴보자.

예제 4
특이한 벡터공간

양의 실수 집합을 V라 하고, 임의의 실수 k와 V 내의 임의의 수 u와 v에 대해서 V에 대한 연산 $\oplus$와 $\otimes$를 다음과 같이 정의하자.

$u \oplus v = uv$ **[벡터 덧셈은 수치적 곱셈]**

$k \otimes u = u^k$ **[스칼라곱은 수치적 지수곱]**

예를 들면 $1 \oplus 1 = 1$와 $2 \otimes 1 = 1^2 = 1$이 이상하게 보이지만, 이러한 연산을 갖는 집합 V는 10개의 벡터공간 공리를 만족하므로 벡터공간이다. 공리 4, 5와 7은 여기서 살펴보고 나머지는 연습문제에서 다루겠다.

- **공리 4**—이 공간에서 영벡터는 숫자 1이다(즉 $\mathbf{0} = 1$). 왜냐하면

$$u \oplus 1 = u \cdot 1 = u$$

- **공리 5**—벡터 u의 덧셈역원은 자신의 역수이다(즉 $-u = 1/u$). 왜냐하면

$$u \oplus \frac{1}{u} = u\left(\frac{1}{u}\right) = 1\ (= \mathbf{0})$$

- **공리 7**—$k \otimes (u \oplus v) = (uv)^k = u^k v^k = (k \otimes u)(k \otimes v)$. ■

부분공간 벡터공간 V 내의 어떤 부분집합은 그 자체가 V의 연산을 갖는 벡터공간이 될 수 있다. 이러한 경우, 벡터공간 내부에 다른 벡터공간이 존재한다.

> **정의 9.1.3** 만약 W가 공집합이 아닌 V의 부분집합이고 V의 스칼라곱과 덧셈에 의해 벡터공간이 된다면 W를 V의 **부분공간**(subspace)이라 부른다.

일반적으로 스칼라곱과 덧셈이 가능한 집합 W가 벡터공간임을 보이기 위해서는, 열 개의 벡터공간 공리를 검증해야 한다. 하지만 W가 더 큰 집합인 V의 부분집합이고, V가 W의 연산에 대하여 벡터공간임을 이미 알고 있으며, W가 스칼라곱과 덧셈에 대하여 닫혀 있다면, 몇몇 공리들은 V로부터 '상속'된 것이기 때문에 검증할 필요가 없다. 예를 들면 공리 2는 상속된 성질이다. 왜냐하면 $\mathbf{u} + \mathbf{v} = \mathbf{v} + \mathbf{u}$가 V의 모든

벡터에 대해서 성립한다면, W 내의 벡터에 대해서도 성립하기 때문이다. 다른 상속공리는 공리 3, 7, 8, 9, 10이다. 그러므로 닫힘공리(공리 1과 6)가 W에 대해 증명되기만 하면, W가 V의 부분공간임을 확립하기 위해서는 W의 영벡터의 존재성(공리 4)과 W의 각 벡터에 대한 덧셈역원의 존재성(공리 5)만 확인하면 된다. 그러나 다음 정리의 증명은 부분공간 W에 대한 공리 4와 5가 W에 대한 닫힘공리로부터 도출된다는 것을 보여준다. 따라서 W에 대한 닫힘공리들을 입증하기만 하면 이 공리들은 검토할 필요가 없다.

정리 9.1.4 *W가 벡터공간 V 내의 공집합이 아닌 부분집합이라면, W가 V의 부분공간이 될 필요충분조건은 W가 스칼라곱과 덧셈에 의해 닫혀 있는 것이다.*

증명 W가 V의 부분공간이라면, 10개의 벡터공간 공리는 W 내의 모든 벡터들에 대하여 충족된다. 따라서 특히 두 개의 닫힘공리도 참이다. 역으로 W가 스칼라곱과 덧셈에 대해 닫혀 있다고 가정하자. 조금 전에 언급했듯이, 단지 공리 4와 5가 W에 대해서 성립함을 보이면 된다. 그러나 닫힘공리는 W 내의 모든 $\mathbf{u}$와 스칼라 k에 대해 $k\mathbf{u}$가 W 내에 존재함을 의미한다. 특히 벡터 $0\mathbf{u} = 0$과 $(-1)\mathbf{u} = -\mathbf{u}$가 W 내에 존재한다. 이는 W의 벡터에 대해서 공리 4와 5가 성립함을 확증하는 것이다. ■

예제 5
영부분공간

$\mathbf{0}$이 임의의 벡터공간 V의 영벡터이면, 벡터 한 개로 구성된 집합 $W = \{\mathbf{0}\}$은 임의의 스칼라 c에 대해 $c\mathbf{0} = \mathbf{0}$이고 $\mathbf{0} + \mathbf{0} = \mathbf{0}$이기 때문에 V의 부분공간이다. 이것을 V의 **영부분공간**(zero subspace)이라 한다. ■

예제 6
$F(-\infty, \infty)$의 다항식

n이 음이 아닌 정수이고, P_n을 다음 형태의 실수값 함수의 집합이라고 하자.

$$p(x) = a_0 + a_1x + \cdots + a_nx^n$$

여기서 $a_0, a_1, \cdots, a_n$은 실수이다. 즉 P_n은 n차 이하의 차수를 갖는 모든 다항식의 집합이다.* P_n이 $F(-\infty, \infty)$의 부분공간임을 보여라.

풀이 다항식은 모든 실수 x에 대해서 정의된다. 그래서 P_n이 $F(-\infty, \infty)$의 부분집합이다. P_n이 $F(-\infty, \infty)$의 부분공간임을 보이기 위해 P_n이 스칼라곱과 덧셈에 대하여 닫혀 있음을 보여야 한다. 즉 p와 q가 n차 이하의 차수를 갖는 다항식이고 c가 스칼라이면, cp와 $p + q$도 또한 n차 이하의 차수를 갖는 다항식임을 보여야 된다. 이것을 확인하기 위해 $p(x)$와 $q(x)$를 다음과 같이 놓자.

$$p(x) = a_0 + a_1x + \cdots + a_nx^n, \quad q(x) = b_0 + b_1x + \cdots + b_nx^n$$

그러면

$$cp(x) = ca_0 + (ca_1)x + \cdots + (ca_n)x^n$$

이고,

$$p(x) + q(x) = (a_0 + b_0) + (a_1 + b_1)x + \cdots + (a_n + b_n)x^n$$

이다. 이는 cp와 $p + q$가 n차 이하의 다항식임을 보여준다. ■

개념문제 모든 다항식 집합(차수에 제한이 없는)을 P_∞라 표기하자. 왜 P_∞가 $F(-\infty, \infty)$의 부분공간인지 말로 설명하라.

예제 7
$(-\infty, \infty)$ 구간상의 연속함수

미적분학에는 연속함수의 상수배나 연속함수들의 합은 연속이라는 정리가 있다. 이 사실은 구간 $(-\infty, \infty)$ 내에서 실수값 연속함수가 스칼라곱과 덧셈에 대하여 닫혀 있으며, 따라서 $F(-\infty, \infty)$의 부분공간을 이룬다는 것을 의미한다. 이 부분공간을 $C(-\infty, \infty)$로 표시한다. 또한 다항식은 연속함수이기 때문에, P_∞와 P_n은 모든 음이 아닌 정수 n에 대해 $C(-\infty, \infty)$의 부분공간이다. ■

---

*어떤 저자는 *영이 아닌* 상수를 단지 영차 다항식으로 간주하고 상수 0에는 차수를 정의하지 않는다. 이 책은 그렇게 처리하는 것과 관련이 없으므로, 0을 영차 다항식으로 간주한다.

예제 8

(−∞, ∞) 구간상에서 미분 가능한 함수

미적분학에는 비분 가능한 함수의 상수배나 미분 가능한 함수들의 합은 미분 가능하다는 정리가 있다. 이 사실과 연속함수의 닫힘 성질은 $(-\infty, \infty)$ 구간 내에서 연속인 일차 미분을 갖는 모든 함수의 집합이 스칼라곱과 덧셈에 대하여 닫혀 있으며, 따라서 $F(-\infty, \infty)$의 부분공간을 이룬다는 것을 의미한다. 이 부분공간을 $C^1(-\infty, \infty)$라 표시한다. 유사하게, 연속인 m차 미분을 갖는 실수값 함수와 모든 차수의 미분을 갖는 함수값들은 $F(-\infty, \infty)$의 부분공간을 이루고, 이것을 각각 $C^m(-\infty, \infty)$와 $C^\infty(-\infty, \infty)$라고 표시한다. ■

개념문제 지금까지 토의했던 $F(-\infty, \infty)$의 부분공간이 그림 9.1.4와 같이 다른 부분공간에 '내포된' 형태임을 스스로 확인해 보라.

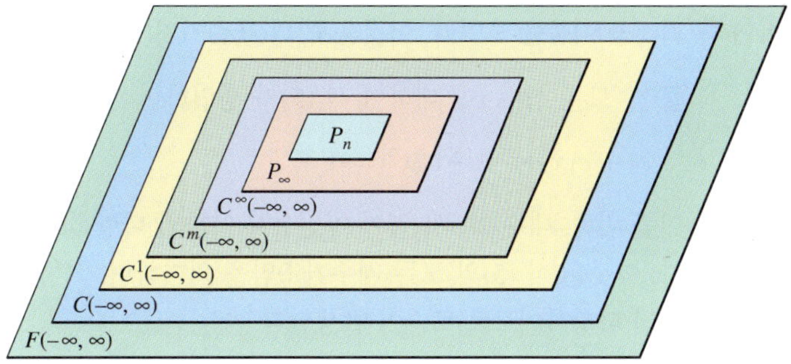

그림 9.1.4

참고 지금까지 $(-\infty, \infty)$의 전 구간에서 정의된 함수에 대해 논의하였지만, 특정 유한 폐구간에서만 정의된 함수를 다루는 것이 바람직한 문제들이 많다. 그러므로 $F[a, b]$을 $a \le x \le b$ 구간에서 정의된 함수들의 벡터공간이라 표기한다. $C[a, b]$, $C^m[a, b]$, 그리고 $C^\infty[a, b]$도 부분공간을 표시하며 그 의미를 명확하게 알 수 있다.

예제 9

가역행렬은 M_{nn}의 부분공간이 아니다

$n \times n$ 가역행렬이 M_{nn}의 부분공간을 형성하지 않음을 보여라.

풀이 W를 M_{nn} 내의 가역행렬 집합이라고 하자. 이 집합은 스칼라곱과 덧셈에 대하여 닫혀 있지 않기 때문에 M_{nn}의 부분공간이 될 수 없다. 예를 들어 M_{22} 내의 다음 가역행렬을 생각해 보자.

$$U = \begin{bmatrix} 1 & 2 \\ 2 & 5 \end{bmatrix} \text{와} \quad V = \begin{bmatrix} -1 & 2 \\ -2 & 5 \end{bmatrix}$$

행렬 $0U$는 2×2 영행렬이므로 가역이 아니다. 행렬 $U + V$은 영의 열을 가지고 있으며, 따라서 가역이 아니다. M_{22}에 대한 이 예제를 M_{nn}에 쉽게 적용할 수 있다. ■

개념문제 대칭행렬이 M_{nn}의 부분공간을 이루는가? 설명하라.

일차독립, 생성, 기저

일차결합, 일차독립, 생성, 기저에 대한 정의는 일반 벡터공간으로 확장된다.

예제 10

$F(-\infty, \infty)$ 내의 일차종속 집합

함수 $f_1(x) = 1, f_2(x) = \sin^2 x, f_3(x) = \cos^2 x$가 $F(-\infty, \infty)$ 내에서 일차종속임을 보여라.

풀이 하나의 함수가 다른 두 함수의 일차결합임을 보이거나 모든 x의 실수값에 대하여 식 (4)가 성립하지만 모두 영은 아닌 스칼라 c_1, c_2, c_3가 존재함을 보이면 된다.

$$c_1(1) + c_2(\sin^2 x) + c_3(\cos^2 x) = 0 \tag{4}$$

두 경우 모두 생각해 보자. 항등식 $\sin^2 x + \cos^2 x = 1$이 x의 모든 실수에 대해 성립함을 알고 있다. 그러므로 $f_1(x) = 1$은

$$f_1 = f_2 + f_3$$

과 같이 $f_2(x) = \sin^2 x$와 $f_3(x) = \cos^2 x$의 일차결합으로 표현할 수 있다. 또는 이 식은 $f_1 - f_2 - f_3 = 0$으로 쓸 수 있다. 이것은 식 (4)가 $c_1 = 1$, $c_2 = -1$, $c_3 = -1$일 때 성립함을 보여 준다. ■

예제 11 벡터집합의 생성

함수 $1, x, x^2, \cdots, x^n$에 의해 생성되는 $F(-\infty, \infty)$의 부분공간에 대해 설명하라.

풀이 $1, x, x^2, \cdots, x^n$으로 생성된 $F(-\infty, \infty)$의 부분공간은 이 함수들의 일차결합으로 이루어지므로, 다음 형태의 모든 함수로 구성된다.

$$p(x) = c_0 + c_1x + \cdots + c_nx^n$$

이것은 n차 이하의 다항식이다. 그래서 $\text{span}\{1, x, x^2, \cdots, x^n\} = P_n$이다. ■

예제 12 P_n의 기저

예제 11에서 함수 $1, x, x^2, \cdots, x^n$가 P_n을 생성함을 살펴보았다. 이 함수들이 일차독립이고 따라서 P_n의 기저를 이룸을 보여라. 이것을 P_n의 **표준기저**(standard basis)라고 부른다.

풀이 모든 실수 x에 대하여 식 (5)가 성립하면 $c_0 = c_1 = \cdots = c_n = 0$임을 보여야 한다.

$$c_0 + c_1x + \cdots + c_nx^n = 0 \tag{5}$$

이를 위해, 대수학에서 *영이 아닌* n차 이하의 다항식이 최대 n개의 서로 다른 근을 갖는다는 것을 참고하자. 이것은 식 (5)의 모든 계수가 0임을 의미하며, 그렇지 않다면 식 (5)는 모든 실수 x가 근이 되는 영이 아닌 다항식이므로 모순이 발생한다. ■

예제 13 M_{22}의 기저

다음 행렬은 2×2 행렬 M_{22} 벡터공간의 기저를 이룬다.

$$E_1 = \begin{bmatrix} 1 & 0 \\ 0 & 0 \end{bmatrix}, \quad E_2 = \begin{bmatrix} 0 & 1 \\ 0 & 0 \end{bmatrix}, \quad E_3 = \begin{bmatrix} 0 & 0 \\ 1 & 0 \end{bmatrix}, \quad E_4 = \begin{bmatrix} 0 & 0 \\ 0 & 1 \end{bmatrix}$$

왜 이렇게 되는지 알아보자. 일반적인 2×2 행렬은 다음과 같이 쓸 수 있으므로 이 벡터들이 M_{22}를 생성한다.

$$\begin{bmatrix} a & b \\ c & d \end{bmatrix} = a\begin{bmatrix} 1 & 0 \\ 0 & 0 \end{bmatrix} + b\begin{bmatrix} 0 & 1 \\ 0 & 0 \end{bmatrix} + c\begin{bmatrix} 0 & 0 \\ 1 & 0 \end{bmatrix} + d\begin{bmatrix} 0 & 0 \\ 0 & 1 \end{bmatrix} = aE_1 + bE_2 + cE_3 + dE_4$$

또한 다음 방정식을 만족시키는 유일한 스칼라가 $a = 0$, $b = 0$, $c = 0$, $d = 0$이기 때문에 이 행렬들은 일차독립이다.

$$aE_1 + bE_2 + cE_3 + dE_4 = \begin{bmatrix} a & b \\ c & d \end{bmatrix} = \begin{bmatrix} 0 & 0 \\ 0 & 0 \end{bmatrix}$$

■

함수의 일차독립에 대한 Wroński의 판정법

예제 10에서처럼 함수의 일차독립과 일차종속은 알려진 항등식을 이용해서 확립될 수 있는 경우도 있지만, $F(-\infty, \infty)$의 함수 집합의 일차독립 여부를 판별할 수 있는 일반적인 방법은 없다. 하지만 폴란드계 프랑스 수학자 Józef Wroński가 이러한 목적에 때때로 유용한 방법을 개발하였다. 이 아이디어를 설명하기 위해, $f_1(x), f_2(x), \cdots, f_n(x)$가 $C^{(n-1)}(-\infty, \infty)$의 함수임을 가정하자. 이 함수가 일차종속이면, $(-\infty, \infty)$ 구간 내의 모든 x에 대해 다음 식이 성립하는

$$k_1 f_1(x) + k_2 f_2(x) + \cdots + k_n f_n(x) = 0$$

모두 영은 아닌 스칼라 $k_1, k_2, \cdots, k_n$이 존재한다. 이 방정식을 $n-1$번까지 미분한 방정식들과 결합하면 $(-\infty, \infty)$ 구간 내의 모든 x에 대해 성립하는 다음 방정식을 얻을 수 있다.

$$\begin{aligned}
k_1 f_1(x) &+ k_2 f_2(x) &+ \cdots + k_n f_n(x) &= 0 \\
k_1 f_1'(x) &+ k_2 f_2'(x) &+ \cdots + k_n f_n'(x) &= 0 \\
\vdots \quad & \quad\ \vdots & \vdots \quad & \quad \vdots \\
k_1 f_1^{(n-1)}(x) &+ k_2 f_2^{(n-1)}(x) &+ \cdots + k_n f_n^{(n-1)}(x) &= 0
\end{aligned}$$

역사 속의 선형대수

폴란드계 프랑스 수학자 Józef Hoëné de Wroński는 Józef Hoëné 집안에서 태어났으며 결혼 후에는 Wroński란 이름을 사용하였다. Wroński의 삶은 어려움의 연속이었고, 몇몇 사람들은 이런 삶이 그의 정신질환적 경향과 자신의 직업의 중요성에 대한 지나친 집착에서 비롯되었다고 말한다. 오랫동안 Wroński의 업적이 가치 없는 것으로 소홀히 여겨졌지만(실제로 그의 결과물 가운데 잘못된 것도 많았다), 그의 몇몇 아이디어에는 천재성이 엿보였으며 널리 인용되기도 했다. 무엇보다도, 기차와 경쟁하기 위해 궤도식 차량을 설계하기도 했고(실제 제작되지는 않았다), 바다에서 배의 경도를 측정하는 유명한 문제에 대해서도 연구를 한 바 있다. 그는 영국 경도위원회로부터 경도 측정 방법에 대한 연구 결과로 상을 받기 위해 수년간 노력했지만, 그의 인생의 다른 많은 일과 마찬가지로 잘 이루어지지 않았다—그가 영국으로 입국할 때 세관이 그의 기계를 억류하였고, 반환받을 때까지 재정적 압박에 시달려야 했다. 마침내 영국 경도위원회에서 연설을 하기도 했지만, 위원회에 깊은 인상을 주지 못했고, 상을 받지도 못했다. 그는 말년을 가난 속에 보내야 했다.

Józef Hoëné de Wroński
(1778~1853)

이것은 선형계

$$\begin{bmatrix} f_1(x) & f_2(x) & \cdots & f_n(x) \\ f_1'(x) & f_2'(x) & \cdots & f_n'(x) \\ \vdots & \vdots & & \vdots \\ f_1^{(n-1)}(x) & f_2^{(n-1)}(x) & \cdots & f_n^{(n-1)}(x) \end{bmatrix} \begin{bmatrix} k_1 \\ k_2 \\ \vdots \\ k_n \end{bmatrix} = \begin{bmatrix} 0 \\ 0 \\ \vdots \\ 0 \end{bmatrix}$$

가 $(-\infty, \infty)$ 구간 내의 모든 x에 대하여 자명하지 않은 해를 가짐을 의미한다. 이것은 $f_1(x), f_2(x), \cdots, f_n(x)$의 **Wronskian**이라 불리는 다음 행렬식 (6)이 $(-\infty, \infty)$ 구간 내의 모든 x에 대해서 영임을 의미한다.

$$W(x) = \begin{vmatrix} f_1(x) & f_2(x) & \cdots & f_n(x) \\ f_1'(x) & f_2'(x) & \cdots & f_n'(x) \\ \vdots & \vdots & & \vdots \\ f_1^{(n-1)}(x) & f_2^{(n-1)}(x) & \cdots & f_n^{(n-1)}(x) \end{vmatrix} \tag{6}$$

대우 형식으로 설명하면, 함수 $f_1(x), f_2(x), \cdots, f_n(x)$의 Wronskian이 $(-\infty, \infty)$ 구간 내의 모든 x에 대해서 영인 것은 *아니라면*, 이 함수는 반드시 일차독립이다.

정리 9.1.5 ***(Wroński의 판정법)*** *만약 함수 $f_1(x), f_2(x), \cdots, f_n(x)$가 $(-\infty, \infty)$ 구간에서 $n-1$번 연속적인 도함수를 가지며, 이 함수들의 Wronskian이 $(-\infty, \infty)$ 구간에서 항등적으로 영인 것은 아니라면, 이 함수들은 $F(-\infty, \infty)$에서 일차독립 집합을 구성한다.*

예제 14

세 함수들 $f_1(x) = 1, f_2(x) = e^x, f_3(x) = e^{2x}$가 $F(-\infty,\infty)$에서 일차독립 집합을 구성함을 보여라.

풀이 Wronskian은 다음과 같다(확인하라).

$$W(x) = \begin{vmatrix} 1 & e^x & e^{2x} \\ 0 & e^x & 2e^{2x} \\ 0 & e^x & 4e^{2x} \end{vmatrix} = 2e^{3x}$$

이 함수는 모든 실수 x에 대해서 영이 아니므로 $(-\infty,\infty)$ 구간 내에서 항등적으로 영이 아니다. 그러므로 이 함수는 일차독립이다.* ■

차원 이제부터 차원의 개념이 어떻게 일반 벡터공간으로 확장될 수 있는지를 살펴보자. 일반 벡터공간 V에 대해서 유한기저(즉 일차독립이고 V를 생성하는 유한개의 벡터들의 집합)가 존재할 수도 있고, 그렇지 않을 수도 있다. 예를 들면 $F(\infty, \infty)$ 내의 모든 다항식의 집합 P_∞은 스칼라곱과 덧셈에 대하여 닫혀 있고(확인하라), 따라서 $F(-\infty, \infty)$의 부분공간이다. 그러나 P_∞ 내에서 P_∞를 생성하는 유한한 벡터집합은 존재하지 않는다. 왜냐하면 P_∞의 유한 부분집합 내의 다항식은 최대 차수(가령 m이라 한다면)를 가질 것이므로 m보다 큰 차수의 임의의 다항식을 그 유한 부분집합 내의 벡터의 일차결합으로 표현하는 것은 불가능하기 때문이다. 따라서 벡터공간의 유형을 유한기저를 가지는 벡터공간과 그렇지 않은 벡터공간으로 구분한다.

*일차독립을 증명하기 위해서는 $(-\infty\ ,\ \infty)$ 내의 *적당한* x의 값에 대해서 $W(x) \neq 0$를 보이면 된다. 그래서 이 예제에서처럼 Wronskian이 $(-\infty, \infty)$ 구간의 모든 x에 대해서 영이 아닌 것을 보인 것은 일차독립임을 입증하는 데 필요한 것 이상이었다—$W(x)$가 영이 되지 않도록 하는 한 개의 x 값을 찾는 것으로 충분했을 것이다.

정의 9.1.6 벡터공간 V가 만약 유한한 개수의 벡터로 구성되는 기저를 갖는다면 **유한차원**(finite dimension)이라 하고, 그렇지 않으면 **무한차원**(infinite dimension)이라 한다. 추가로 영벡터공간 $V = \{\mathbf{0}\}$는 유한차원으로 정의된다.

정리 7.1.4에서 다루었던 증명은 다음 일반적인 결과를 증명할 때 직접 이용할 수 있다.

정리 9.1.7 *영이 아닌 유한차원 벡터공간의 모든 기저는 동일한 수의 벡터를 갖는다.*

이 정리는 다음 정의를 가능하게 한다.

정의 9.1.8 V가 영이 아닌 유한차원 벡터공간이라면, V의 **차원**(dimension)은 기저의 벡터수로 정의하고 $\dim(V)$로 표시한다. 추가로 $V = \{\mathbf{0}\}$은 영차원을 갖는다고 정의한다.

미리보기 9.3절에서 n차원 벡터공간 내의 벡터는 R^n 공간 내의 벡터와 표기상 다른 것을 제외하면 대수적으로 일치한다는 것을 알게 될 것이다. 이것은 내적, 길이, 거리, 각, 또는 직교성의 개념을 포함하지 않는 R^n 내의 벡터에 관한 모든 정리가 임의의 n차원 벡터공간에서도 유효함을 의미한다. 이는 특히 정리 7.2.4에 해당된다. 이 정리로부터 *유한차원 벡터공간의 부분공간은 유한차원*임을 알 수 있다.

예제 15 무한차원의 벡터공간

예제 12에서 함수 $1, x, x^2, \cdots, x^n$는 P_n의 기저를 이루는 것을 보았다. 이것은 P_n의 모든 기저가 $n+1$개의 벡터를 가지고 있으며, 따라서 $\dim(P_n) = n + 1$임을 의미한다. 또한 앞에서 P_∞는 무한차원임을 보였다. 따라서, $F(-\infty, \infty)$, $C(-\infty, \infty)$, $C^1(-\infty, \infty)$, $C^m(-\infty, \infty)$, $C^\infty(-\infty, \infty)$은 모두 P_∞를 부분공간으로 포함하므로 이 공간들 또한 무한차원이다(그림 9.1.4). 연습문제에서 R^∞이 무한차원임을 증명하게 될 것이다. ■

Lagrange 보간다항식

정리 2.3.1에서 xy 평면상에 서로 다른 x 좌표를 갖는 임의의 n개의 점이 주어지면, 다항식의 그래프가 이 점들을 지나는 $n-1$차 이하의 차수를 갖는 보간다항식이 유일하게 존재함을 증명 없이 언급하였다. 4.3절에서 Vandermonde 행렬식이 영이 아님을 보임으로써 이 정리를 증명하였다[4.3절의 식 (9)와 이에 대한 논의를 보라]. 또한 2.3절에서 선형계를 풀어서 보간다항식을 구할 수 있다는 것도 보였으나, 추후에 보다 나은 방법이 소개될 것을 언급한 바 있다. 이제 그 방법에 대해 살펴보자.

예를 들어 x_1, x_2, x_3, x_4가 서로 다른 실수라 가정하고, 식 (7)의 점들을 지나는 3차 이하의 보간다항식을 구하자.

$$(x_1, y_1), \quad (x_2, y_2), \quad (x_3, y_3), \quad (x_4, y_4) \tag{7}$$

이를 위해 각각 3차의 차수를 갖는 다음 다항식을 고려해 보자.

$$\begin{aligned} p_1(x) &= \frac{(x-x_2)(x-x_3)(x-x_4)}{(x_1-x_2)(x_1-x_3)(x_1-x_4)}, \quad & p_2(x) &= \frac{(x-x_1)(x-x_3)(x-x_4)}{(x_2-x_1)(x_2-x_3)(x_2-x_4)} \\ p_3(x) &= \frac{(x-x_1)(x-x_2)(x-x_4)}{(x_3-x_1)(x_3-x_2)(x_3-x_4)}, \quad & p_4(x) &= \frac{(x-x_1)(x-x_2)(x-x_3)}{(x_4-x_1)(x_4-x_2)(x_4-x_3)} \end{aligned} \tag{8}$$

이 다항식들은 x_1, x_2, x_3, x_4에서 다음과 같은 값을 갖도록 구성되었다(확인해 보라).

$$\begin{aligned} &p_1(x_1) = 1, \quad p_1(x_2) = 0, \quad p_1(x_3) = 0, \quad p_1(x_4) = 0 \\ &p_2(x_1) = 0, \quad p_2(x_2) = 1, \quad p_2(x_3) = 0, \quad p_2(x_4) = 0 \\ &p_3(x_1) = 0, \quad p_3(x_2) = 0, \quad p_3(x_3) = 1, \quad p_3(x_4) = 0 \\ &p_4(x_1) = 0, \quad p_4(x_2) = 0, \quad p_4(x_3) = 0, \quad p_4(x_4) = 1 \end{aligned}$$

이것으로부터

$$p(x) = y_1 p_1(x) + y_2 p_2(x) + y_3 p_3(x) + y_4 p_4(x) \tag{9}$$

는 3차 이하의 차수를 갖고 x_1, x_2, x_3, x_4에서의 값은 다음과 같음을 알 수 있다.

$$p(x_1) = y_1, \quad p(x_2) = y_2, \quad p(x_3) = y_3, \quad p(x_4) = y_4$$

그러므로 식 (9)는 식 (7)의 점에 대한 보간다항식이어야 한다. 프랑스 수학자 Joseph-Louis Lagrange를 기리고자, 식 (8)에 있는 네 개의 방정식은 x_1, x_2, x_3, x_4에서의 **Lagrange 보간다항식**(Lagrange interpolating polynomial)이라 부르고, 식 (9)는 **Lagrange 보간공식**(Lagrange interpolation formula)이라 부른다.

Lagrange 보간다항식은 y 변수에 의존하지 않고 x 변수에 의존하기 때문에 매우 유용하다. 그러므로 일단 x_1, x_2, x_3, x_4에서 Lagrange 보간다항식이 계산되기만 하면, Lagrange 보간공식 (9)에 단지 y 값을 대입하여 식 (7) 형태의 점에서 모든 보간 문제를 푸는 데 사용할 수 있다. 이 방법은 각 보간 문제에서 선형계를 푸는 것보다 훨씬 효율적이며 반올림 오차의 영향을 보다 적게 받는다.

예제 16 Lagrange 보간

2.3절의 예제 7에서 선형계를 풀어서 점

$$(1, 3), \quad (2, -2), \quad (3, -5), \quad (4, 0) \tag{10}$$

에 대한 보간다항식

$$p(x) = 4 + 3x - 5x^2 + x^3 \tag{11}$$

을 유도하였다. 적절한 Lagrange 보간다항식을 사용하여 이 다항식을 구하라.

풀이 식 (10)의 x 좌표를 사용하여 다음과 같은 Lagrange 보간다항식을 구한다.

$$p_1(x) = \frac{(x-x_2)(x-x_3)(x-x_4)}{(x_1-x_2)(x_1-x_3)(x_1-x_4)} = \frac{(x-2)(x-3)(x-4)}{(1-2)(1-3)(1-4)} = 4 - \tfrac{13}{3}x + \tfrac{3}{2}x^2 - \tfrac{1}{6}x^3$$

$$p_2(x) = \frac{(x-x_1)(x-x_3)(x-x_4)}{(x_2-x_1)(x_2-x_3)(x_2-x_4)} = \frac{(x-1)(x-3)(x-4)}{(2-1)(2-3)(2-4)} = -6 + \tfrac{19}{2}x - 4x^2 + \tfrac{1}{2}x^3$$

$$p_3(x) = \frac{(x-x_1)(x-x_2)(x-x_4)}{(x_3-x_1)(x_3-x_2)(x_3-x_4)} = \frac{(x-1)(x-2)(x-4)}{(3-1)(3-2)(3-4)} = 4 - 7x + \tfrac{7}{2}x^2 - \tfrac{1}{2}x^3$$

$$p_4(x) = \frac{(x-x_1)(x-x_2)(x-x_3)}{(x_4-x_1)(x_4-x_2)(x_4-x_3)} = \frac{(x-1)(x-2)(x-3)}{(4-1)(4-2)(4-3)} = -1 + \tfrac{11}{6}x - x^2 + \tfrac{1}{6}x^3$$

이제 식 (9) 및 식 (10)의 y 좌표를 이용하여 구한 식은 식 (11)과 일치한다.

$$\begin{aligned} p(x) &= 3\left(4 - \tfrac{13}{3}x + \tfrac{3}{2}x^2 - \tfrac{1}{6}x^3\right) - 2\left(-6 + \tfrac{19}{2}x - 4x^2 + \tfrac{1}{2}x^3\right) \\ &\quad - 5\left(4 - 7x + \tfrac{7}{2}x^2 - \tfrac{1}{2}x^3\right) + 0\left(-1 + \tfrac{11}{6}x - x^2 + \tfrac{1}{6}x^3\right) \\ &= 4 + 3x - 5x^2 + x^3 \end{aligned}$$

■

벡터 관점의 Lagrange 보간

Lagrange 보간다항식을 P_3의 벡터로 간주하여 벡터 관점에서 재검토하자. x_1, x_2, x_3, x_4는 서로 다른 실수이고 $p(x)$는 P_3 내의 임의의 다항식이라 가정하자. $p(x)$의 그래프가 다음의 점들을 통과하므로

$$(x_1, p(x_1)), \quad (x_2, p(x_2)), \quad (x_3, p(x_3)), \quad (x_4, p(x_4))$$

$p(x)$는 이 점들의 보간다항식이다. 그래서 $y_1 = p(x_1)$, $y_2 = p(x_2)$, $y_3 = p(x_3)$, $y_4 = p(x_4)$와 식 (9)를 이용하면 $p(x)$는 다음과 같이 표현할 수 있다.

$$p(x) = p(x_1)p_1(x) + p(x_2)p_2(x) + p(x_3)p_3(x) + p(x_4)p_4(x) \tag{12}$$

이것은 Lagrange 보간다항식의 일차결합이고 $p(x)$가 P_3 내의 임의의 벡터이므로, x_1, x_2, x_3, x_4의 Lagrange 보간다항식이 P_3를 생성함을 보인 것이다. 그러나 P_3가 사차원임을 알고 있으므로, 정리 7.2.6을 P_3에 대하여 일반화하여 Lagrange 다항식이 P_3에 대한 기저를 형성한다고 결론지을 수 있다.

역사 속의 선형대수

Lagrange 보간공식은 다항식의 근을 계수에 관한 함수로 표현하는 문제에 대한 연구의 부산물이었다. 그 공식은 영국인 수학자 Edward Waring이 1779년에 처음 발표하였으며, 이후 프랑스인 수학자 Joseph Louis Lagrange가 1795년에 다시 발표하였다. 흥미롭게도 Waring은 Cambridge 대학에서 교수직을 병행하면서, 여러 병원에서 진료하던 내과의사였다. Lagrange는 수학뿐만 아니라 천체역학에서도 두각을 나타냈고, 동시대의 많은 사람들에게 현존하는 가장 위대한 수학자로 존경받았다.

Joseph-Louis Lagrange (1736~1813)

Edward Waring (1734~1798)

표기를 간단히 하고자 Lagrange 보간법에 대한 논의를 네 점으로 한정 지었지만, 아이디어는 일반화될 수 있다. 구체적으로 $x_1, x_2, \cdots, x_n$ 이 서로 다른 실수라면 이 점들에 대한 **Lagrange 보간다항식** $p_1(x), p_2(x), \cdots, p_n(x)$는 다음과 같이 정의된다.

$$p_i(x) = \frac{(x - x_1)\cdots(x - x_{i-1})(x - x_{i+1})\cdots(x - x_n)}{(x_i - x_1)\cdots(x_i - x_{i-1})(x_i - x_{i+1})\cdots(x_i - x_n)} \quad (i = 1, 2, \cdots, n) \tag{13}$$

그리고 그래프가 다음 점들을 통과하는

$$(x_1, y_1), (x_2, y_2), \cdots, (x_n, y_n)$$

$n - 1$차 이하의 보간다항식 $p(x)$는 다음과 같은 **Lagrange 보간공식**으로 주어진다.

$$p(x) = y_1 p_1(x) + y_2 p_2(x) + \cdots + y_n p_n(x) \tag{14}$$

또한 이전과 마찬가지로 $x_1, x_2, \cdots, x_n$에서의 Lagrange 보간다항식이 P_{n-1}을 생성하고 n차원이므로 이 공간에 대한 기저를 구성한다. 정리하면 다음 결과를 얻는다.

정리 9.1.9 *만약 $x_1, x_2, \cdots, x_n$이 서로 다른 실수이면, 이 점들에서의 Lagrange 보간다항식은 차수가 $n - 1$ 이하인 다항식들의 벡터공간에 대한 기저를 구성한다.*

연습문제 9.1

1. V를 모든 실수 순서쌍의 집합이라 하고, $\mathbf{u} = (u_1, u_2)$와 $\mathbf{v} = (v_1, v_2)$에 대한 다음의 덧셈과 스칼라곱을 생각하자.

$$\mathbf{u} + \mathbf{v} = (u_1 + v_1, u_2 + v_2), \quad k\mathbf{u} = (ku_1, 0)$$

(a) $\mathbf{u} = (-1, 2)$, $\mathbf{v} = (3, 4)$, $k = 3$에 대하여 $\mathbf{u} + \mathbf{v}$와 $k\mathbf{u}$를 계산하라.

(b) V가 덧셈과 스칼라곱에 대해서 닫혀 있는 이유를 말로 설명하라.

(c) V에서의 덧셈이 R^2상에서 표준덧셈 연산이므로, 몇 개의 벡터공간 공리들이 R^2에서 성립하는 것으로 알려져 있기 때문에 V에서도 성립한다. 어느 공리가 그러한가?

(d) 공리 7, 8, 9가 성립함을 보여라.

(e) 공리 10이 성립하지 않으므로 주어진 연산에 대하여 V가 벡터공간이 아님을 보여라.

2. V를 실수들의 순서 3-짝들의 집합이라 하자. $\mathbf{u} = (u_1, u_2, u_3)$과 $\mathbf{v} = (v_1, v_2, v_3)$에 대하여 다음의 덧셈과 스칼라곱 연산을 생각하자.

$$\mathbf{u} + \mathbf{v} = (u_1 + v_1, u_2 + v_2, u_3 + v_3), \quad k\mathbf{u} = (ku_1, 0, 0)$$

(a) $\mathbf{u} = (3, -2, 4)$, $\mathbf{v} = (1, 5, -2)$, $k = -1$에 대해 $\mathbf{u} + \mathbf{v}$와 $k\mathbf{u}$를 계산하라.

(b) V가 덧셈과 스칼라곱에 대해서 닫혀 있는 이유를 말로 설명하라.

(c) V에서의 덧셈 연산이 R^3상의 표준덧셈 연산이므로, 몇 개의 벡터공간 공리가 R^3 내에서 성립하는 것으로 알려져 있기 때문에 V에 대해서도 성립한다. 이것은 어느 공리인가?

(d) 공리 7, 8, 9가 성립함을 보여라.

(e) 공리 10이 성립하지 않으므로 주어진 연산에 대하여 V가 벡터공간이 아님을 보여라.

3. V를 모든 실수 순서쌍의 집합이라 가정하고, $\mathbf{u} = (u_1, u_2)$와 $\mathbf{v} = (v_1, v_2)$에 대한 다음의 덧셈과 스칼라곱 연산을 생각하자.

$$\mathbf{u} + \mathbf{v} = (u_1 + v_1 + 1, u_2 + v_2 + 1), \quad k\mathbf{u} = (ku_1, ku_2)$$

(a) $\mathbf{v} = (1, -3)$, $\mathbf{u} = (0, 4)$, $k = 2$에 대해 $\mathbf{u} + \mathbf{v}$, $k\mathbf{u}$를 계산하라.

(b) $(0, 0) \neq \mathbf{0}$임을 보여라.

(c) $(-1, -1) = \mathbf{0}$임을 보여라.

(d) $\mathbf{u} = (u_1, u_2)$에 대해 $\mathbf{u} + (-\mathbf{u}) = \mathbf{0}$가 되는 순서쌍 $-\mathbf{u}$를 구함으로써 공리 5가 성립함을 보여라.

(e) 성립하지 않는 두 개의 벡터공간 공리를 찾아라.

4. V를 모든 실수 순서쌍의 집합이라 가정하고, $\mathbf{u} = (u_1, u_2)$와 $\mathbf{v} = (v_1, v_2)$에 대한 다음의 덧셈과 스칼라곱 연산을 생각하자.

$$\mathbf{u} + \mathbf{v} = (u_1 v_1, u_2 v_2), \quad k\mathbf{u} = (ku_1, ku_2)$$

(a) $\mathbf{u} = (1, 5)$, $\mathbf{v} = (2, -2)$, $k = 4$에 대해 $\mathbf{u} + \mathbf{v}$, $k\mathbf{u}$를 계산하라.

(b) $(0, 0) \neq \mathbf{0}$임을 보여라.

(c) $(1, 1) = \mathbf{0}$임을 보여라.

(d) $\mathbf{u}$가 영 성분을 가지면, $\mathbf{u} + (-\mathbf{u}) = \mathbf{0}$가 성립하는 순서쌍 $-\mathbf{u}$가 존재하지 않음을 보임으로써 공리 5가 성립하지 않음을 보여라.

(e) 성립하지 않는 두 개의 벡터공간 공리를 찾아라.

5. $F(-\infty, \infty)$의 부분공간은 다음 중 어느 것인가?

(a) $F(-\infty, \infty)$에서 $f(0) = 0$인 모든 함수 f

(b) $F(-\infty, \infty)$에서 $f(0) = 1$인 모든 함수 f

(c) $F(-\infty, \infty)$에서 $f(-x) = f(x)$인 모든 함수 f

(d) 모든 2차 다항식

6. R^∞의 부분공간은 다음 중 어느 것인가?

(a) $\mathbf{v} = (v, 0, v, 0, v, 0, \cdots)$ 형태의 R^∞ 내의 모든 수열 $\mathbf{v}$

(b) $\mathbf{v} = (v, 1, v, 1, v, 1, \cdots)$ 형태의 R^∞ 내의 모든 수열 $\mathbf{v}$

(c) $\mathbf{v} = (v, 2v, 4v, 8v, 16v, \cdots)$ 형태의 R^∞ 내의 모든 수열 $\mathbf{v}$

(d) 어떤 지점부터 성분이 모두 0인 R^∞ 내의 모든 수열

7. 다음 중 어느 것이 M_{nn}($n \times n$ 행렬의 벡터공간)의 부분공간인가?

(a) 특이행렬

(b) 대각행렬

(c) 대칭행렬

(d) 대각합이 0인 행렬

8. **(미적분학 필요)** 다음 중 어느 것이 $C(-\infty, \infty)$의 부분공간인가?

(a) $(-\infty, \infty)$ 구간에서 Maclaurin 급수가 수렴하는 모든 연속함수

(b) $f'(0) = 0$인 미분 가능한 모든 함수

(c) $f'(0) = 1$인 미분 가능한 모든 함수

(d) $y'' + y = 0$인 두 번 미분 가능한 모든 함수 $y = f(x)$

9. 다음 중 어느 것이 P^2의 부분공간인가?

(a) $a_0 = 0$인 모든 다항식 $a_0 + a_1 x + a_2x^2$

(b) $a_0 + a_1 + a_2 = 0$인 모든 다항식 $a_0 + a_1x + a_2x^2$

(c) a_0, a_1, a_2가 정수인 모든 다항식 $a_0 + a_1x + a_2x^2$

10. **(미적분학 필요)** 다음 식을 만족하는 $[0, 1]$에서 연속인 함수 $f(x)$들의 집합 V는 $C[0, 1]$의 부분공간임을 보여라

$$\int_0^1 f(x)\,dx = 0$$

11. (a) 모든 2×2 상부삼각행렬의 집합 V가 M_{22}의 부분공간임을 보여라.

(b) V의 기저를 구하고, V의 차원을 명시하라.

12. (a) 모든 3×3 반대칭행렬의 집합 V가 M_{33}의 부분공간임을 보여라.

(b) V의 기저를 구하고, V의 차원을 명시하라.

연습문제 13과 14에서는 적절한 삼각함수의 항등식을 이용하여 기술된 $F(-\infty, \infty)$의 함수가 일차독립임을 보여라.

13. (a) $f_1(x) = \sin^2 2x,\ f_2(x) = \cos^2 2x,\ f_3(x) = \cos 4x$
(b) $f_1(x) = \sin^2\left(\frac{1}{2}x\right),\ f_2(x) = 1,\ f_3(x) = \cos x$

14. (a) $f_1(x) = \cos^4 x,\ f_2(x) = \sin^4 x,\ f_3(x) = \cos 2x$
(b) $f_1(x) = \sin x,\ f_2(x) = \sin 3x,\ f_3(x) = \sin^3 x$

15. 함수 $f_1(x) = x$와 $f_2(x) = \cos x$가 하나가 다른 하나의 스칼라곱이 아니므로 $F(-\infty, \infty)$ 내에서 일차독립이다. Wroński의 판정법을 이용하여 일차독립임을 확인하라.

16. 함수 $f_1(x) = \sin x$와 $f_2(x) = \cos x$가 하나가 다른 하나의 스칼라곱이 아니므로 $F(\infty, \infty)$ 내에서 일차독립이다. Wroński의 판정법을 이용하여 일차독립임을 확인하라.

17. Wroński의 판정법을 이용하여 함수 $f_1(x) = e^x$, $f_2(x) = xe^x$, $f_3(x) = x^2e^x$가 $F(-\infty, \infty)$의 삼차원 부분공간을 생성함을 보여라.

18. Wroński의 판정법을 이용하여 함수 $f_1(x) = \sin x$, $f_2(x) = \cos x$, $f_3(x) = x \cos x$가 $F(-\infty, \infty)$의 삼차원 부분공간을 생성함을 보여라.

연습문제 19와 20에서는 $\{A_1, A_2, A_3, A_4\}$가 M_{22}의 기저임을 보이고, A를 기저벡터의 일차결합으로 표현하라.

19. $A_1 = \begin{bmatrix} 1 & 0 \\ 1 & 0 \end{bmatrix},\quad A_2 = \begin{bmatrix} 1 & 1 \\ 0 & 0 \end{bmatrix},\quad A_3 = \begin{bmatrix} 1 & 0 \\ 0 & 1 \end{bmatrix}$

$A_4 = \begin{bmatrix} 0 & 0 \\ 1 & 0 \end{bmatrix};\quad A = \begin{bmatrix} 6 & 2 \\ 5 & 3 \end{bmatrix}$

20. $A_1 = \begin{bmatrix} 1 & 1 \\ 1 & 1 \end{bmatrix},\quad A_2 = \begin{bmatrix} 0 & 1 \\ 1 & 1 \end{bmatrix},\quad A_3 = \begin{bmatrix} 0 & 0 \\ 1 & 1 \end{bmatrix}$

$A_4 = \begin{bmatrix} 0 & 0 \\ 0 & 1 \end{bmatrix};\quad A = \begin{bmatrix} 1 & 0 \\ 1 & 0 \end{bmatrix}$

연습문제 21과 22에서는 $\{\mathbf{p}_1, \mathbf{p}_2, \mathbf{p}_3\}$가 P_2의 기저임을 보이고, $\mathbf{p}$를 기저벡터의 일차결합으로 표현하라.

21. $\mathbf{p}_1 = 1 + 2x + x^2,\ \mathbf{p}_2 = 2 + 9x,\ \mathbf{p}_3 = 3 + 3x + 4x^2;$
$\mathbf{p} = 2 + 17x - 3x^2$

22. $\mathbf{p}_1 = 1 + x + x^2,\ \mathbf{p}_2 = x + x^2,\ \mathbf{p}_3 = x^2;$
$\mathbf{p} = 7 - x + 2x^2$

23. 다항식 $p(x) = x^2 + x + 1$의 그래프는 점 (0, 1), (1, 3), (2, 7)을 통과한다. 점 $x = 0, 1, 2$에서의 Lagrange 보간다항식을 구하고, p를 이들 다항식들의 일차결합으로 표현하라.

24. 다항식 $p(x) = x^2 - x + 2$의 그래프는 점 (1, 2), (2, 4), (3, 8)을 통과한다. 점 $x = 1, 2, 3$에서 Lagrange 보간다항식을 구하고, p를 이들 다항식들의 일차결합으로 표현하라.

연습문제 25와 26에서는 적절한 Lagrange 보간다항식을 사용하여 그래프가 주어진 점을 통과하는 3차 다항식을 구하라.

25. (2, 1), (3, 1), (4, −3), (5, 0)

26. (1, 2), (2, 1), (3, 3), (6, 1)

27. 다음 형태의 모든 2×2 행렬의 집합 V가 M_{22}의 부분공간임을 보여라. 집합 V의 기저를 구하고 그 차원을 명시하라.

$$\begin{bmatrix} a & a-b \\ a-b & b \end{bmatrix}$$

28. 예제 3에 주어진 벡터공간에 대해 공리 3, 7, 8, 9, 10이 성립하는지 검증하라.

29. V를 다음과 같이 정의되는 $\oplus$와 $\otimes$의 두 가지 연산을 갖는 모든 실수의 집합이라 하자.

$$u \oplus v = u + v - 1, \quad k \otimes u = ku + (1 - k)$$

(a) $1 \oplus 1$를 계산하라. (b) $0 \otimes 2$를 계산하라.

(c) V가 벡터공간임을 보여라. [*제안*: $\mathbf{u} = u$, $\mathbf{v} = v$, $\mathbf{w} = w$의 표기법을 사용함으로써 V 내의 수들이 벡터임을 강조하는 것이 도움이 된다는 것을 알게 될 것이다.]

30. V를 예제 4의 벡터공간이라 하자. 정리 9.1.2에서 타당성이 확립된 다음의 관계에 대한 수치적인 해석을 제시하라.

(a) $\mathbf{0} \otimes \mathbf{v} = \mathbf{0}$ (b) $k \otimes \mathbf{0} = \mathbf{0}$

(c) $(-1) \otimes \mathbf{v} = -\mathbf{v}$

31. V를 실수 집합이라 하고, 수 u와 v에 대해 다음의 덧셈과 스칼라곱 연산을 생각하자.

$$u \oplus v = u\text{와 } u\text{의 최대값}, \quad k \otimes u = ku$$

집합 V가 이러한 연산을 갖는 벡터공간인지 밝혀라.

32. 예제 4에 주어진 벡터공간에 대해 공리 3, 8, 9, 10이 성립함을 보여라.

토론과 발견

D1. 유일한 원소가 목성인 집합 V를 고려하라. 다음 식으로 정의되는 연산 $\oplus$와 $\otimes$에 대하여 V는 벡터공간인가?

목성 $\oplus$ 목성 = 목성, $k \otimes$ 목성 = 목성

추론을 설명하라.

D2. 두 개의 서로 다른 벡터로 구성되는 벡터공간 V는 존재할 수 없다. 이유를 설명하라. [*힌트*: 벡터 중 하나는 $\mathbf{0}$이어야 한다. 그래서 $V = \{\mathbf{0}, \mathbf{v}\}$를 가정하라.]

D3. B를 고정된 2×2 행렬이라 하자. B와 교환 가능한 모든 2×2 행렬들의 집합이 M_{22}의 부분공간인가?

D4. 원점을 지나지 않는 R^2상의 직선이 벡터공간의 어떠한 닫힘 공리도 만족시키지 않음을 적당한 그림을 그려서 보여라.

D5. 함수 $f_1(x) = \sin x$와 $f_2(x) = 3\cos\left(\frac{1}{2}\pi - x\right)$에 의해 생성되는 $F(-\infty, \infty)$의 부분공간의 차원을 구하라. 그 추론을 설명하라.

D6. V를 양의 실수 집합이라 하고, 임의의 실수 k와 V 내의 임의의 수 u, v에 대하여 V상의 연산 $\oplus$와 $\otimes$를 $u \oplus v = uv$와 $k \otimes u = u$로 정의하자. 한 개의 공리를 제외한 모든 벡터공간 공리들이 성립한다. 그 한 개의 공리는 어느 것인가?

D7. 무수히 많은 벡터들로 구성된 일차독립 집합을 만들어서 R^∞가 무한차원임을 보여라. [*참고*: 정의 3.4.5 다음의 참고를 보라.]

증명문제

P1. 벡터공간 V가 유일한 영벡터를 가짐을 증명하라. [*힌트*: $\mathbf{0}_1$과 $\mathbf{0}_2$가 모두 영벡터라 가정하고, $\mathbf{0}_1 + \mathbf{0}_2$를 서로 다른 두 가지 방법으로 계산하여 $\mathbf{0}_1 = \mathbf{0}_2$임을 보여라.]

P2. 다음의 논증은 벡터공간 V 내의 모든 벡터 $\mathbf{u}$가 유일한 덧셈역원을 가짐을 증명한다. $\mathbf{u}_1$과 $\mathbf{u}_2$가 모두 $\mathbf{u}$의 덧셈역원이라 가정하고, $\mathbf{u}_1 = \mathbf{u}_2$임을 보여라. 빈칸을 채워 단계를 설명하라.

$\mathbf{u}_1 + (\mathbf{u} + \mathbf{u}_2) = (\mathbf{u}_1 + \mathbf{u}) + \mathbf{u}_2$	________
$\mathbf{u}_1 + \mathbf{0} = (\mathbf{u}_1 + \mathbf{u}) + \mathbf{u}_2$	________
$\mathbf{u}_1 = (\mathbf{u}_1 + \mathbf{u}) + \mathbf{u}_2$	________
$\mathbf{u}_1 = (\mathbf{u} + \mathbf{u}_1) + \mathbf{u}_2$	________
$\mathbf{u}_1 = \mathbf{0} + \mathbf{u}_2$	________
$\mathbf{u}_1 = \mathbf{u}_2 + \mathbf{0}$	________
$\mathbf{u}_1 = \mathbf{u}_2$	________

P3. 다음의 논증은 $\mathbf{u}$, $\mathbf{v}$, $\mathbf{w}$가 $\mathbf{u} + \mathbf{w} = \mathbf{v} + \mathbf{w}$를 만족하는 벡터공간 V의 벡터들이면, $\mathbf{u} = \mathbf{v}$임을 증명한다[벡터 덧셈에 대한 **소거법칙**(cancellation law)]. 빈칸을 채워 단계를 설명하라.

$\mathbf{u} + \mathbf{w} = \mathbf{v} + \mathbf{w}$	가정
$(\mathbf{u} + \mathbf{w}) + (-\mathbf{w}) = (\mathbf{v} + \mathbf{w}) + (-\mathbf{w})$	양변에 $-\mathbf{w}$를 더함
$\mathbf{u} + [\mathbf{w} + (-\mathbf{w})] = \mathbf{v} + [\mathbf{w} + (-\mathbf{w})]$	________
$\mathbf{u} + \mathbf{0} = \mathbf{v} + \mathbf{0}$	________
$\mathbf{u} = \mathbf{v}$	________

P4. 다음을 증명하라: $\mathbf{u}$가 벡터공간 V 내의 벡터이고, k가 $k\mathbf{u} = \mathbf{0}$인 스칼라이면, $k = 0$이거나 $\mathbf{u} = \mathbf{0}$이다. [*제안*: $k\mathbf{u} = \mathbf{0}$이고 $k \neq 0$이면, $\mathbf{u} = \mathbf{0}$임을 보여라. 결과는 이것의 논리적 귀결을 따른다.]

P5. 다음을 증명하라: W_1과 W_2가 벡터공간 V의 부분공간이라면, $W_1 \cap W_2$ 또한 V의 부분공간이다.

9.2 내적공간 및 Fourier 급수

이 절에서는 점곱의 개념을 일반화하고, 일반 벡터공간 내의 길이와 거리, 그리고 직교성에 대한 개념을 소개한다. 몇몇 예제에서 미적분학이 필요하다.

내적공리 벡터공간에 대한 정의에는 덧셈과 스칼라곱이 포함되지만, 길이, 거리, 각, 그리고 직교성 등을 유도하는 점곱의 개념은 포함되지 않는다. 벡터공간에 기하학적 구조를 부여하기 위해서는 점곱의 개념을 일반화하는 제3의 연산이 필요하다. 이를 위해서 R^n상의 점곱에 대한 모든 대수적 성질은 정리 1.2.6으로부터 유도될 수 있음을 상기하자(1.2절의 미리보기 참조). 그러므로 정리 1.2.6의 성질들이 성립하는 실수와 실벡터공간 V 내의 벡터쌍을 연관시키는 연산이 있다면, R^n에서의 벡터에 관한 기하학적 정리들은 V 내에서도 유효하다. 따라서 정리 1.2.6과 동일한 내용의 정의를 표기법만 달리하여 다음과 같이 내린다.

정의 9.2.1 실벡터공간 V에서의 **내적**(inner product)은 V 내의 한 쌍의 벡터 $\mathbf{u}$와 $\mathbf{v}$에 대하여 유일한 실수 $\langle \mathbf{u}, \mathbf{v} \rangle$를 대응시키는 함수로서 모든 스칼라 k와 V 내의 모든 $\mathbf{u}, \mathbf{v}, \mathbf{w}$에 대해서 다음의 성질들이 성립한다.

1. $\langle \mathbf{u}, \mathbf{v} \rangle = \langle \mathbf{v}, \mathbf{u} \rangle$ **[대칭성]**

2. $\langle \mathbf{u}+\mathbf{v}, \mathbf{w} \rangle = \langle \mathbf{u}, \mathbf{w} \rangle + \langle \mathbf{v}, \mathbf{w} \rangle$ **[덧셈 성질]**

3. $\langle k\mathbf{u}, \mathbf{v} \rangle = k\langle \mathbf{u}, \mathbf{v} \rangle$ **[동차 성질]**

4. $\langle \mathbf{v}, \mathbf{v} \rangle \geq 0$, $\langle \mathbf{v}, \mathbf{v} \rangle = 0$이기 위한 필요충분조건은 $\mathbf{v} = \mathbf{0}$이다. **[양수 성질]**

내적을 갖는 실벡터공간을 **실내적공간**(real inner product space)이라 하고, 이 정의의 4가지 성질을 **내적공리**(inner product axiom)라 한다.

참고 이 절에서는 실내적공간에 대해서만 다루고, 실내적공간을 간단히 *내적공간*으로 표현하겠다. 복소벡터공간의 내적은 연습문제에서 다룬다.

1.2절의 식 (29)와 (31)을 사용하여 다음을 정의할 수 있다.

정의 9.2.2 V가 내적공간이라면, 내적과 연관된 V 내의 벡터에 대한 **놈**(norm)과 **거리**(distance)를 다음 공식으로 정의한다.

$$\|\mathbf{v}\| = \sqrt{\langle \mathbf{v}, \mathbf{v} \rangle} \tag{1}$$

$$d(\mathbf{u}, \mathbf{v}) = \|\mathbf{u}-\mathbf{v}\| = \sqrt{\langle \mathbf{u}-\mathbf{v}, \mathbf{u}-\mathbf{v} \rangle} \tag{2}$$

그리고 $\langle \mathbf{u}, \mathbf{v} \rangle = 0$이면 $\mathbf{u}$와 $\mathbf{v}$가 **직교**(orthogonal)이다라고 정의한다.

예제 1
R^n상의 점곱은 내적이다

R^n상의 점곱(Euclid 내적으로 부르기도 한다)은 내적의 가장 기본적인 예이다. 내적 공리는 점곱의 성질에서 유도된 것이므로 $\langle \mathbf{u}, \mathbf{v} \rangle = \mathbf{u} \cdot \mathbf{v}$가 내적의 공리를 만족시키는 것은 확실하다. 벡터가 열의 형태로 표현된다면, 점곱을 $\langle \mathbf{u}, \mathbf{v} \rangle = \mathbf{u}^T\mathbf{v}$[3.1절의 식 (26)]로 표현할 수 있다. 이런 경우에 점곱을 $n \times 1$ 실수 행렬의 벡터공간상의 내적으로 볼 수 있다. ■

예제 2
가중 Euclid 내적

$w_1, w_2, \cdots, w_n$ 이 양의 실수이고 $\mathbf{u} = (u_1, u_2, \cdots, u_n)$와 $\mathbf{v} = (v_1, v_2, \cdots, v_n)$가 R^n에서의 벡터이면, 다음 식은

$$\langle \mathbf{u}, \mathbf{v} \rangle = w_1u_1v_1 + w_2u_2v_2 + \cdots + w_nu_nv_n \tag{3}$$

R^n상의 내적을 정의한다. 이것을 **가중치**(weight) $w_1, w_2, \cdots, w_n$을 갖는 **가중 Euclid 내적**(weighted Euclidean inner product)이라 부른다. 식 (3)이 네 개의 내적공리를 만족시킨다는 명제에 대한 증명은 연습

문제에서 다룬다. 식 (3)에 대한 벡터 $\mathbf{x} = (x_1, x_2, \cdots, x_n)$의 놈은

$$\|\mathbf{x}\| = \sqrt{\langle \mathbf{x}, \mathbf{x}\rangle} = \sqrt{w_1 x_1^2 + w_2 x_2^2 + \cdots + w_n x_n^2}$$

이다. 예를 들어 다음 식

$$\langle \mathbf{u}, \mathbf{v}\rangle = 2u_1v_1 + 3u_2v_2 \tag{4}$$

은 가중치 $w_1 = 2$와 $w_2 = 3$을 가진 R^2상의 가중 Euclid 내적을 정의한다. 그리고 이 내적에 대한 벡터 $\mathbf{x} = (x_1, x_2)$의 놈은

$$\|\mathbf{x}\| = \sqrt{\langle \mathbf{x}, \mathbf{x}\rangle} = \sqrt{2x_1^2 + 3x_2^2} \tag{5}$$

이다. ■

참고 가중 Euclid 내적은 몇몇 데이터값들이 다른 데이터값보다 더 정밀한 경우의 최소제곱문제에서 종종 사용된다. 데이터 벡터의 성분은 그 정밀도에 비례하여 가중치가 지정되고 결과적으로 가중 Euclid 내적에 대하여 $\|\mathbf{b} - A\mathbf{x}\|$를 최소화하는 $A\mathbf{x} = \mathbf{b}$의 해를 찾는다. 최소화 해는 $A\mathbf{x} = \mathbf{b}$의 **가중최소제곱해**(weighted least squares solution)라 하며, 이와 같은 해를 구하는 문제를 **가중최소제곱문제**(weighted least squares problem)라 한다. 연습문제에서 가중최소제곱문제를 일반적인 최소제곱문제로 변환하여 가중최소제곱문제를 푸는 방법을 다룰 것이다.

가중치의 기하학적 효과

길이, 거리, 각, 직교성은 사용하는 내적에 따라 달라진다는 점을 주지해야 한다. 예를 들어 $\mathbf{x} = (1, 0)$은 Euclid 내적에 대해서는 단위벡터이지만 식 (4)의 내적에 대해서는 단위벡터가 아니다. 왜냐하면 식 (5)에 의하면 그 길이가 다음과 같기 때문이다.

$$\|\mathbf{x}\| = \sqrt{2(1)^2 + 3(0)^2} = \sqrt{2}$$

또한 $\mathbf{u} = (1, -1)$과 $\mathbf{v} = (1, 1)$은 R^2상의 Euclid 내적에 대해서는 직교하지만 식 (4)에 의한 내적에 대해서는

$$\langle \mathbf{u}, \mathbf{v}\rangle = 2(1)(1) + 3(-1)(1) = -1 \neq 0$$

이기 때문에 직교하지 않는다.

Euclid 내적에 가중치를 부여하면 길이, 거리, 각이 변하기 때문에 가중치가 직교성과 기하학적 대상의 형태를 변화시키는 것은 놀랄 만한 일이 아니다. 다음 예는 Euclid 내적에 가중치를 부여하면 그림 9.2.1의 단위원이 타원으로 변형되는 것을 보여준다.

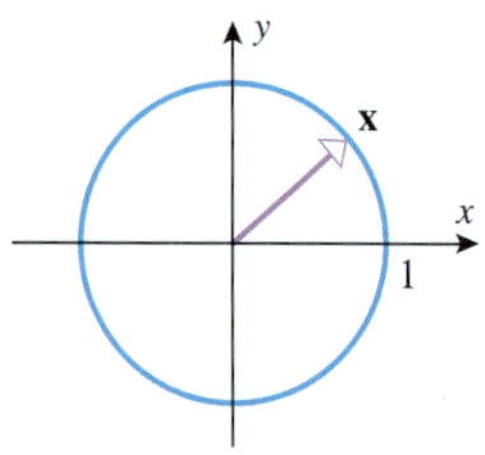

$\|\mathbf{x}\| = \sqrt{x^2 + y^2}$

그림 9.2.1

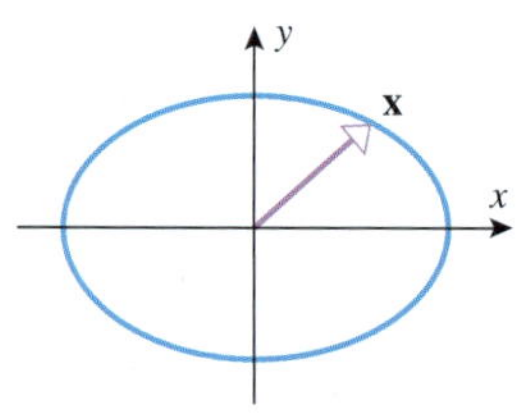

$\|\mathbf{x}\| = \sqrt{\frac{1}{9}x^2 + \frac{1}{4}y^2}$

그림 9.2.2

예제 3 R^2상의 가중 Euclid 내적을 사용한 단위원

만약 V가 내적공간이라면, **단위원**[unit circle, **단위구**(unit sphere)라고도 한다]*은 V 내에서 $\|\mathbf{x}\| = 1$인 점들의 집합으로 정의할 수 있다. 다음의 가중 Euclid 내적을 사용하여 xy 좌표계에서 단위원을 그려라.

$$\langle \mathbf{u}, \mathbf{v}\rangle = \tfrac{1}{9}u_1v_1 + \tfrac{1}{4}u_2v_2 \tag{6}$$

*'단위원'은 R^2인 경우, '단위구'는 R^3인 경우에 더 적합한 용어이다. 그 이상의 고차원 공간에서는 어느 것이라도 상관없다.

풀이 $\mathbf{x} = (x, y)$이면 $\|\mathbf{x}\|$는

$$\|\mathbf{x}\| = \sqrt{\langle \mathbf{x}, \mathbf{x} \rangle} = \sqrt{\tfrac{1}{9}x^2 + \tfrac{1}{4}y^2}$$

이고, 식 (6)에 대한 단위원의 방정식은

$$\sqrt{\tfrac{1}{9}x^2 + \tfrac{1}{4}y^2} = 1 \quad \text{또는 동치적으로} \quad \frac{x^2}{9} + \frac{y^2}{4} = 1$$

이다. 이 방정식의 그래프는 그림 9.2.2에 나타낸 것처럼 타원이다. ■

예제 4 $C[a, b]$상의 적분내적

구간 $[a, b]$상에서 f와 g가 연속함수이면

$$\langle f, g \rangle = \int_a^b f(x)g(x)\, dx \tag{7}$$

는 **적분내적**(integral inner product)이라 부르는 벡터공간 $C[a, b]$의 내적을 정의한다. 이 내적에 대한 함수 f의 놈은 다음과 같고,

$$\|f\| = \sqrt{\langle f, f \rangle} = \sqrt{\int_a^b [f(x)]^2\, dx} \tag{8}$$

식 (7)이 네 개의 내적공리를 만족시킨다는 명제에 대한 증명은 다음과 같다.

- **공리 1**—$[a, b]$ 구간에서 f와 g가 연속함수이면

$$\langle f, g \rangle = \int_a^b f(x)g(x)\, dx = \int_a^b g(x)f(x)\, dx = \langle g, f \rangle$$

이다.

- **공리 2**—$[a, b]$ 구간에서 f, g, h가 연속함수이면

$$\langle f + g, h \rangle = \int_a^b [f(x) + g(x)]h(x)\, dx = \int_a^b f(x)h(x)\, dx + \int_a^b g(x)h(x)\, dx = \langle f, h \rangle + \langle g, h \rangle$$

이다.

- **공리 3**—$[a, b]$ 구간에서 f와 g가 연속함수이고 k가 스칼라이면

$$\langle kf, g \rangle = \int_a^b kf(x)g(x)\, dx = k\int_a^b f(x)g(x)\, dx = k\langle f, g \rangle$$

이다.

- **공리 4**—$[a, b]$ 구간에서 f가 연속함수이면

$$\langle f, f \rangle = \int_a^b f(x)f(x)\, dx = \int_a^b [f(x)]^2\, dx \geq 0 \tag{9}$$

이다.

더욱이 $f(x_0) \neq 0$인 점 x_0이 $[a, b]$ 구간 내에 있다면 $\langle f, f \rangle > 0$이다. 그 이유는 점 x_0에서 f의 연속성으로 인해 $[a, b]$ 내의 x_0을 포함하는 적당한 구간에서 $f(x)$가 영이 아니기 때문이며, 이것은 다시 그 구간 내에서 $[f(x)]^2 > 0$임을 의미한다. 그러므로 공리 4에서 요구하는 대로 $f = 0$일 때만 $\langle f, f \rangle = 0$이다. ■

예제 5 $C(0, 2\pi)$에서의 직교함수

만약 p와 q가 서로 다른 양의 정수라면, $\cos px$와 $\cos qx$는 다음과 같이 정의되는 내적에 대하여 직교함을 보여라.

$$\langle f, g \rangle = \int_0^{2\pi} f(x)g(x)\, dx$$

풀이 $f(x) = \cos px$와 $g(x) = \cos qx$라 하자. 다음 식이 성립함을 보여야 한다.

$$\langle f, g\rangle = \int_0^{2\pi} \cos px \cos qx\, dx = 0 \tag{10}$$

이것을 증명하려면 다음과 같은 삼각함수 항등식이 필요하다.

$$\cos(A)\cos(B) = \tfrac{1}{2}[\cos(A+B) + \cos(A-B)]$$

이 항등식을 이용하면 다음 식을 구할 수 있으며 식 (10)이 성립한다.

$$\begin{aligned}\int_0^{2\pi} \cos px \cos qx\, dx &= \frac{1}{2}\int_0^{2\pi} [\cos(px+qx) + \cos(px-qx)]\, dx \\ &= \frac{1}{2}\int_0^{2\pi} [\cos(p+q)x + \cos(p-q)x]\, dx \\ &= \frac{\sin[2\pi(p+q)]}{2(p+q)} + \frac{\sin[2\pi(p-q)]}{2(p-q)} \\ &= 0 + 0 = 0\end{aligned}$$

■

내적의 대수적 성질 R^n에 대한 기하학적 정리를 일반 내적공간으로 확장하는 것은, 정리에 기저나 차원의 개념이 포함되지 않는다면, 표기법을 적당히 바꾸는 단순한 문제이다. 기저나 차원 개념을 포함하는 기하학적 정리들을 확장하려면 몇 가지 유한차원 조건이 종종 필요하다. 다음은 정리 1.2.7, 1.2.11, 1.2.12, 1.2.13, 1.2.15의 일반화된 형태이다.

정리 9.2.3 $\mathbf{u}, \mathbf{v}, \mathbf{w}$가 내적공간 V의 벡터이고, k가 스칼라이면 다음 식이 성립한다.

(a) $\langle \mathbf{0}, \mathbf{v}\rangle = \langle \mathbf{v}, \mathbf{0}\rangle = 0$

(b) $\langle \mathbf{u}+\mathbf{v}, \mathbf{w}\rangle = \langle \mathbf{u}, \mathbf{w}\rangle + \langle \mathbf{v}, \mathbf{w}\rangle$

(c) $\langle \mathbf{u}, \mathbf{v}-\mathbf{w}\rangle = \langle \mathbf{u}, \mathbf{v}\rangle - \langle \mathbf{u}, \mathbf{w}\rangle$

(d) $\langle \mathbf{u}-\mathbf{v}, \mathbf{w}\rangle = \langle \mathbf{u}, \mathbf{w}\rangle - \langle \mathbf{v}, \mathbf{w}\rangle$

(e) $k\langle \mathbf{u}, \mathbf{v}\rangle = \langle \mathbf{u}, k\mathbf{v}\rangle$

정리 9.2.4 **(Pythagoras 정리)** 만약 $\mathbf{u}$와 $\mathbf{v}$가 내적공간 V에서 직교하는 벡터이면 다음 식이 성립한다.

$$\|\mathbf{u}+\mathbf{v}\|^2 = \|\mathbf{u}\|^2 + \|\mathbf{v}\|^2$$

정리 9.2.5 **(Cauchy-Schwarz 부등식)** 만약 $\mathbf{u}$와 $\mathbf{v}$가 내적공간 V의 벡터이면 다음 식이 성립한다.

$$\langle \mathbf{u}, \mathbf{v}\rangle^2 \le \|\mathbf{u}\|^2\|\mathbf{v}\|^2$$

(제곱근을 사용하면) 동치적으로 다음 식이 성립한다.

$$|\langle \mathbf{u}, \mathbf{v}\rangle| \le \|\mathbf{u}\|\|\mathbf{v}\|$$

정리 9.2.6 **(삼각부등식)** 만약 $\mathbf{u}, \mathbf{v}, \mathbf{w}$가 내적공간 V의 벡터이면 다음 식이 성립한다.

(a) $\|\mathbf{u}+\mathbf{v}\| \le \|\mathbf{u}\| + \|\mathbf{v}\|$ **[벡터들의 삼각부등식]**

(b) $d(\mathbf{u}, \mathbf{v}) \le d(\mathbf{u}, \mathbf{w}) + d(\mathbf{w}, \mathbf{v})$ **[거리의 삼각부등식]**

참고 0이 아닌 벡터 $\mathbf{u}$와 $\mathbf{v}$의 사잇각 θ에 대해서 1.2절의 식 (30)은 다음 식과 같이 일반 내적공간으로 확장할 수 있다.

$$\theta = \cos^{-1}\left(\frac{\langle \mathbf{u}, \mathbf{v}\rangle}{\|\mathbf{u}\|\|\mathbf{v}\|}\right) \tag{11}$$

왜냐하면 Cauchy-Schwarz 부등식은 역코사인의 편각이 -1과 1 사이에 있다는 것을 의미하기 때문이다 (확인해 보라).

예제 6 Pythagoras 정리

벡터 $\mathbf{u} = (1, -1)$와 $\mathbf{v} = (6, 4)$가 식 (4)로 정의된 내적에 대해서 직교함을 보이고, 이 벡터들에 대하여 Pythagoras 정리를 확인하라.

풀이 다음과 같이 계산되므로 벡터는 서로 직교한다.

$$\langle \mathbf{u}, \mathbf{v}\rangle = 2(1)(6) + 3(-1)(4) = 0$$

Pythagoras 정리를 확인하기 위해 식 (5)를 사용한다. 계산하면 다음을 구할 수 있다.

$$\begin{aligned}
\|\mathbf{u}\|^2 &= 2(1)^2 + 3(-1)^2 = 5\\
\|\mathbf{v}\|^2 &= 2(6)^2 + 3(4)^2 = 120\\
\|\mathbf{u}+\mathbf{v}\|^2 &= \|(7, 3)\| = 2(7)^2 + 3(3)^2 = 125
\end{aligned}$$

따라서 Pythagoras 정리가 보장하듯이 $\|\mathbf{u} + \mathbf{v}\|^2 = \|\mathbf{u}\|^2 + \|\mathbf{v}\|^2$이 성립된다. 벡터 $\mathbf{u}$와 $\mathbf{v}$는 R^n의 Euclid 내적에 대해서는 직교하지 않고, 따라서 벡터 $\mathbf{u}$, $\mathbf{v}$는 Euclid 내적에 대해 Pythagoras 정리를 만족시키지 않는다는 점을 유의하라. ■

예제 7 몇 가지 유명한 적분 부등식

f와 g가 $[a, b]$ 구간에서 연속함수이고 $C[a, b]$는 예제 4에서의 식 (7)의 적분내적을 갖는다고 가정하자. Cauchy-Schwarz 부등식은 다음과 같이 표현할 수 있다.

$$|\langle f, g\rangle| \le \|f\|\|g\|$$

이 식은 다음을 의미한다.

$$\left|\int_a^b f(x)g(x)\,dx\right| \le \sqrt{\int_a^b [f(x)]^2\,dx}\ \sqrt{\int_a^b [g(x)]^2\,dx} \tag{12}$$

그리고 벡터의 삼각부등식은 다음과 같으며

$$\|f + g\| \le \|f\| + \|g\|$$

이 식은 다음을 의미한다.

$$\sqrt{\int_a^b [f(x) + g(x)]^2\,dx} \le \sqrt{\int_a^b [f(x)]^2\,dx} + \sqrt{\int_a^b [g(x)]^2\,dx} \tag{13}$$

공식 (12)와 (13)은 많은 다른 응용 분야에서 중요한 역할을 하지만 이 책의 범주를 넘는다. 하지만, 벡터 공간에 대한 일반적인 결과로부터 이러한 부등식을 추론할 수 있다는 사실은 지금까지 개발된 방법의 효용성을 보여준다. 식 (13)은 독일 수학자이자 물리학자인 Hermann Minkowski (1864~1909)를 기리고자 때때로 적분에 대한 **Minkowski 부등식**(Minkowski inequality)이라고 부르기도 한다. ■

정규직교기저

R^n에서 0이 아닌 벡터들의 직교집합이 일차독립임을 기술한 정리 7.9.1을 상기하자. 일반 내적공간 V에서도 이 정리는 성립한다.

예제 8 T_n에 대한 직교기저

다음과 같은 형태의 함수를 **삼각다항식**(trigonometric polynomial)이라 한다.

$$\begin{aligned}
f(x) = (c_0 + c_1\cos x + c_2\cos 2x + \cdots + c_n\cos nx)&\\
+ (d_1\sin x + d_2\sin 2x + \cdots + d_n\sin nx)&
\end{aligned}$$

만약 C_n과 d_n 모두가 0은 아니라면, $f(x)$는 ***n*차**(order n)라고 말한다. 또한 상수 함수는 0차의 삼각다항식으로 간주된다. n차 이하의 차수를 갖는 삼각다항식들의 집합은 다음 집합의 함수에 의해 생성된 $C(-\infty, \infty)$의 부분공간이다.

$$S = \{1, \cos x, \cos 2x, \cdots, \cos nx, \sin x, \sin 2x, \cdots, \sin nx\} \tag{14}$$

이러한 부분공간을 T_n으로 표시하자. S가 다음과 같은 적분내적에 대해서 T_n에 대한 직교기저임을 보여라.

$$\langle f, g\rangle = \int_0^{2\pi} f(x)g(x)\,dx \tag{15}$$

풀이 집합 S가 T_n을 생성하고, 일차독립은 직교성에서 유도될 수 있기 때문에, S가 직교집합임을 보이면 충분하다. S가 직교집합임을 증명하기 위해서 이 집합 내의 임의의 서로 다른 두 함수의 내적이 0임을 보여야 한다. 즉 다음과 같다.

$$\langle 1, \cos kx\rangle = \int_0^{2\pi} \cos kx\,dx = 0 \qquad (k = 1, 2, \cdots, n) \tag{16}$$

$$\langle 1, \sin kx\rangle = \int_0^{2\pi} \sin kx\,dx = 0 \qquad (k = 1, 2, \cdots, n) \tag{17}$$

역사 속의 선형대수

Hermann Minkowski는 각각 독립적인 양이라고 간주되었던 공간과 시간이 사차원의 공간-시간 연속체를 형성할 수 있다는 사실을 최초로 인식하였다고 평가받는다. 이것은 Albert Einstein이 상대성이론을 개발하는 데 기틀을 제공하였다.

Hermann Minkowski
(1864~1909)

$$\langle \cos px, \cos qx\rangle = \int_0^{2\pi} \cos px \cos qx\,dx = 0 \qquad (p, q = 1, 2, \cdots, n \text{ 그리고 } p \neq q) \tag{18}$$

$$\langle \sin px, \sin qx\rangle = \int_0^{2\pi} \sin px \sin qx\,dx = 0 \qquad (p, q = 1, 2, \cdots, n \text{ 그리고 } p \neq q) \tag{19}$$

$$\langle \cos px, \sin qx\rangle = \int_0^{2\pi} \cos px \sin qx\,dx = 0 \qquad (p, q = 1, 2, \cdots, n) \tag{20}$$

처음 두 개의 적분은 기본적인 적분 기법을 사용해서 계산할 수 있다. 식 (18)의 적분은 예제 5에서 계산하였고, 식 (19), (20)의 적분도 비슷한 방법으로 계산할 수 있다. 자세한 계산 과정은 생략한다.

예제 9 T_n에 대한 정규직교기저

식 (14)에 주어진 직교기저 S 내의 함수들을 정규화함으로써 식 (15)의 내적에 대한 T_n의 정규직교기저를 구하라.

풀이 식 (8)과 기본적인 적분 과정으로 다음을 구할 수 있다.

$$\|1\| = \sqrt{\langle 1, 1\rangle} = \sqrt{\int_0^{2\pi} [1]^2\,dx} = \sqrt{2\pi}$$

$$\|\cos px\| = \sqrt{\langle \cos px, \cos px\rangle} = \sqrt{\int_0^{2\pi} \cos^2 px\,dx} = \sqrt{\pi} \qquad (p = 1, 2, \cdots, n)$$

$$\|\sin qx\| = \sqrt{\langle \sin qx, \sin qx\rangle} = \sqrt{\int_0^{2\pi} \sin^2 qx\,dx} = \sqrt{\pi} \qquad (q = 1, 2, \cdots, n)$$

그러므로 S 내의 벡터들을 정규화하여 다음 정규직교기저를 얻을 수 있다.

$$S' = \left\{\frac{1}{\sqrt{2\pi}}, \frac{\cos x}{\sqrt{\pi}}, \frac{\cos 2x}{\sqrt{\pi}}, \ldots, \frac{\cos nx}{\sqrt{\pi}}, \frac{\sin x}{\sqrt{\pi}}, \frac{\sin 2x}{\sqrt{\pi}}, \ldots, \frac{\sin nx}{\sqrt{\pi}}\right\} \tag{21}$$

■

최적근사 다음 문제를 고려하자.

함수의 최적근사문제 $[a, b]$ 구간에서 연속인 함수 f가 주어질 때, $C[a, b]$ 내의 주어진 유한차원 부분공간 W에 있는 함수만을 사용하여 얻을 수 있는 f의 최적근사를 구하라.

물론 '최적근사'가 무엇을 의미하는지를 명확하게 해야 한다. 이러한 유형의 두 가지 전형적인 예제를 살펴보자.

1. n차 이하의 차수를 갖는 다항식을 이용하여 구할 수 있는 $[0, 1]$ 구간 위에 존재하는 $f(x) = \sin x$의 최적근사를 구하라.
2. n차 이하의 차수를 갖는 삼각다항식을 이용하여 $[0, 2\pi]$ 구간 위에 존재하는 $f(x) = x$의 최적근사를 구하라.

이제 *최적근사*란 용어를 어떻게 해석해야 할지 생각해 보자. 하나의 양이 다른 것으로 근사화될 때마다 근사의 정확성을 평가하기 위해서는 오차를 측정하는 방법이 필요하다. 예를 들면 하나의 수 x를 다른 수 $\hat{x}$으로 근사화한다면, 다음 식으로 근사화 오차를 정하는 것이 일반적이다.

$$E = |x - \hat{x}|$$

여기서 양 또는 음의 오차의 구별을 없애고자 절대값을 사용했다. $[a, b]$ 구간에서 연속함수 f를 다른 연속함수 $\hat{f}$로 근사화할 때, 오차값을 표현하는 것은 더 복잡한 문제이다. 왜냐하면 한 점에서만이 아닌 *전체* 구간 $[a, b]$에서 $f(x)$와 $\hat{f}(x)$ 사이의 차를 고려해야 하기 때문이다. 그러한 오차 측정 방법 중 하나는 기하학적으로 해석하였을 때 $[a, b]$ 구간에서 f와 $\hat{f}$의 그래프 사이의 면적이 되는

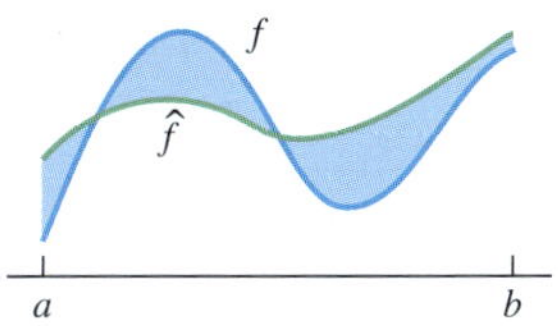

오차 $E = f$와 $\hat{f}$ 사이의 면적

그림 9.2.3

$$E = \int_a^b |f(x) - \hat{f}(x)|\, dx \tag{22}$$

이다. 그러므로 그래프 사이의 면적이 작을수록 근사는 더 정확하다(그림 9.2.3).

비록 식 (22)가 기하학적으로 의미가 있어 보이지만, f와 $\hat{f}$의 근사화 오차를 $C[a, b]$의 적분내적에 대한 f와 $\hat{f}$ 사이의 거리로 표현하는 것이 종종 더 편리하다. 즉 다음 수식과 같다.

$$E = d(f, \hat{f}) = \|f - \hat{f}\| = \sqrt{\int_a^b [f(x) - \hat{f}(x)]^2\, dx} \tag{23}$$

이러한 오차 측정 관점에서 볼 때 함수의 최적근사는 7.8절 첫머리에 소개한 것과 유사한 최소거리문제가 된다.

함수에 대한 최소거리문제 $C[a, b]$가 적분내적을 갖는다고 가정하자. $C[a, b]$의 부분공간 W와 $[a, b]$ 구간에서 연속인 함수 f가 주어졌을 때, W 내의 $\hat{f}$와 다른 모든 함수 g에 대해 $\|f - \hat{f}\| < \|f - g\|$라는 조건을 만족시키는 $\hat{f}$(그런 의미에서 f에 가장 가까운 W 내의 함수이다)를 찾아라. 그러한 함수 $\hat{f}$가 존재한다면 이것을 W에서 f까지의 **최적평균제곱근사**(best mean square approximation)라 한다.

참고 *최적평균제곱근사*라는 용어는 식 (23)을 최소화하는 W 내의 어떠한 함수 $\hat{f}$도

$$E_m = \frac{1}{b-a}\int_a^b [f(x) - \hat{f}(x)]^2\, dx \tag{24}$$

를 최소화하고, 그 역 또한 성립한다는 사실로부터 유래되었다. 식 (24)의 표현을 $\hat{f}$에 의한 f의 근사에서의 **평균제곱오차**(mean square error)라고 부른다.

R^n에서 최소거리문제들에 대한 경험으로 미루어 볼 때, 최적평균제곱근사는 정사영과 밀접한 관련이 있음을 자연스럽게 예상할 수 있다. 따라서 최소거리문제의 해가 7.9절의 식 (7)과 유사하다는 것은 놀라운 일이 아니다.

정리 9.2.7 *W가 $C[a, b]$의 유한차원 부분공간이고 $\{f_1, f_2, \cdots, f_k\}$가 W에 대해 정규직교기저라면, $C[a, b]$ 내의 각 함수 f는 W 내의 유일한 최적평균제곱근사 $\hat{f}$을 가지고, 그 근사는 다음과 같다.*

$$\hat{f} = \langle f, f_1\rangle f_1 + \langle f, f_2\rangle f_2 + \cdots + \langle f, f_k\rangle f_k \tag{25}$$

여기서

$$\langle f, f_j \rangle = \int_a^b f(x) f_j(x)\, dx \qquad (j = 1, 2, \cdots, k)$$

Fourier 급수 기저벡터가 삼각다항식인 경우는 특별히 중요한데, 이 함수들의 주기성이 주기적 현상의 연구에 자연스럽게 사용되기 때문이다. 그러나 기저벡터로서 삼각다항식의 보다 깊은 중요성은 프랑스 수학자 Joseph Fourier (1768~1830)가 최초로 밝혔는데, 그는 열전달 연구 과정 중에 충분한 고차의 삼각다항식을 이용하면 가장 중요한 종류의 함수를 상당히 정확하게 근사화할 수 있음을 발견하였다. 이제 그러한 근사화 방법에 대해서 살펴보자.

f를 $[0, 2\pi]$ 구간상의 연속함수라 하고, n차 이하의 차수를 갖는 삼각다항식으로 f의 최적평균제곱근사를 계산하는 방법을 고려해 보자. 이러한 근사는 f의 T_n 위로의 정사영이기 때문에, T_n의 정규직교기저를 알고 있다면 식 (25)를 사용하여 계산할 수 있다. 예제 9에서의 정규직교기저 식 (21)을 이용할 것이다. 이러한 기저벡터를 다음과 같이 표현하자.

$$f_0 = \frac{1}{\sqrt{2\pi}}, \quad f_1 = \frac{\cos x}{\sqrt{\pi}}, \ldots, \quad f_n = \frac{\cos nx}{\sqrt{\pi}}, \quad f_{n+1} = \frac{\sin x}{\sqrt{\pi}}, \ldots, \quad f_{2n} = \frac{\sin nx}{\sqrt{\pi}}$$

그리고 T_n 위로의 f의 정사영을 다음과 같은 식이라 하자.

$$\text{proj}_{T_n} f = \frac{a_0}{2} + [a_1 \cos x + \cdots + a_n \cos nx] + [b_1 \sin x + \cdots + b_n \sin nx] \tag{26}$$

여기서 계수들을 구해야 한다. 이 계수들은 식 (25)에서 표기법을 적절히 변경하여 다음과 같이 나타낼 수 있다.

$$a_0 = \frac{2}{\sqrt{2\pi}}\langle f, f_0 \rangle, \quad a_1 = \frac{1}{\sqrt{\pi}}\langle f, f_1 \rangle, \cdots, \quad a_n = \frac{1}{\sqrt{\pi}}\langle f, f_n \rangle$$

$$b_1 = \frac{1}{\sqrt{\pi}}\langle f, f_{n+1} \rangle, \cdots, \quad b_n = \frac{1}{\sqrt{\pi}}\langle f, f_{2n} \rangle$$

그러므로

$$a_0 = \frac{2}{\sqrt{2\pi}}\langle f, f_0 \rangle = \frac{2}{\sqrt{2\pi}}\int_0^{2\pi} f(x)\frac{1}{\sqrt{2\pi}}\, dx = \frac{1}{\pi}\int_0^{2\pi} f(x)\, dx$$

$$a_1 = \frac{1}{\sqrt{\pi}}\langle f, f_1 \rangle = \frac{1}{\sqrt{\pi}}\int_0^{2\pi} f(x)\frac{\cos x}{\sqrt{\pi}}\, dx = \frac{1}{\pi}\int_0^{2\pi} f(x)\cos x\, dx$$

$$\vdots$$

$$a_n = \frac{1}{\sqrt{\pi}}\langle f, f_n \rangle = \frac{1}{\sqrt{\pi}}\int_0^{2\pi} f(x)\frac{\cos nx}{\sqrt{\pi}}\, dx = \frac{1}{\pi}\int_0^{2\pi} f(x)\cos nx\, dx$$

$$b_1 = \frac{1}{\sqrt{\pi}}\langle f, f_{n+1} \rangle = \frac{1}{\sqrt{\pi}}\int_0^{2\pi} f(x)\frac{\sin x}{\sqrt{\pi}}\, dx = \frac{1}{\pi}\int_0^{2\pi} f(x)\sin x\, dx$$

$$\vdots$$

$$b_n = \frac{1}{\sqrt{\pi}}\langle f, f_{2n} \rangle = \frac{1}{\sqrt{\pi}}\int_0^{2\pi} f(x)\frac{\sin nx}{\sqrt{\pi}}\, dx = \frac{1}{\pi}\int_0^{2\pi} f(x)\sin nx\, dx$$

이고, 더 간단하게

$$a_k = \frac{1}{\pi}\int_0^{2\pi} f(x)\cos kx\, dx, \qquad b_k = \frac{1}{\pi}\int_0^{2\pi} f(x)\sin kx\, dx \tag{27~28}$$

$a_0, a_1, \cdots, a_n$과 $b_1, \cdots, b_n$을 f의 **Fourier 계수**(Fourier coefficient)라 하고, 식 (26)을

역사 속의 선형대수

프랑스 수학자 Joseph Fourier는 그의 1807년 논문 *On the Propogation of Heat in Solid Bodies*(고체에서의 열 전파에 관하여)에서 Fourier 급수에 대한 기본적인 연구를 수행하였고, 현재 이것은 응용수학에서 위대한 이정표 중 하나로 여겨진다. 그러나 당시에는 상당한 논란이 있었으며 수학적 정밀성이 결여되었다는 심한 혹평을 받았다. 실제로 이 연구 결과가 존재하는 것은 상당한 행운이다. 왜냐하면 Fourier는 프랑스 혁명 기간인 1794년 체포되었고, 단두대에 오를 심각한 위험에 처했기 때문이다. 다행히도 수학계의 정치적인 분위기가 바뀌었고 Fourier는 Robespierre가 참수형에 처해진 후 자유의 몸이 되었다. Fourier는 그 후 이집트 침공 동안에 나폴레옹의 과학 담당 고문이 되었고, 수년 동안 나폴레옹의 흥망성쇠와 관련된 여러 정치적 문제에 휘말렸다.

Jean Baptiste Joseph Fourier
(1768~1830)

f의 n차 Fourier 근사라 한다. 다음 예제를 살펴보자.

예제 10 (a) $f(x) = x$의 2차 Fourier 근사를 구하라.
(b) $f(x) = x$의 n차 Fourier 근사를 구하라.

풀이 (a) x의 2차 Fourier 근사는 다음과 같다.

$$x \approx \frac{a_0}{2} + [a_1 \cos x + a_2 \cos 2x] + [b_1 \sin x + b_2 \sin 2x] \tag{29}$$

여기서 a_0, a_1, a_2, b_1, b_2는 x의 Fourier 계수이다. $k = 0$일 때 식 (27)로부터 다음을 구할 수 있다.

$$a_0 = \frac{1}{\pi}\int_0^{2\pi} f(x)\,dx = \frac{1}{\pi}\int_0^{2\pi} x\,dx = 2\pi$$

다른 모든 Fourier 계수들은 부분적분을 이용하여 식 (27)과 (28)로부터 다음과 같이 구할 수 있다.

$$a_k = \frac{1}{\pi}\int_0^{2\pi} f(x)\cos kx\,dx = \frac{1}{\pi}\int_0^{2\pi} x\cos kx\,dx = \frac{1}{\pi}\left[\frac{1}{k^2}\cos kx + \frac{x}{k}\sin kx\right]_0^{2\pi} = 0 \tag{30}$$

$$b_k = \frac{1}{\pi}\int_0^{2\pi} f(x)\sin kx\,dx = \frac{1}{\pi}\int_0^{2\pi} x\sin kx\,dx = \frac{1}{\pi}\left[\frac{1}{k^2}\sin kx - \frac{x}{k}\cos kx\right]_0^{2\pi} = -\frac{2}{k} \tag{31}$$

그러므로 $a_1 = 0,\ a_2 = 0,\ b_1 = -2,\ b_2 = -1$이다. 식 (29)에 이 값들을 대입하면 2차 Fourier 근사를 구할 수 있다.

$$x \approx \pi - 2\sin x - \sin 2x$$

풀이 (b) x의 n차 Fourier 근사는 다음과 같다.

$$x \approx \frac{a_0}{2} + [a_1 \cos x + \cdots + a_n \cos nx] + [b_1 \sin x + \cdots + b_n \sin nx]$$

따라서 식 (30)과 (31)로부터 다음과 같은 근사식을 구할 수 있다.

$$x \approx \pi - 2\left(\sin x + \frac{\sin 2x}{2} + \frac{\sin 3x}{3} + \cdots + \frac{\sin nx}{n}\right)$$

$f(x) = x$의 그래프와 몇몇 Fourier 근사가 그림 9.2.4에 나와 있다. ■

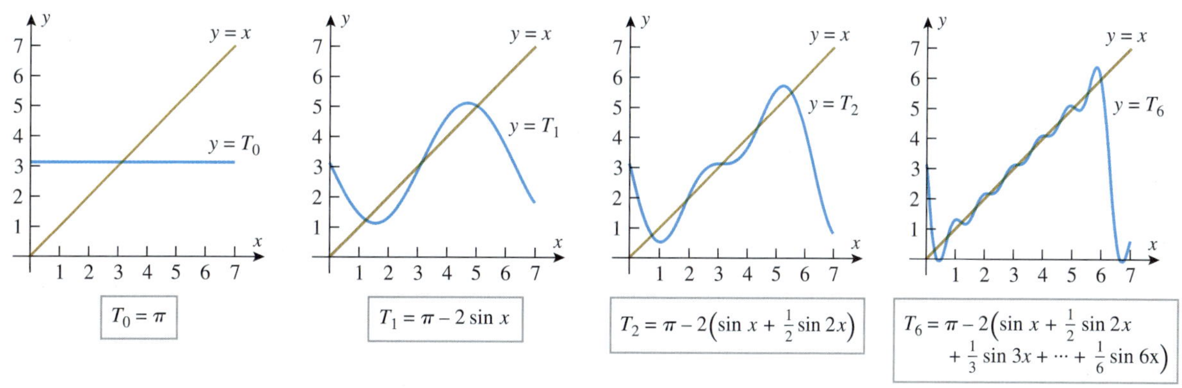

그림 9.2.4

만약 f가 $[0, 2\pi]$ 구간에서 연속이면, $n \to \infty$일 때 f의 n차 Fourier 근사의 평균제곱오차가 영으로 접근함을 증명할 수 있다. 이러한 내용을 다음 식으로 표현할 수 있으며

$$f(x) \doteq \frac{a_0}{2} + \sum_{k=1}^{\infty}(a_k \cos kx + b_k \sin kx)$$

이 식을 함수 f의 **Fourier 급수**(Fourier series)라고 부른다.

R^n상의 일반 내적 R^n상의 내적은 다음과 같은 형식의 함수의 학습에서 자연스럽게 발생한다.

$$\mathbf{x}^T A\mathbf{y} \tag{32}$$

여기서 A는 실수 성분의 $n \times n$ 행렬이며, $\mathbf{x}$와 $\mathbf{y}$는 R^n의 열 형태의 벡터이다. R^n 내에서 각 $\mathbf{x}$와 $\mathbf{y}$에 대하여 식 (32)의 값은 1×1 행렬이기 때문에 스칼라로 취급할 수 있다. 뿐만 아니라 만약 $\mathbf{y}$가 고정되어 있으면, 사상 $\mathbf{x} \to \mathbf{x}^T A\mathbf{y}$는 R^n에서 R로의 선형변환이며, 또한 만약 $\mathbf{x}$가 고정되어 있으면, 사상 $\mathbf{y} \to \mathbf{x}^T A\mathbf{y}$ 역시 R^n에서 R로의 선형변환이다(연습문제 P3). 따라서 식 (32)를 **겹선형 형식**(bilinear form)이라 부르며, 좀 더 자세히 표현하여 **A에 대한 겹선형 형식**이라 부르기도 한다. 다음 정리는 R^n 내의 모든 내적이 어느 특정한 유형의 겹선형 형식에서 발생됨을 보여주고 있다.

정리 9.2.8 *A가 양의 정부호 대칭행렬이고 R^n 내의 벡터가 열 형태이면*

$$\langle \mathbf{u}, \mathbf{v}\rangle = \mathbf{u}^T A\mathbf{v} \tag{33}$$

은 R^n상의 내적이며, 반대로 만약 $\langle \mathbf{u}, \mathbf{v}\rangle$가 R^n상의 어떠한 내적이라면, R^n 내의 모든 열벡터 $\mathbf{u}$와 $\mathbf{v}$에 대해서 식 (33)이 성립하는 유일한 양의 정부호인 대칭행렬 A가 존재한다.

이 정리에서 사용된 행렬 A를 **내적의 행렬**(matrix for the inner product)이라 부른다.

증명 이 정리의 첫 번째 내용을 증명하려면, 식 (33)이 정의 9.2.1의 네 가지 내적공리를 만족한다는 것을 확인해야 한다.

- **공리 1**—$\mathbf{u}^T A\mathbf{v}$가 1×1 행렬이므로 대칭이 되며, 따라서 다음 식이 성립한다.
  $$\langle \mathbf{u}, \mathbf{v}\rangle = \mathbf{u}^T A\mathbf{v} = (\mathbf{u}^T A\mathbf{v})^T = \mathbf{v}^T A^T\mathbf{u} = \mathbf{v}^T A\mathbf{u} = \langle \mathbf{v}, \mathbf{u}\rangle$$
- **공리 2**—전치의 성질을 이용하여 다음을 구할 수 있다.
  $$\langle \mathbf{u}+\mathbf{v}, \mathbf{w}\rangle = (\mathbf{u}+\mathbf{v})^T A\mathbf{w} = (\mathbf{u}^T + \mathbf{v}^T)A\mathbf{w} = \mathbf{u}^T A\mathbf{w} + \mathbf{v}^T A\mathbf{w} = \langle \mathbf{u}, \mathbf{w}\rangle + \langle \mathbf{v}, \mathbf{w}\rangle$$
- **공리 3**—다시 전치의 성질을 이용하여 다음을 구할 수 있다.
  $$\langle k\mathbf{u}, \mathbf{v}\rangle = (k\mathbf{u})^T A\mathbf{v} = (k\mathbf{u}^T)A\mathbf{v} = k(\mathbf{u}^T A\mathbf{v}) = k\langle \mathbf{u}, \mathbf{v}\rangle$$
- **공리 4**—A가 양의 정부호이며 대칭이므로, 식 $\langle \mathbf{v}, \mathbf{v}\rangle = \mathbf{v}^T A\mathbf{v}$은 양의 정부호 이차 형식이다. 그러므로 정의 8.4.2는 다음을 의미한다.
  $\langle \mathbf{v}, \mathbf{v}\rangle = \mathbf{v}^T A\mathbf{v} \ge 0$이며, $\langle \mathbf{v}, \mathbf{v}\rangle = 0$이기 위한 필요충분조건은 $\mathbf{v} = \mathbf{0}$

역을 증명하기 위해서, $\langle \mathbf{u}, \mathbf{v}\rangle$가 R^n상의 내적이고 $\mathbf{e}_1, \mathbf{e}_2, \cdots, \mathbf{e}_n$이 표준단위벡터들이라고 가정하자. 그러면

$$A = \begin{bmatrix} \langle \mathbf{e}_1, \mathbf{e}_1\rangle & \langle \mathbf{e}_1, \mathbf{e}_2\rangle & \cdots & \langle \mathbf{e}_1, \mathbf{e}_n\rangle \\ \langle \mathbf{e}_2, \mathbf{e}_1\rangle & \langle \mathbf{e}_2, \mathbf{e}_2\rangle & \cdots & \langle \mathbf{e}_2, \mathbf{e}_n\rangle \\ \vdots & \vdots & & \vdots \\ \langle \mathbf{e}_n, \mathbf{e}_1\rangle & \langle \mathbf{e}_n, \mathbf{e}_2\rangle & \cdots & \langle \mathbf{e}_n, \mathbf{e}_n\rangle \end{bmatrix} \tag{34}$$

은 양의 정부호이고 대칭임을 보일 수 있으며, 또한 R^n 내의 모든 $\mathbf{u}$와 $\mathbf{v}$에 대해서 $\langle \mathbf{u}, \mathbf{v}\rangle = \mathbf{u}^T A\mathbf{v}$임을 보일 수 있다. 더욱이, 이 행렬은 이러한 성질을 갖는 유일한 행렬이다. ■

개념문제 정리 9.2.8의 식 (33)이 점곱 표기법을 이용하여 $\langle \mathbf{u}, \mathbf{v}\rangle = A\mathbf{u} \cdot \mathbf{v}$으로 표현될 수 있음을 보여라.

▶ 예제 11 가중 Euclid 내적의 복습

만약 $w_1, w_2, \cdots, w_n$이 양의 실수이면

$$A = \begin{bmatrix} w_1 & 0 & \cdots & 0 \\ 0 & w_2 & \cdots & 0 \\ \vdots & \vdots & \ddots & \vdots \\ 0 & 0 & \cdots & w_n \end{bmatrix}$$

가 양의 정부호이며 대칭이다(확인해 보라). 그러므로 $\langle \mathbf{u}, \mathbf{v}\rangle = \mathbf{u}^T A\mathbf{v}$이 내적임을 알 수 있다. 사실 이것은 다음 식이 성립하므로 가중치가 $w_1, w_2, \cdots, w_n$인 가중 Euclid 내적이다.

$$\langle \mathbf{u}, \mathbf{v}\rangle = \mathbf{u}^T A\mathbf{v} = [u_1 \quad u_2 \quad \cdots \quad u_n]\begin{bmatrix} w_1 & 0 & \cdots & 0 \\ 0 & w_2 & \cdots & 0 \\ \vdots & \vdots & \ddots & \vdots \\ 0 & 0 & \cdots & w_n \end{bmatrix}\begin{bmatrix} v_1 \\ v_2 \\ \vdots \\ v_n \end{bmatrix} = w_1u_1v_1 + w_2u_2v_2 + \cdots + w_nu_nv_n$$

■

예제 12 양의 정부호 행렬을 이용한 내적의 유도

$\langle \mathbf{u}, \mathbf{v}\rangle = 6u_1v_1 - 2u_1v_2 - 2u_2v_1 + 3u_2v_2$가 R^2상에서 내적을 정의함을 보여라.

풀이 주어진 식은 $\langle \mathbf{u}, \mathbf{v}\rangle = \mathbf{u}^T A\mathbf{v}$과 같이 행렬 형태로 표현할 수 있으며, 여기서

$$A = \begin{bmatrix} 6 & -2 \\ -2 & 3 \end{bmatrix}$$

행렬 A는 정리 8.4.5에 의하여 양의 정부호이다. 따라서 $\langle \mathbf{u}, \mathbf{v}\rangle$은 정리 9.2.8에 의해서 내적이다. ■

연습문제 9.2

1. $\langle \mathbf{u}, \mathbf{v}\rangle$는 다음 식에 정의된 대로 R^2상의 가중 Euclid 내적이라 하자.

$\langle \mathbf{u}, \mathbf{v}\rangle = 3u_1v_1 + 2u_2v_2$

그리고 벡터 $\mathbf{u} = (2, -3)$과 $\mathbf{v} = (1, 4)$를 고려하라.

(a) $\langle \mathbf{u}, \mathbf{v}\rangle$를 계산하라.

(b) $\|\mathbf{u}\|$와 $\|\mathbf{v}\|$를 계산하라.

(c) $\mathbf{u}$와 $\mathbf{v}$의 사잇각의 코사인을 계산하라.

(d) $\mathbf{u}$와 $\mathbf{v}$ 사이의 거리를 계산하라.

2. $\langle \mathbf{u}, \mathbf{v}\rangle = u_1v_1 + 4u_2v_2$, $\mathbf{u} = (-1, 6)$과 $\mathbf{v} = (2, -5)$를 이용하여 연습문제 1을 다시 풀어라.

3. 벡터 $\mathbf{u} = (1, 1)$과 $\mathbf{v} = (2, -3)$이 연습문제 1의 내적에 대하여 직교함을 보이고 이 벡터에 대하여 Pythagoras 정리가 성립함을 확인하라.

4. 벡터 $\mathbf{u} = (3, 1)$과 $\mathbf{v} = (4, -3)$이 연습문제 2의 내적에 대하여 직교함을 보이고 이 벡터에 대하여 Pythagoras 정리가 성립함을 확인하라.

연습문제 5와 6에서는 $\mathbf{u} = (u_1, u_2, u_3)$, $\mathbf{v} = (v_1, v_2, v_3)$이라 하자. 여기에 기술된 $\langle \mathbf{u}, \mathbf{v}\rangle$는 한 개 이상의 내적공리가 성립하지 않기 때문에 R^3상에서 내적을 정의할 수 없다. 성립하지 않는 정의 9.2.1의 공리를 모두 나열하라.

5. (a) $\langle \mathbf{u}, \mathbf{v}\rangle = u_2v_2 + u_3v_3$

(b) $\langle \mathbf{u}, \mathbf{v}\rangle = u_1v_1 + u_2v_2^2 + u_3v_3^3$

(c) $\langle \mathbf{u}, \mathbf{v}\rangle = u_1v_1 - u_2v_2 + u_3v_3$

6. (a) $\langle \mathbf{u}, \mathbf{v}\rangle = u_1v_1 + u_3v_3$

(b) $\langle \mathbf{u}, \mathbf{v}\rangle = \sqrt{u_1v_1 + u_2v_2 + u_3v_3}$

(c) $\langle \mathbf{u}, \mathbf{v}\rangle = u_1v_1 + u_2v_2 - u_3v_3$

7. 연습문제 1에서 사용된 내적과 벡터에 대하여 Cauchy-Schwarz 부등식과 삼각부등식이 성립함을 확인하라.

8. 연습문제 2에서 사용된 내적과 벡터에 대하여 Cauchy-Schwarz 부등식과 삼각부등식이 성립함을 확인하라.

연습문제 9와 10에서는 $S = \{\mathbf{v}_1, \mathbf{v}_2, \mathbf{v}_3\}$은 주어진 R^3상의 가중 Euclid 내적에 대하여 직교집합임을 확인하고, 벡터를 정규화하여 S를 정규직교집합으로 변환하라.

9. $\langle \mathbf{u}, \mathbf{v}\rangle = u_1v_1 + 3u_2v_2 + 2u_3v_3$; $\mathbf{v}_1 = (1, 1, 1)$, $\mathbf{v}_2 = (1, -1, 1)$, $\mathbf{v}_3 = (2, 0, -1)$

10. $\langle \mathbf{u}, \mathbf{v}\rangle = 2u_1v_1 + u_2v_2 + 3u_3v_3$; $\mathbf{v}_1 = (3, 3, 3)$, $\mathbf{v}_2 = (2, 2, -2)$, $\mathbf{v}_3 = (-4, 8, 0)$

연습문제 11과 12에서는 내적의 단위원을 스케치하라.

11. $\langle \mathbf{u}, \mathbf{v}\rangle = \frac{1}{16}u_1v_1 + \frac{1}{4}u_2v_2$ **12.** $\langle \mathbf{u}, \mathbf{v}\rangle = \frac{1}{9}u_1v_1 + u_2v_2$

연습문제 13과 14에서는 주어진 타원이 단위원이 되는 R^2상의 가중 Euclid 내적을 구하라.

13.

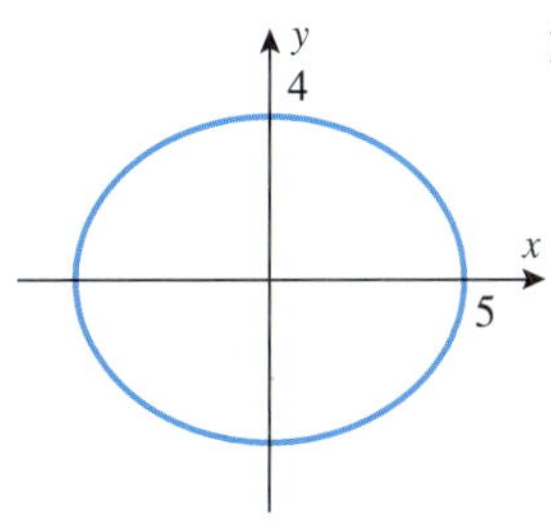

14.

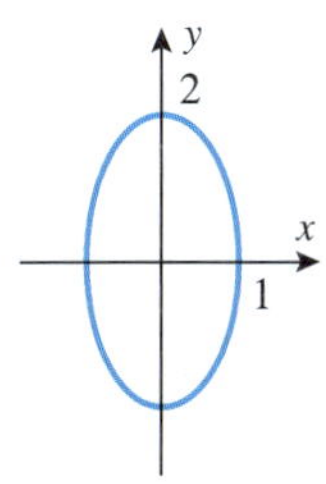

15. $C[0, 1]$가 다음과 같은 적분내적을 갖는다고 하자.

$$\langle f, g\rangle = \int_0^1 f(x)g(x)\,dx$$

그리고 $f(x) = x$와 $g(x) = x^2$라 가정하자.

(a) 주어진 함수에 대하여 $\langle f, g\rangle$를 계산하라.

(b) $\|f\|$와 $\|g\|$를 계산하라.

(c) f와 g의 사잇각의 코사인을 계산하라.

(d) f와 g 사이의 거리를 계산하라.

16. $C[-1, 1]$가 다음과 같은 적분내적을 갖는다고 하자.

$$\langle f, g\rangle = \int_{-1}^{1} f(x)g(x)\,dx$$

그리고 $f(x) = x^2-x$와 $g(x) = x + 1$이라 가정하자.

(a) 주어진 함수에 대하여 $\langle f, g\rangle$를 계산하라.

(b) $\|f\|$와 $\|g\|$를 계산하라.

(c) f와 g의 사잇각의 코사인을 계산하라.

(d) f와 g 사이의 거리를 계산하라.

17. $C[0, 1]$가 연습문제 15의 적분내적을 갖는다고 하자.

(a) $f_1(x) = 1$과 $f_2(x) = \frac{1}{2} - x$가 직교함을 보여라.

(b) f_1과 f_2가 Pythagoras 정리를 만족함을 확인하라.

(c) span$\{f_1, f_2\}$ 내의 함수를 이용하여 함수 $f(x) = x^2$의 최적평균제곱근사를 찾아라.

18. $C[-1, 1]$가 연습문제 16의 적분내적을 갖는다고 하자.

(a) $f_1(x) = x$와 $f_2(x) = x^2 - 1$이 직교함을 보여라.

(b) f_1과 f_2가 Pythagoras 정리를 만족함을 확인하라.

(c) span$\{f_1, f_2\}$ 내의 함수를 이용하여 상수함수 $f(x) = 1$의 최적평균제곱근사를 찾아라.

19. 만약 p와 q가 서로 다른 양의 정수이면, 함수 $f(x) = \sin px$와 $g(x) = \sin qx$가 예제 8의 내적에 대하여 직교함을 보여라.

20. 만약 p와 q가 양의 정수이면, 함수 $f(x) = \cos px$와 $g(x) = \sin qx$가 예제 8의 내적에 대하여 직교함을 보여라.

21. $f(x) = e^x$의 2차 Fourier 근사를 구하라.

22. $f(x) = e^{-x}$의 2차 Fourier 근사를 구하라.

23. $f(x) = 3x$의 n차 Fourier 근사를 구하라.

24. $f(x) = 1 + 2x$의 n차 Fourier 근사를 구하라.

연습문제 25와 26에서 $\langle \mathbf{u}, \mathbf{v}\rangle$의 표현식이 R^2의 내적을 정의함을 보여라.

25. $\langle \mathbf{u}, \mathbf{v}\rangle = 2u_1v_1 - u_2v_1 - u_1v_2 + 4u_2v_2$

26. $\langle \mathbf{u}, \mathbf{v}\rangle = 3u_1v_1 - 2u_2v_1 - 2u_1v_2 + 3u_2v_2$

27. 정리 1.2.14에 의하여 R^n의 벡터에 대하여 다음 평행사변형 법칙이 성립한다.

$$\|\mathbf{u}+\mathbf{v}\|^2 + \|\mathbf{u}-\mathbf{v}\|^2 = 2\left(\|\mathbf{u}\|^2 + \|\mathbf{v}\|^2\right)$$

모든 내적공간에서 이 등식이 성립함을 보여라.

28. 다음 등식이 모든 내적공간에서 성립함을 보여라.

$$\langle \mathbf{u}, \mathbf{v}\rangle = \frac{1}{4}\left(\|\mathbf{u}+\mathbf{v}\|^2 - \|\mathbf{u}-\mathbf{v}\|^2\right)$$

29. 실벡터공간의 내적공리가 정리 1.2.6의 점곱의 성질에서 기인한 것처럼 복소벡터공간의 내적공리는 정리 8.8.5의 복소점곱의 성질에서 기인한다. 따라서 V가 복소벡터공간인 경우, V의 **복소내적**(complex inner product)은 V 내의 벡터 $\mathbf{u}, \mathbf{v}$의 각 벡터 쌍에 대하여 유일한 복소수 $\langle \mathbf{u}, \mathbf{v}\rangle$를 대응하는 함수이다. 이때, 정의 9.2.1의 공리 2, 3, 4는 그대로 성립하지만 공리 1은 $\langle \mathbf{u}, \mathbf{v}\rangle = \overline{\langle \mathbf{v}, \mathbf{u}\rangle}$으로 대치된다. 복소내적을 갖는 복소벡터공간을 **복소내적공간**(complex inner product space)이라 부른다. 복소벡터공간에서의 길이, 거리, 직교성의 개념은 실벡터공간의 경우처럼 정의 9.2.2의 공식으로 정의된다.

(a) 식 $\langle \mathbf{u}, \mathbf{v}\rangle = 3u_1\overline{v}_1 + 2u_2\overline{v}_2$가 C^2상의 복소내적을 정의함을 보여라.

(b) $\mathbf{u} = (i, -2i)$와 $\mathbf{v} = (3i, -i)$라 하자. (a)항의 내적에 대하여 $\langle \mathbf{u}, \mathbf{v}\rangle$, $\|\mathbf{u}\|$, $\|\mathbf{v}\|$, 그리고 $\mathbf{u}$와 $\mathbf{v}$ 사이의 거리를 계산하라.

토론과 발견

D1. 만약 $\mathbf{u}$와 $\mathbf{v}$가 내적공간에서 직교단위벡터라면, $\|\mathbf{u} - \mathbf{v}\| =$ ________이다. 적절히 계산하여 답변에 대한 근거를 제시하라.

D2. 다음 식이 R^2의 내적을 정의하도록 c의 값을 구하라.

$$\langle \mathbf{u}, \mathbf{v}\rangle = 5u_1v_1 - 3u_2v_1 - 3u_1v_2 + cu_2v_2$$

D3. 만약 $U = [u_{ij}]$와 $V = [v_{ij}]$가 2×2 행렬이면, 다음 식의 값은 $\mathbf{u} =$ ______이고 $\mathbf{v} =$ _______일 때의 $\mathbf{u}\cdot\mathbf{v}$ 값과 일치한다.

$$\text{tr}(U^TV) = u_{11}v_{11} + u_{12}v_{12} + u_{21}v_{21} + u_{22}v_{22}$$

이로부터 $\langle U, V\rangle = \text{tr}(U^TV)$는 내적공리를 만족하고, 따라서 벡터공간 ______상의 내적을 정의한다.

D4. p와 q가 $p(x) = c_0 + c_1x + \cdots + c_nx^n$과 $q(x) = d_0 + d_1x + \cdots + d_nx^n$인 다항식이면 다음 식

$$\langle p, q\rangle = c_0d_0 + c_1d_1 + \cdots + c_nd_n$$

의 값은 벡터공간 ______에서 $\mathbf{u} =$ ______와 $\mathbf{v} =$ ______의 $\mathbf{u}\cdot\mathbf{v}$ 값과 동일하다. 이것은 $\langle p, q\rangle$가 내적공간 공리를 만족시키는 것을 의미하므로 벡터공간 ______상에서 내적을 정의한다.

D5. 식 $\langle \mathbf{u}, \mathbf{v}\rangle = (r\mathbf{u})\cdot(s\mathbf{v})$가 R^n상의 내적으로 정의되도록 하는 스칼라 r과 s의 조건은 무엇인가?

증명문제

P1. 만약 A가 가역 $n \times n$ 행렬이고 $\mathbf{u}$와 $\mathbf{v}$가 R^n의 벡터라면, 공식 $\langle \mathbf{u}, \mathbf{v}\rangle = A\mathbf{u}\cdot A\mathbf{v}$는 R^n의 내적을 정의함을 증명하라.

P2. 식 (3)에 의해 정의된 가중 Euclid 내적이 내적공리를 만족시킴을 증명하라.

P3. 다음을 증명하라: 만약 $\mathbf{y}$가 R^n 내의 고정벡터이면, 사상 $\mathbf{x} \to \mathbf{x}^TA\mathbf{y}$는 R^n에서 R로의 선형변환을 정의한다.

P4. 식 (34)의 행렬 A가 대칭이며 양의 정부호임을 증명하라.

P5. 만약 A가 $m \times n$ 행렬이면, $\mathbf{x} = \hat{\mathbf{x}}$이 R^m상의 Euclid 놈에 대하여 $\|\mathbf{b} - A\mathbf{x}\|$를 최소화할 때만 $\hat{\mathbf{x}}$는 선형계 $A\mathbf{x} = \mathbf{b}$의 *최소제곱해*가 되는 것을 상기하라. 보다 일반적으로 놈이 내적 $\langle \mathbf{u}, \mathbf{v} \rangle$에 대하여 계산되면, $\hat{\mathbf{x}}$은 **$\langle \mathbf{u}, \mathbf{v} \rangle$에 대한 최소제곱해**(least squares solution)라 한다. M이 양의 정부호 대칭행렬이면, $\mathbf{x}$가 $A^TMA\mathbf{x} = A^TM\mathbf{b}$의 엄밀한 해일 때만 $\mathbf{x} = \hat{\mathbf{x}}$는 내적 $\langle \mathbf{u}, \mathbf{v} \rangle = \mathbf{u}^TM\mathbf{v}$에 대한 $A\mathbf{x} = \mathbf{b}$의 최소제곱해가 됨을 증명하라.

프로그램 활용 연습문제

T1. 함수 $f(x) = x^2$에 대한 1, 2, 3, 4차의 Fourier 근사를 구하고, $[0, 2\pi]$ 구간에 대하여 근사의 그래프와 f의 그래프를 비교하라.

T2. 7.8절의 예제 3에서 다음 선형계의 최소제곱해를 구했다.

$$\begin{aligned} x_1 - \ \ x_2 &= 4 \\ 3x_1 + 2x_2 &= 1 \\ -2x_1 + 4x_2 &= 3 \end{aligned}$$

연습문제 P5의 결과를 이용하여 가중 Euclid 내적 $\langle \mathbf{u}, \mathbf{v} \rangle = 3u_1v_1 + 2u_2v_2 + u_3v_3$에 대한 이 계의 최소제곱해를 구하라.

T3. (CAS) W가 일차독립 다항식 $1, x, x^2, x^3$으로 생성된 $C[-1, 1]$의 부분공간이라 하자. 만약 다음 식

$$\langle f, g \rangle = \int_{-1}^{1} f(x)g(x)\,dx$$

으로 표현된 적분내적을 이용한 Gram-Schmidt 과정을 이 다항식들에 적용하면 W의 정규직교기저벡터들은 다음과 같음을 보여라.

$$\frac{1}{\sqrt{2}}, \quad \sqrt{\frac{3}{2}}x, \quad \frac{1}{2}\sqrt{\frac{5}{2}}(3x^2 - 1), \quad \frac{1}{2}\sqrt{\frac{7}{2}}(5x^3 - 3x)$$

이것들은 중력 인력의 연구에서 이들의 중요성을 최초로 발견한 프랑스 수학자 Adrien-Marie Legendre (1752~1833)를 기리고자 **정규화된 Legendre 다항식**(normalized Legendre polynomial)이라 부른다. [*참고*: 이 문제를 풀려면 함수에 대한 Gram-Schmidt 과정에서 사용되는 명령어와 적분 명령어들을 함께 사용해야 한다.]

9.3 일반 선형변환 및 동형사상

지금까지 R^n에서 R^m으로의 변환에 초점을 맞추고 선형변환에 대하여 고찰하였다. 이 절에서는 일반 벡터공간에 대한 선형변환에 대하여 살펴보고 이러한 선형변환이 발생하는 다양한 방식들을 소개한다. 또한 일반 유한차원 벡터공간과 R^n 사이의 근본적인 연관성을 확립하기 위하여 일반 선형변환에 대해서도 다룬다. 일부 예제에서 미적분이 사용될 것이다.

일반 선형변환

일반 벡터공간 W에서 일반 벡터공간 V로의 선형변환에 대한 정의는 정의 6.1.2와 유사하다.

정의 9.3.1 만약 $T : V \to W$가 벡터공간 V에서 벡터공간 W로의 함수이고, V의 모든 벡터 $\mathbf{u}$와 $\mathbf{v}$ 및 임의의 스칼라 c에 대해 다음 두 가지 성질이 성립할 때 T는 V에서 W로의 **선형변환**(linear transformation)이라 한다.

(i) $T(c\mathbf{u}) = cT(\mathbf{u})$ **[동차성]**

(ii) $T(\mathbf{u} + \mathbf{v}) = T(\mathbf{u}) + T(\mathbf{v})$ **[가산성]**

$V = W$인 특별한 경우에, 선형변환 T를 벡터공간 V상의 **선형연산자**(linear operator)라고 부른다.

$\mathbf{v}_1$과 $\mathbf{v}_2$가 V 내의 벡터이고 c_1, c_2가 임의의 스칼라이면, 선형변환 T의 동차성과 가산성을 합쳐서 다음 관계식이 성립함을 보일 수 있다.

$$T(c_1\mathbf{v}_1 + c_2\mathbf{v}_2) = c_1T(\mathbf{v}_1) + c_2T(\mathbf{v}_2)$$

보다 일반적으로, $\mathbf{v}_1, \mathbf{v}_2, \cdots, \mathbf{v}_k$가 V의 벡터이고 $c_1, c_2, \cdots, c_k$가 임의의 스칼라라면 다음 식이 성립한다.

$$T(c_1\mathbf{v}_1 + c_2\mathbf{v}_2 + \cdots + c_k\mathbf{v}_k) = c_1T(\mathbf{v}_1) + c_2T(\mathbf{v}_2) + \cdots + c_kT(\mathbf{v}_k) \tag{1}$$

정리 6.1.3의 증명을 적절히 수정하여 다음에 소개되는 이 정리의 일반화를 증명해 보라.

> **정리 9.3.2** $T : V \to W$가 선형변환이면 다음 성질들이 성립한다.
>
> (a) $T(\mathbf{0}) = \mathbf{0}$
>
> (b) $T(-\mathbf{u}) = -T(\mathbf{u})$
>
> (c) $T(\mathbf{u} - \mathbf{v}) = T(\mathbf{u}) - T(\mathbf{v})$

예제 1 영변환

만약 V와 W가 임의의 두 개의 벡터공간이라면, V 내의 모든 벡터 $\mathbf{v}$에 대하여 $T(\mathbf{v}) = \mathbf{0}$인 사상 $T : V \to W$를 V에서 W로의 **영변환**(zero transformation)이라 부른다. 이 변환은 선형이다. 그 이유는 다음과 같다. 만약 $\mathbf{u}$와 $\mathbf{v}$가 V 내의 벡터이고 c가 임의의 스칼라라면, $T(c\mathbf{u}) = 0$와 $cT(\mathbf{u}) = c\mathbf{0} = \mathbf{0}$가 성립하여 다음 식이 성립한다.

$$T(c\mathbf{u}) = cT(\mathbf{u})$$

또한 $T(\mathbf{u} + \mathbf{v}) = T(\mathbf{u}) + T(\mathbf{v}) = \mathbf{0}$ 이 성립하기 때문에, 역시 다음 식도 성립한다.

$$T(\mathbf{u} + \mathbf{v}) = T(\mathbf{u}) + T(\mathbf{v})$$ ■

예제 2 항등연산자

V가 임의의 벡터공간이고, V 내의 모든 벡터 $\mathbf{v}$에 대하여 $T(\mathbf{v}) = \mathbf{v}$가 성립하는 사상 $T : V \to V$를 V상의 **항등연산자**(identity operator)라 부른다. T가 선형임을 확인해 보라. ■

예제 3 확대변환과 축약연산자

V가 벡터공간이고 k가 스칼라라면, $T(\mathbf{v}) = k\mathbf{v}$에 의해 주어진 사상 $T : V \to V$는 V상에서 선형연산자이다. 왜냐하면 만약 c가 스칼라이고 $\mathbf{u}$와 $\mathbf{v}$가 V 내의 벡터라면 다음 식이 성립하기 때문이다.

$$T(c\mathbf{u}) = k(c\mathbf{u}) = c(k\mathbf{u}) = cT(\mathbf{u})$$
$$T(\mathbf{u} + \mathbf{v}) = k(\mathbf{u} + \mathbf{v}) = k\mathbf{u} + k\mathbf{v} = T(\mathbf{u}) + T(\mathbf{v})$$

$0 < k < 1$이면 T를 인수가 k인 V의 **축약**(contraction)이라 부른다. 그리고 $k > 1$이면 인수가 k인 V의 **확대**(dilation)라고 부른다(그림 9.3.1). ■

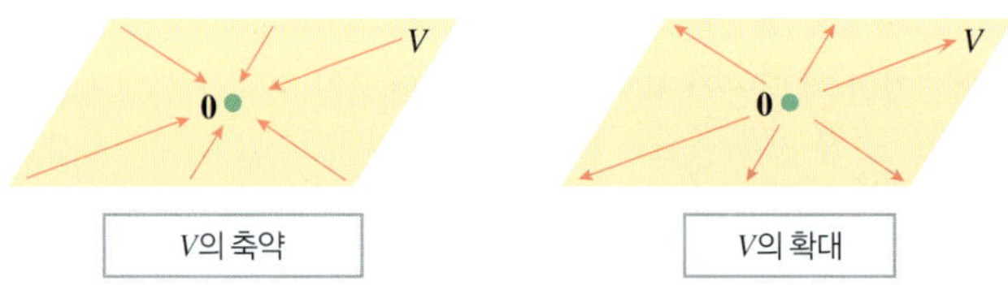

그림 9.3.1

예제 4 내적공간상의 선형변환

V를 내적공간, $\mathbf{v}_0$를 V 내의 임의의 고정벡터라 하고, 사상 $T : V \to R$가 다음과 같은 변환이라 하자.

$$T(\mathbf{x}) = \langle \mathbf{x}, \mathbf{v}_0 \rangle$$

이 변환은 벡터 $\mathbf{x}$를 $\mathbf{v}_0$과 자신의 내적으로 사상한다. 이 변환은 선형이다. 왜냐하면, c가 임의의 스칼라이고 $\mathbf{u}$와 $\mathbf{v}$가 V 내의 벡터라 가정하면 내적의 성질에 따라 다음 식들이 성립하기 때문이다.

$$T(c\mathbf{u}) = \langle c\mathbf{u}, \mathbf{v}_0 \rangle = c\langle \mathbf{u}, \mathbf{v}_0 \rangle = cT(\mathbf{u})$$
$$T(\mathbf{u} + \mathbf{v}) = \langle \mathbf{u} + \mathbf{v}, \mathbf{v}_0 \rangle = \langle \mathbf{u}, \mathbf{v}_0 \rangle + \langle \mathbf{v}, \mathbf{v}_0 \rangle = T(\mathbf{u}) + T(\mathbf{v})$$ ■

예제 5 값주기 변환

V를 $F(-\infty, \infty)$의 부분공간이라 하고

$$x_1, x_2, \cdots, x_n$$

을 서로 다른 실수라 하자. 그리고 $T : V \to R^n$인 사상

$$T(f) = (f(x_1), f(x_2), \cdots, f(x_n)) \tag{2}$$

을 f와 이것의 x_1, x_2, ⋯, x_n에서의 함수값의 n-짝을 대응시키는 사상이라 하자. 일반적으로 이것을 x_1,

$x_2, \cdots, x_n$의 값에서 V상의 **값주기 변환**(evaluation transformation)이라 부른다. 예를 들면 만약

$$x_1 = -1, \quad x_2 = 2, \quad x_3 = 4$$

이고 $f(x) = x^2 - 1$이라면

$$T(f) = (f(x_1), f(x_2), f(x_3)) = (0, 3, 15)$$

이다. 식 (2)의 값주기 변환은 선형이다. 왜냐하면 만약 c가 스칼라이며 f와 g가 V 내의 임의의 함수라면

$$\begin{aligned} T(cf) &= ((cf)(x_1), (cf)(x_2), \cdots, (cf)(x_n)) \\ &= (cf(x_1), cf(x_2), \cdots, cf(x_n)) \\ &= c(f(x_1), f(x_2), \cdots, f(x_n)) = cT(f) \end{aligned}$$

가 성립하고

$$\begin{aligned} T(f+g) &= ((f+g)(x_1), (f+g)(x_2), \cdots, (f+g)(x_n)) \\ &= (f(x_1)+g(x_1), f(x_2)+g(x_2), \cdots, f(x_n)+g(x_n)) \\ &= (f(x_1), f(x_2), \cdots, f(x_n)) + (g(x_1), g(x_2), \cdots, g(x_n)) \\ &= T(f) + T(g) \end{aligned}$$

이기 때문이다. ■

▶ 예제 6 미분변환

$V = C^1(-\infty, \infty)$는 $(-\infty, \infty)$상에서 연속 1차 도함수를 갖는 실함수들의 벡터공간이고, $W = C(-\infty, \infty)$는 $(-\infty, \infty)$상에서 연속인 실함수들의 벡터공간이라 하자. 그리고

$$D(f) = f'$$

이 f를 f의 1차 도함수로 보내는 변환이라 하자. 변환 $D : V \to W$는 선형이다. 왜냐하면 만약 c가 임의의 상수이고 f와 g가 V 내의 임의의 함수라면, 미분의 성질들은 다음을 의미하기 때문이다.

$$D(cf) = cD(f), \quad D(f+g) = D(f) + D(g)$$

보다 일반적으로, 만약

$$D^k(f) = f^{(k)}$$

가 f의 k차 도함수를 표시한다면, $D^k : V \to W$는 $V = C^k(\infty, \infty)$에서 $W = C(-\infty, \infty)$로 보내는 선형변환이다. 또한

$$a_1, a_2, \cdots, a_n$$

가 임의의 스칼라라면

$$(a_n D^n + a_{n-1} D^{n-1} + \cdots + a_1 D + a_0 I)(f) = a_n f^{(n)} + a_{n-1} f^{(n-1)} + \cdots + a_1 f' + a_0 f$$

는 $V = C^n(-\infty, \infty)$에서 $W = C(-\infty, \infty)$로의 선형변환이다. ■

▶ 예제 7 적분변환

$V = C(-\infty, \infty)$는 $(-\infty, \infty)$상의 연속함수들의 벡터공간이고, $V = C^1(-\infty, \infty)$는 $(-\infty, \infty)$상에서 연속 1차 도함수를 갖는 함수들의 벡터공간이라 하자. 또한 $J : V \to W$는 V 내에서 함수 $f(x)$를 다음 식으로 보내는 변환이라 하자.

$$J(f) = \int_0^x f(t)\, dt$$

예를 들어 $f(x) = x^2$이라면, 다음 식이 성립한다.

$$J(f) = \int_0^x t^2\, dt = \frac{t^3}{3}\bigg]_0^x = \frac{x^3}{3}$$

변환 $J : V \to W$는 선형이다. 왜냐하면 만약 c가 임의의 상수이고 f와 g가 V의 임의의 함수라면, 적분의

성질에 의하여 다음이 성립하기 때문이다.

$$J(cf) = \int_0^x cf(t)\,dt = c\int_0^x f(t)\,dt = cJ(f)$$
$$J(f+g) = \int_0^x (f(t)+g(t))\,dt = \int_0^x f(t)\,dt + \int_0^x g(t)\,dt = J(f)+J(g)$$ ■

예제 8 행렬공간에서의 일부 변환

M_{nn}을 실 $n \times n$ 행렬의 벡터공간이라 하자. 다음의 각 항에서 $n > 1$일 경우 변환 $T : M_{nn} \to R$이 선형인지를 판정하라.

(a) $T(A) = \text{tr}(A)$ (b) $T(A) = \det(A)$

풀이 (a) 정리 3.2.12의 (*b*), (*c*)로부터 다음 식이 성립한다.

$$T(cA) = \text{tr}(cA) = c\,\text{tr}(A) = cT(A)$$
$$T(A+B) = \text{tr}(A) + \text{tr}(B) = T(A) + T(B)$$

따라서 T는 선형변환이다.

풀이 (b) 정리 4.2.3(*c*)로부터 다음 관계가 성립함을 알 수 있다.

$$\det(cA) = c^n \det(A)$$

그러므로 동차성 $T(cA) = cT(A)$는 M_{nn} 내의 모든 A에 대해서 성립하지는 *않는다*. 이것만으로도 T가 선형이 아니다. 하지만 일반적으로(4.2절의 예제 8), $\det(A + B) \neq \det(A) + \det(B)$임도 알고 있으므로, 가산성 역시 성립하지 않는다. ■

> **개념문제** $A \to A^T$ 변환은 M_{nn}상에서 선형연산자인가? 설명하라.

핵과 치역 핵과 치역의 개념은 R^n에서 R^m으로의 변환과 유사하다(정의 6.3.1 및 6.3.6과 비교하라).

> **정의 9.3.3** $T : V \to W$가 선형변환이면, T가 $\mathbf{0}$으로 사상하는 V 내의 벡터 집합을 T의 **핵**(kernel)이라 부르며 ker(T)로 표시한다.

> **정의 9.3.4** $T : V \to W$가 선형변환이면, T의 **치역**(range)은 ran(T)로 표시하며, 적어도 V 내의 한 개 이상의 벡터의 상인 W의 모든 벡터의 집합이다. 즉 ran(T)는 변환 T에 의한 정의역 V의 상이다.

예제 9 영의 핵과 치역

만약 $T : V \to W$가 영변환이면, T는 V 내의 모든 벡터를 W 내의 영벡터로 보낸다. 그러므로 $\text{ran}(T) = \{\mathbf{0}\}$이고 $\ker(T) = V$이다. ■

예제 10 항등의 핵과 치역

$T : V \to V$를 V상의 항등연산자라 하자. $T(\mathbf{v}) = \mathbf{v}$이므로, V 내의 모든 벡터는 V 내의 벡터의 상이다(즉 자체이다). 따라서 $\text{ran}(T) = V$이다. 또한 $\mathbf{v} = \mathbf{0}$일 때만 $T(\mathbf{v}) = \mathbf{0}$이므로 $\ker(T) = \{\mathbf{0}\}$이다. ■

예제 11 내적변환의 핵과 치역

V는 영이 아닌 내적공간이고, $\mathbf{v}_0$은 V 내에서 고정된 영이 아닌 벡터라 하자. 그리고 $T : V \to R$이 다음 식으로 표현되는 변환이라 하자.

$$T(\mathbf{x}) = \langle \mathbf{x}, \mathbf{v}_0 \rangle$$

T의 핵은 $\langle \mathbf{x}, \mathbf{v}_0 \rangle = 0$을 만족하는 V 내의 모든 벡터 $\mathbf{x}$로 구성되므로, 기하학적으로 $\ker(T)$는 $\mathbf{v}_0$의 직교여공간 $\mathbf{v}_0^\perp$이다. 또한 모든 실수 k는 V 내의 적당한 벡터의 상이 되므로 $\text{ran}(T) = R$이다. 구체적으로

$$T\left(k\frac{\mathbf{v}_0}{\|\mathbf{v}_0\|^2}\right) = \left\langle k\frac{\mathbf{v}_0}{\|\mathbf{v}_0\|^2}, \mathbf{v}_0 \right\rangle = \frac{k}{\|\mathbf{v}_0\|^2}\langle \mathbf{v}_0, \mathbf{v}_0 \rangle = k$$ ■

예제 12 값주기 변환의 핵과 치역

$x_1, x_2, \cdots, x_n$이 서로 다른 실수라 하자. 그리고 $T : P_{n-1} \to R^n$이 예제 5에서 정의된 대로 다음의 값주기 변환이라 가정하자.

$$T(p) = (p(x_1), p(x_2), \cdots, p(x_n))$$

T의 핵을 구하기 위해 $T(p) = \mathbf{0} = (0, 0, \cdots, 0)$이라 가정하자. 이것은 다음을 의미하고

$$p(x_1) = 0, \quad p(x_2) = 0, \cdots, \quad p(x_n) = 0$$

이 식은 $x_1, x_2, \cdots, x_n$이 다항식 p의 n개 서로 다른 해임을 의미한다. 그러나 $n-1$차 이하의 영이 아닌 다항식은 최대 $n-1$개의 서로 다른 해를 가질 수 있다. 따라서 이것은 $p = 0$인 경우여야 한다[즉 (∞, ∞) 구간의 모든 x에 대해서 $p(x) = 0$)]. 그러므로

$$\ker(T) = \{0\}$$

이다 . T의 치역을 구하기 위하여 $\mathbf{y} = (y_1, y_2, \cdots, y_n)$이 R^n 내의 임의의 벡터라 하자. 정리 2.3.1로부터 다음 점들을 통과하는 $n-1$차 이하의 유일한 다항식 p가 존재함을 알 수 있다.

$$(x_1, y_1), (x_2, y_2), \cdots, (x_n, y_n)$$

그리고 이 다항식에 대하여 다음 식이 성립한다.

$$p(x_1) = y_1, \quad p(x_2) = y_2, \cdots, \quad p(x_n) = y_n$$

이것은 $T(p) = (y_1, y_2, \cdots, y_n) = \mathbf{y}$을 의미하며, R^n 내의 모든 벡터가 P_{n-1} 내에 존재하는 적당한 다항식의 상이 되는 것을 보여 준다. 따라서

$$\text{ran}(T) = R^n$$

■

예제 13 미분변환의 핵과 치역

$D : C^1(-\infty, \infty) \to C(-\infty, \infty)$이 다음과 같은 미분변환이라 하자.

$$D(f) = f'$$

D의 핵을 구하기 위하여, $D(f) = 0$이라 하자. 즉 $(-\infty, \infty)$ 구간 내의 모든 x에 대하여 $f'(x) = 0$이다. 미적분학에 의하면 어떤 구간에서 $f'(x) = 0$이면 f는 그 구간상에서 상수이다. 그래서

$$\ker(D) = (-\infty, \infty) \text{ 구간에서 상수함수의 집합}$$

이 된다. D의 치역을 구하기 위하여 $g(x)$를 $(-\infty, \infty)$ 구간에서 연속인 임의의 x의 함수라 하고, 함수 $f(x)$를 다음과 같이 정의하자.

$$f(x) = \int_0^x g(t)\, dt$$

미적분학의 기본정리에 따르면

$$D(f) = \frac{d}{dx}\int_0^x g(t)\, dt = g(x)$$

이며 이것은 $C(-\infty, \infty)$ 내의 모든 함수 g가 $C^1(-\infty, \infty)$ 내의 적당한 함수의 D에 의한 상임을 보여 준다. 그러므로 다음과 같다.

$$\text{ran}(D) = C(-\infty, \infty)$$

■

핵과 치역의 성질 6.3절에서는 R^n에서 R^m으로 보내는 선형변환의 핵과 치역은 각각 R^n과 R^m의 부분공간임을 증명했으며, 또한 R^n에서 R^m으로 보내는 선형변환이 R^n의 부분공간을 R^m의 부분공간으로 사상함을 증명하였다(정리 6.3.2, 6.3.5, 6.3.7 참조). 이 정리들의 증명을 살펴보면, 단지 부분공간의 닫힘 성질과 선형변환의 동차성과 가산성을 이용했음을 알 수 있다. 그러므로 이 정리들은 또한 일반 선형변환에서도 성립한다.

정리 9.3.5 *$T: V \to W$가 선형변환이라면 T는 V의 부분공간을 W의 부분공간으로 사상한다.*

정리 9.3.6 *$T: V \to W$가 선형변환이라면, $\ker(T)$는 V의 부분공간이며 $\mathrm{ran}(T)$은 W의 부분공간이다.*

예제 14
미분방정식에 대한 응용

다음 식과 같은 형태의 미분방정식

$$y'' + \omega^2 y = 0 \ (\omega \text{는 양의 상수}) \tag{3}$$

은 진동의 연구 분야에서 나타난다. $(-\infty, \infty)$ 구간에서 이 방정식의 모든 해의 집합은 다음 식으로 주어진 선형변환 $D: C^2(-\infty, \infty) \to C(-\infty, \infty)$의 핵이다.

$$D(y) = y'' + \omega^2 y$$

이 변환의 핵이 $C^2(-\infty, \infty)$의 이차원 부분공간임은 미분방정식의 표준적인 교과서에 증명되어 있다. 그래서 만약 식 (3)에 대한 두 개의 일차독립인 해를 구할 수 있으면, 다른 모든 해는 이 두 해의 일차결합으로서 표현될 수 있다. 다음 식을 미분함으로써

$$y_1 = \cos\omega x, \quad y_2 = \sin\omega x$$

은 식 (3)의 해임을 확인하라. 이 함수들은 어느 함수도 다른 함수의 스칼라곱이 아니므로 일차독립이다. 그러므로

$$y = c_1\cos\omega x + c_2\sin\omega x \tag{4}$$

은 어떠한 c_1과 c_2을 선택하더라도 식 (3)의 '일반해'가 되고 모든 해는 이와 같은 형태이다. ■

개념문제 Wroński의 판정법을 사용하여 y_1과 y_2가 일차독립임을 보여라(정리 9.1.5).

정의 6.3.9와 6.3.10의 용어를 사용하여, V 내의 서로 다른 벡터를 W 내의 서로 다른 벡터로 보낸다면 변환 $T: V \to W$를 **단사변환**(one-to-one transformation)이라 하고, T의 치역이 W 전체라면 T를 **전사변환**(onto transformation)이라 부른다. 정리 6.3.11의 증명을 적절히 수정하여 이 정리의 일반화인 다음의 정리를 증명하라.

정리 9.3.7 *만약 $T: V \to W$가 선형변환이라면 다음은 동치이다.*

(a) T는 단사이다.

(b) $\ker(T) = \{\mathbf{0}\}$

예제 15
다항식 값주기는 전단사이다

$x_1, x_2, \cdots, x_n$이 서로 다른 실수라 하고 예제 5에서 정의한 대로 $T: P_{n-1} \to R^n$은 다음과 같은 값주기 변환이라 하자.

$$T(p) = (p(x_1), p(x_2), \cdots, p(x_n))$$

예제 12에서 $\ker(T) = \{\mathbf{0}\}$임을 보였으며, 따라서 정리 9.3.7로부터 T가 단사임을 알 수 있다. 이것은 p와 q가 $n-1$차 이하의 다항식이고 또한 다음 식이 성립한다면 $p = q$임을 의미한다.

$$(p(x_1), p(x_2), \cdots, p(x_n)) = (q(x_1), q(x_2), \cdots, q(x_n))$$

이것은 단지 다항식 보간법에 대한 정리 2.3.1의 유일성 부분을 재진술한 것임을 알 수 있어야 한다. ■

정리 6.3.14에서 R^n상의 선형 연산자가 단사이기 위한 필요충분조건은 전사라는 것을 알았다. 그렇지만 이 정리의 증명을 살펴보면, 유한차원이란 조건이 매우 중요한 역할을 함을 알 수 있을 것이다. 다음 예제는 무한차원 벡터공간상의 선형연산자는 단사이지만 전사가 아니거나 전사이지만 단사가 아닐 수 있음을 보여 준다.

예제 16

전사가 아닌 단사와 단사가 아닌 전사

$V = R^\infty$를 9.1절의 예제 2에서 다루었던 수열공간이라 하자. 그리고 다음 식으로 정의된 V의 '이동연산자'를 고려하자.

$$T_1(v_1, v_2, \cdots, v_n, \cdots) = (0, v_1, v_2, \cdots, v_{n-1}, \cdots)$$
$$T_2(v_1, v_2, \cdots, v_n, \cdots) = (v_2, v_3, v_4, \cdots, v_{n-1}, \cdots)$$

이 연산자들이 선형임을 보일 수 있다. R^∞ 내의 서로 다른 벡터가 서로 다른 상을 가지고 있기 때문에 연산자 T_1은 단사이다. 그러나 전사는 아니다. 왜냐하면, 예를 들어 (1, 0, 0, ⋯, 0, ⋯)으로 사상되는 벡터가 R^∞에 없기 때문에 전사가 아니다. 또한 연산자 T_2는 단사가 아니다. 왜냐하면, 예를 들어 T_2는 벡터 (1, 0, 0, ⋯, 0, ⋯)과 (0, 0, 0, ⋯, 0, ⋯) 모두를 (0, 0, 0, ⋯, 0, ⋯)으로 사상하기 때문이다. 하지만 T_2는 전사이다(설명하라). ■

참고 이동변환은 시각 $t_1, t_2, \cdots, t_n, \cdots$에서 신호 $v_1, v_2, \cdots, v_n, \cdots$ 를 순차적으로 전송하는 통신 문제에서 나타난다. 연산자 T_1은 전송지연 때문에 수신기가 t_2 시간에 신호 v_1를 기록하는 상황을 묘사하며, 연산자 T_2는 송신기와 수신기 시계가 지시하는 시간이 서로 달라 수신기는 t_1 시간에 신호 v_2를 기록하는 상황을 기술한다.

동형사상

비록 이 책의 대부분의 정리는 벡터공간 R^n과 관련 있지만 보이는 것만큼 제한적이지는 않다. 왜냐하면 모든 n차원 실벡터공간이 단지 벡터의 표기 방법에서 R^n과 차이가 있을 뿐이라는 의미에서, R^n이 '모든 유한차원 실벡터공간의 기원'임을 보일 것이기 때문이다. 이것이 의미하는 바를 명확하게 하기 위해, n차원의 P_{n-1}(n차 이하의 다항식) 벡터공간을 고려하자. 이 공간에서 각 다항식은 다음 식과 같은 방법으로 유일하게 표현할 수 있다.

$$p(x) = a_0 + a_1x + \cdots + a_{n-1}x^{n-1}$$

그래서 이 식은 다음과 같은 계수들의 n-짝에 의해 유일하게 결정된다.

$$(a_0, a_1, \cdots, a_{n-1})$$

그러므로 변환은 다음과 같으며

$$T(a_0 + a_1x + \cdots + a_{n-1}x^{n-1}) = (a_0, a_1, \cdots, a_{n-1})$$

이것은

$$a_0 + a_1x + \cdots + a_{n-1}x^{n-1} \xrightarrow{T} (a_0, a_1, \cdots, a_{n-1})$$

으로 표현될 수 있으며, P_{n-1}에서 R^n으로의 단사이자 전사인 사상이다. 뿐만 아니라 T는 선형이다. 왜냐하면 c가 스칼라이고

$$p(x) = a_0 + a_1x + \cdots + a_{n-1}x^{n-1}\text{과 } q(x) = b_0 + b_1x + \cdots + b_{n-1}x^{n-1}$$

이 P_{n-1} 내의 다항식이라면 다음 식들이 성립하기 때문이다.

$$\begin{aligned} T(cp(x)) &= T(ca_0 + ca_1x + \cdots + ca_{n-1}x^{n-1}) \\ &= (ca_0, ca_1, \cdots, ca_{n-1}) \\ &= c(a_0, a_1, \cdots, a_{n-1}) \\ &= cT(p(x)) \end{aligned}$$

$$\begin{aligned} T(p(x) + q(x)) &= T\big((a_0 + b_0) + (a_1 + b_1)x + \cdots + (a_{n-1} + b_{n-1})x^{n-1}\big) \\ &= (a_0 + b_0, a_1 + b_1, \cdots, a_{n-1} + b_{n-1}) \\ &= (a_0, a_1, \cdots, a_{n-1}) + (b_0, b_1, \cdots, b_{n-1}) \\ &= T(p(x)) + T(q(x)) \end{aligned}$$

변환 T가 단사, 전사, 그리고 선형이라는 사실은 P_{n-1} 내의 다항식이 R^n 내의 n-짝으로 대응되며, 이것은 각 공간의 벡터연산이 다른 공간에서 대응되는 연산을 사용하여 수행할 수 있다는 것을 의미한다. 예제를 살펴보자.

예제 17 P_2와 R^3의 매칭

다음 표는 다음 식의 변환이 P_2와 R^3상에서의 벡터연산을 어떻게 대응시키는가를 보여준다.

$$a_0 + a_1x + a_2x^2 \xrightarrow{T} (a_0, a_1, a_2)$$

P_2의 연산	R^3의 연산
$3(1-2x+3x^2) = 3-6x+9x^2$	$3(1,-2,3) = (3,-6,9)$
$(2+x-x^2)+(1-x+5x^2) = 3+4x^2$	$(2,1,-1)+(1,-1,5) = (3,0,4)$
$(4+2x+3x^2)-(2-4x+3x^2) = 2+6x$	$(4,2,3)-(2,-4,3) = (2,6,0)$
$(4+2x+3x^2)-(2-4x+3x^2) = 2+6x$	$(4,2,3)-(2,-4,3) = (2,6,0)$

그러므로 비록 다항식 $a_0 + a_1x + a_2x^2$은 분명히 3 순서쌍 (a_0, a_1, a_2)와 다른 수학적 대상이지만, 이 대상들로 이루어진 *벡터공간*은 동일한 대수적 구조를 가진다. ■

역사 속의 선형대수

선형대수의 방법들은 최근에 대두된 전산화된 얼굴인식 분야에 사용되고 있다. 연구자들은 한 인종 그룹 내의 얼굴은 수십 가지의 기본적인 형태의 조합으로 이루어진다는 아이디어를 바탕으로 연구하고 있다. 예를 들어, Rockefeller 대학에서는 여러 종류의 얼굴을 삼차원으로 스캐닝하고 분석하여 백인의 **고유두상**(eigenhead, 그림에 15가지가 표시되었다)이라 부르는 **평균두상**(meanhead, 그림 참조)과 표준편차의 집합을 구했다. 고유두상으로 명명한 이유는 고유두상이 디지털화된 얼굴 정보를 수록한 행렬의 고유벡터이기 때문이다. 얼굴 모양은 수학적으로 고유두상의 일차결합으로 표현할 수 있다.

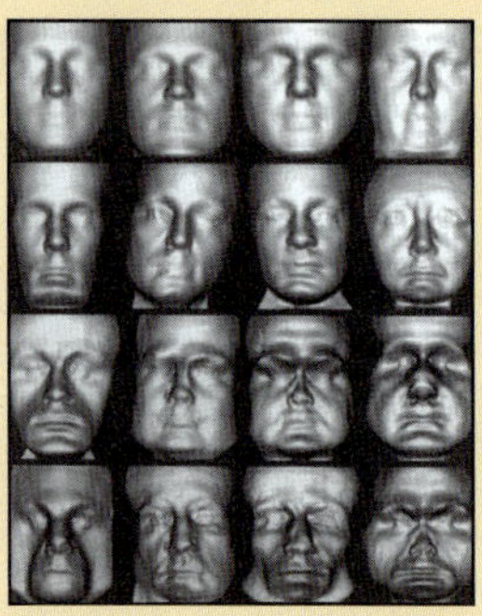

—1995년 12월 *Scientific American* 기사에서 인용함

일반적으로, V와 W가 벡터공간이고 V에서 W로의 단사인 동시에 전사인 선형변환이 존재한다면, 이 두 벡터공간은 동일한 대수적 구조를 가진다. 이를 V와 W가 동형(isomorphic; 그리스어의 '동일함'을 의미하는 'iso'와 '형태'를 의미하는 'morphe'로 이루어진 단어)이라고 한다.

정의 9.3.8 T가 단사이고 전사이면 선형변환 $T : V \to W$를 **동형사상**(isomorphism)이라 부른다. 그리고 V에서 W로의 동형사상이 존재한다면 벡터공간 V가 벡터공간 W와 **동형**(isomorphic)이라고 한다.

선형대수에서 가장 중요한 결과 중 하나인 다음 정리는 벡터공간 R^n의 근본적인 중요성을 보여준다.

정리 9.3.9 *모든 n차원의 실벡터공간은 R^n과 동형이다.*

증명 V가 n차원의 실벡터공간이라 하자. V가 R^n과 동형임을 증명하려면 단사이며 전사인 선형변환 $T : V \to R^n$를 찾아야 한다. 이를 위해서 다음을 V의 임의의 기저라 하자.

$$\mathbf{v}_1, \mathbf{v}_2, \cdots, \mathbf{v}_n$$

또한 다음 식이 기저벡터의 일차결합으로 V 내의 벡터 $\mathbf{u}$를 표현한 것이라 하자.

$$\mathbf{u} = k_1\mathbf{v}_1 + k_2\mathbf{v}_2 + \cdots + k_n\mathbf{v}_n$$

그리고 변환 $T : V \to R^n$를 다음과 같이 정의하자.

$$T(\mathbf{u}) = (k_1, k_2, \cdots, k_n)$$

이제 T가 동형사상(선형, 단사, 전사)임을 보이자. 선형성을 증명하기 위하여 $\mathbf{u}$와 $\mathbf{v}$가 V 내의 벡터이고, c를 스칼라라 하자. 그리고 다음 식을

$$\mathbf{u} = k_1\mathbf{v}_1 + k_2\mathbf{v}_2 + \cdots + k_n\mathbf{v}_n, \quad \mathbf{v} = d_1\mathbf{v}_1 + d_2\mathbf{v}_2 + \cdots + d_n\mathbf{v}_n \tag{5}$$

$\mathbf{u}$와 $\mathbf{v}$를 기저벡터들의 일차결합으로 표현한 식이라 하자. 그러면 다음 식이 성립한다.

$$\begin{aligned} T(c\mathbf{u}) &= T(ck_1\mathbf{v}_1 + ck_2\mathbf{v}_2 + \cdots + ck_n\mathbf{v}_n) \\ &= (ck_1, ck_2, \cdots, ck_n) = c(k_1, k_2, \cdots, k_n) = cT(\mathbf{u}) \end{aligned}$$

그리고

$$\begin{aligned} T(\mathbf{u}+\mathbf{v}) &= T\big((k_1+d_1)\mathbf{v}_1+(k_2+d_2)\mathbf{v}_2+\cdots+(k_n+d_n)\mathbf{v}_n\big) \\ &= (k_1+d_1, k_2+d_2, \cdots, k_n+d_n) \\ &= (k_1, k_2, \cdots, k_n)+(d_1, d_2, \cdots, d_n) \\ &= T(\mathbf{u})+T(\mathbf{v}) \end{aligned}$$

T가 단사임을 보이기 위해서, $\mathbf{u}$와 $\mathbf{v}$가 서로 다른 벡터라면, T에서 $\mathbf{u}$와 $\mathbf{v}$의 상들 또한 서로 다른 벡터가 됨을 보여야 한다. 그러나 $\mathbf{u} \neq \mathbf{v}$이고 이 벡터들을 기저벡터를 사용하여 식 (5)처럼 표현한다면, 적어도 하나의 i에 대해 $k_i \neq d_i$이어야 한다. 따라서 다음 식이 성립하며

$$T(\mathbf{u}) = (k_1, k_2, \cdots, k_n) \neq (d_1, d_2, \cdots, d_n) = T(\mathbf{v})$$

이것은 $\mathbf{u}$와 $\mathbf{v}$가 T에 의해 서로 다른 상을 가짐을 보여준다. 마지막으로, 만약

$$\mathbf{y} = (k_1, k_2, \cdots, k_n)$$

가 R^n 내의 임의의 벡터라면, $\mathbf{y}$는 다음 식과 같은 벡터의 T에 의한 상이 되기 때문에 변환 T 역시 전사이다.

$$\mathbf{u} = k_1\mathbf{v}_1+k_2\mathbf{v}_2+\cdots+k_n\mathbf{v}_n$$

■

예제 18 P_{n-1}에서 R^n으로의 자연 동형사상

이 절의 앞부분에서 다음 사상이 P_{n-1}에서 R^n으로의 전단사 선형사상임은 살펴보았다.

$$a_0+a_1x+\cdots+a_{n-1}x^{n-1} \xrightarrow{T} (a_0, a_1, \cdots, a_{n-1})$$

다음 계산식에서 보이듯이, T는 P_{n-1}에 대한 자연기저 $\{1, x, x^2, \cdots, x^{n-1}\}$를 R^n의 표준기저로 사상하기 때문에 이것을 P_{n-1}에서 R^n으로의 **자연 동형사상**(natural isomorphism)이라 부른다.

$$\begin{array}{lll} 1 = 1+0x+0x^2+\cdots+0x^{n-1} & \xrightarrow{T} & (1, 0, 0, \cdots, 0) \\ x = 0+x+0x^2+\cdots+0x^{n-1} & \xrightarrow{T} & (0, 1, 0, \cdots, 0) \\ \vdots \qquad\quad \vdots & \vdots & \quad \vdots \\ x^{n-1} = 0+0x+0x^2+\cdots+x^{n-1} & \xrightarrow{T} & (0, 0, 0, \cdots, 1) \end{array}$$

■

예제 19 M_{22}에서 R^4로의 자연 동형사상

다음 행렬은

$$E_1 = \begin{bmatrix} 1 & 0 \\ 0 & 0 \end{bmatrix}, \quad E_2 = \begin{bmatrix} 0 & 1 \\ 0 & 0 \end{bmatrix}, \quad E_3 = \begin{bmatrix} 0 & 0 \\ 1 & 0 \end{bmatrix}, \quad E_4 = \begin{bmatrix} 0 & 0 \\ 0 & 1 \end{bmatrix}$$

2×2 행렬의 벡터공간 M_{22}에 대한 기저를 형성한다(9.1절의 예제 13). 그러므로 정리 9.3.9의 증명에서 살펴본 것처럼, 동형사상 $T : M_{22} \to R^4$는 먼저 M_{22} 내의 행렬 A를 다음 식과 같이 기저벡터의 항으로 기술함으로써 구성할 수 있다.

$$A = \begin{bmatrix} a_1 & a_2 \\ a_3 & a_4 \end{bmatrix} = a_1\begin{bmatrix} 1 & 0 \\ 0 & 0 \end{bmatrix}+a_2\begin{bmatrix} 0 & 1 \\ 0 & 0 \end{bmatrix}+a_3\begin{bmatrix} 0 & 0 \\ 1 & 0 \end{bmatrix}+a_4\begin{bmatrix} 0 & 0 \\ 0 & 1 \end{bmatrix}$$

이때 T는 다음 식과 같이 정의한다.

$$T(A) = (a_1, a_2, a_3, a_4)$$

따라서, 예를 들면

$$\begin{bmatrix} 1 & -3 \\ 4 & 6 \end{bmatrix} \xrightarrow{T} (1, -3, 4, 6)$$

보다 일반적으로, 이 아이디어를 이용하면 실성분을 가진 $m \times n$ 행렬들의 벡터공간 M_{mn}이 R^{mn}과 동형임을 보일 수 있다.

■

모든 n차원의 실벡터공간이 R^n과 동형이라는 사실을 이용하면 R^n의 벡터에 대한 정리들을 일반 유한차원 벡터공간에 적용할 수 있다. 예를 들면, R^n에서 R^m으로의 선형변환은 R^n과 R^m의 기저에 대한 $m \times n$ 행렬로 표현할 수 있다. 다음 예제는 동형사상 개념을 사용하여 유한차원 벡터공간에서 다른 유한차원 벡터공간으로의 선형변환을 행렬로 표현하는 방법을 설명한다.

예제 20 행렬곱에 의한 미분법

다음과 같은 3차 이하의 다항식 벡터공간상의 미분연산자를 고려해 보자.

$$D: P_3 \rightarrow P_2$$

자연 동형사상에 의해 P_3와 P_2가 각각 R^4와 R^3으로 사상된다면, 변환 D는 상공간들 사이에서 이에 대응하는 변환

$$T: R^4 \rightarrow R^3$$

을 만든다. 예를 들면 미분변환은

$$2 + x + 4x^2 - x^3 \xrightarrow{D} 1 + 8x - 3x^2$$

인 다항식 관계를 만들고, 이것은 상공간에서 다음 관계에 대응된다.

$$(2, 1, 4, -1) \xrightarrow{T} (1, 8, -3)$$

예제 18에서 P_3과 P_2에 대한 자연 동형사상이 이 공간들의 자연기저를 R^4와 R^3에 대한 표준기저로 사상한다는 것을 알게 되었으므로, T에 대한 표준행렬 $[T]$가 변환 D와 어떠한 관련이 있는지를 생각해 보자. 행렬 $[T]$의 열벡터가 R^4에 대한 표준기저벡터의 T에 의한 상임을 알고 있지만 이러한 상들을 구하려면 먼저 D가 P_3의 자연 기저벡터에 어떤 영향을 주는지 알아야 한다. 다음 식이 성립하므로

$$\begin{aligned}
1 &\xrightarrow{D} 0 \\
x &\xrightarrow{D} 1 \\
x^2 &\xrightarrow{D} 2x \\
x^3 &\xrightarrow{D} 3x^2
\end{aligned}$$

동형사상에 의하여 대응 관계는 다음 식과 같다.

$$\begin{aligned}
(1, 0, 0, 0) &\xrightarrow{T} (0, 0, 0) \\
(0, 1, 0, 0) &\xrightarrow{T} (1, 0, 0) \\
(0, 0, 1, 0) &\xrightarrow{T} (0, 2, 0) \\
(0, 0, 0, 1) &\xrightarrow{T} (0, 0, 3)
\end{aligned}$$

그러므로 T의 표준행렬은 다음과 같다.

$$[T] = \begin{bmatrix} 0 & 1 & 0 & 0 \\ 0 & 0 & 2 & 0 \\ 0 & 0 & 0 & 3 \end{bmatrix}$$

이 행렬은 자연 동형사상에 의한 다항식의 상에 대해 연산을 수행하여 다음과 같은 미분을 수행한다.

$$D(a_0 + a_1x + a_2x^2 + a_3x^3) = a_1 + 2a_2x + 3a_3x^2$$

이는 다음 식을 계산하여 확인된다.

$$\begin{bmatrix} 0 & 1 & 0 & 0 \\ 0 & 0 & 2 & 0 \\ 0 & 0 & 0 & 3 \end{bmatrix} \begin{bmatrix} a_0 \\ a_1 \\ a_2 \\ a_3 \end{bmatrix} = \begin{bmatrix} a_1 \\ 2a_2 \\ 3a_3 \end{bmatrix}$$

■

내적공간 동형사상 모든 n차원의 실벡터공간 V는 R^n과 동형이므로 R^n과 동일한 대수적 구조를 가진다. 그러나 만약 V가 내적공간이라면 V 또한 기하학적 구조를 가진다. 물론 R^n은 Euclid 내적(점곱)에서 비롯된 기하학적 구조를 갖는다. 그러므로 대수적 구조뿐만 아니라 기하학적 구조도 유지하는 V에서 R^n으로의 동형사상이 존재하는지를 알아보는 것이 합리적이다. 예를 들면 V 내의 직교벡터들에 대응하는 R^n의 벡터들이 직교하기를 바라며, 또한 V 내의 정규직교집합에 대응하는 R^n 내의 집합도 정규직교이기를 바란다.

동형사상에서 기하학적 구조가 보존되려면, 내적도 당연히 보존되어야 한다. 왜냐하면 길이, 각도, 직교성의 개념들이 모두 내적에 기반하기 때문이다. 그러므로 V와 W가 내적공간이며 다음 식이 성립한다면, 동형사상 T를 **내적공간 동형사상**(inner product space isomorphism)이라 부른다.

$$\langle T(\mathbf{u}), T(\mathbf{v})\rangle = \langle \mathbf{u}, \mathbf{v}\rangle$$

V가 임의의 n차원의 실내적공간이고 R^n에는 Euclid 내적(점곱)이 주어졌다면 V에서 R^n으로 보내는 내적공간 동형사상이 존재함을 증명할 수 있다. 이러한 동형사상하에서 내적공간 V는 R^n과 동일한 대수적 구조와 기하학적 구조를 갖는다. 이러한 맥락에서 모든 n차원의 내적공간은 Euclid 내적곱을 가진 R^n의 복사본이라 할 수 있다.

예제 21 내적공간 동형사상

R^n을 괄호표기법에 의한 실 n-짝의 벡터공간이라 하고, M_n을 실 $n \times 1$ 행렬의 벡터공간이라 하자. R^n은 Euclid 내적 $\langle \mathbf{u}, \mathbf{v}\rangle = \mathbf{u}\cdot\mathbf{v}$을 가지고 있으며, 또한 M_n이 열 형태로 표현된 $\mathbf{u}$와 $\mathbf{v}$에 대한 내적 $\langle \mathbf{u}, \mathbf{v}\rangle = \mathbf{u}^T\mathbf{v}$를 갖는다고 하자. 다음 식으로 정의된 사상 $T: R^n \to M_n$

$$(v_1, v_2, \cdots, v_n) \xrightarrow{T} \begin{bmatrix} v_1 \\ v_2 \\ \vdots \\ v_n \end{bmatrix}$$

은 내적공간 동형사상[3.1절의 식 (26) 참조]이다. 그러므로 내적공간 R^n과 내적공간 M_n의 차이는 본질적으로 표기법적인 것이며, 이 책에서 여러 번 사용했던 사실이다. ■

연습문제 9.3

1. (a) 만약 $T: V \to R^2$가 $T(\mathbf{u}) = (1, 2)$와 $T(\mathbf{v}) = (-1, 3)$의 선형변환이라면 $T(2\mathbf{u} + 4\mathbf{v}) =$ ________이다.
   (b) 만약 $T: V \to R^2$가 $T(\mathbf{u} + \mathbf{v}) = (2, 4)$ ________과 $T(\mathbf{u} - \mathbf{v}) = (-3, 5)$의 선형변환이라면 $T(\mathbf{u}) =$ ________과 $T(\mathbf{v}) =$ ________이다.
2. (a) 만약 $T: V \to W$가 $T(\mathbf{u}) = \mathbf{w}_1$과 $T(\mathbf{v}) = \mathbf{w}_2$의 선형변환이라면 $T(\mathbf{u} - 5\mathbf{v}) =$ ________이다.
   (b) 만약 $T: V \to W$가 $T(\mathbf{u} + 2\mathbf{v}) = \mathbf{w}_1$과 $T(\mathbf{u} - 2\mathbf{v}) = \mathbf{w}_2$의 선형변환이라면 $T(\mathbf{u}) =$ ________과 $T(\mathbf{v}) =$ ________이다.

연습문제 3~10에서는 T가 선형변환임을 보여라.

3. $T: P_2 \to P_3$, 여기서 $T(p) = xp(x)$
4. $T: P_2 \to P_2$, 여기서 $T(p) = p(x + 1)$
5. $T: M_{nn} \to M_{nn}$, 여기서 $T(A) = A^T$
6. $T: R^3 \to R^3$, 여기서 $\mathbf{x}_0$는 R^3에서 고정된 벡터이며, $T(\mathbf{x}) = \mathbf{x}_0 \times \mathbf{x}$ [힌트: 정리 4.3.8를 보라.]
7. $T: C[a, b] \to R$, 여기서 $T(f) = \int_a^b f(x)\,dx$
8. $T: C^1(-\infty, \infty) \to R$, 여기서 $T(f) = f'(0)$
9. $T: M_{nn} \to M_{nn}$, 여기서 A_0은 고정 $n \times n$ 행렬이며, $T(X) = A_0X$
10. $T: R^\infty \to R^\infty$, 여기서 $T(v_1, v_2, v_3, \cdots, v_n, \cdots) = (0, v_1, v_2, v_3, \cdots, v_{n-1}, \cdots)$

연습문제 11~14에서는 T가 선형이 아님을 보여라.

11. $T: F(-\infty, \infty) \to F(-\infty, \infty)$, 여기서 $T(f) = x^2 f^2(x)$
12. $T: V \to R$, 여기서 $T(\mathbf{x}) = \|\mathbf{x}\|$이며 V는 내적공간이다.
13. $T: V \to V$, 여기서 $\mathbf{x}_0$은 벡터공간 V에서 영이 아닌 고정된 벡터이며 $T(\mathbf{x}) = \mathbf{x} + \mathbf{x}_0$
14. $T: C[0, 1] \to R$, 여기서 $T(f) = \int_0^1 |f(t)|\,dt$

연습문제 15~18에서는 T가 선형인지 아닌지를 밝혀라.

15. $T: V \to V$, 여기서 c_0은 고정된 스칼라이며 $T(\mathbf{x}) = c_0\mathbf{x} + \mathbf{x}$
16. $T: R^\infty \to R^\infty$, 여기서
    $T(v_1, v_2, v_3, v_4, \cdots) = (v_1, -v_2, v_3, -v_4, \cdots)$
17. $T: F(-\infty, \infty) \to R$, 여기서 $T(f) = f(0)f(1)$
18. $T: V \to V$, V 내의 모든 $\mathbf{x}$에 대하여 $T(\mathbf{x}) = -\mathbf{x}$

19. (a) $T : P_1 \to P_2$가 $T(P) = xp(x)$로 정의된 선형변환이라 하자. 다음 중 T의 치역 내에 존재하는 것이 있다면 어느 것인가?

$$q_1(x) = 1 + x + x^2, \quad q_2(x) = x + 5x^2, \quad q_3(x) = 0$$

(b) $T : P_2 \to R^2$이 $T(p) = (p(-1), p(1))$로 정의된 선형변환이라 하자. 다음 중 T의 핵 내에 존재하는 것이 있다면 어느 것인가?

$$q_1(x) = x^2 - 1, \quad q_2(x) = x^2 + 1, \quad q_3(x) = 0$$

20. (a) $T : P_2 \to P_2$이 $T(a_0 + a_1x + a_2x^2) = a_0 + a_1x$로 정의된 선형변환이라 하자. 다음 중 T의 치역 내에 존재하는 것이 있다면 어느 것인가?

$$q_1(x) = 1 + x + x^2, \quad q_2(x) = 1 + x, \quad q_3(x) = 0$$

(b) $T : P_3 \to P_1$이 $T(p) = p''(x)$로 정의된 선형변환이라 하자. 다음 중 T의 핵 내에 존재하는 것이 있다면 어느 것인가?

$$q_1(x) = 1 + x + x^2, \quad q_2(x) = 4 + 5x, \quad q_3(x) = 0$$

21. 다음의 사상

$$T\left(\begin{bmatrix} a & b \\ c & d \end{bmatrix}\right) = \begin{bmatrix} a & 0 \\ 0 & a \end{bmatrix}$$

가 M_{22}상에서 선형연산자임을 보이고, 핵 및 치역에 대한 기저를 구하라.

22. 다음의 사상

$$T\left(\begin{bmatrix} a & b \\ c & d \end{bmatrix}\right) = \begin{bmatrix} 0 & -b \\ c & a \end{bmatrix}$$

가 M_{22}상에서 선형연산자임을 보이고, 핵 및 치역에 대한 기저를 구하라.

연습문제 23~26에서는 선형변환이 단사임을 보이고 또한 전사인지를 판단하라.

23. A_0이 가역인 경우 연습문제 9의 선형변환

24. 연습문제 5의 선형변환

25. 연습문제 3의 선형변환

26. 연습문제 4의 선형변환

27. (a) $D(y) = y''(x)$로 주어진 선형변환 $D : C^2(-\infty, \infty) \to C(-\infty, \infty)$의 핵에 대한 기저를 구하라.

(b) 미분방정식 $y'' = 0$의 일반해를 구하라.

28. (a) 예제 14의 결과를 사용하여 $D(y) = y'' + 4y$로 주어진 다음 선형변환의 핵의 기저를 구하라.

$$D : C^2(-\infty, \infty) \to C(-\infty, \infty)$$

(b) 다음 미분방정식의 일반해를 구하라.

$$y'' + 4y = 0$$

29. $D : C^2(-\infty, \infty) \to C(-\infty, \infty)$이

$$D(y) = y'' - \omega^2 y$$

로 주어졌다고 하자. 이 선형변환의 핵이 이차원인 것은 미분방정식의 표준적인 교과서에 증명되어 있다.

(a) $w \neq 0$이라면 함수 $y_1 = e^{-\omega x}$와 $y_2 = e^{\omega x}$는 $\ker(D)$의 기저를 형성함을 보여라.

(b) 다음 미분방정식의 일반해를 구하라.

$$y'' - \omega^2 y = 0$$

30. $D : C^1(-\infty, \infty) \to C(-\infty, \infty)$가 예제 6의 미분변환이고, $J : C(-\infty, \infty) \to C^1(-\infty, \infty)$가 예제 7의 적분변환이며, 또한 $J \circ D$가 J와 D의 합성이라 하자. 다음의 f에 대해서 $(J \circ D)(f)$를 계산하라.

(a) $f(x) = x^2 + 2x + 3$　(b) $f(x) = \cos x$

(c) $f(x) = 2e^x + 1$

연습문제 31과 32에서는 $T : P_2 \to R^3$이 $T(p) = (p(0), p(1), p(2))$의 값주기 변환이라 하자. 예제 15로부터 T가 단사이고 전사임을 알고 있으므로 R^3의 모든 벡터 $\mathbf{v} = (v_1, v_2, v_3)$에 대하여 P_2 내에서 $T(P) = \mathbf{v}$인 유일한 다항식이 존재한다. 이 다항식을 구하라.

31. $\mathbf{v} = (1, 3, 7)$　**32.** $\mathbf{v} = (-1, 1, 5)$

33. $T : R^\infty \to R^\infty$이 $T(v_1, v_2, v_3, \cdots) = (v_2, v_3, v_4, \cdots)$로 정의된 사상이라 하자. T가 선형임을 보이고 핵과 치역을 구하라.

34. $\langle \mathbf{u}, \mathbf{v} \rangle = 2u_1v_1 + 3u_2v_2$로 정의된 R^2상에서의 가중 Euclid 내적을 생각하고 $\mathbf{v}_0 = (4, -2)$로 가정하라. 예제 4에서 사상 $T(\mathbf{x}) = \langle \mathbf{x}, \mathbf{v}_0 \rangle$이 R^2에서 R로의 선형변환임을 알았다. $\mathbf{x} = (x, y)$라 가정하고 xy 평면에 T의 핵을 스케치하라.

35. $\{\mathbf{v}_1, \mathbf{v}_2, \cdots, \mathbf{v}_n\}$이 벡터공간 V의 기저를 이루고, $T : V \to W$가 $T(\mathbf{v}_1) = T(\mathbf{v}_2) = \cdots = T(\mathbf{v}_n) = \mathbf{0}$인 선형변환이라면, T는 영변환임을 보여라.

36. $\{\mathbf{v}_1, \mathbf{v}_2, \cdots, \mathbf{v}_n\}$이 벡터공간 V의 기저이고, $T : V \to V$이 다음 식의 선형연산자라면 T는 항등연산자임을 보여라.

$$T(\mathbf{v}_1) = \mathbf{v}_1, T(\mathbf{v}_2) = \mathbf{v}_2, \cdots, T(\mathbf{v}_n) = \mathbf{v}_n$$

37. M_{22}에서 R^4로의 자연 동형사상을 고려하자.

(a) 이러한 동형사상하에서 벡터 $\mathbf{v} = (-1, 2, 0, 3)$에 대응되는 M_{22}의 행렬은 무엇인가?

(b) 대각합이 영인 대칭행렬로 이루어진 M_{22}의 부분공간에 대응하는 R^4 내의 부분공간의 기저를 구하라.

(c) M_{22}상의 선형연산자 $A \to A^T$에 대응하는 R^4상의 선형연산자의 표준행렬을 구하라.

38. P_2에서 R^3으로의 자연 동형사상을 생각하자.

(a) 이러한 동형사상하에서 벡터 $\mathbf{v} = (2, 3, -1)$에 대응되는 다항식은 무엇인가?

(b) P_2의 부분공간 P_1에 대응하는 R^3의 부분공간의 기저를 구하라.

(c) P_2의 선형연산자 $p(x) \to p(x + 1)$에 해당하는 R^3상의 선형연산자에 대한 표준행렬을 구하라.

39. P_2에서 R^3으로의 자연 동형사상과 P_3에서 R^4로의 자연 동형사상을 생각하자. 그리고 $J : P_2 \to P_3$이 다음과 같은 적분변환이라 하자.

$$J(p) = \int_0^x p(t)\,dt$$

J에 대응하는 R^3에서 R^4로의 선형변환의 표준행렬을 구하라. 그리고 이 행렬을 이용하고 행렬곱셈을 사용하여 $p(x) = x^2 + x + 1$을 적분하라. [*힌트*: 예제 20을 보라.]

40. P_1에서 R^2로 그리고 P_3에서 R^4로의 자연 동형사상을 생각하자. 그리고 $D : P_3 \to P_1$이 $D(p) = p''$인 미분변환이라 하자. D에 대응하는 R^4에서 R^2로의 선형변환의 표준행렬을 구하라.

토론과 발견

D1. $T : P_2 \to P_1$가 $T(1) = 1 + x$와 $T(2x) = 1 - 2x$, 그리고 $T(3x^2) = 1 + 3x$인 선형변환이라면, $T(2 + 4x - x^2) =$ ________이다.

D2. 다음 명제들이 참(T)인지 거짓(F)인지 표시하고 그 이유를 설명하라.

(a) 만약 T가 V 내의 모든 벡터 $\mathbf{u}$와 $\mathbf{v}$, 그리고 모든 스칼라 c에 대하여 $T(c\mathbf{u} + \mathbf{v}) = cT(\mathbf{u}) + T(\mathbf{v})$이 성립하도록 하는 벡터공간 V에서 벡터공간 W로의 사상이라면, T는 선형변환이다.

(b) $T(a, b, c) = ax^2 + bx + c$는 R^3에서 P_2로 보내는 단사 선형변환을 정의한다.

(c) 다음 식으로 정의된 사상 $T : C^1[a, b] \to C[a, b]$는 선형변환이다.

$$T(f) = f'(x) + \int_a^x f(t)\,dt$$

(d) 벡터공간 M_{mn}의 차원은 mn이다.

(e) $C(-\infty, \infty)$ 구간 내에 있는 모든 다항식의 부분공간은 유한차원이다.

D3. $T : M_{22} \to M_{22}$는 $T(A) = A - A^T$로 정의된 사상이라 하자.

(a) T가 선형임을 보여라.

(b) T의 핵을 설명하라.

(c) T의 치역은 모든 2×2 반대칭행렬로 구성됨을 보여라.

(d) $T(A) = A + A^T$로 정의된 사상 $T : M_{22} \to M_{22}$의 핵과 치역에 대하여 무엇을 말할 수 있는가?

D4. 핵이 P_3인 선형변환 $T : C^\infty(-\infty, \infty) \to F(-\infty, \infty)$를 구하라.

D5. 적분변환 $T : P_1 \to R$이 다음 식으로 정의될 때, 핵에 대하여 설명하라.

$$T(p) = \int_{-1}^{1} p(x)\,dx$$

증명문제

P1. V와 W는 벡터공간이고, T, T_1, T_2가 V에서 W로의 선형변환이며, k를 스칼라라 하자. 새로운 변환 $(T_1 + T_2) : V \to W$와 $(kT) : V \to W$를 다음과 같이 정의하자.

$$(kT)(\mathbf{x}) = kT(\mathbf{x}) \text{ 와 } \quad (T_1 + T_2)(\mathbf{x}) = T_1(\mathbf{x}) + T_2(\mathbf{x})$$

kT와 $T_1 + T_2$가 선형변환임을 증명하라.

P2. 정리 6.1.3의 증명을 수정하여 정리 9.3.2를 증명하라.

P3. $T : V \to W$가 단사이고 전사인 선형변환이라면, W 내의 모든 벡터 $\mathbf{x}$에 대하여 $T(\mathbf{v}) = \mathbf{x}$인 유일한 벡터 $\mathbf{v}$가 V 내에 존재한다. $T^{-1}(\mathbf{x}) = \mathbf{v}$로 정의된 **역변환**(inverse transformation) $T^{-1} : W \to V$가 선형임을 증명하라.

P4. 다음을 증명하라: V가 n차원의 벡터공간이고, 변환 $T : V \to R^n$이 동형사상이라면, $T(\mathbf{u}) \cdot T(\mathbf{v}) = \langle \mathbf{u}, \mathbf{v} \rangle$가 성립하는 유일한 내적 $\langle \mathbf{u}, \mathbf{v} \rangle$가 존재한다. [*힌트*: $\langle \mathbf{u}, \mathbf{v} \rangle = T(\mathbf{u}) \cdot T(\mathbf{v})$은 V상에서 내적을 정의함을 보여라.]

부록 A

정리를 읽는 법

HOW TO READ THEOREMS

선형대수에서 가장 중요한 개념들 중 많은 것이 정리명제로 나타나기 때문에 정리들을 구축할 수 있는 다양한 방법에 익숙해지는 것은 중요하다. 이 부록은 그렇게 되도록 여러분을 도울 것이다.

정리의 대우

가장 간단한 정리들은

H가 참이면 C가 참이다. (1)

의 형태이다. 여기서 명제 H는 **가정**(hypothesis) , 명제 C는 **결론**(conclusion) 이라고 한다. *가정이 참일 때 결론이 참이면 정리는 참이고, 가정이 참이지만 결론이 거짓이 되는 경우가 있다면 정리는 거짓이다.* (1) 형태의 정리는

$$H \Rightarrow C \tag{2}$$

("H이면 C이다"로 읽는다)로 표시하는 것이 보통이다. 예를 들어 정리

a와 b가 모두 양수이면 ab는 양수이다. (3)

는 (2)의 형태이다. 여기서

$H = a$와 b가 모두 양수이다 (4)

$C = ab$는 양수이다 (5)

가끔 정리를 *부정적인* 방법으로 표현하는 것도 바람직하다. 예를 들어 (3)의 정리는 다음과 같이

ab가 양수가 아니면 a와 b는 모두 양수가 아니다. (6)

인 동치명제로 표현할 수 있다. $\sim H$는 (4)가 거짓임을 뜻하고 $\sim C$는 (5)가 거짓임을 의미하면 (6)에서 정리의 구조는

$$\sim C \Rightarrow \sim H \tag{7}$$

이다. 일반적으로 (2) 형태의 모든 정리는 (2)의 **대우**(contrapositive)라고 부르는 (7)의 형태로 표현될 수 있다. 정리가 참이면 그 대우정리도 참이고, 그 역도 또한 성립한다.

정리의 역

정리의 **역**(converse)은 가정과 결론을 바꾸어서 얻은 명제이다. 따라서 정리 $H \Rightarrow C$의 역은 명제 $C \Rightarrow H$이다. 참인 정리의 대우가 참인 정리여야 하는 것에 반하여, 참인 정리의 역은 참일 수도 아닐 수도 있다. 예를 들면 (3)의 역은 *거짓*명제

ab가 양수이면 a와 b는 모두 양수이다.

이지만, 참인 정리

$a > b$이면 $2a > 2b$이다. (8)

의 역은 참인 정리

$2a > 2b$이면 $a > b$이다. (9)

이다.

동치명제

정리 $H \Rightarrow C$와 그 역 $C \Rightarrow H$가 모두 참이면 H와 C는 **동치명제**(equivalent statement)라고 하고

$H \Leftrightarrow C$

("H와 C는 동치이다"라고 읽는다)로 써서 표시한다. 동치명제를 하나의 정리로 표현하는 여러 가지 방법이 있다. (8)과 (9)를 하나의 정리로 묶을 수 있는 세 가지 방법이 있다.

형식 1 $a > b$이면 $2a > 2b$이고, 역으로 $2a > 2b$이면 $a > b$이다.

형식 2 $a > b$일 필요충분조건은 $2a > 2b$이다.

형식 3 다음 명제는 동치이다.

(i) $a > b$

(ii) $2a > 2b$

세 개 이상의 명제를 포함한 정리

가끔 두 개의 참인 정리는 공짜로 제3의 참인 정리를 준다. 엄밀히 말하면, $H \Rightarrow C$가 참인 정리이고 $C \Rightarrow D$가 참인 정리이면, $H \Rightarrow D$도 역시 참인 정리임이 틀림없다. 예를 들면 정리

사변형의 대변들이 평행이면 사변형은 평행사변형이다.

와

평행사변형의 대변들의 길이는 같다.

는 제3의 정리

사변형의 대변들이 평행이면 대변들의 길이는 같다.

를 암시한다.

가끔 세 개의 정리는 공짜로 동치명제를 낳는다. 예를 들어

$H \Rightarrow C,\ C \Rightarrow D,\ D \Rightarrow H$ (10)

이면 그림 A.1과 같이 *함의 루프*(implication loop)를 갖는다. 함의 루프로부터

$C \Rightarrow H,\ D \Rightarrow C,\ H \Rightarrow D$ (11)

를 결론 내릴 수 있다. 이것을 (10)과 조합하면

$H \Leftrightarrow C,\ C \Leftrightarrow D,\ D \Leftrightarrow H$ (12)

를 얻는다. 요약하면, (12)에서 세 개의 동치명제를 증명하고 싶다면 (10)에서의 세 개의 함의만 증명하면 된다.

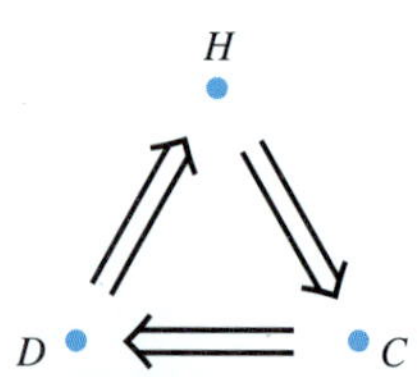

그림 A.1

부록 B

복소수

COMPLEX NUMBERS

복소수는 다항방정식을 푸는 과정에서 자연스럽게 나타난다. 예를 들면 이차 방정식 $ax^2 + bx + c = 0$의 해는 근의 공식

$$x = \frac{-b \pm \sqrt{b^2 - 4ac}}{2a}$$

로 주어지며, 근의 공식의 근호 안이 음수이면 해는 복소수이다. 이 부록에서는 교재에서 사용되는 복소수에 관한 기본 아이디어들을 복습하겠다.

복소수 방정식 $x^2 = -1$이 실근을 갖지 못하는 문제를 다루기 위하여 18세기 수학자들은 '허수'

$$i = \sqrt{-1}$$

를 고안하였다. 허수는

$$i^2 = (\sqrt{-1})^2 = -1$$

인 성질을 갖고 있지만 그 외에는 실수의 대수적 성질을 갖는다. 실수 a와 b에 대하여

$$a + bi \text{ 또는 } a + ib$$

형태의 표현을 **복소수**(complex number)라고 부른다. 가끔 복소수를 표시하는 데 하나의 문자, 일반적으로 z를 사용하는 것이 편리하다. 이 경우에

$$z = a + bi \text{ 또는 } z = a + ib$$

로 쓴다. a를 z의 **실수부**(real part)라 하며 $\mathrm{Re}(z)$로 표시하고, b를 z의 **허수부**(imaginary part)하며 $\mathrm{Im}(z)$로 표시한다. 따라서

$$\mathrm{Re}(3+2i) = 3, \quad \mathrm{Im}(3+2i) = 2$$
$$\mathrm{Re}(1-5i) = 1, \quad \mathrm{Im}(1-5i) = \mathrm{Im}(1+(-5)i) = -5$$
$$\mathrm{Re}(7i) = \mathrm{Re}(0+7i) = 0, \quad \mathrm{Im}(7i) = 7$$
$$\mathrm{Re}(4) = 4, \quad \mathrm{Im}(4) = \mathrm{Im}(4+0i) = 0$$

두 복소수의 실수부와 허수부가 각각 같을 때 그들은 **같은** 것으로 간주한다. 즉

$$a + bi = c + di \Leftrightarrow a = c \text{ 그리고 } b = d$$

실수부가 영인 복소수 $z = bi$를 **순허수**(pure imaginary number)라고 한다. 허수부가 영인 복소수 $z = a$는 실수이므로 실수들은 복소수의 부분집합으로 간주할 수 있다.

복소수는 대수의 표준법칙에 따라서 더하고, 빼고, 곱할 수 있지만 $i^2 = -1$이다.

$$(a+bi)+(c+di)=(a+c)+(b+d)i \tag{1}$$

$$(a+bi)-(c+di)=(a-c)+(b-d)i \tag{2}$$

$$(a+bi)(c+di)=(ac-bd)+(ad+bc)i \tag{3}$$

곱셈공식은 $i^2=-1$인 사실을 이용하여 좌변을 전개하여 얻어진다(증명하라). $b=0$이면 곱셈공식은

$$a(c+di)=ac+adi \tag{4}$$

로 간소화된다. 이런 연산과 복소수집합을 덧붙여서 보통 기호 $\mathbb{C}$로 표시하고 **복소수계**(complex number system)라고 부른다.

예제 1 복소수 곱하기

실제로는 복소수곱을 식 (3)에 대입하기보다는 전개하여 계산하는 것이 보통 더 편리하다. 예를 들면 다음과 같다.

$$(3-2i)(4+5i)=12+15i-8i-10i^2=(12+10)+7i=22+7i$$ ■

복소평면

복소수 $z=a+bi$는 실수의 순서쌍 (a, b)와 관련시켜 기하학적으로는 xy 평면에 벡터나 점으로 표현할 수 있다(그림 B.1). 우리는 이 평면을 **복소평면**(complex plane)이라 부른다. x축 위의 점은 영인 허수부를 가지므로 실수에 대응한다. 면면에 y축 위의 점은 영인 실수부를 가지므로 순허수에 대응한다. 따라서 x축을 **실축**(real axis) 그리고 y축을 **허축**(imaginaryaxis)이라 부른다(그림 B.2).

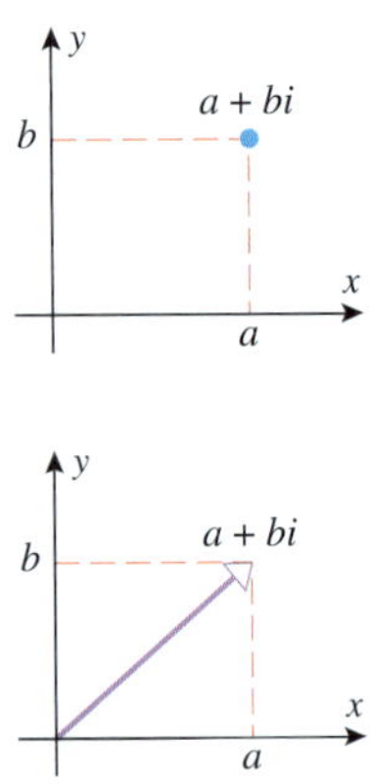

그림 B.1

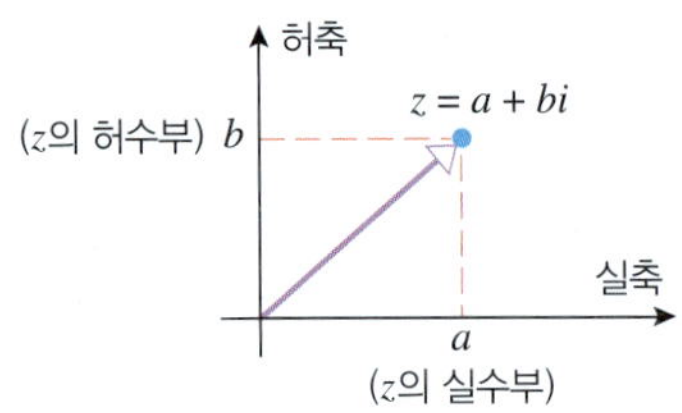

그림 B.2

복소수에 대응되는 벡터들을 기하학적으로 더하거나 빼거나 실수를 곱함으로써 복소수들을 더하거나 빼거나 실수를 곱할 수 있다(그림 B.3). 이런 의미에서 복소수계 C는 R^2와 밀접한 관계가 있으며, 주요한 차이점은 복소수는 서로 곱하여 새로운 복소수를 낳지만 R^2에는 새로운 벡터를 낳는 곱셈이 없다는 것이다(점곱은 R^2에서 벡터를 낳는 것이 아니라 스칼라를 낳는다).

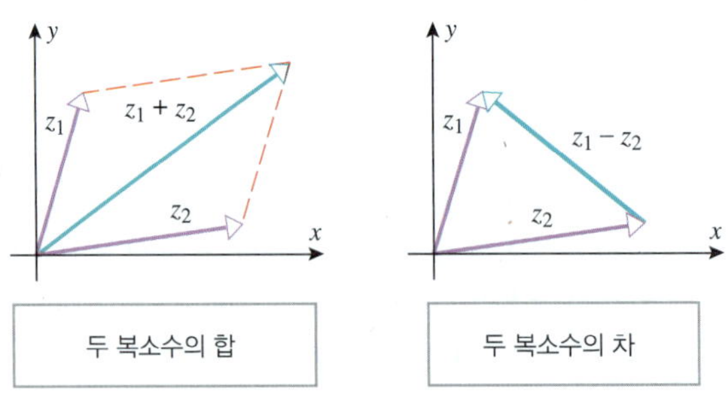

그림 B.3

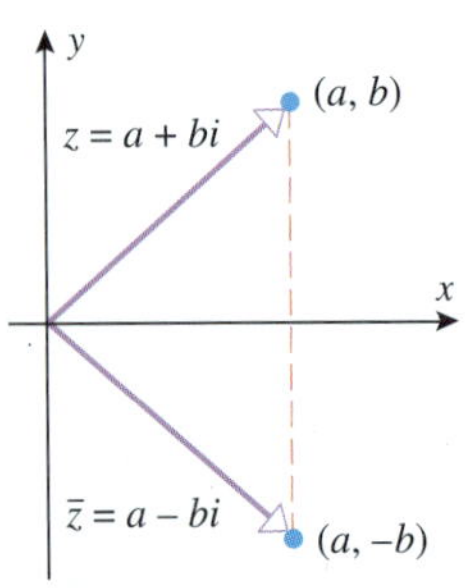

그림 B.4

$z=a+bi$가 복소수이면 z의 **복소켤레**(complex conjugate) 또는 더 간단히 z의 **켤레**(conjugate)는 $\bar{z}$('z bar'로 읽는다)로 표시하고

$$\bar{z}=a-bi \tag{5}$$

으로 정의한다. 숫자상으로 $\bar{z}$는 z의 허수부분의 부호를 바꾸어서 얻어지고 기하학적으로는 z에 대한 벡

터를 실축에 대하여 반사함으로써 얻어진다(그림 B.4).

예제 2 복소켤레들

$z = 3 + 4i$	$\bar{z} = 3 - 4i$
$z = -2 - 5i$	$\bar{z} = -2 + 5i$
$z = i$	$\bar{z} = -i$
$z = 7$	$\bar{z} = 7$

■

참고 이 예제의 마지막 계산에서 실수는 자신의 복소켤레와 같다는 사실을 예시하고 있다. 보다 일반적으로, $z = \bar{z}$의 필요충분조건은 z는 실수이다.

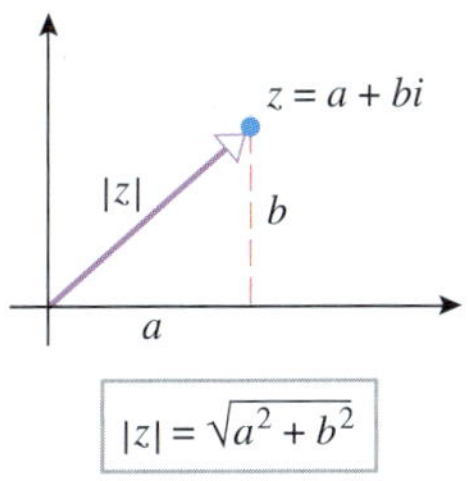

그림 B.5

다음 계산은 임의의 복소수 $z = a + bi$와 그 켤레 $\bar{z} = a - bi$의 곱이 음이 아닌 실수라는 것을 보여준다.

$$z\bar{z} = (a + bi)(a - bi) = a^2 - abi + bai - b^2i^2 = a^2 + b^2 \tag{6}$$

다음 식은 z에 대응하는 벡터의 길이임을 알아볼 것이다(그림 B.5).

$$\sqrt{z\bar{z}} = \sqrt{a^2 + b^2}$$

이 길이를 **절대값**(absolute value)이라 부르고 $|z|$로 표시한다. 따라서

$$|z| = \sqrt{z\bar{z}} = \sqrt{a^2 + b^2} \tag{7}$$

$b = 0$이면 $z = a$는 실수이고 $|z| = \sqrt{a^2} = |a|$임을 주목하라.

예제 3 절대값 계산

$z = 3 + 4i$	$\lvert z\rvert = \sqrt{3^2 + 4^2} = 5$
$z = -4 - 5i$	$\lvert z\rvert = \sqrt{(-4)^2 + (-5)^2} = \sqrt{41}$
$z = i$	$\lvert z\rvert = \sqrt{0^2 + 1^2} = 1$

■

역수와 나눗셈

$z \neq 0$이면 z의 **역수**(reciprocal)[즉 **곱셈역원**(multiplicative inverse)]는 존재한다면 $1/z$(또는 z^{-1})로 표시하고, $(1/z)z = 1$을 만족시키는 복소수로 정의한다. 이 방정식은 $1/z$에 대하여 유일한 해를 가지며, 양변에 $\bar{z}$를 곱하고 (7)에서 $z\bar{z} = |z|^2$인 사실을 이용하여 얻을 수 있다. 이는

$$\frac{1}{z} = \frac{\bar{z}}{|z|^2} \tag{8}$$

를 낳는다.

$z_2 \neq 0$이면 **나눗셈**(quotient) z_1/z_2은 z_1과 $1/z_2$의 곱으로 정의한다. 이로써 다음 공식이 성립한다.

$$\frac{z_1}{z_2} = \frac{\bar{z}_2}{|z_2|^2}z_1 = \frac{z_1\bar{z}_2}{|z_2|^2} \tag{9}$$

(9)의 우변의 표현은 z_1/z_2의 분자와 분모에 $\bar{z}_2$를 곱하면 얻어지는 결과이다. 실제로 이것이 복소수의 나눗셈을 수행하는 최상의 방법이다.

예제 4 복소수의 나눗셈

$z_1 = 3 + 4i$이고 $z_2 = 1 - 2i$일 때 z_1/z_2을 a + bi 형태로 표현하라.

풀이 z_1/z_2의 분자와 분모에 $\bar{z}_2$를 곱하면

$$\begin{aligned}\frac{z_1}{z_2} &= \frac{z_1\bar{z}_2}{z_2\bar{z}_2} = \frac{3+4i}{1-2i}\cdot\frac{1+2i}{1+2i}\\ &= \frac{3+6i+4i+8i^2}{1-4i^2}\\ &= \frac{-5+10i}{5}\\ &= -1+2i\end{aligned}$$ ■

다음 정리에는 절대값과 켤레연산의 유용한 성질을 나타내었다.

정리 B.1 다음 결과는 임의의 복소수 z, z_1, z_2에 대하여 성립한다.

(a) $\overline{z_1+z_2} = \bar{z}_1+\bar{z}_2$

(b) $\overline{z_1-z_2} = \bar{z}_1-\bar{z}_2$

(c) $\overline{z_1z_2} = \bar{z}_1\bar{z}_2$

(d) $\overline{z_1/z_2} = \bar{z}_1/\bar{z}_2$

(e) $\bar{\bar{z}} = z$

정리 B.2 다음 결과는 임의의 복소수 z, z_1, z_2에 대하여 성립한다.

(a) $|\bar{z}| = |z|$

(b) $|z_1z_2| = |z_1||z_2|$

(c) $|z_1/z_2| = |z_1|/|z_2|$

(d) $|z_1+z_2| \le |z_1|+|z_2|$

복소수의 극형식

$z = a+bi$가 영이 아닌 복소수이고 ϕ가 실축으로부터 벡터 z까지의 각이면, 그림 B.6에서 시사하는 것처럼, z의 실수부와 허수부는

$$a = |z|\cos\phi \text{ 그리고 } b = |z|\sin\phi \tag{10}$$

로 표현될 수 있다. 따라서 복소수 $z = a+bi$는

$$z = |z|(\cos\phi + i\sin\phi) \tag{11}$$

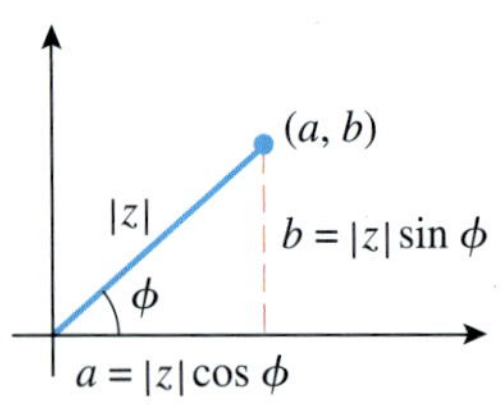

그림 B.6

로 표현될 수 있고 이를 z의 **극형식**(polar form)이라 부른다. 이 공식에서 각 ϕ는 z의 **편각**(argument)이라 부른다. z의 편각에 2π의 임의의 배수를 더하거나 빼서 z의 다른 편각을 얻을 수 있으므로 z의 편각은 유일하지 않다. 그렇지만 라디안 크기로는

$$-\pi < \phi \le \pi \tag{12}$$

를 만족시키는 편각은 하나뿐이다. 이것을 z의 **주편각**(principal argument)이라 부른다.

예제 5 복소수의 극형식

$z = 1-\sqrt{3}i$를 주편각을 이용하여 극형식으로 표현하라.

풀이 z의 절대값은

$$|z| = \sqrt{1^2+(-\sqrt{3})^2} = \sqrt{4} = 2$$

이다. 따라서 $a = 1$이고 $b = -\sqrt{3}$으로 식 (10)으로부터

$$1 = 2\cos\phi \text{ 그리고 } -\sqrt{3} = 2\sin\phi$$

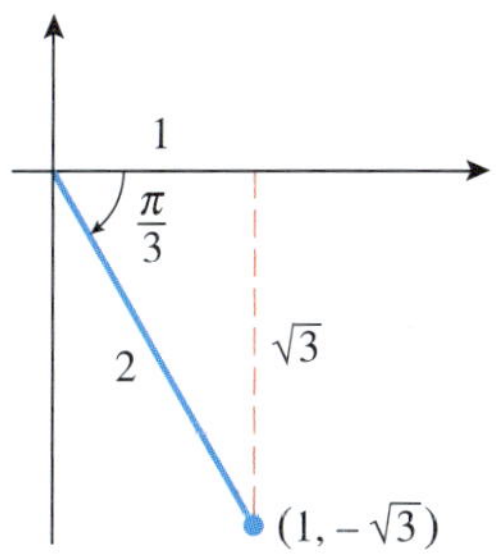

그림 B.7

이다. 따라서

$$\cos\phi = \frac{1}{2} \text{ 그리고 } \sin\phi = -\frac{\sqrt{3}}{2}$$

이다. 이 방정식을 만족시키고 라디안 크기가 구간 $-\pi < \phi \le \pi$인 유일한 편각 ϕ는 $\phi = -\pi/3$이다(그림 B.7). 따라서 z의 극형식은

$$z = 2\left(\cos\left(-\frac{\pi}{3}\right) + i\sin\left(-\frac{\pi}{3}\right)\right) = 2\left(\cos\frac{\pi}{3} - i\sin\frac{\pi}{3}\right)$$

이다. ■

복소수의 곱셈과 나눗셈의 기하학적 해석

이제 복소수의 극형식이 곱셈과 나눗셈을 기하학적으로 어떻게 해석하도록 하는지 살펴보자.

$$z_1 = |z_1|(\cos\phi_1 + i\sin\phi_1), \quad z_2 = |z_2|(\cos\phi_2 + i\sin\phi_2)$$

를 영이 아닌 복소수 z_1과 z_2의 극형식이라 하자. 곱하면

$$z_1z_2 = |z_1||z_2|[(\cos\phi_1\cos\phi_2 - \sin\phi_1\sin\phi_2) + i(\sin\phi_1\cos\phi_2 + \cos\phi_1\sin\phi_2)]$$

이다. 이제 삼각함수 항등식

$$\cos(\phi_1 + \phi_2) = \cos\phi_1\cos\phi_2 - \sin\phi_1\sin\phi_2$$
$$\sin(\phi_1 + \phi_2) = \sin\phi_1\cos\phi_2 + \cos\phi_1\sin\phi_2$$

를 적용하면 절대값 $|z_1||z_2|$와 편각 $\phi_1 + \phi_2$인 복소수의 극형식

$$z_1z_2 = |z_1||z_2|[\cos(\phi_1 + \phi_2) + i\sin(\phi_1 + \phi_2)] \tag{13}$$

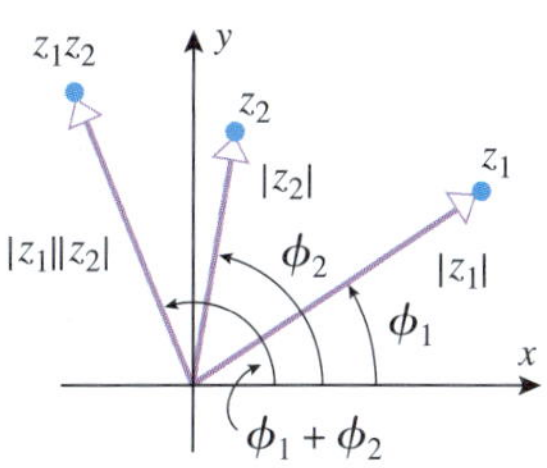

그림 B.8

를 얻는다. 따라서 *두 복소수를 곱하는 것은 절대값을 곱하고 편각을 더하는 기하학적 결과를 갖는다는 것을* 증명하였다(그림 B.8).

비슷한 종류의 계산은

$$\frac{z_1}{z_2} = \frac{|z_1|}{|z_2|}[\cos(\phi_1 - \phi_2) + i\sin(\phi_1 - \phi_2)] \tag{14}$$

를 보이고, 이는 *복소수를 나누는 것은 적당한 순서로 절대값을 나누고 편각을 빼는 기하학적 결과를 갖는다는* 것을 말한다.

예제 6 극형식으로 곱하고 나누기

복소수 $z_1 = 1 + \sqrt{3}i$와 $z_2 = \sqrt{3} + i$의 극형식을 이용하여 z_1z_2와 z_1/z_2을 계산하라.

풀이 이 복소수의 극형식은

$$z_1 = 2\left(\cos\frac{\pi}{3} + i\sin\frac{\pi}{3}\right), \quad z_2 = 2\left(\cos\frac{\pi}{6} + i\sin\frac{\pi}{6}\right)$$

이다(증명하라). 식 (13)으로부터

$$z_1z_2 = 4\left[\cos\left(\frac{\pi}{3} + \frac{\pi}{6}\right) + i\sin\left(\frac{\pi}{3} + \frac{\pi}{6}\right)\right] = 4\left[\cos\left(\frac{\pi}{2}\right) + i\sin\left(\frac{\pi}{2}\right)\right] = 4i$$

이고 식 (14)로부터

$$\frac{z_1}{z_2} = 1 \cdot \left[\cos\left(\frac{\pi}{3} - \frac{\pi}{6}\right) + i\sin\left(\frac{\pi}{3} - \frac{\pi}{6}\right)\right] = \cos\left(\frac{\pi}{6}\right) + i\sin\left(\frac{\pi}{6}\right) = \frac{\sqrt{3}}{2} + \frac{1}{2}i$$

이다. 검산으로 z_1z_2와 z_1/z_2을 직접 계산하자.

$$z_1 z_2 = (1+\sqrt{3}i)(\sqrt{3}+i) = \sqrt{3}+i+3i+\sqrt{3}i^2 = 4i$$

$$\frac{z_1}{z_2} = \frac{1+\sqrt{3}i}{\sqrt{3}+i} = \frac{1+\sqrt{3}i}{\sqrt{3}+i}\cdot\frac{\sqrt{3}-i}{\sqrt{3}-i} = \frac{\sqrt{3}-i+3i-\sqrt{3}i^2}{3-i^2} = \frac{2\sqrt{3}+2i}{4} = \frac{\sqrt{3}}{2}+\frac{1}{2}i$$

이것은 극형식으로 얻은 결과와 일치한다. ■

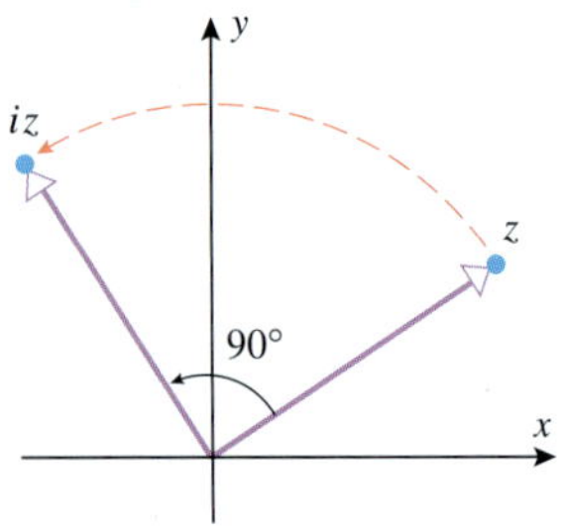

그림 B.9

참고 복소수 i의 절대값은 1이고 주편각은 $\pi/2$이다. 따라서 z가 복소수이면 iz의 절대값은 z의 값과 같고 편각은 $\pi/2(=90^\circ)$만큼 더 크다. 즉 i를 곱하는 것은 벡터 z를 시계 반대 방향으로 90° 회전시키는 기하학적 효과를 갖는다(그림 B.9).

DeMoivre 공식 n이 양의 정수이고 영이 아닌 복소수 z의 극형식이

$$z = |z|(\cos\phi + i\sin\phi)$$

일 경우, z에 n제곱을 하면v

$$z^n = \underbrace{z\cdot z\cdot\cdots\cdot z}_{n\text{ 인수}} = |z|^n[\cos(\underbrace{\phi+\phi+\cdots+\phi}_{n\text{항}})] + i[\sin(\underbrace{\phi+\phi+\cdots+\phi}_{n\text{항}})]$$

이고, 보다 간결하게 다음과 같이 쓸 수 있다 .

$$z^n = |z|^n(\cos n\phi + i\sin n\phi) \tag{15}$$

$|z|=1$인 특별한 경우 이 공식은

$$z^n = \cos n\phi + i\sin n\phi$$

로 간소화되고, z에 대한 극형식을 이용하면

$$(\cos\phi + i\sin\phi)^n = \cos n\phi + i\sin n\phi \tag{16}$$

가 된다. 이 결과를 프랑스 수학자 Abraham DeMoivre (1667~1754)를 기려 **DeMoivre 공식**(DeMoivre's formula)이라 부른다.

Euler 공식 θ가 각을 라디안으로 측정한 실수이면 **복소지수함수**(complex exponential function) $e^{i\theta}$는

$$e^{i\theta} = \cos\theta + i\sin\theta \tag{17}$$

로 정의하고, 가끔 **Euler 공식**(Euler's formula)이라고 부른다. 이 공식에 대한 한 가지 동기는 미적분의 Maclaurin 급수에서 나온다. 미적분에서 무한급수를 공부한 독자는 e^x에 대한 Maclaurin 급수를 이용하면

$$\begin{aligned} e^{i\theta} &= 1 + i\theta + \frac{(i\theta)^2}{2!} + \frac{(i\theta)^3}{3!} + \frac{(i\theta)^4}{4!} + \frac{(i\theta)^5}{5!} + \frac{(i\theta)^6}{6!} + \cdots \\ &= 1 + i\theta - \frac{\theta^2}{2!} - i\frac{\theta^3}{3!} + \frac{\theta^4}{4!} + i\frac{\theta^5}{5!} - \frac{\theta^6}{6!} + \cdots \\ &= \left(1 - \frac{\theta^2}{2!} + \frac{\theta^4}{4!} - \frac{\theta^6}{6!} + \cdots\right) + i\left(\theta - \frac{\theta^3}{3!} + \frac{\theta^5}{5!} - \cdots\right) \\ &= \cos\theta + i\sin\theta \end{aligned}$$

로 식 (17)을 유도할 수 있다.

$z = a + bi$가 임의의 복소수이면 **복소지수함수** e^z는

$$e^z = e^{a+bi} = e^a e^{ib} = e^a(\cos b + i\sin b) \tag{18}$$

로 정의한다. 복소지수함수들은 일반적인 지수법칙을 만족시킨다는 것을 보일 수 있다. 따라서 예를 들면

$$e^{z_1}e^{z_2} = e^{z_1+z_2}, \quad \frac{e^{z_1}}{e^{z_2}} = e^{z_1-z_2}, \quad \frac{1}{e^z} = e^{-z}$$

가 성립한다.

홀수번 문제의 해답
ANSWERS TO ODD-NUMBERED EXERCISES

연습문제 1.1

1. (a)

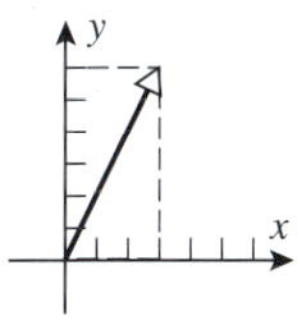

(b)

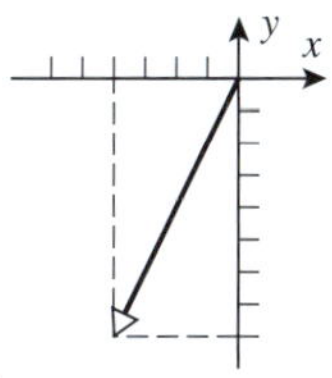

(c)

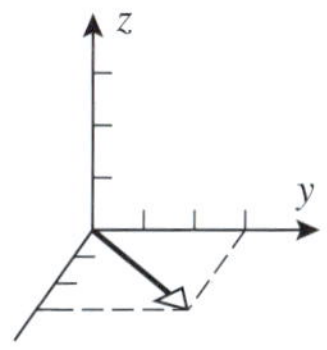

(d)

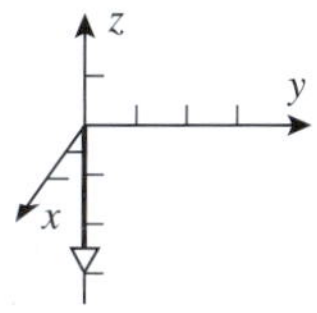

3. (a)

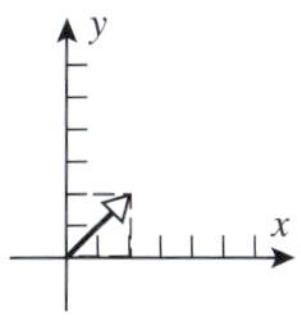

(b)

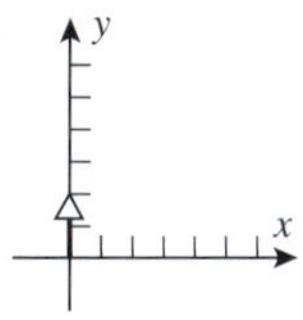

(c)

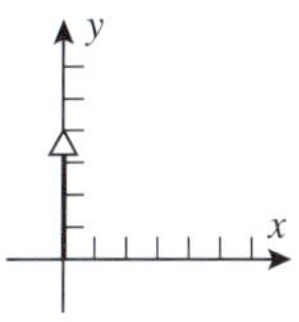

(d)

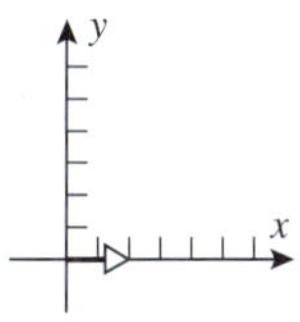

(e)

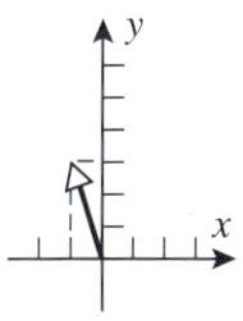

5. (a)

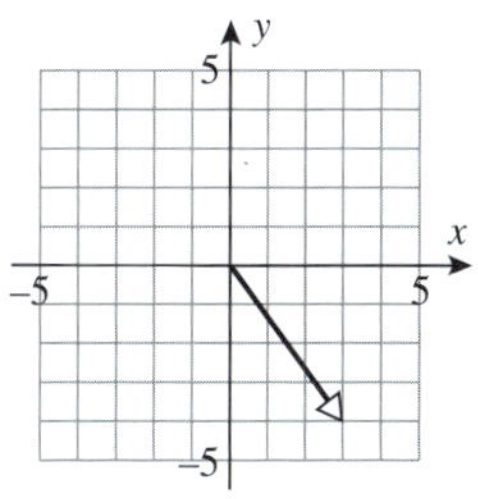

(b)

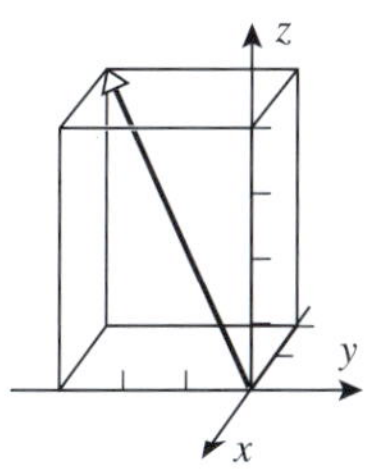

7. **(a)** $\overrightarrow{P_1P_2} = (-1, 3)$ **(b)** $\overrightarrow{P_1P_2} = (-3, 6, 1)$

9. **(a)** 끝점 $B(2, 3)$

(b) 시점 $A(-2, -2, -1)$

11. **(a)** $\mathbf{v} - \mathbf{w} = (-2, 1, -4, -2, 7)$

(b) $6\mathbf{u} + 2\mathbf{v} = (-10, 6, -4, 26, 28)$

(c) $(2\mathbf{u} - 7\mathbf{w}) - (8\mathbf{v} + \mathbf{u}) = (-77, 8, 94, -25, 23)$

13. $x = \left(-\frac{8}{3}, \frac{1}{2}, \frac{8}{3}, \frac{2}{3}, \frac{11}{6}\right)$

15. **(a)** 평행하지 않음 **(b)** 평행 **(c)** 평행

17. **(a)** $\mathbf{u} + \mathbf{v} + \mathbf{w} = (-2, 5)$ **(b)** $\mathbf{u} + \mathbf{v} + \mathbf{w} = (3, -8)$

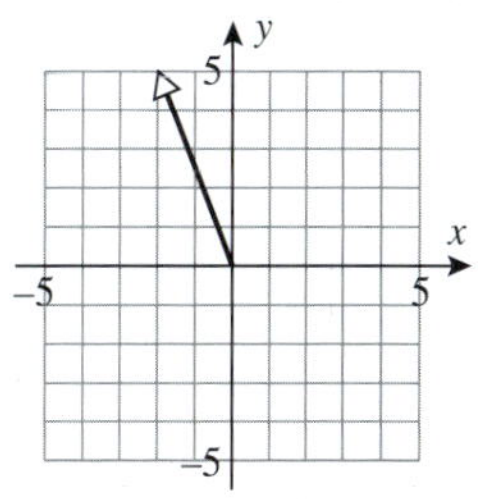

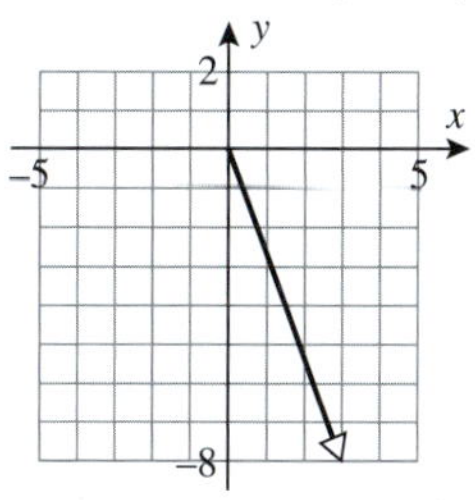

19. $a = 3, b = -1$

21.

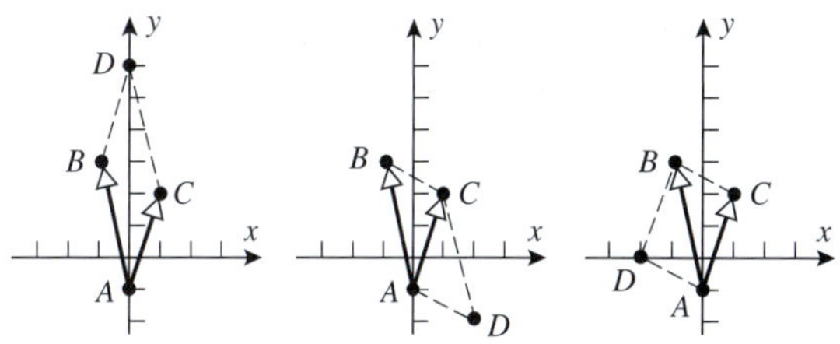

23. $\mathbf{F} = (1, -3)$

25. **(a)** $\begin{bmatrix} 0 & 1 & 0 & 0 & 0 \\ 1 & 0 & 1 & 0 & 0 \\ 0 & 0 & 0 & 1 & 0 \\ 0 & 0 & 0 & 0 & 1 \\ 1 & 0 & 0 & 0 & 0 \end{bmatrix}$ **(b)** $\begin{bmatrix} 0 & 0 & 0 & 0 & 0 \\ 1 & 0 & 0 & 1 & 1 \\ 1 & 0 & 0 & 1 & 1 \\ 0 & 0 & 0 & 0 & 0 \\ 0 & 0 & 0 & 0 & 0 \end{bmatrix}$

27.

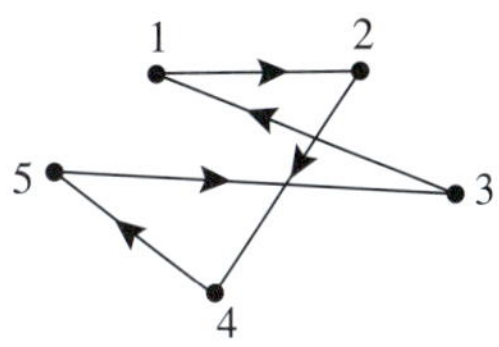

연습문제 1.2

1. **(a)** $\|\mathbf{v}\| = 5, \frac{\mathbf{v}}{\|\mathbf{v}\|} = \left(\frac{4}{5}, -\frac{3}{5}\right), -\frac{\mathbf{v}}{\|\mathbf{v}\|} = \left(-\frac{4}{5}, \frac{3}{5}\right)$

(b) $\|\mathbf{v}\| = 2\sqrt{3}$,

$\frac{\mathbf{v}}{\|\mathbf{v}\|} = \left(\frac{1}{\sqrt{3}}, \frac{1}{\sqrt{3}}, \frac{1}{\sqrt{3}}\right), -\frac{\mathbf{v}}{\|\mathbf{v}\|} = \left(-\frac{1}{\sqrt{3}}, -\frac{1}{\sqrt{3}}, -\frac{1}{\sqrt{3}}\right)$

(c) $\|\mathbf{v}\| = \sqrt{15}$,

$\frac{\mathbf{v}}{\|\mathbf{v}\|} = \frac{1}{\sqrt{15}}(1, 0, 2, 1, 3), -\frac{\mathbf{v}}{\|\mathbf{v}\|} = -\frac{1}{\sqrt{15}}(1, 0, 2, 1, 3)$

3. **(a)** $\|\mathbf{u} + \mathbf{v}\| = \sqrt{83}$ **(b)** $\|\mathbf{u}\| + \|\mathbf{v}\| = \sqrt{17} + \sqrt{26}$

(c) $\|-2\mathbf{u} + 2\mathbf{v}\| = 2\sqrt{3}$ **(d)** $\|3\mathbf{u} - 5\mathbf{v} + \mathbf{w}\| = \sqrt{466}$

5. **(a)** $\|3\mathbf{u} - 5\mathbf{v} + \mathbf{w}\| = \sqrt{2570}$

(b) $\|3\mathbf{u}\| - 5\|\mathbf{v}\| + \|\mathbf{u}\| = 4\sqrt{46} - 5\sqrt{84}$

(c) $\|-\|\mathbf{u}\|\mathbf{v}\| = 2\sqrt{966}$

7. $k = \frac{5}{7}, k = -\frac{5}{7}$

9. **(a)** $\mathbf{u} \cdot \mathbf{v} = -8, \mathbf{u} \cdot \mathbf{u} = 26, \mathbf{v} \cdot \mathbf{v} = 24$

(b) $\mathbf{u} \cdot \mathbf{v} = 0, \mathbf{u} \cdot \mathbf{u} = 54, \mathbf{v} \cdot \mathbf{v} = 21$

11. **(a)** $\|\mathbf{u}-\mathbf{v}\| = \sqrt{14}$ **(b)** $\|\mathbf{u}-\mathbf{v}\| = \sqrt{59}$
(c) $\|\mathbf{u}-\mathbf{v}\| = \sqrt{677}$

13. **(a)** $\cos\theta = \dfrac{15}{\sqrt{27}\sqrt{17}}$; θ는 예각
(b) $\cos\theta = -\dfrac{4}{\sqrt{6}\sqrt{45}}$; θ는 둔각
(c) $\cos\theta = -\dfrac{136}{\sqrt{225}\sqrt{180}}$; θ는 둔각

15. $\mathbf{a}\cdot\mathbf{b} = 45\frac{\sqrt{3}}{2}$ **17.** $\mathbf{x} = \left(-\frac{4}{15}, \frac{14}{15}, -\frac{2}{5}, \frac{2}{15}\right)$

19. **(a)** $\mathbf{v}\cdot\mathbf{w}$는 스칼라이므로 $\mathbf{u}\cdot(\mathbf{v}\cdot\mathbf{w})$는 의미 없음
(b) $\mathbf{u}\cdot(\mathbf{v}+\mathbf{w})$는 의미 있음
(c) $\|\mathbf{u}\cdot\mathbf{v}\|$ 놈은 벡터의 크기이므로 의미 없음
(d) $(\mathbf{u}\cdot\mathbf{v}) - \|\mathbf{u}\|$는 의미 없음

21. **(a)** $|\mathbf{u}\cdot\mathbf{v}| = 10$, $\|\mathbf{u}\|\|\mathbf{v}\| = \sqrt{13}\sqrt{17} \approx 20.025$
(b) $|\mathbf{u}\cdot\mathbf{v}| = 7$, $\|\mathbf{u}\|\|\mathbf{v}\| = \sqrt{10}\sqrt{14} \approx 11.832$
(c) $|\mathbf{u}\cdot\mathbf{v}| = 5$, $\|\mathbf{u}\|\|\mathbf{v}\| = (3)(2) = 6$

25. $\left(\dfrac{b}{\sqrt{a^2+b^2}}, -\dfrac{a}{\sqrt{a^2+b^2}}\right), \left(-\dfrac{b}{\sqrt{a^2+b^2}}, \dfrac{a}{\sqrt{a^2+b^2}}\right)$

27. **(a)** $k = -\frac{7}{4}$ **(b)** $k = 0$ 또는 $k = -3$

29. $\overrightarrow{BA}\cdot\overrightarrow{BC} = 0$이므로 꼭지점 B에서 직각이다.

31. **(a)** ISBN 합당 **(b)** ISBN에 불합당

33. $\|\mathbf{v}-\mathbf{w}\| = \left(\displaystyle\sum_{k=1}^{n}(v_k - w_k)^2\right)^{1/2}$

35. **(a)** $\displaystyle\sum_{k=1}^{n}(a_k+b_k) = (a_1+b_1)+\cdots+(a_n+b_n) =$
$\displaystyle(a_1+\cdots+a_n)+(b_1+\cdots+b_n) = \sum_{k=1}^{n}a_k + \sum_{k=1}^{n}b_k$
(b) $\displaystyle\sum_{k=1}^{n}(a_k-b_k) = (a_1-b_1)+\cdots+(a_n-b_n) =$
$\displaystyle(a_1+\cdots+a_n)-(b_1+\cdots+b_n) = \sum_{k=1}^{n}a_k - \sum_{k=1}^{n}b_k$
(c) $\displaystyle\sum_{k=1}^{n}ca_k = ca_1+ca_2+\cdots+ca_n =$
$\displaystyle c(a_1+a_2+\cdots+a_n) = c\sum_{k=1}^{n}a_k$

연습문제 1.3

1. 가능한 해답:
(a) $L_1: x = 1, y = t$ $L_2: x = t, y = 1$
$L_3: x = t, y = t$ $L_4: x = 1-t, y = t$
$(-\infty < t < \infty)$
(b) $L_1: x = 1, y = 1, z = t$ $L_2: x = t, y = 1, z = 1$
$L_3: x = 1, y = t, z = t$ $L_4: x = t, y = t, z = t$
$(-\infty < t < \infty)$

3. **(a)**
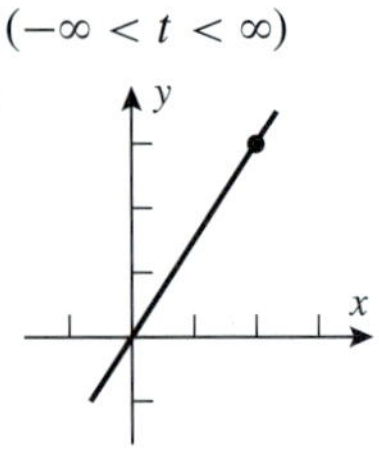

(b)
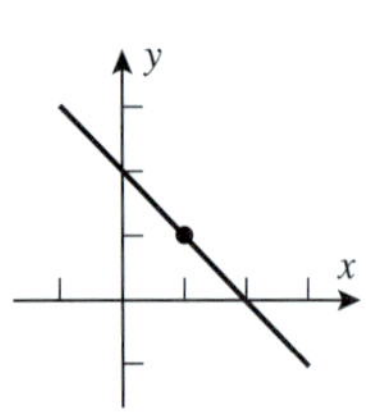

5. 가능한 해답:
(a) 벡터방정식: $(x, y) = t(3, 5)$
매개변수방정식: $x = 3t,\ y = 5t$
(b) 벡터 방정식: $(x, y, z) = (1, 1, 1) - t(1, 1, 1)$
매개변수방정식: $x = 1-t,\ y = 1-t,\ z = 1-t$
(c) 벡터 방정식: $(x, y, z) = (1, -1, 1) + t(1, 2, 0)$
매개변수방정식: $x = 1+t,\ y = -1+2t,\ z = 1$

7. 가능한 해답:
(a) 벡터방정식: $(x, y) = (1, 1) + t(1, 2)$
매개변수방정식: $x = 1+t,\ y = 1+2t$
다른 점: $t = 1$에 대응하는 점 $Q(2, 3)$과
$t = 2$에 대응하는 점 $R(3, 5)$
(b) 벡터방정식: $(x, y, z) = (2, 0, 3) + t(1, -1, 1)$
매개변수방정식: $x = 2+t,\ y = -t,\ z = 3+t$
다른 점: $t = 1$에 대응하는 점 $Q(3, -1, 4)$
$t = -1$에 대응하는 점 $R(1, 1, 2)$
(c) 벡터방정식:
$(x, y, z) = (0, 0, 0) + t(3, 2, -3) = t(3, 2, -3)$
매개변수방정식: $x = 3t,\ y = 2t,\ z = -3t$
다른 점: $t = -1$에 대응하는 점 $Q(-3, -2, 3)$
$t = 2$에 대응하는 점 $R(6, 4, -6)$

9. $3(x+1) + 2(y+1) + (z+1) = 0$

11. 벡터방정식: $(x, y, z) = (1, 1, 4) + t_1(1, -4, -3) + t_2(2, 4, -6)$ $(-\infty < t_1, t_2 < \infty)$
매개변수방정식: $x = 1 + t_1 + 2t_2,\ y = 1 - 4t_1 + 4t_2,$
$z = 4 - 3t_1 - 6t_2$
평면 위의 가능한 다른 점: $S_1(4, 1, -5)$,
$(t_1 = 1, t_2 = 1)$; $S_2(0, -7, 7)$, $(t_1 = 1, t_2 = -1)$;
$S_3(2, 9, 1)$, $(t_1 = -1, t_2 = 1)$

13. **(a)** $(x, y, z) = (2, -1, 0) + t(4, 1, 1)$
(b) $(x, y, z) = (1, -2, 0) + t_1(2, -1, 4) + t_2(1, 5, -1)$
(c) 가능한 해답: $x = t_1,\ y = t_2,\ z = -2 + \frac{3}{2}t_1 + 2t_2$

15. 일반 방정식: $x = 1$
벡터방정식: $(x, y, z) = (1, 0, 0) + t_1(0, 1, 0) + t_2(0, 0, 1)$

17. **(a)** 원점과 $P(1, -2, 5, 7)$을 지나는 직선;
매개변수방정식: $x_1 = t_1,\ x_2 = -2t,\ x_3 = 5t,\ x_4 = 7t.$
(b) $P(4, 5, -6, 1)$을 지나고 $\mathbf{v} = (1, 1, 1, 1)$에 평행한 직선;
매개변수방정식: $x_1 = 4+t,\ x_2 = 5+t,\ x_3 = -6+t,\ x_4 = 1+t$
(c) $P(-1, 0, 4, 2)$을 지나고 $\mathbf{v}_1 = (-3, 5, -7, 4)$와 $\mathbf{v}_2 = (6, 3, -1, 2)$에 평행한 직선;
매개변수방정식: $x_1 = -1 - 3t_1 + 6t_2,\ x_2 = 5t_1 + 3t_2,$
$x_3 = 4 - 7t_1 - t_2,\ x_4 = 2 + 4t_1 + 2t_2$

19. **(a)** R^5에서 원점을 지나고 벡터 $\mathbf{u} = (3, 4, 7, 1, 9)$에 평행한 직선의 매개변수방정식
(b) R^4에서 점 $P(3, 4, -2, 1)$을 지나고 벡터 $\mathbf{v}_1 = (-2, -3, -2, -2)$와 $\mathbf{v}_2 = (5, 6, 7, -1)$에 평행한 평면의 매개변수방정식

21. $x = t_1,\ y = t_2,\ z = 3t_1 + 2t_2 - 4$

23. (b), (c)

25. $x = 2 + t, y = t, z = 1 + t$

27. $(x, y, z) = t_1(5, 4, 3) + t_2(1, -1, -2)$

29. 가능한 해답: $x = t_1, y = t_2, z = \frac{2}{5}t_1 + \frac{3}{5}t_2 + \frac{36}{5}$

31. **(a)** 그렇다. **(b)** 아니다. **33.** **(a)** 그렇다. **(b)** 아니다.

35. **(a)** 모든 t에 대하여 $6(0) + 4t - 4t = 0$이다.

(b) 직선은 $\mathbf{v} = (0, 1, 1)$에 평행하고, 평면은 $\mathbf{n} = (5, -3, 3)$과 직교하고 $\mathbf{v} \cdot \mathbf{n} = 0$이어서, 직선은 평면에 평행한다. 직선은 원점을 지나고, 평면은 점 $\left(0, 0, \frac{1}{3}\right)$에서 z축을 교차한다. 따라서 직선은 평면 아래에 있다.

(c) 평면은 벡터 $\mathbf{n} = (6, 2, -2)$과 직교하고, $\mathbf{v} \cdot \mathbf{n} = 0$이어서, 직선은 평면과 평행이다. 직선은 원점을 지나므로 평면은 점 $\left(0, 0, \frac{3}{2}\right)$에서 z축과 교차한다. 따라서 직선은 평면 아래에 있다.

37. **(a)** 해답: $x = -12 - 7t, y = -41 - 23t, z = t$

(b) 평면은 교차하지 않는다.

39. **(a)** $\left(-\frac{173}{3}, -\frac{43}{3}, \frac{49}{3}\right)$ **(b)** 교점 없음

41. **(a)**

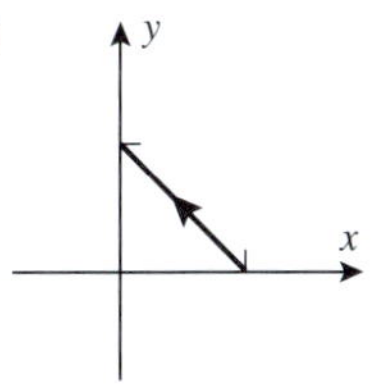

(b)

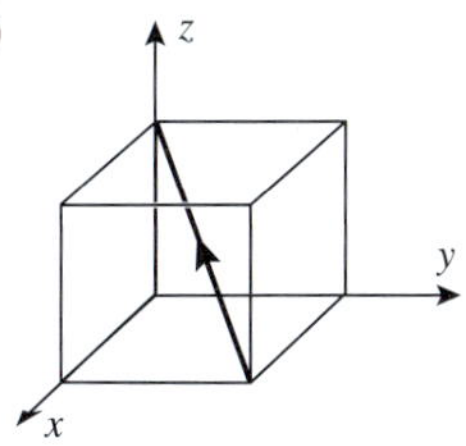

43. $(x, y, z) = (1 - t)(-2, 4, 1) + t(0, 4, 7)$

45. **(a)** $\left(\frac{9}{2}, -\frac{1}{2}, -\frac{1}{2}\right)$ **(b)** $\left(\frac{23}{4}, -\frac{9}{4}, \frac{1}{4}\right)$

연습문제 2.1

1. (a)와 (c)는 선형; (b)와 (d)는 비선형

3. (a) 선형; (b) $k \neq 0$이면 선형; (c) $k = 1$이면 선형

5. (a), (d), (e)는 해; (b)와 (c)는 해가 아니다.

7. 세 직선은 (1, 0)에서 교차한다. 해는 $x = 1, y = 0$이다.

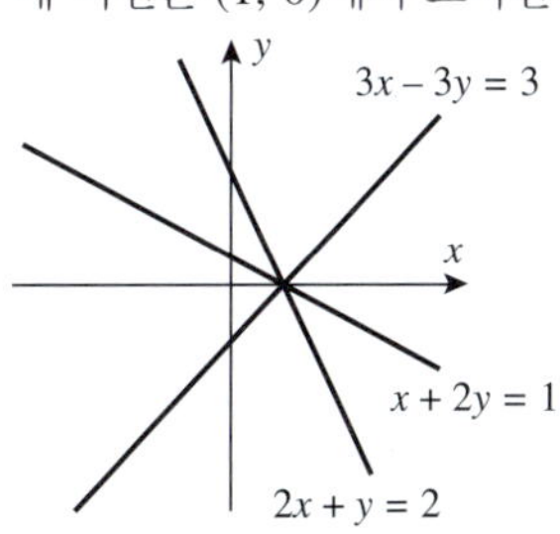

9. 해의 가능한 표현:

(a) $x = t, y = \dfrac{7t - 3}{5}$ $(-\infty < t < \infty)$

(b) $x_1 = s, x_2 = t, x_3 = \dfrac{7 - 3s + 5t}{4}$ $(-\infty < s, t < \infty)$

(c) $x_1 = r, x_2 = \dfrac{1 + 8r + 5s - 6t}{2}, x_3 = s, x_4 = t$ $(-\infty < r\ s\ t < \infty)$

(d) $v = t_1, w = t_2, x = t_3, y = 3t_1 - 8t_2 + 2t_3 + 4t_4,$ $z = t_4$ $(-\infty < t_1, t_2, t_3, t_4 < \infty)$

11. **(a)** 가능한 해: $x - 2y = 5$

(b) $x = t$이면 $y = \frac{1}{2}t - \frac{5}{2}$이다.

13. 가능한 해: 매개변수방정식: $x = 1 - 4t, y = 2 + 5t, z = t$; 벡터방정식: $(x, y, z) = (1, 2, 0) + t(-4, 5, 1)$

15. $k \neq 6$이면 해는 없다. $k = 6$이면 무한히 많은 해가 존재한다.

17. $\left[\begin{array}{rr|r} 3 & -2 & -1 \\ 4 & 5 & 3 \\ 7 & 3 & 2 \end{array}\right]$ **19.** $\left[\begin{array}{rrrrr|r} 1 & 2 & 0 & -1 & 1 & 1 \\ 0 & 3 & 2 & 0 & -1 & 2 \\ 0 & 3 & 1 & 7 & 0 & 1 \end{array}\right]$

21. $\begin{aligned} 2x_1 \quad\quad &= 0 \\ 3x_1 - 4x_2 &= 0 \\ x_2 &= 1 \end{aligned}$ **23.** $\begin{aligned} 7x_1 + 2x_2 + x_3 - 3x_4 &= 5 \\ x_1 + 2x_2 + 4x_3 \quad\quad &= 1 \end{aligned}$

25. **(a)** A의 둘째 행에 첫째 행의 2배를 더하면 B가 된다. A는 B의 첫째 행의 -2배를 둘째행에 더하여 얻어진다.

(b) B는 A의 첫째 행의 $\frac{1}{2}$배를 하여 얻어진다. A는 B의 첫째 행의 2배를 하여 얻어진다.

27. $\begin{aligned} 2x + 3y + z &= 7 \\ 2x + y + 3z &= 9 \\ 4x + 2y + 5z &= 16 \end{aligned}$ **29.** $\begin{aligned} x + y + z &= 12 \\ 2x + y + 2z &= 5 \\ -x \quad\quad + z &= 1 \end{aligned}$

31. **(a)** $\begin{aligned} 3c_1 + c_2 + 2c_3 - c_4 &= 5 \\ c_2 + 3c_3 + 2c_4 &= 6 \\ -c_1 + c_2 \quad\quad + 5c_4 &= 5 \\ 2c_1 + c_2 + 2c_3 \quad\quad &= 5 \end{aligned}$

(b) $\begin{aligned} 3c_1 + c_2 + 2c_3 - c_4 &= 8 \\ c_2 + 3c_3 + 2c_4 &= 3 \\ -c_1 + c_2 \quad\quad + 5c_4 &= -2 \\ 2c_1 + c_2 + 2c_3 \quad\quad &= 6 \end{aligned}$

(c) $\begin{aligned} 3c_1 + c_2 + 2c_3 - c_4 &= 4 \\ c_2 + 3c_3 + 2c_4 &= 4 \\ -c_1 + c_2 \quad\quad + 5c_4 &= 6 \\ 2c_1 + c_2 + 2c_3 \quad\quad &= 2 \end{aligned}$

연습문제 2.2

1. **(a)**, **(c)**와 **(d)** **3.** **(a)**와 **(b)**

5. **(a)**와 **(c)**는 기약행사다리꼴; **(b)**는 모두 아니다.

7. $\begin{bmatrix} 0 & 0 \\ 0 & 0 \end{bmatrix}, \begin{bmatrix} 0 & 1 \\ 0 & 0 \end{bmatrix}, \begin{bmatrix} 1 & 0 \\ 0 & 1 \end{bmatrix}, \begin{bmatrix} 1 & a \\ 0 & 0 \end{bmatrix}$ (a는 임의의 실수)

9. $x_1 = -3, x_2 = 0, x_3 = 7$

11. $x_1 = -2 + 6s - 3t, x_2 = s, x_3 = 7 - 4t, x_4 = 8 - 5t,$ $x_5 = t$ $(-\infty < s, t < \infty)$

13. $x_1 = 8+7t, x_2 = 2-3t, x_3 = -5-t, x_4 = t$ $(-\infty < t < \infty)$

15. $x_1 = -37, x_2 = -8, x_3 = 5$

17. $x_1 = -11 - 7s + 2t, x_2 = s, x_3 = -4 - 3t,$ $x_4 = 9 - 3t, x_5 = t$

19. $x_1 = -6 + 7t, x_2 = 3 - 4t, x_3 = t, x_4 = 2$

21. $x_1 = 2, x_2 = 1, x_3 = \frac{4}{3}$ **23.** $x_1 = 3, x_2 = 1, x_3 = 2$

25. $x = -1 + t, y = 2s, z = s, w = t$

27. $x_1 = 3, x_2 = 1, x_3 = 2$ **29.** $x_1 = 3, x_2 = 1, x_3 = 2$

31. $x = -1 + t, y = 2s, z = s, w = t$

33. **(a)** 자명하지 않은 해 존재 **(b)** 자명해만 존재

35. 자명해만 존재

37. $w = t, x = -t, y = t, z = 0$

39. $u = \frac{7}{2}s - \frac{5}{2}t, v = -3s + 2t, w = s, x = t$

41. $I_4 = I_3 = I_2 = I_1 = 0$

43. 모든 a에 대하여 오직 한 개의 해를 갖는다.

45. $a = 3$이면 무한히 많은 해; $a = -3$이면 해가 없다; $a \neq \pm 3$이면 오직 한 개의 해를 갖는다.

47. **(a)** $x + y + z = 1$이면 $2x + 2y + 2z = 2 \neq 4$이다; 따라서 해가 없다. 평면들은 평행이다.

(b) $x + y + z = 0$이면 $2x + 2y + 2z = 0$이다; 따라서 선형계는 같은 평면이므로 무한히 많은 해를 갖는다.

49. $\alpha = \pi/2, \beta = \pi, \gamma = 0$

51. $\lambda = 1$이면 $x = y = z = 0$이다. $\lambda = 2$이면 $x = -(t/2)$ $y = 0, z = t\ (-\infty < t < \infty)$이다.

53. **(c)** $x = \frac{100{,}000}{49{,}999},\ y = \frac{49{,}997}{49{,}999}$

연습문제 2.3

1.

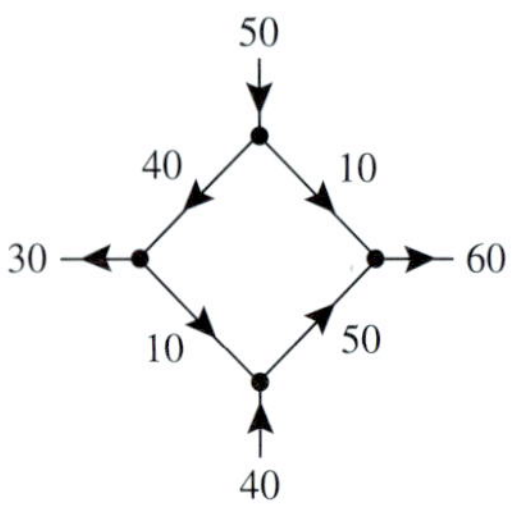

3. **(a)** $x_3 - x_4 = -500, -x_1 + x_4 = 100, x_1 - x_2 = 300, x_2 - x_3 = 100$ **(b)** $x_1 = -100 + t, x_2 = -400 + t, x_3 = -500 + t, x_4 = t$

(c) 음수 아닌 교통량을 위해서는 시간당 $t = 500$의 차량이 필요하며, $x_1 = 400, x_2 = 100, x_3 = 0, x_4 = 500$이다.

5. $I_1 = \frac{13}{5}, I_2 = -\frac{2}{5}, I_3 = \frac{11}{5}$

7. $I_1 = I_4 = I_5 = I_6 = \frac{1}{2}A, I_2 = I_3 = 0A$

9. $x_1 = 1, x_2 = 5, x_3 = 3, x_4 = 4$; 평행방정식은 $C_3H_8 + 5O_2 \rightarrow 3CO_2 + 4H_2O$이다.

11. $x_1 = x_2 = x_3 = x_4 = t$; 평행방정식은 $CH_3COF + H_2O \rightarrow CH_3COOH + HF$이다.

13. $p(x) = x^2 - 2x + 2$ **15.** $p(x) = 1 + \frac{13}{6}x - \frac{1}{6}x^3$

연습문제 3.1

1. $a = \frac{9}{2}, b = -\frac{7}{2}, c = -\frac{4}{5}, d = \frac{13}{5}$

3. **(a)** $3 \times 4, 4 \times 2$ **(b)** 3, 11 **(c)** (1, 1), (3, 1), 또는 (3, 2)

(d) $\begin{bmatrix} 3 \\ 3 \\ 9 \\ -4 \end{bmatrix}$ **(e)** $[1 \quad 2]$

5. **(a)** $\begin{bmatrix} 7 & 2 \\ -7 & 4 \\ 9 & 1 \end{bmatrix}$ **(b)** 정의되지 않음 **(c)** $\begin{bmatrix} 1 & -5 \\ -12 & 15 \end{bmatrix}$

(d) $\begin{bmatrix} 0 & 4 \\ -4 & 0 \end{bmatrix}$ **(e)** $\begin{bmatrix} 8 & -1 & 9 \\ 9 & 1 & 6 \\ 8 & 3 & 11 \end{bmatrix}$ **(f)** 정의되지 않음

7. **(a)** $\begin{bmatrix} 1 & 1 \\ 6 & 0 \end{bmatrix}$ **(b)** $\begin{bmatrix} 3 & 12 & 6 \\ 5 & -2 & 8 \\ 4 & 5 & 7 \end{bmatrix}$ **(c)** $\begin{bmatrix} 9 & 8 & 19 \\ -2 & 0 & 0 \\ 32 & 9 & 25 \end{bmatrix}$

(d) $\begin{bmatrix} 17 & 18 & 17 \\ 0 & 5 & 3 \end{bmatrix}$ **(e)** $\begin{bmatrix} 5 & -5 & 8 \\ -5 & 10 & -12 \\ 8 & -12 & 16 \end{bmatrix}$

(f) 정의되지 않음

9. $\begin{bmatrix} 3 \\ -14 \\ 13 \end{bmatrix}$

11. **(a)** $\begin{bmatrix} 2 & -3 & 5 \\ 9 & -1 & 1 \end{bmatrix}\begin{bmatrix} x_1 \\ x_2 \\ x_3 \end{bmatrix} = \begin{bmatrix} 7 \\ -1 \end{bmatrix}$

(b) $\begin{bmatrix} 1 & 1 & 1 \\ 2 & -3 & 4 \\ 1 & 5 & -2 \end{bmatrix}\begin{bmatrix} x_1 \\ x_2 \\ x_3 \end{bmatrix} = \begin{bmatrix} 4 \\ 3 \\ -2 \end{bmatrix}$

13. $\begin{aligned} 5x_1 + 6x_2 - 7x_3 &= 2 \\ -x_1 - 2x_2 + 3x_3 &= 0 \\ 4x_2 - x_3 &= 3 \end{aligned}$ **15.** 59

17. **(a)** $[67 \quad 41 \quad 41]$ **(b)** $[63 \quad 67 \quad 57]$ **(c)** $\begin{bmatrix} 41 \\ 21 \\ 67 \end{bmatrix}$

19. **(a)** 17 **(b)** 17 **(c)** -59

21. **(a)** 7 **(b)** $\mathbf{u}\mathbf{v}^T = \begin{bmatrix} -8 & -10 \\ 12 & 15 \end{bmatrix}$ **23.** -1

31. **(a)** A는 주대각 성분이 아닌 성분은 모두 0이다.

(b) A는 주대각선 아래 성분은 모두 0이다.

(c) A는 주대각선 위 성분은 모두 0이다.

(d) $\begin{bmatrix} a_{11} & a_{12} & 0 & 0 & 0 & 0 \\ a_{21} & a_{22} & a_{23} & 0 & 0 & 0 \\ 0 & a_{32} & a_{33} & a_{34} & 0 & 0 \\ 0 & 0 & a_{43} & a_{44} & a_{45} & 0 \\ 0 & 0 & 0 & a_{54} & a_{55} & a_{56} \\ 0 & 0 & 0 & 0 & a_{65} & a_{66} \end{bmatrix}$

33. 그해 첫 네 달 동안에 매달 세 품목의 구매 비용

연습문제 3.2

7. **(a)** $\frac{1}{3}\begin{bmatrix} -48 & -47 & -78 \\ 7 & -47 & -53 \\ 41 & -42 & -22 \end{bmatrix}$ **(b)** $\begin{bmatrix} -10 & 2 & -4 \\ 1 & 2 & 7 \\ 10 & 1 & -1 \end{bmatrix}$

9. **(a)** $\begin{bmatrix} 2 & -1 \\ -5 & 3 \end{bmatrix}$ **13.** $\begin{bmatrix} 20 & 20 \\ -44 & -46 \end{bmatrix}$

15. **(a)** $\begin{bmatrix} 9 & -5 \\ -25 & 14 \end{bmatrix}$ **(b)** $\begin{bmatrix} 5 & 1 \\ 5 & 4 \end{bmatrix}$ **(c)** $\begin{bmatrix} 9 & 3 \\ 15 & 6 \end{bmatrix}$

17. $\frac{1}{20}\begin{bmatrix} 4 & 3 \\ -4 & 2 \end{bmatrix}$

19. **(a)** $A = \frac{1}{13}\begin{bmatrix} 5 & 1 \\ -3 & 2 \end{bmatrix}$ **(b)** $A = \frac{1}{7}\begin{bmatrix} 2 & 7 \\ 1 & 3 \end{bmatrix}$

23. 가능한 해답: $\begin{bmatrix} 1 & 0 & -1 \\ 0 & 2 & -2 \\ -1 & -2 & 3 \end{bmatrix}$

25. $\frac{1}{2}\begin{bmatrix} 1 & 1 & -1 \\ -1 & 1 & 1 \\ 1 & -1 & 1 \end{bmatrix}$

31. (a) 모든 θ에 대하여 A는 가역행렬이고 $A^{-1} = \begin{bmatrix} \cos\theta & -\sin\theta \\ \sin\theta & \cos\theta \end{bmatrix}$이다.

(b) $x' = x\cos\theta - y\sin\theta,\ y' = x\sin\theta + y\cos\theta$

33. (b) $(A^{-1} + B^{-1})^{-1} = B(A + B)^{-1}A$

37. $A^2 = \begin{bmatrix} 0 & 0 & 0 & 0 & 1 & 3 & 1 \\ 0 & 0 & 0 & 0 & 0 & 0 & 2 \\ 0 & 0 & 0 & 0 & 0 & 0 & 1 \\ 0 & 0 & 0 & 0 & 0 & 0 & 1 \\ 0 & 0 & 0 & 0 & 0 & 0 & 0 \\ 0 & 0 & 0 & 0 & 0 & 0 & 0 \\ 0 & 0 & 0 & 0 & 0 & 0 & 0 \end{bmatrix}$

연습문제 3.3

1. (a) 기본 **(b)** 기본 아님 **(c)** 기본 **(d)** 기본 아님

3. (a) 3배의 첫 행을 둘째 행에 더한다.

(b) 셋째 행에 $\frac{1}{3}$을 곱한다.

(c) 첫째와 넷째 행을 바꾼다.

(d) $\frac{1}{7}$배의 셋째 행을 첫째 행에 더한다.

5. (a) $\begin{bmatrix} 1 & 0 \\ 3 & 1 \end{bmatrix}$ **(b)** $\begin{bmatrix} 1 & 0 & 0 \\ 0 & 1 & 0 \\ 0 & 0 & \frac{1}{3} \end{bmatrix}$ **(c)** $\begin{bmatrix} 0 & 0 & 0 & 1 \\ 0 & 1 & 0 & 0 \\ 0 & 0 & 1 & 0 \\ 1 & 0 & 0 & 0 \end{bmatrix}$

(d) $\begin{bmatrix} 1 & 0 & \frac{1}{7} & 0 \\ 0 & 1 & 0 & 0 \\ 0 & 0 & 1 & 0 \\ 0 & 0 & 0 & 1 \end{bmatrix}$

7. (a) $\begin{bmatrix} 0 & 0 & 1 \\ 0 & 1 & 0 \\ 1 & 0 & 0 \end{bmatrix}$ **(b)** $\begin{bmatrix} 0 & 0 & 1 \\ 0 & 1 & 0 \\ 1 & 0 & 0 \end{bmatrix}$ **(c)** $\begin{bmatrix} 1 & 0 & 0 \\ 0 & 1 & 0 \\ -2 & 0 & 1 \end{bmatrix}$

(d) $\begin{bmatrix} 1 & 0 & 0 \\ 0 & 1 & 0 \\ 2 & 0 & 1 \end{bmatrix}$

9. $A^{-1} = \begin{bmatrix} 2 & -\frac{1}{2} \\ -\frac{1}{5} & \frac{1}{10} \end{bmatrix}$

11. (a) $\begin{bmatrix} \frac{3}{2} & -\frac{11}{10} & -\frac{6}{5} \\ -1 & 1 & 1 \\ -\frac{1}{2} & \frac{7}{10} & \frac{2}{5} \end{bmatrix}$ **(b)** A는 가역이 아니다.

(c) $\frac{1}{2}\begin{bmatrix} 1 & -1 & 1 \\ -1 & 1 & 1 \\ 1 & 1 & -1 \end{bmatrix}$

13. $R = \begin{bmatrix} 1 & 2 & 0 \\ 0 & 0 & 1 \\ 0 & 0 & 0 \end{bmatrix}$; $B = \begin{bmatrix} 1 & -3 & 0 \\ 0 & 1 & 0 \\ -1 & -1 & 1 \end{bmatrix}$ **15.** $c \neq 0, 1$

17. $B = \begin{bmatrix} 0 & 1 & 0 \\ 1 & 0 & 0 \\ 0 & 0 & 6 \end{bmatrix}$ **19.** $\begin{bmatrix} 0 & 0 & 0 & \frac{1}{k_4} \\ 0 & 0 & \frac{1}{k_3} & 0 \\ 0 & \frac{1}{k_2} & 0 & 0 \\ \frac{1}{k_1} & 0 & 0 & 0 \end{bmatrix}$

21. $E_1 = \begin{bmatrix} 1 & 0 \\ 5 & 1 \end{bmatrix}$; $E_2 = \begin{bmatrix} 1 & 0 \\ 0 & \frac{1}{2} \end{bmatrix}$; $A^{-1} = E_2E_1$;

$A = \begin{bmatrix} 1 & 0 \\ -5 & 1 \end{bmatrix}\begin{bmatrix} 1 & 0 \\ 0 & 2 \end{bmatrix}$

23. $A = \begin{bmatrix} 0 & 0 & 1 \\ 0 & 1 & 0 \\ 1 & 0 & 0 \end{bmatrix}\begin{bmatrix} 1 & 0 & 0 \\ 1 & 1 & 0 \\ 0 & 0 & 1 \end{bmatrix}\begin{bmatrix} 1 & 0 & 0 \\ 0 & 1 & 0 \\ 2 & 0 & 1 \end{bmatrix}\begin{bmatrix} 1 & 0 & 0 \\ 0 & 1 & 0 \\ 0 & -1 & 1 \end{bmatrix}$

$\times\begin{bmatrix} 1 & 0 & 0 \\ 0 & 1 & 0 \\ 0 & 0 & -4 \end{bmatrix}\begin{bmatrix} 1 & 0 & 0 \\ 0 & 1 & -1 \\ 0 & 0 & 1 \end{bmatrix}\begin{bmatrix} 1 & 0 & 2 \\ 0 & 1 & 0 \\ 0 & 0 & 1 \end{bmatrix}\begin{bmatrix} 1 & 1 & 0 \\ 0 & 1 & 0 \\ 0 & 0 & 1 \end{bmatrix}$

$A^{-1} = \begin{bmatrix} 1 & -1 & 0 \\ 0 & 1 & 0 \\ 0 & 0 & 1 \end{bmatrix}\begin{bmatrix} 1 & 0 & -2 \\ 0 & 1 & 0 \\ 0 & 0 & 1 \end{bmatrix}\begin{bmatrix} 1 & 0 & 0 \\ 0 & 1 & 1 \\ 0 & 0 & 1 \end{bmatrix}$

$\times\begin{bmatrix} 1 & 0 & 0 \\ 0 & 1 & 0 \\ 0 & 0 & -\frac{1}{4} \end{bmatrix}\begin{bmatrix} 1 & 0 & 0 \\ 0 & 1 & 0 \\ 0 & 1 & 1 \end{bmatrix}\begin{bmatrix} 1 & 0 & 0 \\ 0 & 1 & 0 \\ -2 & 0 & 1 \end{bmatrix}$

$\times\begin{bmatrix} 1 & 0 & 0 \\ -1 & 1 & 0 \\ 0 & 0 & 1 \end{bmatrix}\begin{bmatrix} 0 & 0 & 1 \\ 0 & 1 & 0 \\ 1 & 0 & 0 \end{bmatrix}$

25. 첫 선형계: $x_1 = -9, x_2 = 4, x_3 = 0$

둘째 선형계: $x_1 = 4, x_2 = -4, x_3 = 4$

29. $b_1 = 2b_2$ **31.** $2b_1 - b_2 + b_3 = 0$

33. $E = \begin{bmatrix} 0 & 1 & 0 \\ 1 & 0 & 0 \\ 0 & 0 & 1 \end{bmatrix}$, $F = \begin{bmatrix} 1 & 0 & 0 \\ 0 & 1 & 0 \\ -2 & 0 & 1 \end{bmatrix}$, $G = \begin{bmatrix} 1 & 0 & 0 \\ 0 & 1 & 0 \\ 0 & 1 & 1 \end{bmatrix}$,

$R = \begin{bmatrix} 1 & 3 & 3 & 8 \\ 0 & 1 & 7 & 8 \\ 0 & 0 & 0 & 0 \end{bmatrix}$

연습문제 3.4

1. (a) $(x_1, x_2) = t(1, -1);\ x_1 = t, x_2 = -t$

(b) $(x_1, x_2, x_3) = t(2, 1, -4);\ x_1 = 2t, x_2 = t, x_3 = -4t$

(c) $(x_1, x_2, x_3, x_4) = t(1, 1, -2, 3);\ x_1 = t, x_2 = t,$ $x_3 = -2t, x_4 = 3t$

3. (a) $(x_1, x_2, x_3) = s(4, -4, 2) + t(-3, 5, 7);$ $x_1 = 4s - 3t, x_2 = -4s + 5t, x_3 = 2s + 7t$

(b) $(x_1, x_2, x_3, x_4) = s(1, 2, 1, -3) + t(3, 4, 5, 0);$ $x_1 = s + 3t, x_2 = 2s + 4t, x_3 = s + 5t, x_4 = -3s$

5. (a) 그렇다. **(b)** 아니다.

7. (a) 일차종속 **(b)** 일차독립

9. $\mathbf{u} = 2\mathbf{v} - \mathbf{w}$

11. **(a)** R^4에서 원점을 지나고 벡터 $(2, -3, 1, 4)$에 평행한 직선
(b) R^4에서 원점을 지나고 벡터 $(3, -2, 2, 5)$와 $(6, -4, 4, 0)$에 평행한 직선

13. 일반해: $x_1 = -6s - 11t, x_2 = s, x_3 = 8t,$
$x_4 = t\ \ (-\infty < s, t < \infty)$
생성 집합: $\{(-6, 1, 0, 0), (-11, 0, 8, 1)\}$

15. 일반해: $x_1 = -2r - \frac{1}{3}s - \frac{2}{3}t, x_2 = r,$
$x_3 = -\frac{2}{3}s - \frac{1}{3}t, x_4 = s, x_5 = t\ \ (-\infty < r, s, t < \infty)$
생성 집합: $\left\{(-2, 1, 0, 0, 0), \left(-\frac{1}{3}, 0, -\frac{2}{3}, 1, 0\right), \left(-\frac{2}{3}, 0, -\frac{1}{3}, 0, 1\right)\right\}$

17. **(a)** $\mathbf{v}_2 = -5\mathbf{v}_1$ **(b)** 정리 3.4.8

19. **(a)** 일차독립 **(b)** 일차종속
(c) 일차독립 **(d)** 일차종속

21. **(a)** 벡터는 평면에 있지 않다. **(b)** 벡터는 평면에 있지만 직선 위에는 있지 않다. **(c)** 벡터들이 직선 위에 있다.

23. **(a)** 부분공간 **(b)** 부분공간이 아니다; 스칼라곱에 대하여 닫혀있지 않다. **(c)** 부분공간 **(d)** 부분공간이 아니다; 덧셈 또는 스칼라곱에 대하여 닫혀있지 않다.

25. R^4에서 원점을 지나는 직선

27. **(a)** $7\mathbf{v}_1 - 2\mathbf{v}_2 + 3\mathbf{v}_3 = \mathbf{0}$ **(b)** $\mathbf{v}_1 = \frac{2}{7}\mathbf{v}_2 - \frac{3}{7}\mathbf{v}_3,$
$\mathbf{v}_2 = \frac{7}{2}\mathbf{v}_1 + \frac{3}{2}\mathbf{v}_3, \mathbf{v}_3 = -\frac{7}{3}\mathbf{v}_1 + \frac{2}{3}\mathbf{v}_2$

33. **(a)** 아니다; 덧셈 또는 스칼라곱에 대하여 닫혀있지 않다.
(b) $\mathbf{p}_{876} = 0.38\mathbf{c} + 0.59\mathbf{m} + 0.73\mathbf{y} + 0.07\mathbf{k}$
$\mathbf{p}_{216} = 0.83\mathbf{m} + 0.34\mathbf{y} + 0.47\mathbf{k}$
$\mathbf{p}_{328} = \mathbf{c} + 0.47\mathbf{y} + 0.3\mathbf{k}$
(c) $(0.19, 0.71, 0.54, 0.27)$

35. **(a)** $k_1 = k_2 = k_3 = k_4 = \frac{1}{4}$
(b) $k_1 = k_2 = k_3 + k_4 + k_5 = \frac{1}{5}$
(c) 벡터 $\mathbf{X} = \frac{1}{3}\mathbf{r}_1 + \frac{1}{3}\mathbf{r}_2 + \frac{1}{3}\mathbf{r}_3$의 성분들은 표본해의 각 연도에 필라델피아, 벅스, 델라웨어 카운티의 평균 인구를 나타낸다.

연습문제 3.5

1. **(a)** $x_1 = -\frac{2}{3}s + \frac{1}{3}t, x_2 = s, x_3 = t$
(c) $x_1 = 1 - \frac{2}{3}s + \frac{1}{3}t, x_2 = s, x_3 = 1 + t$

3. **(a)** $x_1 = \frac{1}{3} - \frac{4}{3}s - \frac{1}{3}t, x_2 = s, x_3 = t, x_4 = 1$
(b) 부수된 동차계의 일반해는 $x_1 = -\frac{4}{3}s - \frac{1}{3}t, x_2 = s,$
$x_3 = t, x_4 = 0.$
비동차계의 특이해는 $x_1 = \frac{1}{3}, x_2 = 0, x_3 = 0, x_4 = 1$이다.

5. $\mathbf{w} = -2\mathbf{v}_1 + 3\mathbf{v}_2 + \mathbf{v}_3$ **7.** $\mathbf{w} \in \text{span}\{\mathbf{v}_1, \mathbf{v}_2, \mathbf{v}_3, \mathbf{v}_4\}$

9. **(a)** $x = \frac{3}{2}t, y = t\ \ (-\infty < t < \infty)$
(b) $x = \frac{5}{4}t, y = s, z = t\ \ (-\infty < s, t < \infty)$
(c) $x_1 = -2r + 3s - 7t, x_2 = r, x_3 = s,$
$x_4 = t\ \ (-\infty < s, t, r < \infty)$

11. 일반해: $x_1 = -s - t, x_2 = s, x_3 = t$; 2차원

13. 일반해: $x_1 = \frac{3}{7}r - \frac{19}{7}s - \frac{8}{7}t,$
$x_2 = -\frac{2}{7}r + \frac{1}{7}s + \frac{3}{7}t, x_3 = r, x_4 = s, x_5 = t$; 3차원

15. **(a)** 일반해: $(1, 0, 0) + s(-1, 1, 0) + t(-1, 0, 1)$
(b) R^3에 $P(1, 0, 0)$을 지나고 $(-1, 1, 0)$과 $(-1, 0, 1)$에 평행인 평면

17. **(a)** $\begin{aligned} x + y + z &= 0 \\ -2x + 3y &= 0 \end{aligned}$ **(b)** R^3에서 원점을 지나는 직선
(c) $x = -\frac{3}{5}t, y = -\frac{2}{5}t, z = t$

19. **(a)** $\begin{aligned} x_1 + x_2 + 2x_3 + 2x_4 &= 0 \\ 5x_1 + 4x_2 + 3x_3 + 4x_4 &= 0 \end{aligned}$
(b) R^4에서 원점을 지나는 평면
(c) $x_1 = 5s + 4t, x_2 = -7s - 6t, x_3 = s, x_4 = t$

연습문제 3.6

1. **(a)** 가역이 아니다. **(b)** $\begin{bmatrix} -1 & 0 & 0 \\ 0 & \frac{1}{2} & 0 \\ 0 & 0 & 3 \end{bmatrix}$

3. **(a)** $\begin{bmatrix} 6 & 3 \\ 4 & -1 \\ 4 & 10 \end{bmatrix}$ **(b)** $\begin{bmatrix} 10 & -2 \\ -20 & -2 \\ 10 & -10 \end{bmatrix}$ **(c)** $\begin{bmatrix} 30 & -6 \\ 20 & 2 \\ 20 & -20 \end{bmatrix}$

5. **(a)** $A^2 = \begin{bmatrix} 1 & 0 & 0 \\ 0 & 4 & 0 \\ 0 & 0 & 16 \end{bmatrix}$ **(b)** $A^{-2} = \begin{bmatrix} 1 & 0 & 0 \\ 0 & \frac{1}{4} & 0 \\ 0 & 0 & \frac{1}{16} \end{bmatrix}$
(c) $A^{-k} = \begin{bmatrix} 1 & 0 & 0 \\ 0 & \left(-\frac{1}{2}\right)^k & 0 \\ 0 & 0 & \left(\frac{1}{4}\right)^k \end{bmatrix}$

7. $x \neq 1, -2, 4$

11. $A = \begin{bmatrix} 0 & 0 & 4 \\ 0 & 0 & 1 \\ -4 & -1 & 0 \end{bmatrix}$

13. $a = 11, b = -9, c = -13$

19. $A = \begin{bmatrix} 1 & 0 & 0 \\ 0 & -1 & 0 \\ 0 & 0 & -1 \end{bmatrix}$

23. $(a, -a)$ (a는 실수)

25. **(a)** 멱영지표: 2; $(I - A)^{-1} = \begin{bmatrix} 1 & 1 \\ 0 & 1 \end{bmatrix}$
(b) 멱영지표: 3; $(I - A)^{-1} = \begin{bmatrix} 1 & 0 & 0 \\ 1 & 1 & 0 \\ 9 & 1 & 1 \end{bmatrix}$

31. $\text{tr}(A^TA) = n$

연습문제 3.7

1. $x_1 = 2, x_2 = 1$ **3.** $x_1 = -2, x_2 = 1, x_3 = -3$

5. $A = LU = \begin{bmatrix} 2 & 0 \\ -1 & 3 \end{bmatrix}\begin{bmatrix} 1 & 4 \\ 0 & 1 \end{bmatrix}$; $x_1 = 3, x_2 = -1$

7. $A = LU = \begin{bmatrix} 2 & 0 & 0 \\ 0 & -2 & 0 \\ -1 & 4 & 5 \end{bmatrix}\begin{bmatrix} 1 & -1 & -1 \\ 0 & 1 & -1 \\ 0 & 0 & 1 \end{bmatrix}$;
$x_1 = -1, x_2 = 1, x_3 = 0$

9. $A = LU = \begin{bmatrix} -1 & 0 & 0 & 0 \\ 2 & 3 & 0 & 0 \\ 0 & -1 & 2 & 0 \\ 0 & 0 & 1 & 4 \end{bmatrix} \begin{bmatrix} 1 & 0 & -1 & 0 \\ 0 & 1 & 0 & 2 \\ 0 & 0 & 1 & 1 \\ 0 & 0 & 0 & 1 \end{bmatrix}$;
$x_1 = -3, x_2 = 1, x_3 = 2, x_4 = 1$

13. $A = L'DU = \begin{bmatrix} 1 & 0 & 0 \\ -1 & 1 & 0 \\ 1 & 1 & 1 \end{bmatrix} \begin{bmatrix} 2 & 0 & 0 \\ 0 & 1 & 0 \\ 0 & 0 & 1 \end{bmatrix} \begin{bmatrix} 1 & \frac{1}{2} & -\frac{1}{2} \\ 0 & 1 & 1 \\ 0 & 0 & 1 \end{bmatrix}$

15. **(a)** 치환행렬 **(b)** 치환행렬 아님 **(c)** 치환행렬

17. $x_1 = \frac{21}{17}, x_2 = -\frac{14}{17}, x_3 = \frac{12}{17}$

19. $A = \begin{bmatrix} 1 & 0 & 0 \\ 0 & 0 & 1 \\ 0 & 1 & 0 \end{bmatrix} \begin{bmatrix} 3 & 0 & 0 \\ 0 & 2 & 0 \\ 3 & 0 & 1 \end{bmatrix} \begin{bmatrix} 1 & -\frac{1}{3} & 0 \\ 0 & 1 & \frac{1}{2} \\ 0 & 0 & 1 \end{bmatrix}$;
$x_1 = -\frac{1}{2}, x_2 = \frac{1}{2}, x_3 = 3$

21. **(a)** 전진 단계 $66.67 \times 10^4 s$, 후진 단계$10s$
(b) 1334

연습문제 3.8

1. **(a)** 가능; $\begin{bmatrix} 6 & -7 & -6 \\ -2 & 9 & 7 \\ 9 & -5 & -6 \end{bmatrix}$
(b) 블록 크기가 적합하지 않음
(c) 블록 크기 적합 **(d)** 블록 크기 적합

3. **(a)** $\left[\begin{array}{cc|c} 3 & 23 & -10 \\ 37 & -13 & 8 \\ \hline 25 & 23 & 41 \end{array}\right]$ **(b)** $\left[\begin{array}{cc|c} 3 & 23 & -10 \\ \hline 37 & -13 & 8 \\ 25 & 23 & 41 \end{array}\right]$

5. **(a)** $\begin{bmatrix} -3 & -15 & -11 \\ 21 & -15 & 44 \end{bmatrix}$ **(b)** $\left[\begin{array}{cc|cc} 4 & -7 & -19 & -43 \\ 2 & 2 & 18 & 17 \\ 0 & 5 & 25 & 35 \\ \hline 2 & 3 & 23 & 24 \end{array}\right]$

7. $\begin{bmatrix} -9 & 12 \\ 17 & -19 \end{bmatrix}$

9. **(a)** $\left[\begin{array}{cc|cc} 2 & -1 & 0 & 0 \\ -3 & 2 & 0 & 0 \\ \hline 0 & 0 & \frac{1}{7} & \frac{4}{7} \\ 0 & 0 & \frac{1}{7} & -\frac{3}{7} \end{array}\right]$ **(b)** $\left[\begin{array}{cc|c|cc} -1 & 2 & 0 & 0 & 0 \\ 3 & -5 & 0 & 0 & 0 \\ \hline 0 & 0 & \frac{1}{5} & 0 & 0 \\ \hline 0 & 0 & 0 & 4 & -7 \\ 0 & 0 & 0 & -1 & 2 \end{array}\right]$

11. $\left[\begin{array}{cc|cc} 1 & -1 & 8 & -10 \\ -1 & 2 & 5 & -13 \\ \hline 0 & 0 & -3 & 5 \\ 0 & 0 & 2 & -3 \end{array}\right]$

13. $MN = \begin{bmatrix} I & AB + BA \\ 0 & A^2 \end{bmatrix}$ **15.** $B_1 = \begin{bmatrix} 0 & -\frac{1}{2} \\ 0 & \frac{1}{2} \end{bmatrix}$

17. $x_1 = \frac{17}{6}, x_2 = -\frac{43}{3}, x_3 = -\frac{5}{2}, x_4 = \frac{43}{6}$

연습문제 4.1

1. 22 **3.** 59 **5.** $a^2 - 5a + 21$ **7.** -65 **9.** -123

11. **(a)** $\{4, 1, 3, 5, 2\}$; $-a_{14}a_{21}a_{33}a_{45}a_{52}$
(b) $\{5, 3, 4, 2, 1\}$; $-a_{15}a_{23}a_{34}a_{42}a_{51}$
(c) $\{4, 2, 5, 3, 1\}$; $-a_{14}a_{22}a_{35}a_{43}a_{51}$
(d) $\{5, 4, 3, 2, 1\}$; $+a_{15}a_{24}a_{33}a_{42}a_{51}$
(e) $\{1, 2, 3, 4, 5\}$; $+a_{11}a_{22}a_{33}a_{44}a_{55}$
(f) $\{1, 4, 2, 3, 5\}$; $+a_{11}a_{24}a_{32}a_{43}a_{55}$

13. $\lambda = 1$ 또는 -3 **15.** $\lambda = 1$ 또는 -1 **17.** $x = \frac{3 \pm \sqrt{33}}{4}$

19. **(a)** -1 **(b)** 0 **(c)** 6

21. $M_{11} = 29, C_{11} = 29$ $M_{12} = 21, C_{12} = -21$
$M_{13} = 27, C_{13} = 27$ $M_{21} = -11, C_{21} = 11$
$M_{22} = 13, C_{22} = 13$ $M_{23} = -5, C_{23} = 5$
$M_{31} = -19, C_{31} = -19$ $M_{32} = -19, C_{32} = 19$
$M_{33} = 19, C_{33} = 19$

23. **(a)** $M_{13} = 0, C_{13} = 0$ **(b)** $M_{23} = -96, C_{23} = 96$
(c) $M_{22} = -48, C_{22} = -48$ **(d)** $M_{21} = 72, C_{21} = -72$

25. (모든 경우) 152 **27.** -40 **29.** 0 **31.** -240

33. 행렬식은 $\sin^2\theta + \cos^2\theta = 1$이다. **35.** $d_2 = d_1 + \lambda$

연습문제 4.2

3. **(a)** -4 **(b)** 0 **(c)** -30

5. **(a)** -6 **(b)** 72 **(c)** -6 **(d)** 18

9. 각 값은 두 행이 비례하게 만든다.

11. $\det(A) = 30$ **13.** $\det(A) = -17$ **15.** $\det(A) = 39$

17. $\det(A) = -\frac{1}{6}$ **25.** **(a)** $k \neq \frac{5 \pm \sqrt{17}}{2}$ **(b)** $k \neq -1$

27. **(a)** 189 **(b)** $\frac{1}{7}$ **(c)** $\frac{8}{7}$ **(d)** $\frac{1}{56}$

31. 39 **39.** **(a)** -1080 **(b)** 1

연습문제 4.3

1. $\text{adj}(A) = \begin{bmatrix} -3 & 5 & 5 \\ 3 & -4 & -5 \\ -2 & 2 & 3 \end{bmatrix}$; $A^{-1} = \begin{bmatrix} 3 & -5 & -5 \\ -3 & 4 & 5 \\ 2 & -2 & -3 \end{bmatrix}$

3. $\text{adj}(A) = \begin{bmatrix} 2 & 6 & 4 \\ 0 & 4 & 6 \\ 0 & 0 & 2 \end{bmatrix}$; $A^{-1} = \begin{bmatrix} \frac{1}{2} & \frac{3}{2} & 1 \\ 0 & 1 & \frac{3}{2} \\ 0 & 0 & \frac{1}{2} \end{bmatrix}$

5. $x_1 = \frac{9}{8}; x_2 = \frac{13}{8}$ **7.** $x = -\frac{144}{55}; y = -\frac{61}{55}; z = \frac{46}{11}$

9. $x_1 = 5; x_2 = 8; x_3 = 3; x_4 = -1$ **11.** $x = \frac{3}{2}$

13. $\det(A) = 1$; $A^{-1} = \begin{bmatrix} \cos\theta & -\sin\theta & 0 \\ \sin\theta & \cos\theta & 0 \\ 0 & 0 & 1 \end{bmatrix}$

15. $k \neq 0, k \neq 4$ **17.** $y \neq 0, y \neq \pm x$ **19.** 3

21. 4 **23.** 3 **25.** 7 **27.** 16

29. 벡터는 같은 평면에 놓여 있지 않다.

31. $\pm\frac{1}{\sqrt{5}}(0, 2, 1)$ **33.** $\frac{12\sqrt{13}}{49}$

35. **(a)** $(32, -6, -4)$ **(b)** $(-14, -20, -82)$
(c) $(27, 40, -42)$

37. **(a)** $(18, 36, -18)$ **(b)** $(-3, 9, -3)$

43. **(a)** $\sqrt{59}$ **(b)** $\sqrt{101}$ **45.** $\dfrac{\sqrt{374}}{2}$ **49.** $(8, 4, 4)$

51. $A^{-1} = \begin{bmatrix} -\frac{34}{7} & 3 & -\frac{1}{7} \\ 2 & -1 & 0 \\ -\frac{1}{7} & 0 & \frac{1}{7} \end{bmatrix}$ **57.** $p(x) = 1 - x - 2x^2 + x^3$

연습문제 4.4

1. **(a)** $\begin{bmatrix} t \\ t \end{bmatrix}$ $(-\infty < t < \infty)$ **(b)** $\begin{bmatrix} t \\ t \end{bmatrix}$ $(-\infty < t < \infty)$ **3.** 5

5. **(a)** $\lambda^2 - 2\lambda - 3 = 0$;
$\lambda = 3$, 중복도 1; $\lambda = -1$, 중복도 1
(b) $\lambda^2 - 8\lambda + 16 = 0$; $\lambda = 4$, 중복도 2
(c) $\lambda^2 - 4\lambda + 4 = 0$; $\lambda = 2$, 중복도 2

7. **(a)** $\lambda^3 - 6\lambda^2 + 11\lambda - 6 = 0$; $\lambda = 1$, 중복도 1; $\lambda = 2$, 중복도 1; $\lambda = 3$, 중복도 1
(b) $\lambda^3 - 4\lambda^2 + 4\lambda = 0$; $\lambda = 0$, 중복도 1; $\lambda = 2$, 중복도 2
(c) $\lambda^3 - \lambda^2 - 8\lambda + 12 = 0$; $\lambda = 2$, 중복도 2; $\lambda = -3$, 중복도 1

9. **(a)** $\lambda = 3, \mathbf{x} = t\begin{bmatrix} 1 \\ 2 \end{bmatrix}$일 때 xy-평면에서 직선 $y = 2x$
$\lambda = -1, \mathbf{x} = t\begin{bmatrix} 0 \\ 1 \end{bmatrix}$일 때 직선 $x = 0$
(b) $\lambda = 4, \mathbf{x} = t\begin{bmatrix} 3 \\ 2 \end{bmatrix}$일 때 직선 $y = \frac{2}{3}x$
(c) $\lambda = 2, \mathbf{x} = t\begin{bmatrix} 0 \\ 1 \end{bmatrix}$일 때 $x = 0$

11. **(a)** $\lambda = 1, \mathbf{x} = t\begin{bmatrix} 0 \\ 1 \\ 0 \end{bmatrix}$일 때 R^3에서 원점을 지나는 직선
$\lambda = 2, \mathbf{x} = t\begin{bmatrix} 1 \\ -2 \\ -2 \end{bmatrix}$일 때 R^3에서 원점을 지나는 직선
$\lambda = 3, \mathbf{x} = t\begin{bmatrix} -1 \\ 1 \\ 1 \end{bmatrix}$일 때 R^3에서 원점을 지나는 직선
(b) $\lambda = 0, \mathbf{x} = t\begin{bmatrix} 5 \\ 1 \\ 3 \end{bmatrix}$일 때 R^3에서 원점을 지나는 직선
$\lambda = 2, \mathbf{x} = s\begin{bmatrix} 5 \\ 0 \\ 2 \end{bmatrix} + t\begin{bmatrix} 5 \\ 2 \\ 0 \end{bmatrix}$일 때 R^3에서 원점을 지나는 평면
(c) $\lambda = 2, \mathbf{x} = t\begin{bmatrix} -1 \\ 1 \\ 3 \end{bmatrix}$일 때 R^3에서 원점을 지나는 직선
$\lambda = -3, \mathbf{x} = t\begin{bmatrix} -1 \\ 1 \\ -2 \end{bmatrix}$일 때 R^3에서 원점을 지나는 직선

13. **(a)** $p(\lambda) = \lambda^2 - 4\lambda - 5; -1, 5$
(b) $p(\lambda) = \lambda^3 - 11\lambda^2 + 31\lambda - 21; 3, 7, 1$
(c) $p(\lambda) = \lambda^4 - \frac{5}{6}\lambda^3 - \frac{7}{18}\lambda^2 + \frac{1}{6}\lambda + \frac{1}{18}; -\frac{1}{3}, -1, \frac{1}{2}$

15. $(\lambda^2 - 8\lambda + 15)(\lambda^2 - 9); 3, -3, 5$

17. $\lambda = -1$과 고유벡터 $\mathbf{x} = t\begin{bmatrix} 2 \\ -1 \\ 1 \end{bmatrix}$
$\lambda = 1$과 고유벡터 $\mathbf{x} = s\begin{bmatrix} 0 \\ -1 \\ 1 \end{bmatrix} + t\begin{bmatrix} 1 \\ -1 \\ 0 \end{bmatrix}$
A^{25}의 고유값은 $\lambda = (-1)^{25} = -1$과 $\lambda = (1)^{25} = 1$이다. 대응하는 고유벡터는 위에서와 같다.

19. 3, −1 **21.**

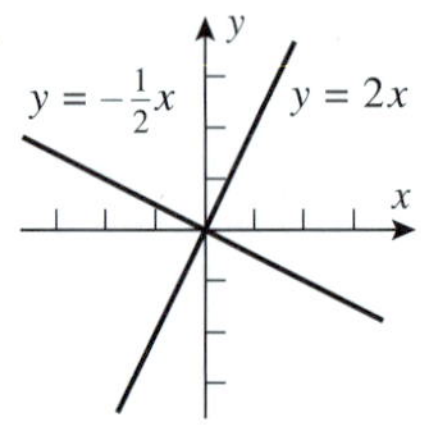

23. **(a)** $y = 2x$와 $y = x$ **(b)** 불변직선 없음 **(c)** $y = 0$

25. $a = 1, b = 4$ **27.** $\lambda = 1, \lambda = -1$

31. **(a)** $1, -\frac{1}{4}$ **(b)** $1, -\frac{1}{64}$ **(c)** $-8, -3$ **(d)** $-20, 5$
(e) $-14, 6$

연습문제 5.1

1. **(a)** 확률행렬 **(b)** 확률행렬 아님
(c) 확률행렬 **(d)** 확률행렬 아님

3. $\begin{bmatrix} 0.54545 \\ 0.45455 \end{bmatrix}$

5. **(a)** 정칙 **(b)** 비정칙 **(c)** 정칙

7. $\begin{bmatrix} \frac{8}{17} \\ \frac{9}{17} \end{bmatrix}$ **9.** $\begin{bmatrix} \frac{4}{11} \\ \frac{4}{11} \\ \frac{3}{11} \end{bmatrix}$

11. **(a)** 상태 1의 것이 상태 1로 남을 확률
(b) 상태 2의 것이 상태 1로 이동할 확률
(c) 0.8 **(d)** 0.85

13. **(a)** $\begin{bmatrix} 0.95 & 0.55 \\ 0.05 & 0.45 \end{bmatrix}$ **(b)** 0.93 **(c)** 0.142 **(d)** 0.63

15. **(a)**

연	1	2	3	4	5
도시	95,750	91,840	88,243	84,933	81,889
교외	29,250	33,160	36,757	40,067	43,111

(b)

도시	46,875
교외	78,125

17. **(a)** $\frac{23}{100}$ **(b)** $\begin{bmatrix} \frac{46}{159} \\ \frac{22}{53} \\ \frac{47}{159} \end{bmatrix}$ **(c)** 35, 50, 35

연습문제 5.2

1. **(a)** $\begin{bmatrix} 0.50 & 0.25 \\ 0.25 & 0.10 \end{bmatrix}$ **(b)** $\begin{bmatrix} \$25,290 \\ \$22,581 \end{bmatrix}$

3. **(a)** $\begin{bmatrix} 0.1 & 0.6 & 0.4 \\ 0.3 & 0.2 & 0.3 \\ 0.4 & 0.1 & 0.2 \end{bmatrix}$ **(b)** $\begin{bmatrix} \$31,500 \\ \$26,500 \\ \$26,300 \end{bmatrix}$ **5.** $\begin{bmatrix} 123.08 \\ 202.56 \end{bmatrix}$

7. **(a)** 정리 5.2.1에 의하여 생산적이다.
(b) 연습문제 P2에 의하여 생산적이다.

9. $(I - C)^{-1} = \begin{bmatrix} 16 & 10 & 5 \\ 30 & 25 & 10 \\ 28 & 20 & 10 \end{bmatrix}$

연습문제 5.3

1. Jacobi: $\begin{bmatrix} 2.875 \\ 1.375 \end{bmatrix}$; Gauss-Seidel: $\begin{bmatrix} 3.031 \\ 1.016 \end{bmatrix}$; 엄밀해: $\begin{bmatrix} 3 \\ 1 \end{bmatrix}$

3. Jacobi: $\begin{bmatrix} 0.492 \\ 0.006 \\ -0.996 \end{bmatrix}$; Gauss-Seidel: $\begin{bmatrix} 0.4989 \\ 0.0004 \\ -0.9998 \end{bmatrix}$;
엄밀해: $\begin{bmatrix} 0.5 \\ 0 \\ -1 \end{bmatrix}$

5. **(a)** 순대각우세행렬 아님 **(b)** 순대각우세 **(c)** 순대각우세

7. $|-1| < |4| + |-6|$이므로 행렬은 대각우세행렬이 아니다;
$\begin{bmatrix} 5 & 2 & 2 \\ 3 & -7 & -3 \\ -1 & 4 & -6 \end{bmatrix}$은 순대각우세행렬이다.

9. $|1| < |-2| + |3|$이므로 행렬은 대각우세행렬이 아니다. 행교환은 대각우세행렬을 만들지 못한다.

연습문제 5.4

1. **(a)** λ_3 우세함 **(b)** 우세한 고유값 없음

3. 우세한 고유값: $\lambda = 5$
수열 (2): 6.310, 5.210, 5.040, 5.008 . . .
우세고유벡터: $\begin{bmatrix} -\frac{1}{\sqrt{2}} \\ \frac{1}{\sqrt{2}} \end{bmatrix}$

5. 우세고유값: $\lambda = 2 + \sqrt{10} \approx 5.16228$
수열 (9): 1.0, 4.6, 5.131, 5.161 . . .
우세고유벡터: $\begin{bmatrix} 1 \\ 3 - \sqrt{10} \end{bmatrix}$

7. 2.99993; $\begin{bmatrix} 0.99180 \\ 1.00000 \end{bmatrix}$

연습문제 6.1

1. **(a)** 정의역: R^2; 공역: R^3
(b) 정의역: R^3; 공역: R^2
(c) 정의역: R^3; 공역: R^3

3. R^2, R^3, $(-1, 2, 3)$ **5.** **(a)** $\begin{bmatrix} -1 \\ 1 \end{bmatrix}$ **(b)** $\begin{bmatrix} 3 \\ 13 \end{bmatrix}$

7. **(a)** $\begin{bmatrix} -1 \\ 1 \\ 0 \end{bmatrix} + t\begin{bmatrix} -6 \\ 3 \\ 1 \end{bmatrix}$ (t는 임의의 실수) **(b)** 해는 없다.

9. **(a)**, **(c)**, **(d)**에서 T는 선형이다.
(b)에서 T는 비선형이며, 가산성과 동질성을 만족하지 않는다.

11. **(a)**와 **(c)**에서 T는 선형이다.
(b)에서 T는 비선형이며, 가산성과 동질성을 만족하지 않는다.

13. 정역: R^3, 공역: R^2, T: 선형

15. 정역: R^3, 공역: R^3, T: 선형

17. $T = \begin{bmatrix} 3 & -1 \\ 2 & 3 \\ 4 & 0 \end{bmatrix}$

19. **(a)** $\begin{bmatrix} -1 & 1 \\ 0 & 1 \end{bmatrix}\begin{bmatrix} -1 \\ 4 \end{bmatrix} = \begin{bmatrix} 5 \\ 4 \end{bmatrix}$
(b) $\begin{bmatrix} 2 & -1 & 1 \\ 0 & 1 & 1 \\ 0 & 0 & 0 \end{bmatrix}\begin{bmatrix} 2 \\ 1 \\ -3 \end{bmatrix} = \begin{bmatrix} 0 \\ -2 \\ 0 \end{bmatrix}$

21. **(a)** $\begin{bmatrix} 3 & 5 & -1 \\ 4 & -1 & 1 \\ 3 & 2 & -1 \end{bmatrix}$ **(b)** $\begin{bmatrix} 3 \\ -2 \\ -3 \end{bmatrix}$

23. **(a)** $(-2, -1)$ **(b)** $(-1, 2)$ **(c)** $(-2, 0)$ **(d)** $(0, 1)$

25. **(a)** $\left(-\frac{\sqrt{2}}{2}, \frac{7\sqrt{2}}{2}\right)$ **(b)** $(-4, 3)$ **(c)** $(-3, -4)$
(d) $\left(2 + \frac{3\sqrt{3}}{2}, -\frac{3}{2} + 2\sqrt{3}\right)$

27. **(a)** $\left(-\frac{3}{2} + 2\sqrt{3}, 2 + \frac{3\sqrt{3}}{2}\right)$ **(b)** $\left(\frac{3}{4} + \sqrt{3}, \frac{3}{4}(4 + \sqrt{3})\right)$

29. $\theta = 3\pi/4$ **33.** **(a)** $\left(-\frac{7}{5}, \frac{24}{5}\right)$ **(b)** $\frac{13}{10}(1, 3)$

35. **(a)** $\begin{bmatrix} -1 \\ 2 \\ 4 \end{bmatrix}, \begin{bmatrix} 3 \\ 1 \\ 5 \end{bmatrix}, \begin{bmatrix} 0 \\ 2 \\ -3 \end{bmatrix}$ **(b)** $\begin{bmatrix} 2 \\ 5 \\ 6 \end{bmatrix}$ **(c)** $\begin{bmatrix} 0 \\ 14 \\ -21 \end{bmatrix}$

37. **(a)** $\begin{bmatrix} 1 & 0 & 0 \\ 0 & 0 & 1 \\ 0 & 1 & 0 \end{bmatrix}$ **(b)** $\begin{bmatrix} 0 & 1 & 0 \\ 1 & 0 & 0 \\ 0 & 0 & 1 \end{bmatrix}$ **(c)** $\begin{bmatrix} 0 & 0 & 1 \\ 0 & 1 & 0 \\ 1 & 0 & 0 \end{bmatrix}$

39. $\begin{bmatrix} -1 & 0 \\ 0 & 0 \end{bmatrix}$

연습문제 6.2

1. $A^{-1} = A^T = \begin{bmatrix} \frac{3}{5} & \frac{4}{5} \\ -\frac{4}{5} & \frac{3}{5} \end{bmatrix}$

3. $A^{-1} = A^T = \begin{bmatrix} \frac{4}{5} & -\frac{9}{25} & \frac{12}{25} \\ 0 & \frac{4}{5} & \frac{3}{5} \\ -\frac{3}{5} & -\frac{12}{25} & \frac{16}{25} \end{bmatrix}$

5. **(a)** 원점에 대하여 $\theta = 3\pi/4$만큼 회전
(b) x축과 $\theta = \pi/3$의 각을 이루는 직선에 대한 반사

7. **(a)** $A = \begin{bmatrix} \frac{1}{5} & 0 \\ 0 & \frac{1}{5} \end{bmatrix}$ **(b)** $A = \begin{bmatrix} \frac{1}{3} & 0 \\ 0 & 1 \end{bmatrix}$ **(c)** $A = \begin{bmatrix} 1 & 0 \\ 0 & 6 \end{bmatrix}$

(d) $A = \begin{bmatrix} 1 & 3 \\ 0 & 1 \end{bmatrix}$

9. (a) x-방향으로 3배 확장

(b) $\frac{1}{4}$배 축소

(c) x-방향으로 4배 층밀림

(d) y-방향으로 -4배 층밀림

11. $A = \begin{bmatrix} 0 & 0 \\ 3 & 0 \end{bmatrix}$ 13. $A = \begin{bmatrix} 1 & 0 & 0 \\ 0 & 0 & 0 \\ 0 & 0 & 0 \end{bmatrix}$

15. (a)

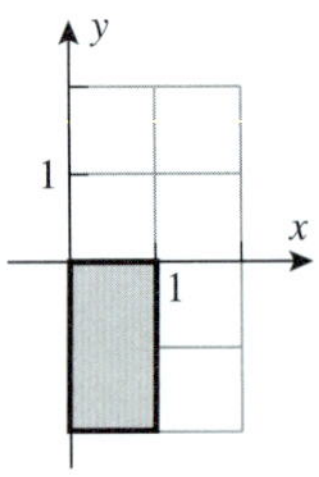

(b)

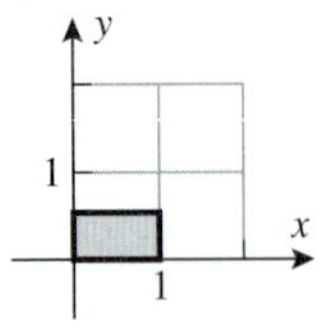

(c)

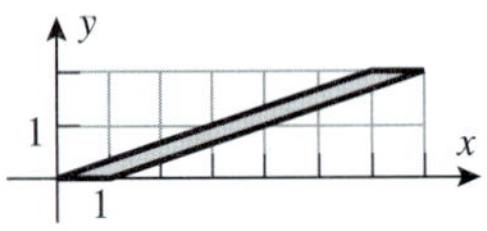

17. (a)

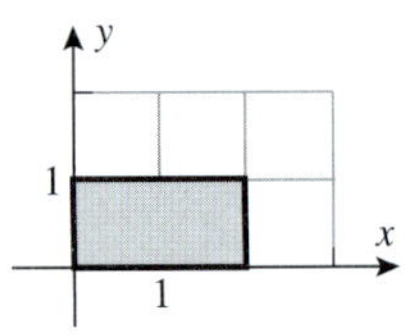

(b)

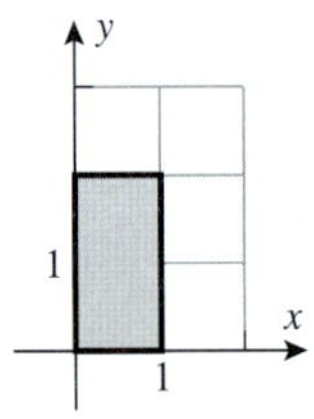

(c)

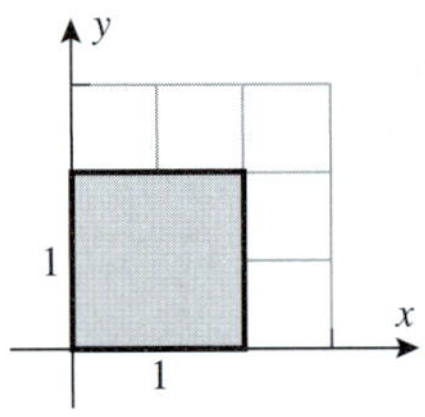

19. (a) $(2, 5, -3)$ (b) $(2, -5, 3)$ (c) $(-2, 5, 3)$

21. (a) $A = \begin{bmatrix} 1 & 0 & 0 \\ 0 & 0 & -1 \\ 0 & 1 & 0 \end{bmatrix}$ (b) $A = \begin{bmatrix} 0 & 0 & 1 \\ 0 & 1 & 0 \\ -1 & 0 & 0 \end{bmatrix}$

(c) $A = \begin{bmatrix} 0 & 1 & 0 \\ -1 & 0 & 0 \\ 0 & 0 & 1 \end{bmatrix}$

23. (a) $\left(-2, -1 + \frac{\sqrt{3}}{2}, \frac{1}{2} + \sqrt{3}\right)$ (b) $(0, 1, 2\sqrt{2})$

(c) $\left(-1 + \frac{\sqrt{3}}{2}, \frac{1}{2} + \sqrt{3}, 2\right)$

25. 회전축: x-축, 회전각: $\pi/2$

27. $\text{tr}(A) = 1$, $\mathbf{v} = (2x, 0, 0)$이어서 결과는 연습문제 25와 같다.

29. (a) $M_1 = \begin{bmatrix} 1 & 0 & 0 \\ 0 & 0 & 0 \\ 0 & 0 & 0 \end{bmatrix}$, $M_2 = \begin{bmatrix} 0 & 0 & 0 \\ 0 & 1 & 0 \\ 0 & 0 & 0 \end{bmatrix}$,

$M_3 = \begin{bmatrix} 0 & 0 & 0 \\ 0 & 0 & 0 \\ 0 & 0 & 1 \end{bmatrix}$

(b)

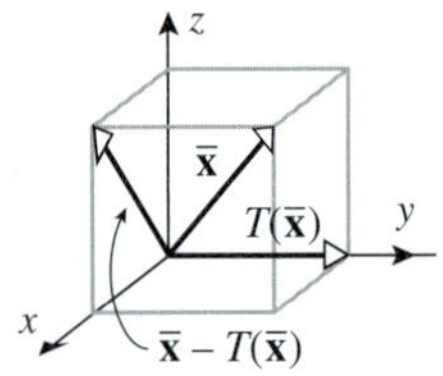

연습문제 6.3

1. (a) $\ker(T)$는 y-축; $\text{ran}(T)$는 x-축; T는 전사도 단사도 아니다.

(b) $\ker(T)$는 x-축; $\text{ran}(T)$는 yz-평면; T는 전사도 단사도 아니다.

(c) $\ker(T) = \left\{\begin{bmatrix} 0 \\ 0 \end{bmatrix}\right\}$; $\text{ran}(T) = R^2$; T는 전단사이다.

(d) $\ker(T) = \left\{\begin{bmatrix} 0 \\ 0 \\ 0 \end{bmatrix}\right\}$; $\text{ran}(T) = R^3$; T는 전단사이다.

3. $\ker(T) = \text{span}\left\{\begin{bmatrix} -1 \\ 1 \end{bmatrix}\right\}$ 5. $\ker(T) = \text{span}\left\{\begin{bmatrix} -5 \\ 4 \\ 1 \end{bmatrix}\right\}$

7. $\begin{bmatrix} 1 & 0 & -1 \\ 0 & 1 & -1 \\ 1 & -1 & 0 \\ 1 & 1 & 1 \end{bmatrix}\begin{bmatrix} x \\ y \\ z \end{bmatrix} = \begin{bmatrix} 0 \\ 0 \\ 0 \\ 0 \end{bmatrix}$; 해는 $x = 0, y = 0, z = 0$;

$\ker(T) = \text{span}\{\mathbf{0}\}$이다.

9. (a) $\mathbf{b}$는 A의 열공간에 속하지 않는다.

(b) $\begin{bmatrix} 3 \\ -1 \\ 8 \end{bmatrix} = \frac{4}{3}\begin{bmatrix} 1 \\ -2 \\ 1 \end{bmatrix} + \frac{5}{6}\begin{bmatrix} 2 \\ 2 \\ 8 \end{bmatrix}$

11. 그렇다. 13. $\begin{bmatrix} 2 & -3 \\ 5 & 1 \end{bmatrix}$; 전단사

15. $\begin{bmatrix} -1 & 3 & 2 \\ 2 & 0 & 4 \\ 1 & 3 & 6 \end{bmatrix}$; 전사도 단사도 아니다.

17. 가능한 답: $(1, 1)$

19. (a) 단사 (b) 단사 아님

21. (a) $6b_1 + 3b_2 - 4b_3 = 0$ (b) $t_1\begin{bmatrix} 1 \\ 0 \\ \frac{3}{2} \end{bmatrix} + t_2\begin{bmatrix} 0 \\ 1 \\ \frac{3}{4} \end{bmatrix}$

(c) $t_1\begin{bmatrix} -1 \\ -1 \\ 1 \\ 0 \end{bmatrix} + t_2\begin{bmatrix} -1 \\ 1 \\ 0 \\ 1 \end{bmatrix}$

연습문제 6.4

1. $T_B \circ T_A = \begin{bmatrix} 5 & -1 & 21 \\ 10 & -8 & 4 \\ 45 & 3 & 25 \end{bmatrix}$, $T_A \circ T_B = \begin{bmatrix} -8 & -3 & 1 \\ -5 & -15 & -8 \\ 44 & -11 & 45 \end{bmatrix}$

3. (a) $T_1 = \begin{bmatrix} 1 & 1 \\ 1 & -1 \end{bmatrix}$, $T_2 = \begin{bmatrix} 3 & 0 \\ 2 & 4 \end{bmatrix}$

(b) $T_2 \circ T_1 = \begin{bmatrix} 3 & 3 \\ 6 & -2 \end{bmatrix}$, $T_1 \circ T_2 = \begin{bmatrix} 5 & 4 \\ 1 & -4 \end{bmatrix}$

(c) $T_2(T_1(x_1, x_2)) = (3x_1 + 3x_2, 6x_1 - 2x_2)$
$T_1(T_2(x_1, x_2)) = (5x_1 + 4x_2, x_1 - 4x_2)$

5. (a) $\begin{bmatrix} 1 & 0 \\ 0 & -1 \end{bmatrix}$ (b) $\begin{bmatrix} 0 & 0 \\ 0 & \frac{1}{2} \end{bmatrix}$ (c) $\begin{bmatrix} 3 & 0 \\ 0 & -3 \end{bmatrix}$

7. (a) $\begin{bmatrix} -1 & 0 & 0 \\ 0 & 0 & 0 \\ 0 & 0 & 1 \end{bmatrix}$ (b) $\begin{bmatrix} 1 & 0 & 1 \\ 0 & \sqrt{2} & 0 \\ -1 & 0 & 1 \end{bmatrix}$

(c) $\begin{bmatrix} -1 & 0 & 0 \\ 0 & 1 & 0 \\ 0 & 0 & 0 \end{bmatrix}$

9. (a) $\begin{bmatrix} \frac{\sqrt{3}}{8} & -\frac{\sqrt{3}}{16} & \frac{1}{16} \\ \frac{1}{8} & \frac{3}{16} & -\frac{\sqrt{3}}{16} \\ 0 & \frac{1}{8} & \frac{\sqrt{3}}{8} \end{bmatrix}$ (b) $\begin{bmatrix} 0 & 0 & 0 \\ 0 & -1 & 0 \\ 0 & 0 & -1 \end{bmatrix}$

11. (a) $\begin{bmatrix} 2 & 0 \\ 0 & 1 \end{bmatrix}\begin{bmatrix} 1 & 0 \\ 0 & 3 \end{bmatrix}$; y-방향으로 인수 3을 갖는 확장에 이어 x-방향으로 인수 2를 갖는 확장

(b) $\begin{bmatrix} 0 & 1 \\ 1 & 0 \end{bmatrix}\begin{bmatrix} 1 & 0 \\ 2 & 1 \end{bmatrix}$; y-방향으로 인수 2를 갖는 층밀림에 이어 직선 $y = x$에 대한 반사

(c) $\begin{bmatrix} 0 & 1 \\ 1 & 0 \end{bmatrix}\begin{bmatrix} 1 & 0 \\ 0 & -1 \end{bmatrix}\begin{bmatrix} 1 & 0 \\ 0 & 2 \end{bmatrix}\begin{bmatrix} 4 & 0 \\ 0 & 1 \end{bmatrix}$; x-방향으로 인수 4를 갖는 확장에 이어, y-방향으로 인수 2를 갖는 확장에 이어, x-축에 대한 반사에 이어, 직선 $y = x$에 대한 반사

(d) $\begin{bmatrix} 1 & 0 \\ 4 & 1 \end{bmatrix}\begin{bmatrix} 1 & 0 \\ 0 & 18 \end{bmatrix}\begin{bmatrix} 1 & -3 \\ 0 & 1 \end{bmatrix}$; x-방향으로 인수 3을 갖는 층밀림에 이어, y-방향으로 인수 18을 갖는 확장에 이어, y-방향으로 인수 4를 갖는 층밀림

13. (a) x-축에 대한 R^2의 반사
(b) R^2에서 원점에 대한 각 $-\pi/4$만큼 회전
(c) 인수 $\frac{1}{3}$을 갖는 축소
(d) R^2에서 y-방향으로 2배 확장

15. $T^{-1} = \begin{bmatrix} -1 & 2 \\ 1 & -1 \end{bmatrix}$, $T^{-1}(w_1, w_2) = (-w_1 + 2w_2, w_1 - w_2)$

17. $T^{-1} = \begin{bmatrix} 0 & 1 \\ -1 & 0 \end{bmatrix}$, $T^{-1}(w_1, w_2) = (w_2, -w_1)$

19. $T^{-1} = \begin{bmatrix} 1 & -2 & 4 \\ -1 & 2 & -3 \\ -1 & 3 & -5 \end{bmatrix}$, $T^{-1}(w_1, w_2, w_3) =$
$(w_1 - 2w_2 + 4w_3, -w_1 + 2w_2 - 3w_3, -w_1 + 3w_2 - 5w_3)$

21. $T^{-1} = \begin{bmatrix} -\frac{3}{2} & -\frac{3}{2} & \frac{11}{2} \\ \frac{1}{2} & \frac{1}{2} & -\frac{3}{2} \\ -\frac{1}{2} & \frac{1}{2} & -\frac{1}{2} \end{bmatrix}$, $T^{-1}(w_1, w_2, w_3)$
$= \left(-\frac{3}{2}w_1 - \frac{3}{2}w_2 + \frac{11}{2}w_3, \frac{1}{2}w_1 + \frac{1}{2}w_2 - \frac{3}{2}w_3, -\frac{1}{2}w_1 + \frac{1}{2}w_2 - \frac{1}{2}w_3\right)$

23. (a) 그렇다. (b) 그렇다. (c) 아니다. **25.** $\begin{bmatrix} \frac{1}{2} & \frac{\sqrt{3}}{2} \\ -\frac{\sqrt{3}}{2} & \frac{1}{2} \end{bmatrix}$

27. 면적 = 3

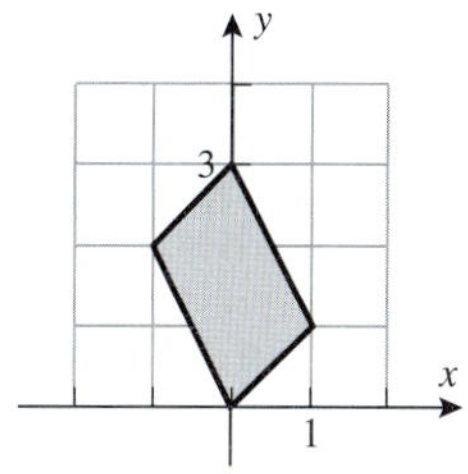

연습문제 6.5

1.

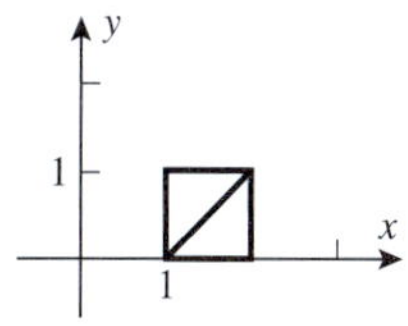

3.

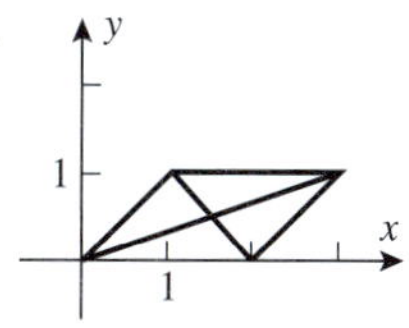

5. $V = \begin{bmatrix} 1 & -1 & -1 & 1 \\ 1 & 1 & -1 & -1 \end{bmatrix}$; $C = \begin{bmatrix} 1 & 1 & 1 & 0 \\ 1 & 1 & 0 & 1 \\ 1 & 0 & 1 & 1 \\ 0 & 1 & 1 & 1 \end{bmatrix}$

7. $V = \begin{bmatrix} 1 & 0 & -1 & -1 & 1 \\ 0 & 1 & 0 & -1 & -1 \end{bmatrix}$; $C = \begin{bmatrix} 1 & 1 & 0 & 0 & 1 \\ 1 & 1 & 1 & 0 & 0 \\ 0 & 1 & 1 & 1 & 0 \\ 0 & 0 & 1 & 1 & 1 \\ 1 & 0 & 0 & 1 & 1 \end{bmatrix}$

9. $\begin{bmatrix} 2 & 0 & -2 & -2 & 2 \\ 0 & 3 & 0 & -3 & -3 \end{bmatrix}$

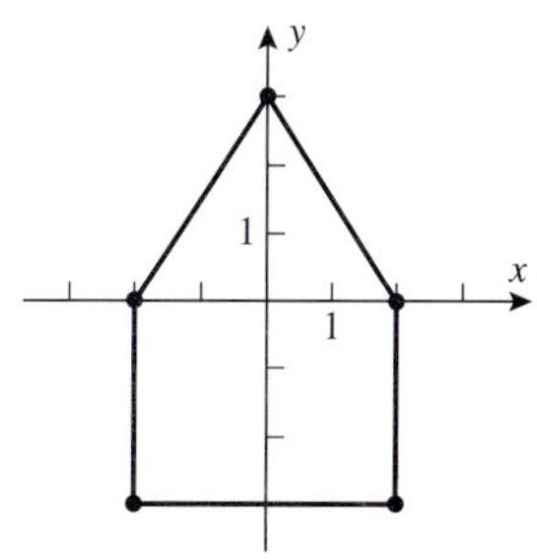

11. $\begin{bmatrix} 1 & 2 & -1 & -3 & -1 \\ 0 & 1 & 0 & -1 & -1 \end{bmatrix}$

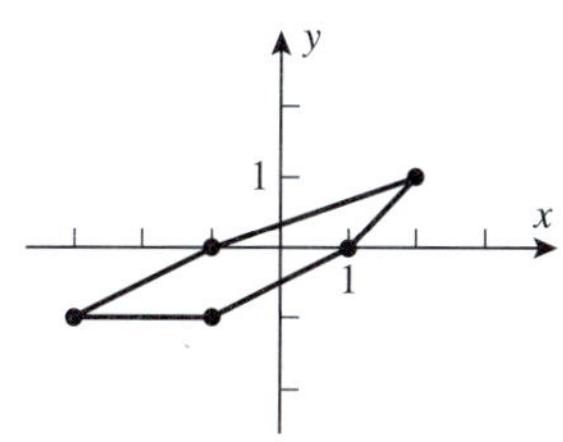

13. $\begin{bmatrix} 2 & 1 & 0 & 0 & 2 \\ 1 & 2 & 1 & 0 & 0 \end{bmatrix}$

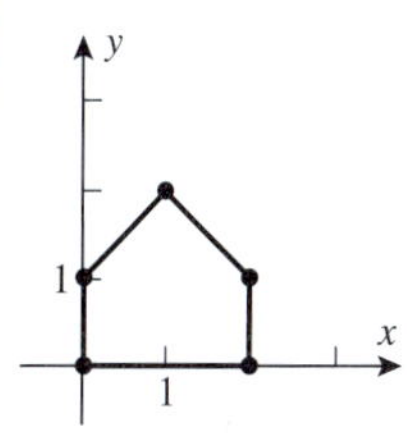

15. $\begin{bmatrix} 3 & 2 & 1 & 1 & 3 \\ -1 & 0 & -1 & -2 & -2 \end{bmatrix}$

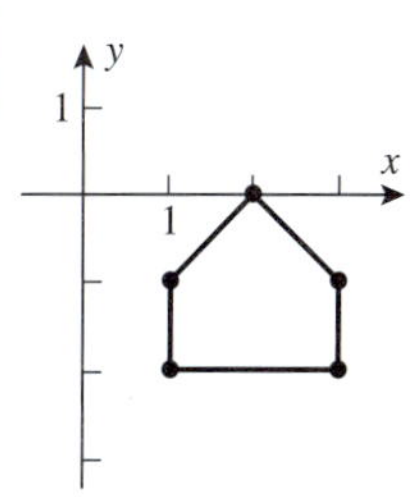

17. **(a)** $\begin{bmatrix} \frac{\sqrt{3}}{2} & -\frac{1}{2} & 0 \\ \frac{1}{2} & \frac{\sqrt{3}}{2} & 0 \\ 0 & 0 & 1 \end{bmatrix}$ **(b)** $\begin{bmatrix} 1 & 0 & 0 \\ 0 & -1 & 0 \\ 0 & 0 & 1 \end{bmatrix}$

19. **(a)** $\begin{bmatrix} \frac{1}{2} & -\frac{\sqrt{3}}{2} & 0 & 0 \\ \frac{\sqrt{3}}{2} & \frac{1}{2} & 0 & 0 \\ 0 & 0 & 1 & 0 \\ 0 & 0 & 0 & 1 \end{bmatrix}$ **(b)** $\begin{bmatrix} -1 & 0 & 0 & 0 \\ 0 & 1 & 0 & 0 \\ 0 & 0 & 1 & 0 \\ 0 & 0 & 0 & 1 \end{bmatrix}$

21. **(a)** $\begin{bmatrix} 1 & 0 & 1 \\ 0 & 1 & 2 \\ 0 & 0 & 1 \end{bmatrix}$ **(b)** (4, 6)

23. **(a)** $\begin{bmatrix} 1 & 0 & 0 & 5 \\ 0 & 1 & 0 & 3 \\ 0 & 0 & 1 & -1 \\ 0 & 0 & 0 & 1 \end{bmatrix}$ **(b)** (10, −1, 0)

25. $\begin{bmatrix} \frac{1}{2} & -\frac{\sqrt{3}}{2} & 3 \\ \frac{\sqrt{3}}{2} & \frac{1}{2} & -1 \\ 0 & 0 & 1 \end{bmatrix}$ **27.** $\begin{bmatrix} -1 & 0 & 0 & 2 \\ 0 & 2 & 1 & -3 \\ 1 & 1 & 0 & 5 \\ 0 & 0 & 0 & 1 \end{bmatrix}$

연습문제 7.1

1. **(a)** $\mathbf{v}_2 = 2\mathbf{v}_1$ **(b)** $\mathbf{v}_3 = \mathbf{v}_1 - \mathbf{v}_2$ **(c)** $\mathbf{v}_4 = -\mathbf{v}_1 + 2\mathbf{v}_2 + 6\mathbf{v}_3$

3. $\mathbf{v}_3 = -\frac{7}{3}\mathbf{v}_1 + \frac{2}{3}\mathbf{v}_2$

5. 가능한 답: **(a)** $\{(1, 2)\}; \{(2, 4)\}; \{(-1, -2)\}$
(b) $\{(1, -1, 0), (2, 0, -1)\}; \{(1, 1, -1), (0, 2, -1)\};$
$\{(2, 0, -1), (3, -1, -1)\}$

7. $\left\{\left(-\frac{1}{4}, -\frac{1}{4}, 1, 0\right), (0, -1, 0, 1)\right\}$; 차원 = 2

9. $\{(-1, 1, 0, 0, 0), (-1, 0, -1, 0, 1)\}$; 차원 = 2

11. **(a)** $\{(-2, 1, 0), (3, 0, 1)\}$
(b) $\{(1, 0, 0, -2), (0, 0, 1, -4), (0, 4, 1, 0)\}$

연습문제 7.2

1. **(a)** 종속 **(b)** 생성 안 됨 **(c)** 종속

5. **(a)** 기저 **(b)** 기저 아님

7. **(b)** $\mathbf{v} = \mathbf{v}_1 + \mathbf{v}_2 + \mathbf{v}_3 = \frac{1}{2}\mathbf{v}_2 + \frac{2}{3}\mathbf{v}_3 + \mathbf{v}_4 = 7\mathbf{v}_1 + 4\mathbf{v}_2 + 3\mathbf{v}_3 - 6\mathbf{v}_4$

9. 가능한 답: $\{\mathbf{v}_1, \mathbf{v}_2, (1, 0, 0)\}$

11. 가능한 답: $\{\mathbf{v}_1, \mathbf{v}_2, \mathbf{v}_4\}$

13. $\mathbf{v} = -3\mathbf{v}_1 + 4\mathbf{v}_2 + \mathbf{v}_3$

15. **(a)** 부분공간 아님 **(b)** 부분공간

17. **(a)** $\left(\frac{26}{5}, \frac{13}{5}, -4\right)$
(b) $\left(\frac{7}{5}a + \frac{3}{5}b + \frac{1}{5}c, \frac{1}{5}a + \frac{4}{5}b - \frac{2}{5}c, -a + c\right)$
(c) $\begin{bmatrix} \frac{7}{5} & \frac{3}{5} & \frac{1}{5} \\ \frac{1}{5} & \frac{4}{5} & -\frac{2}{5} \\ -1 & 0 & 1 \end{bmatrix}$

19. $(x, y, z) = \left(-\frac{7}{50}x - \frac{17}{100}y + \frac{1}{100}z\right)\mathbf{v}_1 + \left(-\frac{1}{2}x - \frac{1}{4}y + \frac{1}{4}z\right)\mathbf{v}_2 + \left(\frac{33}{50}x + \frac{23}{100}y - \frac{19}{100}z\right)\mathbf{v}_3$

연습문제 7.3

1. (−7, 1, 2)의 모든 스칼라배 **5.** $y = -\frac{1}{2}x$

7. 가능한 답: $x = \frac{5}{2}s - 2t, y = s, z = t$ (s와 t는 임의의 실수)

9. 가능한 답: W: $\{(1, 0, -16), (0, 1, -19)\}$; $W^{\perp}$: $\{(16, 19, 1)\}$

11. 가능한 답: W: $\{(1, 0, 0, 0), (0, 1, 0, 0), (0, 0, 1, 1)\}$;
$W^{\perp}$: $\{(0, 0, -1, 1)\}$

13. 가능한 답:
W: $\{(1, 0, 0, 2, 0), (0, 1, 0, 3, 0), (0, 0, 1, 4, 0),$
$(0, 0, 0, 0, 1)\}$;
$W^{\perp}$: $\{(-2, -3, -4, 1, 0)\}$

15. $16x_1 + 19x_2 + x_3 = 0$ **17.** $-x_3 + x_4 = 0$

19. $16b_1 + 19b_2 + b_3 = 0$ **21.** $-b_3 + b_4 = 0$ **23.** $\mathbf{b}_1, \mathbf{b}_2$

27. $\{(1, 3, 0, 4, 0, 0), (0, 0, 1, 2, 0, 0), (0, 0, 0, 0, 1, 0),$
$(0, 0, 0, 0, 0, 1)\}$

31. $\begin{bmatrix} 1 & 4 & 1 & 0 \\ -2 & 0 & 0 & 1 \end{bmatrix}$

연습문제 7.4

1. $\text{rank}(A) = 2, \text{nullity}(A) = 1$

3. $\text{rank}(A) = 2, \text{nullity}(A) = 2$

5. $\text{rank}(A) = 3, \text{nullity}(A) = 2$

7. **(a)** 추축변수 = 3, 매개변수 = 5
(b) 추축변수 = 2, 매개변수 = 2
(c) 추축변수 = 2, 매개변수 = 4

9. **(a)** maximum rank = 3, minimum nullity = 0
(b) maximum rank = 3, minimum nullity = 2
(c) maximum rank = 4, minimum nullity = 0

11. $\left\{\mathbf{v}_1, \mathbf{v}_2, \left(\frac{4}{3}, -\frac{4}{3}, 1, 0\right), \left(\frac{5}{3}, -\frac{5}{3}, 0, 1\right)\right\}$는 기저이다.

13. **(a)** $A = \begin{bmatrix} 1 \\ -2 \end{bmatrix}\begin{bmatrix} 1 \\ -7 \end{bmatrix}^T$ **(c)** $A = \begin{bmatrix} 1 \\ -2 \\ 3 \end{bmatrix}\begin{bmatrix} 1 \\ 1 \\ 3 \\ 3 \\ -9 \end{bmatrix}^T$

15. $\mathbf{u}\mathbf{u}^T = \begin{bmatrix} 4 & 6 & 2 & 2 \\ 9 & 6 & 3 & 3 \\ 2 & 3 & 1 & 1 \\ 2 & 3 & 1 & 1 \end{bmatrix}$

17. $t = 1$이면 계수는 1, $t = -2$이면 계수는 2, 그 외에는 계수 3이다.

21. 가능한 답: $\{(1, 2, 0), (3, 0, 2)\}$; $W^{\perp}$은 초평면이다.

연습문제 7.5

1. $\dim(\text{row}(A)) = \dim(\text{col}(A)) = 2, \dim(\text{null}(A)) = 3,$
$\dim(\text{null}(A^{\perp})) = 2$, 매개변수 = 3

3. $\text{rank}(A) = \text{rank}(A^T) = 3$

5.

	(a)	(b)	(c)	(d)	(e)
$\dim(\text{row}(A))$	3	2	1	2	2
$\dim(\text{col}(A))$	3	2	1	2	2
$\dim(\text{null}(A))$	0	1	2	7	3
$\dim(\text{null}(A^{\perp}))$	0	1	2	3	7

7. **(a)** 해를 가짐; 매개변수 = 0
(b) 해를 갖지 않음
(c) 해를 가짐; 매개변수 = 2
(d) 해를 가짐; 매개변수 = 7

9. **(a)** 전열계수 **(b)** 둘 다 없음 **(c)** 전행계수 **(d)** 둘 다

11. **(a)** $\det(A^TA) = 149, \det(AA^T) = 0$ **(b)** $\det(A^TA) = 0$, $\det(AA^T) = 0$ **(c)** $\det(A^TA) = 0, \det(AA^T) = 66$
(d) $\det(A^TA) = 64, \det(AA^T) = 64$

17. $(b_1, b_2, b_3, b_4, b_5)$가 방정식 $b_3 = -3b_1 + 4b_2$, $b_4 = 2b_1 - b_2$, $b_5 = -7b_1 + 8b_2$를 만족하지 않으면 해를 갖지 않는다.

연습문제 7.6

1. 열공간: $\{(1, 5, 7), (-1, -4, -6)\}$
행공간: $\{(1, -1, 3), (5, -4, -4)\}$

3. 열공간: $\{(1, 2, -1), (4, 1, 3)\}$
행공간: $\{(1, 4, 5, 2), (2, 1, 3, 0)\}$

5. 열공간: $\{(1, 0, 2, 3, -2), (-3, 3, -3, -6, 9), (2, 6, -2, 0, 2)\}$
행공간: $\{(1, -3, 2, 2, 1), (0, 3, 6, 0, -3), (2, -3, -2, 4, 4)\}$

7. $\{\mathbf{v}_1, \mathbf{v}_2, \mathbf{v}_3\}$ 9. $\{\mathbf{v}_1, \mathbf{v}_3\}$, $\mathbf{v}_2 = 2\mathbf{v}_1$, $\mathbf{v}_4 = \mathbf{v}_1 + \mathbf{v}_3$

11. $\left\{\left(1, -\frac{1}{2}, 0\right), (0, 0, 1)\right\}$

13. $\text{row}(A)$: $\{(1, 0, -1, 4), (0, 1, -3, -7)\}$
$\text{col}(A)$: $\{(1, -2, 4, 0), (-1, 1, -3, -1)\}$
$\text{null}(A)$: $\{(1, 3, 1, 0), (4, 7, 0, 1)\}$
$\text{null}(A^T)$: $\left\{\left(1, 0, -\frac{1}{4}, -\frac{1}{4}\right), \left(0, 1, \frac{1}{2}, -\frac{1}{2}\right)\right\}$

15. **(a)** $\{(4, 0, 0, 0, 1), (8, 5, 0, 3, 2), (8, 15, 4, 9, 2)\}$
(b) $\{(4, 16, 8, 8), (0, 0, 5, 15), (0, 0, 0, 4)\}$
(c) $\{(-4, 1, 0, 0)\}$
(d) $\left\{\left(0, -\frac{3}{5}, 0, 1, 0\right), \left(-\frac{1}{4}, 0, 0, 0, 1\right)\right\}$

17. $$A = \begin{bmatrix} 2 & -4 \\ 1 & 1 \\ 3 & -9 \\ 0 & 6 \end{bmatrix} \begin{bmatrix} 1 & 0 & -\frac{7}{3} & -\frac{1}{3} \\ 0 & 1 & -\frac{5}{3} & -\frac{5}{3} \end{bmatrix}$$
$$= \begin{bmatrix} 2 \\ 1 \\ 3 \\ 0 \end{bmatrix} \begin{bmatrix} 1 & 0 & -\frac{7}{3} & -\frac{1}{3} \end{bmatrix} + \begin{bmatrix} -4 \\ 1 \\ -9 \\ 6 \end{bmatrix} \begin{bmatrix} 0 & 1 & -\frac{5}{3} & -\frac{5}{3} \end{bmatrix}$$

연습문제 7.7

1. $\left(\frac{11}{5}, \frac{22}{5}\right)$ 3. $\left(\frac{3}{5}, \frac{6}{5}\right)$ 5. $\left(0, \frac{2}{5}, -\frac{1}{5}\right), \left(1, \frac{3}{5}, \frac{6}{5}\right)$

7. $\left(\frac{1}{5}, -\frac{1}{5}, \frac{1}{10}, -\frac{1}{10}\right), \left(\frac{9}{5}, \frac{6}{5}, \frac{9}{10}, \frac{21}{10}\right)$ 9. $\frac{20}{7}$ 11. $\frac{\sqrt{33}}{3}$

13. $\frac{1}{30}\begin{bmatrix} 1 & -5 & -2 \\ -5 & 25 & 10 \\ -2 & 10 & 4 \end{bmatrix}$ 15. $\frac{1}{257}\begin{bmatrix} 113 & -84 & 96 \\ -84 & 208 & 56 \\ 96 & 56 & 193 \end{bmatrix}$

17. $\begin{bmatrix} 1 & 0 & 0 \\ 0 & 0 & 0 \\ 0 & 0 & 1 \end{bmatrix}$ 19. $\frac{1}{3}\begin{bmatrix} 2 & -1 & -1 \\ -1 & 2 & -1 \\ -1 & -1 & 2 \end{bmatrix}, \left(\frac{1}{3}, \frac{7}{3}, -\frac{8}{3}\right)$

21. $\frac{1}{220}\begin{bmatrix} 89 & -105 & -3 & 25 \\ -105 & 135 & -15 & 15 \\ -3 & -15 & 31 & -75 \\ 25 & 15 & -75 & 185 \end{bmatrix}$

23. $\frac{1}{3}\begin{bmatrix} 1 & 0 & -1 & 1 \\ 0 & 1 & -1 & -1 \\ -1 & -1 & 2 & 0 \\ 1 & -1 & 0 & 2 \end{bmatrix}$

25. $\frac{1}{35}\begin{bmatrix} 21 & 14 & -7 & 7 \\ 14 & 11 & -8 & -2 \\ -7 & -8 & 9 & 11 \\ 7 & -2 & 11 & 29 \end{bmatrix}, \frac{1}{6}\begin{bmatrix} 2 & -2 & 2 \\ -2 & 5 & 1 \\ 2 & 1 & 5 \end{bmatrix}$

27. $\left(-\frac{3}{25}, \frac{4}{25}, -\frac{3}{25}, -\frac{4}{25}\right)$ 29. $\frac{1}{3}\begin{bmatrix} 1 & 1 & 1 \\ 1 & 1 & 1 \\ 1 & 1 & 1 \end{bmatrix}$

31. $\left(-\frac{38}{89}, \frac{23}{89}, \frac{28}{89}, \frac{25}{89}\right)$

연습문제 7.8

1. $\left(\frac{20}{11}, -\frac{8}{11}\right)$ 3. $\left(\frac{28}{11}, \frac{16}{11}, \frac{40}{11}\right)$

5. 해: $\hat{\mathbf{x}} = \left(\frac{1}{10}, \frac{6}{5}\right)$; 최소제곱오차: $\frac{4}{5}\sqrt{5}$

7. 해: $\hat{\mathbf{x}} = \left(-\frac{7}{6}, \frac{7}{6}, 0\right) + t(-1, -1, 1)$ (t는 실수);
최소제곱오차: $\frac{1}{2}\sqrt{294}$

9. $y = -\frac{3}{10} + \frac{7}{10}x$

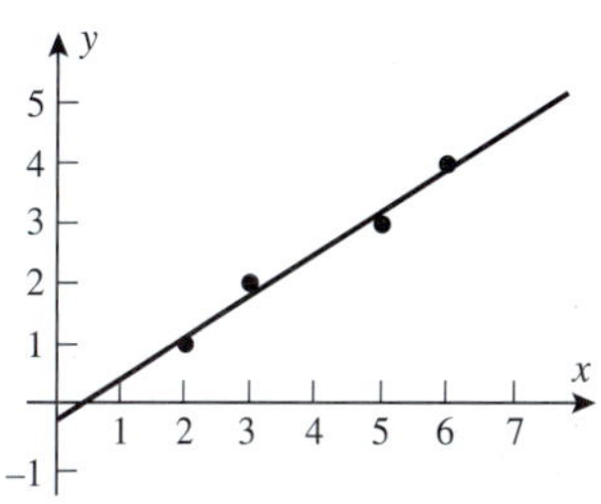

11. $y = 1 - \frac{11}{6}x + \frac{2}{3}x^2$

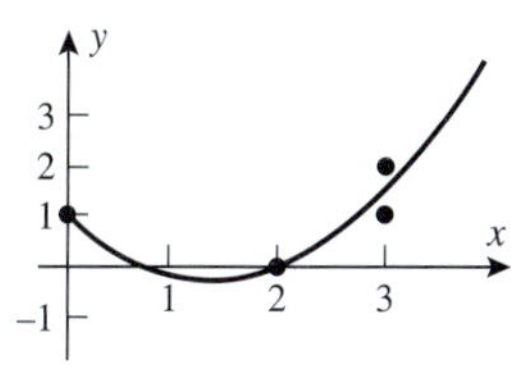

13. $$\begin{bmatrix} 5 & 15 & 55 & 225 \\ 15 & 55 & 225 & 979 \\ 55 & 225 & 979 & 4425 \\ 225 & 979 & 4425 & 20515 \end{bmatrix} \begin{bmatrix} a_0 \\ a_1 \\ a_2 \\ a_3 \end{bmatrix} = \begin{bmatrix} 216.8 \\ 916.0 \\ 4087.4 \\ 18822.4 \end{bmatrix}$$

연습문제 7.9

1. **(a)** 직교 아님
(b) 직교; $\left(-\frac{\sqrt{2}}{2}, \frac{\sqrt{2}}{2}\right), \left(\frac{\sqrt{2}}{2}, \frac{\sqrt{2}}{2}\right)$

(c) 직교; $\left(-\frac{\sqrt{6}}{3}, \frac{\sqrt{6}}{6}, \frac{\sqrt{6}}{6}\right), \left(\frac{\sqrt{5}}{5}, 0, \frac{2\sqrt{5}}{5}\right),$

$\left(-\frac{\sqrt{30}}{15}, -\frac{\sqrt{30}}{6}, \frac{\sqrt{30}}{30}\right)$ **(d)** 직교 아님

3. (a) 정규직교 **(b)** 정규직교 아님; $\mathbf{v}_2 \cdot \mathbf{v}_3 \neq 0$

(c) 정규직교 아님; $\|\mathbf{v}_3\| \neq 1$

5. (a) $\left(1, \frac{11}{6}, -\frac{1}{3}, \frac{1}{6}\right)$ **(b)** $\left(\frac{23}{18}, \frac{11}{6}, -\frac{1}{18}, -\frac{17}{18}\right)$

7. (a) $\left(\frac{3}{2}, \frac{3}{2}, -1, -1\right)$ **(b)** $\left(\frac{7}{4}, \frac{5}{4}, -\frac{3}{4}, -\frac{5}{4}\right)$

9. $\mathbf{w} = \frac{5}{\sqrt{6}}\mathbf{v}_2 + \frac{11}{\sqrt{66}}\mathbf{v}_3$ **11.** $\mathbf{w} = -\frac{1}{9}\mathbf{v}_1 + \frac{5}{33}\mathbf{v}_2 + \frac{5}{9}\mathbf{v}_3 - \frac{2}{33}\mathbf{v}_4$

13. $\frac{1}{9}\begin{bmatrix} 5 & 4 & 2 \\ 4 & 5 & -2 \\ 2 & -2 & 8 \end{bmatrix}$ **15.** $\left(\frac{2}{9}, \frac{16}{9}, -\frac{28}{9}\right)$

17. $\begin{bmatrix} \frac{1}{2} & \frac{1}{2} & 0 \\ \frac{1}{2} & \frac{1}{2} & 0 \\ 0 & 0 & 1 \end{bmatrix}$ **19.** $\left(-\frac{1}{2}, -\frac{1}{2}, 0\right)$

21. $\operatorname{tr}(P) = 2$ **23.** 2 **25.** 1

27. $\left\{\left(\frac{1}{\sqrt{10}}, -\frac{3}{\sqrt{10}}\right), \left(\frac{3}{\sqrt{10}}, \frac{1}{\sqrt{10}}\right)\right\}$

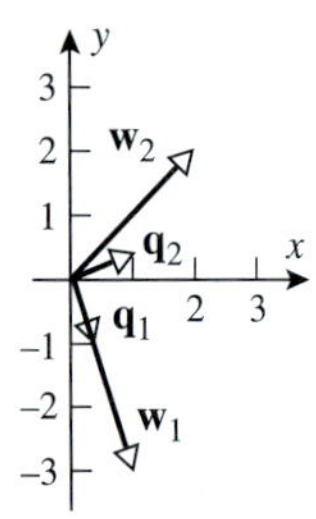

29. $\left\{\left(\frac{1}{\sqrt{3}}, \frac{1}{\sqrt{3}}, \frac{1}{\sqrt{3}}\right), \left(-\frac{1}{\sqrt{2}}, \frac{1}{\sqrt{2}}, 0\right), \left(\frac{1}{\sqrt{6}}, \frac{1}{\sqrt{6}}, -\frac{2}{\sqrt{6}}\right)\right\}$

31. $\left\{\left(0, \frac{2}{\sqrt{5}}, \frac{1}{\sqrt{5}}, 0\right), \left(\frac{5}{\sqrt{30}}, -\frac{1}{\sqrt{30}}, \frac{2}{\sqrt{30}}, 0\right),\right.$
$\left.\left(\frac{1}{\sqrt{10}}, \frac{1}{\sqrt{10}}, -\frac{2}{\sqrt{10}}, -\frac{2}{\sqrt{10}}\right), \left(\frac{1}{\sqrt{15}}, \frac{1}{\sqrt{15}}, -\frac{2}{\sqrt{15}}, \frac{3}{\sqrt{15}}\right)\right\}$

33. $\left\{\left(\frac{1}{\sqrt{2}}, \frac{1}{\sqrt{2}}, 0\right), \left(\frac{1}{\sqrt{2}}, -\frac{1}{\sqrt{2}}, 0\right), (0, 0, 1)\right\}$

35. $\left\{\left(0, \frac{1}{\sqrt{5}}, \frac{2}{\sqrt{5}}\right), \left(-\frac{5}{\sqrt{30}}, -\frac{2}{\sqrt{30}}, \frac{1}{\sqrt{30}}\right)\right\}$

37. $\mathbf{w}_1 = \left(-\frac{4}{5}, 2, \frac{3}{5}\right), \mathbf{w}_2 = \left(\frac{9}{5}, 0, \frac{12}{5}\right)$

연습문제 7.10

1. 가능한 답: $Q = \begin{bmatrix} \frac{1}{\sqrt{5}} & -\frac{2}{\sqrt{5}} \\ \frac{2}{\sqrt{5}} & \frac{1}{\sqrt{5}} \end{bmatrix}, R = \begin{bmatrix} \sqrt{5} & \sqrt{5} \\ 0 & \sqrt{5} \end{bmatrix}$

3. 가능한 답: $Q = \begin{bmatrix} \frac{1}{3} & \frac{8}{3\sqrt{26}} \\ -\frac{2}{3} & \frac{11}{3\sqrt{26}} \\ \frac{2}{3} & \frac{7}{3\sqrt{26}} \end{bmatrix}, R = \begin{bmatrix} 3 & \frac{1}{3} \\ 0 & \frac{\sqrt{26}}{3} \end{bmatrix}$

5. 가능한 답: $Q = \begin{bmatrix} \frac{1}{\sqrt{2}} & \frac{1}{\sqrt{38}} & -\frac{3}{\sqrt{19}} \\ \frac{1}{\sqrt{2}} & -\frac{1}{\sqrt{38}} & \frac{3}{\sqrt{19}} \\ 0 & \frac{6}{\sqrt{38}} & \frac{1}{\sqrt{19}} \end{bmatrix},$

$R = \begin{bmatrix} \sqrt{2} & \frac{3\sqrt{2}}{2} & \sqrt{2} \\ 0 & \frac{\sqrt{38}}{2} & \frac{3\sqrt{38}}{19} \\ 0 & 0 & \frac{\sqrt{19}}{19} \end{bmatrix}$

7. $\left(-\frac{5}{26}, \frac{19}{26}\right)$ **9.** $(-8, -5, 16)$

11. $H = \frac{1}{7}\begin{bmatrix} 3 & 2 & -6 \\ 2 & 6 & 3 \\ -6 & 3 & -2 \end{bmatrix}; H\mathbf{b} = \left(-\frac{5}{7}, \frac{20}{7}, -\frac{4}{7}\right)$

13. $H = \frac{1}{3}\begin{bmatrix} 1 & 2 & -2 \\ 2 & 1 & 2 \\ -2 & 2 & 1 \end{bmatrix}$

15. $H = \frac{1}{11}\begin{bmatrix} 11 & 0 & 0 & 0 \\ 0 & 9 & 2 & -6 \\ 0 & 2 & 9 & 6 \\ 0 & -6 & 6 & -7 \end{bmatrix}$

17. (a) $H = \begin{bmatrix} \frac{3}{5} & \frac{4}{5} \\ \frac{4}{5} & -\frac{3}{5} \end{bmatrix}$ **(b)** $H = \begin{bmatrix} -\frac{4}{5} & \frac{3}{5} \\ \frac{3}{5} & \frac{4}{5} \end{bmatrix}$

(c) $H = \begin{bmatrix} \frac{1}{\sqrt{2}} & \frac{1}{\sqrt{2}} \\ \frac{1}{\sqrt{2}} & -\frac{1}{\sqrt{2}} \end{bmatrix}$

19. $H = \frac{1}{15}\begin{bmatrix} -10 & 5 & 10 \\ 5 & 14 & -2 \\ 10 & -2 & 11 \end{bmatrix}$

21. $Q = \begin{bmatrix} \frac{1}{\sqrt{2}} & -\frac{1}{\sqrt{2}} \\ -\frac{1}{\sqrt{2}} & -\frac{1}{\sqrt{2}} \end{bmatrix}, R = \begin{bmatrix} \sqrt{2} & -\frac{1}{\sqrt{2}} \\ 0 & -\frac{5}{\sqrt{2}} \end{bmatrix}$

23. $Q = \begin{bmatrix} \frac{1}{\sqrt{2}} & 0 & -\frac{1}{\sqrt{2}} \\ -\frac{1}{\sqrt{2}} & 0 & -\frac{1}{\sqrt{2}} \\ 0 & 1 & 0 \end{bmatrix}, R = \begin{bmatrix} \sqrt{2} & 2\sqrt{2} & -\sqrt{2} \\ 0 & 4 & 5 \\ 0 & 0 & -2\sqrt{2} \end{bmatrix}$

25. $(1, 1, 1)$

연습문제 7.11

1. (a) $(\mathbf{w})_B = (3, -7), [\mathbf{w}]_B = \begin{bmatrix} 3 \\ -7 \end{bmatrix}$

(b) $(\mathbf{w})_B = \left(\frac{5}{28}, \frac{3}{14}\right), [\mathbf{w}]_B = \begin{bmatrix} \frac{5}{28} \\ \frac{3}{14} \end{bmatrix}$

3. $(\mathbf{w})_B = (3, -2, 1), [\mathbf{w}]_B = \begin{bmatrix} 3 \\ -2 \\ 1 \end{bmatrix}$

5. $(6, -1, 3)$ **7.** $(-2\sqrt{2}, 5\sqrt{2})$ **9.** $\left(\frac{5}{\sqrt{2}}, -\frac{2}{\sqrt{3}}, \frac{1}{\sqrt{6}}\right)$

11. (a) $\mathbf{u} = \left(\frac{7}{5}, -\frac{1}{5}\right), \mathbf{v} = \left(\frac{13}{5}, \frac{16}{5}\right)$ **(b)** $\sqrt{2}, \sqrt{17}, 3$

13. $\sqrt{15}, \sqrt{35}, \sqrt{30}, \sqrt{105}, 5, 20$

15. $(0, \sqrt{2}), (1, 0), (-1, \sqrt{2}), (a - b, b\sqrt{2})$

17. **(a)** $\begin{bmatrix} 2 & -3 \\ 1 & 4 \end{bmatrix}$ **(b)** $\frac{1}{11}\begin{bmatrix} 4 & 3 \\ -1 & 2 \end{bmatrix}$ **(d)** $[\mathbf{w}]_B = \begin{bmatrix} 1 \\ -1 \end{bmatrix}$, $[\mathbf{w}]_S = \begin{bmatrix} 5 \\ -3 \end{bmatrix}$ **(e)** $[\mathbf{w}]_S = \begin{bmatrix} 3 \\ -5 \end{bmatrix}$, $[\mathbf{w}]_B = \begin{bmatrix} -\frac{3}{11} \\ -\frac{13}{11} \end{bmatrix}$

19. **(a)** $\frac{1}{10}\begin{bmatrix} 13 & -5 \\ -4 & 0 \end{bmatrix}$ **(b)** $\frac{1}{2}\begin{bmatrix} 0 & -5 \\ -4 & -13 \end{bmatrix}$

(d) $[\mathbf{w}]_{B_1} = \begin{bmatrix} -\frac{7}{10} \\ \frac{8}{5} \end{bmatrix}$, $[\mathbf{w}]_{B_2} = \begin{bmatrix} -4 \\ -9 \end{bmatrix}$

(e) $[\mathbf{w}]_{B_2} = \begin{bmatrix} -4 \\ -7 \end{bmatrix}$, $[\mathbf{w}]_{B_1} = \begin{bmatrix} -\frac{17}{10} \\ \frac{8}{5} \end{bmatrix}$

21. **(a)** $\begin{bmatrix} \frac{3}{4} & \frac{3}{4} & \frac{1}{12} \\ -\frac{3}{4} & -\frac{17}{12} & -\frac{17}{12} \\ 0 & \frac{2}{3} & \frac{2}{3} \end{bmatrix}$

(b) $[\mathbf{w}]_{B_1} = \begin{bmatrix} 1 \\ 1 \\ 1 \end{bmatrix}$, $[\mathbf{w}]_{B_2} = \begin{bmatrix} \frac{19}{12} \\ -\frac{43}{12} \\ \frac{4}{3} \end{bmatrix}$

23. $P_{B_1 \to B_2} = \begin{bmatrix} \frac{2}{\sqrt{6}} & \frac{1}{2} & -\frac{1}{2\sqrt{3}} \\ \frac{1}{3} & 0 & \frac{4}{3\sqrt{2}} \\ -\frac{2}{3\sqrt{2}} & \frac{3}{2\sqrt{3}} & \frac{1}{6} \end{bmatrix}$,

$P_{B_2 \to B_1} = \begin{bmatrix} \frac{2}{\sqrt{6}} & \frac{1}{3} & -\frac{2}{3\sqrt{2}} \\ \frac{1}{2} & 0 & \frac{3}{2\sqrt{3}} \\ -\frac{1}{2\sqrt{3}} & \frac{4}{3\sqrt{2}} & \frac{1}{6} \end{bmatrix}$

25. **(a)** $P_{B \to S} = \begin{bmatrix} 0 & 1 \\ 1 & 0 \end{bmatrix}$

(b) $P^T = P^T_{B \to S} = \begin{bmatrix} 0 & 1 \\ 1 & 0 \end{bmatrix} = P_{S \to B}$

27. **(a)** $x' = -\frac{x}{\sqrt{2}} + \frac{y}{\sqrt{2}}, y' = -\frac{x}{\sqrt{2}} - \frac{y}{\sqrt{2}}$

$(-2, 6)$의 $x'y'$-좌표 $\Rightarrow (4\sqrt{2}, -2\sqrt{2})$의 $x'y'$-좌표

(b) $x = -\frac{x'}{\sqrt{2}} - \frac{y'}{\sqrt{2}}, y = \frac{x'}{\sqrt{2}} - \frac{y'}{\sqrt{2}}$

$(5, 2)$의 $x'y'$-좌표 $\Rightarrow \left(-\frac{7}{2}\sqrt{2}, \frac{3}{2}\sqrt{2}\right)$의 xy-좌표

29. **(a)** $\left(\frac{1}{\sqrt{2}}, \frac{3}{\sqrt{2}}, 5\right)$ **(b)** $\left(-\frac{5}{\sqrt{2}}, \frac{7}{\sqrt{2}}, -3\right)$

31. $\begin{bmatrix} \frac{\sqrt{2}}{4} & \frac{\sqrt{6}}{4} & \frac{\sqrt{2}}{2} \\ -\frac{\sqrt{3}}{2} & \frac{1}{2} & 0 \\ \frac{\sqrt{2}}{4} & \frac{\sqrt{6}}{4} & \frac{\sqrt{2}}{2} \end{bmatrix}$

연습문제 8.1

1. $[T]_B = \begin{bmatrix} 2 & -1 \\ 2 & 0 \end{bmatrix}$

3. $\begin{bmatrix} 1 & -1 \\ 1 & 1 \end{bmatrix} = \begin{bmatrix} 1 & -1 \\ 1 & 0 \end{bmatrix}\begin{bmatrix} 2 & -1 \\ 2 & 0 \end{bmatrix}\begin{bmatrix} 0 & 1 \\ -1 & 1 \end{bmatrix}$

5. $[T]_B = \begin{bmatrix} 1 & -\frac{3}{2} & \frac{1}{2} \\ -1 & \frac{1}{2} & \frac{1}{2} \\ 0 & \frac{1}{2} & -\frac{1}{2} \end{bmatrix}$

7. $\begin{bmatrix} 1 & -1 & 0 \\ -1 & 1 & 0 \\ 1 & 0 & -1 \end{bmatrix} = \begin{bmatrix} 1 & 0 & 1 \\ 0 & 1 & 1 \\ 1 & 1 & 0 \end{bmatrix}\begin{bmatrix} 1 & -\frac{3}{2} & \frac{1}{2} \\ -1 & \frac{1}{2} & \frac{1}{2} \\ 0 & \frac{1}{2} & -\frac{1}{2} \end{bmatrix}$

$\times \begin{bmatrix} \frac{1}{2} & -\frac{1}{2} & \frac{1}{2} \\ -\frac{1}{2} & \frac{1}{2} & \frac{1}{2} \\ \frac{1}{2} & \frac{1}{2} & -\frac{1}{2} \end{bmatrix}$

9. $[T]_B = \begin{bmatrix} -\frac{4}{11} & \frac{9}{11} \\ -\frac{25}{11} & \frac{26}{11} \end{bmatrix}$, $[T]_{B'} = \begin{bmatrix} \frac{3}{11} & -\frac{32}{11} \\ \frac{2}{11} & \frac{19}{11} \end{bmatrix}$

11. $\begin{bmatrix} -\frac{4}{11} & \frac{9}{11} \\ -\frac{25}{11} & \frac{26}{11} \end{bmatrix} = \begin{bmatrix} \frac{1}{2} & \frac{1}{2} \\ \frac{1}{2} & -\frac{1}{2} \end{bmatrix}\begin{bmatrix} \frac{3}{11} & -\frac{32}{11} \\ \frac{2}{11} & \frac{19}{11} \end{bmatrix}\begin{bmatrix} 1 & 1 \\ 1 & -1 \end{bmatrix}$

13. $[T] = \begin{bmatrix} 1 & -2 \\ 0 & 1 \end{bmatrix}$, $[T]_B = \begin{bmatrix} -\frac{4}{11} & \frac{9}{11} \\ -\frac{25}{11} & \frac{26}{11} \end{bmatrix}$

15. **(a)** $[T(x)]_B = \begin{bmatrix} \frac{21}{5} \\ \frac{13}{5} \end{bmatrix}$, $[T]_B = \begin{bmatrix} -\frac{14}{5} & -\frac{7}{5} \\ \frac{3}{5} & \frac{14}{5} \end{bmatrix}$,

$[x]_B = \begin{bmatrix} -\frac{11}{5} \\ \frac{7}{5} \end{bmatrix}$

17. $[T]_{B'B} = \begin{bmatrix} 0 & 0 \\ -\frac{1}{2} & 1 \\ \frac{8}{3} & \frac{4}{3} \end{bmatrix}$

19. $[T]_{B',B} = \begin{bmatrix} -\frac{11}{14} & -\frac{9}{7} & -\frac{9}{14} \\ \frac{9}{14} & \frac{8}{7} & \frac{1}{14} \end{bmatrix}$

21. **(a)** $[T(\mathbf{v}_1)]_B = \begin{bmatrix} 1 \\ -2 \end{bmatrix}$, $[T(\mathbf{v}_2)]_B = \begin{bmatrix} 3 \\ 5 \end{bmatrix}$

(b) $T(\mathbf{v}_1) = \begin{bmatrix} -5 \\ 0 \end{bmatrix}$, $T(\mathbf{v}_2) = \begin{bmatrix} 7 \\ 11 \end{bmatrix}$

(c) $T(x_1, x_2) = \left(\frac{1}{5}(19x_1 - 3x_2), \frac{1}{5}(22x_1 + 11x_2)\right)$

(d) $T(1, 1) = \left(\frac{16}{5}, \frac{33}{5}\right)$

23. $[T] = \begin{bmatrix} 1 & 0 \\ 0 & 1 \end{bmatrix}$, $[T]_B = \begin{bmatrix} 1 & 0 \\ 0 & 1 \end{bmatrix}$, $[T]_{B'} = \begin{bmatrix} 1 & 0 \\ 0 & 1 \end{bmatrix}$,

$[T]_{B',B} = \begin{bmatrix} \frac{12}{17} & \frac{5}{17} \\ \frac{11}{51} & -\frac{11}{51} \end{bmatrix}$

27. $T = \begin{bmatrix} 0 & 0 & 1 \\ 1 & 0 & 0 \\ 0 & 1 & 0 \end{bmatrix}$

29. $[T]_B = \begin{bmatrix} -4 & 0 \\ 0 & 6 \end{bmatrix}$. $x'y'$-좌표계에 상사되도록 각 $\pi/4$만큼 반시계 방향으로 회전하고, x'-방향으로 4배 확장하고, y'-축에 대하

여 반사하고, y'-방향으로 6배 확장한 후에, 시계 방향으로 각 $\pi/4$만큼 회전한다.

연습문제 8.2

1. 가능한 이유: 행렬식이 다르다.

3. 가능한 이유: 계수가 다르다.

5. 크기: 5 × 5;

고유값	중복도	고유공간의 가능한 차원
0	1	1
1	2	1 또는 2
−1	2	1 또는 2

7. 대수적 중복도 2와 기하학적 중복도 1인 고유값 $\lambda = 1$, 대수적 중복도 1이고 기하학적 중복도 1인 고유값 $\lambda = 2$

9. 대수적 중복도 1이고 기하학적 중복도 1인 고유값 $\lambda = 3$, 대수적 중복도 2이고 기하학적 중복도 1인 고유값 $\lambda = 5$

11. 기하학적 중복도 2인 고유값 $\lambda = 0$과 기하학적 중복도 1인 고유값 $\lambda = -3$

13. $\text{rank}(3I - A) = 1, \text{rank}(5I - A) = 2$

15. $P = \begin{bmatrix} 4 & 3 \\ 5 & 4 \end{bmatrix}$; $P^{-1}AP = \begin{bmatrix} 1 & 0 \\ 0 & 2 \end{bmatrix}$

17. $P = \begin{bmatrix} 0 & 1 & 0 \\ -1 & 0 & 1 \\ 1 & 0 & 1 \end{bmatrix}$; $P^{-1}AP = \begin{bmatrix} 0 & 0 & 0 \\ 0 & 1 & 0 \\ 0 & 0 & 2 \end{bmatrix}$

19. A는 대각화 가능. $P = \begin{bmatrix} 1 & 1 & 1 \\ 1 & 3 & \frac{3}{2} \\ 1 & 4 & \frac{3}{2} \end{bmatrix}$

21. A는 대각화 불가능

23. A는 대각화 불가능

29. 중복도 1인 고유값 $\lambda = 0$과 중복도 2인 고유값 $\lambda = -3$

연습문제 8.3

1. 고유값: 0, 5; 두 고유공간의 차원은 1이다.

3. 고유값: 0, 3; 대응하는 고유공간의 차원은 2와 1이다.

7. $P = \begin{bmatrix} -\frac{1}{\sqrt{2}} & \frac{1}{\sqrt{2}} \\ \frac{1}{\sqrt{2}} & \frac{1}{\sqrt{2}} \end{bmatrix}, D = \begin{bmatrix} 2 & 0 \\ 0 & 4 \end{bmatrix}$

9. $P = \begin{bmatrix} \frac{1}{\sqrt{6}} & \frac{1}{\sqrt{30}} & -\frac{2}{\sqrt{5}} \\ \frac{1}{\sqrt{6}} & -\frac{5}{\sqrt{30}} & 0 \\ \frac{2}{\sqrt{6}} & \frac{2}{\sqrt{30}} & \frac{1}{\sqrt{5}} \end{bmatrix}, D = \begin{bmatrix} 2 & 0 & 0 \\ 0 & -4 & 0 \\ 0 & 0 & -4 \end{bmatrix}$

11. $P = \begin{bmatrix} 0 & -\frac{1}{\sqrt{2}} & \frac{1}{\sqrt{2}} \\ 0 & \frac{1}{\sqrt{2}} & \frac{1}{\sqrt{2}} \\ 1 & 0 & 0 \end{bmatrix}, D = \begin{bmatrix} 0 & 0 & 0 \\ 0 & 0 & 0 \\ 0 & 0 & 2 \end{bmatrix}$

13. $P = \begin{bmatrix} 0 & 0 & -\frac{1}{\sqrt{2}} & \frac{1}{\sqrt{2}} \\ 0 & 0 & \frac{1}{\sqrt{2}} & \frac{1}{\sqrt{2}} \\ 0 & 1 & 0 & 0 \\ 1 & 0 & 0 & 0 \end{bmatrix}, D = \begin{bmatrix} 0 & 0 & 0 & 0 \\ 0 & 0 & 0 & 0 \\ 0 & 0 & 2 & 0 \\ 0 & 0 & 0 & 4 \end{bmatrix}$

15. $\begin{bmatrix} 3 & 1 \\ 1 & 3 \end{bmatrix} = 2\begin{bmatrix} \frac{1}{2} & -\frac{1}{2} \\ -\frac{1}{2} & \frac{1}{2} \end{bmatrix} + 4\begin{bmatrix} \frac{1}{2} & \frac{1}{2} \\ \frac{1}{2} & \frac{1}{2} \end{bmatrix}$

17. $A = 2\begin{bmatrix} \frac{1}{\sqrt{6}} \\ \frac{1}{\sqrt{6}} \\ \frac{2}{\sqrt{6}} \end{bmatrix}\begin{bmatrix} \frac{1}{\sqrt{6}} & \frac{1}{\sqrt{6}} & \frac{2}{\sqrt{6}} \end{bmatrix} -$

$4\begin{bmatrix} \frac{1}{\sqrt{30}} \\ -\frac{5}{\sqrt{30}} \\ \frac{2}{\sqrt{30}} \end{bmatrix}\begin{bmatrix} \frac{1}{\sqrt{30}} & -\frac{5}{\sqrt{30}} & \frac{2}{\sqrt{30}} \end{bmatrix} - 4\begin{bmatrix} -\frac{2}{\sqrt{5}} \\ 0 \\ \frac{1}{\sqrt{5}} \end{bmatrix}\begin{bmatrix} -\frac{2}{\sqrt{5}} & 0 & \frac{1}{\sqrt{5}} \end{bmatrix}$

19. $\begin{bmatrix} 3070 & 3069 \\ -2046 & -2045 \end{bmatrix}$ **21.** $\begin{bmatrix} 1 & 0 & 0 \\ 0 & 1 & 0 \\ 0 & 0 & 1 \end{bmatrix}$

23. **(b)** $A^4 = 24A^2 - 64A + 48I$ **(c)** $A^{-1} = \frac{1}{8}A^2 - \frac{3}{4}A + \frac{3}{2}I$

25. $e^{tA} = \frac{1}{2}\begin{bmatrix} e^{2t} + e^{4t} & -e^{2t} + e^{4t} \\ -e^{2t} + e^{4t} & e^{2t} + e^{4t} \end{bmatrix}$

27. $e^{tA} = \frac{1}{6}\begin{bmatrix} 5e^{-4t} + e^{2t} & -e^{-4t} + e^{2t} & -2e^{-4t} + 2e^{2t} \\ -e^{-4t} + e^{2t} & 5e^{-4t} + e^{2t} & -2e^{-4t} + 2e^{2t} \\ -2e^{-4t} + 2e^{2t} & -2e^{-4t} + 2e^{2t} & 2e^{-4t} + 4e^{2t} \end{bmatrix}$

29. $\sin(\pi A) = \begin{bmatrix} 0 & 0 & 0 \\ 0 & 0 & 0 \\ 0 & 0 & 0 \end{bmatrix}$ **31.** **(b)** $e^A = \begin{bmatrix} 1 & 0 & 0 \\ 1 & 1 & 0 \\ \frac{5}{2} & 1 & 1 \end{bmatrix}$

연습문제 8.4

1. **(a)** $\begin{bmatrix} x_1 & x_2 \end{bmatrix}\begin{bmatrix} 3 & 0 \\ 0 & 7 \end{bmatrix}\begin{bmatrix} x_1 \\ x_2 \end{bmatrix}$ **(b)** $\begin{bmatrix} x_1 & x_2 \end{bmatrix}\begin{bmatrix} 4 & -3 \\ -3 & -9 \end{bmatrix}\begin{bmatrix} x_1 \\ x_2 \end{bmatrix}$

(c) $\begin{bmatrix} x_1 & x_2 & x_3 \end{bmatrix}\begin{bmatrix} 9 & 3 & -4 \\ 3 & -1 & \frac{1}{2} \\ -4 & \frac{1}{2} & 4 \end{bmatrix}\begin{bmatrix} x_1 \\ x_2 \\ x_3 \end{bmatrix}$

3. $2x^2 + 5y^2 - 6xy$

5. $\begin{bmatrix} y_1 \\ y_2 \end{bmatrix} = \begin{bmatrix} \frac{1}{\sqrt{2}} & \frac{1}{\sqrt{2}} \\ -\frac{1}{\sqrt{2}} & \frac{1}{\sqrt{2}} \end{bmatrix}\begin{bmatrix} x_1 \\ x_2 \end{bmatrix}$; $Q = y_1^2 + 3y_2^2$

7. $\begin{bmatrix} y_1 \\ y_2 \\ y_3 \end{bmatrix} = \begin{bmatrix} -\frac{2}{3} & \frac{2}{3} & \frac{1}{3} \\ \frac{2}{3} & \frac{1}{3} & \frac{2}{3} \\ \frac{1}{3} & \frac{2}{3} & -\frac{2}{3} \end{bmatrix}$; $Q = y_1^2 + 4y_2^2 + 7y_3^2$

9. **(a)** $\begin{bmatrix} x & y \end{bmatrix}\begin{bmatrix} 2 & \frac{1}{2} \\ \frac{1}{2} & 0 \end{bmatrix}\begin{bmatrix} x \\ y \end{bmatrix} + \begin{bmatrix} 1 & -6 \end{bmatrix}\begin{bmatrix} x \\ y \end{bmatrix} + 2 = 0$

(b) $\begin{bmatrix} x & y \end{bmatrix}\begin{bmatrix} 0 & 0 \\ 0 & 1 \end{bmatrix}\begin{bmatrix} x \\ y \end{bmatrix} + \begin{bmatrix} 7 & -8 \end{bmatrix}\begin{bmatrix} x \\ y \end{bmatrix} - 5 = 0$

11. **(a)** 타원 **(b)** 쌍곡선 **(c)** 포물선 **(d)** 원

13. 쌍곡선: $2(y')^2 - 3(x')^2 = 8$; $\theta \approx -26.6°$

15. 쌍곡선: $4(x')^2 - (y')^2 = 3$; $\theta = 36.9°$

17. **(a)** 양의 정부호 **(b)** 음의 정부호 **(c)** 부정부호
(d) 양의 반정부호 **(e)** 음의 반정부호

19. 양의 정부호 **21.** 양의 반정부호

23. 부정부호

27. **(a)** $B = \begin{bmatrix} \frac{\sqrt{3}}{2} + \frac{\sqrt{7}}{2} & \frac{\sqrt{3}}{2} - \frac{\sqrt{7}}{2} \\ \frac{\sqrt{3}}{2} - \frac{\sqrt{7}}{2} & \frac{\sqrt{3}}{2} + \frac{\sqrt{7}}{2} \end{bmatrix}$

(b) $B = \begin{bmatrix} \frac{1}{2} + \frac{\sqrt{3}}{2} & \frac{1}{2} - \frac{\sqrt{3}}{2} & 0 \\ \frac{1}{2} - \frac{\sqrt{3}}{2} & \frac{1}{2} + \frac{\sqrt{3}}{2} & 0 \\ 0 & 0 & \sqrt{5} \end{bmatrix}$

29. $k > 2$

31. **(a)** $B = \frac{1}{2}\begin{bmatrix} \sqrt{3} + \sqrt{15} & -\sqrt{3} + \sqrt{15} \\ -\sqrt{3} + \sqrt{15} & \sqrt{3} + \sqrt{15} \end{bmatrix}$

(b) $C = \begin{bmatrix} 3 & 2 \\ 0 & \sqrt{5} \end{bmatrix}$

33. A의 ij 성분은 $c_i c_j$이다.

35. **(b)** 양의 정부호

연습문제 8.5

3. 임계점: $(-1, 1)$, 극대점; $(0, 0)$, 안장점

5. 임계점: $(0, 0)$, 극대점; $(2, 1)$과 $(-2, 1)$, 안장점

7. $(0, 1)$과 $(0, -1)$에서 최소값 $z = -1$;
$(1, 0)$과 $(-1, 0)$에서 최대값 $z = 5$

9. $(1, 0)$과 $(-1, 0)$에서 최소값 $z = 3$;
$(0, 1)$과 $(0, -1)$에서 최대값 $z = 7$

11. $(0, 0, 1)$과 $(0, 0, -1)$에서 최소값 $w = 3$;
$(1, 0, 0)$과 $(-1, 0, 0)$에서 최대값 $w = 9$

13. 최소값: $z = -\sqrt{2}$;
최대값: $z = \sqrt{2}$

15.

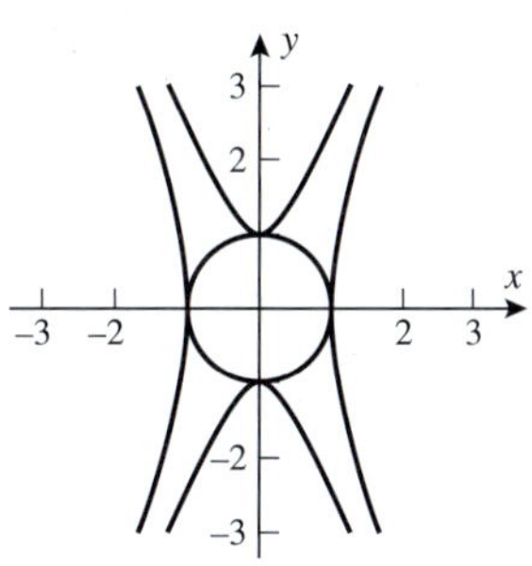

17. 모서리 점: $x = \frac{5}{\sqrt{2}}$, $y = \frac{1}{\sqrt{2}}$

연습문제 8.6

1. $\sqrt{5}$ **3.** $\sqrt{5}$

5. $A = \begin{bmatrix} \frac{1}{\sqrt{2}} & -\frac{1}{\sqrt{2}} \\ \frac{1}{\sqrt{2}} & \frac{1}{\sqrt{2}} \end{bmatrix} \begin{bmatrix} \sqrt{2} & 0 \\ 0 & \sqrt{2} \end{bmatrix} \begin{bmatrix} 1 & 0 \\ 0 & 1 \end{bmatrix}$

7. $A = \begin{bmatrix} \frac{2}{\sqrt{5}} & -\frac{1}{\sqrt{5}} \\ \frac{1}{\sqrt{5}} & \frac{2}{\sqrt{5}} \end{bmatrix} \begin{bmatrix} 8 & 0 \\ 0 & 2 \end{bmatrix} \begin{bmatrix} \frac{1}{\sqrt{5}} & \frac{2}{\sqrt{5}} \\ -\frac{2}{\sqrt{5}} & \frac{1}{\sqrt{5}} \end{bmatrix}$

9. $A = \begin{bmatrix} \frac{2}{3} & \frac{1}{\sqrt{2}} & \frac{\sqrt{2}}{6} \\ \frac{1}{3} & 0 & -\frac{2\sqrt{2}}{3} \\ -\frac{2}{3} & \frac{1}{\sqrt{2}} & -\frac{\sqrt{2}}{6} \end{bmatrix} \begin{bmatrix} 3\sqrt{2} & 0 \\ 0 & 0 \\ 0 & 0 \end{bmatrix} \begin{bmatrix} -\frac{1}{\sqrt{2}} & \frac{1}{\sqrt{2}} \\ \frac{1}{\sqrt{2}} & \frac{1}{\sqrt{2}} \end{bmatrix}$

11. $A = \begin{bmatrix} \frac{1}{\sqrt{3}} & 0 & \frac{2}{\sqrt{6}} \\ \frac{1}{\sqrt{3}} & \frac{1}{\sqrt{2}} & -\frac{1}{\sqrt{6}} \\ -\frac{1}{\sqrt{3}} & \frac{1}{\sqrt{2}} & \frac{1}{\sqrt{6}} \end{bmatrix} \begin{bmatrix} \sqrt{3} & 0 \\ 0 & \sqrt{2} \\ 0 & 0 \end{bmatrix} \begin{bmatrix} 1 & 0 \\ 0 & 1 \end{bmatrix}$

13. $A = \begin{bmatrix} \frac{34}{5} & \frac{12}{5} \\ \frac{12}{5} & \frac{16}{5} \end{bmatrix} \begin{bmatrix} \frac{4}{5} & \frac{3}{5} \\ -\frac{3}{5} & \frac{4}{5} \end{bmatrix}$

15. $A = \begin{bmatrix} \frac{1}{\sqrt{3}} & 0 \\ \frac{1}{\sqrt{3}} & \frac{1}{\sqrt{2}} \\ -\frac{1}{\sqrt{3}} & \frac{1}{\sqrt{2}} \end{bmatrix} \begin{bmatrix} \sqrt{3} & 0 \\ 0 & \sqrt{2} \end{bmatrix} \begin{bmatrix} 1 & 0 \\ 0 & 1 \end{bmatrix}$

$A = \sqrt{3}\begin{bmatrix} \frac{1}{\sqrt{3}} \\ \frac{1}{\sqrt{3}} \\ -\frac{1}{\sqrt{3}} \end{bmatrix} \begin{bmatrix} 1 & 0 \end{bmatrix} + \sqrt{2}\begin{bmatrix} 0 \\ \frac{1}{\sqrt{2}} \\ \frac{1}{\sqrt{2}} \end{bmatrix} \begin{bmatrix} 0 & 1 \end{bmatrix}$

17. $A = \begin{bmatrix} -\frac{1}{\sqrt{2}} & 0 & \frac{1}{\sqrt{2}} \\ \frac{1}{\sqrt{2}} & 0 & \frac{1}{\sqrt{2}} \\ 0 & 1 & 0 \end{bmatrix} \begin{bmatrix} 1 & 0 & 0 \\ 0 & 3 & 0 \\ 0 & 0 & 3 \end{bmatrix} \begin{bmatrix} \frac{1}{\sqrt{2}} & -\frac{1}{\sqrt{2}} & 0 \\ 0 & 0 & 1 \\ \frac{1}{\sqrt{2}} & \frac{1}{\sqrt{2}} & 0 \end{bmatrix}$

19. **(a)** col(A)의 기저: $\{(\frac{1}{2}, \frac{1}{2}, \frac{1}{2}, \frac{1}{2}), (\frac{1}{2}, -\frac{1}{2}, -\frac{1}{2}, \frac{1}{2})\}$

null(A^T)의 기저: $\{(\frac{1}{2}, -\frac{1}{2}, \frac{1}{2}, -\frac{1}{2}), (\frac{1}{2}, \frac{1}{2}, -\frac{1}{2}, -\frac{1}{2})\}$

row(A)의 기저: $\{(\frac{2}{3}, -\frac{1}{3}, \frac{2}{3}), (\frac{2}{3}, \frac{2}{3}, -\frac{1}{3})\}$

null(A)의 기저: $\{(-\frac{1}{3}, \frac{2}{3}, \frac{2}{3})\}$

(b) $\begin{bmatrix} 12 & 0 & 6 \\ 4 & -8 & 10 \\ 4 & -8 & 10 \\ 12 & 0 & 6 \end{bmatrix} = \begin{bmatrix} \frac{1}{2} & \frac{1}{2} \\ \frac{1}{2} & -\frac{1}{2} \\ \frac{1}{2} & -\frac{1}{2} \\ \frac{1}{2} & \frac{1}{2} \end{bmatrix} \begin{bmatrix} 24 & 0 \\ 0 & 12 \end{bmatrix} \begin{bmatrix} \frac{2}{3} & -\frac{1}{3} & \frac{2}{3} \\ \frac{2}{3} & \frac{2}{3} & -\frac{1}{3} \end{bmatrix}$

연습문제 8.7

1. $A^+ = \begin{bmatrix} \frac{3}{25} & \frac{4}{25} \end{bmatrix}$ **3.** $A^+ = \begin{bmatrix} \frac{1}{6} & 0 & -\frac{1}{30} \\ -\frac{1}{6} & 0 & \frac{7}{30} \end{bmatrix}$

7. $A^+ = \begin{bmatrix} \frac{3}{25} & \frac{4}{25} \end{bmatrix}$ **9.** $A^+ = \begin{bmatrix} \frac{1}{6} & 0 & -\frac{1}{30} \\ -\frac{1}{6} & 0 & \frac{7}{30} \end{bmatrix}$

13. $A^+ = \begin{bmatrix} \frac{1}{4} & \frac{1}{4} \\ \frac{1}{4} & \frac{1}{4} \end{bmatrix}$ **15.** $\begin{bmatrix} \frac{1}{6} & \frac{1}{6} & \frac{1}{3} \\ \frac{1}{6} & \frac{29}{30} & -\frac{1}{15} \\ \frac{1}{3} & -\frac{1}{15} & \frac{13}{15} \end{bmatrix}$

17. $\begin{bmatrix} -\frac{1}{18} \\ -\frac{1}{18} \end{bmatrix}$ **19.** $\begin{bmatrix} \frac{1}{14} \\ \frac{2}{14} \\ \frac{3}{14} \end{bmatrix}$

연습문제 8.8

1. $\bar{\mathbf{u}} = (2+i, -4i, 1-i)$, $\text{Re}(\mathbf{u}) = (2, 0, 1)$, $\text{Im}(\mathbf{u}) = (-1, 4, 1)$, $\|\mathbf{u}\| = \sqrt{23}$

5. $\mathbf{x} = (7-6i, -4-8i, 6-12i)$

7. $\bar{A} = \begin{bmatrix} 5i & 4 \\ 2+i & 1-5i \end{bmatrix}$, $\text{Re}(A) = \begin{bmatrix} 0 & 4 \\ 2 & 1 \end{bmatrix}$, $\text{Im}(A) = \begin{bmatrix} -5 & 0 \\ -1 & 5 \end{bmatrix}$, $\det(A) = 17 - i$, $\text{tr}(A) = 1$

11. $\mathbf{u}\cdot\mathbf{v} = -1+i$, $\mathbf{u}\cdot\mathbf{w} = 18-7i$, $\mathbf{v}\cdot\mathbf{w} = 12+6i$

13. $-11-14i$

15. $\lambda_1 = 2-i$, $\mathbf{x}_1 = \begin{bmatrix} 2-i \\ 1 \end{bmatrix}$; $\lambda_2 = 2+i$, $\mathbf{x}_1 = \begin{bmatrix} 2+i \\ 1 \end{bmatrix}$

17. $\lambda_1 = 4-i$, $\mathbf{x}_1 = \begin{bmatrix} 1-i \\ 1 \end{bmatrix}$; $\lambda_2 = 4+i$, $\mathbf{x}_1 = \begin{bmatrix} 1+i \\ 1 \end{bmatrix}$

19. $|\lambda| = \sqrt{2}$, $\phi = \pi/4$ **21.** $|\lambda| = 2$, $\phi = -\pi/3$

23. $P = \begin{bmatrix} 5 & 0 \\ -4 & 2 \end{bmatrix}$, $C = \begin{bmatrix} 3 & -2 \\ 2 & 3 \end{bmatrix}$

25. $P = \begin{bmatrix} -1 & 1 \\ 1 & 0 \end{bmatrix}$, $C = \begin{bmatrix} 5 & -3 \\ 3 & 5 \end{bmatrix}$

27. **(a)** $k = -\frac{8}{3}i$ **(b)** 없음

연습문제 8.9

1. $A^* = \begin{bmatrix} -2i & 4 & 5-i \\ 1+i & 3-i & 0 \end{bmatrix}$

3. $A = \begin{bmatrix} 1 & i & 2-3i \\ -i & -3 & 1 \\ 2+3i & 1 & 2 \end{bmatrix}$

5. **(a)** $a_{13} \neq \bar{a}_{31}$ **(b)** $a_{22} \neq \bar{a}_{22}$

9. $A^* = A^{-1} = \begin{bmatrix} \frac{3}{5} & -\frac{4}{5} \\ -\frac{4}{5}i & -\frac{3}{5}i \end{bmatrix}$

11. $A^* = A^{-1} = \begin{bmatrix} \frac{-i+\sqrt{3}}{2\sqrt{2}} & \frac{1-i\sqrt{3}}{2\sqrt{2}} \\ \frac{1+i\sqrt{3}}{2\sqrt{2}} & \frac{-i-\sqrt{3}}{2\sqrt{2}} \end{bmatrix}$

13. $P = \begin{bmatrix} \frac{-1+i}{\sqrt{3}} & \frac{1-i}{\sqrt{6}} \\ \frac{1}{\sqrt{3}} & \frac{2}{\sqrt{6}} \end{bmatrix}$, $D = \begin{bmatrix} 3 & 0 \\ 0 & 6 \end{bmatrix}$

15. $P = \begin{bmatrix} \frac{-1-i}{\sqrt{6}} & \frac{1+i}{\sqrt{3}} \\ \frac{2}{\sqrt{6}} & \frac{1}{\sqrt{3}} \end{bmatrix}$, $D = \begin{bmatrix} 2 & 0 \\ 0 & 8 \end{bmatrix}$

17. $P = \begin{bmatrix} 0 & 0 & 1 \\ \frac{2}{\sqrt{6}} & \frac{-1+i}{\sqrt{6}} & 0 \\ \frac{1+i}{\sqrt{6}} & \frac{2}{\sqrt{6}} & 0 \end{bmatrix}$, $D = \begin{bmatrix} -2 & 0 & 0 \\ 0 & 1 & 0 \\ 0 & 0 & 5 \end{bmatrix}$

19. $A = \begin{bmatrix} 0 & i & 2-3i \\ i & 0 & 1 \\ -2-3i & -1 & 4i \end{bmatrix}$

21. **(a)** $a_{13} \neq -(\overline{a_{31}})$ **(b)** $a_{11} \neq -\overline{a_{11}}$

29. **(c)** B와 C는 가환

연습문제 8.10

1. $y = 5e^{-3t}$ **3.** 일반해: $\begin{bmatrix} y_1 \\ y_2 \\ y_3 \end{bmatrix} = \begin{bmatrix} c_1e^t \\ c_2e^{4t} \\ c_3e^{-2t} \end{bmatrix}$

기본해집합: $\left\{ \begin{bmatrix} e^t \\ 0 \\ 0 \end{bmatrix}, \begin{bmatrix} 0 \\ e^{4t} \\ 0 \end{bmatrix}, \begin{bmatrix} 0 \\ 0 \\ e^{-2t} \end{bmatrix} \right\}$

초기값 문제 해: $\begin{bmatrix} y_1 \\ y_2 \\ y_3 \end{bmatrix} = \begin{bmatrix} e^t \\ e^{4t} \\ e^{-2t} \end{bmatrix}$

5. 초기 조건 $c_1 = c_2 = 0$에 대한 일반해:
$\begin{bmatrix} y_1 \\ y_2 \end{bmatrix} = c_1 \begin{bmatrix} -2 \\ 1 \end{bmatrix} e^{-t} + c_2 \begin{bmatrix} 1 \\ 1 \end{bmatrix} e^{5t}$

7. 초기 조건 $c_1 = 1$, $c_2 = -1$, $c_3 = 2$에 대한 일반해:
$\begin{bmatrix} y_1 \\ y_2 \\ y_3 \end{bmatrix} = c_1 \begin{bmatrix} 0 \\ 1 \\ 0 \end{bmatrix} e^t + c_2 \begin{bmatrix} -1 \\ 2 \\ 2 \end{bmatrix} e^{2t} + c_3 \begin{bmatrix} -1 \\ 1 \\ 1 \end{bmatrix} e^{3t}$

9. $y_1(t) = \frac{25}{3}e^{-t} + \frac{65}{3}e^{-(1/2)t}$
$y_2(t) = -25e^{-t} + 65e^{-(1/2)t}$

11. $y_1 = -11e^{2t} + 14e^{3t}$
$y_2 = -11e^{2t} + 7e^{3t}$

13. $\begin{bmatrix} y_1 \\ y_2 \\ y_3 \end{bmatrix} = \frac{1}{5} \begin{bmatrix} e^{-2t} + 10e^{2t} - e^{3t} \\ -e^{-2t} + e^{3t} \\ 4e^{-2t} - 10e^{2t} + e^{3t} \end{bmatrix}$

15. $\begin{bmatrix} y_1 \\ y_2 \\ y_3 \end{bmatrix} = \begin{bmatrix} -1+8t-t^2 \\ 4-2t \\ 2 \end{bmatrix}$ **17.** $y_1 = -\cos(t) - 2\sin(t)$
$y_2 = 2\cos(t) - \sin(t)$

19. $y(t) = c_1e^{(3+\sqrt{15})t} + c_2e^{(3-\sqrt{15})t}$

21. $\begin{bmatrix} y_1 \\ y_2 \end{bmatrix} = \begin{bmatrix} 10e^{-(1/2)t} \\ -5e^{-(1/2)t} + 12e^{-(1/6)t} \end{bmatrix}$

연습문제 9.1

1. **(a)** $\mathbf{u} + \mathbf{v} = (2, 6)$, $3\mathbf{u} = (-3, 0)$ **(c)** 공리 1~5

3. **(a)** $\mathbf{u} + \mathbf{v} = (2, 2)$, $2\mathbf{u} = (0, 8)$
(d) $-\mathbf{u} = (-u_1 - 2, -u_2 - 2)$ **(e)** 공리 7과 8

5. **(a)** 부분공간 **(b)** 부분공간 아님 **(c)** 부분공간
(d) 부분공간 아님

7. **(a)** 부분공간 아님 **(b)** 부분공간 **(c)** 부분공간
(d) 부분공간

9. **(a)** 부분공간 **(b)** 부분공간 **(c)** 부분공간 아님

11. **(b)** $\begin{bmatrix} 1 & 0 \\ 0 & 0 \end{bmatrix}, \begin{bmatrix} 0 & 0 \\ 0 & 1 \end{bmatrix}, \begin{bmatrix} 0 & 1 \\ 0 & 0 \end{bmatrix}$; 차원: 3

13. **(a)** $f_1(x) - f_2(x) + f_3(x) = 0$
(b) $f_1(x) - \frac{1}{2}f_2(x) + \frac{1}{2}f_3(x) = 0$

15. 어떤 x에 대하여 $W(x) = -x\sin x - \cos x \neq 0$

17. $W(x) = 2e^{3x} \neq 0$ **19.** $A = A_1 + 2A_2 + 3A_3 + 4A_4$

21. $\mathbf{p} = \mathbf{p}_1 + 2\mathbf{p}_2 - \mathbf{p}_3$

23. $\mathbf{p}_1 = \frac{1}{2}x^2 - \frac{3}{2}x + 1$, $\mathbf{p}_2 = -x^2 + 2x$,
$\mathbf{p}_3 = \frac{1}{2}x^2 - \frac{1}{2}x$, $\mathbf{p} = \mathbf{p}_1 + 3\mathbf{p}_2 + 7\mathbf{p}_3$

25. $\frac{11}{6}x^3 - \frac{37}{2}x^2 + \frac{173}{3}x - 55$

27. 기저: $\begin{bmatrix} 1 & 1 \\ 1 & 0 \end{bmatrix}, \begin{bmatrix} 0 & -1 \\ -1 & 1 \end{bmatrix}$; 차원: 2

29. **(a)** 1 **(b)** 1 **31.** 벡터공간 아님

연습문제 9.2

1. **(a)** -18 **(b)** $\|\mathbf{u}\| = \sqrt{30}, \|\mathbf{v}\| = \sqrt{35}$ **(c)** $-\frac{18}{\sqrt{30}\sqrt{35}}$
(d) $\sqrt{101}$

5. **(a)** 공리 4 만족되지 않음 **(b)** 공리 1과 4가 만족되지 않음
(c) 공리 4 만족되지 않음

9. $\frac{1}{\sqrt{6}}(1, 1, 1), \frac{1}{\sqrt{6}}(1, -1, 1), \frac{1}{\sqrt{6}}(2, 0, -1)$

11.

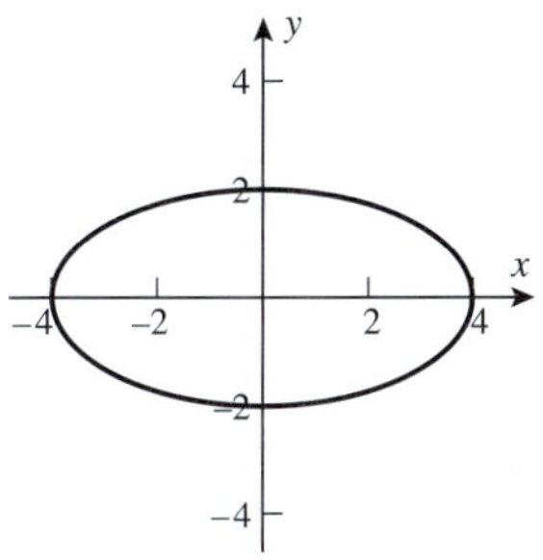

13. $\langle \mathbf{u}, \mathbf{v} \rangle = \frac{1}{25}u_1v_1 + \frac{1}{16}u_2v_2$

15. **(a)** $\frac{1}{4}$ **(b)** $\frac{\sqrt{3}}{3}, \frac{\sqrt{5}}{5}$ **(c)** $\frac{\sqrt{15}}{4}$ **(d)** $\frac{\sqrt{30}}{30}$

17. **(c)** $x - \frac{1}{6}$

21. $\frac{e^{2\pi} - 1}{\pi}\left(\frac{1}{2} + \frac{1}{2}\cos x - \frac{1}{2}\sin x + \frac{1}{5}\cos 2x - \frac{2}{5}\sin 2x\right)$

23. $3\pi - \sum_{k=1}^{n} \frac{6\sin kx}{k}$

29. **(b)** $\langle \mathbf{u}, \mathbf{v} \rangle = 13, \|\mathbf{u}\| = \sqrt{11}, \|\mathbf{v}\| = 1, \sqrt{29},$
$\|\mathbf{u} - \mathbf{v}\| = \sqrt{14}$

연습문제 9.3

1. **(a)** $(-2, 16)$ **(b)** $\left(-\frac{1}{2}, \frac{9}{2}\right), \left(\frac{5}{2}, -\frac{1}{2}\right)$

15. 선형 **17.** 비선형

19. **(a)** $q_2(x), q_3(x)$ **(b)** $q_1(x), q_3(x)$

21. 핵의 기저: $\begin{bmatrix} 0 & 1 \\ 0 & 0 \end{bmatrix}, \begin{bmatrix} 0 & 0 \\ 1 & 0 \end{bmatrix}, \begin{bmatrix} 0 & 0 \\ 0 & 1 \end{bmatrix}$

차역의 기저: $\begin{bmatrix} 1 & 0 \\ 0 & 1 \end{bmatrix}$

23. 전사 **25.** 전사 아님 **27.** **(a)** $1, x$ **(b)** $a_0 + a_1x$

29. **(b)** $a_0e^{-\omega x} + a_1e^{\omega x}$ **31.** $1 + x + x^2$

33. 핵: $(1, 0, 0, 0, \cdots)$의 모든 스칼라배; 치역: R^∞

37. **(a)** $\begin{bmatrix} -1 & 2 \\ 0 & 3 \end{bmatrix}$ **(b)** $(1, 0, 0, -1), (0, 1, 1, 0)$

(c) $\begin{bmatrix} 1 & 0 & 0 & 0 \\ 0 & 0 & 1 & 0 \\ 0 & 1 & 0 & 0 \\ 0 & 0 & 0 & 1 \end{bmatrix}$

39. $\begin{bmatrix} 0 & 0 & 0 \\ 1 & 0 & 0 \\ 0 & \frac{1}{2} & 0 \\ 0 & 0 & \frac{1}{3} \end{bmatrix}, x + \frac{x^2}{2} + \frac{x^3}{3}$

PHOTO CREDITS

Chapter 1 Openers from left to right: ©PhotoDisc, ©PhotoDisc, Courtesy NOAA, ©PhotoDisc, ©Corbis Digital Stock. Pages 3, 6, 8, 12, 18, and 23: COllrtesy Electronic PlIblishing Services, Inc., New York City.

Chapter 2 Opener from left to right: ©Corbis Digital Stock, ©Corbis Digital Stock, Courtesy the National Institute of Health, ©Corbis Digital Stock, ©Corbis Digital Stock. Pages 43, 53, and 68: Courtesy Electronic Publishing Services, Inc., New York City.

Chapter 3 Opener from left to right: ©Corbis Digital Stock, Courtesy Goldwave Inc. (www.goldwave.com). Pages 77, 78, 120, and 146: Courtesy Electronic Publishing Services, Inc., New York City. Page 139: ©Royal Society. Page 159: Carolina Biological Supply Company/Phototake.

Chapter 4 Opener: ©PhotoDisc. Pages 170, 185, 188, and 199: Courtesy Electronic Publishing Services, Inc., New York City.

Chapter 5 Openers from left to right: ©PhotoDisc, ©Corbis Digital Stock, P.hotoDisc, ©Corbis Digital Stock, ©PhotoDisc. Pages 214, 222, 228, and 237: Courtesy Electronic Publishing Services, Inc., New York City

Chapter 6 Openers: ©PhotoDisc. Page 269 : UP*I* Bettman.

Chapter 7 Openers from left to right: Courtesy NASA, H. Ford (JHU), G. Illingworth (USCS/LO), M. Clampin (STScl), G. Hartig (STScl), the ACS SCIENCE TEAM, and ESA; Courtesy Tamara Munzner and Paul Burchard, Visualizing the Structure of the World Wide Web in 3D Hyperbolic Space, Proc VRML '95, http://graphics.stanford.edu/papers/webviz. Pages 310, 320, 386, and 395: Courtesy Electronic Publishing Services, Inc., New York City. Page 343: Courtesy Chris Brislawn, Los Alamos National Laboratory. Page 375: Courtesy NASA.

Chapter 8 Openers from left to right: ©Corbis Digital Stock, P.hotoDisc, E.yewire, E.yewire. Pages 449, 462, 475, 483, and 498: Courtesy Electronic Publishing Services, Inc., New York City.

Chapter 9 Openers from left to right: J. K. Nakata/ U.S. Ge–ological Survey/NASA, ©Eyewire, Image was generated from simulations carried out by the Aerospace Engineering and Me–chanics Group at the Army HPC Research Center, Minneapolis, MN, ©PhotoDisc, ©PhotoDisc. Pages 531, 534, 542, and 544: Courtesy Electronic Publishing Services, Inc., New York City. Page 556: Courtesy Dr. Joseph Atick, Dr. Norman Redlich, and Dr. Paul Griffith.

찾아보기

ㄱ

ㄴ

ㄷ

ㅇ

ㅈ

ㅊ

ㅋ

ㅌ

ㅍ

ㅎ

A

B

C

D

E

F

G

H

I

J

K

L

M

N

O

P

Q

R

S

T

U

V

W

X

Y

Z

기타